Frank Keuper | Fritz Neumann (Hrsg.)

Wissens- und Informationsmanagement

Vorwort

Der Wandel von einer reinen Industrie- zu einer integrierten Informations- und Dienstleistungsgesellschaft weist den Mitarbeitern von Unternehmen und damit der in ihnen verkörperten Ressource Wissen eine zentrale Stellung innerhalb der Organisation und ihrer Prozesse zu. Globalisierung, Digitalisierung, Kurzlebigkeit, fortwährender und sich immer schneller vollziehender Wandel und Innovationen rufen die Notwendigkeit hervor, das in Organisationen bereits vorhandene Wissen vollständig aufzudecken, hinsichtlich seines Beitrags zur Zielerreichung der Organisation zu bewerten, zwischen den Mitarbeitern zu verbreiten und für sie zugänglich zu speichern sowie weiterzuentwickeln. Mit anderen Worten: Es bedarf eines Managements von Wissen.

Gleichzeitig sehen sich Organisationen einer Informationsüberflutung ausgesetzt. Unmengen von Informationen zu einem bestimmten Thema lassen die Komplexität von Entscheidungsprozessen in Unternehmen stetig ansteigen – und damit auch ihre Dauern. Gerade in einer immer dynamischer werdenden Umwelt stellen langwierige Entscheidungen aber einen Wettbewerbsnachteil für Unternehmen dar. Der schneller agierende Akteur kann sich hingegen auf dem Markt behaupten. Neben der Unterstützung des organisationalen Lernens liegt demnach die Aufgabe des Wissens- und Informationsmanagements in der Bereitstellung von Instrumenten zur Handhabung des Information Overload. Darüberhinaus soll eine zweckorientierte Informations- und Kommunikationsstruktur aufgebaut werden.

Insofern ist das Wissens- und Informationsmanagement durch unternehmensbereichsübergreifende Aufgaben gekennzeichnet, deren Erfüllung die Analyse aktueller und zukünftiger Situationen bedarf. Von zentraler Bedeutung sind vor allem

- organisatorische Aspekte,
- informationstechnologische Aspekte,
- strategische und wertmäßige Aspekte sowie
- die Prognose und Bewertung zukünftiger Trends und Entwicklungen.

Diese ganzheitlichen Aufgaben weisen dem Wissens- und Informationsmanagement einen interdisziplinären Charakter zu. Aktuelle Forschungsbeiträge stammen nicht nur aus den Wirtschaftswissenschaften, der Informatik und dem Informationsmanagement, sondern vielfach auch aus den Sozialwissenschaften. Bemerkenswert ist zudem die Vielzahl an praktischen Studien und das ungebremste Interesse von Unternehmensberatungen an diesem Thema, was die außerordentliche Bedeutung und hohe Aktualität des Wissens- und Informationsmanagements für Organisationen unterstreicht. Aus diesem Grund bietet der vorliegende Sammelband einen Mix fächerübergreifender sowohl theoriegeleiteter als auch praxisinduzierter Beiträge.

Entsprechend der notwendigen unternehmensbereichsübergreifenden Betrachtung eines modernen Wissens- und Informationsmanagements wurde für den Aufbau des Sammelbands eine Struktur gewählt, die sich aus vier inhaltlichen Bereichen zusammensetzt, die miteinander verwoben sind (siehe Abbildung 1).

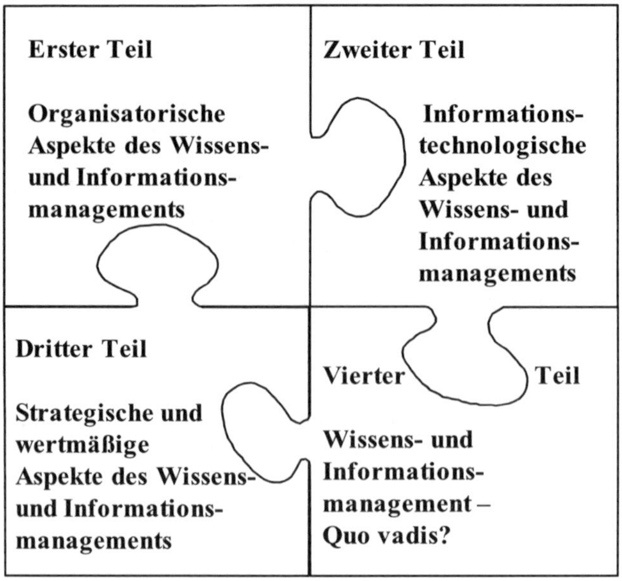

Abbildung 1: *Struktur des Sammelbands*

Der *erste Teil des Sammelbands* beleuchtet organisatorische Aspekte des Wissens- und Informationsmanagements. Einleitend gibt *CARSTEN VON GLAHN* einen definitorischen Rundumschlag über die Begriffe Informationen, Wissen, Lernen und Wissensmanagement und legt damit den Grundstein für alle weiterführenden Fragen des Wissens- und Informationsmanagements. *INES WÖLBLING* und *FRANK KEUPER* widmen sich der produktionstheoretischen Analyse der Wissensentwicklung. Ihr Beitrag stellt die Besonderheiten der Wissensentwicklung in Organisationen heraus und zeigt Ansatzpunkte zur produktionstheoretischen Erfassung dieser Charakteristika auf. Mit Wissensmanagement in Projektorganisationen beschäftigen sich anschließend *EVA-MARIA KERN, SONJA SACKMANN* und *MICHAEL KOCH*. In ihrem Beitrag stellen die Autoren ein Instrumentarium zur zielorientierten Identifikation und Überwindung von Wissensbarrieren in Projekten vor und illustrieren dieses anhand von Beispielen. Eine nicht zu unterschätzende Barriere in Wissensmanagement-Projekten sind Widerstände von Mitarbeitern gegenüber Veränderungen. *CHRISTIAN WOLTER* stellt dementsprechend Akzeptanz als einen Erfolgsfaktor bei der Einführung von Wissensmanagement dar.

Die Thematik netzwerkbasierten Wissensmanagements diskutiert *CARSTEN VON GLAHN*. Dabei beschäftigt er sich auch mit der Frage, ob Portale nicht nur als zentraler Eingang zu virtuellen Speicherorten von Wissen dienen, sondern darüberhinaus die Vernetzung von Organisationen in Unternehmen vorantreiben sollen. Schließlich verdeutlicht *SABINE SCHWARZ*, dass die Einführung eines Wissens- und Informationsmanagements für Organisationen Veränderungen bedeutet. In diesem Zug beleuchtet die Autorin die Vorteile eines Change Management.

Der *zweite Teil des Sammelbands* widmet sich informationstechnologischen Aspekten des Wissens- und Informationsmanagements. Einleitend stellen *KLAUS SCHAFFRANIETZ* und *FRITZ NEUMANN* Data Mining als einen Prozess zur Verbreitung von Wissen durch kontextbezogenen Zugriff in Unternehmen vor. Anhand von Beispielen werden konkrete Anwendungsgebiete der Wissensgenerierung aus Datenbanken aufgezeigt. Anschließend analysiert *RÜDIGER FELKE* Faktoren des Informationsmanagements, die Unternehmen in der Ausschöpfung zukünftiger Potenziale von Informationstechnologien einschränken. Als limitierende Faktoren werden in diesem Beitrag insbesondere eine durchgängige Stammdatenharmonisierung, unbekannte Auswertungsanforderungen und Komplexität untersucht. Mit der Problematik der Informationsüberflutung von und in Unternehmen setzt sich anschließend *NORBERT SCHÄDLER* auseinander. Informationsmanagement wird in diesem Beitrag als erfolgreich angesehen, wenn es eine zielorientierte Informationsgewinnung und -nutzung ermöglicht.

Die Bedeutung von Internet-Suchmaschinen für das Wissensmanagement diskutieren anschließend *CHRISTIAN MAASS* und *GOTTHARD PIETSCH*. Neben einer kritischen Analyse algorithmenbasierter Suchmaschinen untersuchen die Autoren die Potenziale semantischer Suchmaschinen. Anschließend erörtert *KARSTEN OEHLER* die Frage, inwieweit Vorkonfigurationen betriebswirtschaftlicher Lösungen im Performance Management zu einer wirklichen Projektverbesserung führen können. Neben einem Bewertungsmodell für solche Vorlagen arbeitet der Autor Anforderungen für ihre Gestaltung und die Ausgestaltung des entsprechenden Trägersystems heraus. *TORSTEN HAGEDORN, JÜRGEN SCHMID, PATRICK BLUME, BERNHARD FISCHER* und *MARCELL VOLLMER* geben schließlich einen Einblick in die Einführung einer Wissensdatenbank beim Aufbau eines Shared-Service-Centers. Anhand eines konkreten Praxisfalls werden die Planung und die Realisierung eines Wissensmanagementprojekts erläutert.

Im *dritten Teil des Sammelbands* werden strategische und wertmäßige Aspekte des Wissens- und Informationsmanagements analysiert. Zunächst berichten *HANS-JÖRG BULLINGER* und *JÖRG HOFFMANN* von ihren Erfahrungen im Wissensmanagement. Sie ziehen das Fazit, dass der Erfolg von Wissensmanagementprojekten an erster Stelle vom Menschen als Wissensträger abhängt. *FRANK LINDE* erörtert anschließend die ökonomischen Besonderheiten von Informationsgütern gegenüber physischen Gütern. Er stellt vier Charakteristika vor, die Anbieter von Informationsgütern am Markt beachten müssen, um erfolgreich zu sein. Unterschiedliche Aspekte des Wissens- und Informationsmanagements in Bezug auf Planungs- und Steuerungsprozesse in Unternehmen beleuchten *CARSTEN BORK, BERNHARD COLSMAN, CHRISTIAN MADER* und *SASCHA BROSIG*. In ihrem Beitrag arbeiten sie verschiedene Handlungsempfehlungen heraus.

Das Management von Erfahrungswissen stellt *CHRISTIAN SCHILCHER* in den Mittelpunkt seines Beitrags. Als herausragende Instrumente analysiert er das Storytelling und Communities of Practice. Demgegenüber fokussiert *ROBERT KNACK* die Bedeutung des Wissens über Wettbewerber in einer globalisierten Welt. Der Autor untersucht nicht nur Konzepte der Wettbewerberanalyse, sondern beschreibt auch Möglichkeiten der eigenen Abwehr von Analysetätigkeiten durch andere Marktakteure. Mit einer auf Nachhaltigkeit ausgelegten Wertschöpfung stellen *KORAY EREK* und *RÜDIGER ZARNEKOW* eine Möglichkeit vor, mit denen sich Unternehmen von Wettbewerbern differenzieren können. Die Autoren beschreiben drei Beispiele, in denen der Faktor Nachhaltigkeit in das Informationsmanagement integriert wird.

Sören Lange und *Stephan Kraemer* beschäftigen sich schließlich mit der Frage, welche Möglichkeiten es für die Bewertung von Intangibles gibt. In ihrem Beitrag untersuchen die Autoren, ob die Wissensbilanz und monetäre Steuerungskonzepte bei immateriellen Ressourcen wie Informationen und Wissen zum Einsatz kommen können. Auch *Torsten Mindermann* und *Gerrit Brösel* fokussieren die Bewertungsmöglichkeiten von Wissen – allerdings in Bezug auf die Rechnungslegung nach US-GAAP. Bei der Erläuterung der Rechnungslegungsvorschriften stellen die Autoren aus diesem Grund die Regelungen zu immateriellen Vermögenswerten in den Mittelpunkt ihrer Ausführungen.

Der *letzte Teil des Sammelbands* stellt die Frage: Wissens- und Informationsmanagement – Quo vadis? Zu Beginn beschäftigt sich *Wolfgang Sturz* mit der Fragestellung, ob Wissensmanagement als Technologie oder als Kultur aufzufassen ist. Bei der Suche nach einer Antwort wirft der Autor einerseits einen Blick in die Geschichte, auf der anderen Seite diskutiert er aktuelle Trends, Entwicklungen und mögliche Zukunftsperspektiven. Anschließend analysiert *Gabriele A. Hantschel* die Bedeutung von Kollaborationstechnologien für zukünftige Unternehmenskulturen. Dabei geht die Autorin insbesondere auf das Web 2.0 und Unified Communications als zukünftige Standards ein. Demgegenüber erörtert *Stephan Reimann* die Möglichkeiten und Grenzen von Business Intelligence. Der Autor stellt in seinem Beitrag die technischen Möglichkeiten den organisatorischen und ethischen Grenzen von Wissensmanagement gegenüber.

Die Zukunft von Content-Management-Systemen beleuchten *Cataldo Mega, Kathleen Krebs, Frank Wagner, Norbert Ritter* und *Bernhard Mitschang.* Die Autoren analysieren sowohl den aktuellen Stand der Technik als auch Möglichkeiten ihrer Weiterentwicklung und Markttrends. Anschließend wagen *Thilo Liedloff* und *Heiko Bromberger* eine Prognose hinsichtlich der zentralen Datenhaltung im Jahr 2020. Neben neuen Herausforderungen arbeiten die Autoren Lösungskonzepte und eine Zukunftsvision heraus. Der Sammelband endet mit einem Beitrag von *Michael Sigmund,* der mit einem schmunzelnden Auge eine Zusammenfassung der Entwicklung des Wissens- und Informationsmanagements gibt und einen Blick auf die Zukunft wirft.

Ein besonderer Dank gilt den Autorinnen und Autoren, denn ohne die einzelnen Beiträge wäre das Buch nicht zustande gekommen. Trotz des engen Zeitplans haben es die Autorinnen und Autoren geschafft, mit außerordentlichem Engagement und in hoher Qualität ihre Beiträge für diesen Sammelband zu erstellen.

Die Einhaltung der Projektdurchlaufzeit vom Projektstart im Dezember 2007 bis zur Abgabe des reproreifen Skripts an den Gabler-Verlag in 2008 war zudem nur möglich, weil wie immer viele „virtuelle Hände" im Hintergrund agierten.

Vor diesem Hintergrund gilt der Dank der Herausgeber insbesondere Frau *Ines Wölbling*, die als Wissenschaftliche Mitarbeiterin am Sales & Service Research Center Hamburg (Förderer ist die Telekom Shop Vertriebsgesellschaft mbH) der Steinbeis-Hochschule Berlin die Organisation der mit der Erstellung und Publikation des Sammelbands anfallenden Aufgaben übernahm. Daneben stand sie den Autorinnen und Autoren bei Fragen mit Rat und Tat zur Seite und leistete unermüdliche Formatierungsarbeit.

Frank Keuper | Fritz Neumann (Hrsg.)

Wissens- und Informationsmanagement

Strategien, Organisation und Prozesse

GABLER

Bibliografische Information der Deutschen Nationalbibliothek
Die Deutsche Nationalbibliothek verzeichnet diese Publikation in der Deutschen Nationalbibliografie; detaillierte bibliografische Daten sind im Internet über <http://dnb.d-nb.de> abrufbar.

1. Auflage 2009

Lektorat: Barbara Roscher | Jutta Hinrichsen

Gabler ist Teil der Fachverlagsgruppe Springer Science+Business Media.
www.gabler.de

Umschlaggestaltung: Ulrike Weigel, www.CorporateDesignGroup.de
Druck und buchbinderische Verarbeitung: Krips b.v., Meppel
Gedruckt auf säurefreiem und chlorfrei gebleichtem Papier
Printed in the Netherlands

ISBN 978-3-8349-0937-4

Besonderen Dank schulden die Herausgeber darüber hinaus auch Frau *BARBARA ROSCHER* und Frau *JUTTA HINRICHSEN* vom Gabler-Verlag für die hilfreiche Kooperation bei der Publikation dieses Sammelbands.

Hamburg/Frankfurt, im November 2008

PROF. DR. FRANK KEUPER und *FRITZ NEUMANN*

Inhaltsverzeichnis

Erster Teil

Zweiter Teil

Erster Teil

Organisatorische Aspekte des Wissens- und Informationsmanagements

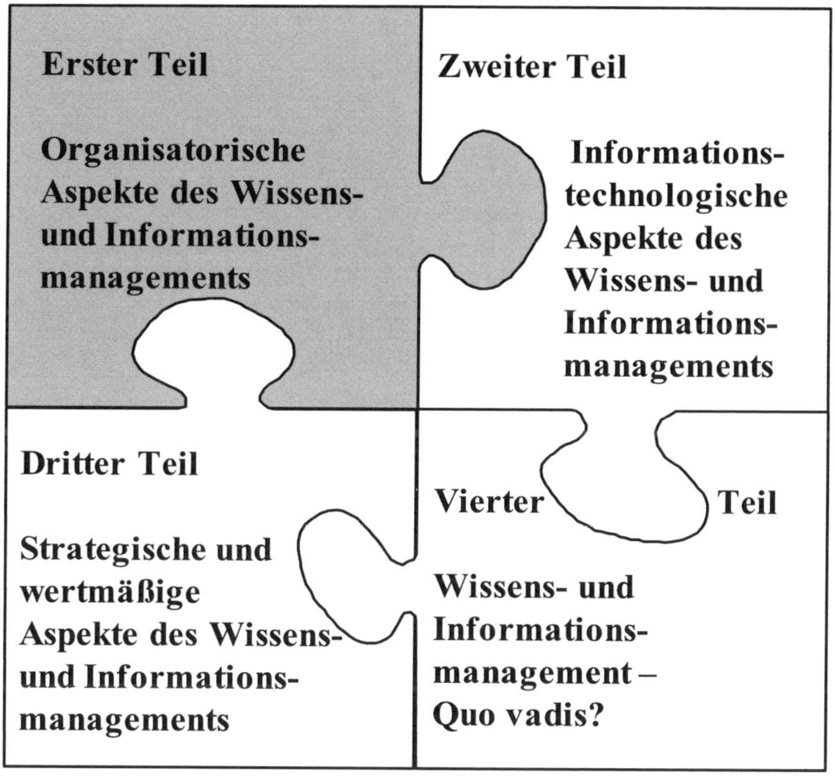

Wissensmanagement als Fundament der lernenden Organisation – Ein definitorischer Rundumschlag

Carsten von Glahn

Siemens

Wissensmanagement gilt in der heutigen Praxis als unentbehrliche Voraussetzung für die Erreichung dauerhafter Wettbewerbsvorteile von Unternehmen.[1] Es stellt sich jedoch die Frage, was Wissensmanagement tatsächlich ist. Handelt es sich um ein weiteres Modewort der Geschäftswelt mit einem noch hörbaren Nachklang eines Hypes der späten 90er Jahre oder ist die *Gestaltung und Lenkung vorhandener Wissensbasen*[2] tatsächlich für die organisatorische Effektivität und Effizienz bedeutsam? Während Zwecke und Vorgehensweisen für das Wissensmanagement von der jeweiligen Interpretation des *Wissens* abhängen,[3] ist sowohl die Wissenschaft als auch die Praxis von einem eindeutigen Verständnis weit entfernt. *POPPER* bemerkt in diesem Zusammenhang, dass wir im Grunde nichts wissen, weshalb wir uns definitorisch bescheiden sein sollten und dass „wir nicht behaupten [sollten] zu wissen wenn wir nichts wissen [...].“[4] Diesem Credo wird Rechnung getragen, indem in diesem Beitrag pragmatische, den Erfordernissen dieses Sammelbandes genügende Grundlagen und Definitionen zusammengestellt werden, ohne dabei den Anspruch zu erheben, der Vielzahl von Interpretationen von Wissensmanagement weitere hinzuzufügen. Beginnend mit der Untersuchung des Terminus Information nähert sich dieser Beitrag dem Wissensverständnis an. Das Lernen als Treiber organisationaler Wissenstransformation bildet wiederum die Grundlage dafür, die zentralen Parameter des Wissensmanagements zu identifizieren und einzugrenzen.

1 Informationen

Information ist ein sehr weitläufig verwendeter und daher auch schwer abzugrenzenden Terminus,[5] der jedoch trotz unterschiedlicher Konnotationen und der verschiedenartigen Verwendung in mannigfachen Wissenschaftsdisziplinen als fundamental einzustufen ist. Exemplarisch für die teilweise unreflektierte Verwendung des Informationsbegriffs ist, dass dieser häufig in zusammengesetzten Fachbegriffen auftaucht, wie zum Beispiel in Informationstechnologie, Informationsarchitektur und Informationsbedarf, ohne dabei einer einheitlichen inhaltlichen Auffassung zu folgen, und nur im konkreten Anwendungsbezug abgrenzbar erscheint.[6] Ableiten lässt sich der Begriff Information aus dem lateinischen *informare*, was wörtlich übersetzt, „eine Gestalt geben“ beziehungsweise „sich eine Vorstellung von etwas machen“ bedeutet.[7]

Zur Explikation kann auf die Sprachtheorie (oder – synonym – *Semiotik*) zurückgegriffen werden, die zur informationstheoretischen Analyse drei Betrachtungsebenen unterscheidet, die *Syntax*, die *Semantik* und die *Pragmatik*.[8]

---

1 Vgl. *WIIG* (1999), S. 1 ff.

2 Vgl. *REMUS* (2002), S. 3.

3 Vgl. *GROVER/DAVENPORT* (2001), S. 6.

4 *POPPER* (1987), S. 37.

5 Zum Begriff der *Informationen* vgl. *WITTMANN* (1959) und *WITTMANN* (1980), Sp. 894 ff.

6 Vgl. *PILLER* (2003), S. 14.

7 Vgl. *BONGARD* (1994), S. 10.

8 Vgl. *MORRIS* (1938), S. 13 ff., S. 21 ff. und S. 29 ff., und *HOPF* (1983), S. 12 ff.

- Die *Syntax* hat als physikalische Erscheinungsform einer Information wesentliche Bedeutung und bezieht sich auf das Verhältnis von Zeichen (zum Beispiel Buchstaben) oder Signalen zueinander und auf die formalen Regeln, nach denen Zeichen oder Signale kombiniert werden.
- Die *Semantik* beschäftigt sich mit der inhaltlichen Bedeutung einer Information, die durch die Beziehungen zwischen den Zeichen und ihren Designaten, das heißt den einem Zeichen Sinn gebenden Gegenständen, Ereignissen und Zuständen, erzeugt wird. Damit behandelt die Semantik als Bedeutungslehre Zeichenmengen, die Aussagen mit faktisch überprüfbarem Realitätsgehalt übermitteln. Daten und Nachrichten werden dieser Betrachtungsebene zugeordnet und treten beispielsweise in Form von Zeitschriftenartikeln auf.
- Gleichwohl sind Informationen gewöhnlich erst durch die Festlegung ihres Bedeutungsinhaltes oder ihres praktischen Verwendungszusammenhangs eindeutig determinierbar. Die *Pragmatik* behandelt folglich die zweckgerichtete Interpretation beziehungsweise Wirkung einer Information und damit die Handlungsorientierung der Zeichenverwender (zum Beispiel ein Zeitungsartikel, der beim Leser eine bestimmte Wirkung hervorruft).

Von ausschlaggebender Bedeutung für die meisten betriebswirtschaftlichen Problemstellungen ist die pragmatische Ebene, weil diese die Interaktionsbeziehung zwischen Sender und Empfänger berücksichtigt und als höchste Ebene denkbarer Informationsdefinitionen angesehen wird. Beim Übergang von der semantischen zur pragmatischen Betrachtungsebene des Informationsbegriffs wird der Information neben dem Bedeutungsinhalt ein Wert oder Nutzen zugeordnet, den sie unter anderem für einen Entscheider hat. Die drei erläuterten sprachtheoretischen Dimensionen schließen sich jedoch nicht gegenseitig aus, sodass die Pragmatik die Betrachtungsobjekte Syntax und Semantik impliziert.[9]

Im weiteren Verlauf dieses Beitrags werden Daten nach neuerlichem Verständnis als zielgerichtete Informationsteilmenge angesehen. Daten werden der Semantik zugeordnet, sind im Gegensatz zu Informationen nicht unmittelbar handlungsorientiert und repräsentieren Symbole oder Zeichen(-ketten), die Objekten, Personen und Zuständen zugeordnet sind.[10] Hervorgerufen durch die Interpretation von Daten entstehen wiederum Informationen. Unter dem Gesichtspunkt der Zweckorientierung können Informationen im Sinne rationalen Handelns einerseits als jenes Wissen aufgefasst werden, das Unternehmen dahingehend unterstützt, ihr Handeln auf die effektive und effiziente Befriedigung von Kundenbedürfnissen auszurichten.[11] Andererseits wird der Zweckbezug des Informationsbegriffs zuweilen weiter gefasst als in der Definition von *WITTMANN*: So bezieht sich das Verständnis nicht ausschließlich auf den Menschen als Informationssender und Informationsempfänger, sondern auch auf den computergestützten Informationsaustausch. Die Zweckorientierung richtet sich nach dem Effektivitäts- und Effizienzgrad der zwischen Individuen, zwischen Mensch und Maschine sowie zwischen Maschine und Maschine auf Nachfrager- beziehungsweise Anbieterseite ausgetauschten Information.[12] Die genannte Einordnung von Informationen ist jedoch im Hinblick

---

9 Vgl. *BODE* (1993a), S. 15.

10 Vgl. *PICOT/REICHWALD/WIGAND* (2003), S. 91.

11 Vgl. *BÜTTGEN* (2000), S. 4.

12 Ansonsten müsste streng genommen zwischen einer *Verarbeitung von Daten* und einer *Verarbeitung von Informationen* differenziert werden; vgl. *KEUPER* (2001), S. 44.

auf eine potenzielle mehrdimensionale Rolle der Informationen vor dem Hintergrund des Wissensmanagements

- als Produktionsfaktor,
- als Bindeglied zwischen Elementar- und dispositiven Faktoren,
- als ökonomische Güter sowie
- als strategisches Erfolgspotenzial

näher zu analysieren.[13]

1.1 Informationen als Produktionsfaktor

Die Wertschöpfung von Unternehmen resultiert aus einer effektiven und effizienten Transformation von Produktionsfaktoren in wirtschaftliche Güter. Entscheidungen über die Beschaffung und die Verwendung einzusetzender Ressourcen gehen dabei stets mit einer bedarfsgerechten Informationsbeschaffung einher.[14] Daher stellen Informationen während des gesamten Leistungserstellungsprozesses einen zentralen und integralen Bestandteil wertschöpfender Stufen dar. Dieser Zusammenhang führt dennoch *nicht* zwangsläufig zu der Erkenntnis, dass es sich bei Informationen um einen weiteren, explizit zu berücksichtigenden neuen Produktionsfaktor handelt,[15] wie dies in der jüngeren Literatur zuweilen propagiert wird.[16] *GUTENBERG* weist zum einen der Information die Eigenschaft eines *limitationalen Produktionsfaktors* zu, indem er diesem (Wirtschafts-)Gut einen für die Leistungserstellung aus technischer und wirtschaftlicher Sicht unabdingbaren Charakter verleiht.[17] Zum anderen verzichtet er bewusst darauf, die Information als eigenständigen Produktionsfaktor festzulegen. Für den Leistungserstellungsprozess werden dann nur die *drei Elementarfaktoren Werkstoffe*, *Betriebsmittel* und *objektorientierte Arbeit* benötigt, aber auch die *dispositiven Faktoren Führung*, *Planung* und *Organisation* sind unerlässlich (siehe Abbildung 1). Unstrittig ist, dass Informationen dem dispositiven Faktor anhaften, allerdings kein Bestandteil dessen sind, sondern gleichermaßen Input und Output dispositiver Tätigkeiten darstellen,[18] denn zur Kombination von Produktionsfaktoren sind die dispositiven Fähigkeiten des Menschen als Träger von Informationen essenziell. Dieser *menschgebundene Informationsansatz* stellt jedoch nur eine Sichtweise der *Informationsadhäsion* dar,[19] denn Informationen folgen zum überwiegenden Teil einem *nicht menschgebundenen Informationsansatz*.[20]

---

13 Vgl. zu den folgenden Ausführungen *KEUPER* (2002), S. 124 ff., und *PILLER* (2003), S 19 ff.
14 Vgl. *GUTENBERG* (1979), S. 8 und S. 268.
15 Vgl. *KEUPER* (2002), S. 124.
16 Vgl. *PICOT* (1990), S. 6.
17 Vgl. zu den folgenden Ausführungen *GUTENBERG* (1979), S. 267.
18 Vgl. *LEHNER/HILDEBRAND/MAIER* (1995), S. 182 ff.
19 Vgl. *BUSSE VON COLBE/LASSMANN* (1991), S. 1 ff.
20 Vgl. *KOSIOL* (1972), S. 175.

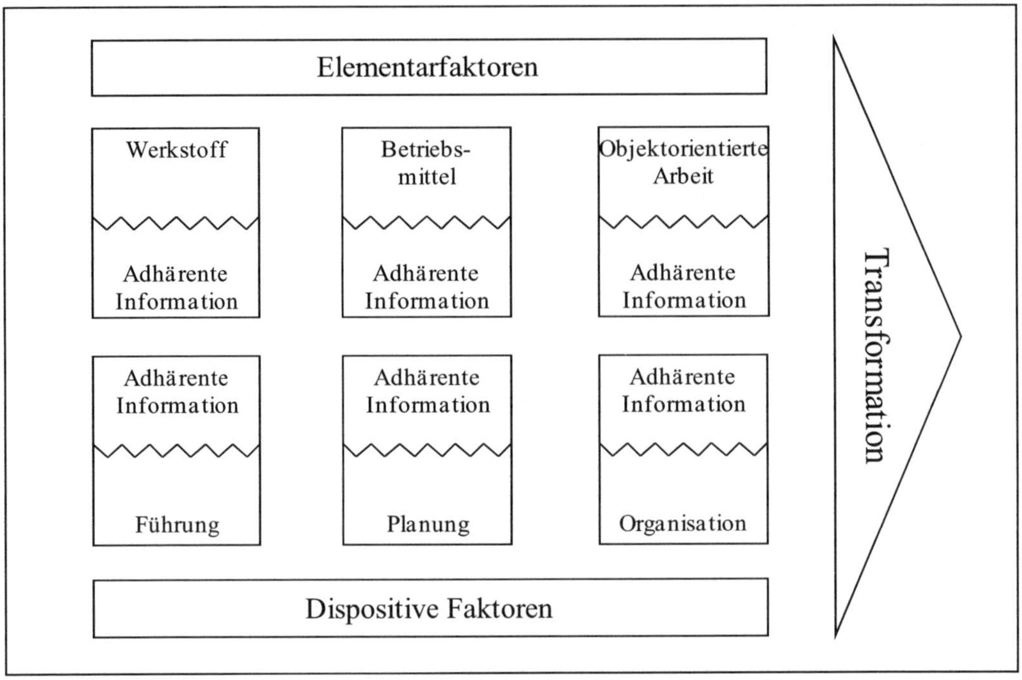

Abbildung 1: Produktionsadhärenter Charakter von Informationen[21]

Obwohl *WITTMANN* die Informationen ausschließlich dem dispositiven Faktor zuweist, indem er vom Zweck „[...] einer möglichst vollkommenen Disposition [...]“[22] spricht, haften sie dennoch den Elementarfaktoren an oder sie sind ihnen implizit zuzurechnen. Informationen stellen generell *keinen* eigenständigen, explizit zu berücksichtigenden neuen Produktionsfaktor dar.[23] Sie sind jedoch jedem klassischen Produktionsfaktor adhärent. Informationen sind folgerichtig ein zentraler Bestandteil von Entscheidungen zum Wissensmanagement.

1.2 Informationen zwischen Elementar- und dispositiven Faktoren

Eigenschaften von Information können in einer zweiten Perspektive auch als Bindeglied zwischen den von *GUTENBERG* getrennt betrachteten Elementar- und dispositiven Faktoren auftreten.[24] Diese Faktoren leisten einen wichtigen Koordinationsbeitrag zur effektiven Adressierung von Kundenwünschen sowie zur effizienten Ressourcennutzung,[25] wobei menschgebundene und zunehmend auch nicht menschgebundene Informationen diese koordinativen Funktionen und damit planerische Aufgaben übernehmen, die ursächlich dem dispositiven Faktor zuzuordnen sind.

21 In Anlehnung an *KEUPER* (2002), S. 126.

22 *WITTMANN* (1959), S. 14.

23 Vgl. *KEUPER* (2002), S. 125.

24 Vgl. *KLUTMANN* (1992), S. 29.

25 Vgl. *PICOT/FRANCK* (1988), S. 544.

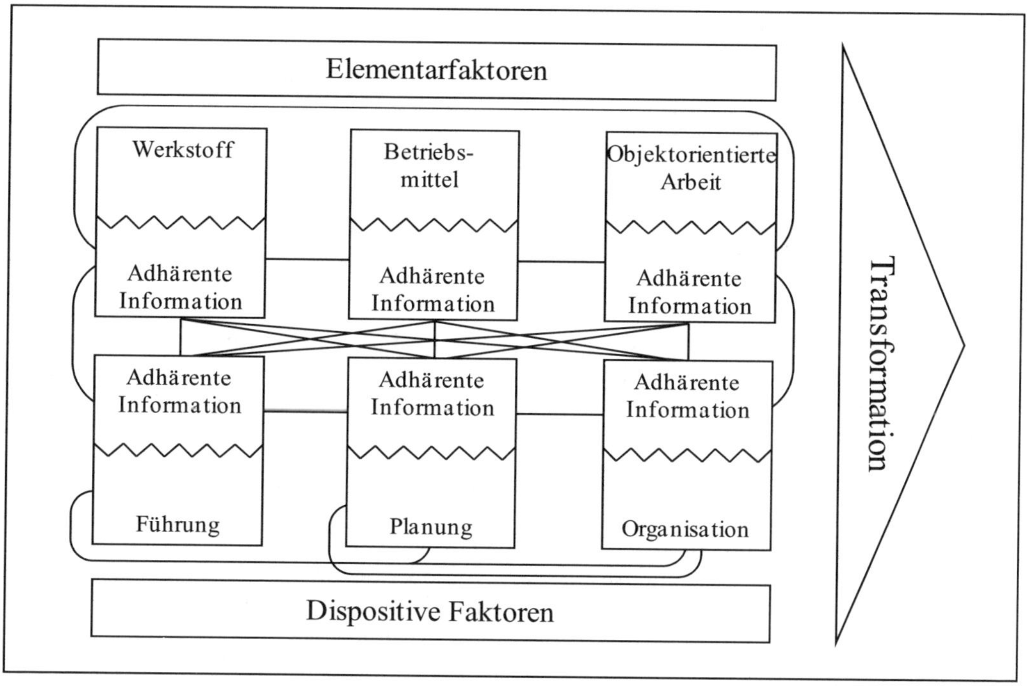

Abbildung 2: Produktionsadhärente Koordinationsfunktion von Informationen[26]

Aus dieser Perspektive dient die Informationstechnologie als Beispiel für die Steuerungsfunktion produktionsfaktoradhärenter Informationen. Daher dienen Informationen aus der Sicht der Elementar- und aus der Sicht der dispositiven Faktoren der Unterstützung und Koordination sämtlicher Prozesse und folglich der Arbeitsteilung in (siehe Abbildung 2) und zwischen Unternehmen.[27] Daneben beruht die arbeitsteilig organisierte Leistungserstellung von Individuen oder organisierten Kollektiven (unter Informationsgesichtspunkten) auf den begrenzten Kapazitäten zur Informationsaufnahme.[28] Die Verteilung von Aufgaben ist daher sinnvoll, um die Informationsaufnahme-, -verarbeitungs- und -speicherkapazität zu steigern.[29] Neben dem bereits ausgeführten produktionsfaktorenadhärenten Charakter von Informationen wirkt auch deren Koordinationsfunktion auf den Input und ist damit auf eine Zweckorientierung gerichtet.

Die Bereitstellung beispielsweise von wissensintensiven Leistungen kann unter Berücksichtigung technischer Voraussetzungen (zum Beispiel ausreichende Bandbreiten der Übertragungsleitungen) standort- und zeitunabhängig erfolgen. Voraussetzung hierfür ist jedoch eine zielgerichtete Koordination notwendiger Aktivitäten und eine Synchronisation der Abläufe durch Informationen. Diese ausschließliche Inputorientierung von Informationen wird in der nachfolgenden Betrachtung auf die Outputseite erweitert, indem Information als ökonomisches Gut interpretiert wird.

---

26 In Anlehnung an *KEUPER* (2002), S. 127.

27 Vgl. *BÜTTGEN* (2000), S. 8.

28 Vgl. zu den folgenden Ausführungen *LEHNER/HILDEBRAND/MAIER* (1995), S. 184 ff.

29 Vgl. *ARROW* (1984), S. 146.

1.3 Informationen als Wirtschaftsgut

In der dritten Sichtweise können bereitgestellte Informationen als ein *übertragbares, immaterielles, ökonomisches Gut* angesehen werden.[30] Nach *HOPF* sind grundlegende Voraussetzungen zu erfüllen, um bei Informationen von einem Wirtschaftsgut sprechen zu können:[31]

- Erstens hat die Information zur Befriedigung menschlicher Bedürfnisse beizutragen,
- zweitens hat diese Eigenschaft auch als solche erkennbar und
- drittens für (potenzielle) Nachfrager tatsächlich verfügbar zu sein.

Die Erfüllung der ersten beiden Bedingungen lässt sich dadurch belegen, dass Informationen für einen Empfänger unter Umständen eine notwendige Voraussetzung bilden, um Entscheidungen rational treffen zu können. Daher dienen Informationen fungibel zur direkten und indirekten Befriedigung menschlicher Bedürfnisse, wobei sich sowohl das Anspruchsniveau als auch die tatsächlichen Informationsbedürfnisse des Nachfragenden im Zeitverlauf ändern können. Problematischer ist hingegen die Bestimmung des mit einer Verfügungsmacht über Informationen verbundenen Werts, denn dieser ergibt sich speziell für alle Wirtschaftssubjekte gerade aus einer Nichtverfügbarkeit. Folgerichtig sind Informationen knappe Güter, das heißt der auf einem Markt ermittelbare Bedarf ist größer als deren Verfügbarkeit. Der Wert von Informationen wird nach marktwirtschaftlichen Prinzipien geregelt, auch wenn der Informationsmarkt als intransparent gilt und sich die Gesamtmenge verwendbarer Informationen trotz Diffusionstendenz während ihrer Nutzung erweitert.[32] Ganzheitlich betrachtet erfüllen Informationen damit die Voraussetzungen eines Wirtschaftsguts. Offen ist nun lediglich, ob Informationen der Charakter eines Erfolgspotenzials nachzuweisen ist.[33]

1.4 Informationen als strategisches Erfolgspotenzial

Nach *KEUPER* „[...] stellen Informationen [...] per se keinen Wettbewerbsvorteil dar; vielmehr müssen sie bei outputorientierter Betrachtung als vermarktungsfähiges Wirtschaftsgut ebenso wie klassische Produkte oder Leistungen über spezifische Eigenschaften verfügen, durch die ihnen dann ein strategischer Wettbewerbsvorteil eingeräumt wird."[34] Aus inputorientierter Sicht haben Informationen durchaus *Erfolgspotenzial*charakter, sofern spätestens zum Zeitpunkt der Realisierung alle erfolgsrelevanten leistungs- und marktspezifischen Voraussetzungen vereint werden.[35] Demnach sind Informationen für alle Marktakteure von höchster Bedeutung, weil der Ursprung unternehmerischen Handelns in einer asymmetrischen Verteilung von Informationen liegt. Durch Ausnutzung von Informationsvorsprüngen sowie durch Relaxierung spezifischer Informationsdefizite werden unternehmerische Wettbewerbsvorteile möglich.[36]

---

30 Vgl. *KOSIOL* (1972), S. 108 ff.

31 Vgl. zu den folgenden Ausführungen *HOPF* (1983), S. 69 ff.

32 Vgl. *PICOT/REICHWALD* (1991), S. 250 f.

33 Vgl. zu den folgenden Ausführungen *KEUPER* (2002), S. 124 ff.

34 *KEUPER* (2002), S. 132 f.

35 Vgl. *GÄLWEILER* (1987), S. 26.

36 Vgl. *MEYER* (1990), S. 25 ff.

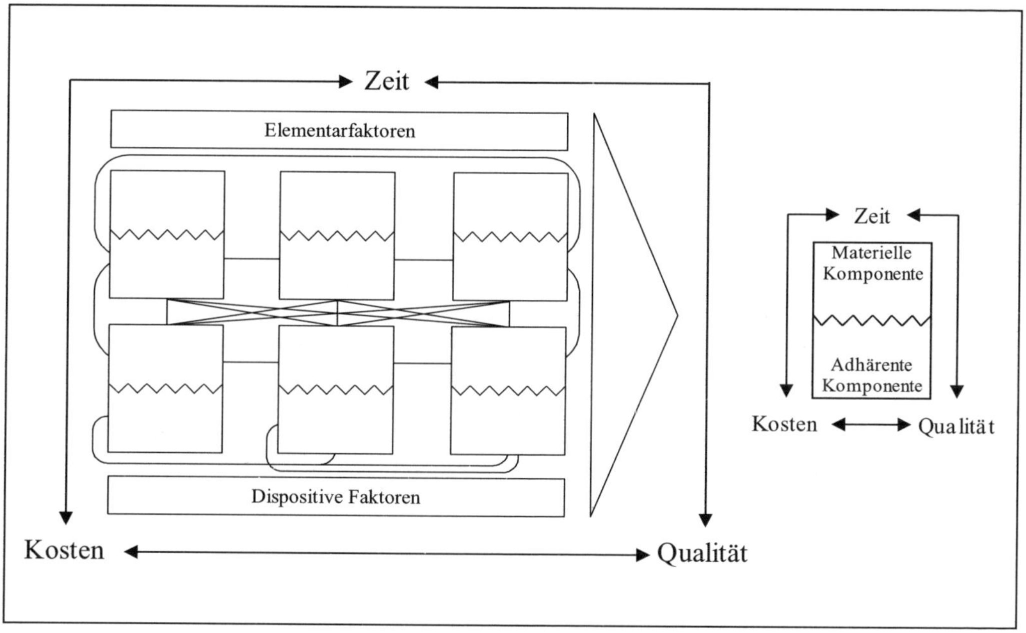

Abbildung 3: Strategischer Erfolgsfaktorenbezug von Informationen[37]

Somit bleibt festzuhalten, dass Informationen das strategische Potenzial zur Begründung eines oder mehrerer strategischer Erfolgsfaktoren bilden, um marktseitigen Anforderungen an die Dimensionen Kosten, Qualität und Zeit gerecht zu werden (siehe Abbildung 3).

2 Wissen

Wie bereits einleitend angedeutet, haben sich mit dem Begriff Wissen unzählige Wissenschaftler verschiedenartiger Couleur wie beispielsweise Philosophen, Psychologen oder Soziologen auseinandergesetzt.[38] Dementsprechend vielfältig sind die begrifflichen Interpretationen und daraus abgeleitete Definitionen, von denen nachfolgend einige exemplarisch aufgezählt werden:

- „Wissen heißt, Erfahrungen und Einsichten haben, die subjektiv und objektiv gewiss sind und aus denen Urteile und Schlüsse gebildet werden können [...].“[39]
- „Wissen ist [...] die Menge der in Informationsspeichern fixierten und durch planmäßigen Abruf reproduzierbaren Informationen.“[40]

---

37 In Anlehnung an *Keuper* (2002), S. 135.

38 Vgl. *Willfort* (2001), S. 51 ff.

39 *Schmidt/Schischkoff* (1969), S. 665.

40 *Ropohl* (1979), S. 216.

- „Wissen kann [...] als (hypothetische) Kenntnis allgemeiner Zusammenhänge bezeichnet werden.“[41]
- „Unter Wissen verstehen wir [...] die Gesamtheit aller Endprodukte von Lernprozessen, in denen Daten als Informationen wahrgenommen und Informationen in Form von strukturellen Konnektivitätsmustern in Wissensspeichern niedergelegt werden.“[42]
- „Wissen ist jede Form der Repräsentation von Teilen der realen oder gedachten Welt in einem körperlichen Trägermedium.“[43]

Das auf *WITTMANN*[44] zurückgehende und mittlerweile vielfach verwendete Wissensverständnis verweist auf die Zweckorientierung, wobei der Zweck in der Vorbereitung wirtschaftlichen Handelns liegt.[45] Dies wird deutlich, wenn Wissen sehr allgemein als „[...] Vorstellungsinhalte, [...] die [...] Überzeugungen über die Wahrheit von Fragestellungen (Aussagen, Sätze, Behauptungen) zum Inhalt haben [,]“[46] erklärt wird. Basis dieser Vorstellungsinhalte „[...] sind einmal Tatsachen, die sich durch die Mittel der Wahrnehmung ergeben, und zum anderen Ergebnisse der Anwendung von bekannten Regeln des Schließens aus solchen Tatsachen.“[47] Insofern ist Wissen im Gegensatz zur Information, die nur ein Verständnis über Sachverhalte vermittelt, als begründete Kenntnis anzusehen.[48]

2.1 Wissensdichotomien

In der Literatur finden sich zahlreiche Ansätze, Wissen auszudifferenzieren. Solche Arten des Wissens sind jedoch kontextabhängig,[49] das heißt sie weisen Abhängigkeiten zum jeweiligen Blickwinkel auf das Verständnis von Wissen auf. Eine Zusammenfassung der im Schrifttum häufig verwendeten Wissensarten wird nachfolgend im Überblick dargestellt:[50]

- *Kodiertes Wissen (encoded knowledge)*: Diese Wissensform ist prinzipiell dokumentierbar und manifestiert sich somit in Form von Zeichen und Symbolen, die zum Beispiel mithilfe von Handbüchern oder Datenbanken festgehalten werden, und bildet letztlich das Handlungspotenzial von Individuen und Organisationen.
- *Verborgenes Wissen (tacit knowledge)*: Hierbei handelt es sich um schwer artikulierbares, formulierbares und kommunizierbares, das heißt nicht immer kodifizierbares Wissen.

---

41 *DOMRÖS* (1994), S. 27.

42 *GÜLDENBERG* (1997), S. 161.

43 *AMELINGMEYER* (2002), S. 43.

44 Vgl. *WITTMANN* (1980), Sp. 894. Zur Kritik an *WITTMANN*s Informationsdefinition vgl. *RÜTTLER* (1991), S. 29.

45 Vgl. *BODE* (1993b), S. 275.

46 *WITTMANN* (1979), Sp. 2263.

47 *WITTMANN* (1979), Sp. 2263. Folglich ist Wissen, was nicht zur Vorbereitung von Handlungen eingesetzt wird, keine Information. Zur ausschließlichen Unterhaltung erworbene Wissensgüter zählen hierzu, vgl. *BODE* (1993b), S. 275.

48 Vgl. *MITTELSTRASS* (1990), S. 52.

49 Vgl. *KELEMIS/GUENZEL* (1997), S. 51.

50 Vgl. *BLACKLER* (1995), S. 1021 ff., und *VON KROGH/VENZIN* (1995), S. 421.

- *Verinnerlichtes Wissen (embodied knowledge)*: Dieses Wissen basiert auf Erfahrung mit körperlicher Präsenz, das heißt es kann nur durch Ausführen einer konkreten Tätigkeit angeeignet beziehungsweise perfektioniert werden („learning-by-doing").
- *Konzeptionelles Wissen (embrained knowledge)*: Diese Form des Wissens verweist auf die mentalen Strukturen Einzelner und hängt folglich von deren kognitiven Fähigkeiten ab, die dazu befähigen, übergeordnete Muster zu erkennen, Basisannahmen zu überdenken sowie Denkmodelle zu hinterfragen und an verschiedenartige Kontexte anzupassen.
- *Sozial konstruiertes Wissen (embedded knowledge)*: Diese Wissensart unterstreicht vor allem die Technologisierung und Rationalisierung standardisierter Routinen in Organisationen, das heißt es wird der Prozess der Wissenskonstruktion betont.
- *Ereigniswissen (event-driven knowledge)*: Diese Kategorie beschreibt Erkenntnisse und Trends innerhalb beziehungsweise außerhalb eines betrachteten Handlungsraums.
- *Prozesswissen (procedural knowledge)*: Prozesswissen kann in Wissen über Prozesse und Wissen im Prozess unterteilt werden, wobei letzteres Aufgaben in den einzelnen Ablaufschritten koordiniert. Wissen über Prozesse beinhaltet hingegen Kenntnis von und Erfahrungen mit organisatorischen Abläufen und Zusammenhängen.
- *Kulturelles Wissen (encultured knowledge)*: Dieses Wissens ist das kollektive Verständnis von Gemeinsamkeiten. Es entwickelt sich durch soziale Interaktion mithilfe von geteilten mentalen Modellen, gemeinsamen Visionen oder teambasierten Erfahrungen.

Wissen ist also eine bestimmte Vorstellung der Realität, immer nur auf ein gewisses Subjekt interpretierbar und in Bezug auf beliebige Sachverhalte niemals vollständig.[51] Es ist nur dann in Informationen umwandelbar, wenn es nicht tazit, sondern explizit, das heißt kodifizierbar im Sinne einer sprachlichen Formalisierbarkeit, Systematisierbarkeit und Kommunizierbarkeit, vorliegt.[52] Auch ist die Transformation von Wissen in Information nicht eindeutig, sodass dasselbe Wissen in den verschiedenartigsten Formen aufbereitet, abgebildet und kommuniziert werden kann. Im Zeitverlauf ist eine Diskrepanz zwischen der Evolution von neuem Wissen und neuen Informationen die Folge (siehe Abbildung 4).

---

51 Vgl. *Schomann* (2001), S. 19.

52 Vgl. zu den folgenden Ausführungen *Kuhlen* (1995), S. 38 ff.

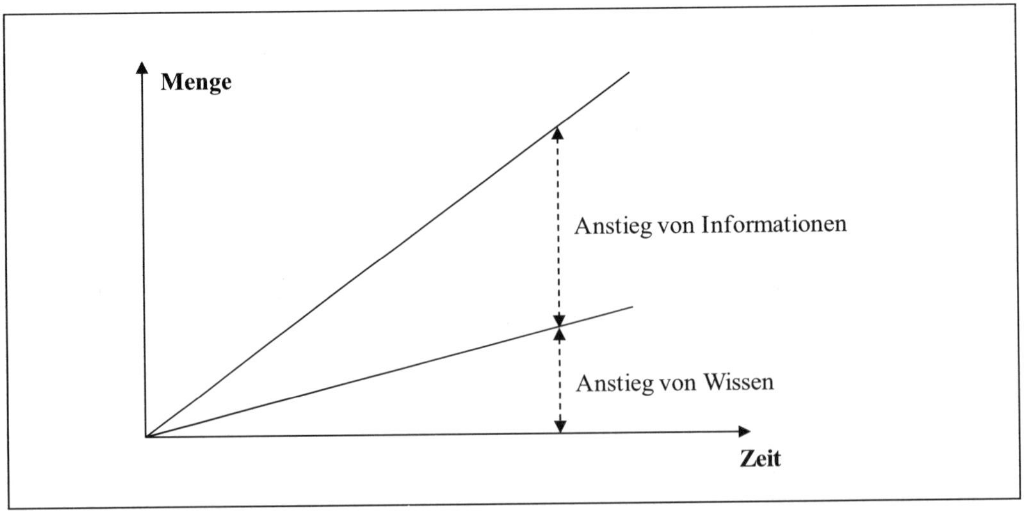

Abbildung 4: Diskrepanz von Informations- und Wissensakkumulation im Zeitverlauf[53]

Die mit erheblicher Redundanz verbundene Vielfältigkeit der Wissensdarstellung potenziert sich im Zeitalter der elektronischen Informationsverarbeitung, indem Wissen mannigfaltig medial repräsentiert und publiziert wird.

2.2 Wissensträger

Es wurde bereits darauf hingewiesen, dass Informationen aufgrund ihrer Immaterialität den Elementarfaktoren anhaften und damit stets an spezifische Träger gebunden sind, um sich unter anderem als Wirtschaftsgut entfalten zu können. Das gewählte Verständnis zum gedanklichen Übergang von Informationen zum Wissen ist für die Eingrenzung der verfügbaren Wissensträger bedeutsam, weil auch hier unterschiedliche Sichtweisen und vertretene Ansichten in der Literatur zu finden sind.[54] Die Informationstheorie ordnet Daten, Informationen und Wissen ein hierarchisches Verhältnis zu, was in beide Richtungen erweiterbar ist.[55] Handlungstheoretisch sind Daten, Informationen und Wissen jedoch gleichberechtigte und ineinander verwobene Ebenen des Denkens und Handelns (siehe Abbildung 5).

53 In Anlehnung an *KUHLEN* (1995), S. 43.

54 Vgl. *PFEIFFER* (1965), S. 46 ff., und *EWALD* (1989), S. 40.

55 *NORTH* spricht in diesem Zusammenhang von einer Wissenstreppe; vgl. *NORTH* (1998), S. 41. Hiernach bilden Zeichen den Ausgangspunkt der treppenförmige Anordnung, die aufgrund bestimmter Ordnungsregeln zu isolierten Daten werden. Durch Anreicherung eines Bedeutungsinhaltes und Zweckbezugs werden aus Daten dann Informationen. Wissen besteht aus organisierten und strukturierten Informationen, Annahmen, Theorien, Intuitionen und Schlussfolgerungen. Im weiteren Verlauf dieser „Evolution" kann Wissen zu Können, Können zu Handeln, Handeln zu Kompetenz und schließlich zu Wettbewerbsfähigkeit ausgebaut werden; vgl. *SORAMÄKI* (2005), S. 14.

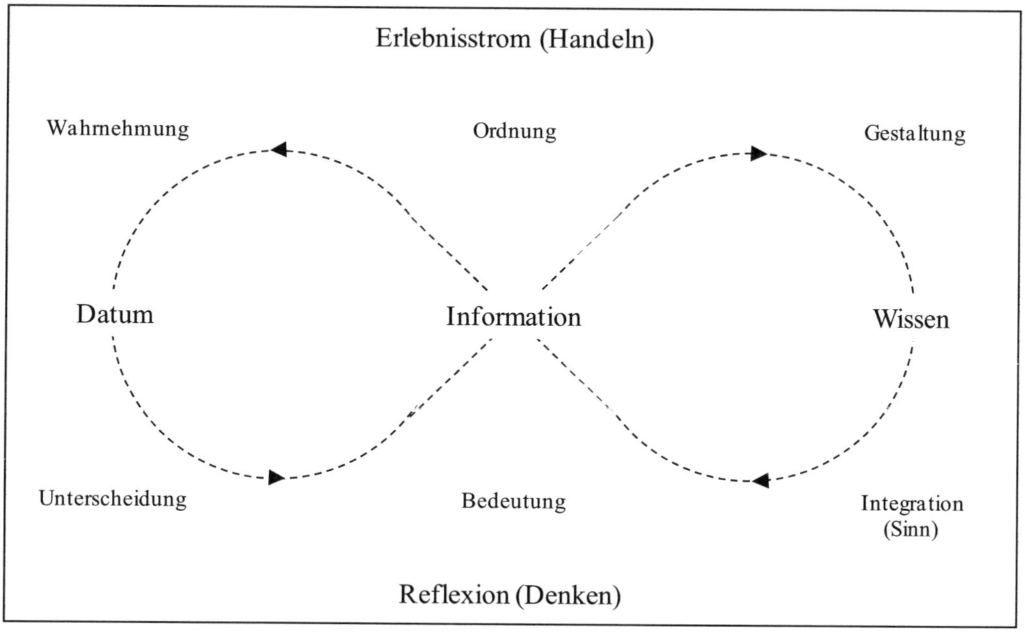

Abbildung 5: Wissen in Abgrenzung von Daten und Informationen[56]

Wissen, Informationen und Daten sind nach dieser Interpretation wechselseitig austauschbar und gleichsam bedeutungsvoll. Erst die Information macht Wissen kommunizierbar und die Datenebene überprüfbar.[57] Folgerichtig sind Daten und Informationen essentielle, weil explizite und vermittelbare Träger kulturell gebundenen Wissens.[58]

Aus Sicht der Organisation können Wissensträger in vier Formen klassifiziert werden. Im Vergleich zu Informationsträgern liegt dieser Unterscheidung ein *erweitertes Verständnis*[59] zugrunde, das speziell die Besonderheiten des Wissens im Sinne begründeter Kenntnis berücksichtigt.[60] So wird einerseits eine häufig in der Literatur verwendete Unterscheidung in personelle und nicht-personelle Wissensträger hervorgehoben,[61] andererseits wird eine räumliche und zeitliche Einordnung beachtet, auf welche Weise sich Wissen angeeignet wird. Dieses Verständnis lässt sich simplifiziert in einer Matrix darstellen (siehe Abbildung 6), wobei sich die vertikale Ebene auf die Unterscheidung zwischen natürlichen im Sinne von aktiven und synthetischen im Sinne von passiven Wissensträgern bezieht. Die horizontale Ebene hingegen differenziert zwischen der Anzahl beziehungsweise der Zusammensetzung an Wissensträgern.

56 In Anlehnung an *Dick/Wehner* (2002), S. 14.

57 Vgl. *Hubig* (1998), S. 3 ff.

58 Vgl. *Dick/Wehner* (2002), S. 14.

59 Vgl. zu den nachfolgenden Ausführungen *Schimmel* (2002), S. 218.

60 Vgl. *Mittelstrass* (1990), S. 52.

61 Vgl. *Rehäuser/Krcmar* (1996), S. 14 ff.

	Einzeln	Mehrfach/ zusammengesetzt
Synthetisch (passiv)	Bücher, Speicher	Netzwerke
Natürlich (aktiv)	Individuen	Gruppen, Teams, Communities

Abbildung 6: Wissensträger in Organisationen[62]

Die gewählte Abgrenzung zwischen aktiven und passiven Trägern von Wissen geht auf Aussagen zurück, dass (bisher) nur Menschen neues Wissen schaffen, aktualisieren und bewerten können.[63] Diese Sichtweise ist jedoch sehr umstritten, da argumentiert werden kann, dass zum Beispiel Computer als Agierende ohne direkte menschliche Intervention in einen Wertschöpfungsprozess eingreifen können. Die verschiedenartigen Wissensträger interagieren in praxi miteinander, sodass hybride Konstellationen nicht nur möglich, sondern sehr wahrscheinlich sind.

Natürliche Wissensträger können mithilfe des Instruments Sprache kommunizieren, Wissen individuell abrufen und auf andere übertragen, wobei folgenden Typen unterschieden werden:

- *Individuelle Wissensträger*: Als Mitglieder von Organisationen verkörpern Personen potenziell die gesamte Bandbreite des Wissens.[64] Individuelles Wissen kann in impliziter und expliziter Form vorliegen, umfasst theoretische und praktische Elemente, wird durch qualitative, quantitative und motivationale Aspekte determiniert und kann durch fachliche, strukturelle und historische Faktoren geprägt sein.[65]

---

62 In Anlehnung an *SCHIMMEL* (2002), S. 219.

63 Vgl. *LULLIES/BOLLINGER/WELTZ* (1993), S. 60, *WILLKE* (1996), S. 285, und *REINMANN-ROTHMEIER/MANDL* (1999), S. 20.

64 Vgl. *AMELINGMEYER* (2002), S. 53.

65 Vgl. *SCHEIN* (1996), S. 9 ff.

- *Kollektive Wissensträger*: Kollektives Wissen ist nur innerhalb einer bestimmten Umgebung und Organisationsstruktur (Gruppe, Team etc.) bedeutsam, basiert auf der Teilmenge von Wissen Einzelner, wobei die Wissenssumme des Kollektivs das akkumulierte Wissen von Individuen in der Regel übersteigt. Dieser Wissenstyp wird je nach Grad der organisatorischen An- und Einbindung in formelle und informelle Gemeinschaften unterschieden, das heißt bestehende Wissenspotenziale werden auf mehrere Individuen verteilt, sodass sich ein systemimmanentes Verlustrisiko, das personellen Wissensträgern inhärent ist, reduziert wird.[66]

Synthetische (oder – synonym – *materielle*) Wissensträger zeichnen sich hauptsächlich durch ihre Speicherfunktion und der Bewahrung von Wissensbeständen aus, die im Gegensatz zu natürlichen Wissensträgern nicht in der Lage sind, neues Wissen zu generieren oder – wie *PFEIFFER*[67]es nennt – eine „schöpferische Intuition" besitzen. Passiven Trägern von Wissen ist zu Eigen, dass nicht jede Wissensart, die in einer Organisation vorhanden ist, festgehalten werden kann und dass Qualität und Quantität sowie Repräsentation und Weiterverarbeitung von Wissen von der Art und Weise einer Archivierung abhängen.[68] Eine vielfach aufzufindende Klassifizierung passiver Wissensträger geht von folgenden vier Kategorien aus:[69]

- *Druckbasierte Wissensträger*: Charakteristisch für diese Form synthetischer Wissensträger ist, dass explizites kenntnisgebundenes Wissen in Abhängigkeit vom Grad der Artikulierbarkeit aufgenommen wird. Hierunter werden beispielsweise Bücher, Zeitschriften, Zeitungen und Loseblattsammlungen subsumiert.
- *Audiovisuellbasierte Wissensträger*: Diese Wissensträgerkategorie umfasst sämtliche Medien, die imstande sind, akustische beziehungsweise optische Inhalte aufzunehmen. Hierzu zählen vor allem Audiokassetten, Tonbänder, Fotos und Filme.
- *Computerbasierte Wissensträger*: Eine weitere Gruppe materieller Wissensträger bilden computerbasierte Betriebsmittel. Sie speichern in der Regel digitales beziehungsweise computerlesbares Wissen, wobei die Archivierung, Verarbeitung und Wiedergabe über spezielle Geräte wie zum Beispiel Laufwerke geschieht. Beispiele für diese Art der Wissensträger sind Disketten, Compact Disks (CD) oder Digital Versatile Disks (DVD).[70]
- *Produktbasierte Wissensträger*: Als weitere Form synthetischer Trägern von Wissen zählen teilweise auch die im Wertschöpfungsprozess erstellten Produkte und Leistungen als Träger impliziter Wissensbestände, die sowohl aus der Eigen- als auch aus der Fremderstellung resultieren können.[71]

Die dargestellte Definition von passiven Wissensträgern offenbart eine Forschungslücke hinsichtlich der trennscharfen Unterscheidung von zu archivierenden Informationen und Wissen. Während eine stetig anwachsende Menge an Informationen über verschiedenartige Medien ohne relevanten Zeitverlust abrufbar wird, erscheint sowohl die Handhabbarkeit sich kontinuierlich zu erschweren als auch die Verlässlichkeit angebotener Informationen umgekehrt

---

66 Vgl. *PAWLOWSKY* (1998), S. 17 f., und *SORAMÄKI* (2005), S. 10 f.

67 Vgl. *PFEIFFER* (1965), S. 47.

68 Vgl. *SCHIMMEL* (2002), S. 226.

69 Vgl. *AMELINGMEYER* (2002), S. 54 ff.

70 Es sei vermerkt, dass CD und DVD mittlerweile auch als Träger audiovisuellen Wissens fungieren, was als ein Indikator der Konvergenz verfügbarer passiver Wissensträger dient.

71 Diese Kategorie der synthetischen Wissensträger ist jedoch umstritten; vgl. *HEDLUND* (1994), S. 76.

proportional abzunehmen, sodass für das Individuum ein Orientierungsproblem entsteht.[72] Ein bereits längerfristig anhaltender Trend beschäftigt sich insbesondere mit der technologischen Weiterentwicklung der Systematisierung, Suche und Aufbereitung von Informationen mithilfe von Suchagenten,[73] ohne dass seine diesem Kontext entsprechend annähernd eindeutige Differenzierung zwischen der Archivierung von Informationen und Wissen existiert.[74]

2.3 Wissensverfügbarkeit

Komplementär zu den beiden zuvor untersuchten Wissensparametern ist die Frage der Zugänglichkeit des für Organisationen notwendigen Wissens bedeutsam. Folglich analysiert die Wissensverfügbarkeit die Zugriffsmöglichkeit und damit die Einsetzbarkeit von auf unterschiedlichen Wissensträgern abgelegtem Wissen. Die Verfügbarkeit des Wissens ist damit eine wesentliche Voraussetzung für dessen Nutzung, da die bloße Existenz von Wissensträgern hinsichtlich einer effektiven Wissensverwertung ins Leere läuft.[75] Es existieren fünf bedeutende Verfügbarkeitsdimensionen, die den Nutzungsgrad der Wissensträger im organisationalen Leistungsprozess beeinflussen:[76]

- *Prozessbezogene Wissensverfügbarkeit*: Diese beschreibt den Grad der Involvierung beteiligter Organisationen in den Leistungserstellungsprozess. Vereinfachend kann festgestellt werden, dass der Einbindungsgrad von Wissensträgern in Organisationsprozesse proportional zur Wissensverfügbarkeit ist.
- *Standortbezogene Wissensverfügbarkeit*: Diese Dimension expliziert die räumliche Entfernung, die physische und die virtuelle Transportmöglichkeit von Wissen. Zumeist ist hierbei eine positive Relation von Wissensverfügbarkeit und der Nähe zur organisatorischen Aufgabenerfüllung beobachtbar, wobei dieser Umstand durch die Weiterentwicklung informations- und kommunikationstechnologischer Rahmenbedingungen zunehmend relativiert wird.
- *Rechtliche Wissensverfügbarkeit*: Die rechtliche Wissensverfügbarkeit bezieht sich auf potenziell beeinflussende sowie einschränkende rechtliche Regelungen, die – je nach Geltungsbereich – für das Wissen selbst, aber auch für die Wissensträger gelten. Betroffene Disziplinen sind beispielsweise das Gesetz gegen Wettbewerbsbeschränkungen, das Gesetz gegen den unlauteren Wettbewerb, das Markengesetz, das Sortenschutzgesetz, das Patentgesetz und das Gebrauchsmustergesetz. Solche gesetzlichen Regelungen schränken unter Umständen den Gebrauch von Wissen ein oder schließen diesen aus.
- *Situative Wissensverfügbarkeit*: Die situative Verfügbarkeit geht auf kontextabhängige Rahmenbedingungen ein, die eine Bereitschaft und eine Fähigkeit zur Wissensabgabe und -weitergabe beeinflussen. So ist die Nutzbarkeit inkorporierten Wissens individueller oder kollektiver Wissensträger von der jeweiligen Disposition wie zum Beispiel der Tagesform oder der Gesundheit von Individuen abhängig.

---

72 Vgl. *HUBIG* (1998), S. 3 f.

73 Vgl. *BÖHMANN/KRCMAR* (1999), S. 82 ff.

74 Vgl. *DICK/WEHNER* (2002), S. 11 f.

75 Vgl. *CRISPINO* (2007), S. 72.

76 In Anlehnung an *AMELINGMEYER* (2002), S. 92 ff.

- *Metawissenbezogene Wissensverfügbarkeit*: Diese entsteht durch die systematische Erfassung des verfügbaren Wissens sowie durch die Strukturierung mithilfe von Klassifikationsschemata für Wissen und seine Träger. Übergeordnetes Wissen wird also durch die Kenntnisse über die Existenz und die Verwendungsmöglichkeiten bestimmten Wissens in konkreten Anwendungsfällen determiniert.

Organisationen sind bestrebt, bestehendes Wissen möglichst zu verteilen und zu vernetzen, um es somit vor Verlust zu schützen und gleichzeitig der Generierung von neuem wettbewerblich differenzierbarem Wissen Vorschub zu leisten. Auf Basis des Verständnisses unterschiedlicher Wissensarten, der Unterscheidung denkbarer Träger von Wissen und der grundlegenden Darstellung von wissensspezifischen Verfügbarkeitsdimensionen wird nachfolgend auf das Lernen als Grundlage für die Entwicklung organisatorischen Wissens eingegangen.

3 Lernen

Generell erfordert die Dynamik und Komplexität des heutigen wirtschaftlichen Umfeldes nicht nur die Fähigkeit, Wissen zu archivieren, sondern insbesondere die Fertigkeit zum Erwerb, zur Weiterentwicklung und zur effektiven und effizienten Verwertung von Wissen. Lernen ist in Verbindung mit Erfahrung ein notwendiger Mechanismus, durch den neues Wissen geschaffen wird.[77] Darüber hinaus korrigieren und revidieren Individuen altes Wissen sowie bereiten sich auf neuartige Situationen vor, sodass künftige Problemstellung überwindbar werden.[78] Lernen ist hierbei kein statisches Phänomen, sondern ein dynamischer Prozess, in dem es darum geht, sowohl *Wissen zu erlernen* als auch *Lernen zu wissen*.[79]

3.1 Lernen von Organisationen

Formelles, informelles, implizites oder erfahrungsgeleitetes Lernen beleuchtet verschiedenartige Sichten des Lernens, wobei diese jedoch – ähnlich wie bei den Wissensarten – nicht eindeutig und überlappungsfrei voneinander trennbar sind. Diese zumeist auf *individuellen* Lernprozessen basierenden Betrachtungsdimensionen sind zumeist im Rahmen sozialer Prozesse beobachtbar, sodass auf den Lernenden und seine Handlungen soziokulturelle Einflüsse einwirken.[80] Diese Faktoren resultieren in veränderten Verhaltenspotenzialen, Handlungsmöglichkeiten und Kognitionen.[81]

---

77 Vgl. *Kolb* (1984), S. 38.

78 Vgl. *Probst* (1994), S. 295 ff.

79 Vgl. *Schilcher* (2006), S. 190.

80 Vgl. *Reinmann-Rothmeier/Mandel* (2001), S. 197 f.

81 Vgl. *Probst/Büchel* (1994), S. 17.

Organisationales Lernen[82] will hingegen vom Individuum abstrahieren und geht von einem auf individuellem Lernen aufbauendes, aber nicht damit gleichzusetzendes Phänomen aus, das heißt organisationales Lernen ist nicht die Summe der Lernmenge von Individuen.[83] Folgerichtig basiert organisationales auf individuellem Lernen. Dabei sind Organisationen in der Lage, Wissen unabhängig von ihren Mitgliedern zu akkumulieren.[84] Es wird daher unterstellt, dass sich aus der Interaktion von Individuen ein Gesamtwissen der Organisation entwickeln kann, das nicht ausschließlich auf individuelles Lernen zurückzuführen ist.[85]

3.2 Lernformen von Organisationen

Welche Formen des organisationalen Lernens existieren? In der Literatur gibt es unterschiedliche Auffassungen über die Unterteilung und Abgrenzung auf welche Weise Organisationen lernen. Zumeist werden in diesem Zusammenhang drei Lernformen von Organisationen unterschieden, die im Spannungsfeld verschiedenartiger sich wandelnder umweltspezifischer Kontextfaktoren einzuordnen sind:[86]

- *Anpassungslernen (single-loop learning)*: Diese Form des Lernens fokussiert auf eine Adaption bestehender Handlungsroutinen und Problemlösungsansätze innerhalb eines eingeschwungenen organisatorischen Regelungsgefüges. Bei einem solchen geschlossenen Feedbackprozess wird ein Ist-Zustand mit einem Soll-Zustand verglichen und bei Abweichungen angepasst. Diese reaktive Form einer lernspezifischen Verhaltensänderung tangiert jedoch nicht herrschende Normengefüge oder so genannte Grundfeste eines organisatorischen Gebildes.[87] Anpassungslernen ist damit selbstbestimmt, wobei organisationale Fähigkeiten und Fertigkeiten kontinuierlich hinterfragt und inkrementell modifiziert werden.[88]
- *Veränderungslernen (double-loop learning)*: Bei dieser Art des Lernens werden – anders als beim Anpassungslernen – auch organisationale Werte und Normen sowie strategische Vorgaben konstruktiv angezweifelt und neue führungsspezifische Prioritäten vergeben.[89] Hieraus resultiert in der Regel die Offenlegung von Konflikten zwischen organisatorischen Vertretern neuer und traditioneller Sichtweisen. Eine solche Konflikttransparenz ist notwendig, um durch eine kritische Auseinandersetzung mit bestehenden Denkmustern und Verhaltensweisen Organisationen weiterzuentwickeln und – in Abhängigkeit von Unternehmensgröße und Marktmacht – auch aktiv umweltrelevante Veränderungen herbeizuführen.[90]

---

82 Es existieren vielfältige Ansichten über eine genaue Abgrenzung sowie der Beziehungsart zwischen *lernenden Organisationen* und *organisationalem Lernen*; vgl. SORAMÄKI (2005), S. 33. Von einer tiefer gehenden Unterscheidung wird jedoch an dieser Stelle abgesehen. Die begrifflichen Kombinationen lernende Organisation und organisationales Lernen werden im Rahmen dieses Beitrages als synonym interpretiert.

83 Vgl. DODGSON (1993), S. 375 ff.

84 Vgl. KLIMECKI/PROBST (1993), S. 252.

85 Vgl. PROBST (1994), S. 301.

86 Vgl. PAWLOWSKY (1992), S. 205, PROBST (1994), S. 307 ff., und PROBST/BÜCHEL (1994), S. 33 ff.

87 Vgl. SCHÜPPEL (1996), S. 22.

88 Vgl. DUNCAN/WEISS (1979), S. 75 ff.

89 Vgl. ARGYRIS/SCHÖN (1978), S. 94.

90 Vgl. SCHÜPPEL (1996), S. 24.

- *Prozesslernen (deutero learning)*: Dieser Lernform liegt die Einsicht über den Ablauf des Lernens zugrunde. Damit wird der Prozess des *Lernens zu lernen* im Sinne der Reflexion und Verbesserung von organisationalen Lernprozessen zum zentralen Untersuchungsobjekt.[91] Es geht also um den Sinn des Lernens von Organisation, das heißt die Überprüfung vorhandener Lernprozesse, eine Analyse von lernprozess-spezifischen Erfolgen und Misserfolgen und um die Identifikation von Lernerleichterungen und Lernhindernissen.[92] Hieraus gewonnene Einsichten stehen für künftige Lernsituationen zur Verfügung, sofern Lernbarrieren abgebaut werden können, was wiederum den Charakter von Organisationen in deren Tiefenstruktur positiv verändern kann.[93]

Es wird deutlich, dass die vorgenannten Lernformen vor allem auf die Reflexion von Interaktions- und partizipativen Prozessen zwischen Organisationsmitgliedern mit dem Ziel der Identifikation und Modifikation von Verhaltensroutinen und organisationalen Grundannahmen fokussieren.

Die vereinfachte Darstellung der Lernformen lässt den Schluss zu, dass organisationales Lernen über das Denkmuster einfacher Rückkopplungsschleifen hinausgeht. Um das theoretische Konstrukt einer lernenden Organisation zum Leben zu erwecken und um damit die Möglichkeit einer ständigen wissensbasierten organisatorischen Transformation zu fördern, bedarf es der Einführung entsprechender Strukturen, Kulturen und Strategien.[94] Je besser es eine Organisation versteht, einen effektiven wissensorientierten Handlungsrahmen zu schaffen, das heißt unter anderem den Aufbau von wissensrelevanten Kompetenzen zielorientiert zu unterstützen, desto zügiger kann sie sowohl die entscheidungsrelevanten Anpassungen an die Veränderungen der Umweltsituationen vornehmen als auch die notwendigen exogen einwirkenden Bedingungen beeinflussen.[95]

4 Wissensmanagement

Zur definitorischen Überleitung zwischen organisationalem Lernen und dem Management von Wissen wird an dieser Stelle auf den Abgrenzungsversuch von *PROBST/ROMHARDT* zurückgegriffen: „Wissensmanagement kann als die pragmatische Weiterentwicklung von Ideen des Organisationalen Lernens verstanden werden. Im Zentrum des Interesses steht die Verbesserung der organisationalen Fähigkeiten auf allen Ebenen der Organisation durch einen besseren Umgang mit der Ressource ‚Wissen'. Wissensmanagement beschäftigt sich mit jenem Teil der Lernprozesse, die als gestaltbar angesehen werden. Wissensmanagement versucht [...] Ansatzpunkte für gezielte Interventionen in die organisatorische Wissensbasis zu liefern und entwickelt zu diesem Zwecke Konzepte und Methoden. Die ‚organisationale Wissensbasis' umfasst dabei sämtliche Wissensbestandteile, über die eine Organisation zur Lö-

---

91 Vgl. *KLIMECKI/PROBST* (1993), S. 255. Der Begriff Prozesslernen bezeichnet somit *nicht* das Lernen *von* Prozessen oder das Lernen *in* Prozessen, sondern das Lernen *von* Lernprozessen; vgl. *PROBST/BÜCHEL* (1994), S. 39.

92 Vgl. *ARGYRIS/SCHÖN* (1978), S. 94, und *SCHÜPPEL* (1996), S. 27.

93 Vgl. *PROBST* (1994), S. 309.

94 Vgl. *NOLTE* (1999), S. 42.

95 Vgl. *KLINGELE* (1991), S. 345.

sung ihrer vielfältigen Aufgaben verfügt."[96] Das Lernen von Organisationen ist damit eng mit dem Wissensmanagement verwoben. Wenn die Einsicht vorherrscht, dass zwischen dem Lernen und dem Management von Wissen eine nahezu untrennbare Verbindung besteht, dient das Wissensmanagement als integriertes Interventionskonzept nicht nur für Individuen oder Gruppen, sondern auch für Organisationen, was schließlich zur Schaffung einer lernenden Organisation führen kann.[97]

4.1 Modelle des Wissensmanagements

Sofern sich ein Untersuchungsgegenstand wie das Wissensmanagement aufgrund seiner kontingenten Beschaffenheit auf den ersten Blick nur situativ einordnen lässt, ist es in der Regel empfehlenswert, eine Analyse unter Zuhilfenahme vereinfachender Modelle zu beginnen. So werden zwei Modelle nachfolgend angesprochen, die vor allem das Lernen in und von Organisationen als Betrachtungsmittelpunkt wählen.

(1) Ausgangspunkt der Ausführungen von *NONAKA* ist die Fragestellung, wie Organisationen Wissen entwickeln.[98] Eine der fundamentalen Aufgaben des Wissensmanagement besteht nach diesem Verständnis darin, innerhalb und gegebenenfalls außerhalb einer Organisation befindlichen Akteuren Zugang zu ursprünglich personengebundenem Wissen zur Lösung bestimmter Problemfelder zu verschaffen und dabei neues Wissen auf Grundlage von Lernprozessen zu entwickeln. Kontinuierliche Interaktion von Individuen erzeugt dabei neues Wissen und zwar durch die fortlaufende Mobilisierung und Transformation bereits existierenden Wissens.[99]

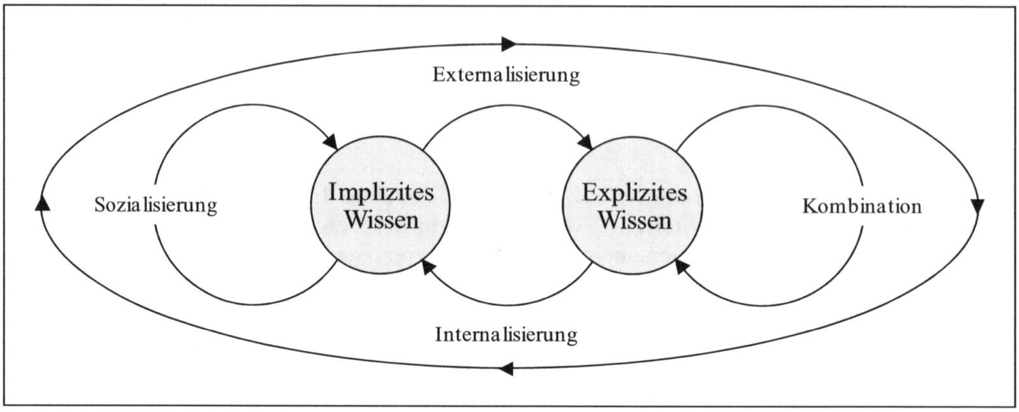

Abbildung 7: Reflexives Lernen als Prämisse des Wissensmanagements[100]

---

96 *PROBST/ROMHARDT* (1998), S. 1.

97 Vgl. *REINMANN-ROTHMEIER* (2001), S. 4 und S. 8 f.

98 Vgl. *NONAKA* (1991), S. 96 ff.

99 Vgl. *SCHIMMEL* (2002), S. 297.

100 In Anlehnung an *NONAKA/TAKEUCHI* (1995), S. 62.

Zur Systematisierung greift dieses Modell auf die so genannte epistemologische Dimension, die nach der Art des Wissens zwischen explizitem und implizitem Wissen unterscheidet, und die bereits diskutierte ontologische Dimension zurück, die eine Einteilung nach Wissensträgern vornimmt (siehe Abbildung 7).[101] Dem epistemologischen Verständnis liegen vier interdependente Betrachtungsgrößen der Wissenskonvertierung zugrunde, durch deren Abfolge und Verflechtung Lernprozesse induziert und schrittweise angereichert werden:[102]

- *Sozialisation (von implizit zu implizit)*: Wissensumwandlung findet nach diesem Modell anfangs über eine Sozialisation statt, bei der personengebundenes verborgenes Wissen durch gemeinsame Erfahrungen, Beobachtungen, Nachahmungen und Übungen auf ein anderes Individuum übergeht, ohne dass hierbei das gesprochene Wort eine notwendige Voraussetzung ist.

- *Externalisierung (von implizit zu explizit)*: Dies ist der Prozess der Artikulation von implizitem Wissen in explizite Konzepte, um mithilfe von Metaphern, Analogien, Szenarien oder Hypothesen tazitem Wissen eine Form zu geben. Durch Reflexion und Interaktion wird ein kreativer Prozess zwischen Individuen angestoßen, durch den Wissen expliziert werden kann, sich jedoch teilweise nicht unmissverständlich darstellen lässt.

- *Kombination (von explizit zu explizit)*: Der dritte Schritt der Wissenstransformation schafft einen Ordnungsrahmen, bei dem mittels Sortieren, Verknüpfen und Klassifizieren neue explizite Wissensbestände generiert werden.

- *Internalisierung (von explizit zu implizit)*: Bei dem letzten Schritt findet eine Vernetzung von neu entwickelten mit bereits vorhandenem Wissen statt. Auf diese Weise wird eine Operationalisierung für den Wissensgebrauch bei gleichzeitiger Erweiterung der vorhandenen Wissensbasis möglich.

NONAKA/TAKEUCHI bezeichnen hierbei die Interaktion zwischen implizitem und explizitem Wissen von einer ontologisch niedrigeren Stufe – zum Beispiel dem Individuum – auf eine höhere Stufe – zum Beispiel einer Gruppe – als Spiralprozess.[103]

(2) Eine weiterer interessanter Betrachtungsansatz ist bei *WILLKE* zu finden, der organisationales Wissensmanagement als „die Gesamtheit kooperativer Strategien zur Schaffung einer intelligenten Organisation“[104] charakterisiert. Während das Individuum hinsichtlich seiner Kompetenzen, Ausbildung und Lernfähigkeit das organisationsweite Wissensniveau beeinflusst, entwickelt und nutzt eine Organisation aus systemorientierter Sicht seine gemeinschaftliche Intelligenz und sein kollektives Gedächtnis (*collective mind*). Das Vorhandensein einzelner Experten innerhalb einer Organisation ist damit nicht hinreichend. Erst wenn unter anderem fachspezifisches Wissen innerhalb des organisatorischen Systems geteilt und damit kollektives Wissen aktiviert wird, können „Organisationen lernen“ und sich damit Wettbewerbsvorteile erarbeiten. Solche Überlegungen sind jedoch unmittelbar an eine adäquate organisatorisch-technologische Kommunikations- und Informationsinfrastruktur geknüpft, die das Effizienzniveau der Operationsweise einer Organisation erheblich beeinflusst.[105]

---

[101] Vgl. *NONAKA/TAKEUCHI* (1997), S. 69.

[102] Vgl. *NONAKA/TAKEUCHI* (1997), S. 74 ff.

[103] Vgl. *NONAKA/TAKEUCHI* (1997), S. 87.

[104] *WILLKE* (1996), S. 280.

[105] Vgl. *WILLKE* (1996), S. 280 f.

Reflexive Prozesse sind eine Grundvoraussetzung für eine funktionierende Selbststeuerung.[106] Erst das ‚Lernen des Lernens' ermöglicht es einer Organisation, zielgerichtete Veränderungen vorzunehmen, Wissen weiterzuentwickeln und damit ein Management des Wissens effektiv auszugestalten (siehe Abbildung 8).

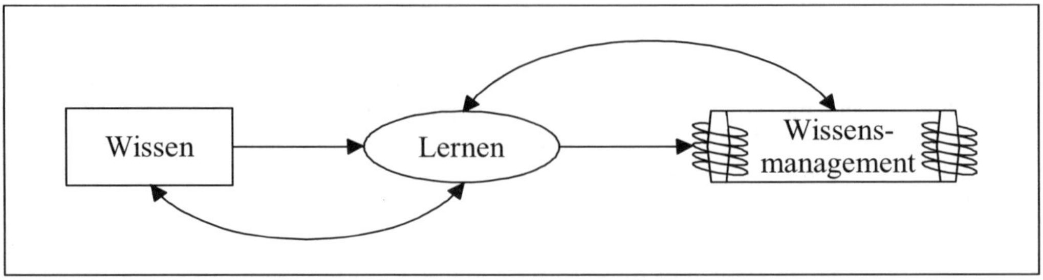

Abbildung 8: Reflexives Lernen als Prämisse des Wissensmanagements[107]

Die Förderung reflexiven Lernens in Organisationen ist nach diesem Ansatz von essenzieller Bedeutung. Das konstruktive Hinterfragen von Gegebenheiten durch Individuen und das Gewinnen neuer Erkenntnisse führt zu einer so genannten Sozialkompetenz einer Organisation, ohne die ein System in einer komplexen Umwelt keinen Bestand hätte.[108] Wissensmanagement bedeutet nach diesem Ansatz also auch die strukturierte Nutzung und Verbesserung einer vorhandenen Wissensbasis, die die kollektive Intelligenz einer Organisation ausmacht und die durch Lernen transformierbar wird.[109]

4.2 Zyklus des Wissensmanagements

Während die ausgeführten Modelle des Wissensmanagement eher einen theoretischen Einblick in die Systematisierung der Wissenskonvertierung geben, wird im Folgenden ein Einblick in eine viel zitierte praxisinduzierte Methode des Wissensmanagementzyklus gewährt. Ein zumindest im deutschsprachigen Raum weit verbreitetes Konzept geht auf *PROBST/RAUB/ ROMHARDT* zurück, die acht Bausteine der Wissenskonvertierung vorschlagen, denen jeweils eine Leitfrage zugrunde liegt:[110]

- *Wissensziele definieren (– wie wird Lernanstrengungen eine Richtung gegeben?)*: Eine Definition der normativen, strategischen und operativen Wissensziele bildet den Ausgangspunkt einer praxisorientierten Untersuchung des organisatorischen Wissensmanagements. Aufbauend auf der vorhandenen organisationalen Wissensbasis werden künftig notwendige Wissensbestände festgelegt.

---

106 Vgl. *LUHMANN* (1987), S. 210 f.

107 In Anlehnung an *WILLKE* (1995), S. 307.

108 Vgl. *SCHREYÖGG/NOSS* (1995), S. 178.

109 Vgl. *SORAMÄKI* (2005), S. 42.

110 Vgl. zu den folgenden Ausführungen *PROBST/RAUB/ROMHARDT* (1999), S. 58 ff. Es ist eine gewisse Ähnlichkeit zu den Untersuchungen von *PAWLOWSKY* zu beobachten, der unmittelbar auf den Ansätzen und Erkenntnissen des organisationalen Lernens aufbaut und hierin die Grundlage für ein so genanntes *integratives Wissensmanagement* sieht; vgl. *PAWLOWSKY* (1998), S. 22 ff.

- *Wissen identifizieren (– wie wird Wissenstransparenz erzeugt?)*: Dieser Baustein beinhaltet die Schaffung einer organisatorischen Transparenz der vorhandenen Wissensbasis. Bei einer solchen Inventur des „intellektuellen Kapitals" werden organisatorische Anforderungen und benötigtes beziehungsweise disponibles Wissen evaluiert.[111] Eine Wissensidentifikation sollte jedoch nicht auf die Individuen einer Organisation beschränkt bleiben, sondern auch kollektives und externes Wissen erfassen, wie zum Beispiel das von Kunden, Geschäfts- und Kooperationspartnern, um eine allumfassende Bestandaufnahme zu erreichen.

- *Wissen erwerben (– welche Fähigkeiten sind extern zu akquirieren?)*: Bei diesem Baustein steht die Frage im Vordergrund, welche Möglichkeiten existieren, neue Fähigkeiten und Fertigkeiten von außen in eine Organisation zu importieren. Hierbei geht es explizit *nicht* um die Anhäufung von Wissen durch individuelles, kollektives oder organisatorisches Lernen, sondern um den gezielten „Einkauf" von Expertise aus externen Quellen.[112] Hierzu gehört beispielsweise die Rekrutierung von Beratern, der Aufbau von Kooperationen oder Koopetitionen und der Erwerb wissensspezifischer Lizenzen.

- *Wissen entwickeln (– wie wird neues Wissen intern generiert?)*: Die Entwicklung von Wissen bezieht sich auf die aktive „Produktion" neuer Ideen, Leistungen, Prozesse etc. Ein Hauptaugenmerk liegt hierbei auf der Schaffung bestmöglicher Rahmenbedingungen, um das organisationsinterne Wissen zu mehren. Hierzu sind unter anderem strukturelle und motivationale Voraussetzungen zu schaffen, die sowohl die Kreativität und die Inspiration als auch systematische Problemlösungskompetenzen fördern.[113]

- *Wissen (ver)teilen (– wie wird Wissen am richtigen Ort verfügbar?)*: Die Weitergabe von Wissensbeständen (oder – synonym – *Wissensstreuung, -zirkulation, -transfer*)[114] in einer Organisation ist eine entscheidende Voraussetzung, um erworbenes beziehungsweise entwickeltes Wissen nutzbar zu machen. Ziel der Wissens(ver)teilung ist es, geeignetes Wissen den richtigen Mitarbeitern zum angebrachten Zeitpunkt am richtigen Ort zur Verfügung zu stellen. Zur Wissensverteilung existieren verschiedenartige Instrumente und Verbreitungsmedien, die formelle oder informelle Prozesse zur moderierten oder unmoderierten Wissensdistribution zwischen spezialisierten oder interdisziplinären Gruppen beziehungsweise Netzwerken begünstigen.[115]

- *Wissen nutzen (– wie lässt sich die Anwendung des Wissens erreichen?)*: Der eigentliche Zweck des Wissensmanagements liegt in der Anwendung von Wissen,[116] weil nur durch Wissensnutzung ein organisatorischer Effektivitäts- und Effizienzeffekt erzielbar ist. Faktoren, die eine Wissensnutzung fördern, sind das Lernen durch Internalisierung, die aktive Überwindung von Nutzungsbarrieren und die Verdeutlichung eines Nutzungskontextes.[117]

---

111 Vgl. *Liebowitz et al.* (2000), S. 3.

112 Vgl. *Lee/Yang* (2000), S. 783 ff.

113 Vgl. *Bhatt* (2000), S. 19.

114 Vgl. *Weggeman* (1999), S. 237.

115 Vgl. *Remus* (2002), S. 133 f.

116 Vgl. *Probst/Raub/Romhardt* (1999), S. 55.

117 Vgl. *Weggeman* (1999), S. 237, und *Lehner* (2000), S. 154.

- *Wissen bewahren (– wie kann der Verlust von Wissen eingeschränkt werden?)*: Ziel dieser Komponente ist es, das „organisationale Vergessen" zu beschränken oder gar zu vermeiden. Eine solche Wissensverankerung setzt die adäquate Selektion, die angemessene Archivierung und die kontinuierliche Aktualisierung bewahrungswürdigen Wissens voraus. Die Wissensbewahrung beruht dabei auf effektiven und effizienten Prozessen und auf der Sicherung mithilfe von (vorrangig passiven) Wissensträgern.
- *Wissen bewerten (– wie wird die Erreichungsgrad von Wissenszielen gemessen?)*: Die abschließende Komponente bildet die so genannte Wissensbewertung. Methoden zur Messung von normativen, strategischen und operativen Wissenszielen werden notwendig, um zu erheben, wie das intellektuelle Kapital einer Organisation zu bewerten ist und welche Maßnahmen zu ergreifen sind, um das Niveau beizubehalten oder sogar verbessern zu können.

Die zuvor beschriebenen Bausteine des Wissenszyklus sind – wie gezeigt – eng miteinander verknüpft. Damit ist eine isolierte Betrachtung einzelner Komponenten zumeist nicht ratsam, weil sich der Zyklus des Wissens in seiner Gesamtheit an den übergeordneten Ziele eines Unternehmens zu orientieren hat, sodass sich einzelfallspezifische Verzerrungen im Gesamtkontext durchaus egalisieren können.

5 Schlussbemerkungen

Dieser Beitrag fundiert das Wissensmanagement in lernenden Organisationen, indem theoretische Grundlagen aufgearbeitet beziehungsweise eine logische Kette zwischen dem Begriff der Informationen, dem Wissen, dem Lernen und dem Management von Wissen artikuliert und aufgebaut wird. Ein nahezu unüberschaubares Feld an Definitionen, Abgrenzungen und Blickrichtungen zur Thematik des Wissensmanagements und seiner Komponenten erzeugt insbesondere beim praxisorientierten Leser, der theoriegeleitet Schlüsse für seinen eigenen Handlungsrahmen ziehen möchte, mehr Verwirrung als Erleuchtung. In diesem Sinn handelt es sich hierbei um eine wissenschaftliche Abhandlung, die nüchtern und fokussiert, dennoch detailorientiert, aber nicht detailverliebt, den Spannungsbogen beim Wissensmanagement zwischen Theorie und Praxis zu erzeugen versucht.

Quellenverzeichnis

AMELINGMEYER, J. (2002): Wissensmanagement, 2. Auflage, Wiesbaden 2002.

ARGYRIS, C./SCHÖN, D. (1978): Organizational Learning, Boston 1978.

ARROW, K. J. (1984): Information and Economic Behavior, in: *ARROW, K. J.* (Hrsg.), Collected Papers of *KENNETH J. ARROW*. The Economics of Information, Band 4, Cambridge 1984, S. 136–152.

BHATT, G. D. (2000): Organizing knowledge in the knowledge development cycle, in: Journal of Knowledge Management, 2000, Nr. 1, S. 15–26.

BLACKLER, F. (1995): Knowledge, Knowledge Work and Organizations, in: Organization Studies, 1995, Nr. 6, S. 1021–1046.

BODE, J. (1993a): Betriebliche Produktion von Information, Wiesbaden 1993.

BODE, J. (1993b): Information, in: Die Betriebswirtschaft, 1993, Nr. 2, S. 275–277.

BÖHMANN, T./KRCMAR, H. (1999): Werkzeuge für das Wissensmanagement, in: *ANTONI, C. H./ SOMMERLATTE, T.* (Hrsg.), Report Wissensmanagement, Düsseldorf 1999, S. 82–91.

BONGARD, S. (1994): Outsourcing-Entscheidungen in der Informationsverarbeitung, Wiesbaden 1994.

BUSSE VON COLBE, W./LASSMANN, G. (1991): Betriebswirtschaftstheorie, Band 1, 5. Auflage, Berlin et al. 1991.

BÜTTGEN, M. (2000): Marktorientiertes Informationsmanagement in Dienstleistungsunternehmen, Wiesbaden 2000.

CRISPINO, B. M. (2007): Eine Evaluation wissensbasierter Organisationsstrukturen Interner Unternehmensberatungen, Dissertation, Kassel 2007.

DICK, M./WEHNER, T. (2002): Wissensmanagement zur Einführung, in: *LÜTHY, W./VOIT, E./ WEHNER, T.* (Hrsg.), Wissensmanagement-Praxis, Zürich 2002, S. 7–27.

DODGSON, M. (1993): Organizational Learning, in: Organizational Studies, 1993, Nr. 3, S. 375–394.

DOMRÖS, C. (1994): Innovation und Institutionen, Berlin 1994.

DUNCAN, R./WEISS, A. (1979): Organizational Learning, in: *STAW, H.* (Hrsg.), Research in Organizational Behaviour, Greenwich 1979, S. 75–123.

EWALD, A. (1989): Organisation des strategischen Technologie-Managements, Berlin 1989.

GÄLWEILER, A. (1987): Strategische Unternehmensführung, Frankfurt/New York 1987.

GROVER, V./DAVENPORT, T. H. (2001): General perspectives on knowledge management, in: Journal of Management Information Systems, 2001, Nr. 1, S. 5–21.

GÜLDENBERG, S. (1997): Wissensmanagement und Wissencontrolling in lernenden Organisationen, Wiesbaden 1997.

GUTENBERG, E. (1979): Grundlagen der Betriebswirtschaftslehre. Die Produktion, Band 1, 23. Auflage, Berlin/Heidelberg/New York 1979.

HEDLUND, G. (1994): A model of knowledge management and the N-form coporation, in: Strategic Management Journal, 1994, Nr. 1, S. 73–90.

HOPF, M. (1983): Informationen für Märkte und Märkte für Informationen, Frankfurt 1983.

HUBIG, C. (1998): Informationsselektion und Wissensselektion, in: *BÜRGEL, H. D.* (Hrsg.), Wissensmanagement, Berlin et al. 1998, S. 3–18.

KELEMIS, A./GUENZEL, C. (1997): Die Ressource Wissen im Unternehmen, in: DV-Management, 1997, Nr. 2, S. 51–54.

KEUPER, F. (2001): Strategisches Management, München/Wien 2001.

KEUPER, F. (2002): Ökonomische Bedeutung der Information in der Informationsgesellschaft, in: *KEUPER, F.* (Hrsg.), Electronic Business und Mobile Business, Wiesbaden 2002, S. 119–141.

KLIMECKI, R./PROBST, G. J. B. (1993): Interkulturelles Lernen, in: *HALLER, M./PLEITNER, H. J./ BLEICHER, K./WUNDERER, R.* (Hrsg.), Globalisierung der Wirtschaft, Berlin et al. 1993, S. 243–272.

KLINGELE, J. H. (1991): Die Entwicklung der multinationalen Unternehmen aus Sicht der Internationalisierungstheorie, Frankfurt et al. 1991.

KLUTMANN, L. (1992): Integration eines strategischen Informations- und Kommunikationsmanagements in alternativen Organisationsformen, Frankfurt et al. 1992.

KOLB, D. (1984): Experiential Learning, Englewood Cliffs 1984.

KOSIOL, E. (1972): Die Unternehmung als wirtschaftliches Aktionszentrum, 2. Auflage, Reinbek 1972.

VON KROGH, G./VENZIN, M. (1995): Anhaltende Wettbewerbsvorteile durch Wissensmanagement, in: Die Unternehmung, 1995, Nr. 6, S. 417–436.

KUHLEN, R. (1995): Informationsmarkt, Konstanz 1995.

LEE, C. C./YANG, J. (2000): Knowledge Value Chain, in: Journal of Management Development, 2000, Nr. 9, S. 783–793.

LEHNER, F. (2000): Organizational Memory, Konzepte und Systeme für das organisatorische Lernen und das Wissensmanagement, München 2000.

LEHNER, F./HILDEBRAND, K./MAIER, R. (1995): Wirtschaftsinformatik, München, Wien 1995.

LIEBOWITZ, J, RUBENSTEIN-MONTANO, B./MCCAW, D./BUCHWALTER, J./BROWNING, C. (2000): The Knowledge Audit, in: Journal of Corporate Transformation, 2000, S. 3–10.

LUHMANN, N. (1987): Soziale Systeme, Frankfurt 1987.

LULLIES, V./BOLLINGER, H./WELTZ, F. (1993): Wissenslogistik, Frankfurt et al. 1993.

MEYER, D. (1990): Asymmetrische Information, in: Wirtschaftswissenschaftliches Studium, 1990, Nr. 1, S. 25–28.

MITTELSTRASS, J. (1990): Gestörte Verhältnisse?, in: *SCHUSTER, H. J.* (Hrsg.), Handbuch des Wissenschaftstransfers, Berlin 1990, S. 43–55.

MORRIS, C. W. (1938): Foundations of the Theory of Signs, in: *NEURATH, O./CARNAP, R./ MORRIS, C. W.* (Hrsg.), International Encyclopedia of Unified Science, Band 1, Teil II, Chicago 1938, S. 79–137.

NOLTE, H. (1999): Organisation, München/Wien 1999.

NONAKA, I. (1991): The Knowledge-Creating Company, in: Harvard Business Review, 1991, Nr. 6, S. 96–104.

NONAKA, I./TAKEUCHI, H. (1995): The Knowledge-Creating Company, Oxford 1995.

NONAKA, I./TAKEUCHI, H. (1997): Die Organisation des Wissens, Frankfurt et al. 1997.

NORTH, K. (1998): Wissensorientierte Unternehmensführung, Wiesbaden 1998.

PAWLOWSKY, P. (1992): Betriebliche Qualifikationsstrategien und organisationales Lernen, in: *STAEHLE, W. H./CONRAD, P.* (Hrsg.), Managementforschung 2, Berlin/New York 1992, S. 177–237.

PAWLOWSKY, P. (1998): Wissensmanagement, Wiesbaden 1998.

PFEIFFER, W. (1965): Absatzpolitik bei Investitionsgütern der Einzelfertigung, Stuttgart 1965.

PICOT, A. (1990): Der Produktionsfaktor Information in der Unternehmensführung, in: Information Management, 1990, Nr. 1, S. 6–14.

PICOT, A./FRANCK, E. (1988): Die Planung der Unternehmensressource Information (I), in: Das Wirtschaftsstudium, 1988, Nr. 10, S. 544–549.

PICOT, A./REICHWALD, R. (1991): Informationswirtschaft, in: *HEINEN, E.* (Hrsg.), Industriebetriebslehre, 9. Auflage, Wiesbaden 1991, S. 241–393.

PICOT, A./REICHWALD, R./WIGAND, R. T. (2003): Die grenzenlose Unternehmung, 5. Auflage, Wiesbaden 2003.

PILLER, F. T. (2003): Mass Customization, 3. Auflage, Wiesbaden 2003.

POPPER, K. R. (1987): Die Erkenntnistheoretische Position der Evolutionären Erkenntnistheorie, in: *RIEDL, R./WUKETIS, F.* (Hrsg.), Die evolutionäre Erkenntnistheorie, Berlin 1987, S. 29–37.

PROBST, G. J. B. (1994): Organisationales Lernen und die Bewältigung von Wandel, in: *GOMEZ, P./HAHN, D./MÜLLER-STEWENS, G./WUNDERER, R.* (Hrsg.), Unternehmerischer Wandel, Wiesbaden 1994, S. 295–320.

PROBST, G. J. B./BÜCHEL, B. S. T. (1994): Organisationales Lernen, Wiesbaden 1994.

PROBST, G. J. B./RAUB, S./ROMHARDT, K. (1999): Wissen managen, Frankfurt 1999.

PROBST, G./ROMHARDT, K. (1998): Bausteine des Wissensmanagements, online: http://wwwai.wu-wien.ac.at/~kaiser/seiw/Probst-Artikel.pdf, Stand: 1998, Abruf: 10.05.2008.

REHÄUSER, J./KRCMAR, H. (1996): Wissensmanagement im Unternehmen, in: *SCHREYÖGG, G./ CONRAD, P.* (Hrsg.), Wissensmanagement 6, Berlin/New York 1996, S. 1–40.

REINMANN-ROTHMEIER, G. (2001): Wissen managen, Forschungsbericht Nr. 131, München 2001.

REINMANN-ROTHMEIER, G./MANDL, H. (1999): Wissensmanagement, in: Personalführung, 1999, Nr. 12, S. 18–23.

REINMANN-ROTHMEIER, G./MANDL, H. (2001): Lernen im Unternehmen, in: *DEHNBOSTEL, P./ ERBE, H. H./NOVAK, H.* (Hrsg.), Berufliche Bildung im lernenden Unternehmen, Berlin 2001, S. 195–216.

REMUS, U. (2002): Prozeßorientiertes Wissensmanagement, Dissertation, Regensburg 2002.

ROPOHL, G. (1979): Eine Systemtheorie der Technik, München/Wien 1979.

RÜTTLER, M. (1991): Information als strategischer Erfolgsfaktor, Berlin 1991.

SCHEIN, E. (1996): Three Cultures of Management, in: Sloan Management Review, 1996, Nr. 4, S. 9–20.

SCHILCHER, C. (2006): Implizite Dimensionen des Wissens und ihre Bedeutung für betriebliches Wissensmanagement, Dissertation, Darmstadt 2006.

SCHIMMEL, A. (2002): Wissen und der Umgang mit Wissen in Organisationen, Dissertation, Dresden 2002.

SCHMIDT, H./SCHISCHKOFF, G. (1969): Philosophisches Wörterbuch, 18. Auflage, Stuttgart 1969.

SCHOMANN, M. (2001): Wissensorientiertes Performance Measurement, Wiesbaden 2001.

SCHREYÖGG, G./NOSS, C. (1995): Organisatorischer Wandel, in: Die Betriebswirtschaft, 1995, Nr. 2, S. 169–185.

SCHÜPPEL, J. (1996): Wissensmanagement, Wiesbaden 1996.

SORAMÄKI, A. (2005): Mit Wissensmanagement zur Lernenden Organisation, Dissertation, Freiburg 2005.

WEGGEMAN, M. (1999): Wissensmanagement, Bonn 1999.

WIIG, K. M. (1999): Introducing Knowledge Management into the Enterprise, in: *LIEBOWITZ, J.* (Hrsg.), Knowledge Management Handbook, Boca Raton 1999, S. 1–41.

WILLFORT, R. (2001): Wissensmanagement mit Innovationsdienstleistungen, Wiesbaden 2001.

WILLKE, H. (1995): Systemtheorie III: Steuerungstheorie, Stuttgart et al. 1995.

WILLKE, H. (1996): Dimensionen des Wissensmanagements, in: *SCHREYÖGG, G./CONRAD, P.* (Hrsg.), Wissensmanagement 6, Berlin/New York 1996, S. 264–304.

WITTMANN, W. (1959): Unternehmung und unvollkommene Information, Köln/Opladen 1959.

WITTMANN, W. (1979): Wissen in der Produktion, in: *KERN, W.* (Hrsg.), Handwörterbuch der Produktionswirtschaft, Band 7, Stuttgart 1979, Sp. 2261–2272.

WITTMANN, W. (1980): Information, in: *GROCHLA, E.* (Hrsg.), Handwörterbuch der Organisation, 2. Auflage, Stuttgart 1980, Sp. 894–904.

Produktionstheoretische Analyse der Wissensentwicklung

INES WÖLBLING und *FRANK KEUPER*

Steinbeis-Hochschule Berlin

1 Einleitung

Wissensziele umschreiben das von einer Organisation als wünschenswert ausgewiesene Wissen, über das sie verfügen möchte. Dabei kann davon ausgegangen werden, dass dem organisationalen Wissen ein (noch) nicht in der Organisation kollektiv geteiltes Wissen vorangeht. Neben dem externen Erwerb und der anschließenden Übertragung von Wissen auf die Organisation stellt die interne Wissensentwicklung bzw. -produktion eine weitere Möglichkeit der Erschließung neuen Wissens dar. Die eigene Wissensentwicklung hat den Vorteil, dass alle definierten Spezifika der Organisation berücksichtigt werden können. Zudem stehen der Organisation Möglichkeiten zur Verfügung, das selbst erstellte Wissen, zumindest für einen bestimmten Zeitraum, vor Wettbewerbern zu schützen. Diese Handlungsoptionen reichen von der Geheimhaltung bzw. Verschwiegenheit bis hin zum Schutz durch eine Patentierung.

Aufgrund der Bedeutung der internen Wissensentwicklung ist es das Ziel dieses Beitrags, den Erstellungsprozess des in einer Organisation neu bzw. weiterzuentwickelnden Wissens aus produktionstheoretischer Sicht genauer zu untersuchen. Dabei wird sich auf die Wissensproduktion durch eine einzelne Person konzentriert, um die Charakteristika des Prozesses möglichst übersichtlich darstellen zu können. Zusätzliche Herausforderungen aus produktionstheoretischer Sicht, die bei einer Wissensproduktion durch ein Team mehrerer Entwickler entstehen, erhöhen die Komplexität der Leistungserstellung. Sie werden nur kurz angesprochen.

Besondere Beachtung im Wissensproduktionsprozess ist dem durch intangible Eigenschaften gekennzeichneten Faktor Wissen und der Individualität der Wissensentwickler zu schenken. Beide machen es notwendig, der Untersuchung von Qualitäten gegenüber der Analyse von Mengen eine höhere Bedeutung beizumessen. Als ein Vorgehen zur Quantifizierung von Qualitäten kann sich dabei der Theorie unscharfer Mengen bedient werden. Mit ihrer Hilfe soll eine Möglichkeit dazu aufgezeigt werden, die in der Literatur diskutierten Probleme einer Quantifizierung im Wissensmanagement handhaben zu können.[1]

Nach einer kurzen Vorstellung des Wissensmanagementkonzepts widmet sich der Beitrag ausführlich der produktionstheoretischen Analyse und Abbildung der Wissensentwicklung und diskutiert die Notwendigkeit einer produktionstheoretischen Erfassung der Wissensentwicklung für die Planung, Steuerung und das Controlling von Organisationen.

---

[1] Vgl. *Probst/Raub/Romhardt* (2006), S. 56.

2 Einordnung der Wissensentwicklung in das Wissensmanagementkonzept

Das Wissensmanagement verfolgt das Ziel, das in einer Organisation vorhandene Wissen besser zu nutzen, hierfür den Zugang zur organisationalen Wissensbasis zu vereinfachen sowie das organisationale Lernen und die Innovationsfähigkeit der Organisation zu steigern.[2] An dieser Stelle wird bereits deutlich, dass sich das Ziel des Wissensmanagements aus mehreren Teilzielen zusammensetzt.

Auch das Wissensmanagementkonzept von *PROBST/RAUB/ROMHARDT* besteht aus einzelnen Bausteinen, die Partialzielen entsprechen (Abbildung 1).[3] Die Bausteine bilden die von den Autoren als Kernprozesse des Wissensmanagements identifizierten Aktivitäten Wissensidentifikation, Wissenserwerb, Wissensentwicklung, Wissens(ver)teilung, Wissensnutzung und Wissensbewahrung ab. Neben diesen Kernprozessen, die einen eher operativen Charakter aufweisen, erweitern die Bausteine Wissensziele und Wissensbewertung das Konzept hin zu einem Managementregelkreislauf, der eine strategische Perspektive und eine Controlling-Perspektive in das Konzept integriert. Die acht Bausteine werden im Folgenden erläutert.

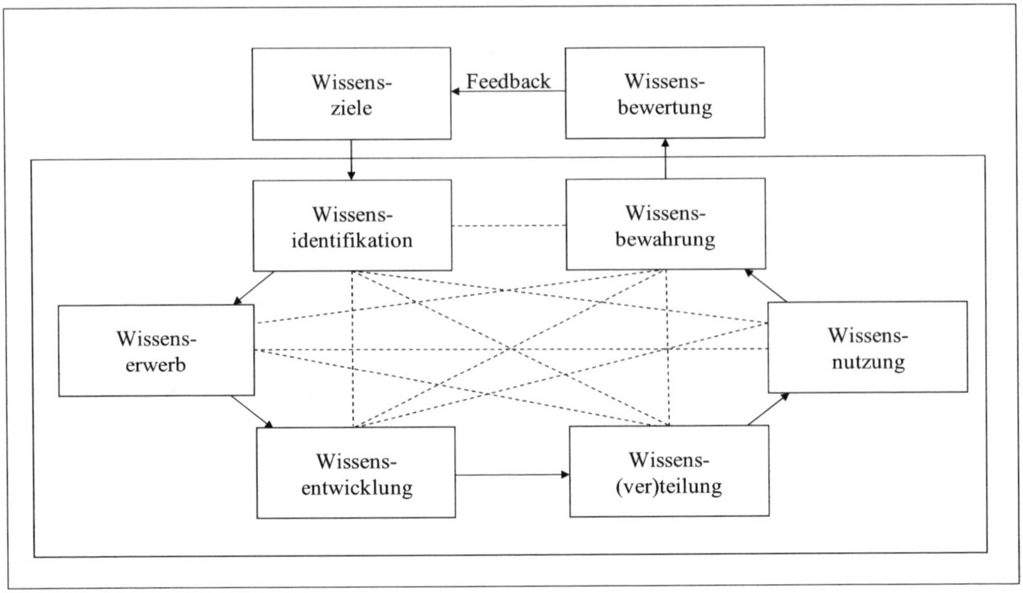

Abbildung 1: Bausteine des Wissensmanagements nach PROBST/RAUB/ROMHARDT[4]

---

2 Vgl. hierzu und folgend *AHLERT/BLAICH/SPELSIEK* (2006), S. 55, deren Aussage auf der Analyse ausgewählter Modelle des Wissensmanagements basiert.

3 Siehe hierzu und folgend *PROBST/RAUB/ROMHARDT* (2006), S. 28 ff.

4 Vgl. *PROBST/RAUB/ROMHARDT* (2006), S. 32.

Wissensziele legen die Richtung des Wissensmanagements fest. Dabei streben normative Wissensziele die Schaffung einer wissensbewussten und wissensfreundlichen Unternehmenskultur an. Strategische Wissensziele definieren das organisationale Kernwissen und damit zugleich den zukünftigen Kompetenzbedarf. Für eine Konkretisierung der normativen und strategischen Ziele sowie für die Umsetzung des Wissensmanagements sorgen schließlich operative Wissensziele.

Mit Hilfe der *Wissensidentifikation* erlangt eine Organisation einen Überblick über interne und externe Wissensquellen. Die geschaffene Transparenz stellt eine wesentliche Unterstützung der Mitarbeiter bei ihren Suchaktivitäten nach vorhandenem Wissen dar.

Unter *Wissenserwerb* wird die Erschließung von Wissen, das außerhalb der Organisation verankert ist, verstanden. Möglichkeiten des Wissenserwerbs stellen z. B. Kooperationen, Kontakte zu Kunden und Lieferanten oder auch zu Wettbewerbern dar.

Komplementär zum Wissenserwerb dient die *Wissensentwicklung* der Erschließung neuen Wissens, allerdings durch organisationsinterne Produktion, die aufgrund der dafür notwendigen Kreativität der Mitarbeiter von *PROBST/RAUB/ROMHARDT* auch als „Kreierung“[5] bezeichnet wird.

Der Prozess der Verbreitung bereits vorhandenen Wissens innerhalb der Organisation wird als *Wissens(ver)teilung* bezeichnet. Besonderes Augenmerk ist dabei auf die Analyse des Übergangs von bestehendem, oftmals individuellem bzw. persönlichem Wissen auf eine Gruppen- und Organisationsebene zu richten.

Wissensnutzung umschreibt den produktiven Einsatz des organisationalen Wissens. Dabei ist es das Ziel, das zur Verfügung stehende, für die Organisation wertvolle Wissen auch tatsächlich anzuwenden und die Organisation damit optimal im Wettbewerb zu positionieren.

Eine gezielte *Wissensbewahrung* soll schließlich vor Wissensverlusten schützen. Hierzu gehören die Selektion, Speicherung und regelmäßige Aktualisierung nutzbringenden Wissens.

Der Prozess der *Wissensbewertung* dient der Ermittlung von Controlling-Daten, die für eine Kontrolle und eine zielgerichtete Steuerung des Wissensmanagementprozesses unabdingbar sind.

Einen wesentlichen Baustein für die wissensbezogene Fortentwicklung[6] einer Organisation stellt die organisationsinterne Wissensentwicklung dar, deren produktionstheoretische Analyse Schwerpunkt der nachfolgenden Abschnitte ist.

---

5 *PROBST/RAUB/ROMHARDT* (2006), S. 29.

6 Zur Übertragung evolutionstheoretischer Ansätze in die Betriebswirtschaftslehre siehe *BRÖSEL/KEUPER/WÖLBLING* (2007).

3 Produktionstheoretische Analyse der Wissensentwicklung

Eine produktionstheoretische Analyse der Wissensentwicklung bzw. Wissensproduktion macht es zunächst zwingend erforderlich, den Prozess der individuellen Wissensentwicklung mit seinen Teilprozessen abzubilden. Um die Besonderheiten dieser Art der Leistungserstellung erfassen zu können, sind im weiteren Verlauf die Barrieren des Wissensmanagements und im Hinblick auf die individuelle Wissensentwicklung speziell die Barrieren der Individualebene sowie die charakteristischen Produktionsfaktoren näher zu beleuchten. Anschließend werden die besonderen Herausforderungen einer produktionstheoretischen Erfassung der Wissensentwicklung herausgearbeitet.

3.1 Prozess der individuellen Wissensentwicklung

Die Darstellung des Prozesses der individuellen Wissensentwicklung durch einen einzelnen Wissensbesitzer vernachlässigt an dieser Stelle die Möglichkeit einer gemeinsamen Wissensentwicklung durch mehrere Akteure. Diese Vorgehensweise wird gewählt, um den Prozess der Wissensentwicklung zunächst möglichst übersichtlich darzustellen. Die Wissensentwicklung wird dabei als Produktionsprozess betrachtet, der neues Wissen hervorbringt. Sie lässt sich in die Teilprozesse der Selektion und der Bearbeitung zerlegen (Abbildung 2). Der Wissensbesitzer verfügt zu Beginn der Produktion über ein individuelles Vorwissen, das, bildlich gesprochen, in einem Wissenspool gesammelt ist. Die Inhalte des Wissenspools stellen die Basis für neu zu entwickelndes Wissen dar. Aus dem Pool werden im Teilprozess der *Selektion*[7] weiterzuverwendende Wissensteile vom Wissensbesitzer ausgewählt. Die Selektion wird an dieser Stelle als ein Teilprozess der Produktion angesehen, weil der Wissensbesitzer bei der Analyse der Wissensentwicklung bereits einen wichtigen Schritt für die Entwicklung neuen Wissens vornimmt: Er wählt auf ein Ziel hin orientiert für die Organisation wertvolle Wissensbestandteile (relevantes Vorwissen) aus. Die Selektion kann dabei selbstveranlasst oder entsprechend den Instruktionen eines Weisungsberechtigten erfolgen.

Aus den selektierten Wissensbestandteilen entsteht nach einer durch den Wissensbesitzer[8] vorgenommenen *Bearbeitung* bzw. Weiterentwicklung neuartiges Wissen, das zunächst allein den individuellen Wissenspool des Wissensentwicklers vergrößert. Nach Beendigung der individuellen Wissensentwicklung kann das neu gewonnene Wissen schließlich im Rahmen der Wissens(ver)teilung in kollektives Wissen der Organisation überführt werden.

Weil Vorwissen als unerlässlicher Inputfaktor und damit als die Art[9] des neuen Wissens (Output) bestimmend angesehen wird, sind in Abbildung 2 allein sein Bestand und seine Transformation im Prozess dargestellt. Wie noch zu zeigen sein wird, besitzen die Wissensentwickler aufgrund ihnen eingeräumter Handlungs- und Gestaltungsfreiräume allerdings einen ebenso entscheidenden Einfluss auf die Art des Outputs.[10]

---

7 Zum in der Kybernetik Anwendung findenden Begriff der Selektion siehe *KEUPER* (2004a), S. 104 f.

8 An dieser Stelle wird der Wissensbesitzer zum Wissensbearbeiter.

9 Die Art originärer und derivativer Produktionsfaktoren sowie des Outputs wird durch ihre produktionsrelevanten, d. h. für die Wissensentwicklung bedeutsamen Merkmale bestimmt.

10 Auf die Darstellung weiterer am Prozess der Wissensentwicklung beteiligter Produktionsfaktoren (z. B. Betriebsmittel, Werkstoffe, Leistungen dispositiver Faktoren) soll zur Wahrung der Übersichtlichkeit verzichtet werden.

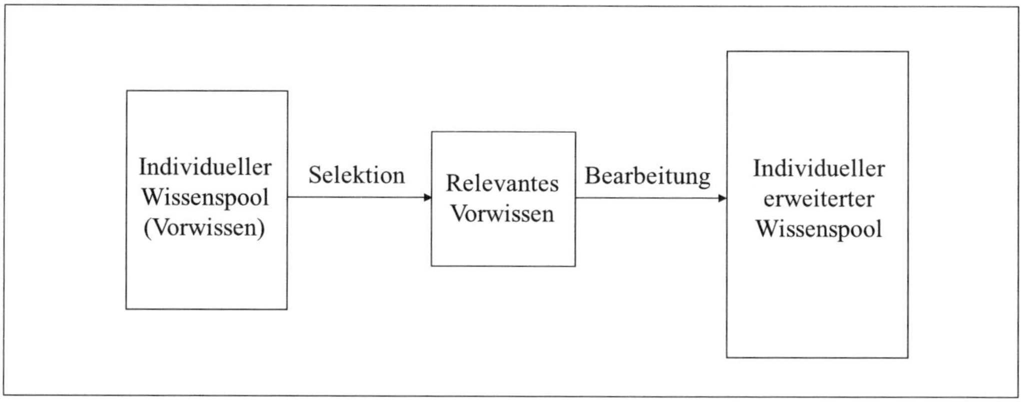

Abbildung 2: Prozess der individuellen Wissensentwicklung

3.2 Barrieren des Wissensmanagements

Theoretische und empirische Untersuchungen[11] haben ergeben, dass dem Ziel der optimalen Ausgestaltung der Rahmenbedingungen für ein erfolgreiches Wissensmanagement, wie der Implementierung von Wissensmanagementlösungen in Organisationen und Netzwerken, sowie der Erreichung eines Optimalzustands unterschiedliche Widerstände entgegenstehen können.[12] Die identifizierten Barrieren können sowohl auf der Organisationsebene (kooperationsbedingte und technologische Barrieren) als auch auf der Individualebene (kognitive und motivationale Barrieren) auftreten (Abbildung 3). Während die Barrieren auf der Organisationsebene als unabhängig von den prozessrelevanten Eigenschaften einzelner Mitarbeiter anzusehen sind, müssen zur Behebung von Widerständen auf der Individualebene mitarbeiterbezogene Analysen durchgeführt werden. Im Folgenden sollen die einzelnen Barrieren kurz charakterisiert werden. Dabei ist anzumerken, dass die Barrieren bisher vornehmlich auf die Wissens(ver)teilung bezogen werden.[13] Wie noch zu zeigen sein wird, spielen insbesondere die Barrieren der Individualebene auch bei der Wissensentwicklung eine herausragende Rolle.[14] Da kooperationsbedingte Barrieren lediglich auf spezifische Probleme bei der Zusammenarbeit in Netzwerken zurückzuführen sind, wird auf ihre Beschreibung im Hinblick auf die Themenstellung dieses Beitrags verzichtet.[15]

---

11 Genannte Forschungsergebnisse stammen aus dem MOTIWIDI-Projekt, einem vom Bundesministerium für Bildung und Forschung geförderten Verbundprojekt von Partnern aus der Wissenschaft und der Unternehmenspraxis, das sich mit der Erarbeitung von Rahmenbedingungen eines idealtypischen Wissensmanagements beschäftigt. Dabei steht die Abkürzung MOTIWIDI für Motivationseffizienz in wissensintensiven Dienstleistungsnetzwerken; vgl. *Ahlert/Blaich/Spelsiek* (2006), S. 5 ff.

12 Siehe hierzu und folgend *Ahlert/Blaich/Spelsiek* (2006), S. 22 ff., die ihre Darstellungen auf den Wissenstransfer in Netzwerken beziehen. Hieraus lassen sich allerdings auch allgemeingültige Aussagen ableiten.

13 Siehe z. B. *Ahlert/Blaich/Spelsiek* (2006), S. 22 ff.

14 Siehe Abschnitt 3.3.2.

15 Die Beschreibung der Barrieren des Wissensmanagements lehnt sich an *Ahlert/Blaich/Spelsiek* (2006), S. 24 ff., an. Sie wird im Folgenden jedoch differenzierter betrachtet.

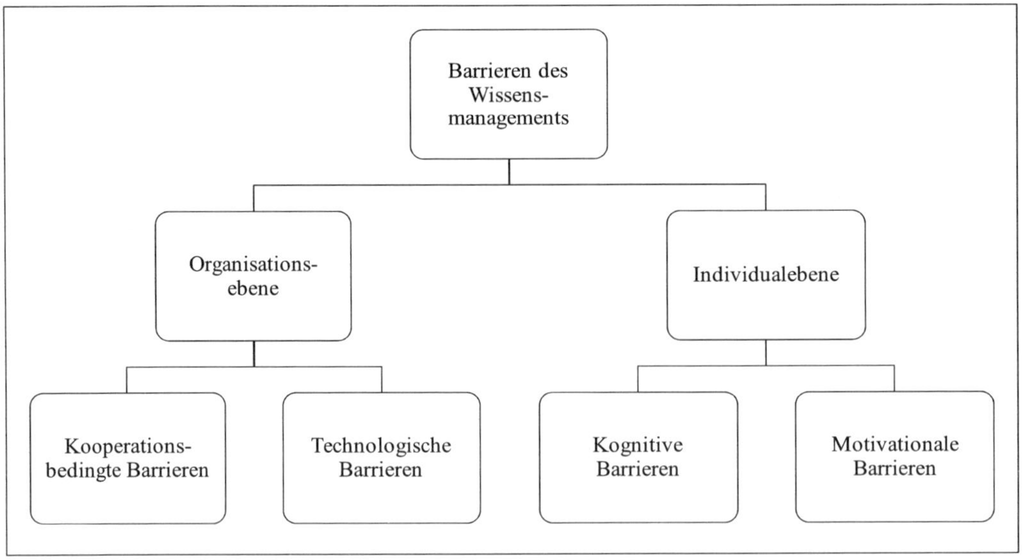

Abbildung 3: Barrieren des Wissensmanagements[16]

Technologische Barrieren betreffen IT-gestützte Wissensmanagementsysteme, die sowohl den Austausch von Informationen als auch die Kommunikation zwischen Wissensträgern unterstützen sollen. Um den Anwendern und der Organisation einen größtmöglichen Nutzen zu bieten, sind bspw. die Integration der Wissensmanagementsysteme in bereits bestehende Systeme und Arbeitsabläufe sowie die Berücksichtigung von Anwenderinteressen und eine entsprechende Nutzerfreundlichkeit von entscheidender Bedeutung. Als weitere wesentliche Anforderungen an Wissensmanagementsysteme seien beispielhaft die geforderte strategische Relevanz und Aktualität der durch sie zur Verfügung gestellten Informationen sowie Klassifizierungsmöglichkeiten genannt.

Demgegenüber beziehen sich *kognitive Barrieren* auf einzelne Individuen einer Organisation. Zu differenzieren ist hier zwischen Barrieren auf Seiten des Wissensbesitzers bzw. Wissenssenders sowie auf Seiten des Wissensempfängers. Bei Betrachtung der Wissensbesitzer bzw. Wissenssender sind Probleme hinsichtlich der Weiterentwicklung und Weitergabe ihres Wissens anzuführen. So können neben einem nicht vorhandenen Bewusstsein des Wissensbesitzers um die Relevanz seines persönlichen (Vor-)Wissens für die Organisation zudem beim Wissenssender vielfach mangelnde Fähigkeiten auftreten, das vorhandene Wissen verbal oder nonverbal zu kommunizieren. Zugleich sei an dieser Stelle auf die Unmöglichkeit der Explikation impliziten (im Sinne von unbewussten) Wissens verwiesen.[17] Hinsichtlich des Wissensempfängers können Barrieren aufgrund mangelnder Aufnahme,- Anwendungs- und Bewah-

---

[16] Vgl. SPELSIEK (2005) und AHLERT/BLAICH/SPELSIEK (2006), S. 23.

[17] Nach POLANYI, der den Begriff des impliziten Wissens in die Literatur eingeführt hat, umfasst implizites Wissen lediglich die einer Person unbewussten, d. h. ihr verborgenen Bestandteile des eigenen Wissens; vgl. POLANYI (1985). Demgegenüber ist für NONAKA/TAKEUCHI implizites Wissen mit dem persönlichen, unvollständig explizierten Wissen, wie z. B. den Vorstellungen oder auch Idealen einer Person, gleichzusetzen; vgl. NONAKA (1992) und NONAKA/TAKEUCHI (1995), S. 8 f. und S. 59 ff. Zur Problematik impliziter und expliziter Wissensbestandteile siehe auch Abschnitt 3.3.1.

rungsfähigkeiten, Intelligenz, Lernfähigkeit, begrenztem Vorwissen sowie subjektiver Wahrnehmung auftreten.

Wie kognitive Barrieren können auch *motivationale Barrieren* sowohl beim Wissensbesitzer bzw. Wissenssender als auch beim Wissensempfänger auftreten. Beim Wissensbesitzer bzw. Wissenssender können Motivationsprobleme aufgrund der Tatsache, dass er Wissen teilen und insofern nicht mehr alleiniger Wissensbesitzer sein soll, auftreten. Denn damit sieht er sich der Gefahr ausgesetzt, durch das Abtreten von Wissen seine Stellung innerhalb der Organisation bzw. seinen Wert für die Organisation zu verringern. Als Folge verhält sich der Wissensbesitzer möglicherweise opportunistisch. Daneben ist mit einem Wissenstransfer sowohl für den Sender als auch für den Empfänger ein Zeitverlust verbunden. Die Motivation des Wissensempfängers ist zudem gering, wenn er nur einen begrenzten Nutzwert des aufzunehmenden Wissens antizipiert.[18] Gleiches gilt für die Entwicklung neuen Wissens, die für den Wissensentwickler mit einem Aufwand verbunden ist. Schätzt der Wissensentwickler den Aufwand dabei höher als den erwarteten Nutzen ein, so wird seine Motivation hinsichtlich der Entwicklung neuen Wissens gering sein.

3.3 Charakteristische Produktionsfaktoren der Wissensentwicklung

Voraussetzung einer Produktionstheorie jedweder Art, so auch der individuellen Wissensentwicklung, ist die Kenntnis der Produktionsfaktoren und der Ausprägungen ihrer produktionsrelevanten Attribute. Zu den für die Wissensentwicklung charakteristischen Faktoren zählen insbesondere das verfügbare Vorwissen sowie weitere prozessrelevante Eigenschaften des Wissensproduzenten, z. B. seine Intelligenz, Kreativität, Motivation sowie seine Präferenzen bei der Selektion zu entwickelnden Wissens. Ihr Einfluss auf jegliche Art von Produktionsprozessen soll keinesfalls in Frage gestellt werden,[19] doch ist die Bedeutung dieser Faktoren bei der Produktion von informatorischem Output, um den es sich bei neuem Wissen handelt, um ein Vielfaches höher als bspw. bei der Sachgutproduktion. So ermöglichen speziell Handlungsspiel- und Ausgestaltungsfreiräume dem Wissensproduzenten einen Einfluss auf zumindest operative Planungs- und Entscheidungsprozesse. Auch in Anbetracht der Tatsache, dass Vorwissen ein dem Wissensproduzenten adhärenter Faktor ist,[20] der nur eine seiner prozessrelevanten Eigenschaften darstellt, soll der Faktor Wissen aufgrund seiner Bedeutung für den Produktionsprozess in einem eigenständigen Abschnitt analysiert werden.

---

18 Vgl. *BLAICH* (2004), S. 91 ff.

19 Allgemein zur Bedeutung von Informationen, die im Zusammenhang der Wissensentwicklung als potenziell explizierbare Wissensbestandteile angesehen werden (siehe hierzu Abschnitt 3.3.1), siehe z. B. *KEUPER* (2002).
Allgemein zur Kreativität in Produktionsprozessen siehe z. B. *KEUPER* (2004a), S. 347 f.

20 So sieht *KEUPER* (2002), S. 125 ff., Informationen, die wie Wissen einen informatorischen Charakter sowie eine Steuerungsfunktion für die Leistungserstellung besitzen, als adhärente Eigenschaft eines Produktionsfaktors an.

3.3.1 Wissen

Wissen stellt „jede Form der Repräsentation von Teilen der realen oder gedachten (d. h. vorgestellten) Welt in einem materiellen Trägermedium“[21] dar.[22] Hier wird deutlich, dass Wissen nur bestimmte Ausschnitte der Welt umfasst und daher mit dieser nicht gleichzusetzen ist. Nichtsdestotrotz besitzt Wissen einen komplexen Charakter.[23] Zudem ist die Konstruktion von Realität (und insofern Wissen) durch ein hohes Maß an Subjektivität gekennzeichnet.[24] Diese Tatsache kann zu dem Umstand führen, dass zwei Personen eine gegebene Situation unterschiedlich wahrnehmen.

Informationen hingegen werden als Wissensbestandteile, die *potenziell* in Form von menschlicher Sprache[25] repräsentiert werden können oder bereits in Form von menschlicher Sprache repräsentiert worden sind, definiert.[26] Dementsprechend kann zwischen impliziten und expliziten Informationen unterschieden werden, wobei implizite Informationen noch nicht explizierte, aber potenziell verbalisierbare Wissensbestandteile und explizite Informationen bereits in menschlicher Sprache repräsentierte Wissensbestandteile sind. Implizites Wissen wird in diesem Zusammenhang gemäß der Definition von *POLANYI* als die dem Wissensbesitzer unbewussten Bestandteile seines Wissens, die nicht mit Hilfe einer Explikation übertragen werden können, verstanden.[27] Abbildung 4 fasst die vorgestellten Beziehungen zusammen.

Schließlich sind sowohl die für den Produktionsprozess von neuem Wissen relevanten Eigenschaftsausprägungen von bestehendem Wissen als auch die die Wissensproduktion steuernden Informationen durch Intangibilität gekennzeichnet. Sie erschwert die quantitative Erfassung im Leistungserstellungsprozess und den zugehörigen Transformationsprozessen.

---

21 *BODE* (1993), S. 276. Trägermedien umfassen dabei Speichermedien (z. B. Papier oder das menschliche Gehirn) und Übertragungsmedien (z. B. Breitband oder die Luft als Träger von Schallwellen).

22 Den auf die in der betriebswirtschaftlichen Literatur vielfach Bezug genommenen (vgl. *REHÄUSER/KRCMAR* (1996), S. 4) Definitionen von Wissen und Information nach *WITTMANN* (siehe *WITTMANN* (1979), Sp. 2263, Sp. 2264 und Sp. 2266) wird sich an dieser Stelle aufgrund der in ihnen geforderten Zweckbezogenheit und Wahrheit nicht angeschlossen.

23 Zum Begriff der Komplexität in der Systemtheorie siehe *KEUPER* (2004a), S. 15 ff., und *KEUPER* (2004b).

24 Aufgrund der von den Autoren als realitätsnäher erachteten Annahmen wird im Folgenden der konstruktivistischen Auffassung von Wissen gefolgt, die Wissen als personengebunden, schwierig zu artikulieren und zu transferieren betrachtet; vgl. *AHLERT/BLAICH/SPELSIEK* (2006), S. 38. Demgegenüber versteht die kognitivistische Perspektive Wissen als vollständig explizier- und transferierbare Repräsentation einer objektiven Realität; vgl. *VON KROGH* (1998), S. 134, und *THIEL* (2002), S. 10.

25 Unter menschlicher Sprache soll jede verbale und nonverbale, natürliche und künstliche Äußerung von Menschen verstanden werden, die Wissen bzw. Wissensbestandteile überträgt; siehe ähnlich *BODE* (1993), S. 276, und *BODE* (1997), S. 459.

26 In Anlehnung an *BODE*, der Informationen als „Wissensbestandteile, die in Form menschlicher Sprache repräsentiert *sind*“ umschreibt; vgl. *BODE* (1993), S. 276, und *BODE* (1997), S. 459; Hervorhebung durch die Autoren.

27 Vgl. *POLANYI* (1985).

Ein Transfer impliziten Wissens ist allein durch Einfühlung desjenigen, der das Wissen erwerben möchte, in den Geist des Wissensträgers, z. B. durch Beobachtung oder praktische Übung, möglich, vgl. *POLANYI* (1985), S. 24. Dabei wird das Wissen jedoch nicht expliziert.

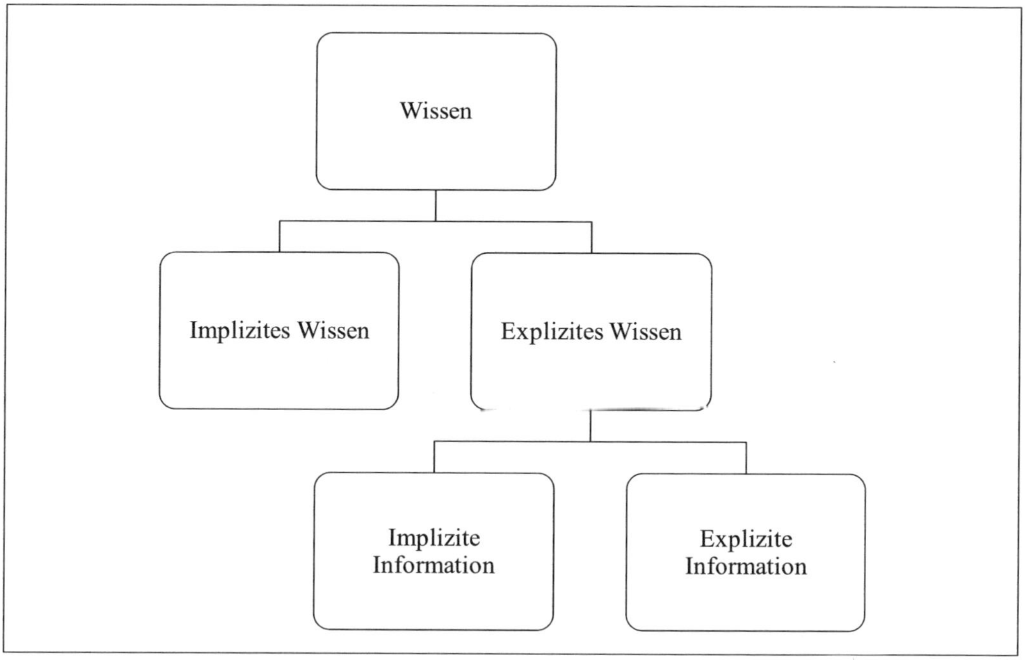

Abbildung 4: Wissens- und Informationsarten

3.3.2 Menschliche Komponente

Die für die Entwicklung neuen Wissens wesentlichen Attribute des Wissensproduzenten stellen neben seinem Vorwissen insbesondere seine Intelligenz, Kreativität und Motivation, aber auch seine Präferenzen bezüglich der Wissensentwicklung dar. Dabei wird die Art des Outputs determiniert durch die gesamte Individualität des Wissensproduzenten einschließlich seines Vorwissens, das einer subjektiv geprägten Rekonstruktion von Realität entspricht.[28] Die auf diese Weise gewonnene Vorstellung von Realität kann angesichts subjektiver Konstruktionsprozesse zu unterschiedlichen Wahrnehmungen eines konkreten Sachverhalts durch den Wissensproduzenten und bspw. das Management eines Unternehmens, in dessen Auftrag der Wissensproduzent neues Wissen entwickeln soll, führen. Die umschriebenen Sachverhalte verdeutlichen, dass die in Abschnitt 3.2 vorgestellten Barrieren der Individualebene nicht nur im Teilprozess der Wissens(ver)teilung, sondern ebenso im Lernprozess der Wissensentwicklung existieren (Abbildung 5).

[28] Siehe Abschnitt 3.3.1.

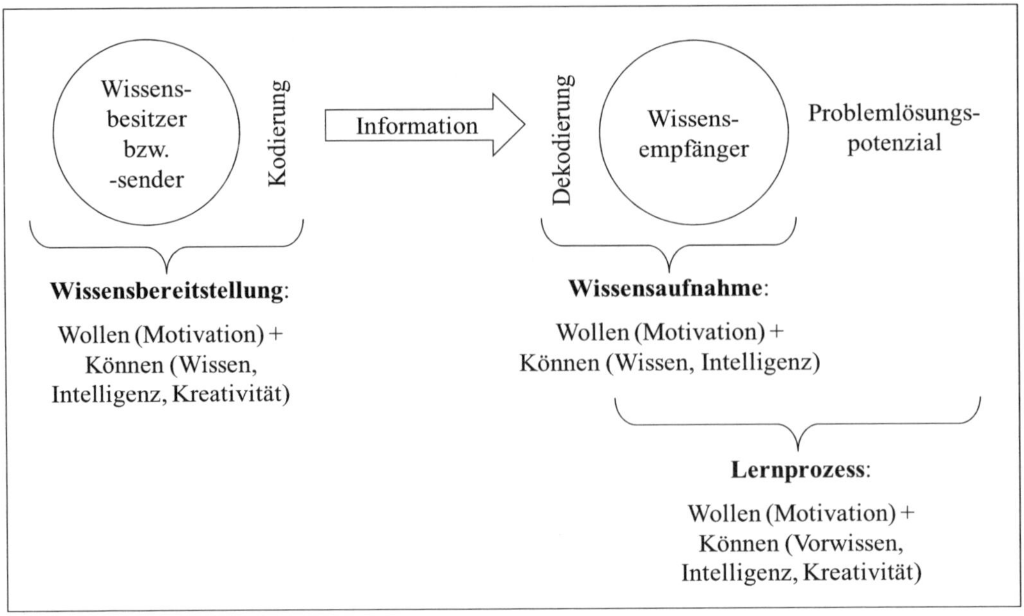

Abbildung 5: Barrieren der Individualebene[29]

Intelligenz kann als die Fähigkeit umschrieben werden, „die sich in der Erfassung und Herstellung anschaulicher und abstrakter Beziehungen äußert, dadurch die Bewältigung neuartiger Situationen durch problemlösendes Verhalten ermöglicht und somit Versuch-und-Irrtum-Verhalten und Lernen an Zufallserfolgen entbehrlich macht"[30]. Der Faktor Kreativität ist als höchst individuelle menschliche Eigenschaft aufzufassen.[31] Als „Fähigkeit zur Produktion neuer Ideen und Problemlösungen"[32] kann er als Teilmenge der Intelligenz interpretiert werden.

Aus produktionstheoretischer Sicht besitzen Wissensproduzenten die Möglichkeit, den Faktorkombinationsprozess in gewissen Teilen selbst auszugestalten. Sie können insofern zu einem bestimmten Grad (operative) Planungs- und Entscheidungsprozesse selbst durchführen und auf diese Weise Einfluss auf das zu erstellende Produkt (zu erweiterndes oder neu zu entwickelndes Wissen) nehmen. Diese Freiräume sind aufgrund der individuellen und dem dispositiven Faktor nicht vollständig bekannten prozessrelevanten Eigenschaften des Wissensproduzenten und seines in den Produktionsprozess eingehenden individuellen Vorwissens für die Wissensproduktion unabdingbar. Damit verändern und erweitern die Akteure nicht nur ihr Vorwissen durch Bearbeitung, sondern schaffen aufgrund ihrer Handlungs- und Entscheidungsfreiräume auch erst die Steuerungsinformationen, die als Regeln für die Kombinations- und Transformationsprozesse des Vorwissens mit dem Wissensproduzenten anzusehen sind. Die Akteure übernehmen mittels ihrer Planungs- und Entscheidungsmöglichkeiten insofern Aufgaben, Kompetenzen und Befugnisse dispositiver Faktoren. Diese Besonderheit ist die

29 In Anlehnung an *AHLERT/BLAICH/SPELSIEK* (2006), S. 71, stark verändert und erweitert.

30 *MEYERS LEXIKON ONLINE* (2008).

31 Siehe auch *SZYPERSKI/WINAND* (1980), S. 64.

32 *PROBST/RAUB/ROMHARDT* (2006), S. 118.

eigentliche Herausforderung in der produktionstheoretischen Analyse des Entwicklungsprozesses von neuem Wissen. Die exakte Beschreibbarkeit der Akteure sowie ihr Einfluss auf Planung und Entscheidung stellt damit und zugleich aufgrund der Neu- und Einzigartigkeit der Aufgaben eine bisher nicht gelöste Herausforderung dar.

Die Komplexität der Bestimmung individueller Eigenschaftsausprägungen und ihrer Auswirkungen auf die Produktionsplanung steigt zusätzlich, sobald verschiedene Mitarbeiter einer Organisation, z. B. bei einer Wissensentwicklung im Team, interagieren.

3.4 Probleme einer produktionstheoretischen Erfassung der Wissensentwicklung

Bei der Wissensentwicklung kommt der Art und Qualität des produzierten Wissens oftmals eine höhere Bedeutung als der Quantität des Wissens zu. Ähnlich der Erzeugung von Informationsprodukten sind bei der Wissensproduktion insofern vornehmlich die *Art* und die *Zusammenstellung* der Produkte von Interesse.[33] Die Art wird als qualitative Beschreibung von Eigenschaften angesehen. Sie ergänzt eine rein mengenmäßige Betrachtung. Dabei sei der Begriff Qualität lediglich von nominalskaliertem Niveau. Er umschreibt damit die Art eines Objekts.

Produktionsprozesse, bei denen vor Prozessbeginn mindestens eines der Merkmale Art, Menge, Zeitpunkt und Ort eines Produktionsfaktors, Transformationsprozesses oder des Outputs nicht hinreichend genau durch eine Ausprägung beschrieben werden können, weisen das Merkmal der Unschärfe auf.[34] Während Unsicherheit in der Entscheidungstheorie beinhaltet, dass mehrere mögliche Umweltzustände im Entscheidungsfeld existieren (Entscheidung unter Risiko vs. Entscheidung unter Ungewissheit), bedeutet Unschärfe, dass die Menge der Elemente, auf die ein Attribut oder eine Relation zutrifft, nicht klar von der Menge der nichtzutreffenden Objekte abgrenzbar ist.[35] Sind die Produktionsfaktoren hinsichtlich der aufgeführten Attribute, wenn auch nur zu einem Teil, unscharf, können auch ihre Kombination und die dabei anzuwendenden Regeln nicht eindeutig charakterisiert werden. Dies hat wiederum einen unscharfen Output zur Folge.

Aufgrund der Verschiedenartigkeit ihrer produktionsrelevanten, die Art des zu entwickelnden neuen Wissens bestimmenden Eigenschaften (durch Individualität und Komplexität gekennzeichnetes Vorwissen, nominalskalierte Ausprägungen von Intelligenz, Kreativität, Motivation, Präferenzen bei der Selektion) ist bei der produktionstheoretischen Untersuchung des Erstellungsprozesses von neuem Wissen jeder Wissensentwickler als eigenständiger Produktionsfaktor, der als Teilfaktor der Kategorie der Wissensentwickler untergeordnet ist, zu erfassen. Ihre gegenseitige Substitution könnte zu letztendlich unterschiedlichem Neuwissen mit differentem Nutzen für die Organisation führen. Mit der Formulierung jeweils eigenständiger Produktionsfaktoren wird zudem die Einzigartigkeit der Wissensentwickler und ihre qualitative Bedeutung für den Produktionsprozess und das zu erzeugende Wissen speziell mit Blick auf die Möglichkeit der produktionstheoretischen Abbildung von Unschärfe erfasst.

---

[33] Vgl. für die Produktion von Informationen *BODE* (1994), S. 467.

[34] Vgl. hierzu und folgend *GERHARDT* (1987), S. 105 ff., der diese Eigenheit allerdings als Unbestimmtheit bzw. Indeterminiertheit bezeichnet.

[35] Vgl. *KEUPER* (1999) und *KEUPER* (2002). Siehe auch Abschnitt 4.

4 Produktionstheoretische Abbildung der Wissensentwicklung

Der Begriff Unschärfe umschreibt die Quantifizierung qualitativer Daten.[36] Die Fuzzy-Set-Theorie stellt Möglichkeiten zur mathematischen Abbildung von Unschärfe (unscharfe Mengenlehre) bereit. Ihr Einsatz bietet sich auch für die Quantifizierung der Unschärfe im Wissensmanagementprozess an.

4.1 Unschärfe und Fuzzy-Set-Theorie

Die unscharfe Mengenlehre basiert auf einer Veröffentlichung von *ZADEH*.[37] Während die klassische, auf einer zweiwertigen Logik beruhende Mengenlehre nach *CANTOR*[38] davon ausgeht, dass ein Element x aus der Menge X auch in einer Menge A enthalten (Funktionswert μ_A (x) = 1) oder eben nicht enthalten ist (Funktionswert μ_A (x) = 0), werden die Übergänge der Zugehörigkeit in der unscharfen Mengenlehre als fließend angesehen.[39] Der Wertebereich der Funktionswerte wird hierbei und unter der Annahme normalisierter unscharfer Mengen[40] auf alle reellwertigen Zahlen zwischen 0 und 1 erweitert. Auf diese Weise kann beschrieben werden, inwieweit ein Element x aus der Menge X auch die Eigenschaften, die die Menge $\tilde{A}$ repräsentiert, aufweist[41]:

$$\tilde{A} = \left\{ \left(x, \mu_{\tilde{A}}(x) \right) | x \in X \right\} \text{ mit } \mu_{\tilde{A}}: X \rightarrow [0, 1] \quad (1)$$

Die graduelle Angabe der Zugehörigkeit eines Elements zu einer Menge ermöglicht es, ein Problem realitätsnäher und insofern genauer abzubilden. Auf diese Weise werden all jene Elemente berücksichtigt, bei denen die Möglichkeit einer Zugehörigkeit besteht,[42] d. h. dass mit Hilfe der Fuzzy-Set-Theorie „theoretisch sämtliche Arten von Unsicherheit und Unschärfe inhaltserhaltend [...] entsprechend der menschlichen Denkweise verarbeitet werden [können]."[43] Der entsprechende Zugehörigkeitswert, der zumeist subjektiven Einschätzungen folgt und in einer subjektiven Zugehörigkeitsfunktion abbildbar ist, ergibt sich bspw. durch eine direkte Schätzung oder durch den Vergleich mit einem Idealobjekt und der zu diesem ermittelbaren Distanz.[44]

---

36 Vgl. *ROMMELFANGER* (1994), S. 4 ff.

37 Vgl. folgend *ZADEH* (1965).

38 Vgl. *CANTOR* (1895), S. 481 ff., und *CANTOR* (1897), S. 207 ff.

39 Siehe auch *KEUPER* (1999), S. 53 und S. 63 ff.

40 Siehe hierzu *ROMMELFANGER* (1994), S. 11.

41 Vgl. *HAUKE* (1998), S. 19.

42 Vgl. *MILLING* (1982), *ROMMELFANGER* (1994), S. 5, und *KEUPER* (1999), S. 8.

43 *KEUPER* (1999), S. 11.

44 Vgl. *HAUKE* (1998), S. 20 ff.

Im Allgemeinen werden drei Arten von Unschärfe unterschieden:[45]

- *Intrinsische Unschärfe* beruht auf ungenauen menschlichen Empfindungen. Diese bewirken, dass einzelne verbale Begriffe, so genannte *Linguistische Variablen*, keine exakte Merkmalsbeschreibung liefern. Ein Beispiel für eine Linguistische Variable ist „*hoher* Gewinn“. Die begriffliche Unschärfe bedingt hierbei, dass nicht eindeutig definiert ist, wann der erwirtschaftete Gewinn als hoch einzustufen ist.
- Bei *informationaler Unschärfe* sind Begriffe exakt definierbar, allerdings kann aufgrund fehlender Informationen, die aus einer Zusammenfassung komplexer Zusammenhänge resultieren, nur schwer festgestellt werden, ob Elemente die geforderten Eigenschaften tatsächlich besitzen. Die dafür notwendige Informationsbeschaffung ist sehr aufwendig (und wird deshalb unterlassen) oder überhaupt nicht möglich. Ein Beispiel stellt die Einschätzung der terminlichen Dringlichkeit von Aufträgen als „*hoch*“, „*mittel*“ oder „*gering*“ dar, die durch die Determinanten „Verzugswahrscheinlichkeit des Auftrags“, „Bedeutung des Kunden“ und „Höhe des Pönals“ subjektiv bestimmt wird.[46]
- Schließlich sind *unscharfe Relationen* als Beziehungen zwischen verschiedenen Größen aufzufassen, die keinen dichotomen Charakter aufweisen und aus diesem Grund nicht genau beschrieben werden können. Als Beispiel dient der unscharfe Vergleich „Die Bedeutung des neu entwickelten Wissens A ist *viel größer* als diejenige des neu entwickelten Wissens B.“

4.2 Unschärfe in der Wissensentwicklung

Vor Prozessbeginn sind die für die Erstellung neuen Wissens relevanten Eigenschaftsausprägungen des Wissensproduzenten sowie die genaue Art seines Vorwissens aufgrund der Komplexität von Wissen und der Individualität des Wissensproduzenten nicht exakt bekannt. Insofern liegen auch keine Informationen darüber vor, wie der Wissensproduzent sein Vorwissen im Hinblick auf den von ihm auszugestaltenden Freiraum, d. h. die von ihm zu erfüllenden Planungs- und Entscheidungsaufgaben, bewusst oder unbewusst zu neuem Wissen verarbeiten wird. Damit sind auch die Regeln der Faktorkombinationsprozesse, die schließlich die Art und Weise beschreiben, mit der der Wissensproduzent sein jeweiliges Vorwissen mit seinen individuellen Fähigkeiten kombiniert, unscharf. Diese Kombinationsregeln werden sowohl von der Art des vorhandenen Vorwissens als auch durch die individuelle Intelligenz, Kreativität sowie Motivation des Wissensproduzenten determiniert.

Da mit den produktions- bzw. prozessrelevanten Eigenschaftsausprägungen des Wissensproduzenten einschließlich der genauen Kenntnis seines Vorwissens wesentliche Merkmale der Faktoren der Wissensentwicklung unscharf sind, können neben der Prozessstruktur auch die Transformationsprozesse und die mit ihnen verbundenen Ursache-Wirkungs-Zusammenhänge nicht vollständig erfasst werden. Allgemein resultiert aus diesen Gegebenheiten eine *Unschärfe* der Input-Art, der Kombination der Produktionsfaktoren und der Output-Art.[47]

---

45 Siehe hierzu ROMMELFANGER (1994), S. 4 und S. 66, sowie ergänzend KEUPER (1999), S. 42 ff.

46 Vgl. KEUPER (1999), S. 43 f.

47 Siehe hierzu auch GERHARDT (1987), S. 110 f.

Die Unschärfe des Wissensentwicklungsprozesses ist auf das nicht vollständig bekannte Wissen der Mitarbeiter einer Organisation sowie auf ihre jeweilige individuelle prozessrelevante Persönlichkeit (Vorwissen, Intelligenz, Auffassungsgabe, Fähigkeit, das ihnen zur Verfügung stehende Wissen zu nutzen oder Wissen weiterzuentwickeln, Motivation) und die sich daraus ergebende Unbestimmtheit darüber, wie der einzelne Mitarbeiter existierendes Vorwissen verarbeitet, zurückzuführen. Die beschriebenen Sachverhalte beruhen auf intrinsischer und informationaler Unschärfe. Wie in Abschnitt 4.1 dargelegt, ist intrinsische Unschärfe auf ungenaues menschliches Empfinden infolge ungenauer Merkmalsbeschreibungen zurückzuführen. Beispiele für Linguistische Variablen in der Wissensentwicklung sind in Umschreibungen wie dem Ziel der „Produktion von für die Organisation *wertvollen* Wissens" zu finden. Die Unschärfe wird in diesem Fall durch die nicht näher umschriebenen und insofern nicht vollständig explizierten Anforderungen des Managements eines Unternehmens verursacht.

Neben dem unscharfen Anforderungsprofil sind auf einer zweiten Ebene (und auch im Falle einer exakten Definition gewünschter Eigenschaften) zudem die tatsächlichen Merkmalsausprägungen des Wissensentwicklers (z. B. Art und exakter Inhalt des vorhandenen Vorwissens) unscharf (informationale Unschärfe). Hieraus ergibt sich ein Raum noch nicht definierter Kombinationsregeln, die der Wissensproduzent eigenständig auszugestalten hat. Insofern übernimmt der Wissensproduzent im Wissensmanagementprozess Aufgaben mit dispositivem Charakter. Die sich hieraus ergebende Unschärfe aus Sicht von Planung und Entscheidung determiniert schließlich eine Unschärfe der Kombinationsprozesse des durch individuelle und für den Entwicklungsprozess relevante Eigenschaften charakterisierten Wissensproduzenten mit bereits vorhandenem Wissen sowie letztendlich der eindeutig definierbaren Art des daraus zu erzeugenden zusätzlichen Wissens.

Wissensproduzenten stellen somit Faktoren dar, die direkt Einfluss auf die (operativen) Planungs- und Entscheidungsprozesse der Wissensentwicklung nehmen. Das Charakteristikum einer Produktionstheorie für die Wissensproduktion liegt insofern in der Notwendigkeit der Berücksichtigung dispositiver Elemente in einer Produktionsfunktion.

4.3 Unscharfe Produktionsfunktion zur Darstellung der Wissensentwicklung

Der Wissensproduktionsprozess ist, wie in Abschnitt 3.1 beschrieben, durch einen mehrstufigen Aufbau gekennzeichnet. Um die Mehrteiligkeit handhaben und in einem Modell übersichtlich abbilden zu können, bietet sich die Darstellung in einem mehrstufigen Input-Output-Modell wie der Produktionsfunktion vom Typ D nach *KLOOCK* an.[48] Mit der von *BODE* um Unschärfe erweiterten Produktionsfunktion vom Typ $\tilde{D}$[49] kann insbesondere das für die Wissensentwicklung charakteristische Merkmal der Unschärfe abgebildet werden. Sie ermöglicht neben einer Darstellung der quantitativen Zusammenhänge der Leistungserstellung (Gütermengenmodell) eine Integration qualitativer Aspekte (Güterartenmodell). An dieser Stelle sei hervorgehoben, dass die Produktionsfunktion vom Typ $\tilde{D}$ in ihrer bisherigen Form ledig-

48 Vgl. *KLOOCK* (1969).

49 Vgl. *BODE* (1994).

lich von einer unscharfen Systemstruktur und nicht von unscharfen Attributsausprägungen einzelner Produktionsfaktoren ausgeht.[50]

Die Produktionsfunktion vom Typ $\tilde{D}$ unterscheidet sich von derjenigen vom Typ D hinsichtlich unscharfer Zugehörigkeiten einzelner Produktionsfaktoren zum Produktionsprozess bzw. zu bestimmten Stellen. Die Unschärfe der Lieferbeziehungen bzw. die Möglichkeit, dass Stelle i und Stelle j in einer Beziehung zueinander stehen, wird durch die reellwertigen Faktorzugehörigkeiten $\mu_{ij} \in [0,1]$ abgebildet. Neben der Unbestimmtheit der Leistungsbeziehungen ist es zudem möglich, unscharfe Absatzzugehörigkeiten $\mu_{x_i} \in [0,1]$ anzugeben.[51]

Bei Betrachtung des Wissensproduktionsprozesses kann zudem eine Eigenlieferung von Stellen ausgeschlossen werden. Das Güterartenmodell der Produktionsfunktion vom Typ $\tilde{D}$, das die Unschärfe abbildet, besitzt sodann folgendes Aussehen;[52] dabei bezeichnet $\tilde{Z}$ die unscharfe Strukturmatrix:

$$\mu = (\tilde{Z} \wedge \mu) \vee \mu_x \qquad (2)$$

$$\tilde{Z} = \begin{cases} [\mu_{ij}]\, für\ i \neq j \\ [0]\, für\ i = j \end{cases} \qquad \mu_{ij} \in [0,1] \qquad (3)$$

Das Gütermengenmodell der Produktionsfunktion vom Typ $\tilde{D}$ entspricht demjenigen der Produktionsfunktion vom Typ D:

$$r = (E - F)^{-1} \cdot x \qquad (4)$$

Gleichung (2) und (4) bilden *gemeinsam* die Produktionsfunktion vom Typ $\tilde{D}$, die aus diesem Grund als „Produktionsfunktionen*system*“[53]zu charakterisieren ist. Im unscharfen Güterartenmodell (2) werden unabhängig vom Grad ihrer Zugehörigkeit alle originären und derivativen Produktionsfaktoren sowie alle erzeugten Endprodukte erfasst, die auch im Gütermengenmodell (4) berücksichtigt sind. Die Faktorzugehörigkeiten, die Bestimmtheit der mengenmäßigen Beziehungen zwischen verschiedenen Stellen und die Realisierung der in (4) abgebildeten Transformationsfunktionen sind im unscharfen Güterartenmodell abzulesen. Um die Ursache-Wirkungs-Zusammenhänge des Systems in der Produktionsfunktion zu erkennen, können Gleichung (2) und (4) folglich nicht getrennt voneinander betrachtet werden. Beide sind über eine auf die Güterarten bezogene gleiche Indizierung der Variablen miteinander verknüpft.

---

50 Vgl. hierzu und folgend *BODE* (1994).

51 Aus Gründen der Komplexitätsreduktion werden im Folgenden reine Lagerstellen von der Betrachtung ausgeschlossen.

52 Vgl. *BODE* (1994), S. 480.

53 *BODE* (1994), S. 480; Hervorhebung im Original.

Teil einer wertmäßigen Beurteilung der Wissensentwicklung stellen neben dem Nutzen des übertragenen und neu gewonnenen Wissens der Organisation die Kosten des Prozesses dar. Als Bestandteil einer Kostentheorie, die eine wertmäßige Beurteilung von Produktionszusammenhängen ermöglicht, ist die Verknüpfung produktionstheoretischer Zusammenhänge mit Faktorpreisen zu analysieren.[54] Entsprechend der aufgestellten zweiteiligen Produktionsfunktion für den Wissensproduktionsprozess wird ein auf dieser basierendes Kostenmodell ebenfalls ein Funktionen*system* darstellen. Dabei wird die Unschärfe der Produktionsfaktoren mit Hilfe eines unscharfen Güterartenmodells und das Wertgerüst durch ein Güterkostenmodell abgebildet. Im Güterkostenmodell sind die Mengen aller im Prozess *möglicherweise* eingesetzten Produktionsfaktoren mit Preisen zu bewerten. Die Bewertung hat für jeden Inputfaktor hinsichtlich aller Stellen, zu denen dieser eine Lieferzugehörigkeit von größer als Null aufweist, zu erfolgen. Die Bestimmtheit der Prozess- bzw. Stellenzugehörigkeiten ist indessen im unscharfen Güterartenmodell abzulesen. Insofern sind die Bestandteile des Kostenfunktionensystems ebenfalls nicht unabhängig voneinander zu betrachten.

Grundsätzlich kann die Produktionsfunktion vom Typ $\tilde{D}$ für erste Überlegungen hinsichtlich einer produktionstheoretisch orientierten Untersuchung der Wissensentwicklung, die Vorbedingung für kostentheoretische Analysen ist, als ein geeignetes Instrument zur Darstellung ihrer Ursache-Wirkungs-Zusammenhänge herangezogen werden. Sie ermöglicht sowohl die Beschreibung mengenmäßiger Beziehungen zwischen Einsatzgütern und zu erzeugenden (Zwischen-)Produkten als auch die Darstellung des für den Wissensproduktionsprozess typischen Merkmals einer unscharfen Prozessstruktur. Zugleich kann das Charakteristikum der Mehrstufig- und Vielteiligkeit des Prozesses adäquat abgebildet werden. Dabei erlaubt der Wertebereich der Zugehörigkeitsgrößen die Erfassung verschiedener Ausmaße der Unschärfe. Die in der Produktionsfunktion dargestellten Güterarten und ihre sich aus verschiedenen Einflussgrößen zusammensetzenden Zugehörigkeitswerte sind als die Bestimmungsfaktoren der Output-Art anzusehen.

Die Grenzen der Produktionsfunktion vom Typ $\tilde{D}$ in der vorgestellten Form liegen in der Erfassung unscharfer Merkmalsausprägungen von Inputfaktoren, wie den konkreten prozessrelevanten Ausprägungen (z. B. (Vor-)Wissen, Intelligenz, Kreativität, Motivation) des Wissensproduzenten. Das Vorliegen individueller und nicht vollständig bekannter Attributsausprägungen bedingt die Übertragung gewisser Planungs- und Entscheidungsaufgaben, die bei traditionellen Produktionsprozessen wie der industriellen Sachgutproduktion allein dem dispositiven Faktor obliegen, auf die Wissensentwickler. Eine Möglichkeit der Darstellung dieser Unschärfequelle bieten die Abbildung einer jeden denkbaren prozessrelevanten Ausprägung des Wissensproduzenten als eigenständiger Produktionsfaktor der Klasse der Wissensproduzenten sowie die Vergabe entsprechender Zugehörigkeitswerte.

---

[54] Vgl. KLOOCK (1998), S. 317 ff.

5 Fazit – Notwendigkeit einer Produktionstheorie der Wissensentwicklung für die Planung, Steuerung und das Controlling von Organisationen

Wissen gilt als „kritische Größe des Unternehmenserfolges“[55] und als „Basisfaktor der Organisation“[56]. Deshalb ist es nicht nur eine Notwendigkeit, den Faktor Wissen in die Planungs- und Kontrollaktivitäten einer Organisation einzubeziehen, vielmehr ist ihm dabei eine zentrale Stellung zuzuweisen. Hinsichtlich des angestrebten Ziels der Quantifizierbarkeit[57] von Wissenszielen[58] sowie eines darauf aufbauenden und dies erst ermöglichenden Controllings erscheint eine produktionstheoretische Analyse der Wissensentwicklung nicht zuletzt auch deshalb, weil individuelles Wissen die Basis kollektiven Wissens ist, unabdingbar.

Unbedingte Voraussetzung ist dabei eine eingehende produktionstheoretische Untersuchung der am Erstellungsprozess beteiligten Faktoren hinsichtlich ihrer produktions- und absatzrelevanten Merkmale und ihrer Wirkungen auf die Transformationsprozesse.

Elemente einer zweckmäßigen Unternehmensplanung sowie eines adäquaten Kostenmanagements und Controllings sollten jeweils die Kenntnisse über die Kostenstruktur und -höhe sowie die zeitliche Entwicklung des Auftretens und der Höhe von Unschärfe und ihre Auswirkungen auf die Kosten sein. Dies gilt insbesondere in Bezug auf die Möglichkeit der Erweiterung der produktionstheoretischen Analyse auf alle operativen Bausteine des Wissensmanagementkonzepts. Auch dabei ist insbesondere an die Erforschung qualitativer Faktoren wie Wissen oder die maßgeblich durch Kreativität, Intelligenz oder ihre Motivation gekennzeichneten Arbeitskräfte und die durch sie ggf. hervorgerufene Unschärfe im Leistungserstellungsprozess zu denken. Auf diese Weise können Ziele des Risikomanagements wie die Handhabung von Unschärfe innerhalb der Produktion sowie das Erreichen einer größtmöglichen Entscheidungs- und Investitionssicherheit realisiert werden. Zudem würden sich für die Organisation und die Gestaltung des gesamten Wissensmanagementprozesses Handlungsempfehlungen und/oder Prognosen ableiten lassen. Eine produktionstheoretische Analyse ist insofern auch von hoher Bedeutung für die Praxis. Dies spiegelt sich überdies in den erst durch produktionstheoretische Erkenntnisse ergründeten Möglichkeiten der Analyse und Lenkung der Kosten im Entwicklungsprozess von Wissen sowie der Analyse und Lenkung seines Nutzens für die Organisation durch das Kostenmanagement und Controlling wider. Die Produktionstheorie zeigt dabei auf der einen Seite, welche Faktoren auf die organisationsrelevanten Merkmale des Wissens wirken. Auf der anderen Seite wird sichtbar, an welchen Stellen Kosten anfallen, durch welche Produktionsfaktoren bzw. Transformationsprozesse sie verursacht werden, auf welche Weise sie von Unschärfe beeinflusst werden und wie sich Unschärfe im Zeitablauf ändert. Damit wird eine ergebnis- und zielorientierte Planung des Wissens in Organisationen unterstützt. Soll-Ist-Vergleiche des Controllings ermöglichen es zudem, aktuelle Kostenverläufe zu überwachen, negative Entwicklungen rechtzeitig zu erkennen und diesen mit Gegenmaßnahmen zielgerichtet gegenzusteuern.

---

55 *Probst/Raub/Romhardt* (2006), S. 40.

56 *Probst/Raub/Romhardt* (2006), S. 49.

57 Dem entspricht die im Management vielfach verbreitete Auffassung „If you can`t measure it, you can`t manage it“.

58 Vgl. *Probst/Raub/Romhardt* (2006), S. 56.

Quellenverzeichnis

AHLERT, M./BLAICH, G./SPELSIEK, J. (2006): Vernetztes Wissen – Organisationale, motivationale, kognitive und technologische Aspekte des Wissensmanagements in Unternehmensnetzwerken, Wiesbaden 2006.

BLAICH, G. (2004): Wissenstransfer in Franchisenetzwerken – Eine lerntheoretische Analyse, Wiesbaden 2004.

BODE, J. (1993): Information, in: Die Betriebswirtschaft, 1993, S. 275–277.

BODE, J. (1994): Eine unscharfe Produktionsfunktion der Unternehmung – Ansätze zu einer nicht-deterministischen betriebswirtschaftlichen Produktionstheorie, in: Zeitschrift für Betriebswirtschaft, 1994, S. 465–492.

BODE, J. (1997): Der Informationsbegriff in der Betriebswirtschaftslehre, in: Schmalenbachs Zeitschrift für betriebswirtschaftliche Forschung, 1997, S. 449–468.

BRÖSEL, G./KEUPER, F./WÖLBLING, I. (2007): Zur Übertragung biologischer Konzepte auf die Betriebswirtschaft, in: ZfM – Zeitschrift für Management, 2007, S. 436–466.

CANTOR, G. (1895): Beiträge zur Begründung der transfiniten Mengenlehre I, in: Mathematische Annalen, 1895, S. 481–512.

CANTOR, G. (1897): Beiträge zur Begründung der transfiniten Mengenlehre II, in: Mathematische Annalen, 1897, S. 207–246.

GERHARDT, J. (1987): Dienstleistungsproduktion – Eine produktionstheoretische Analyse der Dienstleistungsprozesse, Bergisch Gladbach/Köln 1987.

HAUKE, W. (1998): Fuzzy-Modelle in der Unternehmensplanung, Heidelberg 1998.

KEUPER, F. (1999): Fuzzy-PPS-Systeme – Einsatzmöglichkeiten und Erfolgspotentiale der Theorie unscharfer Mengen, Wiesbaden 1999.

KEUPER, F. (2002): Ökonomische Bedeutung der Information im Informationszeitalter, in: *KEUPER, F.* (Hrsg.): Electronic Business und Mobile Business – Ansätze, Konzepte und Geschäftsmodelle, Wiesbaden 2002, S. 119–141.

KEUPER, F. (2004a): Kybernetische Simultaneitätsstrategie – Systemtheoretisch-kybernetische Navigation im Effektivitäts-Effizienz-Dilemma, Berlin 2004.

KEUPER, F. (2004b): Systemkomplexität, in: Die Betriebswirtschaft, 2004, S. 637–641.

KLOOCK, J. (1969): Betriebswirtschaftliche Input-Output-Modelle – Ein Beitrag zur Produktionstheorie, Wiesbaden 1969.

KLOOCK, J. (1998): Produktion, in: *BITZ, M./DELLMANN, K./DOMSCH, M./WAGNER, F. W.* (Hrsg.), Vahlens Kompendium der Betriebswirtschaftslehre, Band 1, 4. Auflage, S. 275–328, München 1998.

VON KROGH, G. (1998): Care in Knowledge Creation, in: California Management Review, 1998, S. 133–153.

MEYERS LEXIKON ONLINE (2008): Intelligenz, online: http://lexikon.meyers.de/meyers/Intelligenz, Stand: 20.04.2008, Abruf: 30.05.2008.

MILLING, P. (1982): Entscheidungen bei unscharfen Prämissen – Betriebswirtschaftliche Aspekte der Theorie unscharfer Mengen, in: Zeitschrift für Betriebswirtschaft, 1982, S. 716–734.

NONAKA, I. (1992): Wie japanische Konzerne Wissen erzeugen, in: Harvardmanager, Heft 2, 1992, S. 95–103.

NONAKA, I./TAKEUCHI, H. (1995): The Knowledge-Creating Company – How Japanese Companies Create the Dynamics of Innovation, New York et al. 1995.

POLANYI, M. (1985): Implizites Wissen, Frankfurt 1985.

PROBST, G./RAUB, S./ROMHARDT, K. (2006): Wissen managen – Wie Unternehmen ihre wertvollste Ressource optimal nutzen, 5. Auflage, Wiesbaden 2006.

REHÄUSER, J./KRCMAR, H. (1996): Wissensmanagement im Unternehmen, in: *SCHREYÖGG, G./ CONRAD, P.* (Hrsg.), Managementforschung 6 – Wissensmanagement, Berlin/New York 1996, S. 1–40.

ROMMELFANGER, H. (1994): Fuzzy Decision Support-Systeme – Entscheiden bei Unschärfe, 2. Auflage, Berlin et al. 1994.

SPELSIEK, L. (2005): Motivationsorientierte Steuerung des Wissenstransferverhaltens – Modellierung, empirische Analyse und Anreizsystemgestaltung, Wiesbaden 2005.

SZYPERSKI, N./WINAND, U. (1980): Grundbegriffe der Unternehmensplanung, Stuttgart 1980.

THIEL, M. (2002): Wissenstransfer in komplexen Organisationen, Wiesbaden 2002.

WITTMANN, W. (1979): Wissen in der Produktion, in: *KERN, W.* (Hrsg.), Handwörterbuch der Produktionswirtschaft, Band 7, Stuttgart 1979, Sp. 2261–2272.

ZADEH, L. A. (1965): Fuzzy Sets, in: Information and Control, 1965, S. 338–353.

Wissensmanagement in Projektorganisationen – Instrumentarium zur Überwindung von Wissensbarrieren

Eva-Maria Kern, Sonja Sackmann und *Michael Koch*

Universität der Bundeswehr München

1 Einleitung

In Zeiten sich dynamisch verändernder und an Komplexität zunehmender Anforderungen werden in Wirtschaft und Wissenschaft heute viele Aufgaben von mehreren Personen gemeinsam im Rahmen von Projekten bearbeitet. Die Arbeit in Projektteams stellt vielfältige Herausforderungen nicht nur an die Mitarbeiter in diesen Teams, sondern auch an die Projektleitung, deren Aufgabe die effektive Gestaltung der Teamarbeit ist. Die Generierung neuen Wissens, der kreative und nutzbringende Umgang mit der Expertise der Projektbeteiligten und der konstruktive Austausch zwischen den Projektmitgliedern – also allgemein ein wirksames Wissensmanagement – hat dabei eine besondere Bedeutung – sowohl innerhalb eines Projektes als auch vor allem projektübergreifend.

Bei der Umsetzung von Wissensmanagement in Projektorganisationen nimmt die Überwindung von Wissensbarrieren eine besondere Rolle ein, da diese den Umgang mit Wissen in Projektteams maßgeblich beeinträchtigen können. Unter Wissensbarrieren werden im Folgenden Gegebenheiten und Umstände verstanden, welche die Generierung neuen Wissens verhindern, die Repräsentation von Wissen (Dokumente, Datenbanken) behindern und die den Austausch von Wissen zwischen den Mitarbeitern unterbinden. Die Ursachen für diese Barrieren können dabei auf der Ebene des einzelnen Teammitglieds, der Gruppe, der Gesamtorganisation bzw. in der verwendeten Technik begründet liegen.

Zielsetzung des vorliegenden Beitrages ist es, ein Instrumentarium zur zielorientierten Identifikation und Überwindung von Wissensbarrieren in Projektorganisationen vorzustellen, das aus einem modularen Methodenbaukasten und einem Vorgehensmodell zu dessen Anwendung besteht. Die Entwicklung des Instrumentariums erfolgte am Beispiel von Innovationsprojekten der Bundeswehr, so genannten Concept-Development- & Experimentation-Vorhaben (CD&E-Vorhaben), im Rahmen einer Studie, die von den Autoren gemeinsam mit dem Zentrum für Weiterentwicklung der Luftwaffe in Köln durchgeführt wurde.

Der Methodenbaukasten und das Vorgehensmodell sollen Leitern von Projektorganisationen Werkzeuge zur Verfügung stellen, welche es ihnen zum einen ermöglichen, geeignete Rahmenbedingungen für Wissensmanagement zu schaffen und sie zum anderen beim gezielten Abbau von Wissensbarrieren in ihren Projekten unterstützen.

Im Folgenden werden zunächst in Abschnitt 2 CD&E-Vorhaben definiert und charakterisiert. Zudem wird beschrieben, welche Aufgaben Wissensmanagement im Kontext von CD&E-Vorhaben zu erfüllen hat bzw. wo dabei in der Praxis die spezifischen Herausforderungen liegen. Ausgangsbasis für die Entwicklung des Instrumentariums ist ein umfassender Katalog von Wissensbarrieren, dessen Erstellung und Struktur in Abschnitt 3 dargestellt werden. Abschnitt 4 beschreibt die einzelnen Bausteine des Methodenbaukastens, ordnet sie in ein Vorgehensmodell ein und illustriert sie anhand von Beispielen. Der Beitrag schließt mit einem Fazit.

2 Concept-Development- & Experimentation-Vorhaben der Bundeswehr

Die Bundeswehr sieht sich im Zuge der Veränderung des Aufgabenspektrums und des gleichzeitigen Fortschrittes in der Waffen- und Informationstechnologie neuen Herausforderungen gegenüber. Zur stetigen Verbesserung und zum Erhalt der Einsatzfähigkeit wurde in den deutschen Streitkräften deshalb die Transformation als übergeordnetes Prinzip für eine umfassende und kontinuierliche Neuausrichtung festgeschrieben.[1]

Einen zentraler Aspekt des Transformationsprozesses der Streitkräfte stellt die Methode Concept Development & Experimentation (CD&E) dar. Grundlegende Idee von CD&E ist ein iterativer Entwicklungsprozess, der abwechselnd zwischen den Phasen (theoretischer) Konzeptentwicklung und (praktischer) experimenteller Überprüfung wechselt.[2] Dies ist vergleichbar mit verschiedenen prototypbasierten und partizipativen Methoden in der Software- und Systementwicklung[3] wie auch der Aktionsforschung[4].

Die Umsetzung der Methode CD&E erfolgt in Form von Projekten, wobei diese Projekte wie alle Innovationsvorhaben durch die Merkmale Neuheit, Unstrukturiertheit und Komplexität gekennzeichnet sind. Eine wesentliche Voraussetzung für die erfolgreiche Projektabwicklung sind deshalb auch die Entwicklung neuen Wissens im Team und der Austausch von Wissen zwischen den Teammitgliedern und den beteiligten Partnern über die einzelnen Projektphasen sowie die gezielte Nutzung von bereits vorhandenem Wissen. Projektrelevantes Wissen kann dabei aus bereits abgeschlossenen oder parallel laufenden CD&E-Projekten, aus der Bundeswehr selbst oder von Wissensträgern außerhalb der Bundeswehr stammen.

Mit den CD&E-Projekten hat die Bundeswehr eine Matrixprojektorganisation geschaffen, die in einer klassisch streng hierarchisch orientierten Organisation besondere Anforderungen an ein effizientes Wissensmanagement stellt. Abbildung 1 zeigt wesentliche Aufgaben, die während der Projektabwicklung durch ein adäquates Wissensmanagement zu erbringen sind.

Wie auch bei anderen Projektorganisationen hat sich in der Vergangenheit gezeigt, dass bei der operativen Durchführung von CD&E-Projekten Gegebenheiten und Umstände auftreten, welche die Aufgabenerfüllung des Wissensmanagements erschweren bzw. sogar verhindern. Diese Wissensbarrieren sind aufgrund der Einbettung der Projektorganisation in eine streng hierarchische Organisation bei der Bundeswehr sogar besonders stark ausgeprägt.

Aus diesem Grund sollten von den Autoren in einer Studie des Zentrums für Transformation der Bundeswehr ein Methodenbaukasten und ein Vorgehensmodell entwickelt werden, um damit Leitern von CD&E-Projekten ein Werkzeug zur Verfügung zu stellen, welches es ihnen zum einen ermöglicht, geeignete Rahmenbedingungen für Wissensmanagement zu schaffen und sie zum anderen systematisch beim gezielten Abbau von Wissensbarrieren in ihren Projekten unterstützt.

---

1 Vgl. *SCHÄFER* (2006).

2 Vgl. *SCHÄFER* (2006).

3 Vgl. *KENSING/BLOMBERG* (1998) und *HOLTZBLATT* (2002).

4 Vgl. *REASON* (1994).

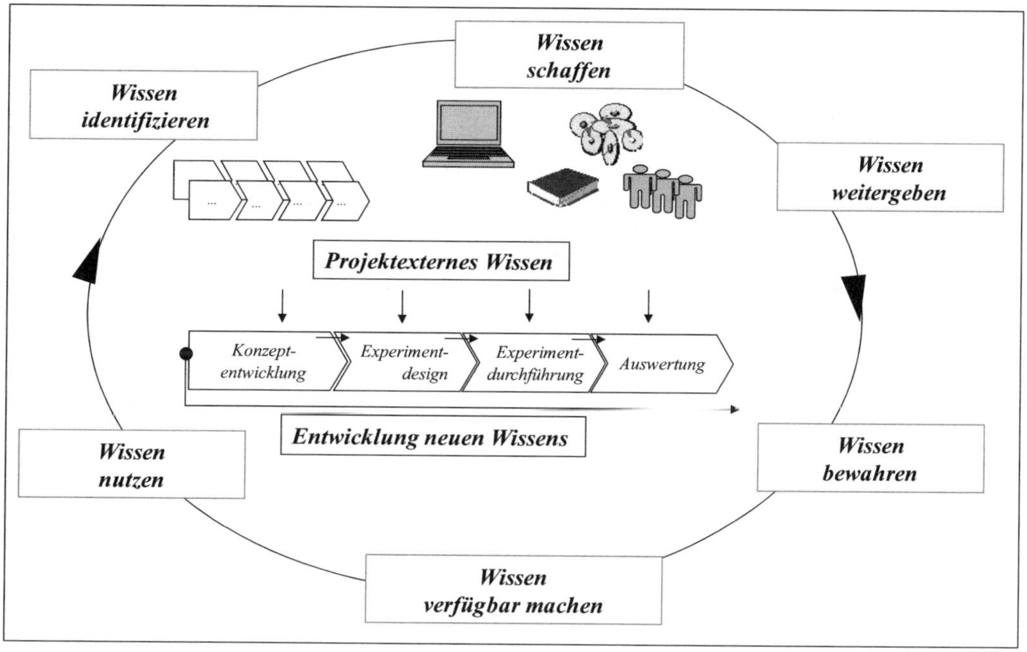

Abbildung 1: Aufgaben des Wissensmanagements in CD&E-Projekten

3 Erarbeitung eines strukturierten Kataloges von Wissensbarrieren

Die Ausgangsbasis für die Entwicklung eines Instrumentariums zur Überwindung von Wissensbarrieren stellt eine umfassende, strukturierte Darstellung von im Problemkontext relevanten Barrieren dar.

Bick/Hanke/Adelsberger[5] unterscheiden zwei Methoden, die eine systematische Untersuchung der Barrieren des Wissensmanagements ermöglichen: Einerseits die empirische Untersuchung der Barrieren auf Basis von Studien, andererseits die Ableitung von analytischen Systematisierungsansätzen, die versuchen, die Barrieren in geeignete Kategorien einzuordnen. Der in diesem Abschnitt vorgestellte Katalog von Wissensbarrieren wurde durch eine Kombination beider Methoden erstellt.

Zunächst wurden aus der Perspektive der Organisationspsychologie mehrere explorative, Leitfaden-gestützte Interviews mit in CD&E-Vorhaben involvierten Akteuren unterschiedlicher Hierarchiestufen durchgeführt.[6] Dabei konnten 29 unterschiedliche Einzelbarrieren identifiziert werden, die im Folgenden zu acht Barrierenklassen zusammengefasst wurden. Paral-

5 Vgl. *Bick/Hanke/Adelsberger* (2003), S. 38.

6 Vgl. *Kremser* (2007).

lel zur Auswertung der Interviews wurde eine vergleichende Literaturanalyse durchgeführt, auf deren Basis insgesamt mehr als 100 (sich teilweise überschneidende) Barrieren identifiziert werden konnten.[7] Auch diese Barrieren wurden aggregiert, in den Kontext der CD&E-Vorhaben gesetzt und mit den Erkenntnissen aus den Interviews abgeglichen. Insgesamt konnten auf diese Weise 46 Wissensbarrieren ermittelt werden.

Zur Kategorisierung der Barrieren bieten sich mehrere Systematisierungsansätze an.[8] Eine bekannte und übliche Möglichkeit Wissensbarrieren zu klassifizieren, ist das TOM-Modell, in dem die drei Dimensionen Technik, Organisation und Mensch unterschieden werden.[9] Dabei ist die Trennschärfe bei der Einteilung der Barrieren zwar nicht immer gegeben. Dies muss jedoch nicht als Schwäche interpretiert werden, sondern verdeutlicht den Standpunkt der Ganzheitlichkeit, der besagt, dass ein dauerhafter Erfolg einer technischen Lösung ohne die Anpassung der Organisation und die Bereitschaft der Mitarbeiter zu Veränderungen nicht möglich ist.[10]

Für die Studie wurde das TOM-Modell dahingehend angepasst, dass in der Dimension Mensch zusätzlich die beiden Ebenen Individuum und Gruppe unterschieden wurden. Die Notwendigkeit dieser Differenzierung ergab sich aus den Erkenntnissen der Interviews. Sie ist insbesondere zur Unterscheidung von Kommunikations- und Motivationsbarrieren sinnvoll. Somit wurden vier Kategorien von Wissensbarrieren unterschieden (vgl. Abbildung 2):

- *Individuelle Wissensbarrieren* beziehen sich auf die Fähigkeit und Bereitschaft der einzelnen Projektmitglieder Wissen weiterzugeben bzw. anzunehmen.
- *Zwischenmenschliche Barrieren* fokussieren auf Konflikte, die sich im Rahmen der zwischenmenschlichen Interaktion und Kommunikation ergeben.
- *Organisationsbezogene Barrieren* haben ihre Ursache in der Kultur der Organisation, in der Aufbau- und Ablauforganisation sowie der Gestaltung der Arbeitsbedingungen.
- *Technikbezogene Barrieren* thematisieren die Bedeutung der technischen Ausstattung sowie die Fähigkeiten zur Techniknutzung.

Abbildung 2 zeigt, dass innerhalb der vier Kategorien in Abhängigkeit von ihrer gemeinsamen Ursache unterschiedliche Klassen von Barrieren gebildet wurden. Zudem sind den Klassen beispielhaft einzelne Wissensbarrieren zugeordnet worden – Anhang 1 zeigt die komplette Liste der Barrieren.

---

7 Vgl. z. B. PROBST ET AL. (1998), LUGGER/KRAUS (2001), RÜMLER (2001), BENDER/DIEHL (2005) und HOFFMANN ET AL. (2007).

8 Vgl. EBERLE (2003), S. 19 ff., und RICHTER (2007), S. 47 ff.

9 Vgl. BULLINGER (1997).

10 Vgl. DECKER ET AL. (2005), S. 22.

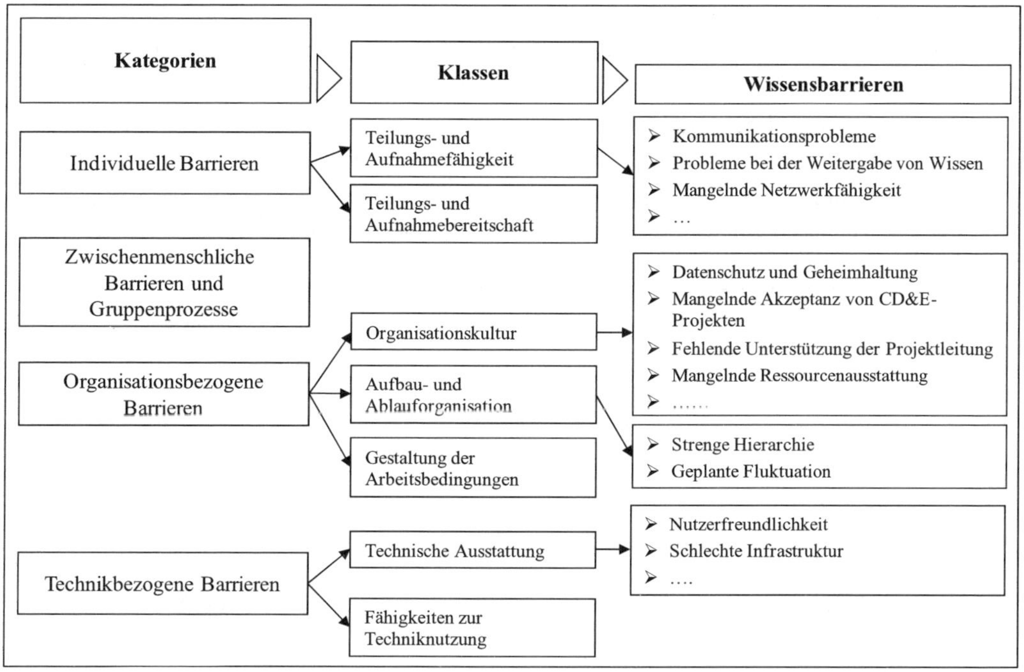

Abbildung 2: Strukturierung der Wissensbarrieren in Kategorien und Klassen

Obwohl der beschriebene Wissensbarrierenkatalog durch die Interviewergebnisse speziell für das Anwendungsfeld CD&E-Vorhaben erarbeitet wurde, ist er dennoch sehr generisch. Er stellt eine große Anzahl prinzipiell möglicher Wissensbarrieren dar, die jedoch nicht notwendigerweise bei jedem CD&E-Vorhaben in gleicher Ausprägung vorhanden sind. Vielmehr gestalten sich das Auftreten und die Intensität der Wissensbarrieren sehr projektspezifisch. Der Katalog der Wissensbarrieren kann daher nur eine Basis für die Identifikation darstellen; durch eine geeignete Vorgehensweise muss sichergestellt werden, dass tatsächlich auch die projektrelevanten Wissensbarrieren identifiziert werden können.

4 Überwindung von Wissensbarrieren

Die Grundidee zur Überwindung von Wissensbarrieren ist in folgendem Vorgehensmodell wiedergegeben: Zuerst werden die projektspezifischen Wissensbarrieren anhand von Symptomen identifiziert, darauf aufbauend werden die aufgedeckten Barrieren und vor allem ihre Wechselwirkungen untereinander analysiert, und schließlich werden Handlungsmöglichkeiten ausgewählt und umgesetzt (siehe Abbildung 3).

Die Durchführung der drei Schritte des Vorgehensmodells wird durch die einzelnen Bausteine des Methodenbaukastens unterstützt. Hierzu gehören

- das *Identifizieren* von Wissensbarrieren durch die Liste von Wissensbarrieren aus Tabelle 1 sowie durch eine Liste von Symptomen, welche jeweils auf eine oder mehrere mögliche Wissensbarrieren verweisen (siehe Abschnitt 4.1),
- das *Analysieren* durch die Beschreibung der Barrieren sowie einer speziellen Beschreibung der Wechselwirkungen zwischen den Barrieren (siehe Abschnitt 4.2) und
- das *Handeln* durch die Zuordnung von Maßnahmen zu den Barrieren in deren Beschreibung sowie durch eine detaillierte Liste von Beschreibungen zu den Maßnahmen.

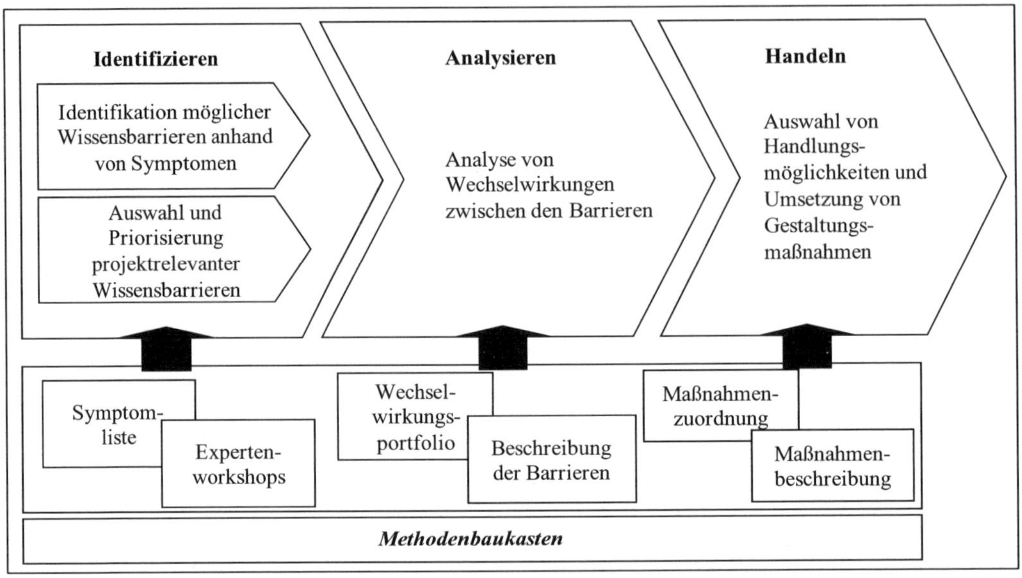

Abbildung 3: Vorgehensmodell zur Überwindung von Wissensbarrieren

4.1 Identifikation der Wissensbarrieren

Der erste Schritt zur Überwindung von Wissensbarrieren ist es, jene Barrieren zu identifizieren, die im betrachteten Projektkontext für den Projekterfolg relevant sind. Nur dadurch kann gewährleistet werden, dass effektive Maßnahmen ausgewählt und umgesetzt werden.

Gerade diese kritische Phase der Identifizierung wird in der Literatur wenig intensiv beleuchtet. Ein Grund dafür könnte sein, dass Wissensbarrieren nur schwer messbar sind und deren Wirkung sehr stark vom jeweiligen Projektumfeld bzw. der jeweiligen Organisation abhängt. Ein Ansatz, um dieser Herausforderung zu begegnen, besteht darin, den Nutzern des hier vorgeschlagenen Instrumentariums die Möglichkeit zu bieten, die Wissensbarrieren mit Hilfe einer umfangreichen Symptomliste zu identifizieren. Die Symptome um- bzw. beschreiben bestimmte Situationen und Verhaltensweisen von Personen im Rahmen der Projektarbeit. Wie Tabelle 1 zeigt, kann jedes Symptom auf das Vorhandensein unterschiedlicher Wissensbarrieren hindeuten.

Symptome	Wissensbarriere
Für die Aufgabenerfüllung notwendige Ressourcen stehen nicht oder nicht rechtzeitig zur Verfügung.	➢ Datenschutz und Geheimhaltung ➢ Mangelnde Akzeptanz des Projekts ➢ Fehlende Unterstützung durch Vorgesetzte ➢ Mangelnde Ressourcenausstattung
Ausgewiesene Experten werden nicht oder kaum in das Projekt eingebunden.	➢ Ablehnung fremden Wissens ➢ Vertrauen in die Wissensquelle ➢ Strenge Hierarchie ➢ Unzureichende Einbindung relevanter Wissensträger
Vorschläge von außen werden abgetan: „Die haben doch gar keine Ahnung."	➢ Ablehnung fremden Wissens ➢ Vertrauen in die Wissensquelle ➢ Betriebsblindheit
Die Suche nach Informationen ist zeitintensiv.	➢ Ineffizienter Zugriff auf Wissen ➢ Nutzerfreundlichkeit von IT-Systemen ➢ Unzureichende IT-Infrastruktur

Tabelle 1: Zuordnung von Wissensbarrieren zu Symptomen (Beispiele aus der Symptomliste)

Dabei sollten die Symptome grundsätzlich als Anregung betrachtet werden bzw. als Denkanstoß dafür, ob ähnliche Beispiele im eigenen Projekt auftreten. Dies bedeutet jedoch nicht, dass alle Wissensbarrieren, die einem bestimmten Symptom zugeordnet sind, für das betrachtete Projekt oder Unternehmen relevant sein müssen. Ziel ist es daher, die grundsätzlich möglichen Wissensbarrieren zunächst so breit wie möglich auswählen und mit Hilfe detaillierterer Informationen (Workshops, Expertenurteile etc.) anschließend eine Einschränkung auf die tatsächlich vorliegenden und problematischen Wissensbarrieren vorzunehmen.

Beispielsweise kann das Symptom „Für die Aufgabenerfüllung notwendige Ressourcen stehen nicht oder nicht rechtzeitig zur Verfügung" auf die Barrieren „Datenschutz und Geheimhaltung", „Mangelnde Akzeptanz des Projekts", „Fehlende Unterstützung durch Vorgesetzte" oder „Mangelnde Ressourcenausstattung" hinweisen. Welche dieser Barrieren tatsächlich zutreffen, kann zunächst durch das Hinzuziehen weiterer Symptome entschieden werden: „Über aktuelle Entwicklungen in unserer Organisationseinheit sind wir nicht, oder nur mäßig informiert" etwa deutet ebenfalls auf die Wissensbarriere „Fehlende Unterstützung durch Vorgesetzte" hin, aber auch auf „Mangelnde Dialogkultur" und „Führungsverhalten". Nach einer derartigen Vorauswahl können schließlich die zu adressierenden Barrieren festgelegt werden.

Die Identifikation von Wissensbarrieren und die Analyse der Wechselwirkungen werden im hier vorgestellten Methodenbaukasten durch eine systematische Beschreibung der einzelnen Wissensbarrieren unterstützt: Zu jeder Wissensbarriere finden sich neben einer aussagekräftigen Kurzcharakteristik der Barriere Hintergrundinformationen, Implikationen dieser Barriere für den Umgang mit Wissen, Verweise auf Barrieren, mit denen möglicherweise Wechselwirkungen zu erwarten sind sowie Vorschläge geeigneter Handlungsmöglichkeiten zum Abbau dieser Barriere.

4.2 Analyse von Wechselwirkungen zwischen den Barrieren

Selbst nach Identifikation der Wissensbarrieren ist deren Abbau nicht trivial: Bei Organisationen handelt es sich um komplexe Systeme, die nur bedingt deterministisch gesteuert werden können. Jeder Eingriff in dieses System kann daher neben den gewünschten positiven auch ungewollte oder gar negative Auswirkungen haben.

Aus diesem Bewusstsein heraus steht zwischen der Identifikation und dem Abbau auch zunächst die Analyse der Wechselwirkungen: Hieraus lassen sich Empfehlungen ableiten, welche Barrieren zuerst bekämpft werden sollten. Zur Unterstützung der Analyse beinhaltet der Methodenbaukasten eine Heuristik zur Unterteilung der Barrieren in vier Gruppen anhand von zwei zentralen Merkmalen: Beeinflussbarkeit der Barriere durch andere Barrieren und Ausmaß der Beeinflussung anderer Barrieren bzw. Handlungsmöglichkeiten durch die jeweilige Barriere.[11]

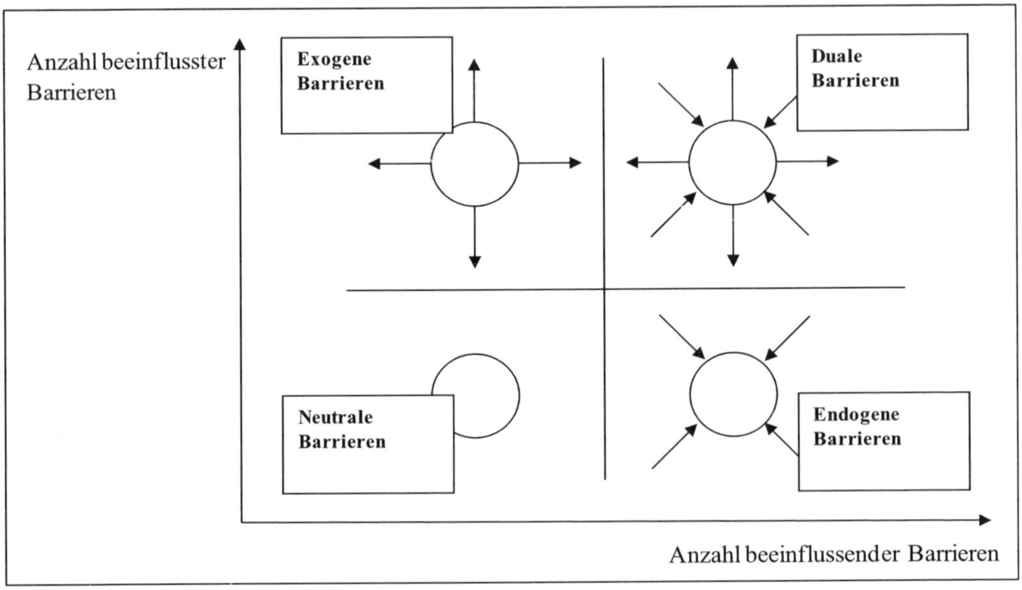

Abbildung 4: Kategorisierung von Wissensbarrieren

Hieraus ergeben sich vier Typen von Wissensbarrieren:

- *Neutrale Barrieren* werden nicht oder kaum von anderen Barrieren beeinflusst, beeinflussen ihrerseits auch kaum bis keine anderen Barrieren.
- *Exogene Barrieren* werden ebenfalls nicht oder kaum von anderen Barrieren beeinflusst, beeinflussen jedoch ihrerseits eine größere Zahl anderer Barrieren; die Wechselwirkungen sind aus Sicht dieser Barriere also nach außen gerichtet.

[11] Analog GOMEZ/PROBST (1997), S. 72 ff.

- *Endogene Barrieren* stellen das Gegenteil der exogenen dar. Sie werden von mehreren anderen Barrieren beeinflusst, beeinflussen ihrerseits jedoch kaum bis keine anderen Barrieren; die Wechselwirkungen sind aus Sicht dieser Barriere also nach innen gerichtet.
- *Duale Barrieren* schließlich werden von einer größeren Anzahl anderer Barrieren beeinflusst, beeinflussen ihrerseits jedoch auch mehrere andere Barrieren. Die Wechselwirkungen richten sich aus Sicht dieser Barriere also in beide Richtungen gleichermaßen.

Damit die Erfolge der vorgeschlagenen Handlungsmöglichkeiten möglichst wenig durch bestehende, zunächst nicht adressierte Barrieren beeinträchtigt werden, sollten zweckmäßigerweise zunächst die exogenen und anschließend die dualen Barrieren bearbeitet werden. Im Idealfall sind dann endogene bzw. neutrale Barrieren kaum noch spürbar.

Zu den in unserer Studie identifizierten exogenen Barrieren zählten z. B. „Mangelndes Vertrauen“, das unter anderem Auswirkungen auf „Führungsverhalten“, „Gruppendynamische Effekte“, „Differenzen von Ingroup und Outgroup“ oder auch „Kultur der Wissenszurückhaltung“ haben kann. Bei Vorliegen dieser exogenen Barriere in Kombination mit einer oder mehreren der beeinflussten Barrieren sollte zunächst, wie schon erwähnt, die exogene Barriere bearbeitet werden. Vor einer anschließenden Adressierung der beeinflussten Barrieren sollte überprüft werden, ob und inwiefern diese nach Abbau der beeinflussenden Barriere für das betrachtete Projekt bzw. Unternehmen noch relevant sind.

4.3 Möglichkeiten zum Abbau von Wissensbarrieren

Sind die zu bearbeitenden Barrieren festgelegt, so kann mit der Auswahl der Maßnahmen begonnen werden. Hierzu werden im Methodenbaukasten zur Überwindung jeder Wissensbarriere verschiedene Handlungsmöglichkeiten vorgeschlagen.

Bei der Diskussion des Methodenbaukastens mit den möglichen Anwendern erwies es sich als praktikabel, abhängig von der Fristigkeit der Umsetzbarkeit drei unterschiedliche Kategorien von Handlungsmöglichkeiten zu unterscheiden:

- *Instrumente und Methoden*: Diese stellen die einfachste Form von Handlungsmöglichkeiten dar, sie können spontan, ohne große Vorbereitung und Ressourceneinsatz im Rahmen der täglichen Projektarbeit eingesetzt werden.
- *Maßnahmen*: Sie stellen umfassende, komplexe Handlungsmöglichkeiten dar, bedürfen der Vorbereitung und erstrecken sich in der Durchführung über einen längeren Zeitraum.
- *Strukturveränderungen*: Diese stellen die umfassendste Kategorie dar und zielen auf die langfristige Veränderung des organisationalen Kontextes ab (z. B. durch Veränderung der Struktur, von Prozessen, der Beurteilungsverfahren usw.).

Der Methodenbaukasten beinhaltet eine Aufstellung von 35 Handlungsmöglichkeiten; die meisten in der Kategorie „Maßnahmen“ (siehe Abbildung 5 und Anhang 2). Jeder Wissensbarriere sind unterschiedliche Handlungsmöglichkeiten zugeordnet, die dazu beitragen können, die Wissensbarriere abzubauen bzw. abzumildern. Aus dieser Gesamtmenge an Handlungsmöglichkeiten kann eine Organisation nun abhängig von ihren individuellen Bedürfnissen (z. B. wie schnell die Maßnahmen greifen sollen, auf welcher Ebene die Maßnahmen entschieden werden können/sollen) einen Handlungskatalog zusammenstellen. Die Maßnahmen werden hierzu in dreierlei Hinsicht überprüft:

- Inwiefern kann die Wirksamkeit der Maßnahmen durch identifizierte Wissensbarrieren beeinflusst bzw. verringert werden?
- In welchem zeitlichen Rahmen sind Erfolge des Maßnahmeneinsatzes zu erwarten?
- Wie können mit möglichst geringem Aufwand (personell/finanziell/zeitlich) die festgelegten Wissensbarrieren adressiert werden?

	Individuum	**Gruppe**	**Organisation**	**Technik**
Instrumente und Methoden	➢ Weiterbildung ➢ Kreativitäts- und Lerntechniken ➢ Textgestaltung ➢ Moderation ➢	➢ Kreativitätstechniken ➢ Story Telling ➢ Qualifizierte Diskussion ➢ Moderation ➢		➢ Weblogs ➢ Wikis ➢ Teamräume ➢ Dokumenten- und Contentmanagement
Maßnahmen	➢ Führung ➢ Weiterbildung ➢ Lessons Learned ➢ Klärung der A/K/V, Coaching ➢	➢ Führung ➢ Teambuilding/ Feedback, Konfrontationssitzung ➢ Intergruppen-Teamentwicklung ➢ Knowledge Integration Training ➢ Syntegration ➢ Lessons Learned ➢ Systemanalyse ➢ Erarbeiten einer Vision ➢	➢ Auftragsklärung ➢ Syntegration ➢ Systemanalyse ➢ Community of Practice	➢ Tagging ➢ Social Networking ➢ Instant Messaging ➢ Mind Mapping ➢ Wissenslandkarten ➢ Partizipative Werkzeugeinführung ➢ Prozessbezogene Tool-Dokumentation
Strukturveränderung	➢ Personalauswahl ➢ Austausch von Teammitgliedern bzw. der Teamführung	➢ Teamorientiertes Bewertungssystem ➢	➢ Management by Objectives ➢ Räumliche Gestaltung	

Abbildung 5: Beispiele für Handlungsmöglichkeiten zur Überwindung von Wissensbarrieren

In Bezug auf den dritten Aspekt ist besonders zu beachten, dass die vorgeschlagenen Maßnahmen jeweils zum Abbau mehrerer Wissensbarrieren beitragen können. So kann beispielsweise die Handlungsmöglichkeit „Dialoggespräch" helfen, kurz- bis mittelfristig die Barrieren „Subgruppen in Teams", „Differenzen von Ingroup und Outgroup", „Macht- und Statusbewahrung", „Mikropolitik" und „mangelnde Dialogkultur" zu bekämpfen.

5 Fazit

Im vorliegenden Beitrag wurden der wirksame Umgang mit Wissen in Projekten adressiert, empirisch identifizierte Barrieren im Umgang mit Wissen dargestellt und ein Methodenbaukasten zur Bearbeitung von Wissensbarrieren in Projektorganisationen skizziert. Zur Anwendung des Methodenbaukastens wurde ein Vorgehensmodell entwickelt. Das vorgestellte Instrumentarium unterstützt den Anwender bei folgenden Schritten:

- Sammlung von Wissensbarrieren aus dem spezifischen Anwendungsfeld sowie der relevanten Literatur und Strukturierung der Wissensbarrieren basierend auf eine Erweiterung des TOM-Modells
- Beschreibung von Wissensbarrieren anhand ihrer Symptome – um so Praktikern (Projektleitern etc.) die Identifikation von Barrieren zu ermöglichen
- Strukturierung von Handlungsmöglichkeiten zum Abbau von Barrieren nach Fristigkeit ihrer Umsetzbarkeit in Instrumente und Methoden, Maßnahmen und Strukturveränderungen
- Zuordnung der Handlungsmöglichkeiten zu den Wissensbarrieren

Der vorgestellte Methodenbaukasten bietet die Möglichkeit, projektspezifisch vorhandene Wissensbarrieren zu identifizieren und darauf abgestimmt ein individuelles Set an Maßnahmen mit unterschiedlicher Fristigkeit und unterschiedlich tiefem Eingriff in bestehende Strukturen zu realisieren. Dies ermöglicht es, Wissensbarrieren so umfassend wie möglich (bzw. nötig) abzubauen. Mit diesen Hilfsmitteln können also sowohl Team- und Projektleiter in ihren Projektteams konkret vorhandene Barrieren und dafür geeignete Maßnahmen identifizieren als auch Bereichsverantwortliche sich Anregungen für weiter greifende Strukturmaßnahmen holen. Generell ist das vorgestellte Vorgehen auf sämtliche Branchen und Unternehmensgrößen anwendbar.

Die dargestellten Wechselwirkungen zwischen Wissensbarrieren stellen aus unserer Studie sowie der relevanten Literatur abgeleitete Heuristiken dar; hier ist eine zukünftige empirische Überprüfung sinnvoll. Ebenso ist es erforderlich, die einzelnen Bestandteile des Methodenbaukastens durch praktische Anwendung in unterschiedlichen Anwendungsfeldern zu validieren, zu ergänzen bzw. zu differenzieren.

Danksagung:
Die Studie, in der der in diesem Beitrag beschriebene Methodenbaukasten entwickelt worden ist, wurde vom Deutschen Bundesministerium der Verteidigung (über das Zentrum für Transformation der Bundeswehr) gefördert – SKZ: CE 41F 7 209 X. Neben den Autoren und ihren Teams haben verschiedene Studierende zu den Ergebnissen beigetragen, denen wir an dieser Stelle herzlich danken wollen. Weiterhin gilt unser Dank unseren Projektpartnern am Zentrum für Transformation der Bundeswehr und am Zentrum für Weiterentwicklung der Luftwaffe in Köln (Dez Ib).

Anhang

Kategorie/Klasse	Wissensbarriere
1. Individuelle Barrieren	
Teilungs- und Aufnahmefähigkeit	# 01: Kommunikationsprobleme # 02: Probleme bei der Weitergabe von Wissen # 03: Mangelnde Netzwerkfähigkeiten
Teilungs- und Aufnahmebereitschaft	# 04: Ablehnung fremden Wissens # 05: Vertrauen in die Wissensquelle # 06: Negative Lernerfahrungen # 07: Konkurrierende Zielsetzung # 08: Fehlende Motivation # 09: Mikropolitik # 10: Macht- und Statusbewahrung # 11: Veränderungsresistenz # 12: Bedeutung von Wissensmanagement, „Zeitmangel"
2. Zwischenmenschliche Barrieren und Gruppenprozesse	# 13: Führungsverhalten # 14: Mangelndes Vertrauen # 15: Subgruppen in CD&E-Teams # 16: Sprachliche Barrieren # 17: Mangelnde Akzeptanz von Projektmitgliedern # 18: Mangelnde Dialogkultur # 19: Differenzen von In-Group und Out-Group # 20: Gruppendynamische Effekte # 21: Unklares Rollenverständnis # 22: Groupthink (Kollektiver Rollenzwang) # 23: Räumliche Trennung
3. Organisationsbezogene Barrieren	
Organisationskultur	# 24: Datenschutz und Geheimhaltung # 25: Mangelnde Akzeptanz von CD&E-Projekten # 26: Fehlende Unterstützung durch Vorgesetzte # 27: Mangelnde Ressourcenausstattung # 28: Betriebsblindheit # 29: Unklarheit über im Team vorhandenes Wissen

Aufbau- und Ablauforganisation	# 30: Strenge Hierarchie # 31: Geplante Versetzung # 32: Bürokratie # 33: Organisationsbedingter Zeitdruck # 34: Schnittstellenproblematik # 35: Medienbrüche # 36: Intransparente Wissensprozesse # 37: Unzureichende Einbindung relevanter Wissensträger # 38: Kultur der Wissenszurückhaltung # 39: Ineffizienter Zugriff auf Wissen
Gestaltung der Arbeitsbedingungen	# 40: Qualität der Daten # 41: Unklares Projektziel # 42: Ungünstige Gestaltung der Arbeitsräume
4. Technikbezogene Barrieren	
Technische Ausstattung	# 43: Nutzerfreundlichkeit von IT-Systemen # 44: Unzureichende IT-Infrastruktur # 45: Fehlender Kontext
Fähigkeiten zur Techniknutzung	# 46: Qualifikationsdefizite

Anhang 1: Katalog der Wissensbarrieren

Kategorie	Handlungsmöglichkeit
Instrumente und Methoden	➢ Moderation ➢ Klärung der Aufgaben, Kompetenzen und Verantwortung (A/K/V) ➢ Leserfreundliche Textgestaltung ➢ Kreativitätstechniken ➢ Weblogs – Kommunikation auf eine breite Basis stellen ➢ Teamräume ➢ Wikis – Die „Weisheit von vielen" nutzen
Maßnahmen	➢ Knowledge Integration Training (KIT) ➢ Story Telling ➢ Syntegration ➢ Systemdenken ➢ Dialoggespräch ➢ Qualifizierte Diskussion ➢ Communities of Practice ➢ Coaching ➢ Führung ➢ Erarbeiten einer Vision ➢ Identifikation der in der Gruppe vorhandenen Lernstile ➢ Teamentwicklung zwischen Teams ➢ Teamentwicklung/Feedback, Konfrontationssitzung ➢ Auftragsklärung ➢ Lessons Learned ➢ Weiterbildung ➢ Partizipative Werkzeugeinführung als Teil eines erfolgreichen Change Management ➢ Tagging – Inhalte klassifizieren ➢ Social Networking – Expertise sichtbar und zugänglich machen ➢ Instant Messaging – Hürdenlos und direkt kommunizieren ➢ Wissenslandkarten – Wissen identifizieren ➢ Prozessorientierte Dokumentation – Aktivitäten im Vordergrund ➢ Dokumenten- und Content-Management – Integriertes Informationsmanagement
Strukturveränderungen	➢ Austausch von Teammitgliedern bzw. der Teamführung ➢ Management by Objectives ➢ Personalauswahl ➢ Räumliche Gestaltung ➢ Teamorientiertes Bewertungssystem

Anhang 2: Katalog der Handlungsmöglichkeiten

Quellenverzeichnis

Bender, H. F./Diehl, J. F. (2005): Wissensmanagement im Wandel, in: Wissensmanagement, 2005, Heft 4, S. 10–13.

Bick, A./Hanke, T./Adelsberger, H. H. (2003): Prozessorientierte Analyse der Barrieren der Wissens(ver)teilung, in: Industrie Management, 2003, S. 37–40.

Bullinger, H.-J./Wörner, K./Prieto, J. (1997): Wissensmanagement heute: Daten, Fakten, Trends, Fraunhofer IAO-Studie, Stuttgart 1997.

Decker, B./Finke, I./John, M./Joisten, M./Schnalzer, K./Voigt, S./Wesoly, M./Will, M. (2005): Wissen und Information 2005, Stuttgart 2005.

Eberle, M. A. (2003): Barrieren und Anreizsysteme im Wissensmanagement und der Software-Wiederverwendung, online: http://paper.joerg-rech.com/Studenten/Studienarbeit_Eberle.pdfStudienarbeit, Stand: 2003, Abruf: 01.08.2008.

Gomez, P./Probst, G. (1997): Die Praxis des ganzheitlichen Problemlösens: Vernetzt denken, unternehmerisch handeln, persönlich überzeugen, 2. Auflage, Bern 1997.

Hoffmann, M./Goesmann, T./Misch, A. (2007): Unsichtbar oder Vergessen – Wie man "verborgenen Wissensprozessen" auf die Schliche kommt, online: http://SunSITE.Informatik.RWTH-Aachen.DE/Publications/CEUR-WS/Vol-37/Hoffmann.pdf, Stand: 2007, Abruf: 01.08.2008.

Holtzblatt, K. (2002): Contextual Design, in: *Jacko, J. A./Sears, A.* (Hrsg.), The Human-Computer Interaction Handbook, S. 941–963, New York 2002.

Kensing, F./Blomberg, J. (1998): PD meets CSCW – Issues and Concerns, in: Computer Supported Cooperative Work – The Journal of Collaborative Computing, 1998, S. 167–185.

Kremser, S. G. (2007): Wissensbarrieren bei Projektorganisationen der Bundeswehr aus organisationspsychologischer Sicht, Diplomarbeit, Fakultät für Wirtschafts- und Organisationswissenschaften, Universität der Bundeswehr, Neubiberg 2007.

Lugger, K.-M./Kraus H. (2001): Mastering the Human Barriers in Knowledge Management, in: Journal of Universal Computer Science 2001, S. 488–497.

Probst, G./Raub, S./Romhardt, K. (1998): Wissen Managen – Wie Unternehmen ihre wertvollste Ressource optimal nutzen, 2 Auflage, Wiesbaden 1998.

Reason, P. (1994): Three Approaches to Participative Inquiry, in: *Denzing, N. K./Lincoln, Y. S.* (Hrsg.), Handbook of Qualitative Research, Thousand Oaks 1994, S. 324–339.

Richter, A. (2007): IT-gestütztes Wissensmanagement – Theorie, Anwendungen und Barrieren, Berlin 2007.

Rümler, R. (2001): Wissensbarrieren behindern effektives Wissensmanagement, in: Wissensmanagement 2001, Heft 5, S. 24–27.

Schäfer, S. (2006): Concept Development & Experimentation (CD&E) – Eine Einführung, Informationsbroschüre der Luftwaffe, Köln 2006.

Akzeptanz als Erfolgsfaktor in Wissensmanagement-Projekten – Aspekte der personellen Implementierung

CHRISTIAN WOLTER

BearingPoint. Management & Technology Consultants

1 Einleitung und Problemstellung

Wissensmanagement wird verstanden als das Zusammenwirken von Menschen und Sachmitteln, um erfolgskritisches Wissen im Unternehmen so einzusetzen, dass die Wettbewerbsfähigkeit gesteigert wird.[1] In praxi zeigt sich jedoch, dass Unternehmen häufig nicht in der Lage sind, dieses Potenzial vollständig oder auch nur in zufrieden stellendem Maße abzurufen.

Die Ursachen dafür lassen sich nicht nur im Design der unterstützenden IT-Lösungen oder in den organisatorischen Regelungen finden, sondern sind v. a. auch in den Einstellungen und Verhalten der Mitarbeiter zu vermuten.

Veränderungen in Unternehmen, und damit auch die Einführung eines Wissensmanagements, sind nicht selten Auslöser von Widerständen. Diese lassen sich in erster Linie aus den veränderungsbegleitenden Unsicherheiten und Ängsten erklären. Dazu zählt die Angst, die erworbene Sicherheit (d. h. das Gewohnte und Vertraute) zu verlieren und die Befürchtung einer Verschlechterung der eigenen Situation zu erfahren (z. B. in Form von Kompetenz- oder Prestige-Verlust).[2]

Gerade Wissensmanagement-Projekte haben grundsätzlich das Potenzial diese Unsicherheiten und Ängste hervorzurufen, da von den Mitarbeitern erwartet wird, dass sie gerade das Wissen preisgeben sollen, das sie im Unternehmen einzigartig macht und das sie deshalb dazu nutzen, die eigene Stellung im Unternehmen zu stützen. Die Anforderung, dieses Wissen weiter zu geben, geht dann unweigerlich mit einer Angst vor Macht-, Kompetenz- oder gar Arbeitsplatzverlust einher. Eine Wissensmanagement-Initiative kann daher nur dann den gewünschten Effekt erzielen, wenn man diesen Ängsten erfolgreich begegnet und eine Änderung der Einstellungen und des Verhaltens bewirkt, kurzum Akzeptanz für das Wissensmanagement generiert.

Dieser Beitrag setzt sich daher mit der personellen (in Abgrenzung zur technischen oder organisatorischen) Implementierung, also der Integration eines Wissensmanagement-Konzeptes in den Unternehmenskontext mit dem Ziel der Schaffung von Akzeptanz bzw. der Vermeidung von Widerständen, auseinander. Dabei wird zunächst die Problematik von Akzeptanz (bzw. Widerstand) im Zusammenhang mit Wissensmanagement-Projekten näher betrachtet und anschließend die Unternehmenskultur als Basis des Wissensmanagements beschrieben. Des Weiteren erfolgt die Darstellung der Ansätze einer personellen Implementierung und die Beschreibung der Bedeutung und Wirkungsweise akzeptanzfördernder Instrumente vor dem Hintergrund der besonderen Belange eines Wissensmanagement-Vorhabens.

---

1 Vgl. *LINDE* (2004), S. 306.

2 Vgl. *SCHREYÖGG* (2000), S. 27f.

2 Die Bedeutung von Akzeptanz und Widerstand im Rahmen von Wissensmanagement-Projekten

Wie alle größeren Innovationen bzw. Veränderungen in Unternehmen kann auch die Einführung eines Wissensmanagements bei den Mitarbeitern Ängste und Unsicherheit verursachen, die nicht selten in dysfunktionalem Verhalten und negativer Einstellung, kurz Widerständen, resultieren.[3]

Das Wissensmanagement verfolgt das Ziel, Wissen von einzelnen Personen im Unternehmen unabhängig zu machen und dem Unternehmen als Ganzes zur Verfügung zu stellen. Damit ist es auf die aktive Teilnahme der Mitarbeiter in Form von Wissensteilung und -nutzung angewiesen. Dem steht jedoch häufig entgegen, dass Wissen, v. a. wenn es einzigartig im Unternehmen ist, für ihren Besitzer eine Machtquelle darstellt, die dazu genutzt wird, den Arbeitsplatz zu sichern, die Verhandlungsposition zu stärken oder individuelle Interessen besser verfolgen zu können. Die Auflösung dieses offensichtlichen Widerspruchs zwischen Mitarbeiter- und Unternehmensinteressen stellt die große Herausforderung im Rahmen einer Wissensmanagement-Implementierung dar. Wird diese nicht gemeistert, d. h. wird die Notwendigkeit des Wissensmanagements durch die Mitarbeiter nicht akzeptiert, besteht die Gefahr, dass diese ihr Wissen gegenüber ihren Kollegen abschirmen, statt es im Sinne des Unternehmens mit ihnen zu teilen.

Der Grad des Widerstandes bei der Einführung eines Wissensmanagements kann dabei ganz unterschiedlich ausfallen: während einige Mitarbeiter vielleicht nur wenig aktiv am Wissensmanagement mitwirken oder nur die nötige Sorgfalt bei der Informationsverteilung und -nutzung vermissen lassen, könnten andere gezielt das Wissensmanagement torpedieren, in dem sie bspw. bewusst wichtige Informationen zurück halten oder Belangloses in die Dokumentation eingeben (vgl. Abbildung 1).

---

3 Vgl. *STAHLKNECHT/HASANKAMP* (2002), S. 502.

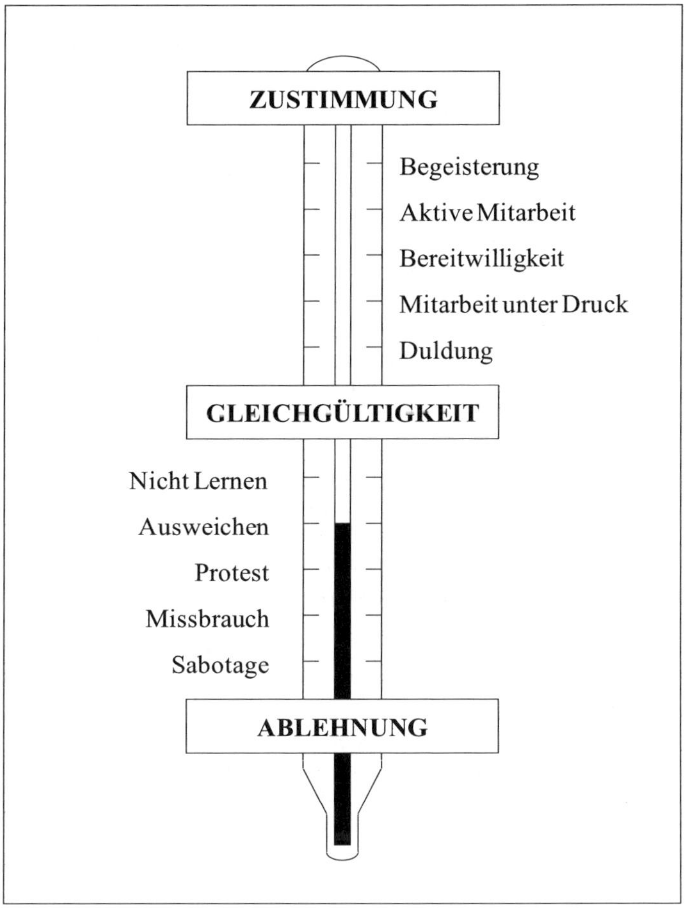

Abbildung 1: Akzeptanz-Barometer[4]

Die Ursachen hinter dem Widerstand der Mitarbeiter können vielfältig sein, hängen v. a. aber mit deren Unsicherheit und Ängsten zusammen. Dabei müssen diese nicht immer objektiv erklärbar sein. Vielmehr kommt es ausschließlich auf das subjektive Empfinden der betroffenen Mitarbeiter an. Zu den Ängsten und Unsicherheiten gehören u. a.:

- Angst vor dem Verlust eines Expertenstatus (und damit auch Macht) durch die Preisgabe von wichtigen Informationen und Kenntnissen.
- Überschätzung der eigenen Fähigkeiten, die dazu führt, keinen Rat/Informationen zu suchen oder anzunehmen.
- Routinen in den Arbeitsabläufen, die es schwierig machen, neue Erkenntnis anzunehmen und die Veränderungen in den Abläufen anzupassen.
- Das Verständnis, dass das Anfordern und Nutzen neuen Wissens als eigene Schwäche und Inkompetenz ausgelegt werden könnte.

---

[4] In Anlehnung an *STAHLKNECHT/HASENKAMP* (2002), S. 502.

- Angst, hart erarbeitetes Wissen kostenfrei für andere zur Verfügung zu stellen, die für dessen Nutzung Erfolg und Anerkennung einstreichen könnten, ohne dabei den Urheber zu nennen.
- Bequemlichkeit, aktiv Informationen zu suchen (z. B. in Form von Recherchen in Bibliotheken oder Datenbanken).
- Mangelnde Fähigkeit, die Bedeutung des eigenen Wissens für andere zu erkennen (Ressortblindheit).
- Angst, sich selbst überflüssig zu machen.

Folglich sind Mitarbeiter wenig oder gar nicht motiviert, da sie u. U. keinen persönlichen Nutzen entdecken oder gar eine Verschlechterung ihrer eigenen Situation erwarten. Sie empfinden daher die Teilnahmen am Wissensmanagement ausschließlich als bürokratische Mehrarbeit ohne Sinn und Verstand.

Das führt dazu, dass die technischen und organisatorischen Angebote zum Wissensmanagement nicht in Anspruch genommen werden und somit verkümmern. Die Auswirkungen sind in vielen Unternehmen deutlich zu erkennen: Einzelne kleine Wissensmanagement-Initiativen führen zu einer Vielzahl an kleinen Lösungen, die dann aber nur von einem kleinen Nutzerkreis verwendet werden. Gleichzeitig verursachen sie aber wegen bspw. aufwändiger Content-Pflege hohe Betriebskosten. Der Mehrwert der Inhalte dieser Lösungen ist häufig eher fragwürdig und in Teilen lustlos aufbereitet. Die Tools sind nicht selten auf einzelnen Organisationseinheiten begrenzt und fördern daher eher das Denken in Silos als dabei zu helfen, diese aufzubrechen. Kurzum, der erhoffte positive Beitrag zur Verbesserung der Wettbewerbssituation, den man sich i. d. R. von der Einführung eines Wissensmanagement verspricht, kann folglich nicht erreicht werden. Im Gegenteil: Der Versuch, Wissen systematisch zu erfassen und weiterzugeben, führt nicht selten in erster Linie zu einem Mehr an Kosten. Wissensmanagement-Projekte ohne die Mitarbeiterakzeptanz sind daher zum Scheitern verurteilt; die Akzeptanz wird damit zum Erfolgsfaktor der Wissensmanagement-Implementierung.[5]

Diese beschriebenen Folgen mangelnder Akzeptanz sind jedoch nicht nur Ausdruck eines gescheiterten Wissensmanagements, sondern auch Barriere für zukünftige Wissensmanagement-Initiativen. Aufgrund der schlechten Erfahrungen können nachfolgende Vorhaben schon von vornherein mit negativen Konnotationen belegt sein.

Die Herausforderung besteht folglich darin, von Anfang an eine Akzeptanz für das Wissensmanagement im Unternehmen zu schaffen, die sich darin bemerkbar macht,

- dass die Mitarbeiter eine positive Einstellung gegenüber dem Wissensmanagement entwickeln, also dessen Notwendigkeit und Vorzüge verinnerlichen
- sowie ihr Verhalten in diesem Sinne anpassen, d. h. Wissen generieren, teilen und nutzen sowie das Wissensmanagement proaktiv fördern und weiterentwickeln. Damit ist auch klar, dass Wissensmanagement in erster Linie kein IT-Projekt ist, sondern vielmehr eine komplexe und anspruchsvolle Führungsaufgabe darstellt.

5 Vgl. *LINDE* (2005), S. 46.

Der Schwierigkeitsgrad, der dieser Aufgabe innewohnt, ist abhängig vom jeweiligen Unternehmen. Wie groß die Veränderung für die Mitarbeiter ist, lässt sich anhand einer entsprechenden Voruntersuchung ermitteln. Die Diagnose sollte u. a. Auskunft darüber geben, welchen Stellenwert Wissen im Unternehmen hat, welche Einstellungen die Mitarbeiter gegenüber dem Wissensmanagement besitzen, aber auch welche Voraussetzungen für den Instrumenteneinsatz bestehen. Auf Grundlage dieser Erkenntnisse ist das Wissensmanagement unternehmensspezifisch zu konzipieren und die entsprechenden Instrumente zur Implementierung auszuwählen und einzusetzen.

3 Unternehmenskultur als Basis des Wissensmanagements

Neben den Geschäfts- und Wissensmanagementprozessen und der Informations- und Kommunikationstechnik, ist die Unternehmens- bzw. Wissensmanagementkultur eine der drei Säulen des Wissensmanagements.[6]

Die unternehmensspezifische Kultur, also die Gesamtheit der Grundannahmen, Werte und Normen eines Unternehmens,[7] ist für die Implementierung eines Wissensmanagements von erheblicher Bedeutung. Sie bildet einerseits den Rahmenfaktor für die Implementierungsmaßnahmen des Wissensmanagements, andererseits ist sie selber Stellgröße der Implementierung und damit auch Ziel eines Instrumenteneinsatzes.

Die Instrumente und Maßnahmen zur Einführung eines Wissensmanagements können nur dann die gewünschte Wirkung entfalten, wenn deren Auswahl und Einsatz im Einklang mit der vorherrschenden unternehmensspezifischen Kultur steht. Die Ausprägung der Unternehmenskultur gibt dabei bspw. Hinweise darauf, wie die Organisation auf die Maßnahmen zur Einführung von Wissensmanagement reagieren und ermöglicht damit u. a. eine Vorhersage, welche Kommunikationskanäle besonders effektiv sein könnten, wie die Mitarbeiterbeteiligung wirkungsvoll organisiert werden kann und welche Führungsinstrumente in Frage kämen.

Hinsichtlich der Ausprägung der Unternehmenskultur kann grundsätzlich zwischen einer implementierungshemmenden und einer -fördernden Unternehmenskultur unterschieden werden. Als problematisch für das Wissensmanagement erweisen sich Kulturen, in denen das Wissen als Herrschaftswissen zur Machtsicherung („Wissen ist Macht“) angesehen wird. Dabei werden Inhalt und Ausmaß der Wissens(ver)teilung zu individuellen Interessenverfolgung beeinflusst. Das Wissen wird von Mitarbeitern oder Abteilungen in Wissenssilos isoliert und für innerbetriebliche Machtspiele genutzt. Diese wissensfeindlichen Kulturen zeichnen sich zudem durch einen Mangel an Vertrauen aus. Der Stellenwert des Wissens im Unternehmen ist insgesamt gering und es existiert eine Intoleranz gegenüber Fehlern und Hilfsbedürftigkeit.

---

6 Vgl. *Davenport/Prusak* (1998), S. 27.

7 Vgl. *Steinle/Eggers/ter Hell* (1994), S. 130.

Daher darf die Unternehmenskultur auch nicht als statische Größe des Implementierungsprozesses begriffen werden. Sie sollte vielmehr selber zum Ziel von Implementierungsmaßnahmen werden, die eine Veränderung im Sinne einer wissensgerechten (und damit implementierungsfördernden) Unternehmenskultur herbeiführen können. In einer solchen Wissenskultur nimmt das Wissen einen bedeutsam höheren Stellenwert ein. Der Status quo wird nicht als selbstverständlich hingenommen. Vielmehr besteht der Wunsch nach ständiger Verbesserung und nach dem aktiven Suchen nach Optimierungsmöglichkeiten.

Die Basis dafür bildet die vertrauensvolle Zusammenarbeit zwischen den Mitarbeitern und drückt sich durch (v. a. informelle) Netzwerke und Teamarbeit zwischen prinzipiell gleichberechtigten Partner aus. Sie bildet damit die Basis für gemeinsames Lernen und den Austausch von Wissen. Angestrebt wird eine Balance zwischen Wissen-Gebern und Wissen-Nehmern. Gleichzeitig können sie darauf vertrauen, dass das Teilen und Nutzen von Wissen ein vom Unternehmen gewünschtes Verhalten ist. Dieses Vertrauen sollte dabei in allen Bereichen des Unternehmens sichtbar werden, d. h. vor allem die Führung sollte in diesem Bereich eine Vorbildfunktion ausüben.

Darüber hinaus besteht eine Bereitschaft, Fragen zu stellen und Wissen weiterzugeben, also ein Interesse daran, das eigene Wissen und das der Kollegen stetig weiterzuentwickeln. Hilfsangebote werden daher gerne in Anspruch genommen und nicht als Zeichen der Schwäche gewertet.

Ein weiteres Element einer wissensfördernden Unternehmenskultur zeigt sich im Umgang mit Fehlern. Fehler werden in einer Wissenskultur als Chance zum Lernen wahrgenommen und deswegen nicht vertuscht. Gleichzeitig müssen die Mitarbeiter darauf vertrauen können, dass ihr Einsatz für die Wissensgenerierung und -teilung nicht mit dem Risiko einer möglichen Bestrafung verbunden ist.

Auch im Führungsverhalten des Managements unterscheidet sich eine Wissenskultur von wissensfeindlichen Kulturen. Hier wird deutlich, ob sich die Wissensteilung und -nutzung für die Mitarbeiter lohnt, d. h. ob wissensorientiertes Verhalten entsprechend durch die Führung honoriert wird. Zudem müssen auch die Voraussetzung dafür geschaffen werden, dass einerseits die Hierarchieebenen für den Wissenstransfer durchlässig werden und andererseits der Austausch von Information und die regelmäßige Kommunikation (auch über die Abteilungsgrenzen) hinaus ermöglicht werden. Ein wissensorientiertes Management fördert dabei das Prozesswissen, indem sie die Mitarbeiter als „Wissensarbeiter" sieht und ihnen Zeit und Ressourcen für Kreativität, Reflexion und Innovation sowie Möglichkeiten zum Experimentieren zur Verfügung stellt. Damit schafft es die notwendigen Rahmenbedingungen dafür, dass Wissensmanagement zum Bestandteil der operativen Tätigkeit wird.

Zusammenfassend lässt sich festhalten, dass eine wissensgerechte Unternehmenskultur als Basis für ein erfolgreiches Wissensmanagement dient. Daher sollte sie als erstes sehr sorgfältig auf ihre Schwächen und Stärken hin untersucht werden und geeignete Interventionen geplant und durchgeführt werden. Dieser Prozess der Kulturanpassung kann je nach Analyseergebnis mehrere Jahre in Anspruch nehmen. Während IT-Tools (wie bspw. Datenbanken) in kürzester Zeit realisiert und betriebsbereit sind, muss eine Wissenskultur über einen deutlich längeren Zeitraum wachsen. Trotz des scheinbar hohen Aufwands ist eine Investition in die Entwicklung und Absicherung einer für die Organisation passenden Wissenskultur die einzige Garantie für den Erfolg aller wissensmanagementrelevanten Anstrengungen. Damit ist die geplante Veränderung der Unternehmenskultur keine optionale Aktivität.

4 Gestaltungsoptionen im Implementierungsprozess – Instrumente zur Schaffung von Akzeptanz in Wissensmanagement-Projekten

Die Veränderungen von Mitarbeitereinstellung und -verhalten i. S. eines Wissensmanagements sowie die Verankerung wissensorientierter Werte und Normen in der Unternehmenskultur ist eine Schlüsselgröße bei der Einführung eines Wissensmanagements und daher auch im Fokus der personellen Implementierung.

Im Folgenden sollen die Ansätze für den Einsatz des „klassischen" Implementierungsmanagements hinsichtlich ihrer Bedeutung und Wirkungsweise dargestellt werden. Diese setzen bei den Mitarbeitern an und versuchen durch eine Steigerung ihrer Änderungsfähigkeit und Änderungsbereitschaft, der Wissensmanagement-Initiative zu einer größeren Akzeptanz zu verhelfen (vgl. Abbildung 2).

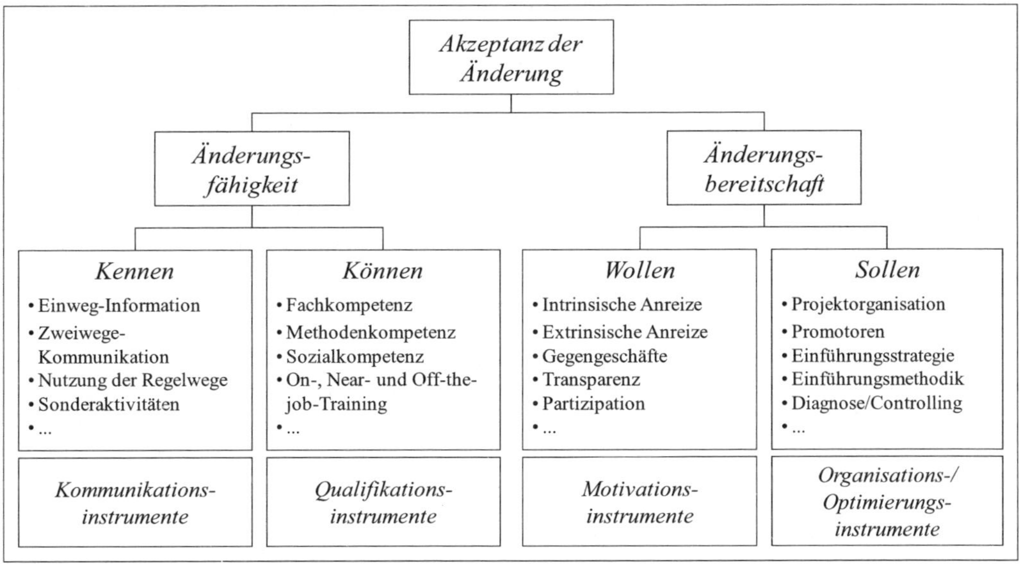

Abbildung 2: Implementierungsinstrumente[8]

Sie lassen sich in vier Kategorien unterteilen:[9]

- Organisationsinstrumente,
- Kommunikationsinstrumente,
- Qualifikationsinstrumente,
- Motivationsinstrumente.

---

8 In Anlehnung an *BERNECKER/REISS* (2002), S. 352.

9 Vgl. *BERNECKER/REISS* (2002), S. 352.

Im Folgenden wird auf Aspekte der Mitarbeiterbeteiligung, Managementunterstützung, Mitarbeiterqualifikation, Kommunikation, Mitarbeitermotivation und Implementierungsstrategie näher eingegangen, da sich diese in anderen Implementierungsvorhaben als besonders erfolgsrelevant erwiesen haben.[10]

4.1 Mitarbeiterbeteiligung

Die Partizipation gehört gemeinhin zu den wichtigsten Erfolgsfaktoren bei der Umsetzung neuer Organisations- und IT-Konzepte. Einerseits sollen dabei die Kreativität und das Wissen der Mitarbeiter systematisch genutzt werden und andererseits soll erreicht werden, dass diese den Wandlungsprozess mittragen und aktiv gestalten, anstelle diesem entgegen zu stehen.

Die Notwendigkeit einer Einbeziehung der Mitarbeiter ergibt sich zunächst einmal aufgrund der Tatsache, dass diese über die notwendigen Kenntnisse über die operativen Prozesse im Unternehmen verfügen, d. h. sie können sagen, welchen Informationsbedarf sie für ihren Arbeitsplatz haben und welche Informationen sie anderen aufgrund ihrer Tätigkeit anderen zur Verfügung stellen können. Gleichzeitig können sie als Experten durch die ständige Einbeziehung zeitnah Rückmeldung zu den jeweiligen (Teil-)Ergebnissen im Rahmen der Wissensmanagement-Implementierung geben. Damit leisten sie ihren Beitrag zur Steigerung der Qualität des Konzepts und damit auch zu dessen Glaubwürdigkeit (und Überzeugungskraft).

Darüber hinaus gehen von der Mitarbeiterbeteiligung auch motivationale Effekte aus, v. a. dann, wenn mit der Beteiligung auch eine Delegierung von Entscheidungskompetenz verbunden ist. So können die Mitarbeiter gestalterisch auf das Projekt einwirken und dabei ihre Interessen und Wünsche zu einem gewissen Grad einfließen lassen. Dies kommt einer Aufwertung ihrer Position gleich und steigert das Ansehen der involvierten Mitarbeiter.

Die frühzeitige Einbeziehung der Mitarbeiter schafft parallel dazu eine Kommunikationsplattform für das Projekt. Ziele und Inhalte des Projektes können intensiv diskutiert und so Überzeugungsarbeit für das Vorhaben geleistet werden. Gleichzeitig begegnet man so Unsicherheiten und Ängsten und schafft das Bewusstsein für die Bedeutung der Ressource Wissen für das Unternehmen, aber auch für den jeweiligen Mitarbeiter.

Nicht zu vernachlässigen ist auch die Wirkung der Beteiligung auf die Qualifizierung der Mitarbeiter. Deren kontinuierliche Einbeziehung stellt faktisch auch ein Know-how Transfer dar, indem Mitarbeitern die Möglichkeit gegeben wird, über ihren Arbeitsplatz hinaus zu erkennen, wie die Geschäftsprozesse im Unternehmen funktionieren. Sie lernen zu verstehen, welche Informationsbedarfe andere Mitarbeiter oder Organisationseinheiten haben und welche Bedeutung daher die Weitergabe ihres Wissens hat. Zudem lernen sie die Prozesse und Applikation des Wissensmanagements schon während ihrer Entstehung kennen und entwickeln so ein tieferes Verständnis, dass sie bspw. im Rahmen der Mitarbeiter-Qualifizierung zur Unterstützung ihrer Kollegen mit einbringen können. Die Erfahrungen, die sie im Laufe der Projektarbeit machen, hilft ihnen ebenfalls die Vorteile eines Wissensmanagements für sich und das Unternehmen zu erkennen.

10 Vgl. *WOLTER* (2006).

Für die Realisierung der Mitarbeiterbeteiligung im Rahmen des Wissensmanagements müssen entsprechende organisatorische Voraussetzungen geschaffen werden. Hierzu zählt der Zugang zu Medien, Inhalten und Funktionen, aber auch die Schaffung projektbegleitender Begegnungsstätten (wie z. B. Weblogs, Wikis und Communities, aber auch Workshops, Meetings, Qualitätszirkel oder Arbeitsgruppen), bei der Mitarbeiter im Rahmen persönlicher Gespräche über unternehmensspezifische Probleme diskutieren und Ideen zu deren Lösung austauschen können sowie Einfluss auf die Konzeption und Realisierung des Wissensmanagements erhalten.

Trotz der Vielzahl der Vorzüge einer Mitarbeiterpartizipation stellen sich in der Praxis Wissensmanagement-Projekte nicht selten als Top-Down Initiativen dar, bei denen Ziele formuliert werden, die an den Interessen der Mitarbeiter vorbei gehen und daher nicht von ihnen getragen werden. Das Scheitern dieser Vorhaben ist damit programmiert. Begründet wird diese Entscheidung häufig damit, dass die Beteiligung der Mitarbeiter eine zusätzliche Belastung des Projektes darstellt, da es mitunter weitere Anforderungen und Wünsche zu berücksichtigen gilt. Es ist jedoch davon auszugehen, dass die genannten positiven Effekte diese Komplexitätserhöhung deutlich überwiegen, v. a. dann, wenn man die Diskussionen über die Anforderungen der verschiedenen Anspruchsgruppen offen führt und sie geschickt moderiert.

4.2 Managementunterstützung

Wissensmanagement bewertet die bestehenden Kompetenzportfolios innerhalb eines Unternehmens neu und setzt neue Prioritäten. Experten verlieren dabei häufig ihre Sonderstellung. Zudem reduziert die Wissenstransparenz bestehende Informationsvorsprünge, welche häufig in politischen Spielen von Bedeutung sind. Nicht selten verfangen sich Projekte daher in politischen Netzen, gerade wenn es um die Sicherung dieser Machtquellen geht. Zudem bieten Projekte eine gute Plattform, um Unternehmenspolitik zu betreiben. Es wird versucht, Projektverläufe zu beeinflussen oder Ergebnisse zu torpedieren, um Einflussbereiche zu sichern. Hier lässt sich das Management als eine Art „Streitaxt“ instrumentalisieren. Der Einsatz so genannter Machtpromotoren oder Sponsoren, also ranghoher, engagierter Führungskräfte, kann aufgrund ihrer Durchsetzungsmacht diesen Spielchen ein Ende setzen und damit die Durchschlagskraft des Projektteams deutlich erhöhen. Die Managementunterstützung ist damit ein nicht zu unterschätzender Erfolgsfaktor für die Umsetzung eines Wissensmanagement.

Durch fehlendes Commitment der Unternehmensleitung kann die Situation entstehen, dass das Wissensmanagement ein Schattendasein neben den operativen Aufgaben fristet und Informationen durch Personen oder Abteilungen zurückgehalten werden. Daher ist es notwendig, aufgrund der Symbolkraft, das Wissensmanagement im Topmanagement zu verankern. Das Wissensmanagement muss im Unternehmen einen hohen Stellenwert haben und das muss durch die Verankerung der Verantwortlichkeit im Top-Management demonstriert werden. Im Rahmen der Projektarbeit dokumentiert ihr Engagement die Bedeutung des Projektes für das Unternehmen. Im Projekt (aber auch im späteren Betrieb) zeigt ihr Verhalten, wie sehr die Ideen des Wissensmanagement im Unternehmen angekommen sind: unterstützen sie aktiv das Projekt? Oder dokumentieren sie durch ihr Verhalten, dass sie das Vorhaben mit Skepsis betrachten?

Neben der Vorbildfunktion ist auch die Honorierung gewünschten Mitarbeiterverhaltens von Bedeutung. Die Anerkennung kann sich sowohl in Form sozialer als auch finanzieller Anreize ausdrücken. Hierbei gilt es die Unternehmens- und Mitarbeiterinteressen durch das Setzen entsprechender Anreize in einem Anreizsystem miteinander zu verknüpfen (vgl. auch Kapitel 4.5). Aber auch der Umgang mit Fehlern ist ein wichtiger Punkt. Risiken und Fehlern sollte mit viel mehr Toleranz begegnet werden, um die Chance zu eröffnen, daraus lernen zu können, aber auch, um bei den Mitarbeitern Vertrauen für eine aktive Teilnahme am Wissensmanagement zu erzeugen.

Darüber hinaus können die Führungskräfte beim Transport wichtiger Botschaften (vgl. auch Kapitel 4.3), wie z. B. die Bedeutung des Wissensmanagements für die Erreichung der Unternehmensziele, einbezogen werden. Aufgrund ihres Ansehens und ihrer Glaubwürdigkeit verstärken sie die Wirkung der Botschaften und leisten damit einen Beitrag zur Überzeugung der Mitarbeiter. Dabei sollen sie vor allem auch die Botschaft der sozialen Sicherheit übermitteln, d. h. deutlich machen, dass die Weitergabe von Wissen kein Nachteil für die Mitarbeiter entstehen lässt und damit auch nicht ihren eigenen Arbeitsplatz oder den von Kollegen gefährdet, sondern vielmehr, dass die von ihnen eingebrachten Ideen und Erfahrungen zur Existenzsicherung des Unternehmens und damit der Arbeitsplätze beitragen. Aber auch der Weitergabe von Erfolgsmeldungen (z. B. positive Ergebnisse oder Success-Stories) gehört zu ihren Aufgaben.

Das Erfolgsgeheimnis liegt darin verborgen, die richtige(n) Person(en) im Unternehmen zu identifizieren und sie geschickt einzusetzen, d. h. ihr dafür eine entsprechende Plattform zu schaffen. Wichtig ist ebenfalls, dass die Unterstützung des Managements über den gesamten Projektverlauf konstant hoch bleibt und nicht bereits nach der Initiierungsphase verpufft.

4.3 Kommunikation

Der Kommunikation kommt im Rahmen der Wissensmanagement-Implementierung eine zentrale Bedeutung für die Initiierung, Konzipierung und Stabilisierung der Veränderung zu. Sie wird eingesetzt, um Aufmerksamkeit zu erzeugen, bei der Diagnose zu unterstützen und dient als Träger für Veränderungsbotschaften.[11]

Wichtig ist in erster Linie, möglichst alle direkt oder indirekt Betroffenen in die Kommunikation mit einzubeziehen und möglichst umfassend zu informieren. Nicht gedeckte Informationsbedarfe durch mangelhafte bzw. unzureichende formelle Kommunikation führen i. d. R. zum Entstehen von Gerüchten, die zusätzlich zur Verunsicherung der Mitarbeiter beitragen können.

Die Botschaften müssen auf ihre Adressaten zugeschnitten werden. Ein wichtiges Element, schon zu Beginn des Projektes, ist das Vermitteln der Ziele und Inhalte des Wissensmanagements. Hierbei ist v. a. die Verknüpfung der Wissensmanagement-Ziele mit den Unternehmenszielen darzustellen, um zu zeigen, dass das Wissensmanagement keinem Selbstzweck folgt, sondern übergeordneten Zielen dient. Zu beachten ist auch das Signal, dass das Wissensmanagement nicht primär zum Ziel hat, Mitarbeiterkapazitäten abzubauen, sondern viel-

---

11 Vgl. *BERNECKER/REISS* (2002), S. 353.

mehr versucht, Wissenssilos aufzubrechen, um das Wissen für das gesamte Unternehmen verfügbar zu machen.
Die Veränderungsbotschaften sollten v. a. auch den individuellen Nutzen für die Mitarbeiter hervorheben, d. h. die Vorteile hinsichtlich der Erfüllung ihrer Aufgaben und persönlichen Karriereziele deutlich machen und damit ein positives Bild der Auswirkungen eines Wissensmanagements auf die jeweiligen Mitarbeiter bzw. Mitarbeitergruppen aufzeigen. Diese Vision von der Zukunft spielt eine nicht unwichtige Rolle bzgl. der Mobilisierung der Mitarbeiter. Sie hat zudem das Potenzial, Ängsten und Unsicherheiten der Mitarbeiter entgegenzuwirken, wenn sie ein realistisches und klares Bild von dem, was die Mitarbeiter zu erwarten haben, zeichnet.

Auch während des Projektes verliert die Kommunikation nicht an Bedeutung. Zu den wichtigsten Aufgaben dabei gehören die offene Kommunikation von Fortschritten und Erfolgen, aber auch Misserfolgen. Gerade letzteres spielt für die Glaubwürdigkeit eine nicht zu vernachlässigende Rolle.

Ebenfalls bedeutsam für die Glaubwürdigkeit ist die Einbeziehung des Managements als Multiplikatoren in die Kommunikation. Allerdings ist es hierbei notwendig, dass den Worten auch Taten folgen, die genau das widerspiegeln, was die Botschaften enthalten. Die Vision sollte deshalb von allen Hierarchieebenen gelebt werden. Nur so kann sich die Vorbildfunktion entsprechend entfalten und ihre Wirkung erzielen.

Als Unterstützung für die Kommunikation ist die Schaffung einer entsprechenden Infrastruktur sinnvoll, die den gedanklichen Austausch fördert und begünstigt. Hierzu kann auf die existierende Kommunikationsinfrastruktur zurückgegriffen oder neue Kommunikationsinstrumente im Rahmen des Projektes geschaffen werden (vgl. Abbildung 3).

Als besonders effektiv ist die Zweiwege-Kommunikation zu erachten: Kleingruppen-Gespräche, wie sie in Workshops oder Einzelgespräche stattfinden, haben hier die Nase gegenüber Newslettern und Intranet-Seiten vorne. Aber auch auf Web-2.0-Technologien, wie Blogs oder Wikis kann zurückgriffen werden. V. a. aber die persönliche Begegnung dient dazu, Vertrauen aufzubauen, welches, wie zuvor schon erwähnt wurde, ein wichtiger Bestandteil einer Wissenskultur sein sollte. Zudem begünstigen sie den Austausch von Erfahrungen, die im Laufe des Projektes gewonnen wurden und die Weitergabe von Verbesserungsvorschlägen zum Wissensmanagement-Konzept.

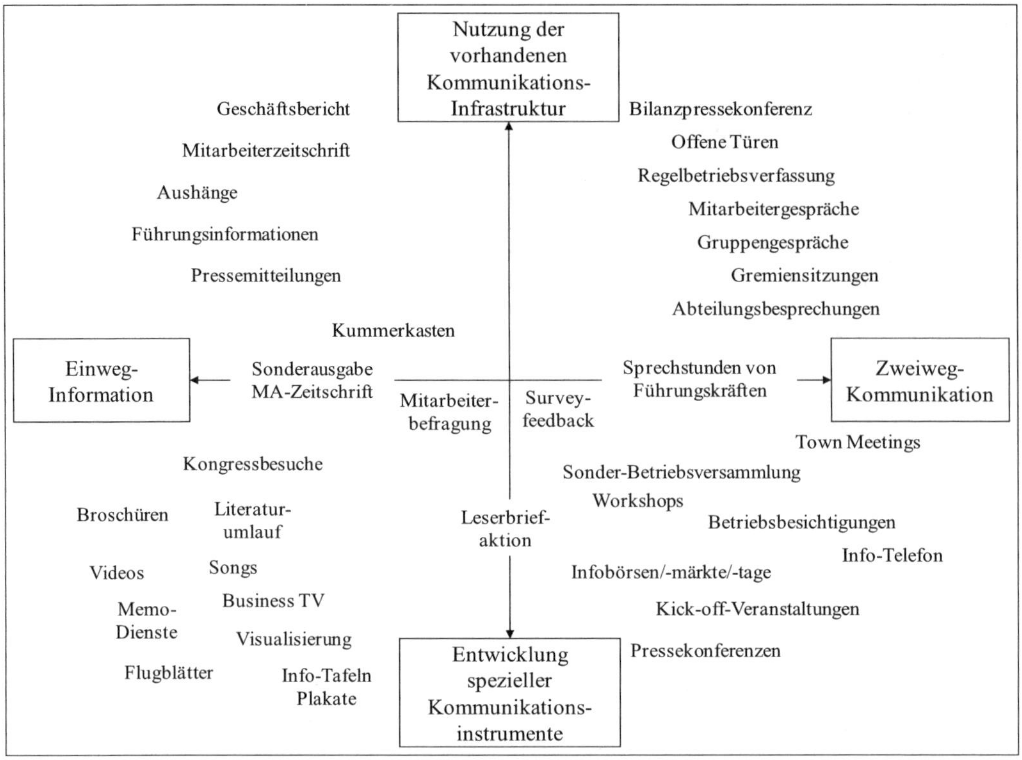

Abbildung 3: Spektrum der Kommunikationsinstrumente[12]

Die Kommunikation im Unternehmen kann zusätzlich durch den Einsatz von Multiplikatoren unterstützt werden. Hier können, neben den zuvor erwähnten Sponsoren, bereits überzeugte und engagierte Mitarbeiter, die aufgrund ihrer fachlichen Kompetenz auch über ein entsprechendes Ansehen unter ihrer Kollegen verfügen, als Wissensagenten zum Einsatz kommen. Sie haben die Aufgabe, das Anliegen des Wissensmanagements gegenüber ihren Kollegen zu vertreten und sie von dessen Notwendigkeit und Vorteilhaftigkeit zu überzeugen. In dieser Rolle besteht auch die Möglichkeit, sie im Rahmen der Qualifizierungsmaßnahmen einzubinden.

Eine nicht zu unterschätzende Kommunikationsbarriere kann der Gebrauch der Sprache sein. Hierbei sind nicht nur landesspezifische Unterschiede gemeint (obwohl diese in internationalen Unternehmen auch zu Problemen werden können), sondern v. a. die unterschiedliche Verwendung und Interpretation von Fachbegriffen. Unterschiedliche (Sub-)Kulturen (auch innerhalb eines Unternehmens), besondere Sprachgewohnheiten, aber auch unterschiedliche Bezugsrahmen für die Sprache, wie es in unterschiedlichen Organisationseinheiten vorkommen kann, können Missverständnisse hervorrufen. Durch Qualifizierungsmaßnahmen, Diskussionen, Veröffentlichungen, aber auch durch Job-Rotation kann im Rahmen des Projektes eine gemeinsame Sprache gefunden werden, die auch dazu beiträgt, den Wissensaustausch zukünftig effektiver und effizienter zu gestalten.

---

[12] *REISS* (1997), S. 99.

Zu Berücksichtigen ist allerdings auch die richtige Dosierung der Kommunikation. Hier besteht die Gefahr eines Information-Overloads, d. h. die übermittelten Botschaften könnten in der Flut täglich einströmender Informationen untergehen und damit ihre Wirkung verfehlen.

4.4 Mitarbeiterqualifikation

Ein weiteres Schlüsselelement der erfolgreichen Einführung eines Wissensmanagements liegt in der Qualifizierung der Mitarbeiter. Um den neuen Anforderungen, die auf die Mitarbeiter aufgrund der Veränderungen in der Organisation und der IT zukommen, gerecht zu werden, bedarf es umfangreicher Qualifizierungsmaßnahmen. Diese dienen dazu, den reibungslosen Übergang von der „alten Welt" zur Neuen zu ermöglichen mit dem Ziel der Milderung bestehender Ängste vor einer möglichen Überforderung bzw. der unzureichender Vorbereitung auf die neuen Aufgaben im Wissensmanagement. Nur mit der entsprechenden Vorbereitung ist die effiziente und effektive Mitarbeit im Wissensmanagement möglich. Mitarbeiter müssen an dem Punkt angelangen, bei dem die Maßnahmen des Wissensmanagements zur Selbstverständlichkeit werden, wie z. B. den Montagmorgen damit zu beginnen, einen Blick auf die unternehmensinterne Neuigkeiten im Intranet zu werfen.

Eine besondere Herausforderung für die Mitarbeiter ist dabei nicht nur Neues zu erlernen sondern dabei auch alte Denk- und Handlungsweisen zu verlernen. Der Akzeptanz, dass neues Wissen bereits eingespielte Routinen verändern kann, steht häufig die Unfähigkeit, Altbewährtes über Bord zu werfen, entgegen.

Die Schulungsbedarfe (aber auch Entwicklungspotenziale) sind zu ermitteln und adäquate Schulungen durchzuführen. Dabei erscheinen on-the-job und near-the-job Schulungen erfolgsversprechender als standardisierte off-the-job Maßnahmen. Der Vorteil einer arbeitsplatznahen Qualifizierungsmaßnahme liegt in dem individuellen Zuschnitt auf unternehmensspezifische Besonderheiten. Zudem fällt der Transfer des erlernten Wissens in das operative Geschäft meist leichter. Wissensagenten, d. h. besonders befähigte und engagierte Mitarbeiter, können hierbei sowohl Trainer im Vorfeld der Umsetzung als auch für eine stetige Unterstützung im operativen Geschäft eingesetzt werden.

Zu den Schulungsinhalten gehören neben den Fähigkeiten zur Handhabung der technischen Systeme und den Kenntnissen über die unternehmensspezifischen Geschäftssprozesse v. a. auch die Generierung eines tieferen Verständnisses für das Wissensmanagement. Die Mitarbeiter müssen verstehen, warum sie Information bereitstellen, was mit diesen Informationen geschieht und wie andere im Unternehmen (und damit das Unternehmen als Ganzes) davon profitieren. Es muss vermittelt werden, dass Wissensmanagement nicht als sinnloser Mehraufwand wahrzunehmen ist, sondern dass bestimmtes Wissen systematisch aufgenommen werden muss, weil es an anderen Stellen des Unternehmens dringend benötigt wird. Dazu ist es erforderlich, dass die Mitarbeiter das Verständnis für die Prozesse und Informationsbedarfe in anderen Unternehmensbereichen erlangen.

Die Bereitschaft und die Motivation Wissen zu teilen, wird besonders durch die Einsicht und Erfahrung von konkretem Nutzen aus diesem Verhalten gefördert. Daher spielt das Erfahrungslernen eine wichtige Rolle. Gerade in der Anfangsphase sollten jedoch diese ersten Erfahrungen nicht ungestützt erfolgen, da die Teilnahme am Wissensmanagement leicht zu einem „Durchwursteln" degenerieren könnte. Fallen die ersten Erfahrungen negativ aus, wird es schwierig, diesen Eindruck zu korrigieren. Durch eine intensive Betreuung gerade in der Anfangsphase, z. B. durch Wissensagenten, kann man einer möglichen Unsicherheit der Mitarbeiter entgegenwirken, Überforderung vermeiden und dadurch die ersten Erfahrungen zu einem Erfolgserlebnis machen. Dies verleiht den Mitarbeitern Sicherheit und fördert die Motivation sich weiterhin zu engagieren. Zudem können die Wissensagenten im Rahmen ihrer Unterstützungsleistung weitere Überzeugungsarbeit leisten und so weitere Kollegen für das Vorhaben gewinnen.

Ein besonderes Augenmerk ist neben den technischen und prozessualen Inhalten der Mitarbeiterqualifikation auch den so genannten Soft Skills zu schenken. Die Notwendigkeit zu einem intensiven Austausch mit den Kollegen, auch über Abteilungs- oder gar Unternehmensgrenzen hinaus, fällt nicht jedem Mitarbeiter auf Anhieb leicht. Die Qualifizierungsmaßnahmen sollten daher die neuen Anforderungen bzgl. der sozialen Kompetenz in ausreichendem Maße berücksichtigen.

Die Weiterentwicklung des Wissensmanagements sollte in einem kontinuierlichen Verbesserungsprozess betrieben werden. Hierzu bieten Gruppenstrukturen, wie z. B. Qualitätszirkel, Lernwerkstatt und Technology-Groups mögliche Ansätze, um stetig die Mitarbeiterqualifizierung zu institutionalisieren.

4.5 Mitarbeitermotivation

Die Bedeutung des Mitarbeiter-Engagements für das Wissensmanagement ist besonders hoch. Klar ist aber auch, dass das Wissensmanagement ein Mehr an Arbeit verursacht und zusätzliche Zeit in Anspruch nimmt; also zunächst einmal als zusätzlicher Aufwand wahrgenommen wird. Hinzu kommt das schon beschriebene Widerstandspotenzial der Mitarbeiter gegenüber dem Wissensmanagement. Beides macht deutlich, dass entsprechende Anreize geschaffen werden müssen, die die Mitarbeiter für ihren Mehraufwand entlohnen. *DAVENPORT* formuliert es folgendermaßen: „Menschen trennen sich höchst selten von wertvollen Besitz (einschließlich Wissen) ohne dafür einen Gegenwert zu erwarten.“[13] Die Motivation steigt, wenn aus Sicht der Mitarbeiter aus der Teilnahme am Wissensmanagement einen persönlichen Nutzen ergibt, der den Aufwand und das Vertrauen, welche mit der Freigabe der Informationen verbunden ist, rechtfertigt.

Wissensorientierte Anreizsysteme können dazu einen positiven Beitrag leisten. Durch gezieltes Setzen von Anreizen können Mitarbeiter einerseits dazu motiviert werden, neue (im Sinne des Wissensmanagements) erwünschte Verhaltensweisen anzunehmen und andererseits bereits existierendes, wissenförderndes Verhalten zu verstärken.

Die Anreize können dabei sowohl monetärer als auch nicht monetärer Art sein (vgl. Abbildung 4). Letzteres z. B. in Form von Gegenseitigkeit (der Wissensanbieter kann davon ausgehen, dass andere ebenfalls ihr Wissen mit ihm teilen) und Ansehen (der Wissensanbieter erfährt Anerkennung, weil er wertvolles Wissen der Allgemeinheit zuführt). Ansehen ist zwar ein immaterielles Gut, kann aber auch potenziell materielle Vorteile mit sich bringen.

---

[13] *DAVENPORT/PRUSAK* (1998), S. 68.

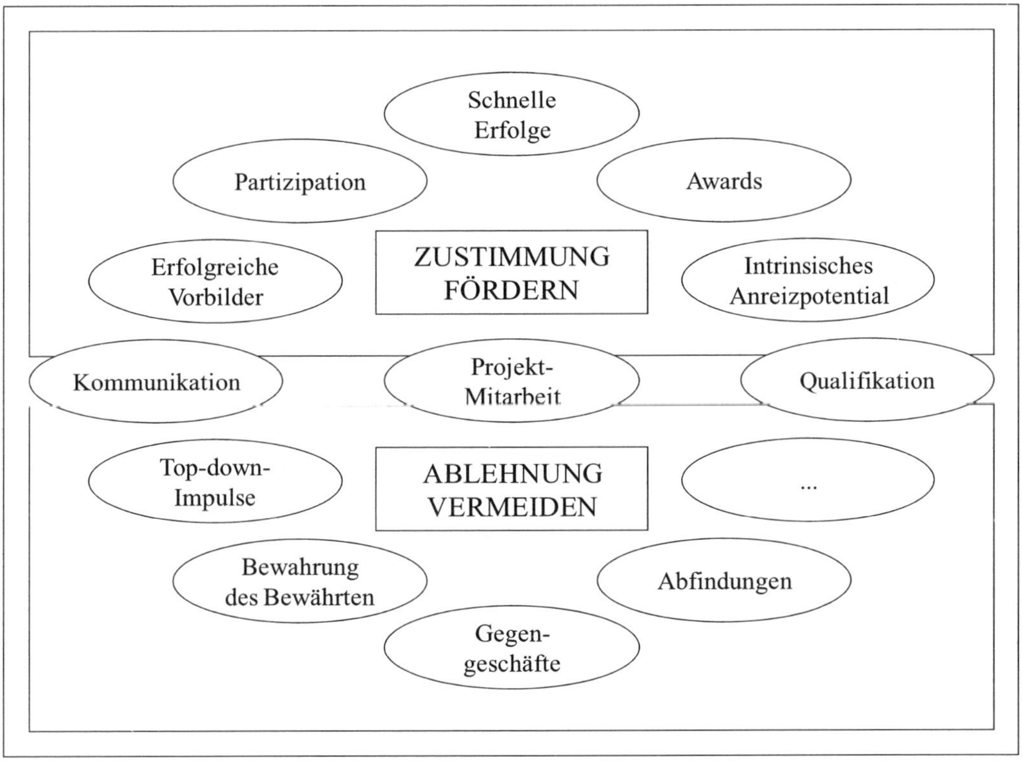

Abbildung 4: Spektrum der Motivationsinstrumente[14]

Die Basis für das Anreizsystem ist die Mitarbeiterberurteilung. Hier werden Wissensziele in den persönlichen Zielvorgaben der Mitarbeiter verankert. Die Ziele werden gemeinsam mit dem Mitarbeiter z. B. in Jahresgesprächen festgelegt, deren Erreichung regelmäßig überprüft und ggf. angepasst. Diese Ziele können einerseits darauf ausgerichtet sein, persönliche Fähigkeiten und Kenntnisse zu erweitern, andererseits im Sinne einer Wissensteilung, auf eine Weitergabe von Wissen abzielen.

Bei der Umsetzung der wünschenswerten Werte und Verhaltensweisen ist es vorteilhaft, den angestrebten Soll-Zustand explizit zu beschreiben. Es ermöglicht den Soll-Ist-Vergleich anhand von objektiven Kriterien. Wegen der schlechten Quantifizierbarkeit einer Vielzahl dieser Ziele empfiehlt sich hier der Einsatz einer Balanced Scorecard[15].

Zu beachten ist allerdings, dass zu stark betonte individuelle (v. a. monetäre) Anreize gleichsam negative Effekte auf das Wissensmanagement haben können. Vielmehr müssen die Wissensziele bereichsübergreifend bzw. unternehmensweit festgelegt werden, damit sie einen positiven Effekt auf das Wissensmanagement und den Unternehmenserfolg haben. Individuelle oder bereichsbezogene Anreizsysteme können sich eher als wesentliche Barrieren des Wissensmanagements herausstellen. Wichtig ist auch, dass die Belohnung nicht nur an Erfol-

---

14 *Reiss* (1997), S. 102.

15 *Kaplan/Norton* (1992).

ge gekoppelt sein darf. Um Mitarbeiter das entsprechende Vertrauen zu vermitteln, ist es wichtig, dass auch ein Verhalten anerkannt wird, dass zwar i. S. des Wissensmanagements wünschenswert ist, dennoch nicht zu dem gewünschten Erfolg geführt hat („kreative Irrtümer“). Genauso darf mit der Anforderung von Informationen, also der Suche nach Hilfe, keine Sanktionierung (wie z. B. einem Statusverlust) einhergehen.

Die Verankerung der Ziele des Wissensmanagements in den Anreizsystemen dokumentiert auch nochmals den Stellenwert, den die Unternehmensführung dem Wissensmanagement einräumt und stellt damit an sich bereits ein Überzeugungsinstrument dar.

4.6 Implementierungsstrategie

Die Einführungsstrategie schafft den organisatorischen Rahmen für die Einbeziehung der Mitarbeiter in die Projektarbeit und bietet damit eine Möglichkeit zur Schaffung von Akzeptanz.

Hinsichtlich der Verbreitung des Wissensmanagements im Unternehmen bieten sich unterschiedliche Ansätze: Zum einen wäre eine vollständige Implementierung der technischen, organisatorischen und mitarbeiterbezogenen Änderungen im ganzen Unternehmen denkbar (Big Bang), zum anderen besteht die Möglichkeit einer schrittweisen Implementierung. Das schrittweise Vorgehen kann dabei unterschieden werden in einen regionalen Roll-out (z. B. durch die Einführung eines Wissensmanagements in nur einer Niederlassung/Region), einen funktionalen Roll-out (z. B. in dem man mit einer Funktionalität, wie einer Angebotsdatenbank beginnt und dann sukzessive weite Funktionalitäten ergänzt) sowie der Kombination aus beidem (z. B. eine Angebotsdatenbank in nur einer Niederlassung). Das schrittweise Vorgehen findet häufig seinen Ausdruck in einer Pilotierung, d. h. bestimmte Funktionalitäten werden in einer bestimmten Region eingeführt.

Die schrittweisen Vorgehensweisen bieten hinsichtlich der Schaffung von Akzeptanz die besseren Ansätze: Nach jedem Implementierungsschritt sind Anpassungen des Konzeptes bei sich ändernden Anforderungen sowie die Berücksichtigung von Anregungen und Kritik der Mitarbeiter möglich. Dies gilt gleichsam für alle Nutzenziele der Wissensmanagement-Implementierung, also auch hinsichtlich der Akzeptanz der Mitarbeiter. Das Herbeiführen vergleichsweise schnellerer Teilerfolge kann der Akzeptanz des neuen Systems durch die Mitarbeiter im Unternehmen zuträglich sein, die zudem mit weniger radikalen Veränderungen und geringerem Lernaufkommen konfrontiert werden. Den Mitarbeitern ist damit die Möglichkeit gegeben, sich sukzessive mit den Neuerungen vertraut zu machen, was den Lernprozess vereinfacht. Bei der Pilotierung kommt hinzu, dass die involvierten Mitarbeiter hier das Gefühl haben, zu einer elitären Gruppe zu gehören. Darüber hinaus können die (positiven) Erfahrungen, die mit dem Wissensmanagement gewonnen wurden, als weitere Argumente in die Überzeugungsarbeit im restlichen Unternehmen genutzt werden.

Die häufig präferierte Big Bang Vorgehensweise ist dagegen als besonders kritisch für die Mitarbeiterakzeptanz einzustufen: Sie zeigt sich v. a. problematisch in Bezug auf die Förderung von Unsicherheit bei den Mitarbeitern aufgrund der vergleichsweise großen zeitlichen Differenz zwischen Projektbeginn und Produktivstart. Dieses, in Verbindung mit der hohen Komplexität des Projektes, trägt dazu bei, dass die betroffenen Mitarbeiter die Auswirkungen auf ihr individuelles Umfeld schwer prognostizieren können. Darüber hinaus sind die

Möglichkeiten der Einrichtung von Feedback-Schleifen deutlich geringer einzuschätzen als bei der schrittweisen Implementierung eines Wissensmanagements. Zudem scheint die rechtzeitige und bedarfsorientierte Qualifizierung der Mitarbeiter wegen des erheblichen Qualifizierungsumfanges schwer umsetzbar und könnte die Mitarbeiter zudem überfordern.

5 Fazit und Ausblick

Mitarbeiterakzeptanz, also ein wissensorientiertes Verhalten, verbunden mit der entsprechenden Einstellung, ist ein wichtiger Erfolgsfaktor bei der Implementierung eines Wissensmanagements. Systeme und Prozesse alleine sind nicht in der Lage Wissen zu generieren. Erst die Mitarbeiter können dazu beitragen. Nur wenn die Mitarbeiter im Unternehmen verstehen und akzeptieren, dass ein erfolgreiches Wissensmanagement auch in ihrem Interesse ist (zumindest dahingehend, dass es zur Sicherung der Überlebensfähigkeit des Unternehmens beiträgt), kann Wissensmanagement funktionieren. Doch diese Einstellung entwickelt sich nicht von alleine; sie muss vielmehr gezielt herbeigeführt werden. Aus diesem Grund rücken die weichen Faktoren, die Mitarbeiter, stärker in den Vordergrund der Implementierungsarbeit. Hierzu wird an deren Änderungsbereitschaft und -fähigkeit angesetzt. Die zentralen Instrumente der akzeptanzfördernden Einführung eines Wissensmanagements sind:

- Mitarbeiterbeteiligung,
- Managementunterstützung,
- Kommunikation,
- Mitarbeiterqualifikation,
- Mitarbeitermotivation,
- Implementierungsstrategie.

Hierbei wurde aufgezeigt, welche Bedeutung und Wirkung die dargestellten Instrumente zur Schaffung von Akzeptanz bzw. zur Vermeidung von Widerständen im Rahmen des Wissensmanagement-Projektes haben. Es ist auch deutlich geworden, dass die Instrumente hinsichtlich ihrer Wirkung stark miteinander korrelieren, d. h. sie können nicht isoliert voneinander eingesetzt werden. Der ganzheitliche und abgestimmte Einsatz der Instrumente aller Kategorien in den jeweiligen Phasen des Projekts (von der Konzeption über die Realisierung bis zur kontinuierlichen Weiterentwicklung) erscheint hier der sinnvollste Weg zu sein. Dabei ist der Instrumenten-Mix auf die Besonderheiten des jeweiligen Unternehmens abzustimmen. Hier spielt v. a. die jeweilige Ausgangssituation der Unternehmen eine wichtige Rolle, was eine genaue Diagnose vor Beginn und im Laufe des Projekts zu einem absoluten „Muss“ macht.

Allerdings darf dieser Artikel nicht als Plädoyer für die einseitige Betonung des Faktors Mensch missverstanden werden. Neben der IT und den Prozessen ist die Mitarbeiterakzeptanz nur ein Teil der Wissensmanagement-Einführung. Damit ist auch klar, dass Akzeptanz nicht bei jedem Mitarbeiter um jeden Preis erzielt werden muss. Wie alle anderen Vorhaben auch, steht auch die personelle Implementierung im Spannungsverhältnis zwischen Effektivität und Effizienz, zwischen Zielerreichung und den damit verbundenen Aufwänden. Ein

Controlling, das sowohl die Effektivität der Maßnahmen, als auch deren Effizienz stetig verfolgt, kann dabei eine wichtige Entscheidungshilfe sein (vgl. Abbildung 5).

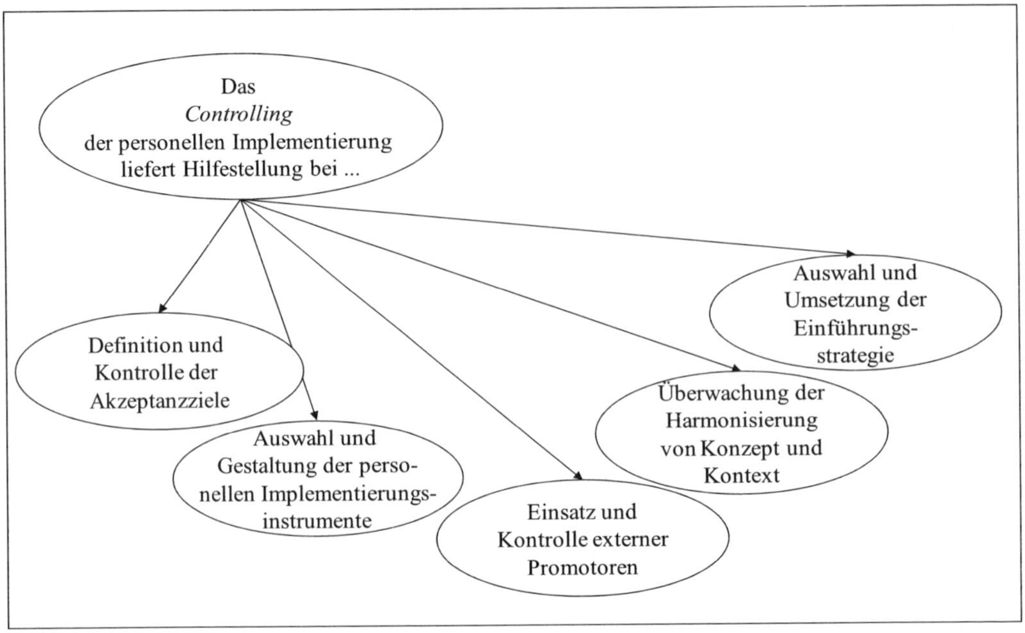

Abbildung 5: Controlling der Ziele der personellen Implementierung[16]

Quellenverzeichnis

BERNECKER, T./REISS, M. (2002): Kommunikation im Wandel – Kommunikation als Instrument des Change Managements im Urteil von Change Agents, in: Zeitschrift für Organisation + Führung, 2002, Heft 6, S. 352–359.

DAVENPORT, T. H./PRUSAK. L. (1998): Wenn ihr Unternehmen wüßte, was es alles weiß..., das Praxisbuch zum Wissensmanagement, Landsberg/Lech 1998.

KAPLAN, R. S./NORTON, D. P. (1992): The Balanced Scorecard – Measures that Drive Performance, in: Harvard Business Review, 1992, S. 71–79.

LINDE, F. (2004): Wissensmanagement: Ziele, Strategien, Instrumente, in: *MÜLLER-CHRIST, G./ HÜLSMANN, M.* (Hrsg.), Modernisierung des Managements, Wiesbaden 2005, S. 301–342.

LINDE, F. (2005): Barrieren und Erfolgsfaktoren des Wissensmanagements, Köln 2005.

REISS, M. (1997): Instrumente der Implementierung, in: *REISS, M./VON ROSENSTIEL, L./LANZ, A.* (Hrsg.), Change Management: Programme, Projekte und Prozesse, Stuttgart 1997, S. 91–108.

16 Vgl. *WOLTER* (2006), S. 102.

SCHREYÖGG, G. (2000): Neuere Entwicklungen im Bereich des Organisatorischen Wandels, in: *BUSCH, R.* (Hrsg.), Change Management und Unternehmenskultur: Konzepte in der Praxis, München 2000, S. 26–45.

STAHLKNECHT, P./HASENKAMP, U. (2002): Einführung in die Wirtschaftsinformatik, 10. Auflage, Berlin 2002.

STEINLE, C./EGGERS, B./TER HELL, A. (1994): Gestaltungsmöglichkeiten und -grenzen von Unternehmenskulturen, in: Journal für Betriebswirtschaft, 1994, Heft 3–4, S. 129–148.

WOLTER, C. (2006): Soft Factors fokussierte Erfolgsfaktoren der SAP R/3-Implementierung, Stuttgart 2006.

Von netzwerkbasiertem Wissensmanagement und Portalen in Netzwerken

CARSTEN VON GLAHN

Siemens

1 Einleitende Gedanken

Die vergangenen Dekaden waren aus Sicht unternehmerischer Entscheidungsträger durch einen branchenübergreifenden Individualisierungstrend nachgefragter Leistungen gekennzeichnet, was zu einer anhaltenden Neigung der Parzellierung in Teilmärkte, zu einer steigenden Dynamik und Instabilität sowie zu kürzer werdenden Marktlebenszyklen führte.[1] Marktgrenzen und Marktstrukturen verändern sich damit schneller als dies in der Vergangenheit zu beobachten war.[2] Überdies führen Marktsättigungstendenzen auf nationalen Teilmärkten und die hieraus resultierende Wende vom Verkäufer- zum Käufermarkt im Massengeschäft in Verbindung mit einer fortschreitenden informationstechnologischen und speziell internetbasierten Entwicklung nicht nur zur Globalisierung der Märkte, sondern ebenfalls zu einer Erosion bisher isolierter Märkte. Diese Entwicklung erfordert von Organisation die Fähigkeit zur aktiven Interaktion mit dem Unternehmensumfeld, was eine Transparenz des relevanten Geschehens innerhalb und außerhalb der Unternehmensgrenzen, die adäquate Bereitstellung und Interpretation gewonnener Informationen sowie eine zeitgerechte Ableitung und Umsetzung von Entscheidungen mit effektivem und effizientem Charakter voraussetzt.[3] Das aus Informationen resultierende Wissen, das zum gewünschten Zeitpunkt, am richtigen Ort und in der notwendigen Qualität verfügbar sein sollte, ist damit eine entscheidungsrelevante Ressource von Unternehmen.[4] Aber gerade die effektive und effiziente wissensbasierte Entscheidungsfindung stellt die Unternehmensführung vor große Herausforderungen. Wissensbestände wachsen – strukturiert und unstrukturiert – immer schneller und immer unkontrollierter, während die Aktualität von Wissen (oder – synonym – *Halbwertszeit des Wissens*)[5] immer schneller abnimmt. Nach HANNIG lässt sich sogar beobachten, dass aufgrund dieser Phänomene die für die Unternehmenssteuerung relevanten Geschehnisse von der Führungsebene nur noch selektiv wahrgenommen und Entscheidungen vermehrt gefühlsbezogen anstatt faktenbasiert getroffen werden.[6]

Das Management von Wissen und die damit verbundenen entscheidungsunterstützenden Prozesse sowie die informationstechnologischen Werkzeuge und Applikationen sind GARTNER zufolge auch zehn Jahre nach dem ursprünglichen Portal-Boom noch ganz oben auf der technologischen Prioritätenliste von Chief-Information-Officers (CIO) zu finden.[7] Sollten Portale nicht nur als zentraler Eingang zu virtuellen Orten von Wissen dienen, sondern insbesondere die Vernetzung von Organisationen in Unternehmen vorantreiben, so ist der aktuelle Implementierungsgrad in der unternehmerischen Praxis durchschnittlich eher ernüchternd. Es werden diesen Studien zufolge aktuell bis zu siebzig Prozent des IT-Budgets für die Koordination unterschiedlicher Silos von Technologien, Prozessen und Mitarbeiterfähigkeiten ausgegeben, um Führungskräfte mit entscheidungsrelevanten Informationen zu versorgen.

---

1 Vgl. *ZAHN/SCHMID* (1997), S. 457 ff., und *PILLER* (2003), S. 77 ff.

2 Vgl. *PRAHALAD/HAMEL* (1994), S. 5 ff.

3 Vgl. *FINCK/SCHOMANN* (2001), S. 414.

4 Vgl. *PROBST/RAUB/ROMHARDT* (1999), S. 58 ff., und *MÜLLER-STEWENS/LECHNER* (2003), S. 362 f.

5 Vgl. *GRONAU* (2000), S. 10.

6 Vgl. *HANNIG* (2002), S. 3.

7 Vgl. *PETTEY* (2007a) und *PETTEY* (2007b). *GARTNER* referenziert hierbei den in der Praxis mittlerweile sehr beliebten, weil klangvollen englischsprachigen Marketingbegriff *Business Intelligence*. Dieser Terminus gilt nach dem Verständnis dieses Beitrags als analytische und informationstechnologisch unterstützte Prozessfolge des Wissensmanagements.

Obwohl Portale sowohl aus der heutigen Internetlandschaft als auch innerhalb von Unternehmen nicht mehr wegzudenken sind, ist es offensichtlich bis zur Schaffung von in Netzwerken integrierten Portalen, die nicht nur als eine weitere Technologieplattform im Unternehmen beziehungsweise in Kooperationen dienen, sondern als Katalysator eines netzwerk- und handlungsorientierten Wissensmanagements effektiv und effizient fungieren, noch ein weiter Weg.

2 Wissensmanagement in Netzwerken

Netzwerkbasiertes Wissensmanagement ist eine zeitlich und sachlich unbefristete, auf Basis formloser oder formaler Interaktionsvereinbarungen begründete Koordinationsform, die aus mindestens drei (internen und/oder unternehmensexternen) Akteuren besteht.[8] Im Zentrum des Interesses steht die koordinative Ausgestaltung der Interaktionsbeziehungen zwischen netzwerkorientierten Wissensträgern (oder – synonym – *Wissensressourcen*), die eine gemeinsame wissensspezifische Vision teilen oder entwickeln.

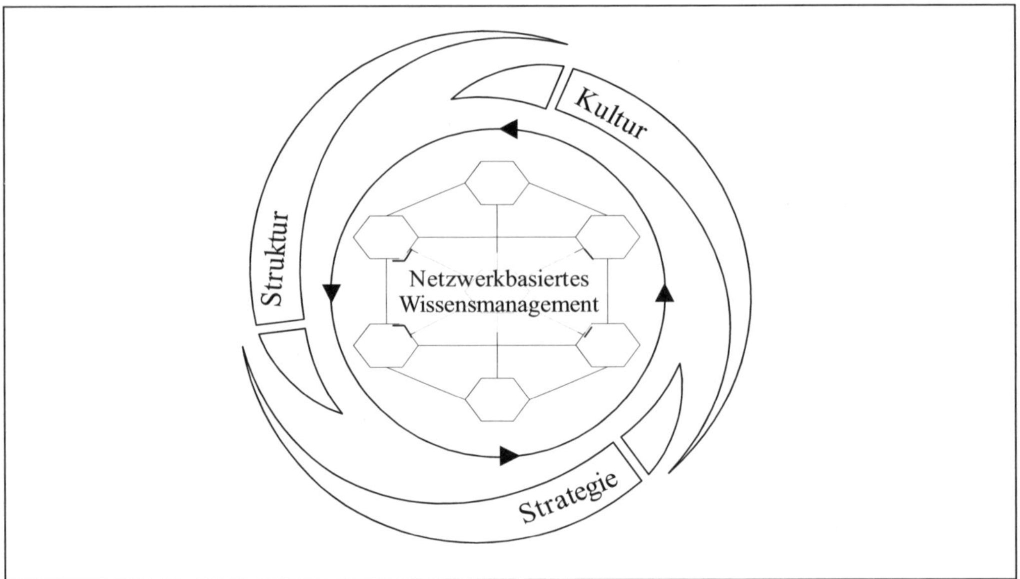

Abbildung 1: Dimensionen netzwerkbasierten Wissensmanagements

Das Management von Wissen ist generell aus Sicht der zentralen Dimensionen zu untersuchen, die es im Zuge einer organisatorischen Netzwerkkonfiguration zu koordinieren gilt. Hierbei handelt es sich um die Strategie, die Struktur und die Kultur (siehe Abbildung 1).[9] Während die strategische Ausrichtung eines Unternehmens das Ausmaß und die Marschrichtung im Hinblick auf eine netzwerkbasierte Wissensnutzung vorgibt, können kulturelle und strukturelle Aspekte bei der Zusammenarbeit zwischen individuellen und/oder kollektiven

8 Vgl. *CHROBOK* (1998), S. 242 f.

9 Vgl. *BELLMANN* (1996), S. 55 ff.

Wissensträgern fördernd, aber auch hemmend wirken.[10] So können ein wandlungsförderndes Führungsverhalten sowie eine integrierte Ausgestaltung von IT-Infrastrukturen den unternehmensinternen und -externen Wissensaustausch positiv beeinflussen. Die Dimensionen netzwerkbasierten Wissensmanagements werden daher durch die dynamischen Komponenten des Wissensmanagements überlagert, dem sogenannten Wissenszyklus.

2.1 Strategische Aspekte des netzwerkbasierten Wissensmanagements

Eine Strategie ist generell eine längerfristig ausgerichtete Kombination von geplanten Maßnahmen, die Unternehmen gegenüber ihrer relevanten Umwelt zur Verwirklichung eigener Ziele ergreifen.[11] Damit wird über die Strategie das Portfolio beziehungsweise der Tätigkeitsbereich von Unternehmen geregelt, was wiederum Ressourcen wie zum Beispiel fachspezifisches Wissen determiniert, die zur Erzielung von Wettbewerbsvorteilen notwendig sind.[12] Diese werden hierbei mithilfe von Wissen, das für Unternehmen einen strategischen Charakter erlangt, im marktlichen Geschehen verankert. Beim ressourcenbasierten Ansatz (oder – synonym – *Resource-based View*) sind sogenannte *distinktive Ressourcen*[13] die Quelle strategischer Wettbewerbsvorteile. Es sind überlegene Leistungen, die sich auf kaufentscheidende Merkmale beziehen, die vom Kunden wahrgenommen und honoriert werden. Für ein Unternehmen ist somit die Ausprägung sämtlicher Stärken und Schwächen ein Resultat des Grades effektiver und effizienter Nutzung distinktiver Ressourcen, sofern die Ressourcen selbst die Eigenschaften Wertgenerierung, Einzigartigkeit und Nicht-Imitierbarkeit aufweisen.[14] So lässt sich die Ressource Wissen beispielsweise in dokumentierter Form mittels Patenten schützen oder ist implizit mitarbeiterbezogen in Organisationen verfügbar. *Müller-Stewens/ Lechner* sprechen in diesem Zusammenhang sogar von einer Weiterentwicklung beziehungsweise von einer Abwandlung des ressourcen- zum wissensbasierten Strategieansatz (oder – synonym – *Knowledge-based View*).[15] Ein solcher Wissensansatz setzt voraus, dass Führungsentscheidungen von Unternehmen unter Beachtung der aktuellen und künftigen Wissensbasis zu treffen sind. So kann es Bestandteil der strategischen Ausrichtung einer Organisation sein, gezielt Wissen zu erwerben, das heißt durch Zukauf von Experten oder durch strategische Allianzen mit anderen beziehungsweise Übernahme von Unternehmen, die über Komplementärwissen verfügen, die eigene Wettbewerbsposition zu verbessern.

Sofern – wie festgestellt – das Wissen eine strategische Bedeutung für Unternehmen hat, kommt dem Management dieser Ressource ein ebensolcher Charakter zu. Insbesondere noch zu detaillierende Wissensziele, die letztlich neben dem vorhandenen und damit zu bewahrenden Wissen auch den künftigen Wissensbedarf beschreiben, werden zur eigentlichen Strategiekomponente des Wissensmanagements.[16] Wissen soll auf diese Weise unternehmerisch

---

10 Vgl. *Tuppinger* (2003), S. 3 ff. Vgl. zu den folgenden Ausführungen *Ritsch* (2004), S. 119 ff. und S. 129 ff.

11 Vgl. *Al-Laham* (1997), S. 9.

12 Vgl. *Ansoff* (1965), S. 8.

13 *Freiling* spricht von Ressourcen im Kontext der Resource-based View, „[...] wenn (in Märkten beschaffbare) Inputgüter durch Veredelungsprozesse zu unternehmungseigenen Merkmalen für Wettbewerbsfähigkeit weiterentwickelt worden sind und die Möglichkeit besteht, Rivalen von der Nutzung dieser Ressourcen in nachhaltiger Weise auszuschließen [...]“; *Freiling* (2001), S. 22.

14 Vgl. *Bürki* (1996), S. 202 ff.

15 Vgl. *Müller-Stewens/Lechner* (2003), S. 362.

16 Vgl. *Hinterhuber/Renzel* (2002), S. 23.

besser nutzbar gemacht und als Hauptleistung vermarktet werden und letztendlich dazu verhelfen, Wettbewerbsvorteile zu erzielen.[17]

Die Definition des Handlungsrahmens von netzwerkbasiertem Wissensmanagement beantwortet die Frage, inwieweit auch externes Wissen als strategische Ressource verstanden wird und eingesetzt werden kann. Soll das Wissensnetzwerk an den eigenen Unternehmensgrenzen enden, oder sollen relevante Akteure der aufgabenspezifischen Umwelt, wie zum Beispiel Kunden, Lieferanten und/oder Wettbewerber, Teil der wissensorientierten Strategie sein? Die positive Beantwortung dieser Fragestellung hat jedoch strategische Konsequenzen. Eine Stärkung der Marktpositionen beteiligter Netzwerkpartner setzt den Aufbau und die Pflege einer gemeinsamen Wissensbasis sowie eine einheitliche wissensstrategische Stoßrichtung voraus.[18] Für Wissensnetzwerke gilt, dass der Nutzen des Netzwerks als Ganzes dem individuellen Erfolg untergeordnet ist, das heißt für eine beteiligte Organisation ist das Netzwerk nur Mittel zum Zweck.[19] Weiterhin ist der Grad der kooperativen Beziehung in Verbindung mit kompetitiven Komponenten zu klären, was letztlich die Rollen und Verantwortlichkeiten der einzelnen Partner, den Einbeziehungsgrad einzelner Unternehmensteile, die Erweiterungsfähigkeit des gesamten Netzwerks sowie die Festlegung der Wissensziele klassifiziert.[20] Das Wissen von Individuen und Kollektiven verschiedenartiger und dennoch verbundener Organisationen zugänglich zu machen beziehungsweise aktiv zu transferieren, die gemeinsame Wissensbasis effektiv und effizient weiterzuentwickeln und den übergreifenden Wissensaustausch zu fördern, sind sowohl strategische Ziele als auch Herausforderungen des netzwerkbasierten Wissensmanagements.

2.2 Strukturelle Aspekte des netzwerkbasierten Wissensmanagements

Haben Netzwerke überhaupt Strukturen? Ausgehend von der Definition des Begriffs *Struktur*, also die Art und Weise wie Bestandteile eines Gefüges wechselseitig voneinander abhängen und zu einem Ganzen verbunden sind, ist der Begriffskombination *Netzwerkstruktur* ein tautologischer Charakter nicht abzusprechen. *RENZ* beantwortet die zuvor gestellte Frage damit, dass Netzwerke Strukturen, aber auch Strukturen Netzwerke sind, sodass ein Netzwerk ohne Struktur nicht existiert.[21] Hinsichtlich einer weiterführenden Untersuchung des netzwerkbasierten Wissensmanagement geht es folglich um die Analyse der Strukturen und Rahmenbedingungen und hier insbesondere um die Abgrenzung zwischen der netzwerkinternen und der netzwerkexternen Umwelt. Die Festlegung von Grenzen zur externen Umwelt eines Netzwerks sowie deren Messung erweist sich zumeist als äußerst diffizil, weil es oftmals an eindeutigen Abgrenzungskriterien fehlt. Diese Problematik wird von *STARBUCK* sehr plastisch mit einer Wolke illustriert, deren Konturen aus der Entfernung recht klar erscheinen, deren Grenzen jedoch verschwimmen, je mehr sich ihr genähert wird.[22] Für das Wissensmanagement innerhalb von Netzwerken und für deren Akteure, die sich an den ihnen subjektiv bekannten strukturellen Gegebenheiten ausrichten, werden die Netzwerkgrenzen durch die für sie ansprechbaren Individuen oder Kollektive definiert. Hieraus erwachsen für die Vielfältig-

---

17 Vgl. *STEIN* (2003), S. 879 f.

18 Vgl. *WILDEMANN* (2003), S. 10.

19 Vgl. *HESS* (2002), S. 208.

20 Vgl. *SCHMALTZ/HAGENHOFF* (2003), S. 26.

21 Vgl. *RENZ* (1998), S. 38.

22 Vgl. *STARBUCK* (1973), S. 9.

keit und dem Umfang der netzwerkbasierten Wissensbasis gegenüber alternativen Organisationsformen einerseits Vorteile, indem die dem Netzwerk zugrunde liegenden Mitglieder potenziell über die vom Einzelnen wahrgenommenen Kontakte hinausgehen.[23] Andererseits birgt die Steuerung einer netzwerkbasierten Kollaboration und damit die gezielte Weiterentwicklung der vorhandenen Wissensbasis, die organisationsübergreifende Integrationsfähigkeit und Sicherheit sowie die wissensorientierte Administration enorme Herausforderungen. Diese – je nach Zeithorizont angelegten – wissensspezifischen Kooperationen kommen systemtheoretisch einer temporär angelegten Ausweitung der eigenen Organisationsgrenzen gleich, das heißt das Wissen im eigenen Handlungsraum und die Reichweite seiner Wirkung bildet ein besonderes Differenzierungsmerkmal der strukturellen Aspekte des netzwerkbasierten Wissensmanagements.[24]

Wird nun die Wissensbasis des Netzwerks strukturell in den Betrachtungsvordergrund gestellt, so gibt es vereinfachend betrachtet zwei verschiedenartige Formen: das zentrale und das dezentrale Strukturmodell.[25] Nun ist eine zentrale Gestaltung des Wissensmanagements vor allem dann opportun, wenn die zugrunde liegende Organisationsform selbst zentralistisch beschaffen ist. Der unternehmerische Aufbau dient in einem solchen Fall als Orientierungspunkt für das Wissensmanagement, indem angestrebt wird, das in der Tiefenstruktur des Organisationsgefüges vorhandene Wissen zu bündeln und zentral zu organisieren.[26] Aufgrund der Beschaffenheit und einer eher dynamischen Wesensart ist der dezentrale Gestaltungsansatz des Wissensmanagements für Netzwerke Erfolg versprechender. Um folglich das Wissen der einzelnen Organisationsteile in einer gemeinsamen Wissensbasis zusammenzufassen, ist eine Kollaborationsplattform zu schaffen, die unter anderem verstreute, so genannte Wissensinseln, aufspürt und dem Organisationsgeflecht bedarfsorientiert zuführt. Der Netzwerkansatz stellt hinsichtlich des Managements von Wissen die Forderungen der einzelnen Partner und hiermit verbundene Individualisierungsbedürfnisse bei der Erfassung, Verwaltung, Speicherung, Ausgabe und Sicherung in den Vordergrund. Sowohl organisationsübergreifende Kontrollmechanismen als auch die Implementierung einheitlich gesteuerter (teil-)automatisierter Arbeitsabläufe (*workflows*)[27] sind zur Unterstützung des Wissenszyklus bedeutend, wenn auch schwierig zu implementieren. Damit werden sie zum übergreifenden gemeinsamen Nenner des Wissensmanagements im Netzwerk, denn gerade der immaterielle Charakter von Wissen erfordert hinsichtlich seines Managements eine besonders strukturierte Herangehensweise.[28] Derartige Wissenskooperationen versuchen einen hohen Grad an Redundanzfreiheit zu erreichen, das heißt das mehrfache Erzeugen beziehungsweise Vorhalten identischen Wissens soll vermieden werden.[29] Ziel des netzwerkbasierten Wissensmanagements ist es folglich, mithilfe geeigneter Strukturen, Prozesse und informationstechnologischer Hilfsmittel kooperative Beziehungsgeflechte zu formen, die dem Zweck der Optimierung wirtschaftlicher Austauschbeziehungen und wissenszentrierter Transaktionen dienen.

---

23 Vgl. *ADERHOLD/MEYER/ZIEGENHORN* (2001), S. 137 f.

24 Vgl. *KLEIN* (1997), S. 43 ff.

25 Vgl. *FRESE/THEUVSEN* (2000), S. 26 ff.

26 Vgl. *STOEBER* (2001), S. 227 f.

27 Zur Vertiefung vgl. *RIGGERT* (2008), S. 68 ff.

28 Vgl. *STOEBER* (2001), S. 233.

29 Vgl. *REISS* (1996), S. 12.

2.3 Kulturelle Aspekte des netzwerkbasierten Wissensmanagements

Kooperieren mehrere Organisationen in Form eines Netzwerks zum Zweck eines übergreifenden Wissensmanagements, bestehen einerseits die erwähnten strategischen und strukturellen Problematiken. Andererseits sind erhebliche kulturelle Unterschiede beim Umgang mit Wissen innerhalb und zwischen Organisationen zu beobachten.[30] Der Umgang mit diesbezüglichen Barrieren wird im Schrifttum teilweise als wesentliche oder sogar als erfolgskritische Komponente bei der Einführung des Wissensmanagement gewertet.[31]

- *Intraorganisationaler Wissensaustausch*: Werden kulturelle Anpassungsnotwendigkeiten, die durch die Einführung des Wissensmanagements bedingt werden, zunächst auf den Mikrokosmos einer Organisation reduziert, ist Wissen weder als individuelles Eigentum noch als Machtinstrument anzusehen. Umgekehrt gründet Wissensmanagement nicht auf einem überzogenen wissensspezifischen Altruismus des Einzelnen oder relevanter Gruppen, sondern auf dem balancierten Gleichgewicht zwischen „Geben und Nehmen". Wird weiterhin berücksichtigt, dass Wissen nicht wie ein Gegenstand bearbeitet, abgemessen und weitergereicht werden kann, setzt erfolgreiches Wissensmanagement, die Lern- und Konfliktbereitschaft sowie eine Problemlösungsorientierung der im Netzwerk organisierten Beteiligten voraus.[32]

- *Transorganisationaler Wissensaustausch*: Die Freiwilligkeit der Teilnahme und der gemeinsame Wille, Wissen zu teilen und auszutauschen, sind Voraussetzung zur Bildung von funktionsfähigen Wissensnetzwerken, die über die eigene Organisation hinausgehen.[33] Gerade wenn Netzwerke auf Basis von losen vertraglichen Legitimationen gebildet werden, können Kontroversen und Widersprüche zu Unsicherheiten bis zu Streitigkeiten führen. Nur durch gegenseitiges *Vertrauen*[34], das sowohl auf individueller Ebene als auch auf Ebene der Netzwerkorganisation als essenzielles kulturelles Element gilt, ist eine enge wirtschaftliche Zusammenarbeit realisierbar.[35] Damit wird die *Regulierung* der Netzwerkbeziehungen eine entscheidende Komponente aus Sicht des Netzwerkmanagements. Hierbei sind besonders solche Grundsätze vorteilhaft, die die Machtverteilung im Netzwerk klarstellen, den Wettbewerb ordnen, Interaktionsbeziehungen regeln und so dazu beitragen, eine vertrauensbasierte Symbiose zu bilden.[36] Aus Sicht des Managements von wissensbasierten transorganisationalen Netzwerken gibt es einen weiteren wichtigen Parameter zu beachten, der eine Vertrauenswirkung innerhalb des Netzwerks erzeugt.[37] Es handelt sich um die *Selektion* der Netzwerkpartner. Zum einen ist die Korrelation zwischen der Anzahl kooperierender Akteure eines Netzwerks und des jeweiligen Vertrauensniveaus zu beobachten. In Abhängigkeit der ausgewählten Selektionskriterien er-

---

30 Vgl. *NORTH* (2002), S. 114 f.

31 Vgl. *RITSCH* (2004), S. 124 ff.

32 Vgl. *WILDEMANN* (2003), S. 18.

33 Vgl. *BOOS/EXNER/HEITGER* (1992), S. 54 ff.

34 *Vertrauen* im Rahmen einer (geschäftlichen) Beziehung wird als die Einstellung gegenüber anderen Individuen wie auch Gruppen und Organisationen interpretiert. Sie umschreibt sowohl die subjektiv empfundene Bereitschaft als auch die Kompetenz, dass die Interaktionspartner die in sie gesetzten Erwartungen erfüllen. Hiermit wird ein Zustand in die Zukunft projiziert, der als sicher erscheint; vgl. *LUHMANN* (2000), S. 9 ff.

35 Vgl. *SCHÖNE/FREITAG* (2000), S. 11. Die Weitergabe von Wissen selbst gilt als vertrauensbildende Maßnahme und Stabilisator, wobei vorausgesetzt wird, dass das erworbene Wissen nicht missbräuchlich oder zu Ungunsten der Wissensquelle eingesetzt wird; vgl. *VETSCHERA* (2002), S. 5 ff.

36 Vgl. *MÜLLER* (1997), S. 35 ff.

37 Vgl. *SYDOW/WINDELER* (1994), S. 4 ff.

schwert sich die Vertrauensbildung bei steigender Anzahl der Netzwerkpartner durch einen erhöhten Einigungs- und Kommunikationsbedarf.[38] Die Selektionsfrage und damit die Netzwerkkompatibilität wird von wirtschaftlichen, branchenspezifischen, den bereits erwähnten strukturellen und strategischen Erwägungen, aber auch von kompetenzspezifischen Überlegungen geprägt, die zumeist in früheren Kooperationsbeziehungen geprägt wurden.

- *Multinationaler Wissensaustausch*: Kulturelle Faktoren im Lichte der Multinationalität repräsentieren Variablen wie zum Beispiel die gesellschaftliche Struktur und Wertvorstellungen bzw. kulturelle Normen eines Wirtschaftsraums.[39] Die Einführung eines Wissensmanagements innerhalb eines multinationalen Netzwerks bedeutet, dass über Landesgrenzen hinaus gehende kulturelle Barrieren bewältigt werden müssen. In diesem Zusammenhang sind die Einflussfaktoren Sprache und Mentalität hervorzuheben. Die erfolgreiche Einführung eines über Nationalstaaten hinausgehenden Wissensaustauschs basiert unter anderem auf der Überwindung von *Sprachunterschieden*. Die Konzentration vorhandenen Wissens innerhalb eines Netzwerks kann durch zwischenmenschliche Kommunikationshemmnisse sowie Hindernisse bei der Informationsbeschaffung bzw. -weiterverarbeitung erheblich behindert werden. Vorhandene Sprachbarrieren verstärken die kulturellen Gegensätze,[40] so dass diesem Umstand frühzeitig entgegenzutreten ist, indem zum Beispiel ein Sprach- und Dokumentationskodex eingeführt wird. Weiterhin spielen bei Überlegungen des Wissensmanagements in multinationalen Netzwerken häufig nationale *Mentalitätsunterschiede* eine wichtige Rolle.[41] Bezogen auf den Ausbau der gemeinschaftlichen Wissensbasis kann dies bedeuten, dass Vorurteile beispielsweise über die zu erwartende Gründlichkeit oder Austauschbereitschaft von Wissen und Erfahrungen die Planungen hinsichtlich erwarteter Produktivitätssteigerung positiv oder negativ beeinflussen können.

Es soll an dieser Stelle hervorgehoben werden, dass kulturelle Übereinstimmungen bei der Einführung des netzwerkbasierten Wissensmanagements unzweifelhaft bedeutsam, aber deshalb nicht unbedingt etablierbar sind. So ist vor allem das geschilderte Vertrauen in gewissem Umfang eine Bedingung zur Netzwerkbildung, jedoch keine von Netzwerkpartnern einzufordernde Prämisse. Die Etablierung einer gemeinsamen Netzwerkkultur ist eine mittelfristig anzustrebende und dabei täglich zu berücksichtigende Zielvorstellung, die der individuell ausgeprägten Organisationskultur artverwandt, aber dennoch nicht deckungsgleich sein muss.

---

38 Zum Zusammenhang zwischen Kommunikation und Vertrauen vgl. *LUHMANN* (2000), S. 60 ff.

39 Vgl. *WRIGHT/KROLL/PARNELL* (1996), S. 28 f.

40 Vgl. *SCHMEISSER* (1991), S. 159 ff.

41 *Mentalität* wird hier als Ausdruck von Denk- und Verhaltensweisen interpretiert, die charakteristisch für einzelne Gesellschaftsgruppen sind; vgl. *POTT* (1983), S. 109.

2.4 Zyklische Aspekte des netzwerkbasierten Wissensmanagements

Mit dem so genannten Baustein-Ansatz, der im Wesentlichen eine zyklische Betrachtung des Wissensmanagements ist, unternehmen *PROBST/RAUB/ROMHARDT* den Versuch einer praxisorientierten Systematisierung des Umgangs von Wissen in Organisationen.[42]

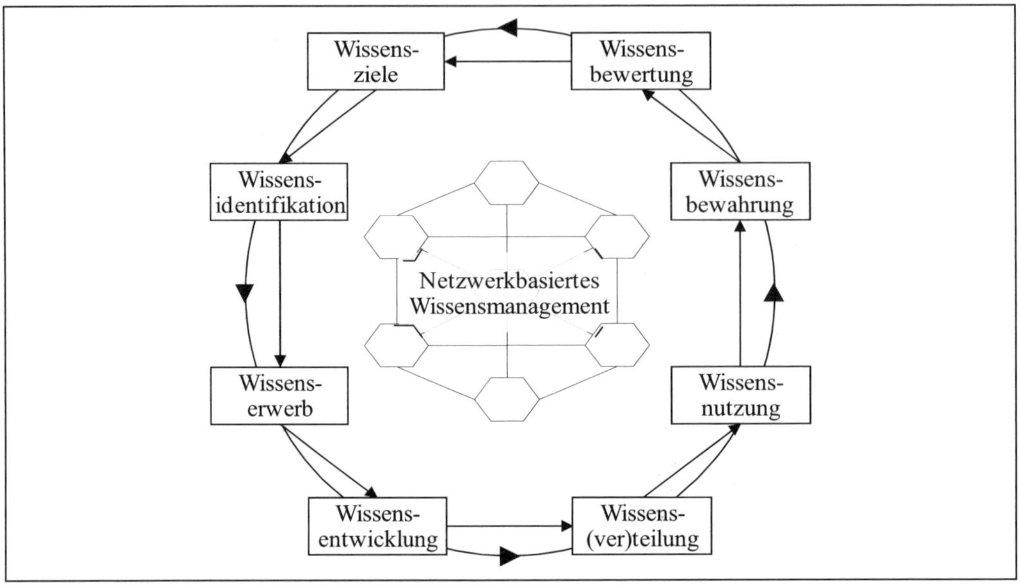

Abbildung 2: Bausteine des netzwerkbasierten Wissensmanagementzyklus[43]

Dieses Modell lässt sich auf Netzwerke übertragen (siehe Abbildung 2), wobei einige Spezifika zu bedenken sind, die im weiteren Verlauf zusammenfassend dargelegt werden:[44]

- *Wissensziele*: Beteiligte eines Netzwerks stimmen ihre Handlungen und Prioritäten vorrangig mithilfe von marktlichen Mechanismen ab, das heißt eine übergeordnete Ziele festlegende Führungsinstanz entfällt.[45] Wie bereits zuvor erwähnt, liegt es nur dann im Interesse der Teilnehmer, an Netzwerken teilzuhaben, wenn diese dem Einzelnen einen Nutzen stiften. Somit muss der maßgebliche Teil netzwerkbasierter Wissenszeile allen Beteiligten – subjektiv erkennbar – zum Vorteil gereichen. Letztlich dienen den Partnern die bei der Gründung vereinbarten (übergeordneten) Ziele des Netzwerks als Richtschnur

42 Vgl. *PROBST/RAUB/ROMHARDT* (1999), S. 58 ff.

43 In Anlehnung an *PROBST/RAUB/ROMHARDT* (1999), S. 58.

44 Vgl. zu den folgenden Ausführungen *SCHMALTZ* (2005), S. 35 ff.

45 Vgl. *HESS* (2002), S. 157 ff. Ausnahmen sind so genannte *fokale* Netzwerke, die durch einen Partner gekennzeichnet sind, der maßgeblichen Einfluss auf die Führung und damit auf die hiermit verbundene Zielsetzung nimmt; vgl. *WOHLGEMUTH* (2002), S. 20 f. Unternehmensinterne Netzwerke haben wiederum ihre spezifischen Ziele dem definierten Unternehmenszweck unterzuordnen, was jedoch – abhängig von der Größe des Wirtschaftssubjektes – aufgrund möglicher multinationaler, branchenübergreifender und rechtsformspezifischer Diversifikation die Wissenszielfestlegung nicht unbedingt einfacher macht.

zur Determinierung charakteristischer, im Rahmen von kooperativen Verhandlungen zu erarbeitenden Wissensziele.[46]

- *Wissensidentifikation*: Der Prozess, das im Netzwerk vorhandene Wissen erfolgreich zu identifizieren, ist stark mit den bereits dargelegten kulturellen Aspekten verknüpft. Wird unterstellt, dass Wettbewerbsvorteile der Netzwerkteilnehmer aus der Kombination der im Netzwerk aufzufindenden Wissensbestandteile erwachsen, sollte es auch im Interesse der Partner liegen, eine umfassende wissensspezifische Transparenz zu schaffen. Die Offenlegung verfügbarer Wissensbestände und deren Erfassung sind essenzielle Voraussetzungen eines effektiven und effizienten netzwerkbasierten Wissensmanagements. Oftmals wird jedoch der zugrunde liegende Identifikationsprozess durch Unklarheit über Ort, Art und Umfang verwendbaren Wissens, komplexe Verbindungen existenter Wissensträger und individuelle Egoismen erschwert.

- *Wissenserwerb*: Die Akquisition von externem, also nicht im Netzwerk vorhandenem Wissen kann zum einen mithilfe des Zugriffs auf externe Datenquellen, Patente, Lizenzen oder durch das Engagieren von Spezialisten beziehungsweise Beratern erfolgen. Zum anderen besteht die Möglichkeit, das Netzwerk zu erweitern und damit den gesamten Wissenspool zu vergrößern. Während die Erweiterung von Netzwerken immer mit den bereits diskutierten strategischen, strukturellen und kulturellen Aspekten in Verbindung zu bringen ist, ist der direkte Zukauf von externem Wissen immer mit der Frage der Trägerschaft originärer Investitionen und der Weiterverrechnung auf die Netzwerkpartner verbunden.

- *Wissensentwicklung*: Mit der Wissensentwicklung innerhalb von Netzwerken wird angestrebt, noch nicht vorhandenes Wissen zum Aufbau neuartiger Fähigkeiten und Fertigkeiten zu generieren. Da es an einer übergeordneten Führungsinstanz im Netzwerk fehlt, die beispielsweise eine zentrale Steuerung von organisationsübergreifenden Entwicklungsarbeiten festlegen und koordinieren könnte, beschränken sich Aktivitäten der Wissensentwicklung vielfach auf (un)moderierte Wissensforen. Diese, mittlerweile auch unter dem Begriff *Communities* bekannten Gemeinschaften des Wissensaustauschs, streben hauptsächlich personengebunden an, gemeinsam neue Erkenntnisse zu gewinnen, die bei der Lösung eigener Probleme helfen.[47] Dieser Umstand bedeutet jedoch nicht, dass keinerlei aktive Wissensentwicklung stattfindet; vielmehr ereignet sich die planbare Weiterentwicklung des Wissensbestandes innerhalb der Einzelorganisationen, oder es werden projektspezifische Vereinbarungen zwischen einzelnen Kooperationspartnern geschlossen, die wiederum Teil des Netzwerks sind.

- *Wissens(ver)teilung*: Der aktive Transfer von Wissen oder die Möglichkeit des Abrufs von Wissen setzt die Kenntnis relevanter organisatorischer Adressaten und vorhandener individueller oder materieller Wissensträger voraus. Weiterhin müssen für eine effektive und effiziente Identifikation und Nutzung relevanten Wissens in Netzwerken begriffliche, sprachliche, redundante und IT-technologische Barrieren überwunden werden. Die Weitergabe von Wissen bedingt somit, dass Sender und Empfänger verfügbares Wissen gleichartig interpretieren, nicht mehrfach verschiedenartige Wissensquellen anzapfen und gleichzeitig über maßgeschneiderte informationstechnologische Werkzeuge verfügen. Ein weiterer wichtiger im Rahmen der Wissensverteilung zu beachtender Punkt ist, dass

46 Vgl. *Wohlgemuth* (2002), S. 137 ff.

47 Vgl. *Puntschart* (2006), S. 44.

Wissensmanagement in Netzwerken dem individuellen Kompetenzaufbau dient, dabei aber nicht zur Erosion von Kernkompetenzen Einzelner führen darf.

- *Wissensnutzung*: Die Festlegung von zu schützenden beziehungsweise zirkulierbaren Wissensinhalten, die dann von Individuen oder Gruppen des Netzwerks verwendet werden, ist bereits während der Definition von Wissenszielen vorzunehmen. Hintergrund ist auch hier, dass es an einer übergeordneten Führungsinstanz fehlt, die Zugriffsrechte regeln kann. Darüber hinaus merkt *MAIER* zutreffend an, dass auch ein übermäßiges Angebot an Wissen nicht wünschenswert ist. Es sind folgerichtig Filtermechanismen einzuführen, die den Wissenskonsumenten eine aufgabenrelevante Wissensauswahl ermöglichen.[48]

- *Wissensbewahrung*: Ausgehend von den gewählten Wissenszielen ist von den Netzwerkteilnehmern zu entscheiden, welche Wissenskomponenten als künftig relevant sowie als ausbaufähig angesehen werden. Historische Wissensbestände sowie neu entwickeltes und akquiriertes Wissen sind vor Verlust zu schützen, indem – neben der physikalischen Archivierung – auch die Auffindbarkeit mithilfe logischer Kriterien gewährleistet wird. Eine der besonderen Herausforderungen bei der effektiven und effizienten Wissensbewahrung ist die kontinuierliche Aktualisierung und die Bereinigung der im Netzwerk verfügbaren Wissensbestände. Die Bereinigung von materiellen Wissensträgern ist einerseits mit kontinuierlich anfallenden operativen Kosten durch personellen Aufwand verbunden. Dies sind jedoch notwendige Maßnahmen der Qualitätssicherung, denn die Entstehung so genannter „Informations- oder Wissensfriedhöfe" ist aufgrund sich verschlechternder Produktivität nicht zielführend. Je nach Stabilität des Partnerpools ist zu bedenken, dass Partner das Netzwerk verlassen und damit Wissen in Abhängigkeit vom Speicherort verloren gehen kann. Wichtiger ist es, die Netzwerkteilnehmer zur Fortführung der Partnerschaft zu motivieren, als die Speicherorte beziehungsweise die Quellen des Wissens vor Verlust zu schützen.[49]

- *Wissensbewertung*: Analog zur Definition von Wissenszielen handelt es sich bei der Bewertung um eher strategische Bausteine des Wissenszyklus. Diese auch als Steuerungsaufgabe zu wertende Aktivität dient hauptsächlich der Kontrolle der im Netzwerk vorgenommenen Maßnahmen und der Messung der wissensspezifischen Zielerreichung.[50] Neben dem generellen Problem der Identifikation geeigneter Indikatoren zur Erfolgsmessung fehlt es dem wissensbasierten Netzwerk an übergeordneten Kontrollinstanzen, die bei größeren Abweichungen vom Zielkorridor gegebenenfalls Gegenmaßnahmen einleiten können. Eine ausschließliche Selbstkontrolle der Netzwerkpartner öffnet erfahrungsgemäß die Tür zur Ausnutzung opportunistischer Handlungsspielräume, die nicht unbedingt im Sinne aller Netzwerkbeteiligter sind. Die Durchsetzbarkeit von Korrekturmaßnahmen zur Erreichung vorab festgelegter Ziele basiert in der Regel auf Freiwilligkeit. Während beispielsweise unabhängige Dritte mit der Überwachung und Bewertung der jeweiligen Zielerreichung beauftragt werden können, sind Korrekturen oder sogar Sanktionen mithilfe von netzwerkintern gebildeten und mit Weisungsrechten versehenen Gremien durchzusetzen.[51]

---

48 Vgl. *MAIER* (2004), S. 70.

49 Vgl. *KORUNA/FREY* (2002), S. 32 ff.

50 Vgl. *KÜPPER* (2001), S. 170.

51 Vgl. *WOHLGEMUTH* (2002), S. 243 ff.

Es ist offensichtlich, dass ein wissensbasiertes Netzwerk das Potenzial zu einer Wissensakkumulation besitzt, das weit über die Summe der Wissensbestände der einzelnen Organisationen hinausgeht. Jedoch wird gleichzeitig deutlich, dass der auf Freiwilligkeit fußende Zusammenschluss von Organisationen unter Ausschluss einer weisungsbefugten Führungsinstanz nicht nur von Vorteil ist.

Mit den nachfolgenden Ausführungen wird der Blickwinkel dieses Beitrages geändert. Vor dem Hintergrund vorangegangener Ausführung und speziell im Hinblick auf die Herausforderungen wissensbasierter Netzwerke wird untersucht, inwiefern IT-basierte Portale zur Relaxierung identifizierter Problemfelder beitragen können.

3 Wissensvernetzung durch Portale

Wissensmanagement in Netzwerken ist durch strategische, strukturelle, kulturelle und zyklische Charakteristika gekennzeichnet. Die Vernetzung von Wissen ist heutzutage jedoch nicht ohne den Einbezug der Informationstechnologie (IT) denkbar. Schon an dieser Stelle wird darauf hingewiesen, dass die IT kein omnipotentes Heilmittel für organisationale Dysfunktionalitäten ist, sondern die im Hinblick auf das Wissensmanagement in Netzwerken dargelegten Problemfelder potenziell reduzieren, aber eben nicht umfassend lösen wird.

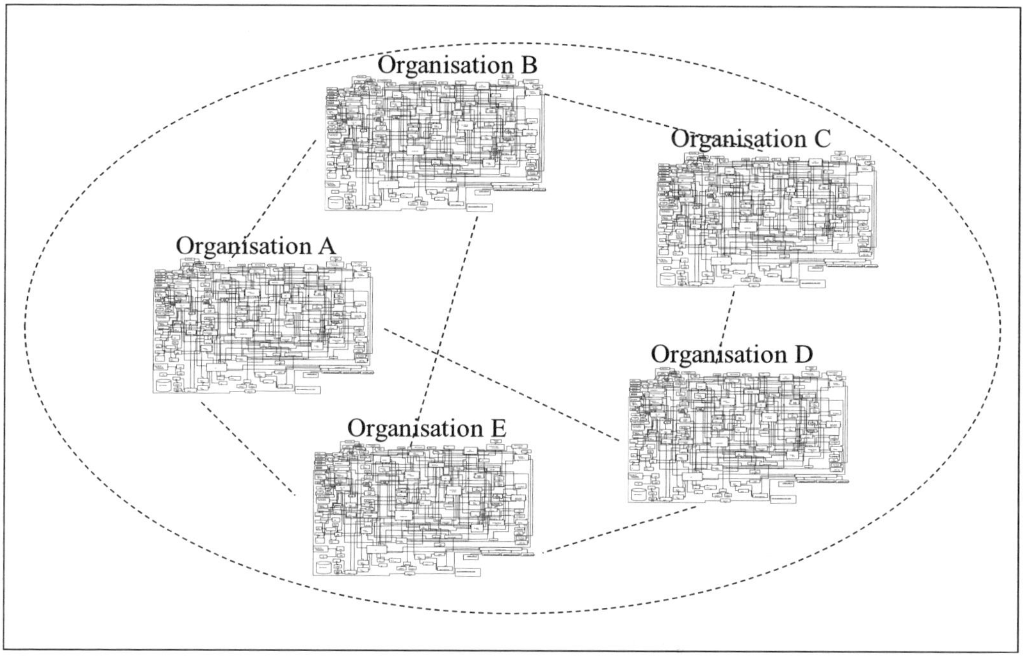

Abbildung 3: *Vernetzung diversifizierter wissensbasierter Infrastrukturen*

Es ist somit ein informationstechnologisches Gerüst einzuführen, das die verschiedenartigen IT-Landschaften und -Architekturen (siehe Abbildung 3) der am Netzwerk beteiligten Organisationen verknüpft, um Wissensbestände zum Beispiel aus Applikationen, Datenbanken und Archiven transportieren und austauschen zu können.[52] Informationstechnologische Plattformen sind dabei so zu integrieren, dass ein wissensbasiertes Netzwerk seine Flexibilität und Dynamik nicht einbüßt. IT-Infrastrukturen sind so zu konfigurieren, dass einerseits das Ausscheiden eines Kooperationspartners nicht die informationstechnologischen Funktionalitäten negativ beeinflusst und andererseits die Selektion, Kombination und Präsentation von Wissensinhalten den Anforderungen von Individuen und Gruppen gerecht wird. Zudem sind Sicherheitsanforderungen und sprachliche Unstimmigkeiten möglichst auf technologischer Ebene zu adressieren. Das gewählte Wissensmanagementsystem, wie zum Beispiel ein Portal, sollte darüber hinaus organisationsunabhängig und multinational einsetzbar sein und den Zugriff im Hinblick auf die definierten Rechte und die geforderte Granularität regeln können.

3.1 Evolution von netzwerkbasierten Portalen

Die Verbreitung des Internets und die Notwendigkeit, die Flut an Ressourcen des Wissens im World Wide Web zu organisieren, bildet den Ausgangspunkt für die Entwicklung von so genannten *Suchmaschinen*. Diese sich Anfang der 90er Jahre entwickelnden Vorläufer von internetbasierten Portalen waren Sammlungen von Internetadressen (*Links*), die nach Kategorien bewertet und geordnet werden können, wobei heterogene Informationen gefiltert und zusammengefasst werden (siehe Abbildung 4). Internetnutzer bedienen sich auf diese Weise einer einheitlichen Taxonomie, die das Auffinden von Wissen und hiermit verbundenen Leistungen erleichtert.[53] Mithilfe von Suchmaschinen erhöht sich einerseits die Übersicht der ständig wachsenden Anzahl von Adressen im Internet mittels eines Ordnungsrahmens. Andererseits greifen Nutzer – je nach Bereinigungsgrad und Filter – weniger auf veraltetes oder fehlerhaftes Wissen zu, während sie intuitiv beziehungsweise ohne besondere Vorkenntnisse Funktionalitäten der genutzten Suchmaschine nutzen können. Die Auswahl der Suchergebnisse ist jedoch nicht ein Resultat objektiver Selektions- und Qualitätskriterien, sondern folgt einer von den Betreibern der Suchplattform festgelegten Prioritätenliste, die sich von den Nutzern nur bedingt beeinflussen lässt.[54]

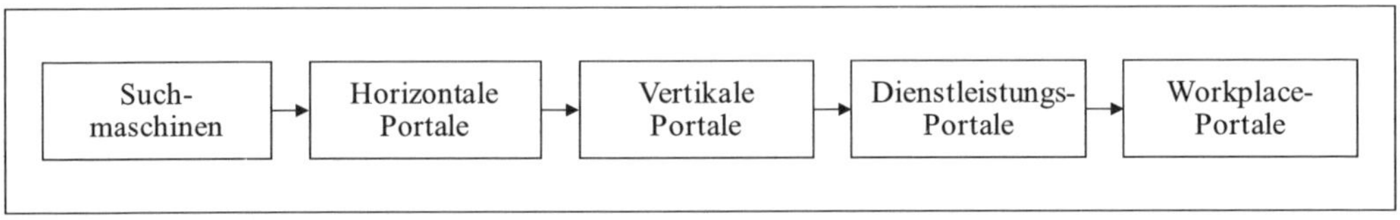

Abbildung 4: *Evolution des Portal-Konzepts*[55]

---

52 Vgl. zu den folgenden Ausführungen *SCHMALTZ* (2005), S. 50 f.

53 Vgl. *WELLS/SHEINA/HARRIS-JONES* (2000), S. 23.

54 Vgl. *BRUSE* (2005), S. 62 f.

55 In Anlehnung an *BRUSE* (2005), S. 66.

Den Suchmaschinen folgen im Zeitverlauf *horizontale Portale*, die neben den reinen Suchfunktionen eigene Inhalte vorhalten sowie zusätzliche Funktionalitäten wie zum Beispiel themenorientierte Navigation, E-Mail und Chat anbieten. Mithilfe dieser Portalart wird das Ziel verfolgt, durch ein breites Informationsangebot eine möglichst große Anzahl an Interessenten anzusprechen, was jedoch zu Lasten der Informationstiefe geht. *Vertikale Portale* haben hingegen den Anspruch, bestimmten privaten oder professionellen Interessengruppen einen Ort des virtuellen Austauschs zur Verfügung zu stellen. Das Informationsangebot ist hierbei zielgruppenspezifisch zugeschnitten und in der Regel fundiert und detailliert.[56] Einen zusätzlichen Mehrwert aus Sicht der Nutzer bieten die so genannten *Dienstleistungsportale*, die neben der Möglichkeit des Zugriffs auf beziehungsweise dem Austausch von Wissen gleichzeitig themenspezifische Dienstleistungen anbieten. Viele Unternehmen nutzen Portale als Grundlage für eine geschäftliche Beziehung. Der Eindruck unternehmerischer Kompetenz wird hierbei (zumindest in Teilen) auf Basis von frei verfügbaren Informationen erzeugt. Beim Kunden soll ein Interesse erweckt werden, Wissen sowie weiterführende Dienstleistungen zu erwerben. Im Evolutionsverlauf wird mit *Workplace-Portalen* die technologische Brücke zwischen externen und unternehmensinternen Wissensquellen geschlagen. Alle relevanten Informationen und Zugriffe auf benötigte Applikationen und Leistungen werden für einen Nutzer (auf einer spezifischen Oberfläche seines Desktops) gebündelt,[57] indem Nutzertypen und deren Verhalten beachtet werden.

3.2 Funktionalitäten von netzwerkbasierten Portalen

Die Portalevolution determiniert unter anderem die Entwicklung und die Reife von Funktionalitäten der jeweiligen Portalgeneration beziehungsweise des jeweiligen Portaltyps. Im vorliegenden Fall bestimmen die Funktionalitäten eines Portals die IT-gestützte Fähigkeit übergeordnete Ziele und die hiermit verbundenen Aufgaben eines netzwerkbasierten Wissensmanagements zu unterstützen oder überhaupt zu ermöglichen.

[56] Vgl. NENNINGER/LAWRENZ (2001), S. 22 f.

[57] Vgl. STAFFELDT/HANS (2003), S. 55.

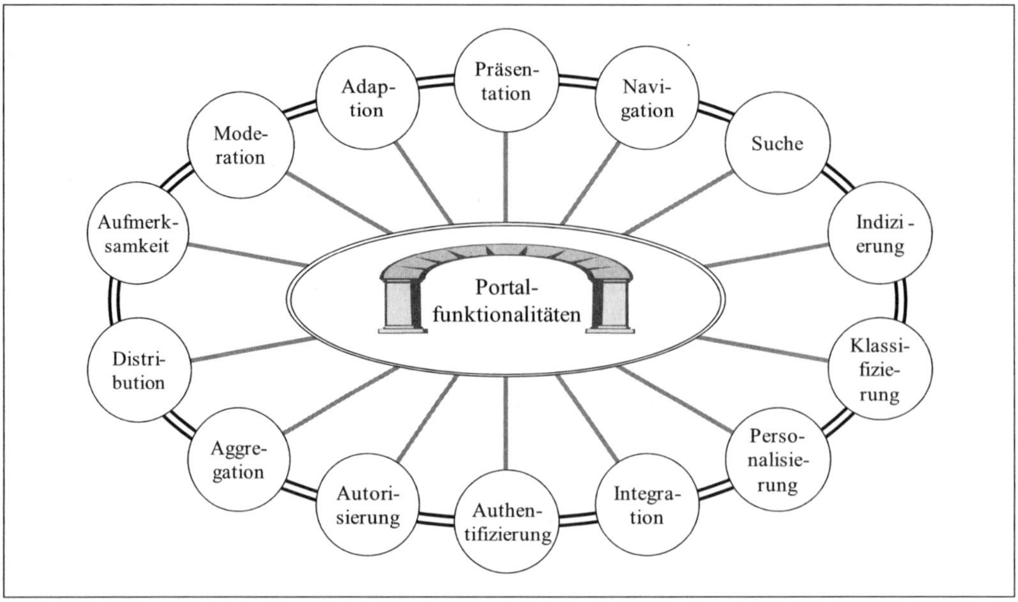

Abbildung 5: *Funktionalitäten des netzwerkbasierten Portal-Konzepts*

Portalfunktionalitäten, die als Teil des im weiteren Verlauf dieses Beitrags zu beschreibenden Schichtenmodells fungieren, lassen sich wie folgt klassifizieren (siehe Abbildung 5):[58]

Präsentation: Die Präsentation umfasst die Darbietung von Inhalten gegenüber den Nutzern des netzwerkbasierten Portals und resultiert maßgeblich aus der subjektiven Interpretation von Wissen mithilfe eines Oberflächenkonzepts auf Basis einheitlicher Symbolik, Navigation und Sprache. Aus Sicht des Nutzers ist die Präsentationsebene abhängig von den Eingabe- und Ausgabemöglichkeiten des zugänglichen Endgerätes.[59] Demgegenüber ist die Präsentationsfunktionalität den Gegebenheiten und Anforderungen der Netzwerkorganisation gerecht zu werden. So ist beispielsweise Einigkeit über das Design des Oberflächenkonzepts anzustreben, insbesondere wenn die Netzwerkteilnehmer individuell ausgeprägte Anforderungen an und Richtlinien für das Layout zur Pflege des jeweiligen Unternehmensimages haben.

Navigation: Als weiterer Bestandteil des Oberflächenkonzepts mündet die begriffliche und grafische Gestaltung, die einem Nutzer als Orientierung für die schrittweise Bewegung im Portal zur Verfügung steht, in der Navigation. Auch hier ist zu beachten, dass neben der Navigation in intra- und extra-organisatorischen Wissensträgern auch die netzwerkorganisatorische Navigation unter analogen technologischen Rahmenbedingungen zu funktionieren hat.

Suche: Während die Navigation als Werkzeug zum Auffinden von Wissen innerhalb eines Netzwerks dient, erlaubt die Suche dem Portalnutzer die Artikulierung konkreter Wissensbedürfnisse. Suchergebnisse werden dabei in Form von elektronischen Verknüpfungen (oder – synonym – *Hyperlinks*) dargestellt, die auf die Fundorte und damit auf die Quellen des Wissens im Netzwerk verweisen. Der effektive und effiziente Einsatz so genannter Suchmaschi-

58 Vgl. *KREMER* (2004), S. 16 ff., und *BRUSE* (2005), S. 98 ff.

59 Vgl. *PUSCHMANN* (2003), S. 76.

nen setzt voraus, dass diese sowohl innerhalb der eigenen Organisation, aber auch im erweiterten Wissensfeld des Netzwerks intuitiv anwendbar sind.

Indizierung: Damit eine Suchanfrage im Portal erfolgreich zur Wissensquelle geleitet werden kann, ist eine so genannte Indizierung (oder – synonym – *Indexierung*) notwendig. Diese ermöglicht die Zuordnung von Wissensressourcen zu einem oder mehreren den Inhalt beschreibenden Begriffen (oder – synonym – *Deskriptoren*). Hier müssen die bereits angesprochenen kulturellen oder spezifisch die sprachlichen Barrieren innerhalb des Netzwerks überbrückt werden. Die begriffliche Interpretation einer Suchanfrage ist organisationsunabhängig zu gestalten, sodass eine trans- beziehungsweise multiorganisationale Indizierung erfolgreich ist.

Klassifizierung: Mithilfe einer einheitlichen Taxonomie können Wissensartefakte kategorisiert werden, um eine Explikation und Lokalisierung nach Themengebieten und Trägern mithilfe von Verknüpfungen und Verweisen zu erreichen. Klassifikationsschemata dienen den Portalnutzern als weiteres Element zur strukturierten Erschließung von Wissen aus heterogenen Quellen.[60] Die Aufgabe des netzwerkorientierten Wissensmanagements ist es, übergreifende Klassifizierungsschemata zu entwerfen, die als Bestandteil des netzwerkbasierten Portal-Konzepts implementiert werden.

Personalisierung: Funktionen zur Personalisierung ermöglichen dem Nutzer einen individuellen Zugang zu den Wissensressourcen innerhalb des Netzwerks über ein Portal. Hierzu zählen vorrangig die Konfiguration der Benutzeroberfläche nach subjektiven Bedienungsvorlieben und -erfahrungen, die Annotation und Bewertung von Wissensobjekten und die Strukturierung in Form von individualisierten Ablagen.[61]

Integration: Im Kontext des Wissensmanagements mithilfe von netzwerkbasierten Portalen meint Integration die möglichst friktionsfreie Anbindung und Verknüpfung von verfügbaren natürlichen und synthetischen Wissensträgern an ein Portal. Um ein möglichst breites Angebot an Wissen verfügbar zu machen, ist die Interoperabilität auf Basis von standardisierten Austauschformaten zwischen den unterschiedlichsten Applikationen, Datenbanken und Speichermedien zu gewährleisten. Hierbei sind besondere technologische netzwerkspezifische Herausforderungen zu meistern, wie zum Beispiel die Anbindung unterschiedlicher Netzwerkarchitekturen und Applikationen. Die Individualisierung – als Gegenstück zur Standardisierung – von informationstechnologischen Komponenten im Netzwerk spielt hierbei eine entscheidende Rolle. Ursprünglich wird das IT-basierte Wissensangebot an den Ansprüchen beziehungsweise den Bedürfnissen einer definierten organisatorischen Abnehmergruppe ausgerichtet. Durch die Erweiterung des Handlungsfeldes zu einem Netzwerk verwischt die Teilhomogenität bevorzugter Eigenschaften und es verschlechtert sich die Integrationsfähigkeit aufgrund steigender Diversität und Fragmentierung der zu verknüpfenden Informationstechnologie.[62]

---

60 Vgl. *Logan* (2001), S. 2 ff.

61 Vgl. *Wegner* (2002), S. 99 ff.

62 Vgl. *Schwenk-Willi* (2001), S. 71 ff.

Authentifizierung: Bei der Portalanmeldung wird mithilfe der Authentifizierung die Nutzeridentität elektronisch überprüft. Wie erwähnt, ist es erstrebenswert, die Nutzer mit möglichst vielen Ressourcen des Wissens im Netzwerk zu verbinden. Gleichzeitig gewinnt die einmalige Authentifizierung eines Portalnutzers unter besonderer Berücksichtigung aller Sicherheitsaspekte bei einer Vielzahl integrierter Applikationen, die nicht nur einer einzigen Organisation zuzurechnen sind, an Bedeutung. Ein so genanntes *single sign on* kann die Authentifizierung stellvertretend für alle durch ein Portal kanalisierten Applikationen eines Netzwerks übernehmen.

Autorisierung: Auch wenn ein Nutzer zur Verwendung des Portals berechtigt ist, das heißt als registrierter Portalanwender authentifiziert wird, ist er nicht ohne weiteres zum Gebrauch aller vorhandenen Applikationen oder zum Zugriff aller vorrätigen Informationen innerhalb des Netzwerks berechtigt. Die Autorisierung stellt ein solches Instrument der Zugangskontrolle dar und setzt festgelegte Zugriffsrechte technologiebasiert durch. Hier sind insbesondere strukturelle und kulturelle Aspekte der am Netzwerk beteiligten Partner in Betracht zu ziehen. Konsens ist hinsichtlich der Handhabung der Informationszugänglichkeit im Kontinuum zwischen totaler Freizügigkeit und restriktiver Informationsverteilungskontrolle zu finden.

Aggregation: Eine weitere durch ein wissensbasiertes Portal ausgelöste Funktion ist die Aggregation. Heterogen vorliegendes und aus unterschiedlichen Quellen stammendes Wissen ist kontextbezogen zu verdichten und dem Nutzer zu präsentieren. Voraussetzung ist auch hierbei die Integration der in Betracht gezogenen Wissensträger sowie die Etablierung geeigneter Filtermechanismen zur Vermeidung von Redundanzen und um eine beständige Wissensaktualisierung zu erreichen.

Distribution: Neben der allgemeinen Anforderung den Portalnutzern ein angemessenes Wissensangebot zur Verfügung gestellt zu bekommen, ist es zum Teil notwendig, Informationen schnell und zielgerichtet an die Nutzer zu verteilen, insbesondere wenn es sich um zu schließende technologische Sicherheitslücken handelt. Von einem *Push*-Modell wird gesprochen, wenn Wissensinhalte mit zumeist hohem Aktualisierungsgrad gezielt an die Teilnehmer eines Netzwerks verteilt werden. Die funktionale Anforderung an das Netzwerkportal ist es, einen kontrollierten Einfluss auf die Informationsverteilung an Empfänger oder Gruppen zu nehmen. Von einem *Pull*-Modell wird im Gegenzug gesprochen, wenn die Portalnutzer – wie in den meisten Fällen üblich – die Möglichkeit haben, das für sie relevante Wissen individuell selektiert abzurufen.[63]

Aufmerksamkeit: Aus den funktionalen Anforderungen an die Wissensdistribution erwächst weiterer Bedarf an ein netzwerkbasiertes Portal. Es ist sicherzustellen, dass bestimmte Informationen direkt von Nutzergruppen wahrgenommen und wissensbasierte Konsequenzen eingeleitet werden. Das Oberflächenkonzept eines Portals ist demnach so zu gestalten, dass die Aufmerksamkeit bestimmter Nutzergruppen auf spezifische Wissensinhalte gelenkt wird, wobei der Navigationskontext trotzdem intuitiv erfassbar sein sollte.[64]

---

63 Vgl. *NASTANSKY ET AL.* (2002), S. 241.

64 Vgl. *VERING ET AL.* (2001), S. 41.

Moderation: Eine erhöhte Quantität des im Netzwerk verfügbaren Informationsangebots führt nicht unmittelbar zu einer Versorgung mit ausreichend relevantem Wissen. Eine mangelnde Überschaubarkeit kann dazu führen, dass Wissensquellen verborgen bleiben und daher nicht effektiv einsetzbar sind. Darüber hinaus binden langwierige Recherchen und Selektionen Ressourcen, was einen negativen Effizienzeffekt zur Folge hat. Das Wissensangebot innerhalb eines Netzwerks sollte mithilfe eines Portals so gestaltet sein, dass eine Transparenz über einen angemessenen Wissensumfang erzeugt wird und divergierende Präferenzen von Netzwerkteilnehmern kanalisiert und abgefedert werden. Die Moderationsfunktion des netzwerkbasierten Portals soll letztlich die Produktivität beim individuellen Problemlösungsprozess erhöhen.

Adaption: Die Wissensbasis eines Netzwerks ist dynamischen Veränderungen ausgesetzt, die damit begründbar sind, dass die Aktualität und Qualität von Wissen ständig zu hinterfragen ist und dass sich der Wissensbedarf der Netzwerkteilnehmer stetig, jedoch nicht in gleicher Form und in vergleichbaren Ausmaßen ändert. Die informationstechnologischen Voraussetzungen zur Unterstützung eines Wissensmanagements müssen diesen sich kontinuierlich ändernden Rahmenbedingungen Stand halten, das heißt ein netzwerkbasiertes Portal muss im Rahmen beständig adaptierbar und flexibel gestaltet sein.

Die Funktionalitäten eines netzwerkbasierten Portals, die aus den strategischen, strukturellen, kulturellen und zyklischen Aspekten des Wissensmanagements in Netzwerken abgeleitet werden können, determinieren die Anforderungen an ein logisches Schichtenmodell. Dieses wird nachfolgend untersucht, ohne dabei die vielfältigen technologischen Details zu vertiefen.

3.3 Schichtenmodell von netzwerkbasierten Portalen

Für den Nutzer von netzwerkbasierten Portalen verwischen nicht nur die Grenzen von Organisationen, aus denen Wissen geschöpft beziehungsweise zusammengefügt werden kann, sondern auch die Schnittstellen zwischen den Endgeräten, den Nutzerfunktionalitäten, der Wissensadministration, den Wissensressourcen und der IT-Infrastruktur. Auf Grundlage verschiedenartiger Portaltypen wachsen die verfügbaren Komponenten einer netzwerkbasierten Portalarchitektur zusammen und bilden unter dem Gesichtspunkt des Wissensmanagements eine Einheit. „From a knowledge management perspective, the main function of IT is to create a connected environment for knowledge exchange. This connected environment is the technical embodiment of the ‚corporate memory‘ – a complex web of knowledge that includes the skills and experiences of people, intellectual capital assets and information resources in an organization. The corporate memory acts as a vast potential resource that users can draw upon for decision making and problem solving."[65] Um das „Gedächtnis" einer Kooperation zu nutzen, können die Elemente als Schichten repräsentiert und in Form einer logischen Architektur zusammengestellt werden (siehe Abbildung 6).

---

65 WELLS/SHEINA/HARRIS-JONES (2000), S. 79.

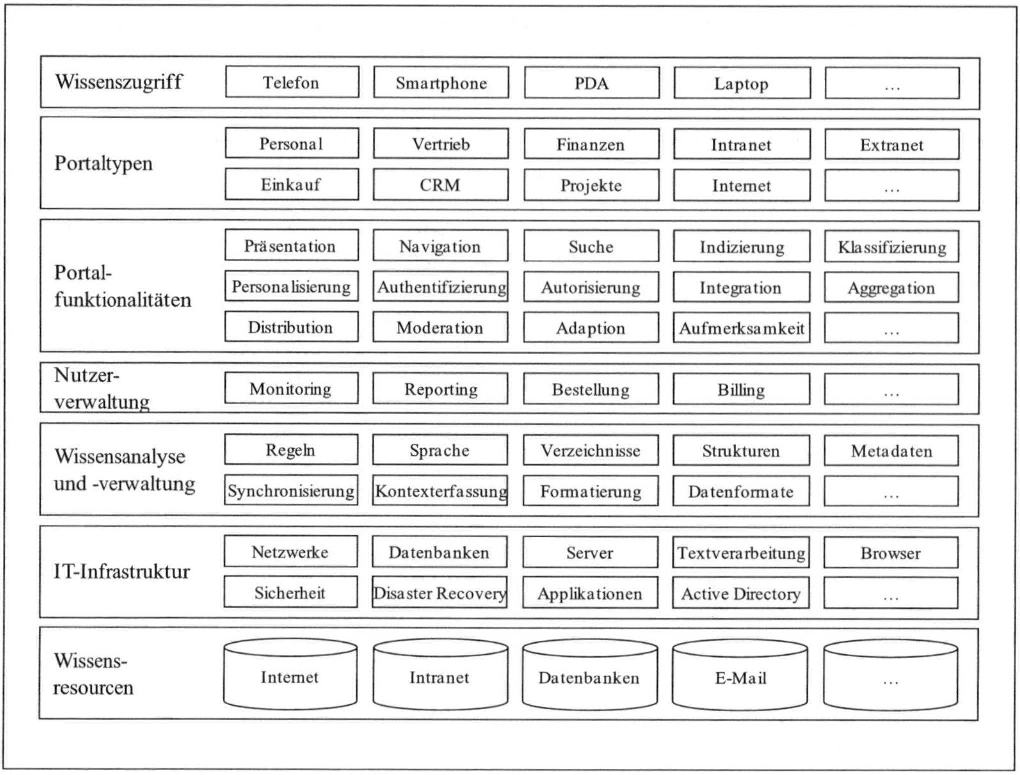

Abbildung 6: Schichten des netzwerkbasierten Portal-Konzepts[66]

Das für netzwerkbasierte Portale entwickelte Schichtenmodell umfasst sieben Ebenen, die nicht vollends überschneidungsfrei existieren:

- *Wissenszugriff*: Diese Schicht umfasst den Zugriff auf Applikationen und inhaltliche Elemente der Portale mittels Endgeräten. Zu diesen gehören beispielsweise das Telefon, Personalcomputer (PC) oder Laptops, so genannte Smartphones und Personal Digital Assistants (PDA).

- *Portaltypen*: Eine themen- und zielgruppenspezifische Unterteilung konstituiert Portaltypen. So werden zum Beispiel mithilfe von Portalen das elektronische Bestellwesen und die Warenwirtschaft zur Unterstützung des Einkaufs zusammengefügt. Vertriebsspezifisch ausgerichtete Portale dienen der Verbesserung der Verkaufsprozesse. Weiterhin existieren Personal-, Finanz-, Projekt-Portaltypen, aber auch allgemein für Mitarbeiter angelegte Intra-, Inter- und Extranets. Trotz einer unterschiedlichen Ausrichtung und einer nicht zwangsläufig vorhandenen taxonomischen Konsistenz eingeführter Portalsichten ist eine einheitliche technologische Plattform zur Sicherung eines einheitlichen Betriebs empfehlenswert. Weiterhin ist zur Etablierung eines netzwerkbasierten Wissensmanagements ratsam, ein gesondertes Netwerkportal zu bilden, weil sich nur wenige

[66] In Anlehnung an PUSCHMANN (2003), S. 75, STAFFELDT/HANS (2003), S. 56, und MAIER (2004), S. 257 ff.

spezifisch für einzelne Unternehmen etablierte Sichten ohne aufwendige Anpassungen auch netzwerkübergreifend eignen.

- *Portalfunktionalitäten*: Die bereits diskutierten Funktionalitäten von netzwerkbasierten Portalen werden nach dem Verständnis dieses Beitrags in der dritten Schicht zusammengeführt.
- *Nutzeradministration*: Mithilfe der Administrationsschicht werden Auskünfte über das Nutzerverhalten- beziehungsweise die Nutzungsintensität aller Beteiligten ermittelt. Auf Grundlage des gewählten Verrechnungsmodells werden die anfallenden Kosten auf die Beteiligten weiterverrechnet, was wiederum eine geeignete Berichterstattung erfordert.[67]
- *Wissensanalyse und -verwaltung*: Neben der Nutzeradministration ist ebenfalls eine Verwaltung und Analyse der in verschiedenartigen Medien gespeicherten Wissenselemente nötig. Mithilfe von festgelegten Taxonomien und Ontologien wird das vorhandene oder generierte Wissen gespeichert, gepflegt, aktualisiert, gefiltert und letztendlich auffindbar gemacht. Diese Schicht dient demzufolge dazu, eine weiterführende Nutzerorientierung auf Basis von einheitlichen Regeln, Verzeichnissen, Strukturen, Metadaten, Formatierung in Zusammenhang mit Kontexten und Sprachen zu ermöglichen.
- *IT-Infrastruktur*: Die IT-Infrastruktur bildet das informationstechnologische Fundament für die zuvor genannten oberen Schichten. Homogene IT-Infrastrukturen, die unter anderem aus Netzwerken, Datenbanken, Servern und Applikationen bestehen, gepaart mit einem hohen Maß an Interoperabilität und Kompatibilität von Informationstechnologiekomponenten, können Wettbewerbsvorteile durch eine effektive und effiziente Nutzung von Wissensträgern positiv beeinflussen.
- *Wissensressourcen*: Letztlich besteht die unterste Schicht dieser logischen Architektur aus den vielfältigen Speichermedien und Archivierungsmöglichkeiten der synthetischen Wissensträger. Hierbei stehen sowohl netzwerkinterne als auch -externe Quellen zur Wissensabfrage und -ablage zur Verfügung.

Es gibt keine allgemein anerkannte logische Architektur, so dass auch das zuvor beschriebene Schichtenmodell einen solchen Anspruch nicht erhebt. Hierbei geht es nicht um die Frage der Richtigkeit eines spezifischen Entwurfs, sondern um die einzelfallspezifische Einigung auf ein konsistentes und im Netzwerk implementierbares Modell. Letzten Endes soll unter anderem die personengebundene Kollaboration unternehmensübergreifender Kooperationen unterstützt werden, um die übergeordneten Zielvorstellungen des Netzwerks zu realisieren.

4 Abschließende Überlegungen

Portale können und werden nicht das organisatorische Wissensmanagement ersetzen. Insbesondere wird die Einführung von Portalen per se keine schlecht strukturierten wissensspezifischen Prozesse in Organisationen verbessern. Vielmehr sind es strategische, strukturelle, kulturelle und zyklische Aspekte, die ein erfolgreiches Wissensmanagement determinieren. Portale sind ein das Wissensmanagement unterstützendes Instrument, das durch vielfältige

---

[67] Vgl. *FACTOR* (2002), S. 194, und *VON GLAHN/SCHOMANN* (2003), S. 98 f.

informations- und kommunikationsspezifische Komponenten geprägt ist. In Netzwerken verstärken sich die Herausforderungen an das Wissensmanagement, indem durch koordinativen Zusatzaufwand der Absenz einer übergreifenden Führungsstruktur entgegengewirkt wird. Netzwerkbasierte Portale können helfen, die organisatorische Wissensbasis über die eigenen organisatorischen Grenzen hinaus zu erweitern, die Kollaboration zu vermehren und letztlich die Integration mithilfe der Standardisierung von IT voranzutreiben. Informationstechnologische Standardisierung darf jedoch nicht zulasten der netzwerkspezifischen Flexibilität etabliert werden, weil Netzwerke per definitionem eine temporär angelegte Kooperation sind. Insbesondere der Wissenszyklus ist einerseits so zu gestalten, dass die aufgebaute Wissensbasis auch bei Verlassen der Kooperation einzelner Netzwerkpartner nicht gefährdet wird, dass neue Partner in den Verbund integriert werden können und dass eine Kollaboration kontinuierlich aufrechterhalten werden kann. Andererseits ist der Wissensaustausch intra-, trans- und multiorganisational zu gewährleisten, ohne dabei die Wettbewerbsposition eines einzelnen Partners durch die Weitergabe erfolgskritischen Wissens zu bedrohen.

Quellenverzeichnis

ADERHOLD, J./MEYER, M./ZIEGENHORN, F. (2001): Wie funktionieren Netzwerke?, in: *TEICH, T.* (Hrsg.), Hierarchielose Regionale Produktionsnetzwerke, Chemnitz 2001, S. 131–160.

AL-LAHAM, A. (1997): Strategieprozesse in deutschen Unternehmungen, Wiesbaden 1997.

ANSOFF, H. I. (1965): Corporate Strategy, New York et al. 1965.

BELLMANN, K. (1996): Produktionsnetzwerke, in: *WILDEMANN, H.* (Hrsg.), Produktions- und Zuliefernetzwerke, München 1996, S. 47–63.

BOOS, F./EXNER, A./HEITGER, B. (1992): Soziale Netzwerke sind anders, in: Zeitschrift für Organisationsentwicklung, 1992, Nr. 1, S. 54–61.

BRUSE, T. (2005): Groupware-basiertes Workplace-Portal G8, Dissertation, Paderborn 2005.

BÜRKI, D. M. (1996): Der ‚resource-based view' Ansatz als neues Denkmodell des strategischen Managements, Dissertation, St. Gallen 1996.

CHROBOK, R. (1998): Netzwerk, in: Zeitschrift Führung und Organisation, 1998, Nr. 4, S. 242–243.

FACTOR, A. (2002): Analyzing Application Service Providers, Palo Alto 2002.

FINCK, W. M./SCHOMANN, M. (2001): Von der Business Intelligence zur E-Intelligence, in: *KEUPER, F.* (Hrsg.), Strategic E-Business, Wiesbaden 2001, S. 411–441.

FREILING, J. (2001): Resource-based View und ökonomische Theorie,Wiesbaden 2001.

FRESE, E./THEUVSEN, L. (2000): Organisationsarbeit als Wissensmanagement, in: *KRALLMANN, H.* (Hrsg.), Wettbewerbsvorteile durch Wissensmanagement, Stuttgart 2000, S. 13–52.

VON GLAHN, C./SCHOMANN, M. (2003): Von Shared Services zu Portal Services, in: *KEUPER, F.* (Hrsg.), E-Business, M-Business und T-Business, Wiesbaden 2003, S. 73–109.

GRONAU, N. (2000): Trends im Wissensmanagement, in: *GRONAU, N.* (Hrsg.), Technologien des Wissensmanagements, Veranstaltungsdokumentation der Universität Oldenburg, Fachbereich Informatik, Oldenburg 2000, S. 1–18.

HANNIG, U. (2002): Knowledge Management + Business Intelligence = Decision Intelligence, in: *HANNIG, U.* (Hrsg.), Knowledge Management und Business Intelligence, Berlin et al. 2002, S. 3–25.

HESS, T. (2002): Netzwerkcontrolling, Wiesbaden 2002.

HINTERHUBER, H. H./RENZEL, B. (2002): Die strategische Dimension des Wissensmanagements, in: *BORNEMANN, M./SAMMER, M.* (Hrsg.), Anwendungsorientiertes Wissensmanagement, Wiesbaden 2002, S. 19–33.

KLEIN, S. (1997): Zur Rolle moderner Informations- und Kommunikationstechnologien, in: *MÜLLER-STEWENS, G.* (Hrsg.), Virtualisierung von Organisationen, Stuttgart 1997, S. 43–59.

KORUNA, S. M./FREY, A. (2002): Wenn Experten gehen, in: New Management, 2002, Nr. 4, S. 32–41.

KREMER, S. (2004): Information Retrieval in Portalen, Dissertation, Bamberg 2004.

KÜPPER, H. (2001): Controlling, 3. Auflage, Stuttgart 2001.

LOGAN, D. (2001): Understanding and Using Taxonomies, in: *GARTNER GROUP* Forschungsbericht, Stamford 2001.

LUHMANN, N. (2000): Vertrauen, 4. Auflage, Stuttgart 2000.

MAIER, R. (2004): Knowledge Management Systems, 2. Auflage, Berlin et al. 2004.

MÜLLER, T. (1997): Virtuelle Organisation, Diskussionsbeitrag der Universität Konstanz, Beitrags-Nr. 21/1997, Konstanz 1997.

MÜLLER-STEWENS, G./LECHNER, C. (2003): Strategisches Management, 2. Auflage, Stuttgart 2003.

NASTANSKY, L./BRUSE, T./HABERSTOCK, P./HUTH, C./SMOLNIK, S. (2002): Büro-Informations- und Kommunikationssysteme, in: *FISCHER, J./HEROLD, W./DANGELMAIER, W./NASTANSKY, L./ SUHL, L.* (Hrsg.), Bausteine der Wirtschaftsinformatik, Berlin 2002, S. 237–324.

NENNINGER, M./LAWRENZ, O. (2001): B2B-Erfolg durch eMarkets, Braunschweig et al. 2001.

NORTH, K. (2002): Wissensorientierte Unternehmensführung, 3. Auflage, Wiesbaden 2002.

PETTEY, C. (2007a): *GARTNER* EXP Survey of More than 1,400 CIOs Shows CIOs Must Create Leverage to Remain Relevant to the Business, online: http://www.gartner.com/it/page.jsp? id=501189, Stand: 14.02.2007, Abruf: 29.05.2008.

PETTEY, C. (2007b): *GARTNER* Says Organizations Spend Less Than 30 Percent of Their Time, Energy and Money on Technology Issues Related to Business Intelligence, online: http://www.gartner.com/it/page.jsp? id=502300, Stand: 13.03.2007, Abruf: 29.05.2008.

PILLER, F. T. (2003): Mass Customization, 3. Auflage, Wiesbaden 2003.

POTT, P. (1983): Direktinvestitionen im Ausland, München 1983.

PRAHALAD, C. K./HAMEL, G. (1994): Strategy as a Field of Study, in: Strategic Management Journal, 1994, Sonderheft, S. 5–16.

PROBST, G. J. B./RAUB, S./ROMHARDT, K. (1999): Wissen managen, Frankfurt 1999.

PUNTSCHART, I. (2006): Wissensaustausch über (un)moderierte Diskussionsforen, Dissertation, Graz 2006.

PUSCHMANN, T. (2003): Collaboration Portale, Dissertation, St. Gallen 2003.

REISS, M. (1996): Virtuelle Unternehmung, in: Office Management, 1996, Nr. 5, S. 10–13.

RENZ, T. (1998): Management in internationalen Unternehmensnetzwerken, Wiesbaden 1998.

RIGGERT, W. (2008): Enterprise Content Management, Flensburg 2008.

RITSCH, K. (2004): Wissensorientierte Gestaltung von Wertschöpfungsnetzwerken, Dissertation, Graz 2004.

SCHMALTZ, R. (2005): IT-Unterstützung für das Wissensmanagement in Kooperationen, Dissertation, Göttingen 2005.

SCHMALTZ, R./HAGENHOFF, S. (2003): Wissensmanagement in unternehmensübergreifenden Kooperationen, Arbeitspapier der Universität Göttingen des Instituts für Wirtschaftsinformatik, Beitrags-Nr. 09/2003, Göttingen 2003.

SCHMEISSER, W. (1991): Personalführung in unterschiedlichen Kulturen, in: Zeitschrift Führung und Organisation, 1991, Nr. 3, S. 159–165.

SCHÖNE, R./FREITAG, M. (2000): Wissensmanagement in KMU-Netzwerken, Beitrag zu den Dresdner Innovationsgesprächen, Dresden 2000.

SCHWENK-WILLI, V. (2001): Integriertes Komplexitätsmanagement, Bamberg 2001.

STAFFELDT, K./HANS, R. (2003): Web goes Company, in: *KEUPER, F.* (Hrsg.), E-Business, M-Business und T-Business, Wiesbaden 2003, S. 51–71.

STARBUCK, W. H. (1973): Organizations and Their Environments, Arbeitspapier I/73–10, International Institute of Management, Berlin 1973.

STEIN, W. (2003): Best Practice im Wissensmanagement, in: *HUNGENBERG, H./MEFFERT, J.* (Hrsg.), Handbuch Strategisches Management, Wiesbaden 2003, S. 861–883.

STOEBER, M. (2001): Knowledge Management, Dissertation, Bochum 2001.

SYDOW, J./WINDELER, A. (1994): Über Netzwerke, virtuelle Integration und Interorganisationsbeziehungen, in: *SYDOW, J./WINDELER, A.* (Hrsg.), Management interorganisationaler Beziehungen, Opladen 1994, S. 1–21.

TUPPINGER, J. (2003): Wissensorientierter Organisationswandel, Wiesbaden 2003.

VERING, M./NORRIS, G./BARTH, P./HURLEY, J. R./MACKAY, B./DURAY, D. J. (2001): Der E-Business-Workplace, Bonn 2001.

VETSCHERA, R. (2002): Rahmenbedingungen für ein erfolgreiches Wissensmanagement in Unternehmensnetzwerken, Wien 2002.

WEGNER, H. (2002): Analyse und objektorientierter Entwurf eines integrierten Portalsystems für das Wissensmanagement, Dissertation, Hamburg 2002.

WELLS, D./SHEINA, M./HARRIS-JONES, C. (2000): Enterprise Portals, London 2000.

WILDEMANN, H. (2003): Wissensmanagement, München 2003.

Wohlgemuth, O. (2002): Management netzwerkartiger Kooperationen, Wiesbaden 2002.

Wright, P./Kroll, M. J./Parnell, J. (1996): Strategic Management, 3. Auflage, Englewood Cliffs et al. 1996.

Zahn, E./Schmid, U. (1997): Produktionswirtschaft im Wandel, in: Wirtschaftswissenschaftliches Studium, 1997, Nr. 9, S. 455–460.

Wissens- und Informationsmanagement – Change-Management-Perspektiven

SABINE SCHWARZ

BearingPoint. Management & Technology Consultants

1 „Divide et impera“ oder „Wissen ist Macht“

„Teile und herrsche“ aufgrund von „Wissensmacht“: Obwohl wir in einer Wissensgesellschaft und einem Informationszeitalter leben, stellen wir fest, dass Wissen häufig aus unterschiedlichen Gründen geheim gehalten wird oder bei einzelnen Mitarbeitern verbleibt.[1] Hierarchische und Macht-Aspekte sowie „Silo-Denken“ verhindern häufig das Teilen von Wissen.

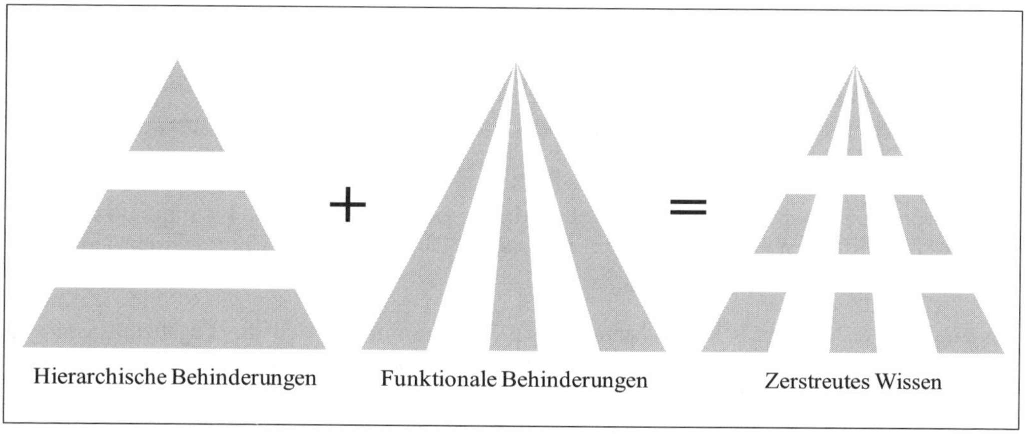

Abbildung 1: Wissensbarrieren können aus hierarchischem Verhalten und „Silos“ entstehen[2]

Dies ist nachteilig für Unternehmen, deren Mitarbeiter sowie die Volkswirtschaft insgesamt. Es gilt also, Wissen zu teilen und damit nutzbar zu machen.

Veränderungen im Bereich Wissens- und Informationsmanagement (WIM), besonders aber die Einführung eines WIM-Systems führen häufig zu einem Lächeln oder Abwinken der Mitarbeiter in einem Unternehmen; es werden unangenehme Mehrarbeit sowie ggf. Überwachung und Kontrolle erwartet statt Chancen zur Weiterentwicklung der eigenen Person und des Unternehmens insgesamt gesehen.

Im Gegensatz zu Einführung relativ „harter“ fachlicher Änderungen inkl. Rollen und Prozesse, etwa bei einem finanzwirtschaftlichen System, ist die Einführung eines WIM selbst schon eine „weichere“ Materie, die aber aufgrund ihrer Fragilität eines besonders sorgfältigen aufgesetzten Ansatzes bedarf. Wird also die Einführung eines neuen WIM von einem professionellen Change Management (CM) begleitet, kann das neue bzw. geteilte Wissen inkl. der dazugehörigen Prozesse zum Erfolg für die Mitarbeiter, Bereiche und somit das Unternehmen werden.

---

1 Vgl. PROBST/RAUB/ROMHARDT (2006), S. 139.

2 Vgl. PROBST/RAUB/ROMHARDT (2006), S. 160.

Zunächst werden Rahmenbedingungen zu einem WIM-Projekt skizziert sowie der Bearing-Point-Ansatz zum CM dargestellt. Anschließend werden die in den jeweiligen Phasen auftretenden menschlichen Fragestellungen aufgezeigt und die entsprechenden CM-Maßnahmen erläutert.

2 Change-Management-Aspekte im Wissens- und Informationsmanagement

2.1 Definition von Wissensmanagement

Ohne die verschiedenen Definitionen und Erkenntnisse zu WIM in der Literatur zu übergehen,[3] soll hier WIM als ein

- „zusammenfassender Begriff für alle Management-Praktiken, die darauf abzielen, in Organisationen Wissen einzusetzen und zu entwickeln, um die Unternehmensziele bestmöglich zu erreichen"[4]

verstanden werden. Aus Change-Management-Sicht empfiehlt sich die Ergänzung um eine Präzisierung, d. h. die Definitionen von Wissen und Wissensmanagement nach dem Europäischen Institut für Normung:

- Wissen: „Gruppierung von Daten und Informationen (vom Gesichtspunkt der Informationstechnologie) und einer Kombination mehrerer unterschiedlicher mentaler Aktivitäten. Diese können sein: Erfahrung, Gefühle, Werte, Intuitionen, Ahnungen, Werthaltungen, Glauben, Vertrauen, Neugierde, Motive, Lernfähigkeit, Offenheit, Verhalten, Synthesevermögen, Risikobereitschaft, Fähigkeit, mit Komplexität umzugehen, Kommunikationsfähigkeit, Unternehmergeist etc. Wissen dient der Fähigkeit, rationale Entscheidungen zu treffen und vernünftig zu handeln. Gewöhnlich wird zwischen explizitem, formulierbarem und implizitem Wissen[5] (schwer/nicht aussprechbar) unterschieden und zwischen persönlichem und kollektiven Wissen."[6]
- Wissensmanagement: „Geplantes, fortlaufendes Management von Aktivitäten und Prozessen, welche die Wirksamkeit von Wissen steigern und die Wettbewerbsfähigkeit durch bessere Erzeugung und Nutzung von individuellem und kollektiven Wissensressourcen stärken."[7]

Während sich die Definition von Wissen allein auf die Fähigkeit, zu entscheiden und zu handeln, erstreckt, also ein Handeln auch unterbleiben kann, deckt die Definition von Wissensmanagement auch das tatsächliche Handeln,[8] also die dazugehörigen Prozesse ab. Diese Prozesse sind sorgfältig – und der jeweiligen Unternehmenskultur entsprechend – vom fachli-

---

3 Vgl. *LEHNER* (2008), S. 30 ff.

4 *GERHARDS/TRAUNER* (2007), S. 9.

5 Vgl. hier *NONAKA/TAKEUCHI* (1997), S. 18 ff.

6 *KILIAN/KRISMER/LORECK/SAGMEISTER* (2007), S. 15 f.

7 *KILIAN/KRISMER/LORECK/SAGMEISTER* (2007), S. 16.

8 Vgl. ebenda.

chen Projektleiter in Zusammenarbeit mit dem Change Manager zu erarbeiten und zu implementieren.

Jedoch wird zur Erfassung, Speicherung und zum (Ver-)Teilen von explizitem Wissen, das weitgehend dem eher IT-bezogenen Ansatz von Informationsmanagement entspricht, auf entsprechend technologisch ausgerichtete Artikel verwiesen.

2.2 Nutzen von Wissensmanagement – Allgemein anerkannt, dennoch nicht angewandt

Der qualitative Nutzen von WIM ist unstrittig mit einer Zeit- und Kostenersparnis verbunden:[9]

- Geringerer Aufwand für die Suche nach Wissen
- Bessere, unternehmensweite Nutzung von vorhandenem Wissen
- Verbesserte interne Kommunikation
- Beschleunigte Projektarbeit und bessere Kooperation mit Kunden und Partnern durch gemeinsames Nutzen von Wissen
- Schnellere Integration von neuen Mitarbeitern/Kollegen/Projektmitarbeitern.

Während der qualitative Nutzen von WIM einleuchtend erscheint, ist der quantitative Nutzen ungleich schwieriger darzustellen[10]. Trotz hohen Bekanntheitsgrades vom Modell der Balanced Scorecard[11] wird in den meisten Unternehmen immer noch fast ausschließlich über Finanzkennzahlen gesteuert.[12] Quantitative Ansätze entbehren entweder eines eindeutigen Ursache-Wirkungs-Zusammenhangs oder einer breiten Akzeptanz in einem Unternehmen. Die Folge ist, dass das, was „gemanaged“ werden sollte, nicht messbar zu sein scheint und WIM deshalb nicht oder nur halbherzig als Aufgabe angegangen wird. Obwohl verschiedene Ansätze in der Wissenschaft entwickelt wurden,[13] wird ein konsequentes, langfristig angelegtes WIM in vielen Fällen auf dem kurzfristigen Altar der Rendite geopfert.

In der Mitarbeiterführung spiegeln diesen Zusammenhang die meisten Zielvereinbarungen wider, nach welchen Umsatz-, Gewinn- oder Kosten(senkungs)ziele festgeschrieben und belohnt werden; ein in diesem Zielsystem rational handelnder Mitarbeiter wird sich WIM unter diesen Bedingungen kurz- und mittelfristig nicht leisten.

---

9 Vgl. *GERHARDS/TRAUNER* (2007), S. 17.

10 Vgl. *GERHARDS/TRAUNER* (2007), S. 18 f.

11 Vgl. übergreifend *KAPLAN/NORTON* (1997).

12 Vgl. *PROBST/RAUB/ROMHARDT* (2006), S. 213.

13 Für Ansätze zur Messbarkeit siehe *PROBST/RAUB/ROMHARDT* (2006), S. 213 ff.

2.3 Barrieren für Wissensmanagement in der Praxis

Obwohl der Nutzen von WIM schwer messbar ist und sich Unternehmen häufig der Konzipierung und Umsetzung von WIM entziehen, sprechen qualitative Argumente für die Einrichtung eines WIM, wenn prozessuale Hürden genommen werden können (technische Fragestellungen sollen hier nicht weiter behandelt werden):[14]

- Bei der Dokumentation, etwa von Projektergebnissen, ist die formale Erledigung wichtiger als die Wissensweitergabe und Nutzung durch Kollegen.
- Es besteht kein Anreiz, mit Wissen sorgfältig umzugehen, d. h. es zu teilen.
- Es bestehen keine Unternehmenswerte, die auf Wissen und Wissensteilung setzen.
- Außer in Seminaren, auch webbasiert, ist der Wissenserwerb schwierig.
- Wissen ist wenig strukturiert gespeichert.
- Extern eingekauftes Wissen wird nicht intern geteilt.

Die Konsequenzen sind:

- Wissenserwerb ist mühsam und zeitaufwändig.
- Wissen verbleibt in den Köpfen oder auf den Festplatten in den PC der Mitarbeiter.
- Erworbenes Wissen wird nach individuellem Ermessen dokumentiert und abgelegt.
- Dokumentiertes Wissen ist nicht jedem Mitarbeiter zugänglich.

Folgende Probleme finden sich in vielen Unternehmen, die auch als Wissens-Paradoxien bezeichnet werden:[15]

- Obwohl wir die Mitarbeiter gründlich ausbilden, lassen wir sie ihr Wissen nicht anwenden.
- Obwohl wir am meisten in Projekten und in der Praxis lernen, geben wir die gemachten Erfahrungen nicht weiter.
- Obwohl wir für jedes Gebiet einen Experten haben, wissen wir nicht, wie und wo wir ihn finden können.
- Obwohl wir alles gründlich dokumentieren, finden wir es nicht zum richtigen Zeitpunkt oder gar nicht wieder.
- Obwohl wir die intelligentesten Mitarbeiter rekrutieren, verlieren wir sie wieder, ggf. sogar an den Wettbewerb.
- Obwohl wir alles über unseren Wettbewerb in Erfahrung bringen, wissen wir nur wenig über uns selbst.

---

[14] Vgl. *GERHARDS/TRAUNER* (2007), S. 21.

[15] Vgl. *PROBST/RAUB/ROMHARDT* (2006), S. 240, ergänzt um eigene Erfahrungen.

- Obwohl wir jeden dazu auffordern, sein Wissen zu teilen,
  - behalten wir unser Wissen für uns
  - erkennen wir die Tätigkeit des Teilens nicht an
  - gewähren wir unseren Mitarbeitern nicht die dazu erforderliche Zeit
  - stimmen wir die Anreiz- und Steuerungssysteme nicht darauf ab.
- Obwohl wir mit anderen zusammenarbeiten, um von ihnen zu lernen, haben wir keinen Plan, was wir lernen wollen.
- Obwohl wir eine offene Kultur propagieren, sanktionieren wir Fehler.

Diese klar Menschen-bezogenen Probleme wurden auch von einer Studie[16] belegt, nach welcher unter zwölf ermittelten WIM-Barrieren lediglich ein Aspekt („ungeeignete IT-Infrastruktur“) einen technischen Bezug aufweist. Unter anderem wurden genannt (Angabe in %):

- Zeitknappheit (70,1%)
- Fehlendes Bewusstsein (67,7%)
- Einstellung „Wissen ist Macht“ (39,9%)
- Fehlende Anreizsysteme (34,4%).

Aus diesen Erkenntnissen wird ersichtlich, dass der Mensch mit seinen Bedürfnissen und Befindlichkeiten/Einstellungen *der* kritische Erfolgsfaktor für ein funktionierendes WIM ist, das die Unternehmensziele effektiv unterstützt. Mitarbeiter für WIM zu mobilisieren, ist Ziel des CM.

3 Überblick über den BearingPoint-Change-Management-Ansatz

CM adressiert die personenbezogenen Themen, um die erfolgreiche Umsetzung der angestrebten Änderungen im WIM in organisatorischem, prozessbezogenem oder technologiegetriebenem Hinblick zu fördern. CM unterstützt die betroffenen Mitarbeiter und internen Kunden darin, den Zweck und die Vorteile eines WIM zu verstehen, um auf Basis gemeinsamer Absprachen entschlossen das gesetzte Ziel zu verfolgen.

Der Beitrag von CM in einer WIM-Transformation erstreckt sich auf fast alle Mitarbeiter; sei es, dass sie als Fachleute am WIM-Konzept mitwirken, sei es, dass sie von der Umsetzung/ der Transformation her sich mit Änderungen im Aufgaben-, Arbeits- und Systemumfeld konfrontiert sehen.

---

16 Vgl. *Probst/Raub/Romhardt* (2006), S. 292.

Aus diesem Grund gilt es, bereits vor bzw. während der Vorbereitung und der ersten Schritte in der konzeptionellen Entwicklung

1. eine *organisatorische Risiko-Analyse* (Ermittlung von WIM-unterstützenden sowie -behindernden Faktoren) durchzuführen
2. eine *Projekt-Vision* (Aufzeigen des Ziels von WIM und des erwarteten Nutzens bzw. der drohenden Nachteile bei Unterlassen dieser Einführung) zu entwickeln
3. die *Führung* (Eskalationsstufen für Entscheidungen sowie positive und konstruktive Sanktionen während des Projektverlaufs) einzubinden
4. den vorläufigen *Change-Plan* (Abstimmung der Change-Aktivitäten mit dem fachlichen (WIM-)Projektplan) zu erstellen
5. den *Kommunikations-Plan* zu entwickeln und umzusetzen

   ➢ auf Basis der Risiko-Analyse, des WIM-Leitbildes und unter Einbindung der Führungsebenen

   Während des Projektverlaufs sind

   ➢ der o. g. Kommunikations-Plan ggf. anzupassen und umzusetzen
6. in enger Abstimmung mit dem fachlichen Team die *organisatorische Ausrichtung* (Änderungen in Aufbau-/Ablauforganisation und deren HR-Implikationen) zu planen und vorzunehmen sowie
7. die *Mitarbeiter-Qualifizierung* (Prozesse, ggf. neue Technologien oder Systeme) vorzubereiten und durchzuführen.

Der Ansatz besteht aus diesen sieben Schritten, die auf das WIM-Projekt individuell zugeschnitten werden, sich zum Teil überlappen und gegenseitig beeinflussen. In der folgenden Abbildung sind sie im kreisförmigen Verlauf dargestellt, weil ihre Ergebnisse im Projektverlauf ggf. überprüft und angepasst werden müssen.

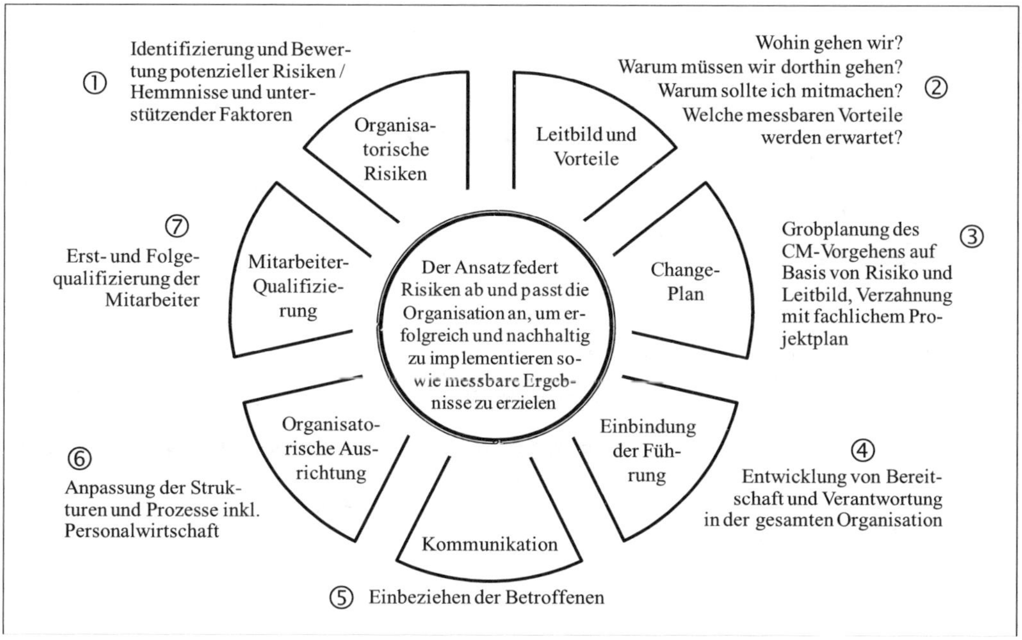

Abbildung 2: Der Change-Management-Ansatz besteht aus sieben Schritten

Im Projektverlauf arbeiten das fachliche WIM- und das Change-Projektteam eng miteinander, um die betroffenen Personen(-gruppen) sowohl hinsichtlich ihrer fachlichen Kenntnisse als auch im Hinblick auf ihre Befindlichkeiten zu adressieren und einzubinden.

In Abbildung 3 sind die drei fachlichen und die sieben CM-Schritte im Überblick dargestellt. Da es sich um eine idealisierte, fachliche Abfolge handelt, wurde auf die Darstellung von Interdependenzen und iterativen Schritten in der Abbildung verzichtet.

CM kann jedoch keine Garantie dafür bieten, dass alle betroffenen Mitarbeiter bzw. internen Kunden einig das Unternehmensziel bzw. den entsprechend gewählten WIM-Ansatz verfolgen oder gutheißen; es wird in der Regel Mitarbeiter und Kunden geben, die sich diesem Wandel dennoch verweigern. Auch um die Gefahr des „Schlecht-Redens“ während des Projektzeitraums bestmöglich zu erkennen und abzufedern, erfolgt schon während der Entwicklung des WIM-Konzeptes die organisatorische Risiko-Analyse.

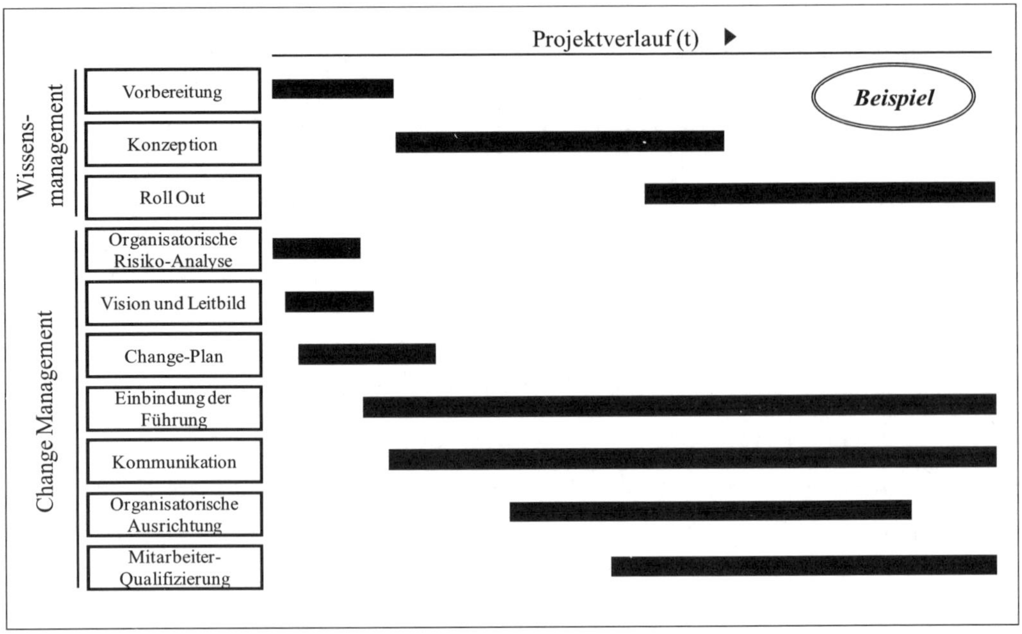

Abbildung 3: *Change Management wird in den einzelnen Phasen des WIM-Projektes differenziert eingesetzt*

4 Change-Management-Schritte in einem WIM-Projekt

4.1 Organisatorische Risikoanalyse

Gegenstand der organisatorischen Risiko-Analyse (ORA) ist die Identifizierung und Bewertung potenzieller Risiken und Hemmnisse sowie unterstützender Faktoren, aber auch die Erarbeitung eines Plans zum Gegensteuern. Die Analyse ist auf die Größe und Komplexität des Projektes einerseits und die Bereitschaft/Akzeptanz der betroffenen Mitarbeiter andererseits ausgerichtet.

In der Analyse der Größe des WIM-Projektes werden zehn Risiko-Aspekte betrachtet, die sich auf die Organisation insgesamt beziehen, und von Vertretern der Unternehmensführung sowie der Projektleitung mit Bewertungen versehen (siehe Abbildung 4).

1. Größe der Veränderung (Werte: niedrig, mittel, hoch)				*Beispiel*
Aspekt		Niedriges Risiko	Bewertung	Höchstes Risiko
a.	Anzahl involvierter Stakeholder	einer	hoch	viele
b.	Einwirkung auf Kernkompetenzen	niedrig	mittel	hoch
c.	Anzahl der vom Projekt betroffenen Personen	wenige	hoch	viele
d.	Erforderlicher Wandel in Fähigkeiten/Verhalten	begrenzt	hoch	stark
e.	Parallele Projekte	begrenzt	mittel	stark
f.	Erforderliche funktionsübergreifende Koordination	begrenzt	hoch	stark
g.	Zeithorizont	weit	mittel	komprimiert
h.	Verbindung zwischen Performance/Ergebnissen und Veränderung	klar	hoch	unklar
i.	Anzahl involvierter Dritter	0	niedrig	viele
j.	Anzahl Lokationen	eine	hoch	viele

Abbildung 4: Die Risiken aufgrund der Größe des WIM-Projektes werden systematisch bewertet

Anschließend werden zehn Aspekte zur Bereitschaft der Organisation, den Wandel konstruktiv mit zu tragen, bewertet (siehe Abbildung 5).

2. Bereitschaft zum Wandel (Werte: niedrig, mittel, hoch)				***Beispiel***
Aspekt		Niedriges Risiko	Bewertung	Höchstes Risiko
a.	Management Konsens – Veränderungsbedarf	hoch	mittel	niedrig
b.	Management Konsens – Zukünftige Vision	hoch	mittel	niedrig
c.	Stakeholder Commitment	hoch	mittel	niedrig
d.	Verständnis für den Veränderungsbedarf	stark	mittel	begrenzt
e.	Erforderliche kulturelle Transformation	niedrig	hoch	stark
f.	Parallel laufende Projekte	keine	mittel	viele
g.	Projekt-Historie (Wandel in Vergangenheit) in Organisation	positiv	mittel	negativ
h.	Bereitgestellte Ressourcen	viele	hoch	begrenzt
i.	Potenzieller Personalabbau	beschränkt	niedrig	stark
j.	Risiko, dass Mitarbeiter des Unternehmens kündigen	niedrig	niedrig	hoch

Abbildung 5: Die Risiken hinsichtlich der Bereitschaft zum Wandel werden systematisch bewertet

In einem weiteren Schritt werden die Einflussmöglichkeiten („Impact“) verschiedener Mitarbeiter und/oder Gruppierungen auf das Projekt mit der jeweiligen Akzeptanz- und Unterstützungsbereitschaft („Commitment“) in der Stakeholder-Analyse kombiniert dargestellt (siehe Abbildung 6).

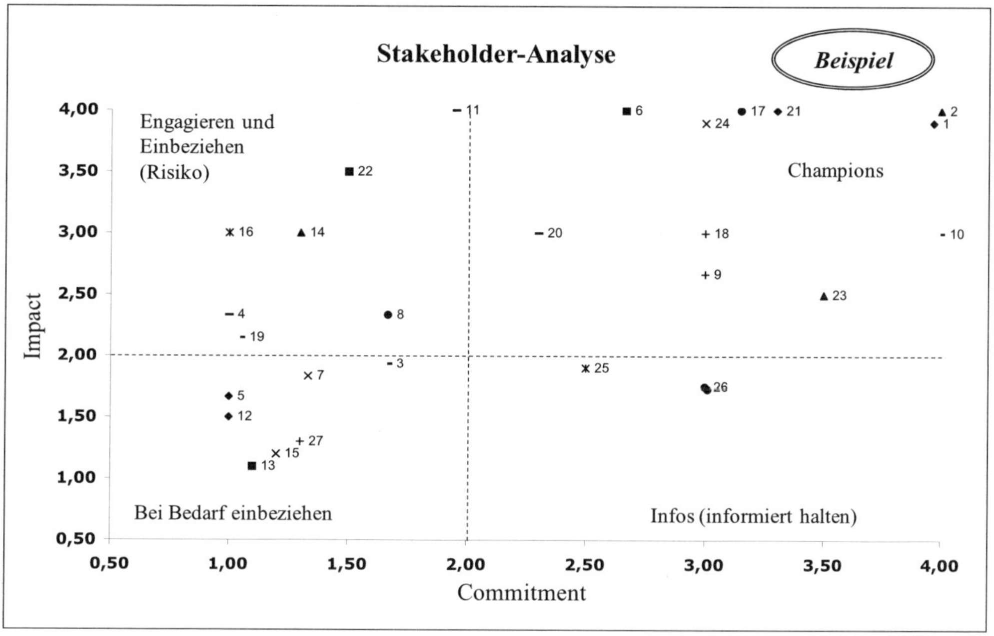

Abbildung 6: *Die unterschiedlichen Haltungen und Einflüsse werden ersichtlich und müssen adressiert werden*

- Als *„Champions"* werden diejenigen Personen/Gruppen bezeichnet, deren Einfluss und „Commitment" hoch sind; sie können WIM aus ihrer Position heraus vorantreiben.
- Diejenigen, deren Einfluss zwar geringer, deren Commitment aber ebenfalls hoch ist, werden *informiert gehalten*; sie können in ihren Bereichen positiv verstärkend und als Multiplikatoren für WIM wirken.
- Personen/Gruppen mit geringem Einfluss und niedrigem Commitment werden *bei Bedarf einbezogen*, damit sie dem WIM-Projekt nicht bewusst oder unbewusst schaden.
- Stakeholder mit hohem Einfluss und wenig Commitment stellen, je nach Verantwortungsbereich, *Risiken* dar; sie müssen „missioniert", engagiert und einbezogen werden.

Beispielsweise können Führungspersonen und Mitarbeiter in das Risikofeld fallen, wenn sie die Einführung eines WIM aufgrund von vermutetem Machtverlust oder vermuteter Mehrarbeit sowie unbefriedigender Einführungsversuche in der Vergangenheit nicht akzeptieren können oder wollen.

Zweckmäßigerweise teilt und vergleicht der Change Manager seine Ergebnisse bezüglich der menschlich-organisatorischen Risiken mit dem fachlichen Projektleiter, der parallel die Wissensprofile des Unternehmens erhoben hat (siehe Abbildung 7).

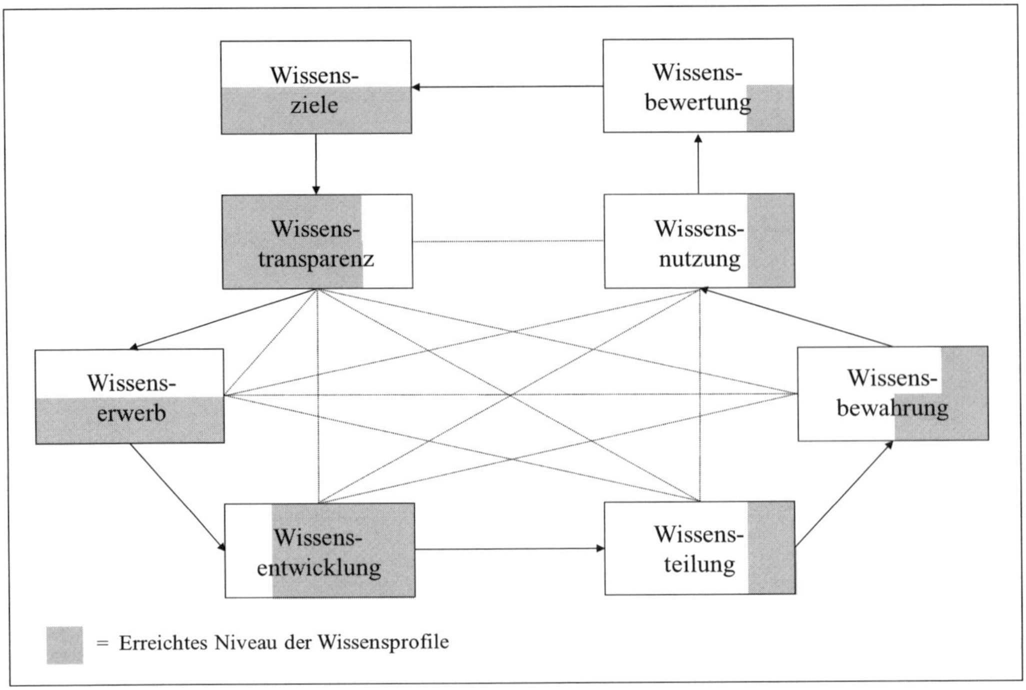

Abbildung 7: Die Wissensprofile liefern sowohl dem Change Manager als auch dem fachlichen Projektleiter wertvollen Input[17]

Aus diesem Beispiel wird Folgendes ersichtlich: Die eigenen Stärken in der Entwicklung von Produkten/Dienstleistungen werden nicht Umsatz-steigernd genutzt, weil das Wissen nur ungenügend geteilt wird. Das vorhandene Wissen wird nicht systematisch bewahrt; Erkenntnisse aus abgeschlossenen Projekten oder Aufträgen stehen einer Nutzung nicht ausreichend zur Verfügung. Schließlich werden die Wissensziele keiner regelmäßigen Überprüfung unterzogen.[18] Für den Change Manager sind besonders diejenigen Mängel (= Risiken) von Bedeutung, die sich auf menschliche Einstellungen und Verhalten sowie dazu ggf. erforderliche Anreize beziehen.

Eine ausführliche ORA findet in Form von Interviews, Erhebungen und Workshops, hier aber auch durch sorgfältige Analyse der Wissensprofile des Unternehmens, statt. Die Ergebnisse werden in Bezug auf die einzelnen CM-Schritte aufbereitet und jeweils dort genutzt. Die obigen Beispiele müssen in der Kommunikation klar adressiert werden, um die Bedenken möglichst auszuräumen, d. h. die Mitarbeiter aus der Destabilisierungs-Phase, die jedes Projekt mit sich bringt, herauszuführen.

Basierend auf den Ergebnissen der ORA wird der Risiko-Management-Plan – ein Maßnahmenplan zum Abfedern, „Managen" der ermittelten Risiken (siehe Stichworte in Abbildung 8) sowie ggf. zum Eskalieren von Fragestellungen – erstellt und mit der Unternehmensführung abgestimmt.

[17] Vgl. *PROBST/RAUB/ROMHARDT* (2006), S. 237.

[18] Vgl. *PROBST/RAUB/ROMHARDT* (2006), S. 236.

Schritt	Bewer-tung	Change-Fokus	Risiken in Stichworten (Stand: Projektbeginn) **Beispiel**
Organisatorische Risiken	■	hoch	Sehr viele verschiedene Stakeholder und Betroffene, z. B. ▪ Mitarbeiter, die Wissen bereitstellen sollen ▪ Mitarbeiter, die Wissen aufnehmen sollen ▪ Mitarbeiter der Führungsebenen ▪ Personalvertretungen
Leitbild und Vorteile	■	mittel	▪ Ausrichtung von WIM auf das Unternehmensziel ▪ Erarbeitung eines überzeugenden Leitbilds sowie der Vorteile je Stakeholder-Gruppe und der Nachteile im Falle der Nicht-Durchführung des Projekts
Change-Plan	▲	mittel	▪ Sorgfältige zeitliche Abstimmung der Change-Maßnahmen ▪ Verfügbare Ressourcen für das Projekt, auch Vertreter der betroffenen Mitarbeiter und der Personalvertretungen ▪ Anzahl der betroffenen Lokationen/Niederlassungen ggf. hoch
Einbindung der Führung	■	hoch	▪ Einbindung der Unternehmensleitung sowie der Führungsebenen zur aktiven „Vermarktung“ von WIM sowie für Eskalationen
Kommunikation	▲	hoch	▪ Sorgfältige Planung der Kernbotschaften je Stakeholder-Gruppe, der Kommunikations-Kanäle und -Instrumente, der zeitlichen Taktung ▪ Aufbau einer Zwei-Wege-Kommunikation für Input an das Projektteam
Organisat. Ausrichtung	■	hoch	▪ Zielvereinbarungs- und Beurteilungsmodell anpassen ▪ Zeit zur Wissensteilung ermöglichen, genehmigen ▪ Neue Positionen beschreiben und von den Skills her passend besetzen
Mitarbeiter-Qualifizierung	●	normal	▪ Schulungskonzept zeitgerecht entwickeln; als Trainer Mitarbeiter vom Bereich WIM einbinden

● Normales Risiko ▲ Mittleres Risiko ■ Hohes Risiko

Abbildung 8: Die Risiken werden für jeden Change-Schritt identifiziert und im Projektverlauf gesteuert

Aus diesem Beispiel wird ersichtlich, dass der Change Manager sich besonders auf das Managen der Risiken über die Einbindung der Führung, einer motivierenden Kommunikation und die organisatorischen Rahmenbedingungen konzentrieren wird.

Während der Projektdauer muss die Bewertung der Risiken laufend überprüft und angepasst werden; Ziel ist, alle Bewertungen nach Durchführung abfedernder Maßnahmen zumindest auf ein *mittleres* Risiko anzuheben.

4.2 WIM-Vision und -Leitbild

Das WIM-Projekt muss dem von der Unternehmensführung erarbeiteten und kommunizierten übergreifenden Unternehmensziel entsprechen, soll es nicht schon aus Gründen der Inkompatibilität scheitern. Die Vision erläutert die Ziele in allgemeiner Form und bindet das WIM-Projekt in das Unternehmensziel widerspruchsfrei ein. Auch eine neue, aus den WIM-Zielen abgeleitete Steuerungsphilosophie muss begründet werden. Da die Vision jedermann verständlich sein muss, ist es empfehlenswert, sie in prägnanter Kürze, etwa als „30-Sekunden-Statement“ zu formulieren. Die Vision muss Antworten geben auf die Fragen:

- Wohin gehen wir?
- Warum müssen wir dorthin gehen?

Die Antwort als Vision zu einem WIM-Projekt könnte beispielsweise lauten:[19]

> *By providing a culture, standards and processes as well as tools for the exchange of our knowledge wherever and whenever it is needed, we will enable our employees to provide even better services to our customers and support the growth of our business.*

Gemäß den involvierten und betroffenen Stakeholder-Gruppen wird die Vision in einem zweiten Schritt mit messbaren Vorteilen, die mittels WIM erzielt werden sollen, auf Unternehmensebene, auf Bereichs- oder Abteilungsebene sowie je Stakeholder-Gruppe versehen; das Leitbild entsteht.

Für einige Gruppierungen können auch klare Nachteile ohne für sie individuell wahrnehmbare Vorteile enthalten sein, weil sie glauben, mehr Wissen teilen zu sollen als erhalten zu können und/oder zusätzlichen Arbeitsaufwand vermuten. Gerade altgediente Mitarbeiter verweigern sich häufig Änderungen, die sie persönlich als nicht ertragsteigernd oder ohne positive Auswirkungen auf ihre Vergütung ansehen. Im Leitbild muss detailliert mit qualitativen und quantitativen Argumenten geantwortet werden:

- Welche messbaren Vorteile für das Unternehmen, den Bereich, meine Abteilung werden erwartet?
- Wie kann ich als Mitarbeiter diesen neuen Informationen qualitativ und quantitativ vertrauen?
- Welche Vorteile bietet das neue WIM mir als Mitarbeiter; warum sollte ich mitmachen?

Die Ergebnisse sind ein schlüssiges Statement zum Projekt sowie qualitative und quantitative Begründungen. Sie werden mit der Unternehmensführung abgestimmt, die sich an diese „Sprechweise“ auch selbst hält, und stellen damit die Kernelemente für die Kommunikation dar.

[19] Weiterentwickelt nach Beispielen aus *LEHNER* (2008), S. 270 und S. 274.

4.3 Change-Plan

Auf Basis der ORA, der Vision und dem Leitbild wird der Grobentwurf für den Change-Plan erstellt. Dieser Entwurf wird mit dem/den fachlichen Teilprojekt/en abgestimmt, damit dessen Meilensteine aufgenommen werden können. Sodann können die einzelnen CM-Maßnahmen eingepflegt werden; die Schritte der Abbildung 3 werden detailliert und auf Aktivitäten herunter gebrochen.
Der Change-Plan ist eine vorläufige Landkarte, die die Unternehmensführung und Projektleitung über die CM-Aktivitäten im Projektgeschehen informiert. Als „lebendes Dokument" wird der Plan im Projektverlauf den Erfordernissen angepasst.

4.4 Einbindung der Führung

Nur wenn die Unternehmensführung aktiv in das Projekt eingebunden ist, kann das Projekt zum Erfolg werden; ein Aussitzen des Projektes seitens nachrangiger Management-Ebenen und betroffener Mitarbeiter wird verhindert oder zumindest reduziert. Es gilt also in diesem Schritt, Veränderungsbereitschaft, Verantwortung sowie aktives Engagement in der Führungsebene zu generieren bzw. einzufordern: Veränderung lässt sich nicht delegieren, Vorbilder sind gefragt.

> *Fachlicher Hinweis aus Change Management-Sicht:*
>
> Wenn die Akzeptanz des angestrebten Verhaltens, Wissen aktiv zu teilen, gesteigert werden soll, bietet sich die Einführung von Steuerungsgrößen nach dem Modell der Balanced Scorecard[20] an. WIM-Leistungen und deren Bewertung können auf den verschiedenen Ebenen des Unternehmens verständlich mit den Unternehmenszielen verknüpft werden; Mitarbeiterführung und -steuerung erhalten parallel mehr Transparenz. Hier ist die Unternehmensführung gefragt: Diese Entscheidung muss von Top Management und Arbeitsdirektor getragen werden.

Nun werden aus der Stakeholder-Analyse diejenigen Führungsebenen selektiert, deren kritische Parteien unbedingt umgestimmt und deren positiv-passive Parteien fallweise zur Mitarbeit gewonnen werden müssen.

Aufgabe der Champions im Projektverlauf ist, sich zur Motivation und Anerkennung, aber auch zur Sanktion und bei Eskalationen in einem zeitlich limitierten Rahmen verfügbar zu halten: Sichtbare, engagierte Top Manager, besonders mit zukünftiger Zuständigkeit für WIM, untermauern die Bedeutung von WIM für das Unternehmen.

Von ihnen wird erwartet:

- „Das Projekt *wird* stattfinden bzw. die Veränderungen *werden* umgesetzt". Die Führung muss in ihrer Vorbildfunktion verdeutlichen, dass es keine Alternative, etwa Abwarten oder Aussitzen, gibt; sie zeigt ihr „Commitment to Action".

---

20 Vgl. hierzu übergreifend: *Kaplan/Norton* (1997).

- Die Top-Ebene muss für Entscheidungen, die aus der Projektarbeit resultieren und unternehmensweite bzw. bereichsübergreifende Auswirkungen zeitigen, zur Verfügung stehen.
- Die Unternehmensführung soll die Aufmerksamkeit der Mitarbeiter auf die neue WIM-Kultur richten, um kontraproduktive Diskussionen und Gerüchte über die Vorteilhaftigkeit des Projektes als solches zu minimieren: Die Grundsätze für WIM und die damit einhergehende Steuerungsphilosophie sind definiert und stimmig mit der Unternehmensstrategie.
- Die oberste(n) Führungsebene(n) soll(en) in der Kommunikation mitwirken.
- Das Top Management muss über den gesamten Transformationsprozess hinweg engagiert und sichtbar bleiben, also als vorbildliche, engagierte Stakeholder Projekt-Marketing betreiben und so das WIM den Mitarbeitern vorleben.

Weiter sollte sich die Unternehmensführung folgenden kritischen Erfolgsfaktoren verschreiben:[21]

- WIM im Unternehmensziel verankern
- Finanzielle Mittel bereitstellen, auch für den laufenden Betrieb nach Projektende
- WIM selbst sowie die WIM-Schlüssel-Personen und -Rollen unterstützen und vorleben
- Zeitliche Freiräume für WIM schaffen
- Änderungen in fachlichen und Human-Resources(HR)-Prozessen sowie Anreizsystemen genehmigen und vertreten
- Eine Unternehmenskultur, die dem Wissenserwerb und Teilen von Wissen dient, fördern.

Das Ergebnis ist ein nach innen wie nach außen sichtbares, aktives Top Management Team, das WIM-Strategie, Philosophie und Umsetzung vertritt und vorantreibt sowie für Eskalationen zur Verfügung steht.

4.5 Einbeziehen der Mitarbeiter

4.5.1 Einbeziehen der Mitarbeiter in die Projekt-Arbeit

Ziel der Einbindung und Kommunikation ist, das Verständnis, die Zustimmung und Unterstützung für das Projekt bei den betroffenen Mitarbeitern insgesamt zu entwickeln, zu erhalten und potenziellen Widerständen zu begegnen.

Ausgehend von der Stakeholder-Analyse wird je Gruppe erarbeitet, in welchem Ausmaß sie in die Entwicklung des WIM, z. B. bei der Erarbeitung der Prozesse zur Wissensteilung und der Ermittlung der Ziele und Messgrößen im Balanced-Scorecard-Modell, eingebunden werden soll. Das Ausmaß reicht von reiner Information bis hin zur Mitarbeit im WIM-Projekt selbst. Auch ein frühzeitiges Einbeziehen der Personalvertretungen hat sich bewährt; späterer

---

21 Vgl. *LEHNER* (2008), S. 296.

Widerstand, schlimmstenfalls direkt vor der Einführung mit weit reichenden Folgen, kann antizipiert, reduziert oder ganz ausgeräumt werden.

Um WIM mit einer soliden Akzeptanz auszustatten, sollten neben den Fachleuten aus dem zukünftigen WIM-Bereich weitere Mitarbeiter mit WIM-Kenntnissen und -Erfahrungen aktiv in der Konzept-Phase mitarbeiten:

- aus den Querschnittsfunktionen
- aus den Unternehmensbereichen, ggf. gestaffelt nach unterschiedlich großen Verantwortungsbereichen bzw. Ebenen.

Durch deren Mitarbeit kann erreicht werden, dass

- wichtige fachliche Aspekte dieser Gruppen in das Konzept und anschließend in die Transformation aufgenommen werden
- alle Ansätze von „Praktikern" gesichtet und somit fast qualitätsgesichert werden
- die Mitarbeit per se die Akzeptanz von WIM steigert
- die mitgestalteten Ansätze und Ergebnisse mit hoher Akzeptanz seitens der übrigen Mitarbeiter einhergehen
- die involvierten Mitarbeiter in ihren jeweiligen Bereichen und Abteilungen als Multiplikatoren bei den übrigen Mitarbeitern wirken
- in Summe: das Ergebnis fachlich besser, die Akzeptanz höher und der Rückgang an Produktivität in der Einführungs-Phase geringer ausfallen.

4.5.2 Einbeziehen der Mitarbeiter über Kommunikation

Für die Mitglieder der Stakeholder-Gruppen, die nicht an der Projektarbeit teilnehmen (können), müssen im Sinne einer Zwei-Wege-Kommunikation ab Mitte der konzeptionellen Arbeiten sowie während der Einführung Veranstaltungen und flankierende weitere Kommunikationsinstrumente entwickelt werden. Diese Stakeholder müssen ehrliche, relevante und bedeutungsvolle Informationen zeitgerecht erhalten; ihre Fragen sollen adressiert, Unsicherheiten reduziert, ihre Reaktionen aufgenommen und beeinflusst sowie die Erwartungen gesteuert werden.

Als Beispiele für Veranstaltungen fachlicher und auch informeller Art seien angeführt:

- Informations- und Diskussionsveranstaltungen seitens des künftigen WIM-Verantwortlichen und des Projekt-Sponsors
  - Aufzeigen der Vorteile von WIM
  - Vermittlung von Nähe und gemeinsamem Handeln
- Workshops mit dem mittleren Management mit anschließender Informationskaskade
  - Information zum Stand des WIM-Projektes
  - Aufnahme von Fragen und Bedenken

    - Einholen von konstruktiven Ideen und Zustimmung, z. B. zu Prozessen der Wissenssicherung und -teilung
    - Bitte um Unterrichtung von und Diskussion mit den jeweils unterstellten Bereichen
- Funktionsbezogene Veranstaltungen des WIM-Projektteams für die Mitarbeiter, die nicht in die Projektarbeit involviert sind, z. B. Info-Messen oder Workshops
    - Förderung von Offenheit und Vertrauen durch fachliche Information
    - Ggf. Aufnahme von konstruktiven Ideen, etwa zu Prozessen der Wissenssicherung und -teilung
    - Reduzierung rein politisch oder emotional bedingter Reaktionen
- Motivationsveranstaltungen nicht-fachlicher Art für Mitarbeiter des WIM-Projektes, etwa nach Erreichen von Meilensteinen
    - Teilprojekt-übergreifende Informationen
    - Anerkennung der geleisteten Projektarbeit (Lob oder Auszeichnung von der Unternehmensführung)
    - Sportliche, kulturelle oder andere Aktivitäten zur weiteren Motivation.

Zwar können Veranstaltungen über den zwischenmenschlichen Kontakt („Face-to-face") meist höhere Akzeptanz der Veränderungen als eine Kommunikation über digitale oder Print-Medien hervorrufen, aber sie sind zeit- und kostenintensiv. Auf begleitende digitale oder Print-Informationen sollte deshalb nicht verzichtet werden.

Zur Entwicklung des Kommunikationskonzeptes und -plans sowie zur Erläuterung weiterer Kommunikationsinstrumente im Detail sei auf andere Quellen verwiesen.[22]

4.5.3 Einbeziehen der Mitarbeiter über entstehende WIM-Strukturen

Eine Erweiterung zu der oben beschriebenen, eher begleitenden Kommunikation im WIM-Projekt stellt einen Vorgriff auf die zukünftigen WIM-Strukturen, die für das WIM im laufenden Betrieb eingerichtet werden, dar: Die Elemente effektiver WIM-Strukturen werden bereits als Kommunikations-Kanäle während der Konzept- und Implementierungsphase eingerichtet und genutzt; sie gehen somit fast unmerklich von der Projektarbeit in das „operative" WIM über.

Entsprechend entwickelt der Change Manager in Zusammenarbeit mit dem fachlichen WIM-Projekt, in welchem die zukünftigen Prozesse definiert werden, folgende Kernelemente:[23]

- Eine Kerngruppe, die sowohl im Projekt mitarbeitet als auch später den Wissensprozess laufend vorantreibt (siehe auch Abschnitt 4.6.2)

---

22 Vgl. *SCHWARZ* (2006), S. 390 ff., *DOPPLER/LAUTENBURG* (1995), S. 305 ff., und *STOLZENBERG/HEBERLE* (2006), S. 61 ff.

23 Vgl. *PETERS* (1992), S. 398.

- Netzwerke, um
  - das Wissen von Kollegen und Experten im Unternehmen oder auch außerhalb zu lokalisieren
  - dieses Wissen teilbar und damit nutzbar zu machen, wobei besonders Maßnahmen zur Überführung von implizitem in explizites Wissen beachtet werden müssen
  - dieses Wissen zügig verteilen zu können
  - Suchenden schnell Kontakt zu Experten zu ermöglichen
  - die Bereitschaft zur „Veröffentlichung“ persönlichen Wissens im Unternehmen zu fördern
  - Nutzen und Effektivität der WIM-Maßnahmen zu evaluieren
- Begegnungs- und Austauschmöglichkeiten (face-to-face) im Unternehmen
- In Zusammenarbeit mit dem Personalbereich formelle und informelle Anreize, die Netzwerk-Arbeit und Wissensteilung fördern.

Obwohl diese Kernelemente erst im Entstehen sind, können Mitarbeiter bereits zu diesem Zeitpunkt einiges Wissenswertes liefern, teilen oder erhalten sowie die angestrebten Verhaltensweisen praktizieren und Rückmeldungen darüber an die Projektleitung geben.

4.6 Organisatorische Ausrichtung

4.6.1 Verankerung der Mitarbeit im WIM-Projekt[24]

Um einen hervorragenden Mitarbeiter aus dem Unternehmen dazu zu bewegen, seine Kenntnisse und Erfahrungen in das WIM-Projekt einzubringen, ist es erforderlich, seine Mitwirkung im Projekt gemäß den gültigen HR-Prozessen für die Dauer des Projektes sicherzustellen: Nicht nur *emotional* möchte manch ein Mitarbeiter seiner regulären Tätigkeit nachgehen, statt Konzepte zu erstellen; *rational* gehen ihm womöglich erfolgsabhängige Vergütungsbestandteile verloren.

Folglich muss die WIM-Projektarbeit sowohl in seiner Zielvereinbarung als auch in seiner Beurteilung verankert werden; zusätzlich sollte ihm eine Prämie für erfolgreiche Projektarbeit in Aussicht gestellt werden, die zumindest die Höhe seiner erfolgsabhängigen Vergütung erreicht, weil er aufgrund der Projektarbeit seine individuelle Zielvereinbarung i. d. R. nicht erfüllen kann.

---

24 Vgl. *Schwarz./Cokbudak* (2007), S. 48 ff.

4.6.2 Definition von WIM-Rollen und -Prozessen

Zwar obliegt die Definition der Rollen und Prozesse im WIM dem fachlichen Projekt und weniger dem begleitenden CM, aber der Change Manager wird das fachliche Projekt daraufhin prüfen, *welches* die Kernelemente effektiver WIM-Strukturen sind und *wie* diese entwickelt worden sind, um sie mit CM-Maßnahmen systematisch in die Unternehmens-Prozesse einzubetten und auszurollen.

Zunächst werden die Rollen der Wissensmanager geschaffen, die die Suche, ggf. Externalisierung, Dokumentation/Speicherung und das Teilen/Verbreiten von Wissen im Unternehmen verantwortlich und/oder unterstützend vorantreiben. Eine ausführlichere Darstellung der Rollen findet sich bei *LEHNER*[25]; eine etwas pragmatischere, mehr auf menschliche Interaktion als auf IT ausgerichtete Beschreibung stellen *PROBST/RAUB/ROMHARDT*[26] vor.

Rollen im WIM	Aufgaben (*Beispiel*)
Zentrale Verantwortlichkeit für WIM-Strukturen	
Chief Knowledge Officer Knowledge Exchange Sponsor	▪ Koordination WIM ▪ Verantwortung für Umfang und Struktur WIM
Knowledge Base ▪ Developer ▪ Integrator ▪ Administrator	▪ Design und Entwicklung von Struktur, Format und Organisation der Wissensbasen ▪ System-Administration und Datenbankbetreuung
Zentrale Verantwortlichkeit für WIM-Inhalte	
Knowledge Sponsor Knowledge Integrator	▪ Hilfe bei der Wissensidentifikation in der kollektiven Wissensbasis ▪ Vermeidung von Redundanzen durch Koordination unterschiedlicher Basen ▪ Klassifikation des eingespeicherten Wissens ▪ Prüfung der Beiträge auf Konsistenz
Knowledge Developer Focus Groups	▪ Entwicklung und Verfeinerung von Wissensinhalten, Aktualisierung der Datenbasis ▪ Verbreiterung der Wissensbasis über neueste Technologien
Inhaltsverantwortlichkeit in der Abteilung/im Team	
Knowledge Champions	▪ Verantwortliche Kontaktperson für alle WIM-Aktivitäten eines Bereichs/Teams, d. h. für Nutzung und Erweiterung dessen Wissens ▪ Koordinierung, Sicherung der Konsistenz und Speicherung von Beiträgen des Bereichs/Teams in der WIM-Database ▪ Ansprechpartner im Bereich/Team für das WIM Team (= alle Rollen dieser Tabelle)

Abbildung 9: LEHNER beschreibt zehn Rollen im WIM

Für die neu geschaffenen Rollen im WIM selbst, die der Wissensmanager, müssen neben der Stellenbeschreibung präzise Anforderungsprofile erstellt werden. Die Mitarbeiter, die diese Rollen bekleiden, müssen über Charisma und breite Akzeptanz im Unternehmen verfügen und hervorragend kommunizieren können, sollen sie nicht als „Störenfriede" in der operativen Arbeit empfunden werden.

---

25 Vgl. *LEHNER* (2008), S. 276.

26 Vgl. *PROBST/RAUB/ROMHARDT* (2006), S. 245 f.

Diese Rollenbeschreibungen machen deutlich, dass sich bei adäquater Rollenbesetzung das Arbeitsumfeld der Mitarbeiter in der Linie/in den Stäben/in den Teams/Projekten, verändern wird: Es müssen im fachlichen Projekt entsprechende Prozesse zur Wissensteilung definiert sowie mit dem Change Manager abgestimmt und implementiert werden.

Rollen im WIM	Aufgaben *Beispiel*
Chief Knowledge Officer	Gestaltung, Steuerung und Entwicklung der organisatorischen Wissensbasis ▪ Sensibilisierung und Mobilisierung des Unternehmens für WIM ▪ Verantwortung für Umfang und Struktur, WIM als Mitglied der Geschäftsleitung ▪ Unterstützung bei der Umsetzung von Unternehmenszielen in Wissensziele ▪ Vorleben der WIM-Kultur im Alltag
Kompetenzfeld-Verantwortlicher	Gestaltung, Steuerung und Entwicklung eines Kompetenzfeldes ▪ Sammeln, Verdichten, Vernetzen der Expertise eines Kompetenzfeldes des Unternehmens ▪ Einbringen der Kompetenzfeld-Expertise in die Unternehmensentscheidungen ▪ Bereitstellung und Pflege der Infrastruktur des Kompetenzfeldes (Workshops, Konferenzen u. ä.)
Boundary Spanner (Brückenbauer)	Vernetzung von Kompetenzfeldern, Kontaktvermittlung und Aufspüren neuer Geschäftsmöglichkeiten ▪ Aufspüren und Weiterleitung bisher ungenutzten Wissens ▪ Aufbau eines interfunktionalen, interdisziplinären Beziehungsgeflechts von Kompetenzfeldern im Unternehmen
Transparency Enabler (Transparenz-Schaffer)	Schaffung von Transparenz über die Wissensbasis im Unternehmen ▪ Integration aller internen Informationssysteme zu einer effizienten elektronischen Wissensbasis unter Berücksichtung von Datenschutz und Wahrung von Geschäftsgeheimnissen

Abbildung 10: PROBST/RAUB/ROMHARDT beschreiben vier Rollen im WIM

4.6.3 Auswirkung von WIM auf personalwirtschaftliche Prozesse

4.6.3.1 Anreize zur Wissensteilung

Die Mitarbeiter müssen gemäß den neu entwickelten Prozessen wissensbezogen agieren und dürften die Bringschuld zunächst als Belastung empfinden; daher ist der WIM Roll Out mit entsprechenden personalwirtschaftlichen Maßnahmen zu flankieren:

- Die Mitarbeiter müssen *Zeit* zur Verfügung gestellt bekommen,
  - Wissen zu suchen, zu finden, zu hören oder zu lesen
  - Wissen aufzubereiten und zu teilen, sei es mündlich, sei es schriftlich/digital
- Die Mitarbeiter müssen einen *Anreiz* erhalten,
  - Wissen zu suchen, zu finden, zu hören oder zu lesen
  - Wissen aufzubereiten und zu teilen, sei es mündlich, sei es schriftlich/digital

Mit anderen Worten:

- Sie müssen materielle und immaterielle Anreize erhalten:[27]
  - Prämien oder Punkte für Beiträge in einer Wissensdatenbank
  - Qualifikationsabhängige Vergütungsbestandteile für zusätzlich erworbenes Wissen
  - Job Enlargement, Job Enrichment
  - Wissensteilung als Element von Beförderungsvoraussetzungen
  - Keine Sanktionen bei versehentlicher Weitergabe fehlerhaften Wissens.

Etwa vergleichbar mit einem in Tagen formulierten Ausbildungsbudget kann diesen Investitionen in das Humankapital ein quantitativer Rahmen gegeben werden. Es muss betont werden, dass dieser Rahmen Arbeitszeit und kein Selbststudium in der individuellen Freizeit darstellt; dies sollte auch für hoch qualifizierte Mitarbeiter ohne Tarifbindung gelten, denen Weiterbildung außerhalb von Präsenz-Seminaren häufig als Beitrag aus der privaten Zeit heraus „von oben empfohlen" wird.

Damit diese Zeiten nicht vergeudet werden, muss der Change Manager in Zusammenarbeit mit dem fachlichen Projektteam qualitative Bewertungen der „gegebenen und genommenen" Wissensbeiträge vorsehen.

4.6.3.2 Wissensteilung in der Mitarbeiterbeurteilung

Da Unternehmensziele mit dem Ziel-System der Mitarbeiter kongruent sein müssen, schlägt sich die Einführung von WIM auf die Mitarbeiterführung nieder. Ein Ziel-/Anreiz-/Vergütungssystem muss aber von den Betroffenen akzeptiert und gelebt werden, wenn die Mitarbeiter motiviert arbeiten und ihre Handlungen auf das Unternehmens- bzw. WIM-Ziel hin ausrichten sollen.[28] Aus diesem Grunde ist es sinnvoll, auf Basis der Balanced Scorecard Schlüsselkennziffern zu ermitteln, die die Leistungen der Mitarbeiter zielkonform, verursachungs- und verantwortungsgerecht abbilden. Bei der Gestaltung bzw. Anpassung des Mitarbeiterbeurteilungs-Systems sollten Vertreter der Personalabteilung, der Personalvertretungen und des Bereichs WIM einbezogen werden.

Für den Change Manager ist das Mitarbeiterbeurteilungs-System der kritische Erfolgsfaktor in der Einführung von WIM, weil fast alle Mitarbeiter nunmehr weniger direkt Umsatz- oder Ertrags-bezogene Aufgaben wahrnehmen können. Zeiten, die für WIM verwendet werden, stellen eine Investition in das eigene Wissen und das der Kollegen dar, sind also einem Produktionsumweg gleichzusetzen. Eine entsprechende Unterstützung der obersten Führungsebene (Genehmigung des Beurteilungsmodells) ist unerlässlich.

Alle HR-bezogenen Anpassungen müssen in enger Zusammenarbeit mit dem Chief Knowledge Officer, Vertretern der Unternehmensführung und des Personalwesens sowie Personalvertretern entwickelt und abgestimmt werden. Nur wenn die WIM-bedingten Veränderungen in Ablauf- und Aufbauorganisation sowie HR-bezogen in sich stimmig definiert sind, kann eine WIM-Implementierung zum Erfolg werden.

---

[27] Vgl. *GERHARDS/TRAUNER* (2007), S. 66.

[28] Vgl. *PROBST/RAUB/ROMHARDT* (2006), S. 167.

4.7 Mitarbeiter-Qualifizierung

Ein WIM, das von neuen Prozessen sowie technischen Anwendungen begleitet wird, führt, rein fachlich und technisch gesehen, zu einem eher niedrigen Schulungsbedarf. Dennoch darf die kulturelle Veränderung, nämlich sich die Zeit zu nehmen, Wissen mit Bereitschaft und Sorgfalt zu teilen und aufzunehmen, nicht unterschätzt werden. Die Schulungen sollten daher primär auf die Akzeptanz des neuen Verhaltens einwirken und sekundär Prozesse und IT-Systeme behandeln. Die positive Einstellung und das über eben diese Haltung veränderte Verhalten sind bei der Einführung von WIM erfolgskritisch. Das Prinzip „MOVE" zeigt auf, dass hier nicht aufgrund relativ leicht verständlicher, fachlicher Inhalte gespart werden darf.

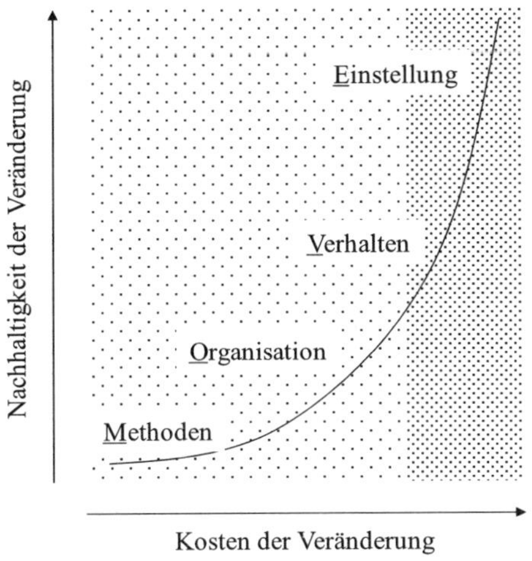

Das Prinzip MOVE

- Methoden werden eingeführt und zum Teil im Alltag wieder vergessen
- Die Organisation wird verändert; Mitarbeiter versuchen z. T. nach alten Weisen zu arbeiten
- Ein Verhalten wird trainiert, mit Druck eingefordert und erzwungen („Compliance"); die Nachhaltigkeit der Maßnahme steigt
- Wenn Akzeptanz erreicht wird, ändert sich die Einstellung zum Positiven gegenüber der Methode sowie der Organisation: Die Methode/ Veränderung wird gelebt

Abbildung 11: Nachhaltigkeit im Verhalten kann nur über die Einstellung bei entsprechendem Aufwand erreicht werden

Um die angestrebte Einstellung und Verhaltensänderung zu stimulieren, sollte zu Beginn der Schulungsveranstaltungen entweder der Sponsor des WIM-Projektes auftreten oder zumindest eine digitale Botschaft von ihm, etwa als Trailer, gezeigt werden.

Die Schulungsinhalte werden dann besonders gut vermittelt und aufgenommen, wenn als Trainer diejenigen Mitarbeiter auftreten, die an der Entwicklung der Prozesse und Systeme im Projekt mitgearbeitet haben. Wenn ihnen dies nicht möglich ist, sollten sie zumindest die Trainer in einem Train-the-Trainer-Ansatz schulen.

In Verbindung mit einer präzise gesteuerten Kommunikation und einer als fair empfundenen Berücksichtigung in der Mitarbeiter-Steuerung kann das Training die erforderliche Nachhaltigkeit in der Nutzung des WIM und damit das Erreichen des Unternehmensziels nahezu gewährleisten.

5 Noch einmal: „Divide et impera" oder „Wissen ist Macht"

Die Entwicklung und Einführung eines WIM darf nicht auf die technische Erfassung, Speicherung und Verfügbarkeit beschränkt gesehen werden – von besonderer Bedeutung sind die dazugehörigen Prozesse. Diese weisen nicht nur einen direkten Bezug zum strategischen und operativen Geschäft, sondern ebenso zur Personalwirtschaft sowie zur Unternehmenskultur auf.

Wenn erkannt und akzeptiert wird, dass der *Mensch* mit seinen Bedürfnissen und Befindlichkeiten/Einstellungen *der* kritische Erfolgsfaktor für ein funktionierendes, erfolgreiches WIM ist, muss der Change Manager

1. über eine *organisatorische Risiko-Analyse* die WIM-unterstützenden sowie -behindernden Faktoren ermitteln
2. in einer *Projekt-Vision* WIM-Ziele und -Nutzen aufzeigen
3. die *Führung* aktiv, sichtbar und als Vorbild einbinden
4. den *Change Plan* auf den fachlichen (WIM-)Projektplan abstimmen
5. eine auf die Unternehmenskultur abgestimmte *Kommunikation* entwickeln und flexibel umsetzen
6. in enger Abstimmung mit dem fachlichen Team die *organisatorischen Anpassungen* vornehmen sowie
7. über die *Mitarbeiter-Qualifizierung* (Prozesse, ggf. neue Technologien oder Systeme) für Nachhaltigkeit des WIM sorgen.

In den meisten Fällen wird der Change Manager in diesem Vorgehen eng mit der Unternehmensführung zusammen arbeiten, um die Risiken

- fehlendes Bewusstsein seitens der Mitarbeiter
- Einstellung vieler Mitarbeiter „Wissen ist Macht, also teile ich es nicht"
- Zeitmangel der Mitarbeiter
- fehlende Anreizsysteme zum Teilen und Erwerben von Wissen

zu managen, abzufedern bzw. zu beheben.

Dem Chief Knowledge Officer ermöglicht ein professionell durchgeführtes WIM-Projekt, sich von einer eher IT-orientierte Funktion zu einem vorausdenkenden „Knowledge Enabler" zu entwickeln. Er kann sich in dieser zukunftsorientierten, strategischen Rolle für einen laufenden Unternehmenswandel engagieren und als geschätzter „Business Partner" sowohl für die Unternehmensleitung als auch für die Mitarbeiter als seine internen Kunden fungieren.

Quellenverzeichnis

GERHARDS, S./TRAUNER, B. (2007): Wissensmanagement – 7 Bausteine für die Umsetzung in der Praxis, 3. Auflage, München 2007.

KAPLAN, R./NORTON, D. (1997): Balanced Scorecard – Strategien erfolgreich umsetzen, Stuttgart 1997.

KILIAN, D./KRISMER, R./LORECK, S./SAGMEISTER, A. (2007): Wissensmanagement – Werkzeuge für Praktiker, 3. Auflage, Wien 2007.

LEHNER, F. (2008): Wissensmanagement – Grundlagen, Methoden und technische Unterstützung, 2. Auflage, Wien 2008.

NONAKA, I./TAKEUCHI, H. (1997): Die Organisation des Wissens – Wie japanische Unternehmen eine brachliegende Ressource nutzbar machen, Frankfurt/New York 1997.

PETERS, T. (1992): Liberation Management – Necessary Disorganization for the Nanosecond Nineties, London 1993.

PROBST, G./RAUB, S./ROMHARDT, K. (2006): Wissen managen – Wie Unternehmen ihre wertvollste Ressource optimal nutzen, 5. Auflage, Wiesbaden 2006.

SCHWARZ, S. (2006): Change Management oder die Integration von Mitarbeitern in einem fusionierenden Unternehmen, in: *KEUPER, F./HÄFNER, M./VON GLAHN, C.* (Hrsg.), Der M&A-Prozess – Konzepte, Ansätze und Strategien für die Pre- und Post-Phase, Wiesbaden 2006, S. 367–411.

SCHWARZ, S. (2008): Change Management im Rahmen einer Finance Transformation, in: *KEUPER, F./NEUMANN, F.* (Hrsg.), Finance Transformation – Strategien, Konzepte und Instrumente, Wiesbaden 2008, S. 3–23.

SCHWARZ, S./AICHELE, M. (2008): Sales & Service Management – Change Management und verhaltenspsychologische Perspektiven, in: *KEUPER, F./HOGENSCHURZ, B.* (Hrsg.), Sales & Service – Management, Marketing, Promotion und Performance, Wiesbaden 2007, S. 435–464.

SCHWARZ, S./COKBUDAK, E. (2007): Führung als kritischer Erfolgsfaktor im Change Management, *KEUPER, F./GROTEN, H.* (Hrsg.), Nachhaltiges Change Management, Wiesbaden 2007, S. 31–57.

STOLZENBERG, K./HEBERLE, K. (2006): Change Management – Veränderungsprozesse erfolgreich gestalten – Mitarbeiter mobilisieren, Heidelberg 2006.

Zweiter Teil

Informationstechnologische Aspekte des Wissens- und Informationsmanagements

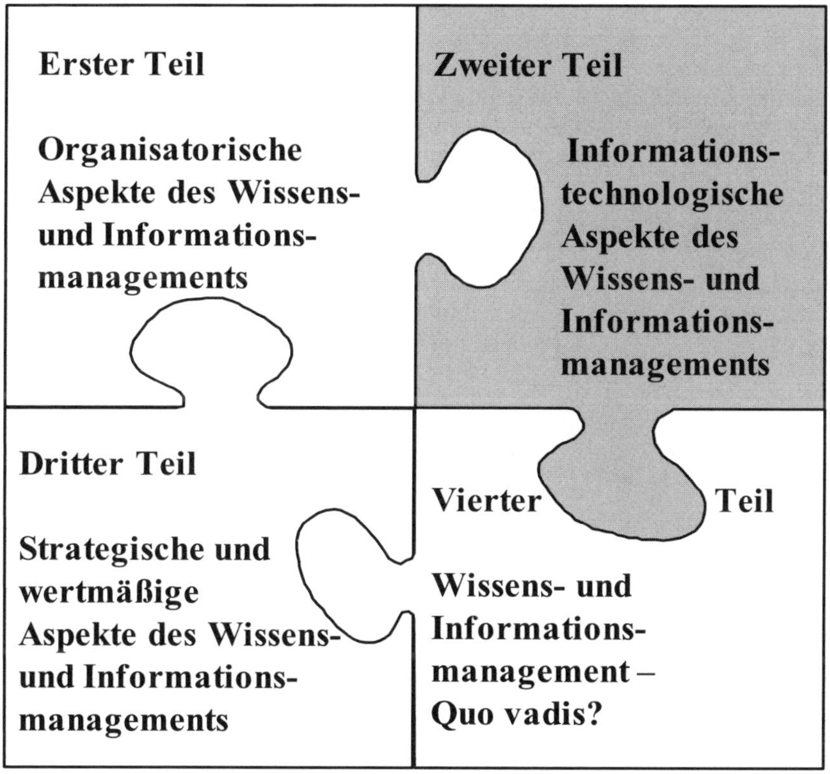

Wissensgenerierung aus Datenbanken

Klaus Schaffranietz und *Fritz Neumann*

BearingPoint. Management & Technology Consultants

1 Einleitung

Der Wettbewerbsdruck zunehmend dynamischer und globaler Märkte verlangt von Unternehmen immer schnellere und zuverlässigere Entscheidungen. Eine Untersuchung von 800 amerikanischen Unternehmen und ihren Entscheidungsträgern ergab, dass gegenwärtig Entscheidungen in immer kürzerer Zeit getroffen werden und getroffen werden müssen. Viele Geschäftsgelegenheiten gehen dabei durch zu lange Entscheidungszyklen verloren.[1] Die Gründe hierfür sind vielfältig, jedoch waren oftmals die Entscheidungsträger mit unzureichenden Informationen versorgt worden oder waren nicht in der Lage, die Menge der Informationen für ihre Entscheidungen richtig zu nutzen. Schätzungen zufolge verdoppeln sich Daten in Unternehmen alle fünf Jahre, wobei derzeit in Unternehmen nur ca. 7% der Daten für Informationen genutzt werden.[2] Dabei ist den Unternehmen die Informations- und Wissensnutzung als erfolgskritischer Faktor hinlänglich bekannt. So nannten 95,4% von 303 befragten deutschen Unternehmen neben den finanziellen und materiellen Ressourcen die Ressource „Wissen“ als wichtigsten betriebswirtschaftlichen Erfolgsfaktor. Nur die Ressource „Qualifizierter Mitarbeiter“ erhielt höhere Werte (97,4%)[3] Demzufolge stieg in den letzten Jahren bei innovativen Unternehmen die Bereitschaft, kontinuierlich ein Wissensmanagement einzuführen und die immateriellen Vermögenswerte zu identifizieren, zu entwickeln und nutzbringend einzusetzen. Dabei wird die ökonomische Verwendung der Ressource „Wissen“ begleitet von der These der „Wissensgesellschaft“, die auf dem volkswirtschaftlichem Bedeutungsverlust der historisch älteren Produktionsfaktoren Boden, Arbeit und Kapital gründet.[4] So sind die Qualität von Fertigkeiten, Wissen und die Disziplin von Arbeitskräften die wichtigsten Zutaten eines Wirtschaftswachstums, während andere Produktionsfaktoren auf dem Markt hinzugekauft oder geborgt werden können.[5]

Das Wissen und insbesondere die Wissensentstehungsprozesse im Unternehmen sollen daher im Mittelpunkt dieses Beitrags stehen. Wissen entsteht, wenn Informationen in einem Praxiszusammenhang eingebunden werden und daraus eine neue oder eine veränderte Praxis folgt.[6] Damit ist das Wissen auch immer personenbezogen abhängig vom Kontext und Zugriff um sich zu entfalten.

Ausgehend vom Management und vom Wissen in Organisationen soll in diesem Beitrag das Data Mining als Prozess vorgestellt werden, der die Entfaltung von Wissen durch kontextbezogenen Zugriff in Unternehmen unterstützt. Data Mining leitet sich aus dem Englischen „to mine“ ab und bedeutet „schürfen“ oder „graben“. Dabei ist die Begriffsbezeichnung Data Mining eigentlich irreführend, da sie suggeriert, man müsse einfach in den Daten nach dem „Gold“ graben, um es zu finden. Viele der heutigen Data-Mining-Projekte konnten den Erwartungen nicht gerecht werden. Das Data Mining führte zu Ergebnissen die entweder nicht zutrafen oder nicht für das Unternehmen relevant waren. Die Ursachen lagen häufig in einer Unterschätzung der Komplexität des Data Mining,[7] da Data Mining in Wirklichkeit ein „krea-

1 Vgl. *Wessel* (2001), S. 16 ff.

2 Vgl. *Anonymus* (2001), S. 358.

3 Vgl. *LexixNexis* (2003), S. 4 ff.

4 Vgl. *von der Oelsnitz* (2003), S. 16.

5 Vgl. *Samuelson (*1995) S. 616.

6 Vgl. *Willke* (2007), S. 33.

7 Vgl. *Nemati* (2003), S. 12.

tiver Prozess" ist, in dem mittels Rechenoperationen eines Computers Modelle ausgeführt werden, die oft von beträchtlicher Komplexität sind.[8]

2 Wissensmanagement

Management meint die systemische Steuerung von Ressourcen zur Erreichung der Ziele von Organisationen. Demzufolge versuchen Führungskräfte angesichts der Herausforderungen des Unternehmens die Ressource Wissen und den Aufbau von Wissensbasen stärker in den Steuerungsbereich des Managements einzubeziehen. Als konzeptionelle Grundlage zeigen PROBST/RAUB/ROMHARDT den Aufbau einer organisationalen Wissensbasis, wobei sich das Wissen auf Daten und Informationen stützt (siehe Abbildung 1).

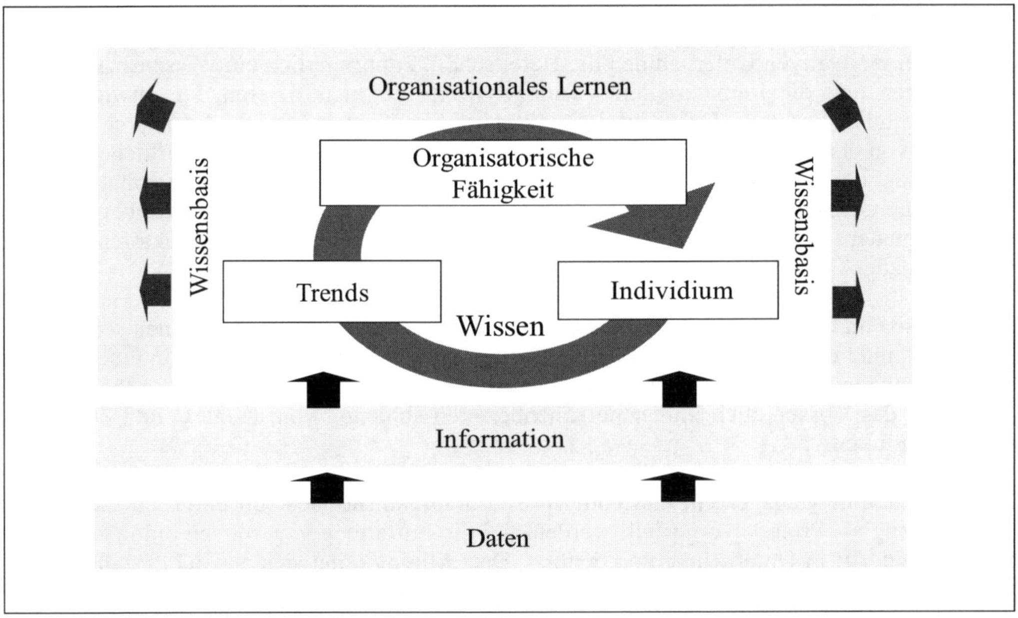

Abbildung 1: Aufbau der organisationalen Wissensbasis[9]

Die Daten eines Unternehmens bilden den Rohstoff für Informationen. Erst die Vernetzung von Informationen ermöglicht dessen Nutzung im Praxiszusammenhang, welches als Wissen bezeichnet wird.[10] Unter der Einbeziehungen von Individuen, Trends und der organisatorischen Fähigkeit sowie den Austausch von Wissen entsteht die organisationale Wissensbasis eines Unternehmens. Dabei setzt sich die Wissensbasis aus individuellen und kollek-

---

8 Vgl. JANTKE (2001), S. 3.

9 Vgl. PROBST/RAUB/ROMHARDT (2005), S.15 f.

10 Vgl. PROBST/RAUB/ROMHARDT (2005), S.15 f. Anmerkung: PROBST/RAUB/ROMHARDT weisen an dieser Stelle darauf hin, dass der Zusammenhang von Daten, Informationen und Wissen nur auf ein bestimmtes Modell hinweist und erst bei näherer Betrachtung einzelne Elemente betrachtet werden können.

tiven Wissensbeständen zusammen.[11] Zusammenfassend sehen *PROBST/RAUB/ROMHARDT*, dass die Führungskräfte durch Einflussnahme auf die Gestaltung der Wissensbasis und zielorientierten Nutzung von Wissen praktische Anwendungen finden und hierbei auf Lösungen ihrer Aufgaben im Unternehmen zurückgreifen können. Sie sehen dabei das Wissensmanagement als Prozess, der in sechs Kernprozessaktivitäten unterteilbar ist. Unbeachtet der Kritik von *KILIAN*, der die Schwäche im Abbau von (Wissens-)Barrieren und Innovation des prozessorientierten Modells[12] in den Vordergrund stellt, sieht *WILLKE* beim systemischen Wissensmanagement das Zusammenspiel zwischen personellen und organisationalen Wissen als das grundlegende Problem an.[13] In vielen Unternehmensbereichen ist der Erfolg überwiegend an bestimmte Personen oder Teams gebunden. Diese Personen sind zentrale Wissensträger und vereinen einen Großteil des wettbewerbsrelevanten Wissens, sodass ihr Weggang zu erheblichen Wissenslücken führen kann. Trotzdem gelingt es immer wieder Organisationen, Wissensbasen aufzubauen und über die Lebensdauer von Menschen aufrecht zu erhalten. Gründe sieht *WILLKE* in der im vornherein vorhandenen Formalisierung von geschriebenen Regeln, Akten, Zahlen, Daten, formulierten Erfahrungsgrundsätzen, Prozessablaufdiagrammen etc., die in Wissenssystemen vorhanden sein müssen, um „zugänglich und handhabbar" zu sein.[14] Wissensmanagement und Wissensarbeit ergeben sich erst, wenn beide Seiten, Personen und Organisationen, in komplementärer Weise Wissen generieren, nutzen und wechselseitig sich ihr Wissenspotenzial zur Verfügung stellen.[15] Das Organisationen Wissen unabhängig von Personen generieren können, soll an dieser Stelle nicht behauptet werden. Im Folgenden wird erläutert, wie systemische Intelligenz mit Regelsystemen auf Personen und deren Handeln wirken kann. Hierzu soll zunächst der Begriff des Wissens klarer eingegrenzt und im Sinne des systemischen Wissensmanagements zugeordnet werden.

2.1 Wissensbeschreibung

2.1.1 Semantik

Die Semantik untersucht die Relation von Zeichen (Zeichenmaterial) und den Abbildern (Begriffe, Aussagen). Damit ist die Semantik eine Teildisziplin der Semiotik, wobei die Semiotik die Lehre ist, „...die den allgemeinen Bedeutungsaustausch handelnder/miteinander kommunizierender Individuen zum Gegenstand hat."[16] Die Sprachwissenschaft unterscheidet dabei zwischen den drei Ebenen:

- *Syntaktische Ebene*: Sie beinhaltet die Analyse von Zeichen auf Basis ihrer logisch, mathematisch-statistischen Beziehungen zueinander.
- *Semantische Ebene*: Sie bezeichnet die Analyse der Zeichen sowie deren Bedeutungen.
- *Pragmatische Ebene*: Sie beschreibt die Analyse der Beziehung zwischen Sender und Empfänger sowie die durch die Informationen implizierten Handlungen.[17]

---

11 Vgl. *PROBST/RAUB/ROMHARDT* (2005), S. 22.

12 Vgl. *KILIAN* (2007), S. 21.

13 Vgl. *WILLKE* (2007), S. 55.

14 Vgl. *WILLKE* (2007), S. 56.

15 Vgl. *WILLKE* (2007), S. 56.

16 Vgl. *SCHULTE-SASSE/WERNER* (1977), S. 49.

17 Vgl. *SCHULTE-SASSE/WERNER* (1977), S. 54. Anmerkung: Auf Erläuterungen der Teildisziplin Sigmatik als Bestandteil der Semiotik wurde an dieser Stelle verzichtet.

Ein Satz ist dann semantisch korrekt, wenn dieser auch syntaktisch korrekt ist. Vollkommen ist ein Satz erst dann, wenn dieser in einer benannten pragmatischen Beziehung steht. Z. B.: „Besitze! Apple ich " → Syntaktisch unkorrekt, da das Subjekt am Ende des Satzes und das Ausrufezeichen hinter dem Prädikat steht, es fehlen Zeichen => Semantisch lässt sich dieser Satz keiner Aussage zuordnen.

„Ich besitze einen Apple" → Syntaktisch korrekt, semantisch können wir nun dem Satz eine Aussage zuordnen (die Semantik versucht zu erklären, warum dies so ist). Aber erst wenn der Adressat weiß, dass es sich bei „Apple" nicht um eine Frucht handelt, sondern um einen Computer der Firma *Apple*[18] (pragmatische Zuordnung) wird der Satz vollständig. Damit lassen sich mittels der zuvor gemachten Überlegungen Zeichen, Daten, Informationen und Wissen nunmehr begrifflich detaillieren und definitorisch abgrenzen.

Abbildung 2 stellt die semiotischen Betrachtungsweisen des Informationsbegriffs dar.

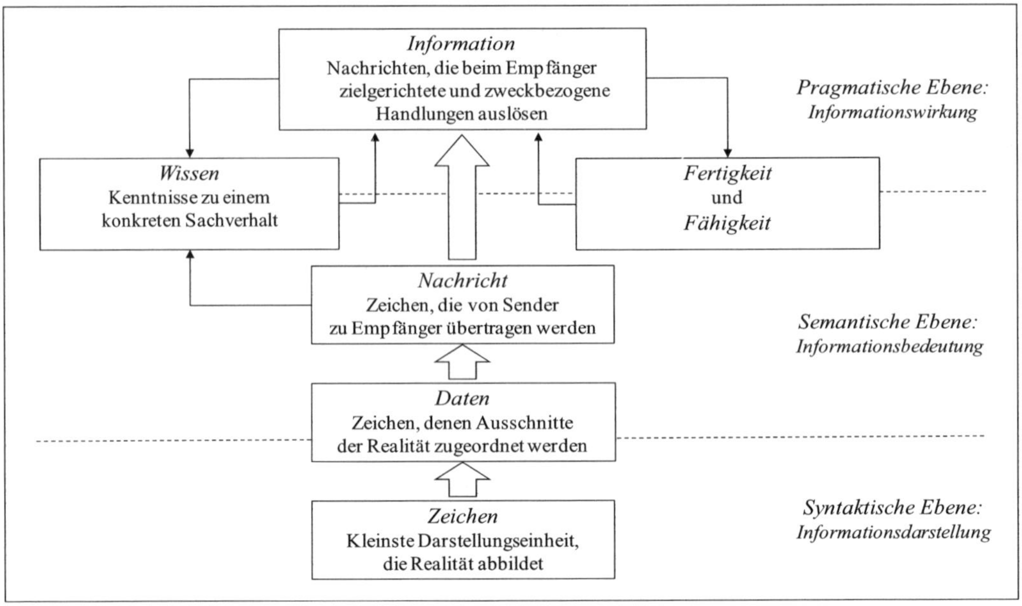

Abbildung 2: Semiotische Betrachtungsebenen des Informationsbegriff[19]

Für eine ökonomische Betrachtung interessiert vor allen Dingen die pragmatische Ebene, da bei alleiniger Betrachtung der semantischen und syntaktischen Ebene die Gefahr besteht, wichtige Informationen zu vernachlässigen.[20] Eine Nachricht ist noch keiner festen Bedeutung inhärent, sondern deren Bedeutung muss zunächst entschlüsselt werden. Für die Entschlüsselung sind Informationen notwendig und der Empfänger muss über die gleiche Zuord-

[18] Anmerkung: An dieser Stelle ließe sich noch die inkonsistente Bedeutung eines Unternehmens hinsichtlich des physischen Objektes und eines rechtlichen Gebildes ontologisch untersuchen.

[19] Vgl. PETERSOHN (2005), S. 7.

[20] Vgl. LINDSTÄDT (2006), S. 16.

nung von Symbolen und Konzepten verfügen, um zu interpretieren, wie die Nachricht gemeint ist.[21]

Dies bedeutet aber auch, dass Informationen zwischen Personen oder Personen und Systemen nicht einfach ausgetauscht werden können, sondern hierbei auch immer Relevanzkriterien angepasst werden müssen, um eine gemeinsame Sprache zu sprechen. In diesem Zusammenhang sieht *WILLKE* entscheidend für das Gelingen von Wissensmanagement, das die Auswahl von Informationen nach bestimmten Kriterien und Prämissen erfolgt und es damit nicht bei einer einfachen Informationssammlung bleibt.[22]

Werden Informationen in einem konkreten Sachverhalt von Personen oder Organisationen angewendet, kommt entweder Wissen zur Anwendung oder kann neues Wissen entstehen. Damit benötigt Wissen auch immer einen Realitätsbezug und kann eigentlich nur dann wirken, wenn Wissen im Arbeits- oder Entscheidungsprozess berücksichtig wird.[23]

2.1.2 Vernetzung

Die Vernetzung von Wissen kann verglichen werden mit der Funktionsweise des menschlichen Gehirns. Die Nervenzellen des Gehirns sind nicht in linear oder hierarchisch definierten Strukturen geordnet oder verwaltet. Ein wesentliches Merkmal von Nervenzellen ist, dass das Nervensystem auf Signale seiner Umgebung (Stimulus) reagiert (Response). Zu einer Reaktion der Nervenzelle kommt es aber erst dann, wenn es anderen Nervenzellen über Interaktion gelingt, den Schwellenwert der Nervenzelle zu überschreiten.[24] Das Vorbild von neuronalen Netzen als Wissensnetzwerk findet seine praktische Anwendung beispielsweise bei der Online-Enzyklopädie *Wikipedia*. Jeder User hat dort die Möglichkeit Beiträge einzustellen und zu verändern. Bestand haben die Beiträge, die von der Gemeinschaft akzeptiert werden.[25] Ein Problem ist, dass die Berichte, die in der *Community* wenig Aufmerksamkeit gefunden haben, ohne Kontrolle im Netz verfügbar bleiben. So gesehen muss jeder Bericht vor der Veröffentlichung durch den Autor eigenverantwortlich überprüft werden, wofür impliziertes Wissen abgerufen wird.

2.2 Wissensgewinnung

Wie bereits erwähnt, entsteht das Wissen durch den Einbau von Informationen in einem konkreten Sachverhalt. Hieraus können wiederum Informationen generiert werden, auf die dann später erneut zurückgegriffen werden kann. Informationen werden auch als zweckorientiertes Wissen verstanden, also als solches Wissen, das zur Erreichung eines Zweckes eingesetzt wird.[26] Mittels Abgleich von Wissenszielen und Wissensträger lassen sich Wis-

---

21 Vgl. *LINDSTÄDT* (2006), S. 16.

22 Vgl. *WILLKE* (2007), S. 33.

23 Vgl. *VON DER OELSNITZ* (2003), S. 148.

24 Vgl. *BACKHAUS* (2003), S. 739.

25 Anmerkung: Weiteres Beispiel für ein Wissensnetz am Vorbild eines Neuronalen Netzes bietet die von *MARTIN* entwickelte Methode Lernen durch Lehren (LdL). Hierbei lernen Schüler durch das Lehren von Unterrichtsstoff und gezieltes Antworten auf die Fragen der Mitschüler. Der Lehrer übernimmt lediglich die Rolle eines Moderators.

26 Vgl. *DIEDERICH* (1992), S. 39.

senslücken ermitteln, die dann von Unternehmen zu genieren sind.[27] Will beispielsweise ein Unternehmen einen Hybridmotor herstellen, benötigt es eine Reihe von erfahrungsgebundenem Wissen. Dieses Wissen kann das Unternehmen entweder durch Eigenentwicklung oder durch Zukauf bzw. Tausch erwerben. In den nachfolgenden Abschnitten sollen die unterschiedlichen Formen der Wissensgewinnung näher erläutert werden.

2.2.1 Wissensentwicklung

Bei der Wissensentwicklung können Unternehmen entweder auf interne oder auf externe Wissensquellen zurückgreifen. Eine interne Wissensentwicklung im Unternehmen erfolgt bei *NONAKA/TAKEUCHI* in der Unterscheidung von implizitem und explizitem Wissen. Den Schlüssel zur Wissensschaffung sehen sie in der Mobilisierung und Umwandlung von implizitem Wissen. Hierin sehen sie auch einen wesentlichen Vorteil der japanischen gegenüber der westlichen Industrie.[28] Hieraus entwickelten sie vier Formen der Wissensumwandlungen, die in Organisationen zum tragen kommen. Die folgende Tabelle 1 zeigt die Formen der Wissensumwandlungen Sozialisation, Internalisierung, Externalisierung und Kombination:

Übergang von	*Implizitem Wissen*	*Explizitem Wissen*
Implizitem Wissen	Sozialisation	Externalisierung
Explizitem Wissen	Internalisierung	Kombination

Tabelle 1: Modi der Wissensgenerierung in Organisationen[29]

- *Sozialisation*; hierbei wird implizites Wissen durch Erfahrung, Beobachtung oder Lehre weitergegeben (z. B. Weitergabe von einem Meister an einen Schüler). Als Beispiel nennen *NONAKA/TAKEUCHI* die Firma *Matsushita*. Diese versuchte, zunächst ohne Erfolg, ein Brotbackgerät zu entwickeln. Erst als die Mitarbeiter den bekanntesten Brotbäcker in der Stadt besuchten und beobachteten, stellten sie fest, dass bei der Zubereitung der Teig sowohl geknetet als auch gedehnt wird. Das Wissen wurde anschließend in das Gerät eingebaut und wurde damit ein Welterfolg. Durch Beobachtung wurde so das implizite Wissen des Brotbäckers zum impliziten Wissen des Unternehmens.
- *Externalisierung* ist ein Prozess der Artikulation von implizitem Wissen in expliziten Konzepten. Sie setzt dann ein, wenn eine Organisation zu groß oder zu schnell geworden ist, um über Sozialisation zu lernen. Um implizites Wissen in externes umzuwandeln, stehen verschiedene Methoden zur Verfügung. Japanische Unternehmen haben über Metaphern, Analogien oder Modelle Mitarbeiter zum Erfahrungsaustausch motiviert, so wurde beispielsweise bei *Honda* mit der Metapher „Automobilrevolution" das Projektteam für die Suche nach einer neuen Autoform motiviert.

---

27 Vgl. *VON DER OELSNITZ* (2003), S. 114.
28 Vgl. *NONAKA/TAKEUCHI* (1997), S. 68.
29 Vgl. *NONAKA/TAKEUCHI* (1997), S.75 ff.

- *Kombination* meint die Verbindung unterschiedlicher Bereiche des expliziten Wissens. Die Kombination entsteht durch die Verbindung von neu geschaffenem und bestehendem Wissen aus anderen Teilen des Unternehmens, um sie zu einem neuen Produkt, Service oder Managementsystem zu verschmelzen. Dabei setzt die Kombination auch stets ein systemisches Wissen voraus.

- *Internalisierung* ist der Übergang von explizitem zu implizitem Wissen. Im Allgemeinen findet sich die Internalisierung bei theoretisch erlerntem Wissen, das angewendet und weitergegeben wird. Hierzu dienen Dokumentationen, Handbücher oder mündliche Weitergabe. Beispiel für die Internalisierung eines expliziten Konzeptes können Workshops sein, die die Teilnehmer in die Lage versetzen Wissen aufzunehmen, um Änderungen besser anzunehmen.

Alle vier Umwandlungsformen von implizitem und explizitem Wissen machen deutlich, dass die Wissensgewinnung, Nutzung und Aufbau von internen Wissensquellen ein aufwändiger Prozess ist, der vor allen Dingen Zeit kostet.[30] Dabei ist die Wissensgewinnung ein Spiralprozess, „der ausgehend von der individuellen Ebene immer mehr Interaktionsgemeinschaften erfasst und die Grenzen von Sektionen, Abteilungen, Divisionen und sogar Unternehmen überschreitet."[31]

2.2.2 Wissensakquise

Die Wissensgewinnung mittels interner Wissensquellen ist zeitaufwendig und kann mitunter erhebliche Kosten verursachen. In diesem Zusammenhang eignet sich eine frühzeitige Einbindung von Kunden in den Produktionsentwicklungsprozess. Das in Japan entwickelte Quality Function Deployment ist ein Instrument, mit dem kundenorientierte und technische Produktanforderungen im Entstehungsprozess eines Neuproduktes simultan berücksichtigt werden.[32]

Bei der *Bosch-Rexroth AG* werden beispielsweise bei der Neuentwicklung von Produkten Projektteams gebildet, in denen Anforderung und Entwicklung mit dem Kunden geplant und durchgeführt werden. Der Kunde erhält dann in verschiedenen Produktphasen Prototypen des Produktes, die dann qualitativ überprüft werden. Hierdurch kann das Unternehmen erhebliche Entwicklungskosten sparen und sorgt für die Qualität des Produktes. Der Produktenstehungsprozess ist dann abgeschlossen, wenn das Produkt beim Auftragnehmer in die Serienproduktion geht.

Neben der direkten Einbeziehung der Kunden, lassen sich über das Customer Relationship Management durch Marktsegmentierung und Kundenanalysen kundenbezogene Kompetenzen aufbauen.[33] Die Voraussetzungen hierfür bilden eine hinreichende Kundendatenbank und entsprechende Analyseverfahren.

---

30 Vgl. *Willke* (2007), S. 37.

31 *Nonaka/Takeuchi* (1997), S. 86.

32 Vgl. *Hauser/Clausingen* (1988), S. 134, zitiert in: *von der Oelsnitz/Hahmann* (2003), S. 122.

33 Vgl. *von der Oelsnitz* (2003,) S. 123.

2.3 Wissensbasis

Die Kenntnisse und Fähigkeiten von Wissensträgern bilden die Wissensbasis einer Organisation. Die Wissensbasis umfasst dabei nicht nur das Wissen von Mitarbeitern in ihrer klassischen Organisation, sondern auch das Wissen von Personen, die im Kontext der Organisation als *Teammitglieder, Projektmitarbeiter, Kooperationspartner, Kundenbetreuer, Vorgesetzter, Fachleute etc.* eingebunden sind. *Demzufolge gehört die Speicherung oder Erhaltung von organisationalem Wissen mit zu einer der entscheidenden Aufgaben von Wissensmanagement.* Weiterhin muss die Wissensbasis auch flexibel genug sein, um neues Wissen aufzunehmen bzw. altes Wissen abzulegen. An dieser Stelle soll vor einer schnellen IT-Lösung, Data Warehouse oder Wissensdatenbank gewarnt werden, da die Einführung von Wissensmanagement beträchtliche Anforderungen an die gesamte Organisation stellt.[34] *PROBST/RAUB/ROMHARDT* unterscheiden bei der Bewahrung relevanten Wissens zwischen drei Speicherungsformen:[35]

- Individuelle Speicherung
- Kollektive Speicherung
- Elektronische Speicherung von organisationalem Wissen.

Die Bewahrung von individuellem Wissen erfolgt vor allen aus der Notwendigkeit heraus dem Verlust von Wissen durch den Weggang von Mitarbeitern entgegenzuwirken. Dies kann über Anreizsysteme oder Austrittsbarrieren erfolgen oder durch Sozialisation, in dem ein erfahrener Mitarbeiter sein implizites Wissen an seinen Schüler als Mentor weitergibt (Sempai-kohai).[36] Dabei wird das Wissen über Weitergabe vielen zugänglich und potenziell im Unternehmen erhalten. Für die Bewahrung von kollektivem Wissen eigenen sich insbesondere Dokumentationen, Protokolle und kollektive Begriffsbildungen.

Bei kollektivem Wissen handelt es sich um Wissen, das historisch in Organisationen gewachsen ist und einem Individuum nicht ohne Weiteres zugänglich ist. Als letzte Speicherungsform wird von *PROBST/RAUB/ROMHARDT* das elektronische Wissen von Organisation benannt.[37] Dieses Wissen kann nur von Nutzen sein, wenn es allen Mitarbeitern in strukturierter Form zur Verfügung steht.

Weiterhin lassen sich als Wissensbasen auch regelbasierte Systeme nutzen. Dabei wird das domänenspezifische Wissen einer Wissensbasis zu einer Aussagelogik gebracht, um dann anschließend universal von Personen genutzt zu werden (WENN-DANN-Regeln). Praktische Anwendung für ein regelbasiertes System findet sich beim Abheben eines Geldbetrages an einem Geldautomaten. Als Wissensbasis enthält der Automat alle möglichen Fälle und Kombinationen, um einen Geldbetrag auszuzahlen bzw. einen Vorgang abzubrechen. Um in der Aussagelogik des obigen Beispiels zu bleiben, könnte man mithilfe der folgenden Regeln das Problem darstellen:[38]

---

34 Vgl. *WILLKE* (2007), S. 44.

35 Vgl. *PROBST/RAUB/ROMHARDT* (2003), S. 198.

36 Vgl. *PROBST/RAUB/ROMHARDT* (2003), S. 198.

37 Vgl. *PROBST/RAUB/ROMHARDT* (2003), S. 198.

38 Vgl. *BODENDORF* (2003), S. 136.

- WENN Karte = überprüft UND Gültigkeit = nicht abgelaufen UND PIN = richtig UND Versuche = nicht überschritten UND Limit = nicht ausgeschöpft DANN Auszahlung = genehmigt
- WENN Karte = nicht überprüft DANN Auszahlung = nicht genehmigen
- WENN Gültigkeit = abgelaufen DANN Auszahlung = nicht genehmigen
- WENN PIN = falsch DANN Auszahlung = nicht genehmigen
- WENN Versuche = überschritten DANN Auszahlung = nicht genehmigen
- WENN Limit = ausgeschöpft DANN Auszahlung = nicht genehmigen

3 Knowledge Discovery in Database und Data Mining

Das Knowledge Discovery in Database (KDD) ist in den letzten Jahren zu einer viel versprechenden und weit verbreiteten Aktivität in den Unternehmen geworden, um aus der Vielzahl operativer Daten zusätzliches Wissen zu generieren.[39] Unter KDD versteht man das systematische Entdecken und Extrahieren unbekannter, nicht trivialer und wichtiger Informationen aus großen Datenmengen.[40] Unter Data Mining versteht man den Teilprozess des KDD, der zur Anwendung von (statistischen) Methoden und dem Auffinden von interessanten Mustern und Beziehungen dient.[41] Die Trennung zwischen KDD und Data Mining wird hauptsächlich in der englischen Literatur vertreten, während in der deutschen Literatur die Begriffe als Synonym betrachten werden. Den Begriff „Data Mining" gibt es seit den 60-er Jahren, aber erst 1989 im Rahmen der 11th Internationale Joint Conference of Artificial Intelligence wurde in einem Workshop in Detroit das Data Mining zum Thema. Ziel des damaligen Workshops war es, Wissenschaftler aus den unterschiedlichen Bereichen der künstlichen Intelligenz, Statistik, Data Warehousing, Online Analytical Processing (OLAP), Experten-Systemen und der Daten Visualisierung zusammenzuführen. Nach dem Erfolg des ersten Workshops 1989 folgten 1991, 1993 und 1994 weitere und dann 1995[42] die erste Internationale Konferenz, die First International Conference on Knowledge Discovery and Data Mining in Montreal.[43] Ursprünglich sollten allgemein verwendbare Methoden gefunden werden, die autonomes maschinelles Lernen ermöglichen und den Anwendern ausgewähltes Wissen aus großen Datenmengen zur Verfügung stellen. Von der Vorstellung, dass Systeme autonom Lernen und Wissen generieren können, hat man mittlerweile Abstand genommen. Geblieben ist das Data Mining, als ein stark interdisziplinäres Thema an der Schnittstelle von Statistik, maschinellem Lernen und Datenbankensystemen.[44]

---

39 Vgl. *Klösgen/Willi/Zytow*, (2002), S. 1.

40 Vgl. *Fayyad* (1996), S. 24.

41 Vgl. *Fayyad* (1996), S. 25.

42 Anmerkung: Eine Übersicht aller Workshops und Konferenzen befindet sich online unter http://www.kdnuggets.com/meetings/meetings-kdd-past.html (Abruf: 21.07.2008).

43 Vgl. *Fayyad* (1998), S. XIII.

44 Vgl. *Ester/Sander* (2000), S. 1.

Ein neuer Forschungsbereich, der sich mit der Umsetzung von Data Mining beschäftigt, ist die von der University of North Carolina at Greenboro, USA, vorangetriebene Forschungsrichtung des Organizational Data Mining (ODM). Die Forschungsgruppe trennt das Data Mining in drei Teilbereiche: AI (Artificial Intelligence), IT (Information Technologie) und OT (Organizationale Theory).[45] Ihre Untersuchungen haben ergeben, dass weder die IT-Investitionen noch neue Methoden den Erfolg im Unternehmen garantieren, sondern der Erfolg von der Fähigkeit des Unternehmens abhängt, die drei Teilbereiche miteinander zu verbinden und umzusetzen. Je besser dies gelingt, desto vielversprechender und aussichtsreicher ist der Erfolg für das Unternehmen.[46]

3.1 KDD-Prozess

Der KDD-Prozess von *FAYYAD*[47] beschreibt die einzelnen Phasen der Wissensentdeckung in Datenbanken. Dabei sollten alle Phasen des Projektes interaktiv und iterativ durchgeführt werden. Abbildung 3 zeigt den schematischen Wissensentstehungsprozess nach *FAYYAD*:

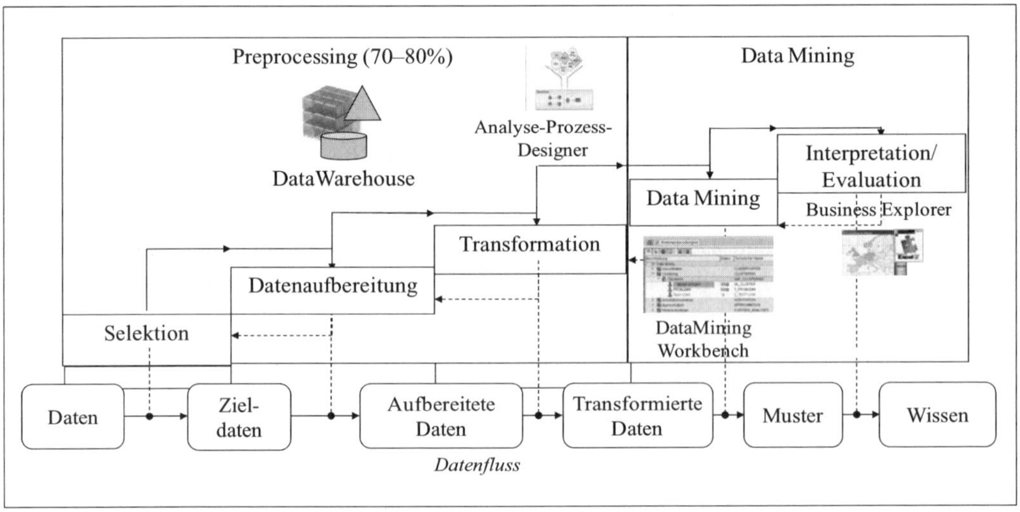

Abbildung 3: Schematische Darstellung des KDD-Prozesses[48]

Die drei Phasen Selektion, Datenaufbereitung und Transformation dienen vor allem der Vorbereitung der Daten für das Data Mining. Schätzungen zufolge nimmt das Preprocessing in der Regel 70–80% des gesamten Prozesses zeitlich in Anspruch.[49] Um das Preprocessing zu verkürzen, wird meistens auf eine konsistente Datenerhaltung wie Data Warehouse oder Data Marts zurückgegriffen.[50] Der Vorteil ist hierbei die Vorstrukturierung des Datenbestandes,

45 Vgl. *NEMATI* (2003), S. 3.
46 Vgl. *NEMATI* (2003), S. 3.
47 Vgl. *FAYYAD* (1996), S. 98.
48 In Anlehnung an *FAYYAD* (1996), S. 98.
49 Vgl. *PETERSOHN* (2005), S. 40.
50 Vgl. *MÄDCHE/HOTHO/WIESE* (1999), S. 4.

weil diese einen schnelleren Zugriff auf die Daten ermöglicht. Das Data Warehouse und die mit ihr verbundene OLAP-Technologie können unterstützende Faktoren bei der Durchführung von schnelleren und flexibleren Datenanalysen sein.[51] Generell ist ein Data Warehouse aber keine Voraussetzung für das Data Mining.

3.2 Methodische Ansätze des Data Mining

Im Data Mining wird üblicherweise zwischen zwei Ansätzen der Analyse unterschieden: Die Top-down-Analyse oder Apriori-Analyse (verification-driven) und die Bottom-up-Analyse (discovery-driven).[52]

Bei der Top-down-Analyse erfolgt das Validieren von Hypothesen auf den Daten. Hierzu muss zunächst im Vorwege ein Interesse zu einem Problem, dass später untersucht werden soll, entwickelt werden. Dabei ist auch zu klären, wessen Problem und weshalb dies untersucht werden soll (Entdeckungszusammenhang).[53] Anschließend erfolgt die Transformation des Problems und die Festlegung der Methode (z. B. Interview, Fragebögen etc.) zu einer Aussage der Hypothese (Begründungszusammenhang).[54]

„Ein Kunde mittleren Alters mit hohem Einkommen kauft häufiger Wasser als jüngere Personen mit geringem Einkommen."

Auftraggeber für den Entdeckungszusammenhang kann in diesem Beispiel ein Getränkeproduzent sein, der eine Marketingstrategie für ein neues Produkt sucht. Im Vorwege formuliert die Marketingabteilung eine Hypothese, die eventuell aus einer älteren Untersuchung stammt. Anschließend erfolgt die Datenerhebung in der durch die Methode festgelegten Form. Dann erfolgen die Auswertung der Ergebnisse und die statistische Prüfung mittels computergestützten Programmen.[55]

Das Knowledge-discovery-driven- oder Bottom-up-Vorgehen ist typisch für die Analyse des Data Mining. Hierbei geht es in erster Linie darum, die interessanten Muster und Beziehungen in der Datenbasis zu entdecken.[56] Dieser Prozess kann nun einerseits direkt oder indirekt durchgeführt werden. Dabei impliziert der Begriff *direkt*, dass der Prozess angeleitet (überwacht) wird.[57] Die Überwachung wird mittels Zielvariablen für jeden Datensatz (Tupel) einer Datenmenge vorgenommen. Bei der statistischen Methodenanwendung bildet die Zielvariable die Vorhersage für alle anderen Attribute des Datensatzes. Nach einem erfolgreichen Durchlauf der Datenanalyse könnte folgende Hypothese gefunden werden:

„Ein Kunde im Alter unter 40 Jahren und mit einem Einkommen unter 2.000,- EUR wird mit einer Wahrscheinlichkeit von 80% kein Wasser kaufen."

---

51 Vgl. *Küppers* (1999), S. 120.

52 Vgl. *Guidici* (2003), S. 4.

53 Vgl. *Friedrichs* (1990), S. 52.

54 Vgl. *Friedrichs* (1990), S. 53.

55 Vgl. *Friedrichs* (1990), S. 53.

56 Vgl. *Guidici* (2003), S. 4.

57 Vgl. *Kurz* (1998), S. 257.

Im Falle eines indirekten Prozesses (unüberwacht) werden keine Zielvariablen eingesetzt, sondern es wird versucht, Ähnlichkeiten bzw. Korrelationen in Datensätzen zu finden.[58] Tabelle 2 gibt einen Überblick über die Data-Mining-Methoden, getrennt nach unüberwachtes und überwachtes Lernen.[59]

Kategorie / Art des Verf.	Abhängigkeits-entdeckung	Klassifikation/ Vorhersage	Segmentierung
Unüberwachtes Lernen	➢ Assoziationsanalysen ➢ Sequentielle Muster ➢ Evolutionärer Algorithmus		➢ Clusteranalyse ➢ Kohonen-SOM ➢ ABC-Analyse ➢ Scoringanalyse
Überwachtes Lernen		➢ Entscheidungsbaum ➢ K-Nearest Neighbor ➢ Neuronale Netze ➢ Reggressionsanalyse ➢ Diskriminanzanalyse ➢ Regelbasierte Verf.	

Tabelle 2: Übersicht Data-Mining-Methoden[60]

In der Mining-Phase besteht die Möglichkeit, verschiedene Analysemethoden zu kombinieren. Dabei kann in der Praxis erst durch den Einsatz verschiedener Methoden eine Lösung gefunden werden.[61] Einen Überblick der Methoden-Synergien bietet die von *BANGE* durchgeführte Studie von Data Mining Tools, und auch *PETERSOHN* gibt eine Auswahl mit ausführlichen Beschreibungen der Funktionsweisen von Kombinationen genetischer Algorithmen und künstlicher Neuronaler Netze.[62]

58 Vgl. *KURZ* (1998), S. 258.

59 Vgl. *SÄUBERLICH* (2000).

60 Vgl. *KIESSWETTER/VAHLKAMP* (2007), S. 27.

61 Vgl. *KIESSWETTER/VAHLKAMP* (2007), S. 262 ff.

62 Vgl. *BANGE* (2003) und *PETERSOHN* (2005), S. 197 ff.

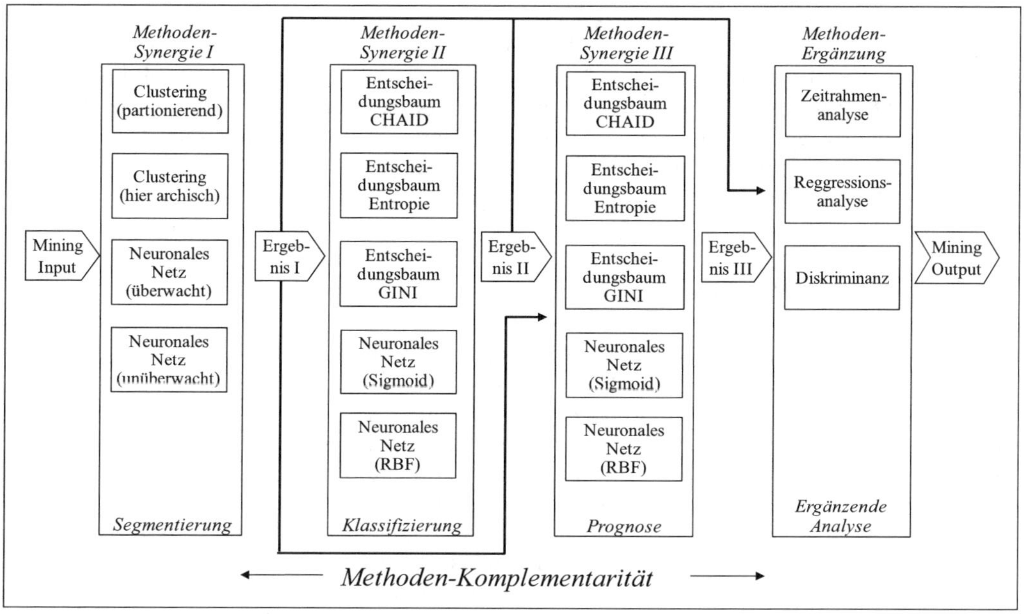

Abbildung 4: Methoden-Synergie und -Komplementarität[63]

3.3 Data Mining und Data Warehouse

Während das Preprocessing einen Großteil der gesamten Entwicklungszeit in Anspruch nimmt, benötigt man für das Data Mining, insbesondere die Methodenanwendung, verhältnismäßig wenig Zeit. Während des Preprocessing finden die Reduktionen, Ableitungen und Transformationen statt, die ein hohes Maß an Datenverständnis und Erfahrung im Umgang mit großen Datenmengen voraussetzen.[64] In diesem Zusammenhang sind in der Regel Interaktionen zwischen verschiedenen Akteuren notwendig, die sehr zeitaufwendig sein können. Das Data Warehouse kann dabei eine wertvolle Unterstützung für die Vorbereitungsphase des Data Mining darstellen, da die Anforderungen der Extraktion und der Zusammenführung von heterogenen Daten aus unterschiedlichen Quellsystemen dieselben sind wie beim Preprocessing im KDD-Prozess.[65]

3.3.1 Data Warehouse i. w. S.

Beim Data Warehouse handelt es sich um ein Konzept für managementunterstützende Systeme, das im Rahmen von Extraktion, Transformation und Ladeprozesse (ETL) Daten aus den operativen Systemen zu Analysezwecken den Entscheidungsträgern zur Verfügung stellt. Das Data Warehouse i. w. S umfasst dabei vor allem die Integration von internen und externen

---

63 Vgl. *BARC-Studie* (2003), S. 25.

64 Vgl. *MÄDCH/HOTHO/WIESE* (1999), S. 4.

65 Vgl. *BÖHNLEIN/KNOBLOCH* (2003), S. 173.

Daten (Extraktion) in Datenwürfeln (Cubes), sowie die Visualisierung der Daten. Dabei ermöglicht es die OLAP-Technologie entlang der Daten im Cube zu navigieren. Die OLAP-Technik kann beim Data Mining insofern hilfreich sein, da sie für eine schnellere Auswahl geeigneter Datenbestände genutzt werden kann. Außerdem haben die Daten in der Regel im Data Warehouse den Großteil der analyseunabhängigen Vorbereitungsschritte (Selektion, Extraktion, Transformation) bereits hinter sich. Somit kann sich der Analytiker auf das Data Mining konzentrieren.[66]

3.3.2 Data Warehouse i. e. S.

Als Data Warehouse i. e. S. wird allgemein die Datensammlung eines Data Warehouse bezeichnet. Nach *IMMON* ist ein Data Warehouse eine Sammlung von themenbezogenen, integrierten, nonvolatilen und zeitraumbezogenen Daten.[67] „Themenbezogen" meint in diesem Sinne, dass die Datenwürfel nach Geschäftsprozessen und nach Fachbereichen vorstrukturiert sind. Ein Beispiel für themenbezogene Trennung sind Fakturierungs- und Kostenstellendaten, die in der Regel voneinander getrennt im Data Warehouse gehalten werden. Erst spezielle Techniken, wie der MultiCube, erlauben dann die themenübergreifende Zusammenführung der verschiedenen Datenwürfel. Als Integration ist weniger die technische Integration von Daten gefordert, als vielmehr die Vereinheitlichung der Formate und die Vereinheitlichung der Strukturen. Nonvolatile Datensammlung bezeichnet die Forderung einer dauerhaften Sammlung von Daten im Data Warehouse, wobei anzumerken ist, dass aufgrund anwachsender Datenbestände das Kriterium „nonvolatil" nicht immer eingehalten wird. In dem o. g. Unternehmensbeispiel werden die Daten des laufenden und vorangegangenen Geschäftsjahres ausgewertet. Das Kriterium „zeitraumbezogene Daten" bezieht sich häufig auf die Datenhaltung im Bereich des Data Warehouse, im Gegensatz zu den „zeitpunktgenauen Daten" aus den operativen Systemen (z. B. Buchhaltung). In den operativen Systemen (OLTP) werden die Daten zeitpunktgenau erfasst und betrachtet, z. B. Rechnungserstellungsdatum, Erfassungsdatum etc. Ist ein Vorgang abgeschlossen, endet meistens auch die Bearbeitung des Vorganges. In einem Data Warehouse werden hingegen die Vorgänge nach Zeiträumen betrachtet, z. B. Anzahl aller Rechnungserstellungen, Dauer der Vorgänge etc. Die Vorstrukturierung und Themenabgrenzung im Data Warehouse eignen sich für das Data Mining, weil sich hier häufig auch die Daten befinden, die für ein Data Mining benötigt werden. Beim Data Mining auf relationalen Datenbanken müssten diese Daten sonst erst strukturiert werden. Ebenso können Attribute, die im Data Warehouse nicht vorhanden sind, relativ problemlos aufgrund der Vorstrukturierung hinzugefügt werden und dabei die Data-Mining-Vorbereitungsphasen vereinfachen.

3.4 Systemarchitektur

Wurde eingangs auf die Anforderungen von schnelleren Entscheidungen und Informationsdefizite von Entscheidungsträgern hingewiesen, versucht die Zusammenführung interner und externer Datenbestände in einem Data Warehouse dies auszugleichen. Dabei besteht für die Entscheidungsträger die Möglichkeit, über Aggregationen und Selektionen in den Datenbeständen zu navigieren, wobei die Datenbasis weitestgehend unberührt bleibt. Bei komplexen

66 Vgl. *IMMON* (1996).

67 Vgl. *IMMON* (1996).

Problemen, wie der Vorhersage und Prognose von Geschäftsentwicklungen sind jedoch weiterführende Analysemethoden notwendig. Hierzu ist das Data Mining ein geeigneter Prozess der Datenanalyse und Generierung von neuem Wissen. Der Ausgangspunkt hierfür sind die Transformationen von unternehmenseigenen Daten in Informationen einer kontextgebundenen Systemlandschaft. In Abbildung 5 soll das von *SAP* entwickelte Enterprise Data Warehouse (Schichtenmodell) und der Data Mining Engine beispielhaft dargestellt werden:[68]

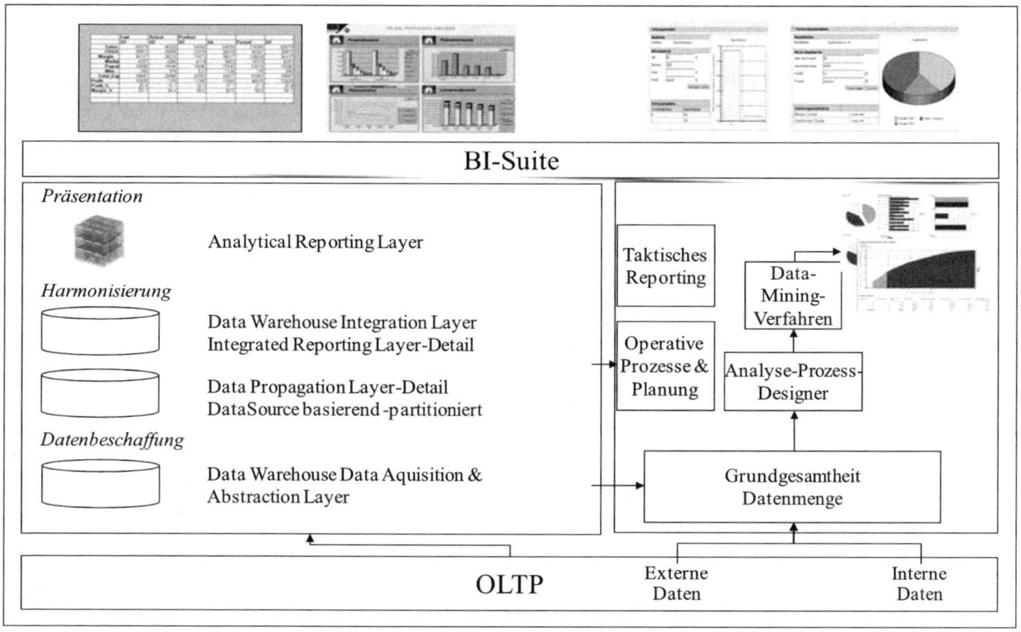

Abbildung 5: Implementierung eines EDW-Konzepts

4 Service Oriented Architecture und Data Mining

Eine Möglichkeit, schneller und einfacher Datenbestände den Nutzern zur Verfügung zu stellen, ist die Service Oriented Architecture.

Technisch gesehen ist Service Oriented Architecture (SOA) eine Middleware, die auf bestehende ERP-Systeme aufgesetzt wird. Mit Hilfe dieser Middleware können einzelne Transaktionen, Datenquellen oder auch Schnittstellen aus den ERP-Systemen aufgerufen und neu gebündelt werden. Derartige Konzepte gab es bereits vor SOA, das Neue jedoch ist die standardisierte Basis auf der der Austausch erfolgt. Neben dem Softwareteil kommen bei SOA somit noch standardisierte Konzepte, Vorgehensweisen und Formate hinzu, die den Austausch zwischen unterschiedlichen ERP-Systemen ermöglichen.[69]

[68] Vgl. EGGER ET AL. (2006), S. 40.

[69] Vgl. SPROTT/WILLKES (2006), S. 7.

Klassische ERP-Systeme wurden häufig mit Standardprozessen auf Basis von Best-Practice-Beispielen aufgebaut. Durch diese Art des funktionalen Aufbaus kann es zu abteilungsbezogenen Insellösungen kommen, die sich an den Modulen der Standardsoftware ausrichten. Aus diesen Standardprozessen wurden Templates entwickelt, die ergänzt um länderspezifische Anpassungen bei allen Tochtergesellschaften eines Konzerns implementiert wurden. Abweichungen vom Konzernstandard werden dabei nur dann zugelassen, wenn gesetzliche Vorgaben Anpassungen notwendig machen oder wesentliche Marktgegebenheiten, deren nicht Beachtung zu Geschäftsverlust führt, vorliegen.

Bei einer solchen IT-Architektur kann SOA eingesetzt werden, um die Vorteile der Standardisierung der IT- und Prozesslandschaft weiterhin zu nutzen und individuelle Lösungen, ergänzend zum Standard, zusätzlich einzusetzen.

Einzelne Transaktionen können mit Hilfe von SOA zu neuen Prozessen kombiniert werden und ergeben neue so genannte „Composite Applications“.[70] Es besteht die Möglichkeit, regelrechte Prozessbibliotheken aufzubauen, so genannte „Enterprise Service Repositories“.

Neben den Service- oder Prozess-Repositories besteht die Möglichkeit, auch Informationselemente miteinander zu verbinden und zu kombinieren. SOA kann hierbei als semantische Schicht dienen, mit der die Informationen aus unterschiedlichen ERP-Systemen zusammengefasst werden und auf eine konzerneinheitliche Definition gehoben werden.[71]

Als weiteres Element der SOA-Architektur ist der Visual Composer zu nennen. Hierbei werden mithilfe einer grafischen Oberfläche die einzelnen Transaktionen und Informationen aus den ERP-Systemen zusammengestellt. Im Gegensatz zu früheren Lösungen und Konzepten kommt SOA damit mit einem wesentlich geringeren Anteil an Programmierungen aus.

In Abbildung 6 ist eine mögliche Ausgestaltungsform einer SOA wiedergegeben.

---

[70] Vgl. *KALINOWSKI,* (2008), S. 17.

[71] Vgl. *WOODS/MATTERN*, (2006), S. 22.

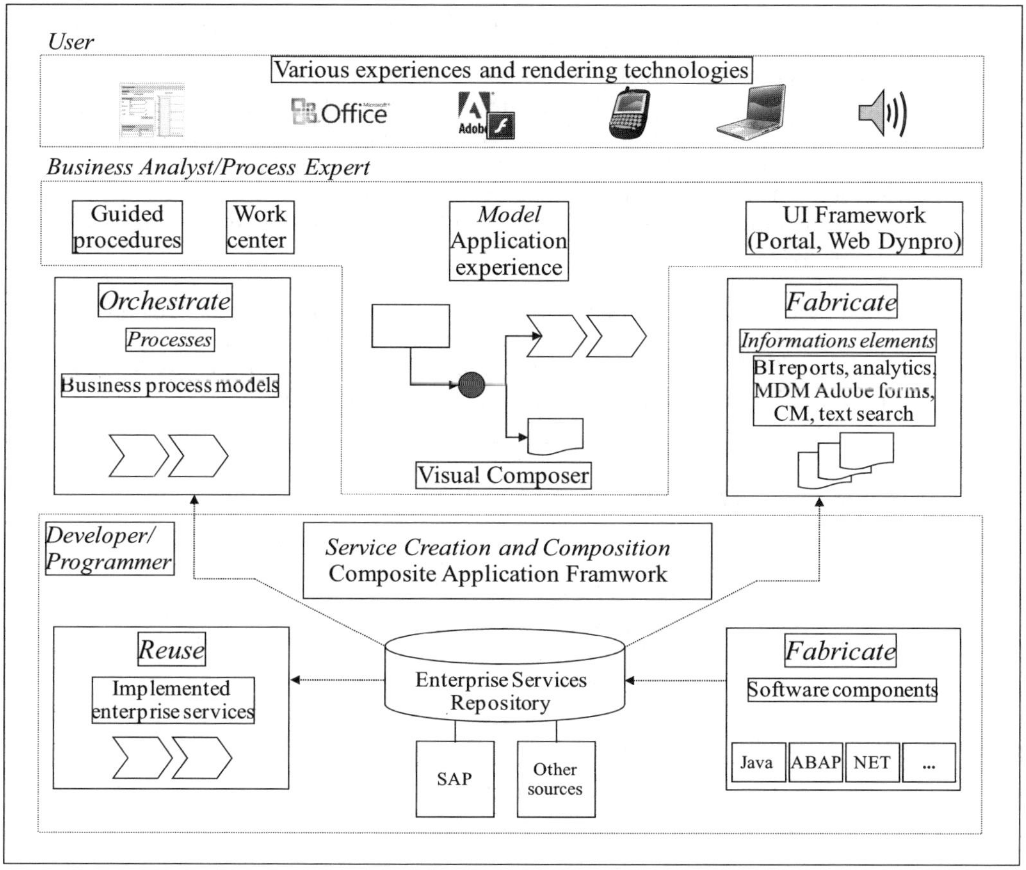

Abbildung 6: *ESA composition enviroment*[72]

5 Anwendungsgebiete des Data Mining (Kreditwürdigkeitsprüfung)

Die *Gartner Group* kommt in einer Untersuchung zu dem Ergebnis, dass in den kommenden Jahren mindestens 50% der 1.000 Fortune-Unternehmen Data-Mining-Technologien einsetzen werden.[73] Dabei liegt das Haupteinsatzgebiet derzeit in den Branchen Finanzdienstleistungen, Handel sowie im Telekommunikationssektor. Begünstigt wird die Entwicklung durch die Integration von immer mehr Methoden sowie die Einführung von benutzerfreundlicher Data-Mining-Software, die komplexe Kombinationen, insbesondere bei den Neuronalen Netzen und den genetischen Algorithmen, zulassen. Dabei sind für die zielgerichtete Anwendung von Data-Mining-Verfahren Experten oder geübte Analysten notwendig, die ihr Wissen ein-

72 Vgl. *WOODS/MATTERN* (2006), S. 22.

73 Vgl. *BANGE* (2003), S. 9.

bringen.[74] Als Grundmodell lassen sich bei der Analyse die Informationsmenge in Informationsstrukturen sowie Prognosefunktion unterscheiden. Dem Individuum liegen dabei Informationen in Form von Indikatoren unterschiedlichster Ausprägung vor. Die Menge der Indikatoren ist die Informationsmenge. Informationsmenge und Ausprägung werden als struktur beschrieben.[75] Diese bilden wiederum die Grundlage für weiterführende Prognosen. Die Hauptaufgabe der IT-getriebenen Wissensgenerierung ist das zur Verfügung stellen von Informationsstrukturen, die zum einen die relevanten Informationen aus der Informationsmenge zulassen zum anderen die Anwendungen von Data-Mining Methoden auf die selektierte Informationsmenge begünstigt.

Die serviceorientierte Architektur bildet hierbei die geeignete prozessunterstützende Innovation, die bei der Standardisierung, Kontrolle und Flexibilität von Geschäftsprozessen heutzutage notwendig sind. In Abbildung 7 sind die Geschäftsprozesse für die Wissensgenerierung aus Datenbanken für die Kreditwürdigkeitsprüfung schematisch abgebildet.

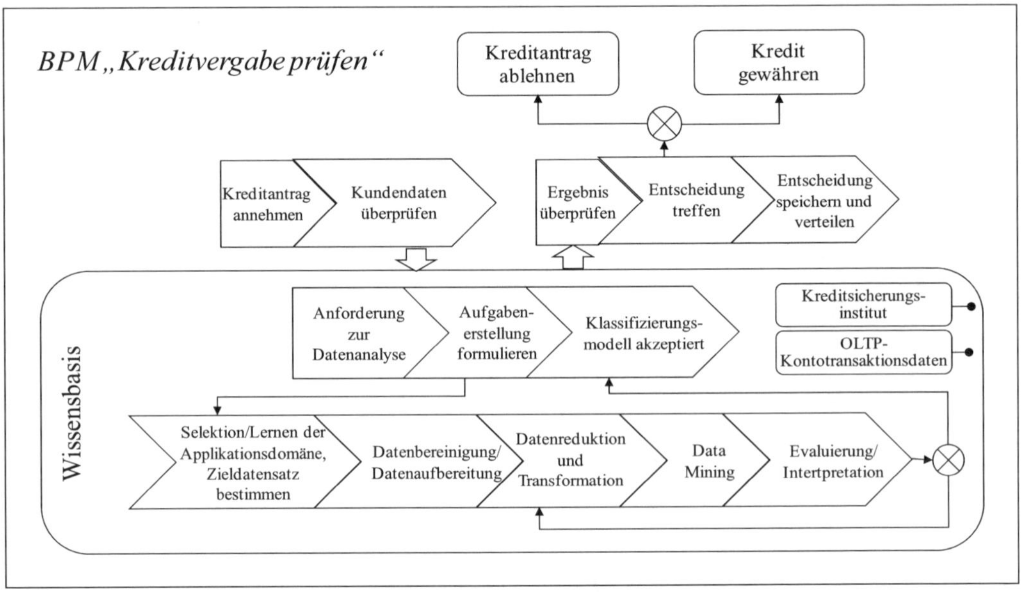

Abbildung 7: Geschäftsprozesse „Kreditvergabe prüfen“

Die Prüfung von Kreditgesuchen erfolgt durch den Zugriff auf eine einzige Anwendungsumgebung und nach einem vorher festgelegten standardisierten Zyklus. Der Zyklus umfasst dabei die folgenden Aktivitäten:

- Kundendaten eingeben
- Überprüfen von Weight-Scoring-Wert sowie Entscheidungswahrscheinlichkeit
- Überprüfen von Kundendaten von Kreditsicherungsanstalt

---

74 Vgl. PETERSOHN (2006), S. 16.

75 Vgl. LINDSTÄDT (2006), S. 10.

- Überprüfen von Transaktionen in den operativen Systemen
- Analysieren der Ergebnisse
- Entscheidung, ob Kredit gewährt wird oder nicht
- Ergebnis der Kreditprüfung in PDF exportieren und ablegen (optional)
- Senden des Ergebnisses an den Sacharbeiter per E-Mail

Die Entwicklung startet mit der Integration von Trainingsdaten mit den Attributen Kunde, Geschlecht, Familienstand, Kinder, Beruf, Wohnungseigentum, Einkommen, Ersparnis sowie dem Klassifikationsattribut Bonität ins Data Warehouse. Bei den Trainingsdaten handelt es sich um repräsentative Datensätze zur Berechnung eines Entscheidungsbaums. In der Kombination mit den Data-Mining-Methoden Weight-Scoring und ABC-Analyse wird das Modell trainiert und steht für den Online-Zugriff bereit. Anschließend erfolgt über den Visual Composer die Kombination der einzelnen Prozesse und die Bereitstellung im Enterprise Portal.

Abbildung 8 gibt ein Beispiel für SOA für Data Mining.

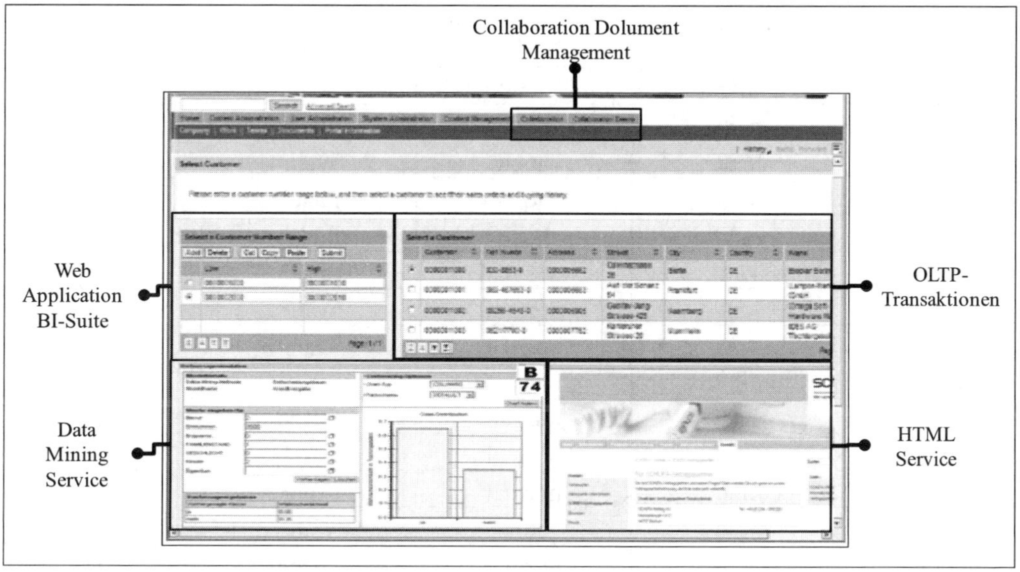

Abbildung 8: SOA für Data Mining

Der Anwender gibt zunächst die Kundendaten ein und erhält alle relevanten Informationen zu diesem Kunden in einer Umgebung. Des Weiteren erhält der Anwender durch Eingabe von Attributwerten in das Entscheidungsbaumlayout die Aussage, mit welcher Wahrscheinlichkeit der Kunde der Klasse Bonität ja/nein zuzuordnen ist.[76]

[76] Anmerkung: Zur genaueren Funktionsweise eines Entscheidungsbaum siehe Abschnitt 6.

6 Exkurs: Regelinduzierter Entscheidungsbaum (Überwachtes Lernen)

Bei Entscheidungsbäumen handelt es sich um eine weit verbreitete Methode, die einfach und verständlich präsentierbar ist.[77] Entscheidungsbäume finden Anwendung in den Bereichen Marketing, Bank- und Finanzwesen, Beschaffung sowie im Fertigungscontrolling. Die gebräuchlichsten Entscheidungsbäume sind das CART-Verfahren[78], das CHAID-Verfahren[79] sowie der von *J. ROSS QUINLAN* im Rahmen des maschinellen Lernens entwickelte ID3-Algorithmus und dessen Erweiterung, das C-4.5- und C-5-Verfahren.[80] Das Ziel besteht darin, aus einer Trainingsdatenmenge ein Modell zu entwickeln, welches jeden neuen Datensatz richtig klassifiziert.

Als Beispiel für einen Entscheidungsbaum sei an dieser Stelle die Wetterbeobachtungsdatenmenge für ein Tennisspiel genannt.[81] Stellen Sie sich vor, Sie wollen ein Tennisspiel besuchen und möchten gerne wissen, ob dieses Tennisspiel stattfindet oder nicht. Zur Verfügung stehen Ihnen 14 Wetterbeobachtungen mit den Attributen Charakter, Temperatur, Luftfeuchtigkeit und Wind sowie der Zielvariablen Tennis spielen ja/nein. Die Attributsausprägungen sind in einer Tabelle festgehalten (siehe Tabelle 3).

Charakter	Temperatur	Luftfeuchtigkeit	Wind	Tennis spielen
sonnig	heiß	hoch	falsch	nein
sonnig	heiß	hoch	wahr	nein
neblig	heiß	hoch	falsch	ja
regnerisch	mild	hoch	falsch	ja
regnerisch	kalt	normal	falsch	ja
regnerisch	kalt	normal	wahr	nein
neblig	kalt	normal	wahr	ja
sonnig	mild	hoch	falsch	nein
sonnig	kalt	normal	falsch	ja
regnerisch	mild	normal	falsch	ja
sonnig	mild	normal	wahr	ja
neblig	mild	hoch	wahr	ja
neblig	heiß	normal	falsch	ja
regnerisch	mild	hoch	wahr	nein

Tabelle 3: Rohdatenmenge Wetterbeobachtung

77 Vgl. *HIPPNER* (2001), S. 109.

78 Anmerkung: Classification and Regression Trees für kontinuierliche Unabhängige (1984) für binäre Entscheidungsbäume.

79 Anmerkung: Chi Square Automatic Interaction Detection für diskrete Unabhängige (1976) für mehrfache Entscheidungsbäume.

80 Vgl. *HIPPNER* (2001), S. 110.

81 Anmerkung: Bei dem Beispiel handelt es sich um ein vereinfachtes Modell, das sich aber zum Verstehen von Entscheidungsbäumen besonders gut eignet.

Sie stellen fest, dass z. Zt. folgende Wetterbedingungen herrschen:

Charakter	Temperatur	Luftfeuchtigkeit	Wind	Tennis
regnerisch	heiß	hoch	falsch	?

Wie Sie feststellen, verfügt Ihre Datenmenge nicht über dieselben Bedingungen, die Sie bei der Entscheidung über den Besuch des Tennisspiels unterstützen könnten. Ebenfalls ist unklar, welches Attribut den größten oder keinen Einfluss auf die Entscheidung hat. Also welche Entscheidung soll nun getroffen werden? Die Antwort auf diese Frage bieten Entscheidungsbäume. Entscheidungsbäume enthalten WENN-DANN-Regeln, die einmal von Experten vorgegeben sein können (regelbasiert, siehe Abschnitt 2.3) oder automatisch durch Rechenoperationen erstellt werden (regelinduziert). Das automatische Ableiten von Entscheidungsbäumen wird immer dann notwendig, wenn Regeln nicht durch direkte Eingabe, also von Experten expliziert, formuliert werden können, sondern das Wissen unstrukturiert in Datenbanken vorliegt.

Das Prinzip des Entscheidungsbaum-Lernens durch induktiven Schluss soll in den nachfolgenden Abschnitten am Beispiel des ID3-Algorithmus und des C-4.5-Verfahrens genauer betrachtetet werden.

6.1.1 ID3-Algorithmus

Bei der Ableitung von Wissen mittels des ID3-Algorithmus ist es die Grundidee, dass die Attribute, die zur Entscheidung führten, unterschiedlichen Informationsgehalt bezüglich der getroffenen Entscheidung besitzen. Mit dem ID3-Algorithmus muss zunächst das Attribut gesucht werden, welches den höchsten Informationsgewinn liefert. Hierzu benötigt man jedoch ein Maß, das die Information eines Attributes gegenüber anderen Attributen quantifiziert. Dieses Maß ist die Entropie. Die Entropie ist ein Maß für den Zustand der Unordnung, d. h. je größer die Entropie, je mehr Unordnung bzw. Ungewissheit besteht über dessen Zustand.[82] Dabei beschreibt die Entropie in der Informationstheorie die Ungewissheit, mit der ein Ereignis eintreten kann. Bei einem Wurf mit einer Münze wäre die Entropie gleich 1, da völlig ungewiss ist, welches Ereignis eintritt (es kann entweder Kopf oder Zahl fallen). Während, wenn die Münze gezinkt wäre, die Entropie bei einem einmaligen Wurf kleiner als 1 sein muss, da der Zustand der Ungewissheit nicht ganz so groß ist (soll z. B. die Münze zu 60% auf Kopf liegen bleiben, entspricht das einer Entropie von 0,971). Dabei wird die Entropie häufig als negativer Informationsgehalt bezeichnet.

Im weiteren Verlauf sollen nun sukzessiv die Berechnungsschritte bis zum Informationsgewinn eines jeden Attributes erfolgen. Die mit dem Ereignis für das Klassifikationsattribut verbundene Information wird logarithmisch mittels der Auftrittswahrscheinlichkeit (p_i) berechnet.

Die Formel für die Entropie eines regelinduzierten Entscheidungsbaums lautet:

82 Anmerkung: Entropie H = -Informationsgehalt

$$Entropie\quad (S) = \sum_{i=1}^{c} - p_i * \log_2 p_i \qquad (1)$$

Für das Wetterproblem ergibt sich dann für das Klassifizierungsattribut „Tennis spielen" die folgende Entropie der Klassifizierung c=2 (Tennis spielen: ja; nein) und die Eintrittswahrscheinlichkeit:

$$p_1 = \frac{9}{14} \quad \text{(Tennis spielen = ja)} \qquad p_2 = \frac{5}{14} \quad \text{(Tennis spielen = nein)}$$

Daraus berechnet sich der Informationsgehalt des Attributes:

$$S_{tennis} = -(\frac{9}{14} * \log_2 \frac{9}{14} + \frac{5}{14} * \log_2 \frac{5}{14}) = 0{,}94$$

Als nächster Schritt muss nunmehr für alle anderen Attribute mit ihren Ausprägungen der Informationsgehalt berechnet werden. Für das Attribut „Charakter" und die Ausprägung „sonnig" ergibt dies die folgende Entropie:

$$S_{Charakter-sonnig} = -(\frac{2}{5} * \log_2 \frac{2}{5} + \frac{3}{5} * \log_2 \frac{3}{5}) = 0{,}971$$

Die Berechnung des Informationsgehalts muss für alle Attributwerte der Informationsmenge erfolgen. Das Ergebnis ist in Tabelle 4 abgebildet:[83]

Während der Informationsgehalt der Attributsausprägung „Charakter neblig" 0,000 beträgt d. h. dass es hier keine Unsicherheit gibt, ist die Entscheidung bei „Temperatur heiß" völlig indifferent. Wie die Kombination der unterschiedlichen Attribute die Klassifizierung beeinflussen, kann über die bedingte Entropie ermittelt werden.

[83] Anmerkung: Bitte beachten Sie den Informationsgehalt für die Attributausprägung Charakter-neblig = 0,000 und Temperatur-heiß = 1.

	Tennis spielen ja	Tennis spielen nein	Summe	-p * log P	-p * log P	Informations-gehalt
Tennis spielen	9	5	14	0,410	0,531	*0,940*
Charakter	*Bedingte Entropie*		*0,694*	*Informationsgewinn*		*0,247*
sonnig	3	2	5	0,442	0,529	*0,971*
neblig	4	0	4	0,000	0,000	*0,000*
regnerisch	3	2	5	0,442	0,529	*0,971*
Temperatur	*Bedingte Entropie*		*0,911*	*Informationsgewinn*		*0,029*
heiß	2	2	4	0,500	0,500	*1,000*
kalt	3	1	4	0,311	0,500	*0,811*
mild	4	2	6	0,390	0,528	*0,918*
Luftfeuchtigkeit	*Bedingte Entropie*		*0,788*	*Informationsgewinn*		*0,152*
hoch	3	4	7	0,524	0,461	*0,985*
normal	6	1	7	0,191	0,401	*0,592*
Wind	*Bedingte Entropie*		*0,892*	*Informationsgewinn*		*0,048*
WAHR	3	3	6	0,500	0,500	*1,000*
FALSCH	6	2	8	0,311	0,500	*0,811*

Tabelle 4: Informationsgehalt Wetterbeobachtung

6.1.2 Bedingte Entropie

Über die bedingte Entropie werden der einzelne Blattknoten gewichtet und berechnet, wie stark jedes Attribut zur Klassifizierung beiträgt. Die Formel lautet:

$$S_{V,A} = \sum_{v \in Werte(A)} \frac{|S_v|}{|S|} * Entropie(S_v) \qquad (2)$$

Für das Attribut „Charakter“ kann nun die bedingte Entropie wie folgt berechnet werden:

$$S_{Charakter,tennis} = \frac{5}{14} * 0{,}971 + \frac{4}{14} * 0 + \frac{5}{14} * 0{,}971 = 0{,}694$$

Die Höhe des Informationsgewinns ist jetzt genau die Differenz zwischen der Entropie des Klassifikationsattributs und dem negativen Informationsgehalt der anderen Attribute. Je kleiner der negative Informationsgehalt ist, je größer wird der Informationsgewinn. Und damit steigt seine Position in der Entscheidungsbaumhierarchie.

$$Informationsgewinn\ (A) = S - S_{V,A} \qquad (3)$$

Für das Attribut „Charakter“ beträgt der Informationsgewinn dann:

$$I_{Charakter} = 0{,}94 - 0{,}694 = 0{,}246$$

In Tabelle 9 ist der Informationsgewinn der anderen Attribute abgebildet:

Charakter	Bedingte Entropie	0,694	Informationsgewinn	0,247
Temperatur	Bedingte Entropie	0,911	Informationsgewinn	0,029
Luftfeuchtigkeit	Bedingte Entropie	0,788	Informationsgewinn	0,152
Wind	Bedingte Entropie	0,892	Informationsgewinn	0,048

Abbildung 9: Informationsgewinn von Wetterbeobachtung

Nun wird dasjenige Wurzelattribut ausgewählt, dass den höchsten Informationsgewinn liefert. Dabei wird die Berechnung so lange durchgeführt, bis entweder die Entropie der Instanz einer Verzweigung null ergibt oder ein festgelegter Wert erreicht wird. Der komplette Entscheidungsbaum sähe dann wie in Abbildung 10 aus:

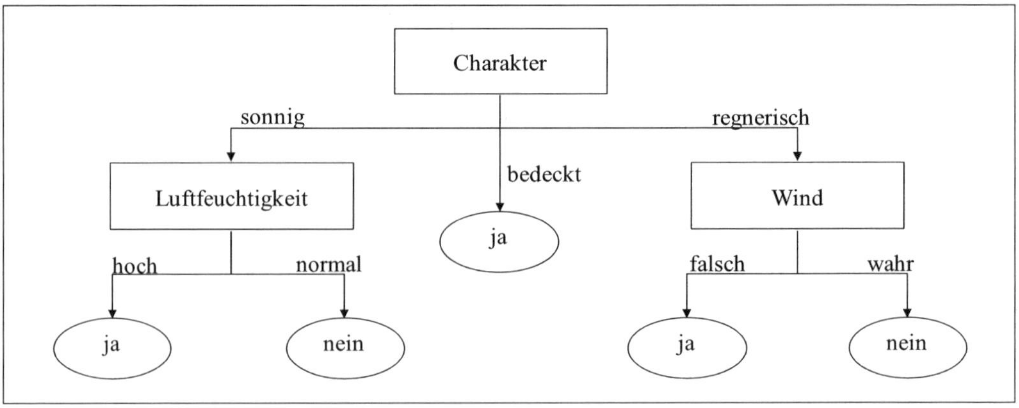

Abbildung 10: Entscheidungsbaum Wetterbeobachtung

Nun besteht die Vorhersage darin, dass bei einem neuen Datensatz die Attribute der Reihe nach von der Wurzel des Baumes abgefragt werden, bis der Datensatz eindeutig klassifiziert ist.[84] Es sollte jedoch nicht außer Acht gelassen werden, dass der Informationsgewinn lediglich auf deren Kontext im Modell basiert.[85]

Beim Einsatz von Entscheidungsbäumen sorgt das Pruning für eine verbesserte Genauigkeit von Entscheidungsbäumen.[86] Hierbei werden über Abbruchkriterien die aussageschwachen Verzweigungen für das Regelwerk beschnitten, um den Entscheidungsbaum möglichst gering zu halten.

84 Anmerkung: Bei dem oben genannten Beispiel wäre die Antwort, dass Tennis gespielt werden würde.

85 Vgl. *LINDSTÄDT* (2006), S. 12.

86 Vgl. *PETERSOHN* (2005), S. 148.

Ein entscheidender Nachteil des ID3-Algorithmus ist, dass bei der Bestimmung der Verzweigungen der Entropien die Attribute bevorzug werden, die über viele der aufgeführten Kategorien verfügen.[87] Je mehr Verzweigungen ein Knoten hat, je reiner werden seine Instanzen und er wird damit gegenüber anderen bevorzugt. Ein weiterer Nachteil besteht darin, dass nur diskrete Attributwerte verwendet werden dürfen und die Datenmatrix fehlende Werte nicht erlaubt. Aus diesen Gründen wurde der ID3-Algorithmus 1996 von *J. R. QUINLAN* weiterentwickelt. Das Ergebnis seiner Forschung nannte *QUINLAN* das C-4.5-Verfahren oder C-4.5-Algorithmus.

6.1.3 C-4.5-Algorithmus

Das C-4.5-Verfahren soll folgende Verbesserungen gegenüber dem ID-3-Algorithmus erzielen:

Der C-4.5-Algorithmus sollte

- mit kontinuierlichen Werten umgehen,
- fehlende Werte erlauben und
- Entscheidungsbäume durch Beschneiden vereinfachen.

Der bereits oben angesprochene Nachteil, dass Attribute mit vielen Attributwerten bevorzugt und ein Entscheidungsbaum unnötig groß wird, berücksichtigt das „gain-ratio"-Kriterium. Das *„gain-ratio"-Kriterium* ist das Gewinnverhältnis aus dem Informationsgewinn und der Spalteninformation des Attributes. Die Formel für die Spalteninformation (si) ist:

$$si_{Attribut} = -\sum_{j=1}^{k} p_j * \log_2 p_j \tag{4}$$

Anschließend wird das Gewinnverhältnis gv („gain-ratio") berechnet:

$$gv_{Attribut} = \frac{I_{Attribut}}{si_{Attribut}} \tag{5}$$

Die Spalteninformation für das Attribut „Charakter" wäre demnach:[88]

$$si_{outlook} = -\frac{5}{14} * \log_2 \frac{5}{14} - \frac{4}{14} * \log_2 \frac{4}{14} - \frac{5}{14} * \log_2 \frac{5}{14} = 1{,}577$$

Für das Gewinnverhältnis ergibt sich damit:

$$gv_{outloog} = \frac{I_{outlook}}{si_{outlook}} = \frac{0{,}246}{1{,}577} = 0{,}156$$

87 Vgl. *HIPPNER* (2001), S. 225.

88 Anmerkung: gain-ratio für Wind=0,049.

Enthält beispielsweise das Attribut „Charakter" 14 Attributwerte, dann würde sich das „gain-ratio"-Verhältnis verringern und ein anderes Attribut würde unter Umständen an seine Stelle vorrücken. Die Berechnung von kontinuierlichen Werten (z. B. Einkommen, Umsätze etc.) erfolgt nach dem CHAID-Verfahren und soll an dieser Stelle nicht weiter vertieft werden. Es bietet aber eine Möglichkeit, z. B. Einkommensklassen und Umsatzklassen zu bilden, die in einem Entscheidungsbaum von besonderem Interesse sein könnten.

Quellenverzeichnis

ANONYMUS (2001): The slow progress of fast wire, in: The Economist, 2001, S. 358.

BANGE, C. (2003): Data Mining, BARC-Studie, Würzburg 2003.

BODENDORF, F. (2003): Daten- und Wissensmanagement, Heidelberg 2003.

BÖHNLEIN M./KNOBLOCH B./ULBRICH-VOM ENDE, A. (2003): Synergieeffekte zwischen Data Warehousing, OLAP und Data Mining, in.: *MAUR, E./WINTER, R.* (Hrsg.), Data Warehouse Management – Das St. Galler Konzept zur ganzheitlichen Gestaltung der Informationslogistik, Heidelberg 2003, S. 167–195.

DIEDERICH, H. (2002): Allgemeine Betriebswirtschaftslehre, 7. Auflage, Stuttgart 2002.

ESTER, M./SANDER, J. (2000): Knowledge Discovery in Databases: Techniken und Anwendungen, Berlin 2000.

FAYYAD, U. M. (1996): Advances in Knowledge Discovery and Data Mining, 5. Auflage, Menlo Park 1996.

GUIDICI, P. (2003): Applied Data Mining Statisical Methods for Business and Industry, Padua 2003.

HIPPNER, H./KÜSTER, U./MEYER, M./WILDE, K. (Hrsg.) (2001): Handbuch Data Mining im Marketing, Wiesbaden 2001.

KIESSWETTER, M./VAHLKAMP, D. (2007): Data Mining in SAP NetWeaver BI – Data-Mining-Modelle entwickeln, umsetzen und anwenden – Detaillierte Darstellung des Analyseprozessdesigners (APD) – mit zahlreichen, leicht nachvollziehbaren Beispielen, Bonn 2007.

KILIAN, D./KRISMER, R./LORECK, S./SAGMEISTER, A. (2007): Wissensmanagement – Werkzeuge für Praktiker, 3. Auflage, Wien 2007.

KLÖSGEN, W. (2002): Handbook of data mining and knowledge discovery, Oxford 2002.

KLÖSGEN, W./ZYTOW, J. M. (2002): Handbook of Data Mining and Knowledge Discovery, in.: Knowledge Discovery in Database: The Purpose, Necessity, and Challenges, Oxford 2002.

KURZ, A. (1998): Neue Wege der Datenanalyse mittels neuartigen Knowledge Discovery- und Data Mining Methoden, in.: *MARTIN, W.* (Hrsg.), Data Warehousing, Bonn 1998.

LEXIXNEXIS (Hrsg.) (2003): Wissensmanagement in deutschen Unternehmen, online: http://www.community-of-knowledge.de/pdf/Microsoft%20Word%20-%20Backgrounder_KM_Survey.pdf., Stand: März 2003, Abruf: 26.08.2008.

Lindstädt, H. (2006): Beschränkte Rationalität. Entscheidungsverhalten und Organisationsgestaltung bei beschränkter Informationsverarbeitungskapazität, München 2006.

Lusti, M. (2002): Data Warehousing und Data Mining – Eine Einführung in entscheidungsunterstützende Systeme, 2. Auflage, Berlin 2002.

Mädche, A./Hotho, A./Wiese, M. (1999): Anwendung von OLAP basiertem Preproccessing und Data Mining, Karlsruhe 1999.

Nemati, H. R./Barko, C. D. (2004): Organizational Data Mining – Leveraging enterprise data resources for optimal performance, Hershey 2004.

von der Oelsnitz, D. /Hahmann, M. (2003): Wissensmanagement – Strategie und Lernen in wissensbasierten Unternehmen, Stuttgart 2003.

Petersohn, H. (2005): Data Mining – Verfahren, Prozesse, Anwendungsarchitektur, München 2005.

Pietsch, T./Memmler, T. (2003): Balanced Scorecard erstellen – Kennzahlenermittlung mit Data Mining, Berlin 2003.

Probst, G./Raub, S./Romhardt, K. (2006): Wissen managen – Wie Unternehmen ihre wertvollste Ressource optimal nutzen, 5. Auflage, Wiesbaden 2006.

Samuelson, P. A./Nordhaus, W. D./Mandel, M. J. (1995): Economics, 15. Auflage, New York 1995.

Säuberlich, F. (2000): KDD und Data Mining als Hilfsmittel zur Entscheidungsunterstützung, Frankfurt 2000.

Schnauffer, H.-G./Stieler-Lorenz, B./Peters, S./Bullinger, H.-J. (2004): Wissen vernetzen – Wissensmanagement in der Produktentwicklung, Berlin 2004.

Sprott/Willkes (2006): Serviceorientierte Architekturen: Einordnung im Business Engineering, online: http://www.alexandria.unisg.ch/EXPORT/DL/29806.pdf , Stand: Juni 2006, Abruf: 17.09.2008.

Wessel, D. K. (2001): Decision making in the digital age, in: DM Review, 2001, Heft 50, S. 16–18.

Willke, H. (2007): Einführung in das systemische Wissensmanagement, 2. Auflage, Heidelberg 2007.

Limitierende Faktoren des Informationsmanagements

Rüdiger Felke

BearingPoint. Management & Technology Consultants

1 Einleitung

Im Laufe der letzten Jahre haben sich die Fähigkeiten der Informationsverarbeitung, wie bereits schon im Laufe der letzten Jahrzehnte, vervielfacht. Dies schließt sowohl die Fähigkeiten der Hardware, als auch die funktionellen Möglichkeiten der Software mit ein. War die Beschaffung, Verarbeitung und Speicherung von größten Datenmengen noch vor zehn Jahren eine schwierige Aufgabe, die mit hohen Hardware-Kosten versehen war, ist durch die Preisreduktion und die bessere Performance der Hardware dieses nun oftmals kein wesentliches Hindernis mehr. Selbst die Speicherung großer Datenmengen im Terra-Byte-Bereich ist inzwischen für den nicht professionellen Markt zu erschwinglichen Preisen verfügbar. Die technische Möglichkeit große Datenmengen aus verschiedensten Unternehmensbereichen und externen Quellen zu speichern und aufzubereiten bietet daher die Chance, neue Informationen zu gewinnen und für Auswertungen und eine genauere Unternehmenssteuerung zu verwenden.

Auf dem Sektor der Software-Anbieter hat sich der Fokus erweitert, weg von einer reinen ERP[1] zentralisierten Datenauswertung[2] hin zu einer umfassenden Vernetzung[3] einer Vielzahl von Systemen aus verschiedenen Bereichen, z. B. der Planung (Absatz, Kosten, ...), Vertriebssteuerung, Mittel-/Langfristplanung, Konzern-Konsolidierung, unstrukturierte, nicht-Finanzdaten, etc. Als weiteres Beispiel einer Unternehmensweiten Verknüpfung sei an dieser Stelle die Plattform-unabhängige Integration von Systemen mittels EAI-Produkten (Enterprise Application Integration) genannt, wie z. B. SAP XI. Durch die Integration verschiedenster Datenquellen in das Berichtswesen, haben sich die zur Verfügung stehenden Informationen und die Möglichkeiten der Verknüpfungen und Auswertungen vervielfacht.

Der User mit seinen funktionellen Anforderungen ist nunmehr in den Fokus der Systeme gerückt. Hierauf zielen Themen wie Employee Self Service (ESS) oder Service Oriented Architecture[4] (SOA) ab, welche die Aktivitäten um die entsprechenden Benutzergruppen mit ihren typischen Prozessen und Anforderungen bedienen und den Grad der Flexibilität innerhalb eines Unternehmens erhöhen.

Darüber hinaus werden durch die immer tiefer greifende Vernetzung der Endgeräte Daten und Prozesse jederzeit für jeden Mitarbeiter verfügbar. Für die Wahl des Zugriffs stehen die verschiedensten Kanäle zur Auswahl, wie z. B. Verfügbarkeit der WLAN- und UMTS-Netze oder Black Berry, so dass es weder eine zeitliche noch örtliche Limitierung für den Zugriff auf Informationssysteme gibt.

Unter der Annahme, dass die Geschwindigkeit mit der die Entwicklung in der Informationstechnologie bisher einhergehen auch in der Zukunft so rasant bleibt, wird es in wenigen Jahren die Möglichkeit geben, mehr Daten noch strukturierter zu speichern. Die Software wird noch intuitiver sein und die Bedürfnisse der Benutzer schneller und genauer bedienen, als schon heute.

---

1 ERP: Enterprise Resource Planning

2 Vgl. *Wiedmann/Heckemüller* (2003), S. 783 f.

3 Vgl. *Wiedmann/Heckemüller* (2003), S. 786 ff.

4 Vgl. www.SOAguidebook.com (2007), S. 3 ff.

Im Gegensatz zu dem oben dargestellten Ausblick, existieren Einflussfaktoren, welche das Unternehmen in der Ausschöpfung der zukünftigen Potenziale limitieren. Auf diese Faktoren soll aus der Perspektive des Konzernrechnungswesens im Folgenden näher eingegangen werden.

2 Limitierende Faktoren

Das nachfolgende Kapitel stellt eine Zusammenstellung von Faktoren dar, welche aus heutiger Sicht auch in Zukunft Unternehmen in der Realisierung der Potenziale der Informationstechnologie limitieren. Bei der Betrachtung der spezifischen Situation eines einzelnen Unternehmens werden hierbei die Gewichtung und die Relevanz der jeweiligen Faktoren variieren.

2.1 Harmonisierung von Stammdaten

Wie in der Einleitung bereits erwähnt wurde, sehen sich die meisten Unternehmen mit einem immensen Datenaufkommen und einem gesteigerten Informationsbedürfnis gegenüber. Um aus den in einem Unternehmen vorhandenen Daten Informationen für zielgerichtete Entscheidungen zu gewinnen, müssen diese Daten zuerst strukturiert und in dem geforderten Kontext interpretiert werden. Die einzige Möglichkeit Bewegungsdaten automatisiert zu strukturieren stellen hierbei Stammdaten dar.

Durch die Einführung verschiedenster spezialisierter Systeme erfolgt die Erzeugung und die Speicherung verschiedensten Daten an unterschiedlicher Stelle. Dies trifft für sowohl die eigentlichen Bewegungsdaten, als auch zum Teil auf Stammdaten zu. Betrachtet man nun z. B. große Konzerne, ist man durch die organisatorische Trennung der unterschiedlichen Unternehmensbereiche und geographischen Unterteilung oftmals mit einer Vielzahl von operativen ERP Systemen und weiteren Sub-Systemen konfrontiert.

Durch die einhergehende Vernetzung von Daten in Planungs- und Berichtssystemen, wächst daher die Notwendigkeit Daten automatisiert zu strukturieren. Die Fähigkeit von Unternehmen aus Daten strukturierte Informationen zu gewinnen und diese bereitzustellen, wird bestimmt durch den Grad der Harmonisierung der Stammdaten. Dieses betrifft hierbei ein weites Feld, z. B. Kunden, Lieferanten, Produkte, Geschäftsprozesse.

Fragestellungen wie z. B. „Wieviel Umsatz/Gewinn machen wir mit einem bestimmten Kunden oder Produkt" führen oftmals zu dem grundlegenden Problem. Es gilt erstmals unternehmensweit zu definieren, wie ein Kunde oder eine Produkt aus lokaler Sicht, aus Geschäftsbereichssicht oder aus Konzernsicht definiert ist. Die Vereinheitlichung von hunderttausenden von Produkt- oder Millionen von Kundenstammdaten bedeutet einen immensen Aufwand und eine Belastung für das Tagesgeschäft von Unternehmen. In mancher Hinsicht stellt sich in der praktischen Umsetzung selbst die grundlegende Frage, wie die Kennzahlen Umsatz oder Gewinn einheitliche definiert sind und welche Abschläge und Kosten beinhaltet sind. Muss ein Controlling dynamisch Fragen aus unterschiedlichen Sichtweisen beantworten, ist es essenziell, dass einem Informationssystem harmonisierte Stammdaten zugrundeliegen, welche durchgängig für die gesamte Datenbasis gelten.

Derzeit befinden sich zunehmend Softwarelösungen auf dem Markt, welche die Harmonisierung von Stammdaten unterstützen, z. B. SAP Master Data Management (MDM) oder Business Objects Data Quality (DQ). Es ist zu erwarten, dass die Leistungsfähigkeit und das Spektrum solcher Lösungen in Zukunft noch besser und der Aufwand für den Benutzer verringern werden.

Allerdings bleibt es abzuwarten, in bis zu welchem Grad eine Automatisierung von Stammdaten in Zukunft möglich sein wird. Dies gilt insbesondere für solche Umfelder in welchen keine Harmonisierung vorliegt, oder in denen sich eine Organisation in einem strukturellen Wandel befindet.

2.2 Dynamik des Geschäftes und der Fragestellungen

In Zukunft werden Informationssysteme in der Lage sein, mehr Daten zu speichern, diese besser zu strukturieren und noch intuitiver darzustellen. Hierdurch sollte es einer Organisation möglich sein, auf jeder Stufe der Entscheidungsfindung „bessere" Entscheidungen zu treffen.[5] Doch wie verhalten sich die Faktoren „der wirtschaftlichen Bedingungen des Geschäfts, der Marktsegmentierung, des Werts des Kunden, des Verhalten des Kunden, der Grundlage des Wettbewerbs, der Verhaltensweise der Wettbewerber"[6]?

Die Veränderungen der oben genannten Faktoren über die kommenden Jahre stellen für alle Unternehmen eine große Herausforderung dar. Entscheidungen auf neue Gegebenheiten oder über tief greifende Veränderung sind von großer Tragweite, wie z. B.

- Preise und Umsätze schwanken über das normale Maß.
- Substitutionserfolg und Kundenverlust nehmen zu.
- Vertriebswege und ihre Wirtschaftlichkeit verschieben sich.
- Wettbewerber gewinnen Marktanteile.
- Der Zusammenhang zwischen Volumen und Erträgen löst sich auf.[7]

Unternehmen stehen heute mehr unter dem Druck der wachsenden Globalisierung. Produktionsabläufe, Lieferanten und Märkte werden internationaler, wodurch sich neue Herausforderungen für Unternehmen ergeben. „Gelingt es nicht der zunehmenden Komplexität und Dynamik Rechnung zu tragen, ist ein ineffizientes Rechnungswesen, das zu suboptimalen Entscheidungen führt, die Folge"[8].

Die Fragen, welche von Informationssystemen in Zukunft zu beantworten sind, werden hierdurch komplexer, spezifischer und reichen von strategischer bis operativer Ebene. Die wachsende Dynamik des Geschäftes wird in diesem Zuge die Anforderungen an Informationssysteme weiter erhöhen. Gleichermaßen ist zu erwarten, dass die Art der Fragestellungen unvorhergesehener wird.

---

[5] Vgl. *Reichmann* (2001), S. 64 ff.

[6] Vgl. *Oettinger* (2000), S. 188 ff.

[7] Vgl. *Oettinger* (2000), S. 66 f.

[8] Vgl. *Eisele* (2002), S. 850.

Betrachtet man Standardanfragen aus dem heutigen Geschäft (z. B. „Welche Produktions- und Lagerkosten haben wir durch Marketingartikel, unterteilt nach unseren Standorten/Werken in Süd-Ost Asien“), stellt man fest, dass es selbst zu deren Beantwortung die Verknüpfung von Informationen aus den unterschiedlichsten Bereichen bedarf:

- Welche Artikel sind als Marketingartikel definiert,
- Wie hoch sind die jeweiligen Produktionskosten,
- In welchen Standorten/Werken sind wie viele Stück vorhanden,
- Wie ist die Bestandsbewertung und Lagerkosten etc.

Die Erstellung einer Benchmark für diese Anfrage dürfte eine aufschlussreiche Einsicht in die Leistungsfähigkeit von Informationssystemen gewähren. Denn Anfragen, wie die oben genannte, lassen sich derzeit nur beantworten, wenn in den Informationssystemen die notwendigen Informationen bereits schon von vornherein vorliegen.

Generell sind hierbei zwei Vorgehensweisen denkbar:

1) Daten liegen in aggregierter Form vor und können nach Kriterien ausgewertet werden, welche bereits im Vorfeld definiert wurden, d. h. die Stammdaten sind bereits nach bekannten Kriterien klassifiziert worden.

2) Daten liegen in ihrer granularen Form vor und können nach Kriterien ausgewertet werden, welche auch im Nachhinein neu klassifiziert werden.

Das Grundproblem, die durchgehende Bewertung der Stammdaten nach Kriterien, bleibt bei beiden Varianten bestehen. Allerdings bietet nur die Zweite die Möglichkeit nach neu definierten Kriterien (z. B. Artikel für Marketing) auszuwerten. Zukünftige Informationssysteme sollten daher in der Lage sein, das Datenaufkommen der Zukunft umzugehen, welches durch die höhere Granularität und die Verknüpfung von Informationen aus unterschiedlichen Informationsquellen hervorgebracht wird. Allerdings bleibt das Grundproblem einer ad-hoc Bewertung von Stammdaten nach (unbekannten) Kriterien bestehen. Als Beispiel aus der aktuellen Gegenwart sei die Bankenkrise der Jahre 2007/2008 genannt, welche durch die amerikanische Immobilienkrise ausgelöst wurde. Bei der Aufbereitung der relevanten Informationen lässt sich die Komplexität nur erahnen, welche durch diese unerwartete Anforderung an Controlling-Systeme definieren.

Aus Sicht der Unternehmen stellen sich hieraus die Fragen „Können wir das heutige Informationsbedürfnis bedienen?“ und „Wie werden wir mit den heute unbekannten Anforderungen der Zukunft umgehen können?“. Selbst bei der Konzeption von Informationssystemen wird es auch in Zukunft Grundannahmen (z. B. Logisches Datenmodell) geben, auf welchen diese basieren werden.

Es ist abzuwarten, ob zukünftige Informationssysteme dann in der Lage sind, bisher nicht bekannte komplexe Fragestellungen zu beantworten oder dynamische Möglichkeiten eröffnen, Stammdaten flexibel nach neuen Kriterien zu bewerten.

2.3 Harmonisierung unterschiedlicher Firmenstrukturen

Im Rahmen der sich wechselnden Anforderungen sei hierbei der Sonderfall der Reorganisation, bzw. der Zukauf einer fremden Gesellschaft in den Unternehmensverbund erwähnt.

Die grundsätzlich stärkere Bedeutung des Finanzmarkes führt dazu, dass neben Corporate Governance- und Tranzparentaspekten die Transaktionen auf dem Markt für Unternehmenskontrolle wie z. B. Mergers & Aquisitions, für das Unternehmensgeschehen an Bedeutung gewinnen. Im Rahmen der Akquisitionsstrategie wird oftmals der Aufwand für eine tief greifende Integration unterschätzt.[9] Aus dem Blickwinkel des Informationsmanagement, stellt eine Akquisition einer neuen Gesellschaft oder eines Teilkonzerns eine große Herausforderung auf viele Bereiche dar. Im Rahmen dieses Artikels seien hierbei folgende Punkte herausgegriffen:

- Standardisierung der Konzernrechnungslegung,[10]
- Harmonisierung der Stammdaten,
- Prozessharmonisierung,
- Durchgängigkeit des Detaillierungsgrades.

Betrachtet man den zentralen Punkt der Stammdaten, z. B. Kunden, Artikel, Konten, Kostenarten etc., bedeutet eine durchgängige Integration die Umstellung aller verwendeten Stammdaten und der Prozesse aller Hierarchieebenen. Dieses Unterfangen stellt für Unternehmen oder einer neu akquirierten Gesellschaft einen immensen Aufwand dar, der bis zu einer vollständigen Durchführung mehrere Jahre beanspruchen kann. Erst ab dem Zeitpunkt, wenn der Durchdringungsgrad eine bestimmte Tiefe erreicht hat, kann das vollständige Potenzial der Informationssysteme ausgeschöpft werden.

Die Harmonisierung von Strukturen ist hierbei grundsätzlich durch eine Vielzahl von unternehmerischen, rechtlichen oder strategischen Gründen getrieben. Darüber hinaus ist die Notwendigkeit einer durchgehenden Harmonisierung im Rahmen dieses Artikels in der Auswertung der Stammdaten begründet. Wie oben beschrieben basieren komplexe Auswertungen auf der Verknüpfung und Kategorisierung von Stammdaten. Durch den Fortbestand von zwei oder mehreren Systematiken für z. B. Artikel- oder Kundenstammdaten werden die Möglichkeiten der Auswertungen eingeschränkt.[11] Derzeit existiere bereits unterschiedliche Systeme, welche das Stammdaten-Management, sowie deren Vereinheitlichung unterstützen.[12] Die Durchführung einer Stammdaten Harmonisierung bedarf in den meisten Fällen allerdings eines hohen manuellen Aufwands.

---

9 Vgl. *Wiedmann/Heckemüller* (2003), S.8 und S. 647 f.

10 Vgl. *Schildbach* (2001), S. 19 ff.

11 *IIR Deutschland GmbH* (2008).

12 *SAP AG* (2008).

2.4 Ganzheitliche Transformation

Die Systeme der Kosten- und Erlösrechnung habe in den vergangenen Jahren durch die Verknüpfung mit der Investitionsrechnung, die Konzeptionen der Prozesskostenrechnung und der konstruktionsbedingten Kostenrechnung […] neue Erweiterungen erfahren.[13] Betrachtet man die Quellen der Informationsversorgung von Controlling-Systemen[14] wird die Notwendigkeit einer durchgängigen Betrachtung ersichtlich. Führungs- oder Management Informationssysteme können nur so umfassen sein, wie die bereitgestellten Daten der darunter liegenden Berichts- oder Abrechnungssysteme.

Bei der Einführung eines neuen Informationssystems, werde in der Regel im Rahmen eines Projektes Optimierungen von bereits vorhandenen Konzepten, Prozessen oder Stammdaten durchgeführt. Dies kann z.B. die Einführung eines neuen Konzernkontenplans, die Steuerung nach Profit Centern oder geänderten Geschäftsbereichen oder die Änderung der Produkthierarchie beinhalten. Die folgende Abbildung stellt die gegenseitige Beeinflussung des Informations- und Vorsystems grafisch dar.

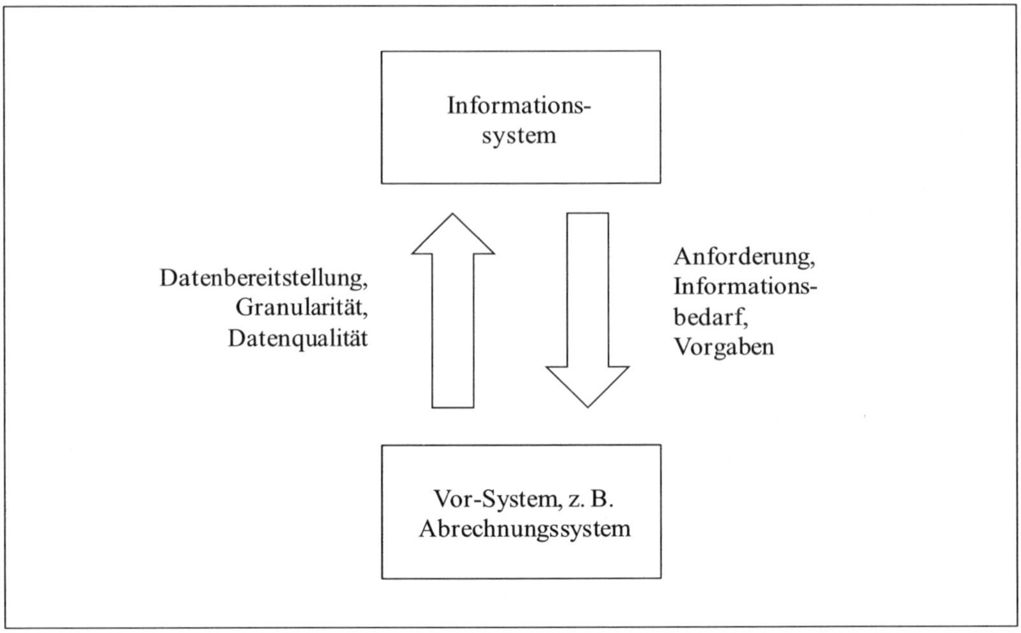

Abbildung 1: Gegenseitige Beeinflussung von Informations- und Vorsystem

Betrachtet man die Datenbereitstellung von Vor-Systemen, kommt in der Regel eine automatisierte Schnittstelle zum Einsatz. Hierbei ist zu bedenken, dass Vor-Systeme oftmals geänderte oder neue Anforderungen mittels Überleitungstabellen (Mappings) erfüllen können. Allerdings stellen sich in der praktischen Arbeit folgende Fragen:

13 *SCHWEITZER/KÜPPER* (2008), S. 717.

14 *REICHMANN* (2001), S. 10 ff.

- Wie lassen sich die Inhalte in beiden Systemen abstimmen und fachlich validieren, insbesondere wenn sich grundlegende Definitionen geändert haben?
- Wie groß ist der Aufwand für den Betrieb der Schnittstellen und der Überleitungsregeln über einen längeren Zeitraum hinweg?
- Werden zu einem späteren Zeitpunkt weitere Informationen benötigt, z. B. größere Detailtiefe der Produktions- oder Logistikkosten, ist es dann immer noch möglich diese Inhalte automatisiert zu liefern oder wird dann eine grundlegende Überarbeitung der Systeme notwendig?
- Wie erfolgt eine durchgängige Unternehmenssteuerung, wenn unterschiedliche Unternehmensteile verschiedene Sichtweisen haben, die von den jeweiligen Systemen abhängt?

In der praktischen Arbeit hat sich gezeigt, dass eine Reduzierung der manuellen Aufwände bei der Fach- und IT-Abteilung für die obigen Themen mit der ganzheitlichen Transformation der betroffenen Systeme und Organisation einhergeht.

Im Gegenzug können fachliche und prozessuale Anforderungen zwar durch Informationssysteme definiert werden, allerdings ist eine Erfüllung abhängig von der Leistungsfähigkeit der darunter liegenden Vor-Systeme. In dem Maße, wie sich die Anforderungen und die Flexibilität der Informationssysteme verändern, gilt es die Abrechnungs- und Vor-Systeme in gleichem Maße zu gestalten.

3 Zusammenfassung

Obwohl die Leistungsfähigkeit der Informationssysteme in den kommenden Jahren weiter zunehmen wird, existieren äußere Faktoren, welche Unternehmen an der Ausschöpfung des gesamten Potenziales der Informationstechnologie limitieren. Aus dem Blickwinkel des Konzernberichtswesens wird eine Analyse von diesen limitierenden Faktoren unternommen.

Erster, zentraler Aspekt sind hierbei die Stammdaten der Informationssysteme und der darunter liegenden Vor-Systeme. Die Möglichkeit flexibler, verlässlicher Auswertungen wird maßgeblich durch die zur Verfügung stehenden Stammdaten definiert, welche die Basis jeglicher Auswertungen sind. Die Notwendigkeit einer durchgängigen und harmonisierten Stammdatenbasis wird hierbei noch durch die Internationalisierung der Unternehmen und die Erhöhung der Komplexität des Geschäftes erhöht.

Eine weitere Schwierigkeit ist getrieben durch die Komplexität der Auswertungen. Die Anforderung jederzeit Informationen nach beliebigen Auswertungskriterien zu definieren, stellt eine hohe Anforderung an Informationssysteme dar. Heutige Systeme sind in der Lage bekannte Fragestellungen zu beantworten, die in der Vergangenheit bereits aufgetreten sind. D. h., die Fragestellungen der Vergangenheit sind bereits so formuliert worden, dass diese systemseitig hinterlegt werden konnten. Allerdings haben zukünftige Informationssysteme mit einer steigenden Komplexität und neuen Fragestellungen umzugehen und es bleibt abzuwarten, wie zukünftige Informationssysteme mit diesen umgehen werden.

Durchgängige Stammdatenharmonisierung, unbekannte Auswertungsanforderungen und die Erhöhung der Komplexität, sind Faktoren, welche das Potenzial der Zukünftigen limitieren werden. Es bleibt abzuwarten, wie neue Konzepte diese Herausforderungen meistern werden.

Quellenverzeichnis

EISELE, W. (2002): Technik des betrieblichen Rechnungswesens, 7. Auflage, München 2002.

GLADEN, W. (2003): Kennzahlen und Berichtssysteme, Wiesbaden 2003.

HAYN, S./WALDERSEE, G. (2002): IAS/US-GAAP/HGB im Vergleich, Stuttgart 2002.

IIR DEUTSCHLAND GMBH (Hrsg.) (2008): Stammdaten-Management, online: http://www.stammdaten-management.de/presse/default. asp?content=presse-1., Stand: o. A., Abruf: 16.08.2008.

KREMMIN-BUCH, B. (2001): Internationale Rechnungslegung, Wiesbaden 2001.

VON OETTINGER, B. (2000): Das Boston Consulting Group Strategie-Buch, München 2000.

REICHMANN, T. (2001): Controlling mit Kennzahlen und Management Berichten, München 2001.

SAP AG (Hrsg.) (2006): Business Intelligence umfassend nutzen – Mit SAP Netweaver®, online: http://help.sap.com/bp_biv270/documentation/BI_NUTZEN.pdf, Stand: 2006, Abruf: 16.8.2008.

SCHILDBACH, T. (2001): Der Konzernabschluss nach HGB, IAS und US-GAAP, München 2001.

SCHWEITZER, M./KÜPPER, H.-U. (2008): Systeme der Kosten- und Erlösrechnung, 9. Auflage, München 2008.

WIEDMANN, K.-P./HECKEMÜLLER, C. (2003): Ganzheitliches Corporate Finance Management, Wiesbaden 2003.

WWW.SOAGUIDEBOOK.COM (2007–2008): An Implementor's Guide to Service Oriented Architecture – Getting It Right, Westminster Promotions.

Datenfriedhof oder Schatzgrube – Jeder hat es selbst in der Hand

NORBERT SCHÄDLER

IBM Deutschland

1 Informationsflut

Die Datenflut nimmt in unserem beruflichen und privaten Umfeld mittlerweile explosionsartig zu. Zumindest im beruflichen Umfeld kann sich dem kaum jemand entziehen, aber auch im privaten Umfeld werden wir mit einer Datenmenge berieselt, die unser Gehirn schon lange nicht mehr sinnvoll verarbeiten kann. Während im Arbeitsalltag das Medium „E-Mail“ an dieser Entwicklung den wohl größten Anteil hat, ist das Internet zwischenzeitlich im privaten Bereich der größte Quell, der unerlässlich Daten sprudelt.

„Wir ertrinken in Informationen, aber hungern nach Wissen.“[1] Betagtes Zitat aus dem Jahr 1985 – aktueller denn je!

Ich benutze hier bewusst den Begriff „Daten“ und nicht „Information“, denn laut Wikipedia.de ist Information im Bereich des menschlichen Handelns ein Wissen (genauer: das Ergebnis eines Erfahrungsprozesses), dem in der jeweiligen aktuellen Situation Bedeutung und Geltung beigemessen wird. In diesem Zusammenhang wird die Rede von „Information“ oder „sich informieren“ mit einer Beseitigung oder Verkleinerung von Ungewissheit verbunden, die durch Auskunft, Aufklärung, Mitteilung, Benachrichtigung oder durch Kenntnis über Gegenstände geschieht.

Das Wesentliche an Information ist die Eigenschaft, wertschöpfende Veränderungen beim Empfänger oder im empfangenden System hervorzurufen.

Nach meiner Beobachtung verursacht die steigende Informationsflut jedoch genau das Gegenteil. Die Flut verändert nicht wertschöpfend, sondern wir drohen darin zu ertrinken oder zu Sammlern ohne Motiv und Ziel zu verkommen.

Dazu einige markante Zahlen: In den vergangenen Jahren wurden jeweils mehrere Exabyte oder mehrere Millionen Terabyte an Information gespeichert. Im Jahre 2003 waren es laut einer Erhebung der University of Berkeley 5 Exabyte. Bei einer Weltbevölkerung von 6,3 Milliarden Menschen entfallen auf jeden Erdbewohner etwa 800 Megabyte an neuen Daten. Dies berichtet die Tageszeitung *San Jose Mercury News* in Berufung auf die Studie „How much Information? 2003“ der University of Berkeley. Im ersten Bericht im Jahr 2000 waren es gerade einmal etwa 1,5 Exabyte neuer Information oder 250 Megabyte pro Erdbewohner und Jahr.

Ein weiteres Beispiel: Einer IDC-Studie zufolge wird die Menschheit bis 2010 ganze 988 Milliarden Gigabyte digitale Informationen zusammentragen. Das ist eine Versechsfachung der heute weltweit digital gespeicherten Datenmenge. Hauptverursacher: der Schnappschuss mit Digicam und Handy.

Schon das für 2006 von IDC berechnete Datenvolumen sprengt jegliche Vorstellungskraft. Insgesamt 161 Exabyte, entsprechend 161 Milliarden Gigabyte, hatte die digitale Weltbevölkerung bis Ende dieses Jahres zusammengetragen. Das entspricht in etwa dem dreieinhalbmillionenfachen der Informationsmenge, die in sämtlichen jemals geschriebenen Büchern zusammengefasst wurde. Wo liegen die Hauptursachen für diese Entwicklung?

---

1 *Naisbitt* (1985).

Veränderungsdynamik
Die Welt ist unglaublich schnelllebig geworden. Was heute noch richtig ist, kann morgen schon überholt sein. Die Notwendigkeit, auf einem aktuellen Stand zu bleiben, stellt eine immer größere Herausforderung für Menschen dar. Wenn es nicht gelingt das Wesentliche zu erkennen und sich darauf zu konzentrieren, wird dies nicht zu bewältigen sein.

Leistungsdruck
Von immer weniger Mitarbeitern wird eine hohe Wertschöpfung erarbeitet. Dies bedeutet automatisch, dass sich das zu betrachtende Informationsspektrum immens vergrößert und sich damit die Tiefe der Betrachtung ständig verringert. Was bleibt, ist das latente Gefühl nicht genug Information zur Verfügung zu haben. Dies führt nach meiner Beobachtung zu einem regelrechten „Hamstern" von Daten, um im Bedarfsfall darauf zurückgreifen zu können. Die so entstehende Sammlung steht in der Regel bald in keinem Zusammenhang mehr zum ursprünglichen Zweck ist nur noch ein „Eimer voller Daten"

Neue Informationskanäle
Neue Technologien, wie zum Beispiel das Internet, stellen Informationsressourcen in einem nicht für möglichen Umfang für eine breite Masse von Anwendern zur Verfügung.

Im heutigen beruflichen Alltag hat das Medium E-Mail einen ganz erheblichen Anteil an der Informationsflut. Bei täglich mehreren Hundert neuen Posteingängen ist es unmöglich, diese Informationen sinnvoll zu bearbeiten oder gar sinnvoll zu beantworten. Viele Menschen sind dadurch, bewusst oder unbewusst, einem ständigen Druck ausgesetzt, der nicht gesund sein kann. Auf der anderen Seite gibt es immer mehr Menschen, bei denen die Grenze zur Informationssucht überschritten scheint. Sie unterliegen der zwanghaften Vorstellung, ständig erreichbar sein zu müssen und leiden regelrecht unter Entzugserscheinungen, wenn Mobiltelefon oder der Zugang zu ihren E-Mails nicht funktionieren.

Allen, die über Informationsüberflutung klagen, ist jedoch am Ende des Tages nicht bewusst, dass die eigentliche Ursache nicht im Medium, sondern in ihrem undifferenzierten Umgang mit der hereinströmenden Information liegt.

2 Unternehmen im Informationszeitalter

Die unbestreitbaren Vorteile des Informationszeitalters, die damit verbundene weltweit verfügbaren Datenmenge und der daraus resultierenden Chance geschäftsrelevante Informationen zu gewinnen, können sich für Unternehmen durchaus als Schlag nach hinten entpuppen.

Die Informationsflut droht zu einer Desinformationsflut zu werden.

Viele Studien belegen, dass die meisten Unternehmen glauben, dass sie unter einem Überfluss an Informationen leiden und dass diese Flut ihre Wettbewerbsfähigkeit eher verschlechtert.

Die entscheidende Frage ist aus meiner Sicht: „Wie müssen wir ein zukunftstaugliches *Informationsmanagement* organisieren?"

Viele Verantwortliche in den Unternehmen fragen sich zunehmend, wie ihre Unternehmensprozesse angesichts immer vielfältigerer technischer Medien verständlich und beherrschbar bleiben sollen. Schon jetzt verschlingt die Suche nach relevanter Information in vielen Unternehmen im Durchschnitt 20% oder mehr der Arbeitszeit ihrer Mitarbeiter.

Dabei ist das Thema Informationsmanagement nun wirklich kein neues Thema. Hunderte von Büchern sind seit Mitte der 90er Jahre, als dieses Thema seinen ersten Hypezyklus hatte, geschrieben worden und die Erkenntnisse, die daraus gewonnen werden können, sind nach wie vor richtig. Es liegt also wohl kaum am fehlenden Bewusstsein für das Thema Informationsmanagement, sondern wie bei vielen anderen Themen auch, an der konsequenten Umsetzung.

2.1 Auswirkungen auf die IT

Für die IT-Verantwortlichen eines Unternehmens bedeutet das Thema Informationsmanagement, immer komplexere Anforderungen erfüllen zu müssen.

Die Systeme zur Datenanalyse z. B. sind so anzupassen, dass sie die benötigten Daten wesentlich früher, oft sogar in Echtzeit, an die Prozesse liefern können, ohne Abstriche bei ihrer Korrektheit und Verfügbarkeit zu machen. Zudem nimmt die Zahl der Anwender deutlich zu und die Unterschiedlichkeit der Bedürfnisse stellt eine weitere immense Herausforderung dar.

Um diese Aufgabe überhaupt bewältigen zu können, sind eine Standardisierung der Infrastruktur und ein konsequentes strukturiertes Vorgehen unerlässlich.

Folgende Herausforderungen stellen sich:

- es gibt riesige Datenmengen zu verwalten (im Terabyte- und künftig auch im Petabyte-Bereich) und zu verarbeiten. Daraus resultieren steigende Anforderungen und IT-Ressourcen wie Speicherplatz, Durchsatz oder Netzwerkbandbreite.
- die Integration der Daten zwischen operativen und dispositiven Systemen ist nach wie vor bei vielen Unternehmen nicht zufrieden stellend gelöst.
- Neben strukturierten Daten spielen immer mehr unstrukturierte Daten wie Bilder, Sprache oder E-Mail eine bedeutende Rolle. Das stellt nicht nur eine immense Herausforderung dar, was die Datenmenge angeht, sondern auch für die Integration dieser Informationen in die Prozesse und am Arbeitsplatz der Anwender.
- Die Versorgung der großen Menge von Anwendern mit unterschiedlichen Bedürfnissen erzwingt ein Umdenken bei der Strukturierung und beim Umgang mit Information. Information as a Service (IaaS) oder Information on Demand (IoD) sind wichtige neue oder ergänzende Konzepte zur Lösung dieses Problems. Weitere wichtige Konzept in diesem Zusammenhang kommen aus dem Bereich Web 2.0, wie z. B. das Mashup-Konzept, bei dem ein Anwender schnell und leicht Informationsinhalte und die dazu gehörenden Funktionen zu einem Anwendungskontext zusammen fügen kann.
- Der Bereich Datenqualität (wie korrekt, aktuell und verlässlich sind die Daten) bereitet nach wie vor immense Schwierigkeiten. Diese Schwierigkeiten werden durch die zunehmende Erweiterung auf externe Quellen nicht weniger, und selbst bei internen Quellen

stehen Unternehmen vor schier unlösbaren Problemen. Die Qualität von Geschäftsinformationen hat für Unternehmen eine große Bedeutung gewonnen, doch bedeutet dies noch lange nicht, dass man sich systematisch um sie kümmert. Es fehlen klare Zuständigkeiten.

- Die syntaktische und semantische Standardisierung von Information ist nach wie vor ein Stiefkind in den meisten Unternehmen die ich kenne. Sogar in den Unternehmen herrscht oft ein babylonisches Sprachchaos. Von einer branchenweiten Standardisierung von Information wird immer viel geredet, die Realisierung findet aber nach meinen Beobachtungen kaum statt.

Dies ist nur ein Ausschnitt dessen, was auf dem Weg vom Datenfriedhof zur Schatzgrube an Herausforderungen wartet und dennoch reicht es aus, um bei so manchem IT-Verantwortlichen Alpträume zu verursachen.

Der überwiegende Teil der Befragten gab an, unter der steigenden Datenflut zu leiden, aber nur ein geringer Teil fühlt sich von deren Verwaltung überfordert. Diese Situation verschärft sich aber mittlerweile, da immer mehr Daten immer schneller für die täglichen betriebswirtschaftlichen Entscheidungen herangezogen werden müssen.

Als weitere Herausforderung kommt hinzu, dass der überwiegende Teil aller Unternehmensdaten unstrukturiert sind, beispielsweise in Form von E-Mails, Office-Dokumenten oder Bildern. Diese Quellen werden häufig für die täglichen Entscheidungen herangezogen und machen oft sogar einen Großteil aller genutzten Daten aus.

Die Extraktion der benötigten Information aus diesen unstrukturierten Daten geschieht auch heute noch meist manuell.

2.2 Lösungsansätze

Stellt man die Frage nach Lösungsansätzen, dann werden überwiegend Werkzeuge für Business Intelligence (BI) und Corporate Performance Management (CPM) ins Feld geführt.

Viele Unternehmen nutzen solche Werkzeuge bereits und der Wert ist auch zwischenzeitlich unstrittig. Dies wird durch Aussagen belegt, die von kritischen Problemen sprechen, sollten diese Systeme mal für eine Stunde ausfallen. Andererseits gibt es nach wie vor Schätzungen, dass tagtäglich immer noch mehr als ein Drittel der Entscheidungen ohne entsprechende Unterstützung aus den zur Verfügung stehenden Informationsressourcen gefällt werden.

Die meisten Unternehmen nutzen Business-Intelligence-Anwendungen, um interne strukturierte Daten aufzubereiten und zu analysieren. Eine empirische Untersuchung der Universität Duisburg-Essen über den Reifegrad von BI-Systemen kommt zum Ergebnis, dass bisher unstrukturierte Daten, wie Dokumente und Daten aus internen und vor allem externen Quellen über Marktentwicklung und Wettbewerb, kaum berücksichtigt werden. Dabei können sich in ihnen wichtige Informationen zur Entscheidungsfindung befinden.

Um den Wirkungsgrad von BI-Systemen zu erhöhen, müssen sie Teil der Geschäftsprozesse werden und jede Art von Daten berücksichtigen können.

Ein solches integriertes BI-System bietet entscheidende Vorteile. Es hilft Anwendern, wie Controllern, Vertriebsleitern, Produktplanern oder anderen Fachbereichsleitern, Daten auszuwerten, um effektiv planen und auf sich immer schneller ändernde Gegebenheiten reagieren zu können.

Eine Voraussetzung dafür ist, dass sich Datenbestände auch in Echtzeit aktualisieren lassen.

Quantitative Daten liegen heute meist in Data Warehouses strukturiert als Fakten vor, werden durch Dimensionen beschrieben und sind als Zeitreihen analysierbar. Qualitative Daten, wie Texte, Grafiken oder sonstige Dokumente, sind nicht oder nur rudimentär dazu verbunden. Beide Welten müssen verbunden werden und dazu bedarf es einer semantischen Ebene, die gemeinsame Eigenschaften identifiziert und so eine Verknüpfung überhaupt erst möglich macht.

Diese Aufgabe muss ein Metadaten-Layer übernehmen. Darin werden alle relevanten Informationsquellen inhaltlich verknüpft und jeder, der Information nutzen will, findet hier z. B. Angaben über Herkunft, Genauigkeit, Zuverlässigkeit, den Veränderungsprozess, die fachliche Definition oder den Eigentümer der Information.

Zwar bieten inzwischen einige Anbieter BI-Suites an, die mittels einer integrierten Suchmaschine, einen mehr oder weniger intuitiven Zugriff auf qualitative Information ermöglichen, doch oft fehlt ein schlüssiges Konzept zur Integration.

2.3 Fazit

Für Unternehmen ist es heute überlebensnotwendig, wichtige Information über ihr Geschäft zu erfassen, anzureichern und verfügbar zu machen. In den sich immer schneller verändernden Märkten sind nicht nur schnelle Reaktionen auf Veränderungen gefragt, sondern es gilt für innovative Unternehmen sogar, die Treiber für diese Veränderungen zu sein.

Das ist jedoch nur möglich, wenn die richtige Information zur richtigen Zeit am richtigen Ort verfügbar ist.

Mehr denn je benötigt ein Unternehmen heute schnell und zuverlässig geschäftsrelevante Informationen für die operativen Prozesse und eine strategische Planung. Doch in der Praxis werden die entsprechenden Daten oft nur punktuell gesammelt, aufbereitet und verschickt. Angesichts der strategischen Bedeutung von Information für den Geschäftserfolg reicht dieses Vorgehen künftig nicht mehr aus.

Ziel sollte vielmehr ein systematisches Informationsmanagement sein, das unabhängig von den Unternehmensanwendungen Information für immer mehr Anwendungsfelder bereitstellen hilft, kurz: Unternehmen brauchen eine *„Informationsagenda"*.

- Mehr als 20 Jahre lang haben sich Unternehmen fast nur mit Anwendungen beschäftigt, also beispielsweise das Bündeln und die Integration von Unternehmenssoftware oder Betriebssystemen. Es ging immer um ein Reengineering und die Automatisierung vorhandener Prozesse.

Doch in der letzten Zeit ist ein Wandel zu beobachten:

- Unternehmen investieren doppelt so viel in neue Anwendungsgebiete, als in die reine Automatisierung von Kernprozessen. Die Bereitstellung entsprechender Information für diese neuen Szenarien ist dabei eine zentrale Aufgabe, die sich über eine Informationsagenda koordinieren lässt.

Nach meiner Beobachtung und Einschätzung sind Unternehmen heute von einem aktiven Informationsmanagement noch weit entfernt.

Informationsmanagement ist jedoch wichtiger denn je für ein Unternehmen. Es ist daher vital, das Thema Information und Informationsmanagement als Kernprozess für ein Unternehmen zu verstehen und die entsprechenden Verantwortlichkeiten zu definieren. Nur wenn der Informationsgewinnung und -nutzung die erforderliche Priorität gegeben wird, kann am Ende des Tages auch aus einem Datenfriedhof eine Schatzgrube werden.

Quellenverzeichnis

NAISBITT, J. (1985): Megatrends – 10 Perspektiven, die unser Leben verändern werden, München 1985.

Die Bedeutung von Internet-Suchmaschinen für das Wissensmanagement – Problemfelder und Entwicklungstendenzen

Christian Maass und *Gotthard Pietsch*

Lycos Europe und *FernUniversität in Hagen*

1 Ausgangssituation – Wissensmanagement und Suchmaschinen

Die vielfach beschworene Informations- und Wissensgesellschaft definiert sich über die große Bedeutung von Informationen und Wissen für das gesellschaftliche Selbstverständnis. Vor allem Unternehmen (und andere Organisationen) produzieren, modifizieren oder vernichten laufend große Mengen des Wissens. Nicht zuletzt deshalb werden Organisationen als Wissenssysteme interpretiert,[1] die auf ein effektives Wissensmanagement angewiesen sind. Letzteres basiert auf drei zentralen Säulen: Organisation, Mensch und Technologie.[2] In diesem Sinne gilt es, die organisatorischen Regeln in Unternehmen, das Verhalten der Mitarbeiter und nicht zuletzt den Einsatz der Informations- und Kommunikationstechnologie (IKT) auf das Wissensmanagement auszurichten sowie bestehende Interdependenzen zu berücksichtigen. Die informationstechnischen Unterstützungssysteme können auf sehr unterschiedliche Arten im Wissensmanagement zum Einsatz kommen.

Im Rahmen ihres Prozessmodells identifizieren *PROBST ET AL.*[3] grundlegende Steuerungsaktivitäten bzw. „Bausteine“ des Wissensmanagements, die sie in der Festlegung von Wissenszielen, der Wissensidentifikation, -entwicklung, -verteilung, -nutzung, -bewahrung sowie -bewertung sehen. In allen genannten Bausteinen kann IKT wichtige Leistungen erbringen. Dies ist vor allem der Fall, wenn es um die Steuerung des expliziten Wissens und die Unterstützung von Wissensprozessen geht.[4] Aus diesem Grund wurde die IKT für viele Aktivitäten des Wissensmanagements bereits als „enabling technology“ bezeichnet.[5]

Insbesondere die mit dem Internet verbundenen Technologien und Anwendungen gewinnen in diesem Kontext immer mehr an Bedeutung. Sie betreffen sämtliche Steuerungsaktivitäten bzw. Bausteine im Prozessmodell von *PROBST ET AL.*; darüber hinaus umfasst das World Wide Web (WWW) – als bekanntester Dienst des Internets – eine unvorstellbare Menge von Daten, Informationen und Wissen zu allen nur denkbaren Themengebieten. Eine größere Wissens(daten)bank hat nie existiert und das WWW wächst von Stunde zu Stunde mit rasanter Geschwindigkeit. Ähnliches ist für die Intranets zu diagnostizieren, bei denen es sich jeweils um ein „firmeneigenes Internet“ handelt, das durch eine Firewall vor unerlaubten Zugriffen geschützt ist. Aufgrund der wachsenden Bedeutung von Inter- und Intranet verwundert es nicht, dass die Unternehmen im Rahmen ihres Wissensmanagements zunehmend auf Internet-Technologien zurückgreifen. Die dabei primär betrachteten Technologien sind beeinflusst von den aktuellen Entwicklungen des Internets.

Nach dem Zusammenbruch der New Economy war es vor allem das Web 2.0, das dem Internet eine große Aufmerksamkeit gesichert und einen erneuten Risikokapitalschub in der Internetökonomie ermöglicht hat. Während das Web 2.0 die Bildung von (virtuellen) Massen-Communities, die aktive (Mit-)Gestaltung des Internets durch Milliarden von Usern gefördert und somit zu einem (noch) stärkeren Wachstum der Wissensbank des WWW beigetragen hat, verweisen die zukünftigen Entwicklungen des Web nun auf die Verbesserung der Recherche-

---

1 Vgl. z. B. *GÜLDENBERG* (1998).

2 Vgl. z. B. *ALBRECHT* (1993), S. 227, *SCHNEIDER* (1996), S. 36, und *BULLINGER ET AL.* (1997), S. 99.

3 Vgl. z. B. *PROBST ET AL.* (2006), S. 32.

4 Vgl. z. B. *SCHERM/PIETSCH* (2007), S. 309.

5 Siehe z. B. *WOLF ET AL.* (1999), S. 754.

und Auswertungsmöglichkeiten. Die Grundlage dafür bildet das so genannte semantische Web, das bereits als Web 3.0 bezeichnet wird.

Das semantische Web bildet die Grundlage für eine neue, inhaltsfokussierte Informationssuche im Inter- und Intranet. Auf dem semantischen Web beruhende Internetsuchmaschinen können daher in Zukunft eine besondere Rolle bei der Wissensidentifikation, -nutzung und -bewertung spielen, so dass bei ihrem Einsatz im Wissensmanagement „große Nutzenpotenziale“[6] prognostiziert werden. Bereits die bisher zum Einsatz kommenden, algorithmenbasierten Internetsuchmaschinen haben eine sehr weite Verbreitung gefunden. Konservative Schätzungen gehen davon aus, dass über diese Suchmaschinen zwischen 70 und 85 Prozent aller Informationsrecherchen im Internet erfolgen. Teilweise beziffert man diesen Wert sogar auf über 90 Prozent.[7]

Ungeachtet ihrer herausragenden Stellung erscheinen die algorithmenbasierten Suchmaschinen für das Wissensmanagement in den Unternehmen als nur sehr begrenzt geeignet. Vor allem gilt die Qualität der Suchergebnisse bei etwas komplexeren Suchanfragen als zu gering. So liegt der Anteil relevanter Treffer in Abhängigkeit von den verwendeten Suchbegriffen oft nur zwischen 20 und 45 Prozent.[8] Ursächlich hierfür ist vor allem der Umstand, dass die gegenwärtig dominierenden Suchmaschinen zur Bewertung der Seiteninhalte vordergründig auf strukturelle Kriterien abstellen, wie z. B. der Linkstruktur einer Webseite. Die eigentlichen Informationen auf den Webseiten werden nicht inhaltlich interpretiert. Folglich erweisen sich viele der gefundenen Webseiten als nicht relevant. Für ein effektives Wissensmanagement in den Unternehmen sind die Suchergebnisse daher meist nicht befriedigend.

Vor diesem Hintergrund werden in jüngerer Zeit Diskussionen über das so genannte semantische Web geführt, mit dem man die Vision einer um semantische Informationen angereicherten Version des vorhandenen World Wide Web verfolgt. Im semantischen Web soll es für Suchmaschinen möglich sein, Suchanfragen nicht nur anhand der eingegebenen Zeichenkette zu bearbeiten. Stattdessen wird auch die inhaltliche Bedeutung der Suchwörter bei der Bearbeitung einer Suchanfrage berücksichtigt. Im Vergleich zu herkömmlichen Suchmaschinen wäre auf Basis dieser semantischen Wissensverarbeitung mit einer Weiterentwicklung des Status quo zu rechnen, d. h. die Informationsqualität der Suchergebnisse und die damit verbundene Wissensidentifikation sowie -bewertung können sich signifikant verbessern. Allerdings haben sich semantische Suchmaschinen bislang nicht etabliert. Darüber hinaus sehen viele Autoren die Vision des semantischen Web und der semantischen Wissensverarbeitung eher kritisch.[9] Stellenweise wird das „semantic web“ sogar als „akademisch“ und „realitätsfern“ deklariert.

Angesichts der kontrovers verlaufenden Diskussion untersucht der Beitrag, inwieweit semantische Suchdienste zu einer Verbesserung der Informationsqualität auf den Suchergebnisseiten führen und welche Chancen für das Wissensmanagement in den Unternehmen tatsächlich eröffnet werden. Zu diesem Zweck gilt es zunächst, die Funktionsweise und die Problemfelder klassischer, algorithmenbasierter Suchmaschinen aufzuzeigen. Sodann wendet sich der Beitrag der Diskussion semantischer Wissensverarbeitung sowie darauf basierender Suchma-

---

6 *WOLF ET AL.* (1999), S. 747.

7 Vgl. *SCHULZ ET AL.* (2005), S. 20.

8 Vgl. *MACHILL/WELP* (2003).

9 Vgl. z. B. *MAASS* (2008).

schinen zu und hinterfragt deren praktische Relevanz im Allgemeinen sowie ihr Potenzial zur Erhöhung der Informationsqualität im Speziellen. Das Fazit erarbeitet schließlich grundlegende Schlussfolgerungen im Hinblick auf das Wissensmanagement von Unternehmen.

2 Charakterisierung algorithmenbasierter Suchmaschinen

2.1 Funktionsweise algorithmenbasierter Suchmaschinen

Algorithmenbasierte Suchmaschinen nutzen zur Informationsbeschaffung und -auswertung Roboterprogramme. Sie analysieren automatisch die im Web auffindbaren Seiten. Indem sie selbstständig den dort platzierten Hyperlinks folgen, können sie in einem vergleichsweise kurzen Zeitraum einen großen Teil des Web analysieren und für anschließende Suchanfragen erschließen. Die auf diesen Seiten vorgefundenen Hyperlinks sowie die dort vorgefundenen Seiteninformationen werden dazu in einer speziellen Datenbank gespeichert, dem so genannten Index. Auf ihn greift die Suchmaschine im Zuge einer Suchanfrage zurück und gleicht die eingegebenen Suchbegriffe mit dem dort gespeicherten Datenbestand ab, um die Ergebnisliste zu generieren.

Bei der Generierung der Suchergebnisseite werden die im Index gesammelten Informationen genutzt, um eine Rangfolge der Webseiten in Bezug auf ihre Relevanz zu bilden. Damit nehmen sie unmittelbar eine Wissensbewertung anhand von Ranking-Kriterien vor. Hinsichtlich dieser Kriterien lassen sich zwei Arten unterscheiden:[10]

- Anfrageabhängige Ranking-Faktoren[11]
- Anfrageunabhängige Ranking-Faktoren[12]

2.2 Anfrageabhängige Ranking-Faktoren

Bei anfrageabhängigen Ranking-Faktoren erfolgt die Wissensbewertung und Sortierung der Suchergebnisliste anhand des verwendeten Suchbegriffs, wobei zur Bestimmung der Relevanz eines Webdokuments auf Verfahren des Information Retrieval zurückgegriffen wird. Beim „traditionellen" *BOOLE*'schem Retrieval werden die eingegebenen Suchanfragen nach dem Prinzip der Exaktheit bearbeitet. Danach wird ein Dokument immer dann als relevant erachtet, wenn der Suchbegriff in der identischen Schreibweise, d. h. als gleiche Zeichenkette, auf einer Webseite identifiziert werden konnte. Dieses Prinzip der automatisierten Dokumenten- und Wissensbewertung hat sich in der Vergangenheit jedoch als manipulationsanfällig erwiesen. So haben z. B. die Bereitsteller von Webseiten häufig gesuchte Suchbegriffe – selbst wenn sie nicht im Zusammenhang mit der eigentlichen Webseite standen – gezielt auf der betreffenden Webseite versteckt, um bessere Platzierungen in den Ergebnislisten von Suchmaschinen zu erzielen. Um solchen Manipulationsversuchen vorzubeugen, ermitteln

---

10 Vgl. *LEWANDOWSKI* (2005) und *MAASS/SCHERM* (2007).

11 Vgl. Abschnitt 2.2.

12 Vgl. Abschnitt 2.3.

Suchmaschinen deshalb die so genannte „Keyword density".[13] Bei dieser Prüfkennziffer wird die Anzahl aller Wörter der Webseite ins Verhältnis zu dem gesuchten Suchwort gesetzt, um potenziellen Manipulationsversuchen entgegenzuwirken. Es ist allerdings als problematisch anzusehen, dass die Suchmaschinenbetreiber – die ihre Sortierkriterien als Betriebsgeheimnis ansehen – in der Regel keine genaue Auskunft darüber geben, welchen Wert die „Keyword density" annehmen darf. Deshalb stehen die Entwickler bei der inhaltlichen Aufarbeitung und Optimierung von Webseiten vor einem Trade off: einerseits interpretieren Suchmaschinen eine hohe Dichte der Schlüsselwörter als Indikator für relevante Webseiten, andererseits erachtet man einen zu hohen Wert der „Keyword density" als Manipulationsversuch.[14]

Ein weiterer wichtiger anfrageabhängiger Einflussfaktor ist darin zu sehen, ob das betreffende Suchwort durch entsprechende HTML-Tags hervorgehoben wird. So werden z. B. die als Überschriften deklarierten Textteile höher als herkömmliche Textpassagen bewertet. Dem liegt die Annahme zu Grunde, dass die in den Überschriften verwendeten Schlüsselwörter wichtige Seiteninhalte umschreiben und daher im Rahmen der Wissensbewertung für die Beurteilung der inhaltlichen Relevanz der Seite besonders geeignet sind. Tabelle 1 zeigt vor diesem Hintergrund die wichtigsten anfrageabhängigen Ranking-Faktoren im Überblick.

Ein grundlegendes Problem bei anfrageabhängigen Ranking-Faktoren ist darin zu sehen, dass algorithmenbasierte Suchmaschinen in der Regel nicht zwischen Synonymen (sinnverwandten Wörtern) oder Homonymen (gleich lautende Wörter mit unterschiedlicher Bedeutung) im Zuge einer Recherche unterscheiden können. Folglich verweisen die Suchergebnislisten häufig auf vollkommen unterschiedliche Dokumente. So finden sich zu der Suchanfrage „Morgenstern" z. B. Informationen zum gleichnamigen Schriftsteller, zu Himmelskörpern und mittelalterlichen Waffen – eine Bewertung bzw. Interpretation der Suchergebnisse in Bezug auf deren Inhalt wird insofern nicht vorgenommen.

Daneben wird die Analyse der Informationen im Internet dadurch erschwert, dass zahlreiche Inhalte im Web nicht für Suchmaschinenroboter zugänglich sind. Das gilt zum einen für so genannte Rich Internet Applications. Dabei handelt es sich um Internet-Anwendungen, die von ihrer Handhabung her klassischen Desktop-Anwendungen ähneln und grundsätzlich sehr anwenderfreundlich sind. Allerdings sind die dort vorzufindenden Informationen in der Regel nicht im HTML-Text, sondern in einer separaten Datei gespeichert. Damit sind sie – wie das z. B. bei Flash-Anwendungen der Fall ist – für Suchmaschinen nicht zugänglich. Zum anderen bestehen bei der Indexierung von dynamischen Webseiten Probleme, da sie erst während des Seitenbesuchs für einen bestimmten Anwender generiert und zusammengestellt werden. Solche dynamischen Seiten sind vor allem bei Onlinehändlern vorzufinden. Dort werden die Inhalte einer Seite erst im Zuge des Besuchs einer Seite zusammengesetzt. Somit ist es für Suchmaschinen-Roboter nicht möglich, dynamisch generierte Webseiten ex-ante zu indizieren.

Aus diesen Ausführungen geht hervor, dass algorithmenbasierte Suchmaschinen die Wissensdatenbank des Internets nur unvollständig analysieren und die Bedeutungsinhalte der Informationen nicht auswerten. Dies führt zu einer unvollständigen und fehleranfälligen Wissensidentifikation sowie einer defizitären Wissensbewertung. Da sich anfrageabhängige Ranking-Faktoren zudem als manipulationsanfällig erwiesen haben, werden in der Praxis anfrageabhängige und anfragunabhängige Ranking-Faktoren (Tabelle 1 und Tabelle 2) kombiniert.

---

13 Vgl. *MAASS/SCHERM* (2007).

14 Vgl. *LEXIKON SUCHMASCHINENOPTIMIERUNG* (2006).

Ranking-Kriterium	**Erläuterung**
Dokumentspezifische Wortgewichtung	Relative Häufigkeit des Vorkommens eines Worts in Abhängigkeit von der Anzahl der Wörter im gesamten Dokument.
Wortabstand	Bei Anfragen mit mehreren Suchbegriffen wird im Text einer Webseite der Abstand der Suchbegriffe voneinander berücksichtigt.
Reihenfolge der Suchbegriffe bei einer Suchanfrage mit mehreren Begriffen	In der Suchanfrage werden die am Beginn stehenden Begriffe höher gewichtet als weiter hinten stehende Begriffe.
Metatags	Vorkommen der Suchbegriffe in den Metatags einer Webseite.
Stellung der Suchbegriffe innerhalb des Dokuments	Vorkommen der Suchbegriffe am Beginn eines Dokuments wird höher gewertet als späteres Auftreten.
Hervorhebung von Begriffen durch HTML-Elemente	Hervorgehobene Begriffe (fett, kursiv) sowie Schlüsselwörter in den Überschriften und Seitentitel werden höher bewertet.
Groß-/Kleinschreibung	Dokumente, in denen die Suchbegriffe in exakt der eingegebenen Form, inklusive der Groß- bzw. Kleinschreibung der einzelnen Zeichen des Wortes vorkommen, werden bevorzugt.
Inverse Dokumenthäufigkeit	Relative Häufigkeit des Vorkommens eines Wortes in Dokumenten des gesamten Index; seltene Begriffe werden bevorzugt.
Ankertext	Vorkommen der Suchbegriffe im Linktext eines Dokuments, welches auf das Zieldokument verweist.
Sprache	Dokumente, die in der Sprache des bei der Suchanfrage benutzen Länderinterfaces verfasst sind, werden höher bewertet.
Geo-Targeting	Seiten, die ihren „Standort" in der Nähe des Benutzers haben, werden bevorzugt.

Tabelle 1: Anfrageabhängige Ranking-Faktoren[15]

2.3 Anfrageunabhängige Ranking-Faktoren

Bei anfrageunabhängigen Ranking-Faktoren werden die Relevanz und Qualität einer Webseite unabhängig von der Suchanfrage beurteilt. Dies soll die automatisierte Wissensbewertung verbessern. Beispiele für diese Faktoren finden sich in Tabelle 2. Dazu zählt z. B. die Seitengröße, deren Aktualität oder die Anzahl der Klicks der Nutzer auf ein bestimmtes Dokument.

15 In Anlehnung an *Lewandowski* (2005).

Im Vordergrund steht bei den anfrageunabhängigen Ranking-Kriterien jedoch die Analyse der Linkstruktur, um auf die allgemeine Relevanz und Qualität von Webseiten zu schließen. Dem liegt die Annahme zugrunde, dass auf relevante und qualitativ hochwertige Webseiten besonders viele Hyperlinks verweisen. Im Gegensatz dazu sind Seiten mit inferioren Inhalten häufig überhaupt nicht verlinkt. Diese Annahme erweist sich jedoch für die Wissensbewertung in Unternehmen als mitunter äußerst problematisch, wenn z. B. zur Identifikation schwacher Signale im Rahmen der strategischen Früherkennung auf Internetrecherchen zurückgegriffen werden soll.

Darüber hinaus führt der weithin bekannte Ranking-Faktor der Link-Struktur dazu, dass vor allem kommerzielle Webseiten ein Interesse daran haben, auf möglichst vielen Seiten verlinkt zu sein. In diesem Fall steigt die Linkpopularität und damit auch die Platzierung auf den Suchergebnisseiten. Neben verschiedenen legalen Möglichkeiten die Linkstruktur zu verbessern, wird zu diesem Zweck jedoch häufig auf zweifelhafte Methoden und „Optimierungsmaßnahmen" zurückgegriffen, die oft gegen die Richtlinien der Suchmaschinenbetreiber verstoßen. Die folgenden drei „Methoden" sind dabei besonders häufig in der Praxis anzutreffen und führen bei Aufdeckung in der Regel zu negativen Bewertungen und/oder einem Ausschluss der Webseite aus dem Datenbestand von Suchmaschinen:

- Linkfarmen
- Doorway-Pages
- Cloaking

Bei *Linkfarmen* handelt es sich um Ansammlungen von Webseiten, auf denen gezielt zahlreiche Hyperlinks platziert werden, um auf die vorderen Plätze der Suchergebnisseite zu gelangen. Suchmaschinen können solche Linkfarmen in der Regel jedoch identifizieren und setzen bei einem Manipulationsverdacht die betreffenden Webseiten auf eine Sperrliste. Diese Seiten und ihre Links werden anschließend bei der Ermittlung eines Rankings nicht mehr berücksichtigt.

Doorway-Pages werden auch als Brücken- oder Weiterleitungsseiten bezeichnet. Diese Seiten werden suchmaschinengerecht aufgearbeitet und verfügen in der Regel über keine Inhalte. Ihr Zweck besteht ausschließlich darin, möglichst hohe Platzierungen in den Trefferlisten zu erzielen. Dieses Ziel lässt sich bei Brückenseiten wesentlich einfacher als bei der Originalseite erreichen, da bei der Aufarbeitung des Quellcodes keine Rücksicht auf die Darstellung der Inhalte genommen werden muss. Aus diesem Grund ist es bei solchen Seiten relativ einfach, wesentlich mehr Schlüsselwörter und Hyperlinks als auf der Originalseite zu platzieren. Klickt ein Anwender auf der Suchergebnisseite auf den Link solcher Brückenseiten, wird er automatisch auf die eigentliche Webseite weitergeleitet. Streng genommen ist darin jedoch ein irreführendes und wettbewerbswidriges Verhalten zu sehen, da den Anwendern durch die optimierte Seite falsche Inhalte vortäuscht werden.

Ähnlich verhält es sich auch beim so genannten *Cloaking*. Hier versuchen die Betreiber von Webseiten durch spezielle Softwarelösungen auf dem Webserver des Seitenanbieters zu erkennen, ob es sich bei dem Besucher um Menschen oder Suchmaschinenroboter handelt. Letztgenannte werden dann auf eine für sie optimierte Seite weitergeleitet, auf der – analog den zuvor skizzierten Doorway-Pages – in der Regel zahlreiche Hyperlinks und ausgewählte Schlüsselwörter platziert werden. Aufgrund des Einsatzes solcher Techniken in Kombination mit Doorway-Pages wurde Anfang des Jahres 2006 das Unternehmen BMW kurzfristig aus dem Index der Suchmaschine Google gelöscht.[16]

Ranking-Kriterium	**Erläuterung**
Verzeichnisebene	Je höher das Dokument innerhalb der Hierarchie seiner Webseite steht, desto höher wird es bewertet.
Anzahl eingehender Links	Je mehr Links auf das Dokument verweisen, als desto bedeutender wird es angesehen.
Linkpopularität	Der Wert für die Autorität/Qualität eines Dokuments wird aufgrund der Verlinkungsstruktur berechnet. Links die von Webseiten kommen, die diesen allgemeinen Kriterien entsprechend sehr wichtig sind, werden höher gewichtet als Links von weniger bedeutsamen Seiten.
Klickhäufigkeit	Dokumente, die von vielen Benutzern einer Suchmaschine angesehen werden nachdem die Suchmaschine diese Dokumente in ihre Suchergebnisliste präsentiert hat, werden höher bewertet.
Aktualität	Aktuelle Dokumente werden höher bewertet als ältere. Der Suchmaschinenroboter berücksichtigt zu diesem Zweck das angegebene Datum des letzten Updates einer Webseite.
Dateiformat	Dokumente im Standardformat HTML werden höher bewertet als solche in anderen Formaten (PDF, Word, usw.).
Größe der Site	Dokumente von umfangreichen Web-Angeboten werden höher bewertet als solche von kleinen Sites.

Tabelle 2: Anfrageunabhängige Ranking-Faktoren[17]

Aus diesen Ausführungen geht hervor, dass auch anfrageunabhängige Ranking-Faktoren nur bedingt geeignet sind, um auf die Informationsqualität von Inhalten zu schließen. Für die Wissensidentifikation und -bewertung in Unternehmen erscheinen sie kaum geeignet, weil sie die dort auftretenden, spezifischen Informationsbedarfe nicht in Suchprozesse integrieren. So stellen die anfrageunabhängigen ebenso wie die anfrageabhängigen Faktoren keinen inhaltlichen Bezug zu der Suchanfrage her. Trotzdem haben sie eine große Bedeutung bei der Bewertung der Relevanz innerhalb einer Trefferliste erhalten. Mit der semantischen Wissensverarbeitung und darauf basierenden Suchmaschinen wird nun der Anspruch erhoben, eine entsprechende inhaltliche Auswertung vorzunehmen und somit die Informationsqualität bei Suchanfragen im Internet zu erhöhen.

16 Vgl. *Ihlenfeld* (2006).

17 In Anlehnung an *Lewandowski* (2005).

3 Semantische Wissensverarbeitung und semantische Suchmaschinen

3.1 Vision und Grundlagen des semantischen Web

Mit dem semantischen Web wird die Vision einer um semantische Informationen angereicherten Version des World Wide Web verfolgt. Auf dieser Basis soll eine inhaltsbezogene, „semantische Wissensverarbeitung“ erfolgen, um einerseits den Automatisierungsgrad bei der Verarbeitung von Wissen zu erhöhen und andererseits im Zuge von Suchanfragen die Wissensidentifikation und -bewertung zu verbessern. Dabei wird die semantische Wissensverarbeitung mit dem Anspruch verbunden, auch die Zusammenarbeit von Mensch und Computer zu verbessern: „The Semantic Web is not a separate Web but an extension of the current one, in which information is given well-defined meaning, better enabling computers and people to work in cooperation.“[18] Mit semantischen Informationen sind hier Metadaten gemeint, die die eigentlichen Inhalte in einem maschinenlesbaren Format beschreiben. Auf dieser Grundlage ist es denkbar, natürlichsprachige Fragen an das Web zu stellen und entsprechende Antworten zu erhalten.[19] Im Gegensatz zu algorithmenbasierten Suchmaschinen würden Suchanfragen somit nicht anhand der Zeichenketten der Suchwörter oder struktureller Kriterien wie der Linkstruktur beurteilt. Vielmehr sollen semantische Suchmaschinen die Bedeutungsinhalte der indizierten Webseiten analysieren und mit diesen Informationen sehr viel genauer die relevanten Seiten für eine spezifische Suchanfrage in der Ergebnisliste präsentieren.

Vor diesem Hintergrund stellt sich die Frage, auf welchem Wege Mensch und Computer ein gemeinsames Verständnis über ein bestimmtes Themengebiet und dessen Informationsinhalte aufbauen können. An dieser Stelle setzt die Diskussion um Ontologien an. Mit ihrer Entwicklung wird der Anspruch erhoben, ein gemeinsames Vokabular über einen bestimmten Ausschnitt der Realität zu bilden. Entsprechend führt *GRUBER* aus: „An ontology is an explicit specification of a shared conceptualization.“[20]

Um ein Verständnis für Ontologien zu entwickeln, ist es hilfreich, zunächst auf andere Formen der Wissensrepräsentation, wie z. B. Taxonomien und Thesauren einzugehen. Bei Erstgenannten handelt es sich um kontrollierte Vokabulare mit hierarchischen Beziehungen untereinander. Im Beispiel in Abbildung 1 ist die betrachtete Person zugleich Student und Akademiker. Darüber hinausgehende Zusammenhänge werden jedoch nicht erfasst. So lässt sich mit Hilfe einer Taxonomie z. B. nicht der Sachverhalt abbilden, dass es sich bei dem englischsprachigen Wort „Ph.D Student“ um ein Synonym für das Wort „Doktorand“ handelt. An dieser Stelle setzen Thesauren an, die neben der Kategorisierung auch die Abbildung von Zusammenhängen zwischen verschiedenen Begriffen über vordefinierte Relationen ermöglichen. Auf diesem Wege lassen sich Wörter mit unterschiedlicher Schreibweise oder unterschiedliche Begriffe mit ähnlicher Bedeutung in Verbindung bringen. Ein solcher Thesaurus wird beispielsweise auch in der Textverarbeitungssoftware Microsoft Word verwendet, um dem Autor Vorschläge für alternative Formulierungen zu unterbreiten. Analog dieser Vorgehensweise können Thesauren auch dazu verwendet werden, um sinnverwandte Wörter im Zuge von Suchanfragen zu berücksichtigen.

---

18 *BERNERS-LEE ET AL.* (2001).

19 Vgl. *JOHN* (2006), S. 5.

20 *GRUBER* (1995).

Sämtliche Eigenschaften von Taxonomien und Thesauren lassen sich auch durch Ontologien abbilden. Sie erfassen darüber hinaus die semantischen Zusammenhänge zwischen den verschiedenen Objekten. Ein solcher Zusammenhang besteht z. B. zwischen einem Autor und einem von ihm verfassten Text, der sich wiederum auf ein bestimmtes Thema bezieht (vgl. Abbildung 1).

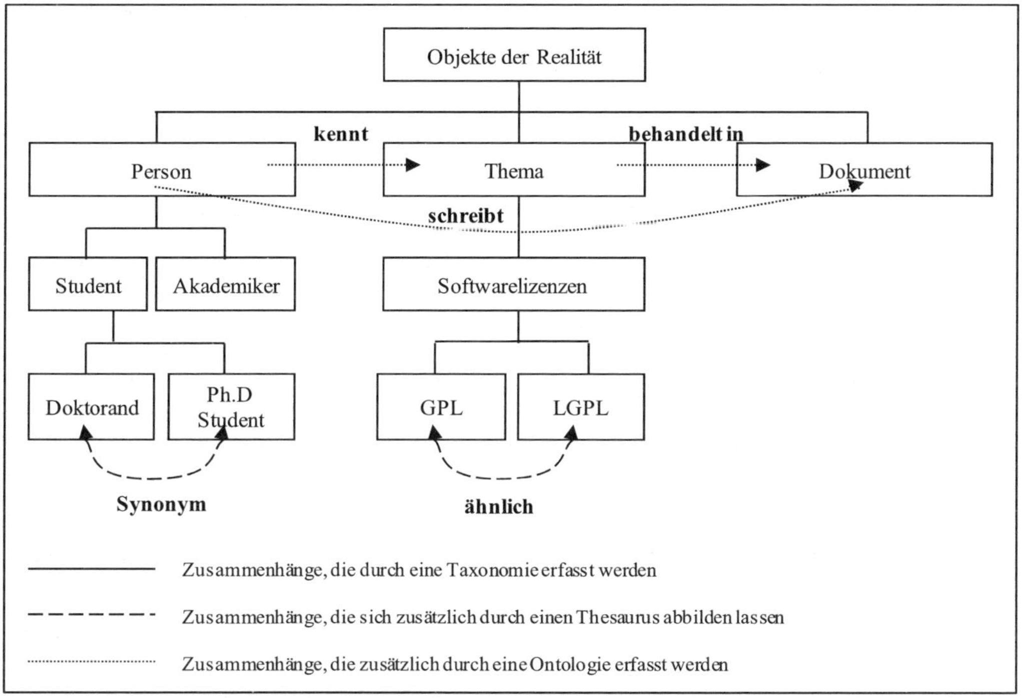

Abbildung 1: Formen der Wissensrepräsentation im Überblick[21]

Die wesentliche Stärke von Ontologien im Gegensatz zu anderen Formen der Wissensrepräsentation ist nun darin zu sehen, dass sie neues Wissen aus den vorhandenen Inhalten ableiten können. Dies setzt voraus, dass zuvor bestimmte Regeln (Relationen) spezifiziert werden, anhand derer mit Hilfe einer Ontologie automatisch logische Schlussfolgerungen gezogen werden. Eine solche Regel auf abstraktem Niveau könnte z. B. lauten (vgl. Abbildung 1): Wenn eine „Person" ein „Dokument" zu einem „Thema" verfasst, kennt die „Person" folglich dieses „Thema". Aufgrund einer solchen Relation kann die Ontologie nun automatisch die Schlussfolgerung ziehen, dass ein Student über Kenntnisse zum Thema Softwarelizenzierung verfügt, ohne dass dieser konkrete Sachverhalt irgendwo explizit dokumentiert ist. Mit dieser Form der Wissensrepräsentation im semantischen Web wird somit der Brückenschlag „von einem Netz aus Verweisstrukturen zu einem Netz aus Inhaltsstrukturen vollzogen."[22]

---

[21] In Anlehnung an *Ullrich* (2003), S. 8.

[22] *Hansen/Neumann* (2005), S. 508.

Der zu erwartende Anstieg der Informationsqualität bei Suchanfragen ist bei der Verwendung von Ontologien vor allem darauf zurückzuführen, dass Inhalte automatisch strukturiert und in ein bestimmtes Modell der Wissensrepräsentation eingeordnet werden. Dies birgt zumindest potenziell erhebliche Chancen für die Wissensidentifikation und -bewertung in Unternehmen. So ist denkbar, dass Suchanfragen sehr viel spezifischer und inhaltsbezogen gestellt werden können und dass die automatisierte Internetrecherche auch inhaltlich direkt darauf Bezug nimmt. Beispielsweise ließe sich die folgende Suchanfrage realisieren: „Welche Personen verfügen über Kenntnisse zum Thema Softwarelizenzierung?" Die im Kontext semantischer Wissensverarbeitung bestehenden, wesentlichen technischen Grundlagen werden im Weiteren kurz skizziert.

3.2 Technische Grundlagen semantischer Wissensverarbeitung

Um im weiteren Verlauf die praktische Relevanz semantischer Suchmaschinen und deren Beitrag zur Verbesserung der Informationsqualität herausarbeiten zu können, gilt es zunächst auf die grundlegenden Standards für semantische Suchmaschinen einzugehen. Das ist auch insofern von Bedeutung, da das W3C (World Wide Web Consortium) zu diesem Zweck neue Standards entwickelt hat. Die vorhandenen Internet-Standards genügten den besonderen Anforderungen in diesem Kontext nicht. So sind sie – wie z. B. die Auszeichnungssprache HTML (Hypertext Markup Language) – „lediglich" darauf ausgerichtet zu spezifizieren, wie Inhalte von Webseiten im Webbrowser dargestellt werden sollen. Die Weiterverarbeitung dieser Informationen durch Maschinen ist nur sehr eingeschränkt möglich. An dieser Stelle setzt XML (Extensible Markup Language) an. Dieser Standard zielt auf die Erstellung von maschinen- und menschenlesbaren Dokumenten, wobei er in den letzten Jahren besonders als Datenaustauschformat an Bedeutung gewonnen hat. Allerdings lassen sich auf Basis von XML noch keine semantischen Informationen abbilden. Um diese Lücke zu schließen, wurde der RDF-Standard verabschiedet (Resource Description Framework), der auf einer XML-Syntax aufbaut und bei dem es sich vereinfacht ausgedrückt um eine Wissens- bzw. Repräsentationssprache handelt, die der Beschreibung von Inhalten auf Grundlage so genannter RDF-Triples dient.[23] So ein Triple besteht aus einem Subjekt, Prädikat und Objekt und ermöglicht es Maschinen, logische Schlüsse über die auf diesem Wege abgebildeten Zusammenhänge zwischen Subjekten und Objekten zu ziehen. Abbildung 2 zeigt den Aufbau eines solchen RDF-Triples anhand eines konkreten Beispiels.

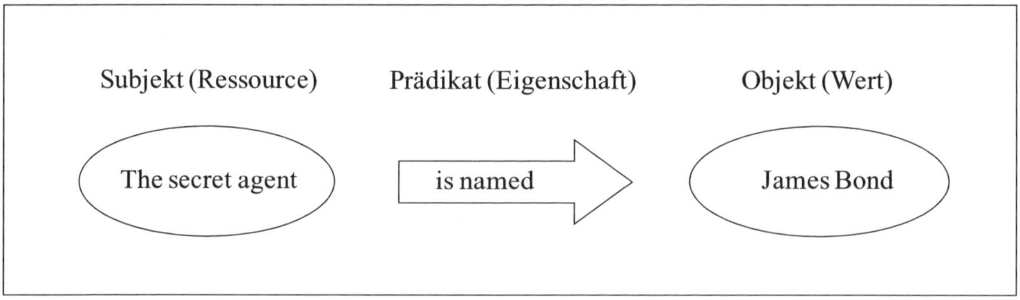

Abbildung 2: Aufbau eines RDF-Triples

---

[23] Vgl. STRUCKENSCHMIDT/VAN HARMELEN (2005).

Solche RDF-Triples prägen die semantische Wissensrepräsentation und die darauf basierende automatisierte Wissensverarbeitung. Die damit verbundenen technischen Herausforderungen sind immens. Eine Anreicherung des gesamten Internets mit semantischen Informationen (bzw. RDF-Triples) erhöht die Komplexität dieser globalen Wissensdatenbank nochmals erheblich und stellt auch große Anforderungen an semantische Suchmaschinen.

3.3 Problemfelder und Herausforderungen im Bereich der semantischen Suche

Das Potenzial semantischer Suchmaschinen erscheint auf dem ersten Blick vielversprechend und wird in der aktuellen Diskussion auch besonders betont; angesichts der Komplexität der technischen Grundlagen verwundert es jedoch kaum, dass sie sich in der Praxis bislang noch nicht durchsetzen konnten. Das liegt zunächst an dem hohen Modellierungsaufwand, der mit der Erstellung von Ontologien verbunden ist. In diesem Kontext wird weiterhin der geringe Standardisierungsgrad von RDF-Aussagen kritisiert.[24] Während in HTML z. B. eindeutig definiert ist, dass es sich bei dem Tag <H1> um eine Überschrift ersten Grades handelt, findet die Interpretation einer RDF-Aussage erst während der Implementierung statt. Das W3C-Konsortium hat in diesem Zusammenhang nur generische Vorschriften gemacht. Ein weitaus größeres Problem ist jedoch darin zu sehen, dass die im Web vorzufindenden Dokumente zunächst mit Metainformationen angereichert und dann mit einer entsprechenden Ontologie verknüpft werden müssen, um semantische Suchanfragen realisieren zu können. In Anbetracht der rasanten Veränderungsgeschwindigkeit der im Web vorzufindenden Inhalte – pro Woche entstehen etwa 320 Millionen neue Webseiten[25] – bereitet das erhebliche Probleme.

Grundsätzlich kann die Anreicherung der Inhalte automatisch oder manuell erfolgen. Im erstgenannten Fall werden Metadaten automatisch aus den Dateien extrahiert, wobei auf unterschiedliche technologische Verfahren zurückgegriffen wird. Ein Beispiel hierfür stellt die Analyse von Bilddateien aufgrund ihrer Farbzusammensetzung oder der Umrisse der gezeigten Motive dar, um auf diesem Wege ähnliche Inhalte zu identifizieren. Einen solchen Ansatz verfolgen z. B. die Bildersuchmaschinen Tiltomo (http://www.tiltomo.com) und Retrievr (http://labs.systemone.at/retrievr/). Verfahren aus dem Bereich des Text-Mining spielen in diesem Zusammenhang ebenfalls eine wichtige Rolle. Diese Verfahren beschäftigen sich mit der Verarbeitung und Auswertung von unstrukturierten Daten – z. B. in Form von Texten auf Webseiten – und nutzen linguistische Methoden der Spracherkennung. Diese Technologien sind jedoch bei weitem noch nicht ausgereift. Vielmehr besteht Einstimmigkeit darüber, dass eine automatische Auswertung der Informationsinhalte nur dann zufriedenstellende Ergebnisse liefert, wenn es um eine schnelle und annäherungsweise Einschätzung geht. „For applications that need near-perfect solutions, human analysts have to be involved to correct errors made by automatic techniques."[26] An den gegenwärtigen Verfahren im Bereich des Text-Mining wird z. B. kritisiert, dass sie grammatikalische Unterschiede zwischen verschiedenen Sprachen außer Acht lassen. Auch ironische oder sarkastisch formulierte Sätze entziehen sich bislang der maschinellen Verarbeitbarkeit.

---

[24] Vgl. *DIESTELKAMP/BIRKENHAKE* (2005).

[25] Vgl. *LEWANDOWSKI* (2006).

[26] *LIU ET AL.* (2005).

In Anbetracht der Problemfelder bei der automatischen Extrahierung von Metadaten erstaunt es kaum, dass auch manuelle Verfahren der Metadatenanreicherung nach wie vor eine wichtige Rolle spielen. In diesem Fall werden die Inhalte durch die Anwender manuell ausgezeichnet. Sie verschlagworten („taggen“) und kommentieren die betreffenden Dateien, woraus ein Beziehungsnetzwerk aus Schlagwörtern und Inhalten entsteht. Eine solche Form der Auszeichnung ist auch für Web-2.0-Anwendungen typisch, bei denen die Anwender eigene Inhalte im Web veröffentlichen. Populäre Beispiele hierfür stellen z. B. Flickr (http://www.flickr.com) und YouTube (http://www.youtube.com) dar. Dabei werden jedoch keine hierarchischen Strukturen – wie z. B. bei einer Ontologie – zugrunde gelegt, wie bestimmte Themen zusammenhängen. Vielmehr können die Anwender eigene Tags vergeben, zwischen denen dann Relationen berechnet werden. Solche Relationen beziehen sich auf die Häufigkeit, mit der einzelne Begriffe in Kombination miteinander verwendet wurden. Auf Basis dieser so genannten Folksonomies wird dann z. B. auf ähnliche Inhalte geschlossen. Diese Vorgehensweise hat zwar den Vorteil, dass Tags die individuelle Sicht der Anwender erfassen. Allerdings führen unterschiedliche Schreibweisen und subjektive Kombinationen von Tags zu mehr oder weniger diffusen Folksonomies. Dies lässt immer wieder Fehler entstehen, wenn es z. B. um die Suche nach verwandten Themen und Inhalten geht.

Um die hier skizzierten Probleme zu lösen, beschäftigt man sich in der Informatik gegenwärtig mit der Frage, inwieweit die beiden hier skizzierten Ansätze zusammengeführt werden können, um die Vorzüge semantischer Technologien mit den Ansätzen zur Annotierung von Inhalten im Web 2.0 zu kombinieren.[27] Dabei geht es z. B. um die automatische Extrahierung von Metadaten, um das Tagging zu vereinfachen oder um die Integration der Community in den Prozess der Ontologieentwicklung.[28]

Neben den nach wie vor gegebenen technischen Herausforderungen muss jedoch konstatiert werden, dass darüber hinaus noch ein wesentlich profaneres Problem besteht. So ist im Kontext semantischer Suchmaschinen eine erhebliche Gefahr darin zu sehen, dass es zu Manipulationsversuchen bei den Metadaten kommt, um eine bessere Platzierung in den Suchergebnislisten zu realisieren. Damit handelt es sich allerdings um kein spezielles Problem semantischer Suchmaschinen. So werden z. B. auch bei herkömmlichen Webseiten Metadaten in den Kopf von Webseiten integriert, die auch von „traditionellen“ Suchmaschinen ausgewertet wurden. Allerdings kam es in diesem Zusammenhang in der Vergangenheit immer wieder zu Manipulationsversuchen, indem z. B. populäre Schlüsselwörter im Kopfelement der Webseite integriert wurden, um möglichst viele Anwender auf die Webseite zu kanalisieren. Das hat dazu geführt, dass diese Metadaten kaum noch von den führenden Suchmaschinen beachtet werden.[29] Aus dem gleichen Grund werden die Erfolgsaussichten semantischer Suchmaschinen in Frage gestellt, da sie im hohen Umfang auf qualitativ hochwertige Metadaten angewiesen sind: „Dem Missbrauch semantischer Informationen zur Förderung des Umsatzes von zweifelhaften Waren hat auch das Semantic Web nur wenig entgegenzusetzen. Aus dem Tag-Abuse in HTML wird RDF-Abuse.“[30]

---

27 Vgl. *SCHUSTER/RAPPOLD* (2006), S. 197.

28 Vgl. *WU ET AL.* (2006).

29 Vgl. *MAASS/SCHERM* (2007).

30 *DIESTELKAMP/BIRKENHAKE* (2005).

4 Fazit und Ausblick – Potenziale semantischer Wissensverarbeitung in Unternehmen

In elektronischen Netzwerken sind algorithmenbasierte Suchmaschinen als zentrale Instrumente zur Befriedigung von Informationsbedürfnissen anzusehen. Dies gilt sowohl im Hinblick auf die allgemeine Informationssuche im Internet als auch im Unternehmenskontext. Allerdings bieten diese Suchmaschinen keine qualitativ hochwertigen Suchergebnisse. Im Gegenteil: Da die gegenwärtigen Suchtechnologien die semantische Bedeutung von Suchanfragen nicht interpretieren können, wird das Potenzial der verfügbaren Inhalte, die zur Beantwortung einer Suchanfrage beitragen könnten, durch die bestehenden Technologien nicht annähernd ausgeschöpft. Sowohl die Identifikation als auch die Bewertung von Wissen bleiben vor diesem Hintergrund defizitär.

Auch die in jüngerer Zeit häufig diskutierten semantischen Suchdienste stehen noch am Anfang ihres Lebenszyklus`. Sie basieren auf einer Anreicherung der Wissensdatenbank Internet mit inhaltsbezogenen Metadaten. Damit ist eine sehr hohe Komplexität sowohl der technischen Grundlagen als auch der semantischen Analyse sowie Ontologieentwicklung verbunden, die zum gegenwärtigen Zeitpunkt nicht bewältigt werden kann. Die mit der semantischen Wissensverarbeitung und der semantischen Suche verbundenen hohen Erwartungen werden deshalb bisher keineswegs erfüllt. Aus diesem Grund gibt es zurzeit keine befriedigende Applikation, die die Identifikation, Bewertung und schließlich Nutzung von Wissen aus dem Internet (und Intranet) bei spezifischen inhaltlich anspruchsvolleren Suchanfragen effektiv unterstützt.

Das bedeutet aber nicht, dass semantische Technologien in Zukunft gar keinen Nutzen für das Wissensmanagement im Unternehmenskontext stiften. Die skizzierten Probleme semantischer Technologien stellen sich in einem klar abgrenzbaren Netzwerk und damit vor allem in dem Intranet von Unternehmen weitaus weniger problematisch dar. Insbesondere die Ontologieentwicklung und damit die semantische Wissensrepräsentation werden in diesem Kontext erheblich erleichtert. In der Regel besitzen die Anwender hier ein ähnliches Grundverständnis über den repräsentierten Ausschnitt der Realität. Gleichzeitig sind sie nur auf ausgewählte Informationen angewiesen. Die Ontologieentwicklung muss somit nur begrenzte Themen abdecken und auf eher fokussierte Informationsbedarfe ausgerichtet sein.

In Zukunft können die semantische Wissensrepräsentation und darauf basierende Suchmaschinen daher vor allem in dem Bereich des Intranets neue Leistungspotenziale für die Wissensidentifikation, -bewertung, -nutzung und ggf. sogar -entwicklung erschließen, z. B. in Form der semantischen Annotierung von Webservices. Im Hinblick auf das schwach strukturierte Netzwerk des Internets sind jedoch durch die Realisierung semantischer Suchmaschinen – so schön die Vision des semantischen Web auch sein mag – auf absehbare Zeit keine bahnbrechenden Quantensprünge zu erwarten.

Anmerkung:
Der Beitrag entstand im Rahmen des Forschungsprojektes Theseus (Teilprojekt Alexandria), das unter dem Förderkennzeichen 01MQ07008 vom BMWi gefördert wird.

Quellenverzeichnis

ALBRECHT, F. (1993): Strategisches Management der Unternehmensressource Wissen, Frankfurt 1993.

BERNERS-LEE, T./HENDLER, J./LASSILA, O. (2001): The Semantic Web, in: Scientific American, 2001, S. 34–43.

BULLINGER, H.-J./WÖRNER, K./PRIETO, J. (1997): Wissensmanagement heute, Fraunhofer Institut für Arbeitswissenschaft und Organisation, Stuttgart 1997.

DIESTELKAMP, E./BIRKENHAKE, B. (2005): Die Semantic Web Ernüchterung, in: Magazin für Typo3 und Open Source Technologien, online: http://t3n.yeebase.com/magazin/ausgaben/artikel/die-semantic-web-ernuechterung/, Stand: o. A., Abruf: 07.08.2008.

FÖRSTER, A./KREUZ, P. (2002): Offensives Marketing im E-Business, Berlin 2002.

GRUBER, T. R. (1995): Toward principles for the design of ontologies used for knowledge sharing, in: International Journal of Human-Computer-Studies, 1995, S. 907–928.

GÜLDENBERG, S. (1998): Wissensmanagement und Wissenscontrolling in lernenden Organisationen, Wiesbaden 1998.

HANSEN, H./NEUMANN, G. (2005): Wirtschaftsinformatik 2, 9. Auflage, Stuttgart 2005.

IHLENFELD, J. (2007): Google setzt BMW vor die Tür, in: Golem – IT-News für Profis, online: http://www.golem.de/0602/43155.html, Stand: 06.02.2006, Abruf: 08.05.2007.

JOHN, M. (2006): Semantische Technologien in der betriebswirtschaftlichen Praxis, Berlin 2006.

LEWANDOWSKI, D. (2005): Web Information Retrieval: Technologien zur Informationssuche im Internet, Frankfurt 2006.

LEWANDOWSKI, D. (2006): Aktualität als erfolgskritischer Faktor beim Suchmaschinenmarketing, in: Information, Wissenschaft und Praxis, 2006, S. 41–48.

LEXIKON SUCHMASCHINENOPTIMIERUNG (2006): Keyword density, online: http://www.lexikon-suchmaschinenoptimierung.de/k.htm, Stand: o. A., Abruf: 08.05.2007.

LIU, B./HU, M./CHENG, J. (2005): Opinion Observer: Analyzing and comparing opinions on the web, in: Proceedings of the 14th international World Wide Web conference in Chiba, Japan, May 10–14, 2005, Chiba 2005.

MACHILL, M./WELP, C. (2003): Wegweiser im Netz, Gütersloh 2003.

MAASS, C. (2008): E-Business Management, Stuttgart 2008.

MAASS, C./SCHERM, E. (2007): Suchmaschinen-Marketing – Ansatzpunkte und Stolpersteine, in: WISO – Das Wirtschaftsstudium, 2007, S. 822–825.

PROBST, G. J. B./RAUB, S./ROMHARDT, K. (2006): Wissen managen, 3. Auflage, Wiesbaden 2006.

SCHERM, E./PIETSCH, G. (2007): Organisation: Theorie, Gestaltung, Wandel, München/Wien 2007.

Schneider, U. (1996): Management in der wissensbasierten Unternehmung, in: *Schneider, U.* (Hrsg.), Wissensmanagement, Frankfurt 1996, S. 13–48.

Schulz, W./Held, T./Laudien, A. (2005): Suchmaschinen als Gatekeeper in der öffentlichen Kommunikation, Düsseldorf 2005.

Schuster, M./Rappold, D. (2006): Social Semantic Software – was soziale Dynamic im Semantic Web auslöst, in: *Pellegrini, T./Blumauer, A.* (Hrsg.), Semantic Web – Wege zur vernetzten Wissensgesellschaft, Berlin 2006, S. 189–199.

Struckenschmidt, H./van Harmelen, F. (2005): Information sharing on the semantic web, Berlin 2005.

Ullrich, M./Maier, A./Angele, J. (2003): Taxonomie, Thesaurus, Topic Map, Ontologie – ein Vergleich, Ontoprise White Paper, Karlsruhe 2003.

Wolf, T./Decker, S./Abecker, A. (1999): Unterstützung des Wissensmanagements durch Informations- und Kommunikationstechnologie, in: *Scheer, A.-W./Nüttgens, M.* (Hrsg.), Electronic Business Engeneering, Heidelberg 1999, S. 745–766.

Wu, X./Zhang, L./Yu, Y. (2006): Exploring social annotations for the semantic web, in: Proceedings of the 15th International Conference on World Wide Web, New York 2006, S. 417–426.

Vorlagen (Blueprints) im Performance Management – Wirkliche Projektverbesserung oder lediglich Marketinghülse?

KARSTEN OEHLER

COGNOS

1 Einleitung

Anwendungssysteme zur Unterstützung der Unternehmenssteuerung[1] unterscheiden sich in ihrer Ausgestaltung im Bezug auf fachliche Konkretisierung sehr stark. Einige Anbieter gehen abstrahierend an die Umsetzung heran, indem sie mehr oder weniger flexible Modellierungswerkzeuge bereitstellen und Kunden bzw. Beratern die Konkretisierung überlassen. Planungssprachen oder OLAP-Datenbanken[2] eignen sich dabei als Werkzeug dieser Arbeitsteilung. Andere Anbieter sind hingegen konkreter im Bezug auf Aufgabenunterstützung, indem sie typische Abläufe programmieren. Dabei wird der zu implementierende Prozess im konkreten Einzelfall betrachtet oder aufgrund von Erfahrungen oder in Zusammenarbeit mit Beratern rekonstruiert. Eine Vielzahl von Lösungen zur Planung, zum Risikomanagement, zur Balanced Scorecard etc. dokumentiert diesen Pfad. Man könnte beide Herangehensweisen auch als „Make or Buy“ bezeichnen.

Wählt man den generischen Ansatz, ist der Implementierungsaufwand im konkreten Implementierungsprojekt in der Regel höher, da viele Funktionen aufgesetzt werden müssen, die in den spezifischen Lösungen bereits umgesetzt worden sind. Was für diesen Ansatz spricht, ist die höhere Flexibilität. So ist beispielsweise die freie Wahl der Dimensionen in der Absatzplanung eine typische Anforderung, die einen generischen Ansatz rechtfertigt. Daneben gibt es auch Prozesse im Performance Management, die individuell sind, so dass sich die Entwicklung von Standardsoftware kaum lohnt.

Der häufig als nachteilig empfundene Aufwand für die Konfiguration bei generischen Ansätzen kann durch fachliche Konzepte kompensiert werden, die als Vorlagen kostenfrei oder -pflichtig vom Anbieter oder von Beratern bereitgestellt werden. Hier werden für verschiedene Fragestellungen Inhalte angeboten, die die Implementierungszeit verkürzen sollen. So könnte beispielsweise eine Vertriebsplanung für eine spezielle Branche mit typischen Planungsszenarien vordefiniert werden.

Es gibt äußerst unterschiedliche Ausprägungen, wie diese Inhalte bereitgestellt werden. Das Angebotsspektrum reicht von einfachen, mit der Software ausgelieferten Beispielen bis zu umfassend vorkonfigurierten Unternehmenssteuerungssystemen. Eine Vorlage kann beispielsweise ein Kontenrahmen aber auch eine komplette Erfolgs- und Finanzplanung umfassen. Die Vorstellung ist, dass der Anwender das Einführungsprojekt nicht mit dem Werkzeug quasi auf der grünen Wiese beginnt, sondern direkt den mitgelieferten Inhalt nutzen kann. Wenn eine hohe Übereinstimmung zwischen Projektanforderungen und Leistungsspektrum der Vorlage besteht, sollte der Implementierungsaufwand entsprechend gering sein.

Bezüglich der Verwendbarkeit solcher Vorlagen gibt es jedoch unterschiedliche Einschätzungen. Im Bezug auf das Business Warehouse der SAP und dessen Inhalt (als Business Content bezeichnet), wird der Wert durchaus skeptisch gesehen.[3] Auch bei Beratern wird der Nutzen der Verwendung von Vorlagen gelegentlich eher gering bewertet, da der Aufwand, die Vorlagen zu verstehen und zu adaptieren, höher als eine Neuimplementierung eingeschätzt wird. Konzeptionell ist die fehlende Release-Fähigkeit, mit anderen Worten, neue Versionen der Vorlagen einzuspielen, als kritisch anzusehen: Die Vorlage wird einmal adaptiert; neue Ver-

---

1 Hierunter fallen üblicherweise Lösungen zur Planung, zur Budgetierung, zur Konsolidierung etc.

2 OLAP: Online Analytical Processing

3 Vgl. *BANGE* (2004).

sionen sind in der Regel nur mit größerem Aufwand in die konkrete Anwendung zu übernehmen.

Ein wichtiger Punkt ist aber auch das Setzen der richtigen Erwartungen. Vorlagen müssen anders betrachtet werden als ausprogrammierte Prozesse und Verfahren. Vorlagen bieten die Möglichkeit, den Go-To-Market-Prozess zu verkürzen und damit Ideen zu transportieren, für die Standardlösungen nicht bzw. noch nicht geeignet sind, weil die hohe Spezialisierung für den Anbieter zu einem hohen Risiko eines zu geringen Deckungsbeitrag führen würde, wenn nur wenige Unternehmen Interesse an einem solchen Prozess zeigen. Dabei müssen üblicherweise aber auch Abstriche an die Qualität und die Wartbarkeit gemacht werden. Dies sollte zu Projektbeginn klar sein.

Häufig werden die Vorlagen den Kunden kostenlos bereitgestellt, insbesondere wenn der Charakter der Vorlagen nur Beispielen entspricht. Dass auch dies Nutzen stiftend sein kann, ist unmittelbar einleuchtend, denn selbst ein Beispiel kann im Projekt helfen, die Anforderungen des Kunden zu konkretisieren und mit den Möglichkeiten der Software in Übereinstimmung zu bringen. Vorlagen lassen sich jedoch wesentlich umfassender in Projekten einsetzen. Dann allerdings müssen bestimmte Anforderungen erfüllt werden, die im Weiteren noch erläutert werden sollen.

In diesem Beitrag soll ein Rahmen für die Einschätzung von Vorlagen entwickelt und Prinzipien für die Entwicklung von Vorlagen mit einem hohen Wiederverwendungsgrad formuliert werden. Damit soll ein Beitrag zur besseren Qualität von Vorlagen geleistet werden.

2 Vorlagen

2.1 Definition von Vorlagen

Anbieter von Lösungen und Berater liefern neben der eigentlichen Software zahlreiche Inhalte in Form von Beispielen oder Vorkonfigurationen mit. Diese Inhalte werden als Vorlagen, Blaupausen („Blueprints“) oder einfach als „Business Content“ bezeichnet. Hierunter werden allerdings recht heterogene Bestandteile subsumiert. Neben komplett vorkonfigurierten Systemen werden Beispielsfirmen, einzelne Lösungsbeispiele, Partialmodelle (z. B. Kontenrahmen) bereitgestellt. Hierbei muss es sich nicht um Inhalte in maschinenlesbarer Form handeln. Eine ausformulierte Handlungsanweisung beispielsweise zur Anlage einer Umlagefunktion soll auch unter dem Begriff „Vorlage“ fallen.

Arbeitsdefinition soll wie folgt lauten:

Vorlagen sind wiederverwendbare, qualitätsgesicherte Vorkonfigurationen betriebswirtschaftlicher Lösungen (Konzept und Implementierung), die separierbar von der eigentlichen Anwendung sind und die mit vertretbarem Aufwand in einem Implementierungsprojekt übernommen werden können.

Über das, was vertretbarer Aufwand ist, lässt sich sicherlich streiten. Der Anspruch an einen sofortigen Einsatz im Sinne von „Plug and Play“ dürfte allerdings in den meisten Fällen unrealistisch sein. In der Regel müssen individuelle Inhalte mit den Vorlagen zusammengebracht werden. Dies bedarf einer sorgfältigen Planung.

Aus welchen Bestandteilen bestehen Vorlagen und wie umfassend sollte eine Vorlage sein? Ein einzelnes Dimensionselement (z. B. eine einzelne Periode) wird kaum als Vorlage zu bezeichnen sein. Im Gegensatz dazu kann eine Vorlage ein komplettes Anwendungssystem umfassen. Eine Vorlage ist in der Regel eine Kombination verschiedener Bausteine. Betrachtet man die Wiederverwendbarkeit als Ziel der Erstellung einer Vorlage, ergeben sich erste Ansatzpunkte für die Gestaltung von Vorlagen:

- Ganze Prozesse (z. B. ein vollständiger Budgetierungsprozess) lassen sich nur schwer vollständig im konkreten Implementierungsprojekt adaptieren. Das mag auch die Ursache sein, warum die Referenzprozesse, wie sie in den neunziger Jahren von Scheer vorgestellt wurden, nicht den Erfolg hatten. Betrachtet man einen Budgetierungsprozess, so sind höchstens einzelne Teilaktivitäten wiederverwendbar. Der typische Prozess einer Budgetiterationen etc. hängt allerdings eng mit der jeweiligen Organisation zusammen.

- Methoden lassen sich eher wiederverwenden. Hier sind Methodenbibliotheken ein häufig eingesetztes Werkzeug. Aber auch stellt sich die Frage der Granularität. Eine Umlagefunktion lässt sich als Methode recht gut kapseln. Eine komplette Prozesskostenrechnung kann auch als Gruppe von Methoden aufgefasst werden, bestehend beispielsweise aus Planung der Prozesskosten, Verteilung, Prozesskalkulation usw.

- Metriken lassen sich ebenfalls als Vorlagen verwenden. Bei komplexen Kennzahlen, die Bestands- und Bewegungsgrößen zusammenbringen, können Vorlagen eine erhebliche Aufwandseinsparung erbringen. Ein Positions- oder Kontenrahmen kann als spezielle Form einer Metrik aufgefasst werden.

Zwischen Metriken und Methoden gibt es Überschneidungen. Metriken nehmen häufig die Ergebnisse von Methoden auf. Eine Umlage resultiert später in Kostenwerten.

Was können nun geeignete Bausteine zur Konstruktion von Vorlagen sein? Es soll hier auf die verbreitete Business-Intelligence-Terminologie verwiesen werden.[4] In einer BI-Vorlage werden üblicherweise folgende Bausteine verwendet, wie auch Abbildung 1 zeigt:

- Informationsstrukturen wie Kontenrahmen, Zeit etc. werden über Dimensionen abgebildet. Ein Dimensionselement stellt dabei die kleinste Einheit dar. Dimensionen fassen Objekte wie Konten, Positionen, Kennzahlen oder Organisationseinheiten zusammen. Häufig enthält eine Dimension in einem konkreten Kundenprojekt eine Kombination aus Vorlage und individueller Gestaltung. Die generischen Dimensionselemente der Vorlage sollten dann kenntlich sein. Dimensionselemente der Vorlagen werden daher in der Regel zu Gruppen zusammengefasst.

- Eine Ableitungsregel leitet Werte einer Dimension aus anderen Informationsbausteinen ab. Hierunter fallen Kennzahlen oder auch Umlagen.

---

4 Siehe hierzu *OEHLER* (2006), S. 125 ff.

- Ein Würfel (Cube) ist eine Kombination aus mindestens zwei Dimensionen und stellt ein fachliches Objekt dar, welches Bewegungsdaten enthält.
- Eine Verlinkung setzt Würfel und externe Objekte in Beziehung. Ableitungsregeln und Verbindungen stehen in enger Beziehung zueinander.
- Die Interaktion mit den Anwendern erfolgt über Eingabeformulare, Berichte oder vom System aufgrund von Ereignissen generierter Meldungen.
- Eine Ablaufsteuerung setzt die Einzelaktivitäten in eine zeitliche und sachliche Beziehung zueinander.
- In der Transformation werden Objekte aus den Vorsystemen (z. B. SAP R/3) auf die in der Vorlage definierten Objekte abgebildet.

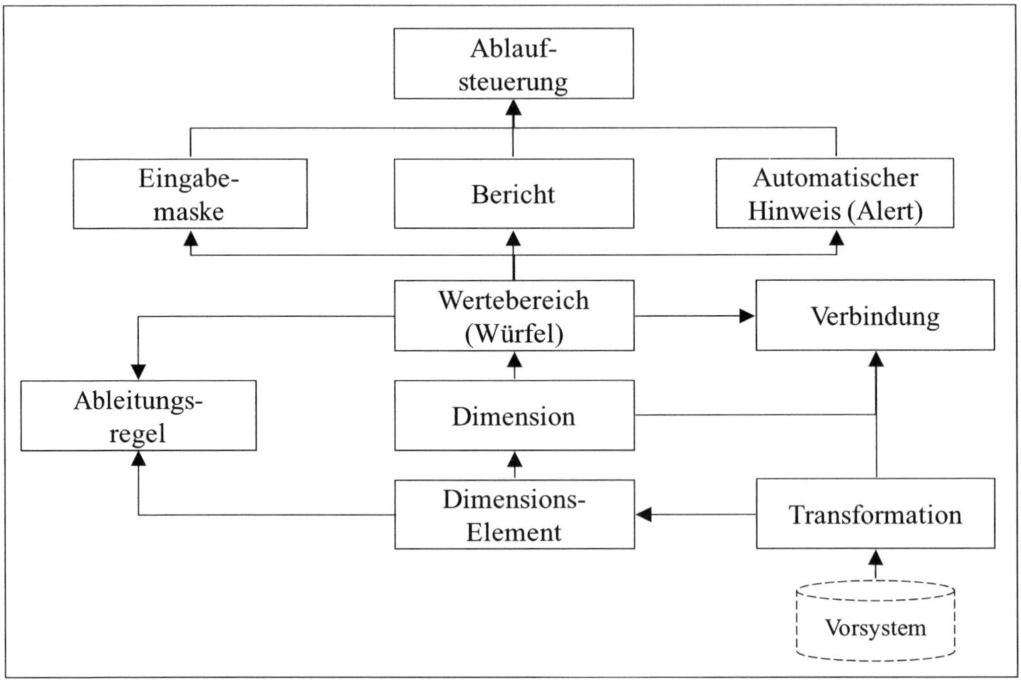

Abbildung 1: Mögliche Bausteine von Vorlagen

2.2 Ein Erklärungsansatz für die Entstehung von Vorlagen

Warum gibt es Vorlagen? Alternativ hierzu könnten, wie in der Einleitung erläutert, die Methoden und Modelle fest programmiert werden. Offensichtlich gibt es einen Bedarf, dies nicht zu tun, sondern den Inhalt als Vorlage bereitzustellen. Einige Gründe hierfür mögen sein:

- Die Anwendungsdomäne ist zu flüchtig, um die Umsetzung zu programmieren.
- Es wird Konfigurationsflexibilität beim Anwender benötigt.
- Es können andere Marktteilnehmer (Berater) mit Zusatzleistungen (eben den Vorlagen) an das Produkt gebunden werden (Netzwerkeffekte).

Einen Ansatz zur Entwicklung von Innovationen, der sich auf den Anwendungsbereich adaptieren lässt, liefert *GEOFFREY MOORE*. Er zeichnet einen Lebenszyklus von Anwendungen (Abbildung 2).

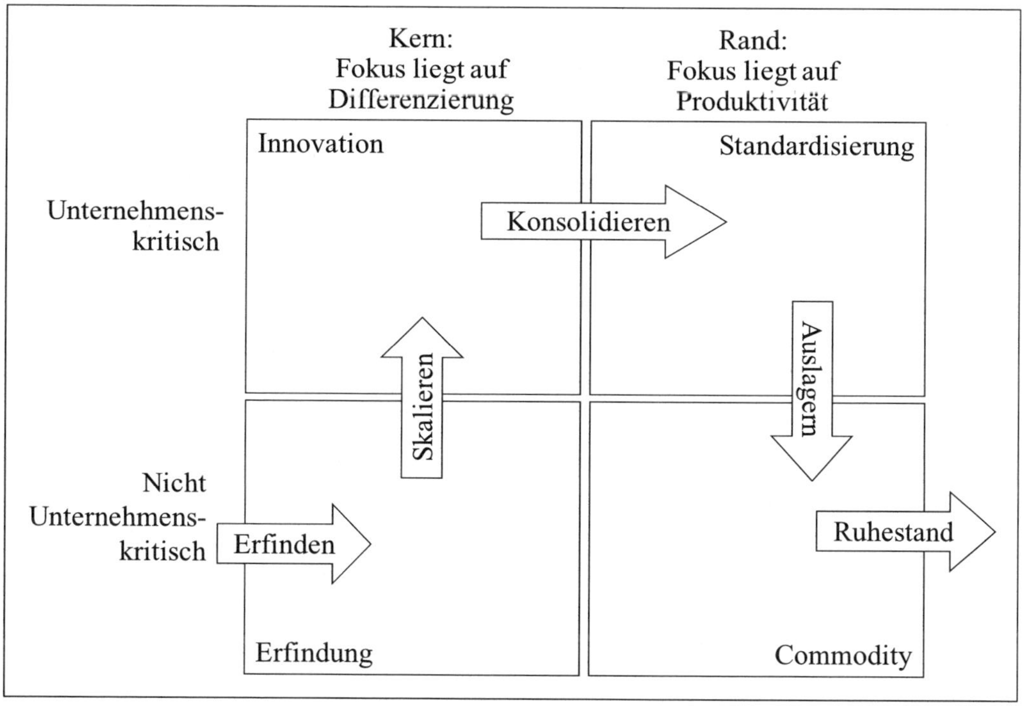

Abbildung 2: Entwicklungsschema nach MOORE[5]

Danach wandert eine Technologie im Laufe der Zeit von der Erfindung, die neue Chancen eröffnet, zur unternehmenskritischen Anwendung (wenn die erwarteten Vorteile realisiert werden können, was allerdings nur bei wenigen Innovationen der Fall sein dürfte). Wenn die Innovation erfolgreich ist, springen andere Unternehmen auf den Zug, womit der Wettbewerbsvorteil sukzessive schwindet: Die Technologie wandert vom Kern zum Rand. Im fortgeschrittenen Reifezyklus ist die ehemalige Innovation dann so verbreitet und auch nicht mehr unternehmenskritisch, dass der entsprechende Prozess häufig extern abgewickelt wird.

5 In Anlehnung an *MOORE* (2005), S. 211.

Dieser Innovationsverlauf dürfte auch für Business-Intelligence- bzw. Corporate Performance Management-Anwendungsfelder (CPM) gelten. Die Position der verschiedenen Anwendungsbereiche im Lebenszyklus dürfte jedoch unterschiedlich sein. Zahlreiche Anwendungsfelder des BI, z. B. das Standardberichtswesen liegen im Bereich der Standardisierung. Dies trifft insbesondere auch für Planungswerkzeuge zu. Auch Konsolidierungswerkzeuge gelten mittlerweile als hoch standardisierbar. Werkzeuge zur Unterstützung einer Balanced Scorecard sind eher noch im Bereich der Innovation anzusiedeln.

Allerdings sollten die zu betrachtenden Anwendungsbereiche nicht zu grob betrachtet werden. Das Gebiet der Planung ist beispielsweise zu heterogen, um es als Ganzes in das Schema einordnen zu können. Bei betriebswirtschaftlichen Anwendungsfeldern ist zudem auch die Diskussion um die geeignete Methodik zu berücksichtigen. Die Vertreter des Beyond Budgeting-Roundtables sehen beispielsweise im Rolling Forecast und einer dynamischen Zielfestlegung eine Überlegenheit gegenüber der klassischen Budgetierung. Dies scheint jedoch nicht haltbar, denn schließlich halten die meisten Unternehmen an diesem, von den Beyond Budgeting-Verfechtern als veraltet gekennzeichnetes Werkzeug fest. Das bedeutet aber auch, dass auch innerhalb gefestigter Bereiche Innovationen mit Wettbewerbsvorteilen möglich sind. Betrachtungsgegenstand könnte im Fall der operativen Planung eine rollierende Planung sein.

Der Anbieter von entsprechenden Lösungen sollte sich über die Position im Klaren sein. Aufgrund der Position sollten die Entscheidungen getroffen werden:

- Je deutlicher sich ein Unternehmen durch den Einsatz eines Werkzeugs differenzieren kann, desto höher ist der Wert für das jeweilige Unternehmen und damit die Bereitschaft, hierfür zu bezahlen.
- Gleichzeitig ist der Markt für entsprechende Vorlagen (noch) klein, da viele Unternehmen mit dem Einsatz zögern.

Zwar gilt, dass je höher der „Commodity“-Grad, desto leichter auch die Erstellung von Vorlagen. Es gibt jedoch auch eine Schwelle, jenseits der eine Implementierung durch Programmierung sinnvoller ist. Insofern werden Vorlagen tendenziell im Bereich der Innovation zum Einsatz kommen. Ist die Standardisierung hoch, dürfte der Trend zur gekapselten Programmierung führen, da Vorlagen Nachteile bezüglich der Wartbarkeit haben.

2.3 Zum Einsatz von Vorlagen

Wie werden Vorlagen im konkreten Implementierungsprojekt verwendet?

- Vorlagen können lediglich als Anregung dienen bzw. bestimmte Sachverhalte und Möglichkeiten verdeutlichen. Sie zeigen, was mit einer Software möglich ist. Vorlagen sind in diesem Zusammenhang kaum mehr als Beispiele. Dies ist die niedrigste Stufe des Einsatzes. Im konkreten Projekteinsatz wird dann außer Erkenntnissen aus der Betrachtung nichts übernommen.
- Als Grundlage des so genannten Scoping können Vorlagen helfen, Anforderungen zu konkretisieren, den Aufwand zu schätzen und das Projekt zu gestalten. Auch hier werden keine Komponenten übernommen.

- Eine weitergehende Nutzungsart besteht darin, mit der individuellen Konfiguration zu beginnen und dann die Vorlagenbausteine im Sinne einer Bibliothek zu nutzen. Im einfachsten Fall werden die Komponenten der Vorlage einfach herauskopiert und falls notwendig überarbeitet. Positiv ist es, wenn das Trägersystem hier entsprechende Mechanismen bereitstellt. Mit dem Kopieren wird die Verbindung zur Vorlage unterbrochen, was die Release-Fähigkeit der Vorlage in Frage stellt. Eleganter wird es, wenn nicht kopiert, sondern lediglich referenziert wird. Damit bleibt die Vorlage von den individuellen Modellen abgrenzbar. Das hat den Vorteil, dass eine solche Lösung eingeschränkt wartungsfähig wird, da die Vorlagenkomponenten leicht identifiziert werden können.
- Die Vorlage wird als Startpunkt genommen. Die individuellen Strukturen werden in die Vorlage integriert und weitere Anpassungen vorgenommen.
- „Schlüsselfertig" bedeutet, dass in ein fertiges Modell nur (abgrenzbare) Daten und wenige Strukturen eingespielt werden müssen. Bei einem solchen Umfang des Einsatzes mit entsprechend geringen Modifikationen ist die Umsetzung als Standardsoftware zu überlegen.

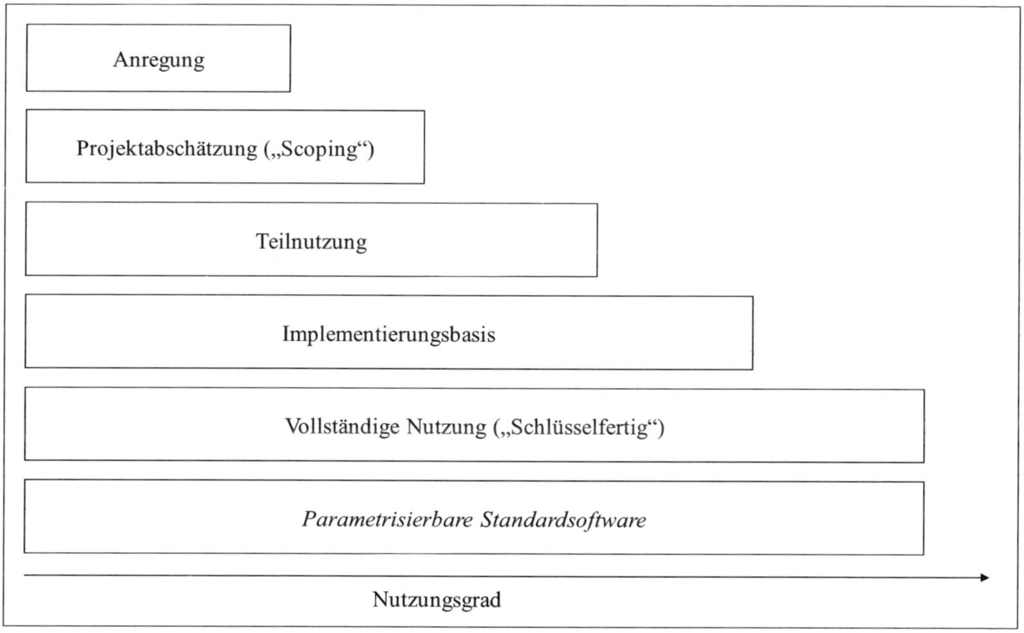

Abbildung 3: Nutzung von Vorlagen

Die Qualität der Vorlage figuriert beim Nutzungsgrad. Je höher die Qualität, desto wahrscheinlicher ist der konkrete Einsatz als Implementierungsbasis.

Ein wichtiger Aspekt ist auch der Grad der Standardisierung, wie im vorherigen Abschnitt skizziert. Je höher der Grad der unternehmensübergreifenden Standardisierung, desto leichter wird auch die Nutzung einer Vorlage gelingen. Ist das Anwendungsgebiet neu oder bezieht es sich auf den Mission-Critical-Bereich, dann ist es wahrscheinlich, dass eine Vorlage als Anregung verwendet wird. Die Abbildung 3 stellt die Nutzung von Vorlagen grafisch dar.

3 Einsatz von Vorlagen im Corporate Performance Management

3.1 Corporate Performance Management

Corporate Performance Management beschreibt die Systemunterstützung der Unternehmenssteuerung. Der Begriff kann sehr weit gefasst werden. Üblicherweise werden Planung, Konsolidierung, Scorecarding, Ergebnisrechnung und Kostenmanagement hierunter gefasst.[6] Die Abgrenzung zu Business-Intelligence-Werkzeugen liegt zum einen im Regelkreischarakter und zum anderen in der Betonung der Kollaboration bzw. der Prozesssicht. Die Anwendungen, die unter Corporate Performance Management diskutiert werden, sind in der Regel stärker vordefiniert als Business-Intelligence-Werkzeuge, mit denen zwar CPM-Aufgaben unterstützt werden können aber eben auch viele andere Aufgaben. Der fachliche Fokus ist der Treiber für die Gestaltung von CPM-Anwendung. Nach den Analysen von *GARTNER* besteht Performance Management aus Prozessen, Methoden, Metriken und Technologie.[7]

Warum sind nun Vorlagen bei CPM-Anwendungen von besonders hoher Bedeutung und rechtfertigt sich eine eigenständige Betrachtung des Themas? Der Wunsch, vorkonfigurierte Systeme bereitzustellen, ist auch im ERP-Bereich bereits ziemlich alt[8]. Die hier gemachten Erfahrungen mit vorkonfigurierter Software entsprachen häufig nicht den hochgesteckten Erwartungen.

Es gibt grundsätzliche Unterschiede zur Entwicklung von ERP. Die liegen nicht nur in einem zeitlich abweichenden Entwicklungspfad – ERP sind 10–15 Jahre älter - begründet. Zwar sind analoge Entwicklungstendenzen festzustellen. So sind immer mehr CPM-Suites analog zu den ERP-Produktfamilien im Markt verfügbar. Die Unterschiede sind wie folgt zu sehen:

- Der Werkzeug-Charakter ist bei CPM-Werkzeugen wesentlich ausgeprägter. Damit einher geht eine Erhöhung des Abstraktionsgrads. Am Beispiel der Kostenrechnung wird nicht mehr von spezifischen Kalkulationsobjekten wie Kostenstelle oder Auftrag gesprochen. Das Werkzeug stellt nicht mal mehr Kalkulationsobjekte bereit. Diese werden meistens im Rahmen der Konfiguration aufgesetzt.
- Die Anforderungen an die Modellierungsflexibilität ist bei CPM-Systemen höher. Begrenzte Flexibilität im Bezug auf die implementierten Prozesse, Methoden und Modelle wird bei ERP-Systemen üblicherweise über Parameter gesteuert. Ein bestimmtes, vordefiniertes Verfahren wird über einen Parameter aktiviert. So werden bestimmte Verbuchungsverfahren (z. B. die Abrechnung von Fertigungsbeständen) über Schalter aktiviert. Alle möglichen Verfahren sind ausprogrammiert. Es ist jedoch ein Unterschied, ob man einen Parameter setzt, der ein bestimmtes fest implementiertes Verfahren aktiviert oder ob man neue Dimensionen bestimmt. Das Verfahren ist bei der Parametrisierung nicht offen und kann nicht angepasst werden. Neue Verfahren können somit über eine Parametersteuerung nicht implementiert werden. Bei CPM liegt das Verfahren in Form einer Regel offen und kann um neue Methoden erweitert werden.

---

6 Vgl. *OEHLER* (2006), S. 41.

7 Vgl. *GEISHECKER* (2002), S. 3.

8 Vgl. *MERTENS/WEDEL/HARTINGER* (1991), S. 58.

Die herausgearbeiteten Unterschiede können nur Tendenzaussagen sein, da sich die Software-Architektur verändert. Auch ERP-Software wird zunehmen flexibler und ermöglicht die freie Modellierung. So erlaubt beispielsweise erlauben General Ledger-Umsetzung von verschiedenen Anbietern auch eine freie Konfiguration von Kalkulationsobjekten[9]. Damit lassen sich Abrechnungssysteme frei konfigurieren. Auch bei der Diskussion um SOA[10] geht es um mehr Flexibilität bei der Implementierung von ERP-Systemen.

3.2 Make or Buy im CPM

Die klassische Entscheidungsalternativen bei der Auswahl von Softwaresystemen sind hierzu üblicherweise „Make or Buy“: d. h. Eigenentwicklung, sprich Programmieren, oder von der Stange kaufen. Auf Corporate Performance Management übertragen heißt das, entweder eine OLAP-Datenbank und ein Berichts-/Analysewerkzeug oder entsprechende Anwendungen (z. B. eine Planungslösung) einzusetzen.

Ein hoher Anteil an Eigenentwicklung zeigt, dass viele Unternehmen Vorteile von standardisierten Anwendungen nicht oder noch nicht sehen. In einer TWDI[11]-Studie von 2002 nutzen 62 % der befragten Unternehmen „Build“-Anwendungen im Bereich von Business Intelligence.[12] Der Anteil der Standardanwendungen dürfte sich in den letzten Jahren erhöht haben, allerdings sind Make-Projekte immer noch sehr hoch. Als Gründe für den Einsatz von Individuallösungen werden üblicherweise die aus Abbildung 4 genannt.

9 Vgl. *Oehler* (2000), S. 112 ff.

10 SOA: Service Orientierte Architektur

11 TWDI: The Data Warehouse Institute

12 Vgl. *Eckerson* (2002), S. 11.

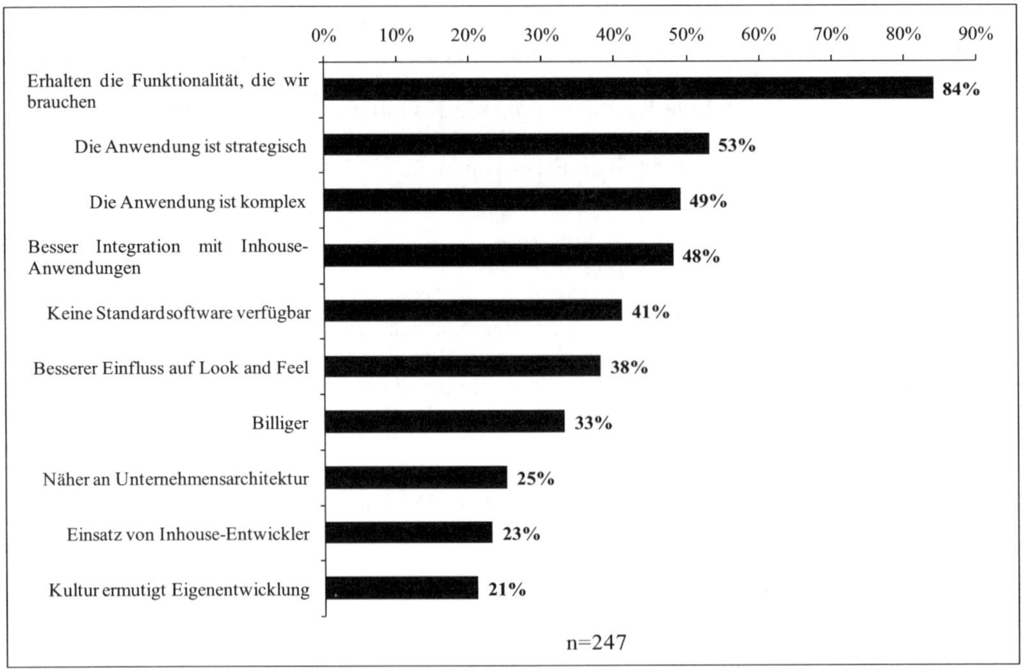

Abbildung 4: Beweggründe für Eigenentwicklung von BI Lösungen[13]

Eine Studie von IDC zeigt, dass sich der ROI von Make versus Buy deutlich unterscheidet, je nachdem in welchem Funktionsbereich die Anwendung zum Einsatz kommt[14]. So dürfte es sich eher lohnen, im Controlling eine Buy-Lösung einzusetzen. Im CRM Bereich ist genau umgekehrt. Dies scheint direkt mit der Verbreitung von „Common Practice“ zu korrelieren, den CRM ist im Vergleich zum rechnungswesenorientierten Controlling noch ein relativ junger Fachbereich. Hier sind standardisierte Prozesse offensichtlich noch nicht so etabliert, wie beispielsweise bei der Budgetierung oder der Management Konsolidierung.

Von der Kostenseite her gibt es erstaunlicherweise wenige Unterschiede zwischen Eigen- und Fremdentwicklung.[15] Tendenziell sind Kauflösungen sogar noch etwas teurer als eigen erstellte Lösungen. Eine Frage nach dem Anteil der Anpassungen gibt eine Antwort, warum die Kosten für die Standardsoftware so hoch sind. Die Mehrheit der Unternehmen passt Standardlösungen in einem erheblichen Maße an. So geben nur 20 % der Befragten der Untersuchung von *ECKERSON* an, ihre Anwendungen nicht modifiziert einzusetzen.[16]

---

13 Vgl. *ECKERSON* (2002), S. 25.

14 *IDC* (2002), S. 18.

15 Vgl. *ECKERSON* (2002), S. 34.

16 Vgl. *ECKERSON* (2002), S. 28.

Bringt man die beiden Studien von IDC und TDWI zusammen, liegt der Schluss nahe, dass bei vergleichbaren Kosten von Build und Buy deutliche Unterschiede im Nutzen liegen müssen. So scheinen die Unternehmen bei etablierten Prozessen vom Erfahrungswissen in der Standardsoftware zu profitieren. Leider weist die TDWI-Studie jedoch keine anwendungsspezifischen Kosteninformationen aus, so dass diese Hypothese nicht belegt werden kann.

Allerdings hat die Entwicklung von BI-Werkzeugen gezeigt, dass die strikte Trennung zwischen Make or Buy nicht mehr zeitgemäß ist. Dies sind nur zwei Pole aus einem Kontinuum:

- Ist die angebotene Lösung Werkzeug oder Anwendung? Ist ein Berichtsgenerator beispielsweise ein 4GL-Werkzeug oder eine Anwendung? Die Frage ist nicht eindeutig zu beantworten, auch weil viele der etablierten Berichtswerkzeuge mittlerweile fachlich orientierte Funktionen bereitstellen.
- Kombinationen sind möglich: So setzt man häufig eine fertige Planungslösung ein und nutzt flexible Reportingwerkzeuge auch zur Auswertung der Planungsergebnisse.
- Auch bieten die Werkzeuge häufig Programmierschnittstellen an, mit denen Erweiterungen erstellt werden können.

Ein Trend ist, dass die Anwendungssysteme der Anbieter immer offener werden. Die Unterscheidung, was Anwendung und was Parametrisierung in Form von Kontenrahmen, Berechnungsregeln usw. ist, wird immer undeutlicher. Insofern bietet sich dem Anwender häufig ein Kontinuum an Lösungsmöglichkeiten, zum Teil auch vom selben Anbieter.

Viele Lösungen sind eine Kombination aus Anwendung und flexiblem BI-Werkzeug. Ergänzt werden die generischen Bereiche durch Vorlagen. Die Abbildung 5 verdeutlicht diesen Sachverhalt. Neben einem Bereich, der immer individuell auszufüllen ist, gibt es einen Bereich, der grundsätzlich vorkonfigurierbar ist. Allerdings sind die Bereichsgrenzen nur unternehmensindividuell bestimmbar.

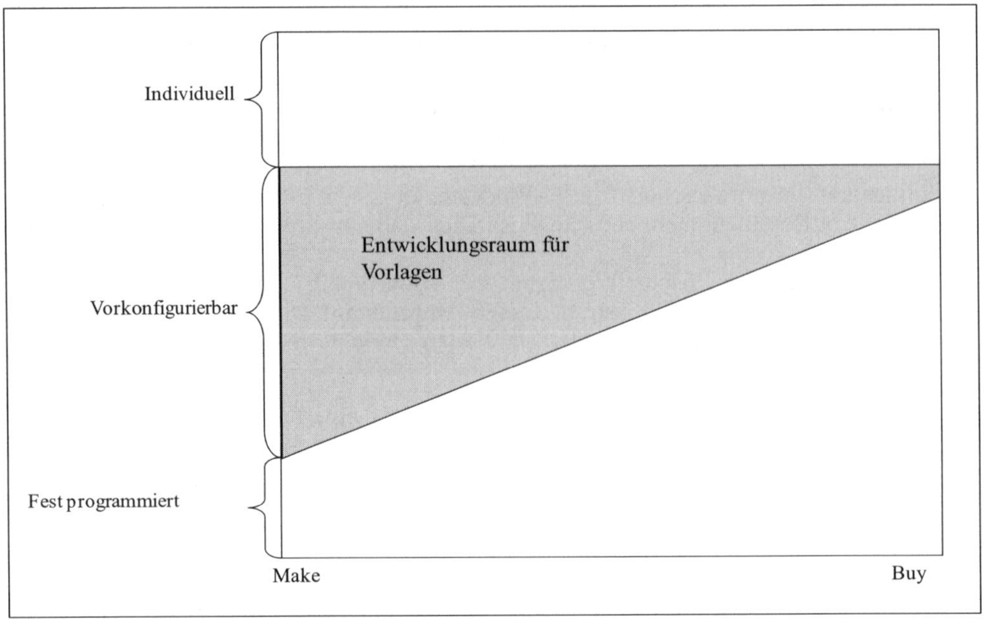

Abbildung 5: Make or Buy Kontinuum

Ein einheitlicher Abstraktionsgrad lässt sich auch nicht für alle Teilsysteme aus CPM allgemeingültig festlegen. Daher besteht ein unternehmensindividuelles CPM meistens aus einer Kombination aus Make und Buy: Man richtet die Infrastruktur ein und setzt eine Kombination aus parametrisierten Anwendungen und eigenerstellten Anwendungen ein. Berichtswesen werden meistens frei gestaltet.

4 Ein Modell zur Bewertung von Vorlagen

Für den Entscheider gibt es in der Regel verschiedene Möglichkeiten des Nutzens von Werkzeugen. Je nach Unternehmenssituation (u. a. Dynamik und Komplexität) zeigt sich eine unterschiedliche Präferenz im Bezug auf die Werkzeugauswahl. Die Umfeldbedingungen lassen sich pauschal in Zieleigenschaften der Lösung transformieren:

- Hohe Dynamik -> Hoher Flexibilitätsgrad der Lösung
- Hohe Komplexität -> Modularität und Problembezug

Wann ist der Einsatz von BI-Werkzeugen sinnvoll, wann eignet sich der Einsatz einer vordefinierten Lösung und wann lohnt sich der Einsatz von Vorlagen? Bei der Beantwortung der Frage ist der unternehmensindividuelle Kontext zu beachten. Wenn man davon ausgeht, dass mit entsprechendem Implementierungsaufwand das funktionale Ziel mit jeder Implementierungsalternative in weitgehend gleicher Qualität erreicht werden kann, kann vom Nutzenaspekt der Lösung abstrahiert werden und damit die Vorteilsargumentation deutlich vereinfacht werden.[17] Die wesentlichen Nutzenfaktoren sind somit nicht „strategischer Natur“ sondern recht konkret Kosteneinsparung bei der Konfiguration und Flexibilität. Ein hoher Vordefinitionsgrad schränkt üblicherweise die Flexibilität ein, hilft dennoch bei der Einführung. Werkzeuge müssen dagegen aufwändiger konfiguriert werden, bieten dafür mehr Flexibilität.

Aus konzeptioneller Sicht kann es nutzenneutral sein, Entwicklungswerkzeuge durch vordefinierte Systeme zu ersetzen, da der Anwender im gleichen Maße Flexibilitätseinbußen hinnehmen muss. Man kann das an einem Nutzenmodell, welches die Aspekte Ausbauflexibilität und Konfigurationsersparnis umfasst, zeigen (Abbildung 6). Eine hohe Konfigurationsersparnis wird in der Regel durch eine beschränkte Ausbauflexibilität erkauft. Je größer die Konfigurationsersparnis, desto eher ist der Kunde bereit, auf Flexibilität zu verzichten. Die Nutzenkurven sind in der Abbildung 6 eingezeichnet. Jeder Kunde dürfte unterschiedliche Präferenzen haben, die sich danach richten, wie wichtig die Flexibilität für ihn ist. Kunden in einem dynamischen Umfeld haben in der Regel ein höheres Bedürfnis nach Flexibilität, da sie im Vorfeld schon wissen, dass permanent Anpassungen notwendig sein werden. Ein zweiter Parameter für den Verlauf der Kurve ist die individuelle Eignung der Vordefinition einer Vorlage: Die Frage ist, wie gut die eigene Unternehmensstruktur zu einem vom Anbieter angebotenen „Common Practice“ einer Lösung passt. Eine Vertriebsplanung für Banken könnte beispielsweise unter Umständen auch für eine Versicherung passen. Der „Fit“ dürfte aber deutlich geringer sein als beim Einsatz in einer Bank.

Typische Lösungen sind beispielhaft im Diagramm eingezeichnet. So bietet die Tabellenkalkulation eine hohe Aufbauflexibilität. Jede Planungsspielart der Dateneingabe lässt sich durch die vielfältigen Basisfunktionen, die eine Tabellenkalkulation heutzutage liefert, umsetzen. Anders ist es mit kollaborative Planungsfunktionalitäten, wie zum Beispiel Workflow-Funktionen, die unter Umständen hinzu programmiert werden müssen. Auf jeden Fall ist das Anpassen aufwändig. Im Beispiel liegt die Tabellenkalkulation auf der niedrigsten Linie des Nutzens. Eine Tabellenkalkulation ist für den Einzelplaner in der Regel gut geeignet, bietet jedoch praktisch keine Unterstützung bei der verteilten Planung. Diese muss hinzu entwickelt werden.

---

17 Diese Annahme ist sicherlich angreifbar, wird aber aufgrund Vereinfachungsüberlegungen Aufrecht erhalten. Gerade im Bezug auf Datenqualität weist eine Tabellenkalkulation beispielsweise erhebliche Probleme auf.

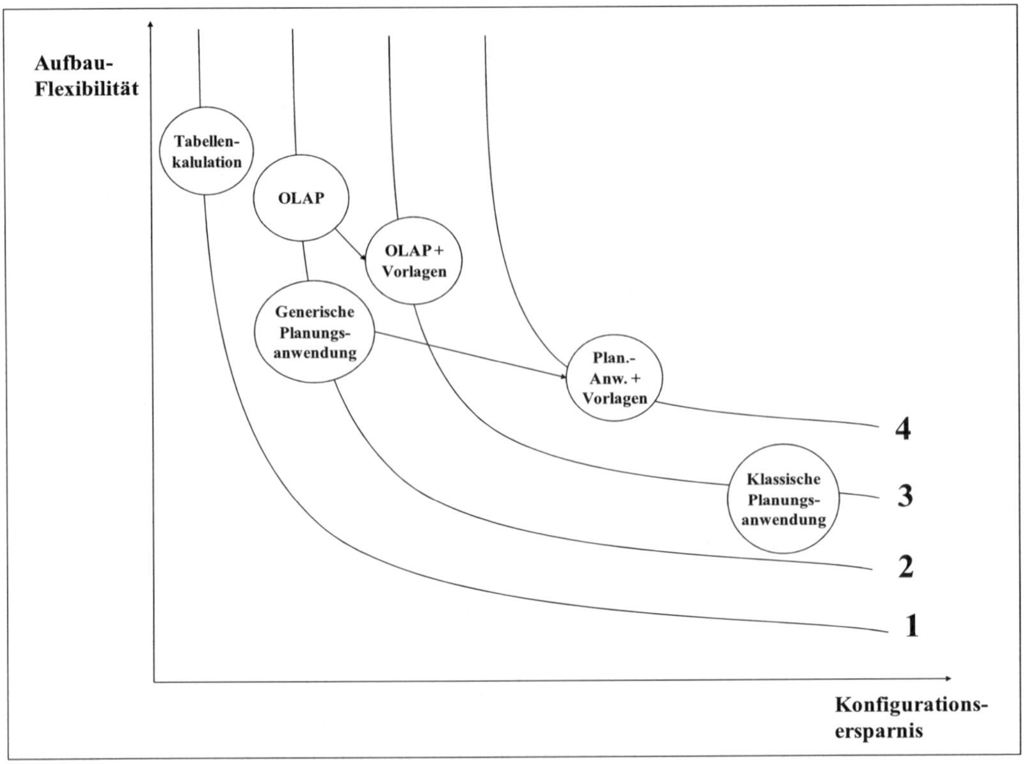

Abbildung 6: Nutzenmodell für den Einsatz von Planungswerkzeugen

Klassische Planungsanwendungen sind hingegen bezüglich der Anpassbarkeit eher beschränkt, aber dafür sehr schnell eingeführt, da sie aufgrund der hohen Standardisierung und der hohen Funktionalität viel Inhalt bieten. Im Beispiel würde der Kunde bei einem paar weisen Vergleich unter Vernachlässigung der Lizenzkosten sich bei rationaler Verhaltensweise für die Planungslösung und gegen Excel entscheiden. Die Position der klassischen Budgetierungslösung hängt aber auch sehr stark von den Anforderungen des Kunden ab. Die Voraussetzung ist, dass dieser Inhalt passt. Ein hoher „Fit" dieser vordefinierten Lösung führt zu einer „hohen" Position, da das Bedürfnis nach Anpassung, sprich Flexibilität, sinkt. Variieren die Anforderungen stark, erhöht sich der Konfigurationsaufwand sehr schnell. Wäre der „Fit" im Beispiel kleiner, läge die Planungslösung vielleicht auf der gleichen Isoquante wie die Tabellenkalkulation, hier würde wahrscheinlich der Lizenzpreis den Ausschlag für eine Entscheidung geben.

Moderne, eher generische Planungslösungen wie beispielsweise Cognos Planning und generische OLAP-Anwendungen mit Planungsfunktionalitäten sind zusätzlich in das Diagramm eingetragen. Diese liegen im Beispiel auf der gleichen Nutzen-Isoquante. Mit anderen Worten: der Anwender zeigt sich indifferent zwischen beiden Lösungen; die höhere Flexibilität der OLAP-Lösung wird durch den höheren Aufwand bei der Konfiguration exakt kompensiert.

Es sind zudem die Wirkungen von Vorlagen eingetragen. Diese Vorlagen sollen für OLAP und für die generische Planungslösung verfügbar sein.

Für OLAP-Werkzeuge ergibt sich durch den Einsatz von Vorlagen eine gewisse Ersparnis, so dass der Nutzen durch Verlagerung auf eine andere, weiter rechts gelegene Isoquante vergrößert werden kann. Gleichzeitig sinkt aber auch die Aufbauflexibilität, da bestimmte Strukturen der Vorlage übernommen werden müssen und nicht mehr ohne weiteres angepasst werden können. So ist in der Regel die Anzahl der Dimensionen in der Vorlage unveränderlich bzw. eine entsprechende Anpassung mit unvertretbar hohem Aufwand verbunden. Es ist aber auch bei OLAP-Vorlagen eine deutliche Konfigurationsersparnis erkennbar, so dass im Beispiel unter Beigabe der Vorlagen eine Indifferenz für den Anwender zwischen der OLAP-Anwendung und der klassischen Planungslösung besteht. Auch hier sind letztendlich der Preis bzw. andere Aspekte wie die Berücksichtigung einer Plattform-Entscheidung entscheidend.

Bei einer Planungslösung, die explizit den Vorlagen-Ansatz unterstützt, kann der Vorteil gegenüber der generischen Lösung deutlich höher liegen. Die (nutzenreduzierende) Wirkung auf die Anpassungsflexibilität ist geringer, da Werkzeuge zur Anpassung von Vorlagen bereitgestellt werden (siehe Argumentation im nächsten Abschnitt). Der Nutzen der Anwendung mit Vorlagen ist somit für den Kunden am größten.

Durch eine Vorkonfiguration kann also eine Verschiebung auf eine andere Isoquante erreicht werden. Allerdings muss bedacht werden, dass durch den Einsatz einer Vorlage eine Verschlechterung erfolgen kann. Dies ist immer dann der Fall, wenn nicht unerhebliche Lizenzgebühren für Vorlagen verlangt wird, oder eine Konfigurationsersparnis durch einen schlechten Fit zu den individuellen Unternehmensanforderungen nicht oder nur geringfügig zu erwarten ist.

Was sind nun die Erkenntnisse aus diesem Modell? Eine Verschiebung entlang einer Isoquante ist ohne zusätzlichen Wertzuwachs für den Kunden. Wenn man durch einen Wechsel eines Werkzeugs eine höhere Flexibilität erreicht, jedoch die Konfigurationsersparniss reduziert, wird der erreichte Nutzeffekt einer Dimension durch die Verschlechterung der anderen Ausprägung kompensiert. Diese Darstellung lässt insbesondere viele Werbebotschaften in einem anderen Licht erscheinen. Sinnvoll sind Verbesserungen in der Aufbauflexibilität ohne signifikante Kostenerhöhung.

5 Qualität von Vorlagen

Wie kommen nun die Verbesserungen durch Vorlagen zustande? Verbesserungen können in zweifacher Hinsicht erreicht werden:

- Zum einen müssen die Vorlagen gewissen Prinzipien genügen. Hier kann man von den Erfahrungen aus dem Software Engineering profitieren. Die Anwendung solcher Prinzipien verbessern die Anpassbarkeit an individuelle Anforderungen.

- Zum anderen kann das Trägerwerkzeug das Einspielen und die Wartung der Vorlagen unterstützen. Je besser die Basisfunktionalität eines Trägerwerkzeuges ist, desto schlanker gestalten sich tendenziell die Vorlagen. Auch kann die Anpassung der Vorlagen durch spezielle Werkzeuge (z. B. Library-Verwaltung) erleichtert werden.

Es wird intuitiv schnell klar, dass es Unterschiede zwischen Vorlagen im Bezug auf Anwendbarkeit, Verständlichkeit usw. gibt. Beispiele sind häufig nicht oder nur sehr oberflächlich dokumentiert. Qualitätsgesicherte Vorlagen sollten hingegen gut strukturiert und umfassend dokumentiert sein. Es gibt also signifikante Unterschiede im Bezug auf die Qualität von Vorlagen.

Ganz allgemein wird unter Qualität die Übereinstimmung mit formulierten Anforderungen verstanden. In EN ISO 9000:2005 wird Qualität als Grad definiert, in dem ein Satz inhärenter Merkmale Anforderungen erfüllt. Die Qualität gibt damit an, in welchem Maße ein Produkt (Ware oder Dienstleistung) den bestehenden Anforderungen entspricht.

Da die Erwartungen variieren, gibt es per se keine guten und schlechten Vorlagen. Zunächst muss die Frage beantwortet werden, wofür die jeweilige Vorlage benötigt wird. Benötigt man Anregungsinformationen, wie ein Ansatz umzusetzen sei, reicht ein Beispiel aus. Möchte man spezifische Teile extrahieren, muss die Vorlage eine weitaus höhere Qualität aufweisen. Will man es als Projektbasis nutzen, ist die Anforderung am höchsten. Folgende Aspekte sind von Bedeutung:

- Sind die Vorlagen ausreichend dokumentiert? Damit werden Nutzen und mögliche Beschränkungen deutlich.
- Besteht ein hoher Anwendungsbezug bzw. ist die Vorlage schnell einsatzbar?
- Besitzt die Vorlage einen hohen Wiederverwendungsgrad? Dieser Punkt wirkt entgegengesetzt zum vorherigen Aspekt.
- Besitzt die Vorlage eine adäquate Komplexität? Unnötige Komplexität entsteht auch durch fehlende Entwicklungsprinzipien des Software-Enginerings wie Modularisierung und Geheimnisprinzip[18].
- Sind die Vorlagen modular aufgebaut? Wie sind die Vorlagen strukturiert? Eine Vorlage sollte modular aufgebaut, d. h. in sich abgeschlossen sein. Referenziert eine Vorlage auf andere Vorlagen, sollte dies klar erkennbar sein. Die Abhängigkeiten sind wichtig, um sukzessiven Einsatz von Vorlagen zu ermöglichen. Sie stellen gewissermaßen die Modulspezifikation dar.
- Sind die Vorlagen methodisch fundiert? Sind die Methoden allgemein akzeptiert?
- Wie leicht sind Anpassungen möglich und wie lange dauern diese? Wie sehen die Testprozeduren nach einer solchen Änderung aus?
- Ist die Vorlage release-fähig? Wie hoch ist der Aufwand, neue Versionen nachträglich zu implementieren?

Es gibt erhebliche Qualitätsunterschiede bei Vorlagen. Bei der Betrachtung von Vorlagen kann ein Reifegradmodell zweckmäßig sein.

---

[18] Siehe hierzu z. B. *BALZERT* (1982).

- Vom Anbieter aufgebaute Beispiele, die zeigen sollen, wie ein Feature grundsätzlich funktioniert.
- Vom Kunden übernommene Projektergebnisse.
- Verallgemeinerte Projektergebnisse. Hier wird versucht, den Anwendungshorizont zu erhöhen. Beispielsweise werden Funktionen hinzugefügt und Bezeichnungen neutralisiert.
- Verfolgung einer Implementierungsmethodik. Hier kommt der Werkzeugapparat des Software-Engineering zum tragen.
- Umfassend dokumentiert.
- In einem Gesamtrahmen eingebettet. Ist es nur eine Vorlage oder ist es ein Baustein aus einem Gesamtkonzept?

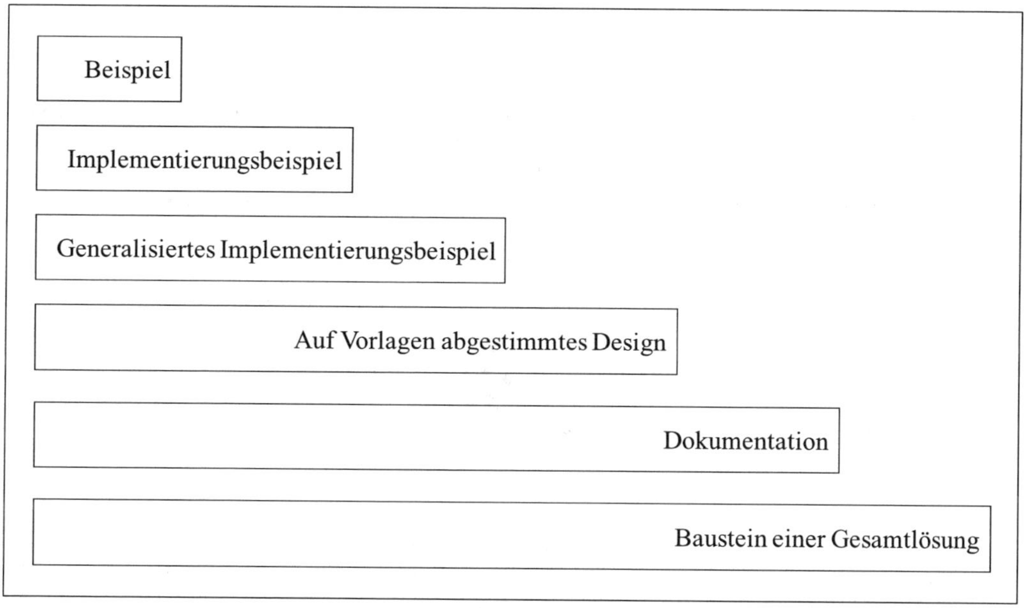

Abbildung 7: Reifegrad von Vorlagen

Das Reifegradmodell, wie Abbildung 7 darstellt, korreliert mit den Verwendungsmöglichkeiten. Je weiter die Vorlage entwickelt, desto umfassender kann sie im Projekt eingesetzt werden. Es ist ein weiter Weg von einem einfachen Beispiel zu Best Practice. Dieser Pfad wird von den Anbietern aufgrund der Investitionsnotwendigkeit bislang kaum systematisch verfolgt. Dies könnte sich dann ändern, wenn sich Vorlagen als Wettbewerbsvorteil etablieren sollten.

6 Anforderungen an die Gestaltung von Vorlagen

Ideen für funktionale oder Branchenvorlagen gibt es bei den erfolgreichen Anbietern zahlreich. Praktisch in jedem Implementierungsprojekt entstehen Konzepte, die auch in anderen Projekten wieder verwendet werden können. Was ist also eine gute, wiederverwendbare Vorlage? Hier können folgende Kriterien aufgeführt werden:

- Die Erreichung eines hohen Wiederverwendungsgrads wird durch Verallgemeinerung erreicht. Dieser hängt allerdings auch von der kaum vom Anbieter beeinflussbaren Standardisierung von Prozessen ab. In reglementierten (Fach-)Bereichen wie der handelsrechtlichen Konsolidierung ist die Erstellung einer Vorlage noch am einfachsten möglich. Ein etabliertes Eliminierungsverfahren wie beispielsweise die Anwendung der Neuerwerbsmethode bei der Kapitalkonsolidierung kann vordefiniert werden. In der Implementierung müssen nur noch die Konten ausgetauscht werden. Im Rahmen der Planung ist die Standardisierung deutlich schwieriger. Neben der Vielzahl von Planungsmethoden gibt es auch zahlreiche branchenspezifische Unterschiede. Es gehört erhebliche Erfahrung dazu, verallgemeinerbaren von unternehmensindividuellem Inhalt zu trennen. Anbieter mit einer großen Kundenbasis und langjähriger Erfahrung sind hier tendenziell im Vorteil. Bewährt hat sich eine Projektdokumentationsbank, in der grundsätzliche alle Projekte hinsichtlich der funktionalen Umsetzung beschrieben werden. Mit einschlägigen Statistiken kann versucht werden, verallgemeinerbare Themen zu identifizieren.

- Nicht immer passen Vorlagen, auch wenn tendenziell ein hoher Wiederverwendungsgrad gegeben ist. Der Aufwand, individuelle Anpassungen durchzuführen, ist dann von Bedeutung. Dieser hängt davon ab, wie modular die entsprechende Vorlage aufgebaut ist. Eine umfassende Unternehmensplanung mit vielfältigen internen Verknüpfungen ist sicherlich schwerer zu transformieren als Teillösungen mit definierten Schnittstellen. Denn erfahrungsgemäß ist eine komplexe Unternehmensplanung stark verzahnt, so dass man nicht einfach Blöcke austauschen kann, ohne sich vorher ein genaues Bild der Abhängigkeiten gemacht zu haben. Je stärker einzelne Module verzahnt sind, desto schwieriger ist es, Elemente auszutauschen. So benötigt eine Kostenstellenplanung die Abschreibungen und Investitionen aus der Investitionsplanung, Mitarbeiterinformationen aus der Personalplanung, die Lohn- und Gehaltssätze aus der Personalabteilung, die RHB-Kosten aus der Beschaffungsplanung usw. Das Prinzip der Modulbildung ist bei der Gestaltung von Vorlagen von hoher Bedeutung. Die Vorlagen sollten modularisiert und die Verbindungen klar gekennzeichnet werden (siehe auch Punkt Dokumentation). Eine Verletzung des Modulprinzips ist beispielsweise das Zugreifen auf einen anderen Würfel. In der Konsequenz sind bei Anpassungen umfassende Tests notwendig. Insofern ist die Verlinkung auf ein Mindestmaß zu beschränken. Intermodulbeziehungen müssen klar offen gelegt werden. Abhängigkeiten müssen nachvollziehbar sein.

- Ein zentraler Punkt ist die Dokumentation. Ohne geeignete Beschreibung der Funktionalitäten und der Abhängigkeiten ist die Wiederverwendbarkeit auch bei Erfüllung der anderen Kriterien schwierig. Dem Vorlagenersteller mag dies noch gelingen. Der Berater vor Ort wird sich hingegen häufig für die Individuallösung entscheiden, da das Verständnis für die Wirkungszusammenhänge fehlt. Eine Dokumentation kann zum einen durch Hilfetexte und ausführlichem Handbuch erfolgen. Ergänzend hierzu ist es jedoch notwendig, durch geeignete Prinzipien die Verständlichkeit des Inhalts zu erhöhen. Variablen sollten beispielsweise sprechend und nicht kryptische Kürzel sein. Die eher technische Verweissyntax in Tabellenkalkulationen macht die Nachvollziehbarkeit so schwierig.

Diese Punkte sind wichtig für den effektiven Einsatz von Vorlagen. Die Wartbarkeit bzw. eine mögliche Release-Fähigkeit stellt noch weitergehende Anforderungen an Vorlagen. Hier wird Neuland betreten, denn ist eine Vorlage üblicherweise erstmal adaptiert, können Erweiterungen an der Vorlage nur mit größeren Schwierigkeiten in ein Produktivsystem übernommen werden.

7 Anforderungen an das Trägersystem

Die Erstellung einer wiederverwendbaren Vorlage ist, wie skizziert, eine komplexe Aufgabe. Es ist einleuchtend, dass die Konzeption des Trägerwerkzeugs, bei CPM ein BI-Werkzeug, einen großen Einfluss auf die Gestaltung von Vorlagen hat. Dieses sollte die Erstellung, Verwendung und Anpassung von Vorlagen direkt unterstützen.

Bei der Konzeption eines Business-Intelligence-Werkzeugs ist häufig nicht vorgesehen worden, mit Vorlagen zu arbeiten. Dies kann hinderlich sein, denn bei der Entwicklung werden bereits wichtige Entscheidungen getroffen, die die Erstellung und Verbreitung von Vorlagen vereinfachen. Beispielsweise ist es relevant, ob mit Surrogaten oder sichtbaren Schlüsseln gearbeitet wird. Häufig werden im konkreten Kundenprojekt Objektbezeichnungen geändert, so dass Abhängigkeiten nicht mehr funktionieren. Dies ist insbesondere bei OLAP-Werkzeugen der Fall, bei denen die Ableitungsregeln sich nicht automatisch an geänderte Bezeichner anpassen. Werden Surrogate verwendet, ist die Objektidentität leichter sicherzustellen. Eine Änderung des Bezeichners eines Elements führt nicht zur Inkonsistenz des Modells. Mit einem nicht änderbaren internen Schlüssel ist es möglich, eigene Schlüsselsysteme in die Vorlage zu übernehmen, ohne dass Konsistenzprobleme zu befürchten sind.

Wichtig ist die Basisfunktionalität des Trägerwerkzeugs. Je mehr Unterstützung hier bereitgestellt wird, desto schlanker bleibt die Vorlage. Beispielsweise könnte die Fortschreibelogik in einer Forecasting-Funktion parametrisiert werden, anstatt die Vorschauwerte mittels Basisoperatoren zu ermitteln. Umfang und Qualität solcher bereitgestellten Funktionen sind bei vielen angebotenen Produkten bereits hoch.

Einige verbreitete Trägerwerkzeuge unterstützen Vorlagen nur eingeschränkt:

- Die Tabellenkalkulation ist ein eher ungeeignetes Trägerwerkzeug. Das Installieren von Vorlagen ist schwierig, da Daten, Formeln und Inhalte nur schwer voneinander zu trennen sind. Alleine das Übernehmen der individuellen Bewegungsdaten ist ohne Programmierung nur sehr eingeschränkt handhabbar.
- OLAP ist als Trägerwerkzeug für Vorlagen besser geeignet, aber immer noch ein beschränktes Medium. Zwar ist hier die Trennung zwischen Strukturen, Methoden und Daten sichergestellt. Aber das Erweitern bzw. Modifizieren bereits erstellter Würfel ist häufig schwierig. Einige Anbieter bieten gewissen Komfort, indem Würfel um weitere Dimensionen ergänzt werden können oder allgemeine Regeln die Anpassungen in den

Dimensionen automatisch adaptieren. Ein Problem ist allerdings die Modellierung. Die Berechnungen innerhalb komplexer Unternehmensmodelle sind nur sehr schwer nachzuvollziehen. Infolge muss bei einer Anpassung das gesamte System neu getestet werden.

- Spezifische PM-Lösungen wie Cognos Planning bieten hier zum Teil bessere Unterstützung des Vorlagenkonzepts. Neben einer Dokumentation der Vorlagen werden Werkzeuge zur Modifikation bereitgestellt, die die Integrität der Lösung auch bei erheblichen Anpassungen sicherstellen soll. Zunächst werden Assistenten gestützte Bibliotheksfunktionen bereitgestellt, die Kopieren, Referenzieren und Löschen von allen Planungsobjekten ermöglicht. Bei der Übernahme bzw. Modifikation der Planungsobjekte gibt das System Hinweise darauf, welche Konsequenzen auf abhängige Objekte bestehen und was zu beachten ist.

Die Upgrade-Fähigkeit von Vorlagen ist von Bedeutung. Veröffentlicht der Anbieter eine neue Version, sollte der Aufwand, die Neuerungen zu übernehmen, vertretbar sein. Die Upgrade-Fähigkeit kann in zweierlei Hinsicht betrachtet werden:

- Bei Verwendung einer neuen Version des Trägersystems sollten die Vorlagen uneingeschränkt weiterverwendet werden können. Dies ist eine grundlegende Anforderung, die für Vorlagen und kundenindividuelle Projekte insgesamt gilt. Dies wird in der Regel auch von den Anbietern ermöglicht.
- Die Forderung, neue Versionen von Vorlagen auf Kundeninstanzen installieren zu können, ist deutlich schwieriger zu erfüllen. Dies wird bislang von den meisten Anbietern von Vorlagen nicht erreicht. Diese Anforderung wird sicherlich in Zukunft an Bedeutung gewinnen. Hierzu ist es notwendig, dass die kundenindividuellen Änderungen an der Vorlage dokumentiert und gesichert werden können. Es ist wichtig, die Kundenanpassungen sauber von den Vorlagen trennen zu können. Hier ist dem Autor noch kein Werkzeug bekannt, welches dies umfassend unterstützt.

8 Zusammenfassung

Vorlagen sind eine Chance, die Implementierungskosten zu reduzieren und einen Mehrwert durch die Adaption von Erfahrungen erfolgreicher Projekte zu erreichen. Dabei spielen allerdings vielfältige Faktoren eine Rolle.

Zwar haben die Umfeldbedingungen der jeweiligen Unternehmung im Hinblick auf Anpassungsfähigkeit und Dynamik einen erheblichen Einfluss auf die Einsetzbarkeit von Vorlagen. Daneben ist die allerdings Qualität der Vorlagen ein wichtiger Treiber für den Erfolg von Vorlagen.

Die verlockende Vorstellung, dass eine einmal beim Kunden erstellte Lösung einfach übernommen werden kann, ist dabei nur unter ganz bestimmten Bedingungen realisierbar. Wenn Vorlage und Anforderungen weitestgehend übereinstimmen, ist die Übernahme in der Regel problemlos. Dies wird jedoch häufig nicht der Fall sein, so dass die Adaption durch Vorlage und Werkzeug unterstützt werden müssen.

Steuerbar sind die Qualitätseigenschaften von Vorlagen: Um einen breiten Einsatz zu ermöglichen, müssen diverse Prinzipien als Qualitätssicherungsmaßnahmen etabliert werden.

Daneben muss Vorlagenerstellung vom Trägerwerkzeug unterstützt werden. Ist das Trägersystem nicht geeignet, lassen sich Anpassungen der Vorlagen an unternehmensindividuelle Situationen kaum wirtschaftlich durchführen. Dann kommt man kaum über Beispiele hinaus und der Wert von Vorlagen ist eher als gering einzustufen.

Quellenverzeichnis

Balzert, H. (1982): Die Entwicklung von Software-Systemen – Prinzipien, Methoden, Sprachen, Werkzeuge, Mannheim et al. 1982.

Bange, C. (2004): Elf Probleme mit SAP BW, online: http://www.computerwoche.de/index.cfm?pageid=255&artid=77336&main_id=77336&category=374&currpage=1&type=detail&kw=, Stand: 2004, Abruf: 04.01.2006.

Eckerson, W. (2002): The Rise of analytical Applications: Build or Buy?, Seattle 2002.

Geishecker, L. (2002): Managing Corporate Performance: What You Need to Know, Presentation auf dem Gartner Symposium Itxpo, Orlando 2002.

IDC (2002): The Financial Impact of Business Analytics, online: http://www.cognos.com/products/thankyou/idc_fin_impact.pdf, Stand: 2002, Abruf: 18.01.2006.

Mertens, P./Wedel, T./Hartinger, M. (1991): Management by parameters?, in: Zeitschrift für Betriebswirtschaft, 1991, S. 569–588.

Moore, G. A. (2005): Dealing With Darwin, New York 2005.

Oehler, K. (2000): Integration von Zweckrechnungen in einem Standardsoftwaresystem für das Rechnungswesen, Aachen 2000.

Oehler, K. (2006): Corporate Performance Management mit Business Intelligence Technologien, München 2006.

Wissens- und Informationsmanagement in der Praxis – Einführung einer Wissensdatenbank beim Aufbau eines Shared-Service-Centers bei E.ON Energie

TORSTEN HAGEDORN, JÜRGEN SCHMID,
PATRICK BLUME, BERNHARD FISCHER und *MARCELL VOLLMER*

E.ON Energie und *SAP*

1 Rolle und Bedeutung des Wissens- und Informationsmanagements im Shared-Service-Center

Geschäftsprozesse setzen immer stärker die Kenntnis präziser Faktoren voraus, in deren Umfeld eine Kauf- oder Produktentscheidung fällt oder ein Kunde angesprochen wird. Die Anforderungen entwickeln sich dynamisch, da sich die Wettbewerbsverhältnisse ändern und neue ökologische oder gesetzliche Rahmenbedingungen entstehen. Umfassendes Wissen über relevante Faktoren und effizienter Umgang mit Wissen, durch den Einsatz moderner Informationstechnologien, sind entscheidende Wettbewerbsvorteile. Wissen muss aufbereitet und vernetzt werden, um die Zusammenarbeit zur Lösung von komplexen Problemen und Innovationen zu ermöglichen. Hierfür zeichnet sich ein neuer Typus des Mitarbeiters ab, der so genannte Wissensarbeiter, dessen Bedeutung deutlich zunimmt. Wissensarbeiter stehen vor der zentralen Herausforderung Wissen zu erfassen, zu bewerten und zu nutzen bzw. nutzbar zu machen, um Arbeitsergebnisse zu erzielen. Generell lassen sich Mitarbeiter, deren Arbeitsweise durch Informationshandhabung definiert wird, in zwei Klassen fassen: in Sachbearbeiter[1] (z. B. Spezialisten für Finanzen & Bilanzierung, Angestellte der Auftragsverwaltung, Vertreter des Call-Centers, ...) und in Wissensarbeiter[2] (beispielsweise Produktmanager, Ingenieure, Verkaufsleiter, Führungskräfte, ...). Der Sachbearbeiter ist ein Taktiker. Seine Arbeitsweise ist routiniert, strukturiert und beinhaltet transaktionale Aktivitäten. Der Wissensarbeiter handelt auf der Basis eines Strategen und arbeitet eher unroutiniert. Seine Arbeitsweise wird durch unstrukturierte Analysen und Aktivitäten zur Problemlösung begleitet. Eine strikte Trennung in Sachbearbeiter und Wissensarbeiter ist jedoch nicht sinnvoll, da es Mitarbeiter gibt, die ihre Arbeit durch eine Mischung aus beiden Arbeitsweisen bewältigen.

Immer mehr Unternehmen entscheiden sich für den Aufbau eines Shared-Service-Centers zur Bündelung von Unterstützungsfunktionen wie Human Resources (HR), Informationstechnologie (IT) und Finanzen, aber auch zunehmend aus Kernfunktionen wie Vertrieb, Kundenservice und Marketing. [3]

Mitte der 1980-er Jahre nutzten zu Beginn vor allem Großunternehmen in den USA die Vorteile aus der Zentralisierung der Prozesse, später wird dieses Konzept auch in Europa angewendet. Heute ist ein Shared-Service-Center (SSC) die standortübergreifende Integration von gleichartigen Dienstleistungen in einer zentralen, organisatorischen Serviceeinheit.[4] Es ist eine Art „internes" Outsourcing, bei dem sich die unterschiedlichen Geschäftseinheiten, wie beim externen Outsourcing, durch die Zusammenlegung ähnlicher betriebswirtschaftlicher Abläufe auf ihre Kernkompetenzen konzentrieren können. Durch Generierung einheitlicher Prozesse können Skaleneffekte genutzt und Kosten gezielt reduziert werden. Die Erhöhung der Effizienz und Verbesserung der Servicequalitäten, verbunden mit der Standardisierung der Prozesse, dient zudem der Steigerung der Kundenzufriedenheit.

---

1 Vgl. *SUN* (2007), S. 3.

2 Vgl. *SUN* (2007), S. 3.

3 Vgl. *BLUME* (2006), S.67.

4 Vgl. *REINEKE/BOCK* (2007), S. 410.

Das Ziel im Bereich Wissens- und Informationsmanagement eines SSC ist es, durch den entstehenden Aufbau einer IT-Infrastruktur eine zeitlich und qualitativ optimale Lösung der Wissens- und Informationsbereitstellung anzubieten. Der Wissens- und Informationszugang wird in einem Shared-Service-Center kontinuierlich gepflegt und kann bei verschiedenen internen Anfragen effizient genutzt werden.[5] Dadurch werden die Informationsquellen an einer Stelle gebündelt und ein Mitarbeiter kann gezielt nach Informationen fragen anstatt, wie oftmals der Fall, erst die Quelle suchen zu müssen. Wissenssammlung und ein reibungsloser Zugriff darauf wird in der Wissensdatenbank eines SSC strukturiert. Die Wissensdatenbank wird durch unternehmensbezogene Informationen aufgebaut und gepflegt. Mitarbeiter, Kunden und Lieferanten können und sollen das Portal der Wissensdatenbank als Self-Services nutzen, ehe sie direkt über E-Mail oder Telefon im SSC anfragen. Dafür dient ein benutzerfreundliches und informatives Portal, das eine Herausforderung an das Wissens- und Informationsmanagement darstellt. Der Aufbau eines Portals muss so gestaltet sein, dass alle Mitarbeiter jeglicher Unternehmensteile es problemlos anwenden können und zur Nutzung von Self-Services motiviert werden.[6] Die gewonnenen Informationen des Self-Services sollten denen einer direkten Beratung gleichgestellt sein.[7]

Die alleinige Ausrichtung auf eine effiziente Leistung reicht zur Kostenersparnis nicht mehr aus. Unternehmen benötigen heutzutage effektive kernkompetenzunterstützende Leistungen.[8] Die im Shared-Service-Center bereitgestellten marktorientierten Informationen über unternehmensinterne kernkompetenzunterstützende Leistungen kennzeichnen die Aufgabe eines SSC. Ein besonderer Fokus ruht auf den explizit assimilierten Marktmechanismen im Shared-Service-Ansatz, denn „ein funktionierender Markt [generiert] Leistungen effektiver und effizienter […] als jede andere Koordinationsform (ceteris paribus)“[9].

Der Wissensprozesses eines Shared-Service-Centers, gestützt durch eine Wissensdatenbank, wird in Abschnitt 3 am Beispiel der E.ON Energie AG erläutert.

Welche ökonomische Bedeutung relevantes Wissen und Information haben, soll anhand der anstehenden Beispiele verdeutlicht werden.

- *Vertriebsprozesse*: In einer globalisierten Wirtschaft machen Unternehmen Geschäfte mit ebenfalls global handelnden Kunden. Die Kaufentscheidung eines Kunden in, sagen wir Land A, erfolgt nach intern festgelegten Konzernregeln. Wenn ein Verkauf an dasselbe Unternehmen in Land B erfolgt, kann der Verkäufer Informationen, die er über den Kunden in Land A gewonnen hat, nutzen, um den Auftrag in Land B oder einen Verkauf zu besseren Konditionen zu erhalten. Informationen sind nicht nur als klassische transaktionale Daten, wie Kundennummer, Rabattstaffel oder Bonitätsrating definiert, sondern können auch unstrukturierte Informationen beinhalten, die nicht in Form von elektronischen Dokumenten oder als Notizen von Vertriebsmitarbeitern vorliegen.

---

5 Vgl. *LUTZ/LEHNER* (2005), S. 3.

6 Vgl. *BLUME/SPEICHER* (2002), S. 18.

7 Vgl. *BUSINESSWEEKRESEARCHSERVICES* (2007), S. 9.

8 Vgl. *KEUPER/OECKING* (2008), S. 484.

9 *KEUPER/OECKING* (2008), S. VIII.

- *Human-Resource-Serviceprozesse*: Ein Mitarbeiter ruft zum wiederholten Mal das Shared-Service-Center seines Unternehmens an. Er will die Steuerklasse ändern, die seiner Gehaltsabrechnung zugrunde gelegt wird. Er hat zeitgleich mehrfach versucht per Anwendung des Self-Services, die Änderung seines Familienstandes zu veranlassen, was aber wegen Bedienerfehlern immer misslang. Das Wissen über beide Vorgänge und deren Querbeziehung ist im Unternehmen vorhanden, nur der Nutzen daraus muss noch gezogen werden. Wenn das HR Serviceteam die Information über die Bedienerfehler des Self-Services nicht kennt oder nicht auswertet und somit keine Besserung der Nutzung erzielt, entsteht Frustration beim Mitarbeiter, verbunden mit hohen Kosten für die Serviceerbringung und die Arbeitszeit des Mitarbeiters, während er sein administratives Problem zu lösen versucht.

HR-Self-Services: Mitarbeiter sollen in die Lage versetzt werden, ihre Fragen (Urlaubssaldo, Zeitguthaben, Entgeltnachweis etc.) selbst beantworten zu können, ohne jeweils ein Serviceteam (heute oft das HR-Shared-Service-Center) anrufen zu müssen. Anrufe sind ineffektiv, da sprachliche Kommunikation unscharf, zeitaufwendig (Erreichbarkeit) und für den Angerufenen nicht planbar (Kapazität muss für Lastspitzen ausgelegt werden) ist. Dazu nutzen HR-Shared-Service-Center zunehmend Wissensdatenbanken, die dem Mitarbeiter des Service-Centers dienen, aber auch dem Mitarbeiter, der Antworten auf Fragen zu Sachverhalten oder Prozessen sucht. Dies kann beispielsweise so gestaltet sein, dass die Frage eines Mitarbeiters nach einer Adressenänderung die Ausführung eines Skripts auslöst, das über aktive Links direkt zur Datenpflegetransaktion führt.Über rollenbasierte Zugriffsmechanismen wird die Information gesteuert, die dem Mitarbeiter und dem HR-Spezialisten angeboten wird. Weitere Ausführungen präsentiert das Praxisbeispiel der E.ON Energie AG in Abschnitt 3.

Mit Hilfe von Technologien sind die genannten Probleme leicht zu lösen. Wissensmanagementtechnologien können neben dem reinen Schaffen von strukturierten und unstrukturierten Informationen neue Kontextinformationen verfügbar machen, die für intelligente Entscheidungen unabdingbar sind.

Lägen in den ersten beiden Beispielen den Akteuren alle Informationen über und zu den betroffenen internen und externen Kunden vor, hätte der Verkaufsprozess kundenspezifischer gestaltet und der Serviceprozess gezielter auf die eigentliche Problemursache des Mitarbeiters abgestimmt werden können.

Natürlich werden nicht sämtliche Informationen in Dokumenten und transaktionale Informationen zu einem langjährigen Kunden ausgewertet, insbesondere nicht in Dialogsituationen wie bei einem direkten Kontakt im Shared-Service-Center. Hier leisten Wissensdatenbanken, wie das Praxisbeispiel der E.ON Energie AG in Abschnitt 3 zeigt, wertvolle Hilfe, indem sie kontextsensitiv Informationen anbieten. Informationen müssen geprüft und gepflegt werden, um die Basis für aktuelles Know-how zu erzeugen und veraltete Informationen zu ersetzen.

Neues Wissen wird durch Lernprozesse gebildet und ist an Wissensträger gebunden. Wissensträger sind meist Personen, jedoch kann einen Teil des Erlernten (explizites Wissen) in Dokumenten, E-Mails oder Diskussionsforen festgehalten und gespeichert sein. Bestimmte Informationen wiederum können nicht oder nur schwer in eine solche Form gebracht werden, da es ein verinnerlichtes (implizites) Wissen darstellt, beispielsweise die undokumentierten gewachsenen Kundenbeziehungen langjähriger Zusammenarbeit. In einem Unternehmen besteht das organisatorische Wissen sowohl aus kollektiven und expliziten als auch aus individuellen ex- und impliziten Wissensbeständen. Das organisatorische Wissen wird im Rahmen des Wissensmanagements durch den Einsatz von Technologien in einer effizienten Weise gesammelt und anderen zugänglich gemacht, um eine zentrale Verteilung und eine hohe Verfügbarkeit zu erzielen.

Abschnitt 2 zeigt aktuelle technologische Lösungen zur Realisierung der Herausforderungen des Wissens- und Informationsmanagements auf, die exemplarisch dargestellt werden. Mit Durchführung des Programms „Zukunft Personal“ bei der E.ON Energie AG München wurden zwei Projekte definiert. Das eine Projekt ist als „Zukunft Personal Excellenz“ (ZPE) und das andere als „Zukunft Personal Direkt“ (ZPD) benannt. Beide sind im Jahr 2007 und 2008 umgesetzt worden. In Zusammenarbeit mit der SAP AG Walldorf wurde das Projekt „Zukunft Personal Direkt“, dessen Bestandteil u. a. die Einführung der Wissensdatenbank war, erfolgreich umgesetzt. Es wird in Abschnitt 3 näher ausgeführt. Durch Bündelung der Prozesse in „Zukunft Personal Direkt“ sollen Qualität und Effizienz dieser Entwicklungsabläufe gesteigert und Kosten gesenkt werden. Einheitliche Service-Level-Agreements (SLA) zwischen den Gesellschaften (des Weiteren wird von so genannten Business Units, den BU, gesprochen) und dem Shared-Service-Center sollen hierbei für Kostentransparenz sorgen. Ziel ist es, die operativen Finanz- und Personalbereiche von administrativen Prozessen durch Nutzung von Synergie- und Effizienzpotenzialen zu entlasten.

Der letzte Abschnitt fasst die Ergebnisse des Praxisbeispiels, der Einführung einer Wissensdatenbank, in einem SSC zusammen und gibt einen Ausblick auf die zukünftige Entwicklung des Wissens- und Informationsmanagements.

2 Softwarelösungen für das Wissens- und Informationsmanagement

Die Situation bezüglich wissensbezogener Technologien, die sich IT-Entscheidern heute stellt, ist häufig geprägt von Komplexität. Ein typisches Beispiel wird in Abbildung 1 wiedergegeben. Über die Zeit wurden viele Anwendungen gekauft oder entwickelt, die Wissen verwalten oder implizit beinhalten.

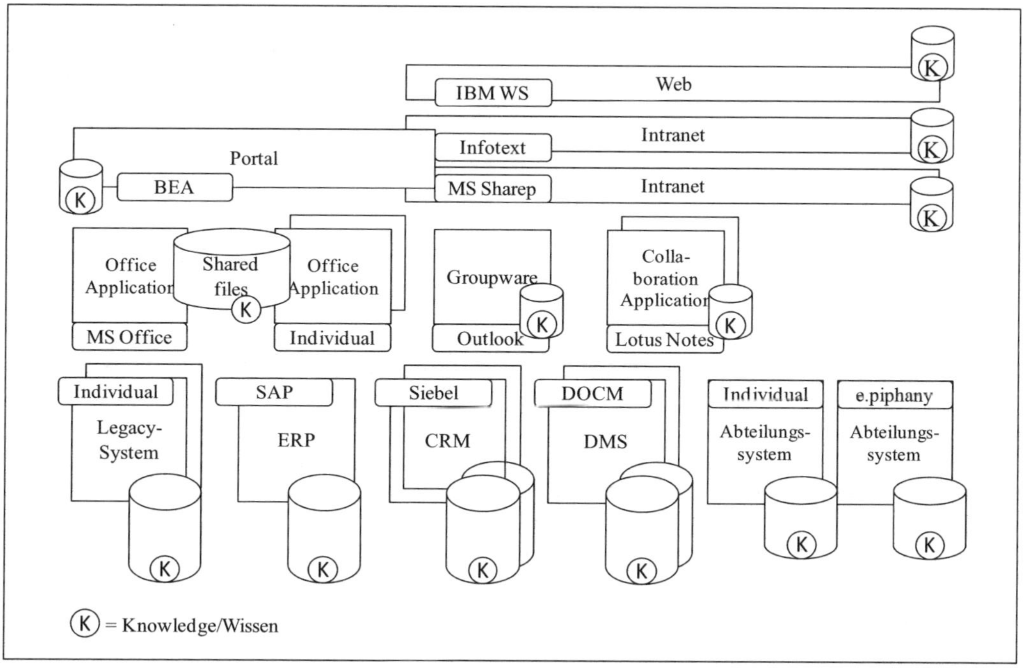

Abbildung 1: Gewachsene Unternehmenslandschaft mit Wissensinhalten[10]

Dies stellt die Organisation vor eine Reihe von Problemen: Technologie wird klassisch eingesetzt, um die Erzeugung und Speicherung zu unterstützen. Transfer von Wissen erfolgt klassisch durch Suche über die Menge der gesammelten Dokumente, Präsentationen, Aufbereitung in Form von Online-Schulungen usw. Dank der immer einfacher verfügbaren Datenspeicher, nahezu unbegrenzter Prozessorleistungen und immer besseren Suchmaschinen können inhaltlich große Informationsbestände durchsucht werden. Dabei entsteht schleichend Aufwand durch nicht mehr relevante Informationen, die überholungsbedürftig geworden sind oder aufgrund neuer Entscheidungen des Unternehmens, ihre Relevanz verloren haben. Ein Mitarbeiter, der Informationen sucht, kann zwar in der Regel bewerten, ob ein Stück Information wichtig ist, auf dem Weg zu einer wesentlichen Information muss er jedoch viele nicht oder nicht mehr relevante Informationen ausfiltern und das kostet – multipliziert mit der Anzahl der Mitarbeiter und den Suchvorgängen – viel Zeit und damit Geld. Schlimmstenfalls werden falsche Informationen an Geschäftspartner kommuniziert, weil veraltete oder sogar falsche Informationen nicht aktualisiert wurden. Zudem sind Suchprozesse in großen Informationsbeständen nicht verträglich mit typischen Kommunikationsszenarien in Unternehmen, bei denen Entscheidungen in der Kommunikation mit Kunden fallen sollen.

Das Ziel des Einsatzes von Wissenstechnologie muss sein, kontextbezogen relevante Informationen anzubieten. Die Quelle der Information muss dabei laufend bewertet werden, um somit die Relevanz zu sichern. Die Menge der Informationssammlung soll eine Informationssuche weder behindern, noch soll unnützer Ballast angesammelt werden.

10 Vgl. *von Rotz* (2007).

Die zunehmende Industrialisierung von Unternehmensprozessen wie z. B. Finanzadministration, Einkauf, Vertrieb, Gebäude- und Fuhrparkverwaltung entkoppelt den Mitarbeiter zwangsläufig von der physischen Leistungserbringung. Die Verknüpfung zwischen Kunde oder Lieferant und der Ware oder Leistung sind Informationen und somit Wissen. Da bei einem Mitarbeiter, besonders in den industrialisierten Funktionen, zudem von hohen Fluktuationsraten ausgegangen werden sollte, ist die gezielte und aktive Verfügbarmachung von Informationen zu Vorgang und Kunde/Lieferant der Garant für Kontinuität, Fehlerfreiheit und niedrigen Kosten.

Im Folgenden werden heute verfügbare Technologien zum Management von Wissen beleuchtet und überwiegend in Softwarelösungen abgebildet:

- *Intelligente Suche* ermöglicht den Umgang mit Informationen innerhalb des Unternehmens unter Ausschluss oder Nutzung von externen Informationen (Suche im Web). Suchtechnologien sind die Antwort auf die berühmte „Suche der Nadel im Heuhaufen" und der Einsatz von unternehmensinternen Suchmaschinen bietet gegenüber *Google*, *Yahoo* u. a. die Möglichkeit einer weitgehenden Personalisierung von Suchvorgängen. Resultate können personenbezogen aufbereitet werden, so dass beispielsweise Sacharbeiter einer Abteilung bereits ihrem Aufgabenprofil entsprechende Ergebnisse bekommen.
- *Wissensmanagement (WM)* muss eine Infrastruktur schaffen, die es ermöglicht Wissen zu sammeln und zu teilen und damit möglichst allen im Unternehmen bereitzustellen. So entwickelten sich Intranets zu einer wichtigen Komponente, um kollaboratives Arbeiten zu ermöglichen bzw. zu verbessern. Des Weiteren müssen Informationen gefiltert und organisiert werden, um diese effizient zu verwalten und bei Nachfragen schnell zugänglich machen zu können. Dies wird beispielsweise mittels Templates und Styleguides (wie im Praxisbeispiel der E.ON Energie AG in Abschnitt 3.4.3 beschrieben), sowie allgemeine, mittels Tags oder Metadaten realisiert, die Informationen über die Inhalte der eigentlichen Information liefern. Das heutzutage absehbare „finale Stadium" der Evolution des WM stellt Communities of Practice dar. Es werden Technologien zu einer Lösung kombiniert, durch die eine Schnittstelle für Experten eines bestimmten Gebietes (mit ähnlichen Zielen und Interessen) geschaffen wird, damit diese optimal kommunizieren können. Ferner unterstützt WM Methoden und Tools, die E-Learning ermöglichen, um gezielt Mitarbeiter auszubilden und deren Produktivität zu erhöhen.
- *Dokument Management (DM)* unterstützt dokumentenbasierte Prozesse im Unternehmen: Elektronische Dokumente (z. B. Dokumente in Microsoft Word gespeichert) und originäre Papierdokumente (wie Briefe, Anträge, Rechnungen), die mit Scantechnologie digitalisiert, deren Inhalt jedoch nicht oder nur zu einem kleinen Teil in spezifischen Prozessen ausgewertet wurden. Ziel des DM ist es, jedem berechtigten Benutzer die Dokumente im Unternehmen zugänglich zu machen. Dabei werden i. d. R. eine Versionierung erfolgen und gesetzliche Aufbewahrungsfristen oder inhaltliche Gültigkeitsregeln angewendet (Information Lifecycle Management). Für das schnelle Auffinden werden i. d. R. Metadaten verwendet, die beim Check-in des Dokuments aufgebaut werden.
- *Management des Informationslebenszyklus und der Archivierung* fügen der Kernfunktionalität eines Dokument-Management-Systems einige Komponenten hinzu. Diese berücksichtigen, dass jede Information (strukturiert und unstrukturiert) in einem Kontext exisitiert, der Einfluss auf die Bedeutung des Inhalts hat und sich über die Zeit hinweg verändert. Der Dokumentlebenszyklus beginnt mit der Erstellung, danach folgt

eine aktive Weiterverarbeitung, dann die Speicherung und Archivierung und letztendlich die Zerstörung des Dokumentes.

- *Web Content Management* (WCM) stellt die Basistechnologie für das Management, die Strukturierung und Verlinkung von Unternehmensinformationen dar, um sie mittels verschiedener Webmedien oder Websites zu veröffentlichen. WCM verwaltet also nicht nur die HTML-Seiten eines Unternehmens, sondern den Inhalt der Websites, der sowohl auf strukturierten als auch auf unstruktierten Informationen basieren kann. Betrachtet man die Entwicklung zu dynamischen Websites, wird dies besonders deutlich. Dabei gilt eine Website dann als dynamisch, wenn sie bei Zugriff teilweise oder ganz erstellt wird. Also verwalten WCM-Systeme die Websites selbst und die Webobjekte, die auf den Websites enthalten sind.
- *Portale* bieten Zugang zu allen Informationen und Anwendung über einen Web Browser. Darin findet man alle Arten von Systemen, u. a. Business-Intelligence- sowie Content-Management-, Dokument-Management-, Wissensmanagement-, ERP-Systeme und Suchfunktionen. Somit vereinen die Portale alle Systeme über eine Zugangsschnittstelle. Portale des Self-Services in modernen HR-Shared-Service-Centern wie im Praxisbeispiel der E.ON Energie AG (Abschnitt 3.2) sind ein Nutzungsszenario.
- *Team-Kollaborationen* sind Verlinkungen von Prozessen und Individuen an verschiedenen Orten und in verschiedenen Zeitzonen. Dabei wird eine gemeinsame Arbeitsumgebung geschaffen, wobei Menschen an Inhalten zusammenarbeiten können, um Ideen, Erfahrungen und Wissen zu teilen und zirkulieren zu lassen, um schließlich die Projektdeadlines einzuhalten (z. B. Intranets, Collaboration Rooms, externe Communities). Neben der Kommunikation über versionierte Dokumente kommen hierbei auch Social Networks wie beispielsweise Wikis oder Foren als Kommunikationsmedium in Frage, die mit gängigen Technologien abbildbar sind. Für das Sammeln der dabei fließenden Informationen muss beispielsweise durch „Tagging" durch die Nutzer selbst oder auch durch intensive Moderation gesorgt werden. Die Service-Center-Frontends großer Unternehmen übernehmen im Grunde die Rolle der Kollaborationsplattform, indem jede Frage eines Mitarbeiters, Kunden oder Lieferanten, jede Interaktion auch dazu genutzt wird, um Informationen zu sammeln und Wissen darüber aufzubauen, welche Informationen noch fehlen oder welche Prozessschwächen noch existieren.
- *Social Networking (Web 2.0)*: Wissen wird zunehmend durch die Interaktion der Nutzer und Benutzer erzeugt. Auch Wissensmanagement benötigt Quellen. Neben dem Verfügbarmachen entsprechender Kommunikationsmechanismen (z. B. Foren, Collaboration Rooms, Wikis) muss Technologie den Interagierenden ermöglichen Information zu bewerten. Im Gegensatz zum Einsatz von formalen Klassifikationen wird dem Benutzer daher mit *„Tagging"* die Möglichkeit gegeben, relevante Inhalte oder Links/Destinationen kenntlich zu machen. Durch das Zusammenführen dieser „Tags" von vielen Benutzern entsteht eine neue Bewertung von Relevanz einer Information. Man spricht dann auch von „Folksonomies" im Gegensatz zu „Taxonomies". Bei diesem *„Collaborative Filtering"* wird aufgrund statistischer Erkenntnisse determiniert, ob spezifische Inhalte für einen Nutzer interessant sind oder nicht. Die Informationsflut kann auf diese Weise wirksam eingedämmt werden, weitgehend ohne relevante Information dabei zu verlieren. Ratings und Rezitationen, die z. B. bei Amazon von Lesern erstellt werden, die tausenden von Foren und Diskussionsgruppen im Web, aber auch die Online-Enzyklopädie Wikipedia zeigen die Möglichkeiten und den Einfluss, die *Benutzer auf generierte Inhalte* haben können. Im Wissensmanagement sind es diese Inhalte, die den

Unterschied machen. Ihre Erstellung kann durch den Einsatz von einfach zu nutzender Software wie Wikis oder Blogs gefördert werden.

- *Mulimedia und Digital Asset Management*: Die zunehmende Verbreitung von Bild, Audio und Videoinhalten, die mit der ubiquitären Verfügbarkeit von Speicher- und Wiedergabemöglichkeiten (z. B. iPod) einhergeht, erfordert die Behandlung dieser Medien analog zu klassischen Inhalten. Zunehmend wird klassisches Vertriebsmaterial durch Audio-/Videomaterial ersetzt, die Außendarstellung des Unternehmens erfolgt zunehmend über Webkanäle, wo ebenfalls Bild- und Tonmedien eingesetzt werden. Folglich müssen Mittel genutzt werden, um diese Ton- und Bilddokumente zu verwalten und schnell zugänglich zu machen. Dies erfordert auch und gerade den einfachen Zugang (Suche) und einfache Wiedergabemöglichkeit für jeden berechtigten Mitarbeiter, Kunden oder Lieferanten eines Unternehmens.

- *Messaging und E-Mail-Management* dienen der Klassifikation von E-Mails und der Zuordnung der Geschäftsprozesse, der Behandlung von E-Mails als Eingangsinformation von Geschäftsprozessen sowie der Speicherung von ein- und ausgehenden E-Mails als Beweis für den Ablauf einer Kommunikation. Beispielsweise können E-Mails in unternehmensinternen Abläufen als Alternative zu sprachbasierten Kontakten genutzt werden. Diese Kommunikationskanäle können als Alternative zu Sprachkommunikation elegant in Service Centern eingesetzt werden, wie das Praxisbeipiel in Abschnitt 3.2 beschreibt. Bei Kontakten mit Kunden und Lieferanten, bei denen keine schriftlichen Dokumente erforderlich sind, können E-Mails wie Dokumente behandelt werden, sofern Fälschungssicherheit gewährleistet wird.

- *Input und Output Management*: Für das Management von Wissen erscheinen diese beiden Technologiekategorien zunächst nicht besonders wichtig zu sein. Als Mittel der Sammlung von Wissen sind diese Technologien jedoch von besonderer Bedeutung. Nach wie vor liegt ein Großteil der Information zunächst in nicht digitalisierter Form vor, wie bei Bestätigungen von Versicherungen, Ämtern, Antragsformularen oder Büchern. Hier bieten sich Optical Character Recognition (für Papierdokumente) und die schon erwähnten Digital-Asset-Management-Lösungen für die Klassifizierung bereits digital vorliegender Information (wie Audio- oder Videodokumente) an. Eine zunehmend, mit Technologien lösbare, Herausforderung ist die Erkennung und Digitalisierung handschriftlicher Inhalte. Technologien kommen auch bei der Authentifizierung berechtigter Nutzer (Digital Rights Management) und der Entschlüsselung bzw. fälschungssicheren Verschlüsselung (Digital Signatures) zum Einsatz. Oft vernachlässigt wird die Erzeugung von Ausgangsinformationen aller Art und Formate (Internet, Intranet, E-Mail, Fax, CD/DVD). Wenn Unterstützung für Verwendung der offiziellen Versionen von Information gegeben ist, werden private Kopien in oft fraglichem Aktualitätsstand vermieden. Die Abbildung 3 in Abschnitt 3.2 zeigt ein Beispiel der Einordnung von Input und Output Management, vergleichbar im Service Delivery Modell der EON, in dem Papiereingang einen der möglichen Kommunikationskanäle der Mitarbeiter mit dem HR-Shared-Service-Center darstellt.

- *Case Management (CM)* basiert auf einer am Geschäftsvorfall ausgerichteten Bündelung von Informationen und Aktionen. An einem konkreten Beispiel erläutert bedeutet dies: Ein Mitarbeiter oder eine Mitarbeiterin, der/die ihrer Firma seine/ihre Heirat mitteilt, löst sowohl eine Änderung der Stammdaten, eine Änderung der Steuerklasse für die Gehaltsabrechnung und die Genehmigung des Sonderurlaubs für den Hochzeitstermin aus. Jede Änderung bringt einen Vorgang mit sich, bei dem von unterschiedlichen Stellen Genehmigungen eingeholt werden müssen. Die Bündelung dieser mit dem Geschäftsvorfall „Änderung des Familienstandes eines Mitarbeiters" ausgelösten Aktionen und Verfügbarmachung der dazu notwendigen Informationen wie Heiratsurkunde, Urlaubsantrag, alte Steuerklasse wird vom Case Management vorgenommen. Der Begriff „Case Management" wird teilweise in der Literatur mit der Behandlung von Anrufen in Call Centern gleichgesetzt. Nun unterstützt die oben geschilderte Systematik des CM tatsächlich die Bearbeitung von Servicevorfällen in modernen Shared-Service-Centern, da eine ganzheitliche Sicht auf den Mitarbeiter oder Lieferanten geschaffen wird, die über die gerade gestellte Frage oder das aktuell monierte Einzelproblem hinausgeht. Software-Lösungen wie SAP myHR im Zusammenspiel mit SAP Records Management und SAP Employee Interaction Center schaffen die technischen Voraussetzungen, um sich der CM-Systematik heute schon bedienen zu können.

- Dem *Workflow und Business Process Management (BPM)* liegt bei einer strukturierten Information (Dokumente, Wissen über einen Geschäftspartner) das Wissen über die Steuerung der verschiedenen Geschäftsprozesse vor. Durch Technologien des Workflow können Prozessbeteiligte strukturiert in das Wissensmanagement (z. B. Approval einer neuen Produktversion) eingebunden werden, dabei steuern die im Unternehmen zirkulierenden Informationen die Geschäftsprozesse (z. B. das Wissen über die Pläne eines Kunden kann einen Vetriebskontakt auslösen. Das Wissen über neue gesetzliche Regelungen steuern die Investition in eine neue Produktversion).

Die besprochene Liste von Wissensmanagement-Technologien findet man in ganz ähnlicher Form in Publikationen zum Thema Electronic Content Management (ECM). Wissen wird als strukturierte Menge von Inhalten betrachtet. Die Mechanismen zur Strukturierung und Verwaltung der Inhalte sind logischerweise diejenigen des Electronic Content Management.

Inhalte und damit Wissen als Steuergröße für Unternehmensprozesse rücken zunehmend in den Fokus von Prozesstransformation. Beispielsweise werden bei der SAP AG Serviceprozesse für Shared-Service-Center so konzipiert, dass den Prozessbeteiligten (Mitarbeiter, Kunde, Lieferant) ein möglichst komplettes Bild ihrer Situation (z. B. Informationen über den Bearbeitungsstand einer Bestellung oder Rechnung) über Portale des Self-Services zur Verfügung steht. Mit diesem Wissen ausgestattet, lassen sich viele Anfragen der Kunden und Lieferanten an das Service Center vermeiden. Die Technologie des Service Centers stellt dem Servicemitarbeiter kontextbezogen alle Informationen über den Kunden oder Lieferanten zur Verfügung, die im Unternehmen gesammelt wurden und helfen, die Situation des Gesprächspartners besser zu verstehen. Verglichen mit dem Beispiel zu Human Resource Serviceprozess, in der Einleitung eingebracht, kann eine Kundenbeschwerde mit Verweigerung der Bezahlung einfach der Kulminationspunkt von vielen Nachfragen nach dem Stand mehrerer Bestellungen sein, die nicht pünktlich geliefert wurden. Und natürlich fügt der aktuell bearbeitete Servicevorfall der Wissensdatenbank des Unternehmens automatisch weitere Informationen hinzu. Je intelligenter das Wissen gesammelt und klassifiziert wurde, desto genauer kann beispielsweise in solchen Serviceprozessen auf die Bedürfnisse des Geschäftspartners eingegangen werden. Die gezielte Versorgung des Servicemitarbeiters mit Wissen über den Geschäftspartner ersetzt Erfahrung der Mitarbeiter, die bei den üblicherweise hohen Fluktuationsraten in Service Centern nur schwer aufzubauen wäre.

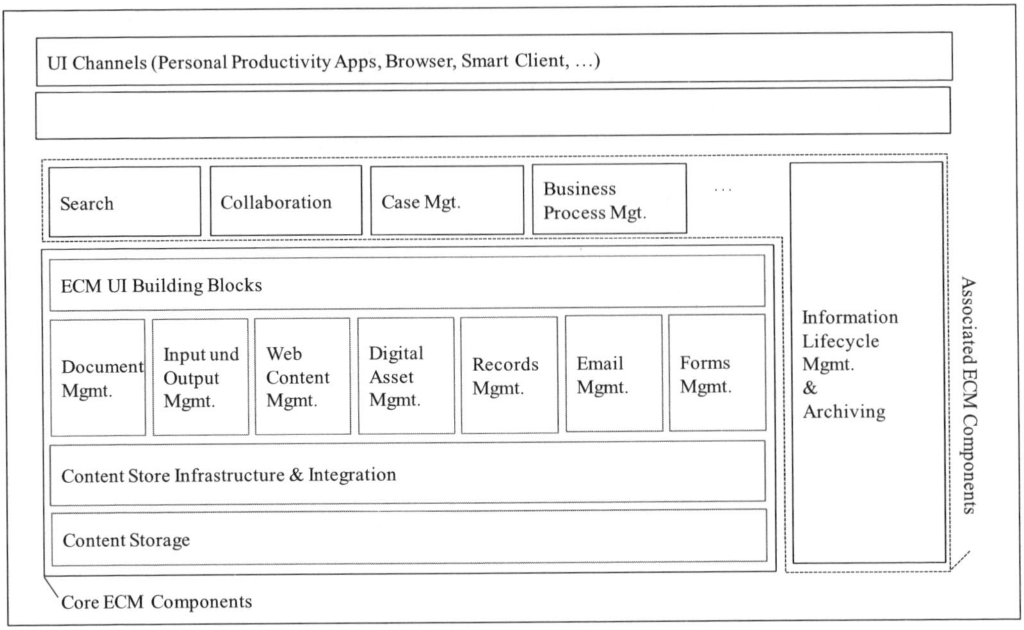

Abbildung 2: Konzept und Lösungsportfolio der SAP AG für Verwaltung elektronischer Inhalte[11]

Hierzu können sich die Kunden der SAP des oben beschriebenen Portfolios an Technologien des komplexen Wissensmanagements bedienen. Diese Komponenten bilden die Bausteine einer Wissensmanagementplattform mit unterschiedlichen Rollen. Abbildung 2 zeigt typische Komponenten des SAP-Softwareportfolios für Wissensmanagement und welche Rolle den einzelnen Bausteinen in einer Wissensmanagementplattform zukommt. Dies schafft auch die Voraussetzung, dass eine Wissensmanagementplattform in Phasen implementiert werden kann, beispielsweise Start mit dem Fundament (Content Store), dem User Interface inklusive Suchfunktion und dann schrittweise bedarfsgesteuerter Ausbau mit spezielleren Enablern wie Document Management oder Web Content Management. Diese Plattform kann in jedem Stadium ihrer Entstehung durch Information Lifecycle Management abgerundet werden. Eine konventionelle Wissensplattform, vernetzt mit einem Employee-Interaction-Center (EIC), wie es bei E.ON Energie AG eingesetzt und im nächsten Abschnitt herangezogen wird, stellt eine ideale Lösung für ein Shared-Service-Center dar.

Im folgenden Abschnitt wird das Praxisbeispiel der E.ON Energie AG ausgeführt, es werden die Ergebnisse hinsichtlich Qualität und Effizienz für die Personaldienstleitungen sowie die Transparenz für die Mitarbeiter bewertet.

[11] *SAP NET WEAVER* (2007), Folie 5.

3 Planung und Realisierung einer Wissensdatenbank am Beispiel des E.ON-Shared-Service-Centers

3.1 Projekt „Zukunft Personal" der E.ON Energie AG

Der Entscheidung zum Aufbau eines Shared-Service-Centers für die 30 deutschen Gesellschaften gingen bei E.ON intensive Diskussionen und Abstimmungen mit den Gesellschaften und den dezentralen Personalbereichen voraus. Das Programm „Zukunft Personal" definierte schließlich zwei Projekte für zukünftige Aussichten der Personalarbeit, wobei die Verantwortung für das Personalmanagement bei den einzelnen Gesellschaften verblieb:

Das Projekt „Zukunft Personal Exzellenz" (ZPE) war verantwortlich für

- die Weiterentwicklung von Rollen, Aufgaben und Kompetenzen in den operativen Personalbereichen der Gesellschaften,
- die Weiterentwicklung des Leistungsportfolios der operativen Personalbereiche auf Basis gemeinsamer Qualitätsstandards und
- eine stärkere Fokussierung auf das qualitative Personalmanagement bei gleichzeitiger Entlastung der operativen Personalbereiche von den administrativen Leistungen.

Das Projekt „Zukunft Personal Direkt" (ZPD) war zuständig für

- die Steigerung der Qualität und Effizienz dieser Leistungen und die Senkung der Kosten durch Bündelung der sinnvoll zentralisierbaren Leistungen der dezentralen Personalbereiche,
- die (Kosten-)Transparenz durch einheitliche Service Level Agreements (SLA) zwischen den Gesellschaften und dem SSC Personal sowie
- den Aufbau und den Betrieb eines Shared-Service-Centers.

Mit Errichtung eines Shared-Service-Centers Personal verfolgte E.ON das Ziel, die Qualität und Effizienz von Personalleistungen deutlich zu steigern und diese für die internen Kunden transparenter zu gestalten. Administrative Personalarbeit war bis dahin im E.ON-Konzern weitgehend dezentral in den einzelnen Gesellschaften organisiert. Mit der Bündelung von Leistungen in einem Shared-Service-Center, sollten nun Skaleneffekte realisiert und gleichzeitig die Qualität messbar gesteigert werden.[12]

Mit der Definition von so genannten „grünen Leistungen" wurde vorab der Umfang an Personalprozessen beschrieben, für die zukünftig das Shared-Service-Center verantwortlich sein sollte. Aus der Perspektive „Wissensmanagement" waren die besonderen Herausforderungen bei der Umsetzung:

---

[12] Vgl. *BLUME/CONTARD* (2004), S. 58.

- *Heterogenität*: In den mehr als 30 Gesellschaften gibt es unterschiedliche Regelungen und Verfahren, die innerhalb des SSC harmonisiert und dokumentiert werden mussten.
- *Service Delivery Model*: Die Art und Weise, wie zukünftig das SSC die Personalarbeit erledigen sollte, beinhaltete, dass
  - Mitarbeiter Aufgaben an andere übertrugen und neue Aufgaben übernahmen, da beispielsweise Aufgaben an einem Standort oder in einem Team zentralisiert wurden,
  - neu eingestellte Mitarbeiter für die Personaldirektberatung sich schnell in die Verfahren und Regelungen einarbeiten mussten und Zugriff bekamen auf aktuelle Änderungen und Details, und dass
  - die „Kunden" des SSC auf das elektronisch gespeicherte Wissen im Unternehmensportal zurückgreifen konnten, damit die Mitarbeiter im Personalbereich von Standardanfragen entlastet wurden.

Eine zentrale Rolle spielte dabei das Teilprojekt „Wissensmanagement", welches das Ziel hatte, eine Wissensdatenbank u. a. für das neu entstehende Team der Personaldirektberatung aufzubauen. Mit diesem Team, das in Potsdam angesiedelt wurde, sollen qualifizierte Auskünfte an Kunden gegeben werden, deren Anfragen über Telefon oder E-Mail an das SSC herangetragen sind. Im Folgenden werden die Rahmenbedingungen und das zugrunde gelegte Modell, in dem die Personaldirektberatung tätig ist, näher ausgeführt.

3.2 Service Delivery Model und Projektierung des Shared-Service-Centers

Für das Verständnis des Aufgabenbereichs und der Aufbauarbeit der Personaldirektberatung ist es zunächst notwendig, das Service Delivery Model und das Gesamtprojekt auszuführen.

Das Service Delivery Model beschreibt die Art und Weise, wie das SSC die Dienstleistungen erbringt. Es ist streng funktional orientiert und wurde für E.ON im Wesentlichen durch vier Bereiche definiert (siehe Abbildung 3): interne Kunden, Front-Office, Back-Office und Partner-/Kunden-Funktion der Business Units (BU) Personal Organisation.

Den internen Kunden des SSC, also die Mitarbeiter, Führungskräfte und auch das dezentrale Personalmanagement, wird ein Portal zur Verfügung gestellt. Mit Hilfe dieses Portals können die Anwender zielgerichtet auf die für ihren Bereich und ihre Rolle relevanten Informationen zugreifen. Einem Mitarbeiter, einer bestimmten Gesellschaft, werden so aufbereitete und gezielte Informationen zu Prozessen und Regeln zugänglich gemacht. Für Führungskräfte oder Personalsachbearbeiter sind umfangreiche und für ihre Führungs- und Sachbearbeitungsaufgaben notwendige Informationen zugänglich.

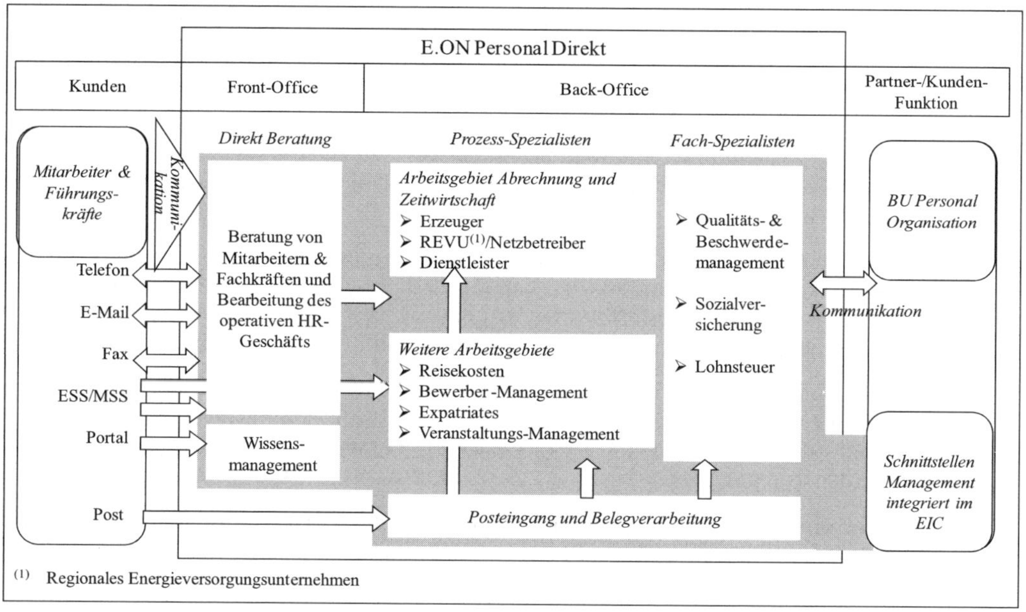

Abbildung 3: Service Delivery Model der E.ON Energie AG[13]

Für einige der Themen stehen Self-Services zur Verfügung. Diese „myHR"-Anwendungen, die sehr einfach und intuitiv bedienbar sind, gestatten es den Anwendern, selbst Informationen abzurufen oder Personalprozesse zu starten. Beispielsweise können sich Mitarbeiter über ihren aktuellen Urlaubssaldo, ihr Zeitguthaben, Entgeltnachweis usw. und Manager über die Qualifikationen und geplante Abwesenheiten ihrer Mitarbeiter informieren. Zusätzlich können Mitarbeiter Einsätze und Reisekosten erfassen und Urlaub beantragen. Auch die Führungskräfte werden in die Lage versetzt z. B. Mehrarbeit für ihre Mitarbeiter zu beantragen oder Genehmigungsprozesse zu bearbeiten. Weiterhin ist es möglich, das durch E.ON Energie entwickelte Lexikon Personal, z. B. hinsichtlich der Aktualität oder Qualität, zu bewerten und unmittelbar eine Anfrage an die Personaldirektberatung zu stellen, falls man nicht fündig geworden ist.

Neben dem Portal können die Kunden des SSC auch die Kommunikationskanäle Telefon, E-Mail, Fax und Brief nutzen, um ihre Anfrage an die Personaldirektberatung zu stellen. Lediglich der persönliche Kontakt ist – außer über Telefon – nicht mehr gewünscht und schwierig, weil alle Berater zentral an einem Standort angesiedelt sind.

Den Personaldirektberatern stehen hauptsächlich zwei Werkzeuge für ihre Arbeit zur Verfügung: eine Wissensdatenbank und ein „Employee Interaction Center". Die Wissensdatenbank ist das zentrale Werkzeug für die Suche nach Informationen um auskunftsfähig zu sein (vgl. Abschnitt 3.4). Das „Employee Interaction Center" (EIC) dient dazu, die Anfrage in Form eines „Tickets" zu erfassen und zu kategorisieren. Kann der Personaldirektberater nicht unmittelbar weiterhelfen, leitet er die Anfrage (also das „Ticket") an den Prozess-Spezialisten weiter.

13 Vgl. *E.ON Energie* (2007).

Vorteile, die sich aus dem Einsatz des EIC ergeben sind u. a., dass

- die elektronische Erfassung und Weiterleitung der Anfrage es erlaubt, sie unabhängig vom Standort bearbeiten zu können,
- jeder am Prozess beteiligte Mitarbeiter unmittelbar den Bearbeitungsstand sieht und die Kommunikationshistorie mit dem Mitarbeiter, unabhängig welcher Kommunikationskanal gewählt wurde,
- auf Basis der Kategorie und der organisatorischen Zuordnung des Mitarbeiters die Anfrage zielgerichtet und automatisch an den zuständigen Bearbeiter weitergeleitet werden kann, ohne dass sie nochmals erfasst werden muss. Die Kategorie kann teilweise aus dem Themenbereich des Portals, aus dem der Mitarbeiter die Anfrage stellte, abgeleitet,
- Dienstleistungsversprechen („Service Level Agreements") überwacht und für die Fakturierung der Leistungen verwendet werden, so z. B. Anzahl der Anfragen pro Thema oder Gesellschaft, die Anzahl offener Tickets oder die Quote, mit der Anfragen unmittelbar gelöst werden konnten und
- die Auswertung über die angefallenen Tickets es der Personaldirektberatung erlaubt, zielgerichtet die Informationen im Portal zu ergänzen und Hinweise auf Prozessverbesserungen abzuleiten.

Die „Prozess-Spezialisten" bearbeiten zum einen die Anfragen, die nicht unmittelbar durch die Personaldirektberatung gelöst werden konnten, zum anderen sind sie für die Standardprozesse (monatliche Entgeltabrechnung, Umsetzung organisatorischer Maßnahmen etc.) verantwortlich. Sie sind bei E.ON in Teams organisiert und nach den Kundengruppen Energie Erzeuger, Netzbetreiber und Dienstleister gegliedert.

Die „Fach-Spezialisten" sind Experten für verschiedene Personalthemen wie z. B. Sozialversicherung, Lohnsteuer, Firmenwagenregelung etc. Das Konzept des Shared Services ermöglicht es diesen Mitarbeitern, sich in einem Themengebiet zu spezialisieren und die „Prozess-Spezialisten" in ihrer Arbeit zu unterstützen. Gleichzeitig können, je nach Aufgabenstellung und persönlicher Neigung, auch die Rollen „Fach-Spezialist" und „Prozess-Spezialist" in einer Person vereint sein.

Im Hinblick auf das Thema Wissensmanagement wurde das Service Delivery Model wie folgt entwickelt: Wissensmanagement stellte eine von drei Arbeitsgruppen im Bereich "Zukunft Personal Direkt" dar. Die anderen beiden Arbeitsgruppen befassten sich mit Controlling-Themen bzw. der Aufbauorganisation und den „Prozessen & IT", also der Ablauforganisation des Shared-Service-Centers. Im Projektverlauf gab es zwischen den drei Arbeitsgruppen vor allem Koordinations- und Unterstützungsbedarf:

- Personaldirektberater wurden in der neuen Ablauforganisation geschult, damit sie ein ganzheitliches Prozesswissen vermittelt bekamen. Ferner wurden die Personaldirektberater im Umgang mit dem „Employee Interaction Center" geschult.
- Einrichtung der Ticketkategorien wurde mit den Prozessdefinitionen, Service Level Agreements und den Themen der Wissensdatenbank abgestimmt.
- Im Rahmen der Geschäftsprozessoptimierung und dem Design der Personalprozesse für das neue Service Delivery Model wurden Schwerpunktthemen für die Wissensdatenbank

identifiziert. Dies war der Fall, wenn regelmäßig in der Vergangenheit unzureichende Informationen zu fehlerhaften Prozessen führten.

Neben den begleitenden Aktivitäten wurde natürlich noch der Aufbau der Organisationseinheit Personaldirektberatung vorangetrieben.

3.3 Rolle und Aufgabe der Personaldirektberatung

Die Personaldirektberatung ist als zentraler Eingangskanal für die Kommunikation der Konzernmitarbeiter zu administrativen Personalfragen konzipiert (Front-Office). Gehen Anrufe, E-Mails und Faxe ein, werden diese im EIC erfasst. Die Personaldirektberatung soll als Ziel bis zu 80% aller eingehenden Anfragen selbstständig lösen, ohne dass ein Ticket an das Back-Office weitergeleitet werden muss. Ein hoher Service- und Qualitätsanspruch bestimmte das Recruiting und Schulungskonzept für das komplett neue Team. Aufgrund der hohen Komplexität der Regelungen und Fälle bei diesem konzernweiten Focus ist das gezielte Management von Wissen als Geschäftsgrundlage definiert. Die Personaldirektberatung ist nicht in Spezialisten-Teams gegliedert, stattdessen wurden für die drei großen Gruppen von Kundengesellschaften fachliche Coaches ernannt, die vertieftes Know-How sammeln und im Team, sowohl in Form von Schulungen, als auch durch laufende Unterstützung im Geschäftsbetrieb weitergeben. Der sukzessive Wissensaufbau bei den Mitarbeitern wurde durch den stufenweisen Rollout innerhalb von elf Monaten ermöglicht, bei dem jeweils eine Gruppe neuer Konzerngesellschaften in das neue Betriebsmodell integriert wurden. Teil des Roll-Out war der Wissenstransfer aus den Personalbereichen der Gesellschaften zu E.ON Personal Direkt, der vorrangig systematisiert über die Befüllung der Wissensdatenbank ablief und auf deren Basis auch die internen Schulungen durchgeführt wurden.

Das kleine Team Wissensmanagement ist organisatorisch und räumlich mit der Personaldirektberatung verbunden, um seine unmittelbare Unterstützungsfunktion leisten zu können und andererseits die direkte Verbindung zur Kundenschnittstelle mit ihren Anforderungen nutzen zu können.

3.4 Entwicklung, Implementierung und Erfahrung bei der Einführung einer Wissensdatenbank für das Shared-Service-Center der E.ON Energie AG

3.4.1 Ziel von Wissensmanagement bei E.ON Personal Direkt

Aufgrund des gewählten Organisationsmodells war die Notwendigkeit einer Wissensplattform für die Personaldirektberatung von Beginn an erkennbar. Denn der einzelne Personaldirektberater (PDB) ist nicht auf eine bestimmte Kundengruppe oder einen einzelnen Prozess (wie z. B. Gehaltsabrechnung) spezialisiert, sondern soll über ein fundiertes, breit ausgelegtes Wissen verfügen. Neben der unternehmensspezifischen Qualifizierung ist die Wissensdatenbank ein entscheidendes Hilfsmittel, um das nötige Detailwissen verfügbar zu machen und zu ergänzen. Die Kombination aus einem grundlegenden Verständnis des Fachgebietes, einem fundierten Überblick über die personalwirtschaftlichen Regelwerke des Konzerns, sowie der Bereitstellung einer effektiven Wissensplattform, schien ein erfolgversprechender Ansatz zu sein.

Parallel zur organisationsinternen Anforderung gehört die Online-Bereitstellung von Wissen für den Kunden (also den Mitarbeiter der einzelnen Konzerngesellschaften) zu diesem Modell der Personaldirektberatung. Der Kunde soll umfangreiche Informationen zu allen HR-Themen sowie Downloads von Dokumenten schnell und effektiv selbst finden können. Damit wird er unabhängiger von der Verfügbarkeit direkter Ansprechpartner aus den HR-Servicebereichen und das Wissen über HR-Themen im Unternehmen steigt. Ziel war es, die Flut der allgemeinen Personalfragen über die Wissensdatenbank abzudecken (0-Level-Support) und den Personaldirektberater (1st-Level-Support) als einen Ansprechpartner für die Anfragen zu positionieren, für die die Wissensdatenbank keine ausreichenden Informationen liefert.

3.4.2 Identifikation aller Anforderungen und Projektvorgehen

Diese zweiseitige Anforderung, eine Wissensplattform einerseits für die Kunden im Intranet beziehungsweise im Portal, andererseits für den internen Support einer Personaldirektberatung zu gestalten, führte zu der Überlegung, beides in einem System zu integrieren. Eine einheitliche Wissensdatenbank sollte nach außen als „Lexikon Personal" und nach innen für die Personaldirektberatung als „Lösungsdatenbank" fungieren. In einem kleinen Team aus HR-Experten und IT-Spezialisten wurden Anforderungen an das System definiert und sehr frühzeitig auf technische Machbarkeit geprüft. Anforderungen aus Sicht der Kunden (also Mitarbeiter des Konzerns) sind vor allem:

- schnelle Informationen zu praxisrelevanten HR-Themen, d. h. Antworten auf Fragen z. B. zur Gehaltsabrechnung, zur Arbeitszeiterfassung oder Anspruchsvoraussetzungen für betriebliche Leistungen und
- unmittelbare Relevanz der angezeigten Inhalte für den Nutzer, d. h. Informationen sind tatsächlich gültig für den Betreffenden, aber die
- Verständlichkeit mittlere Informationsdetailtiefe und ein großes Themenspektrum,
- inhaltliche und technische Verlinkung mit den Self-Services, die bereits im Portal integriert waren.
- Integration mit sonstigen im Intranet bereitgestellten HR-Inhalten und Dokumenten.

Wesentliche Anforderungen aus Sicht der Personaldirektberatung sind:

- umfassende Inhalte zu allen Themen der Personaldirektberatung zu enthalten,
- sehr schnelle Auffindbarkeit der gesuchten Antwort, ggf. während eines Kundengespräches,
- klare Strukturierung der Inhalte in Bezug auf Kundengruppen,
- Möglichkeit, zusätzliche interne Hintergrundinformationen für den Personaldirektberater zu hinterlegen und
- tägliche Aktualisierung der Inhalte.

Diese Anforderungen konnten in einem einheitlichen und integrierten System am effizientesten abgedeckt werden.

3.4.3 Entwicklung der Inhalte der Wissensdatenbank

Innerhalb der Arbeitsgruppe waren drei Pilotgesellschaften vertreten die aufgrund ihrer Tarifregelungen bereits ein großes Maß der Komplexität des Gesamtkonzerns abdeckten. Zunächst wurde eine übergreifende Wissensstruktur entwickelt, die sich später im System als Navigationsstruktur wiederfinden sollte. Herausfordernd war die Einigung auf eine einheitliche Priorisierung, Terminologie und inhaltliche Gruppierung von Themen. Im Ergebnis konnte eine gesellschaftsübergreifende, obere Navigationsebene von 12 Themengebieten festgelegt werden, die auch für alle im Roll-Out-Prozess folgenden Gesellschaften verbindlich sein sollte. Unterhalb dieser allgemeinen Überschriften, wie z. B. Arbeitszeit, Gehalt, Dienstreisen etc. musste jedoch eine Business-Unit-spezifische Modifikation der Navigationsstruktur definiert werden, um die Unterschiede aus Tarifverträgen und betrieblichen Regelungen adäquat abbilden zu können. Dies bedeutet, dass jede Gesellschaft innerhalb der Wissensdatenbank ihr eigenes Lexikon erstellt, um die individuelle Ausprägung abbilden zu können. Dabei werden übergreifend einheitlich geregelte Themen in Abstimmung mit den Gesellschaften zentral befüllt und aktualisiert, um Mehrfachaufwände zu vermeiden. Die Erstellung der Navigationsstruktur war fortan der jeweils erste Schritt im Aufbau eines neuen (Teil-)Lexikon Personals für eine weitere BU: Definition der Wissensstruktur bis auf die 3. bzw. 4. Ebene bei höchstmöglicher Deckungsgleichheit zur vorgegebenen Musterstruktur. Um die Navigation nicht nur nach sachlichen Gesichtspunkten sondern im Sinne einer optimalen Usability (Anwenderfreundlichkeit) zu gestalten, wurde ein Praxistest mit der zukünftigen Hauptzielgruppe (der Mitarbeiter) durchgeführt. Hierzu wurde an Gruppen von Mitarbeitern (außerhalb der HR-Bereiche) der Pilotgesellschaften eine unsortierte Liste von Begriffen der Navigationsstruktur mit der Aufgabe übergeben, diese in eine logische Abfolge von Über- und Unterbegriffen zu bringen. Hierdurch sollte sichergestellt werden, dass der Kunde auch ohne Kenntnis von Fachbegriffen oder Zusammenhängen der HR-Abteilung die gesuchte Antwort findet. Wie erwartet trat der Effekt ein, dass einige Themenzuordnungen im Sinne einer für den Laien leichten Auffindbarkeit verändert werden mussten – ohne die sachliche Richtigkeit der Zuordnungen zu opfern. Dieser kundenorientierte Ansatz ist elementar, um das Ziel der Reduktion von Kundenanfragen zu erreichen, obwohl konkurrierend zum Portal der telefonische Kontakt über die Personaldirektberatung in komfortabler Weise gewährleistet ist.

Eine wesentliche Vorarbeit war die genaue Definition des Formates, um die zu liefernden Inhalte der Gesellschaften zu standardisieren. Diese Definition wurde in die Form eines Templates festgehalten. Das Template stellt ein einfaches Formular dar, mit dessen Hilfe die Inhalte strukturiert werden und vom Autor mit den nötigen Hintergrundinformationen ausgestattet werden. Hierzu gehören der Geltungsbereich des Textes (Gesellschaft, Mitarbeitergruppe, Standort etc.), sowie die Hinweise zum dahinterliegenden Prozess oder zur Auffindbarkeit des Sachverhaltes im IT-System. Zudem wurde ein bereits vorhandener Styleguide der Onlinetexte für die Zwecke des Lexikon Personals präzisiert und ein Mustertext erstellt, von dem der Autor etwa den gewünschten Schreibstil ableiten konnte. Diese Arbeitsmittel waren bei der späteren Arbeit mit der großen Zahl an Autoren zur Qualitätssteuerung absolut notwendig, jede Nachjustierung hätte einen viel größeren Aufwand bedeutet.

3.4.4 Technische Umsetzung der Wissensdatenbank

Schon frühzeitig wurde klar, dass das Wissensmanagementsystem sehr individuelle Anforderungen abdecken können muss. Hinzu kam die Anforderung, das Wissensmanagementsystem in die vorhandene IT-Landschaft mit begrenztem Aufwand zu integrieren. Zielführend waren Erfahrungen z. B. mit SAP Knowledge Management (KM), die in einem anderen Kontext innerhalb des Konzerns bereits vorhanden waren. Nach eingehender Prüfung entstand die Idee, SAP KM in Kombination mit einer individuell zu schaffenden Datenbankergänzung einzusetzen. Zur Umsetzung der komplizierten Berechtigungsanforderungen wurde das System in das Mitarbeiterportal integriert, wo bereits der Employee Self-Service SAP myHR produktiv war. Für die Personaldirektberatung wurde zudem eine bi-direktionale Schnittstelle zwischen dem SAP EIC und der Lösungsdatenbank (LDB) geschaffen. Diese ermöglicht beispielsweise nach Identifikation eines Kunden im EIC den gezielten Absprung in die für diesen Kunden relevante Umgebung der LDB, in dem bestimmte Parameter wie z. B. betroffene Gesellschaft oder Tarifzugehörigkeit übergeben werden. Umgekehrt können auch Inhalte aus der Datenbank per einfachen Klick zurück in das Ticket transportiert werden.

Über ein Redaktionssystem werden Inhalte so attribuiert, dass sie gleichzeitig im externen Lexikon Personal, als auch in der internen Lösungssicht erscheinen. Interne prozess- oder systembezogene Zusatzhinweise zu einem Sachverhalt werden für die Personaldirektberatung entsprechend ergänzt.

3.4.5 Zielgruppengerechte Bereitstellung von Informationen im Shared-Service-Center

Der Personaldirektberater nutzt die Lösungsdatenbank als Informationsquelle zur Bearbeitung von eingehenden Kundenvorgängen, teilweise auch während eines Kundengespräches. Er hat im Gegensatz zu Mitarbeitern und Führungskräften eine übergreifende Sicht auf die Inhalte aller ca. 20 Gesellschaften. Darüberhinaus sieht er zusätzliche, nur innerhalb des SSC sichtbare Inhalte (interne Sprachregelungen, Bearbeitungshinweise, aktuelle Infos, Prozess- und Systemhinweise). Primäre Antwortgrundlage für den Personaldirektberater ist die Lösungsdatenbanksicht, da diese aufgrund ihrer visuellen Aufbereitung (öffentliche und interne Informationen auf einen Blick) und optimaler Zugriffszeiten eine schnelle Eingrenzung sowie Auffindung von Themen ermöglicht. Der Personaldirektberater leitet Anfragen, die er nicht beantworten kann, an das Back-Office (2nd-Level-Support) weiter und bekommt im Gegenzug vom Back-Office kontinuierlich Feedback zur Erweiterung der Inhalte in der LDB.

Für die HR-Mitarbeiter der einzelnen Business Units, von denen viele als Autoren die Texte liefern, stellt die Wissensdatenbank als gesellschaftsübergreifende Informationsquelle vor allem ein Instrument ganz neuer Qualität zur konzernweiten Wissensvernetzung dar. Damit haben die Autoren neben ihrer Verantwortung zum Wissenstransfer an das SSC auch einen Nutzen für die eigene Arbeit.

Die Inhalte der Wissensdatenbank, als Content bezeichnet, werden nach der jeweiligen Gesellschaft (Business Unit) und verschiedenen Zielgruppen, hier als Segmente benannt, gegliedert. Die Berechtigungsstruktur entspricht diesen Segmenten weitgehend, aber nicht vollständig, da bestimmte Nutzer auch Zugriff zu mehreren Content-Segmenten benötigen (z. B. Führungskräfte und HR-Mitarbeiter).

Der Nutzer bekommt nach Anmeldung im Portal eine auf ihn und seine Unternehmensmerkmale zugeschnittene Sichtweise, auf die Inhalte des Lexikons Personal (z. B. sieht ein tariflicher Angestellter der E.ON Energie AG nur Inhalte für diese Zielgruppe und keine Inhalte anderer BU oder einer anderen Mitarbeiter-Gruppe wie beispielsweise außertariflicher Angestellte). Übergeordnetes Ziel war die weitgehende Komplexitätsreduktion. Jeder Nutzer sieht nur Inhalte, die für ihn persönlich auch tatsächlich gültig und damit relevant sind. Bei der

Erstellung des Contents durch die Autoren hat sich dies auch als praktikabel erwiesen, da man im Text nicht mehr zwischen den Zielgruppen differenzieren muss.

Führungskräfte und Mitarbeiter haben Zugang zu ihren persönlich betrieblichen Informationen. Darüber hinaus haben Führungskräfte die Möglichkeit, Einblick in die Mitarbeitersicht zu nehmen, um sich über die betrieblichen Regelungen, die ihre Mitarbeiter betreffen, zu informieren.

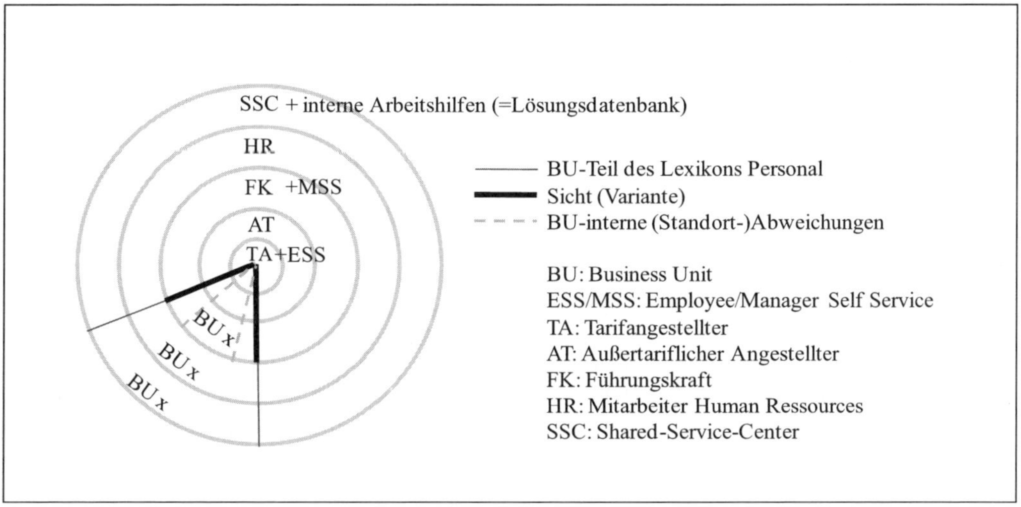

Abbildung 4: Aufbau Wissensdatenbank (Zwiebelmodell)[14]

Als Grundlage und zum besseren Verständnis der Segmentierung/Wissensstruktur sowie dem Aufbau der Berechtigungsstruktur der Wissensdatenbank dient das in Abbildung 4 dargestellte „Zwiebelmodell". Von innen nach außen betrachtet, bilden die Schalen die einzelnen Nutzergruppen der Wissensdatenbank ab. Diese sind in der Regel:

- Tarifliche Mitarbeiter (TA)
- Außertarifliche Mitarbeiter (AT)
- Führungskräfte (FK)
- HR-Mitarbeiter
- SSC-Mitarbeiter

Je nach Lage der Schale im Zwiebelmodell leiten sich unterschiedliche Sichtweisen bzw. Berechtigungen in der Wissensdatenbank ab. Je weiter außen die Schale der Zwiebel liegt, desto höher ist die Berechtigungsstufe und desto umfangreicher sind die Inhalte, die der jeweilige User in der Wissensdatenbank sehen kann. Allerdings wird die Sichtweise der Inhalte nicht nur durch die Schale der Zwiebel begrenzt sondern zusätzlich durch eine BU-spezifische Segmentierung verfeinert. Diese wird in der Zwiebel durch das „Tortenstück" im

14 Vgl. *E.ON ENERGIE AG* (2007). Das Zwiebelmodell wurde im Laufe der Projekteinführung bei der E.ON Energie AG München entwickelt.

unteren Teil der Grafik dargestellt. Alle Nutzergruppen sehen dabei die BU-spezifischen Inhalte bis zum Rand ihrer jeweiligen Schale, wobei am Beispiel der Mitarbeiter die Begrenzung der Sichtweise durch den fett markierten Ausschnitt visualisiert wird. Unterteilt bzw. weiter detailliert wird diese Sichtweise durch die Umsetzung weiterer BU-spezifischer Abweichungen. Zum Beispiel können dies u. a. unterschiedliche betrieblichen Regelungen für Tarifmitarbeiter oder standortspezifische Kriterien sein.

3.4.6 Feedback-, Informations- und Downloadfunktion der Wissensdatenbank

Dem Nutzer werden drei Einstiege zur Beantwortung seiner Frage zur Verfügung gestellt:

- thematisch über die Navigation
- über den alphabetischen Index (gleicher Inhalt wie Themennavigation)
- über die intelligente Suche (Volltext, Schlagwortsuche, Relevanzanzeige)

- Feedbackmöglichkeiten:

  Auf jeder Seite des Lexikons Personal befindet sich ein Kommentarfeld, bei dem der User Fragen oder Anmerkungen zum Text (wahlweise auch anonym) absenden kann. Diese laufen in der EIC-Inbox ein und werden zur Content-Optimierung genutzt. Eine weitere Feedbackmöglichkeit besteht in einem Bewertungsfeld auf jeder Lexikonseite, bei dem der Nutzwert des Inhaltes aus Sicht des Anwenders eingestuft wird. Auf der Startseite des Lexikon Personals erscheint eine Hitliste der am besten bewerteten Seiten sowie der am häufigsten aufgerufenen Themen, um zusätzlich Interesse am „lebenden" Lexikon Personal zu wecken.

- News:

  Auf der Startseite werden gesellschaftsspezifische und -übergreifende News zu HR-Themen platziert. Dabei werden jedoch sachorientierte Informationen von solchen Inhalten der HR-Kommunikation getrennt, die eher journalistischen Charakter haben.

- Download-Center:

  Das Download-Center innerhalb des Lexikons Personal bündelt alle Dokumente (Regelungen, Betriebsvereinbarungen, Formulare, Informationsmaterial), die als Download angeboten werden. Es stellt neben der direkten Verlinkung bei den jeweiligen Themen einen zweiten Navigationspfad zu den Downloads dar.

Wie bei den Textinhalten des Lexikons Personal erfolgen auch bei den Downloads eine Attribuierung und eine Unterscheidung nach Mitarbeitersegmenten mit der sich daraus ableitenden Berechtigungsstruktur.

3.4.7 Rollendefinition für die Wissensdatenbank

3.4.7.1 Autor

Autoren von Inhalten der Wissensdatenbank sind HR-Experten in den BU, sowie Spezialisten im SSC. Sie bereiten Inhalte so auf, dass diese ereignis- oder fragenorientiert im Lexikon Personal und der LDB dargestellt werden können.

Bei der Erstellung der Inhalte nehmen die Autoren eine Attribuierung bzw. Kennzeichnung der Dokumente mit Hilfe eines Templates vor. Beides – sowohl fertiger Inhalt, als auch dazugehörige Attribuierung – gelangen zu einer zentralen Stelle im SSC: dem Wissensmanager.

3.4.7.2 Wissensmanager

Der Wissensmanager im SSC steuert den Erstellungsprozess der Autoren und sammelt alle Arbeiten. Bevor Inhalte veröffentlicht werden, sichert er die formale und inhaltliche Qualität der Texte in den Templates und holt ggf. eine letzte Freigabe bei den inhaltlich verantwortlichen Autoren ein. Die korrekte Einordnung des Contents über das Redaktionssystem und die Veröffentlichung der Inhalte erfolgt zum Schluss ebenfalls zentral durch den Wissensmanager. Dabei obliegt es ihm auch, Synergien bei der Pflege der Inhalte zwischen den Teillexika der Gesellschaften zu heben, indem er alle übergreifend einheitlichen Themen identifiziert und vorfüllt. Mit Hilfe des Redaktionssystems muss der Wissensmanager die zielgruppengerechte Attribuierung des Contents vornehmen und über bereitgestellte Reports regelmäßig die Zielerreichung der Datenbank überwachen.

3.4.7.3 Nutzer

Der Nutzer, egal ob Kunde, Personaldirektberater oder sonstige, gibt durch das persönliche Feedback (siehe Abschnitt 3.4.7) entscheidende Hinweise zur Entwicklung des Contents und des Systems insgesamt.

3.4.8 Qualitätssicherung

Die oben genannte Rollenverteilung nach dem 4-Augen-Prinzip sichert die inhaltliche und redaktionelle Qualität und übernimmt in dem Gesamt-Qualitätssicherungsprozess eine wichtige Funktion.

Das Reporting (beziehungsweise die Auswertung) der in Lexikon Personal und LDB angebotenen Inhalte ist aus Gründen der kontinuierlichen inhaltlichen Qualitätssicherung notwendig. Differenziert wird dabei zwischen Lexikon Personal und interner LDB.

Auswertungskriterien für die Lexikon-Personal-Inhalte (BU-spezifisch):

- Am häufigsten/seltensten geklickte Seiten.
- Die 20 am besten/schlechtesten bewerteten Seiten.
- Anzahl und Themen der Kommentare und Bewertungen.
- Zu welchen Themen Inhalte fehlen.

Auswertungskriterien für die LDB:

- Am häufigsten nachgefragte Themen (BU-spezifisch und übergreifend).
- Zu welchen Themen Inhalte fehlen.

3.5 Lessons Learned beim Aufbau des Wissensmanagements

Die Praxiserfahrung mit dem dargestellten System bestätigt das gewählte Konzept. In der frühen Konzeptionsphase hat sich die direkte Vernetzung aus HR- und IT-Experten bewährt, um gemeinsam nach kreativen und machbaren Ideen zu suchen und eine möglichst präzise Definition aller Anforderungen an das neue System zu erhalten. Klare Rollenverteilung und eine intensive Kommunikation der Ziele und der Verantwortlichkeiten bei Wissenstransfer und -aktualisierung sind unverzichtbar. Aufgrund des zeitweise nicht unerheblichen Aufwandes für die Autoren bei der erstmaligen Content-Generierung war es wichtig, den Nutzen des fertigen Systems für die Beteiligten im Blick zu haben. Die Füllung des Lexikon Personals und damit der Wissenstransfer war ein essentieller Bestandteil des SSC-Roll-Out für alle teilnehmenden Gesellschaften. Ein zeitlicher Vorlauf von ca. 4–5 Monaten (je nach Gesellschaft und Grad der inhaltlichen Vorbefüllung) vor der Veröffentlichung des Lexikons Personal war notwendig. Durch die Vorbereitung guter Arbeitsmittel wie Eingabe-Templates, Mustertexte und -strukturen sowie der direkte Support durch den Wissensmanager konnte der Qualitätssicherungsaufwand optimiert werden. Die organisatorische Integration von Personaldirektberatung und Wissensmanagern sichert die bedarfsorientierte Ausrichtung des bereitgestellten Wissens. Durch ein aktives Netzwerk aller Autoren, auch nach dem Einmalaufwand des Projektes, wird die kontinuierliche Weiterentwicklung als gemeinsames Ziel abgesichert.

4 Aktiv genutztes Wissensmanagement unterstützt die Errichtung und die Weiterentwicklung von Shared-Service-Centern

Der Erfolg von Shared Services in Unternehmen ist ohne angewandtes Wissensmanagement schwer vorstellbar, wie in diesem Beitrag aufgezeigt wurde. Die E.ON Energie AG hatte sich aus überzeugenden Gründen für den Aufbau und den Betrieb eines Shared-Service-Centers mit den vorhandenen Prozess- und Fach-Spezialisten in Deutschland entschlossen (Onshore). Der Mehrwert des Wissensmanagements ist umso größer, wenn im fremdsprachigen Ausland (Near- oder Offshore) ein globales Shared-Service-Center aufgebaut werden soll, das beispielsweise deutsche Mitarbeiter sich im Kontext deutscher gesetzlicher Regelungen bedienen sollen.

Die meisten Shared-Service-Center wurden unter der Zielvorgabe gegründet, die Prozesskosten zu senken und den Service für die Mitarbeiter deutlich zu verbessern. Diese Ziele wurden in vielen Fällen erreicht, wodurch der Anspruch an Shared-Service-Center nunmehr die Fortsetzung dieser Verbesserungen geworden ist. Dies ist jedoch auf Grund veränderter Standortbedingungen in den klassischen Offshore-Servicestandorten immer schwieriger. Gerade die entstandene Herausforderung durch die hohen Fluktuationsraten in den Shared-Service-Centern ist besonders eindrücklich im Kontext Wissensmanagement zu sehen.

Shared-Service-Center verfolgen regelmäßig diese Strategien:

- Verstärkter Einsatz von Technologien, in diesem Fall Technologien des Wissensmanagements und des Self-Service und Service Center Frontend wie EIC im Falle von E.ON, um die Servicequalität zu steigern trotzdem die Erfahrung des einzelnen Servicemitarbeiters eher zurückgeht.
- Onshoring oder Nearshoring: Serviceaufgaben werden an den traditionellen Standorten des Unternehmens selbst erbracht, wie im Falle der E.ON.
- Ausgewählte Aufgaben, Prozesse und (selten) ganze Shared-Service-Center werden an externe Dienstleister übertragen, um weitergehende Skalenerträge zu ermöglichen (Business Process Outsourcing). Hier muss durch Wissensmanagement sichergestellt werden, dass der externe Dienstleister die Aufgaben durchführen kann. Ganz wichtig ist aber auch, dass durch systematische Pflege des Wissens während des Outsourcing-Abkommens sichergestellt ist, dass die Prozesse nach Beendigung des Outsourcing-Vertrages wieder zurückgeführt werden können.

Zusätzliche und zunehmend unternehmensspezifische Prozesse werden an das Shared-Service-Center übertragen. Hier ist es entscheidend, zum Teil unstrukturiertes Wissen, das eingangs meist noch nicht dokumentiert ist und zudem schnellen Veränderungen unterliegt, aufzubauen und aktuell zu halten.

Die Anforderungen an Shared-Service-Center werden zunehmen. Die zunehmende Verflechtung aller am Wirtschaftskreislauf Beteiligten drückt sich in einer wachsenden Zahl von Faktoren aus, die bei jedweder Information oder gar Entscheidung berücksichtigt werden müssen. Wissen über den Geschäftspartner, über gesetzliche Regelungen, über ethische Grundsätze und vieles mehr wird zum Erfolgsfaktor. Die systematische Nutzung des Wissens, das in Unternehmen im Umgang mit Ihren Mitarbeitern und Geschäftspartnern entsteht, ist dabei ein wichtiger Baustein. Häufig ist es ja gerade dieses Wissen, das einem Geschäftspartner oder Mitarbeiter das Gefühl gibt, mehr zu sein als ein „Geschäftsvorfall“ oder ein „Serviceereignis“.

So wie sich die Industriegesellschaft in eine Wissens- und Informationsgesellschaft wandelt, werden sich auch die Shared-Service-Center von industriell geprägten Dienstleistungszentren zu Wissenszentren weiterentwickeln. Ihre Aufgabe wird mehr darin liegen, die Prozesse stets weiterzuentwickeln und flexibel den Marktanforderungen anzupassen, als diese nur möglichst effizient auszuführen. Das Wissensmanagement muss zukünftig dazu die entsprechenden Methoden und Werkzeuge bereitstellen, um diese Herausforderung zu meistern.

Quellenverzeichnis

BLUME, P. (2006): HR Service Delivery Maturity Model, in: *KRUPPKE, H./OTTO, M./ GONTARD, M.* (Hrsg.), Human Capital Management – Personalprozesse erfolgreich managen, Berlin/Heidelberg 2006.

BLUME, P./GONTARD, M. (2004): Einführung eines Shared Service Centers für standardisierte HR Produkte, in: *SCHEER, A.-W./ABOLHASSAN, F./KRUPPKE, H./JOST, W.* (Hrsg.), Innovation durch Geschäftsprozessmanagement, Berlin et al. 2004.

BLUME, P./SPEICHER, A. (2002): Bewertung und Akzeptanz von e-HR, in: CoPers e-HR Personalarbeit, 2002, Heft 6, S. 18–23.

BUSINESSWEEKRESEARCHSERVICES (2007): Aktuelle Informationen, online: http://mediakit.businessweek.com/pdf/research/HR-Shared-Services-2007.pdf, Stand: September 2007, Abruf: 17.07.2008.

E.ON ENERGIE (2007): SSC Storyline für die PSG (Projekt-Steuerungs-Gruppe), unveröffentlichte Arbeitspapiere, o. O. 2007.

KRÜGER, W. (2008): Shared-Service-Center im kernkompetenzorientierten Konzern, in: *KEUPER, F./OECKING, C.* (Hrsg.): Coporate Shared Services – Bereitstellung von Dienstleistungen im Konzern, 2. Auflage, Wiesbaden 2008.

LUTZ, J./LEHNER, F. (2005): Informationsmanagement, 8. Auflage, München/Wien 2005.

REINEKE, R.-D./BOCK, F. (Hrsg.) (2007): Gabler Lexikon Unternehmensberatung, Wiesbaden 2007.

VON ROTZ, B. (2007):Knowledge-Management im Zeitalter von Web 2.0 und Open Source online: http://www.contentmanager.de/magazin/artikel_1697_knowledge_management_open_ sourcweb20.html, Stand: August 2007, Abruf: 15.08.2008.

SAP NET WEAVER (2007): Enterprise Content Management (ECM) Technology Roadmap, unveröffentlichte Arbeitspapiere, o. O. 2007.

SUN, T. (2007): Focus: Business User Strategy, Walldorf 2007.

Dritter Teil

Strategische und wertmäßige Aspekte des Wissens- und Informationsmanagements

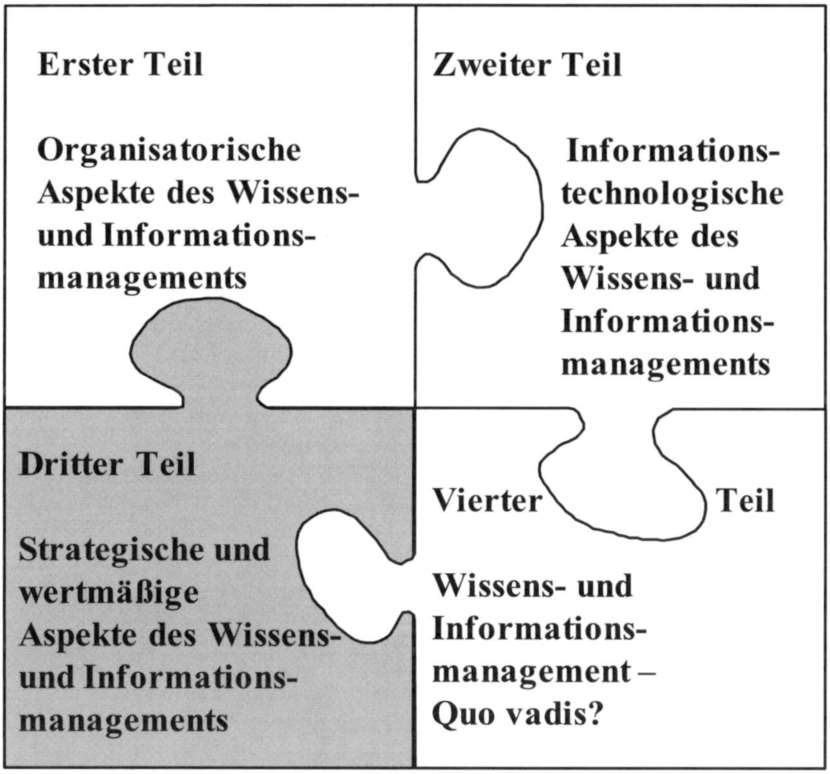

„Vor der IT kommt der Wissensträger“ – Erfahrungen im Wissensmanagement bei der Fraunhofer-Gesellschaft

HANS-JÖRG BULLINGER und *JÖRG HOFFMANN*

Fraunhofer-Gesellschaft

1 Wissensträger Mensch

Über wie viele Firmen- und Produktpräsentationen zum Wissensmanagement sind Sie bereits gestolpert, bei denen gesagt wurde, dass der Mensch im Mittelpunkt der Maßnahme steht? Unserer Erfahrung nach wird dies gerne und immer wieder vorgebracht, doch bleibt der Beweis meist offen, dass dies wirklich der Fall ist. Eher ist es die Regel als die Ausnahme, dass aufwendige Konzepte und Tools zum idealen Informations- und Wissensfluss entwickelt und implementiert werden, die eines vermissen lassen: Die Berücksichtigung des persönlichen Nutzens für den Wissensträger und damit die direkte auch zeitliche Entlastung, um seine Produktivität zu verbessern. Doch ist die frühzeitige Einbindung und Bereitschaft der Mitarbeiter erforderlich, um ein Scheitern der Wissensmanagement-Maßnahmen zu verhindern.[1] Dennoch werden Systeme eingeführt, ohne dass entsprechende Schulungen durchgeführt werden, die die Mitarbeiter in die Lage versetzen, ihre Arbeit wirklich zu entlasten.

Um das Potenzial wissensbasierter Organisationen zu heben, ist es wichtig neben den strategischen Zielen auch die Wissensträger verstärkt in den Blickwinkel des Wissensmanagements zu rücken. Um Wissensschätze zu heben, lohnt es sich, den Ort des Wissens – die Köpfe der Mitarbeiter – gezielter anzusprechen und Maßnahmen anzustreben, die die Motivation der Mitarbeiter zum Einbringen ihres Wissens fördern. Damit umfasst Wissensmanagement in besonderem Maße die Integration der Wissensträger in die Prozesse der Wissensentwicklung, der Sicherung und Verteilung des Wissens bis hin zur Gewährleistung, dass dieses Wissen auch wieder angewendet werden kann. Diese Verknüpfung zwischen dem Aufzeigen eines persönlichen Nutzens als Voraussetzung für die Beteiligung der Wissensträger und der Bereitstellung eines Informations- und Wissensbestands für die Organisation ist nach wie vor der kritische Schritt, der über Erfolg oder Scheitern des Vorhabens entscheidet. Der aus Sicht der Verantwortlichen für Wissensmanagement und der Entscheider scheinbar besser zu kontrollierende Schwerpunkt liegt nach wie vor auf der Darstellung der informationstechnischen Unterstützung des Wissensmanagements, auch wenn in den letzten Jahren die nichttechnische Unterstützung breiter diskutiert wird. Nach wie vor ziehen viele Organisationen eine Investition in IT-Infrastruktur der Investition in direkte moderative und die Wissensträger involvierende Maßnahmen vor.[2] Dass Wissensmanagement bei weitem noch nicht die angestrebte Effizienz erzielt, liegt damit auch in der Schwerpunktsetzung der Wissensmanagement-Ziele und der daraus resultierenden Entscheidung, Planung und Umsetzung von Wissensmanagement-Projekten.

Zur Behandlung der aktuellen Herausforderungen bei der erfolgreichen Umsetzung von Wissensmanagement-Projekten, bilden die folgenden Thesen den Ausgangspunkt unserer Betrachtung:

---

1 Vgl. *Bullinger/Wagner/Ohlhausen* (2000), S.79 f.

2 Vgl. *Schnalzer/Wesoly* (2005), S. 34.

- In vielen Organisationen ist der Fokus auf IT-Maßnahmen im Wissensmanagement nach wie vor sehr stark ausgeprägt. Es besteht sowohl auf Seiten der Entscheider wie auch der Verantwortlichen das Bedürfnis, die Sichtbarkeit des Wissensmanagements anhand konkreter und meist informationstechnischer Tools zu erzielen.
- Im Verlauf der Planung, Entwicklung und Implementierung von IT-Infrastrukturen gehen die eigentlichen Zielvorstellungen – „… systematischer einen größeren Nutzen aus dem Wissen der Organisation ziehen zu wollen“[3] – verloren.
- Wissensmanagement-Maßnahmen außerhalb des IT-Fokus` werden selten als Investition verstanden und daher nicht zielgerichtet und mit der notwendigen Aufmerksamkeit und Ressourcenausstattung verfolgt.

Das eigentliche Problem bleibt bestehen: Die Arbeit der Wissensträger gestaltet sich nicht effizienter und folglich werden die Wissenspotenziale nicht ausgeschöpft. Die Erfahrungen innerhalb der Fraunhofer-Gesellschaft in Wissensmanagement-Projekten sowohl in einzelnen Instituten als auch im verteilten Kontext über die gesamte Forschungseinrichtung bestätigen diese Thesen und zeigen zum anderen Möglichkeiten auf, die eigentliche Zielsetzung dennoch zu erreichen.

Unserem Verständnis nach geht es im Wissensmanagement darum, bei Führungskräften und Wissensträgern ein Bewusstsein dafür zu entwickeln, dass Kontexte geschaffen werden müssen, um Wissens- und Erfahrungstransfer zu ermöglichen. Somit möchten wir das Augenmerk auf den bewussten Umgang mit der Ressource Wissen lenken. Die Frage ist demnach, ob die Bedingungen für effiziente Wissensarbeit in den Organisationen tatsächlich erfüllt sind. Der offene und kreative Umgang mit Wissen erfordert schließlich auch eine physische und psychische Entlastung der Wissensarbeiter.[4]

Wenn wir den Menschen im Mittelpunkt des Wissensmanagements sehen, warum nehmen wir dann zu wenig seine Perspektive ein, um Wissensarbeit effizienter zu gestalten? Tatsache ist, dass gerade durch den Einfluss der IT, die uns viele unserer Aufgaben vereinfachen und beschleunigen soll, immer mehr zusätzliche Funktionen und Aufgaben wie selbstverständlich von Wissensarbeitern erledigt werden müssen. Außerdem steigen die Anforderungen an Wissensarbeit insgesamt und werden immer vielfältiger.[5] Zählten vor 15 Jahren Sekretariate mit Schreibdiensten noch zur Grundausstattung eines gut geführten Büros, so sind es heute die Wissensarbeiter selber, die ihre Briefe schreiben oder mehr noch per E-Mail ihre Korrespondenz abwickeln. Angebote zu erstellen, Kalkulationen vorzunehmen und natürlich den eigentlichen inhaltlichen Beitrag zu leisten sind Bestandteile der *Alles-aus-einer-Hand-Leistungen* von Wissensarbeitern. Auf wundersame Weise finden sich bei Wissensarbeitern alle diejenigen Arbeitsschritte, die noch vor wenigen Jahren in arbeitsteilige Prozesse zerlegt waren. Effizienzvorteile können in dieser Situation zumindest dadurch erzielt werden, dass versucht wird, die Vielzahl von IT-Anwendungen auf ein überschaubares Maß zu reduzieren. Das Dilemma jedoch bleibt: Der Anteil der ausschließlichen Wissensarbeit wird zunehmend reduziert, da jeder Einzelne sich im Rahmen der Verwaltung seines exponentiell zunehmenden Aufkommens von Dokumenten- und Datenbeständen Strategien und Verfahren überlegen muss, dieser Fülle an Information Herr zu werden. Neben dieser persönlichen Organisations-

---

3 *HEISIG* (2007), S. 3.

4 Vgl. *GANZ/HERMANN* (2000), S. 127.

5 Vgl. *GANZ/HERMANN* (2000), S. 126.

leistung stellt die Abstimmung der individuellen Strategien mit denen des Projektteams, der Abteilung, des Bereichs und des Unternehmens eine besondere Herausforderung dar. Auch sind Medienbrüche an der Tagesordnung. Immerhin findet der Geschäftsverkehr gerade auch über Verfahren digitaler Signaturen zunehmend auf elektronischem Wege statt und reduziert damit den Dokumentenverkehr um einen Medienbruch. Doch wie wird eine kommentierende E-Mail im Nachgang eines in Schriftform vorliegenden Vertrags, welcher mit handschriftlichen Änderungen paraphiert wurde mit den im Vorfeld erstellen Präsentationsfolien zum Angebotstermin zusammengebracht und verfügbar gemacht? Einfaches Lochen und Ablegen in kaufmännischer Heftung, welches nur wenige Sekunden in Anspruch genommen hätte, ist nicht mehr möglich. Allein das Zusammenhalten der relevanten Informationen setzt eine Integrationsleistung voraus, die sich nicht in zwei Handgriffen erledigen lässt.

Aufgabe des Wissensmanagements kann und muss es aus Sicht der Wissensträger an dieser Stelle sein, Zeit zu gewinnen, um die Kernaufgaben besser und schneller ausführen zu können. Diese Erkenntnis stützt sich auf Erfahrungen, die im Rahmen von Analysen zu einer Unterstützung durch Wissensmanagement innerhalb der Fraunhofer-Gesellschaft gesammelt wurden. So wurden im Rahmen von internen Beratungsprojekten in Fraunhofer-Instituten Mitarbeiter und Führungskräfte befragt. Drei Barrieren behindern einen effektive Wissens- und Erfahrungstransfer: Erstens die Zeitproblematik, sie wiegt am schwersten. So fehlt durch vielfältige Aktivitäten und parallel durchzuführende Projekte meistens die Zeit, um das Wissen und die Erfahrungen an Kollegen weiterzugeben. Eine weitere Barriere wurde zweitens darin gesehen, dass Wissen sehr stark personengebunden ist. Drittens wird die Personengebundenheit auch durch Mitarbeiter-Fluktuation verschärft und führt zu einem direkten Verlust von Wissen.

Wissensmanager haben keinen direkten Einfluss auf das Wissen im Unternehmen. Ihre Rolle ist es, geeignete Rahmenbedingungen zu schaffen, die auf der einen Seite die Systematik im Umgang mit Wissen verbessern und die Verlässlichkeit in den Maßnahmen der Entwicklung, Sicherung, Verteilung und Anwendung des Wissens vermitteln.[6] Dies zielt einerseits auf die Gestaltung effektiver Wissensarbeit durch Verbesserung der Geschäftsprozesse, andererseits auf die Bereitstellung kreativer und innovativer Milieus des Wissens-, Ideen- und Erfahrungsaustauschs. Dafür sind zeitliche Spielräume und Anlässe zu schaffen in denen die Kreativität gezielt gefördert wird. Außerdem müssen die Zeit und die Möglichkeit zum Austausch geschaffen werden, um gezielt Probleme zu lösen und vorhandene Lösungen weiterentwickeln zu können. Wenn Kreativität ermöglicht und Wissen und Kompetenzen kooperativ verknüpft werden, können Ideen entwickelt und Innovationen generiert werden. Dabei werden sowohl die individuelle Kreativität als auch die Kreativität der Organisationseinheiten im Sinne einer joint creativity gefordert und gefördert.[7]

Abbildung 1 veranschaulicht den Einflussbereich des Wissensmanagements mit Maßnahmenbeispielen.

---

6 Vgl. *Mertins/Heisig/Vorbeck* (2001), S. 10.

7 Vgl. *Bullinger/Hermann/Ganz* (2000), S. 11 f.

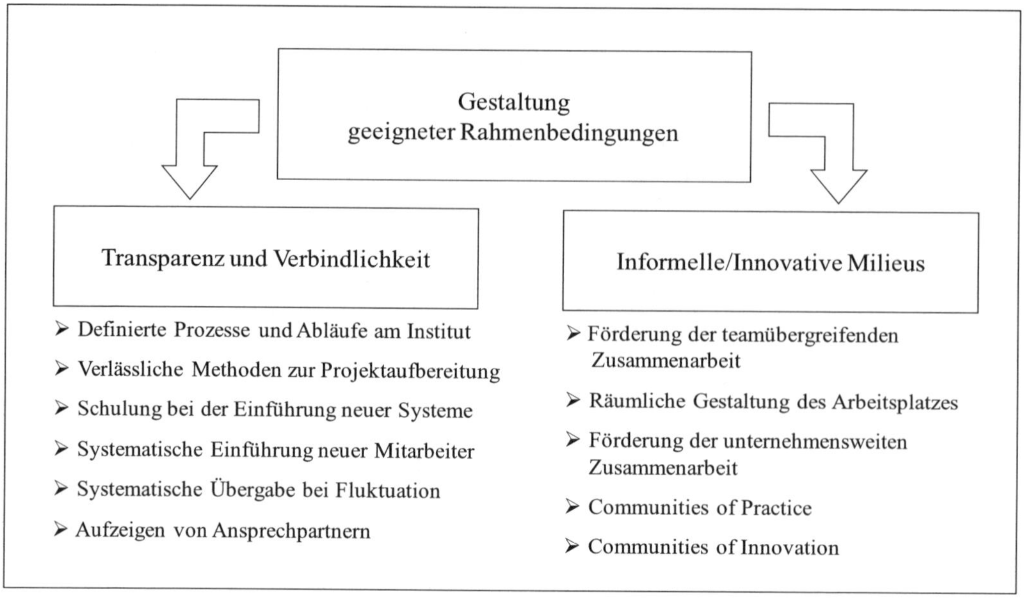

Abbildung 1: Einflussbereich des Wissensmanagements mit Maßnahmenbeispielen

Wissensmanagement soll auch helfen, nicht nur explizites, sondern auch implizites Wissen allen verfügbar zu machen. Das bedeutet, dass wir neben einer leistungsfähigen Informations- und Kommunikationsinfrastruktur auch Anlässe schaffen müssen, um das Wissen erkennbar, auffindbar und damit auch verwertbar zu machen. So wie es nicht ausreichend ist, Informationen lediglich zu sammeln, um sie zu einem späteren Zeitpunkt für einen noch nicht absehbaren Anlass verfügbar zu haben, so sind auch kommunikative Maßnahmen zu wählen, die die Verwertbarkeit von Wissen ermöglichen. Es ist im Idealfall nicht eine zusätzliche Aufgabe, sondern fester Bestandteil der Arbeitsabläufe und der Zielvereinbarungen zwischen Unternehmen und Mitarbeitern.

Anhand eigener Beispiele möchten wir im Folgenden aufzeigen, wie sich der Rahmen des Wissensmanagements innerhalb der größten Dachorganisation für angewandte Forschung in Europa gestaltet. Dabei gilt es sowohl die übergeordneten Ziele der Fraunhofer-Gesellschaft zu erreichen als auch die Gestaltung von Wissensarbeit mit dem Ziel der zeitlichen Entlastung der Wissensträger zu verfolgen.

2 Wissensentwicklung und Wissensanwendung in Projekten

Ein erster Ansatz, der sowohl dem einzelnen Wissensträger einen direkten Nutzen bringt und zudem auch die organisatorische Wissensbasis stärkt, ist die Integration des Wissensmanagements in die Projektroutine. Die Fraunhofer-Gesellschaft denkt und arbeitet in Projekten, so werden jährlich zwischen 11.000 und 12.000 Projekte bearbeitet. Damit nimmt die Gestaltung durch die Sekundär-Organisation einen wesentlichen Bestandteil in der Arbeitssituation der Forscher und wissenschaftlichen Mitarbeiter und somit der entscheidenden Wissensträger bei Fraunhofer ein. Aus diesem Grund liegt es nahe, auch an dieser Stelle Wissensmanagement anzusetzen. Gegenstand von Projekten in der angewandten Forschung sind nicht nur die fachlichen Schwerpunkte, sondern insbesondere auch prozessuales Wissen im Umgang mit den Kunden, der Eruierung von Märkten, dem Management und der administrativen Abwicklung von F&E[8]-Projekten. Ziel von Wissensmanagement-Maßnahmen in Projekten ist es insbesondere, Erfahrungen, die einzelne Mitarbeiter gemacht haben, auch für andere Mitarbeiter zugänglich machen und damit geteiltes Wissen zu erzeugen. Ein besonderer Schwerpunkt der Fraunhofer-Gesellschaft im Wissensmanagement liegt somit in der Sicherung des Erfahrungswissens. Dazu lassen sich mit der Wissenssicherung aus Projekten und zum Zeitpunkt des Ausscheidens von Experten zwei Strategien verfolgen, auf die wir im Folgenden eingehen werden (siehe auch Abbildung 2).

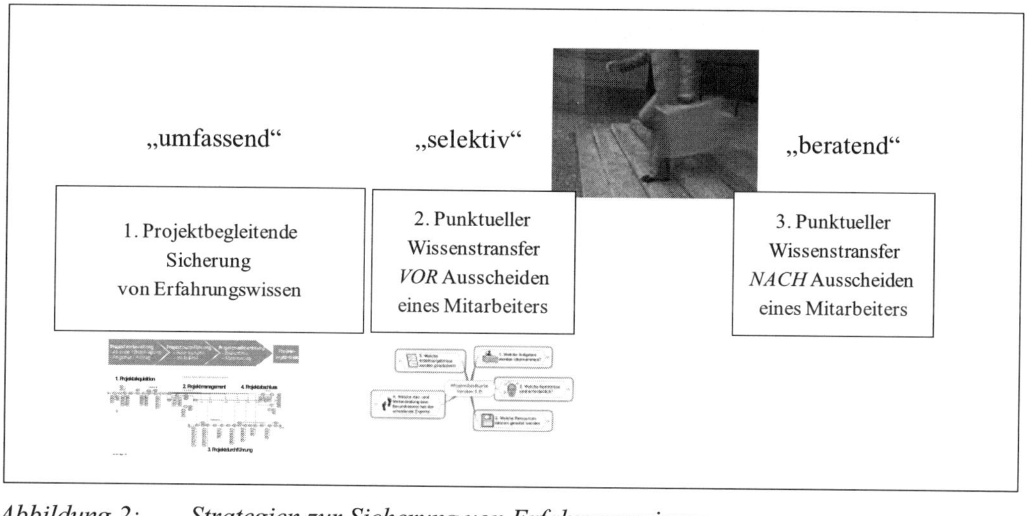

Abbildung 2: Strategien zur Sicherung von Erfahrungswissen

Da sowohl die Entwicklung des Wissens im Rahmen der Projektarbeit erfolgt und dort wiederum auch Wissen angewendet wird, sind Projekte der Ausgangspunkt um Wissen zu externalisieren und gleichzeitig wieder in den Arbeitskontext zu integrieren. Um Erfahrungswissen aus der Projektarbeit zu sichern, bieten sich verschiedene Methoden an (siehe auch Abbildung 3):

---

8 F&E: Forschung und Entwicklung

- Lessons-Learned-Workshops zu bestimmten Meilensteinen, um aus den Erfahrungen des bisherigen Projektverlaufs Verbesserungen für die weitere Projektarbeit herauszuarbeiten. Der Schwerpunkt liegt hierbei in der Wissensweitergabe von einer Projektphase zur nächsten. So werden erfolgreiche Handlungsweisen und Reibungsverluste im eigenen laufenden Projekt identifiziert und Maßnahmen zum Fortschreiben bzw. Gegensteuern gefunden.
- Debriefing-Workshops zum Abschluss eines Projektes zielen darauf ab, Erfahrungen auch für Nachfolgeprojekte gezielt herauszuarbeiten, sie zu Best Practices zu verdichten und innerhalb der Organisation einem breiteren Kreis verfügbar zu machen.[9]

Durch eine systematische Integration von Lessons-Learned-Workshops zu Meilensteinen im Projektverlauf und über Projekt-Debriefings zum Abschluss des Projektes werden den Projektteilnehmern Gelegenheiten eingeräumt, um die wichtigsten Ereignisse des Projektes zu reflektieren und daraufhin Maßnahmen abzuleiten. Bei der systematischen Aufarbeitung der Projektarbeit, bei dem „Lernen aus Fehlern“ und dem gezielten Suchen nach weiteren Projektergebnissen, die bis dato nicht im Projektauftrag standen, bietet sich die Chance, auch durch Bildung verlässlicher Strukturen in der Dokumentenablage, sukzessive einen wertvollen Schatz an Projekterfahrungen aufzubauen und mittels gemeinsamer Fileserver bzw. unter Einsatz von Dokumentenmanagement-Systemen verfügbar zu machen.[10] Für neu aufzusetzende Projekte ist es schließlich wichtig, auf bestehende Erfahrungen oder Erfahrungen aus laufenden Projekten aufbauen zu können. Durch gezielte Rückgriffmöglichkeiten auf diese Erfahrungen und durch Unterstützung gerade auch junger Projektleiter können Projekte verlässlicher und effizienter geplant und durchgeführt werden.

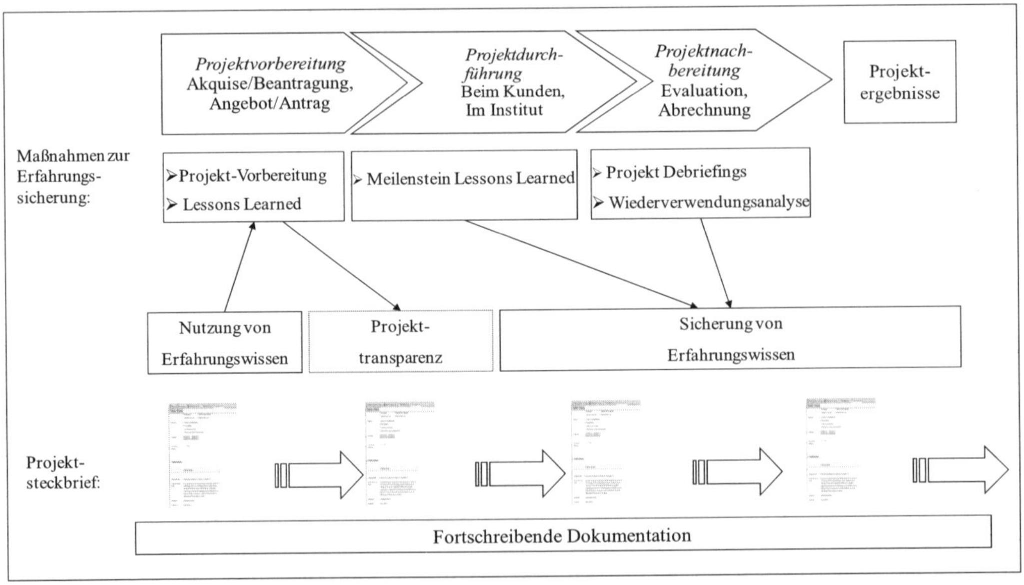

Abbildung 3: Maßnahmen der Erfahrungssicherung und Dokumentation im Projektverlauf

---

9 Vgl. *VOIGT/FISCHER/STAIGER* (2007), S. 33.

10 Vgl. *VOIGT/FISCHER/STAIGER* (2007), S. 33.

Bei diesen Maßnahmen handelt es sich einerseits um eine individuelle Lernsituation für die Projektbeteiligten und andererseits auch um eine Wissensintegration auf Projektteamebene. Da das Erfahrungswissen der einzelnen Teilnehmer im Rahmen dieser Maßnahmen anhand der konkreten Ereignisse im Projekt thematisiert wird und daraufhin Maßnahmen für die weitere Arbeit im Projekt oder auch in Bezug auf nachfolgende Projekte abgeleitet werden, ist der Nutzen sowohl für das Individuum als auch für die Arbeitsgruppe gegeben. Der Schwerpunkt liegt dabei sowohl in der Identifizierung von Fehlern, die zukünftig vermieden werden sollen, als auch im Extrahieren von guter Praxis und damit in replizierbaren Verfahren.

Durch die systematische Besprechung der Projektergebnisse werden die Wissensträger am eigenen Projekt in die Lage versetzt, gemeinsam mit den anderen Wissensträgern die wesentlichen Erkenntnisse der zurückliegenden Zusammenarbeit heraus zu arbeiten. Sie sind aufgefordert, ihr Wissen in der Rückbetrachtung des Projektverlaufs einzubringen, um Lessons Learned und gute Praxis herauszuarbeiten. In strukturierten und moderierten Teamsitzungen werden somit Erfahrungen sichtbar gemacht und dokumentiert. Die Analyse der Projektsituation erfordert die Expertise aller Beteiligten. Da die Workshop-Moderation Schuldzuweisungen unterbindet und sie stattdessen in einen konstruktiven Prozess überführt der mit einem konkreten Maßnahmenplan abschließt, stellt sich für die Teilnehmer direkt nach der jeweiligen Veranstaltung ein konkreter Nutzen ein. So werden Irritationen im Projekt geklärt und wichtige Erfahrungen thematisiert, analysiert und für zukünftige Projekte in Handlungsempfehlungen aufbereitet. Dies führt jedoch nicht nur zu einem persönlichen Nutzen für die Beteiligen, sondern auch auf Seiten der Organisation zu einem deutlichen Mehrwert: Die Qualität der Projekte verbessert sich und über die Dokumentation werden Artefakte geschaffen, die die gesammelten Maßnahmenpläne beinhalten und auch über Datenbanken erfasst werden können. Diese Explizierung vereinfacht zudem die Identifizierung von Expertenteams, da erkennbar wird, welche Arbeitsgruppen spezifische Probleme bereits gelöst haben.

Sofern die Maßnahmen des projektorientierten Wissensmanagements in der Breite der Organisation durchgeführt werden, hat diese Strategie einen umfassenden Charakter, da sie direkt dort ansetzt, wo das Wissen gebraucht wird und wo es entsteht. Sofern sie konsequent bei wichtigen und größeren Projekten durchgeführt wird, hat sie damit auch eine nachhaltige Wirkung. Das Ausscheiden von Experten und wichtigen Mitarbeitern, wiegt weniger schwer, da die Erfahrungen von Anfang an mit allen Projektmitgliedern geteilt werden und gemeinsame Lösungsstrategien entwickelt werden.

Da bis zur Entwicklung einer so umfassenden Maßnahme und dem Aufbau der daraus entstehenden Wissensbasis nicht alle relevanten Erfahrungen erfasst werden können und ausscheidende Mitarbeiter zudem über weitere Erfahrungen verfügen, die nicht im Kontext der projektorientierten Maßnahmen zu Sprache kommen, sind Debriefings ausscheidender Experten eine sinnvolle Ergänzung zur Schließung dieser Lücke. Auch hier ist es erforderlich über ein systematisches Vorgehen das Wissen des ausscheidenden Experten zumindest dahingehend zu sichern, um den Übergang zu den Nachfolgern so sauber wie möglich zu gestalten. Das bedeutet, den ausscheidenden Mitarbeiter gezielt nach den Prioritäten zu befragen, die erforderlich sind, das bestehende Wissens- und Aufgabengebiet fortbestehen und weiterentwickeln zu können. Dazu ist – wenn möglich – der ausscheidende Mitarbeiter mit seinen Nachfolgern zusammen zu bringen, um in einem halbstrukturierten Interview, die im Vorfeld gesammelten Erwartungen der Nachfolger und des Vorgesetzten gemeinsam mit dem Experten zu erörtern und daraus Handlungsempfehlungen abzuleiten. Auch diese werden dokumentiert und dienen den Nachfolgern als wichtige Grundlage für die anstehenden Aufgaben. Zudem wird in diesem Schritt geprüft, inwiefern es sich dabei um Erfahrungswissen handelt, das auch auf andere Aufgabenbereiche angewendet werden kann.

Ein wichtiger Bestandteil dieses Erfahrungswissens ist häufig auch die Darstellung und Bewertung der zur Ausübung der Tätigkeiten erforderlichen Netzwerke und Ansprechpartner. Doch auch die Schilderung strategisch wichtiger Projekte und bedeutsamer Ereignisse kann den Einstieg für die Nachfolger in das neue Aufgabengebiet erleichtern. Dieser Prozess sichert den Nachfolgern eine entscheidende Wissensbasis, um sich auf das Wesentliche zu konzentrieren und die Übergangsphase – auch gegenüber den Kunden und Partnern – so professionell wie möglich zu gestalten. Der Erfolg der Maßnahme hängt im besonderen Maße davon ab, in welchem Verhältnis beide Parteien auseinandergehen. Besteht ein gutes Verhältnis, werden die ausscheidenden Mitarbeiter dieser Maßnahme offen gegenüber stehen. In vielen Fällen wird dies als besondere Wertschätzung erachtet, da erkennbar wird, dass die Arbeit wertvoll für das Unternehmen war und man als Experte wahrgenommen wurde. Doch kann man die ausscheidenden Mitarbeiter zur Wissensteilung nicht verpflichten. Diese Strategie ist als „selektiv" zu bezeichnen, da sie in erster Linie dazu dient, Strukturen aufzuzeigen und einzelne wichtige Wissensfelder zusammen mit dem Erfahrungsträger gezielt zu vertiefen.

Maßnahmen zur Erfahrungssicherung allgemein und Lessons-Learned- und Debriefing-Maßnahmen im Speziellen mögen als sehr aufwendig erscheinen, da sie personalintensiv sind. Doch stellen auch sie nichts anderes als eine Investition dar. Anstelle von IT-Infrastruktur, die ebenfalls im Idealfall – z. B. nach ITIL oder ISO/IEC-Standardprozessen – eine Bedarfsanalyse, eine Konzepterstellung, einen Auswahlprozess, die Implementierung samt Anpassung, Schulung und Betrieb einen hohen Ressourcenaufwand erfordert, finden im Fall der Maßnahmen zur Erfahrungssicherung die Investitionen direkt im Projekt statt und damit an dem Ort, an dem neues Wissen entwickelt und vorhandenes Wissen angewendet wird. Damit wird dem Wissensmanagement, das ihm sonst anhaftende theoretisch-konzeptionelle Stigma genommen und in einen direkten praktischen Rahmen überführt.

Ein besonderer Aspekt ist der, dass direkt in Wissen und nicht in Informationen investiert wird. Zwar sind die Kosten für das Erlangen, Speichern und Übertragen von Informationen dank der Internet- und Intranet-Technologien stark gesunken. Doch ist es nach „wie vor zeitaufwendig und teuer, Wissen aufzubauen, zu halten und zu übertragen"[11]. Eine Investition in Wissen muss berücksichtigen, dass Wissen aus der Assimilation und Verbindung von Information durch Erfahrung resultiert. Es ist damit stark in Organisationen eingebunden und kann größtenteils nicht kodifiziert werden.[12] Als Maßnahme mit starker kommunikativer und kooperativer Ausrichtung stützt sie damit die Personalisierungsstrategie, die sich den nicht kodifizierbaren Anteilen des Wissens widmet.

---

11 *PRUSAK* (2006), S. 109.

12 Vgl. *PRUSAK* (2006), S. 109.

3 Wissensteilung als Herausforderung – Imitieren geht über Studieren

Maßnahmen zur Erfahrungssicherung eröffnen, neben der soeben dargelegten direkten Reflexion im Projektteam, die Möglichkeit, systematisch Erfahrungen aufzubauen und in Form von guter Praxis in einem breiteren Rahmen zu verteilen. Um die Verteilung zu ermöglichen, orientieren wir uns an den Modellen des Best-Practice-Lernens. „Beim Best Practice-Lernen versuchen Unternehmen, [...] und andere Organisationen, die Erfahrungen und das Wissen anderer Unternehmen und Organisationen aus der Realisation von Spitzenleistungen zu nutzen und bei sich selbst einzusetzen, um damit die eigenen Performance zu verbessern“[13]. Ziel ist es insbesondere, „vorhandene und gegebene Standards zur eigenen Routine zu machen“[14] und damit Effizienzvorteile zu erzielen. Bei diesem Nachahmungslernen geht es somit nicht vorrangig um die Erzeugung neuen Wissens, sondern darum, vorhandenes Wissen zu erfassen und in der eigenen Organisation anzuwenden.

Die verwendeten Best-Practice-orientierten Lernstrategien sind unterschiedlich aufwändig und nicht jede eignet sich für die unterschiedlichen Problemstellungen. So ist die Wahl des effektivsten Vorgehens zum Wissenstransfer von der Komplexität der Entwicklungsaufgabe und der Beschreibbarkeit und damit dem Aufwand des Explizierens, sowohl in der Problem- als auch in der Lösungsdarstellung, abhängig.

Jegliche Form von Informationsangeboten, welche die Erfolgsfaktoren vorbildlicher Lösungen nur oberflächlich reflektieren und die spezifischen Anwendungsbedingungen potenzieller Nutzer unberücksichtigt lassen, sind lediglich geeignet kurzfristige Aufmerksamkeit zu erzeugen. Zur Imitation erfolgreicher Lösungen bieten sie zu wenig Unterstützung bei der Umsetzung. Tiefergehende Lernprozesse zielen hingegen auf das umfassende Verständnis der Erfolgsfaktoren beim beispielgebenden System (siehe auch Abbildung 4). Das kann durch entsprechende Experteninterviews und vergleichbare Methoden realisiert werden. Sie eignen sich, vergleichbare Prozesse dahingehend effizienter zu gestalten, dass Fehler zukünftig vermieden werden können. Um jedoch komplexe Veränderungsprozesse anzustoßen, muss eine auch kritische Auseinandersetzung eigener Entwicklungs- und Erfolgsmuster stattfinden, die durch die Analyse fremder Systeme nicht hinreichend gelöst werden kann. So bieten beispielsweise Diskussionsforen die Möglichkeit bei Aufgabenstellungen, bei denen es zu Schwierigkeiten kommt, im Kreis von Fachleuten zu diskutieren. Hier können sich Experten und Lernende untereinander Tipps geben und unterschiedliche Konstellationen der Lösung abwägen. Dies setzt jedoch bereits ein gewisses Fachwissen beim Anfragenden voraus, d. h. er muss sein Problem und die beeinflussenden Rahmenbedingungen fachgerecht beschreiben können. Ansonsten ist der Aufwand für den Experten immens, da Basiswissen mitvermittelt werden müsste.

---

13 *Bratl/Miglbauer/Trippl* (2002), S. 8.

14 *Bratl/Miglbauer/Trippl* (2002), S. 8.

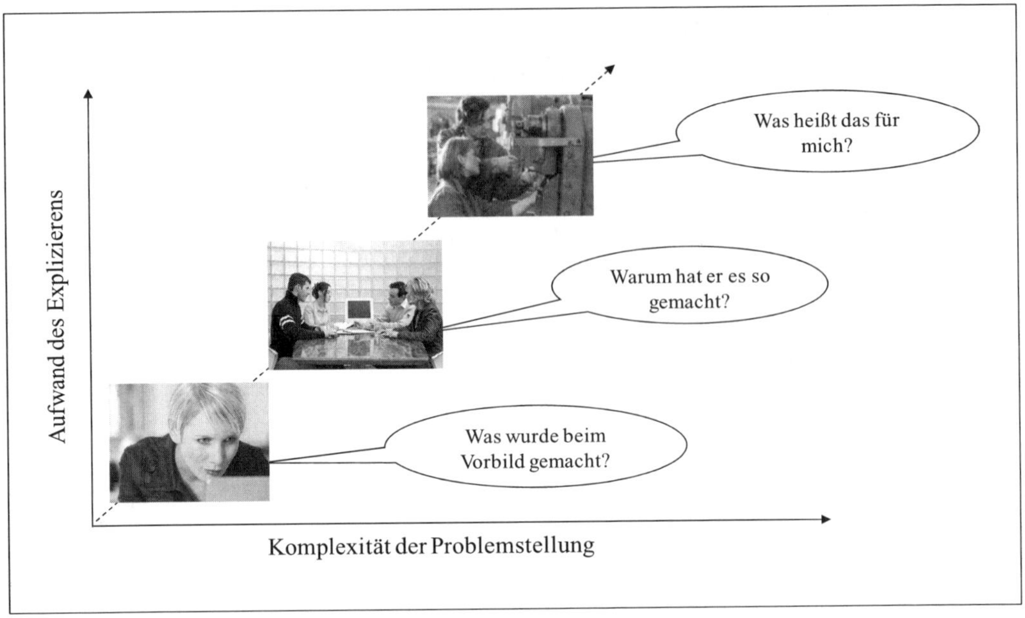

Abbildung 4: Szenarien für den Wissenstransfer aus Nutzersicht

Die Imitation komplexer Prozesse benötigt eine umfassende Analyse der ausschlaggebenden Erfolgsfaktoren beim beispielgebenden System und eine Übersetzung in den Kontext des lernenden Systems, die nur durch den Dialog beider Systeme realisiert werden kann. „Um dieses veränderungsrelevante Wissen anwendergerecht produzieren zu können, müssen die beispielgebenden Systeme mit den lernenden Systemen in einem konstruktiven Kommunikationsprozess eintreten, welcher erst eine anwendergerechte Analyse des Erfolgweges ermöglicht [...].“[15] So erfordern beispielweise sehr komplexe Fragestellungen die Übersetzung von Erlerntem in den jeweiligen Arbeitskontext, die Besprechung anhand der konkreten Problemstellung zusammen mit dem Experten und schließlich die gemeinsame Analyse, bei der der Experte sein Erfahrungswissen einbringt. Diese Schritte sind jedoch sehr zeitaufwendig, insbesondere wenn Standardverfahren nicht vorhanden oder in dem konkreten Fall nicht umsetzbar sind. Das Verhältnis von Anfragendem und Experten wandelt sich von der bloßen Austauschbeziehung zur Kooperations- oder Beraterbeziehung.

4 Information – Kommunikation – Kooperation

Bei der Initiierung und Umsetzung von Wissensmanagement-Maßnahmen in der Fraunhofer-Gesellschaft ist deutlich geworden, dass einzelne Maßnahmen in der Regel nur einen Teilbereich der Erwartungen an Wissensmanagement abdecken können. Geeignete Maßnahmen und Instrumente bereitzustellen bedeutet wiederum, sich der Handlungsoptionen bewusst zu werden, d. h. eine genaue Definition und Positionierung vorzunehmen, welches Instrument wel-

15 BRATL/MIGLBAUER/TRIPPL (2002), S. 69.

chen Schritt und die damit verbundenen Erwartungen und Anforderungen erfüllen kann. Anforderungen an das Wissensmanagement können z. B. sein:

- unternehmensweite Anwendbarkeit
- verlässliche Informationen über aktuelle Entwicklungen und Kompetenzen
- Nutzung und Integration bestehender Informationen und Instrumente
- bedarfsspezifische Ausrichtung
- Vermeidung zusätzlichen Aufwands in den Organisationseinheiten
- Unterstützung der Geschäftsprozesse
- Aufzeigen von Anknüpfungspunkten zwischen Mitarbeitern
- Förderung der Zusammenarbeit zwischen den Organisationseinheiten
- Verbesserung des äußeren Erscheinungsbilds
- Entwicklung komplementärer Leistungen und neuer Ideen

Der Fehler besteht häufig darin, sich sehr stark auf einzelne Maßnahmen zu fokussieren, die immer nur einen Teil, nie jedoch die Gesamtheit der Anforderungen – insbesondere in verteilten Organisationen – erfüllen kann. Da die vielfältigen Anforderungen nicht durch eine einzelne Maßnahme erfüllt werden können, ist es erforderlich, Wissensmanagement als Maßnahmenbündel zu verstehen. Zudem sind bei der Umsetzung dieses Bündels die Perspektiven und Erfahrungen anderer Organisationseinheiten zu berücksichtigen und einzubinden, deren Aufgaben und Kompetenzen sich überschneiden. Zu benennen sind hier beispielsweise das Prozess- und Qualitätsmanagement, das IT-Management, der Personalbereich, die Unternehmenskommunikation etc. Somit kommt es darauf an, innerhalb des Wissensmanagements bestehende und künftige Aktivitäten einer Organisation auf gemeinsame Ziele hin auszurichten.

Das Vorgehen der Fraunhofer-Gesellschaft im Wissensmanagement orientiert sich in Anlehnung an *BRATL ET AL.*[16] an einem Drei-Ebenen-Modell, das von der zentralen Wissensmanagement-Abteilung entwickelt wurde (siehe Abbildung 5). Aus mehrjähriger Praxis im Umgang mit verteilten und autonom agierenden Geschäftseinheiten und der dafür erforderlichen Bereitstellung einer gemeinsamen Wissensbasis heraus, ist ein Vorgehensmodell entstanden, das die unterschiedlichen Bedürfnisse der Wissensträger und Verantwortlichen auf drei Ebenen berücksichtigt.

Grundgedanke des Modells ist, dass je nach Komplexität der Problemstellung das einzusetzende Instrument zur Unterstützung des Wissens- und Erfahrungsaustauschs durch den erforderlichen Aufwand der Explizierung der Problemlösung bestimmt wird. So sind bei umfangreichem Wissensbedarf rein auf Dokumenten basierende Maßnahmen nicht mehr praktikabel. Lösungsstrategien verlagern sich damit immer mehr von der dokumentierten Informationsbasis hin zu direkten Austausch- bzw. Kooperationsbeziehungen. So lassen sich z. B. häufig gestellte Fragen und die entsprechenden Standardantworten (FAQ) sehr gut niederschreiben. Währenddessen sind komplexe Fragestellungen nur über die direkte Kommunikation zwischen Anfrager und Experten zu lösen.

---

16 Siehe *BRATL ET AL.* (2002).

Im Rahmen des Drei-Ebenen-Modells lassen sich insbesondere die unterschiedlichen Maßnahmen, die bereits im Unternehmen vorhanden sind bzw. die es bereitzustellen gilt, schrittweise in ein integriertes Vorgehen einbinden. Dabei werden unterschiedliche Ebenen der Ansprache und der Anforderungen der Wissensträger erfasst und berücksichtigt.

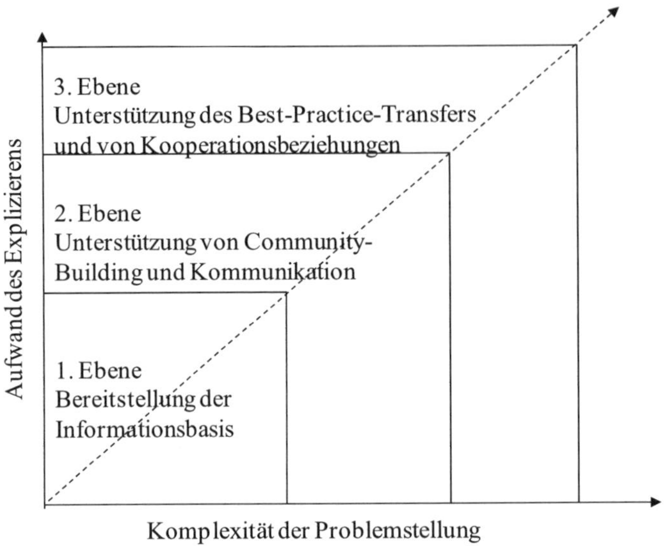

Abbildung 5: Drei-Ebenen-Modell der Fraunhofer-Gesellschaft im Wissensmanagement

- Auf der ersten Ebene („Informationsebene") geht es darum, eine verlässliche und leicht zu handhabende Informationsbasis bereitzustellen. Dies bedeutet insbesondere, die bestehenden Informationsquellen besser und umfassender zu nutzen, als dies gegenwärtig der Fall ist. Informationen sind in der Regel bereits in großem Maße in der Organisation verfügbar, doch sind der Zugang und die Nutzung nicht immer gewährleistet. An dieser Stelle soll die Verknüpfung und der Zugang zu Bestehendem gewährleistet werden. Zudem können auf dieser Ebene Informationsdefizite identifiziert und durch Einbindung der erforderlichen Quellen sowie der erforderlichen Dokumentationsbedarfe gezielt gefüllt werden.

- Auf Ebene zwei („Kommunikationsebene") sollen über die zugänglichen Informationen hinaus Informationsquellen erschlossen werden. Da es sich hier nicht um Informationen handelt, die per se vorhanden sind, müssen Wege und Anreize geschaffen werden, wie das dahinter liegende Wissen aktiviert und sichtbar gemacht werden kann. Ein Schlüssel hierzu sind Maßnahmen, die eine direkte Kommunikation zwischen Wissensträgern fördern und anlassbezogen Möglichkeiten des Austausches bieten. Dies können Blogs, Foren oder auch Debriefing-Ergebnisdokumentationen sein.

- Schließlich geht es auf der „Kooperationsebene" nicht nur darum, Informationsquellen zu erschließen und die Verbindung zwischen den Wissensträgern zu vereinfachen, sondern Kooperationen gezielt zu unterstützen. Da bei Kooperationen zwischen den einzelnen

Organisationseinheiten auch eine teilweise Offenlegung von Kompetenzen und Arbeitsweisen erfolgt, bietet dieser Rahmen tiefer gehende Einblicke. Zudem handelt es sich hierbei um die konsequente Fortsetzung des Wissens- hin zu einem intensiven Best-Practice-Transfers und der gemeinsamen Entwicklung neuer Ideen, Produkte und Forschungsergebnisse.

Da einzelne Wissensmanagement-Maßnahmen nicht in der Lage sind, die vielfältigen Anforderungen und Ziele innerhalb von verteilten Organisationen und Netzwerken zu erfüllen, ist die Zusammenstellung geeigneter und komplementärer Module zur Gestaltung des Wissensmanagements erforderlich. Daraus leitet sich für die Fraunhofer-Gesellschaft ab, dass nur aus einer Kombination sinnvoller und Fraunhofer-spezifischer Maßnahmen die anvisierten Ziele erreicht und umgesetzt werden können.

5 Schwerpunkte des Wissensmanagements in der Fraunhofer-Gesellschaft

5.1 Ziele des Wissensmanagements

Die wesentliche Aufgabe des zentral initiierten Wissensmanagements besteht darin, Prozesse zu entwickeln, die es ermöglichen, bedarfsorientiert Wissensressourcen in einer verteilten Organisation wie der Fraunhofer-Gesellschaft zu erschließen. Aufgrund der hohen Problemlösungskompetenz der Fraunhofer-Institute, die insbesondere individuelle und wissensintensive Problemstellungen der Kunden und Forschungsfragen bedient, liegt der Schwerpunkt des Wissensmanagements bei Fraunhofer auf Personalisierungsansätzen. Andererseits verfügt die Fraunhofer-Gesellschaft mit zahlreichen Publikationen, Projektberichten, Beschreibungen sowie Konzepten und Studien über einen immensen Schatz an bereits expliziertem Wissen. Der Schwerpunkt des Einsatzes von IT ist innerhalb eines Forschungsbetriebs mit über 13.000 Mitarbeitern insbesondere in der Identifizierung der Ansprechpartner zu sehen. Der Informations- und Datenbestand bietet die Grundlage, um Anknüpfungspunkte der inhaltlichen Diskussion über Wissensfelder zu ermöglichen. Die Dokumentation dient somit dazu, Wissensträger und Arbeitgruppen zum weiteren Wissens- und Erfahrungsaustausch zu identifizieren.

Um der verteilten und netzwerkartigen Struktur gerecht zu werden, die auch die Selbstständigkeit der Fraunhofer-Institute als autonom agierende Einheiten unterstützt, verfolgt das Wissensmanagement insbesondere zwei Ziele:

- Kompetenzträger für anspruchsvolle Fragestellungen leichter und schneller zu identifizieren und
- den Wissensaustausch zwischen allen Organisationseinheiten der Fraunhofer-Gesellschaft zu fördern.

Die Motivation ist es hierbei, Mitarbeiter oder Arbeitsgruppen zu identifizieren und zusammenzubringen, um innovative und auch interdisziplinäre Entwicklungen bereitstellen zu können. Der im Wissensmanagement intendierte Wissens- und Erfahrungsaustausch dient hier insbesondere dazu, Kompetenzen zu verbinden und ideale Konstellationen der Zusammenarbeit zu finden. Um dieses zu erreichen, ist die Berücksichtigung eines direkten Nutzens für die Beteiligten erfolgskritisch. Das Drei-Ebenen-Modell dient dabei der Einordnung und gezielten Unterstützung der Anforderungen zur effizienten Wissensarbeit.

5.2 Informationsebene

Gegenwärtig verfügt die Fraunhofer-Gesellschaft bereits über vielfältige prinzipiell abrufbare Informationen. Das Problem in diesem Zusammenhang ist weniger die Menge, sondern deren Strukturiertheit bzw. die Möglichkeit auf diese zu zugreifen. So werden an vielen Stellen gleichzeitig immer wieder neue Informationen in Form von Publikationen, Berichten, Webseiten, Pressemitteilungen etc. erstellt. Aufgrund der hohen Individualität und unterschiedlicher inhaltlicher Schwerpunkte der Fraunhofer-Institute, die eine individuelle Einbindung in die jeweiligen Partner- und Kundenstrukturen sowie die fachlichen Communities bedingt, sind einheitliche Dokumentenstrukturen und Publikationswege nur unter Verlust von spezifischen Effizienzvorteilen in den jeweiligen Instituten umzusetzen. Doch würde dies dem Ziel, eines effizienten Umgangs mit Informationen und Wissen widersprechen. Daher ist der Ansatz der Fraunhofer-Gesellschaft, die Integration öffentlicher und interner Informationen über semantische Suchverfahren zu erreichen.

Auf der Informationsebene gilt es zunächst zu klären, welche bereits bestehenden Informationen verfügbar gemacht werden können, um sie sowohl intern als auch – unter Wahrung von Betriebsgeheimnissen – extern zur Verfügung stellen zu können. Daher ist die Integration aller verfügbaren Quellen mit semantischen Suchverfahren die bevorzugte und aufgrund der Heterogenität der einzelnen Einheiten der Fraunhofer-Gesellschaft ein erfolgversprechender Ansatz. Dabei sind die Aktivitäten der Öffentlichkeitsarbeit sowie der internen Kommunikation, des Informationsmanagements und des Wissensmanagements in Einklang zu bringen. Der Mehrwert einer durch semantische Suche unterstützten Informationsbasis ist darin zu sehen, dass alle verfügbaren Informationen in einer Anwendung zur Verfügung gestellt werden, auch wenn sie sich auf unterschiedlichen Systemen und in unterschiedlichen Formaten befinden. Für die Wissensarbeiter hat dies eine wesentliche zeitliche Entlastung zur Folge, da interne Recherchen wesentlich schneller und zudem vollständig durchgeführt werden können. Ein weiterer Vorteil ergibt sich auch für die Informationsproduzenten, da etablierte Informationsbereitstellungsprozesse beibehalten werden können und der Pflegeaufwand vergleichsweise gering gehalten werden kann.

5.3 Kommunikationsebene

Während mit der Bereitstellung einer Informationsbasis eine wesentliche Erleichterung bei der Recherche in bestehenden Informationsquellen zu sehen ist, erfolgt auf der Kommunikationsebene die Ausweitung zur Personalisierungsstrategie. Hier gilt es, kurzfristigen und bedarfsgerechten Wissens- und Unterstützungsbedarf zu decken, der die aufwendige Suche in Dokumenten nicht erfordert, sondern über den direkten Austausch zeitlich verkürzt. Eine Chance für eine verteilte Forschungsorganisation besteht auch darin, durch breite Vernetzung die Kombination unterschiedlicher Kompetenzen und Disziplinen für neue Ideen zu nutzen. Diese sind die Grundlage für Innovationen, zu deren Erstellung einzelne Institute allein aufgrund fehlender Kompetenzen außerhalb des eigenen Forschungsschwerpunkts nicht in der Lage sind. Hier gilt es, die Kommunikation zwischen den Mitarbeitern und Instituten zu fördern und zu pflegen. Dabei ist aus Sicht der Wissensträger die sichere und vertrauliche Behandlung des eingebrachten Wissens eine wichtige Voraussetzung für die Beteiligung. Diese zweite Ebene setzt ein verstärktes Interesse und Entgegenkommen der Partner voraus. Ausgehend von der Annahme, dass bislang nicht kodifiziertes Wissen gesucht wird, müssen Anreize geschaffen werden, sich als Experten hier einzubringen und damit zunächst kostbare Zeit zu investieren. Mögliche Anreize sind dabei die Aussicht auf Projektgeschäft, die Entlastung bei notwendigen und gewünschten Aufgaben, eine unkomplizierte und qualitativ hochwertige Wissensakquisition sowie das schnelle Lösen dringender Fragen und Probleme.

Ein wesentliches Instrument zur Unterstützung der Kommunikation über die Grenzen der einzelnen Einheiten hinweg ist die Förderung von Community-Strukturen. Durch diese Maßnahme werden Initiativen von einzelnen Wissensträgern zur Fraunhofer-weiten Vernetzung schnellstmöglich aufgegriffen und in einen beständigen Wissens- und Erfahrungsaustausch überführt. Dabei stehen die Begleitung der Gruppen in der Initialisierungsphase und die spätere Betreuung der Moderatoren der jeweiligen Communities im Mittelpunkt des Wissensmanagements. Dazu werden zunächst physische Treffen organisiert und gemeinsam mit den Communities gestaltet. Insbesondere die direkte Unterstützung bei der Abstimmung gemeinsamer Aufgaben und Ziele, der Spielregeln und des Rahmens der Zusammenarbeit führen zu einem gelungenen Startpunkt und erhöhen die Beständigkeit des Wissens- und Erfahrungsaustauschs über die Grenzen der Organisationseinheiten hinaus. Bestandteil dieser Maßnahme ist auch die Bereitstellung einer Community-Plattform, die über die wesentlichen Funktionalitäten zur virtuellen Zusammenarbeit verfügt. So werden die gemeinsame Dokumentenablage, die Möglichkeit zur direkten Telefon- und Videokonferenz, gemeinsamer Foren sowie von Blogs und Wikis auf einer Oberfläche zusammengeführt und vereint. Durch die vereinfachte Bereitstellung von virtuellen Arbeitsräumen wird die Bereitschaft der Wissensträger gefördert, da sich der eigene Organisationsaufwand auf die Inhalte begrenzt.

Eine weitere Maßnahme um Kompetenzträger aus verschiedenen Instituten zusammenzubringen, ist die Einrichtung einer Projektbörse, die sich gerade in der Umsetzung befindet. Sowohl interne Kooperationsanfragen als auch ein direkter Wissensbedarf im Sinne von Urgent Request Calls können auf dieser Anwendung artikuliert werden. Insbesondere die freie Eingabe von Suchbegriffen, über welche die Nutzer informiert werden möchten, verhindert dabei die Überflutung mit Information. Da hier Anfragen nur bei Bedarf eingestellt werden und keine Bevorratung von Informationen notwendig ist, um eine interne Unterstützung zu erhalten, wird eine direkte Unterstützung im Projektgeschäft ohne Zusatzaufwand ermöglicht. Ein zusätzlicher Anreiz wird durch die Bereitstellung relevanter öffentlicher Projektausschreibungen über das gleiche System geschaffen.

Die Bereitstellung des Anfrageprozesses bietet zudem die Chance, dass die über verschiedene Institute verteilten Wissensträger einen Anreiz sehen, sich offener einzubringen und zusätzliche Informationen über ihre Erfahrungen und ihren Bedarf – in Erwartung einer Kooperation, dem beidseitigen Erfahrungsaustausch und der Ausweitung des Geschäfts – preiszugeben. Diese Beiträge erweitern somit auch die Informationsbasis und vereinfachen damit die Suche nach benötigten Kompetenzträgern.

Sowohl die Projektbörse als auch die Maßnahmen zur Unterstützung des Community-Building ebnen damit den Weg, dass sich Wissensträger in einer verteilten Organisation finden und in Communities austauschen und zusammen arbeiten können. Damit wird ein Kommunikationsrahmen geschaffen, der die Möglichkeiten zur direkten Kooperation in gemeinsamen Projekten ermöglicht.

5.4 Kooperationsebene

Die Fraunhofer-Gesellschaft verfügt mit 56 Instituten natur- und ingenieurwissenschaftlicher Ausrichtung über ein Netzwerk, das zahlreiche Kooperationsmöglichkeiten eröffnet. Mit Verbünden und Allianzen bestehen bereits Kooperationsformen, die die Kompetenzen zur Entwicklung von Systemlösungen und der Umsetzung ganzheitlicher Innovationen ermöglichen. Zudem werden für Forschungsfelder gemeinsame Strategien entwickelt. Mit eigenen Programmen zur Vorlaufforschung werden darüberhinaus Projekte initiiert, die das direkte Ziel verfolgen, verteilte Kompetenzen zusammenzuführen und zu Innovationen zu entwickeln.

Die Rolle des Wissensmanagements besteht darin, über diese Kooperationsformen hinaus weitere Möglichkeiten des Wissensaustauschs und zur Zusammenarbeit zu eröffnen. Dazu zählt einerseits auf der Ebene der Wissensträger, Ansprechpartner zur weiteren Kooperation zu identifizieren und damit die Grundlage für gemeinsame Projekte zu schaffen. Andererseits werden ideale Bedingungen zur Kooperation auch über die zuvor beschriebenen Maßnahmen zur Unterstützung von Communities in Form von Vernetzungsprozessen und von virtuellen Arbeitsräumen geschaffen.

Darüber hinaus sind die in Abschnitt 2 beschriebenen Debriefing-Methoden als effektive Maßnahme zur Sicherung von Erfahrungswissen auch ein fester Bestandteil in Kooperationsprojekten innerhalb der Fraunhofer-Gesellschaft. So werden für alle internen Projekte der Vorlaufforschung Lessons-Learned- und Debriefing-Workshops angeboten. Über die Integration dieser Maßnahmen in übergeordnete Projekte wird erfolgkritisches Wissen gesichert und dokumentiert. Damit wird aus den laufenden Projekten heraus auch der Rahmen für einen weiteren intensiven Wissens- und Erfahrungsaustausch geschaffen.

Durch Intensivierung der Kooperationen über Institutsgrenzen hinweg besteht die Möglichkeit, das Potenzial noch weiter auszuschöpfen, um verstärkt Komplementärangebote bis hin zu Systemlösungen anbieten zu können. Eine weitere Fortentwicklung des Vernetzungsgedankens bedeutet daher den Schritt zum gemeinsamen kreativen Handeln, dem Entwickeln neuer Ideen bis hin zu marktfähigen Innovationen.

6 Ausblick

Wissensintensive Unternehmen sind auch in Zukunft gefordert, neue Möglichkeiten der Nutzung des eigenen Wissens bereit zu stellen. So wie sich die Anforderungen an Produkte, Leistungserstellungsprozesse, gesellschaftliche Trends und an die Umsetzungszeit von Leistungen in unserer globalisierten Welt verändern, so sind die Unternehmen und Organisationen aufgefordert, sich diesen Herausforderungen anzunehmen. Diese Veränderungen haben folglich auch Auswirkungen auf den Wissensbedarf der Organisationen und demnach muss sich auch das Wissensmanagement diesen Anforderungen stellen. In der Folge möchten wir drei Entwicklungen vorstellen, denen sich das Wissensmanagement unserer Einschätzung nach zukünftig noch stärker widmen muss.

6.1 Stärkere Nutzung von Grenzweltwissen

Für die Fraunhofer-Gesellschaft ist die Kombination von Vorlaufforschung und Innovationsmanagement-Kompetenz ein wichtiger Wettbewerbsvorteil.[17] Ein wichtiger Bestandteil, um Innovationen erstellen zu können, ist neben dem systematischen Vorgehen und der strategischen Bewertung von Innovationspotenzialen die Kreativität der Wissensträger in einem Unternehmen. Diese gilt es verstärkt zu fördern, anzuregen und schließlich zu nutzen. Im Rahmen des Innovationsprozesses eines Unternehmens ist Wissensmanagement eine wichtige Voraussetzung zu Speicherung, Verteilung und Austausch des benötigten Wissens.[18] Da neue technische Entwicklungen heutzutage häufig in den Schnittbereichen unterschiedlicher Disziplinen oder gar aus der Kombination scheinbar inhaltlich ferner Techniken entstehen, ist in der Identifizierung und Nutzung dieses Grenzweltwissens eine besondere Zukunftsaufgabe zu sehen, um die Innovationskraft unserer Gesellschaft voranzubringen. Die Aufgabe des Wissensmanagements wird es an dieser Stelle sein, die Rahmenbedingungen zu schaffen, um eine stärkere interdisziplinäre Zusammenarbeit zu ermöglichen. Dazu wird neben der Identifizierung von potenziellen Zukunftsthemen auch die Förderung einer Kultur der Kooperation zwischen den unterschiedlichen Disziplinen zählen. Auch bei diesem Vorhaben sind der persönliche Nutzen und die zeitliche Gestaltung für die Wissensträger als erfolgskritische Kriterien zu sehen. Ein Ansatz kann es sein, gezielte Veranstaltungen zu organisieren, die über das persönliche Kennenlernen und über Kreativitätsmethoden den Ideenfindungsprozess anstoßen, um das scheinbar Undenkbare zu denken.

Das Wissensmanagement wird sich zukünftig vermehrt auch direkten und moderierten Events zum Wissens- und Erfahrungstransfer widmen und damit wiederum vorrangig in das Wissen der Mitarbeiter investieren. Dabei wird es nicht nur darum gehen, vom Erfahrungswissen zu lernen und dies für Effizienzvorteile zu nutzen, sondern gezielt das Innovationslernen, welches auf die Erzeugung neuen Wissens zielt,[19] zu unterstützen. Es gilt damit weniger innerhalb bestehender Wissensfelder voneinander zu profitieren, sondern unterschiedliche Wissensgebiete zusammenzubringen, in neue Richtungen zu denken und damit einen neuen Nutzen zu stiften. Die Grundlagen sind dafür mit dem bestehenden Methodenrepertoire des Wissensmanagements geschaffen, doch ist der Schritt zur Gestaltung neuer Wissensfelder vielen Unternehmen noch nicht vertraut.

6.2 Vernetzung über die Grenzen des eigenen Unternehmens hinaus

Wissensmanagement hat bislang einen starken Fokus auf den internen Umgang mit dem eigenen Wissen des Unternehmens. Studien der jüngeren Vergangenheit haben gezeigt, dass eine vollständige Zufriedenheit längst noch nicht gegeben ist. So wurde 2005 noch ermittelt, dass gerade einmal 24% der befragten Unternehmen den Umgang mit Wissen als sehr gut bis gut bewerteten.[20] Bei kleinen und mittelständischen Firmen wurde im Jahr 2006 der Bedarf noch als groß angesehen.[21] Doch spielt gleichzeitig das Thema der Kooperationen mit Industrie, Universitäten und Forschungseinrichtungen und damit die Orientierung einer Integration

---

17 Vgl. *Dreher et al.* (2006), S. 301.

18 Vgl. *Spath et al.* (2006), S. 62 f.

19 Vgl. *Bratl/Miglbauer/Trippl* (2002), S. 8.

20 Vgl. *Schnalzer/Wesoly* (2005), S. 30.

21 Vgl. *Pawlowsky et al.* (2006), S. 10 f.

externen Wissens für innovationsorientierte Unternehmen eine immer größere Bedeutung.[22] Damit spannt sich der Bogen eines Wissensmanagements, das nicht mehr vorrangig den Gestaltungsbedarf in der eigenen Organisation sieht, hin zu einem Wissensmanagement, das die Wissensprozesse in der Kooperation mit Zulieferern, Kunden und Partnern immer stärker als Bestandteil der Wissensstrategie versteht. Dieser als „Boundary Spanning“ bezeichnete Typus des Wissensmanagements „…ist gekennzeichnet durch Maßnahmen, die darauf abzielen, externes Wissen durch Kooperationen und Vernetzung innerhalb der Wertschöpfungskette zu akquirieren und in neue Produkte und Prozesse umzusetzen. Damit werden die Phasen der Identifikation, der Generierung aber auch der Umsetzung von Wissen in Handeln angesprochen.“[23]

Für die Fraunhofer-Gesellschaft ist diese Form der Zusammenarbeit mit Partnern der Wirtschaft, den Universitäten und anderen Forschungseinrichtungen langjährige Praxis. Heute wird jedoch diesen Partnerschaften eine immer größere Bedeutung beigemessen, um den Anforderungen im globalen Wettbewerb besser gewappnet zu sein. Ein besonderes Beispiel sind die aktiv vorangebrachten Innovationscluster, in denen sich Fraunhofer-Institute in ihren Regionen mit weiteren Partnern zu regionalen Excellenzzentren zusammenschließen. Mit diesen Clustern werden bestehende Stärken in Technologien und Kompetenzfeldern gestärkt, um sich weltweit in eine Spitzenposition zu bringen und diese weiter ausbauen zu können. Die Konzentration auf das Stärken gemeinsamer Kompetenzen erfordert auch, sich mit dem systematischen Umgang des erforderlichen Wissens innerhalb von Netzwerken und Wertschöpfungsketten auseinanderzusetzen. Ein interorganisatorisches Wissensmanagement aufzubauen und zu etablieren wird für viele Kooperationen dieser Art zu einem wichtigen Element werden, um das angestrebte Ziel der Vernetzung des verteilten Wissens zu erreichen. Dies erfordert neue Vereinbarungen zwischen den Partnern, damit solche Cluster gestärkt und gleichzeitig auch die Eigenständigkeit der einzelnen Partner berücksichtigt werden können.

6.3 „Digital Natives“ als neue Pulsgeber der Arbeitswelt?

Als weiteres Thema wird in den nächsten Jahren das Problem der alternden Gesellschaft auch das Wissensmanagement der Unternehmen und Organisationen beschäftigen. Schon heute widmen sich viele Unternehmen dieser Problematik. In der Folge müssen Strategien und Maßnahmen entwickelt werden, die dem Zustand Rechnung tragen, dass der Anteil der älteren Beschäftigten in den Betrieben immer größer wird. So wird auch der Anteil der mittleren Altersgruppe der 30- bis 49-Jährigen von 50% in 2005 auf 42% in 2020 sinken.[24] Der Altersdurchschnitt der Stammbelegschaften vieler deutscher Unternehmen wird sich also in den nächsten Jahren deutlich erhöhen. Von der Idealvorstellung einer ausgewogenen Altersmischung werden sich die meisten Betriebe für einen längeren Zeitraum verabschieden müssen.

Es stellt sich die Frage, wie mit einem steigenden Anteil Älterer die Innovations- und Wettbewerbsfähigkeit der Unternehmen erhalten und ausgebaut werden kann. Der Prozess der Alterung der deutschen und der europäischen Bevölkerung stellt nicht nur eine Herausforderung für die Rentensysteme dar, auch die Unternehmen müssen sich die Frage stellen, ob sie mit einem steigenden Anteil älterer Mitarbeiter in einem wissensbasierten Wettbewerb beste-

---

22 Vgl. *EDLER* (2003), S. 13.

23 *PAWLOWSKY ET AL.* (2006), S. 12.

24 Vgl. *STATISTISCHES BUNDESAMT* (2006), S. 22.

hen können, der zu einem ständigen Wandel der Arbeit führt und verstärkt lebenslanges Lernen notwendig macht.

Im Kontrast zum bekannten Thema der Demographie entsteht ein anderes Phänomen, das bislang noch relativ wenig Beachtung findet. So sind Veränderungen der Arbeitswelt zu erwarten, die sich aufgrund neuer Interaktions- und Arbeitsmuster der jetzt in die Berufswelt eintretenden Generationen ergeben. Erste Untersuchungen dieser als *Digital Natives*[25] oder *Millennials*[26] bezeichneten Altersgruppen zeigen, dass sich aufgrund der unterschiedlichen Werthaltungen und vor allem aufgrund eines gänzlich anders geprägten Technik- und Medienverhaltens auch Veränderungen in den Unternehmen andeuten, die zu einer neuen Dynamik, jedoch auch zu besonderen Spannungen führen können. Wenn wir diese Gruppe betrachten, die mit den Informations- und Kommunikationsmitteln, die in den Organisationen erst in den letzten Jahren Einzug erhielten, groß geworden ist, sind zum einen Erwartungshaltungen an die technische Ausstattung und zum anderen an das Kommunikationsverhalten zu bemerken, die auch für das Wissensmanagement von Bedeutung sein werden.

Im Hinblick auf die Mitarbeiterstruktur sind Spannungen dahingehend zu erwarten, dass eine zahlenmäßig kleine Gruppe hohe Ansprüche an die Kommunikationswege in den Betrieben stellen wird und damit auf eine große Gruppe trifft, die zum einen über Jahrzehnte Erfahrungswissen aufgebaut hat, jedoch sich in ihrem Kommunikationsverhalten zu großen Teilen noch herkömmlicher und gewohnter Arbeits-, Dokumentations- und Informationswege bedient. Die hauptsächliche Kommunikation über E-Mails, der Arbeit in Foren und Social-Software-Lösungen sind für diese Gruppe noch relativ fremd. Zum einen da diese Mitarbeiter über bewährte Arbeitstechniken verfügen, die ihnen in ihren Aufgaben die notwendige Sicherheit im Umgang und auch Effizienz ermöglichen. Zum anderen da mit zunehmendem Alter die Auseinandersetzung mit neuen IT- und Kommunikationslösungen schwerer fällt, zumal sich die Einsatzzeiten von diesen Lösungen aufgrund des rasanten technischen Fortschritts zunehmend verkürzen.

Aus Sicht des Wissensmanagements stellt sich daher die Frage, wie diese unterschiedlichen Erwartungshaltungen und Arbeitstechniken zwischen diesen beiden Gruppen zusammenzubringen sind. Folgende Fragen sind daher in der Zukunft weiter zu erforschen:

- Welche Maßnahmen sind erforderlich, um diese beiden Gruppen zum Wissens- und Erfahrungsaustausch zusammenzubringen?
- Wie sind Schnittstellen in der Zusammenarbeit von Wissensarbeitern zu definieren, die unterschiedliche Arbeitstechniken verfolgen?

---

[25] Vgl. PRENSKY (2001).

[26] Vgl. HARRIS ET AL. (2006).

7 Zusammenfassung

Aufgrund der hohen Individualität in der Leistungserstellung bei den Projekten und Entwicklungen und des dadurch wenig standardisierbaren Wissens, stellt die Personalisierungsstrategie die maßgebliche Ausrichtung im Wissensmanagement der Fraunhofer-Gesellschaft dar. Gleichzeitig sind die Integration des Informationsbestands und die Verbesserung der Informationsbasis wichtige Voraussetzungen, um die Wissensarbeit effizienter zu gestalten und damit auch Anknüpfungspunkte für die Identifikation geeigneter Experten- und Kooperationspartner innerhalb der Fraunhofer-Gesellschaft zu finden. Primäres Ziel des Wissensmanagements in diesem Umfeld ist es daher, aus Sicht der Wissensarbeiter die Rahmenbedingungen so zu gestalten, dass zum einen eine zeitliche Entlastung durch effiziente Informationsbereitstellung möglich ist. Zum anderen wird der Rahmen geschaffen, um möglichst schnell Partner zum Wissens- und Erfahrungsaustausch zu finden und die organisatorischen Bedingungen zur Zusammenarbeit so einfach wie möglich zu gestalten.

Nach den bisherigen Erfahrungen in der Bedarfsermittlung und Umsetzung von Wissensmanagement innerhalb der Fraunhofer-Gesellschaft ist deutlich geworden, dass nur ein Bündel von Umsetzungsmaßnahmen, das sich gezielt mit den Wirkungsdimensionen einzelner Maßnahmen auseinandersetzt, die Lücke zwischen Anspruch und Wirklichkeit schließen kann.

Die Rolle der IT bleibt eine Verbindende. Sie unterstützt das Auffinden von Wissensträgern und vereinfacht die Kommunikation gerade auch über verschiedene Standorte hinweg. Das Wissen an sich kann sie nicht managen, sondern die Informationen bereitstellen, die einen Wissens- und Erfahrungsaustausch zwischen anfragenden und wissenden Mitarbeitern eröffnen. Eine verlässliche Informationsbasis ist damit eine wichtige Voraussetzung, um die zum Wissensaustausch erforderliche persönliche Kommunikation zu vereinfachen. Sofern sich die Bemühungen um einen effizienten Einsatz der Ressource Wissen auf die Informationsbereitstellung beschränken, werden sie dem Anspruch des Wissensmanagements nicht gerecht. Erst die Integration des Wissens aus bisherigen Erfahrungen in das Handeln anderer Mitarbeiter oder in Nachfolgeprojekten erfüllt den Anspruch des zielgerichteten Einsatzes. Formen der Kooperation sind daher die logische Konsequenz, insbesondere bei wissensintensiven Leistungen wie im Bereich von Forschung und Entwicklung.

Die Kooperationsunterstützung wird damit zunehmend zum wesentlichen Element des Wissensmanagements: verstärkt innerhalb der eigenen Organisation, notwendigerweise auch im direkten Austausch mit externen Partnern und schließlich unter Berücksichtigung gesellschaftlicher Veränderungen und dem demographischen Wandel. Das Wissensmanagement innerhalb der Fraunhofer-Gesellschaft begegnet damit neuen und spannenden Herausforderungen, die Fragen aufwerfen, wie die Wissensträger in ihrer Arbeit entlastet werden können, um weiterhin ihr Wissen für Innovationen und hervorragende Forschungsergebnisse einzubringen. Noch sind diese Fragen nicht gänzlich beantwortet, doch eines wissen wir. Der Schlüssel zum erfolgreichen Wissensmanagement liegt bei denen, die das Wissen erzeugen: Der Wissensträger steht im Mittelpunkt!

Quellenverzeichnis

Bratl, H./Miglbauer, E./Trippl, M. (2002): Best Practice of Best Practice – Einfache Lernmöglichkeit oder gut gemeinter Informationstransfer ohne besondere Wirkung?, online: http://www.austria.gv.at/DocView.axd?CobId=3384, Stand: September 2002, Abruf: 27.07.2008.

Bullinger. H.-J./Hermann, S./Ganz, W. (2000): Wettbewerbsfaktor Kreativität. Ein wichtiges Thema neu Entdecken!, in: *Bullinger, H.-J./ Hermann, S.* (Hrsg.), Wettbewerbsfaktor Kreativität. Strategien, Konzepte und Werkzeuge zur Steigerung der Dienstleistungsperformance, Wiesbaden 2000.

Bullinger, H.-J./Wagner, K./Ohlhausen, P. (2000): Intellektuelles Kapital als wesentlicher Bestandteil des Wissensmanagements, in: *Krallmann, H.* (Hrsg.), Wettbewerbsvorteile durch Wissensmanagement. Methodik und Anwendungen des Knowledge Management, Stuttgart: 2000, S. 73–90.

Dreher, C./Frietsch, R./Hemer, J./Schmoch, U. (2006): Die Beschleunigung von Innovationszyklen und die Rolle der Fraunhofer-Gesellschaft, in: *Bullinger, H.-J.* (Hrsg.), Fokus Innovation – Kräfte bündeln, Prozesse beschleunigen, München/Wien 2006, S. 275–306.

Edler, J. (2002): Wissensmanagement in der deutschen Wirtschaft – Zusammenfassung, online: http://www.cognilexus.de/datei2.pdf, Stand: 2002, Abruf: 28.07.2008.

Ganz, W./Hermann, S. (2000): Vom Umgang mit der Zukunftsressource Wissen, in: *Bullinger, H.-J./Hermann, S.* (Hrsg.), Wettbewerbsfaktor Kreativität. Strategien, Konzepte und Werkzeuge zur Steigerung der Dienstleistungsperformance, Wiesbaden 2000.

Harris, I./Schooley, C./Devine, P./van Kruijsdijk, J. (2006): Is Europe Ready For The Millennials? – Innovate To Meet The Needs Of The Emerging Generation, Forrester Research, Cambridge 2006.

Heisig, P. (2007): Professionelles Wissensmanagement in Deutschland. Erfahrungen, Stand und Perspektive des Wissensmanagements, in: *Gronau, N.* (Hrsg.), 4. Konferenz Professionelles Wissensmanagement – Erfahrungen und Visionen – 18.–20. März 2007, Band 1, Berlin 2007, S. 3–19.

Mertins, K./Heisig, P./Vorbeck, J. (2003): Introduction, in: *Mertins, K./Heisig, P./ Vorbeck, J.* (Hrsg.), Knowledge Management – Concepts and Best Practices, 2. Auflage, Heidelberg 2003, S. 1–11.

Pawlowski, P./Gerlach, L./Hauptmann, S./Puggel, A. (2006): Wissen als Wettbewerbsvorteil in kleinen und mittelständischen Unternehmen – Empirische Typologisierungen auf Grundlage einer bundesweiten Befragung, in: FOKUS prints, 2006, Nr. 6, Chemnitz 2006.

Prensky, M. (2001): Digital Natives, Digital immigrants, online: http://www.marcprensky.com/writing/Prensky%20-%20Digital%20Natives,%20Digital%20Immigrants%20-%20Part1.pdf, Stand: Oktober 2001, Abruf: 28.07.2008.

Prusak, L. (2006): Information ist nicht gleich Wissen, in: Harvard Business Manager, 2006, Heft 7, S. 108–109.

SCHNALZER, K./WESOLY, M. (2005): Ergebnisse zu aktuellen Entwicklungen und Trends im Wissensmanagement, in: *FRAUNHOFER-WISSENSMANAGEMENT COMMUNITY* (Hrsg.), Wissen und Information 2005, Stuttgart 2005, S. 25–36.

SPATH, D./WAGNER, K./ASLANIDIS, S./BANNERT, M./ROGOWSKI, T./PAUKERT, M./ARDILIO, A. (2006): Die Innovationsfähigkeit des Unternehmens gezielt steigern, in: *BULLINGER, H.-J.* (Hrsg.), Fokus Innovation, München/Wien 2006, S. 41–109.

STATISTISCHES BUNDESAMT (2006): Bevölkerung Deutschlands bis 2050 – 11. koordinierte Bevölkerungsvorausberechnung, Wiesbaden 2006.

VOIGT, S./FISCHER, M./STAIGER, M. (2007): Erfahrung sichern – Projektwissen transferieren, in: Wissensmanagement, 2007, Heft 2, S. 32–34.

Ökonomische Besonderheiten von Informationsgütern

FRANK LINDE

Fachhochschule Köln

1 Einleitung

Information ist in den vergangenen Jahren zu einem immer wichtigeren Element unseres Wirtschaftens geworden. Sei es eher sekundär, als Information über Güter, oder als eigenständig vermarktbares (Primär-)Gut. Trotz seiner steigenden Bedeutung hinkt die wissenschaftliche Auseinandersetzung mit diesem bedeutenden Wirtschaftsfaktor deutlich hinterher. Es ist noch lange kein Allgemeinplatz, dass sich Informationsgüter nicht auf die gleiche Art und Weise erstellen und anbieten lassen wie es für die uns schon lange vertrauten physischen Güter der Fall ist. Es ist eben nicht das gleiche, ob man einen Bleistift oder eine Information, z. B. über die Marktstellung eines Unternehmens, kauft. Aus einer ökonomischen Perspektive lassen sich vier verschiedene Aspekte identifizieren, die für diese Unterschiede ursächlich sind und dazu führen, dass Anbieter von Informationsgütern anders am Markt agieren müssen. Nach einer kurzen Definition von Informationsgütern im folgenden Kapitel, werden wir anschließend auf diese vier Besonderheiten im Detail eingehen. Im abschließenden fünften Kapitel werden einige Konsequenzen aufgezeigt, die diese Besonderheiten für das Marktverhalten von Informationsanbietern haben.

2 Informationsgüter

Was versteht man unter Informationsgütern? Eine sehr weite Definition geben *SHAPIRO/ VARIAN*, die als Informationsgut alles bezeichnen, was sich digitalisieren lässt.[1] Erfassen lassen sich damit Fußballergebnisse, Bücher, Datenbanken, Filme, Musik, Aktienkurse und Webseiten. Informationen haben für den einzelnen Verbraucher einen jeweils unterschiedlichen Wert, sei es aus Gründen der Unterhaltung oder aus geschäftlichen Gründen. Prinzipiell lässt sich daraus eine Zahlungsbereitschaft ableiten.

Geht man etwas differenzierter an die Definition von Information heran, trifft man auf eine gängige Abgrenzung zu Daten auf der einen und Wissen auf der anderen Seite. Wissen wird dabei als etwas angesehen, das gegenüber Daten und Informationen einen Mehrwert besitzt.[2] Sehr deutlich wird dies anhand der Wissenstreppe von *NORTH* (Abbildung 1). Ausgehend von Daten, Information und Wissen, schlägt sie über Können, Handeln und Kompetenz die Brücke bis zur Wettbewerbsfähigkeit von Unternehmen.

1 Vgl. *SHAPIRO/VARIAN* (2003), S. 48 ff.

2 Vgl. z. B. *WILLKE* (2001), S. 7 ff.

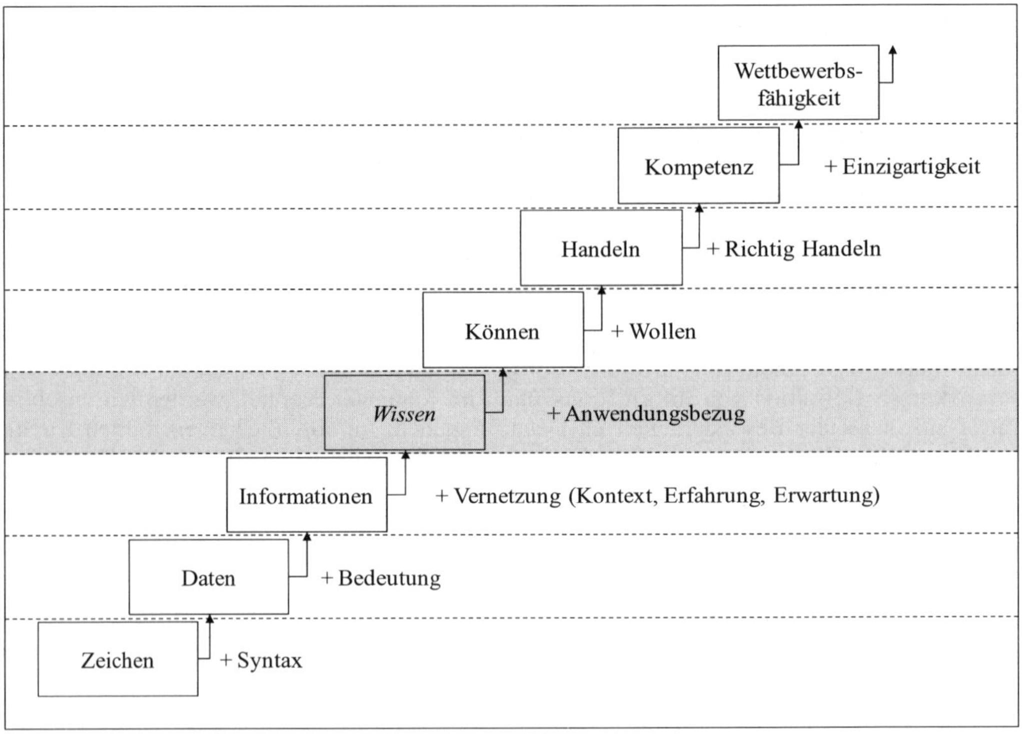

Abbildung 1: Wissenstreppe[3]

Erst wenn Daten eine Bedeutung zugewiesen werden kann, werden sie zu Informationen. Werden diese wiederum vernetzt, entsteht Wissen. Beide Male sind subjektive Leistungen eines daten- bzw. informationsverarbeitenden Individuums von Nöten.[4] Wissen ist dabei als Bestandsgröße anzusehen, die durch Informationsaufnahme und -verarbeitung verändert wird. Information ist eine potenzielle Bestandsänderungsgröße.[5] Potenziell deswegen, weil es auf den Empfänger ankommt, Informationen als relevant oder nicht relevant einzustufen.[6] Informationen, die bereits bekannt, also Wissensbestandteile sind, sind eben irrelevant. Nur relevante Informationen mehren den Wissensbestand.

Die Wissenstreppe macht darüber hinaus aber auch deutlich, dass Wissen für Unternehmen auf dem Weg zur Wettbewerbsfähigkeit nur eine Zwischenstufe darstellt. Erst gepaart mit einem entsprechenden Handlungsbezug kann Wissen seine Kraft entfalten.

---

3 In Anlehnung an *NORTH* (1999), S. 41.

4 Vgl. hierzu etwas ausführlicher und mit Beispielen *LINDE* (2004), S. 307 ff.

5 Vgl. *KULENKAMPFF* (2000), S. 15, allerdings ohne Bezug auf den Aspekt des Potenziellen.

6 Vgl. *BAECKER* (1998), S. 13.

Bereits dieser kleine informationswissenschaftliche Exkurs zeigt, dass Informationen nichts objektiv Gegebenes sind. Streng genommen können also Individuen keine Informationen kaufen, sondern nur Daten, die dann durch deren Verarbeitung erst zu Informationen und ggf. im Weiteren auch zu Wissen werden können. Es lässt sich nun präziser formulieren[7]:

Ein Informationsgut ist eine inhaltlich definierbare Menge an Daten, die von Wirtschaftssubjekten als nützlich vermutet wird.

Der besondere Fokus liegt auf der Vermutung der Nützlichkeit, die in zweierlei Hinsicht bedeutsam ist: Der Empfänger hofft darauf, dass er kognitiv zur Umwandlung der Daten in Informationen in der Lage sein wird und dass die Informationen ihm darüber hinausgehend auch nützlich sein werden. Wenn sich z. B. jemand Unternehmensdaten eines chinesischen Unternehmens kauft und dann feststellt, dass er sie nicht verarbeiten kann, weil sie in der Landessprache verfasst sind und er – nach erfolgter Übersetzung – auch noch erfahren muss, dass er die Zahlen schon aus anderer Quelle erhalten hatte, wird die Vermutung der Nützlichkeit doppelt enttäuscht. Hier zeigt sich zum ersten Mal, dass Geschäfte mit Informationsgütern sehr voraussetzungsreich sind. Es ist keineswegs selbstverständlich, dass Angebot und Nachfrage von Informationsgütern tatsächlich zusammenkommen und Informationsmärkte entstehen.

Unsere Definition von Informationsgütern stellt die Sicht des Nachfragers in den Vordergrund. Aus Sicht des Anbieters ist die getroffene Unterscheidung von Daten, Informationen und Wissen aber ebenfalls wichtig.[8] Ein Anbieter hat, wenn es sich nicht lediglich um ein einmaliges Geschäft handelt, ebenfalls ein vitales Interesse daran, dass der Empfänger zur Verarbeitung der gelieferten Daten in der Lage sein wird und er auch tatsächlich einen Nutzen aus den Informationen ziehen kann. Werden unverständliche Daten geliefert oder stellt sich Ihre Qualität später als schlecht heraus, werden Folgegeschäfte unwahrscheinlich.

Das Angebot, d. h. die Speicherung und Verbreitung von Informationsgütern erfolgt über Datenträger. Das können Speichermedien wie CD-ROM, DVD sowie zentrale Server sein oder auch gedruckte Bücher oder Zeitschriften. Datenträger sind Kopien eines Informationsgutes, die den vollständigen Inhalt des Gutes in kodierter und dekodierbarer Form enthalten. Dasselbe Gut lässt sich – wenn auch mit unterschiedlichem Aufwand – in beliebig großer Zahl vervielfältigen. Die Nutzung eines Informationsgutes erfolgt im Allgemeinen durch Dekodierung einer Kopie durch den Nutzer selbst (z. B. Lesen einer E-Mail) oder durch die Teilnahme an der Dekodierung einer nicht in seinem Besitz befindlichen Kopie durch einen Dritten (z. B. Videoabend).[9]

Informationsgüter weisen einen dualen Charakter auf, denn sie sind immer eine Kombination aus Inhalt (bspw. einer Sportnachricht) und Trägermedium.[10] Sie werden dann als Artikel in einer Zeitschrift, als Beitrag im Radio oder in einer Sportsendung im Fernsehen angeboten. Durch die Digitalisierung lassen sich Inhalt und Medium im Vergleich zu früher leicht voneinander trennen. Inhalte können so ohne großen Aufwand auch mehrfach in verschiedenen

---

7 LINDE (2008a), S. 7.

8 Streng genommen, dürfte man eigentlich auch nicht von Informationsanbietern sprechen, da sie die Information nicht selbst nutzen, sondern anderen etwas – eben Daten – zur Weiterverarbeitung anbieten, vgl. in diesem Sinne auch KULENKAMPFF (2000), S. 38.

9 Vgl. PETHIG (1997), S. 2 f.

10 Vgl. SCHUMANN/HESS (2006), S. 34.

Medien angeboten werden. Elektronische Informationsgüter bedürfen neben dem Trägermedium immer auch noch eines Endgeräts (z. B. DVD-Spieler, MP3-Player), das die Ausgabe ermöglicht. Wir werden im Weiteren sehen, wie wichtig insbesondere dieser Aspekt ist, wenn es um Netzwerkeffekte geht. Ein vierter Aspekt im Zusammenhang mit Informationsgütern ist das sie begleitende Recht. Das Eigentum an einem Informationsgut verbleibt immer beim ursprünglichen Eigentümer oder Schöpfer, der beim Verkauf nur bestimmte Nutzungs- oder Verwertungsrechte gewährt.[11] Dieser Aspekt wiederum hat eine große Bedeutung für die Weitergabe und Nutzung von Informationsgütern und spielt vor allem bei der Betrachtung von Schwarz- oder Raubkopien eine Rolle.

Ökonomisch fallen unter den Begriff der Güter sowohl Waren als auch Dienstleistungen. Bei Informationsgütern lassen sich analog Informationsprodukte und Informationsdienstleistungen unterscheiden.[12] Konstitutives Merkmal für diese Unterscheidung ist der Einsatz eines externen Faktors, wie z. B. die Auskünfte eines Unternehmens für den Wirtschaftsprüfer.[13] Ist ein externer Faktor involviert, müsste man also von einer Informationsdienstleistung sprechen. Dies ist aber nicht ganz korrekt, weil bei einem Informationsdienstleistungsprozess immer auch ein Informationsprodukt, z. B. der fertige Prüfbericht, entsteht. Insofern kann eine Online-Datenbank als Informationsprodukt verstanden werden, „das durch verschiedene Formen von Informationsarbeit aus anderen Wissens- oder Informationsprodukten entstanden ist, z. B. durch Referieren, Indexieren und datenbankgemäßes Strukturieren von Publikationen".[14] Von Informationsdienstleistungen wiederum müsste man sprechen, wenn z. B. Recherchen in einer Datenbank vorgenommen werden, die aber dann zu einem Informationsprodukt für einen Auftraggeber zusammengestellt werden. Auch ein Live-Konzert, das man auf den ersten Blick als reine Informationsdienstleistung ansehen würde, gerinnt schlussendlich zu einem Informationsprodukt, d. h. einer definierbaren Datenmenge. Es wird schnell deutlich, dass die wirtschaftswissenschaftlich gut nachvollziehbare Trennung von Waren und Dienstleistungen bei Informationsgütern verschwimmt. Wenn von Informationsgütern die Rede ist, soll das in dem Bewusstsein geschehen, dass es zwar reine Informationsprodukte, nicht aber reine Informationsdienstleistungen gibt. Ein Dienstleistungsanteil liegt immer dann vor, wenn ein externer Faktor an der Erstellung eines Informationsprodukts mitwirkt. Insofern können Informationsgüter und -produkte weitgehend als identisch angesehen werden.

3 Besonderheiten von Informationsgütern

Informationsgüter sind Güter, die besondere ökonomische Eigenschaften aufweisen, die ihre Marktfähigkeit einschränken. Einige Beispiele verdeutlichen die Problematik:

Informationsgüter können von vielen Personen genutzt werden, ohne sich aufzubrauchen, ohne verkonsumiert zu werden. Ein Informationsgut wird nicht weniger, wenn es genutzt wird. Wenn eine Person sich durch die Verarbeitung von Information ein bestimmtes Wissen aneignet, schmälert das nicht die Chancen eines anderen, dasselbe Wissen zu erwerben. Ganz

---

11 Vgl. *WETZEL* (2004), S. 101.

12 Vgl. hierzu und im Folgenden *KUHLEN* (1995), S. 83 ff.

13 Vgl. *BODE* (1997), S. 462 f.

14 *KUHLEN* (1995), S. 84.

im Gegensatz zu vielen anderen Gütern, man denke nur an ein Paar Schuhe oder einen Schokoriegel, kann dieselbe Information von einer Vielzahl von Personen gleichzeitig genutzt werden. Abnutzungseffekte treten nur dann auf, wenn es um Informationen geht, die Ihren Wert dadurch besitzen, dass Sie eben nicht jeder hat. Der Geheimtipp für die kleine Insel in der Karibik verliert schnell an Wert, wenn ihn alle haben. Bei vielen Informationen gibt es aber aus Sicht des Empfängers keinerlei Konkurrenz bei der Nutzung: Es hat für ihn keine Nachteile, egal ob 6.000 oder 600.000 Menschen eine Zeitschrift lesen oder einer Fernsehsendung wie der Oscar-Verleihung beiwohnen.

Einschränkungen kann es allerdings durch die Verpackung der Information geben: Ein Buch kann prinzipiell nur von einem Leser gleichzeitig gelesen werden und auch die Zahl der Fernsehzuschauer einer Sendung in einem Haushalt ist begrenzt. Es ist aber – im Vergleich zu traditionellen Gütern – ungleich schwerer, Kunden, die nicht bereit sind für die Information zu zahlen, von der Nutzung auszuschließen: Ein Buch kann man sich ohne größere Kosten von Freunden oder in der Bibliothek leihen, eine Fernsehsendung kann man bei jemand anderem sehen oder aufnehmen lassen, um sie dann selbst abzuspielen.

Bei Informationsgütern ist die Herstellung im Vergleich zur Vervielfältigung extrem kostspielig. Denkt man an die Produktionskosten für einen Musiktitel oder einen Spielfilm, können schnell mehrere Hunderttausend oder sogar Millionen Euro zusammenkommen. Sind das Album oder der Film aber erst einmal fertig, lassen sich digital weitgehend perfekte Kopien anfertigen, die nur wenige Cent kosten.[15] Darüber hinaus sind auch die Übertragungskosten digitaler Informationsgüter extrem niedrig. Besteht ein schneller Internet-Anschluss in Verbindung mit einer Flatrate, können Dateien gleich welcher Größe ohne zusätzliche Kosten empfangen und versandt werden.

Der Wert eines Informationsgutes, z. B. der Blaupause eines neuen Produktionsverfahrens oder einer chemischen Formel, lässt sich nur endgültig beurteilen, wenn man die Information erhalten und verarbeitet (erfahren) hat. Hat man die Information aber erst einmal in seinem Besitz, ist es offen, wie hoch die Zahlungsbereitschaft dann noch ist. Anders als bei einem Paar Schuhe, kann man Informationen vor dem Kauf meist nicht in Ruhe inspizieren. Jede Art von genauerer Inspektion führt zu einer Preisgabe (von Teilen) der Information und das liegt häufig nicht im Interesse des Anbieters.

Beim Kauf eines Informationsgutes ist es häufig von großer Bedeutung, wie viele andere Nutzer dieses Gutes es schon gibt. Wer sich ein Textverarbeitungs- oder ein Tabellenkalkulationsprogramm zulegen will, wird sich sehr genau überlegen, ob er sich für ein Produkt eines kleinen Anbieters entscheidet, das wenig verbreitet ist oder ob er sich für den Marktstandard entscheidet. Das Programm zu erwerben, das am weitesten verbreitet ist, bietet klare Vorteile beim Austausch von Dateien oder den Möglichkeiten, sich bei auftretenden Bedienungsproblemen gegenseitig zu helfen. Ähnlich ist es bei Filmen, Büchern oder Musik. Richtig Geld wird nur mit den Hits verdient. Das heißt, viele Käufer entscheiden sich für Content, den schon viele kennen, bei dem man mitreden kann.

15 Die Qualität einer Kopie hängt davon ab, ob es sich um eine 1:1 Kopie handelt oder mit Kompressionsformaten – wie es bei Filmen und Musik üblich ist – gearbeitet wird. Dann tritt von der Vorlage zur komprimierten Kopie ein Qualitätsverlust auf.

Ökonomisch ausgedrückt liegen bei Informationsgütern folgende Besonderheiten vor:[16]

- Informationsgüter weisen eine starke Tendenz hin zu so genannten *öffentlichen Gütern* auf.
- Bei Informationsgütern *dominieren* die *Fixkosten* die variablen Kosten.
- Bei Informationsgütern treten starke *Informationsasymmetrien* auf.
- Informationsgüter haben die Eigenschaft von *Netzwerkgütern.*

Informationsgüter weisen damit Merkmale auf, die das Zustandekommen eines Marktes schwierig machen oder zumindest dazu führen, dass die Marktergebnisse nicht optimal sind. Der Ökonom spricht hier von einem so genannten Marktversagen.[17] Was das im Einzelnen – ökonomisch analysiert – bedeutet, ist Gegenstand der folgenden Kapitel.

3.1 Information als öffentliches Gut

Informationsgüter werden häufig als öffentliche Güter bezeichnet. Das Gegenteil hiervon sind *private Güter*, deren Eigentumsrechte einem Besitzer exklusiv zugeteilt sind. Man denke z. B. an Nahrungsmittel, wie ein (legal erworbenes) Stück Brot, dessen Verzehr einem niemand streitig machen darf und dessen Nutzen aus dem Verzehr nur einem selbst zukommt. Abstrakt gesprochen handelt es sich um die Prinzipien der Ausschließbarkeit: das Brot gehört einem selbst, und der Konkurrenz der Güternutzung: wenn man das Brot selbst isst, kann es kein anderer mehr essen. *Öffentliche Güter* sind dagegen Güter, bei denen diese beiden Prinzipien nicht anwendbar sind. Im ersten Fall, der *Ausschließbarkeit,* ist die Frage, ob andere von der Nutzung eines Gutes ausgeschlossen werden können, wenn sie nicht zur Zahlung bereit sind. Der zweite Fall, das *Konkurrenzprinzip*, dreht sich um die Frage, ob die Wertschätzung für ein Gut von dessen exklusiver Nutzung abhängt, also Konsumrivalität herrscht oder auch andere das Gut nutzen können, ohne dass der Nutzen eines einzelnen Nutzers dadurch beeinträchtigt wird. Dann liegt keine Rivalität im Konsum vor. Treffen nun beide Prinzipien gleichzeitig zu, handelt es sich um ein privates Gut, treffen sie beide nicht zu, um ein Öffentliches. Ist nur eines der beiden Prinzipien – entweder das Ausschluss- oder das Konkurrenzprinzip – anwendbar, entstehen Mischformen.[18]

Wie sind nun Informationsgüter hier einzuordnen? Handelt es sich bei Ihnen – wie häufig gesagt wird – immer um öffentliche Güter?[19] Um das zu prüfen, müssen die beiden oben vorgestellten Prinzipien der Ausschließbarkeit und der Konkurrenz bzw. der Konsumrivalität herangezogen werden.

---

16 Vgl. *HUTTER* (2000) und *GERPOTT* (2006), S. 318 ff., ähnlich auch *KLODT* (2003), S. 111, oder auch *BUXMANN/POHL* (2004), S. 507.

17 Marktversagen bezeichnet Abweichungen des Ergebnisses marktmäßiger Koordination von einem optimalen, mithilfe eines Referenzmodells abgeleiteten Ergebnis. Ausführlich zu den verschiedenen möglichen Ursachen des Marktversagens siehe *FRITSCH/WEIN/EWERS* (2007).

18 Vgl. *MANKIW* (2004), S. 247. Zur Definition und Theorie der Mischgüter vgl. *MUSGRAVE/MUSGRAVE/KULLMER* (1994), S. 71 f.

19 Vgl. z. B. *KLODT* (2001a), S. 7, der allerdings nur den Aspekt der Konsumrivalität berücksichtigt oder mit einer ausführlicheren Analyse *KULENKAMPFF* (2000), S. 69.

In Bezug auf den *Ausschluss* potenzieller Interessenten für ein Informationsgut lassen sich beide Fälle vorstellen, sowohl, dass ein Ausschluss von Zahlungsunwilligen möglich ist, als auch, dass er nicht möglich ist. Folgende Beispiele belegen dies: Ist eine Information im exklusiven Besitz eines Wirtschaftssubjekts (z. B. eine Erfindung im Kopf des Forschers) oder ist sie rechtlich geschützt, so lassen sich andere sehr wohl von ihrer (legalen[20]) Nutzung ausschließen. Eine besonders radikale Durchsetzung des Ausschlussprinzips gilt übrigens bei der Weitergabe von kapitalmarktrelevanten Informationen. Sie ist durch die hierzulande geltenden Finanzmarktgesetze generell verboten.[21] Eine andere Form des rechtlichen Schutzes gilt für Patente. Patentgeschütztes Wissen darf nur mit Einverständnis des Rechteinhabers genutzt werden. Das Ausschlussprinzip lässt sich auch dann anwenden, wenn die Verbreitung von Informationen an ein privates Gut als Übertragungsmedium gekoppelt ist, für das der Anbieter Zahlungen verlangen kann.[22] Informationen, die z. B. per Pay-TV übertragen werden, können im eigenen Haushalt nur empfangen werden, wenn ein Dekodiergerät vorliegt und die anfallenden Gebühren gezahlt werden.

Bei Informationen, die nicht rechtlich geschützt sind, lässt sich das Ausschlussprinzip nur über deren Geheimhaltung (z. B. Betriebs- oder Geschäftsgeheimnis[23]) erreichen. Die Gefahr ist hier trotzdem immer, dass Informationen ungewollt weiterverbreitet werden: Das gilt sowohl bei Informationen, die erst einmal nur in kleinem Kreise bekannt geworden sind (z. B. Wissen über ein neues Forschungsergebnis in der Forschungsabteilung), erst recht aber bei solchen, die breit veröffentlicht wurden (z. B. in der Firmenzeitung oder sogar als Fachpublikation über open access[24]). Die weitere Verwendung lässt sich allenfalls unvollständig kontrollieren. Für die kodifizierte Weitergabe von Informationen auf Datenträgern (bspw. der Nachdruck eines Artikels oder die Kopie einer CD) mag eine Kontrolle noch möglich sein. Es ist aber nicht zu bewerkstelligen, die mündliche Weitergabe von Informationen zu unterbinden.

Es bietet sich in diesem Zusammenhang an, zwei Phasen, die ein Informationsgut durchläuft, zu unterscheiden: die der Produktion und die der Verbreitung.[25] In der Phase der *Produktion* befindet sich ein Informationsgut im exklusiven Besitz einer einzelnen Person oder einer Personengruppe (z. B. einem Unternehmen). In der Phase der (marktlichen) *Verbreitung* ist es immer einer Mehrheit von Nutzern zugänglich. In der Produktionsphase handelt es sich bei Informationsgütern demzufolge immer um private Güter, solange entweder wirklich sicherge-

---

20 Illegal besteht natürlich sehr wohl die Möglichkeit, dass Informationen – auch gegen Geld – weitergegeben werden. In den Fällen, in denen das Rechtsbewusstsein nicht ausreicht, um das Ausschlussprinzip ex ante zu gewährleisten, muss es dann – bei seinem Bekanntwerden – ex post durchgesetzt werden.

21 Um das Vertrauen der Anleger in funktionsfähige Finanzmärkte zu sichern, ist es verboten, nicht öffentlich bekannte, genaue Informationen über den Emittenten von beträchtlicher Bedeutung für den Kurs eines Wertpapiers, insbes. einer Aktie ("Insider-Information") selbst auszunutzen, an Dritte weiterzugeben oder für Empfehlungen zu verwenden, vgl. *GABLER* (1998).

22 Vgl. *PETHIG* (1983), S. 386: „The rôle [sic!] of the information carrier is to transform pure information into an excludable good via coding."

23 Ein Betriebs- bzw. Geschäftsgeheimnis ist ein nicht offenkundiger betrieblicher Vorgang, an dem der Betriebsinhaber Geheimhaltungswillen hat, der auf einem schutzwürdigen wirtschaftlichen Interesse beruht. Dem Geheimnisschutz zugänglich sind sonderrechtlich nicht geschützte technische Leistungen (Konstruktionszeichnungen, Rezepturen, Verfahrensabläufe etc.) sowie kaufmännische Geschäftsunterlagen (Kundenlisten, Kalkulationsunterlagen, Vertragsunterlagen etc.). Es handelt sich um eine Nebenpflicht aus dem Arbeitsverhältnis, vgl. *GABLER* (1998).

24 Z. B. über http://www.doaj.org/ <01.08.2008>

25 Vgl. zu dieser phasenbezogenen Unterscheidung *HOPF* (1983a), S. 81 ff.

stellt ist, dass eine Weitergabe nicht unkontrolliert erfolgt oder wenn Eigentumsrechte in Form von Patenten oder Lizenzen existieren, mithilfe derer die Nutzung von Informationen – wenn auch häufig nur mit großem Aufwand – von Zahlungen abhängig gemacht werden kann.[26] Sobald Wissen auf eine Mehrzahl von Individuen verteilt ist, kann das Ausschlussprinzip nicht mehr sicher durchgesetzt werden.[27] Wenn von Unternehmen ungewollt Interna nach außen dringen, ist das hierfür ein beredtes Zeugnis. Ein Unternehmen kann die Verwertung solcher Informationen eben nicht von der Zahlung eines Entgelts abhängig machen (siehe Abbildung 2).

Ausschlussprinzip \ Konkurrenzprinzip	Ja	Nein
Ja	*Private Güter* ➢ Geheimnis ➢ Patent ➢ Insiderinformation	*Mischgüter* ➢ Sendung über Pay-TV ➢ Kinofilm
Nein	*Mischgüter* ➢ Allg. Firmen-Know-How ➢ Erfindungen (nicht patentiert)	*Öffentliche Güter* ➢ Rundfunkübertragung ➢ Freie Internetpublikation

Abbildung 2: Konsumrivalität und Ausschlussprinzip bei Informationsgütern

Wendet man das *Konkurrenzprinzip* auf Informationsgüter an, so lässt sich zeigen, dass sowohl Konsumrivalität herrschen kann, es aber auch Fälle gibt, in denen keine Konkurrenz bei der Verwendung von Informationen vorliegt. Bei der Distribution von Musik oder von Nachrichten in der Tagespresse macht es z. B. keinen Unterschied, wie viele Wirtschaftssubjekte die Information hören oder lesen, es findet keine gegenseitige Beeinträchtigung statt. Anders verhält es sich bei Informationen, die erst dadurch wertvoll werden, dass sie nicht weit gestreut sind. Die soeben ausführlich diskutierten Beispiele (Unternehmensinterna, Insiderinformationen), belegen dies. Generell kann man sagen, dass Informationsgüter nur in der Produktionsphase private Güter sein können und auch nur dann, wenn Sie entweder geheim

[26] Von der illegalen Nutzung und Weitergabe von Informationen soll an dieser Stelle erst einmal abgesehen werden.

[27] Es sei noch einmal daran erinnert, dass sich nach obiger Definition Wissen nie direkt, sondern nur Daten als Informationsgüter übertragen lassen.

gehalten werden können oder rechtlichen Schutz genießen.[28] Wenn man berücksichtigt, dass selbst private Informationsgüter, die mit einem rechtlichen Schutz versehenen sind, nur bedingt vor unrechtmäßigem Gebrauch geschützt werden können, lässt sich feststellen, dass Informationsgüter zwar nicht per se öffentliche Güter sind, im Zuge Ihrer Verbreitung aber eine deutliche Tendenz aufweisen, zu öffentlichen Gütern zu werden.[29]

3.2 Fixkostendominanz

Bei vielen traditionellen Gütern, vor allem bei industriell gefertigten, treten sowohl fixe als auch nennenswerte variable Kosten auf.[30] Bei der Herstellung eines neuen Notebooks sind das, im Gegensatz zu den Kosten für die Entwicklung und die Produktionsanlagen, alle Kosten, die in direktem Zusammenhang mit der Herstellung des einzelnen Produkts anfallen: z. B. Laufwerk, Chassis, Prozessoren. Bei Informationsgütern dagegen findet eine starke Verschiebung hin zu den fixen Kosten statt. In Buchverlagen übersteigen die Kosten der Herstellung des ersten Exemplars (inkl. Autorenhonorar, Umschlaggestaltung, Satz etc.) die Kosten für die Folgeexemplare (inkl. Papier, Druck, Bindung etc.) um ein Vielfaches. Auch die Verwendung unterschiedlicher Datenträger verursacht unterschiedliche Kosten. So betrugen bei Microsofts Encarta die Vervielfältigungs- und Distributionskosten der Buchversion $ 250 im Vergleich zu $ 1,50 für die CD-ROM-Version.[31] Ein anderes Beispiel: Kostet die Produktion eines Plattenalbums leicht mehrere zehn Millionen Dollar, sind die variablen Kosten der Herstellung von Kopien verschwindend gering. Der herkömmliche Vertrieb von Musik über Audio-CDs verursacht für die Musikindustrie variable Kosten von ca. € 0,50 pro Kopie.[32] Digitale Güter lassen sich im Vergleich dazu noch kostengünstiger anbieten, zumal wenn der Empfänger selbst die Kosten für den Versand bzw. das Herunterladen übernimmt. Der Unterschied zwischen den Kosten für die erste und die letzte Einheit ist umso größer, je immaterieller das gesamte Produkt ist.[33] Die erste Kopie des Netscape Navigators hat rund $ 30 Millionen an Entwicklungskosten verursacht. Die variablen Kosten der zweiten Kopie dagegen betrugen nur rund $ 1.[34]

Dieses Verhältnis von sehr hohen Fixkosten und sehr niedrigen variablen Kosten führt zu einer ausgeprägten Fixkostendegression. Das bedeutet, dass die Fixkosten pro Stück bei steigenden Produktionszahlen sehr schnell sinken. Am Beispiel von Netscape würden sich die Entwicklungskosten von $ 30 Millionen für die erste Kopie, verteilt auf die produzierten Einheiten, bereits bei 2 Einheiten auf $ 15 Millionen pro Stück ermäßigen. Bei vier Einheiten betrügen sie nur noch $ 7,5 Millionen und bei 100.000 Einheiten nur noch $ 300 pro Stück.

---

28 Vgl. hierzu auch *Hopf* (1983a), S. 81.

29 Vgl. hierzu auch *Hopf* (1983a), S. 87.

30 Vgl. z. B. *Meffert* (2000), S. 508.

31 Vgl. *Downes/Mui* (1998), S. 51.

32 Vgl. *Buxmann/Pohl* (2004), S. 507, und *Wetzel* (2004), S. 205.

33 Vgl. *Stewart* (1998), S. 170. Die wissensbasierten Kosten eines Produkts werden dabei generell als Fixkosten betrachtet, vgl. *Liebowitz/Margolis* (1995), S. 17.

34 Vgl. *Kelly* (2001), S. 85.

Bei Informationsgütern mit hohen Entwicklungskosten, die nicht in hohen Stückzahlen abgesetzt werden können, gibt es quasi keine Fixkostendegression. Bei Individualsoftware ist das z. B. ganz extrem der Fall.

Im Regelfall geht man bei Standardgütern davon aus, dass die Durchschnittskosten in Unternehmen mit zunehmender Ausbringungsmenge einen mehr oder weniger ausgeprägten u-förmigen Verlauf aufweisen.[35] Die Gesamtkosten (fixe und variable) der Produktion werden durch die produzierte Menge geteilt, so erhält man die besagten Durchschnittskosten. Für die Fixkosten ergibt sich der beschriebene Degressionseffekt, da sie sich auf immer mehr Einheiten verteilen. Die sinkenden durchschnittlichen Fixkosten bewirken ein relativ schnelles Absinken der gesamten Durchschnittskosten. Sind die variablen Kosten einer jeden zusätzlich produzierten Einheit konstant oder sogar sinkend, wirkt das in die gleiche Richtung sinkender Durchschnittskosten. Kommt es im Laufe der Produktion zu steigenden variablen Kosten, was spätestens mit Erreichen der Kapazitätsgrenzen zu erwarten ist, wird der Degressionseffekt der Fixkosten ab einem bestimmten Punkt überkompensiert und die Durchschnittskosten beginnen zu steigen.

Je stärker die variablen Kosten gegenüber den Fixkosten in den Hintergrund treten, desto stärker nähert sich der Verlauf der (gesamten) Durchschnittskosten dem der durchschnittlichen Fixkosten an.

Geht man vom Extremfall variabler Kosten von Null aus, so sind die beiden Kurven sogar deckungsgleich (siehe Abbildung 3). Wenn bei zunehmender Produktionsmenge die Durchschnittskosten kontinuierlich fallen, liegen ökonomisch so genannte (steigende) Skalenerträge vor.[36] Für den einzelnen Anbieter ist es in diesem Fall erstrebenswert, seine Produktionsmenge möglichst weit auszudehnen. Bei Informationsgütern liegen aufgrund der hohen Fixkosten der ersten Einheit und den sehr geringen variablen Kosten aller weiteren Einheiten genau diese Skalenerträge vor.[37] Diese sehr ausgeprägte Fixkostendegression wird durch die neuen Informationstechnologien sogar noch verschärft. Vor allem die Übertragungskosten sinken dramatisch, denn die Bereitstellung und das Herunterladen einer MP3-Datei sind bspw. für den Anbieter um ein Vielfaches günstiger als die Herstellung und der Vertrieb einer CD. An den Entwicklungs- und Produktionskosten ändert sich dagegen wenig.[38] Diese beiden Kostenaspekte – Bereitstellungskosten und Übertragungskosten –, die gegen Null tendieren, stellen z. B. auch die Grundlage für die Existenz von Online-Tauschbörsen dar.[39]

---

35 Vgl. grundlegend *MANKIW* (2004), S. 301 ff. Mit empirischem Material zu Kostenverläufen in Unternehmen vgl. *SIMON* (1995), S. 14 f., und *DILLER* (2000), S. 99.

36 Der Skalenertrag bezieht sich auf die Änderung des Outputs (Produktionsertrags), die dadurch entsteht, dass bei gegebener Produktionstechnik alle Faktoreinsatzmengen im gleichen Verhältnis variiert werden. Wächst die Produktionsmenge proportional/überproportional/unterproportional zum zusätzlichen Faktoreinsatz, spricht man von konstanten/steigenden/sinkenden Skalenerträgen, vgl. *GABLER* (1998). Ursächlich für sinkende/steigende Skalenerträge sind sinkende/steigende Grenzprodukte.

37 Vgl. *KULENKAMPFF* (2000), S. 60.

38 Vgl. *KLODT* et al. (2003), S. 79.

39 Vgl. *BUXMANN/POHL* (2004), S. 507 und S. 514 ff.

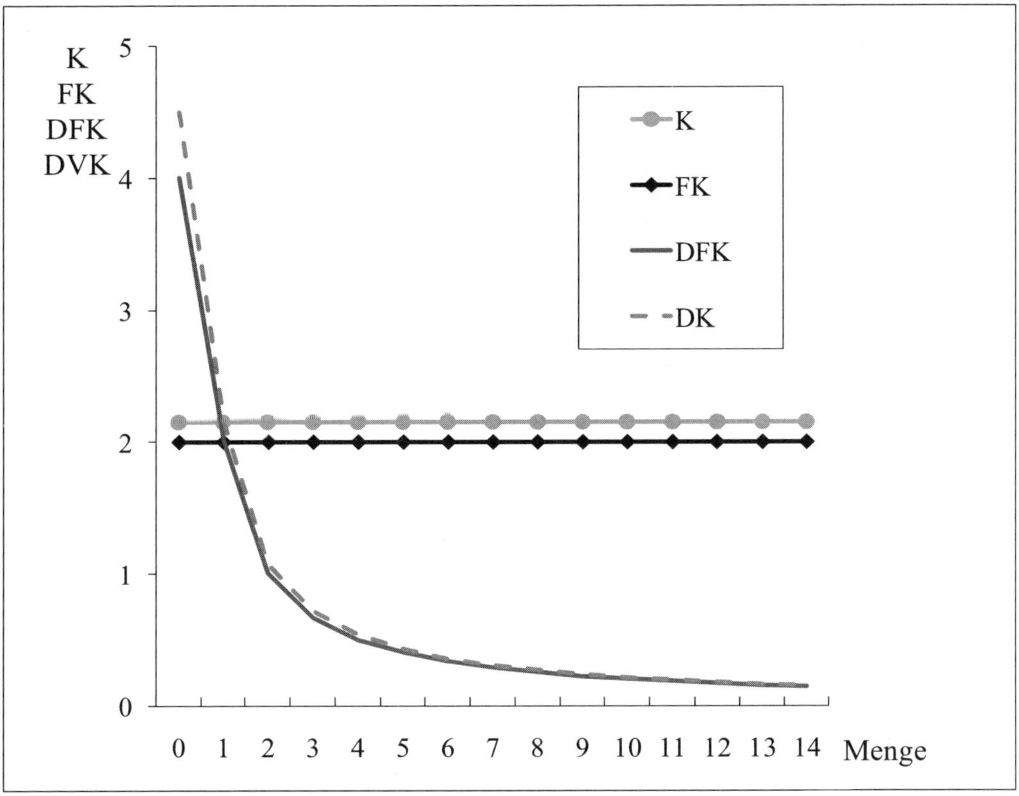

Abbildung 3: Kostenverlauf bei Informationsgütern mit konstanten variablen Kosten

3.3 Existenz von Informationsasymmetrien

Bei einem gewöhnlichen Güterkauf, z. B. von Kleidung, Lebensmitteln oder elektronischen Geräten, besteht für den Kunden die Möglichkeit das entsprechende Objekt zu inspizieren. Er wird es betrachten, in die Hand nehmen und es ggf. auch noch probieren oder seine Funktionen testen. All das ist bei Informationsgütern schwierig. Um Ihren vollen Wert wirklich einschätzen zu können, muss man die Informationen erst verarbeiten. Zieht man eine Analogie zu einem Besuch in einem Restaurant, müsste man erst das Essen zu sich nehmen, um dann seine Zahlungsbereitschaft bekannt zu geben, sprich, man würde selbst bestimmen, wie viel einem das bereits verspeiste Essen wert gewesen ist. Das dies als Einladung zum kostenlosen oder zumindest sehr preiswerten Essen verstanden werden kann, liegt auf der Hand.[40] Für die Anbieter von Informationsgütern stellt sich aber das gleiche Problem, geben sie die angebotene Information aus der Hand, verliert sie an Wert und der Nutzer wird aller Wahrscheinlichkeit nach weniger zahlen, als er vorher gezahlt hätte. Überlässt der Anbieter die Information dem Nutzer zur Prüfung aber nicht, muss dieser die Katze im Sack kaufen und wird vermut-

---

[40] Es gibt aber auch hier Ausnahmen, wie z. B. das Restaurant „Das weisse Haus" in Hamburg; vgl. http://www.das-weisse-haus.de/ <01.08.2008>.

lich entweder ganz vom Kauf absehen oder – in Anbetracht der Unsicherheit bezüglich der Qualität der Information – nur eine geringere Zahlungsbereitschaft haben, als wenn er die Qualität sicher einschätzen könnte. Man spricht hier von einer asymmetrischen Informationsverteilung: Die Informationen sind zwischen Anbieter- und Nachfragerseite ungleich verteilt.[41] Wenn eine Marktseite besser informiert ist als die andere, eröffnet das Raum, dieses Gefälle strategisch auszunutzen, in dem z. B. minderwertige Qualität angeboten wird. Dieses Phänomen der asymmetrischen Informationsverteilung bezieht sich vorrangig auf die gehandelte Produktqualität.[42]

Grundlegend für alle weiteren Arbeiten zum Thema asymmetrische Informationsverteilung waren die Analysen von *AKERLOF*.[43] Er hat das Phänomen der asymmetrisch verteilten Information erstmals verdeutlicht und zwar am Beispiel des Gebrauchtwagenmarkts. Der Verkäufer eines Gebrauchtwagens ist aufgrund der vergangenen Nutzung sehr gut über den Zustand des Fahrzeugs informiert. Der Käufer weiß auf der anderen Seite lediglich, dass es auf dem Markt Fahrzeuge unterschiedlicher Qualität gibt. Er kann somit nur eine Annahme über die durchschnittliche Qualität treffen. Läge eine symmetrische Informationsverteilung vor, hätten also beide Marktseiten einen gleich guten Informationsstand über die angebotene Ware, könnte für jedes einzelne Auto leicht ein der Qualität entsprechender Preis festgesetzt werden. Da dem nun nicht so ist, bietet sich dem Verkäufer die Möglichkeit, das auszunutzen und seinen Wagen mit geringer Qualität als einen guten Wagen auszugeben und ihn zu einem höheren als dem eigentlich angemessenen Preis anzubieten.[44] Die Nachfrager, die die Qualität auf diesem Markt nicht beurteilen können, werden nur bereit sein, einen Preis zu zahlen, der ihren Erwartungen entspricht. Anhand eines einfachen Zahlenbeispiels lässt sich dies gut verdeutlichen.[45]

Für einen Gebrauchtwagenmarkt gelten folgende Annahmen: Es gibt je 100 Käufer und Verkäufer für gebrauchte Wagen und jeder weiß, dass 50% der angebotenen Fahrzeuge von schlechter Qualität (Gurken) sind. Die Qualität des einzelnen Fahrzeugs ist nur den Verkäufern bekannt, es handelt sich also um einen Fall asymmetrischer Verteilung von Qualitätsinformationen. Die Verkäufer der Gurken sind bereit, sie für € 1.000 zu verkaufen. Die Verkäufer der guten Wagen wollen mindestens € 2.000 haben. Die Käufer würden für Gurken € 1.200 und für gute Autos € 2.400 zahlen. Wäre es leicht, die Qualität festzustellen, würden sich Preise zwischen € 1.000 und € 1.200 für Gurken und € 2.000 und € 2.400 für gute Autos herausbilden. Lässt sich die Qualität aber nicht feststellen, müssen die Käufer versuchen abzuschätzen, wie viel der betreffende Wagen wert ist. Dazu schließen die Konsumenten in diesem Modell generell vom Preis auf die Qualität und es kommt ein einheitlicher Preis zustande, der sich an der Durchschnittsqualität orientiert.[46] Zur Ermittlung dieses Preises berechnet der Ökonom einen so genannten Erwartungswert.[47] Bei der zuvor angenommenen gleichen Wahrscheinlichkeit für eine der beiden Qualitätsstufen ist der rationale Käufer bereit, den Erwartungswert

---

41 Streng genommen müsste man von einer ungleichen Wissensverteilung sprechen, da es sich sowohl für den Anbieter als auch für den Nachfrager um verarbeitete Informationen handelt.

42 Vgl. *KULENKAMPFF* (2000), S. 127. Asymmetrische Informationsverteilung lässt sich auch im Hinblick auf die Verteilung der Produktpreise im Markt oder die Präferenzen der Nachfrager, vgl. *KLODT* et al. (2003), S. 92 ff, oder auch bezüglich der Verkaufsorte feststellen, vgl. *ERNST/KÖBERLEIN* (1994), 6 f.

43 Vgl. *AKERLOF* (1970).

44 *AKERLOF* spricht von diesen Fahrzeugen als „Lemons"; *AKERLOF* (1970), S. 489. Im deutschen Sprachgebrauch würde man wohl eher von Gurken oder Möhren sprechen.

45 Vgl. *VARIAN* (2004), S. 686 ff.

46 Vgl. *GRAUMANN* (1993), S. 1337.

47 Der Erwartungswert ist eine Schätzung über ein zu erwartendes Zufallsergebnis.

des Autos zu zahlen: ½ * € 1.200 + ½ * € 2.400 = € 1.800. Nun bleibt die Frage: Wer würde sein Auto zu diesem Preis verkaufen? Zu € 1.800 wären zwar die Anbieter der Gurken bereit zu verkaufen, nicht aber die der guten Autos, denn die wollen ja mindestens € 2.000 erzielen. Die Folge: bei dieser Preisvorstellung der Käufer würden nur Gurken zum Verkauf angeboten aber keine Qualitätsfahrzeuge. Die Situation verschärft sich weiter, wenn die Käufer absehen können, dass zu ihrem Preisgebot nur Gurken angeboten werden. Warum? Sie würden Ihren Erwartungswert weiter nach unten korrigieren müssen, im Extremfall hieße das dann: 1 * € 1.200 + 0 * € 2.400 = € 1.200. Die Käufer wären dann nur noch bereit maximal € 1.200 zu zahlen. Die Folge ist, dass auf diesem Markt keine guten Autos mehr angeboten würden. Dieses Ergebnis ist besonders bemerkenswert, weil ja seitens der Käufer sehr wohl eine Zahlungsbereitschaft für gute Autos (nämlich € 2.400) vorhanden ist. Sie kommt nur nicht zum Tragen, weil die notwendigen Informationen zur Einschätzung der Qualität fehlen. Es handelt sich um einen akuten Fall von Marktversagen. D. h., das Ergebnis der marktlichen Koordination weicht ab von einem optimalen, mithilfe eines Referenzmodells abgeleiteten Ergebnis. Hier wäre das optimale Ergebnis, dass alle Wagen, gute wie schlechte, zu den entsprechenden Preisen verkauft würden.

Das besondere hieran ist, dass nicht nur einige Fehlkäufe zu vermuten sind, bei denen der Käufer nach dem Kauf enttäuscht feststellt, dass er eine Gurke erwischt hat. Es ist zu befürchten, dass kein einziges qualitativ höherwertiges Fahrzeug verkauft wird. Warum ist das so? Wenn eine Person versucht, einen schlechten Wagen zu verkaufen, und es wird nach dem Kauf bemerkt, beeinflusst das die Wahrnehmung der Käufer über die durchschnittliche Qualität der auf dem Markt angebotenen Autos. Sie korrigieren Ihre Erwartungswerte und damit den Preis, den sie für ein durchschnittliches Auto zu zahlen bereit sind nach unten. Das wiederum benachteiligt die Verkäufer guter Autos. Die Autos, die am wahrscheinlichsten angeboten werden, sind letztlich die, die die Leute am liebsten loswürden. Zusammenfassend lässt sich sagen, dass wenn zu viele Einheiten geringer Qualität auf dem Markt sind, es für die Anbieter von Qualität schwierig wird, ihre Produkte zu einem angemessenen Preis zu verkaufen.[48]

Eine allgemeine Folge bestehender Informationsasymmetrien ist, dass gute Qualität durch schlechte Qualität verdrängt wird. Bemerkenswert ist, dass im Extremfall die (unehrlichen) Anbieter schlechter Waren – unehrlich deswegen, weil sie für geringe Qualität einen Premiumpreis fordern – nicht nur die (ehrlichen) Anbieter guter Qualität aus dem Markt drängen, sondern sich am Ende sogar selbst den Markt kaputt machen, wenn nämlich klar wird, dass für die angebotene (geringe) Qualität ein zu hoher Preis gefordert wird. Über die Abwärtsspirale eines schrittweisen Ausscheidens von Qualitätsanbietern kommt es nicht nur zu einem teilweisen, sondern zu einem vollständigen Marktversagen.[49]

Wenden wir uns nun den Informationsgütern zu. Analog zu den vorstehenden Überlegungen kann auch für Informationsgüter gelten, dass es Anbieter guter und schlechter Qualität in einem Markt gibt.[50] Als Angebote guter Qualität lassen sich solche bezeichnen, die die Erwartungen der Nachfrager erfüllen. Schlechte Qualität führt dementsprechend zu einer Erwartungsenttäuschung. Sind die Nachfrager nicht von vornherein dazu in der Lage, die Qualität des Angebots zu bestimmen, besteht für die Anbieter der bereits bei den „Lemons“ festgestellte Anreiz, schlechte Qualität als gute anzubieten um dadurch ihre Gewinne zu erhöhen.

---

[48] Vgl. *Varian* (2004), S. 688.

[49] Vgl. *Weise* et al. (1991), S. 350.

[50] Vgl. *Kulenkampff* (2000), S. 128 f.

Wenn darüber hinaus die Herstellungskosten für schlechte Qualität geringer sind als für gute und der Anbieter davon ausgehen kann, dass der Nachfrager sie – zumindest vor dem Kauf – nicht beurteilen kann, ist es unter Gewinnmaximierungsbedingungen ökonomisch rational, schlechtere Qualität zu geringeren Kosten herzustellen und als gute Qualität anzubieten. Klar ist aber auch, dass das nur so lange vernünftig ist, wie die Nachfrager sich täuschen lassen. Davon kann man aber dauerhaft nur ausgehen, wenn der Käufer – auch nach dem Kauf – nicht dazu in der Lage ist, die Qualität zu beurteilen oder es sich um Einmalkäufe handelt und es zwischen den Nachfragern zu keinem Erfahrungsaustausch kommt. Aber schon im Fall des erstmaligen Kaufs, wenn man also in Zukunft weitere Käufe bei einem Anbieter beabsichtigt, hat der Käufer die Gelegenheit, schlechte Erfahrungen zu machen. Sofern er die Qualität beurteilen kann, führt das dazu, dass er seine Zahlungsbereitschaft nach unten korrigiert und – sollte er sich mit anderen austauschen – auch die anderer Nachfrager in dieselbe Richtung beeinflusst. Sollte das passieren, kommt es zu jener Abwärtsspirale, die bereits *AKERLOF* für den Gebrauchtwagenmarkt beschrieben hat. Es tritt – bedingt durch die Informationsdefizite der Nachfrager[51] – eine negative Auslese ein, bei der die Angebote schlechter Qualität zu Lasten der guten Qualität zunehmen.

Zu solch einem durch Informationsdefizite bedingten Marktversagen kommt es auch auf Informationsgütermärkten und zwar immer dann, wenn die Nachfrager nicht dazu in der Lage sind, sich die erforderlichen Qualitätsinformationen zu beschaffen.[52] Sieht man von der unerwünschten Variante der unangenehmen eigenen Erfahrungen ab, lässt sich das nur vermeiden, indem man sich auf die Suche nach entscheidungsrelevanten Informationen begibt. Ökonomisch ausgedrückt macht man das so lange, bis die Grenzkosten der Informationsbeschaffung genau so hoch sind wie der Grenznutzen der erhaltenen Information.[53] Ganz einfach gesagt, wendet man so lange Zeit und Geld für die Informationssuche – z. B. durch den Kauf von Testzeitschriften oder Gespräche mit anderen Käufern – auf, wie sich das in einem Nutzenzuwachs niederschlägt. Dieser zusätzliche Nutzen kann darin bestehen, dass man das Produkt günstiger bekommt oder die Qualität verschiedener Angebote besser einschätzen kann, so dass man in der Lage ist, die qualitativ bessere Wahl zu treffen. Es ist evident, dass der Nutzenzuwachs (= Grenznutzen) bei der ersten Testzeitschrift deutlich größer ist als bei der zwölften.[54]

Bei Informationsgütern tritt nun die Besonderheit auf, dass die Beschaffung weiterer Informationen über ein Informationsgut im Prinzip gleichzusetzen ist mit der sukzessiven Beschaffung des Gutes selbst.[55] Je intensiver man sich also über ein spezielles Informationsgut informiert, umso mehr erfährt man über dessen Inhalt. Das gilt für Content ganz unmittelbar. Bei Software muss man die Ebene der Anwendung und die des Quellcodes unterscheiden. Auf Anwendungsebene kann der gewöhnliche Nutzer sich umfassend informieren ohne sich die Software aneignen zu können. Erhält der Nutzer aber Zugang zum Quellcode, ist er im Besitz des kompletten Gutes. Ist er dann vollständig informiert, hieße das in letzter Konsequenz, dass er die ursprüngliche Information gar nicht mehr bräuchte, weil er sie bereits erhalten hat. Dieses bei Informationsgütern auftretende Phänomen wird nach *ARROW* als „Informationsparadoxon" bezeichnet: „... there is a fundamental paradox in the determination of demand for

[51] Das Bestreben durch überhöhte Preise die Gewinne zu maximieren ist nur eine Folge dieses Umstands.

[52] Vgl. *HOPF* (1983a), S. 76.

[53] Zu den verschiedenen zugehörigen Theorien (Suchtheorie, Entscheidungstheorie) vgl. im Überblick *PICOT/WOLF* (1997) sowie *KULENKAMPFF* (2000), S. 1 ff. Grundlegend zu Suchmodellen war die Arbeit von *STIGLER* (1961).

[54] Zu den verschiedenen Determinanten, die den Umfang der Informationssuche beeinflussen vgl. Abschnitt 2.3.

[55] Vgl. *KULENKAMPFF* (2000), S. 129.

information; its value for the purchaser is not known until he has the information, but then he has in effect acquired it without cost."[56]

Bei Informationsangeboten ist das Auftreten von asymmetrisch verteilter Information besonders ausgeprägt.[57] Die Anbieter haben zum einen gegenüber den Nachfragern einen starken Informationsvorsprung. Zum anderen können sich die Nachfrager über das Informationsgut nur wirklich eingehend informieren, wenn der Anbieter es – zumindest teilweise – schon vor dem Kauf preisgibt. Tut er dies nicht, kann der Käufer die Qualität erst nach dem Kauf, nämlich mit der Verarbeitung der Information, beurteilen.[58]

Ein sehr treffendes Beispiel für eine solche Situation findet sich auf den Märkten für technisches Wissen.[59] Die Existenz des Informationsparadoxons ist hier ursächlich dafür, dass die industrielle Vertragsforschung (d. h. F&E-Aufträge extern zu vergeben) nur eine untergeordnete Rolle spielt. Die überwiegende Zahl der (großen) Unternehmen produziert ihr technisches Wissen lieber intern, weil sie die Qualität der Durchführung und der erhaltenen Ergebnisse nur unzureichend kontrollieren können. Es sind fast nur (kleinere) Unternehmen, die die Möglichkeiten der externen Vertragsforschung nutzen. Sie scheuen nämlich die hohen Fixkosten des Aufbaus einer eigenen F&E-Abteilung.

3.4 Information als Netzwerkgut

Die letzte zu untersuchende Besonderheit bei Informationsgütern sind auftretende Netzwerkeffekte.[60] Um mit einem Beispiel zu beginnen: Wenn sich ein Unternehmen mit der Anschaffung einer Software beschäftigt, die nicht nur intern, sondern auch zusammen mit anderen Unternehmen genutzt werden soll, – man denke beispielsweise an EDI-Software[61] – wird es sich genau überlegen, ob es sich um eine Software handelt, die andere Unternehmen auch verwenden oder nicht. Möchte man z. B. Bestelldaten mit seinen Kunden und/oder Lieferanten austauschen oder Rechnungsvorgänge störungsfrei abwickeln, ist es von großem Vorteil, die gleichen Standards zu verwenden. Das Informationsgut EDI-Software kann also dem Anwender bei einer entsprechenden Verbreitung neben dem Nutzen aus dem Produkt selbst einen zusätzlichen Nutzen aus der Gesamt-Anwenderzahl verschaffen.[62] Ökonomisch spricht man hier von so genannten Netzwerkeffekten oder auch Netzwerkexternalitäten.[63]

---

56 *Arrow* (1962), S. 615.

57 Vgl. *Hopf* (1983a), S. 76, der Information in Anlehnung an *Akerlof* als typisches „Lemon"-Gut bezeichnet.

58 Die Qualitätsunsicherheit bezieht sich immer nur auf den konkreten Inhalt einer Information, nicht auf die Art der Information. Vgl. *Kulenkampff* (2000), S. 130f. Unberücksichtigt bleiben soll an dieser Stelle die Frage, ob Informationen vom Empfänger überhaupt verstanden und damit auch verarbeitet werden können.

59 Vgl. hierzu *Klodt* (2001b), S. 41 f.

60 Güter, bei denen Netzwerkeffekte auftreten, werden als Netzwerkgüter bezeichnet, vgl. *Dietl/Royer* (2000), S. 324.

61 EDI = Electronic Data Interchange

62 Vgl. *Buxmann* (2002).

63 Eine genauere Unterscheidung dieser beiden Begriffe erfolgt im nächsten Abschnitt.

Ein Netz oder Netzwerk ist abstrakt gesehen, ähnlich einem System, eine Menge von Objekten, zwischen denen Verbindungen bestehen[64] oder bestehen könnten.[65] In einer informationsökonomischen Lesart ist ein Netzwerk eine Zusammenfassung von Nutzern eines bestimmten Gutes oder kompatibler Technologien.[66]

Sind die Nutzer physisch miteinander verbunden, spricht man von realen Netzwerken. Das ist klassischerweise bei einem festen Telefonnetz der Fall, bei dem die einzelnen Telefonbesitzer über die verlegten Leitungen dauerhaft miteinander verbunden sind. Sind die Nutzer nicht physisch, sondern nur logisch miteinander verbunden, handelt es sich um virtuelle Netzwerke.[67] Virtuell sind sie deswegen, weil die Beziehungen zwischen den Teilnehmern – vor allem zu Beginn – erst einmal nur potenzielle sind. Es ist nicht wie bei den realen Netzwerken so, dass nur derjenige Teilnehmer ist, der auch physisch angeschlossen ist. Jeder, der ein virtuelles Netzwerkgut kauft, hätte die Möglichkeit, mit den anderen Netzwerkteilnehmern Verbindung aufzunehmen. Virtuelle Netzwerke sind z. B. alle Nutzer von DVD-Playern oder Videorecordern oder alle Nutzer eines bestimmten Betriebssystems oder einer bestimmten Spielekonsole.

Ein anderes, abstrakteres Beispiel für ein virtuelles Netzwerk ist die Sprache, z. B. das Netzwerk aller Englisch sprechenden Menschen.[68] Jeder, der diese Sprache beherrscht, hat die Möglichkeit, mit jedem anderen Englisch sprechenden Menschen zu kommunizieren. Englisch ist nicht deshalb so stark verbreitet und wird als Weltsprache angesehen, weil es so einfach zu lernen ist, sondern weil es international von den meisten Menschen zur Kommunikation genutzt wird. Jeder, der sich international möglichst leicht verständigen will, ist daher gezwungen, sich dem Netzwerk anzuschließen, also Englisch zu lernen. Der Wert dieses Netzwerks liegt in seinen vielfältigen Kommunikationsmöglichkeiten und er wird durch jeden weiteren „Anwender" der Sprache gesteigert. Es wäre zwar denkbar, eine andere Sprache für die internationale Kommunikation zu nutzen – man denke z. B. an die künstliche, sehr leicht zu erlernende Weltsprache Esperanto[69] –, es wäre jedoch mit hohen Anpassungskosten verbunden, sie als gültigen Standard für alle zu etablieren.

Im Gegensatz zu vielen Verbrauchsgütern des täglichen Bedarfs (z. B. Lebensmittel, Hygieneartikel, Medikamente) oder auch Gebrauchsgütern wie Kleidung oder Möbel, die üblicherweise ganz individuell oder nur von einem eng begrenzten Personenkreis genutzt werden, gewähren Netzwerkgüter nicht nur einen Nutzen aus ihren Eigenschaften (Basisnutzen[70]), sondern stiften dem einzelnen Konsumenten einen darüber hinausgehenden zusätzlichen Nutzen durch die Gesamtzahl der anderen Nutzer, den Netzeffektnutzen (siehe Abbildung 4).

---

64 Vgl. *ECONOMIDES* (1996), S. 674. In Bezug auf Systeme vgl. *WILLKE* (1991), S. 194.

65 Vgl. zu dieser Ergänzung in Bezug auf Systeme *FLECHTNER* (1966), S. 353.

66 Vgl. *DIETL/ROYER* (2000), S. 324.

67 Vgl. z. B. *SHAPIRO/VARIAN* (1999), S. 174, 183, oder *DIETL/ROYER* (2000), S. 324. Der Begriff der Virtualität hebt mehr auf das Mögliche denn auf das Tatsächliche ab. Vgl. zu einer ausführlichen Diskussion des Virtualitätsbegriffs *LINDE* (1996), S. 13 f.

68 Vgl. *FRIEDRICH* (2003), S. 4.

69 Vgl. z. B. http://www.esperanto.de/ <01.08.2008>.

70 Vgl. *BUXMANN* (2002), S. 443.

Je mehr Nutzer es gibt, desto größer ist dieser Nutzen für den Einzelnen. Dies ist bei einem realen Netzwerk sofort einsichtig, wenn man sich vorstellt, welchen Nutzen ein Telefonnetz mit nur drei Teilnehmern im Gegensatz zu einem Netz mit weltweiten Verbindungen stiftet. Aber auch bei einem virtuellen Netzwerk liegen die Vorteile klar auf der Hand, denn mit dem gleichen Textverarbeitungsprogramm kann man mit anderen problemlos Daten austauschen oder sich gegenseitig über Tipps und Tricks der Software informieren. Bei Netzwerkgütern ist der Nutzen aus der Verbreitung dominant gegenüber dem Nutzen aus den Eigenschaften des Gutes selbst.

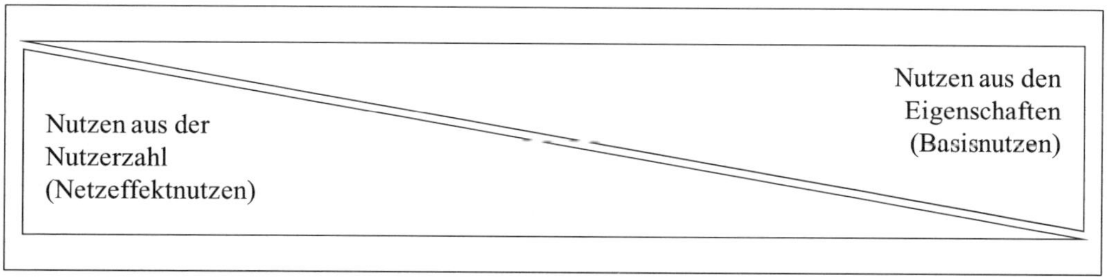

Abbildung 4: *Nutzenquellen von (Netzwerk-)Gütern*

3.4.1 Direkte Netzwerkeffekte

Fasst man die Betrachtung von Netzwerkeffekten[71] etwas formaler, lässt sich sagen: Der Nutzen U, den ein Individuum i aus einem Netzwerkgut zieht (= U_i) hängt nicht nur von den (technischen) Eigenschaften E, sondern auch von der Zahl der Individuen Z ab, die dieses Gut ebenfalls nutzen.[72]

Es gilt: $Ui = Ui\,(Z, E)$ mit $Ui\,(Z, E) < Ui\,(Z^*, E)$ für $Z < Z^*$

Zwei Netzwerkgüter mit denselben Eigenschaften (E) stiften einen unterschiedlichen Nutzen, wenn sich ihre Teilnehmerzahlen (Z) unterscheiden. Das Gut mit der größeren Teilnehmerzahl stiftet einen größeren Nutzen. Noch etwas allgemeiner gefasst lässt sich sagen, dass je größer die Teilnehmerzahl eines Netzwerkgutes ist, desto größer der Nutzen für alle, sowohl für diejenigen, die neu hinzukommen als auch für die, die bereits dabei sind. Je mehr Nutzer sich einem Telefonnetz anschließen oder eine Tabellenkalkulationssoftware kaufen und benutzen, desto größer der Nutzen für die alten Nutzer. Je mehr alte Nutzer aber schon existieren, desto größer wiederum der Nutzen für die Hinzukommenden. Ökonomisch ausgedrückt, generieren die neuen Nutzer positive Netzexternalitäten, für alle die bereits Teil des Netzwerks sind.

Von externen Effekten (Externalitäten) spricht man immer dann, wenn sich wirtschaftliche Aktivitäten (Kauf- und Verkaufsentscheidungen von Wirtschaftssubjekten) auf die Wohlfahrt unbeteiligter Dritter auswirken und niemand dafür bezahlt bzw. niemand dafür einen Ausgleich erhält.[73] Externe Effekte können sowohl bei der Produktion als auch beim Konsum

---

71 Synonym mit Netz(werk)effekten werden auch die Begriffe Increasing Returns to Adoption, vgl. *Arthur* (1989) und *Arthur* (1994), und Demand Side Economies of Scale, vgl. *Farrell/Saloner* (1986), verwendet.

72 Vgl. hierzu und im Folgenden *Blankart/Knieps* (1994), S. 451 ff.

73 Vgl. *Mankiw* (2004), S. 169, 221; ähnlich *Gabler* (1998).

auftreten und begünstigender (positiver) sowie schädigender (negativer) Art sein. Generell führen sie dazu, dass private und soziale Kosten bzw. Nutzen wirtschaftlicher Aktivitäten auseinander fallen.

Bei Netzwerkgütern treten nun ebenfalls Konsumexternalitäten auf, so genannte Netz(werk)externalitäten.[74] Hier handelt es sich ebenfalls um externe Effekte. Sie entstehen, weil – abstrakt gesprochen – Netze durch die Verknüpfung ihrer Elemente Nutzen stiften. Die Anzahl der in einem Netz verknüpften Elemente beeinflusst damit den Gesamtnutzen. Ein neu hinzutretender Netzteilnehmer vermehrt den Nutzen der bereits angeschlossenen und macht gleichzeitig das Netz insgesamt attraktiver für weitere Teilnehmer. Werden diese Nutzensteigerungen gar nicht oder nur zum Teil abgegolten, liegen positive Netzexternalitäten vor.[75]

Diese positiven Externalitäten treten allerdings nur so lange auf, wie es nicht zu einer Überfüllung des Netzes kommt. Stellt man sich z. B. ein Mobilfunknetz vor, kann es durch zu viele angeschlossene Teilnehmer auch zu negativen Externalitäten kommen. Gesprächsabbrüche oder längere Wartezeiten bis zur Anmeldung im Netz durch neue Teilnehmer führen zu zusätzlichen Kosten für die Altkunden. Gleichzeitig wird das gesamte Netz unattraktiver für Neukunden. Damit liegen – ohne (finanziellen) Ausgleich – negative externe Effekte vor.[76] Netzwerkexternalitäten stellen somit eine Sonderform der Externalität dar, bei der der marktlich nicht abgegoltene Nutzen, der einer Person aus einem Gut erwächst, davon abhängt, wie groß die *Zahl* der anderen Konsumenten des Gutes ist.[77] Das Auftreten positiver Externalitäten bei realen Netzwerkgütern ist schon seit langem bekannt[78] und wird weithin als gegeben angenommen.[79] Aber auch negative externe Effekte in realen Netzwerken – man spricht von Überfüllungskosten – werden seit einiger Zeit beachtet.[80]

Den positiven externen Effekten in virtuellen Netzen hat man sich erst später zugewandt, aber sie sind hier auch zu finden.[81] Beziehen wir uns zuerst auf Software-Angebote, so lassen sich z. B. positive Externalitäten durch sinkende Koordinationskosten feststellen. Sie sinken, wenn ein Standard verwendet wird. Existieren gemeinsame Standards, wird der Austausch von Daten zwischen den einzelnen Netzteilnehmern deutlich erleichtert. Bei PC könnte dies ein Grund für die Dominanz des „Wintel"-Standards[82] sein. Für die Netzteilnehmer steigt der Nutzen bzw. sinken die Kosten mit dem Netzwachstum. So kommt es z. B. zu sinkenden Kosten für den Datenaustausch oder die Fortbildung der Anwender.[83] Fehler einer Software werden bei großen Nutzerzahlen schneller gefunden und das Angebot an versierten Usern

74 Die Begriffe Netzexternalitäten und Netzwerkexternalitäten werden synonym verwendet.

75 Vgl. *STEYER* (1997), S. 206. Ein Ausgleich wäre z. B. gegeben, wenn jeder neue Netzwerkteilnehmer für die Wertsteigerung, die er bewirkt, durch die bereits vorhandenen und/oder die später hinzukommenden Teilnehmer entschädigt würde.

76 Vgl. auch *LIEBOWITZ/MARGOLIS* (o. J.).

77 Vgl. *VARIAN* (2004), S. 648 f.

78 Vgl. *ROHLFS* (1974).

79 Vgl. *LIEBOWITZ/MARGOLIS* (o. J.).

80 Vgl. z. B. *BLANKART/KNIEPS* (1994), S. 452, und *MACKIE-MASON/VARIAN* (1994), S. 84 f.

81 Vgl. z. B. *BLANKART/KNIEPS* (1992), S. 78.

82 Dieses Akronym setzt sich aus dem Betriebssystem *Win*dows und den meistens verwendeten Chips von In*tel* zusammen. Ca. 90% des PC-Markts basieren auf dem Wintel-Standard. Dieser Standard baut auf der Architektur des von IBM Anfang der 80er Jahre eingeführten PC auf. Deswegen wird auch häufig von IBM-kompatiblen PC gesprochen, vgl. auch *EHRHARDT* (2001), S. 26.

83 Vgl. *STEYER* (1997), S. 207.

einer Software steigt, so dass Unternehmen, die eine gebräuchliche Technologie verwenden, leichter qualifizierte Mitarbeiter finden. Solche nichtmarktlichen Leistungen resultieren aus den Lerneffekten, die mit der Verbreitung einer Software einhergehen. Je größer der Anwenderkreis, desto umfangreicher der Wissensaustausch und damit die Lerneffekte bezüglich der Anwendung und möglicher Problemlösungen.[84]

Es kann aber bei virtuellen (Software-)Netzwerken auch zu negativen Externalitäten kommen.[85] Standards haben häufig auch ihre Kehrseiten. Die Marktstandards z. B. bei Betriebssystemen (MS Windows), Browsern (MS Explorer) oder PostScript-Viewern (Adobe Acrobat) sind vorrangig von Angriffen durch Viren und Würmer etc. betroffen. Die aus dem Standard resultierenden Kosten der Nutzer für Sicherheitsmaßnahmen und ggf. die Wiederherstellung ihrer Systeme müssen durch die Wirtschaftssubjekte selbst getragen werden, ein Ausgleich über den Markt erfolgt nicht. Auch wenn bei den Netzeffekten die positiven Externalitäten überwiegen, darf man nicht vergessen, dass das Wachstum von Netzen eine ambivalente Angelegenheit ist.

Wie sieht es auf der anderen Seite bei *Content*angeboten aus? Kommt es auch hier zu direkten Netzwerkeffekten? Eine klare Bestätigung kommt von Seiten der Medienökonomie, die ganz generell von Netzwerkeffekten bei Medien ausgeht.[86] Sie entstehen, wenn Content mit informierendem oder auch unterhaltendem Charakter zum Gegenstand sozialer Kommunikation wird. Wenn man sich über Songs, politische Neuigkeiten oder die Fußballergebnisse austauschen kann, haben die Inhalte einen Konversationswert[87] oder auch „Synchronization Value“[88], der aus der Interaktion mit anderen entsteht. Diese positiven sozialen Netzwerkeffekte liegen vor, wenn Inhalte (Content) von Wirtschaftssubjekten[89]

- „umso positiver bewertet beziehungsweise umso eher nachgefragt werden, je größer die Zahl anderer Personen ist, mit denen sie sich über die Inhalte austauschen (könnten), weil die so ermöglichte soziale Kommunikation beziehungsweise Konversation mit Gleichgesinnten als befriedigend wahrgenommen wird (zum Beispiel bei einem Fußballländerspiel),
- deshalb nachgefragt werden, weil sie aufgrund der großen Zahl anderer Personen, die diese Inhalte (vermutlich) bereits zur Kenntnis genommen haben, in der Lage sein wollen, gegebenenfalls selbst zu diesen Aussagen Stellung zu beziehen (`mitreden´) zu können (zum Beispiel bei Buchbestsellern wie Harry Potter) …“.

Die hier beschriebenen positiven direkten Netzwerkeffekte weisen damit eine gewisse Ähnlichkeit zu dem in der Ökonomie schon lange bekannten Mitläufereffekt auf.[90] Beim Mitläufereffekt kommt es zu Nachfragesteigerungen nach einem Gut, weil das Gut auch von anderen konsumiert wird. Begründet wird dies psychologisch mit dem Wunsch, das Verhalten einer Bezugsgruppe nachzuahmen. Diese Effekte sind zwar – etwas anders als die soeben

84 Vgl. *Xie/Sirbu* (1995) oder auch *Cowan* (1992).

85 Negative Netzwerkexternalitäten wurden bislang wenig diskutiert. Vgl. als Ausnahme – allerdings nicht auf Informationsgüter bezogen – *Röver* (1996).

86 Vgl. *Gerpott* (2006), S. 332 mit vielen weiteren Verweisen oder auch *Hutter* (2003), S. 266 f. Explizit zu Musik vgl. *Haller* (2005), S. 226.

87 Vgl. *Blind* (1997), S. 156.

88 *Liebowitz/Margolis* (o. J.).

89 *Gerpott* (2006), S. 332.

90 Vgl. grundlegend *Leibenstein* (1950).

beschriebenen sozial-kommunikativen Netzwerkeffekte – eher psychologisch begründete Bedürfnisse nach Konformität,[91] haben aber dieselbe Wirkung auf die Verbreitung eines Gutes.

Contentangebote können andererseits aber auch negativen Effekten unterliegen und werden dann

- „... umso negativer bewertet [...], je größer die Zahl anderer Personen ist, die ebenfalls den Inhalt kennen, weil mit abnehmendem Exklusivitätsgrad (beziehungsweise damit korrelierter Aktualitäts- beziehungsweise Neuigkeitsverringerung) des Inhalts dessen subjektiver Wert für den einzelnen Rezipienten sinkt (zum Beispiel bei Aktien(ver)kaufempfehlungen von Börsenanalysten).“[92]

In diesem Fall müssen allerdings alte und neue Netzwerkteilnehmer sorgfältig unterschieden werden, denn exklusive Informationen haben sehr wohl einen Wert für die neuen Teilnehmer, nur verringert sich ihr Wert für diejenigen, die sie schon besitzen. Das heißt es entstehen negative Netzwerkeffekte für die bestehenden, aber weiterhin positive für die neu hinzukommenden Netzwerkteilnehmer, denn sie können jetzt mitreden, sind ebenfalls informiert. Wir hatten diese Problematik von Gütern, die auf Exklusivität beruhen bereits im Zusammenhang mit den Verbreitungstendenzen von Informationsgütern (Öffentliche-Gut-Problematik) diskutiert. Solche Güter unterliegen der Konsumrivalität und können ihren Wert nur als private Güter behalten, wenn es also gelingt, dass Ausschlussprinzip durchzusetzen.

3.4.2 Indirekte Netzwerkeffekte

Nun kommt es bei Netzwerken aber auch noch zu weiteren Effekten im Zusammenhang mit der Nutzerzahl bzw. der Größe eines Netzwerks. Die soeben beschriebenen Netzexternalitäten lassen sich als direkte Netzwerkeffekte bezeichnen. Bei ihnen geht es immer um die unmittelbaren wechselseitigen Vorteile bzw. Nachteile durch eine steigende Nutzerzahl. Neben diesen direkten treten auch so genannte indirekte Netzeffekte auf. Sie beschreiben eine Steigerung der Attraktivität eines Netzwerkgutes auf Grund von Nutzenzuwächsen, die nicht aus dem direkten Austausch resultieren, also nur mittelbar sind. Vielfach auch als indirekte Netzexternalitäten bezeichnet, ist damit vor allem das ein Netzwerkgut ergänzende Produktangebot gemeint.[93]

Bei realen wie virtuellen Netzwerken bestehen die indirekten Netzwerkeffekte in zusätzlichen Angeboten an Komplementärprodukten und -leistungen. Die Verfügbarkeit komplementärer Güter hängt von der Zahl der Teilnehmer des Netzwerks ab und umgekehrt.[94] Bei einem realen Netzwerkgut wie dem Telefon können dies verschiedene Endgeräte, Zubehör oder Auskunftsdienste sein. Bei virtuellen Netzwerkgütern entstehen als Komplemente zu einem primären Gut, z. B. dem Informationsgut Betriebssystem, dann beispielsweise weitere Anwendungs- (Textverarbeitung, Tabellenkalkulation) und Serviceprogramme (Virenscanner, Tuning-Software). Je größer das Netzwerk ist, desto mehr Komplementärangebote sind auf dem Markt zu erwarten. Ein Netz-

---

[91] Vgl. z. B. *STOBBE* (1991), S. 141 ff.

[92] *GERPOTT* (2006), S. 333.

[93] Vgl. *KATZ/SHAPIRO* (1985).

[94] Vgl. *SAILER* (2001), S. 363.

werkgut ist daher umso attraktiver, je umfangreicher und vielfältiger das Angebot an komplementären Produkten und Leistungen ist.

Katz/Shapiro sprechen vom so genannten „Hardware-Software“-Paradigma,[95] das sich weit gefasst auch auf viele andere Güter anwenden lässt. Beabsichtigt jemand den Kauf eines PC, so ist es für den einzelnen nicht unwichtig, wie viele andere Personen sich für eine ähnliche Hardware entscheiden, denn die Zahl der verkauften Einheiten beeinflusst direkt die Angebotsvielfalt an Software. Bei Kreditkarten-Netzwerken wäre die Karte die Hardware und die Akzeptanz durch den Händler die Software. Genauso wäre es bei langlebigen Gebrauchsgütern (Hardware) und den zugehörigen Reparaturservices (Software), einer Tastatur (Hardware) und den Schreibkünsten des Nutzers (Software)[96] oder Video- bzw. DVD-Playern und den zugehörigen Filmen oder auch Spielkonsolen und den entsprechenden Spielen. Allen Beispielen ist gemein, dass für die Generierung von Kundennutzen neben dem primären Produkt komplementäre Produkte und Leistungen wichtig sind.

Komplementäre Leistungen können käufliche Dienstleistungen sein wie z. B. Hotlines oder andere Formen des Aftersale Supports. Es sind aber bei einem wachsenden Netzwerk auch zunehmend nichtmarktliche Leistungen verfügbar. Hilfen von anderen Nutzern können über FAQ[97] oder Newsgroups gefunden werden. Genau wie bei *Software*, die zu ihrem Gebrauch entsprechender Komplementärprodukte bedarf, kann auch digitaler *Content* nur genutzt werden, wenn die notwendigen technischen Ergänzungen vorhanden sind. Je mehr Nutzer es z. B. für Online-Musikangebote gibt, desto mehr Anbieter finden sich, die Abspielgeräte wie beispielsweise den i-Pod auf den Markt bringen oder Abspielmöglichkeiten in andere Produkte integrieren, wie bei Handys oder Handhelds zu sehen. Zu jedem Thema, das Konversationswert besitzt, also direkten Netzwerkeffekten unterliegt, können jederzeit elektronische Kommunikationskomplemente entstehen. Die unüberschaubare Zahl an Newsgroups, Foren, Blogs, Wikis etc. sind Beleg für solche Komplemente. Bei physischem Content treten indirekte Netzwerkeffekte auf, wenn es die eben angesprochenen elektronischen oder auch physischen Komplemente gibt. Ein physisches Komplement könnte ein Wörterbuch oder ein Thesaurus sein, das man ergänzend zur Lektüre eines Buches nutzt. Was sich außerdem beobachten lässt ist, dass z. B. bei Filmen häufig Musik, Bücher, Spiele aber auch andere Merchandising-Produkte wie Tassen oder T-Shirts begleitend auf den Markt kommen. Bei Musik werden neben dem Originalsong zunehmend ergänzende (digitale) Produkte kreiert, wie z. B. Klingeltöne oder Bildschirmschoner.[98] Hier handelt es sich allerdings nicht um (indirekte) Netzwerkeffekte im eigentlichen Sinne, weil keine verbundene Nutzung zustande kommt. Man konsumiert erst den Film und liest dann evtl. noch das Buch oder hört sich die Filmmusik an. Selbst wenn die Güter mehrfach konsumiert werden, erfolgt dies weder gleichzeitig noch in einem direkten qualitativen Zusammenhang: es liegt also keine „Hardware-Software“-Verbindung im eigentlichen Sinne vor. Dennoch lässt sich feststellen, dass Film- oder Musikhits eine große Palette an Merchandising-Produkten erzeugen, deren Vertrieb für die Anbieter meist sehr lukrativ ist.[99] Ihre Verbreitung wird durch ein großes Netzwerk und starke direkte Netzwerkeffekte gefördert. Eine große Verbreitung dieser thematisch gleichgerichteten Güter wirkt umgekehrt aber auch

95 *Katz/Shapiro* (1985), S. 424. Vielfach werden solche Bündel von komplementären und untereinander kompatiblen Gütern, die in einem Verwendungszusammenhang stehen und bei der Kaufentscheidung gemeinsam berücksichtigt werden, auch als Systemgüter bezeichnet, vgl. *Stelzer* (2000), S. 838.

96 Vgl. *Katz/Shapiro* (1994), S. 94 f.

97 Frequently Asked Questions

98 Vgl. *Kiani-Kress/Steinkirchner* (2007), S. 68.

99 Vgl. *Kiani-Kress/Steinkirchner* (2007), S. 68.

positiv auf das Netzwerk derjenigen, die einen Film bereits gesehen oder einen Musiktitel schon gehört haben. Insofern lassen sich die Merchandising-Angebote als Pseudo-Komplemente bezeichnen.

Wir haben bei den bisherigen Darstellungen der indirekten Netzwerkeffekte noch nicht sauber zwischen Effekten und Externalitäten unterschieden. Das soll jetzt nachgeholt werden.

Die soeben beschriebenen indirekten Netzexternalitäten stellen gegenseitige Beeinflussungen dar, die teilweise durch Preise abgebildet werden. Wenn die Preise der Komplementärprodukte durch die zunehmende Nachfrage nach dem Primärprodukt sinken, liegen so genannte pekuniäre (monetäre) externe Effekte vor. Es ist in solchen Fällen eher unwahrscheinlich, dass es zu Marktversagen kommt. Anders verhält es sich bei der Angebotsvielfalt als indirektem Netzwerkeffekt. Hier kann es sehr wohl zu Externalitäten kommen, also zu Nutzenzuwächsen für Netzwerkteilnehmer, die nicht über den Markt ausgeglichen werden. Bestehende Netzwerkteilnehmer, z. B. Mac-Nutzer, profitieren von zusätzlichen Hardwarekäufern stärker als jene selbst, weil jeder zusätzliche Käufer den Anreiz der Softwareindustrie verstärkt, ein umfangreicheres Angebot an Programmen bereitzustellen. Der neue Käufer wird dabei für den Nutzen, den er den alten Nutzern stiftet, nicht entgolten.[100]

Da es sich bei indirekten Netzexternalitäten also nicht immer um echte Externalitäten handelt, erscheint es angebracht, nicht von indirekten Netz*externalitäten*, sondern korrekter von indirekten Netz*effekten* zu sprechen.[101] Hiermit sind ganz generell die (indirekten) Netz(werk)-effekte gemeint, die bei Netzwerkgütern auftreten (siehe Abbildung 5).

---

[100] Vgl. *CHURCH/GANDAL/KRAUSE* (2002).

[101] Vgl. *GRÖHN* (1999), S. 28 f. *KATZ/SHAPIRO* unterscheiden in ihren späteren Werken auch genauer zwischen generellen Netzeffekten und durch den Markt nicht erfassten Netzexternalitäten, vgl. *KATZ/SHAPIRO* (1994), insbes. S. 112, sowie *LIEBOWITZ/MARGOLIS* (o. J.), die von „Market Mediated Effects" sprechen.

Art der Effekte / des Netzwerkgutes	Direkte Netzwerkeffekte (immer auch Netzexternalitäten) positive	Direkte Netzwerkeffekte (immer auch Netzexternalitäten) negative	Indirekte Netzwerkeffekte (nicht immer Netzexternalitäten) positive
Reales Netzwerkgut (z. B. Telefon, Internet)	Kommunikationsvorteile (z. B. Anzahl Verbindungen)	Kommunikationsnachteile (z. B. Überfüllung)	Angebot an Komplementärprodukten und -leistungen
Virtuelles Netzwerkgut (z. B. DVD-Player, Windows, Word)	Vorteile bei Kooperation und Austausch (z. B. Standards)	Nachteile bei Kooperation und Austausch (z. B. Sicherheit)	Angebot an Komplementärprodukten und -leistungen

Abbildung 5: Arten von Netzwerkeffekten

4 Zusammenfassung und Ausblick

Vier ökonomische Besonderheiten Kennzeichnen das spezielle Gut Information und machen das Zustandekommen von Märkten für Information schwierig, Marktversagen droht. Dass sich dennoch gut funktionierenden Informationsmärkte entwickelt haben, ist auf mehrere Faktoren zurückzuführen. Zum einen hat sich über die letzten Jahrhunderte in den meisten Ländern ein rechtliches Regelsystem etabliert, das dem Schöpfer eines Werkes bestimmte Schutzrechte gewährt. Allem voran ist hier das Urheberrecht – bzw. im anglo-amerikanischen Raum das Copyright – zu nennen, das den Urheber davor schützt, dass sein Werk von anderen ohne seine Zustimmung genutzt wird. Auch wenn es im digitalen Zeitalter zu Verstößen durch Schwarzkopien z. B. über Tauschbörsen kommt, hat der Rechteinhaber die Möglichkeit aus seinem Werk Zahlungsströme zu realisieren. Ursprünglich private Informationsgüter werden dadurch nicht automatisch zu öffentlichen Gütern. Die Anwendung des Ausschlussprinzips wird so gestärkt. Daran gekoppelt ist die Chance auf Realisierung der Fixkostendegression. Wenn es den Anbietern gelingt ihr Gut zu verkaufen und es nicht freie Verbreitung findet, wird die Kostendegression wirksam. Der rechtliche Produktschutz wird ergänzt durch die technischen Möglichkeiten des Kopierschutzes. Beides gemeinsam ergänzt sich in Maßnahmen zum digitalen Rechtemanagement (DRM), die sicherstellen sollen, dass Kopie und

Weitergabe zu den Bedingungen des Rechteinhabers erfolgen. Neben den Schutzaspekten haben Unternehmen aber auch eine ganze Reihe von strategischen Optionen entwickelt, die ihnen helfen, ihre Produkte gegen Zahlung auf dem Markt unterzubringen. Gegen die bestehenden Informationsasymmetrien können Unternehmen das so genannte Signaling einsetzen. Das heißt, dass dem potenziellen Kunden Signale über die Qualität des Angebots übermittelt werden. Offenlegung von Teilen der Information, Testversionen, Kundenreferenzen oder auch Garantien sind solche Signale, die dem Qualitätsanbieter helfen, den Kaufinteressenten davon zu überzeugen, dass das Angebot den geforderten höheren Preis auch wert ist. Andere Strategien zielen auf die Erzeugung und Verstärkung von Netzwerkeffekten. Dazu gehört die wichtige Frage, wann man in einen Markt eintreten sollte, ob als First-Mover oder später, um ggf. schneller als andere ein Netzwerk zu etablieren? Mit welchen Preisen sollte man sein Marktangebot ausstatten und welche komplementären Zusatzangebote sind erforderlich, damit es zu Netzwerkeffekten kommt? Es wird deutlich, dass die ökonomischen Besonderheiten Chancen und Risiken bergen und beim strategischen Handeln eines Unternehmens auf jeden Fall bedacht werden müssen.[102]

Quellenverzeichnis

AKERLOF, G. A. (1970): The Market for "Lemons". Quality, Uncertainty, and the Market Mechanism, in: Quarterly Journal of Economics, 1970, S. 488–500.

ARROW, K. J. (1962): Economic Welfare and the Allocation of Resources for Invention, in: *NATIONAL BUREAU OF ECONOMIC RESEARCH* (Hrsg.), The Rate and Direction of Inventive Activity. Economic and Social Factors, Princeton 1962, S. 609–626.

ARTHUR, W. B. (1989): Competing Technologies, Increasing Returns, and Lock-in by Historical Events, in: Economic Journal, 1989, S. 116–131.

ARTHUR, W. B. (1989): Increasing Returns and Path Dependency in the Economy, Ann Arbor 1994.

BAECKER, D. (1998): Zum Problem des Wissens in Organisationen, in: Organisationsentwicklung, 1998, Heft 3, S. 4–21.

BLANKART, C. B./KNIEPS, G. (1992): Netzökonomik, in: *BOETTCHER, E.* et al. (Hrsg.), Jahrbuch für Neue Politische Ökonomie. Ökonomische Systeme und ihre Dynamik, 1992, S. 73–87.

BLANKART, C. B./KNIEPS, G. (1994): Kommunikationsgüter ökonomisch betrachtet, in: Homo oeconomicus, 1994, S. 449–463.

BLIND, S. (1997): Fernsehen und neue Medien – eine ökonomische Einschätzung, in: *SCHANZE, H./ LUDES, P.* (Hrsg.), Qualitative Perspektiven des Medienwandels. Positionen der Medienwissenschaft im Kontext „Neuer Medien", Opladen 1997, S. 150–159.

BODE, J. (1997): Der Informationsbegriff in der Betriebswirtschaftslehre, in: Zeitschrift für Betriebswirtschaft, 1997, S. 449–468.

---

[102] Vgl. weiterführend *LINDE* (2008a) und (2008b).

Buxmann, P. (2002): Strategien von Standardsoftware-Anbietern. Eine Analyse auf der Basis von Netzeffekten, in: Zeitschrift für Betriebswirtschaft, 2002, S. 442–457.

Buxmann, P./Pohl, G. (2004): Musik online. Herausforderungen und Strategien für die Musikindustrie, in: Das Wirtschaftsstudium, 2004, S. 507–520.

Church, J./Gandal, N./Krause D. (2002): Indirect Network Effects and Adoption Externalities, Foerder Institute for Economic Research Working Paper No. 02–30, 2002, online: http://ssrn.com/abstract=369120, Stand: 19.12.2002, Abruf: 01.08.2008.

Cowan, R. (1992): High Technology and the Economics of Standardization, in: *Dierkes, M./ Hoffmann, U.* (Hrsg.), New Technology at the Outset. Social Forces in the Shaping of Technological Innovations, Frankfurt/New York 1992, S. 279–300.

Dietl, H./Royer, S. (2000): Management virtueller Netzwerkeffekte in der Informationsökonomie, in: Zeitschrift für Führung und Organisation, 2000, S. 324–331.

Diller, H. (2000): Preispolitik, 3. Auflage, Stuttgart/Berlin/Köln 2000.

Downes, L./Mui, C. (1998): Unleashing the Killer App. Digital Strategies for Market Dominance, Harvard 1998.

Economides, N. (1996): The Economics of Networks, International Journal of Industrial Organization, 1996, S. 673–699, online: http://www.stern.nyu.edu/networks/top.html, Stand: 01.10.1996, Abruf: 01.08.2008.

Ehrhardt, M. (2001): Netzwerkeffekte, Standardisierung und Wettbewerbsstrategie, Wiesbaden 2001.

Ernst, M./Köberlein, C. (1994): Bedarf und Unsicherheit. Eine ökonomische Betrachtung von Information und Qualität auf Informationsmärkten, in: cogito, 1994, S. 6–10.

Farrell, J./Saloner, G. (1986): Installed Base and Compatibility. Innovation, Product Preannouncements, and Predation, in: American Economic Review, 1986, S. 940–955.

Flechtner, H. J. (1966): Grundbegriffe der Kybernetik, Stuttgart 1966.

Friedrich, B. C. (2003): Internet-Ökonomie. Ökonomische Konsequenzen der Informations- und Kommunikationstechnologien (IuK), Dresden Discussion Paper in Economics, Nr. 8, 2003.

Fritsch, M./Wein, T./Ewers, H.-J. (2007): Marktversagen und Wirtschaftspolitik. Mikroökonomische Grundlagen staatlichen Handelns, München 2007.

Gabler (1998):Wirtschaftslexikon 14. Auflage, CD-ROM-Fassung, Wiesbaden 1998.

Gerpott, T. J. (2006): Wettbewerbsstrategien – Überblick, Systematik und Perspektiven, in: *Scholz, C.* (Hrsg.), Handbuch Medienmanagement, Berlin/Heidelberg 2006, S. 305–355.

Graumann, M. (1993): Die Ökonomie von Netzprodukten, in: Zeitschrift für Betriebswirtschaft, 1993, S. 1331–1355.

Gröhn, A. (1999): Netzwerkeffekte und Wettbewerbspolitik. Eine ökonomische Analyse des Softwaremarktes, Kieler Studien, Band 296, Tübingen 1999.

Haller, J. (2005): Urheberrechtsschutz in der Musikindustrie. Eine ökonomische Analyse, Lohmar 2005.

HOPF, M. (1983): Informationen für Märkte und Märkte für Informationen, Frankfurt 1983.

HUTTER, M. (2000): Besonderheiten der digitalen Wirtschaft – Herausforderungen an die Theorie, in: Das Wirtschaftsstudium, 2000, S. 1659–1665.

HUTTER, M. (2003): Information Goods, in: *TOWSE, R.* (Hrsg.), A Handbook of Cultural Economics, Cheltenham, UK, Northampton, MA, USA 2003, S. 263–268.

KATZ, M. L./SHAPIRO, C. (1985): Network Externalities, Competition, and Compatibility, in: American Economic Review, 1985, S. 424–440.

KATZ, M. L./SHAPIRO, C. (1994): Systems Competition and Network Effects, in: Journal of Economic Perspectives, 1994, S. 93–115.

KELLY, K. (2001): Net Economy. Zehn radikale Strategien für die Wirtschaft der Zukunft, München 2001.

KIANI-KRESS, R./STEINKIRCHNER, P. (2007): Melodien für Millionen, in: Wirtschaftswoche, 2007, Heft 59, S. 66–75.

KLODT, H. (2001a): The Essence of the New Economy, Kieler Diskussionsbeiträge, Nr. 375, Institut für Weltwirtschaft, Kiel 2001.

KLODT, H. (2001b): Und sie fliegen doch. Wettbewerbsstrategien für die Neue Ökonomie, in: *DONGES, J. B./MAI, S.* (Hrsg.), E-Commerce und Wirtschafspolitik, Stuttgart 2001, S. 31–48.

KLODT, H. (2003): Wettbewerbsstrategien für Informationsgüter, in: *SCHÄFER, W.* (Hrsg.), Konjunktur, Wachstum und Wirtschaftspolitik im Zeichen der New Economy, Schriften des Vereins für Sozialpolitik, NF 293, Berlin 2003, S. 107–123.

KLODT, H. ET AL. (2003): Die neue Ökonomie. Erscheinungsformen, Ursachen und Auswirkungen, Berlin et al. 2003.

KUHLEN, R. (1995): Informationsmarkt. Chancen und Risiken der Kommerzialisierung von Wissen, Konstanz 1995.

KULENKAMPFF, G. (2000): Zur Effizienz von Informationsmärkten, Schriften zur Rundfunkökonomie, Band 5, Berlin 2000.

LEIBENSTEIN, H. (1950): Bandwagon, Snob and Veblen Effects in the Theory of Consumer´s Demand, in: Quarterly Journal of Economics, 1950, S. 183–207.

LIEBOWITZ, S. J./MARGOLIS, S. E. (o. J.): Network Externalities (Effects), online: http://www.ut dallas.edu/~liebowit/palgrave/palpd.html, Stand: o. A., Abruf: 01.08.2008.

LIEBOWITZ, S. J./MARGOLIS, S. E. (1995): Are Network Externalities a New Source of Market Failure, in: Research in Law and Economics, 1995, S. 1–22.

LINDE, F. (1996): Virtualisierung von Unternehmen. Wettbewerbspolitische Implikationen, Wiesbaden 1996.

LINDE, F. (2004): Wissensmanagement. Ziele, Strategien, Instrumente, in: *MÜLLER-CHRIST, G./ HÜLSMANN, M.* (Hrsg.), Modernisierung des Managements, Festschrift für Andreas Remer zum 60. Geburtstag, Wiesbaden 2004, S. 301–342.

LINDE, F. (2008a): Ökonomie der Information, 2. Auflage, Göttingen 2008.

LINDE, F. (2008b): Pricing-Strategien bei Informationsgütern, in: Das Wirtschaftsstudium, 2008, S. 208–214.

MACKIE-MASON, J. K./VARIAN, H. (1994): Economic FAQs about the Internet, in: Journal of Economic Perspectives, 1994, Heft 3, S. 75-96.

MANKIW, G. (2004): Grundzüge der Volkswirtschaftslehre, 3. Auflage, Stuttgart, 2004.

MEFFERT, H. (2000): Marketing. Grundlagen marktorientierter Unternehmensführung. Konzepte – Instrumente – Fallbeispiele, 9. Auflage, Wiesbaden 2000.

MUSGRAVE, R. A./MUSGRAVE, P. B./KULLMER, L. (1994): Die öffentlichen Finanzen in Theorie und Praxis, 1. Band, 6. Auflage, Tübingen 1994.

NORTH, K. (1999): Wissensorientierte Unternehmensführung. Wertschöpfung durch Wissen, Wiesbaden 1999.

PICOT, A./WOLF B. (1997): Informationsökonomik, in: Gabler-Wirtschaftslexikon, 14. Auflage, Wiesbaden 1997.

PETHIG, R. (1983): On the Production and Distribution of Information, in: Zeitschrift für Nationalökonomie, 1983, S. 383–403.

PETHIG, R. (1997): Information als Wirtschaftsgut in wirtschaftswissenschaftlicher Sicht, in: *FIEDLER, H./ULLRICH, H.* (Hrsg.), Information als Wirtschaftsgut. Management und Rechtsgestaltung, Köln 1997, S. 1–28.

RÖVER, A. (1996): Negative Netzwerkexternalitäten als Ursache ineffizienter Produktwahl, in: Jahrbücher für Nationalökonomie und Statistik, Band 215, 1996, S. 14–32.

ROHLFS, J. (1974): A Theory of Interdependent Demand for a Communications Service, in: Bell Journal of Economics and Management Science, 1974, S. 16–37.

SAILER, K. (2001): Regulierungsbedarf in Netzwerken? Implikationen für die Internetökonomie, in: Die Weltwirtschaft, 2001, S. 350–378.

SCHUMANN, M./HESS, T. (2006): Grundfragen der Medienwirtschaft. Eine betriebswirtschaftliche Einführung, 3. Auflage, Berlin/Heidelberg 2006.

SHAPIRO, C./VARIAN, H. R. (1999): Information Rules. A Strategic Guide to the Network Economy, Boston 1999.

SHAPIRO, C./VARIAN, H. R. (2003): The Information Economy, in: *HAND, J. R. M./LEV, B.* (Hrsg.), Intangible Assets. Values, Measures, and Risks, New York 2003, S. 48–62.

SIMON, H. (1995): Preismanagement kompakt. Probleme und Methoden des modernen Pricing, Wiesbaden 1995.

STELZER, D. (2000): Digitale Güter und ihre Bedeutung in der Internet-Ökonomie, in: Das Wirtschaftsstudium, 2000, S. 835–842.

STEWART, T. A. (1998): Der vierte Produktionsfaktor. Wachstum und Wettbewerbsvorteile durch Wissensmanagement, München/Wien 1998.

STEYER, R. (1997): Netzexternalitäten, in: Wirtschaftswissenschaftliches Studium, 1997, S. 206–210.

STIGLER, G. J. (1961): The Economics of Information, in: Journal of Political Economy, 1961, S. 213–225.

STOBBE, A. (1991): Mikroökonomik, 2. Auflage, Berlin et al. 1991.

VARIAN, H. (2004): Grundzüge der Mikroökonomik, 6. Auflage, München/Wien 2004.

WEISE, P./BRANDES, W./EGER, T./KRAFT, M. (1991): Neue Mikroökonomie, 2. Auflage, Heidelberg 1991.

WETZEL, A. (2004): Geschäftsmodelle für immaterielle Wirtschaftsgüter. Auswirkungen der Digitalisierung. Erweiterung von Geschäftsmodellen durch die neue Institutionenökonomik als ein Ansatz zur Theorie der Unternehmung, Hamburg 2004.

WILLKE, H. (1991): Systemtheorie, 3. Auflage, Stuttgart/New York 1991.

WILLKE, H. (2001): Systemisches Wissensmanagement, 2. Auflage, Stuttgart 2001.

XIE, J./SIRBU, M. (1995): Price Competition and Compatibility in the Presence of Positive Demand Externalities, in: Management Science, 1995, S. 909–926.

Planung im Spannungsfeld zwischen Wissens- und Informationsmanagement

CARSTEN BORK, BERNHARD COLSMAN, CHRISTIAN MADER und *SASCHA BROSIG*

BearingPoint. Management & Technology Consultants

1 Einleitung

Als gedankliche Vorwegnahme von zukünftigem Handeln wird die Planung grundsätzlich definiert. Maßgeblich für eine Unternehmung ist es, zum einen die Zukunft möglichst genau vorwegzunehmen und zum anderen betriebswirtschaftlich optimal zu entscheiden und zu handeln. Dementsprechend sind aus der Planung Handlungsalternativen abzuleiten, die den Steuerungsprozess unterstützen, indem sie in operative Maßnahmen umgesetzt werden können. Dabei bezieht sich der Begriff Planung in diesem Artikel auf alle planerischen Aktivitäten im Steuerungsprozess. Dies schließt den klassischen Forecast und auch die Budgetierung mit ein, obwohl diese auch als Maßnahme zur Kostenkontrolle verstanden werden kann.

Unterschiedliche Funktionen der Planung bedürfen verschiedener Instrumente. Aus diesem Grund ist es nicht vermeidbar sowohl für die praktizierten Planungsanlässe als auch für unterschiedliche Unternehmensbereiche durchaus verschiedene Vorgehensweisen und Inhalte zu betrachten. Insofern falsche Instrumente angesetzt werden, kann dies sogar zu Fehlanreizen führen, die die Informationsqualität eines Planes unterminieren. Dies kann beispielsweise dadurch entstehen, dass in potenziellen Innovationsbereichen eine Budgetierung praktiziert wird, die die Innovationskraft bremst und kontraproduktiv wirkt. Andere Beispiele schließen sich an, indem Planungsanlässe in ihrem vielfältigen Zielsystem einen Mix aus Kostenreduktions- und Motivationsplänen für Leistungsanreiz darstellen. Der inkonsistente Einsatz von Planungsfunktionen, -zielen und -methoden kann so zur unbewussten oder bewussten Verfälschung von Informationen führen.

Daraus resultiert die wichtige Aussage, dass die unterschiedlichen Instrumente im Rahmen eines übergreifenden Steuerungsprozesses aufeinander abgestimmt werden müssen. Demzufolge ist auch die Abstimmung der Planungsanlässe auf die Inhalte des Performance-Management-Ansatzes auszurichten. Nur so kann sichergestellt werden, dass nicht die falschen Inhalte geplant und die operativen Bereiche nicht ausreichend auf die Strategie ausgerichtet werden. Das frühzeitige Erkennen von Fehlentwicklungen durch Forecast-Methoden kann nicht praktiziert werden, wenn es nicht auf die Steuerungsinhalte ausgelegt wurde.

Gerade im Bereich von Planung und Steuerung spielt der ausgewogene Mix aus Wesentlichkeit und Informationsmenge eine entscheidende Rolle. Ein höherer Detaillierungsgrad, d. h. größere Informationsmengen, führen im Ergebnis zu geringerer Relevanz und Qualität, da die Informationsmenge den Blick für das Wesentliche versperrt und der Erkenntnisgewinn sinkt. Wahrscheinlich ist sogar ein hoher Detaillierungsgrad in der Praxis Ausdruck dafür, dass die wesentlichen Ursache-Wirkungs-Zusammenhänge nicht identifiziert wurden, aus welchen Gründen auch immer.

Auch weitere Erfolgsfaktoren (z. B. Harmonisierung, Methodentransparenz und -stetigkeit) sind von entscheidender Bedeutung für die Informationsqualität. Nur im Sinne einer guten Aussagekraft und Interpretierbarkeit kann Information zu Wissen führen, welches eine erfolgreiche Führung des Unternehmens ermöglicht.

Dieser Aufsatz wird Denkanstöße liefern, wie Planung und der daraus resultierende Erkenntnisgewinn, in das Wissens- und Informationsmanagement der Zukunft einzusortieren ist.

2 Wohin soll die Reise gehen?

2.1 Planung im Rahmen eines übergreifenden Steuerungsprozesses

Planerische Aktivitäten finden in Unternehmen an unterschiedlichen Stellen mit unterschiedlichen Ausprägungen statt. Diese Aktivitäten sollten aber niemals losgelöst voneinander betrachtet werden, sondern im Rahmen eines übergreifenden Steuerungsprozesses, für den planerische Aktivitäten wesentliche Elemente darstellen. Der übergreifende Steuerungsprozess setzt die planerischen Aktivitäten in Beziehung zueinander und zu anderen wichtigen weiteren Elementen, wie dem Performance Management und setzt somit den Kontext, der ein umfassendes Verständnis und optimale Ausgestaltung der einzelnen Elemente ermöglicht.

Ausgangspunkt eines übergreifenden Steuerungsprozesses ist die Strategie, aus der Kenngrößen, Ziele und Maßnahmen abgeleitet werden. Auf Grundlage der festgelegten Ziele findet die operative Planung und Ressourcensteuerung statt. Mit Ausführung der strategischen und operativen Pläne und Verfolgung der Zielerreichung gehen Lernprozesse einher, die im Rahmen von Reviews aufgearbeitet und zu Anpassungen in der Strategiedefinition führen können und somit Ausgangspunkt eines neuen Zyklus sind (vgl. Abbildung 1).

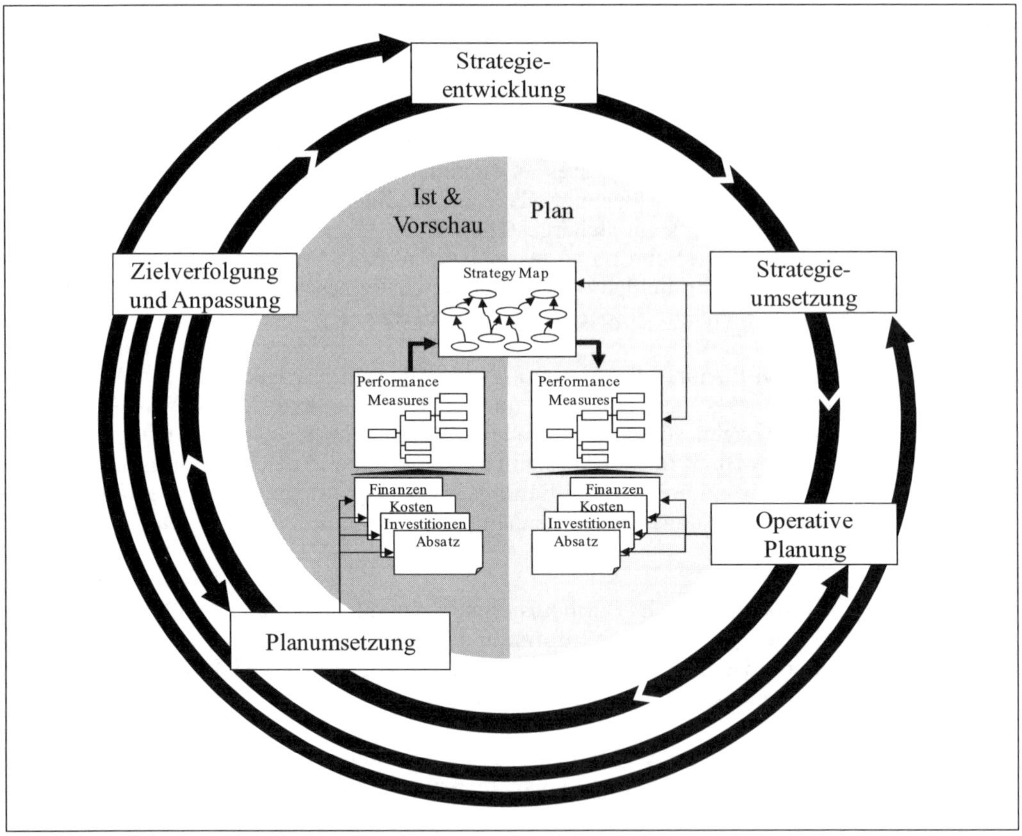

Abbildung 1: Steuerungskreislauf

2.2 Strategieentwicklung

Ausgangspunkt des Steuerungsprozesses ist die Strategieentwicklung. Die Strategieentwicklung sollte dabei insbesondere folgende Ergebnisse umfassen:

- Mission, Vision, Values,
- Strategische Analyse und
- Strategieformulierung.

Mission, Vision, Values: Bevor eine Strategie entwickelt werden kann, muss Übereinkunft bestehen über Ziel (Mission), Bestreben hinsichtlich zukünftiger Ergebnisse (Vision) sowie die innere Ausrichtung (Values) der Unternehmung.

Die Mission ist eine kurze Darstellung des Ziels der Unternehmung. Eine Mission könnte bspw. sein, hochqualitative Produkte mit herausragendem Kundennutzen herzustellen sowie die Erzielung von Wertbeiträgen, die überdurchschnittliche Performance widerspiegeln.

Die Vision drückt das mittel- bis langfristige Ziel der Unternehmung aus. Eine Vision könnte sein, sich innerhalb von 8 Jahren zu einem der weltweit 3 führenden Fahrzeughersteller im Premium-Segment zu entwickeln.

Unternehmenswerte beschreiben Charakter sowie erwünschte und unerwünschte Einstellungen und Verhaltensweisen des Unternehmens. Die Unternehmenswerte beschreiben, auf welche Art und Weise die Unternehmensziele erreicht werden sollen, bspw. durch Streben nach Exzellenz, Teamorientierung, Genügsamkeit und gegenseitigen Respekt.

Strategische Analyse: Nach grundsätzlicher Festlegung des Ziels, der Bestrebungen und der Werte des Unternehmens kann in strategische Analysen eingestiegen werden. Die Analysen umfassen das Unternehmensumfeld wie auch die interne Situation des Unternehmens.

Analysen zum Unternehmensumfeld beinhalten die Analyse des Wettbewerbsumfelds, makroökonomische Faktoren wie konjunkturelle Lage, langfristige Wachstumserwartungen, Entwicklung von Zinsen oder wichtigen Rohstoffpreisen wie Öl und Stahl sowie die Analyse von technologischen, rechtlichen, politischen und soziologischen Entwicklungen. Diese Faktoren können dann ins Verhältnis zur Unternehmenssituation gesetzt werden.

Interne Analysen können insbesondere Wertschöpfungskette und Kernkompetenzen des Unternehmens zum Inhalt haben. Ergebnisse der unternehmensexternen und -internen Analysen können in einer SWOT[1]-Matrix zusammengeführt werden, mit dem Ziel im Rahmen der Strategieformulierung sicherzustellen, dass Marktattraktivität und Kernkompetenzen in Einklang gebracht werden, d. h. interne Stärken genutzt werden, um externe Chancen zu verfolgen und gleichzeitig die Verwundbarkeit des Unternehmens zu begrenzen.

Strategieformulierung: Die Strategieformulierung umfasst die Beschreibung der Strategie als solche, die Umsetzung der Strategie und wie die strategischen Ziele erreicht werden sollen. Bei der Strategieformulierung kann insbesondere auf wettbewerbsorientierte und ressourcenorientierte Ansätze zurückgegriffen werden. Aus der Strategieformulierung sollte letztlich klar

---

[1] SWOT: Strenghts, Weaknesses, Opportunities, Threats.

hervorgehen, auf welchen der Märkte das Unternehmen aktiv wird, wo der besondere Nutzen für die Abnehmer liegt (value proposition) und welche unternehmensinternen Voraussetzungen die Strategie begünstigen bzw. geschaffen werden müssen.

Im Rahmen der Strategiefindung spielt die Analyse unterschiedlicher Optionen hinsichtlich der Auswirkungen auf den zusätzlich geschaffenen Unternehmenswert als finales Ziel unternehmerischer Aktivität eine zentrale Rolle. Diese Analyse wird typischerweise durch stark verdichtete Planungen unterstützt.

2.3 Strategieumsetzung

Die Strategieformulierung enthält eine allgemeine Vorstellung, auf welchen Märkten ein Unternehmen aktiv ist und wie das Unternehmen erfolgreich sein will. Diese allgemeinen Vorstellungen müssen allen Ebenen des Unternehmens vermittelt werden, so dass sie letztlich jeder Unternehmenseinheit und jedem Mitarbeiter zur Orientierung im Tagesgeschäft dienen können.

Die Umsetzung einer Strategie stützt sich auf Ursache-Wirkungs-Zusammenhänge. Ein wichtiges Instrument zur Kommunikation der Strategie und der Ursache-Wirkungs-Zusammenhängen, auf denen diese basiert, sind Strategy Maps. Abbildung 2 stellt eine Strategy Map exemplarisch dar.

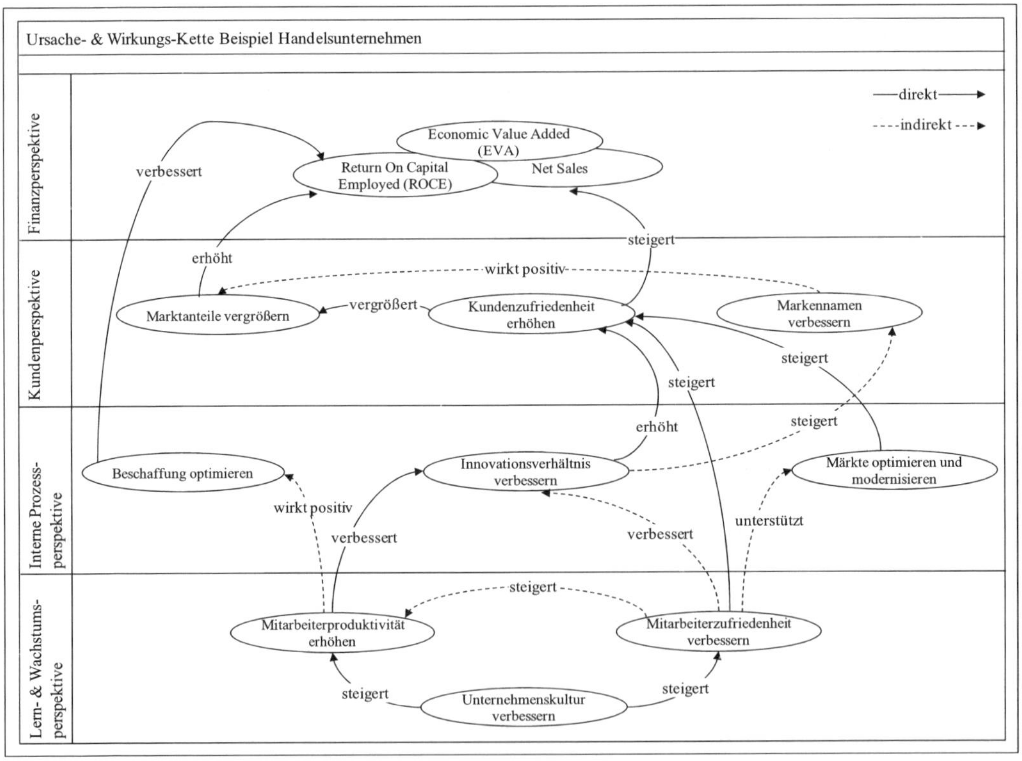

Abbildung 2: Beispiel Strategy Map eines Handelsunternehmens

Ausgangspunkt bilden i. d. R. finanzielle Zielvorstellungen, die über die Value Proposition bis auf die Ebenen herunter gebrochen werden, die eine erfolgreiche Strategieumsetzung charakterisieren. Dies können bspw. die Kostenposition bei bestimmten Kernprozessen durch verbesserte Effizienz in der Supply Chain, ein starkes Leistungsportfolio aufgrund technologischer Stärke oder große Markenstärke durch verbessertes Marketing sein.

Nach Herausarbeitung der Ursache-Wirkungs-Zusammenhänge und Festlegung der strategischen Ziele erfolgt die Übertragung der Ziele in die Form eines Kennzahlensystems. Dieser Schritt ist entscheidend – das Managen von Zielen erfordert, dass die Zielerreichung in irgendeiner Weise auch gemessen werden kann.

Letztes wesentliches Element ist die Zusammenstellung eines Portfolios strategischer Initiativen. Strategische Initiativen sind gezielte Maßnahmen zur Erreichung strategischer Ziele. Von entscheidender Bedeutung sind der klare Strategiebezug, ausreichende Ressourcenausstattung sowie gegenseitige Abstimmung der Maßnahmen aufeinander.

Kennzahlensysteme zur Performance Steuerung
Für die definierte Strategie als auch den daraus abgeleiteten Maßnahmen werden Kennzahlen definiert, die im Rahmen des Performance Management eine Umsetzungskontrolle ermöglichen. Zudem stellen diese auch weitestgehend einen Abstimmungsrahmen für die operative Planung dar. Kennzahlensysteme bieten hier je nach Ausführlichkeit und Definition die Basis zur Kontrolle der Planumsetzung.

Der Aufbau eines entsprechenden Kennzahlensystems stellt eine große Herausforderung für ein Unternehmen dar. Folgende Punkte sollten beim Aufbau eines Kennzahlensystems berücksichtigt werden:

- Die Kenngrößen sollten einen Strategiebezug haben und die zukünftige Performance ursächlich beeinflussen; die Kenngrößen sollten also Werttreiber darstellen.
- Das Kennzahlensystem sollte nicht überfrachtet werden – es sollte eine Konzentration auf die wesentlichen Kennzahlen stattfinden; nicht mehr relevante Kennzahlen sollten aus dem System entfernt werden.
- Oft sind relative Kennzahlen aussagekräftiger als absolute; eine bestimmte Wachstumsrate ist in negativem Marktumfeld bspw. positiver zu beurteilen als in einem positiven Umfeld. Oft können relative Zielsetzungen mit Benchmarking verbunden werden.
- Wertmanagement sollte in das Kennzahlensystem integriert werden; Wertsteigerung ist ein bedeutendes Ziel bei jedem Unternehmen – da Strategie und Wertsteigerung in engem Zusammenhang stehen, sollten Wertkenngrößen in das Kennzahlensystem aufgenommen werden, letztlich auch zwecks Vermeidung von Parallelstrukturen.
- Wettbewerbsfähigkeit und Effizienz resultieren zu wesentlichen Teilen aus Prozessen – Kennzahlen aus der Prozesskostenrechnung können wichtige Informationen zur Profitabilität einzelner Unternehmensbereiche liefern.

Die nachfolgende Abbildung 3 stellt einen Kennzahlenbaum eines Handelsunternehmens grafisch dar.

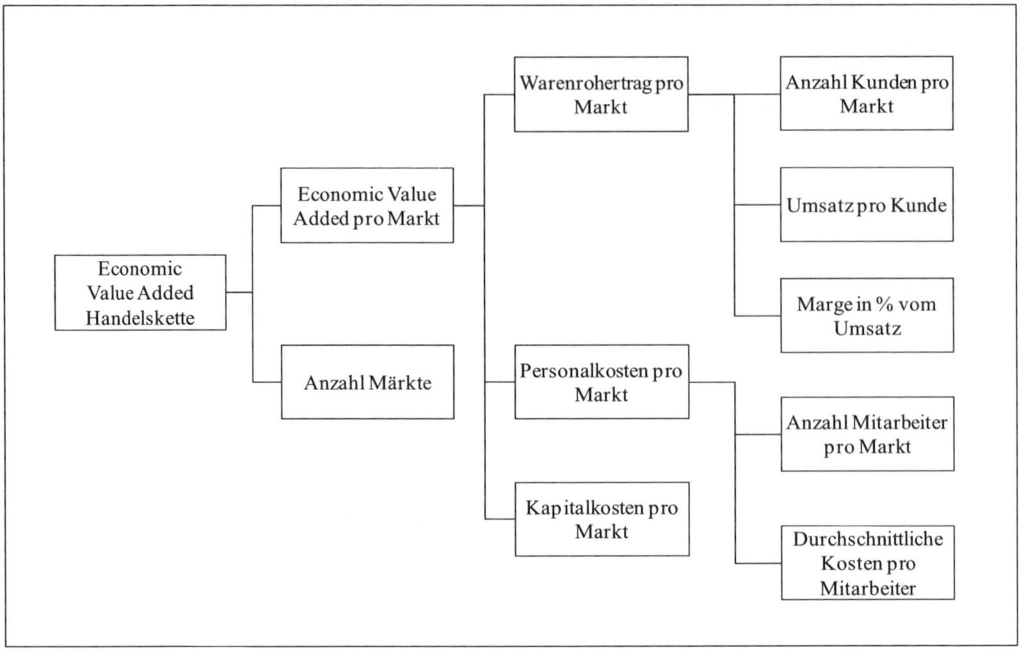

Abbildung 3: Auszug aus einem Kennzahlenbaum – Beispiel eines Handelsunternehmens

Bei der Ausgestaltung eines Kennzahlensystems spielt die Unternehmensebene eine entscheidende Rolle. Im höheren Management sind die Kennzahlen tendenziell stärker finanziell getrieben, geschäftsbereichsübergreifend und stärker nachlaufend. Auf tieferen Unternehmensebenen sind die Kennzahlen weniger finanziell, dafür geschäftsbereichsspezifischer, prozessorientierter und stärker vorlaufend. Eine geschäftsbereichsübergreifende Vereinheitlichung der Kennzahlen ist i. d. R. nicht zweckmäßig.

2.4 Operative Planung

Ausgehend von den festgelegten Performance-Kennzahlen und strategischen Maßnahmen erfolgt die operative Planung. Zur Erreichung der Performance-Ziele sind gezielte Maßnahmen zur Erreichung dieser Ziele mit einzubeziehen und deren Auswirkungen auf die operative Planung zu berücksichtigen. Bei dem Aufbau der operativen Planung werden die Teilpläne definiert, die im Wesentlichen zur Umsetzung der Strategie und der definierten Maßnahmen von Bedeutung sind. Die Teilplanstruktur (siehe Abbildung 4) bestimmenden Faktoren sind:

- die organisatorische Struktur des Unternehmens und Verantwortlichkeiten und
- die wesentlichen und wertmäßig relevanten Wertschöpfungsprozesse.

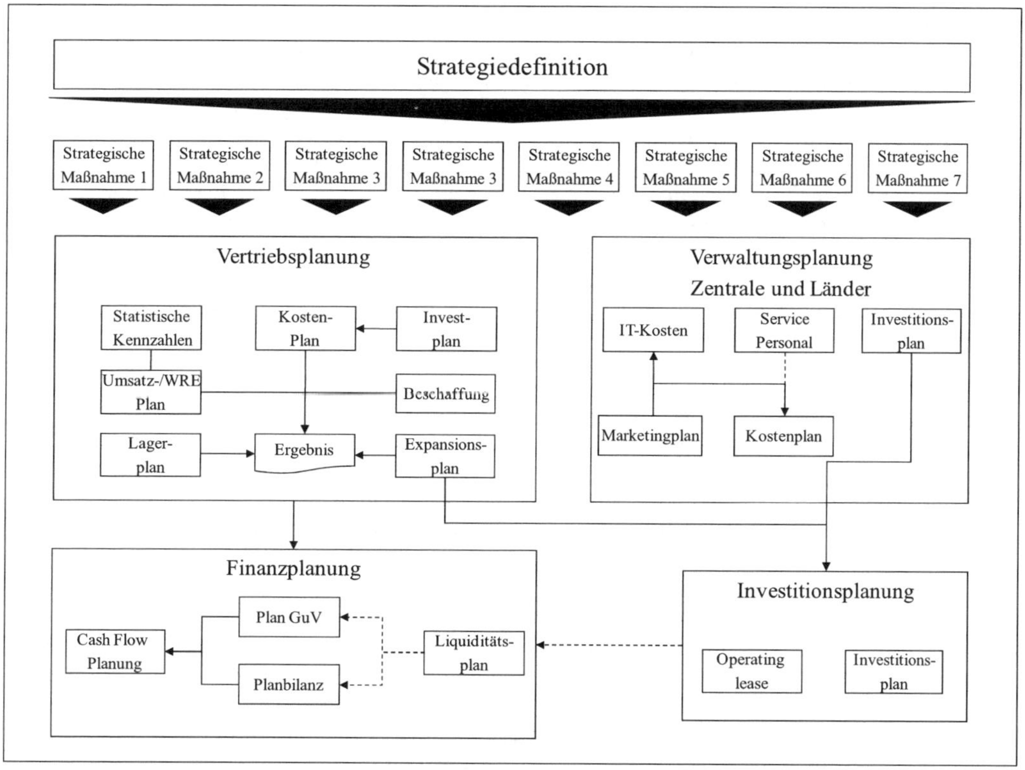

Abbildung 4: Teilplanstruktur am Beispiel eines Handelsunternehmens

Die organisatorische Dimension der operativen Planung muss an die Gegebenheiten der Organisation angepasst werden. Idealerweise ist das Unternehmen in Performance Units organisiert, deren Leistungen und Verantwortlichkeiten klar abgegrenzt sind. In dem oben aufgeführten Beispiel liegt eine sehr hohe dezentrale Verantwortung im Vertrieb des Handelsunternehmens. Aus diesem Grund planen die dezentralen Einheiten vollumfänglich über sämtliche Teilpläne, ausgenommen den Planungsinhalten der Verwaltungsgesellschaften.

Aufgrund der Abhängigkeiten der verschiedenen Teilpläne bildet der Umsatzplan einen möglichen Ausgangspunkt. Die übergeordneten Umsatzziele werden in Ziele für Regionen, Kundengruppen, Vertriebskanäle und Produktgruppen übersetzt. Ausgehend von den Vorjahreszahlen können pauschal prozentual Mengen- und Preissteigerungen geplant und anschließend gezielt strukturelle Änderungen nachjustiert werden. Je nach Leistungsfähigkeiten der verwendeten Planungssysteme können unterschiedliche Entwicklungen in Abhängigkeit bestimmter externer Gegebenheiten simuliert werden.

Anschließend kann der Ressourcenbedarf geplant werden. Dieser umfasst insbesondere den Kapazitätsbedarf und Investitionen wie auch Personal und Wareneinsatz.

Anschließend können aus Absatz und Ressourceneinsatz die finanziellen Auswirkungen und der Wertbeitrag der unterschiedlichen Bereiche ermittelt werden.

Die Verwaltungen werden zusätzlich mit ihrem Wertbeitrag geplant. Dort können Teilpläne wie Kostenstellenpläne, Verrechnungen, Investitionen und andere statistische Kennzahlen geplant werden. Die Zusammenführung der einzelnen Planungsbereiche erfolgt in der Finanzplanung. Hier werden alle Wertflüsse zusammengefasst. Die Finanzplanung ist der integrativste Teilplan in einer Unternehmensplanung.

Insofern Planungsinhalte mit der Strategie, den Maßnahmen und den Kennzahlensystemen harmonisiert wurden, hat das Unternehmen eine auf die Strategie abgestimmte operative Planung erstellt, mit deren Umsetzung begonnen werden kann.

Die nahtlose Integration in ein Performance Management und den Steuerungskreislauf kann damit gesichert werden.

2.5 Zielverfolgung und Anpassung

Mit Festlegung der Zielwerte der Kenngrößen des Kennzahlensystems und Abschluss der operativen Planung kann die Planung operativ umgesetzt werden. Da die die Zielwerte des Kennzahlensystems und der zuvor ausgeführten operativen Planungen Zielvorstellungen beinhalten, die nicht zwangsläufig automatisch realisiert werden können, sind zur Steuerung des Unternehmens zusätzlich Informationen zur wahrscheinlichen Entwicklung relevant. Sind bspw. die Absatzziele sehr ambitioniert, kann dies zu einem Aufbau von Überkapazitäten führen, sofern keine Informationen zur erwarteten Entwicklung vorliegen, die ein geringeres Absatzwachstum vorhersagen. Weiter ermöglicht eine realistische Vorschau das frühzeitige Erkennen von Performance Gaps, denen dann frühzeitig entgegengewirkt werden kann. Damit stellt eine Vorschau der zum jeweiligen Zeitpunkt wahrscheinlichen Entwicklung eine weitere wesentliche planerische Aktivität im Rahmen eines übergreifenden Steuerungszyklus dar.

Parallel zur Planumsetzung und zur Vorschau (Forecasting) der wahrscheinlichen Entwicklung sind Analysen erforderlich, inwieweit die angestrebten Ziele erreicht werden und welche Maßnahmen ggf. ergriffen werden müssen, um die Ziele zu erreichen.

Die Zielverfolgung der strategischen und operativen Pläne findet auf unterschiedlichen Ebenen mit unterschiedlicher Häufigkeit und i. d. R. unterschiedlichen Beteiligten statt.

Operational Reviews dienen der Zielverfolgung auf operativer Ebene, wobei sich insbesondere operativer Performance-Kennzahlen bedient wird. Operational Reviews finden i. d. R. recht häufig, etwa wöchentlich statt, wobei letztlich die Dauer der zugrunde liegenden Aktivitäten ausschlaggebend ist. In einer schlank gehaltenen Logistik können relativ kurzfristig Probleme auftreten (bspw. Zulieferprobleme oder Ausfall von wichtigen Maschinen) während die Forschungsaktivitäten eines Unternehmens eher längerfristig ausgerichtet sind. Von entscheidender Bedeutung zur operativen Steuerung ist auch die zeitnahe Informationsversorgung, um auftretende Probleme und Entwicklung der Performance-Kennzahlen zeitnah erkennen und ggf. gegensteuern zu können. An Operational Reviews sind typischerweise Personen der Abteilungs- und Funktionsbereichsebene beteiligt.

Strategy Reviews dienen der regelmäßigen Überprüfung der Strategieumsetzung und Effektivität strategischer Initiativen. Da das Wirksamwerden strategischer Initiativen typischerweise eine gewisse Zeit in Anspruch nimmt, finden Strategy Reviews monatlich oder quartärlich statt. Teilnehmerkreis ist insbesondere das Leadership Team des jeweiligen Geschäftsbereichs.

Operational Reviews und Strategy Reviews zielen auf die erfolgreiche Umsetzung der formulierten Strategie auf unterschiedlicher Ebene und die Beseitigung von Umsetzungsbarrieren ab. Daneben erfolgt eine Überprüfung einer Strategie an sich dahingehend, ob die wesentlichen externen und internen Gegebenheiten sowie die Annahmen und Einschätzungen, auf deren Grundlage die Strategie formuliert wurde, weiterhin gültig sind. Technologische Veränderungen beispielsweise können kurzfristig eine radikale Neubewertung der strategischen Optionen und Änderungen der bisher verfolgten Strategie erforderlich machen, womit der Planungszyklus in eine neue Runde geht.

Das folgende Kapitel widmet sich generell der Planung, da im Zuge des Wissens- und Informationsmanagements die Planung ein wesentliches Spannungsfeld im Steuerungskreislauf ist.

3 Was sollte Planung sein und leisten?

In den letzten Kapiteln wurde die Vorgehensweise in einem übergreifenden Steuerungsprozess erörtert. Dabei wurde klar herausgestellt, dass Planung wesentliche Elemente des Steuerungsprozesses darstellt. Planerische Aktivitäten werden insbesondere bei der Strategieformulierung und -bewertung, bei der operativen Planung sowie bei der Vorschau zur wahrscheinlichen Entwicklung praktiziert.

Die standardisierten Meldeprozesse im Zuge der Perioden-, Quartals- und Jahresabschlüsse erfüllen nicht die Anforderungen an eine auf die Steuerung ausgerichtete Planung. Die vorgeschriebenen Meldeprozesse erfordern eine Erwartungsrechnung, aber keine Planung. Die Erwartungsrechnung ist die logische Fortsetzung des Soll-Ist-Vergleichs. Darin werden die Erwartungen der Führungskräfte für die verbleibende Geschäftsjahresperiode abgefragt, quantifiziert und qualifiziert, um zu erkennen, ob es bis zum Jahresende gelingen wird, die festgelegten Ziele zu erreichen. Dies hat jedoch wenig mit der eigentlichen Planung zu tun und berücksichtigt nicht die steuerungsrelevanten Aspekte. Die folgenden Kapitel diskutieren die Aufgaben und Notwendigkeiten, die eine auf die Steuerung ausgerichtete Planung erfüllen muss und welche Aspekte dabei Berücksichtigung finden sollten.

3.1 Zielsetzung der Planung

Der übergreifende Steuerungsprozess verdeutlicht die unterschiedlichen Zielsetzungen planerischer Aktivitäten innerhalb der Unternehmenssteuerung.

Im Rahmen der Strategieformulierung werden die Erkenntnisse der strategischen Analyse genutzt, um Handlungsoptionen zu entwickeln und zu bewerten, die der Wertsteigerung des Unternehmens dienen. Planung fundamentiert hier insbesondere die operative Integration der Strategie und der Bewertung zur Unterstützung einer Entscheidungsfindung.

Die operative Planung dient der Ausrichtung sämtlicher Unternehmensbereiche auf die Strategie. Die operative Planung bildet somit einen organisationsweiten Orientierungsrahmen für die Umsetzung, Ausführung und Überprüfung der Strategie, ermöglicht ebenenübergreifende Partizipation am Strategieprozess sowie die Erfolgskontrolle von Maßnahmen. Die operative Planung erfüllt Koordinationsfunktionen zwischen strategischer und operativer Ebene und hat zudem Steuerungs- und Motivationsfunktion.

Forecasting ist die Darstellung der wahrscheinlichen Entwicklungen, nicht der Angestrebten. Forecasting dient der kurzfristigen Liquiditätssteuerung und -überwachung, unterstützt das Managen der Erwartungshaltung der Investoren durch entsprechende Kommunikation, bietet operativen Bereichen Orientierung (bspw. geplanter Absatz als Ausgangspunkt für Beschaffung und Produktion) und ermöglicht frühzeitiges Erkennen von Performance Gaps. Forecasting unterstützt also vor allem Koordinations-, Informations- und Kontrollfunktion.

Es wird einerseits deutlich, dass die unterschiedlichen planerischen Aktivitäten unterschiedliche Zielsetzungen verfolgen und daher getrennter Instrumente bedürfen. Andererseits können diese Instrumente erst im Kontext eines übergreifenden Steuerungsprozesses aufeinander abgestimmt ihr volles Potenzial realisieren. Operative Planungen ohne engen Strategiebezug sind hinsichtlich der Strategieumsetzung wirkungslos. Ein Forecasting, das keine Informationen zur voraussichtlichen Entwicklung der zentralen Steuerungsgrößen bereitstellt, liefert in Bezug auf den Zielverfolgungsprozess nur eingeschränkten Informationsgewinn.

3.2 Wer erstellt den Plan?

Bei der Planung geht es insbesondere darum, Informationen und Wissen zu verarbeiten. Aus diesem Grund kann eine gute Planung nur dort effektiv und effizient erstellt werden, wo die Informationen und das Wissen vorhanden sind.

Bei der Planung im Kontext der Strategieentwicklung handelt es sich um eine stark verdichtete und stark auf finanzielle Größen ausgerichtete Planung. Eine Planung auf Geschäftsbereichsebene reicht i. d. R. aus. Diese Planung kann daher weitgehend durch die entsprechenden Verantwortlichen auf Geschäftsbereichsebene bereitgestellt werden.

Die operative Planung umfasst sämtliche Unternehmensebenen. Moderne Informationssysteme hegen den Anspruch, Informationen immer und überall verfügbar zu machen. Dennoch ist der Ort im Unternehmen, der am besten über seinen Bereich Bescheid weiß und die Handlungsoptionen am besten kennt, die dezentrale Fachabteilung. Nur hier laufen alle spezifischen Informationen zusammen. Aus diesem Grund muss hier auch die operative Planung erstellt werden. Die dezentrale Fachabteilung kann – je nach Unternehmensgröße – von einem dezentralen Controlling unterstützt werden.

In der unternehmerischen Praxis plant oft nicht der, der das Know-how hat, sondern der, der die Zeit dafür hat. Planung wird allzu oft delegiert. Dieser organisatorische Mangel wird versucht durch Planungsschleifen und -meetings etc. zu beheben, die die Durchlaufzeit und den Aufwand erhöhen. Das Zentralcontrolling hat lediglich eine koordinierende Aufgabe im Rahmen der Planung. Ein dezentrales Controlling kann z. B. den Vertrieb bei seiner Absatzplanung oder die Produktion bei ihrer Produktionsplanung unterstützen.

Für das Forecasting sind, ähnlich wie in der operativen Planung, dezentrale Kenntnisse von großer Bedeutung. Daher wird Forecasting ebenfalls dezentral durchgeführt. Zur Darstellung der wahrscheinlichen Entwicklung ist es allerdings hilfreich, die Forecasts zwecks Vermeidung von Interessenkonflikten von Stellen durchführen zu lassen, die keinerlei Ergebnisverantwortung tragen. Dies resultiert aus dem Anspruch eines bedingungslos realistischen Bildes, welches der Forecast liefern soll. Damit wären die Verantwortlichkeiten für operative Planung und Forecasting getrennt.

3.3 Detaillierungsgrad der Planung

Wesentlichkeit ist das entscheidende Leitkriterium bei der Gestaltung des Detaillierungsgrads der Planung. Das Detaillierungsniveau orientiert sich an der Steuerungsnotwendigkeit. In der Praxis wird oft viel zu detailliert geplant, da eine höhere Detaillierung den Anschein der Sicherheit hat. Hier gilt oft der Satz „Weniger ist Mehr". Der optimale Detaillierungsgrad ist von zwei Dimensionen abhängig: Zum einen müssen die zukunftsgerichteten Informationen, die verarbeitet werden, eine ausreichende Qualität haben und zum anderen müssen sie für die Steuerung des Unternehmens relevant sein.

Es stellt sich immer die Frage, wie detailliert und wie genau eine Planung sein muss. Diese Frage lässt sich klar und eindeutig beantworten: Die Planung darf nur so detailliert sein, wie es für die Steuerung des Unternehmens bzw. seiner Geschäftseinheiten mindestens erforderlich ist. Jede Größe, die in eine Planung aufgenommen werden soll, ist einer kritischen Prüfung zu unterziehen.

- Warum dient diese Größe der Steuerung des Unternehmens bzw. der zu betrachtenden Geschäftseinheit?
- Ist der ermittelte Planungsgegenstand beeinflussbar?
- Stellt der Planungsgegenstand einen wesentlichen Bestandteil der Wertschöpfung im Unternehmen dar?

Neben einem deutlich besseren Fokus auf die steuerungsrelevanten Inhalte bewirkt Wesentlichkeit Reduzierung von Komplexität. Dabei sollten Planungsinhalte definierten Vereinfachungen unterliegen. Daraus resultiert die Notwendigkeit, diese Regeln klar zu definieren und diesen Ansatz in der Organisation zu vertreten.

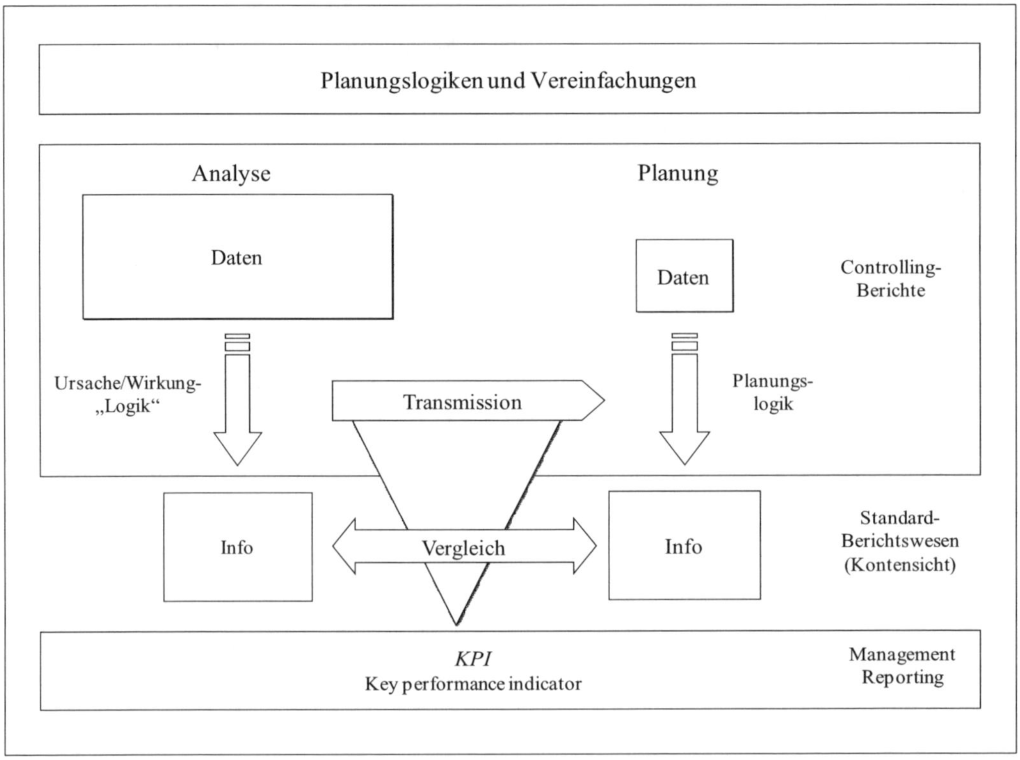

Abbildung 5: Transmission von Ursache und Wirkung zu Planungslogik

Während das Ist-Berichtswesen sich durch große und sehr detaillierte Informationen auszeichnet, sollte der Erkenntniswert innerhalb der Planung aus deutlich kleineren Datenmengen resultieren. Gerade im Planungsumfeld führt der Ansatz, die Planung auf dem Ist-Niveau durchzuführen, zu einer hohen Komplexität und kaum einer Möglichkeit, die guten und schlechten Informationen voneinander zu trennen. Vereinfachung bezieht sich auf folgende Inhalte:

- Vereinfachung im Sinne der Komplexität der Logik und Ursache- und Wirkungs-Zusammenhänge,
- Vereinfachung im Sinne der Reduzierung von Datenmengen.

Daher gilt es hier im ersten Schritt, die Ursache und Wirkung der jeweiligen Planungsinhalte zu analysieren, um den daraus resultierenden Zusammenhang logisch erfassen zu können (vgl. Abbildung 5). Die Transmission erfolgt mit der Überleitung dieser Logiken in das Planungsumfeld. Die Informationen führen zu einem Vergleich der Key-Performance-Indikatoren im Rahmen des Management Regelkreises.

Die Überzeugung, eine Planung sei nur aussagekräftig, wenn sie auf sämtlichen Ebenen gegen das Ist zu halten ist, führt zu einem zwecklosen Erzeugen von Masseninformationen. Die Wesentlichkeiten in den Zusammenhängen herauszuarbeiten und die daraus resultierenden Logiken planerisch zu verarbeiten, ist eine der wesentlichsten Disziplinen im Planungsumfeld. Auch hier gilt stets die Anforderung bei der Abbildung der Planung, die Lösung nicht zu überfrachten und simplifizierte Regeln zu schaffen. Komplexitätsreduktion ist einer der maßgeblichen Erfolgsfaktoren für eine steuerungsabgestimmte Planung.

3.4 Notwendigkeit zur Harmonisierung

Die Harmonisierung der Planung ist ein Erfolgsfaktor. Die Einheitlichkeit bezieht sich im Wesentlichen auf die Inhalte, die durch unterschiedliche Organisationsbereiche geplant werden. Die Notwendigkeit der Harmonisierung finden sich in folgenden Sachverhalten wieder:

- Planungsprozesse – Abstimmung und Integrationsvoraussetzung,
- Planungsgegenstand – Gemeinsame Nenner und steuerungsrelevante Inhalte aller Ebenen,
- Planungssysteme – Einheitliche Darstellung und Verfahrensweisen.

Zu heterogene Planungsprozesse erschweren die Zusammenführung als auch die Integration einzelner Planungsbereiche. Dies bezieht sich sowohl auf die Prozesssicht als auch auf die Inhalte und Systeme. Die Erfahrung zeigt, dass in der Regel weit voraus die Planungsprozesse in Konzernen wenig abgestimmt mit unterschiedlichen Zeitplanungen dezentral koordiniert durchgeführt werden, was zu hohem Abstimmungsaufwand und Inkonsistenzen führt.

Ein klarer Zeitplan als Rahmenbedingung unter Berücksichtigung der Integrationsnotwendigkeiten schafft hier Abhilfe. Gerade durch die zunehmende technische Integration wird die inhaltliche Integration stets komplexer, was mit zunehmender technischer Unterstützung zum Ablaufkollaps führt, insofern nicht einmal die zeitliche Abstimmung sichergestellt ist.

Gleiches bezieht sich auf die Planungsinhalte. Gerade lokale und dezentrale Einheiten entscheiden selbständig über Inhalte und Planungsgegenstand. Dabei ist das Zielsystem, welches durch die Planung erfüllt werden muss meist komplexer. Selbst heute, nach reichlichen Innovationszyklen, sind die Systeme nicht flexibel genug, um schnelle Änderungen in den Planungsinhalten kurzfristig zu integrieren.

Planungsinhalte ergeben sich einerseits aus den lokalen steuerungsrelevanten Aspekten und andererseits aus den aus Konzern- bzw. Gruppensicht relevanten Aspekten. Dem ist Rechnung zu tragen, indem die Formalisierung der Planung nur zu einem bestimmten gemeingültigen Bestandteil auferlegt wird. Klare Angaben über zu liefernde Inhalte müssen hier getroffen werden. Hier soll ausdrücklich keine Empfehlung über die gesamtheitliche Formalisierung der Planung getroffen werden. Vielmehr ist der gemeinsame Nenner frühzeitig zu identifizieren, um dann lokale Inhalte mit zu verarbeiten. Planung ist eine zentrale und dezentrale Disziplin und kann nicht anders behandelt werden. Gerade operative Einheiten sind in ihren Planungsinhalten und -horizonten an ihrer Wertschöpfungskette ausgerichtet, weniger an den finanziellen Kennzahlen der Zentrale. Hier muss ein gemeinsames Verständnis und ein sinnvolles Niveau identifiziert werden, welches mit dem Performance Management abgestimmt ist.

Zur Durchsetzung einer Harmonisierung der Planungsprozesse und -inhalte ist ein starker Projektsponsor notwendig, der einen der maßgeblichen Erfolgsfaktoren darstellt. Dies nicht zuletzt durch die Notwendigkeit, Inhalte in dezentralen Hoheitsgebieten zu integrieren, damit sie akzeptiert und qualitätsgerecht berücksichtigt werden.

Ein erster Schritt kann darin bestehen, im Rahmen einer „Planning Governance" grundlegende unternehmensweit gültige Prinzipien, Richtlinien und Anforderungen klar zu definieren. Dazu müssen die Verantwortlichkeiten, das Zielsystem und die Verfahrensweisen untersucht werden.

3.5 Konsistenz- und Transparenzanforderungen

Die Notwendigkeit der Konsistenz bezieht sich hauptsächlich auf Vereinfachungen, Rechenregeln oder anderen Automatismen auf die prinzipiellen konstant angewendeten Verfahren. Wenn ein ständiger Wechsel in Automatismen und Berechnungen im zeitlichen Ablauf stattfindet, ist die Nachvollziehbarkeit nicht gewährleistet, was zu reduzierter Akzeptanz und Transparenz führt.

Selbst über Unternehmensebenen hinweg können mehrere Methoden zur Bestimmung des gleichen Sachverhaltes zu mangelnder Transparenz führen. Wenn sämtliche meldenden Gesellschaften unterschiedliche Verfahren anwenden, ist in der Gruppensicht keine schlüssige Methode zu nennen, die eine Nachvollziehbarkeit gewährleistet. Selbst die Kommentierung der Verfahren kann dabei nicht ausreichend Klarheit schaffen. Dies hat zur Folge, dass Inhalte nicht nachvollziehbar sind und damit die Übernahme der Verantwortlichkeit nicht erfolgt. Der Planer hat keine Identifikation mit den vorgefertigten Plänen, die sich seinem Einfluss entziehen. Hier ist sicherzustellen, dass die Verfahren konstant angewendet werden. Ein Wechsel in zeitlicher Hinsicht, wie ein Wechsel von Anlass zu Anlass, führt ebenfalls zu reduzierter Transparenz. Konsistenz sollte generell auf folgenden Ebenen beachtet werden:

- Konsistenz zwischen Unternehmensbereichen,
- Konsistenz in bestimmten Planungsinhalten,
- Zeitliche Konsistenz im Sinne eines strukturierten und auch kommunizierten Verfahrenswechsels.

Allerdings ist darauf zu achten, dass unterschiedliche Sachverhalte zu unterschiedlichen Verfahrensweisen führen. Auch hier ist eine unternehmensweite Formalisierung nicht Ziel führend.

3.6 Rollierende und kontinuierliche Planung

Um die aktive, unterjährige Unternehmenssteuerung zu verbessern, ist es wichtig, die laufende Geschäftsentwicklung zu überprüfen und auf die Zielerreichung hin zu bewerten.

Dabei wird bewusst nicht von „Jahreszielerreichung" gesprochen. Auch wenn dies vielfach in der Praxis noch so angewandt wird, eine gute Unternehmensplanung ist keine Erstellung eines Erwartungswertes für das Geschäftsjahresende.

Eine Orientierung am Kalender bzw. Geschäftsjahr als dominantem Zeithorizont in der Unternehmenssteuerung ist künstlich und trifft nur in den seltensten Fällen die Erfordernisse einer sachgerechten Steuerung. Aus diesem Grund sollte die Planung als rollierender Planung mit einem konstanten Zeithorizont gestaltet sein.

Zudem ist Planung oftmals ein rein eventgetriebener Prozess. Menschen werden einmal oder generell wenige Male im Jahr dazu genötigt in die Zukunft zu denken und sich mit ihrem Einsatzgebiet auseinanderzusetzen. Dies führt mehr oder minder zu schlechten und teilweise durch Lethargie oder politisch motivierten Vorgehensweisen zu unzureichenden Ergebnissen.

Planung sollte im täglichen Arbeitsablauf integriert werden und Erkenntnisse sollten kontinuierlich in der aktuellsten Planung angereichert werden.

4 Zusammenfassung

Die Nutzbarkeit des Wissens, welches aus Planung und vergleichbaren Aktivitäten generiert wird, basiert im Wesentlichen aus dem Erkenntnisgewinn, der daraus gezogen werden kann. Insofern der generierte Plan eine klare und verständliche Aussage über die Handlungsoptionen trifft, können daraus operative Maßnahmen abgeleitet werden, die den aktiven Prozess der Planumsetzung unterstützen. Viel zu oft wird Planung mehr als reiner Budgetierungs- oder Meldeprozess betrachtet, statt eine sinnvolle Eingliederung in den Steuerungsprozess vorzunehmen. Dieser Aufsatz hat unterschiedlichste Themengebiete der Steuerung und auch der Planung beleuchtet. Zusammenfassend wurden dabei wichtige Erfolgsfaktoren herausgearbeitet:

- Strategieprozesse kommunizieren die Zielrichtung des Unternehmens und stellen eine Vorgabe dar,
- Kommunikation der Zielrichtung und Offenlegung der Unternehmensstrategie im Unternehmen ist ein Erfolgsfaktor,
- Planung muss durch die jeweiligen Kompetenzträger durchgeführt werden,
- Klare operative Zielsetzungen sollten aus der Strategie abgeleitet werden,
- Unterstützung der Umsetzung der Ziele durch strategische Maßnahmen,
- Identifikation eines steuerungsrelevanten und ausgewogenen Kennzahlensystems,
- Ausrichtung der operativen Planung auf das ermittelte Kennzahlensystem,
- Integration der strategischen Maßnahmen in die operative Planung,
- Wesentlichkeit bei der Definition der Kennzahlen und Planungsinhalte berücksichtigen,
- Vereinfachung – Maßnahmen zur Simplifizierung der Planung gegenüber dem IST,
- Konsistenz – Methodenkonsistenz und Beibehaltung grundlegender Verfahrensweisen,
- Abgleich von operativer Planung und den im Performance Management festgelegten Zielgrößen,
- Operative Planung als Indikator für Tendenzen und Entwicklungen wahrnehmen,
- Kontinuierliche Planung – Planung als ständiger Arbeitsschritt und dadurch Eliminierung des Event-Charakters.

Ein gemeinsamer unternehmensweiter Ansatz zu Planung stellt die Unternehmen vor große Herausforderungen. Hier ist es aus unserer Sicht unausweichlich gemeinsame Standards zu definieren und diese umzusetzen. Trotzdem müssen auch die Steuerungsaspekte dezentraler Einheiten in den Betrachtungsraum gezogen werden. Eine rein zentral ausgeprägte Planung kann die lokalen Steuerungsnotwendigkeiten nicht vollständig abdecken.

Dabei kommt es nicht darauf an, einen hohen Detaillierungsgrad zu erzielen, sondern vielmehr Tendenzen und Einflüsse so zu verarbeiten, dass diese in Form eines Frühwarnsystems funktionieren, zur Ergreifung von Maßnahmen. Es ist nicht wesentlich zu wissen, dass Herausforderungen bestehen, sondern vielmehr abzuleiten, wie man diesen entgegnen kann.

Zusammenfassend kann festgehalten werden, dass sich eine gute Planung dadurch auszeichnet, dass sie in einen übergreifenden Steuerungsprozess eingebunden ist. Die in der Planung zu berücksichtigenden Indikatoren und Kennzahlen sind darauf ausgerichtet, dass mit ihnen das Unternehmen gesteuert werden kann. Sofern es sich um zu beplanende Kennzahlen handelt, ist es von entscheidender Bedeutung, dass sie beeinflussbar sind.

Management von Erfahrungswissen

CHRISTIAN SCHILCHER

Technische Universität Darmstadt

1 Einleitung

Wissensmanagement hat sich vor dem Hintergrund verschiedener gesellschaftlicher und ökonomischer Veränderungen als ein aktuelles Thema etabliert. Von großer Wichtigkeit sind in hochqualifizierten Beschäftigungsbereichen neben theoretischem Wissen implizite Wissensdimensionen wie beispielsweise Erfahrungswissen. Es ist daher folgerichtig, dass auch der Bereich der Erfahrungen gegenwärtig in den Interessenbereich betrieblicher Strategien rückt. Hierbei stellen sich andere Fragen als bei einem Wissensmanagement, das vornehmlich um den gezielten Umgang mit Informationen bemüht ist. Das Management von Erfahrungswissen benötigt neue Ideen und innovative Ansätze, um die Ebene der Informationssammlung und -aufbereitung zu überschreiten und Strukturen zum Teilen von erfahrungsgesättigtem Wissen und zum Generieren von neuem Wissen zu schaffen.

Dieser Beitrag besteht aus zwei Hauptteilen. Im ersten Hauptteil (Abschnitt 2) werden zunächst (Abschnitt 2.1) die gesellschaftlichen Hintergründen für die gegenwärtige Beschäftigung mit Wissen dargestellt. Darauf folgt (Abschnitt 2.2) die Klärung, was unter Erfahrungswissen zu verstehen ist und welche Bedeutung Erfahrungswissen im Kontext von Arbeit und Organisation besitzt. In einem nächsten Schritt (Abschnitt 2.3) wird analysiert, in welcher Art und in welchen Prozessen Erfahrungswissen weitergegeben wird. Eine wichtige zu klärende Frage hierbei ist (Abschnitt 2.4), inwieweit Erfahrungswissen explizierbar, dokumentierbar und in technischen Systemen speicherbar ist. Ausgehend von diesen Ausführungen werden dann im zweiten Hauptteil des Beitrags (Abschnitt 3) die Möglichkeiten des Managements von Erfahrungswissen erörtert. Zunächst wird (Abschnitt 3.1) die Frage der Notwendigkeit eines Managements von Erfahrungswissen diskutiert und anschließend (Abschnitt 3.2) auf den Wert von informationstechnischen Systemen eingegangen. Schließlich werden (Abschnitt 3.3) mit dem Storytelling und den Communities of Practice zwei wichtige Instrumente vorgestellt und in ihrem Potenzial bewertet. Abschließend werden dann (Abschnitt 4) zentrale Ergebnisse zusammengefasst und resümiert. Ziel des Beitrags ist es, durch theoriegeleitete Einsichten und praxisinduzierte Erkenntnisse ein Wissen von den Besonderheiten eines Managements von Erfahrungswissen zu vermitteln, auf das Umsetzungen in der betrieblichen Praxis aufbauen können.

2 Erfahrungswissen

2.1 (Erfahrungs-)Wissen in der gegenwärtigen Gesellschaft

Mit einer wirtschaftlichen Globalisierung, die durch Informations- und Kommunikationstechnologie gestützt ist, verändern sich Arbeitsabläufe und Organisationsstrukturen drastisch. Statt der Massenproduktion von Massengütern wird heute versucht, mit qualifizierten und selbstverantwortlichen Mitarbeitern hochwertige Produkte zu produzieren und innovative Dienstleistungen anzubieten. Dem Faktor Wissen kommt hier eine besondere Bedeutung zu; Wissen kann helfen, den wirtschaftlich-gesellschaftlichen Wandel zu meistern. Als wichtige Charakteristika der neuen Organisationsformen von Unternehmen sind Eigenschaften wie Flexibilität, Dezentralisierung, Prozessorientierung, Partizipation oder Intelligenz zu nennen. An die Stelle von Hierarchien treten immer häufiger flache Strukturen, Netzwerke und weitgehend autonome Einheiten. In solchen Organisationsgefügen spielen Daten, Informationen und Wissen sowie Kommunikation und Informationsflüsse eine zentrale Rolle. Angesichts der damit verbundenen Herausforderungen sind die Unternehmen immer mehr dazu übergegangen, sich um Maßnahmen zum Management der Ressource Wissen zu kümmern.

Auch mit fortschreitender Informatisierung und Digitalisierung von Arbeits- und Produktionsprozessen gehören Abweichungen von geplanten Verläufen zur Normalität.[1] Deshalb korrespondiert mit neuen Technologien immer auch der Bedarf nach neuen Kompetenzen der Mitarbeiter, um einen erfolgreichen Einsatz neuer Technologien zu sichern.[2] Beschäftigte stehen vor der Herausforderung, ihre Fähigkeiten an laufende Veränderungen anzupassen, die mit der Verbreitung der IuK-Technologien entstanden sind.[3] Die Entstehung neuer Produktionskonzepte und die damit verbundenen Requalifizierungen von Arbeitern und Angestellten werden in der neueren Diskussion auch als Tendenzen der Subjektivierung von Arbeit gedeutet.[4] Es wird dabei davon ausgegangen, dass „individuelle Handlungen und Deutungen [...] im Arbeitsprozess strukturell an Bedeutung [gewinnen]“[5]. In einer Lesart der Subjektivierung von Arbeit wird betont, dass nun von Arbeitskräften – auch auf der Ebene der Produktion – nicht mehr nur erwartet wird, dass sie vorgegebene Anweisungen ausführen, sondern auch, dass sie verstärkt Subjektqualitäten wie Eigenverantwortung, Engagement oder persönliche Erfahrungen einbringen.

Mit der Krise des *FORD*istischen Produktionsregimes kommt es zu einem Perspektivenwechsel, der darin besteht, die Erfahrungen, persönlichen Fertigkeiten und Bewältigungsstrategien des Menschen nicht mehr als störenden Restbestand vorindustrieller Produktionsweise zu betrachten, sondern die Subjektivität als Produktivitätspotenzial und nötigen Bestandteil im Rahmen informatisierter Arbeit anzuerkennen. Der Einzelne erfährt damit eine Aufwertung im Kontext moderner Arbeit. Sollen und können nach *BELL* Computersysteme menschliche Erfahrung noch substituieren,[6] ist im Kontext von Wissensarbeit immer mehr die Unverzichtbarkeit von subjektbezogenen und nicht-formalisierten Wissensbestandteilen zu betonen, weshalb der Mensch nicht durch Computer zu ersetzen, sondern in seinem Arbeitshandeln zu unterstützen ist.

Beziehen wir die beschriebenen Veränderungen von Arbeits- und Organisationsprozessen auf das Verhältnis von Information und Wissen, so wird deutlich, dass sowohl Informationen als auch Wissen an Bedeutung gewinnen und sich wechselseitig bedingen. Die so genannte Informationsgesellschaft stellt neue und durchaus enorme Informationsmöglichkeiten bereit. Die Zunahme von Informations(verarbeitungs)möglichkeiten ist jedoch nicht mit der Zunahme von Wissen gleichzusetzen. Informationsmöglichkeiten können nicht genutzt werden, wenn nicht die nötigen Umgangs- und Beherrschungsstrategien zur Verfügung stehen; eine Information beurteilt und interpretiert sich nicht von selbst. Das „Informationsdilemma“ besteht darin, dass die Ausweitung der Informationsmöglichkeiten keine Reduzierung von Unsicherheit nach sich zieht, sondern sie erhöht.[7] Wissen kommt ins Spiel, wenn aus einer Viel-

---

1 Vgl. *BÖHLE ET AL.* (2001), S. 97.

2 Vgl. *MALSCH* (1987), S. 80, und *BÖHLE/ROSE* (1992), S. 145.

3 Vgl. *WELSCH* (1997), S. 57.

4 Vgl. *MOLDASCHL/VOSS* (2001).

5 *KLEEMANN ET AL.* (2002), S. 53.

6 Vgl. *BELL* (1985), S. 45 ff.

7 Vgl. *RÖTZER* (1998) und *KUHLEN* (1999), S. 23.

zahl von Informationsmöglichkeiten fruchtbar und gewinnbringend selektiert, interpretiert und kontextualisiert wird. Pointiert formuliert: Information ohne Wissen in all seinen Dimensionen, also auch mit seinen erfahrungsbasierten Seiten, bleibt unsinnig oder unbedeutend. Deshalb sind im Kontext hochqualifizierter Wissensarbeit nicht nur Fragen des Informationsmanagements von großer Wichtigkeit, sondern auch die des Umgangs mit (Erfahrungs-) Wissen.

2.2 Erfahrungswissen und seine Bedeutung im Arbeitskontext

Um Wissen über das Management von Erfahrungswissen zu erlangen ist es wichtig zu klären, welchen Charakter und welche Eigenschaften Erfahrungswissen besitzt. Um adäquate Ansätze und Maßnahmen für einen zielgerichteten Umgang mit Erfahrungswissen zu finden, sind die Grundstrukturen des Erfahrungswissens zu kennen und zu berücksichtigen.

Wenden wir uns zunächst dem Begriff der Erfahrung zu. Der Begriff der Erfahrung besitzt eine lange Tradition und weist unterschiedliche Bezüge auf. So durchzieht er die Geschichte der Philosophie[8] und ist gleichzeitig alltagssprachlich aufgeladen. Es ist daher im Rahmen kürzerer Ausführung nicht zu leisten, „die mannigfaltigen und komplexen Bedeutungen, die mit dem Erfahrungsbegriff historisch und gegenwärtig assoziiert sind, erfolgreich auf einen Generalnenner, auf ein durchgängiges Konzept der Erfahrung zu beziehen“[9].

Für diesen Beitrag wird der Begriffsumfang und Bedeutungsgehalt von Erfahrung und Erfahrungswissen über den Arbeitskontext erschlossen. Erfahrung wird im Folgenden verstanden als ein unvermitteltes, direktes, körperliches Erleben, an dem potenziell alle Sinne beteiligt sind. Erfahrung in diesem Sinne zielt auf eine ganzheitliche Erfahrung, die von jedem Menschen persönlich gemacht werden muss. Solche Erfahrungen können in unterschiedlichen Konstellationen gesammelt werden, beispielsweise mit anderen Menschen, mit Technologien oder mit Strukturen in einer Organisation. Zu unterscheiden sind auch verschiedene Umgebungen, in denen Erfahrungen gemacht werden können. Erfahrungen werden in kulturellen, wissenschaftlichen wie in beruflichen Kontexten oder in Bereichen des alltäglichen Lebens gesammelt. Diese Erfahrungen, die mit verschiedenen Dingen in verschiedenen Kontexten gemacht werden, sind der „Rohstoff“ für Erfahrungswissen, sie sind also eine Voraussetzung und Disposition für Erfahrungswissen.

Erfahrungswissen entsteht durch die Zusammenführung von Erfahrung und Wissen. Erfahrung allein garantiert noch kein Wissen, aus Erfahrung wird man nicht automatisch klug. Erfahrung ist von großer Wichtigkeit für Wissen und Handeln, gleichzeitig lassen sich komplexe Probleme nicht ausschließlich unter Bezug auf Erfahrungen kompetent lösen. Erfahrungen müssen eingebettet werden in frühere Wissensbestände. Erfahrungen reichen allein nicht zum Klugsein aus, doch die Klugheit kommt nicht ohne Erfahrung aus.[10]

---

8 Vgl. hierzu beispielsweise den Abschnitt zum Erfahrungsbegriff aus *Ritter/Gründer/Gabriel* (1971–2007), dem Historischen Wörterbuch der Philosophie.

9 *Dieckmann* (1997), S. 744.

10 Vgl. *Dewey* (1966), S. 144, *Gruschka* (1988), S. 84, und *Dieckmann* (1997), S. 747.

Erfahrungswissen ist nicht als ein in der Vergangenheit angesammelter „Erfahrungsschatz" zu verstehen, der durch Routine erworben wurde und ein Können repräsentiert, der aber für die Bewältigung neuer Situationen eher hinderlich ist und neuen Erfahrungen abwehrend gegenüber steht. Erfahrungswissen soll vor allem auch als ein Wissen verstanden werden, das zur Bewältigung neuer Situationen befähigt und insbesondere in der Auseinandersetzung mit Neuem im Sinne des „Erfahrung-Machens" erworben und kontinuierlich weiterentwickelt wird.[11] Es geht um eine Art von Erfahrung, die gemachte Erfahrungen nutzt und neue Erfahrungen integriert. Erfahrungswissen meint das produktive Rekurrieren auf alte Erfahrungen, den produktiven Umgang mit neuen Erfahrungen und die Anschlussfähigkeit an weitere Dimensionen des Wissens.

Erfahrungswissen ist in seiner Bedeutung kaum zu unterschätzen. Beispielsweise befähigt Erfahrungswissen zu verschiedenen Fähigkeiten und Fertigkeiten, wie beispielsweise ein Gefühl für eine Maschine zu besitzen, einen ganzheitlichen Blick auf eine technische Anlage zu haben, Unregelmäßigkeiten wahrzunehmen, bevor sie von technischen Anzeigen signalisiert werden und zu Störungen führen, das Einschätzungsvermögen von verschiedenen sinnlichen Eindrücken, assoziatives Denken, das blitzschnelle Handeln ohne langes Nachdenken, explorative und dialogisch-interaktive Vorgehensweisen oder persönlich und emotional gefärbte Beziehungen zu Arbeitsmitteln und Materialien. Dies hat seine Bedeutung beispielsweise für die Fähigkeit des blitzschnellen Handelns in zeitlich kritischen Situationen. Dann wenn etwas „schief läuft" oder „schlecht aussieht", besitzt schnelles, „intuitiv" richtiges Vorgehen Vorrang vor analytisch-rationalem.[12] Arbeitende sind auf ihre Erfahrungen und ihr Gespür angewiesen, beispielsweise wenn es darum geht, die Unwägbarkeiten von technischen Systemen oder von Projektverläufen zu bewältigen. Dort, wo kein anderes, bereits vorhandenes Wissen verfügbar ist, kommt es darauf an, im eigenen praktischen Handeln Erfahrungswissen anzupassen und weiterzuentwickeln. Begrenzt objektivierbares Erfahrungswissen, das nicht der Logik eines rationalistischen Wissensverständnisses folgt, ist deshalb für das menschliche Arbeitsvermögen mehr hilfreich als störend und gegenüber theoretischem Wissen nicht als minderwertig zu betrachten.[13] Von dem Wert des Erfahrungswissens profitieren in einem besonderen Maße hochqualifizierte Wissensarbeiter, da ihre Tätigkeiten nicht exakt vorzustrukturieren sind, sondern sich dadurch auszeichnen, dass sie wechselnden Bedingungen und Einflüssen unterliegen, auf die die Wissensarbeiter flexibel und innovativ reagieren müssen. Fundiertes theoretisches oder technisches Fachwissen, wie es beispielsweise die berufliche oder wissenschaftliche Ausbildung vermittelt, ist und bleibt im Arbeitskontext unverzichtbar. Ohne dieses Wissen werden die Beschäftigten nicht erfolgreich agieren können. Aber die Vorstellung, Menschen würden stets vor ihrem Handeln zunächst einen innerlichen Analysevorgang durchmachen und gut begründbar aus ihren Handlungsoptionen rational auswählen, ist eine „intellektualistischen Legende"[14].

Verschiedene arbeitssoziologische Studien haben die Wichtigkeit von subjektiven Erfahrungen und Einschätzungen, komplexen sinnlichen Wahrnehmungen oder emotional eingefärbten Beziehungen zum Arbeitsgegenstand herausgearbeitet. Es liegen empirische Studien vor zur chemischen Industrie,[15] zur Papierindustrie,[16] zur Arbeit an CNC-Werkzeugmaschinen,[17]

---

11 Vgl. *PORSCHEN* (2008), S. 74.

12 Vgl. *FLEIG/SCHNEIDER* (1995), S. 8, und *SCHACHTNER* (2007), S. 76 f.

13 Vgl. *DEUTSCHMANN* (1989), S. 380.

14 *RYLE* (1969), S. 32.

15 Vgl. *BAUER ET AL.* (2002).

zur Metallindustrie,[18] zur Sozialen Arbeit,[19] zum Projektmanagement,[20] zum Programmieren,[21] FriseurInnen[22], zum Information-Broking,[23] zu qualifizierten Beschäftigten im technischen Kundendienst[24] und zur Medizin und Pflege[25].

Das, was in dem vorliegenden Beitrag unter Erfahrungswissen verstanden wird, taucht in der Literatur in Variationen unter verschiedenen Bezeichnungen auf: *BÖHLE* favorisiert den Begriff „Erfahrungswissen“, verwendet aber auch „praktische Intelligenz“[26] oder „prozeßspezifische Kenntnisse“[27]. Weitere Begriffe sind: „Produktionsintelligenz“[28], „Werkstattintelligenz“[29], „Arbeiterintelligenz“ oder „Arbeitswissen“[30], „Produzentenwissen“[31], „Arbeitswissen“ oder „betriebliches Wissen“[32], „Arbeitsprozeßwissen“[33], „Handlungswissen"[34], „stillschweigende Qualifikation“ oder „tacit skills“[35], „tacit knowledge“[36], „Situated Cognition“[37].

Der Begriff Erfahrungswissen betont, ebenso wie die im vorangegangenen Absatz genannten Begriffe, den dynamischen Prozesscharakter von Wissen. Verstehen, Interpretieren oder Urteilen als Momente, an denen Erfahrungswissen maßgeblich beteiligt ist, sind als intellektuelle Vorgänge dynamische Prozesse und machen darauf aufmerksam, dass Wissen (als Substantiv) auch wissen (als Verb), also neben knowledge auch knowing ist. Um an *RYLE* anzuschließen: Es handelt sich mit Erfahrungswissen eher um ein „know how“ als um ein „know that“.

---

16 Vgl. *KRENN/FLECKER* (2000).
17 Vgl. *MARTIN/ROSE* (1992).
18 Vgl. *FLEIG/SCHNEIDER* (1995).
19 Vgl. *KRUSE* (2004).
20 Vgl. *PORSCHEN/BÖHLE* (2005).
21 Vgl. *MOLZBERGER* (1988).
22 Vgl. *DUNKEL* (2003).
23 Vgl. *PFEIFFER* (1999).
24 Vgl. *PFEIFFER* (2004).
25 Vgl. *BENNER* (1994), *SCHACHTNER* (1999), *BÜSSING ET AL.* (2002a), *BÜSSING ET AL.* (2002b), *BÖHLE/WEISHAUPT* (2003) und *MANZEI* (2003).
26 *BÖHLE/MILKAU* (1989), S. 260.
27 *BÖHLE/ROSE* (1992), S. 110.
28 *KERN/SCHUMANN* (1984), S. 174.
29 *KERN/SCHUMANN* (1984), S. 188.
30 *HOFFMANN* (1979), S. 246, und S. 249.
31 *KOCYBA* (2000), S. 43.
32 *SCHUMM* (1999), S. 161 und S. 163.
33 *FISCHER* (2000).
34 *PROBST/RAUB/ROMHARDT* (1999), S. 195.
35 *WOOD* (1986), S. 85 f.
36 *BÖHLE/MILKAU* (1988), S. 4, und *TURNER* (1995).
37 *KIRSHNER/WHITSON* (1997).

Hat *DANIEL BELL* mit seiner Definition von Wissen als „Sammlung in sich geordneter Aussagen über Fakten oder Ideen, die ein vernünftiges Urteil oder ein experimentelles Ergebnis zum Ausdruck bringen und anderen durch irgendein Kommunikationsmedium in systematischer Form übermittelt werden [...]“[38] die objektive und rationalistische Seite des Wissens betont, so verweist der Begriff Erfahrungswissen auf eine andere Dimension des Wissens. Erfahrungswissen existiert nicht in der Form von grammatischen Sätzen, mathematischen Ausdrücken, technischen Daten, Handbüchern oder dergleichen. Es liegt nicht als ein Set klarer Regeln vor und ist nicht zwangsläufig einer objektiven, rational-analytischen Prüfung zugänglich. Erfahrungswissen folgt einem anderen Modus als das wissenschaftlich-theoretische, objektive Wissen. Erfahrungswissen hat vielmehr impliziten Charakter, da es schwer fassbare Aspekte wie Gefühle, persönliche Überzeugungen und Perspektiven aufweist. Erfahrungswissen ist durch seine enge persönlich-körperliche Bindung an Personen auch als eine Art „Tiefenwissen“[39] zu verstehen. Zu dieser Vorstellung passt auch das Bild des Eisberges, das gerne in diesem Zusammenhang verwendet wird. Über der Wasseroberfläche befindet sich der für alle sichtbare Teil des Wissens; unter der Oberfläche befindet sich der – so wird gerne vermutet – größere, verborgene Teil, zu dem auch das Erfahrungswissen gehört.

Aus der Unter- bzw. Hintergründigkeit des Erfahrungswissens resultiert seine strukturelle Unbestimmtheit, die begründet, dass über Erfahrungswissen immer auch Nichtwissen bestehen bleibt. Wir wissen über Erfahrungswissen, dass wir über seine Struktur und Beschaffenheit kein vollständig explizites Wissen erlangen können. Diese nicht aufzulösende Unbestimmtheit des Erfahrungswissens ist kein Problem, sondern sein Merkmal. Erfahrungswissen bildet eine hintergrundbewusste und nicht formalisierte Ebene des Wissens und gerade aufgrund dieser nicht-expliziten Verfasstheit des Erfahrungswissens besitzt es seine besondere Qualität und Potenz.

2.3 Austausch und Weitergabe von Erfahrungswissen

Um Wissen über das Management von Erfahrungswissen zu erlangen ist es wichtig zu analysieren, wie in Organisationen die Beschäftigten Erfahrungswissen austauschen und weitergeben. Denn dies sind die Prozesse und Praxisformen, die es beim Vorhaben eines zielgerichteten Umgangs mit Erfahrungswissen zu berücksichtigen gilt.

Bei der Suche und der Aneignung von Informationen stehen Beschäftigten unterschiedliche technische Informationsquellen wie das Internet, Intranet, Datenbanken oder andere technische Ressourcen zur Verfügung.[40] Allerdings spielt bei Informationsprozessen auch der persönliche Kontakt zwischen Kollegen eine große Rolle.[41] Bei der Erfahrungsweitergabe besitzen die technischen Ressourcen eine geringere, die persönlichen Kontakte dafür eine noch größere Bedeutung.

---

38 *BELL* (1985), S. 180.

39 *PROBST* (1999), S. 26.

40 Vgl. *YITZHAKI/HAMMERSHLAG* (2004) und *KRAAIJENBRINK* (2007).

41 Vgl. *HERTZUM/PEJTERSEN* (2000), S. 763, und *YITZHAKI/HAMMERSHLAG* (2004), S. 836.

Eine Studie zu Entwicklungsingenieuren in der Automobilindustrie[42] zeigt, dass in den untersuchten Unternehmen zwar unterschiedliche Informations- und Dokumentationssysteme existieren, die Ingenieure diese aber nicht nutzen, wenn es um Prozesse des Erfahrungswissens geht, sondern den persönlichen Kontakt bevorzugen, weil sie darin den besten und effektivsten Weg des Erfahrungsaustauschs sehen. Die Ingenieure erstellen selbst ungern Dokumentationen zum Erfahrungswissen, da sie Probleme haben, dieses in Worte zu fassen und sie halten auch die Dokumentationen von Kollegen für ihren eigenen Bedarf an Erfahrungswissen für nicht besonders fruchtbar. Daher besteht der Normalfall bei den Ingenieuren im Austausch von Erfahrungswissen durch direkte, persönliche Face-to-Face Kommunikation, meist innerhalb eines Standortes oder einer Abteilung. Es ist nicht selten, dass auch das Telefon oder E-Mails als Kommunikationswege genutzt werden; häufig steht aber das persönliche Gespräch am Ende dieser technisch vermittelten Kommunikationswege.

Die Weitergabe von Erfahrungswissen erfolgt sowohl intendiert als auch ungeplant. Ungeplant kann beispielsweise bei einem Gespräch auf dem Gang oder bei einem gemeinsamen Mittagessen wertvolles Erfahrungswissen ausgetauscht werden, ohne dass dies von den Beteiligten im Vorfeld erahnt wurde. Anlässe für den intendierten Austausch von Erfahrungswissen sind Probleme oder Unklarheiten, die sich Beschäftigten konkret in der Praxis an speziellen Fragen oder Themen stellen. Erfahrungswissen wird also nicht im Vorhinein als Vorrat mit Blick auf irgendeine potenzielle zukünftige Verwertungsmöglichkeit weitergegeben, sondern konkret und zeitnah zu einem aktuellen Gegenstandsbereich.

Geht es um die Weitergabe von umfangreicherem Erfahrungswissen, beispielsweise bei der Übertragung einer Geschäftsführung von einer Person auf eine andere, dann ist dies nur in einem längerfristigeren Prozess möglich. Eine ideale Konstellation ist hierbei der gleitende Übergang zwischen Stelleninhaber und Nachfolger, in dem einige Zeit eine Zusammenarbeit stattfindet, die dann langsam reduziert wird, bis der Stelleninhaber bis zum vollständigen Rückzug noch eine Weile beratend zur Verfügung steht. Diese Situation ist aus der Perspektive des Erfahrungswissens eine Idealkonstellation, die vorzufinden ist, wenn in einem Familienbetrieb die Geschäftsführung beispielsweise vom Vater auf die Tochter übertragen wird. Schwieriger ist die Situation, wenn eine Stelle eine zeitlang unbesetzt bleibt oder nicht mehr erneut besetzt wird. An solchen Herausforderungen können Strategien zum Management von Erfahrungswissen ansetzen. Realistischerweise muss jedoch anerkannt werden, dass mit dem Ausscheiden von Mitarbeitern immer auch Erfahrungswissen verloren geht.

Beim Austausch von Erfahrungswissen wird Erfahrungswissen nicht eins zu eins von einer Person auf eine andere übertragen. Es wurde im Vorangegangen ausgeführt, dass Erfahrungen persönliche Ereignisse sind, an denen alle Sinne beteiligt sind und die durch die Integration in bestehende persönliche Wissensstrukturen zu Erfahrungswissen werden. Bei der Weitergabe von Erfahrungswissen wird kein unpersönliches „Paket“ von einer Person zur nächsten zugestellt, sondern das persönlich kolorierte Erfahrungswissen der einen Person trifft in einem Kommunikationsprozess auf die bestehenden Wissensbestände aus Fach- und Erfahrungswissen der anderen Person, deren intelligentes Mitwirken bei diesem Prozess unbedingt notwendig ist.[43] Die Weitergabe von Erfahrungswissen ist in dieser Situation genau genommen mehr als eine Weitergabe, es handelt sich um einen Lernprozess und zwar auf beiden Seiten. Derjenige, der sein Erfahrungswissen weitergeben soll, muss darüber nachdenken, was und wie er sein Erfahrungswissen vermitteln möchte. Dabei mag er auch Rückfragen und eigene

---

42 Vgl. *Albert* (2008), und zusammenfassend *Albert/Schilcher* (2008).

43 Vgl. *Polanyi* (1985), S. 15.

Sichtweisen seines Gesprächspartners erhalten, die ihm ebenso wie seine Selbstreflexion zu neuen Einsichten führt. Ebensolche Wissensprozesse finden bei der Erfahrungswissensweitergabe auch auf Seiten des Gesprächspartners statt, der das Vermittelte vor dem Hintergrund seines eigenen Wissensstandes einordnet. Das Bild des Pakets, das einseitig von A nach B gegeben wird, ist also falsch.

Demnach können wir festhalten: Austauschprozesse von Erfahrungswissen sind:

- Kommunikationsprozesse
- Verständigungs- und Reflexionsprozesse
- Lernprozesse

Wir können nun fragen, was die notwendigen Rahmenbedingungen für die Austauschprozesse von Erfahrungswissen sind, also wie die unterstützenden Kontexte aussehen.

Um Prozesse des Erfahrungswissens zu fördern, sind persönliche Gespräche wichtig, in denen sich Personen über ihre Probleme und Ideen austauschen können. Dafür ist eine räumliche Nähe der Personen zuträglich, da dies eine Voraussetzung für persönliche Treffen und Kommunikation darstellt.[44] Auch lassen sich Büros und Arbeitsplätze räumlich so einrichten, dass sich ihre Struktur positiv auf Wissensprozesse auswirkt.[45]

Weitere wichtige Elemente für den Austausch von Erfahrungswissen sind das persönliche Kennen von Personen und funktionierende Netzwerke. Personen wenden sich an ihnen bekannte Kollegen oder aktivieren ihre persönlichen Netzwerke, wenn sie Fragen haben und Erfahrungswissen benötigen. „Wen kann ich fragen?" kommt für Beschäftigte häufig noch vor der Frage „Was möchte ich wissen?".[46]

Verhaltensmuster, Arbeitsmethoden und Kommunikationsstile können länder- aber auch fachspezifisch sehr unterschiedlich sein. Das Nichtverstehen solcher kultureller Differenzen kann einen Erfahrungsaustausch praktisch unmöglich machen. In Netzwerken von untereinander bekannten Personen werden oftmals ähnliche kulturelle Hintergründe geteilt, die ein besseres gegenseitiges Verständnis sichern. Die geteilten kulturellen Hintergründe gehen einher mit einer gemeinsam geteilten Sprache, was bedeutsam ist, da Erfahrungsaustausch in einer fremden Sprache für viele Beschäftigte weitaus schwieriger stattfindet. Zusätzlich zur selben Muttersprache wirkt sich auch eine gemeinsame Fachsprache positiv auf den Erfahrungsaustausch aus.

Eine Grundvoraussetzung für gelingende Erfahrungswissensprozesse ist die Bereitschaft und Motivation der involvierten Personen zum Austausch. Diese Bereitschaft zum Erfahrungsaustausch hängt auch davon ab, inwieweit Respekt und Anerkennung zwischen den Personen empfunden wird. Ohne das Gefühl der Anerkennung der eigenen Person tendiert die Motivation von Beschäftigten zu einem weitergehenden Engagement im Unternehmen gegen Null.

---

[44] Vgl. *HUSTAD* (2004), S. 59.

[45] Vgl. *MUSCHIOL* (2007).

[46] Vgl. *ALBERT* (2008).

Negativ auf den Austausch von Erfahrungswissen kann der Machtaspekt des Wissens wirken. Austauschprozesse von Erfahrungswissen stehen nicht außerhalb von persönlichen Interessen, Machtverhältnissen und -kämpfen in der Organisation. Personen können ihr eigenes Wissen gegenüber anderen abgrenzen – sei es strategisch berechnend oder abwehrend ängstlich –, um die eigene Position abzusichern. In Zeiten, in denen Beschäftigte ihre Arbeitsplätze nicht als sicher empfinden, ist dies keine ungewöhnliche Handlungsoption. Mit dem eigenen Wissen strategisch auf die eigenen Perspektiven ausgerichtet zu agieren ist der Ausdruck dafür, was *Francis Bacon* als Ausspruch zugeschrieben wird: Wissen ist Macht. Wächst der Stellenwert der Ressource Wissen im Unternehmen und geht damit vielleicht noch die Gefahr des Stellenabbaus einher, dann nimmt die Bedeutung des Wissens als Machtressource weiter zu.[47]

Die Elemente des Erfahrungswissensaustausches wie Motivation, Interaktion, Respekt, Anerkennung oder Macht führen zu dem Aspekt der Unternehmenskultur. Ganz wesentlich für den Austausch von Erfahrungswissen ist das „Wissensklima" einer Organisation, weshalb eine lebendige „Wissenskultur" eine zentrale Orientierung des Wissensmanagements darstellen muss. Mitarbeiter müssen am eigenen Leib die Erfahrung machen, dass sie lernen dürfen, Wissen teilen und einbringen können. Es bedarf eines Klimas, das dazu führt, dass Personen sich nicht scheuen, Fragen zu stellen, in dem Beschäftigte nicht eingeschüchtert sind, wenn sie einen Fehler gemacht haben und in dem sie sich angeregt fühlen, über innovative Lösungen nachzudenken. Es muss das Gefühl oder die Gewissheit bestehen, dass in der Organisation die Beachtung des Aspektes Wissen ernst genommen wird und sich in den alltäglichen Praxen niederschlägt. Die Führung eines Betriebes ist dabei gefordert: Sie muss sich klar zu den Bemühungen um Wissensmanagement bekennen und aktiv Unterstützungsleistungen erbringen.

Die unterstützenden Rahmenbedingungen für den Austausch von Erfahrungswissen können wir in folgenden Punkten zusammen:

- Persönliche Face-to-Face Interaktionen, d. h. nicht-technisch vermittelte Treffen von Personen
- Räumliche Strukturen, welche die Interaktionen ermöglichen bzw. unterstützen
- Geteilte kulturelle und sprachliche Hintergründe
- Persönliche Bereitschaft und Motivation zum Austausch von Erfahrungswissen
- Respekt und Anerkennung zwischen den beteiligten Personen
- Eine wissensfreundliche Unternehmenskultur

2.4 Dokumentation von Erfahrungswissen

Um die Herausforderungen eines Managements von Erfahrungswissen präzisieren zu können, soll in diesem Abschnitt speziell auf die Frage eingegangen werden, inwieweit sich Erfahrungswissen explizieren und in Formen wie Dokumentationen bringen lässt. Kann man Erfahrungswissen objektivieren und in einem Computersystem speichern?

---

47 Vgl. *Wilkesmann/Rascher* (2005), S. 20.

PROBST/RAUB/ROMHARDT formulieren, dass nur was messbar oder bewusst gemacht werden kann, auch gemanagt werden kann.[48] Man könnte es umformulieren und sagen, dass das, was nicht dokumentiert ist auch nicht da ist und folglich keinem Managementansatz zugeführt werden kann. Richtig ist, dass das, was nicht dokumentiert ist, vergänglicher und fragiler als das Niedergeschriebene ist und auch leichter dem Verschwinden anheim fällt. Dennoch wirken in Betrieben eine Vielzahl von ungeschriebenen Werten und Normen jenseits von festgeschriebenen Organisations- und Verfahrensregeln. Diese informellen Strukturen von Organisationen sind existent und wirksam genauso wie das zu großen Teilen unter der Oberfläche wirksame Erfahrungswissen. Es ist zutreffend, dass der weitgehend nichtdokumentierte Zustand des Erfahrungswissens eine Herausforderung für das Management von Erfahrungswissen darstellt. Das Dokumentieren von Erfahrungswissen bietet jedoch nur eine unbefriedigende Lösung, da dieses Vorgehen verschiedenen Limitierungen unterliegt.

Ausschnitte des Erfahrungswissens können durch wissenschaftliche Techniken, durch Reflexionsprozesse oder in Diskursverläufen durchaus in begrenztem Umfang explizit gemacht werden.[49] Mit dem Konzept des Storytelling wird später solch ein Konzept vorgestellt und diskutiert. Es zeigt sich dabei, dass die Bemühungen um Dokumentation diffizil und zuweilen sehr aufwendig sind und letztlich nicht die Tatsache verändern, dass Erfahrungswissen in seiner Komplexität nicht vollständig aufschlüsselbar, positiv bestimmbar und damit nicht formalisierbar ist. Es weist trotz Explizierungsmöglichkeiten stets Bereiche auf, die nicht objektiviert sind und vor einer Objektivierung zurückweichen. Durch den starken Situations- und Praxisbezug und der Bedeutung von Körperempfindungen sind Erfahrungen letztlich immer auch vom Einzelnen selbst zu erleben.

Eine Konsequenz der Verwicklung der Erfahrung mit tieferen persönlichen Ebenen ist, dass Erfahrung stets nur in einem gewissen Umfang explizit gemacht werden kann.[50] „The legitimate purpose of formalization lies in the reduction of the tacit coefficient to more limited and obvious informal operations; but it is nonsensical to aim at the total elimination of our personal participation.“[51] Man kann zwar im Rahmen von Wissensmanagement Beschäftigte auffordern, ihre Erfahrungen aufzuschreiben und in eine Datenbank einzugeben, ob die Beschäftigte das – ihr guter Wille möge vorausgesetzt sein – auch können und ob Andere von den Resultaten profitieren können, ist fraglich. Es ist vielmehr so, dass es uns oft schwer fällt zu definieren, wie und warum wir etwas können oder warum wir etwas wissen, eben weil Wissen davon profitiert, dass es sich auf einen persönlichen, erfahrungsreichen, impliziten Wissenshintergrund stützt und verlässt. Wir können festhalten, dass „wir mehr wissen, als wir zu sagen wissen“[52].

Unter Rückbezug auf die spezifische Charakteristik von Erfahrungswissen kann konstatiert werden, dass die Dokumentation von Erfahrungswissen ein sehr schwieriges und mit vielen Hindernissen ausgestattetes Unterfangen ist. Denken wir zusätzlich an die Merkmale des Austausches von Erfahrungswissen, wie sie im vorangegangen Abschnitt beschrieben wurden, dann ist die Dokumentation von Erfahrungswissen nicht nur schwierig, sondern auch wenig sinnvoll, da sie an zentralen Merkmalen des Austausches von Erfahrungswissen vor-

48 Vgl. *PROBST/RAUB/ROMHARDT* (1999), S. 321.

49 Vgl. *RAMMERT* (2007), S. 150.

50 Vgl. *POLANYI* (1958), *POLANYI* (1985) und *SCHILCHER* (2006), S. 123 ff.

51 *POLANYI* (1958), S. 259.

52 *POLANYI* (1985), S. 14.

beigeht. Beschäftigte tauschen Erfahrungswissen aus, indem sie miteinander diskutieren, etwas gemeinsam bearbeiten oder sich gegenseitig etwas zeigen, die explizierte Dokumentation ist jedoch nicht interaktiv, sondern unpersönlich. Sie richtet sich nicht an bekannte Personen oder ein bestehendes Netzwerk und ist nicht auf ein konkretes Problem eines Beschäftigten bezogen. Der Person, die die Dokumentation liest, fehlt der Gesprächspartner, der absichern kann, dass die Inhalte missverstanden oder unmündig übernommen oder „blind" angewendet werden. Die rezipierende Person muss sich mit einer Dokumentation auseinandersetzen, bei deren Erstellung der Autor Schwierigkeiten hatte, überhaupt die richtige Form für sein Erfahrungswissen zu finden. Bei der oben zitierten Studie zu den Ingenieuren in der Automobilindustrie wurde bereits angedeutet, dass die Motivation zur Dokumentation von Erfahrungswissen recht gering ist, da nicht nur ihre Nützlichkeit die Beschäftigten nicht vollständig überzeugt, sondern auch weil die Erstellung als eine erhebliche zusätzliche Belastung empfunden wird. Nicht zuletzt hat für die Beschäftigten der Vorgang, etwas Schwarz auf Weiß in ein Dokumentensystem niederzulegen, eine andere Bedeutung, als bekannten Kollegen Erfahrungswissen unter vier Augen mitzuteilen. Dokumentationen werden leichter beeinflusst durch die Machtaspekte von Wissen und entsprechenden individuellen Strategien; die Angst sich überflüssig zu machen führt dazu, nur das zu formulieren, was die eigene Person im guten Licht erscheinen lässt.

Jenseits dieser Legitimitätsproblematik ist die Qualitätssicherung der Dokumentationen eine weitere Herausforderung. Die Systeme, in die Dokumentationen abgelegt werden, müssen beständig gepflegt und weiterentwickelt werden. Allzu leicht entstehen Dokumentenfriedhöfe, auf denen gute Dokumentationen zwischen schlechten Dokumentationen aufgrund einer fürchterlichen Systematisierung kaum zu finden sind. Diese Herausforderungen sind nicht spezifisch für die Dokumentation von Erfahrungswissen, sondern sie verweisen auf grundsätzliche Fragen der Informationswissenschaft, die zu den oben genannten spezifischen Problemen der Dokumentation von Erfahrungswissen jedoch noch hinzukommen.

3 Möglichkeiten des Managements von Erfahrungswissen

Im ersten Teil dieses Beitrags wurden beschrieben, was unter Erfahrungswissen zu verstehen ist, welche Besonderheiten es aufweist, in welchen Prozessen es ausgetauscht wird und wie es um die Dokumentierbarkeit von Erfahrungswissen bestellt ist. Vor diesem Hintergrund werden im zweiten Teil des Beitrags die Möglichkeiten des Managements von Erfahrungswissen weiter präzisiert. Es wird dargelegt, wie die Spezifika des Erfahrungswissens in Ideen und Konzepte zu einem strukturierten Umgang mit Wissen Eingang finden können. Also: Wie kann im Unternehmen mit Erfahrungswissen im Rahmen von Wissensmanagement umgegangen werden? Beginnen wollen wir allerdings mit der Frage, inwieweit das Management von Erfahrungswissen überhaupt notwendig ist.

3.1 Ist ein Management von Erfahrungswissen notwendig?

Wissensmanagement soll eine Organisation beispielsweise in die Lage versetzen zu wissen, was die Kunden brauchen und zukünftig wünschen, in welcher Verfassung sich die Konkurrenz befindet, was die Kollegen wissen oder wo Wissen auf dem schnellsten Weg zu beziehen ist. Mit Wissensmanagement machen es sich Betriebe zur Aufgabe, über relevantes Wissen zum richtigen Zeitpunkt am richtigen Ort zu verfügen. Das Wissen der Mitarbeiter wie das externer Partner soll – so die Hauptidee des Wissensmanagements – festgestellt, gespeichert, ausgetauscht, vernetzt und gefördert werden, wobei im besten Fall diese Prozesse nicht als eine Reihe von losen, voneinander unabhängigen Aktivitäten gestaltet werden, sondern im Zusammenspiel zu dem Entstehen einer intelligenten Organisation beitragen.

Allgemeine Aufgabenstellungen des Wissensmanagement wie sie beispielsweise in den Konzepten *PROBST/RAUB/ROMHARDT*[53] oder *NONAKA/TAKEUCHI*[54] entworfen wurden, visieren unterschiedliche Gegenstands- und Geschäftsbereiche an. Wissensmanagement wird heute nach der „Übergangsphase von der Euphorie zur Praktikabilität" in Betrieben jedoch kaum noch als umfassendes Konzept verstanden, das der Schlüssel zur Lösung vielfältiger Probleme ist.[55] Nach der „allmählichen Aufklärung über übertriebene Erwartungen"[56] rücken nun stärker die praxisorientierten Analysen der Praxis des Wissensmanagements mit ihren unterschiedlichen Chancen und Problemen in den Vordergrund. Es muss also von Seiten eines Unternehmens zunächst ernsthaft überlegt werden, ob ein Wissensmanagement gebraucht wird. Dem Thema des vorliegenden Beitrags entsprechend wäre zu klären, ob Maßnahmen zum zielgerichteten Umgang mit Erfahrungswissen notwendig sind. Sinnvoll ist es, wenn ein Wissensproblem den Ausgangspunkt für ein Wissensmanagement markiert.

Erfahrungswissensprobleme wäre beispielsweise: Wie kann mit wichtigem Erfahrungswissen von speziellen Mitarbeitern umgegangen werden, die die Organisation verlassen? Wie können Erfahrungen über wichtige Großkunden unter Mitarbeitern des Vertriebs ausgetauscht werden? Wie kann Erfahrungswissen für Produktinnovationen zusammengeführt werden?

Die Frage nach einem Wissensproblem und der grundsätzlichen Notwendigkeit eines Managements von Erfahrungswissen ist wichtig, denn schließlich lässt sich ein Unternehmen mit dem Management von Erfahrungswissen auf einen schwierigen und ambitionierten Prozess ein. Deshalb ist es wichtig zu wissen, ob der Bedarf eines Unternehmens nicht eher bei einem guten Informationsmanagement liegt, durch das beispielsweise wichtige technische Daten zu konkreten Aufgaben schnell und zuverlässig abgerufen werden können, wodurch die Informationssituation im Unternehmen verbessert wird. Dies kann sehr wichtig und fortschrittlich für einen Betrieb sein, ohne dass dabei Prozesse des Erfahrungswissens strukturiert angegangen wären. Es sollte klar sein, dass das Management von Erfahrungswissen kein Muss für jede Organisation darstellt. In genügend Unternehmen funktionieren Erfahrungsprozesse und Wissensflüsse in bestehenden Strukturen gut, ohne dass dazu je ein Wissensmanagementkonzept umgesetzt worden wäre.

---

53 Vgl. *PROBST/RAUB/ROMHARDT* (1999).

54 Vgl. *NONAKA/TAKEUCHI* (1997).

55 Vgl. *KATENKAMP* (2002), S. 18.

56 *FRAUNHOFER-WISSENSMANAGEMENT COMMUNITY* (2005), S. 15.

3.2 Welche Rolle spielt Informationstechnik?

Das Management von Erfahrungswissen ist keine Aufgabe, die im Wesentlichen technisch zu lösen ist. Daraus sollte jedoch keine generelle technikfeindliche Position abgeleitet werden, von der aus die Relevanz von computergestützten Informations- und Dokumentenmanagementystemen geschmälert oder gar in Abrede gestellt werden kann. So wie neben Erfahrungswissen, Gespür und Soft Skills Fach- und Faktenwissen unersetzbar bleibt, so sind heute auch informationstechnische Systeme für qualifizierte Arbeit von zentraler Bedeutung. Es handelt sich hier um einen wichtigen Bereich des Wissensmanagements, der für Betriebe keine triviale oder unwichtige Aufgabe darstellt. Durch das Management von Daten und Informationen alleine kann der Komplexität von Erfahrungswissen jedoch nicht gerecht werden. Es wäre zu einfach, würde man behaupten, eine technische Lösung zur Systematisierung von Daten, Dokumenten oder Informationen hätten keinen Einfluss auf Wissensprozesse in der Organisation. Für sich genommen mögen die Lösungsversuche eines Informationsproblems vielleicht noch kein Wissensmanagement darstellen. Doch unter der Berücksichtigung, dass Menschen einfallsreich und produktiv mit einem computergestütztem Daten- oder Dokumentenmanagementsystem umgehen können, kann sich die Verbesserung einer Informationssituation auch positiv auf Prozesse des Erfahrungswissen auswirken.

Technische Infrastruktur (Intranet, Wikis, Datenbanken, Content Management Systeme usw.) können durchaus ein Bestandteil eines Managements von Erfahrungswissen sein, allerdings nicht als Speicher oder Archiv von Erfahrungswissen, sondern als ein unterstützender Rahmen. Beispielsweise kann ein technisches System die Funktion einer „Kontaktbörse" einnehmen, in der Telefon- und E-Mail-Adressen zu finden sind und die Kontaktaufnahme zu Kollegen erleichtert. In solch einem System wird nicht versucht, Erfahrungswissen zu dokumentieren, sondern die Träger von Erfahrungswissen zu identifizieren und ansprechbar zu machen. Denkbare Instrumente hierzu sind interne Yellow Pages oder Wissenslandkarten.

Wir können festhalten, dass in der Auseinandersetzung mit einem technischen System Potenziale der Beschäftigten besser zur Entfaltung kommen können. Wenn Beschäftigte durch diese Systeme in ihren Handlungen unterstützt werden, beispielsweise wenn mühsame Recherchearbeit erleichtert wird und dadurch kreative Potenziale besser nutzbar werden, dann ist ein Informationsmanagement durchaus als Wissensmanagement zu verstehen. Dies setzt aber voraus, dass ein technisches System nicht als selbsttätig oder als Wissensspeicher aufgefasst wird. Informationstechnisch gestütztes Informationsmanagement kann dann in der Konsequenz zu einem Element eines Managements von Erfahrungswissen werden, wenn es nicht dem naiven Leitbild einer Informatisierung folgt, das Wissen, Erfahrung und Handeln durch Informationstechnologie ersetzen will.

Mit dieser Einsicht fällt dann das Augenmerk auf Fragen, inwieweit Systeme in die Handlungszusammenhänge der Beschäftigten fruchtbar integriert werden können. Aneignungsweisen und Interaktionsprozesse rücken in den Vordergrund und mit ihnen beispielsweise die Frage, wie die „Schnittstelle" zwischen Mensch und Maschine beschaffen ist. Inwieweit werden hierbei alte erfolgreiche Handlungsmuster und -routinen behindert oder zerstört? Welche Möglichkeiten des Erfahrungmachens sind enthalten? Und einfach, aber doch vielfach unterschätzt: Wie sieht es mit der „useability" aus? Also wie nutzer- und anwendungsorientiert sind Systeme, in die häufig die Erfahrungen und Bedürfnisse der Nutzer nicht eingeflossen sind? Dies sind wichtige Fragen des so genannten User Interface Engineering oder des Requirement Engineering.[57]

Der pragmatische Einsatz von technischen Systemen zur Unterstützung bestimmter Prozesse des Erfahrungswissens unterscheidet sich von den naiven Vorstellungen des allmächtigen Wissensmanagementtools und rückt die Kopplung zwischen Subjekten (als Wissensträgern) und IT-Technologien (als Datenträgern) in den Vordergrund.

3.3 Storytelling und Communities of Practice als wichtige Instrumente des Managements von Erfahrungswissen

Zwei aktuelle Konzepte, die für ein Management von Erfahrungswissen in Betracht gezogen werden können und vornehmlich nicht-technische Instrumente darstellen, sind das Storytelling und die Communities of Practice. Diese beiden Konzepte werden in den folgenden Abschnitten näher vorgestellt und diskutiert.

Darüber hinaus gibt es weitere Ideen und Ansätze, die für das Management von Erfahrungswissen in Betracht gezogen werden könnten.[58] Mit dem Storytelling und den Communities of Practice wurden zwei prominente Konzepte herausgegriffen, die jeweils einen speziellen Ansatz zum Management von Erfahrungswissen darstellen. Mit dem Storytelling wird das erfahrungsorientierte Erstellen von Dokumenten versucht, wogegen mit den Communities of Practice Prozesse des Erfahrungswissen durch die Schaffung entsprechender Kommunikations- und Lernbedingungen gefördert werden sollen.

3.3.1 Storytelling

Das Erzählen von Geschichten ist eine der ältesten Formen, um Wissen, Erfahrungen und Überzeugungen mit anderen zu teilen und nachfolgenden Generationen weiterzugeben. Das Spezifische am so genannten Storytelling ist, dass es ein auf Organisationen bezogenes Konzept ist und als bewusst gestalteter Prozess verstanden wird. Die Idee im Rahmen von Wissensmanagement ist, dass durch das Erzählen von Geschichten die Erfahrungen und Kenntnisse aus komplexen Arbeitsbeziehungen an andere Personen weitergegeben werden können. Geschichten werden so als eine Art Transportmedium betrachtet.[59] Storytelling ist eine narrative Methode, die – wie auch die Communities of Practice – als ein geeignetes Mittel für den Umgang mit der impliziten Verfasstheit von Erfahrungswissen angesehen wird.[60]

Mit Storytelling wird nicht nur bezweckt, Wissen zu verbreiten, sondern auch Normen und Werte zu vermitteln.[61] Wird in einem Unternehmen die Geschichte eines Ingenieurs erzählt, der vor einer Innovation mit einer Entwicklung zunächst scheitert, deshalb aber keine Probleme durch Vorgesetzte befürchten muss, dann wird mit dieser Geschichte eine spezifische Unternehmenskultur vermittelt. Mit einer solchen Geschichte kann betont werden, dass auch

---

57 Vgl. *KAMINSKI* (2008).

58 Vgl. *PORSCHEN* (2008).

59 Vgl. *MÜLLER/HERBIG* (2004), S. 74.

60 Vgl. *ERLACH/THIER* (2004), S. 210 ff.

61 Vgl. *MÜLLER/HERBIG* (2004), S. 78.

aus Fehlversuchen gelernt werden kann, wie beispielsweise der besagte Ingenieur, der seine Erfahrungen aus dem gescheiterten Projekt später nutzen konnte.

Geschichten sind in Betrieben von großer Bedeutung, da sie die Schaffung von Kooperationsfähigkeit unter den Mitarbeitern unterstützen. Sie halten die verschiedenen Beziehungsmuster lebendig und sind Mittel gegen das Erodieren von Gemeinschaften oder Kulturen in Organisationen.[62]

Geschichten bleiben durch ihre Lebendigkeit und Unterhaltsamkeit im Gedächtnis. Es werden Metaphern, Allegorien und Analogien verwendet und dabei vielfältige Bilder beim Rezipienten angeregt. Geschichten abstrahieren nicht von den Handlungskontexten, von denen Wissen eingerahmt ist. Sie haben starken praktischen Situationsbezug und liefern die lebensnahen Motivationen und Sinnhorizonte für die erzählten Handlungen mit. Sie berücksichtigen auch die emotionalen Dimensionen von Erlebnissen, beispielsweise kann man mit dem Ingenieur bei seinem Scheitern mitleiden, aber auch froh sein, dass seine Arbeit auf einem späteren Weg dennoch zu einem Erfolg wird. Durch die Möglichkeit des Einfühlens in eine Situation oder eine andere Person ist der Zuhörer mehr als ein passiver Empfänger von Informationen. Es entstehen so durch Geschichten ganzheitliche, anschauliche Vorstellungsbilder, die das Verständnis einer Situation erleichtern, sich aber einer logisch-exakten, analytisch-distanzierten Darstellung entziehen. Eine Erfahrung, von der nicht exakt klar ist, für was alles sie relevant ist und wer von ihr alles profitieren kann, bleibt durch die Form der Geschichte in einer offenen Deutung. Geschichten entscheiden nicht in einer strengen Form, was wichtige und unwichtige Informationen sind. Der Empfänger kann die Geschichte vor seinem Erfahrungs- und Wissenshintergrund interpretieren und kontextualisieren.[63]

Geschichten, die sich als Erzählungen, Problemberichte, Aphorismen, Analogien oder Anekdote darstellen können, entwickeln sich in einem Unternehmen unkontrolliert. Irgendwie und irgendwo entstehen diese Geschichten und verbreiten sich auf informellen Kommunikationswegen. Es ist nicht klar, welche Wirkung diese Geschichten haben und was die einzelnen Mitarbeiter aus ihnen herauslesen. Geschichten sind unscharf und mehrdeutig. Sie sind dynamisch und flexibel und können von unterschiedlichen Personen immer wieder neu und auch anders erzählt werden. Die Geschichte verändert sich nicht nur beim Hörer, der das Erzählte weiterdenkt, sondern auch mit dem Erzähler.[64] Es ist auch nicht immer ersichtlich, ob sich hinter Geschichten wirklich gemachte Erfahrungen, Scherze, Gerüchte, Beeinflussungsversuche oder bösartiges Mobbing verbergen.

Um mit Geschichten gezielt auf Wissensprozesse Einfluss zu nehmen, wird dem Prozess des Geschichtenerzählens mit der Methode des Storytelling eine Struktur gegeben.

Storytelling wird im Rahmen von Wissensmanagement als eine Methode zur Entwicklung von so genannten Erfahrungsdokumenten, d. h. schriftlich festgehaltenen Nacherzählungen, verstanden, an deren Erstellung neben dem Erzähler eine weitere Person beteiligt ist, die methodisch geschult die Qualität der Dokumentationen verbessern soll.[65] Durch den von dieser weiteren Person begleiteten Transformationsprozess der mündlichen, erzählten Ge-

---

[62] Vgl. *Totzke* (2005), S. 33.

[63] Vgl. *Müller/Herbig* (2004), S. 75 f., und *Totzke* (2005), S. 30 f.

[64] Vgl. *Fahrenwald* (2005), S. 46.

[65] Vgl. *Reinmann-Rothmeier et al.* (2000) und *Neubauer et al.* (2004).

schichte zur schriftlichen Geschichte verlieren die Geschichten jedoch an markanten Eigenschaften, welche die Besonderheit des Erzählens ausmacht.[66] Allerdings wären die Geschichten ohne diesen Schritt der Objektivierung und Einfügung eines Bindegliedes zwischen Erzähler und Zuhörer aufgrund ihrer Unverfügbarkeit kaum für einen strategischen Einsatz geeignet. Die Beteiligung einer dritten Person bietet zudem die Möglichkeit, qualitative Standards einzuhalten und Verzerrungen der Geschichten zu reduzieren, wobei nicht verschwiegen werden soll, dass auch in diesem Schritt neue entstehen können. Positiv wirkt sich die Anwesenheit einer weiteren, unabhängigen Person bei der Erstellung von Erfahrungsdokumenten hinsichtlich der Kontinuität und Verbindlichkeit des Prozesses aus. Jemand, der auf regelmäßige Termine beharrt, an dem die Beschäftigten ihre Geschichten und Berichte (mit)teilen und dabei den Erzählenden bei der Dokumentation maßgeblich hilft, stellt nicht nur eine Hilfe und Entlastung für alle Beteiligten dar. Es entsteht damit auch eine Verantwortlichkeit, die einer zukünftigen Entwicklung des Wissensmanagements zuträglich ist. Mit dem Konzept des Storytelling wird also im Unternehmen eine Aufgabe und eine Position geschaffen, nämlich die eines identifizierbaren Wissensmanagers. Wissensmanagement lebt maßgeblich von den Beschäftigten wie auch vom Einsatz kluger Instrumente und Methoden. Daneben sind aber eben auch organisationale Strukturen und Rahmenbedingungen zu schaffen, wozu die Benennung mindestens eines Wissensmanagers dazugehört.

Die Erstellung eines Erfahrungsdokumentes durchläuft verschiedene Phasen. In der Planungsphase wird geklärt, welche Ziele mit dem Erfahrungsdokument verfolgt werden sollen. Es folgt die Interviewphase, in der die ausgewählten Personen zum Erzählen aufgefordert werden. In der Phase des Extrahierens werden thematische Schwerpunkte herausgearbeitet, Zitate extrahiert und Anmerkungen formuliert. In der Schreibphase wird das Erfahrungsdokument erstellt. In den Erfahrungsdokumenten sollen multiple Darstellungsformen kombiniert werden. Neben der kurzen Geschichte des zu erzählenden Ereignisses sollen auch Originalzitate, ein Kurzkommentar des Verfassers, Bilder, Abbildungen, Aphorismen oder Analogien und auch Audio- und Videosequenzen verwendet werden. In der Validierungsphase wird ein Entwurf des Dokuments den Beteiligten zur Überprüfung vorgelegt. In der Phase der Verbreitung kommt es dann zur gezielten Verbreitung des Erfahrungsdokuments in der Organisation. Die Erfahrungsdokumente können beispielsweise als Grundlage für Gruppendiskussionen oder Brainstormingverfahren dienen.[67]

Für den Einsatz des Storytelling kann nach aktuell wichtigen Geschichten in der Organisation gesucht werden, man kann alte Geschichten rekonstruieren, neue schaffen oder mit Geschichten spielen und sie modifizieren.[68] Es kann auch hilfreich sein, mehrere Einzelgeschichten zu einer Gesamtgeschichte eines Ereignisses (beispielsweise einer Firmenkrise oder eines besonders gelungenen Projektes) zusammenzufügen.

Das Storytelling ist eine interessante Methode, die neue Perspektiven betont und besondere Vorzüge hat. Storytelling ist mit einem Wissensverständnis verbunden, das über die Auffassung der Objektivität von Faktenwissen hinausgeht. Die subjektiven Einschätzungen von Situationen und Inhalten werden ernstgenommen. Das Storytelling enthält die Annahme, dass Erfahrungen und Emotionen nicht nur der Rahmen für kognitive Prozesse darstellen, sondern

---

66 Vgl. *PFEIFFER/TRESKE* (2004), S. 247, und *TOTZKE* (2005), S. 23 ff.

67 Vgl. *REINMANN-ROTHMEIER ET AL.* (2000), S. 6 f., und *NEUBAUER ET AL.* (2004), S. 352 f.

68 Vgl. *REINMANN/VOHLE* (2005), S. 77 ff.

dass sie selbst Teil des Wissens- und Handlungsprozesses sind.[69] Durch den narrativen Ansatz wird stärker als in einer hochformalisierten Dokumentation berücksichtigt, dass Erfahrungswissen im sozialen Kontext durch Partizipation an sozialen Interaktionen bedeutsam wird. Mit der modernen wissenschaftlichen Denkart wurde das ausgeschmückte Erzählen lange mit Misstrauen betrachtet. Storytelling kann hier ein Umdenken bewirken und den Geschichten einen Stellenwert im Unternehmen verschaffen.[70]
Geht man von der Nichtdigitalisierbarkeit von Erfahrungswissen aus, dann kann im Storytelling ein methodischer Fortschritt gesehen werden. Allerdings ist vor dem Entstehen neuer Zauberwörter zu warnen, die Versprechen implizieren, die nicht einzulösen sind.[71]

ERLACH/THIER betrachten beispielsweise als „Ergebnis“ der Methode Storytelling:

„Heben und dokumentieren von teils unbewusstem Erfahrungswissen der Mitarbeiter, Effizienzsteigerung bei problembehafteten Arbeitsprozessen durch das Ableiten von Verbesserungsmaßnahmen, Kennen lernen der eigenen Unternehmenskultur und Rückführung des gehobenen impliziten Wissens in bestehende Wissens- und Qualitätsmanagementsysteme.“[72]

Diese Beschreibung vermittelt den Eindruck, als könne das Ergebnis des Storytelling gesetzmäßig vorhergesagt und garantiert werden. Allerdings kann es keine Garantien für die Auswirkungen des Instruments auf die Organisation geben, weil es keine vorgefertigten Rezepte für den Einsatz von Geschichten in Betrieben geben kann. Storytelling ist abhängig von der Organisationskultur, dem aktuellen Bedarf oder der Fähigkeit und Bereitschaft der beteiligten Personen und muss situativ auf diese Kontexte bezogen werden.[73]

Storytelling ist voraussetzungsvoll und macht auf „verschiedenen Ebenen eine hohe Investitions- und Einsatzbereitschaft erforderlich“.[74] Gute, erfahrungsreiche Geschichten erzählen zu können ist keine triviale Angelegenheit, sondern eine Kunstform, die eng an Personen gebunden ist. Zudem ist die Methode durch das Erstellen von Erfahrungsdokumenten aufwendig und kaum standardisierbar, da neben der Planung und der Interviewphase, Transkriptionen, Inhaltsanalysen, Interpretationen und verschiedene Aufbereitungsschritte notwendig sind.[75] Es müssen ausreichend zeitliche und personelle Ressourcen vorhanden sein ebenso wie die Sensibilität, Bereitschaft und das Vertrauen aller Beteiligten. Und auch mit hoher Investitionsbereitschaft ist es schwierig, den geplanten Erfolg der Bemühungen zu garantieren, da der Prozess des Storytelling große Offenheit besitzt. So kann beispielsweise durch die Mehrdeutigkeit von Geschichten nicht gesteuert werden, welche Botschaften oder Informationen mit ihnen weitergegeben werden und welche Dynamik sie entfalten. „Was der Zuhörer aus der Geschichte herauszieht, muss sich nicht immer mit den Intentionen des Erzählers decken.“[76]

---

[69] Vgl. *GRUBER* (1999), S. 153 f.
[70] Vgl. *FAHRENWALD* (2005), S. 36 ff.
[71] Vgl. *TOTZKE* (2005), S. 21.
[72] *ERLACH/THIER* (2004), S. 216.
[73] Vgl. *REINMANN/VOHLE* (2005), S. 77.
[74] *NEUBAUER ET AL.* (2004), S. 354.
[75] Vgl. *MÜLLER/HERBIG* (2004), S. 81 ff.
[76] *MÜLLER/HERBIG* (2004), S. 82.

Das Storytelling ist durchaus geeignet, dem impliziten Erfahrungswissen eines Menschen näherzukommen, es anzuregen und für andere ein stückweit verstehbar zu machen. Erfahrungswissen kann aber durch diese Methode nicht vollständig, wahrheitsgemäß oder unverzerrt „gehoben" werden, weil eine Explikation und Dokumentation im engeren Sinne gar nicht stattfindet. *MÜLLER/HERBIG*[77] bezeichnen dies als den gravierendsten Nachteil des Storytelling. Dies ist allerdings eine grobe Fehleinschätzung. Richtig ist, dass wir es beim Storytelling mit einer uneindeutigen Dokumentationslage zu tun haben, das Abstandnehmen des Storytelling von Formalisierungsversuchen des Erfahrungswissens drückt jedoch eine schlichte Notwendigkeit aus und begründet die Vorzüge dieser Methode.

3.3.2 Communities of Practice

Mit den Communities of Practice wird nicht in erster Linie der Umgang mit Daten, Informationen oder dem Gewussten angestrebt, sondern vor allem versucht, das Generieren von neuem Wissen und Innovationen und die Weitergabe von Erfahrungswissen im Rahmen der Praxis zu organisieren, im Grunde also das Unplanbare planbar(er) zu machen.

Ausgehend von der Feststellung, dass Wissen personengebunden sei, wird im Rahmen eines „humanbezogenen Wissensmanagements"[78] gefordert, den Menschen in das Zentrum der Überlegungen zu stellen. Dieser Aspekt, verbunden mit der spezifischen lerntheoretischen Sichtweise „learning in working"[79], bildet die Grundlage des Ansatzes der Communities of Practice.

Während ein technizistisches Wissensmanagement davon ausgeht, dass man Wissen von den einzelnen Personen lösen, es speichern und es dadurch sichern und verteilen kann, verschiebt sich mit den Communities of Practice das Augenmerk auf den Bereich der Kontextsteuerung. Mit Communities of Practice sollen die Rahmenbedingungen geschaffen werden, unter denen sich Wissensprozesse in gewünschter Weise entwickeln sollen. Eine Community of Practice ist ein Verfahren, das eine gewisse Offenheit des Mittels und des Ergebnisses aufweist. Eine Community of Practice unterstützt die Logik der „non-canonical practice", d. h. einer Praxis, die durch Kommunikation und gemeinschaftliches Gestalten von Strukturen gekennzeichnet ist[80] und schafft einen Rahmen zum Aufbau gemeinsamer, praxisbezogener Relevanzkriterien und Erfahrungsmuster.

Die Communities als eine organisierte Form der Zusammenarbeit definiert ihre eigenen Aktivitäten, die konform mit den Organisationszielen sein können, aber nicht müssen. Im Vordergrund steht die Selbstorganisation der Gruppe, die Gleichberechtigung der Mitglieder, der Wissens- und Erfahrungsaustausch und das kooperative und problemorientierte Lernen. Die Communities bestimmen die Grenzen zur Organisation und zu den Organisationseinheiten und entwickeln sich mit ihren eigenen Lernprozessen.[81] Die Praxis der Communities kann, so die Idee, sich parallel zu der institutionalisierten organisationalen Praxis entfalten[82] und wird damit zu einem Freiraum, in dem Beschäftigte Ideen und Projekte weiterspinnen können, die im normalen Arbeitsalltag zu kurz kommen.

---

77 Vgl. *MÜLLER/HERBIG* (2004), S. 88.

78 Vgl. *FRAUNHOFER-WISSENSMANAGEMENT COMMUNITY* (2005).

79 Vgl. *BROWN/DUGUID* (1991).

80 Vgl. *BROWN/DUGUID* (1991) und *ORR* (1996).

81 Vgl. *WENGER* (1998).

82 Vgl. *ORR* (1996).

Das Phänomen der Communities of Practice wird in der Literatur aus zwei Perspektiven betrachtet: als „natürliche" Communities und als Instrument des Wissensmanagements. Als natürliche Communities werden informelle Gruppen bezeichnet, in denen wichtige Informations- und Wissensprozesse ablaufen, die aber ungeplant und unabhängig von der Kontrolle der Managementebene existieren und entstehen. Mit dem Einsatz von Communities of Practice als Wissensmanagementinstrument wird versucht, zwei Komponenten zu vereinbaren, nämlich die Qualität der Selbstorganisation einer Gruppe und die damit verbundene eher informelle aber effektive Weitegabe und Generierung von Erfahrungswissen und den Aspekt der Planung und der organisationalen Steuerung durch das Management. Mit dem Ansatz der Communities of Practice wird also versucht, die in den natürlichen Communities ablaufenden Prozesse aus der organisationalen „Grauzone" herauszunehmen und einem methodischen Umgang zugänglich zu machen. Paradigmatisch ist hier eine der „Gründungsgeschichten" der Communities of Practice als Wissensmanagement, nämlich das Fallbeispiel *XEROX*. Bei *XEROX* sprachen die Servicemitarbeiter in ihren Pausen über die Mucken verschiedener Typen von Fotokopierern und ihre individuellen Strategien zur Fehlerbeseitigung. Diese „war stories" waren für die Mitarbeiter von großem Wert, was auch (irgendwann und eher nebenbei) das Management erkannte und sich deshalb entschloss, die Abläufe dieser natürlichen Community zu organisieren. In Zusammenarbeit mit Forschern des *PARC* (*PALO ALTO RESEARCH CENTERS*) entstand schließlich das bei *XEROX* eingeführte Wissensmanagement, das den Wissensaustausch für den technischen Kundendienst im Rahmen von Communities of Practice organisiert.[83]

Formale Beschreibungen der Arbeitsprozesse und konkrete Lösungsprozesse stimmen nicht immer überein. Dennoch kursiert in Unternehmen auf Führungsebenen auch die Vorstellung, dass sich komplexe Aktivitäten in einfachen Modellen abbilden ließen und dass das Befolgen der formal gegebenen Regeln ohne Interpretations- und Verstehensprozesse ausreichend sei.[84] Diese formalen Dimensionen der Arbeit sind rigide, einschränkend und werden der Komplexität der Praxis nicht gerecht. Dieser Problematik entgehen die Communities of Practice, da es in ihnen nicht primär um die Reproduktion und Abbildung des existierenden Wissens geht, sondern viel mehr um die Generierung von Lösungen zu ständig auftauchenden Problemen. Die Improvisation der Praxis in den Communities kann dabei innovationsfördernd wirken[85].

Da der Austausch von Erfahrungswissen in interaktiven Prozessen verläuft, ist eine stärkere Beachtung von innerbetrieblichen subjektiven Kooperations- und Kommunikationsprozessen sinnvoll.[86] Wissensmanagement als das Zusammenbringen von Menschen zu verstehen, ist eine Formel, die in diesem Zusammenhang auftaucht. Die Communities of Practice betonen, dass gegenüber der Entwicklung und Implementierung von formalen Steuerungssystemen zum Wissensmanagement die lebensweltliche Kommunikation im Unternehmen stärker zu gewichten sei. Damit sind Möglichkeiten des Erfahrungsaustausches und des gemeinsamen Diskutierens ebenso wie die Schaffung lernförderlicher Bedingungen in der Praxis gemeint, womit Lernen nicht nur auf Seminare in Weiterbildungseinrichtungen verweist. Dadurch wird den Communities auch zugetraut, eine adäquatere Form des Umgangs mit Erfahrungswissen zu sein.[87]

---

83 Vgl. *BROWN/GRAY* (1995), *GERHARD/SEUFERT* (2001) und *KIKAWADA/HOLTSHOUSE* (2001).

84 Vgl. *BROWN/DUGUID* (1991), S. 42.

85 Vgl. *DAFT/WEICK* (1984).

86 Vgl. *SCHMIEDE* (1999), S. 143, und *SCHUMM* (1999), S. 179.

87 Vgl. *WINKLER/MANDL* (2003), S. 169.

Communities of Practice sind selbstorganisierende Einheiten, deren Vorteil neben den schon genannten Vorzügen darin gesehen wird, soziales Kapital[88] zu generieren, welches das Verhalten der Mitglieder einer Community beeinflussen und eine erhöhte organisationale Leistung bewirken kann.[89] Die Idee dabei ist: Durch die interpersönlichen Beziehungen, die die möglicherweise schon vorhandenen Verbindungen verstärken, entstehen Verpflichtungen, Normen, Vertrauen und Identifikation und eine gemeinsame Sprache ebnet den Zugang zu Informationen und kontextspezifischem Wissen. Die Literatur verortet die Verbindung der Communities of Practice zur organisationalen Leistung in vier Bereiche:[90]

- In der Verbesserung von Lernprozessen von neuen Mitarbeitern, da die Communities of Practice Informationsquellen sind und in ihnen auch schwer formalisierbares Wissen in Form von Erfahrungsberichten oder Geschichten kursieren, die von den neuen Mitarbeitern aufgenommen und internalisiert werden.
- In der Verbesserung der Reaktion auf die Kundenwünsche und -bedürfnisse durch verstärkte Netzwerkbildungen.
- In der Reproduktion von Ergebnissen durch schnellen Zugang zu Informationen und Wissen in Netzwerken.
- In der Kreation neuer Ideen für Produkte und Dienstleistungen durch Schaffung einer sicheren Umgebung, wo Menschen akzeptiert und Ideen aufgenommen und ausprobiert werden.

Communities verfolgen nicht das Vorhaben, durch Wissensmanagement Wissen von den einzelnen Personen zu lösen, das Wissen in Computern zu speichern und es dadurch zu sichern und zu verteilen. Da es kein direktes Management von Erfahrungswissen geben kann, das vergleichbar wäre mit dem Management von Geld- oder Sachmitteln, weil die komplexe und sensible Ressource Erfahrungswissen einer anderen Logik als die klassischen Produktionsfaktoren unterliegt, liegt die besondere Aufmerksamkeit bei einem ambitionierten Wissensmanagement auf der Schaffung von Rahmenbedingungen, die Wissen ermöglichen und fördern.

Communities of Practice lassen sich als eine nicht-trivialisierende Steuerungspraxis bezeichnen. Gerade deshalb stellt der Aufbau von Communities eine sehr anspruchsvolle Aufgabe dar[91] und die Communities of Practice sind in der betrieblichen Realität nicht automatisch Erfolgsgaranten für ein ambitioniertes Wissensmanagement, wie es das Management von Erfahrungswissen darstellt. Die Idee der Communities of Practice basiert auf einer theoretisch fundierten Grundlage und bietet für das Wissensmanagement sicher eine interessante Perspektive. Jedoch sind die eher allgemeinen Überlegungen zu einem Konzept der Community of Practice erst in eine anwendungsorientierte Methode des Wissensmanagements zu transformieren und in der betrieblichen Praxis nutzbar zu machen, bevor das Konzept weitergehend bewertet werden kann. „Das Konzept der Community of Practice ist heute noch sehr abstrakt und scheitert in der Praxis an seiner Unfähigkeit, konkrete Problemstellungen abzubilden sowie einen Weg zur strukturellen Verankerung zu weisen.“[92]

---

[88] Vgl. *BOURDIEU* (1983), *COLEMAN* (1988), *PUTNAM* (1993), *BURT* (1995) und *LIN* (2001).

[89] Vgl. *LESSER/PRUSAK* (1999).

[90] Vgl. *LESSER/STORCK* (2001), S. 836.

[91] Vgl. *WENGER/SNYDER* (2000), S. 140.

[92] *NORTH ET AL.* (2004), S. 10.

Im Folgenden sollen einige Problemfelder benannt werden, auf die die Communities of Practice stoßen, um eine zentrale Aussage des vorliegenden Beitrags hervorzuheben, nämlich dass das Management von Erfahrungswissen ein sehr anspruchsvolles und ambivalentes Vorhaben darstellt, das neben interessanten Erfolgsperspektiven stets auch Unwägbarkeiten und Unsicherheiten mit sich führt.

Die Merkmale einer Community of Practice wie die flache Hierarchie, die Partizipation oder hohe Autonomie müssen in einem gewissen Maße auch die Umwelt der Community kennzeichnen, damit das Konzept Aussicht auf Erfolg haben kann. Das „zarte Pflänzchen" Community gedeiht nicht in einer schroffen Organisationsumgebung. Die zentralen Charakteristika des Konzeptes werden damit auch zu einer wichtigen Voraussetzung ihrer Anwendung.[93] Communities of Practice benötigen eine ihr zuträgliche Unternehmenskultur.

Ein zentrales Problemfeld ist daher das Verhältnis von Community of Practice und Gesamtorganisation.[94] Die Organisation muss aushalten, dass Communities sehr dynamische Gebilde sind, dass nicht immer klare Ergebnisse produziert werden, dass keine klaren Verantwortlichkeiten festgelegt sind und dass keine Kontrolle der Community von außen stattfinden soll. Darüber hinaus ist es wichtig, dass der Community Ressourcen zur Verfügung gestellt werden. Nicht nur finanzielle Mittel sind nötig, sondern vor allem auch die zeitliche Freistellung der Mitarbeiter ist unabdingbar. Durch diese Voraussetzungen entsteht schnell ein permanenter Legitimierungsdruck für die Community of Practice. Sie muss innerhalb der Organisation „sichtbar" sein und auch von Nichtmitgliedern Anerkennung erlangen. Einige der „Killerphrasen", die *North/Romhardt/Probst*[95] für Communities of Practice identifizieren, sind: „Was hat Ihr Kaffeekränzchen denn für uns gebracht", „Wir haben doch das Intranet, da brauchen wir keine Treffen mehr", „Sie haben ja keine Ahnung", „Das ist mein Thema", „Vertreten Sie unsere Abteilungsinteressen".

Aber auch innerhalb der Community gehen mit den Interaktionsbeziehungen von Personen und Personengruppen einige potenzielle Problembereiche einher. Es können unterschiedliche Themen- und Verwertungsinteressen und Teilnahmemotive existieren oder Konflikte zwischen Loyalität zur Wissensgemeinschaft und der Heimabteilung entstehen. Zudem erfordert Lernen in einer Gruppe hohe soziale Kompetenzen und das Absehen – soweit das möglich ist – von hierarchisch geprägten Verhaltensweisen und Rollenverteilungen, die in den Abteilungen herrschen.[96]

Die Communities of Practice sind ein Ansatz, der berücksichtigt, dass Wissen nicht einfach aus dem Internet oder von einer Datenbank per Mausklick angeeignet oder erzeugt werden kann. Wissensmanagement mit Communities of Practice wird demnach auch als ein Prozess der Kommunikation und des Lernens verstanden. Mit den Communities of Practice verlagert sich die Problematik des Wissensmanagements weg von Fragen der Speicherung und Verteilung von Wissen hin zu Fragen der Kommunikation und des Lernens in Organisationen. Es stellt sich mit den Communities of Practice weniger die Frage, wie und wieviel Wissen in ein Computerprogramm gebracht werden kann. Es wird eher die Frage zentral, wie Beschäftigte

93 Vgl. *Bettoni et al.* (2004), S. 325.

94 Vgl. *North et al.* (2004), S. 19 f.

95 Vgl. *North/Romhardt/Probst* (2000).

96 *North et al.* (2004), S. 18 f.

durch Wissensmanagement fruchtbar arbeiten können. Dies entspricht sehr den Strukturen und Prozessen des Erfahrungswissens.

Lerntheoretisch basiert die Idee der Community of Practice auf der Annahme, dass Lernen zu einem wichtigen Stück selbstgesteuert, interaktiv, offen und informell verläuft. Nun ist eine betriebswirtschaftliche Befürchtung bzw. Überzeugung, dass informelles oder implizites Lernen ohne pädagogische Arrangements, ohne Organisation und Zielorientierung Gefahr läuft, zufällig und beliebig zu verbleiben.[97] Deshalb wird mit den Communities of Practice das Kunststück versucht, das implizite Lernen von einem ungeplanten Lernen zu einem stärker selbstgesteuerten und aktiv-konstruktiven Lernen zu entwickeln, ohne dass dabei seine charakteristischen Merkmale als situatives und spontanes Lernen verloren gehen.[98] Es geht also um den expliziten Aufbau impliziter Wissensdimensionen. Oder anders gesagt: Die informell und inzidentell entstandenen „natürlichen“ Communities sollen durch die Methode der Communities of Practice in der Organisation zielgerichtet hergestellt werden. Bei diesem Vorhaben muss klar sein, dass es misslingen kann. Der erfolgreiche Aufbau von Strukturen zum Austauschen und Erzeugen von Erfahrungswissen ist durch ein organisationales Arrangement wie die Communities of Practice möglich aber nicht zu garantieren. Wenn sich eine Community in einen Raum mit samt der ihr zugestandenen Ruhe, Zeit und Freiräumen zurückzieht und die Tür hinter ihr ins Schloss fällt, dann ist es möglich, dass hinter verschlossener Tür alles aber auch nichts passiert.

4 Zusammenfassung und Resümee

In diesem Beitrag wurde beleuchtet, worin die Bedingungen, Möglichkeiten und Schwierigkeiten eines Managements von Erfahrungswissen bestehen. Neben der Beschreibung der Charakteristika und Eigenheiten von Erfahrungswissen und der Darstellung der typischen Austauschprozesse von Erfahrungswissen wurde auf zwei Instrumente des Wissensmanagements näher eingegangen, die sich für das Management von Erfahrungswissen anbieten.

Es wurde deutlich gemacht, dass ein anspruchsvoller Umgang mit Erfahrungswissen im Betrieb weitgehend Abstand zu nehmen hat von der Vorstellung der Formalisierung und Technisierung von Wissen. Das Management von Erfahrungswissen ist nicht vornehmlich technisch zu gewährleisten. Erfahrungswissen liegt nicht einem objektiven, formalisierten und exakten Zustand vor und sperrt sich daher gegen eine computertechnische Verarbeitung. Damit wird jedoch weder einer technikfeindlichen Position das Wort geredet werden, noch bedeutet diese Sichtweise den Verzicht auf Versuche eines gezielten Umgangs mit Wissen, sondern sie lenkt die Aufmerksamkeit auf die mit Erfahrungswissen verbundenen Herausforderungen.

Besondere Aufmerksamkeit ist auf die Schaffung von Rahmenbedingungen zu lenken, die Erfahrungswissen ermöglichen und fördern. Dabei ist zu berücksichtigen, dass das Management von Erfahrungswissen immer auch als ein Kommunikations- und Lernprozess aufzufassen ist, was bisher in der Wissensmanagementdebatte mit seinen zahlreichen technikorientierten Beiträgen zum Management von kodifiziertem Wissen eher wenig berücksichtigt ist.

---

[97] Vgl. *DEHNBOSTEL* (2002), S. 38.

[98] Vgl. *DEHNBOSTEL* (2002), S. 53.

Das Management von Erfahrungswissen sieht sich der Grundschwierigkeit gegenüber, mit erfahrungsgesättigtem Wissen umzugehen, das vornehmlich in einem nicht-expliziten Zustand vorliegt. Die Grundherausforderung besteht darin, der Komplexität und strukturellen Unbestimmtheit von Erfahrungswissen gerecht zu werden. Hierzu wurden das Storytelling und die Communities of Practice als zwei mögliche Instrumente näher vorgestellt und bewertet. Diese beiden Ansätze sind Verfahren, die eine gewisse Offenheit des Mittels und des Ergebnisses aufweisen. Während frühere Beiträge zum Wissensmanagement noch häufiger davon ausgegangen sind, dass man Wissen von den einzelnen Personen lösen, es speichern und es dadurch sichern und verteilen kann, verschiebt sich das Augenmerk mit dem Storytelling und den Communities of Practice auf die Frage, wie auf die Personengebundenheit des Erfahrungswissens adäquat einzugehen ist. Das Storytelling versucht durch ein erweitertes, nicht-exaktes Umschreiben von Erfahrungswissen ein besseres Dokumentieren und Zirkulieren von Erfahrungswissen zu erreichen, die Communities of Practice konzentrieren sich dagegen auf die Schaffung von Rahmenbedingungen, unter denen sich Wissensprozesse in gewünschter Weise entwickeln sollen.

Aus verschiedenen Gründen, aber vor allem aus der Charakteristik des Erfahrungswissens selbst, folgt, dass es kein direktes Management von Erfahrungswissen geben kann, das vergleichbar wäre mit dem Management von Geld- oder Sachmitteln, da Erfahrungswissen nicht der Logik der klassischen Produktionsfaktoren unterliegt. Diesem Umstand wird mit den beiden hier vorgestellten Instrumenten Rechnung getragen. Und dass sich mit den Communities of Practice die Fragen weg von der Speicherung und Verteilung von Wissen hin zu Fragen der Kommunikation und des Lernens in Organisationen verschieben, ist nur eine logische und richtige Konsequenz.

Erfahrungswissen verweist auf komplexe soziale Prozesse in einer Organisation, auf die das Management von Erfahrungswissen Bezug zu nehmen hat. Das bedeutet aber auch, sich in die Unwägbarkeiten dieser sozialen Prozesse zu begeben. Aspekte wie gelungene Kommunikationsstrukturen, Motivation zum Erfahrungsaustausch, respektvoller Umgang unter Beschäftigten und eine wissensfreundliche Unternehmenskultur können nicht einfach von oben verordnet werden, sondern müssen gelebt werden und erst dadurch können sie langsam wachsen und sich in der Organisation verfestigen.

In der Komplexität des Umgangs mit Erfahrungswissen liegt gleichzeitig auch begründet, dass das Management von Erfahrungswissen nicht nach einem Patenrezept funktionieren kann, das man ex ante auf den geordneten Bahnen von Planung – Organisation – Kontrolle anlegt. „Viele Erwartungen, die Ressource Wissen mit verschiedensten Instrumenten einfach ′in den Griff′ zu bekommen, sind gescheitert. Wissen entzieht sich hartnäckig jeder trivialisierenden Steuerungspraxis.“[99] Da das Teilen, Nutzen und Generieren von Erfahrungswissen ein komplexer und offener Prozess darstellt, ist das Ausmaß des betrieblichen Erfolgs nicht garantiert.

Auch mit einem ambitionierten Management von Erfahrungswissen, das vielleicht die Ansätze des Storytelling und der Communities of Practice in sinnvoller Weise in der betrieblichen Praxis miteinander kombiniert, wird die grundlegende Ambivalenz eines zielgerichteten Umgangs mit Erfahrungswissen in einer Organisation nicht überwunden. Auch wenn die Vertreter dieser eher offenen Wissensmanagementmethoden die Vorzüge betonen, der Umgang mit Erfahrungswissen wird durch sie nicht einfach perfektioniert. Das Management von Erfah-

99 *North et al.* (2004), S. 7 f.

rungswissen stellt nicht einfach eine neue und bessere Form des Wissensmanagements dar, welche die Unternehmen automatisch in neue Erfolgsspuren führt. Es ist zwar richtig, dass mit dem Erfahrungswissen der Mitarbeiter ein für die Unternehmen sehr bedeutsamer Faktor in das Blickfeld des Managements rückt, der in der wissensbasierten Ökonomie zur Sicherung von Handlungs- und Wettbewerbsfähigkeit von hervorstechender Wichtigkeit ist und für die Unternehmen ein großes Potenzial besitzt. Dennoch bleibt ambitioniertes Wissensmanagement wie im Fall des Managements von Erfahrungswissen ambivalent, denn es bleibt immer auch anfällig. Verantwortlich dafür ist seine Kontingenz, also seiner prinzipiellen Offenheit hinsichtlich seiner Ausgänge. Bei einem Wissensmanagement, das versucht, der Komplexität des Erfahrungswissens gerecht zu werden, gehen die Chancen und Risiken Hand in Hand. Auf der einen Seite eröffnet es interessante und vielversprechende Perspektiven. Stärkung der innerbetrieblichen Kommunikation, Verbesserung der Dokumentationen, intensivierter Wissensaustausch oder gemeinsames Lernen und Entwickeln neuer Ideen sind solche möglichen positiven Effekte. Auf der anderen Seite lässt man sich mit den offeneren Verfahren auf einen organisationalen Prozess ein, der zum einen voraussetzungsvoll ist und mit hohem Engagement verbunden ist und der zum anderen eine Unsicherheitstoleranz verlangt, weil das Teilen von Erfahrungswissen und das Entstehen von neuem Wissen nicht einfach verordnet oder von Kontingenzen befreit werden kann.

Es gibt keine allgemeingültigen und unproblematischen Patentrezepte zum einzig richtigen Umgang mit Erfahrungswissen. Prozesse des Erfahrungswissens besitzen immer auch die Möglichkeit, dass sie anders verlaufen, als sie geplant oder vorauszusehen waren. Das Management von Erfahrungswissen bleibt riskant, da ungewisse Projekt- und Prozessverläufe für Unternehmen, für die Zeit und Geld knappe Ressourcen darstellen, nur in einem begrenzten Maße auszuhalten sind. Da Wissensprozesse nicht vorausberechenbar und damit nicht gänzlich planbar sind, sind es die Dynamiken des Ungewissen, Unvorhergesehenen und des Nichtwissens, in denen die weitergehenden und zukünftigen Herausforderungen für das betriebliche Wissensmanagement liegen.

Quellenverzeichnis

ALBERT, A. (2008): Erfahrungswissen im Unternehmen. Wenn Managementideen auf die Praxis treffen, Diplomarbeit, Darmstadt 2008.

ALBERT, A./SCHILCHER; C. (2008): Dealing with Work-Related Experiences and Experiential Knowledge in Organizations: Theoretical Issues and Empirical Insights for the Automobile Industry, in: *MAIJA-LEENA HUOTARI, M. L./DAVENPORT, E.* (Hrsg.), From Information Provision to Knowledge Production, Oulu 2008, S. 55–71.

BAUER, H. G./BÖHLER, F./MUNZ, C./PFEIFFER, S./WOICKE, P. (2002): Hightech-Gespür. Erfahrungsgeleitetes Arbeiten und Lernen in hoch technisierten Arbeitsbereichen, Bielefeld 2002.

BELL, D. (1985): Die nachindustrielle Gesellschaft, Frankfurt/New York 1985.

BENNER, P. (1994): Stufen zur Pflegekompetenz. From novice to expert, Bern 1994.

Bettoni, M./Clases, C./Wehner, T. (2004): Communities of Practice im Wissensmanagement: Charakteristika, Initiierung und Gestaltung, in: *Reinmann, G./Mandl, H.* (Hrsg.), Psychologie des Wissensmanagements. Perspektiven, Theorien und Modelle, Göttingen 2004, S. 319–326.

Böhle, F./Milkau, B. (1988): Vom Handrad zum Bildschirm. Eine Untersuchung zur sinnlichen Erfahrung im Arbeitsprozeß, Frankfurt/New York 1988.

Böhle, F./Milkau, B. (1989): Neue Technologien – Neue Risiken. Neue Anforderungen an die Analyse von Arbeit, in: Zeitschrift für Soziologie, 1989, S. 249–262.

Böhle, F./Rose, H. (1992): Technik und Erfahrung. Arbeit in hochautomatisierten Systemen. Frankfurt/New York 1992.

Böhle, F./Bolte, A./Drexel, I./Weishaupt, S. (2001): Grenzen wissenschaftlich-technischer Rationalität und „anderes Wissen", in: *Beck, U./ Bonss, W.* (Hrsg.), Die Modernisierung der Moderne, Frankfurt 2001, S. 96–105.

Böhle, F./Weishaupt, S. (2003): Unwägbarkeiten als Normalität – Die Bewältigung nichtstandardisierbarer Anforderungen in der Pflege durch subjektivierendes Handeln, in: *Büssing, A./Glaser, J.* (Hrsg.), Qualität des Arbeitslebens und Dienstleistungsqualität im Krankenhaus, Göttingen 2003, S. 149–162.

Bourdieu, P. (1983): Ökonomisches Kapital, Kulturelles Kapital, Soziales Kapital, in: *Kreckel, R.* (Hrsg.), Soziale Ungleichheiten. Soziale Welt, Sonderband 2, Göttingen 1983, S. 183–198.

Brown, J. S./Gray, E. S. (1995): The People Are the Company, in: Fast Company, online:, http://www.fastcompany.com/online/01/people.html, Stand: November 1995, Abruf: 01.08.2008.

Brown, J. S./Duguid, P. (2001): Structure and Spontaneity: Knowledge and Organization, in: *Nonaka, I./Teece, D. J.* (Hrsg.), Managing Industrial Knowledge. Creation, Transfer and Utilization, London 2001, S. 44–67.

Büssing, A./Herbig B./Latzel A. (2002a): Der Einfluss der Explikation impliziten Wissens auf die Handlungsgüte von Pflegekräften – eine experimentelle Untersuchung in der Krankenpflege, Bericht Nr. 61 aus dem Lehrstuhl für Psychologie der TU München, München 2002.

Büssing, A./Herbig B./Latzel A. (2002b): Das Zusammenspiel zwischen Erfahrung, implizitem und explizitem Wissen beim Handeln in kritischen Situationen, Bericht Nr. 66 aus dem Lehrstuhl für Psychologie der TU München, München 2002.

Burt, R. (1995): Structural Holes. The Social Structure of Competition, Cambridge 1995.

Coleman, J. (1988): Social Capital in the Creation of Human Capital, in: American Journal of Sociology, Suppplement 94, S. 95–120.

Daft, R./Weick, K. (1984): Toward a Model of Organizations as Intepretation Systems, in: Academy of Management Review, S. 284–295.

Dehnbostel, P. (2002): Modelle arbeitsbezogenen Lernens und Ansätze zur Integration formellen und informellen Lernens, in: *Rohs, M.* (Hrsg.), Arbeitsprozessintegriertes Lernen. Neue Ansätze für die berufliche Bildung, Münster et al. 2002, S. 37–57.

DEUTSCHMANN, C. (1989): Reflexive Verwissenschaftlichung und kultureller „Imperialismus" des Managements, in: Soziale Welt, 1989, S. 374–396.

DEWEY, J. (1966): Democracy and Education, New York 1966.

DIECKMANN, B. (1997): Erfahrung, in: *WULF, C.* (Hrsg.), Vom Menschen. Handbuch historische Anthropologie, Weinheim/Basel 1997, S. 744–750.

DUNKEL, W. (2003): Subjektivierendes Arbeitshandeln im Friseurhandwerk – Arbeitsanalysen aus dem Modellversuch Friseure. Vortrag im Rahmen des Arbeitstreffens des Modellversuchschwerpunktes „Erfahrungswissen", Bundesinstitut für Berufsbildung, Februar 2003, Bonn.

ERLACH, C./THIER, K. (2004): Mit Geschichten implizites Wissen in Organisationen heben, in: *WYSSUSEK, B.* (Hrsg.), Wissensmanagement komplex: Perspektiven und soziale Praxis, Berlin 2004, S. 207–226.

FAHRENWALD, C. (2005): Erzählen zwischen individueller Erfahrung und sozialer (Re-) Präsentation, in: *REINMANN, G.* (Hrsg.), Erfahrungswissen erzählbar machen. Theorie – Methoden – Kontexte, Lengerich 2005, S. 36–51.

FISCHER, M. (2000): Von der Arbeitserfahrung zum Arbeitsprozeßwissen: Rechnergestützte Facharbeit im Kontext beruflichen Lernens, Opladen 2000.

FLEIG, J./SCHNEIDER, R. (1995): Erfahrung und Technik in der Produktion. Berlin/Heidelberg/New York 1995.

FRAUNHOFER-WISSENSMANAGEMENT COMMUNITY (Hrsg.) (2005): Wissen und Information 2005. Stuttgart 2005.

GERHARD, J./SEUFERT, S. (2001): Wie gibt man implizites Wissen weiter: „Communities of Practice" bei der Xerox Group, in: *EPPLER, M./SUKOWSKI, O.* (Hrsg.), Fallstudien zum Wissensmanagement: Lösungen aus der Praxis. Aufbereitet für die Aus- und Weiterbildung, St. Gallen 2001, S. 119–142.

GRUBER, H. (1999): Erfahrung als Grundlage kompetenten Handelns, Bern et al. 1999.

GRUSCHKA, A. (1988): Negative Pädagogik. Einführung in die Pädagogik mit Kritischer Theorie, Wetzlar 1988.

HERTZUM, M./PEJTERSEN, A. M. (2000): The information-seeking practices of engineers: Searching for documents as well as for people, in: Information Processing and Management 36, S. 761–778.

HOFFMANN, R.-W. (1979): Die Verwissenschaftlichung der Produktion und das Wissen der Arbeiter, in: *BÖHME, G./VON ENGELHARDT, M.* (Hrsg.), Entfremdete Wissenschaft, Frankfurt 1979, S. 229–256.

HUSTAD, E. (2004): Knowledge networking in global organizations: The transfer of knowledge. In: Proceedings of the 2004 SIGMIS Conference on Computer Personnel Research, S. 55–64.

KAMINSKI, A. (2008): Übersetzungen zwischen vertrautem Kontext und formalem System: Die heiße Zone des Requirements Engineering, in: *SCHMIEDE, R./SCHILCHER, C.* (Hrsg.), Virtuelle Wissenswelten, Berlin (in Vorbereitung).

Katenkamp, O. (2002): Quo Vadis Wissensmanagement?, in: Journal Arbeit, 2002, Heft 2, S.18–19.

Kern, H./Schumann, M. (1984): Das Ende der Arbeitsteilung? Rationalisierung in der industriellen Produktion, München 1984.

Kikawada, K./Holtshouse, D. (2001): The Knowledge Perspective in the Xerox Group, in: *Nonaka, I./Teece, D. J.* (Hrsg.), Managing Industrial Knowledge. Creation, Transfer and Utilization, London 2001, S. 283–314.

Kirshner, D./Whitson, J. A. (Hrsg.) (1997): Situated Cognition – Social, Semiotic, and Psychological Perspectives, Mahwah, NJ 1997.

Kleemann, F./Matuscheck, I./Voss, G. G. (2002): Subjektivierung von Arbeit. Ein Überblick zum Stand der soziologischen Diskussion, in: *Moldaschl, M./Voss, G. G.* (Hrsg.), Subjektivierung von Arbeit. Band 2, München/Mering 2002, S. 53–100.

Kocyba, H. (2000): Jenseits von Taylor und Schumpeter: Innovation und Arbeit in der „Wissensgesellschaft", in: *Institut für Sozialwissenschaftliche Forschung (ISF)* (Hrsg.), Jahrbuch sozialwissenschaftliche Technikberichterstattung, Berlin 2000, S. 25–58.

Kraaijenbrink, J. (2007): Engineers and the Web: An analysis of real life gaps in information usage, in: Information Processing and Management, 2007, S. 1368–1382.

Krenn, M./Flecker, J. (2000): Erfahrungsgeleitetes Lernen in der automatisierten Produktion, Neue Anforderungen an die Personalpolitik, Ausbildung und Arbeitsgestaltung, FORBA-Forschungsbericht 3/2000, Wien 2000.

Kruse, J. (2004): Arbeit und Ambivalenz. Die Professionalisierung sozialer und informatisierter Arbeit, Bielefeld 2004.

Kuhlen, R. (1999): Die Konsequenzen von Informationsassistenten. Was bedeutet informationelle Autonomie oder wie kann Vertrauen in elektronische Dienste in offenen Informationsmärkten gesichert werden?, Frankfurt 1999.

Lesser, E./Prusak, L. (1999): Communities of Practice, Social Capital and Organizational Knowledge, in: Information Systems Review, 1999, Heft 1, S. 3–10.

Lesser, E./Storck, J. (2001): Communities of Practice and Organizational Performance, in: IBM Systems Journal, 2001, S. 831–841.

Lin, N. (2001): Social Capital: A Theory of Social Structure and Action, New York 2001.

Malsch, T. (1987): Die Informatisierung des betrieblichen Erfahrungswissens und der „Imperialismus der instrumentellen Vernunft", in: Zeitschrift für Soziologie, 1987, S. 77–91.

Manzei, A. (2003): Körper – Technik – Grenzen. Kritische Anthropologie am Beispiel der Transplantationsmedizin, Münster 2003.

Martin, H./ Rose, H. (Hrsg.) (1992): CNC-Entwicklung und -Anwendung auf der Basis erfahrungsgeleiteter Arbeit, Bremerhaven 1992.

Moldaschl, M./Voss, G. G. (2001): Die Subjektivierung von Arbeit. München/Mering 2001.

Molzberger, P. (1988): Und Programmieren ist doch eine Kunst, in: *Krafft, A./Ortmann, G.* (Hrsg.), Computer und Psyche. Angstlust am Computer, Frankfurt 1988, S. 185–216.

MÜLLER, M./HERBIG, B. (2004): Methoden zur Erhebung und Abbildung impliziten Wissens. Ergebnisse einer Literaturstudie, Bericht Nr. 74 aus dem Lehrstuhl für Psychologie der TU München, München 2004.

MUSCHIOL, R. (2007): Begegnungsqualität in Bürogebäuden. Ergebnisse einer empirischen Studie, Aachen 2007.

NEUBAUER, A./ ERLACH, C./THIER, K. (2004): Story Telling – Erfahrungsdokumente zur Weitergabe impliziten Wissens, in: *REINMANN G./MANDL, H.* (Hrsg.), Psychologie des Wissensmanagements. Perspektiven, Theorien und Modelle, Göttingen 2004, S. 351–358.

NONAKA, I./TAKEUCHI, H. (1997): Die Organisation des Wissens, Frankfurt/New York 1997.

NORTH, K./ROMHARDT, K./ PROBST, G. (2000): Wissensgemeinschaften. Keimzellen lebendigen Wissensmanagements, in: IO Management, 2000, Heft 7, S. 52–62.

NORTH, K./FRANZ, M./LEMBKE, G. (2004): Wissenserzeugung und -austausch in Wissensgemeinschaften – Communities of Practise, in: QUEM-report, Schriften zur beruflichen Weiterbildung, Heft 85, Berlin 2004, online: http://www.abwf.de/content/main/publik/report/2004/report-85.pdf, Stand: 2004, Abruf: 01.08.2008.

ORR, J. (1996): Talking about Machines: An Ethnography of a Modern Job, Ithaca 1996.

PFEIFFER, S. (1999): Dem Spürsinn auf der Spur. Subjektivierendes Arbeitshandeln an Internet-Arbeitsplätzen am Beispiel Information-Broking, München/Mering 1999.

PFEIFFER, S. (2004): Arbeitsvermögen. Ein Schlüssel zur Analyse (reflexiver) Informatisierung, Wiesbaden 2004.

PFEIFFER, S./TRESKE, E. (2004): Erfahrungsgeleitetes Lernen – Gestaltungsperspektiven (nicht nur) für (Tele-)Service, in: *BÖHLE, F./PFEIFFER, S./SEVSAY-TEGETHOFF, N.* (Hrsg.), Die Bewältigung des Unplanbaren, Wiesbaden 2004, S. 245–264.

POLANYI, M. (1958): Personal Knowledge. Towards a post-critical philosophie, London 1958.

POLANYI, M. (1985): Implizites Wissen, Frankfurt 1985.

PORSCHEN, S./BÖHLE, F. (2005): Geschichten-Erzählen im Arbeitsalltag. Storytelling und erfahrungsgeleitete Kooperation, in: *REINMANN, G.* (Hrsg.), Erfahrungswissen erzählbar machen, Lengerich 2005, S. 52–67.

PORSCHEN, S. (2008): Austausch impliziten Erfahrungswissens. Neue Perspektiven für das Wissensmanagement, Wiesbaden 2008.

PROBST, G. (1999): Aufbruch ins Wissensmanagement. Bausteine, Menschen, Hindernisse, in: *SCHMIDT, R.* (Hrsg.), 21. Online-Tagung der DGI: Aufbruch ins Wissensmanagement, Frankfurt, S. 25–33.

PROBST, G./RAUB, S./ROMHARDT, K. (1999): Wissen managen. Wie Unternehmen ihre wertvollste Ressource optimal nutzen. Frankfurt/Wiesbaden 1999.

PUTNAM, R. (1993): Making democracy work: civic traditions in modern Italy, Princeton, N. J. 1993.

RAMMERT, W. (2007): Nicht-explizites Wissen in Soziologie und Sozionik – Ein kursorischer Überblick, in: *RAMMERT, W.* (Hrsg.), Technik – Handeln – Wissen. Zu einer pragmatischen Technik- und Sozialtheorie, Wiesbaden, S. 147–166.

Reinmann-Rothmeier, G./Erlach, C./Neubauer, A. (2000): Erfahrungsgeschichten durch Story Telling – eine multifunktionale Wissensmanagement-Methode, Forschungsbericht Nr. 127 des Lehrstuhls für Empirische Pädagogik und Pädagogische Psychologie der Ludwig-Maximilians-Universität, online: http://epub.ub.uni-muenchen.de/archive/00000235/01/FB_127.pdf, Stand: 2000, Abruf: 01.08.2008.

Reinmann, G./Vohle, F. (2005): Der Umgang mit Geschichten in Organisationen – Beispiele und Kategorisierungsvorschläge, in: *Reinmann, G.* (Hrsg.), Erfahrungswissen erzählbar machen. Theorie – Methoden – Kontexte, Lengerich 2005, S. 71–89.

Ritter, J./Gründer, K./Gabriel, G. (Hrsg.) (1971–2007): Historisches Wörterbuch der Philosophie, Darmstadt 1971–2007.

Rötzer, F. (1998): Das Netz hat (noch) kein Gedächtnis. Von der Wut des Speicherns, in: TELEPOLIS – magazin der netzkultur, online: www.heise.de/tp/deutsch/inhalt/co/2266/1.html, Stand: 1998, Abruf: 01.08.2008.

Ryle, G. (1969): Der Begriff des Geistes, Stuttgart 1969.

Schachtner, C. (1999): Ärztliche Praxis. Die Kraft der Metapher. Frankfurt 1999.

Schachtner, C. (2007): Knowledge and Experience, in: International Journal of Technology, Knowledge and Society, 2007, S. 75–82.

Schilcher, C. (2006): Implizite Dimensionen des Wissens und ihre Bedeutung für betriebliches Wissensmanagement, Dissertation, Darmstadt 2006, online: http://tuprints.ulb.tu-darmstadt.de/epda/000716/, Stand: 2006, Abruf: 01.08.2008

Schmiede, R. (1999): Informatisierung und Subjektivität, in: *Konrad, W./Schumm, W.* (Hrsg.), Wissen und Arbeit. Neue Konturen von Wissensarbeit, Münster 1999, S. 134–151.

Schumm, W. (1999): Kapitalistische Rationalisierung und die Entwicklung wissensbasierter Arbeit, in: *Konrad, W./Schumm, W.* (Hrsg.), Wissen und Arbeit. Neue Konturen von Wissensarbeit, Münster 1999, S. 152–183.

Totzke, R. (2005): Erinnern – Erzählen – Wissen. Was haben (Erfahrungs-)Geschichten mit echtem Wissen zu tun?, in: *Reinmann, G.* (Hrsg.), Erfahrungswissen erzählbar machen. Theorie – Methoden – Kontexte, Lengerich 2005, S. 19–35.

Turner, S. (1995): The Social Theory of Practices – Tradition, Tacit Knowledge and Presuppositions, Chicago/London 1995.

Welsch, J. (1997): Arbeiten in der Informationsgesellschaft, Studie für den Arbeitskreis „Arbeit-Betrieb-Politik“ der Friedrich-Ebert-Stiftung, Bonn 1997.

Wenger, E. (1998): Communities of Practice. Learning, Meaning and Identity, Cambridge 1998.

Wenger, E./Snyder, W. (2000): Communities of Practice: The organisational frontier, in: Harvard Business Review, 1998, S. 139–145.

Wilkesmann, U./Rascher, I. (2005): Wissensmanagement. Theorie und Praxis der motivationalen und strukturellen Voraussetzungen, München/Mering 2005.

Winkler, K./Mandl, H. (2003): Wissensmanagement in Communities – Communities als zentrales Szenario der Weiterbildungslandschaft im dritten Jahrtausend, in: *Schäfer, E./ Zinkahn, B./Pietsch, K.-D.* (Hrsg.), Die Weiterbildung in der Bildungsgesellschaft unter dem ökonomischen Paradigma. Perspektiven für die Ausrichtung der berufsbezogenen wissenschaftlichen Weiterbildung, Jena 2003, S. 169–180.

Wood, S. (1986): Neue Technologien, Arbeitsorganisation und Qualifikation. Die britische Labor-Process-Debatte, in: PROKLA, 1986, Heft 62, S. 74–104.

Yitzhaki, M./Hammershlag, G. (2004): Accessibility and use of information sources among computer scientists and software engineers in Israel: Academy versus industry, in: Journal of the American Society for Information Science and Technology, 2004, S. 832–842.

Wissen über Wettbewerber vor dem Hintergrund der Globalisierung

ROBERT KNACK

BearingPoint. Management & Technology Consultants

1 Einleitung

Wissensmanagement und Wissenscontrolling und damit verbunden das Informationsmanagement und -controlling rücken stärker als bisher in den Fokus der praxisinduzierten und theoriegeleiteten Betrachtung. Das ist entscheidend auf das Zusammenwachsen nationaler Märkte und die damit verbundene Globalisierung zurückzuführen. Der dadurch zunehmende Wettbewerbsdruck stellt Unternehmen vor die Herausforderung, sich in einem turbulenteren Wettbewerbsumfeld zu behaupten. Das setzt voraus, dass Unternehmen ihr Wettbewerbsumfeld kennen und analysieren, um auf Veränderungen reagieren zu können.

Die Forschung zur Marktorientierung und die daran angelehnte Praxis beschäftigen sich schwerpunktartig mit der Orientierung an den Kunden.[1] Im Schatten der Kundenorientierung wird die Orientierung an Wettbewerbern berücksichtigt. Grundlage der Wettbewerberorientierung ist das Generieren von Informationen und Verarbeiten zu Wissen über Wettbewerber. Das ist Voraussetzung dafür, dass Wissen über Wettbewerber Grundlage für Wettbewerbsstrategien wird.

Dieser Teil der Marktorientierung wird in der Forschung und Praxis deutscher Unternehmen bisher kaum gewürdigt.[2] Der vorliegende Text soll zur Verringerung dieses Defizits beitragen, indem das Generieren von Informationen und Verarbeiten zu Wissen über Wettbewerber als Erfolgsfaktor im globalen Wettbewerb analysiert wird.

Dazu werden zunächst verschiedene Forschungsansätze danach bewertet, wie gut sie in der Lage sind, den Untersuchungsgegenstand zu beleuchten. Daran anschließend wird ein Konzept zum Generieren von Informationen und Verarbeiten zu Wettbewerberwissen vorgestellt und anhand seiner Phasen diskutiert. Es werden die Grenzen der Wettbewerberanalyse und die eigene Abwehr gegen Analysetätigkeit von Wettbewerbern beschrieben.

2 Konzeptionelle Betrachtung der Informationsgenerierung und -verteilung

Als Folge zunehmenden Wettbewerbes leiten *Lux/Peske*[3] die Notwendigkeit der legalen Informationssammlung und -verarbeitung über Wettbewerbsteilnehmer und das Wettbewerbsumfeld ab.[4] Dabei werden Daten generiert und anschließend zu Informationen und Wissen verknüpft.[5] Verschiedene Forschungsansätze liefern Erkenntnisse für diese Funktionen. Aus dieser Vielzahl soll hier der Ansatz zur Grundlage der weiteren Betrachtung gemacht werden, der das Generieren und Verteilen von Informationen vollständig abdeckt und dabei die Besonderheiten des Inhaltes „Wettbewerberinformation“ berücksichtigt.

---

1 Zur Kundenorientierung siehe *Steinhoff* (2006).

2 Vgl. *Kairies* (2004), S. 12.

3 Vgl. *Lux/Peske* (2002).

4 Vgl. *Lux/Peske* (2002), S. 12.

5 Vgl. *McGonagle/Vella* (1993), S. 3.

Ein bedeutender Forschungsansatz ist in diesem Zusammenhang das *Wissensmanagement*. Es konzentriert sich zwar auf den internen Erfahrungsaustausch,[6] aber unternehmensextern orientierte Ansätze dieser Forschungsrichtung können Einblicke in den Ablauf der Wissensgenerierung und -verteilung liefern.[7] Die Betrachtungen fokussieren dabei stark den Prozess und entsprechende Technologien der Informationsverarbeitung. Der Inhalt des auszutauschenden Wissens wird zugunsten der fokussierten Betrachtung des Prozesses und entsprechender Technologien zur Verarbeitung von Informationen vernachlässigt.[8]

Die *Wettbewerbstheorie* betrachtet Fragen der Marktstruktur und Marktabgrenzung, führt jedoch nicht zu praktikablen Verfahren der Wissensgenerierung und -verarbeitung.[9] Arbeiten zur strategischen Unternehmensführung bzw. zum strategischen Management, allen voran *PORTER*, haben wichtige Rahmenbedingungen für das Verständnis der Wettbewerberorientierung und die Akquisition von Wettbewerberwissen geliefert. Diese vom Market Based View geleiteten Überlegungen gehen jedoch von der Homogenität der Unternehmen aus und machen daher die Branche und die strategische Gruppe, nicht jedoch das einzelne Wettbewerberunternehmen zum Gegenstand der Untersuchung.[10]

In der Forschung zur *Umweltuntersuchung* („*environmental scanning*")[11] wird vorrangig untersucht, wann Informationen für strategische Entscheidungsprozesse gesammelt werden.[12] Das einzelne Wettbewerberunternehmen wird nicht zum Gegenstand der Betrachtungen.

Der Begriff der *Marktforschung i. e. S.* (auch klassische Marktforschung oder Konsumentenforschung genannt)[13] untersucht im Kern das Verhalten, die Bedürfnisse und Präferenzen der Kunden eines Unternehmens. Entsprechend sind die Methoden der Marktforschung i. e. S. auf die Kundenanalyse spezialisiert und nur teilweise für die Wettbewerberanalyse geeignet.[14]

In der „traditionellen", deutschen Marketing-Literatur wird *Marktforschung i. w. S.* (in neueren Veröffentlichungen auch „Marketingforschung" genannt)[15] als ein umfassendes Konstrukt eingeordnet. Neben der Marktforschung i. e. S. zählen dazu auch die Konzepte der *Konkurrenzforschung* (synonym auch Konkurrentenforschung) und der *Branchenanalyse*.[16] Unter dem Begriff der Konkurrenzforschung wird in der deutschsprachigen Literatur die zielgerichtete, legale Beschaffung, Auswertung und Interpretation von Datenmaterial über den Wettbewerb verstanden.[17] Dieser Ansatz betont die Analyse der Wettbewerber (z. B. Ziele, Strategien, Stärken und Schwächen). Der strukturelle Aspekt der Branche wird jedoch vernachlässigt (z. B. Marktanteile, stra-

---

6 Vgl. *STIPPEL* (2002) S. 15.

7 Vgl. *BEA* (2000), S. 362.

8 Vgl. *NONAKA/NISHIGUCHI* (2001).

9 Vgl. *KAAS/BREZSKI* (1989), S. 42.

10 Siehe *PORTER* (1980), *KAAS/BREZSKI* (1989), S. 42, *PORTER* (1999a), S. 27 ff.

11 Siehe dazu *SAWYER* (1993), S. 288 ff., *BOYD/FULK* (1996), S. 2 ff., und *HOWELL/SHEA* (2001), S. 15 ff.

12 Vgl. *MAKADOK/BARNEY* (2001), S. 1622.

13 Siehe *KAAS/BREZSKI* (1989), S. 45, und *BREZSKI* (1993), S. 7.

14 Siehe u. a. *GÖRGEN* (1992), S. 49, *WOLFRUM* (1994), S. 137, *WEST* (2001), S. 110, *EFFING* (2002), S. 7, *STIPPEL* (2002), S. 15, und *DELTL* (2004), S. 17.

15 Siehe *NIESCHLAG/DICHTL/HÖRSCHGEN* (1997), S. 671, und *EFFING* (2002), S. 7.

16 Vgl. *JOAS* (1990), S. 68 f.

17 Siehe *FISCHER* (1986), S. 103, *ROHLEDER* (1988), S. 24, *BREZSKI* (1993), S. 5, und *WOLFRUM* (1994), S. 183.

tegische Gruppen, Wettbewerbsintensität).[18] Unter dem Begriff Branchenanalyse werden die Struktur der Branche und entsprechende Wettbewerbskräfte getrennt von der Untersuchung einzelner Wettbewerber behandelt. [19]

Die Begriffe Konkurrenzforschung und Branchenanalyse decken sich damit bis zum Anfang der 90er Jahre mit dem Konzept der *Competitor Intelligence*, wurden jedoch seither nicht mehr wesentlich weiterentwickelt.[20] Die Competitor Intelligence legt den Schwerpunkt der Untersuchung auf Aktivitäten, Pläne und Strategien von Anbietern in einem Markt. Daher wird an dieser Stelle das aktuellere und umfassendere Konzept der Competitor Intelligence und der daraus entstandenen Competitive Intelligence (im Weiteren als „*CI*“ bezeichnet) betrachtet.[21] Das Konzept der CI eignet sich, um sowohl die Generierung als auch die Verteilung von Wettbewerberinformationen zu betrachten. Aus diesem Grund soll auf eine getrennte Betrachtung der Informationsgenerierung und -verteilung verzichtet werden. Das Modell berücksichtigt auch den Aufbau einer noch nicht vorhandenen CI, die ein Unternehmen ins Leben ruft.

2.1 Definition

PORTER (1980) wird allgemein als der Initiator und Vater der CI gesehen.[22]

„[...] need for an organized mechanism – some sort of competitor intelligence system – to insure that the process is efficient“.[23]

Er legte den Grundstein für die CI, indem er die Analyse des Wettbewerbes systematisch beschrieb.[24] Der Ansatz von *PORTER* wurde weiterentwickelt und auf das gesamte Wettbewerbsumfeld und individuelle Wettbewerbsunternehmen bezogen. Dass sich diese Sicht durchsetzt, ist der Verdienst der Society of Competitive Intelligence Professionals – SCIP. Weiteren Ausführungen zur CI wird daher die Definition der SCIP zugrunde gelegt. CI ist demnach das systematische Sammeln, Analysieren und Steuern von externen Informationen, die einen Einfluss auf Pläne, Entscheidungen und Aktivitäten des Unternehmens haben können. Das betrifft Informationen über die Wettbewerber und das Wettbewerbsumfeld.[25]

---

18 Siehe *EFFING* (2002), S. 5, und *LUX/PESKE* (2002), S. 23.

19 Vgl. *AAKER* (1989), S. 91 ff.

20 Vgl. *MCGONAGLE/VELLA* (2002), S. 21.

21 Vgl. *BREZSKI* (1993), S. 4.

22 Siehe *GRUNERT* (1995), S. 1126, und *STIPPEL* (2002), S. 15.

23 *PORTER* (1980), S. 72.

24 Vgl. *FLEISHER/BENSOUSSAN* (2003), S. 1.

25 Siehe *SCIP* (o. J.), *BREZSKI* (1989), S. 11, *BREZSKI* (1989), S. 11, *KAHANER* (1997), S. 16, *COTTRILL* (1998), S. 27, *WEST* (2001), S. 12, *MCGONAGLE/VELLA* (2002), S. 4, *FLEISHER/BENSOUSSAN* 2003, S. 4 und S. 6, und *DELTL* (2004), S. 17.

Neben dem Prozess wird in der englischsprachigen Literatur auch das Endergebnis (Wissen) als CI bezeichnet.[26] In der vorliegenden Arbeit werden die Begriffe Wettbewerberinformation und Wettbewerberwissen für die Bezeichnung des Ergebnisses des CI-Prozesses verwendet. *COMBS/MOORHEAD* und *GILAD* geben einen Überblick über alternative Definitionsversuche.[27] Diese Unterscheidungen nach dem Analysefokus oder dem Analysezweck spiegeln die Breite der Anwendung des CI-Konzeptes wider und dienen lediglich CI-unerfahrenen Anwendern als Orientierung.[28]

2.2 Ziel und Nutzen der CI

In diesem Abschnitt werden die Ziele untersucht, die die CI erfüllen soll. Diese Betrachtung wird auf den Nutzen ausgedehnt, den die CI spendet.

Ziel:

Information und Wissen über den Markt und speziell die Wettbewerber ist das Erkenntnisziel der CI.[29] Um Klarheit über den Begriff der CI zu erlangen, ist es erforderlich, die Begriffe Information und Wissen zu definieren.[30] Dabei wird den Überlegungen der Wirtschaftsinformatik gefolgt, um die mathematische Klarheit und den wirtschaftlichen Bezug zu wahren (für einen Überblick siehe Abbildung 1).

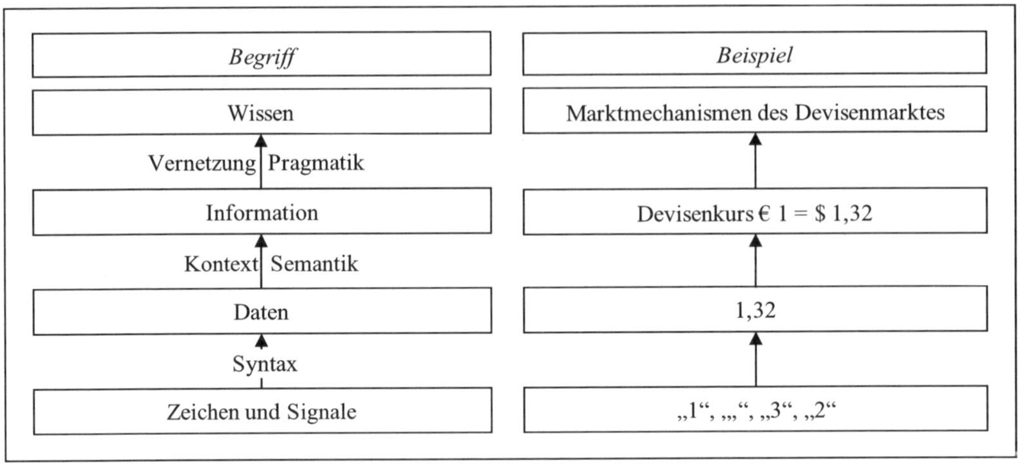

Abbildung 1 Begriffshierarchie für Daten, Informationen und Wissen[31]

[26] Siehe *BERNHARDT* (1993), S. 18, *KUNZE* (2000), S. 63, und *LUX/PESKE* (2002).

[27] Vgl. *COMBS/MOORHEAD* (1992), S. 7 ff., und *GILAD* (1996), S. 25 f.

[28] Für einen Überblick über den Umfang der Veröffentlichungen zur CI siehe *SUBRAMANIAN/ISHAK* (1998), S. 9 ff., und *WRIGHT/PICKTON/CALLOW* (2002), S. 349 f.

[29] Vgl. *LUX/PESKE* (2002), S. 17.

[30] Vgl. *KAHANER* (1997), S. 20.

[31] Vgl. *DREGER* (1998), S. 132, und *SITT* (1998), S. 186.

Daten sind ungeordnete Fakten oder Beobachtungen.[32] Die Analyse von Daten transformiert sie in Informationen. Informationen sind damit zweckorientiert aufbereitete Daten. Diese Daten werden kontextspezifisch selektiert, geordnet und bereitgestellt.[33] In Abgrenzung dazu ist Wissen von Menschen erfasste, verstandene und verknüpfte (bzw. gesammelte, gefilterte, destillierte und analysierte) Information.[34] Wissen wird von Individuen konstruiert und repräsentiert deren Erwartungen über Ursache-Wirkungsbeziehungen.[35] Intelligenz ist dagegen die Eigenschaft des Lernens und Reflektierens. Unter einer intelligenten Leistung wird demnach der Transfer von Entscheidungen in einen unbekannten Kontext verstanden.[36] Der Begriff Intelligence wird den englisch-sprachigen Veröffentlichungen entsprechend synonym mit Wissen verwendet.[37]

Nutzen:

Fehlentscheidungen können zur Existenzfrage für Unternehmen werden. CI dient nicht der Kopie von Produkten, sondern vermindert das Risiko von Entscheidungen unter Unsicherheit in einer sich schnell verändernden Umwelt. Voraussetzung, um die Veränderungen zu verstehen und zu bewältigen, sind Informationen, die mittels CI erlangt und verarbeitet werden.[38] Die CI ist so in der Lage, Unternehmensentscheidungen bei Unsicherheit zu unterstützen, indem Wissen das Risiko senkt, Entscheidungen auf der Grundlage falscher Annahmen zu treffen. Somit ist CI Grundlage jeder marktorientierten Unternehmensführung.[39]

CI-generiertes Wissen über Wettbewerber soll es ermöglichen, dass Unternehmen zukünftige Aktivitäten der Wettbewerber voraussehen und in ihrem eigenen Verhalten berücksichtigen.[40] Sie sollen den nötigen Vorsprung gegenüber Wettbewerbern schaffen und somit die Existenz sichern.[41] Auf diese Weise sollen Aktionsspielräume erweitert, Zeit gewonnen und das Risiko der Entscheidungen vermindert werden.[42]

„CI enables senior managers [...] to make informed decisions about everything from marketing, R&D, and investing tactics to long-term business strategies." [SCIP o.J.-a]

Ziel ist es, Entscheidungsträger in die Lage zu versetzen, mittels aggregierter und angepasster Informationen in Form von Wissen über das gesamte Unternehmensumfeld effiziente Entscheidungen zu treffen. Das betrifft Entscheidungen in den Bereichen Marketing, F&E, Finanzen und strategisches Management.[43]

---

32 Vgl. *Davis/Botkin* (1994), S. 166.

33 Siehe *Schwarze* (1998), S. 24, und *Heinrich* (1999), S. 7.

34 Siehe *Fuld* (1995), S. 24 f., *Kahaner* (1997), S. 21, *Schwinn et al.* (1998), S. 30, und *Nonaka/Konno/Toyama* (2001), S. 13.

35 Vgl. *Lichtenthaler* (2002), S. 3.

36 Vgl. *Petkoff* (1998), S. 35.

37 Vgl. *Lux/Peske* (2002), S. 19.

38 Vgl. *Kahaner* (1997), S. 23.

39 Vgl. *Lux/Peske* (2002), S. 62 f.

40 Vgl. *Brezski* (1989), S. 2.

41 Vgl. *McGonagle/Vella* (1993), S. 5.

42 Vgl. *Fischer* (1986), S. 104.

43 Siehe *Barndt* (1994), S. 131 ff., *Kahaner* (1997), S. 23, *Lux/Peske* (2002), S. 61, und *Fleisher/Bensoussan* (2003), S. 12.

JAWORSKI/WEE (1993) haben den Einfluss der CI auf die Strategiebildung und den Unternehmenserfolg empirisch untersucht. Die CI führt danach zu:

- intensiveren Beziehungen und deren Verständnis zwischen internen Funktionen eines Unternehmens,
- gesteigerter Qualität der strategischen Pläne und
- erhöhtem Verständnis und Wissen der einzelnen strategischen Unternehmensbereiche über ihr Markt- und Unternehmensumfeld.

Über diese Auswirkungen steigert die CI den Unternehmenserfolg.[44]

Die Tragweite von Fehlentscheidungen steigt mit zunehmendem Wettbewerbsdruck, da sich das Wettbewerbsumfeld schneller verändert und die Folgen von Fehlentscheidungen von den Wettbewerbern konsequenter genutzt werden. Demnach ist die CI in der Lage, die Besonderheiten zunehmenden Wettbewerbsdrucks gezielt zu berücksichtigen, indem die Unsicherheiten in der Marktbearbeitung verringert werden können.

Adressaten:

Adressaten der CI sind alle Mitglieder eines Unternehmens, die mithilfe der Wettbewerberinformationen die Unsicherheit bei zu treffenden Entscheidungen mindern. Das sind z. B. das Top Management und die Marketingabteilung.[45] Üblicherweise werden die Ergebnisse der CI in den Bereichen strategische Planung, Produktentwicklung und Marketing am stärksten genutzt.[46]

Stand der Verbreitung:

In einer empirischen Untersuchung zum Stand der Konkurrenzforschung in Deutschland wurde enorme Unzufriedenheit über die CI-Aktivitäten analysiert (n = 312; Fach- und Führungskräfte aus den Bereichen Marketing, Produktmanagement, F&E, Geschäftsleitung und Vertrieb der Investitionsgüterbranchen).[47] Geringe Professionalität und fehlende Motivation im Generieren und Auswerten der Wettbewerberinformationen und unzureichende Nutzung des bereitgestellten Wissens sind die bedeutendsten Unzulänglichkeiten.[48] Obwohl das Wissen über die Technologie der Wettbewerber als essenziell betrachtet wird, hat lediglich die Hälfte der von *BROCKHOFF* untersuchten deutschen Unternehmen versucht, die Technologie der Wettbewerber zu untersuchen.[49]

---

44 Siehe *JAWORSKI/WEE* (1993), S. 26, und *LUX/PESKE* (2002), S. 62 f.

45 Siehe *KAHANER* (1997), S. 49, und *MCGONAGLE/VELLA* (2002), S. 4.

46 Siehe *SCIP* (2001), S. 47, und *MCGONAGLE/VELLA* (2002), S. 5.

47 Vgl. *KAIRIES* (2004).

48 Vgl. *KAIRIES* (2004), S. 7. Für die geringe Nutzung des Wissensmanagement deutscher Unternehmen im internationalen Vergleich siehe auch *JÄGER/STRAUB* (1999), S. 20.

49 Vgl. *BROCKHOFF* (1991), S. 93 ff.

Im Vergleich zu anderen entwickelten Industriestaaten setzt sich die CI in Deutschland nur langsam durch.[50] Zudem ist die Effizienz der CI in Deutschland gering. Die Effizienz der CI hängt u. a. davon ab, wie die Ergebnisse abgelegt werden und für spätere CI-Fragen zugänglich sind. Lediglich 10% der deutschen Unternehmen archivieren ihre CI-Ergebnisse elektronisch und nur ein Drittel nutzt ein zentrales Archiv für die Sammlung der CI-Ergebnisse, obwohl 70% den Aufbau einer Datenbank mit Wettbewerberinformationen als sinnvoll erachten.[51]

2.3 CI-Strategietypen

McGonagle/Vella[52] unterscheiden die aktive und defensive CI. Unter der aktiven CI wird das selbstgesteuerte und fragenbezogene Suchen nach Wettbewerberinformationen verstanden. Defensive CI ist demnach die Abwehr fremder CI-Aktivitäten, um Informationsabfluss zu vermeiden. Damit trifft diese Differenzierung lediglich eine Abgrenzung zwischen den Teilbereichen der eigenen Informationsgenerierung und der CI-Abwehr und stellt keine Typologisierung von CI-Strategien dar. Andere Ansätze machen den aktiven Teil der CI zum Gegenstand einer Unterscheidung von Strategietypen.

Brezski[53] unterscheidet die defensive, passive und offensive CI. *Defensive* CI hat die Vermeidung von Überraschungen zum Ziel. Erwartungen über die zukünftigen Wettbewerberaktivitäten sind hier Grundlage der Strategieplanung. *Passive* CI dient der Entwicklung von Beurteilungsmaßstäben zum Vergleich der unternehmenseigenen Stärken und Schwächen mit denen der Wettbewerber. Die *offensive* CI versucht, aus der Beobachtung und Analyse der Konkurrenz unternehmerische Gelegenheiten (z. B. Marktlücken) zu identifizieren.[54] Eine ähnliche Unterscheidung nimmt *Johne*[55] vor, indem er die aktive und passive Marktuntersuchung hinsichtlich des internen und externen Marktes betrachtet. Die passive Marktuntersuchung stellt die Reaktion auf Marktstimuli dar. Für die *aktive* Marktuntersuchung werden Marktstimuli auf dem internen Markt gesucht und auf die Notwendigkeit der Reaktion hin überprüft. Zu dem handlungsgerichteten Zweck, den schon *Brezski* in den Mittelpunkt stellt, wird der Untersuchungsrahmen beachtet. Wenn sich eine aktive CI über den internen Markt hinaus auch auf den externen Markt richtet, ist es eine *proaktive* CI.[56] In der Unterscheidung von Märkten mit verschiedener Intensität des Wettbewerbs wird für den Fall hoher Wettbewerbsintensität die „proaktive" Marktuntersuchung empfohlen.[57] Damit kann die Marktunsicherheit verringert werden, die entsteht, weil die potenziellen Wettbewerber und die zukünftige Branchenstruktur nicht bekannt sind.[58]

---

50 Vgl. *Stippel* (2002), S. 15.

51 Vgl. *Kairies* (2004), S. 12.

52 Vgl. *McGonagle/Vella* (2002), S. 21 ff.

53 Vgl. *Brezski* (1993).

54 Vgl. *Brezski* (1989), S. 11, und *Brezski* (1993), S. 23.

55 Vgl. *Johne* (1994).

56 Vgl. *Johne* (1994), S. 57. Siehe auch *Abernathy/Clark* (1985), S. 18.

57 Vgl. *Johne* (1994), S. 53.

58 Vgl. *Olson* (1994), S. 33, *Danneels/Kleinschmidt* (2001), S. 361, und *O'Connor/McDermott* (2004), S. 11.

2.4 Inhalte der CI

PORTER[59] entwickelte die Elemente der Konkurrentenanalyse. Er beschreibt ein Analyse-System, welches aus folgenden Elementen besteht:

- Annahmen über das fokale Unternehmen,
- Annahmen über die Branche,
- Fähigkeiten,
- gegenwärtige Ziele und Strategien.

Daraus soll ein Reaktionsprofil erstellt werden, aus dem zukünftiges Verhalten und zukünftige Strategien abzuleiten sind.[60] Die entsprechenden Analyseobjekte des Wettbewerbs sind neben den aktiven Wettbewerbern in der Branche auch potenzielle Wettbewerber und Hersteller von Substituten, sowie Lieferanten und Abnehmer.[61]

Der Fokus der CI hat sich ausgehend von *PORTER*s Ansätzen (der Analyse der Wettbewerber und der Branche) auf das gesamte Unternehmensumfeld ausgedehnt. Heute wird unter CI über *PORTER*s Ideen hinaus die Analyse des gesamten Umfeldes als auch interner Faktoren eines Unternehmens verstanden. Dementsprechend gehen aus der aktuellen Literatur folgende Hauptfunktionen der CI hervor:

- Ermittlung von Frühwarnungen,
- Unterstützung strategischer Planungsprozesse und
- Unterstützung taktischer Entscheidungen.

Diese Hauptfunktionen erfordern die Berücksichtigung verschiedener Aspekte des Unternehmensumfeldes:

- Fähigkeiten, Pläne und Ausrichtung der Wettbewerber,
- Chancen und Risiken der Wettbewerber,
- Branchenstruktur und Trends (z. B. Veränderungen der Kostenstruktur, der Technologie, der Vertriebsstrukturen),
- Veränderungen der Nachfrage und der Kundenbedürfnisse und
- technologische, politische, ökonomische und soziale Veränderungen.[62]

Die Innovationsaktivitäten der Wettbewerber sind neben den Marketingstrategien sowie den Stärken und Schwächen das häufigste Ziel der CI.[63]

---

59 Vgl. *PORTER* (1999b), S. 88 ff.

60 Vgl. *PORTER* (1999b), S. 88, und *SMITH* (2002), S. 39.

61 Vgl. *PORTER* (1999b), S. 34.

62 Vgl. *COMBS/MOORHEAD* (1992), S. 5 f., *KAHANER* (1996), S. 23 ff., *NORDSTROM/PINKERTON* (1999), S. 54, *WEST* (2001), S. 121 f., *MAKADOK/BARNEY* (2001), S. 1624, und *LUX/PESKE* (2002), S. 63.

63 Vgl. *SUBRAMANIAN/ISHAK* (1998), S. 18.

Dem Wunsch der CI-Nutzer nach spezifischen und anwendbaren Informationen kann Rechnung getragen werden, indem standardisierte, inhaltsbezogene CI-Angebote im Unternehmen spezifiziert werden.[64]

Um Wettbewerbsstrategien umfassend zu entwickeln, sind Informationen über das technologische, politische, ökonomische und soziale Umfeld sowie über die Kunden unverzichtbar. Um den Fokus dieser Arbeit zu berücksichtigen, bleiben diese Aspekte der CI zugunsten der Analyse der Wettbewerber und der Branche weitestgehend unbetrachtet.

2.5 CI-Zyklus

Der „Intelligence Cycle“ ist nachrichtendienstlichen Ursprungs und stellt den Prozess der Evaluierung, Analyse und Aggregation so genannter Rohinformationen und Einzeldaten zu Informationen und Wissen dar.[65] Abbildung 2 zeigt den CI-Zyklus graphisch.

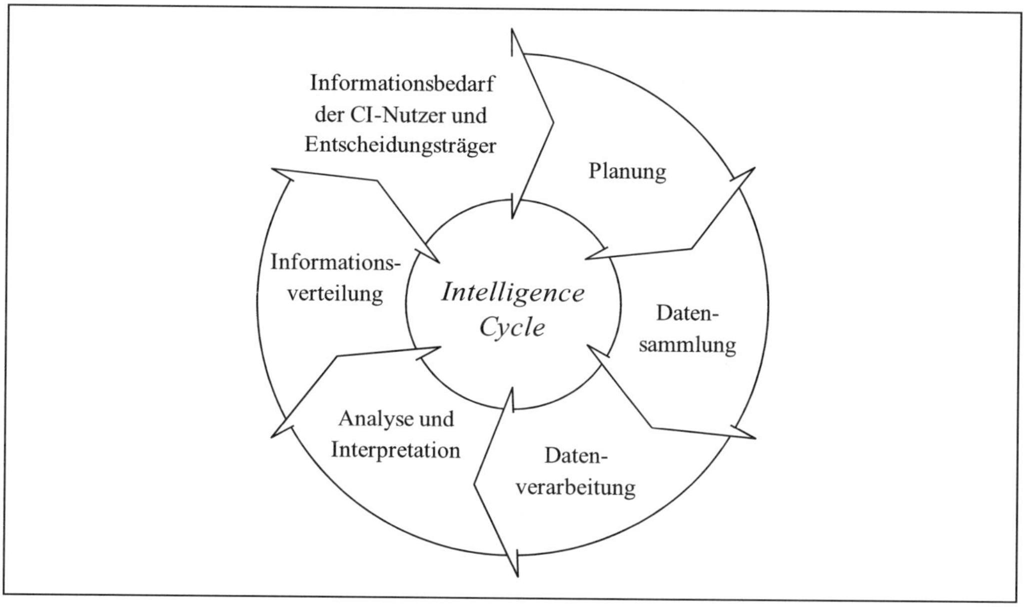

Abbildung 2 Der CI-Zyklus[66]

---

[64] Vgl. *Dugal* (1998), S. 20 f., stellt eine mögliche CI-Produktlinie vor, die in-house von einer CI-betrauten Abteilung angeboten werden kann.

[65] Siehe *Barndt* (1994), S. 23, *Hirsch* (1996), S. 43 ff., *Kahaner* (1996), S. 43 ff., *Kahaner* (1997), S. 43 f., und *Norling et al.* (2000), S. 23.

[66] In Anlehnung an *Bernhardt* (1993), S. 20; *Barndt* (1994), S. 10; *Montgomery/Weinberg* (1998) und *Fleischer/Bensoussan* (2003), S. 6.

In der Planungsphase („Planning and Direction") wird der CI-Prozess geplant. Grundlage dafür ist der ermittelte Bedarf an Informationen und Wissen der Nutzer des Wettbewerberwissens („Intelligence User"). Nutzer treffen unternehmerische Entscheidungen auf der Basis der Informationen („Decision Maker"). Im Mittelpunkt dieser Phase stehen die Eingrenzung des Informationsbedarfes und die Festlegung der Ziele der CI.[67]

Die Datensammlung („Collection") beschreibt das Sammeln von Informationen. Die hier verwendeten Quellen und Methoden der Datenerhebung hängen von den Informationszielen ab.[68]

Im Schritt der Datenverarbeitung („Processing") werden die Daten für eine spätere Verwendung geordnet, gespeichert und auf Zuverlässigkeit überprüft.[69]

Die Phase der Analyse und Interpretation („Analysis and Production") dient dazu, die gesammelten Daten und Informationen mit bereits vorhandenem Wissen zu vergleichen, um sie dann zu neuem Wissen zu verarbeiten und zu kombinieren.[70]

Im letzen Schritt der Informationsverteilung („Dissemination") werden die Ergebnisse der Analysen den Adressaten zur Verfügung gestellt bzw. präsentiert. Möglichkeiten der Präsentation der Informationen werden in der Literatur umfangreich diskutiert.[71]

Im Folgenden werden nun die Phasen des CI-Zyklusses detaillierter erörtert.

2.5.1 Planung

Es ist erfolgsentscheidend für den CI-Prozess, ein klares Verständnis vom Ziel der Analyse zu haben.[72] Daher wird in der ersten Phase des CI-Prozesses der CI-Bedarf bestimmt. Der Informationsbedarf beschreibt die Art, Menge und Qualität der benötigten Informationen.[73] Dazu wird zunächst das Ziel der CI festgelegt.[74] Neben dem vorgegebenen Inhalt sind die Art der Quellen[75] und der zeitliche Horizont als Zielgröße festzulegen.[76] Darauf aufbauend werden Fragen erarbeitet, die im Rahmen der CI beantwortet werden sollen. Durch genaue Definition und Abgrenzung der notwendigen Daten kann die Gefahr des Informationsüberangebotes schon in der Planungsphase verringert werden.[77]

---

67 Vgl. *Schwarze* (1998), S. 88 ff.

68 Vgl. *Herring* (1996), S. 65, und *Lux/Peske* (2002), S. 83.

69 Vgl. *Vella/McGonagle* (1988), S. 49 ff.

70 Vgl. *Bernhardt* (1993), S. 48 ff., *Fuld* (1995), S. 357 ff., und *Porter* (1999b), S. 86 ff.

71 Vgl. *Gordon* (1989), S. 25 ff., *Dreger* (1992), S. 317 ff., und *Bernhardt* (1993), S. 101 ff.

72 Vgl. *Fleisher/Bensoussan* (2003), S. 13.

73 Vgl. *Brezski* (1993), S. 67, und *West* (2001), S. 52.

74 Vgl. *Folsom/Kapplan* (1992), *Kunze* (2000), S. 72, *McGonagle/Vella* (2002), S. 22, und *Deltl* (2004), S. 57.

75 Vgl. *McGonagle/Vella* (1993), S. 96.

76 Vgl. *Kahaner* (1997), S. 44.

77 Vgl. *Brezski* (1989), S. 16, und *Deltl* (2004), S. 57.

Darüber hinaus empfiehlt sich die Hypothesen geleitete Planung, Sammlung und Analyse der CI-Fragestellungen (i. S. eines pyramidalen Denkens), um einer Informationsflut vorzubeugen.[78] Abschließend wird festgelegt, für welche Zwecke neben dem originären Anlass der CI die Informationen noch genutzt werden können und der Inhalt entsprechend angepasst.[79] Einen Rahmen zur Bestimmung des Informationsbedarfs bietet *PORTER*[80] mit den Triebkräften für den Branchenwettbewerb.[81]

Um die Interessen der CI-Nutzer zu erkunden, sind Interviews sehr effektiv.[82] Noch intensiver kann der Informationsbedarf mithilfe von „CI-Audits" erarbeitet werden.[83] [84]

Die Inhalte, die im Rahmen der CI geklärt werden sollen, hängen sehr stark von der Situation des betreffenden Unternehmens und dem bereits vorhandenen Wissen ab. Daher soll an dieser Stelle darauf verzichtet werden, einen Katalog an typischen Fragen zu erstellen, den die CI zu beantworten in der Lage ist.[85]

Identifikation von Wettbewerbern:

Eine zentrale Aufgabe der CI ist die Identifikation der Wettbewerber.[86] Je nach Kenntnisstand und Untersuchungsziel kann das Teil der Planung aber auch Ergebnis der CI sein. Als Analysemittelpunkt der CI ist die Identifikation der Wettbewerber Teil jedes CI-Prozesses und soll daher an dieser Stelle kurz diskutiert werden.

In der CI-Literatur werden Konkurrenten und Mitbewerber (z. T. auch Gegner und Feinde) synonym zu dem Begriff Wettbewerber verwendet.[87] In der Literatur hat sich jedoch der Begriff Wettbewerber durchgesetzt.

Wer sind die Wettbewerber? Selten können Praktiker eine umfassende Antwort auf diese Frage geben. Selbst wenn die meisten behaupten alle ihre Wettbewerber zu kennen, sind diese Einschätzungen oft sehr kurzsichtig.[88] *CLARK/MONTGOMERY* weisen das empirisch nach.[89] *DEBRUYNE ET AL.* belegen darüber hinaus empirisch, dass Unternehmen potenzielle Wettbewerber in ihrem Umfeld oft nicht als Bedrohung erkennen und entsprechend die Hersteller

---

78 Vgl. *WEST* (2001), S. 119.

79 Vgl. *MCGONAGLE/VELLA* (1993), S. 47, und *GRUNERT* (1995), S. 1230.

80 Vgl. *PORTER* (1999b), S. 34.

81 Vgl. *BREZSKI* (1993), S. 73 ff., *ELBING/KREUZER* (1994), S. 145, und *KUNZE* (2000), S. 72.

82 Vgl. *KAHANER* (1997), S. 49, und *GRAUMANN/ WEISSMAN* (1998), S. 71.

83 Siehe dazu *MCGONAGLE/VELLA* (1993), S. 52 ff., und *KAHANER* (1997), S. 204 f.

84 Für anwendungsnahe Hinweise der Gestaltung von Interviews und CI-Audits siehe *GRAUMANN/WEISMAN* (1998), S. 71 ff., und eine spezielle Vertiefung zur Vereinbarung von Informationsbedarf und Angebot siehe *BEHRENS* (1998), S. 21 ff., *SCHWARZE* (1998), S. 88 ff., und *EFFING* (2002), S. 29 ff.

85 Eine entsprechende Auflistung von Quellen, die solche Listen anbieten, finden sich in *KNACK* (2006), S. 369.

86 Vgl. *LINK* (1988), S. 65, *EFFING* (2002), S. 36, und *MCGONAGLE/VELLA* (2002), S. 16.

87 Vgl. *DREGER* (1992), S. 2.

88 Siehe *LEVITT* (1960), S. 46 f., *GRAHAMMER* (1982), S. 18, *PORAC/THOMAS* (1990), S. 226 ff., *MCGONAGLE/VELLA* (1993), S. 53, und *KAHANER* (1997), S. 32.

89 Vgl. *CLARK/ MONTGOMERY* (1999), S. 78.

nicht als (potenzielle) Wettbewerber wahrnehmen.[90] Das führt dazu, dass Wettbewerber aus nicht beachteten Bereichen erst sehr spät erkannt und als solche wahrgenommen werden.[91] [92]

Typen von Wettbewerbern

In der Literatur werden die identifizierten Wettbewerber danach unterschieden, ob sie direkt mit vergleichbaren Produkten oder indirekt durch die Art der Bedürfnisbefriedigung und bereits aktiv oder nur potenziell konkurrieren. Daraus ergeben sich direkte, existente Wettbewerber, die bereits in bisherigen Geschäftsfeldern konkurrieren. Das sind die täglichen Gegner eines Unternehmens in einem Markt. Daher konzentrieren sich die größten CI-Anstrengungen auf diese Gruppe, die damit unter gewöhnlichen Marktbedingungen gut bekannt ist.

In Märkten, die von Wettbewerbsdruck und Innovation geprägt sind, ist es normal, dass Unternehmen gegen Wettbewerber konkurrieren, von deren Existenz sie überrascht sind (z. B. Zulieferer oder Kunden).[93] Indirekte, existente Wettbewerber sind branchenfremde Unternehmen, deren Produkte den gleichen Kundennutzen vollkommen oder teilweise befriedigen wie die eigenen Angebote.[94] Direkt und indirekt stehen auch potenziell konkurrierende Unternehmen im Wettbewerb („potential entrants"). Potenzielle Wettbewerber sind in der Lage, auf den betrachteten Markt zu drängen. Sie sind dort jedoch bisher noch nicht tätig.

Begünstigend wirken für den Zutritt dieser Wettbewerber Faktoren wie:

- niedrige Markteintrittsbarrieren,
- strategiekonformer Markteintritt und
- bestehende Synergien zu bisherigen Betätigungsfeldern.[95]

So lassen sich durch die Unterscheidung zwischen aktiven versus potenziellen und direkten versus indirekten Wettbewerbern verschiedene Wettbewerbertypen unterscheiden, die hinsichtlich ihrer Nähe zum Stammgeschäft mit 1. bis 4. Ordnung bezeichnet werden. Diese Typologisierung wird in Abbildung 3 dargestellt.

---

90 Vgl. *DEBRUYNE ET AL.* (2002), S. 165.

91 Vgl. *ZAJAC/BAZERMAN* (1991), S. 38 ff.

92 Für verschiedene Ansätze zur Identifikation von Wettbewerbern siehe *KNACK* (2206), S. 148 ff.

93 Vgl. *RÖMER* (1988), S. 489, und *WEST* (2001), S. 15.

94 Vgl. *BREZSKI* (1993), S. 28 f., und *WEST* (2001), S. 14.

95 Vgl. *BACKHAUS* (1992), S. 135 f., und *MIKLIS* (2004), S. 142.

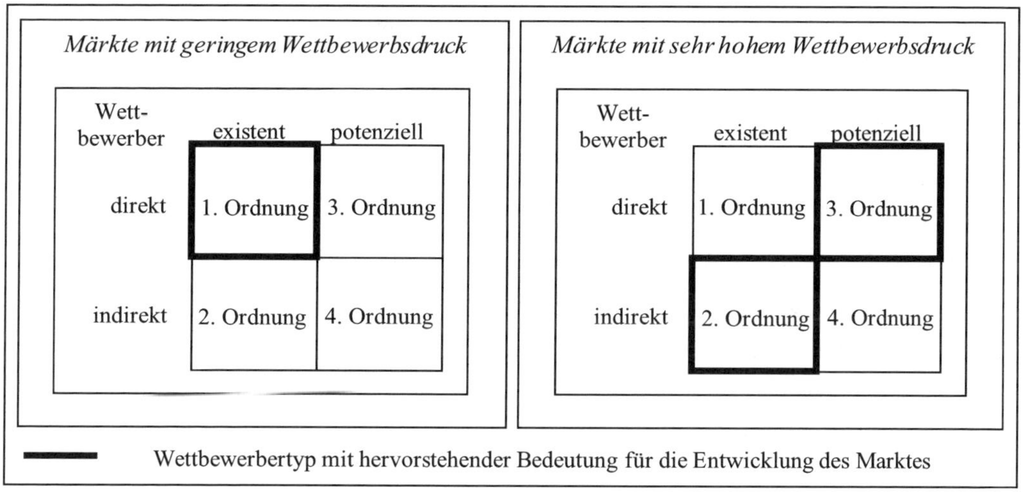

Abbildung 3 Typen von Wettbewerbern (eigene Darstellung)

Wettbewerbsdruck (z. B. durch radikale Diversifikation, Produktexpansion, Marktexpansion, Vorwärtsintegration oder neue Substitutionsprodukte) hat zur Folge, dass u. U. sehr viele Unternehmen als potenzielle Wettbewerber in Betracht kommen, deren Fähigkeit des Markteintritts kaum vorhersehbar ist.[96] Die Gruppe der *indirekten, potenziellen Wettbewerber* (in der englischsprachigen Literatur auch als „*latent substitutors*" bezeichnet) ist dabei besonders schwer zu identifizieren und zu untersuchen.[97]

Je nach Branche kann die Anzahl der so identifizierten Wettbewerber sehr lang werden.[98] Um eine nutzenorientierte CI zu ermöglichen, kann es sinnvoll sein, Gruppen von Wettbewerbern zu bilden. Aus diesen homogenen Gruppen kann dann eine Auswahl von gruppentypischen Unternehmen getroffen werden, die in der CI eingehend untersucht werden.[99] Dieses Prinzip kann weiter getrieben werden, indem eine immer geringere Anzahl von Wettbewerbern aus so entstehenden Gruppen in immer detaillierteren Analyseschritten der CI untersucht werden.[100]

Dazu können Unternehmen anhand der Eintrittsgefahr ausgewählt werden.[101] Indikatoren dafür sind der Eintrittswille (z. B. als Größe der relevanten Eintrittsbarrieren, bisherige Unternehmenspolitik, getätigte Maßnahmen, positive Bewertung des beobachteten Marktes, Notwendigkeit/Zwang zur Expansion) und die Fähigkeit zum Eintritt (z. B. Erzielung eines vergleichbaren Nutzens beim Kunden, Ubiquität der Leistung, Angemessenheit des Bekanntheitsgrades, rechtliche und gesetzmäßige Schranken, Reaktionen der etablierten Wettbewerber).[102] [103]

---

96 Vgl. *Römer* (1988), S. 490, *Aaker* (1989), S. 75 f., und *West* (2001), S. 16.

97 Vgl. *Brezski* (1993), S. 29, *West* (2001), S. 15, und *Peteraf/Bergen* (2003), S. 1028.

98 Vgl. *Brezski* (1992), S. 60.

99 Vgl. *Grahammer* (1982), S. 19.

100 Siehe *Link* (1988), S. 74 f., und *Dreger* (1992), S. 220 ff.

101 Vgl. *Huber* (1983), S. 89.

102 Siehe *Römer* (1988), S. 490 f., *Brezski* (1992), S. 60 f., *Brezski* (1993), S. 59, *Day* (1997), S. 31 f., und *Effing* (2002), S. 39.

Limitierende Faktoren der Datenerhebung und -analyse müssen in der Planung berücksichtigt werden. Dazu zählen:[104]

- Zeitbeschränkungen,
- finanzielle Restriktionen,
- knappe Mitarbeiterausstattung,
- geringe Wahrscheinlichkeit, bestimmte Informationen zu erlangen,
- Prioritäten der Daten und
- Ablaufsteuerung der Daten.

2.5.2 Datensammlung und Datenerhebung

In der Phase „Planning & Direction" wurden die Wünsche und Bedürfnisse der CI-Nutzer ermittelt und der CI-Prozess entsprechend geplant. Darauf aufbauend erfolgt im Schritt „Collection" die Gewinnung der Daten und Informationen über die Wettbewerber.[105]

"A strategic plan can be no better than the information on which it is based."[106]

Da die strategischen Entscheidungen auf diesen Informationen beruhen, nimmt die Informationsbeschaffung eine zentrale Stellung im CI-Zyklus ein.[107] Die Bedeutung wird mit zunehmendem Wettbewerbsdruck noch dadurch verstärkt, dass Fehlentscheidungen durch den engen Wettbewerb schneller und konsequenter ausgenutzt werden.

Informationsquellen über Wettbewerber sind die Grundlage der Datensammlung. Dabei müssen neben originären Quellen, die die Daten produzieren, auch die Adressaten der Daten und sonstigen Interessenten daran als Quelle in Betracht gezogen werden. Daraus ergibt sich eine Vielzahl von potenziellen Informationsquellen.[108] Eine erschöpfende Auflistung von potenziell hilfreichen Informationsquellen ist aufgrund der Anzahl und deren Heterogenität generell nicht möglich.[109] Anstelle dessen ist in der Literatur die Kategorisierung nach Primär- versus Sekundärquelle und unternehmensinternem versus -externem Ursprung verbreitet.[110] Danach können vier Typen von Informationsquellen unterschieden werden:

---

[103] Für einen ausführlichen Kriterienkatalog einer Priorisierung und für anwendungsorientierte Hinweise siehe *WEST* (2001), S. 17 f. und S. 147 ff., und für weitere Ausführungen zur Identifikation der zu untersuchenden Wettbewerber siehe *FRANCES/ SAWKA/HERRING* (1996), S. 95 ff.

[104] Vgl. *MCGONAGLE/VELLA* (1993), S. 97.

[105] Vgl. *PRESCOTT/GIBBONS* (1996), S. 46.

[106] *MONTGOMERY/WEINBERG* (1998), S. 44.

[107] Vgl. *LUX/PESKE* (2002), S. 75 f.

[108] Vgl. *MCGONAGLE/VELLA* (1993), S. 96.

[109] Vgl. *DREGER* (1992), S. 58 f., und *MCGONAGLE/VELLA* (2002), S. 89.

[110] Siehe *BREZSKI* (1993), S. 86, *GRUNERT* (1995), S. 1231, *WEST* (2001), S. 51, *DELTL* (2004), S. 212, u. v. a.

- unternehmensinterne Primärquellen,
- unternehmensinterne Sekundärquellen,
- unternehmensexterne Primärquellen und
- unternehmensexterne Sekundärquellen.

Ein großer Teil CI-relevanter Informationen ist bereits im Unternehmen vorhanden.[111] Das ist den meisten Unternehmen nicht bekannt, weswegen dieses Wissen nur selten systematisch genutzt wird.[112] Dieses Wissen stammt zum größten Teil aus Primärquellen und könnte den CI-Bedarf zu 80% decken.[113] Jedoch stehen diese Informationen nicht explizit zur Verfügung. In der Regel ist unklar, wo und in welcher Form diese Informationen vorliegen.[114]

Der Wert und die Güte einer Information sind nicht durch den Typ der dazugehörigen Quelle bestimmbar. Sekundärquellen können Informationen durch wertvolle Analyseschritte und Erfahrungswerte veredeln und sind zudem meist mit geringem Kosten- und Arbeitsaufwand zu erheben. Primärquellen können dagegen gezielter auf die Fragestellung hin untersucht werden und sind i. d. R. besser hinsichtlich ihrer Güte einzuschätzen und aktueller.[115]

Für die Erhebung der Daten kommen generell alle Erhebungsmethoden der Marktforschung in Frage.[116] Sowohl für Primär- als auch Sekundärerhebung werden aber vorrangig qualitative Erhebungsmethoden eingesetzt,[117] weil je nach Anzahl der Wettbewerber und dem Untersuchungsdesign eine Vollerhebung vorgenommen werden kann oder wenigstens ein großer Anteil der Grundgesamtheit der Wettbewerber analysiert wird.

In der Sekundäranalyse können EDV-gestützte „Text-Mining" bzw. Data-Mining-Systeme (z. B. TextAnalyst, iCrossReader, IBM´s Intelligent Miner für Text, SemioMap, SAS Text Miner) eingesetzt werden.[118] Dadurch wird der Einsatz von IT-gestützten Algorithmen zum Durchsuchen von Datenbanken und Internet verstanden. Ziel des Mining ist es, CI-relevante Informationen aus der Datenflut zu extrahieren und zu Wissen zu verknüpfen.[119] Diese enttäuschen jedoch bisher, weil sie menschliche Fähigkeit des abstrakten und komplexen Denkens nicht imitieren können.[120]

---

111 Vgl. *SCHELD* (1985), S. 82, *KAHANER* (1997), S. 204.

112 Vgl. *MARK* (1997), S. 65.

113 Siehe *GORDON* (1989), S. 52, und *BERNHARDT* (1993), S. 173.

114 Vgl. *LUX/PESKE* (2002), S. 78. Für einen Überblick und eine ausführliche Beschreibungen CI-relevanter Informationsquellen siehe *KNACK* (2006), S. 153 ff. Ein umfangreicher, doch nicht erschöpfender Katalog an Quellen findet sich im Anhang (siehe Tabelle A-5). Für anwendungsorientierte Details der Datensammlung siehe *KAHANER* (1997), S. 59 ff., und *MCGONAGLE/VELLA* (1993), S. 74 ff., und für eine Auflistung von Informationsquellen auf einem sehr hohen Detaillierungsgrad *GRAUMANN/WEISSMAN* (1998), S. 59 ff.

115 Vgl. *KAHANER* (1997), S. 57 f.

116 Vgl. *HERRMANN/HOMBURG* (2000), S. 101 ff.

117 Vgl. *KEPPER* (2000), S. 159 ff.

118 Vgl. *WEST/FULLER* (2001), S. 78 ff.

119 Siehe *ZASANI* (1998), S. 44 ff., und *LEONG/EWING/PITT* (2004), S. 187.

120 Siehe *LUX/PESKE* (2002), S. 78, *LEONG/EWING/PITT* (2004), S. 199, und *DELTL* (2004), S. 70. Für eine detaillierte Beschreibung des Marktes für elektronische Informationsmedien siehe *KUNZE* (2000), S. 78 ff.

In fast keinem CI-Projekt sind 100% der erforderlichen Informationen verfügbar.[121] Vorzugsweise die sensitivsten und damit interessantesten Informationen können nicht erhoben werden.[122] Folgende Methoden bieten sich an, um das Problem von Informationslücken in der Recherche zu lösen:[123]

- Analogiebildung,
- Extrapolation (bekannte Muster fortschreiben),
- Deduktion (von etwas Allgemeinerem auf etwas Spezielleres schließen),
- Induktion (von etwas Speziellem auf etwas Allgemeineres schließen) und
- Interpolation (Ersetzen fehlender Daten in bekannten Mustern).

2.5.3 Datenverarbeitung

Im Anschluss an die Datenerhebung werden die Daten in der Phase „Processing" gespeichert[124] und bewertet[125]. Die Ablage der Daten kann elektronisch oder analog (physisch) erfolgen. Die Strukturierung der Daten am schnellen Zugang zu orientieren, macht diesen Schritt der CI besonders wirksam für die Effizienz des CI-Zyklusses.[126]

Das Informationsüberangebot macht es neben der Sammlung der Informationen besonders wichtig, diese auch zu prüfen und zu bewerten.[127] Die erhobenen Daten differieren hinsichtlich Wertigkeit, Güte und Zuverlässigkeit. Unterschiede hinsichtlich dieser Kriterien können das Ergebnis der Analyse stark beeinflussen. Daher muss eine Routine installiert werden, die eine Bewertung der Daten ermöglicht.[128] Die Wertigkeit untersucht die Relevanz der gesammelten Daten für die einzelnen CI-Fragestellungen. Anschließend werden die Daten den jeweiligen inhaltlichen CI-Komplexen zugeordnet.[129] Die Güte der Daten ist ein Maßstab für die Bedeutung und den Neuigkeitsgrad. Eine entsprechende Bewertung ist nur subjektiv möglich.[130] Die Zuverlässigkeit beschreibt, wie glaubwürdig die Daten sind. Für diese Beurteilung sollten zu den eigentlichen Rohdaten folgende Daten recherchiert werden:[131]

- ursprüngliche Adressaten,
- Informationsabsicht,
- Quellen, auf denen die Daten basieren,

---

121 Vgl. *COTTRILL* (1998), S. 29.

122 Vgl. *WEST* (2001), S. 115, und *DELTL* (2004), S. 50.

123 Vgl. *FLEISHER/BENSOUSSAN* (2003), S. 16.

124 Vgl. *KAHANER* (1997), S. 44, und *KUNZE* (2000), S. 88.

125 Vgl. *FLEISHER/BENSOUSSAN* (2003), S. 12.

126 Siehe *MCGONAGLE/VELLA* (1993), S. 286, und *DELTL* (2004), S. 70. Für einen Ansatz der systematischen Ablage anhand des Inhaltes siehe *PORTER* (1999b), S. 457.

127 Vgl. *FLEISHER/BENSOUSSAN* (2003), S. 12.

128 Vgl. *RÖMER* (1988), S. 491, *MCGONAGLE/VELLA* (1993), S. 175, und *KUNZE* (2000), S. 88, u. v. a.

129 Vgl. *RÖMER* (1988), S. 491, und *MCGONAGLE/VELLA* (1993), S. 176 f.

130 Vgl. *RÖMER* (1988), S. 491.

131 Vgl. *WEST* (2001), S. 123, *MCGONAGLE/VELLA* (2002), S. 91, und *FLEISHER/BENSOUSSAN* (2003), S. 15.

- Detaillierungsgrad und Fokus,
- Alter,
- Genauigkeit und
- Vollständigkeit der Daten.

Für die Bewertung der Zuverlässigkeit von Interviews sind darüber hinaus folgende Daten notwendig: [132]

- Name und Unternehmenszugehörigkeit,
- Stellung und Aufgabe des Respondenten,
- Verbindung des Respondenten zum untersuchten Unternehmen,
- Bewertung der Bereitschaft, die Informationen zu teilen (z. B. sehr aufgeschlossen oder suspekt).

Da die Daten der CI überwiegend qualitativer Natur sind, kommen quantitative, statistische Analysemethoden und deren Gütemaße in der CI sehr selten zur Anwendung.[133]

Es hat sich als praktikabel erwiesen, feste Klassifizierungen mit definierten Gruppengrenzen einzuführen, um die Zuverlässigkeit und Genauigkeit der Daten zu beurteilen.[134] Für die Bewertung ist es hilfreich, gleiche Daten aus verschiedenen, originären Quellen miteinander zu vergleichen.[135]

2.5.4 Analyse und Interpretation

In der Phase „Analysis and Production“ werden die gesammelten Informationen analysiert und interpretiert. Dazu werden Daten in Zusammenhang gebracht und mit bestehendem Wissen (z. B. aus älterer CI oder Erfahrung) verknüpft.[136] Für die Verarbeitung werden verschiedene Analyseinstrumente („Intelligence Analysis Techniques“) eingesetzt:[137]

---

[132] Vgl. *West* (2001), S. 127.

[133] Vgl. *Wolfrum* (1994), S. 146. Für Gütekriterien zur Bewertung von quantitativen Erhebungen siehe *Herrmann/Homburg* (2000), S. 20 ff.

[134] Vgl. *Link* (1988), S. 145, *McGonagle/Vella* (1993), S. 179, *Brezski* (1993), S. 98, *Deltl* (2004), S. 68; *Kunze* (2000), S. 90, *Effing* (2002), S. 18, für Beispiele siehe ebenda.

[135] Vgl. *Dreger* (1992), S. 254, und *McGonagle/Vella* (2002), S. 22. Für ein anwendungsorientiertes Konzept der Datenbewertung siehe *Fleisher/Bensoussan* (2003), S. 15 ff.

[136] Vgl. *McGonagle/Vella* (1993), S. 48 f., *Kunze* (2000), S. 88, *West* (2001), S. 115 f., und *Deltl* (2004).

[137] Vgl. *Bernhardt* (1993), S. 48 ff., *Fuld* (1995), S. 357 ff., und *Porter* (1999b), S. 86 ff. Für eine Typologisierung dieser Analyseinstrumente siehe *Herring* (1996), S. 70 ff.

- Benchmarking[138],
- Reverse Engineering[139],
- Inhaltsanalyse[140],
- strategische Situationsanalyse („SWOT“)[141],
- Shadowing[142],
- War Gaming[143],
- Profiling[144],
- Analysemethoden der strategischen Unternehmensplanung (z. B. Wertkettenanalysen, Portfolio-Konzepte oder qualitative Prognoseverfahren wie die Szenarioanalyse) können angewendet werden.[145]

Weitere Konzepte unterscheiden Analysen anhand des Untersuchungsgegenstandes bzw. -feldes (z. B. Konkurrenten-, Branchen-, Stakeholder-, Patent- oder Umweltanalyse).[146]

Die Eignung der Analysemethoden wird stark durch die zu unterstützende Entscheidung bestimmt. Diese hängt jedoch von branchen-, unternehmens- und projektspezifischen Variablen ab, weswegen hier auf eine entsprechende Unterscheidung nicht weiter eingegangen wird.

Für die CI bei hohem Wettbewerbsdruck ist es von entscheidender Bedeutung, Aussagen über die Zukunft zu treffen. Durch die Analyse der Daten mit geeigneten Methoden lassen sich mögliche Abbilder der Zukunft schaffen. Durch solche Szenarien wird es möglich, geeignete Reaktionen auf die zukünftigen Aktionen der Wettbewerber zu entwickeln.[147] Die strategische Situationsanalyse, das „Shadowing“, das „War Gaming“ und das „Profiling“ sind dafür geeignet.[148] *WOLFRUM* entwickelt zudem aus der Inhaltsanalyse durch das Prinzip der Mustererkennung eine zukunftsorientierte Analysemethode.[149]

---

138 Vgl. *McGONAGLE/VELLA* (1993), S. 233 ff., *KAHANER* (1997), S. 143 ff., *WOLFRUM/RIEDL* (2000), S. 706, und *HOMBURG/KROHMER* (2003), S. 398.

139 Vgl. *WEST* (2001), S. 106, *McGONAGLE/VELLA* (2002), S. 53 f., und *DELTL* (2004), S. 108 f.

140 Vgl. *FRÜH* (2001), S. 119, *BORTZ/DÖRING* (2002), S. 329, und *HETTICH/HIPPNER/WILDE* (2004), S. 527 ff.

141 Vgl. *BERNHARDT* (1993), S. 48 ff., *FULD* (1995), S. 357 ff., *KAHANER* (1997), S. 98 f., *PORTER* (1999b), S. 86 ff., *HOMBURG/KROHMER* (2003), S. 401, und *NOVICEVIC ET AL.* (2004), S. 85 ff.

142 Vgl. *McGONAGLE/VELLA* (1993), S. 221 ff., und *McGONAGLE/VELLA* (2002), S. 53.

143 Vgl. *KAHANER* (1997), S. 126, *WOODRUFF* (2002), S. 1 ff., und *DELTL* (2004), S. 103 f.

144 Vgl. *HERRMANN* (1996), S. 8 ff., *GRAETZ* (2002), S. 458, und *DELTL* (2004), S. 104 ff.

145 Vgl. *BERNHARDT* (1993), S. 48 ff., *FULD* (1995), S. 357 ff., *PORTER* (1999b), S. 86 ff., und *WOLFRUM/RIEDL* (2000), S. 705. Für eine kritische Betrachtung zum Umgang mit Portfolioanalysen siehe *MOUTHINO/BROWNLIE* (1994), S. 15 ff., und für den Einsatz und die Umsetzung der Szenarioanalyse in der strategischen Planung siehe *SCHOEMAKER* (1995), S. 26 ff., und *GRAETZ* (2002), S. 458.

146 Vgl. *DELTL* (2004), S. 75 ff. Für einen Überblick über weitere Methoden der Datenanalyse siehe *McGONAGLE/VELLA* (2002), S. 34 f.

147 Vgl. *KAHANER* (1997), S. 102.

148 Vgl. *McGONAGLE/VELLA* (2002), S. 34 f.

149 Vgl. *WOLFRUM* (1994), S. 146.

Für die Analyse und Interpretation werden die gewonnenen Daten untereinander und mit bestehendem Wissen verknüpft.[150] Erfahrung trägt damit entscheidend zum Erfolg dieses CI-Schrittes bei.[151] Erfahrung bezieht sich dabei sowohl auf die Inhalte als auch die Methoden zur Analyse und Interpretation.[152] Es muss gelernt werden, welche Informationen gefiltert werden müssen, um einen geringstmöglichen Datenverlust bei größtmöglicher Datenverdichtung zu erzielen.[153]

Wie jede analytische Methode haben auch die genannten Analysen ihre natürlichen Limitationen. Um die systematischen Fehler einer Methode zu relativieren, wird auch in der Datenanalyse des CI-Prozesses eine Methodenvielfalt empfohlen.[154] Ein Konzept zur umfassenden Bewertung der eingesetzten Analysemethoden stellen *Fleisher/Bensoussan* mit „*FAROUT*" vor.[155] *FAROUT* steht für die Anforderungen, die an die angewendeten Analysemethoden gestellt werden (future-oriented, accurate, ressource efficient, objective, useful, timely). Auf einer 5er Rating-Skala werden die Analysemethoden hinsichtlich ihrer Erfüllung der Anforderungen bewertet, um eine standardisierte Evaluation der angewendeten Analysemethoden zu erhalten.[156]

2.5.5 Informationsverteilung

In einem weiteren Schritt muss das erlangte Wissen an die Unternehmensmitglieder verteilt werden, die auf der Basis dieses Wissens Entscheidungen treffen.[157] Die Notwendigkeit der erfolgreichen Ausführung dieses Schrittes für eine erfolgreiche CI ist offensichtlich[158] und fügt sich in die Herleitung der Notwendigkeit der CI ein.[159]

Viele alternative Optionen können genutzt werden, um Wettbewerberwissen zu verteilen.[160] In der Literatur und entsprechenden empirischen Untersuchungen werden diese Optionen in voneinander abweichenden Sammlungen untersucht, die nicht hinsichtlich verschiedener Dimensionen unterschieden werden.[161] In Abbildung 4 ist aus diesen Betrachtungen eine Sammlung von Informationsträgern zusammengestellt. Dabei werden die Optionen anhand der Dimension Persönlichkeit der Übertragung (direkte bzw. indirekte) des Wettbewerberwissens unterschieden.

---

150 Vgl. *McGonagle/Vella* (1993), S. 48 f., *Kunze* (2000), S. 88, *West* (2001), S. 115 f., und *Deltl* (2004).

151 Vgl. *Kahaner* (1997), S. 96.

152 Vgl. *Kahaner* (1997), S. 96 f., und *White/Varadarajan/Dacin* (2003).

153 Vgl. *Kahaner* (1997), S. 29.

154 Vgl. *Wolfrum* (1994), S. 147, und *Fleisher/Bensoussan* (2003), S. 25.

155 Vgl. *Fleisher/Bensoussan* (2003), S. 22 ff.

156 Für eine entsprechende Bewertung von Analysemethoden siehe *Knack* (2006), S. 373. Für eine detaillierte Behandlung eines umfangreichen Kataloges von Analysemethoden, deren Verknüpfung zueinander und deren Bewertung nach dem *FAROUT*-Konzept siehe *Fleisher/Bensoussan* (2003), S. 30 ff.

157 Vgl. *Kahaner* (1997), S. 45, *West* (2001), S. 170, und *McGonagle/Vella* (2002), S. 23.

158 Vgl. *Römer* (1988), S. 495.

159 Vgl. *Lux/Peske* (2002), S. 62 f.

160 Vgl. *West* (2001), S. 171.

161 Vgl. *McGonagle/Vella* (1993), *Prescott/Bhardwaj* (1995), *West* (2001), *McGonagle/Vella* (2002).

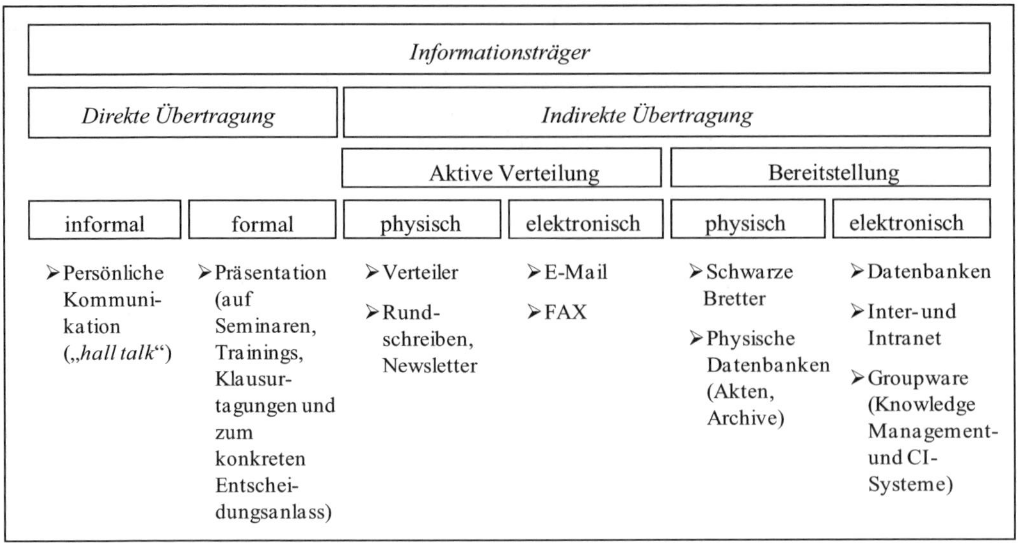

Abbildung 4 Informationsträger der Informationsverteilung[162]

Neben der Art der Informationsübermittlung wird in der Literatur die Form der Darreichung (Informationsformate) des Wettbewerberwissens diskutiert.[163] Dabei werden vor allem schriftliche Formate unterschieden:

- Wettbewerbernachricht („*Competitor News*“),
- Wettbewerberreport („*Competitor Report*“),
- Wettbewerberportfolio,
- Wettbewerberstammblatt,
- Wettbewerberprofile („*Competitor Profile*“)[164] [165].

Die Art und Form der Darreichung der Ergebnisse wird durch den Zweck und die Bedürfnisse der Adressaten der CI determiniert.[166] Die Methoden sollten dem Anspruch an Übersichtlichkeit, Genauigkeit, Geschwindigkeit und Sicherheit angepasst sein und so einen möglichst effizienten und effektiven Wissenstransfer ermöglichen.[167] Dabei müssen die Opportunitätskosten der Informationsverteilung und die begrenzte Kapazität der Datenverarbeitung der

---

[162] In Anlehnung an *McGONALGLE/VELLA* (1993), S. 287, *PRESCOTT/BHARDWAJ* (1995), S. 11, *WEST* (2001), S. 171, und *McGONALGLE/VELLA* (2002), S. 116.

[163] Vgl. *GRAUMANN/WEISSMAN* (1998), S. 177 ff.

[164] U. a. Stärken/Schwächenprofil und Polaritätsprofil *McGONAGLE/VELLA* (1993), S. 284 ff., und *GRAUMANN/WEISSMAN* (1998), S. 177 ff. Ausführlich zum Stärken/Schwächenprofil siehe *LINK* (1988), S. 164 ff.

[165] Für weitere Formen zur Darbietung der Ergebnisse der CI und deren Anwendung siehe *DREGER* (1992), S. 286 ff., und *KAIRIES* (2004), S. 67 ff., sowie *McGONAGLE/VELLA* (1993), S. 281 ff., für entsprechende, anwendungsorientierte Beispiele.

[166] Vgl. *KAHANER* (1997), S. 135.

[167] Vgl. *McGONAGLE/VELLA* (1993), S. 281 ff.

Entscheidungsträger berücksichtigt werden.[168] Die transferierten Inhalte müssen zielgenau auf die Fragestellung passen.[169]

Die Unterstützung der Wissensverteilung durch EDV kann die Effizienz der CI erheblich steigern.[170] Die Nutzung vorhandener Managementsysteme (wie z. B. Lotus Notes) vereinfacht die Implementierung und spart Kosten, während maßgeschneiderte CI-Systeme einen erheblich größeren Nutzen spenden können, indem sie alle Phasen des CI-Prozesses unterstützen.[171] Empirische Untersuchungen zeigen jedoch, dass diese Systeme den Informationsfluss mittelfristig behindern. Das wird durch folgende Gründe verursacht:[172]

- Schlechte Strukturierung der Informationen,
- Verwendung unterschiedlicher Betriebssystemstandards,
- Insellösungen.

In Bereichen, in denen ein Informationsabfluss besonders große Risiken birgt (z. B. bei Mergers & Acquisitions), bietet sich die mündliche Weitergabe der Information an den einzelnen oder eine kleine Gruppe von Nachfragern an.[173] Eine direkte Übertragung des Wettbewerberwissens von den CI-Beauftragten an die CI-Nutzer (z. B. via „informal hall talk") ist sinnvoll.[174] Diese Überlegungen stützen Arbeiten zur „information richness", danach wird zudem durch Formen der persönlichen Kommunikation eine bestmögliche Vermittlung von Nachrichten erreicht.[175] Schon *KOHLI/JAWORSKI* weisen darauf hin, dass das persönliche Gespräch ein sehr effektives Mittel der Informationsverteilung innerhalb der Marktorientierung ist.[176]

2.5.6 Kontrolle

Die Kontrollfunktion ist kein Verdienst der CI-Forschung, sondern ein notwendiges Managementelement, um den CI-Prozess effektiv und effizient zu gestalten.[177] Die Kontrolle ist ein Element, welches die Phasen der CI miteinander verbindet. Dafür ist Feedback aus jeder Phase erforderlich.[178] Auf diese Weise wird der CI-Prozess flexibel gehalten und kann somit auf Veränderungen der Anforderungen an die CI-Ergebnisse dynamisch angepasst werden.[179] Darüber hinaus kann geprüft werden, ob die CI wirklich als Basis für Entscheidungen verwendet wurde und eine Erfolgswirkung hat.[180] Während wissenschaftliche Untersuchungen bemüht sind, den Einfluss der CI auf den Unternehmenserfolg nachzuweisen (Effektivitätsbe-

---

168 Vgl. *KAHANER* (1997), S. 29, und *WEST* (2001), S. 171.

169 Vgl. *MCGONAGLE/VELLA* (1993), S. 288.

170 Vgl. *KUNZE* (2000), S. 159.

171 Vgl. *WEST* (2001), S. 175 ff.

172 Vgl. *KUNZE* (2000), S. 159.

173 Vgl. *MCGONAGLE/VELLA* (1993), S. 290 f., *KUNZE* (2000), S. 159 f., und *KAIRIES* (2004), S. 65 f.

174 Vgl. *KOHLI/JAWORSKI* (1990), S. 5.

175 Vgl. *DAFT/LENGEL* (1984), und *KUNZE* (2000), S. 94.

176 Vgl. *KOHLI/JAWORSKI* (1990), S. 5.

177 Vgl. *KUNZE* (2000), S. 94 f.

178 Vgl. *MCGONAGLE/VELLA* (1993), S. 49, und *DAVISON* (2001), S. 27.

179 Vgl. *MCGONAGLE/VELLA* (2002), S. 24.

180 Vgl. *DELTL* (2004), S. 117.

trachtung), wird in der Praxis darauf geachtet, dass die Kosten der CI nicht den Nutzen übersteigen (Effizienzbetrachtung).

Effektivitätsbetrachtung:

Empirische Befunde belegen je nach Perspektive der Untersuchung einen positiven Zusammenhang zwischen:

- Wettbewerberinformationen und Innovations- sowie Unternehmensleistung,[181]
- Informationsgenerierung und dem Unternehmenserfolg,[182]
- CI-Prozess und dem Innovationserfolg.[183]

In der Praxis wurde die Kontrolle des Zusammenhanges zwischen CI und Unternehmenserfolg bisher vernachlässigt. Das wird damit begründet, dass der Zusammenhang lediglich indirekter Natur und die Wirkungsgefüge sehr komplex sind.[184] Als Legitimation für die CI reicht oft die Überzeugung, dass CI zu größerer Marktkenntnis, besserer strategischer Planung und damit zu erfolgreicheren Strategien führt.[185] Daher haben *JAWORSKI/WEE*[186] in einer branchenübergreifenden Studie den Einfluss von CI-Aktivitäten auf Variablen untersucht, die nachgewiesener Maßen positiv auf den Erfolg wirken.

Ein intensiver Einsatz von CI-Aktivitäten führt danach zu:[187]

- einem um 37% höheren Qualitätsniveau der Produkte,
- einem 50% höherem Marktwissen,
- qualitativ höherwertiger strategischer Planung und
- einem 68% höherem Unternehmensergebnis.

Effizienzbetrachtung:

Im Mittelpunkt der Erfolgskontrolle der Informationsbeschaffung in der Praxis steht die „ökonomische Sinnhaftigkeit", die eine Gegenüberstellung von Kosten und Nutzen betrachtet. Dafür stehen Bewertungsmodelle (z. B. marginalanalytische Modelle nach dem *BAYES*'schen Theorem) zur Verfügung. Jedoch ist der Nutzen der Informationsbeschaffung kaum quantifizierbar.[188] Die Kosten bestehen vorrangig aus den Personalkosten[189] und den Kosten für gekaufte Informationen und Materialien, während die Fixkosten zu schätzen sind. Alternativ können auch

---

181 Vgl. *MARINOVA* (2004), S. 12 ff.

182 Vgl. *JAWORSKI/WEE* (1993), S. 26, *SUBRAMANIAN/ISHAK* (1998), S. 19, und *LUX/PESKE* (2002), S. 62 f.

183 Vgl. *LI/CALANTONE* (1998), S. 25, und *MCGONAGLE/VELLA* (2002), S. 82.

184 Vgl. *WEST* (2001), S. 180.

185 Vgl. *KAHANER* (1997), S. 231, und *MCGONAGLE/VELLA* (2002), S. 130.

186 Vgl. *JAWORSKI/WEE* (1993).

187 Vgl. *JAWORSKI/WEE* 1993, S. 25 ff.

188 Vgl. *FLEISHER* (1991), S. 6, und *BREZSKI* (1993), S. 100.

189 Vgl. *BREZSKI* (1993), S. 101.

die Opportunitätskosten oder die investierte Zeit als Aufwand gemessen werden.[190] Aber die anfallenden Kosten sind einzelnen Daten und Informationen nur schwer zuzuordnen.

„Eine Information kann erst dann wirtschaftlich bewertet werden, wenn sie genau untersucht wurde. Dann hat man sich die Information jedoch schon angeeignet."[191]

Damit erscheint eine betriebswirtschaftliche Kostenoptimierung ex ante unrealistisch, weshalb diesen Modellen häufig nur theoretische Bedeutung beigemessen wird.[192]

Empirische Untersuchungen ergeben jedoch, dass trotz dieser Probleme die Effizienz der CI in der Praxis gemessen wird. Dazu werden:[193]

- Aktivitäten, die auf der CI basieren (67%),
- Marktanteilsänderungen (49%),
- finanzielle Ziele (49%),
- Erringen von Führerschaft (48%) und
- die Realisation von Innovationen (44%; Mehrfachnennungen möglich) gemessen.

Damit entstehen jedoch Fehler in der Bewertung des CI-Nutzens, weil der strategische Nutzen wenig berücksichtigt wird.[194]

Der Return On CI Investment (ROCII) wird anhand des Vergleichs von Input (Personal- und Materialausgaben für die CI) und Outputs berechnet.[195] Für die Messung der Effektivität und der Effizienz der CI-Aktivitäten ist es notwendig, dass in der Planungsphase klare CI-Ziele definiert werden. Dazu müssen taktische und strategische Ziele der CI unterschieden werden.[196] Der Nutzen für die Erreichung der taktischen Ziele wird anhand der Kosten beurteilt, die entstanden wären, wenn die Empfehlungen der CI nicht zur Verfügung gestanden hätten. Die Nutzen für das Erreichen der strategischen Ziele wird anhand der Genauigkeit der Voraussagen über die Zukunft gemessen.[197] Auch wenn die beiden Ebenen für die Outputmessung voneinander getrennt werden müssen, sollten die eigentlichen CI-Aktivitäten auf strategischer und taktischer Ebene trotzdem zusammen koordiniert werden.[198] Durch Minimierung des Inputs und Maximierung des Outputs ist eine Effizienzsteigerung möglich.[199]

---

190 Vgl. *Davison* (2001), S. 27.

191 *Brezski* (1993), S. 102.

192 Vgl. *Fleisher* (1991), S. 6, und *Brezski* (1993), S. 100.

193 Vgl. *Group* (1997).

194 Vgl. *Walls/Thomas/Brady* (1999), S. 162, und *Davison* (2001), S. 28.

195 Vgl. *Davison* (2001), S. 30.

196 Vgl. *Breacher* (1999), S. 19.

197 Vgl. *Davison* (2001), S. 31.

198 Vgl. *Miree/Prescott* (2000), S. 6 ff.

199 Für entsprechende Operationalisierungen und CI-Zyklus-spezifische Aktivitäten der Effizienzmessung des CI-Prozesses siehe *Davidson* (2001), S. 32 ff.

Wesentlich verbreiteter sind jedoch einfachere Methoden der Erfolgskontrolle. Ein Beispiel dafür ist die Methode der doppelseitigen Berichtskontrolle („two-sided report card"). Dabei bewerten die Nutzer der CI, wie gut ihre Fragestellungen durch die Ergebnisse der CI beantwortet wurden. Im Gegenzug bewerten die CI-Mitarbeiter, wie stark die Nutzer der CI das generierte Wissen genutzt haben.[200]

2.6 In-house versus externe CI

Ist die Entscheidung für CI-Aktivitäten gefallen, stellt sich die Frage, ob der CI-Bedarf mit unternehmensinternen Ressourcen (In-house) oder durch Dienstleister (extern) erbracht werden soll.

In-house CI greift auf eigene technologische Expertise und ein Netzwerk als Zugang zu branchenspezifischen Quellen zurück.[201] Weitere Gründe für die In-house CI (wie CI-Erfahrung in der Branche, Kenntnis der Wettbewerber und Gefühl für die Quellen der Branche) verlieren besonders in Märkten ihre Bedeutung, die sich stark verändern.[202] Die Beschaffung von Wettbewerberinformationen extern zu vergeben, ersetzt zum einen die Aufwandserfassung und kann darüber hinaus effizienter sein, als CI In-house durchzuführen. Für die Entscheidung, wer die CI vornimmt, müssen neben den Kosten und der Zeit Aspekte wie die eigene Organisationsstruktur und Geheimhaltung berücksichtigt werden.[203]

Auf der Grundlage einer empirischen Untersuchung zeigen *NIJSSEN/FRAMBACH*, dass „NPD[204] research services" (Untersuchung von Innovationsaktivitäten) einen erheblichen Anteil am Umsatz von Marktforschungsinstituten haben (44% der Institute bestreiten über 1/5 und 17,5% über die Hälfte ihres Umsatzes mit wettbewerbsbezogener Innovationsmarktforschung).[205] Damit gibt es einen Markt für die externalisierten CI-Bemühungen von Unternehmen.

Es gibt sehr verschiedene Gründe dafür, CI einzukaufen. Dazu zählen:[206]

- fehlende Kompetenz (spez. Expertise in der Primäruntersuchung),
- knappe Personalressourcen,
- Zeitknappheit,
- Notwendigkeit eines objektiven Beobachtungsstandpunkt,

---

200 Siehe *KAHANER* (1997), S. 136 f. Für eine anwendungsorientierte und phasenspezifische Checkliste der Kontrollaufgabe siehe *MCGONAGLE/VELLA* (2002), S. 24 f. Für eine weiterführende Diskussion siehe *BARNDT* (1994), S. 29, *KAHANER* (1997), S. 231, *LUX/PESKE* (2002), S. 101, und *MCGONAGLE/VELLA* (2002), S. 12 ff. und 127 ff., und die entsprechenden Diskussionen im Competitive Intelligence Review.

201 Vgl. *WEST* (2001), S. 131 ff.

202 Vgl. *SONG/MONTOYA-WEISS* (1998), *O'CONNOR* (1998), S. 152, *SCHMIDT/CALANTONE* (1998), S. 112 f., *CHRISTENSEN/ OVERDORF* (2000), S. 72, und *O'CONNOR/MCDERMOTT* (2004), S. 13.

203 Vgl. *MCGONAGLE/VELLA* (1993), S. 47.

204 NPD stellt in diesem Zusammenhang die Abkürzung für New Product Development dar.

205 Vgl. *NIJSSEN/FRAMBACH* (1998), S. 308.

206 Vgl. *MCGONAGLE/VELLA* (1993), S. 249 f., und *WEST* (2001), S. 131 ff.

- branchenübergreifende CI-Erfahrung,
- Auslastungsvorteile und
- Anonymität.

Bei der Suche eines geeigneten Anbieters für CI-Aufgaben sollte beachtet werden, dass die Suche nicht bereits Aufmerksamkeit bei den Wettbewerbern erzeugt.[207] Ein besonderes Problem bei der Auslagerung der CI-Aufgaben ist zudem die Geheimhaltung. Dabei können Informationen abfließen, die entweder Ergebnis der beauftragten CI waren oder Informationen, die für die Erstellung der CI von dem fokalen Unternehmen zur Verfügung gestellt wurden.[208] Daher müssen für den Umgang mit diesen Informationen klare Vereinbarungen getroffen werden. Jede Zuwiderhandlung ist unethisch (siehe folgenden Abschnitt). Endgültige Sicherheit gibt es jedoch nicht. Es bleibt lediglich die Wahl eines äußerst vertrauensvollen CI-Anbieters, um sich gegen unethischen Umgang mit den CI-Ergebnissen zu schützen.[209] Durch die Wahl eines externen CI-Anbieters wird die Ermittlung des CI-Aufwandes stark vereinfacht und eine entsprechende Kontrolle damit stark vereinfacht.[210]

2.7 CI und Ethik

Es ist ein Missverständnis, dass CI gleichbedeutend mit Spionage sei. Dieses Missverständnis ist ein Grund, warum Unternehmen davon absehen, ein CI-System zu installieren.[211] Für diese Unternehmen bleibt die Voraussetzung für eine wettbewerbs-orientierte Unternehmensführung unerfüllt. Aus diesem Grund wurde die Society of Competitive Intelligence Professionals (SCIP) gegründet, die wissenschaftliche Entwicklung und CI-Praxis miteinander verbindet.

Die SCIP berücksichtigt in ihrer Definition der CI ausschließlich auf ethischem Wege generierte und verarbeitete Informationen.[212] Per Definition sind illegal beschaffte Informationen nicht Teil der CI. Gesetzlich relevante Aspekte der Informationsbeschaffung fallen damit in den Bereich der Wirtschaftsspionage. Jedoch bleibt zwischen legalem und ethischem Verhalten eine Grauzone, die von der nationalen Kultur, der Branche und persönlichen Wertvorstellungen abhängt.[213]

Die Voraussetzung für unternehmerischen Erfolg ist die Anerkennung im Unternehmensumfeld (Wirtschaft, Politik und Öffentlichkeit). Dazu bedarf es einer einwandfreien Reputation.[214] Gegen ethische Grundsätze zu verstoßen kann jedoch zu schweren Imageschäden führen.[215] Unethisches Verhalten führt also nicht notwendigerweise zu einer juristischen Bestrafung. Die härteste Sankti-

---

207 Vgl. *McGonagle/Vella* (1993), S. 255.

208 Vgl. *McGonagle/Vella* (1993), S. 259.

209 Vgl. *McGonagle/Vella* (1993), S. 260.

210 Für praktische Hinweise bei der Suche und dem Umgang mit CI-Anbietern siehe *McGonagle/Vella* (1993), S. 249 ff.

211 Vgl. *Kahaner* (1997), S. 208.

212 Vgl. *SCIP* (o. J.).

213 Siehe *McGonagle/Vella* (1993), S. 32, *Kahaner* (1997), S. 243, *Trevino/Weaver* (1997), S. 62 f., und *West* (2001), S. 169.

214 Vgl. *Trevino/Weaver* (1997), S. 62.

215 Vgl. *Kahaner* (1997), S. 247.

on für unethisches Verhalten ist schlechte Publicity, die von der Öffentlichkeit wahrgenommen wird und schlimmstenfalls im Verlust des Vertrauens der Kunden resultiert.[216]

Verschiedene Untersuchungen weisen trotzdem nach, dass ein erheblicher Teil von Unternehmen unethische Methoden einsetzt.[217]

2.8 CI-Abwehr

Die Abwehr von CI- und Wirtschaftsspionage wird in der CI-Literatur auch als Prävention bezeichnet. Ziel ist es, den Informationsabfluss aus dem Unternehmen zu verhindern. Dabei wird der Informationsabfluss aus Wirtschaftsspionage und CI unterschieden. Die Abwehr von illegalen Tätigkeiten (wie Einbruch, Diebstahl oder Telefonüberwachung) wird von allgemeinen Sicherheitskonzepten abgedeckt.[218] Es ist jedoch nicht zu vermeiden, dass Informationen legal aus dem Unternehmen abfließen. Es ist sogar gefährlich, keinen Informationsaustausch mit dem wirtschaftlichen Umfeld zuzulassen. Weil damit die Interaktion eines Unternehmens mit seiner Umwelt eingeschränkt wird, obwohl die Interaktion Grundlage der wirtschaftlichen Verflechtungen ist. Daher werden Informationen nur in begrenztem Umfang geschützt. Auch die Dauer des Schutzes und die dafür anfallenden Kosten sind zu begrenzen.[219]

Aufgrund von Kompetenzproblemen und fehlender Sensibilität für das Thema Informationsabfluss[220] sollte die Aufgabe der CI-Abwehr in einem ihr funktional naheliegenden Bereich bearbeitet werden.[221] Synergien zwischen der Abwehr des Informationsverlustes und den eigenen CI-Aktivitäten können aufgrund kurzer Informationswege genutzt werden.[222] Eine Einbindung der Abwehr in einen integrierten CI-Prozess ist daher konsequent.

Der Abwehrprozess orientiert sich am CI-Zyklus. Entsprechend wird ein „Competitive Intelligence Protection Cycle" entwickelt. Damit ist die Voraussetzung für einen integrierten CI-Prozess geschaffen.[223] In der Phase *„Planung der Sicherungsanforderungen"* („Planning Protection Requirements") eines CI-Abwehr-Prozesses legen die Nutzer des Wissens über die Wettbewerber bzw. die Entscheidungsträger fest, wer mögliche Interessenten dieser Informationen sind, welche Informationen schützenswert sind und für welchen Zeitraum diese geschützt bleiben müssen.[224]

---

216 Vgl. *WEST* (2001), S. 168.

217 Für eine Abgrenzung zwischen Wirtschaftsspionage und CI sowie empirische Untersuchungen zu Ausmaß und Schaden unethischer Informationsbeschaffung siehe *KNACK* (2006), S. 166 ff.

218 Vgl. *LUX/PESKE* (2002), S. 160.

219 Vgl. *MCGONAGLE/VELLA* (2002), S. 187.

220 Vgl. *MARK* (1997), S. 64, und *KALITKA* (1998), S. 28 f.

221 Vgl. *BARNDT* (1994), S. 71 ff.

222 Vgl. *FULD* (1995), S. 437 ff.

223 Vgl. *LUX/PESKE* (2002), S. 159.

224 Für anwendungsorientierte Methoden zur Auswahl von schützenswerten Informationen siehe *MCGONAGLE/VELLA* (2002), S. 221 ff.

Oft ist das direkte, persönliche Gespräch die wertvollste Quelle für die CI und damit auch größte Lücke für den Abfluss von Informationen. Daher ist es von besonderer Bedeutung, diese Einstufung der Informationen für die Mitarbeiter transparent zu machen und auf entsprechenden Umgang mit diesen Informationen hinzuweisen.[225]

In der Phase des *„Abschätzens der Verwundbarkeiten"* („Estimate Vulnerabilities") wird das Informationsverhalten der Wettbewerber analysiert. Ziel ist es, deren Methoden und Quellen der Informationsbeschaffung zu identifizieren, um anschließend ihr Verhalten zu simulieren. So können Verwundbarkeiten und Schwächen des eigenen Informationssystems erkannt und untersucht werden.[226] Mit Hilfe von eigenen (auch verdeckten) Versuchen, Informationen über das eigene Unternehmen zu erhalten, lassen sich weitere Informationslücken aufspüren bzw. bestehende Lücken bewerten.[227]

Nicht jede Informationslücke wird dabei geschlossen. Mithilfe der Bewertung der unternehmenseigenen Informationen wird im Sinne eines Risk Management entschieden, welche Lücken im Informationsschutz geschlossen werden.[228] Die Notwendigkeit des Schutzes der Information wird dabei dem Aufwand des Schutzes gegenüber gestellt. *OPERATION SECURITY* (OPSEC) ist eine Technik, die diesen Gedanken umsetzt. Dieses Prinzip ist militärischen Ursprungs und hilft, Daten auf analytische, angemessene und kosteneffiziente Weise auf ihren Schutzbedarf hin zu beurteilen.[229] Neben Risiko und Kosten können auch folgende Gründe dazu führen, dass Lücken im Informationsschutz bewusst nicht geschlossen werden:

- Information sind von äußerst kurzfristiger Bedeutung,
- Abwehrlücke wird als Köder genutzt.

Letzterer Grund kann dazu dienen, die fremden CI-Bemühungen zu beobachten (siehe oben) oder gezielt falsche Informationen zu streuen. Jedoch sind diese Methoden ethisch zumindest fraglich.[230]

In der nächsten Phase werden *Abwehrmaßnahmen* („countermeasures") entwickelt und implementiert.[231] Fortlaufend werden Reaktionen auf die Maßnahmen beobachtet. Im nun folgenden *Analyseschritt* („analysis") werden die gewonnenen Erkenntnisse analysiert. Neben Reaktionen auf die eigenen Maßnahmen wird die Effizienz dieser Maßnahmen bewertet. Hier werden die Aktivitäten der Intelligence Protection vollständig in den Intelligence Cycle integriert. Auswertung und Analyse wäre in einer getrennten CI-Abwehr-organisation nicht effizient und sicher weniger effektiv möglich.[232] Auch die anschließende Verteilung und Präsentation der Ergebnisse aus der CI und der CI-Abwehr erfolgt entsprechend zusammen. Abbildung 5 stellt das prozessorientierte, integrative CI-Modell dar.

---

225 Vgl. *McGONAGLE/VELLA* (2002), S. 187.

226 Vgl. *LUX/PESKE* (2002), S. 160; *KAHANER* (1997), S. 259.

227 Vgl. *McGONAGLE/VELLA* (1993), S. 224.

228 Vgl. *MARK* (1997), S. 66. Für eine Auswahl der zu schützenden Information siehe *KNACK* (2006), S. 368.

229 Vgl. *KAHANER* (1997), S. 253. Für die Anwendung der OPSEC-Technik siehe *KAHANER* (1997), S. 254 ff.

230 Vgl. *KAHANER* (1997), S. 259, und *NOLAN* (1997), S. 55.

231 Für eine ausführliche Darstellung verschiedener Maßnahmen siehe *McGONAGLE/VELLA* (1998).

232 Vgl. *MC GONAGLE/VELLA* (1998), S. 104 f.

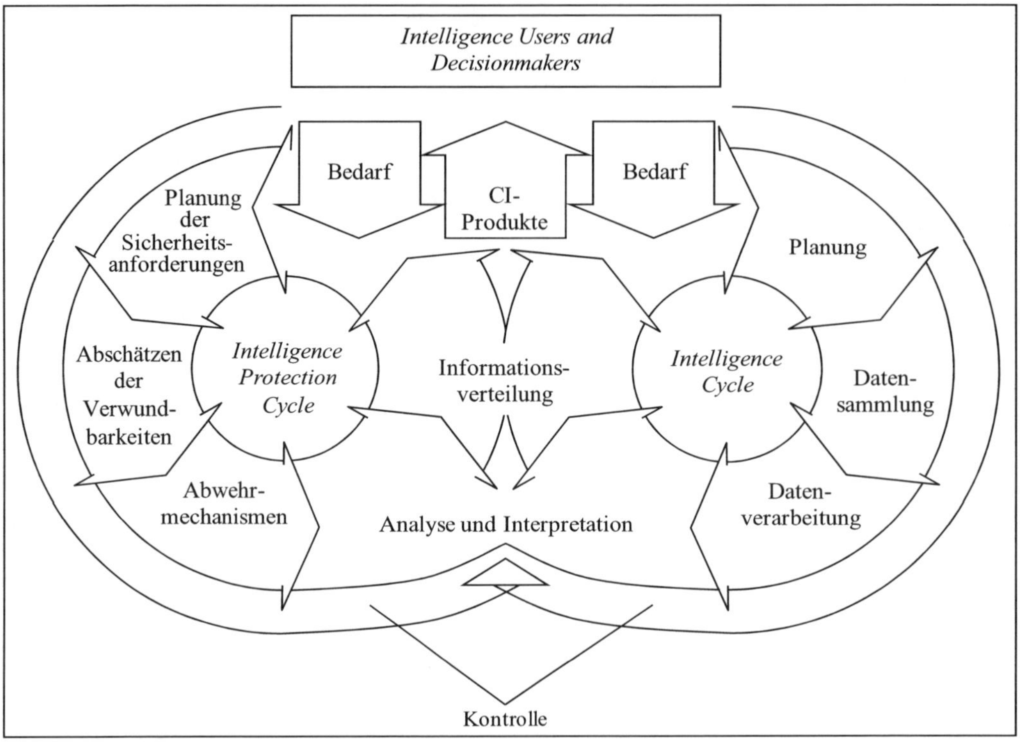

Abbildung 5 *Integrierter Competitive Intelligence Cycle*[233]

Ein alternatives, aber prozessual ähnliches Konzept entwickelten *BOTTOM/GALLATI*[234] unter dem Begriff Counter-intelligence.[235] Dieses Modell stellt jedoch den Informationsabfluss durch Spionage in den Mittelpunkt der Betrachtung.[236]

2.9 CI als formaler Akt

Der kontinuierliche oder intensive Ressourceneinsatz im CI-Prozess garantiert nicht unbedingt eine hohe Effektivität der CI.[237] Daher wird in diesem Abschnitt der Frage nachgegangen, welche Wirkung der Grad der Formalisierung des CI-Prozesses auf das Ergebnis der CI hat.

233 In Anlehnung an *NOLAN III* (1997), S. 53, und *PATTAKOS* (1997), S. 73.

234 Vgl. *BOTTOM/GALLATI* (1984), S. 83 ff.

235 Siehe auch *BARNDT* (1994), S. 61 ff., und *WEST* (2001), S. 184 ff.

236 Vgl. *KUNZE* (2000), S. 100. Für einen Überblick über Informationsschutzsysteme siehe *PATTAKOS* (1997), S. 71 ff. *MATSCHKE/ICK* (1998), S. 60 ff., zeigen grundlegende Probleme der Implementierung dieser Systeme auf.

237 Vgl. *COTTRILL* (1998), S. 29.

Eine empirische Untersuchung der CI-Praxis in Deutschland zeigt, dass in 89% der Unternehmen kein Mitarbeiter ausschließlich mit CI-Aufgaben betraut ist.[238] *HARRIS*[239] weist in einer Untersuchung nach, dass die Formalisierung der Informationsakquise in starkem, negativem Zusammenhang mit der Marktorientierung eines Unternehmens steht. Jedoch weisen die Regressionsergebnisse darauf hin, dass das nur ein indirekter Zusammenhang ist, der durch andere Faktoren moderiert wird.[240] Damit erlauben empirische Ergebnisse bisher keine Schlussfolgerung über die Notwendigkeit der Formalisierung der Informationsbemühungen.

In der Literatur wird jedoch eine rege Diskussion darüber geführt, ob die Informationsakquise formalisiert werden sollte. Die Befürworter der Formalisierung gehen davon aus, dass die Notwendigkeit Wettbewerberwissen zu generieren, die Installation einer CI-Funktion nach sich zieht. Entsprechend braucht eine funktionierende CI einen leitenden Verantwortlichen (oder eine ganze CI-Abteilung), dessen Zielerreichung auch an der CI gemessen wird.[241] Das wird damit begründet, dass mit dem Grad der Formalisierung das Ergebnis der CI verbessert wird.[242]

Die Wirkung der Formalisierung hat jedoch nur Potenzialcharakter. Den angenommenen Wirkungen auf die Effektivität und den wahrscheinlichen Wirkungen auf die Effizienz stehen hohe Setup-Kosten für eine eigene CI-Abteilung und die kontinuierlichen Betriebskosten gegenüber. Bei der Installation einer CI-Abteilung können Widerstände anderer Abteilungen (z. B. Planung, Finanzierung, Marketing) dazu führen, dass die Leistungen der CI-Abteilung nicht oder nur selten nachgefragt werden. Das kann ebenfalls dazu führen, dass das Potenzial der Formalisierung nicht ausgeschöpft wird.[243] *AVLONITIS/ GOUNARIS* hingegen behaupten sogar, dass gerade unformalisierte Prozessabläufe in der Informationsbeschaffung die Marktorientierung unterstützen, weil die Interpretation der Marktinformationen mit abnehmender Formalisierung zunehmend weitsichtiger und reflektierter ausfällt.[244] Diese Umstände können dazu führen, dass eher informale CI-Systeme effizienter sind, ohne dabei entscheidend weniger effektiv zu sein als stark formalisierte CI-Systeme.[245]

---

238 Vgl. *KAIRIES* (2004), S. 10 (in 6% ist es ein, in 5% sind es 2 Mitarbeiter).

239 Vgl. *HARRIS* (2000).

240 Vgl. *HARRIS* (2000), S. 615.

241 Vgl. *KAHANER* (1997), S. 202.

242 Vgl. *MCGONAGLE/VELLA* (1993), S. 264.

243 Vgl. *MCGONAGLE/VELLA* (1993), S. 265.

244 Vgl. *AVLONITIS/GOUNARIS* (1999), S. 1006.

245 Vgl. *MCGONAGLE/VELLA* (1993), S. 265.

3 Bedeutung der CI vor dem Hintergrund der Globalisierung

Wie bereits eingangs gezeigt, nimmt der Wettbewerbsdruck in Folge der Globalisierung zu. Zunehmend intensiver und aggressiver Wettbewerb (z. T. Verdrängungswettbewerb) sind die Folge.[246] Diese Entwicklung wird u. a. durch die Ausweitung von Wirtschaftsräumen (z. B. Verflechtung nationaler Wirtschaften, EU-Erweiterung), Deregulierungstendenzen sowie Liberalisierungstendenzen und beschleunigter technologischer Entwicklung (insb. im IuK-Bereich) unterstützt.[247]

Der engere Wettbewerb verursacht große potenzielle *Kosten bei Fehlentscheidungen*,[248] da Fehlentscheidungen von Wettbewerbern schneller und konsequenter genutzt werden. Das unterstreicht die Relevanz der CI.

Die Geschwindigkeit mit der sich Rahmenbedingungen eines Marktes verändern, nimmt mit zunehmenden Wettbewerbsdruck zu.[249] Das führt zu einer ständig veränderten Prognosegrundlage:[250]

- Markteintritte potenzieller Wettbewerber,
- Informationen für die Prognose der Reaktion neuer Wettbewerber fehlen, da große technologische und strategische Unsicherheiten zu großen Varianzen im Wettbewerberverhalten führen und
- die Entscheidungsregeln für das Reaktionsverhalten der Wettbewerber verändern sich.

Vorhandenes Wissen und Erkenntnisse verlieren so ihre Relevanz. Die Art der Informationen zur Entscheidungsunterstützung ändert sich somit schnell. Die große Dynamik in global umkämpften Märkten macht es damit notwendig, die Entscheidungsbasis wiederholend zu überprüfen, da sich die Strukturen in den sich verändernden Märkten ständig verändern.[251] Mit zunehmendem Wettbewerbsdruck werden Entscheidungen vermehrt auf unaktuellen Informationen bzw. falschen Annahmen basierend getroffen, was die *Wahrscheinlichkeit von Fehlentscheidungen* erhöht.

Das spricht für eine kontinuierliche CI, kann aber die Frage nach der Notwendigkeit der Formalisierung nicht beantworten.

Ein Ansatz, den Widerspruch über die Wirkung der Formalisierung auf das Ergebnis der CI aufzulösen, kann eine Differenzierung des Zwecks der CI sein.

Allgemeine Marktentwicklungen können durch permanente Scannings verfolgt werden. Diese sind sowohl inhaltlich als auch prozessual stark formalisiert. Für Märkte im Wandel eignen sich Frühwarnsysteme. Sie ermöglichen das frühzeitige Erkennen wesentlicher Veränderungen in der Umwelt des Unternehmens. Mithilfe schwacher Signale („weak signals") werden größere Veränderungen (Diskontinuitäten) im Markt aufgespürt.[248] Das Prinzip der Frühwar-

---

246 Vgl. *DEBACKER/SLEUWANGEN* (2003), S. 86 ff.

247 Vgl. *KAHANER* (1997), *ZANASI* (1998), *DATHE* (1999), *ROYER* (2000), *WEST* (2001), *LUX/PESKE* (2002), *FLEISHER/BENSOUSSAN* (2003), *SONG* (2003), *DELTL* (2004), und *KAIRIES* (2004).

248 Vgl. *MORRIS* (1997).

nung erfährt seine Relevanz durch die Zeitspanne zwischen Formulierung einer Marketingstrategie und der Umsetzung am Markt.[249] Es ist besonders geeignet, technologische Strukturbrüche zu erkennen.[250]

Projektbezogene Fragen treten nicht kontinuierlich auf. Sie können durch spezielle fragenorientierte ad-hoc-Untersuchungen beantwortet werden. Formalisierungsvorteile aus der Wiederholung der Untersuchung können hier nicht genutzt werden.[251] Nur eine kontinuierliche Durchführung von CI-Aktivitäten garantiert einen konstanten Wissensstand. Das steht jedoch nicht im Widerspruch zu zusätzlichen einzelnen kurzfristigen CI-Projekten, die bestimmte Entscheidungen zu unterstützen versuchen.[252]

Das führt dazu, dass in jeder konkreten Prognosesituation geprüft werden muss, inwieweit die Prämissen der einzelnen Prognoseansätze erfüllt sind. Es muss ein geeigneter Prognoseansatz gewählt werden, der dynamisch an die Analysesituation und den -gegenstand angepasst ist.[253] Der Erfolg der Formalisierung der Informationsakquise hängt damit von den Synergien ab, die durch eine Formalisierung erreicht werden können. Je häufiger eine Fragestellung beantwortet wird, desto vorteilhafter ist ein hoher Grad der Formalisierung. Fragestellungen, die selten oder nur einmalig auftreten, sind besser ohne Formalisierung zu beantworten.

Die Wahrscheinlichkeit und die Kosten von Fehlentscheidungen steigen unter den Bedingungen zunehmenden Wettbewerbsdruckes. Entsprechend gewinnt die gezielte Beschaffung und Verarbeitung von Wettbewerberinformationen an Bedeutung und muss von erfolgsorientierten Unternehmen adressiert werden.

Quellenverzeichnis

Aaker, D. A. (1989): Strategisches Markt-Management: Wettbewerbsvorteile erkennen, Märkte erschließen, Strategien entwickeln, Wiesbaden 1998.

Abernathy, W. J./Clark, K. B. (1985): Innovation: Mapping the winds of creative destruction, in: Research Policy, 1985, Heft 1, S. 3–22.

Avlonitis, G. J./Gounaris, S. P. (1999): Marketing orientation and its determinants: an empirical analysis, in: European Journal of Marketing, 1999, S. 1003–1037.

Backhaus, K. (1992): Investitionsgütermarketing, München 1992.

Barndt, W. (1994): User-directed Competitive Intelligence. Closing the gap between supply and demand, Westport/London 1994.

Bea, F. X. (2000): Wissensmanagement, in: WiSt, 2000, S. 362–367.

---

249 Vgl. *Homburg/Krohmer* (2003), S. 379.

250 Vgl. *Homburg/Krohmer* (2003), S. 380. Für eine Vertiefung von wettbewerbsgerichteten Frühwarnsystemen siehe *Kunze* (2000).

251 Vgl. *Wright/Ashill* (1998), S. 136 f.

252 Vgl. *Kahaner* (1997), S. 136, *Kunze* (2000), S. 94, und *Lux/Peske* (2002), S. 62.

253 Für entsprechende Beurteilungs- und Auswahlkriterien siehe *Brezski* (1993), S. 173.

Behrens, S. (1998): Wettbewerbsorientierter Einsatz von Informationstechnologien, Frankfurt 1998.

Bernhardt, D. C. (1993): Perfectly legal competitor intelligence: How to get it, use it, and profit from it, London 1993.

Bortz, J./Döring, N. (2002): Forschungsmethoden und Evaluation für Human- und Sozialwissenschaften, Berlin 2002.

Bottom, N./Gallati, R. (1984): Industrial espionage: Intelligence techniques and countermeasures, Boston 1984.

Boyd, B. K./Fulk, J. (1996): Executive scanning and perceived uncertainty: A multidimensional model, in: Journal of Management, 1996, Heft 1, S. 1–21.

Breacher, S. (1999): Tools for predicting alternative futures, Competitive Intelligence Review, 1999, Heft 3, S. 19–22.

Brezski, E. (1989): Konkurrentenforschung – Wettbewerbstheoretische Grundlagen eines Competitor Intelligence-Systems, Frankfurt 1989.

Brezski, E. (1992): Konkurrenzforschung im Marketing: Analyse und Prognose, Wiesbaden 1992.

Brezski, E. (1993): Konkurrenzforschung im Marketing: Analyse und Prognose, Wiesbaden 1993.

Brockhoff, K. (1991): Competitor Technology Intelligence in German Companies, in: Industrial Marketing Management, 1991, Heft 2, S. 91–98.

Christensen, C. M./Overdorf, M. (2000): Meeting the challenge of disruptive change, Harvard Business Review, 2000, Heft 2, S. 67–76.

Clark, B. H./Montgomery, D. B. (1999): Managerial Identification of Competitors, in: Journal of Marketing, 1999, Heft 3, S. 67–83.

Combs, R./Moorhead, J. (1992): The competitive intelligence handbook, Metuchen/London 1992.

Cottrill, K. (1998): Turning competitive intelligence into business knowledge, in: Journal of Business Strategy, 1998, Heft 4, S. 27–30.

Daft, R. L./Lengel, R. H. (1984): Information Richness: A New Approach to Managerial Behavior and Organisation Design, in: *Cummings, L. L./Staw, B. M.* (Hrsg.), Research in Organizational Behavior, Greenwich 1984, S. 191–233.

Danneels, E./Kleinschmidt, E. J. (2001): Product innovativeness from the firm`s perspective: Its dimensions and their relation with project selection and performance, in: Journal of Product Innovation Management, 2001, Heft 6, S. 357–373.

Dathe, J. (1999): Coopetition – mehr als eine Mode, in: Harvard Business Manager, 1999, Heft 6, S. 22–29.

Davis, S./Botkin, J. (1994): The coming of knowledge based business, in: Harvard Business Review, 1994, Heft 1, S. 165–170.

Davison, L. (2001): Measuring Competitive Intelligence Effectiveness: Insights from the Advertising Industry, in: Competitive Intelligence Review, 2001, Heft 4, S. 25–38.

Day, G. S. (1997): Assessing Competitive Arenas: Who Are Your Competitors?, *Reibstein, D. J.* (Hrsg.), Wharton on Dynamic Competitive Strategy, New York 1997, S. 23–47.

DeBacker, K./Sleuwangen, L. (2003): Why are foreign firms more productive than domestic firms?, o. O. 2003.

Debruyne, M./Moenaert, R./Griffin, A./Hart, S./Hultink, E. J./Robben, H. (2002): The Impact of new Product Launch Strategies on Competitive Reaction in Industrial Markets, in: Journal of Product Innovation Management, 2002, Heft 2, S. 159–170.

Deltl, J. (2004): Strategische Wettbewerbsanalyse, Wiesbaden 2004.

Dreger, W. (1992): Konkurrenz-Analyse und Beobachtung: mit System zum Erfolg im Wettbewerb, Ehningen bei Böblingen 1992.

Dreger, W. (1998): Counter Intelligence. Betriebliche Spionageabwehr, Renningen-Malmsheim 1998.

Dugal, M. (1998): Product line: A tool for enhancing user acceptance of CI, in: Competitive Intelligence Review, 1998, Heft 2, S. 17–25.

Effing, W. (2002): Jahresabschlussbasierte Konkurrenzanalyse: Eignung von Jahresabschlüssen zur Befriedigung des Informationsbedarfs der Konkurrenzanalyse, Aachen 2002.

Elbing, O./Kreuzer, C. (1994): Handbuch der strategischen Instrumente, Wien 1994.

Fischer, G. (1986): Strategische Konkurrenzanalyse, in: *Töpfer, A.* (Hrsg.), Strategisches Marketing, Landsberg 1986, S. 103–115.

Fleisher, C. S. (1991): Applying quality process evaluation to the CI function, Competitive Intelligence Review, 1991, Heft 1, S. 5–8.

Fleisher, C. S./Bensoussan, B. E. (2003): Strategic and Competitive Analysis: Methods and Techniques for Analyzing Business Competition, Upper Saddle River, New Jersey 2003.

Folsom, D./Kapplan, M. (1992): Market Intelligence: Practices and Ethical Perceptions of Retailers, Central State Business Review, 1992, Heft 1, S. 21–25.

Frances, D./Sawka, K./Herring, J. (1996): Competitors - Who to Watch, What to Watch, Who to Ignore and How to Tell the Difference, Competitive Intelligence Review, 1996, Supplement 1, S. 95–100.

Früh, W. (2001): Inhaltsanalyse – Theorie und Praxis, Koblenz 2001.

Fuld, L. (1995): The new Competitor Intelligence. The Complete Resource for Finding, Analyzing, and Using Information about Competitors, o. O. 1995.

Gilad, B. (1996): Strategic intent and strategic intelligence, in: *Gilad, B./Herring, J. P.* (Hrsg.), The art and science of business intelligence analysis: Business intelligence theory, principles, practices, and uses, Greenwich/London 1996, S. 3–26.

Gordon, I. (1989): Beat the Competition – How to Develop Winning Business Strategies, Oxford/Cambridge 1989.

Görgen, W. (1992): Strategische Wettbewerbsforschung, Bergisch Gladbach 1992.

GRAETZ, F. (2002): Strategic thinking versus strategic planning – Towards the understanding the complementarities, Management Decision, 2002, Heft 5, S. 456–462.

GRAHAMMER, D. (1982): Anleitungen und Checklisten zur Konkurrenzbeobachtung und Konkurrenzanalyse, München 1982.

GRAUMANN, J./WEISSMAN, A. (1998): Konkurrenzanalyse und Marktforschung preiswert selbst gemacht: Grundlagen, Methoden, Konzepte, Landsberg/Lech 1998.

GROUP, T. F. (1997): Ostriches & eagels, Competitive Intelligence capabilities in US companies, online: www.ftg.com/pubs, Stand: o. A., Abruf: 06.07.2002.

GRUNERT, K. G. (1995): Konkurrentenanalyse, in: *TIETZ, B.* (Hrsg.), Enzyklopädie der Betriebswirtschaftslehre, Stuttgart 1995, S. 1226–1234.

HARRIS, L. (2000): The organizational barriers to developing market orientation, in: European Journal of Marketing, 2000, Heft 5/6, S. 598–624.

HEINRICH, L. (1999): Informationsmanagement, Planung, Überwachung und Steuerung der Informationsinfrastruktur, München/Wien/Oldenburg 1999.

HERRING, J. P. (1996): Creating the intelligence system that produces analystical intelligence, in: *GILAD, B./HERRING, J. P.* (Hrsg.), The art and science of business intelligence analyses: Business intelligence theory, principles, practices, and uses, Greenwich/London, S. 53–86.

HERRMANN, A./HOMBURG, C. (2000): Marktforschung, Wiesbaden 2000.

HERRMANN, N. (1996): The Whole Brain Business Book, New York 1996.

HETTICH, S./HIPPNER, H./WILDE, K. D. (2004): Wettbewerbsanalyse im eCRM – Durchführung einer Website-Analyse am Beispiel der Möbelbeschlägeindustrie, in: *HIPPNER, H./WILDE, K. D.* (Hrsg.), Management von CRM-Projekten: Handlungsempfehlungen und Branchenkonzepte, Wiesbaden 2004.

HOMBURG, C./KROHMER, H. (2003): Marketingmanagement – Strategie, Instrumente, Umsetzung, Unternehmensführung, Wiesbaden 2003.

HOWELL, J. M./SHEA, C. M. (2001): Individual differences, environmental scanning, innovation framing, and champion behavior: key predictors of project performance, in: Journal of Product Innovation Management, 2001, Heft 1, S. 15–27.

HUBER, M. (1983): Markt, Konkurrenz, Angebotskombinationen, ihre Anwendung und ihre Beurteilung als Voraussetzung zur erfolgreichen Führung relativ selbständiger Geschäftseinheiten, St. Gallen 1983.

JÄGER, W./STRAUB, R. (1999): Wissensressourcen nutzen – Ergebnisse einer Umfrage, in: Personalwirtschaft, 1999, S. 20–23.

JAWORSKI, B. J./WEE, L. (1993): Competitive Intelligence and Bottom-Line Performance, in: Competitive Intelligence Review, 1993, Heft 2, S. 25–28.

JOAS, A. (1990): Konkurrenzforschung als Erfolgspotential im strategischen Marketing, Augsburg 1990.

JOHNE, A. (1994): Listening to the Voice of the Market, in: International Marketing Review, 1994, Heft 1, S. 47–59.

KAAS, K. P./BREZSKI, E. (1989): Systematische Konkurrentenerforschung durch Competitor Intelligence-Systeme, in: Marktforschung und Management, 1989, Heft 2, S. 42–45.

KAHANER, L. (1996): Competitive Intellegence. From black ops to boardrooms how business gather, analyse, and use information to suceed in the global marketplace, New York 1996.

KAHANER, L. (1997): Competitive Intelligence: How to gather, analyze, and use information to move your business to the top, New York 1997.

KAIRIES, P. (2004): So analysieren Sie Ihre Konkurrenz: Konkurrenzanalyse und Benchmarking in der Praxis, Renningen 2004.

KALITKA, P. (1998): The economic espionage act: Are competitive Intelligence professionals trying to have it both ways?, in: Competitive Intelligence Review, 1998, Heft 3, S. 25–29.

KNACK, R. (2006): Wettbewerb und Kooperation: Wettbewerberorientierung in Projekten radikaler Innovation, Wiesbaden 2006.

KEPPER, G. (2000): Methoden der Qualitativen Marktforschung, in: *HERRMANN, A./ HOMBURG, C.* (Hrsg.), Marktforschung, Wiesbaden 2000.

KOHLI, A. K./JAWORSKI, B. J. (1990): Market Orientation: The Construct, Research Propositions, and Managerial Implications, in: Journal of Marketing1990, Heft 2, S. 1–18.

KUNZE, C. W. (2000): Competitive Intelligence – Ein ressourcenorientierter Ansatz strategischer Frühaufklärung, Aachen 2000.

LEHMANN, D. (1994): Characteristics of “Really” New Products, And Now for Something Completely Different: “Really” New Products, Boston/Hyatt Harborside 1994.

LEONG, E. K. F./EWING, M. T./PITT, L. F. (2004): Analysing competitors` online persuasive themes with text mining, in: Marketing Intelligence & Planning, 2004, Heft 2, S. 187–200.

LEVITT, T. (1960): Marketing Myopia, in: Harvard Business Review, 1960, Heft 4, S. 45–57.

LI, T./CALANTONE, R. J. (1998): The Impact of Market Knowledge Competence on New Product Advantage: Conceptualization and Empirical Examination, in: Journal of Marketing, 1998, Heft 4, S. 13–29.

LICHTENTHALER, E. (2002): Organisation der Technology Intelligence: Eine empirische Untersuchung der Technologiefrühaufklärung in technologieintensiven Großunternehmen, Zürich 2002.

LINK, U. (1988): Strategische Konkurrenzanalysen im Konsumgütermarketing: Theoretische Grundlagen und Operationalisierung, Idstein 1988.

LUX, C./PESKE, T. (2002): Competitive Intelligence und Wirtschaftsspionage: Analyse, Praxis, Strategie, Wiesbaden 2002.

MAKADOK, R./BARNEY, J. B. (2001): Strategic Factor Market Intelligence: An Application of Information Economics to Strategy Formulation and Competitor Intelligence, Management Science, 2001, Heft 12, S. 1621–1638.

MARINOVA, D. (2004): Actualizing Innovation Effort: The Impact of Market Knowledge Diffusion in a Dynamic System of Competition, in: Journal of Marketing, 2004, Heft 3, S. 1–20.

MARK, D. (1997): Competitive Intelligence and the Corporate jewels, in: Competitive Intelligence Review, 1997, Heft 3, S. 53–61.

MATSCHKE, K.-D./ICK, R. (1998): Security Quality Management Handbuch. Grundsätze und Verfahren für umfassende Unternehmenssicherheit, Ingelheim 1998.

MCGONAGLE, J. J./VELLA, C. (1998): Protecting your company against competitive intelligence, Westport 1998.

MCGONAGLE, J. J./VELLA, C. M. (1993): Outsmarting the Competition – Practical approaches to finding and outsmarting the competition, London 1993.

MCGONAGLE, J. J./VELLA, C. M. (2002): Bottom Line Competitive Intelligence, Westport 2002.

MIKLIS, M. (2004): Coopetitive Unternehmensnetzwerke – Problemorientierte Erklärungs- und Gestaltungserkenntnisse zu Netzwerkbeziehungen zwischen Wettbewerbern, Marburg 2004.

MIREE, C./PRESCOTT, J. E. (2000): "TAP-IN" to strategic and tactical intelligence in the sales and marketing functions, in: Competitive Intelligence Review, 2000, Heft 1, S. 4–16.

MORRIS, R. (1997): Early Warning Indicators of Corporate Failure: A Critical Review of Previous Research and Further Empirical Evidence, Ashgate 1997.

MOUTINHO, L./BROWNLIE, D. (1994): The Stratlogic Approach to the Analysis of Competitive Position, in: Marketing Intelligence & Planning, 1994, Heft 4, S. 15–21.

NIESCHLAG, R./DICHTL, E./HÖRSCHGEN, H. (1997): Marketing, Berlin 1997.

NIJSSEN, E. J./FRAMBACH, R. T. (1998): Market research companies and new product development tools, in: Journal of Product & Brand Management, 1998, Heft 4, S. 305–318.

NOLAN, J. (1997): Confusing Coutnerintelligence with Security can wreck your afternoon, in: Competitive Intelligence Review, 1997, Heft 3, S. 53–61.

NONAKA, I./KONNO, N./TOYAMA, R. (2001): Emergence of "BA", in: *NONAKA, I./NISHIGUCHI, T.* (Hrsg.), Knowledge Emergence. Social, Technical, and Evolutionary Dimensions of Knowledge Creation, New York 2001.

NONAKA, I./NISHIGUCHI, T. (2001): Knowledge Emergence. Social, Technical, and Evolutionary Dimensions of Knowledge Creation, New York 2001.

NORDSTROM, R./PINKERTON, R. (1999): Taking Advantage of Internet Sources to Build a Competitive Intelligence System, in: Competitive Intelligence Review, 1999, Heft 1, S. 54–61.

NORLING, P. M./HERRING, J. P./ROSENKRANS JR./W. A./STELLPFLUG/M., KAUFMAN, S. B. (2000): Putting Competitive Technology Intelligence To Work, in: Research Technology Management, 2000, Heft 5, S. 23–28.

NOVICEVIC, M. M./HARVEY, M./AUTRY, C. W./BOND III, E. U. (2004): Dual-perspective SWOT: a synthesis of marketing intelligence and planning, in: Marketing Intelligence & Planning, 2004, Heft 1, S. 84–94.

O'CONNOR, C. G. (1998): Market Learning and Radical Innovation: A Cross Case Comparison of Eight Radical Innovation Projects, in: Journal of Product Innovation Management, 1998, Heft 2, S. 151–166.

O'CONNOR, G. C./MCDERMOTT, C. M. (2004): The human side of radical innovation, in: Journal of Engineering & Technology Management, 2004, Heft 1/2, S. 11–30.

OLSON, D. (1994): Chanllenges in "Creating Customers" via Really New Products, And Now for Something Completly Different: "Really" New Products, Boston/Hyatt Harborside 1994.

PATTAKOS, A. (1997): Keeping Company Secrets secret, in: Competitive Intelligence Review, 1997, Heft 3, S. 71–78.

PETERAF, M. A./BERGEN, M. A. (2003): Scanning dynamic competitive landscapes: A market-based and resource-based framework, in: Strategic Management Journal, 2003, Heft 10, S. 1027–1041.

PETKOFF, B. (1998): Wissensmanagement: Von der computerzentrierten zur anwendungsorientierten Kommunikationstechnologie, Bonn 1998.

PORAC, J. F./THOMAS, H. (1990): Taxonomic mental models in competitor definition, in: Academy of Management Review, 1990, Heft 2, S. 224–240.

PORTER, M. E. (1980): Competitive Strategy: Techniques for Analysing Industries and Competitiors, New York 1980.

PORTER, M. E. (1999a): Wettbewerbsvorteile: Spitzenleistungen erreichen und behaupten, Frankfurt 1999.

PORTER, M. E. (1999b): Wettbewerbsstrategie: Methoden zur Analyse von Branchen und Konkurrenten, Frankfurt 1999.

PRESCOTT, J. E./BHARDWAJ, G. (1995): Competitive Intelligence Practices: A Survey, in: Competitive Intelligence Review, 1995, Heft 2, S. 4–14.

PRESCOTT, J. E./GIBBONS, P. T. (1996): The seven seas of global competitive intelligence, in: Competitive Intelligence Review, 1996, Heft 1, S. 41–48.

ROHLEDER, P. J. (1988): Wettbewerbs- und Konkurrenzforschung, Vorwärtsstrategien: Wettbewerber setzen den Standard, in: Gablers Magazin, 1988, Heft 9, S. 23–26.

RÖMER, E. M. (1988): Konkurrenzforschung, Zeitschrift für Betriebswirtschaft, 1988, Heft 4, S. 481–501.

ROYER, S. (2000): Strategische Erfolgsfaktoren horizontaler kooperativer Wettbewerbsbeziehungen: eine auf Fallstudien basierende erfolgsorientierte Analyse am Beispiel der Automobilindustrie, München/Mering 2000.

SAWYER, O. (1993): Environmental uncertainty and environmental scanning activities of Nigerian manufacturing executives: A comparitive study, in: Strategic Management Journal, 1993, Heft 4, S. 287–299.

SCHELD, M. (1985): Wettbewerbsdiagnose und -prognose im Rahmen der strategischen Unternehmensplanung von Industrieunternehmungen, Pfaffenweiler 1985.

SCHMIDT, J. B./CALANTONE, R. J. (1998): Are Really New Product Development Projects Harder to Shut Down?, in: Journal of Product Innovation Management, 1998, Heft 2, S. 111–123.

SCHOEMAKER, P. J. H. (1995): Scenario planning: a tool for strategic thinking, in: Sloan Management Review, 1995, Heft 2, S. 25–39.

Schwarze, J. (1998): Informationsmanagement. Planung, Steuerung, Koordination und Kontrolle der Informationsversorgung im Unternehmen, Berlin 1998.

Schwinn, K./Dippold, R./Ringgenberg, A./Schnider, W. (1998): Unternehmensweites Datenmanagement – von der Datenbankadministration bis zum modernen Informationsmanagement, Braunschweig/Wiesbaden 1998.

SCIP (2001): 2000/01 Competitive Intelligence Professionals Solary Survey Report and Reference Guide on Analyst Job Descriptions, Alexandria 2001.

SCIP (o. J.): online: http://www.scip.org/, Stand: o. A., Abruf: 30.03.2005.

Sitt, A. (1998): Erfolgsfaktor Sicherheit. Schützen Sie Ihr Unternehmens-Know-how vor dem Zugriff der Konkurrenz, Düsseldorf 1998.

Smith, P. R./Blanck, E. L. (2002): From experience - Leading dispersed teams, in: Journal of Product Innovation Management, 2002, Heft 4, S. 294–304.

Smith, R. W. (2002): Going Beyond Competitive Intelligence, in: Adhesives Age, 2002, Heft 2, S. 39.

Song, D.-W. (2003): Port Co-opetition in concept and practice, in: Maritime Policy & Management, 2003, Heft 1, S. 29–44.

Song, X. M./Montoya-Weiss, M. M. (1998): Critical Development Activities for Really New versus Incremental Products, in: Journal of Product Innovation Management, 1998, Heft 2, S. 124–135.

Steinhoff, F. (2006): Kundenorientierung bei hochgradigen Innovationen, Wiesbaden 2006.

Stippel, P. (2002): Konkurrenzabwehr im Globalen Wettbewerb: Fast wie beim CIA, in: Absatzwirtschaft, 2002, Heft 4, S. 14–20.

Subramanian, R./IsHak, S. T. (1998): Competitor Analysis Practices of US Companies: An Empirical Investigation, in: Management International Review, 1998, Heft 1, S. 7–23.

Trevino, L./Weaver, G. (1997): Ethical issues in competitive intelligence practice: Consensus, conflicts, and challenges, in: Competitive Intelligence Review, 1997, Heft 1, S. 61–72.

Vella, C. M./McGonagle, J. J. (1988): Improved business planning using competitive intelligence, New York/Westport/London 1988.

Walls, M. R./Thomas, M. E./Brady, T. F. (1999): Improving System Maintenance Decision: A Value of Information Framework, in: The Enineering Economist, 1999, Heft 2, S. 151–167.

West, C. (2001): Competitive Intelligence, Houndmills et al. 2001.

West, M. D./Fuller, L. K. (2001): Toward a typology and theoretical grounding for computer content analysis, *West, M. D.* (Hrsg.), Theory, Method, and Practice in Computer Content Analysis, Westport 2001.

White, J. C./Varadarajan, P. R./Dacin, P. A. (2003): Market Situation Interpretation and Response: The Role of Cognitive Style, Organizational Culture, and Information Use, in: Journal of Marketing, 2003, Heft 3, S. 63–80.

Wolfrum, B. (1994): Grundlagen der Konkurrenzforschung, in: *Tomczak, T./Reinecke, S.* (Hrsg.), St. Gallen, S. 136–149.

Wolfrum, B./Riedl, J. (2000): Wettbewerberanalyse, in: *Homburg, C.* (Hrsg.), Marktforschung, Wiesbaden 2000, S. 689–738.

Woodruff, D. (2002): War Games Invade Boardrooms (Simulations Help Business Arm Themselves for All Eventualities), in: Wall Street Journal Europe, 03.05.2002, S. 1–6.

Wright, M./Ashill, N. (1998): A contingency model of marketing information, in: European Journal of Marketing, 1998, Heft 1/2, S. 125–144.

Wright, S./Pickton, D. W./Callow, J. (2002): Competitive intelligence in UK firms: a typology, in: Marketing Intelligence & Planning, 2002, Heft 6, S. 349–360.

Zajac, E. J./Bazerman, M. H. (1991): Blind spots in industry and competitor analysis: implications of interfirm (mis)perception to strategic decisions, in: Academy of Management Review, 1991, Heft 1, S. 37–46.

Zanasi, A. (1998): Competitive intelligence through data mining public sources, in: Competitive Intelligence Review, 1998, Heft 1, S. 44–54.

Managementansätze für nachhaltiges Informationsmanagement

Koray Erek und *Rüdiger Zarnekow*

Technische Universität Berlin

1 Einleitung

Globalisierung, steigender Wettbewerbsdruck und kürzere Time-to-Market zwingen Unternehmen zu effizienten Prozess- und Kostenstrukturen, um schneller auf Marktveränderungen und Kundenbedürfnisse reagieren zu können. Informations- und Kommunikationstechnologien (IKT) spielen hierbei eine Schlüsselrolle. Moderne Wertschöpfungsnetzwerke sind digitalisiert und prägen die Beziehungen zwischen Herstellern, Lieferanten und Kunden.[1] Umso wichtiger wird es zum Erhalt der Wettbewerbssituation, die Voraussetzungen für eine nachhaltige Wertschöpfung zu schaffen. Letzteres trifft auch auf das Informationsmanagement zu. Dabei wird das Informationsmanagement als unternehmerische Führungsaufgabe verstanden, die sich mit der Erkennung und Umsetzung der Potenziale von IKT in Lösungen beschäftigt.[2] Der zunehmende Einfluss der IKT auf Ökonomie, Ökologie und Gesellschaft zwingt das Informationsmanagement, sich mit Konzepten des nachhaltigen Managements auseinanderzusetzen. Nachhaltiges Management kann in diesem Zusammenhang als langfristiger, simultaner Optimierungsprozess von ökonomischen, ökologischen und sozialen Zielen zur Sicherung einer dauerhaften Geschäftstätigkeit definiert werden.[3]

Wachsender Energieverbrauch in Rechenzentren bei kontinuierlich steigenden Rechenleistungen sowie die immer kürzer werdenden Lebenszyklen von Informationstechnik-Produkten (IT-Produkten) erfordern neue strategische Konzepte für das Informationsmanagement, die über aktuell diskutierte Maßnahmen unter dem Schlagwort „Green IT" weit hinausgehen. Infolgedessen gewinnen Fragen der ressourceneffizienten IT-Leistungserstellung deutlich mehr an Bedeutung als noch vor einigen Jahren. Der Bedarf nach nachhaltigem Wirtschaften entsteht hierbei nicht nur durch die ökonomische Notwendigkeit zur Effizienzsteigerung aufgrund steigender Energie- und Rohstoffpreise, auch der öffentliche Druck sowie die Forderung interner und externer Stakeholder nach umwelt- und sozialbewusstem Handeln haben Umweltthemen nun auch stärker in das Blickfeld des Informationsmanagements gestellt und deuten auf einen Wandel hin.

Das Konzept der Nachhaltigkeit ist bereits seit vielen Jahren Gegenstand betriebswirtschaftlicher Diskussionen.[4] Während es aber in anderen industrialisierten Branchen bereits lange verfolgt wird, fehlt es im Informationsmanagement nach wie vor an einer theoretischen und konzeptionellen Grundlage. Vor diesem Hintergrund liegt es nahe, die Frage aufzugreifen, welche Anstöße der Nachhaltigkeitsansatz für die weitere Entwicklung des Informationsmanagements leisten kann, und wie dieser effizient umgesetzt werden kann.

Ziel des vorliegenden Beitrags ist es, das Konzept der Nachhaltigkeit in das Informationsmanagement zu übertragen, und damit einen wissenschaftlichen Beitrag zur aktuellen Diskussion um Umweltrelevanz und „Green IT" im Informationsmanagement zu leisten. Um wirtschaftlich sinnvolle und ökologisch nachhaltige Lösungen in das Informationsmanagement zu integrieren, sind hierbei weitreichende Veränderungen sowohl auf strategischer als auch auf operativer Ebene notwendig. Insbesondere sollen ein strategisches Vorgehensmodell und ausgewählte Managementinstrumente vorgestellt werden, die die Integration des Ansatzes

---

1 Vgl. *BMU/UBA* (2006), S. 3.

2 Vgl. *BRENNER* (1994), S. 5.

3 Vgl. *ELKINGTON* (1997) und *EPSTEIN* (2008).

4 Vgl. *HÜLSMANN/GRAPP* (2007), S. 83.

unterstützen. Hierzu ist es zunächst notwendig, ein klares Verständnis des Konzeptes der Nachhaltigkeit zu schaffen. Im Speziellen sollen die in der wissenschaftlichen Diskussion vorherrschenden Sichten managementorientierter Nachhaltigkeit beschrieben und damit der Frage nachgegangen werden, mit welchen wissenschaftlichen Theorien sich Aussagen zur Nachhaltigkeit ableiten lassen. Im nächsten Schritt wird der Wertschöpfungsprozess im Informationsmanagement erörtert, an den das Konzept der Nachhaltigkeit anknüpfen soll. Im eigentlichen Hauptteil des Beitrags werden an drei konkreten Beispielen die Integrationsmöglichkeiten der Nachhaltigkeit in das Informationsmanagement aufgezeigt. Dabei können die vorgestellten Modelle und Ansätze als Basis für weitergehende Forschungen auf diesem Gebiet herangezogen werden.

2 Nachhaltigkeit – Herausforderung für das Informationsmanagement

2.1 Einfluss der IKT auf die Umwelt

Mit der zunehmenden Industrialisierung des Informationsmanagements nimmt gleichzeitig dessen Einfluss auf Ökonomie, Ökologie und Gesellschaft weiter zu.

Die ökonomische Bedeutung der IKT ist hoch. Der IKT-Markt ist einer der weltweit stärksten Wachstumsmärkte. Im Jahre 2008 wird ein Anstieg der weltweiten IKT-Ausgaben um 10,3% auf 3,7 Billionen US $ erwartet. Dies entspricht ca. 6,4% des weltweiten Bruttosozialprodukts (BSP).[5] In Deutschland ist die IKT-Branche mit einem Marktvolumen von 137 Milliarden Euro und damit 6,2% des Bruttoinlandsprodukts (BIP) eine der tragenden Säulen der deutschen Wirtschaft.[6]

Der ökologische Einfluss der IT wird in den Medien unter dem Schlagwort „Green IT" diskutiert, das auch den Schwerpunkt der Cebit 2008 bildete, der weltweit größten Messe für Informations- und Kommunikationstechnik. Eine Hauptproblematik stellt der Energieverbrauch von IKT-Produkten während des Betriebs dar. Der durch IKT verursachte Energieverbrauch betrug im Jahr 2001 ca. 23,6 Terrawattstunden (TWh) und damit 4,9% des gesamten Elektroenergieverbrauchs.[7] Prognosen für das Jahr 2010 gehen hierbei von einer Zunahme um 50% auf 36,4 TWh aus, wobei der Großteil des Zuwachses durch die Infrastruktur (Server, Breitbandanschlüsse etc.) bedingt ist. Die IKT ist damit weltweit ein wesentlicher Energiekonsument. Die damit einhergehende ökologische Belastung wurde durch Analysten der *GARTNER GROUP* ermittelt. Nach Schätzungen der Analysten verursacht die IKT-Branche durch ihren Energiekonsum ca. zwei Prozent der weltweiten Gesamtemissionen an CO_2, und entspricht damit der CO_2-Bilanz des globalen Flugverkehrs.[8] In diese Berechnung sind der Energieverbrauch von PC und Servern, Festnetz- und Mobilfunk-Telefonie, lokalen Netzen, Druckern und behördlichen und privaten Rechenzentren eingeflossen.

---

5 Vgl. *WITSA* (2008), S. 1.

6 Vgl. *BMU/UBA* (2006), S. 3.

7 Vgl. *BMU/UBA* (2006), S. 5.

8 Vgl. *GARTNER* (2007), S. 1.

Der wichtigste Treiber für den immensen Anstieg des weltweiten Stromverbrauchs von Rechenzentren ist vor allem die global rasant steigende Nutzung internetbasierter Dienste, die jährlich um ca. 34% anwächst.[9] Allein das Internetportal Google betreibt rund 450.000 Server und verursacht damit einen Verbrauch von 800 Gigawattstunden (GWh) pro Jahr.[10] Eine Google-Suchanfrage verbraucht demnach durchschnittlich 4 Wh Strom, die mit einer Emission von ca. 2 g CO_2 verbunden ist. Unterstützt wird dieser Effekt durch das immer größer werdende Informationsaufkommen, das zusätzlichen Speicherbedarf bedingt. Bei einer durchschnittlichen eBay-Auktion werden indirekt 18 g CO_2 freigesetzt und eine virtuelle Identität in der Online-Welt „Second Life" verbraucht jährlich so viel Strom (durch Serverleistung und PC-Nutzung) wie ein Brasilianer im Jahresdurchschnitt.[11]

Nachhaltigkeit bezieht sich jedoch nicht nur auf „Green-IT"-Maßnahmen. Zusätzliche Herausforderungen ergeben sich durch „Informationen", der eigentlichen Ressource des Informationsmanagements. Analysten der *IDC* (*INTERNATIONAL DATA CORPORATION*) rechnen mit einem Anstieg digitaler Informationen von derzeit 281 Exabytes auf 1.800 Exabytes im Jahr 2011.[12] Um steigende Informationsmengen effizient bewältigen zu können und eine „Informationsverschmutzung" zu vermeiden, sind daher langfristige Planungen und Maßnahmen auf diesem Gebiet notwendig.

Soziale und ökologische Probleme resultieren zudem aus dem Abfallstrom elektronischer Komponenten (Elektronikschrott), der jährlich um ca. drei bis fünf Prozent anwächst. Die jährliche Gesamtmenge an Elektronikschrott beträgt ca. 20 bis 50 Millionen Tonnen (t), von denen 25% die IKT – mindestens 5 Mio. t – verantwortet.[13] Das entspricht dem Gewicht von 9.000 voll beladenen Airbus A380 Passagierflugzeugen, belastet mit gefährlichen Metallen wie Blei, Quecksilber und Kadmium. Dabei können moderne elektronische Komponenten bis zu 60 chemische Elemente enthalten, darunter u. a. Tantal (für Kondensatoren) und Indium. Besonders Indium wird in zahlreichen Produkten verwendet, wie z. B. Displays (Flüssigkristallbildschirme), Halbleitern, Photovoltaik- und Brennstoffzellen. Obwohl ein Engpass dieser Elemente in naher Zukunft abzusehen ist, mangelt es an effizienten Recyclingkonzepten.

Die beschriebenen Fakten verdeutlichen die Notwendigkeit, aber auch die Komplexität eines nachhaltigen Informationsmanagements. Laut *PORTER/REINHARDT* sind Unternehmen heutzutage gezwungen, sich mit Nachhaltigkeitsthemen und damit nachhaltiger Organisationsentwicklung auseinanderzusetzen.[14] Um dieser Aufforderung nachzukommen, ist es zunächst notwendig, sich mit den betriebswirtschaftlichen Aussagen des Nachhaltigkeitsansatzes zu befassen.

---

9 Vgl. *A. T. KEARNEY* (2008), S. 1.

10 Vgl. *CHOU* (2008).

11 Vgl. *BMU/UBA* (2007), S. 4.

12 Vgl. *IDC* (2008), S. 3.

13 Vgl. *UNEP* (2008), S.1 f.

14 Vgl. *PORTER/REINHARDT* (2007), S. 1.

2.2 Grundlagen unternehmerischer Nachhaltigkeit

Das Konzept der Nachhaltigkeit ist nach wie vor Gegenstand zahlreicher wissenschaftlicher Diskussionen.[15] Als Konsequenz existiert eine große Begriffsvielfalt mit unterschiedlichen Vorstellungen und Definitionen, dass die Etablierung eines einheitlichen, übergreifenden Nachhaltigkeitsverständnisses erschwert.

Nachhaltige Entwicklung (engl. „sustainable development“) kann als die Fähigkeit beschrieben werden, sich aus eigener Möglichkeit heraus zu entwickeln, zu stärken und zu erhalten.[16] Das heute vorherrschende Verständnis der Nachhaltigkeit wurde durch die Definition der *BRUNDTLAND*-Kommission im Jahre 1987 geprägt,[17] die im entsprechend veröffentlichten *BRUNDTLAND*-Report „nachhaltige“ bzw. „dauerhafte Entwicklung“ als eine Entwicklung bezeichnet, die „den Bedürfnissen der heutigen Generation entspricht, ohne die Möglichkeiten künftiger Generationen zu gefährden bzw. zu riskieren, ihre eigenen Bedürfnisse zu befriedigen“.

In der Unternehmenspraxis wird der Begriff Nachhaltigkeitsmanagement überwiegend im Zusammenhang mit den Aufgaben, Konzepten und Instrumenten einer nachhaltigen Unternehmensentwicklung verwendet. Im betrieblichen Kontext hat sich das Konzept der Nachhaltigkeit, ausgehend von Zielen der Ressourcenschonung und des Umweltschutzes, zu einer gleichberechtigten und gleichzeitigen Berücksichtigung ökonomischer, ökologischer und sozialer Ziele weiter entwickelt. Diese Dimensionen repräsentieren die drei Säulen der Nachhaltigkeit[18] und werden auch als das Drei-Säulen-Modell (engl. „Triple-Bottom-Line“) der Nachhaltigkeit bezeichnet (siehe Abbildung 1):

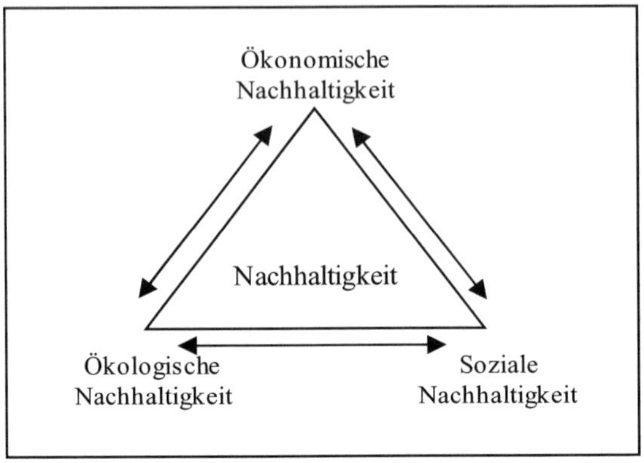

Abbildung 1: Dimensionen der Nachhaltigkeit

---

15 Vgl. *PORTER/VAN DER LINDE* (1999), *EPSTEIN/ROY* (2001), *ESTY/WINSTON* (2006), *SCHALTEGGER/WAGNER* (2006) und *EPSTEIN* (2008).

16 Vgl. *HÜLSMANN/GRAPP* (2007), S. 86.

17 Vgl. *HAUFF* (1987), S. 9 f., und *WCED* (1987).

18 Vgl. *ELKINGTON* (1997).

Das Drei-Säulen-Modell geht von der Annahme aus, dass nachhaltigkeitsorientiertes Wirtschaften neben ökonomischen Aspekten auch ökologische und soziale Aspekte beinhalten muss. Ziel unternehmerischer Nachhaltigkeit ist es demnach, in allen drei Dimensionen Wert zu erhalten (Prinzip der Dauerhaftigkeit) und Wert zu schaffen, um die Überlebens- und Bestandsfähigkeit des Unternehmens zu sichern. Zudem bietet das Modell Unternehmen einen Rahmen, ihr unternehmerisches Wirken auf Wirtschaft, Gesellschaft und Umwelt zu strukturieren und zu beurteilen.

In der praktischen Umsetzung wird jedoch Nachhaltigkeit häufig mit ökonomischer Nachhaltigkeit gleichgesetzt (Prinzip der Kapitalerhaltung).[19] Nachhaltigkeit in Unternehmen zielt jedoch auf eine realistische Ausgewogenheit zwischen Gewinnerzielung und Sicherung der Zukunftsfähigkeit ab. Folglich ist eine integrierte Betrachtung nur dann gewährleistet, wenn die Interdependenzen zwischen den drei Säulen erkannt werden, und eine optimale Balance zwischen diesen langfristig erhalten wird.[20] Unternehmen können demnach nur dann dauerhaft überleben, wenn sie zum einen gewinnorientiert (effizient) und zum anderen ressourcenschonend (nachhaltig) wirtschaften.[21] Dabei ist eine ganzheitliche, durchgängige Implementierung des Ansatzes, ausgehend vom obersten Management, zu gewährleisten. Ohne die Durchgängigkeit des Verständnisses über alle Hierarchieebenen einer Organisation hinweg ist Nachhaltigkeit nicht umsetzbar.

Obwohl bereits zahlreiche Konzepte zur nachhaltigen Organisationsgestaltung existieren, wurde der Ansatz in der IKT-Branche bislang nicht bzw. nur punktuell untersucht. Die globalen Entwicklungen und Herausforderungen (siehe Abschnitt 2.1) zeigen jedoch die Notwendigkeit zur Ressourceneffizienz auch im Informationsmanagement.

3 Wertschöpfung im Informationsmanagement

In diesem Abschnitt werden mit Hilfe des Modells des „Integrierten Informationsmanagement (IIM)“ die Wertschöpfungsprozesse der IT-Produkt- und Servicebereitstellung erläutert. Die im Modell beschriebenen zentralen Managementprozesse von IT-Dienstleistern bilden die Grundlage für die später in Abschnitt vier vorgeschlagenen Ansätze zur Integration von Nachhaltigkeit in das Informationsmanagement.

3.1 Modell des Integrierten Informationsmanagements (IIM)[22]

Im Zuge einer zunehmenden Dienstleistungsorientierung im Informationsmanagement haben sich die Interaktionsmodelle zwischen IT-Abteilungen und den Leistungsabnehmern (i. d. R. Fachbereiche) verändert. Anstelle einer traditionell projektbasierten Zusammenarbeit tritt eine marktorientierte Kunden-Lieferanten-Beziehung, in der IT-Organisationen im Rahmen ihrer

19 Vgl. *Dyllick/Hockerts* (2002), S. 130 f.

20 Vgl. *Marcus* (2005), S. 27.

21 Vgl. *Müller-Christ* (2005), S. 12 f.

22 Vgl. *Zarnekow/Brenner/Pilgram* (2005).

Geschäftstätigkeit IT-Dienstleistungen an interne und/oder externe Kunden erbringen. Auf Basis dieser Kunden-Lieferanten-Beziehung ist es möglich, etablierte Referenzmodelle für das Supply Chain Management auch auf das Informationsmanagement zu übertragen. Das Modell eines Integrierten Informationsmanagements folgt dieser Idee und stellt die zentralen Managementprozesse eines IT-Dienstleisters auf Basis eines *Source-Make-Deliver*-Ansatzes dar, die zur Herstellung und Nutzung von IT-Produkten erforderlich sind. Darüber hinaus werden auch die Schnittstelle zum IT-Leistungsabnehmer und dort insbesondere dessen Prozesse zum Einkauf von IT-Produkten betrachtet. Abbildung 2 zeigt das IIM-Modell, das um einen Return-Prozess und Stakeholder-Interessen erweitert wurde.

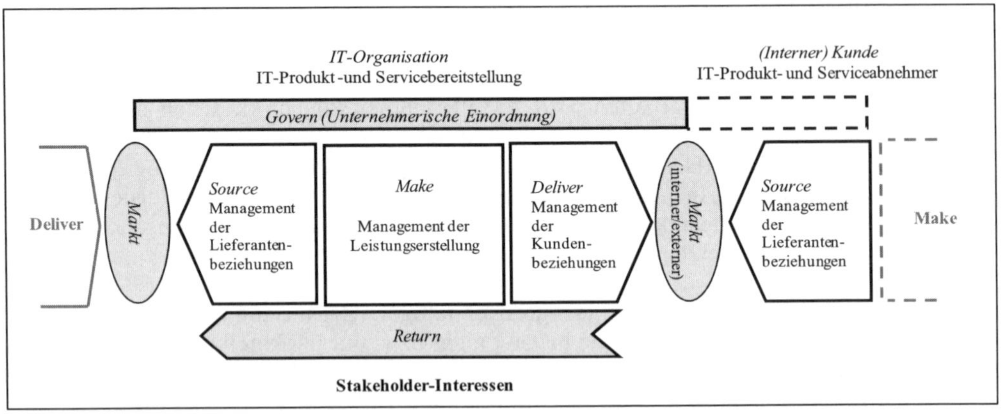

Abbildung 2: Gesamtmodell des integrierten Informationsmanagements[23]

Die zentralen Funktionsbereiche des Modells lassen sich wie folgt beschreiben:[24]

- *Govern*: Der *Govern-Prozess* als Querschnittsprozess regelt die übergeordneten Führungsaufgaben, Organisationsstrukturen und Prozesse im Sinne einer strategischen Gesamtplanung. Befinden sich Leistungserbringer und Leistungsabnehmer innerhalb eines Unternehmens, so definiert die Governance für beide Parteien die Regeln und Rahmenbedingungen der Zusammenarbeit. Unter dem Begriff IT-Governance werden hierbei die Grundsätze, Verfahren und Maßnahmen zusammengefasst, die sicherstellen, dass die eingesetzten IT-Leistungen zur Erreichung der Geschäftsziele beitragen, IT-Ressourcen verantwortungsvoll eingesetzt und Risiken angemessen überwacht werden. Hauptziel ist es, dass die IT-Strategie die übergeordnete Unternehmensstrategie unterstützt oder sogar fördert. Externe, auf dem freien Markt agierende IT-Organisationen besitzen in der Regel auch eine eigenständige Governance.
- *Source*: Der *Source-Prozess* des Leistungserbringers umfasst alle zum Management der Lieferantenbeziehungen erforderlichen Aufgaben. Im Mittelpunkt steht die Definition des Einkaufsmanagements gegenüber den Lieferanten. Die Ausgestaltung des Einkaufsprozesses hängt hierbei stark von der Art der eingekauften Produkte ab. Typischerweise werden IT-Leistungen, wie beispielsweise Hardware-Ressourcen (z. B. Rechenleistungen, Speicherleistungen im Rahmen eines Outsourcings des Rechenzentrumsbetriebs), Personal-Ressourcen (z. B. externe Softwareentwickler), Software-Lösungen und Hardware-

23 In Anlehnung an ZARNEKOW/BRENNER/PILGRAM (2005), S. 68.

24 Vgl. ZARNEKOW/BRENNER/PILGRAM 2005, S. 71 ff.

komponenten (z. B. Rechnersysteme, Drucker, usw.) über den Markt beschafft. Im Gegensatz dazu bildet der *Source-Prozess* des Leistungsabnehmers (Fachbereiche) die Schnittstelle zum Leistungserbringer. Die vom Leistungsabnehmer eingekauften IT-Produkte fließen in den Produktionsprozess (*Make*) als Geschäftsprozessunterstützung ein oder bilden einen Teil seiner Geschäftsprodukte.

- *Make*: Im *Make-Prozess* des Leistungserbringers sind alle Aufgaben zum Management der IT-Produkt- und Servicebereitstellung zusammengefasst. Dabei handelt es sich in erster Linie um das Portfolio-Management, das Entwicklungs-Management und das Produktions-Management. Der Fokus liegt auf der effizienten Planung, Entwicklung und Produktion von IT-Leistungen, wobei eine integrierte Betrachtung der Leistungserstellung von entscheidender Bedeutung ist. Während heute in der IT-Leistungserstellung Planungs-, Entwicklungs- und Produktionsaufgaben meist bewusst getrennt werden, steht im Rahmen des IIM-Modells eine outputorientierte, ganzheitliche Betrachtung im Vordergrund.

- *Deliver*: Der *Deliver-Prozess* des Leistungserbringers befasst sich mit den Aufgaben zum Management der Kundenbeziehungen. Zu diesen zählen in erster Linie die aktive Positionierung des Produktangebotes im Markt und die Ausgestaltung des Marketing-Mixes. Er bildet die Schnittstelle zwischen der IT-Leistungserstellung (*Make-Prozess*) und dem *Source-Prozess* des Leistungsabnehmers. Hauptaufgabe des *Deliver-Prozesses* ist es, die Bedürfnisse des Kunden in interne Anforderungen an die IT-Leistungserstellung zu transformieren. Andererseits erhält es aus dem *Make-Prozess* heraus Informationen über interne Rahmenbedingungen und Potenziale der IT-Leistungserstellung, die für die Gestaltung des Produktangebots an den Kunden wichtig sind. Hierzu zählen beispielsweise Informationen über Entwicklungskapazitäten, Produktionskapazitäten, das aktuelle Leistungsprogramm und zukünftige technologische Entwicklungen. Demzufolge kommt dem *Deliver-Prozess* eine Vermittlerfunktion zu. Während der Schnittstelle zum Leistungsabnehmer eine geschäftliche Sichtweise zugrunde liegt, ist die interne Schnittstelle zum *Make-Prozess* von einer technischen Sicht geprägt. Eine zentrale Leistung des *Deliver-Prozesses* besteht somit darin, die Kunden- und Marktanforderungen aus geschäftlicher Sicht in die technische Sicht der IT-Leistungserstellung zu transformieren und umgekehrt. Im Rahmen des *Deliver-Prozesses* müssen zu diesem Zweck die Kunden- und Marktanforderungen identifiziert werden. Auf dieser Grundlage ist zum einen das Angebotsportfolio für den Leistungsabnehmer und zum anderen das interne Leistungsportfolio zu gestalten.

- *Return*: Der *Return-Prozess* umfasst Güter und Informationen, die vom Markt zurück in die Organisation gegeben werden, wie z. B. fehlerhafte und veraltete Produkte, Kundenfeedback oder Kundenideen. Damit wird eine lebenszyklusorientierte Sicht auf IT-Produkte gewährleistet.

Durch die Berücksichtigung der *Stakeholder-Interessen* wird dem Einfluss unterschiedlicher externer und interner Gruppen, wie z. B. Aktionäre, politische Entscheidungsträger, Lieferanten, Gewerkschaften, Mitarbeiter, Kunden oder Umweltschützer auf das Unternehmen Rechnung getragen.

Die Liefer- und Leistungskette lässt sich nach beiden Seiten fortsetzen. So ist es denkbar, dass der Leistungsabnehmer seine Produkte wiederum an Kunden verkauft, und auch die Lieferantenkette lässt sich über mehrere Stufen fortsetzen. Auf diese Weise können komplexe Wertschöpfungsnetzwerke entstehen. Die sich daraus ergebenden Implikationen zur Integration des Nachhaltigkeitsansatzes werden im nächsten Abschnitt beschrieben.

3.2 Implikationen der Nachhaltigkeit für das Informationsmanagement

Auf Basis der in Abschnitt 2 vorgestellten Herausforderungen sowie der Ausführungen zur nachhaltigen Organisationsentwicklung können nun in diesem Abschnitt einige Implikationen für das Informationsmanagement zusammengetragen werden.

Im ersten Schritt kann festgehalten werden, dass Nachhaltigkeit ökonomische, ökologische und soziale Systeme adressiert, und diese den Rahmen eines nachhaltigen Informationsmanagements formen. Ziel ist es, wirtschaftliche Erfolge mit sozialer Verantwortung und ökologischem Bewusstsein zu verbinden, und damit eine Wertsteigerung auf allen Stufen der Wertschöpfungskette zu erreichen. Darüber hinaus wird der ressourcenorientierten Nachhaltigkeitsperspektive in Zeiten knapper Ressourcen eine große Bedeutung eingeräumt. Folglich müssen Unternehmen, und so auch IT-Organisationen, sowohl effizient als auch nachhaltig wirtschaften, um dauerhaft bestehen zu können.

Bei der Betrachtung von Lebenszyklen von IT-Produkten zeigt sich immer wieder die große Bedeutung der Senkung des Energieverbauchs während der Nutzung. Ressourceneffizienz in der IT geht jedoch über reine Stromsparbemühungen hinaus. Zu einem nachhaltigen IT-Betrieb zählen mitunter Aspekte der Beschaffung ressourcen- und umweltschonender Produkte sowie die Optimierung der inner- und außerbetrieblichen Stoffströme. Das Gesetz über das Inverkehrbringen, die Rücknahme und die umweltverträgliche Entsorgung von Elektro- und Elektronikgeräten (Elektro- und Elektronikgerätegesetz – ElektroG vom 16. März 2005) ist bereits ein wesentlicher Schritt zur Kreislaufwirtschaft.[25] Potenziale für Recycling und optimierte Stoffströme sind aber nach wie vor gegeben.

Für IT-Organisationen wird die Notwendigkeit einer nachhaltigen Unternehmensentwicklung immer mehr zu einem Schlüsselfaktor des unternehmerischen Erfolgs. Viele der in der Praxis umgesetzten „Green-IT“-Ansätze beschränken sich auf Einzelmaßnahmen auf Systemebene, wie z. B. Konzepte der energieeffizienten IT-Leistungserstellung. Ungeachtet der Bedeutung zur Reduktion des Energieverbauchs und damit der CO_2-Emissionen, betreffen diese Ansätze jedoch nur den *Make-Prozess* des IIM-Modells (siehe Abschnitt 3.1). Aspekte zur nachhaltigen Gestaltung des *Sourcings* sowie des *Delivers* werden damit nicht berührt. Zudem fehlt es an einer übergeordneten Strategie zur Nachhaltigkeit, die diese Punkte adressiert. Infolgedessen ist eine Erweiterung des „Green-IT“-Verständnisses erforderlich. So sollte u. a. der Einsatz energieeffizienter Hardware und unter Umständen die Auslagerung von Rechenzentren an energieeffiziente Dienstleister zusätzlich Berücksichtigung finden.[26]

Eine vorübergehende „Hype“-Erscheinung ist „Green IT“ vermutlich nicht. Sie läutet vielmehr einen bedeutenden Wandel ein, indem Aspekte der Ressourcenschonung und umweltbewussten Wertschöpfung stärker berücksichtigt werden als noch vor einigen Jahren. Eine erfolgversprechende Umsetzung des Nachhaltigkeitsansatzes ist jedoch an bestimmte Bedingungen verknüpft: Zum einen muss Nachhaltigkeit entsprechend einem Top-down-Ansatz integraler Bestandteil der IT-Strategie sein. Für die Verankerung in der Unternehmensphilosophie ist ein strategisches Vorgehen unabdingbar. Dabei kommt dem Chief Information Officer (CIO) eine Schlüsselrolle zu. Dieser muss die Ziele seines Unternehmens im Hinblick auf Verantwortung für Gesellschaft und Umwelt verstehen, um die Strategie entsprechend ausrichten zu können. Nachhaltigkeit in der IT sollte dabei keine eigenständige Initiative sein,

---

25 *BMU/UBA* (2006), S. 5.

26 Vgl. *A. T. KEARNEY* (2008), S. 2.

sondern in den Prozessen des Informationsmanagements integriert werden. Demzufolge beginnt nachhaltiges Informationsmanagement mit der Verankerung einer Nachhaltigkeitsstrategie im Sinne der „Triple-Bottom-Line“ auf oberster Ebene, die unternehmensweit und auf allen Stufen der Wertschöpfungskette verbindlich ist, und an der sämtliche Prozesse auszurichten sind. Externe Partner und Lieferanten sind hierbei mit zu berücksichtigen.

Auf operativer Ebene ist weiterhin eine konsequente Umsetzung energieeffizienter Konzepte notwendig, um die CO_2-Bilanz der IT weiter zu optimieren, was auch aufgrund stetig steigender Energiepreise zu einer besseren Kostenstruktur, und damit zu einer Win-win-Situation für die Umwelt und die IT führt. Dabei werden der Energieverbauch des Internets und die gekoppelten CO_2-Emissionen auch in Zukunft stark ansteigen, wenn es den Akteuren nicht gelingt, die Systeme effizienter zu gestalten und eine umweltbewusste Nutzung voranzutreiben.[27]

Eine Hauptproblematik der bislang langsamen Reaktion auf veränderte Energiepreise lässt sich damit begründen, dass IT-Budgets in Unternehmen keinen Posten für die Energieausgaben enthielten, und somit die Ausgaben auf einzelne Geschäftsbereiche übertragen wurden.[28] Infolgedessen führten Energieeinsparungen nicht gleich zu Budgeteinsparungen für die IT. Als Konsequenz ist es die Aufgabe der IT-Verantwortlichen, Geschäftsbereichsleiter auf die möglichen Einsparpotenziale hinzuweisen, um ein stärkeres Bewusstsein zu wecken.

Weiterhin muss sich das Informationsmanagement dauerhaft für die Reproduktion seiner materiellen und immateriellen Ressourcenbasis einsetzen. Dazu gehört auch die Reduktion des Elektronikschrotts durch den längeren Einsatz der genutzten Hard- und Software. Zudem kann mithilfe eines Ressourcencontrollings die Ressourcenbasis ständig im Blick gehalten werden.

Elementarer Bestandteil einer erfolgversprechenden Umsetzung ist die Betrachtung der gesamten Wertschöpfungskette des Informationsmanagements. Nachhaltigkeit muss auch in den Prozessen der Beschaffung (*Source*) und des Absatzes (*Deliver*) von IT-Produkten und -Leistungen berücksichtigt werden.

4 Managementansätze für nachhaltiges Informationsmanagement

In diesem Abschnitt werden, ausgehend von den in den vorherigen Abschnitten dargestellten nachhaltigkeitsorientierten Herausforderungen im Informationsmanagement, ausgewählte Methoden und Modelle zur Integration der Nachhaltigkeit in das Informationsmanagement vorgestellt. Im Speziellen wird der Frage nachgegangen, welche Methoden und Instrumente geeignet sind, um eine Nachhaltigkeitsstrategie umzusetzen. Damit ein nachhaltiges Informationsmanagement erreicht werden kann, benötigt auch dieses eine konzeptionelle Umsetzung auf Basis vorhandener Managementansätze. In den folgenden Abschnitten werden konzeptionelle Ansätze hierzu vorgestellt.

---

27 Vgl. *BMU/UBA* (2007), S. 3.

28 Vgl. *Butler Group* (2007), S. 4.

4.1 Ein Vorgehensmodell für nachhaltiges Informationsmanagement[29]

Zur praktischen Umsetzung der Nachhaltigkeit im Informationsmanagement wird in diesem Abschnitt ein Vorgehensmodell auf Basis der Ressourcentheorie vorgestellt, mit dem über die gesamte Wertschöpfungskette Nachhaltigkeit gemanagt werden kann (siehe Abbildung 3).

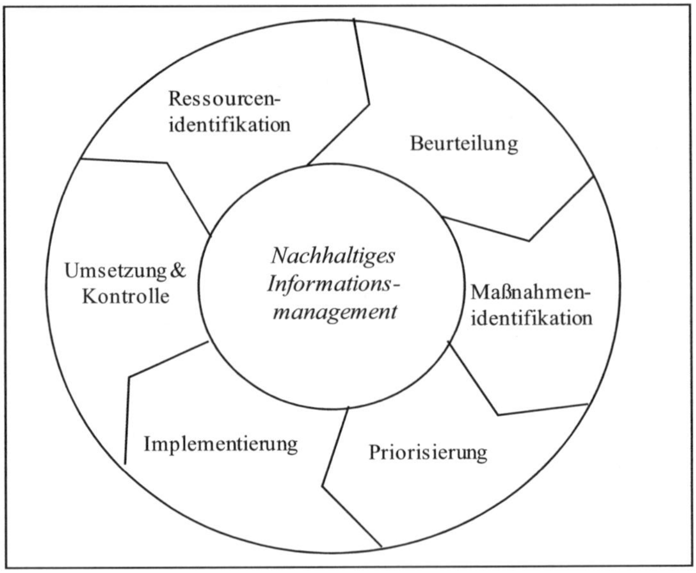

Abbildung 3: Vorgehensmodell zur Umsetzung von Nachhaltigkeit

Den Ausgangspunkt bilden die Ressourcen des Informationsmanagements. Diese werden hinsichtlich ihres Einflusses auf den ökonomischen Erfolg und ihrer externen Effekte analysiert. Der Zyklus besteht aus sechs aufeinanderfolgenden Schritten, beginnend mit der Identifikation der Ressourcen des Informationsmanagements.

In der Literatur finden sich zahlreiche unterschiedliche Ansätze, um die Ressourcen des Informationsmanagements zu bestimmen. *WADE/HULLAND* ermittelten durch die Analyse zahlreicher Studien acht zentrale Ressourcen des Informationsmanagements.[30] Dazu zählen: externes Beziehungsmanagement, Marktreaktionsvermögen, strategische Partnerschaften im IT-Geschäft, IT-Planungs- und -Changemanagement, IT-Infrastruktur, technische IT-Fähigkeiten, IT-Entwicklung und kosteneffizienter Betrieb. Ausgewählte Ressourcen können hierbei weiter differenziert werden. So beinhaltet beispielsweise die IT-Infrastruktur einerseits materielle Ressourcen (z. B. Gebäude, IT-Hardware etc.) und andererseits immaterielle Ressourcen, wie z. B. Elektrizität oder Lage. Zu beachten ist der Aspekt der Interkonnektivität einzelner Ressourcen,[31] d. h., dass die Beschaffung, Herstellung, Anwendung und Sicherung einzelner Ressourcen davon abhängen kann, ob bereits andere Ressourcen zur Verfügung stehen.

---

29 Die Inhalte dieses Abschnitts basieren auf gemeinsamen Forschungsarbeiten mit Prof. Dr. Lutz Kolbe und Nils-Holger Schmidt (Lehrstuhl für Informationsmanagement, Universität Göttingen).

30 Vgl. *WADE/HULLAND* (2004), S. 112 f.

31 Vgl. *HART* (1995), S. 1004 f.

Nach der Ressourcenidentifikation erfolgt die Beurteilung einzelner Ressourcen hinsichtlich ihres Beitrags zur strategischen Position der IT-Organisation. Zu diesem Zweck bietet es sich an, Ressourcen in drei Kategorien einzuteilen:[32]

- *Kernressourcen*, die zu einem Wettbewerbsvorteil gegenüber Konkurrenten führen, und damit für die IT-Organisation unabdingbar sind, um langfristig am Markt bestehen zu können.
- *Basisressourcen*, die für die Teilnahme der Organisation am Marktgeschehen notwendig sind. Dazu gehören Ressourcen, die nicht ausgelagert werden können (z. B. Elektrizität).
- *Disponible Ressourcen*, die nicht essentiell für die Organisation sind, und somit verkauft, ausgelagert oder vernachlässigt werden können.

Auf Basis dieser Dreiteilung können die Ressourcen anhand einer zweidimensionalen Portfoliomatrix analysiert werden, um Geschäftsstrategien abzuleiten.[33] Dabei wird die interne Bedeutung der Ressource dem Ausmaß an externen Effekten gegenübergestellt, um aus der Positionierung strategische Handlungsempfehlungen ableiten zu können (siehe Abbildung 4). Die externen Effekte einer Ressource verdeutlichen die ökologischen und sozialen Auswirkungen jeder Ressource.

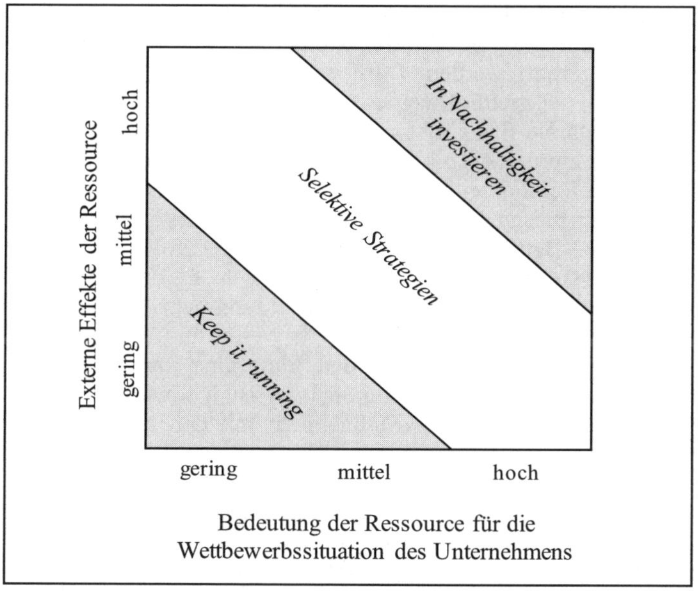

Abbildung 4: Portfolio-Analyse zur Ressourcenbeurteilung

Aus dem Portfolio können drei strategische Stoßrichtungen ermittelt werden: "Keep it running", "Selektive Strategien" und „In Nachhaltigkeit investieren". Während "Keep it running" sich aus einer geringen Bedeutung der Ressource für die Wettbewerbsposition und geringen externen Effekten ergibt, leitet sich "In Nachhaltigkeit investieren" aus einer großen

32 Vgl. *Johnson/Scholes* (1999), S. 153 ff.

33 Vgl. *Grant* (2005), S. 477 ff.

Bedeutung der Ressource für die Wettbewerbssituation und hohen externen Effekten ab. Ressourcen, die diesem Segment zugeordnet werden, müssen nachhaltig gemanagt werden.

Im nächsten Schritt gilt es Maßnahmen zu identifizieren, die zu der ökologischen und sozialen Zieldimension der Ressource beitragen, um dadurch ihre negativen externen Effekte zu reduzieren. Für jeden Prozess der Wertschöpfungskette von IT-Organisationen (siehe Abschnitt 3.1) sind Maßnahmen zu identifizieren. Die in der Praxis existierenden Maßnahmen im Bereich der „Green IT" können, wie oben beschrieben, in den *Make-Prozess* eingeordnet werden. Weiterhin können Umweltkennzeichen beim energie- und resssourcenbewussten Einkauf von IKT zum Einsatz kommen,[34] wie z. B. der Blaue Engel oder der Energy Star für reine Energieaspekte. Die in den Vergabegrundlagen dieser Zeichen festgelegten Kriterien bieten praxistaugliche Anforderungen für eine umweltfreundliche Beschaffung der Großverbraucher und sind somit für die technische Spezifikation oder als Zuschlagskriterien für Ausschreibungen nutzbar.

Die identifizierten Maßnahmen müssen hinsichtlich ihrer Durchführbarkeit, Bedeutung und Kosteneffizienz priorisiert werden. Die Entscheidung, bestimmte Maßnahmen umzusetzen, kann aus den zu erwartenden Kosten, Wertzuwächsen und Risiken abgeleitet werden. Dazu eignen sich Methoden wie die Kosten-Nutzen-Analyse, die Portfolio-Analyse, der Analytic Hierarchy Process oder die Priorisierung anhand spezifischer Kriterien in einer Checkliste. Die Priorisierung sollte unter Berücksichtigung der Organisationsstrategie erfolgen (z. B. Umsatzsteigerung, Kostenreduktion, Effizienzsteigerung) und daher im Rahmen eines Top-down-Vorgehens durchgeführt werden. Darüber hinaus müssen die Interdependenzen verschiedener Ressourcen berücksichtigt werden. Nachhaltigkeitsmaßnahmen für eine Ressource können positive oder negative Effekte bei einer anderen verursachen, z. B. kann die Umstellung von Desktop-Computern auf Thin Clients im Büro Energie sparen, im Rechenzentrum kann dadurch jedoch der Ressourcenverbrauch ansteigen. Eine Lösung hierfür bietet die Kosten-Nutzen-Analyse.[35] In diesem Fall werden bestimmte Kriterien identifiziert und ausgewählt. Danach muss der Beitrag jedes Kriteriums zum Erfolg und der Strategie der IT-Organisation bewertet werden. Dieser Schritt ist kritisch, da die Gewichtung der Kriterien einen großen Einfluss auf die abschließende Entscheidung hat. Anschließend wird jede Maßnahme anhand der zuvor festgelegten Parameter bewertet und eine Gesamtpunktzahl ermittelt. Nachdem alle Ressourcen bewertet wurden, kann eine Rangfolge anhand des Nutzens aufgestellt werden. Unter der Berücksichtigung von Budgetrestriktionen und anderen Einschränkungen können anschließend die Maßnahmen mit den höchsten Gesamtpunktzahlen implementiert werden.

Die Umsetzung der Nachhaltigkeitsmaßnahmen muss mit angemessenen Kennzahlen gesteuert und kontrolliert werden. Die dadurch gewonnene Transparenz ermöglicht den Entscheidungsträgern, den Erfolg der Maßnahmen zu beurteilen und Anpassungen vorzunehmen. Einerseits werden durch ein klares Reporting Ineffizienzen in der Umsetzung aufgedeckt, andererseits kann das Reporting dazu genutzt werden, die eigenen Anstrengungen zur Nachhaltigkeit nach außen zu kommunizieren, um Risiken der Stakeholder zu reduzieren und neue Optionen für sich auszunutzen. Der Zuwachs an Transparenz kann zusätzlich die Attraktivität des Unternehmens für Kunden und Kapitalgeber steigern. Die wohl bekanntesten Reportingrichtlinien zur Messung der Nachhaltigkeitsleistung sind die der *GLOBAL REPORTING INITIATIVE* (GRI), die Grundsätze und Kennzahlen zur Messung der ökonomischen, ökologischen und sozialen

---

[34] Vgl. *BMU/UBA* (2006), S. 6.

[35] Vgl. *JIAN/KLEIN* (1999), S. 64.

Leistungen bereitstellt.[36] Durch diese standardisierten Richtlinien können die Leistungen mit den Anforderungen von Regulatoren, Gesetzgebern oder Branchenverbänden verglichen werden.

Um passende Kennzahlen für die Nachhaltigkeitsmaßnahmen zu bestimmen, ist es notwendig, klare und messbare Ziele für jede Maßnahme zu bestimmen. Ein Beispiel für derartige Kennzahlen im Source-Prozess wäre die „Anzahl der Lieferanten, die nach ISO 14001 zertifiziert sind" oder der „Anteil der Lieferanten, die ökologisch gekennzeichnete Produkte, wie z. B. das TCO Label oder den Energy Star auf ihren IT Produkten führen"[37].

Zur Übersetzung einer Nachhaltigkeitsstrategie in spezifische Kennzahlen eignen sich darüber hinaus bestehende, in der Unternehmenspraxis weit verbreitete, Managementkonzepte, wie z. B. die IT-Balanced-Scorecard oder die kennzahlenbasierte Beurteilung der Effektivität anhand eines Reifegradmodells. Eine mögliche methodische Umsetzung dieser beiden Ansätze werden in den folgenden beiden Abschnitten vorgestellt.

4.2 Integration der Nachhaltigkeit in eine „Sustainability-IT-Balanced-Scorecard"

Neben den Potenzialen, die das Nachhaltigkeitskonzept für den Erfolg von IT-Organisationen – seien sie nun Teil eines Unternehmens oder selbstständige Dienstleistungsorganisationen – bietet, ist es erforderlich, sich auf strategischer Ebene mit Nachhaltigkeit zu beschäftigen. Erfolgt eine langfristige Ausrichtung nicht oder nur unzureichend, kann dies u. a. eine erhebliche Fehlallokation von Ressourcen zur Folge haben. Die operative Umsetzung einer Nachhaltigkeitsstrategie kann mithilfe der Balanced Scorecard (BSC) durchgeführt werden, die für den spezifischen Einsatz im Bereich der IT-Nachhaltigkeit angepasst werden sollte. Wie eine auf die Bedürfnisse der Nachhaltigkeit und der IT ausgerichtete Balanced Scorecard entwickelt werden kann, wird in diesem Abschnitt verdeutlicht.

Die BSC ist ein Kennzahlen- und Managementsystem und wurde von *KAPLAN/NORTON* vor dem Hintergrund zunehmender Unzufriedenheit an herkömmlichen, primär finanziell orientierten Kennzahlensystemen entwickelt.[38] Die BSC leitet strategische Ziele und Kennzahlen direkt aus der Vision und Strategie des Unternehmens ab,[39] wobei finanzielle Kennzahlen vergangener Leistungen um nicht-monetäre Kennzahlen und treibende Faktoren zukünftiger Leistungen ergänzt werden.[40] Dabei können die Ziele und Kennzahlen durch ein Top-down-Vorgehen auf unterschiedliche Ebenen im Unternehmen, so auch auf den IT-Bereich, heruntergebrochen und somit die Organisation auf die Vision und Strategie systematisch ausgerichtet werden.[41] Damit wird sichergestellt, dass die Unternehmensstrategie mit den operativen Geschäftsprozessen verbunden ist, indem Ziele und Kennzahlen über Ursache-Wirkungs-Zusammenhänge und über die Verwendung von Ergebnisgrößen und Leistungstreibern zu einer Strategie verknüpft werden.

---

36 Vgl. *GRI* (2006).

37 Vgl. *PROTO/MALANDRINO/SUPINO* (2007), S. 676.

38 Vgl. *KAPLAN/NORTON* (1996), S. 75 f.

39 Vgl. *BÖH/MEYER* (2004), S.105 ff.

40 Vgl. *KRCMAR* (2004), S. 67 ff.

41 Vgl. *BERNHARD* (2002), S. 37 ff.

Die Leistungsbeurteilung von Organisationseinheiten erfolgt aus vier Perspektiven heraus: Die Strategieumsetzung beginnt mit der *Finanzperspektive*, die die Interessen der Shareholder widerspiegelt. Der entscheidende Faktor für den finanziellen Erfolg sind die Kunden, die durch ihre Zahlungen den Umsatz generieren. Daher ist die *Kundenperspektive* die zweite extern orientierte Perspektive. Hier erfolgt die Transformation der Strategie in kunden- und marktbezogene Ziele und Kennzahlen. In der *Prozessperspektive* werden die internen Prozesse und Abläufe des Unternehmens untersucht. Ziele, Kennzahlen und Maßnahmen werden aus den Kundenzielen und den Erwartungen der Shareholder abgeleitet. Schließlich wird in der *Lern- und Entwicklungsperspektive* (auch Potenzialperspektive) die langfristige Entwicklung innerhalb des Unternehmens durch kontinuierliche Verbesserungen gesichert, um sich auch in Zukunft auf dem Markt behaupten zu können.

Die Perspektiven sind hierbei nicht starr, sondern stellen Unternehmen einen Rahmen für die Abbildung ihrer Strategie zur Verfügung und können somit beliebig ausgetauscht und erweitert werden.

Das Vorgehen bei der Entwicklung der BSC lässt sich wie folgt beschreiben: Ausgangspunkt ist eine vorgegebene Strategie, die umgesetzt werden soll. Danach werden die strategischen Ziele für jede Perspektive abgeleitet, die durch die Definition von Kennzahlen messbar gemacht werden. Anhand einer Ursache-Wirkungs-Kette über alle Perspektiven hinweg werden die Kennzahlen zu einer zielführenden Strategie verknüpft. Ziel ist die Darstellung der Kennzahlen innerhalb einer Perspektive und die Verbindung zu Zielen oder Messgrößen der anderen Perspektiven. Anschließend sind Zielvorgaben für die Kennzahlen festzulegen, um den Zielerreichungsgrad im Sinne eines Soll-Ist-Vergleichs zu evaluieren. Durch die Identifikation von operativen Maßnahmen wird die Zielerreichung zu verbessern versucht.

Für IT-Organisationen lassen sich die Anwendungsfälle einer IT-Balanced Scorecard (IT-BSC) auf fünf Bereiche konkretisieren:[42] für die interne IT im Unternehmen, für die ausgegründete IT eines Unternehmens oder für einen IT-Dienstleister, für ausgewählte interne oder externe IT-Dienstleistungsbereiche wie z. B. Call Center oder User Help Desk, für komplexe und strategisch bedeutsame IT-Projekte (z. B. für die Einführung eines Customer Relationship Management Systems) und für E-Commerce-Firmen (Shop-Anbieter, Service-Provider etc.). Dabei können die Perspektiven der BSC für den Einsatz im Bereich der IT angepasst oder auch beibehalten werden. So schlägt das *IT GOVERNANCE INSTITUTE FÜR INTERNE IT-ORGANISATIONEN* die Dimensionen „Unternehmensbeitrag der IT“, „Kundenorientierung der IT“, die „Zukunftsfähigkeit der IT“ und „operationelle Leistungsfähigkeit der IT“ vor, an der die Kennzahlen auszurichten sind.[43] Ausgangspunkt für die Ableitung der IT-BSC sind hierbei die übergeordneten Unternehmensziele, die bei der Formulierung der IT-Strategie zu berücksichtigen sind.

Aus den theoretischen und konzeptionellen Grundlagen der BSC und der IT-BSC stellt sich nun die Frage, wie der Ansatz der Nachhaltigkeit in eine IT-BSC integriert werden kann. Mittlerweile existieren in der wissenschaftlichen Diskussion diverse Ansätze zur Konzeption einer Sustainability-Balanced-Scorecard (SBSC),[44] sodass auf diesen Überlegungen aufgebaut werden kann. Das Ziel einer um Nachhaltigkeitsaspekte erweiterten IT-BSC liegt darin, die

42 Vgl. *BERNHARD* (2002), S. 42 f.

43 Vgl. *IT GOVERNANCE INSTITUTE* (2003).

44 Vgl. *BIEKER ET. AL.* (2001), *FIGGE ET. AL.* (2002), *SCHALTEGGER/DYLLICK* (2002), *MÖLLER/SCHALTEGGER* (2005) und *SCHÄFER* (2005).

drei Säulen der Nachhaltigkeit (siehe Abschnitt) bei der IT-Strategieformulierung und -umsetzung gemäß ihrer strategischen Relevanz zu integrieren, um dadurch die Unternehmensleistung in allen drei Nachhaltigkeitsdimensionen zu verbessern.[45]

Gründe, die für die Anwendung der IT-BSC als Integrationssystem der Nachhaltigkeit sprechen, sind einerseits die Ausgewogenheit der BSC, d. h., dass in der IT-BSC auch nichtmonetäre und sog. „weiche Erfolgsfaktoren" berücksichtigt werden, und die Flexibilität der Perspektiven der IT-BSC andererseits, die es möglich macht, Perspektiven, Ziele und Kennzahlen zu ergänzen. Der wesentliche Nutzen einer Sustainability-IT-BSC ergibt sich durch die Ausrichtung von Umwelt- und Sozialaspekten am Unternehmenserfolg über Ursache-Wirkungs-Ketten.[46] Somit wird gewährleistet, dass ökologische und soziale Aspekte neben herkömmlichen ökonomischen Belangen bei der Identifikation und Steuerung von strategischen Erfolgsfaktoren berücksichtigt werden.

Zu beachten ist, dass eine bestehende Strategie umgesetzt wird. Die Sustainability-IT-BSC dient nicht dazu, eine Nachhaltigkeitsstrategie zu formulieren. Vielmehr werden Nachhaltigkeitsaspekte bei der Strategieumsetzung mittels der IT-BSC integriert.

Konzeptionell lassen sich grundsätzlich drei mögliche Ansatzpunkte zur Formulierung einer Sustainability-IT-BSC ableiten:[47]

- *Einordnung von Nachhaltigkeitsaspekten in die bestehenden Perspektiven der IT-BSC:* Bei dieser Integrationsvariante können ökologische und soziale Aspekte in eine oder auch alle bestehenden Perspektiven der IT-BSC eingeordnet und durch entsprechende strategische Ziele und Kennzahlen in den Dimensionen messbar gemacht werden. Diese Form der Integration ist für Nachhaltigkeitsaspekte geeignet, die bereits in den Marktmechanismen integriert sind (z. B. bei der Herstellung von Öko-IT-Produkten).
- *Erweiterung der IT-BSC um eine zusätzliche Perspektive „Nachhaltigkeit":* Diese Variante bietet sich für strategisch relevante Umweltaspekte an, die nicht über den Marktmechanismus auf die Organisation wirken. Da die konventionelle IT-BSC weitgehend im ökonomischen Umfeld verbleibt, können durch die Schaffung einer Nicht-Markt-Perspektive diejenigen Nachhaltigkeitsaspekte berücksichtigt werden, die zwar noch nicht in den Marktmechanismus integriert sind, jedoch Kernaspekte einer erfolgreichen Umsetzung der IT-Strategie darstellen.
- *Erstellen einer speziellen Umwelt-IT-Scorecard:* Bei dieser Form wird eine separate Scorecard mit ausschließlich ökologischen und sozialen Zielen, Kennzahlen und Maßnahmen entwickelt. Als eine Erweiterung der beiden anderen Varianten ist diese Integrationsvariante vor allem für die Koordination einer Umweltabteilung im Konzern sinnvoll.

Die drei Varianten schließen sich hierbei nicht gegenseitig aus, sondern sind in Abhängigkeit von der jeweiligen Situation der Organisationseinheit zu wählen.

Das methodische Vorgehen bei der Entwicklung einer Sustainability-IT-BSC wird am Beispiel eines internen IT-Dienstleisters veranschaulicht:[48]

---

[45] Vgl. SCHALTEGGER/DYLLICK (2002), S. 37 f.

[46] Vgl. HAHN/ WAGNER (2001), S. 2.

[47] Vgl. SCHALTEGGER/DYLLICK (2002), S. 54 ff.

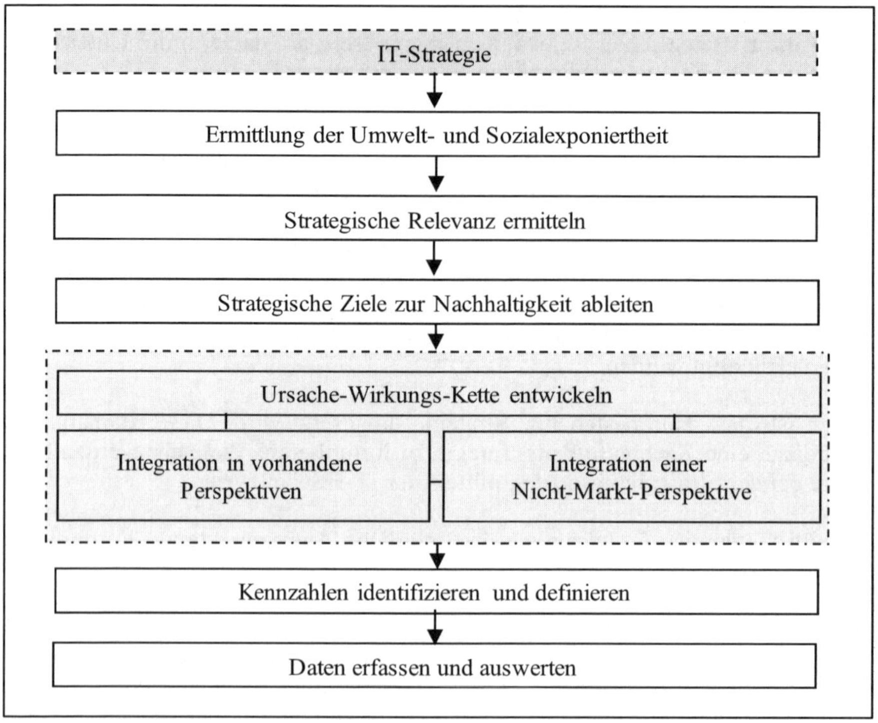

Abbildung 5: Vorgehen zur Entwicklung einer Sustainability -IT-Balanced Scorecard

Wie in Abbildung 5 ersichtlich, bildet die IT-Strategie den Ausgangspunkt. Die IT-Strategie des internen IT-Dienstleisters leitet sich aus der übergeordneten Unternehmensstrategie ab und ist demzufolge als gegeben zu sehen. Im nächsten Schritt erfolgt die Identifikation der Umwelt- und Sozialexponiertheit des IT-Dienstleisters, d. h. es werden für den Dienstleister sämtliche ökologischen und sozialen Aspekte in Form eines Katalogs zusammengestellt, die den Wertschöpfungsprozess bei der Erstellung und Lieferung von IT-Produkten betreffen. Falls beispielsweise der IT-Dienstleister im Rahmen seines *Source-Prozesses* IT-Leistungen oder Personal-Ressourcen aus einem Niedriglohnland (z. B. Indien) bezieht, so stellt dies einen Sozialaspekt dar. Andererseits können im IT-Leistungserstellungsprozess enorme Stromverbräuche entstehen, die mit CO_2-Emissionen einhergehen, und damit einen ökologischen Aspekt betreffen. Zur Integration der Umwelt- und Sozialaspekte mit den ökonomischen Erfolgsfaktoren wird nun die strategische Relevanz der identifizierten ökologischen und sozialen Aspekte ermittelt. In diesem Schritt werden entsprechend der herkömmlichen Vorgehensweise bei der Entwicklung einer BSC die identifizierten Umwelt- und Sozialaspekte systematisch in den einzelnen Perspektiven in einem Top-down-Vorgehen auf ihre strategische Relevanz überprüft. Beispielsweise können ökologische und soziale Aspekte in der Perspektive „Unternehmensbeitrag der IT“ berücksichtigt werden, falls das Unternehmen eine aktive Nachhaltigkeitspolitik betreibt und das Thema Nachhaltigkeit in allen Unternehmensfunktionen umgesetzt werden soll. Eine übergeordnete Vorgabe „Reduktion der CO_2-Emissionen“ muss demnach beim IT-Dienstleister entsprechend als eine hohe strategisch relevante

[48] In Anlehnung an *HAHN/WAGNER* (2001), S. 4., *HAHN ET. AL.* (2002), S. 68 ff., und *BIEKER* (2003).

Umweltmaßnahme in der Sustainability-IT-BSC erfasst werden. *HAHN/WAGNER* schlagen hierbei drei Stufen der strategischen Relevanz vor: Zum einen können Umwelt- und Sozialaspekte strategische Kernelemente darstellen, zum anderen können Umwelt- und Sozialaspekte ökologische oder soziale Leistungstreiber zur Erzielung einer angestrebten Nachhaltigkeit sein. Die dritte Stufe stellt Umwelt- und Sozialaspekte als so genannte „Hygienefaktoren" dar, die keinen Wettbewerbsvorteil mit sich bringen, aber dennoch beachtet werden müssen (z. B. die Einhaltung von Umweltschutzvorschriften). Letzteres besitzt demnach eine niedrige strategische Relevanz und kann als eine Nicht-Marktperspektive in die IT-BSC integriert werden, da sie in den vorhandenen Perspektiven nicht sinnvoll berücksichtigt werden kann.

Nachdem die strategische Relevanz der Umwelt- und Sozialaspekte ermittelt wurde, werden im nächsten Schritt die strategischen Ziele zur Operationalisierung der identifizierten Umwelt- und Sozialaspekte abgeleitet und festgelegt. Auf Basis dieser werden nun die kausalen Zusammenhänge zwischen den Umwelt- und Sozialaspekten und dem Unternehmenserfolg des IT-Dienstleisters in Form einer Strategy Map dargestellt. Aus der Ursache-Wirkungs-Kette wird ersichtlich, welche Umwelt- und Sozialaspekte in welchen Perspektiven als Leistungstreiber für den Geschäftserfolg fungieren, und welche Aspekte als eine Nicht-Markt-Perspektive zusätzlich berücksichtigt werden müssen. Im Anschluss sind geeignete Kennzahlen bzw. kritische Erfolgsfaktoren zu identifizieren, die dann mit Messgrößen hinterlegt werden, wobei auch hier durch die Vorgabe von Zielwerten ein ständiger Soll-Ist-Vergleich durchgeführt werden muss. Für das oben erwähnte Beispiel der CO_2-Reduktion ist beispielsweise in der Prozessperspektive die Kennzahl „CO_2-Ausstoß des Rechenzentrums" ein geeignetes Maß zur Erfassung der Nachhaltigkeitsleistung. Durch die Festlegung von Maßnahmen ist schließlich die Umsetzung gezielt sicherzustellen.

Das gewählte Vorgehen stellt nicht nur sicher, dass die strategische Relevanz von Umwelt- und Sozialthemen ermittelt werden, sondern auch, dass die kausalen Wirkungen der einzelnen Nachhaltigkeitsmaßnahmen auf den langfristigen Erfolg von IT-Organisationen aufgedeckt werden. Damit wird identifiziert, welche Umwelt- und Sozialaspekte für die erfolgreiche Umsetzung der IT-Strategie relevant und notwendig sind, und in welchen Perspektiven der IT-BSC Nachhaltigkeitsbelange erfolgswirksam integriert werden können.

Die IT-BSC stellt demnach ein geeignetes Instrument zur Verfügung, Nachhaltigkeitsaspekte in das aktive Management von IT-Organisationen zu integrieren.

4.3 Reifegradmodell zur Leistungsbeurteilung

In diesem Abschnitt soll die Möglichkeit aufgezeigt werden, die Effektivität eines nachhaltigen Wirtschaftens im Informationsmanagement zu beurteilen. Im Speziellen wird ein Reifegradmodell vorgeschlagen, dass IT-Organisationen eine Anleitung bietet, ihre Strategie und ihre Prozesse im Hinblick auf Nachhaltigkeit zu beurteilen und Potenziale für Verbesserungsmöglichkeiten aufzudecken. Das Modell kann die Grundlage für eine Status-quo-Analyse der IT-Organisation in Bezug auf interne ökologische und soziale Initiativen bilden und damit den ersten Ansatz einer strategischen Neuausrichtung im Sinne des Drei-Säulen-Modells bereitstellen. Zudem bietet es eine Unterstützung bei der Auswahl der richtigen Maßnahmen, um die Potenziale einer Nachhaltigkeitsausrichtung gänzlich auszuschöpfen.

Reifegrad- bzw. Selbstbewertungsmodelle sind in der Praxis vielfach vorzufinden. Sie bilden zum einen die Voraussetzungen einer Zertifizierung nach bestimmten anerkannten Normen (z. B. ISO 9000 ff.), der Darlegung von Potenzialen in Richtung exzellenten Wirtschaftens (z. B. das EFQM-Modell zur Selbstbewertung) oder kommen als Instrument zur Bewertung und Verbesserung der Qualität von Geschäftsprozessen oder gesamten Organisationen zum Einsatz (z. B. das SPICE- oder CMM-Modell zur Beurteilung von Prozessen der Softwareentwicklung). Mittels definierter Reifegradstufen wird hierbei analysiert, über welche Reife (engl. „maturity“) und Fähigkeiten (engl. „capability“) das Untersuchungsobjekt – sei es die Organisation oder ihre einzelnen Prozesse – verfügt. Auf eine umfassende Darstellung der theoretischen Aussagen und Modellarten soll hier jedoch aufgrund der bereits vorhandenen, umfangreichen Literatur verzichtet werden.

Das vorgeschlagene Reifegradmodell orientiert sich an den Ideen des „Capability Maturity Model“ (CMM) und des „Software-Process-Improvement-and-Capability-Determination-“Modells (SPICE-Modells) zur Qualitätssicherung von Softwareentwicklungs-Projekten und den dazugehörigen Prozessen. Diese Modelle sind besonders geeignet, da sie die Anforderungen nach ständiger Verbesserung systematisch abbilden können. Die Übertragbarkeit von Reifegradmodellen auf andere Managementbereiche, wie z. B. auf das Wissensmanagement, wurde bereits erfolgreich aufgezeigt.[49]

Das CMM misst den Reifegrad eines Softwareentwicklungsunternehmens auf fünf Qualitätsstufen („initialer Prozess“ bis „optimierender Prozess“).[50] Bewertet werden hierbei nicht die einzelnen Prozesse, sondern die Softwareentwicklungsprozesse, die aus Sicht der gesamten Organisation einzelnen Reifegradstufen zugeordnet werden. Im Gegensatz dazu bewertet das SPICE-Modell einzelne Prozesse anhand von Prozessattributen und dazugehörigen Management-Aktivitäten. Das SPICE-Modell ist in sechs Reifegradstufen von „unvollständig“ bis „optimierend“ unterteilt.

Die folgende Tabelle 1 zeigt in Anlehnung an das CMM und das SPICE-Modell einen ersten Entwurf für ein Reifegradmodell, dass IT-Organisationen Unterstützung auf ihrem Weg zur Nachhaltigkeitsorientierung bietet.

---

49 Vgl. *OBERWEIS/PAULZEN* (2003).

50 Vgl. *BALZERT* (1998) S. 362 ff.

Reifegradstufe	Beschreibung/Merkmale
0 – Keine	Nachhaltigkeit wird in der IT nicht berücksichtigt. Die IT-Organisation ist sich ihren ökologischen und sozialen Wirkungen nicht bewusst und geht diesen auch nicht sukzessive nach.
1 – Ad hoc	Erste Ideen und Vorschläge zur nachhaltigen Entwicklung der IT-Organisation existieren bereits, werden jedoch nicht systematisch verfolgt. Die IT-Organisation verfügt über keine erkennbaren Nachhaltigkeitsaktivitäten in den Prozessen.
2 – Bewusst	Erste Nachhaltigkeitsziele sind in den einzelnen Prozessbereichen formuliert, sind jedoch auf das Engagement einzelner Mitarbeiter zurückzuführen. Der Fokus liegt eher auf kurzfristig orientierten Effizienzsteigerungen. Ein Prozess zur Nachhaltigkeit wird geplant und gesteuert, die relevanten Aktivitäten sind bewusst und dokumentiert. Mögliche Hindernisse für eine Nachhaltigkeitsorientierung werden identifiziert.
3 – Etabliert	Ein Standardvorgehen zur Umsetzung von Umwelt- und Sozialaspekten in den Wertschöpfungsprozessen ist definiert. Nachhaltigkeit wird kommuniziert und aktiv umgesetzt.
4 – Quantitativ gesteuert	Aktives Engagement der IT-Organisation mit umfangreichen Programmen. Nachhaltigkeitsinitiativen werden quantitativ gesteuert. Wirkungen der IT-Organisation auf ökologische und soziale Systeme sind vorhersagbar und gezielt steuerbar. Der Fokus liegt auf einer langfristigen Ausrichtung der IT-Organisation am Nachhaltigkeitsgrundsatz. Die Verbindung von ökologischem und sozialem Engagement mit ökonomischen Zielen ist hergestellt und gezielt nutzbar.
5 – Optimierend	Nachhaltigkeit ist elementarer Bestandteil der IT-Strategie. Die IT-Organisation hat eine Führungsrolle in ökologischen und sozialen Initiativen. Verbesserungen werden systematisch ausgewählt und eingeführt. Mögliche Barrieren werden auf Basis der in Stufe vier aufgesetzten quantitativen Modelle analysiert und behoben. Das Vorgehen wird kontinuierlich verfeinert.

Tabelle 1: Reifegradstufen einer Nachhaltigkeitsorientierung in der IT

Wie ersichtlich besteht das vorgeschlagene Modell aus sechs aufeinander aufbauenden Reifegradstufen. Während in der Stufe „Null“ keine Nachhaltigkeitsinitiativen in der IT-Organisation existieren, werden auf der ersten Reifegradebene erste Ideen und Vorschläge gesammelt, die jedoch nicht systematisch umgesetzt werden. Auf der zweiten Reifegradstufe (*Bewusst*) ist sich die IT-Organisation ihren ökologischen und sozialen Wirkungen bewusst und versucht diese in einzelnen Prozessen gezielt zu steuern. Maßnahmen werden jedoch nicht dokumentiert, sodass Erfolge auf einzelne Mitarbeiter zurückzuführen sind. Eine langfristige Perspektive existiert in diesem Fall nicht. Der Fokus liegt hier eher auf kurzfristigen Effizienzsteigerungen oder Maßnahmen aufgrund externer Gegebenheiten. Beispielhaft seien hier die IT-Organisationen genannt, die sich im Rahmen ihrer „Green-IT“-Aktivitäten bewegen. Die beliebte Maßnahme „Server-Virtualisierung“ scheint auf den ersten Blick eine geeignete Antwort auf gestiegene Energiepreise zu sein, langfristig sind jedoch weitreichendere Maßnahmen notwendig, die auch soziale Aspekte im Sinne der „Triple-Bottom-Line“ verfolgen. Im Gegensatz dazu sind auf der nächsten „etablierten“ Ebene Standardvorgehen zur Umsetzung von Nachhaltigkeitsmaßnahmen in den einzelnen Prozessen definiert. Voraussetzung ist natürlich, dass diese im Vorhinein identifiziert und festgelegt worden sind. Die Erfolge werden dokumentiert und anderen IT-Bereichen zur Verfügung gestellt. Auf der vierten Reifegradstufe ist ein aktives Engagement der IT-Organisation ersichtlich. Dieses wird auch nach außen kommuniziert und durch geeignete Kennzahlen evaluiert. Nachhaltigkeitsinitiativen werden quantitativ gesteuert und die unternehmerischen Wirkungen auf Umwelt- und Sozialaspekte sind bekannt und werden optimiert. Eine IT-Organisation, die sich auf dieser Ebene befindet, hat ihre Prozesse an allen drei Dimensionen der Nachhaltigkeit ausgerichtet, und ist aufgrund der Nutzung quantitativer Leistungsindikatoren in der Lage, Abweichungen und Umwelteinflüsse schnell zu erfassen, und diesen durch geeignete Maßnahmen entgegenzuwirken. Schließlich ist auf der fünften Reifegradebene die IT-Organisation in einer branchenweiten Führungsrolle. Nachhaltigkeit ist integraler Bestandteil der IT-Strategie, an der alle Prozesse im *Source-Make-Deliver*-Mechanismus ausgerichtet sind. Auf dieser Ebene geht es darum, die Strukturen zur Etablierung kontinuierlicher Verbesserungen zu schaffen, in der das Nachhaltigkeitsvorgehen systematisch und regelmäßig beobachtet und optimiert wird. Nachhaltigkeit ist Teil der Einkaufs- und Verkaufspolitik des Unternehmens und wird intern und extern kommuniziert.

Konzeptionell ist es möglich, für jede Reifegradstufe spezifische Kennzahlen zu definieren, um neben den qualitativen Aussagen auch quantitative Indikatoren zur Leistungsbeurteilung einzubeziehen. Grundsätzlich basieren aber Reifegradmodelle auf qualitativen Indikatoren, schließen aber quantitative Analysen in die Betrachtung mit ein, indem auf einer höheren Modellstufe (hier Stufe „Vier") der systematische Einsatz von Kennzahlen gefordert wird. Weiterhin ist es möglich, die Bewertungen analog zum SPICE-Modell anhand von Prozessattributen zu operationalisieren, um die jeweiligen Anforderungen einer Ebene abzubilden.

Das vorgeschlagene Reifegradmodell ermöglicht somit eine Einschätzung darüber, wie nachhaltig eine IT-Organisation ausgerichtet ist, und wo Handlungsbedarf besteht. Damit wird IT-Organisationen ein Werkzeug zur Verfügung gestellt, ihre Nachhaltigkeitsinitiativen systematisch zu beurteilen, und Potenziale zur Leistungssteigerung aufzudecken. Es unterstützt IT-Unternehmen bei der Bewertung und Verbesserung ihrer Aktivitäten auf Basis der zugrunde liegenden Managementstrukturen und identifiziert Stärken und Verbesserungspotenziale, um sich auf ihrem Weg zur Nachhaltigkeit richtig zu positionieren. Neben der Ist-Analyse unterstützt somit die Leistungsbewertung über Reifegrade auch die systematische Auswahl weiterer Maßnahmen zur sukzessiven Verbesserung der Nachhaltigkeitsorientierung. Zusätzlich kann das Reifegradmodell als Leistungsindikator für Kunden und andere Interessensgruppen dienen.

An das vorgeschlagene Modell wird nicht der Anspruch der Vollständigkeit erhoben. Vielmehr ist eine Erweiterung und Anpassung aufgrund sich ändernder Rahmenbedingungen (z. B. Regularien, Kundenbedürfnisse, Zielmärkte etc.) notwendig.

5 Fazit und Ausblick

Im Rahmen dieser Arbeit wurde die Notwendigkeit eines nachhaltigen Informationsmanagements aufgezeigt. Der Bedarf hierfür entsteht nicht nur durch die ökonomische Notwendigkeit zur Effizienzsteigerung, auch der öffentliche Druck sowie die Forderungen interner und externer Stakeholder nach umwelt- und sozialbewusstem Handeln wird in der Zukunft stark zunehmen und somit Umwelt- und Sozialthemen weiterhin in das Blickfeld des Informationsmanagements stellen. Nachhaltigkeit wird zu einem wichtigen Prinzip der Unternehmenssteuerung. IT-Organisationen müssen sich diesem Wandel bewusst werden, um auch in Zukunft wettbewerbsfähig zu bleiben. Während Konzepte der Nachhaltigkeit in anderen industrialisierten Branchen erfolgreich umgesetzt werden, fehlt es dem Informationsmanagement nach wie vor an einer konzeptionellen Grundlage. Wenngleich erste Ansätze zur Ressourceneffizienz im Rahmen von „Green IT“ existieren, mangelt es doch bislang meist noch an klaren Strategien, aus denen sich ein entsprechendes Nachhaltigkeitsmanagement für die gesamte Wertschöpfungskette ableiten lässt.

Zu diesem Zweck wurde in diesem Beitrag eine erste theoretische Grundlage für ein nachhaltiges Informationsmanagement gelegt und an drei konkreten Beispielen die Integrationsmöglichkeit aufgezeigt. Im Speziellen wurde auf Basis der Ressourcentheorie ein strategisches Vorgehensmodell zur Umsetzung der Nachhaltigkeit im Informationsmanagement vorgestellt, die Möglichkeit der Integration von Umwelt- und Sozialaspekten in eine Sustainability-IT-Balanced-Scorecard erläutert und ein generisches Reifegradmodell zur nachhaltigkeitsorientierten Leistungsbeurteilung von IT-Organisationen entwickelt. Diese werden in zukünftigen Forschungsaktivitäten tiefergehend analysiert und verifiziert.

Die vorgeschlagenen Modelle und Vorgehensweisen bieten IT-Leitern und CIO einen Ansatz, die Idee einer nachhaltigen Wertschöpfung in das operative Geschäft der IT-Produkt- und Serviceerstellung zu implementieren. Neben den damit einhergehenden Effizienzsteigerungen auf operativer Ebene, kann die Integration von Nachhaltigkeit dazu beitragen, das Image der IT-Organisation und die Reputation zu verbessern, Wettbewerbsvorteile auszubauen und die Attraktivität der IT-Organisation gegenüber Kunden und Investoren zu steigern. In diesem Beitrag konnte gezeigt werden, dass Integrationsmöglichkeiten grundsätzlich bestehen und dadurch Effizienz- und Effektivitätspotenziale erschlossen werden können.

Quellenverzeichnis

A. T. Kearney (2008): Green IT – Vom Umweltsünder zum Klimaretter?, Pressemitteilung, online: http://www.atkearney.de/content/veroeffentlichungen/pressemitteilungen_detail.php/id/50162, Stand: 12.02.2008, Abruf: 10.07.2008.

Balzert, H. (1998): Lehrbuch der Software-Technik – Software-Management, Software-Qualitätssicherung, Unternehmensmodellierung, Heidelberg/Berlin 1998.

Bernhard, M. G. (2002): Wie lässt sich die Balanced Scorecard in der IT einsetzen?, in: *Blomer, R./Bernhard, M. G.* (Hrsg.), Report Balanced Scorecard in der IT – Praxisbeispiele – Methoden – Umsetzung, Düsseldorf 2002, S. 37–48.

Bieker, T. (2003): Sustainability Management with the Balanced Scorecard, Proceedings der International Summer Academy on Technology Studies, IFZ, Graz 2003, online: http://www.ifz.tugraz.at/index_en.php/filemanager/download/71/Bieker_SA03.pdf., Stand: 2003, Abruf: 25.07.2008.

Bieker, T./Dyllick, T./Gminder, C.-U./Hockerts, K. (2001): Towards a Sustainability Balanced Scorecard – Linking environmental and social sustainability to business strategy, Conference Proceedings of the 2001 Business Strategy and the Environment in Leeds, UK, Shipley, S. 22–31.

BMU/UBA (Bundesministerium für Umwelt, Naturschutz und Reaktorsicherheit/Umweltbundesamt) (2006): Herausforderung Ressourceneffizienz – Informations- und Kommunikationstechnik als Innovationschance, in: Zeitschrift für Ökologisches Wirtschaften, 2006, Nr. 4, online: http://www.bmu.de/files/pdfs/allgemein/application/pdf/uba_ ressourceneffizienz.pdf, Stand: 29.11.2006, Abruf: 10.07.2008.

BMU/UBA (Bundesministerium für Umwelt, Naturschutz und Reaktorsicherheit/Umweltbundesamt) (2007): Grüner Surfen – Perspektiven für eine energieeffiziente Nutzung des Internets (Zusammenfassung), 7. Fachdialog im nationalen Dialogprozess zur Förderung nachhaltiger Konsum- und Produktionsmuster, Berlin 2007.

BÖH, A./MEYER, M. (2004): IT-Balanced Scorecard – Ein Ansatz zur strategischen Ausrichtung der IT, in: *ZARNEKOW, R./BRENNER, W./GROHMANN, H. H.* (Hrsg.): Informationsmanagement – Konzepte und Strategien für die Praxis, Heidelberg 2004, S. 103–122.

BRENNER, W. (1994): Grundzüge des Informationsmanagements, Berlin 1994.

BUTLER GROUP (2007): Sustainable IT Provision – Meeting the challenge of corporate, social, and environmental responsibility, Technology Management and Strategy Report, Section 1: Management Summary, Hull/New York 2007.

CHOU, T. (2008): Seven – Software Business Models, USA 2008.

DYLLICK, T./HOCKERTS, K. (2002): Beyond the Business Case for Corporate Sustainability, in: Business Strategy and the Environment, 2002, S. 130–141.

ELKINGTON, J. (1998): Cannibals with Forks – The Triple Bottom Line of the 21st Century, Oxford 1998.

EPSTEIN, M. J. (2008): Making Sustainability Work – Best Practices in managing and measuring corporate social, environmental and economic impacts, Sheffield/San Francisco 2008.

EPSTEIN, M. J./ROY, M.-J. (2001): Sustainability in Action – Identifying and measuring the key performance drivers, in: Long Range Planning Journal, 2001, S. 585–604.

ESTY, D. C./WINSTON, A. S. (2006): Green to Gold – How smart companies use environmental strategy to innovate, create value, and build competitive advantage, New Haven/London 2006.

FIGGE, F./HAHN, T./SCHALTEGGER, S., WAGNER, M. (2002): The Sustainability Balanced Scorecard – Theory and application of a tool for value-based sustainability management, Greening of Industry network Conference, Gothenburg 2002.

GARTNER, INC. (2008): Gartner Estimates ICT Industry Accounts for 2 Percent of Global CO_2 Emissions, online: http://www.gartner.com/it/page.jsp?id=503867, Stand: o. A., Abruf: 31.03.2008.

GRANT, R. M. (2005): Contemporary Strategy Analysis, fifth edition, UK 2005.

GRI (Global Reporting Initiative) (2006): Sustainability Reporting Guidelines, Version 3.0, Amsterdam 2006.

HAHN, T./WAGNER, M. (2001): Sustainability Balanced Scorecard – Von der Theorie zur Umsetzung, Center for Sustainability Management e.V., Lehrstuhl für Umweltmanagement, Universität Lüneburg, online: http://www.uni-lueneburg.de/umanagement/projekte/sbsc/downloads/Hahn%20&%20Wagner%202001%20%20SBSC%20Von%20der%20Theorie%20zur%20Umsetzung.pdf, Stand: September 2001, Abruf: 25.07.2008.

HAHN/, T./WAGNER, M./FIGGE, S./SCHALTEGGER, S. (2002): Wertorientiertes Nachhaltigkeitsmanagement mit einer Sustainability Balanced Scorecard, in: *SCHALTEGGER, S./DYLLICK, T.* (Hrsg.), Nachhaltig managen mit der Balanced Scorecard – Konzept und Fallstudien, Wiesbaden 2002, S. 43–94.

HART, S. L. (1995): A natural resource based view of the firm, in: Academy of Management Review, 1995, S. 986–1014.

HÜLSMANN, M./GRAPP, J. (2007): Nachhaltigkeit und Logistik-Management – Konzeptionelle Betrachtungen zu Kompatibilität – Komplexität – Widersprüchen – Selbststeuerung, in: *MÜLLER-CHRIST, G./ARNDT, L./EHNERT, I.* (Hrsg.), Nachhaltigkeit und Widersprüche – Eine Managementperspektive, Hamburg 2007, S. 83–126.

HAUFF, V. (1987): Unsere Gemeinsame Zukunft – Der Brundtland-Bericht der Weltkommission für Umwelt und Entwicklung, Greven 1987.

IDC (International Data Corporation) (2008): The Diverse and Exploding Digital Universe, IDC White Paper sponsored by EMC, online: http://www.emc.com/collateral/analyst-reports/diverse-exploding-digital-universe.pdf, Stand: März 2008, Abruf: 17.03.2008.

IT GOVERNANCE INSTITUTE (2003): Board Briefing on IT Governance, 2. Auflage, Rolling Meadows2003, online: www.itgovernance.org.

JIAN, J. J./KLEIN, G. (1999): Project selection criteria by strategic orientation, in: Information & Management, Januar 1999, S. 63–75.

JOHNSON, G./SCHOLES, K. (1999): Exploring corporate strategy – Text and Cases, London 1999.

KAPLAN, R. S./NORTON, D. P. (1996): Using the Balanced Scorecard as a Strategic Management System, Harvard Business Review, S. 75–85.

KRCMAR, H. (2004): Informationsmanagement, 4. Auflage, Berlin/Heidelberg 2004.

MARCUS, A. A. (2005): Research in strategic environmental management, in: *SHARMA, S./ ARAGÓN-CORREA, J. A.* (Hrsg.), Corporate Environmental Strategy and Competitive Advantage, Northampton, MA, USA, 2005, S. 27–48.

MÖLLER, A./SCHALTEGGER, S. (2005): The Sustainability Balanced Scorecard as a Framework for Eco-Efficiency Analysis, in: Journal of Industrial Ecology, 2005, S. 73–83.

MÜLLER-CHRIST, G. (2005): Unternehmen als (re-)produktive Akteure – Können Unternehmen nachhaltig sein?, in: *BIESECKER, A./ELSNER, W.* (Hrsg.), Erhalten durch Gestalten – Nachdenken über eine (re)produktive Ökonomie, Frankfurt 2005.

OBERWEIS, A./PAULZEN, O. (2003) Kontinuierliche Qualitätsverbesserung im Wissensmanagement – ein prozessbasiertes Reifegradmodell, 5. Konferenz zum Einsatz von Wissensmanagement in Wirtschaft und Verwaltung, München 2003.

PORTER, M. E./REINHARDT, F. L. (2007), Grist – A Strategic Approach to Climate, in: Harvard Business Review, Oktober 2007, S. 1–5.

PORTER, M. E./VAN DER LINDE, C. (1999): Green and Competitive – Ending the Stalement, in: Journal of Business Administration, 1999, S. 215.

PROTO, M./MALANDRINO, O./SUPINO, S. (2007): Eco-labels – A Sustainability Performance in Benchmarking?, in: Management of Environmental Quality: An International Journal, 2007, S. 669–683.

SCHÄFER, H. (2005): Sustainability Balanced Scorecard als Managementsystem im Kontext des Nachhaltigkeits-Ansatzes – Aktueller Stand und Perspektiven, in: Controlling, 2005, S. 5–14.

SCHALTEGGER, S./DYLLICK, T. (2002): Einführung, in: *SCHALTEGGER, S./DYLLICK, T.* (Hrsg.), Nachhaltig managen mit der Balanced Scorecard – Konzept und Fallstudien, Wiesbaden 2002.

SCHALTEGGER, S./WAGNER, M. (Hrsg.) (2006): Managing the Business Case for Sustainability, Sheffield 2006.

UNEP (United Nations Environment Programme) (2008): Global Environment Outlook – GEO 4, online: http://www.unep.org/geo/geo4/report/GEO-4_Report_Full_en.pdf, 2007, Stand: 2007, Abruf: 17.05.2008.

WADE, M./HULLAND, J. (2004): The Resource-Based View and Information Systems Research, Review, Extension, and Suggestions for Future Research, in: MIS Quarterly, März 2004, S. 107–142.

WCED (World Commission on Environment and Development) (1987): Our Common Future, UK/New York 1987.

WITSA (World Information Technology and Service Alliance) (2008): Digital Planet 2008 – Executive Summary, online: http://www.witsa.org/kl08/DigitalPlanet2008ExecSummary_cover.pdf, Stand: Mai 2008, Abruf: 18.05.2008.

ZARNEKOW, R./BRENNER, W./PILGRAM U. (2005): Integriertes Informationsmanagement, Berlin 2005.

Ansätze zur Bilanzierung – Immaterielle Ressourcen im Spannungsfeld von Wissenschaft und Praxis

SÖREN LANGE und *STEPHAN KRAEMER*

BearingPoint. Management & Technology Consultants

1 Einleitung

Nach traditioneller Ansicht erfasst die Bilanz die „harten" Fakten eines Unternehmens in Zahlenform. Sie dokumentiert das vergangene Geschäftsergebnis und bietet Ansatzpunkte für die Prognose des zukünftigen Erfolges. Angesichts des Bedeutungsrückgangs maschineller Produktionsfaktoren und des immer schnelleren technologischen Wandels erodiert der Informationsgehalt vergangenheitsorientierter materieller Daten. Aussagen über den Wert und die zukünftige Entwicklung serviceorientierter Unternehmen wie bspw. Medien- und Softwareunternehmen können nicht mehr schlüssig aus der Bilanz abgeleitet werden. Auch im produzierenden Gewerbe nimmt die Aussagefähigkeit der Bilanz zur Begründung des Unternehmenswertes ab.[1] Finanzielle Kennzahlen allein können nicht mehr als Entscheidungsgrundlagen für neue Produktionsentscheidungen, Kreditaufnahme und -vergabe, Firmenzusammenschlüsse und Nachfolgeregelungen dienen.

Einen Meilenstein im Schritt über die finanziellen Kennzahlen hinaus stellte *EDVINSON* (1994) mit der Bilanzierung des Unternehmenswissens von *Skandia* auf.[2] Grundlage *EDVINSONs* Ansatzes ist die Annahme, immaterielle Werttreiber in Ursachen-Wirkungs-Ketten aufzunehmen und bewerten zu können.

Die Pionierarbeit von *EDVINSON* ist seitdem in Forschung und Praxis weiterverfolgt worden. Während sich die Wissenschaft der Grundlagenforschung widmet, laden Initiativen wie die des *BUNDESMINISTERIUMS FÜR WIRTSCHAFT UND TECHNOLOGIE* dazu ein, sich auf den Wissensweg zu machen. Schon in dem Erstellungsprozess wird ein Wert an sich gesehen. Im Ergebnis untermauern die Systeme zur Messung von immateriellen Ressourcen das bisherige unternehmerische „Bauchgefühl" und liefern eine Entscheidungsgrundlage für vielfältige unternehmerische Fragestellungen. Sie könnten dem Unternehmen helfen, gezielt in die richtigen immateriellen Ressourcen zu investieren, um so den Unternehmenserfolg weiter zu steigern.

Der Einwand, hier werde alter Wein in neuen Schläuchen verkauft – bspw. sei der Zusammenhang zwischen Unternehmensführung und Unternehmenserfolg weder neu noch überraschend – unterschätzt die Methodik Wissensbilanz als Instrument der Organisationsentwicklung: Die Kombination von Elementen des internen und externen Rechnungswesens schafft einen Rahmen, innerhalb dessen die organisationsbezogene Selbstreflexion legitimiert wird: Denn der systematische Prozess der Selbstevaluation verschafft internen und externen Adressaten plausible und nachvollziehbare Einblicke in immateriellen Ressourcen des Unternehmens und verdeutlicht ihr Potenzial für den künftigen Unternehmenserfolg: Selbsterkenntnis als Sprungbrett für Innovation und Wandel.

Kritiker von „neuen Managementsystemen" betonen die Gefahrenquelle „Betriebsblindheit" gegenüber Mess- und Bewertungssystemen. Sie betonen die methodischen Tücken der Selbstevaluation und fragen auch, ob die Selbstoffenbarung von auf Wissensvorsprüngen beruhen-

---

1 *JOHN KENDRICK*, ein bekannter Wirtschaftswissenschaftler, fand in einer Studie über die Werttreiber des wirtschaftlichen Wachstums heraus, dass immaterielle Ressourcen seit Beginn des Jahrhunderts für amerikanische Firmen immer wichtiger geworden sind. 1929 war das Verhältnis zwischen materiellen Wertgegenständen und immateriellen Ressourcen ungefähr 30 zu 70. 1990 bestehen 63% der Werttreiber vieler Unternehmen aus immateriellen Ressourcen und nur 37% aus materiellen Gütern.

2 Vgl. *EDVINSON/MALONE* (1999).

den Wettbewerbsvorteilen unternehmerisch ratsam ist. Unbestritten ist, dass die Beantwortung unternehmerischer Fragestellungen mit der Kenntnis der eigenen Fähigkeiten und Potenziale treffender ausfällt.

Der vorliegende Artikel skizziert Ansätze und Umsätze aus Wissenschaft und Anwendung und möchte zum vorsichtigen Einsatz der Wissensbilanz oder von Steuerungskonzepten für immaterielle Ressourcen ermutigen. Es werden verschiedene Möglichkeiten vorgestellt, unternehmerische immaterielle Ressourcen zu bewerten und zu steuern.

2 Abgrenzungs- und Definitionsmöglichkeiten von immateriellen Ressourcen

Empirische Untersuchungen von Universitäten (siehe Tabelle 1) bestätigen die steigende Bedeutung immaterieller Ressourcen und somit einer Wissensbilanz für den Unternehmenserfolg.[3]

	Zu vernach-lässigen				Eine der wichtigsten Einflussgrößen
	1	2	3	4	5
Kundenkapital Mittelwert: 4,74 (0,48)	---	---	1,70%	23,10%	75,20%
Markenkapital Mittelwert: 3,80 (1,05)	3,50%	6,10%	27,00%	33,90%	29,60%
Innovationskapital Mittelwert: 3,29 (0,72)	0,80%	13,40%	51,30%	31,90%	2,50%
Humankapital Mittelwert: 4,29 (0,51)	---	0,80%	1,70%	55,50%	42,00%
Organisationsstärke Mittelwert: 3,90 (0,82)	0,80%	4,20%	20,30%	54,20%	20,30%

Tabelle 1: Einfluss von immateriellen Ressourcen auf den Unternehmenserfolg[4]

Immaterielle Ressourcen müssen allerdings definiert werden, um den Rahmen, in dem sie sich bewegen, zu begrenzen.[5]

---

3 Vgl. VÖLCKNER/PIRCHEGGER (2006), S. 226.

4 In Anlehnung an VÖLCKNER/PIRCHEGGER (2006), S. 228. In einer empirischen Untersuchung der Universität Hamburg über die Bedeutung immaterieller Ressourcen im internen und externen Rechnungswesen fanden die Wissenschaftler bei der schriftlichen Befragung der 1.000 umsatzstärksten Firmen in Deutschland heraus, dass immaterielle Ressourcen wichtige Einflussfaktoren für den Unternehmenserfolg darstellen.

5 Wie in vielen jungen Forschungsgebieten gibt es noch keine weltweit einheitliche Definition für immaterielle Ressourcen und deren Kategorisierungen.

2.1 Definition von immateriellen Ressourcen

Immaterielle Ressourcen werden im Folgenden als Intangibles bezeichnet. Intangibles werden in einer engen Fassung als zum Unternehmen zugehörig definiert. Nach *Weber* sind „Intangibles […] immaterielle Ressourcen, von denen ein (indirekter) Beitrag zur Wertsteigerung des die Ressourcen besitzenden Unternehmens ausgeht.“[6] In einer weiteren Fassung werden auch Intangibles berücksichtigt, die nicht direkt dem Unternehmen gehören, wie z. B. die geistigen Fähigkeiten eines Mitarbeiters, somit definieren wir Intangibles als immaterielle Ressourcen, von denen ein (indirekter) Beitrag zur Wertsteigerung des Unternehmens ausgeht, dem die Ressourcen zur Verfügung stehen.

2.2 Kategorisierungsmöglichkeiten von Intangibles

In der Mehrheit der Forschungsansätze werden Intangibles in Human-, Beziehungs-, und Strukturkapital unterteilt,[7] wobei das Beziehungskapital in Kunden- und Partnerkapital aufgeteilt werden kann.

- *Humankapital* wird durch das Wissen der Mitarbeiter (MA) geprägt, die im Unternehmen arbeiten. Es geht verloren, wenn MA die Firma verlassen. Es beinhaltet das Wissen, die Fähigkeiten, die Erfahrung und das Können der einzelnen MA. Humankapital kann durch Aus- oder Weiterbildung verbessert werden.
- *Beziehungskapital* bezieht sich auf die Kunden- und Partnerbeziehungen eines Unternehmens. Es gibt das Potenzial der Beziehungen zwischen dem Unternehmen und externen Gruppen wieder. Aus Übersichtsgründen folgt eine Trennung von Kunden- und Partnerkapital.
  - *Kundenkapital* setzt sich aus dem Kundenstamm und den Kundenbeziehungen zusammen. Es ist der Wert der Beziehungen zwischen dem Unternehmen und seinen Kunden, die bspw. die Produkte oder Dienstleistungen des Unternehmens kaufen. Das Wissen über bestimmte Kundenwünsche kann bspw. ein entscheidender Wettbewerbsvorteil sein.
  - Das *Partnerkapital* umfasst das Zusammenwirken von Partnerschaften innerhalb der Wertschöpfungskette. So können der Aufbau und die Pflege der Beziehungen zu Geschäftspartnern, um technologische Fortschritte zu erzielen, für Unternehmen von Bedeutung sein.
- *Strukturkapital* ist die Leistungsfähigkeit der internen Abläufe, zu denen allgemeine Betriebsabläufe, Datenbanken oder die vorhandene Firmenkultur zählen. Die Zusammenarbeit von Mitarbeitern mit der damit verbunden Transformation von Humankapital in Strukturkapital ist für ein Unternehmen von wesentlicher Bedeutung, da das Strukturkapital als Eigentum des Unternehmens bezeichnet werden kann und somit immer im Unternehmen verbleibt.

---

6 *Weber/Kaufmann/Schneider* (2006), S. 13.

7 Vgl. *Bontis* (2002), S. 630 ff., *Marr/Gray* (2004), S. 103, *Hunter/Webster/Wyatt* (2005), S. 9 ff., und *Kaufmann/Schneider* (2006), S. 32.

Zu beachten ist, dass Intangibles sich oft nicht im Besitz einer Firma befinden, d. h. die Verfügungsrechte sind nicht Eigentum des Unternehmens. Einige Intangibles können z. B. von Konkurrenten abgeworben oder müssen selber aufgebaut werden. Dies ist bei einer Steuerung oder Bewertung mit zu beachten.

3 Unternehmensinterne Motivationen zur Messung und Steuerung von Intangibles

Was ist die Motivation von Unternehmen Intangibles zu steuern oder zu messen? Was sind die Vorteile für Unternehmen, wenn diese Wissensbilanzen erstellen?

- Einen Teil der Markt-Buchwert-Relation könnten Unternehmen durch die Messung von Intangibles erklären.
- Das Bewusstsein über ihre immateriellen Ressourcen schaffen und dieses als Wettbewerbsvorteil nutzen.
  - Bei einigen Firmen ist der Marktwert von zentraler Bedeutung (z. B. wird der Markenwert 2002 von Coca-Cola laut Interbrand auf 70 Mrd. US$ und der von Microsoft auf 64 Mrd. US$ geschätzt). Bei anderen Unternehmen ist es das Wissen der MA (z. B. SAP oder BearingPoint). Hat die Controlling-Abteilung oder das Management diese für die jeweilige Firma bedeutungsvolle immaterielle Ressource identifiziert, so kann das Management diese Ressource weiter gestalten, steuern und ausbauen, um den langfristigen Erfolg zu gewährleisten.[8]
- Unterstützung bei der Formulierung der Geschäftsstrategie.
  - Immaterielle Werttreiber könnten bei der Formulierung der Strategie für die nächsten Jahre gezielt beachtet und gesteuert werden. Investitionen in Intangibles können genauso in die Unternehmensplanung integriert werden wie Investitionen in materielle WG.
- Verbesserte Verhaltensbeeinflussung der Mitarbeiter.
  - Der MA-Bonus, der oft nach harten Kennzahlen wie dem EVA[9] ermittelt wird, kann zusätzlich um weiche immateriellen Kennzahlen erweitert werden, um die Motivation der MA auch auf andere Schwerpunkte als den eigentlichen Produktionsprozess zu lenken.[10] So zahlte die Chrysler Corporation seinen 200 Top-Managern einen zusätzlichen Bonus aufgrund der Qualität der Autos und der Kundenzufriedenheit. Dies stellt jedoch lediglich eine Erweiterung des „traditionellen“ Bonussystems dar.[11]

---

[8] Vgl. *STOI* (2004), S. 198 ff.

[9] EVA: Economic Value Added

[10] Vgl. *MARR/GRAY* (2004), S. 108.

[11] Vgl. *MARR/GRAY* (2004), S. 108.

- Verbesserte Außendarstellung des Unternehmens.
    - Einer der Hauptgründe der externen Darstellung von Intangibles ist die Dokumentation der Innovationsfähigkeit der Unternehmung. Anleger sollen erkennen, welche zukunftsorientierten Innovationen in der Unternehmensstruktur vorhanden sind und welche Renditemöglichkeiten eventuell daraus zu erwarten sind. Deshalb können Anleger selbst bei schlechten Ergebnissen davon überzeugt werden, weiterhin dem Unternehmen zu vertrauen. Weiterhin können neue Investoren durch die Darstellung der Innovationsfähigkeiten hinzu gewonnen werden. Dieses Innovationspotenzial kann über ein externes Reporting von Intangibles dargestellt werden.[12]

Insgesamt ist bei Investitionen in Intangibles zu beachten, dass sie mit anderen Produktivfaktoren verbunden werden müssen. Erst das Zusammenspiel von Intangibles mit materiellen Gütern oder anderen Intangibles optimiert die Wertschöpfungskette und somit den Wert und Erfolg des Unternehmens.

Dabei muss auf die Ursache-Wirkungs-Beziehung bei Intangibles geachtet werden. Intangibles können per se keinen Wert erschaffen, sondern nur im Zusammenspiel mit anderen Werttreibern einen nachhaltigen Erfolg generieren. Für eine erfolgreiche Strategieumsetzung ist damit eine Analyse der Kombinationsprozesse notwendig, durch die immaterielle Werte zu finanziellen Ergebnissen transformiert werden können.[13]

Für diese Strategieumsetzung und der Identifikation der Ursache-Wirkungs-Beziehungen ist sehr viel Erfahrung und Fingerspitzengefühl notwendig.

4 Bewertungsmöglichkeiten für Intangibles

Da es für Unternehmen sinnvoll erscheint, die vorhandenen Intangibles zu steuern oder zu bewerten, wurden in der Theorie verschiedene Steuerungs- und Bewertungsansätze konzipiert. Die Bewertungsansätze können sich dabei auf einzelne Intangibles (z. B. direkte Bewertungsverfahren) oder auch auf die Bewertung des gesamten immateriellen Vermögens eines Unternehmens (z. B. Marktkapitalisierungsverfahren) beziehen.

4.1 Direkte Bewertungsverfahren

Bei direkten Bewertungsverfahren wie dem Value Explorer™ von *ANDRIESSEN/TIESSEN*[14] werden die vorhandenen Intangibles identifiziert und dann monetär bewertet. Die Summe der einzelnen Intangibles ergibt den Wert aller im Unternehmen vorhandenen Intangibles.[15]

---

12 Vgl. *HUNTER/WEBSTER/WYATT* (2005), S. 14.

13 Vgl. *MÖLLER* (2004), S. 486.

14 Vgl. *ROOS/PIKE/FERNSTRÖM* (2004), S. 140.

15 Vgl. *STOI* (2003), S. 179.

Der Einsatz direkter Bewertungsverfahren bietet Vorteile in der partiellen Erfassung von Unternehmenswerten, bspw. Teilen des Absatzbereiches (z. B. Kundenloyalität), der geistigen Eigentumsrechte (z. B. Patente), des Humankapitals (z. B. Fort- und Weiterbildung) und des Strukturkapitals (z. B. Computersysteme). Eine ganzheitliche Betrachtung des Unternehmens ist wegen der fehlenden Ursachen-Wirkungs-Beziehungen nicht möglich.

4.2 Marktkapitalisierungsverfahren

Marktkapitalisierungsverfahren (MKV) werden zur monetären Bewertung der Intangibles auf Unternehmensebene eingesetzt. Dabei wird der Unterschied zwischen der Marktkapitalisierung und dem Eigenkapital des Unternehmens ermittelt.[16] Kritisch zu beurteilen ist die Annahme, dass die Markt-Buchwert-Relation den Wert der Intangibles angibt. MKV beinhalten keine Ursache-Wirkungs-Beziehungen, somit fehlen Steuerungsmöglichkeiten für das Management oder Controlling. Die bekanntesten MKV sind die Markt-Buchwert-Relation und Tobin's q[17].[18]

4.3 Return-On-Asset-Methoden

Bei den Return-On-Asset-Methoden zur Bewertung von Intangibles wird der Return on Asset (ROA) des materiellen Vermögens mit dessen Branchendurchschnitt verglichen. Die Differenz aus diesen beiden Werten wird mit dem durchschnittlichen materiellen Vermögen multipliziert und das Ergebnis ermittelt den Ertrag, der auf Intangibles zurückzuführen ist. Dieser Ertrag wird durch die durchschnittlichen Kapitalkosten der Firma oder durch einen Zinsfuß dividiert und das Unternehmen erhält einen geschätzten Wert für die vorhandenen Intangibles.[19]

Der Vorteil an den ROA-Methoden besteht darin, dass sie durch Formeln beschrieben werden können. Die Informationen für die Formeln stammen meist aus den sowieso für den Jahresabschluss angefertigten bilanziellen Kennzahlen, so dass die Anwendbarkeit keine großen Schwierigkeiten aufweist.[20]

Beispiele für ROA-basierte Bewertungsverfahren sind neben den von *SVEIBY* aufgezählten Verfahren die Workonomics™, Custonomics™ und Supplynomics™ der BCG.[21]

---

16 Vgl. *SVEIBY* (2001).

17 Tobin's q berechnet das Verhältnis zwischen dem Marktwert der Firma und den Wiederbeschaffungskosten der Intangibles an den Realgütermärkten: q = Marktwert/Wiederbeschaffungskosten. Wenn das Verhältnis zwischen Markt- und Buchwert positiv ist, dann verwendet das Unternehmen seine Intangibles erfolgswirksam. Bei einer negativen Relation werden sie nicht erfolgswirksam genutzt. Tobin's q kann somit als Indikator für eine Veränderung der Intangibles genutzt werden.

18 Vgl. *STOI* (2004), S. 195.

19 Vgl. *SVEIBY* (2001).

20 Vgl. *RODOV/LELIAERT* (2002), S. 328.

21 Vgl. *STRACK/VILLIS* (2004).

Durch die in den ROA-Methoden enthaltenen Annahmen liefern die Berechnungen nur vage und teilweise schwer nachvollziehbare Ergebnisse. Die Ergebnisse stellen bestenfalls die Wertschöpfung der Intangibles in der Vergangenheit dar, aus denen sich jedoch nicht die dafür verantwortlichen immateriellen Werttreiber ableiten lassen. Sie bieten auch keine Rückschlüsse auf potenziell zukünftige Werttreiber, d. h. sie sind für die Steuerung eher ungeeignet.[22]

5 Scorecard-Methoden zur Steuerung von Intangibles

Scorecard-Methoden sind am ehesten für die Steuerung von Intangibles geeignet und damit auch für das Controlling von erhöhter Relevanz. Sie stellen neben den klassischen Finanzkennzahlen auch nicht-finanzielle Kennzahlen dar und umgehen damit das Problem der Nicht-Bewertbarkeit einiger Intangibles. Die intangiblen Komponenten eines Unternehmens sollen mit Hilfe der Scorecard-Methoden identifiziert, klassifiziert und anschließend mit Hilfe von Indikatoren gemessen und dargestellt werden.[23] Die entscheidende Voraussetzung der Scorecard-Methoden ist es, die gemessenen Indikatoren so in Beziehung zueinander zu setzen, dass sie die Ziele und Strategien des Unternehmens unterstützen. Die Ziele und Strategien müssen daher vorher unternehmensspezifisch festgelegt werden, damit aus ihnen die Indikatoren abgeleitet werden können. Dadurch wird festgelegt, welche Intangibles für das Unternehmen einen Wert besitzen und welche Indikatoren daraus abzuleiten sind.[24]

Obwohl die meisten Scorecard-Methoden auch monetär bewertete Kennzahlen von Intangibles darstellen, ist durch die Existenz der nicht-finanziellen Kennzahlen eine komplette finanzielle Bestimmung der im Unternehmen vorhanden Intangibles nicht möglich. Allerdings eignen sich diese Methoden dadurch am ehesten, Ursache-Wirkungs-Beziehungen von Intangibles darzustellen und sie so steuerbar zu machen. Der Vorteil der Scorecard-Methoden ist vor allem die Praktikabilität und Fokussierung auf die Anforderungen des Managements.[25]

Im Folgenden werden wir auf drei Scorecard-Methoden eingehen und diese kurz erläutern.

5.1 Skandia Navigator

Der Skandia Navigator (SN) wurde von *Edvinsson* für das schwedische Versicherungsunternehmen Skandia entwickelt und kam ab 1994 zum Einsatz. Es ist eines der ersten Kennzahlensysteme zur Messung und Steuerung von Intangibles. Und eines der erfolgreichsten: Der Umsatz von Skandia konnte innerhalb von sieben Jahren von 400 Mio. Euro auf 13 Mrd. Euro gesteigert werden.[26] Die Grundlage des SN war die Idee, dass der tatsächliche Wert eines Unternehmens in der Fähigkeit liegt, nachhaltigen Wert durch den Einsatz von Ge-

---

22 Vgl. *Stoi* (2004), S. 196.

23 Vgl. *Stoi* (2004), S. 196.

24 Vgl. *Leitner/Schibany* (2000), S. 36 f.

25 Vgl. *Stoi* (2004), S. 196.

26 Ob der Anstieg des Umsatzes wirklich auf den SN zurückzuführen ist, wird nicht wissenschaftlich dargelegt.

schäftsvisionen und der daraus resultierenden Strategie zu schaffen.[27] Für die Umsetzung der Strategie in Erfolgsfaktoren wurden die Faktoren in fünf Areale gegliedert:

- Finanzen
- Kunden
- Prozesse
- Erneuerung und Entwicklung
- Humankapital

Diese fünf Areale wurden in Form eines Hauses visualisiert und es wurden ihnen zeitliche Bezugspunkte zugeordnet (siehe Abbildung 1).

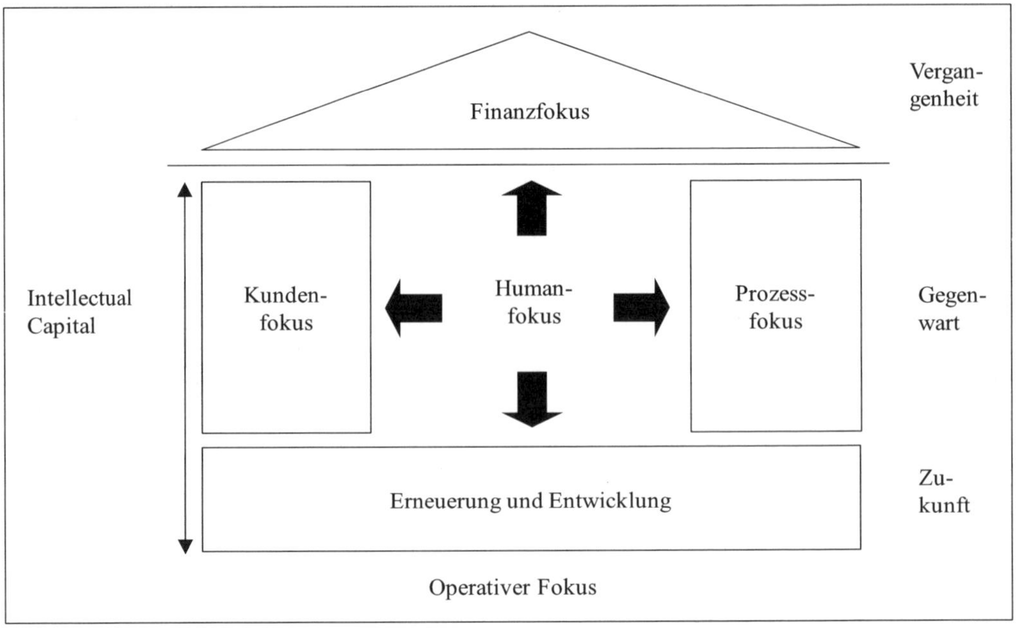

Abbildung 1: Skandia Navigator[28]

Die Finanzkennzahlen beziehen sich auf die Vergangenheit. Die Kunden-, Human- und Prozesskennzahlen beziehen sich auf die Gegenwart und die Kennzahlen für den Bereich Erneuerung und Entwicklung sind auf die Zukunft ausgerichtet. Jeder dieser Areale kann mit individuellen Indikatoren zur Messung der Unternehmensperformance versehen werden.[29]

27 Vgl. *EDVINSSON/MALONE* (1999), S. 31.

28 In Anlehnung an *EDVINSSON/MALONE* (1999), S. 86.

29 Vgl. *EDVINSSON/MALONE* (1999), S. 86 f.

Die Indikatoren im Bereich Entwicklung und Erneuerung sollen die Potenziale für langfristiges Wachstum und Profitabilität darstellen. Jedes Unternehmen, das den SN verwendet, kann individuelle, auf sich bezogene Indikatoren auswählen, die für die langfristige und nachhaltige Unternehmensentwicklung von Bedeutung sind. Diese Indikatoren stellen die Grundfläche des Hauses dar, deren Entwicklungen auf die anderen Indikatoren nach oben wirken können.[30]

Die Indikatoren aus dem Areal Kundenbereich sollen Beziehungen zwischen Kunden und dem Unternehmen abbilden. Der Schwerpunkt liegt dabei auf der Fragestellung, inwieweit Kundenwünsche erfüllt worden sind. Hierbei muss jedes Unternehmen selbst genau gewichten, bis zu welchem Grad Kundenwünsche erfüllt werden sollen.[31] Typische Indikatoren für den Bereich sind z. B. Kunden pro MA oder die Anzahl der Kunden.[32] Die Indikatoren des Prozessfokus` sollen die Rolle von Technologien und Prozessen für die Schaffung eines nachhaltigen Unternehmenswertes wiedergeben. Typische Indikatoren für den Prozessfokus sind bspw. Verwaltungskosten/Gesamtumsatz oder Computer/MA.[33] Der Humanfokus stellt zusammen mit dem Kundenfokus und dem Prozessfokus den Mittelpunkt des Hauses dar und soll den dynamischsten Faktor des SN darstellen. Im Humanfokus wird das Wissen der MA oder ihre Zufriedenheit fokussiert. Beispielhafte Indikatoren sind der Führungsindex (in %) oder der Motivationsindex (in %).[34]

Unter Finanzindikatoren versteht *EDVINSSON* traditionelle, aus dem Rechnungswesen stammende Bilanzierungskennzahlen wie z. B. den Gesamtgewinn oder den Gewinn pro MA. Diese Indikatoren sind vergangenheitsbezogen und stellen das Dach des Hauses dar.[35]

Da alle anderen Indikatoren bei einer nachhaltigen Wertsteigerung des Unternehmens mitwirken, sollen sie sich durch ihren Erfolg im Dach des Hauses, in Form von finanziellen Indikatoren, widerspiegeln.[36]

5.2 Intellectual Capital Navigator

Der Intellectual Capital Navigator (ICN) wurde 1997 von *STEWART* entwickelt.[37] Grundsätzlich teilt er die Intangibles in drei Kategorien ein: das Human-, das Struktur-, und das Kundenkapital. Das intellektuelle Kapital ist dabei für *STEWART* „die Summe allen Wissens aller Mitarbeiter eines Unternehmens, die einem Unternehmen einem Wettbewerbsvorteil verschafft".[38] Dabei vergleicht er Sollwerte von Intangibles mit erreichten Istwerten. Für die Bemessungsgrundlage des ICN hat er drei wegweisende Richtlinien aufgestellt:[39]

30 Vgl. *WEBER/KAUFMANN/SCHNEIDER* (2006), S. 22.

31 Bspw. kann es bei zu „extremen" Kundenwünschen sinnvoll sein, seitens der Unternehmen nicht auf diese Wünsche einzugehen.

32 Vgl. *EDVINSSON/MALONE* (1999), S. 119 f.

33 Vgl. *EDVINSSON/MALONE* (1999), S. 123 und S. 130 ff.

34 Vgl. *EDVINSSON/MALONE* (1999), S. 147 f. und S. 156 f.

35 Vgl. *EDVINSSON/MALONE* (1999), S. 93 f. und S. 103.

36 Vgl. *WEBER/KAUFMANN/SCHNEIDER* (2006), S. 34.

37 Vgl. hierzu *STEWART* (1998).

38 *STEWART* (1998), S. 7.

39 Vgl. *STEWART* (1998), S. 236 f.

- Eine einfache Struktur des Navigators beibehalten, d. h. für die drei Kategorien jeweils drei Indikatoren verwenden sowie eine Zahl, die ein Gesamtbild darstellt.
- Indikatoren mit strategischer Bedeutung messen, d. h. eine gezielte Auswahl der Indikatoren wird auf die individuellen Anforderungen eines Unternehmens angepasst.
- Aktivitäten messen, die intellektuellen Wohlstand schaffen, d. h. die Aktivitäten der Messung sollen sich auf Aspekte konzentrieren, die für die Schaffung von Intangibles von Bedeutung sind und nicht etwa Informationen wie die Sicherheit am Arbeitsplatz.

Zur Vervollständigung der Darstellung von Intangibles schlägt *STEWART* die Markt-Buchwert-Relation vor, um ein aussagekräftigeres Gesamtbild zu erhalten. Um den ICN grafisch darstellen zu können, wählte *STEWART* die Form eines Radarcharts (siehe Abbildung 2). Bei der Entwicklung des Radarcharts sind einige Prämissen einzuhalten. Als erstes müssen die strategisch wichtigen Indikatoren festgelegt werden. Im zweiten Schritt folgt die Skalierung der Achsen. Dabei kann der Anwender jegliche zur Verfügung stehenden Ausprägungen individuell für die Skalierung nutzen (z. B. Prozentsätze, Relationen). Im dritten Schritt folgt die Messung des Ist-Zustandes der Indikatoren und im vierten Schritt wird ein Soll-Zustand für die Indikatoren festgelegt.[40]

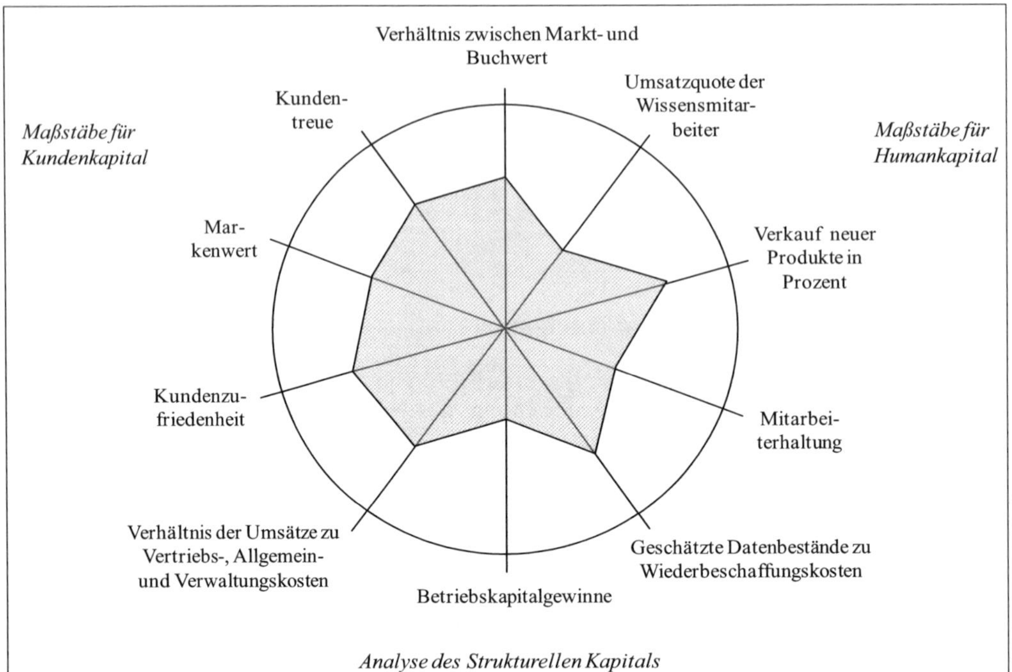

Abbildung 2: Intellectual Capital Navigator[41]

[40] Vgl. *WEBER/KAUFMANN/SCHNEIDER* (2006), S. 23.

[41] In Anlehnung an *STEWART* (1998), S. 238 f.

Im Radarchart stellt der äußere Kreis die Sollwerte dar und das innere Polygon verdeutlicht die Ist-Werte. Der Manager soll aus dem Radarchart auf einen Blick die Entwicklung der Intangibles erkennen und daraus den Handlungsbedarf ableiten.[42]

5.3 Wissensbilanz in Deutschland

5.3.1 Motivation zur Einsatz der Wissensbilanz in Klein- und Mittelständischen Unternehmen

Die Globalisierung von Leistungsprozessen sowie die zunehmend schnellere Reproduktion von Wissensvorsprüngen auch in Niedriglohnstandorten stellt für Klein- und Mittelständische Unternehmen (KMU) eine strategische Herausforderung dar.

Sie sind in ihrem Geschäftsmodell besonders anfällig für „Bedrohungen" wie dem Abwerben von „führenden Köpfen", dem Abspringen wichtiger Kunden oder dem Ausfallen von Zulieferern. Ihnen fehlt der Schutz eines starken Markennamens und der finanzielle Atmen, um Fach- und Methodenkompetenz durch den vermehrten Einsatz externer Berater bedarfsgerecht hinzu zuführen. Nicht zuletzt besteht in dem „handfesten" Umfeld der KMU auch eine kritische Haltung bezüglich Instrumenten und Methoden zur Sammlung, Bewertung und Steuerung von weichen Faktoren. Wenn schon, dann sollte dies wirkungsvoll mit begrenztem Aufwand, einfacher Benutzerführung und hoher Bedienungssicherheit machbar sein.

Die besondere Bedeutung des Wissensmanagements für KMU ist nicht nur von Unternehmen selbst festgestellt worden. Auch seitens der Politik ist sie in Europa wie auch in Asien, insbesondere in Japan, als makroökonomischer Faktor erkannt worden.[43] Ziel der wirtschaftspolitischen Förderung des Wissensmanagements ist die langfristige Sicherung der nationalen Wettbewerbsfähigkeit durch die Erhöhung des innovativen Potenzials der Unternehmen und Regionen.

5.3.2 Promotoren und Sponsoren der Wissensbilanz in Deutschland

In Deutschland ist es der Verdienst des Arbeitskreises Wissensbilanz, ein griffig abgestuftes Vorgehensmodell zur Erstellung einer Wissensbilanz entwickelt zu haben. Im Rahmen der Initiative „Fit für den Wissenswettbewerb" ist es unter Förderung des *Bundesministeriums für Wirtschaft und Technologie* einem vielfältigen Praxistest unterworfen worden. Zu den herausragenden Zielen dieser Initiative zählt die Förderung und Entwicklung von Intangibles am Innovationsstandort Deutschland. Auch auf europäischer Ebene wird die Stärkung des wissensbasierten Wirtschaftsraums Europa vorangetrieben, bspw. durch das EU-Abkommen von Lissabon. Der Arbeitskreis Wissensbilanz setzt sich u. a. aus einem Kernteam mit Mitarbeitern des Frauenhofer Instituts für Produktionsanlagen und Konstruktionstechnik, Experten und Moderatoren zusammen.[44] In seinem Netzwerk bringen Experten unterschiedlicher Fachrichtungen ihr interdisziplinäres Wissen ein. Durch die eindeutige Betonung des Anwendungs- und Umsetzungsbezugs des Arbeitskreises wird auch bei Rückgriff auf komplexe Theorien der Bau eines wissenschaftlichen Elfenbeinturms scheinbar vermieden.

---

42 Vgl. *Stewart* (1998), S. 238.

43 Vgl. *Bundesministerium für Wirtschaft und Technologie* (2007b), S. 2.

44 Vgl. *Bundesministerium für Wirtschaft und Technologie* (2007b), S. 3.

Das Modell des Arbeitskreises Wissensbilanz orientiert sich an der Strukturierung der Intangibles in Human-, Struktur- und Beziehungskapital und analysiert im Rahmen der heutigen Geschäftsstrategie und -prozesse den gegenwärtigen Wertschöpfungsbeitrag und die Interdependenzen dieser Faktoren. Der Zugriff auf Ergebnisse unternehmensintern etablierter Managementinstrumenten erhöht die Akzeptanz, Einführungsgeschwindigkeit und Qualität der Wissensbilanz, bspw. der Zugriff auf vorhandene modellierte Geschäftsprozesse. Darüber hinaus liefert die Wissensbilanz auch Inputdaten für andere Managementinstrumente wie die nicht-finanziellen Kennzahlen der Balanced Scorecard.

Die Überleitung der strukturierten Sammlung von Einflussfaktorensammlung in bestimmbare Indikatoren und die Ableitung nachprüfbarer Wechselbeziehungen aus dem Geflecht der einzelnen Abhängigkeiten ist entscheidend für die Qualität der Wissensbilanz. Dieses Wissen kann und soll als Gestaltungsmacht für die weitere gezielte Entwicklung des Unternehmens verwendet werden.

5.3.3 Vorgehensmodell Wissensbilanz

Entsprechend der umsetzungsorientierten „weniger-ist-mehr"-orientierten Zielgruppe kann die Wissensbilanz sowohl als Methode als auch als vollständiges Modell in einem vier bis zwölfwöchigen Projekt implementiert werden.[45] Die Nutzung der 80%-zu-20%-Regel wird ausdrücklich begrüßt: Schon die Nutzung auch nur eines ihrer vier Meilensteine als Eckpfeiler für ein strategisches Wissensmanagements ist zielführend.

Der 1. Meilenstein adressiert die überblicksartige Darstellung der Geschäftsstrategie und des Geschäftsumfeldes an das obere Management: Die Erfassung und Selbstbewertung von Intangibles innerhalb dieses Geschäftsrahmens bietet erste Ansatzpunkte für das Wissensmanagement. Dieser Meilenstein soll schon in einem halben Personenmonat erreichbar sein. Innerhalb dieses Zeitbudgets sind drei Schritte zu bearbeiten:

a) Die Beschreibung der wirtschaftlichen Ausgangssituation und die Ableitung einer an der Geschäftsstrategie orientierten Wissensstrategie,

b) die Erfassung der Intangibles und

c) die qualitative und quantitative Selbstbewertung der Intangibles anhand der Auswirkungen ausgewählten Einflussfaktors in ihrer Auswirkung auf das gegenwärtige und zukünftig anvisierte Geschäft des Unternehmens.

Erfassungsobjekte und Bewertungen unterliegen weitestgehend dem Ermessen der Projektgruppe.

Im 2. Meilenstein wird die vorangehende Selbstbewertung durch das Heranziehen von Indikatoren vertieft, adjustiert und objektiviert. Die zusätzlichen qualitativen und quantitativen Fakten bieten dem Management Anhaltspunkte für die gezielte Aufbereitung von Informationen für interne und externe Adressaten. Idealerweise können bereits im Unternehmen vorhandene Indikatoren unter dem neuen Blickwinkel „Wissensbilanz" genutzt werden. Die Daten für die Indikatoren „Neukunden" und „Kundenzufriedenheit" bspw. sind häufig schon im Unternehmen vorhanden. Indikatoren des Humankapitals wie Verweildauer im Unterneh-

---

45 Vgl. BUNDESMINISTERIUM FÜR WIRTSCHAFT UND ARBEIT (2005), S. 15 ff.

men, akademische Ausbildung, Anzahl der Fortbildungen etc. lassen sich relativ leicht und nachvollziehbar erheben. Daten des Strukturkapitals wie bspw. Führungskultur sind dagegen häufig originär zu ermitteln.

Der 3. Meilenstein präsentiert die aufbereiteten Informationen zielgruppengerecht. Gegenüber externen Dritten werden wettbewerbsrelevante Informationen i. d. R. wesentlich verdichteter als etwa gegenüber internen Mitarbeitern dargestellt. Als typische Gliederung einer Wissensbilanz wird vorgeschlagen:

- Vorwort
- Firmendarstellung
- Geschäftserfolg und Herausforderung
- Geschäfts- und Wissensstrategie
- Intellektuelles Kapital
- Zukunftsperspektiven und Maßnahmen
- Indikatorensammlung

Im 4. Meilenstein wird das Steuerungspotenzial der vollständigen Wissensbilanz erschlossen: Die Erfolgsbeiträge eingeleiteter Maßnahmen sollen auf Grundlage von Wirkungsanalysen und Abschätzungen plausibel prognostiziert werden können. Methodisch beruht das Vorgehen auf der von *FREDERICK VESTER* entwickelten Sensitivitätsanalyse. Der Detaillierungsaufwand dieser Analysen erhöht das Zeitbudget zur Einführung der vollständigen Wissensbilanz auf bis zu drei Personenmonate.

5.3.4 Erfolgsfaktoren für die Wissensbilanz

Gegenwärtig zeigen sich in der Wissensbilanz folgende Erfolgsfaktoren:

- Zusammensetzung der Projektgruppe:
  - Die Qualität und Akzeptanz der Wissensbilanz beruht grundlegend auf der Zusammensetzung der sie erstellenden Projektgruppe. Dem ganzheitlichen Ansatz entsprechend sind Mitarbeiter aus allen Unternehmensbereichen/Leistungsprozessen einzubeziehen. Es ist die richtige Mischung aus Kompetenz- und Meinungsführern, Methodenexperten und Galionsfiguren (Geschäftsleitung) zu finden, die eine umfassende Analyse motiviert und eine ehrliche Diskussion provoziert. Bspw. in der Aufdeckung von Übererfüllungsgraden einzelner Leistungsaspekte oder Prozesse.
- Methodische Projektleitung:
  - Die sichere Beherrschung des strategischen Organisationsinstrumentes Wissensbilanz setzt neben fundierten Kenntnissen der Wissensbilanz-Methodik auch Erfahrungen in der Moderierung und Führung von Arbeitsgruppen voraus. Bei der Erstellung der ersten Wissensbilanz leistet die Unterstützung eines externen Moderators wertvolle Dienste. Nachfolgend wird eine Übernahme durch unternehmensinterne Mitarbeiter angestrebt. Mit dem Angebot zur Ausbildung als „Wissensbilanz-

Moderator" bietet der Arbeitskreis ein Instrument zum Erwerb und zur Dokumentation dieser Fähigkeiten an.

- Unterstützungsinstrumente:
  - *Ex ante*: Vorbereitende Instrumente und Multiplikatoren

    Zum Bereich der vorbereitenden Instrumente gehören die schriftliche Ausarbeitung der Wissensbilanzmethodik, ihre Schulung sowie die Ausbildung von Trainern. Mit dem Angebot zur Ausbildung als Wissensbilanz-Moderator wird ein wichtiger Schritt in die methodische Qualitätssicherung durch den Arbeitskreis Wissensbilanz abgedeckt.[46] Im weiteren Sinn gehören auch Maßnahmen zur Einbeziehung von externen Einflussgruppen, Organisatoren und Repräsentanten zu den vorbereitenden Instrumenten, bspw. Wirtschaftsprüfer, Finanzinvestoren und die Handelskammer.
  - Einführungsbegleitende Instrumente:

    Der Arbeitskreis bietet eine EDV-gestützte Toolbox-Wissensbilanz an. Sie bietet insbesondere Einsteigern in das Thema Wissensbilanz wertvolle Informationen und Anleitungen.[47]
  - *Ex post*: Validierungsinstrumente:

    Als Ex-post-Validierungsinstrument ist zur Zeit eine Zertifizierung der Wissensbilanz durch externe Auditoren im Gespräch.

5.4 Beurteilung der Modelle

5.4.1 Skandia Navigator

Der SN bietet erste interessante Ideen zur Darstellung von Intangibles. Er ist universell für viele Unternehmen einsetzbar. Allerdings können die fehlenden Ursache-Wirkungs-Beziehungen bei falscher Einteilung der Indikatoren schnell zu Fehlern in der Unternehmenssteuerung führen. Die komplexe unternehmensspezifische Bestimmung der Indikatoren spielt dabei eine entscheidende Rolle. Diese Kennzahlen müssen sorgsam gewählt und bestimmt werden.

Bei genauerem Hinsehen ist das Modell nur eine Ansammlung von meist nicht materiellen Indikatoren hinter der visuellen Einteilung in ein Haus.[48] Deswegen ist der SN u. E. eher für marketingspezifische Gründe geeignet, um die vorhandenen immateriellen Ressourcen der Öffentlichkeit darzustellen, als für die Steuerung von Intangibles. Neben der Bereitstellung von Informationen für das externe Rechnungswesen stellt der SN auch immaterielle Ressourcen generell dar. Der Sinn einiger vorgeschlagenen Indikatoren als Wettbewerbsvorteil kann durchaus hinterfragt werden. Die Daten werden nicht systematisch mit der internen Unternehmenssteuerung im Sinne des Controllings verknüpft, da der Informationsbereitstellung beim SN eine größere Bedeutung zugeschrieben wird.[49] Aber gerade durch diese öffentliche Darstellung von immateriellen Ressourcen hat der Ansatz viel für die Sensibilisierung und Entwicklung von Intangibles in der Gesamtheit geleistet.

---

46 Vgl. *BUNDESMINISTERIUM FÜR WIRTSCHAFT UND TECHNOLOGIE* (2008), S. 3.

47 Vgl. *BUNDESMINISTERIUM FÜR WIRTSCHAFT UND TECHNOLOGIE* (2007a), S. 3

48 Vgl. *SCHÄFER* (2001), S. 109.

49 Vgl. *GÜNTHER* (2005), S. 68.

5.4.2 Intellectual Capital Navigator

Der ICN ist in der Lage, zehn verschiedene Indikatoren in den vorgeschlagenen Kategorien abzubilden. Da eine Skalierung vom Anwender erfolgt, können die Daten in jeglicher Form dargestellt werden, solange sie metrisch sind und damit im Radarchart abgetragen werden können. Dabei können die Intangibles bewertet, finanziell oder quantitativ abgebildet werden. Eine qualitative Beschreibung der Indikatoren ist aufgrund des Radarcharts nicht möglich. Durch den eingefügten Soll-Ist-Vergleich ist der Indikator vorausschauend und durch die Verbindung der Indikatoren an die Unternehmensstrategie zukunftsgerichtet. Die Summe aller Intangibles kann nicht festgestellt werden, da es nur zehn Indikatoren gibt, die dargestellt werden können und diese Indikatoren nicht zwangsläufig monetär bewertet werden, d. h. die Daten können nicht auf einen Gesamtwert aller Intangibles aggregiert werden. Es werden keine immateriellen Ressourcen isoliert betrachtet, sondern nur die festgelegten Indikatoren der drei Klassen.[50]

Die strategisch wichtigen Indikatoren liefern dem Management wichtige Informationen über die Entwicklung relevanter Intangibles. Außerdem können bei falscher subjektiver Auswahl der Indikatoren schnell falsche Informationen zur strategischen Unternehmensentwicklung gemessen werden. Dies könnte dann zu einer Fehlsteuerung führen.

Die unterschiedliche Skalierung der Achsen muss kritisch überwacht werden. So können monetäre Daten (z. B. der Markenwert) neben nicht-monetären Größen (z. B. Anteil der Neukunden am Gesamtumsatz) im Radarchart abgebildet werden.[51] Dieses kann u. E. zu Schwierigkeiten bei der Beurteilung der mit Hilfe des Radarcharts dargestellten Daten führen, da die Vergleichbarkeit der Intangibles untereinander nicht gegeben ist.

Der ICN ist ein leicht anzuwendendes System und tendenziell für jedes Unternehmen einsetzbar. Allerdings besteht beim ICN auch noch Verbesserungsbedarf. So fehlt bspw. die Abbildung von Ursache-Wirkungs-Beziehungen. Selbst bei einer gezielten Auswahl der Indikatoren muss das Unternehmen einen hohen Grad an Sensitivität bei der Auswahl der Investitionen in die Intangibles leisten. Der Einsatz des ICN ist deswegen einem Unternehmen nur bedingt zu empfehlen, da bei der Implementierung des ICN auf viele Faktoren geachtet werden muss. Bei einer genauen und sensiblen Analyse und Auswahl der Indikatoren kann der ICN durchaus in der Lage sein, Unternehmen bei der Steuerung von Intangibles zu unterstützen.

5.4.3 Wissensbilanz

5.4.3.1 Wissensbilanz als Instrument zur Unternehmensentwicklung

Die Wissensbilanz verknüpft in eleganter Form vorhandene Ansätze zur strategischen Unternehmensentwicklung und generiert ein neues, zumindest kurzfristig erfolgreiches Managementinstrument. Die Methodik Wissensbilanz wagt den Spagat zwischen einem ganzheitlichen und zugleich betont pragmatischen Vorgehen zur Aufnahme wissensrelevanter Faktoren, Leistungsprozesse, Indikatoren und Ursache-Wirkungs-Beziehungen. Internen und externen Adressaten soll sie ein plausibles Bild über den Bestand der Intangibles im Unternehmen geben. Sie soll einen heutigen Beitrag zur Wertschöpfung sowie des zukünftigen Nutzungspotenzials bei entsprechender Entwicklung zeichnen. Entsprechend seines Charak-

---

50 Vgl. KIRCHNER-KHAIRY (2006), S. 142.

51 Vgl. WEBER/KAUFMANN/SCHNEIDER (2006), S. 23 f.

ters als Instrument der Organisationsentwicklung bietet es unterschiedliche Wirkungsebenen – vom einfachen „Aha-Effekt“ über die „Fundierung des Bauchgefühls“[52] bis hin zum Einsatz als Steuerungsinstrument mit voraussagbarem Ergebnisbeitrag. Das Einsatzgebiet der Wissensbilanz reicht bspw. von der Verbesserung der Kooperation mit Lieferanten über vertiefte Kommunikationen zu externen Kapitalgebern hin bis zur Unterstützung eines Generationswechsels in Familienunternehmen. Die Wissensbilanz wird in Pilotprojekten bei Unternehmen bisher erfolgreich erprobt.

5.4.3.2 Ausweitung der Wissensbilanz als Instrument der Standortförderung

In methodischer Hinsicht betonen die Promotoren der Wissensbilanz die Reichweite des Einsatzgebietes sowie den mit ihrem Einsatz verbundenen Lern- bzw. Bewusstwerdungsprozess.

Das schon unternehmensbezogene „weite Feld der Wissensbilanz“ wird in Entwürfen auf „regionalen Wissensbilanzen“ nicht nur geographisch ausgedehnt. Angesichts der methodischen Vorteile der Wissensbilanz gegenüber den bisher eingesetzten groben Ranking-Methoden zur Bewertung sowie der starken Promotion durch politische Institutionen ist es naheliegend, die Wissensbilanz als Instrument zur Darstellung und Förderung der regionalen Wettbewerbsfähigkeit einzusetzen. Das Gebiet der anscheinend klar abgrenzbaren Organisation Unternehmen wird auf politische Gebietseinheiten erweitert.[53] Der Einbezug politischer Räume und Akteure öffnet neue Einsatzgebiete der Wissensbilanz. Zugleich werden Einsatzgefahren aufgedeckt, die in Unternehmen oftmals verborgen bleiben, aber ähnlich wirksam sind.

Im Wettbewerb der Regionen betont bspw. das Land Berlin seine hervorragende Stellung als innovativer Forschungsstandort: Renommierte Universitäten, zahlreiche Fachhochschulen und führende Forschungsinstitutionen bilden im Schulterschluss mit aufstrebenden Know-how-Unternehmen ein einmaliges innovatives Potenzial. Eine Wissensbilanz für Berlin könnte den geeigneten Rahmen für die Darstellung und Weiterentwicklung dieses intellektuellen Kapitals bieten, international Aufmerksamkeit erregen und die Ansiedlung neuer Unternehmen entscheidend fördern.

Die Würdigung der Forschungsleistungen ist Herausforderungen in der Messung und politischen Bewertung ausgesetzt: Etwa der Einfluss starker Interessensverbände sowie die Schwierigkeiten in der Bewertung wissenschaftlicher Grundlagenforschung. Unterschiedliche Auffassungen in der Analyse der Einflussfaktoren und ihrer Bewertungen sowohl innerhalb der Wissensbilanz-Projektgruppe als auch bei internen und externen Adressaten können rasch zur Ernüchterung bzw. zu Ermüdungserscheinungen führen. So liegt die Meinung einer um Haushaltskonsolidierung bemühter Finanzbehörde oft weit neben der Einschätzung ehrgeiziger Universitäten. Denkbar ist auch, dass die jeweils regierende Partei die Wissensbilanz eines Forschungsinstitutes nicht unvoreingenommen betrachtet – bspw. im Bereich der Wirtschaftspolitik, der Energieversorgung oder Bio- und Medizintechnologie. Manipulationen an Indikatoren sind möglich. Aus der Diskussion von Produkthaushalten zur Steuerung von Universitäten sind Rückwirkungen in der Erhebung und Definition von Indikatoren auf ihre Bewertung bekannt: Die Einführung des Indikators „Anzahl der Publikationen“ im Wissenschaftsbetrieb führte zu kürzeren und dafür zahlreicheren Publikationen.

---

[52] Vgl. *BUNDESMINISTERIUM FÜR WIRTSCHAFT UND TECHNOLOGIE* (2008), S. 4.

[53] Vgl. *BUNDESMINISTERIUM FÜR WIRTSCHAFT UND TECHNOLOGIE* (2005), S. 37.

Bezogen auf ein Unternehmen könnten Spannungen zwischen einzelnen Unternehmensbereichen aufbrechen, bspw. in der Telekommunikationsbranche (Mobil- und Festnetzsparte) oder zwischen „Zivilen“ und „Sondertechnik“-Produktionsbereichen.
Innerhalb einer Region könnte die Wissensbilanz im Rahmen des Quartiers-Managements genutzt werden. Der Zusammenhang: Die Ansiedlung von Künstlern in Problembezirken durch staatlich subventionierte Ausstellungs-und Arbeitsräume schafft ein sich vernetzendes Humankapital, das sich zu einer Szene verdichtet (Strukturkapital), die wiederum das Beziehungskapital stärkt (Zuzug von neuen Bewohnern und Ansiedlung von neuen Unternehmen). Auch hier sind Konfliktlinien zwischen den Teilnehmer der Projektgruppe erkennbar, die in der Projektarbeit angesprochen und ausgeglichen werden müssen. Bei erfolgreichem Quartiers-Managements stehen die Interessen von Stadt und Gewerbe denen der kreativen Szene und denen der alteingesessenen Bewohner rasch entgegen. Ein erfolgreicher Einsatz der Wissensbilanz fordert und fördert die Ergänzung um Instrumente aus Meditationsverfahren. In der Praxis ist es noch offen, ob und wie weiche Einflussfaktoren wie „Führungskultur“ robust genug definiert werden können, um in parteiisch geprägten, von „Stammesfehden“ gekennzeichneten Umfeldern noch für alle Beteiligten akzeptabel messbar zu sein.

5.4.3.3 Herausforderungen und weiterführende Ansätze der Wissensbilanz

Die Wechselbeziehungen der Methode Wissensbilanz zu ihrem Untersuchungsbestand können aus der bisherigen kurzen Einsatzzeit der Wissensbilanz noch nicht beantwortet werden. Offen ist auch der Interessenskonflikt zwischen kurzfristig messbaren monetären Interessen und weniger eindeutigen Wirkungszusammenhängen: Dies ist bspw. in Unternehmen zu erwarten, die vor einer Veräußerung an einen Investor mit Vorliebe für monetäre Kennziffern stehen.

Negative Erfahrungen können rasch die Erfolgsbasis erodieren: Nach Identifizierung und Nutzung der „Quick Wins“ der Wissensbilanz können weitere Ergebnisbeiträge nur mit verstärkten Mühen gewonnen werden. Die Pareto-Regel (20% des Aufwandes führen zu 80% des Ergebnisses) kann in ihr Gegenteil umschlagen und ein weiteres Abarbeiten an der Wissensbilanz als fruchtlos erscheinen lassen. Mit Abnehmen der Motivation zur Erstellung, Beteiligung und Kommunikation der Wissensbilanz sinkt die Aussagefähigkeit der Wissensbilanz. Es kann ein negativer Wirkungskreis entstehen und im schlimmsten Fall zur Ablehnung der Methodik führen.

Daher ist vor „Ikarus-Promotoren“ zu warnen, welche die Wissensbilanz in kürzester Zeit als etabliertes und im Unternehmen fest verankertes Instrument ausrufen. Oder zu schnell in die luftigen Höhen der Sensitivitätsanalyse ziehen, pointiert priorisieren und spektakulär scheitern.[54]

Die Fähigkeit der Methodik Wissensbilanz, sich in einem Umfeld mit politischen Einflussgruppen, konträren Interessen, strategischem Verhalten, entkräfteten Indikatoren, frustrierten Teammitgliedern und negativen Promotoren zu behaupten, bleibt abzuwarten. Es sind Maßnahmen und Strategien zur Begrenzung und Umkehrung solcher Einflüsse und Prozesse zu entwickeln.

---

54 Erfahrungen aus der Einführung von Total Quality Management und dem Neuen Steuerungsmodell im Öffentlichen Sektor zeigen die Gefahren eines zu raschen Vorgehens auf.

Deshalb ist zur Absicherung des bisherigen Einführungserfolges und zur Vergrößerung des Nutzungspotenzials der Wissensbilanz nach Ansicht der Autoren statt einer Ausweitung eine Parzellierung des „weiten Feldes Wissenslandschaft" zielführend. Die Bearbeitungstiefe innerhalb dieses Arbeitsgebietes ist in mehrfacher Hinsicht zu erhöhen:

- Abgrenzung eines spezifischen Einsatzgebietes im Sinne eines Produktes
- Anreicherung der gebietsspezifischen Wissensbilanz um besondere Methoden, abgewandelte Vorgehensmodell und „Hard Facts"

Ein Beispiel für eine themenspezifische Wissensbilanz kann der Generationswechsel innerhalb eines Unternehmens sein. Der Hinweis auf den Einsatz der Wissensbilanz vor dem Hintergrund der rechtlichen und steuerlichen Aspekte kann den Blick für die Wissensressourcen und den Zeitbedarf zu Klärung dieser Fragestellungen betonen und den Vorbereitungsstand bzw. den weiteren Vorbereitungsbedarf aufdecken.[55]

Der Einführung von Standardsoftware gehen i. d. R. IT-spezifische Untersuchungen zur technischen Machbarkeit voraus. Der Beratungsalltag zeigt oft, dass darüber hinaus die weichen Faktoren einer ERP[56]-Einführung vernachlässigt worden sind: Die benötigten Business-Inputs, bspw. im Bereich Steuern, sind nicht erhoben und wechselseitige Abhängigkeiten zwischen den einzelnen Fachbereichen ungenügend beleuchtet. Nicht selten wird der benötigte Personaleinsatz der eigenen Mitarbeiter unterschätzt. Die Folgen – Zeitverzögerungen, erhöhter Beratungsaufwand, aus Zeitdruck in Kauf genommene Qualitätseinbußen bspw. bei der Dokumentation – sind hinlänglich bekannt. Ein Produkt „Wissensbilanz für ERP-Einführungen" könnte helfen, den immateriellen Ressourcenbedarf zu erheben und die Folgekosten ihrer Vernachlässigung darzustellen.

Ein weiteres Wissensbilanz-Produkt könnte für Non-Profit-Organisationen wie Hilfsorganisationen entwickelt werden. Da sie ähnlich wie Marken am Spendenmarkt fungieren, ist für sie das Beziehungskapital zu Geldgebern ein zentraler Einflussfaktor. Die Zertifizierung der Non-Profit-Wissensbilanz durch externe Prüfer kann sich zu einem wichtigen Indikator für ein „spendenwürdiges" Unternehmen entwickeln. Auftretende Konflikte können im Vorfeld erkannt und moderiert werden.[57] Aus Sicht der Kapitalgeber und interner Kontrollgremien ist die Darstellung des Struktur- und Humankapitals dieser Organisationen von hohem Interesse. Dies gilt bspw. auch für eine Wissensbilanz in religiösen Gemeinschaften. Auch religiöse Gemeinschaften stehen oft vor „weltlichen" Problemen: Soll bspw. ein Kloster vermehrt meditative Einkehrtage anbieten oder mit einem Brauerei-Ausschank ein breiteres und unruhigeres Publikum ansprechen? Der Einsatz der Wissensbilanz innerhalb der Ordensgemeinschaft entlastet den Prior von einer „einsamen" Entscheidung und schafft die Grundlage für gemeinschaftlich getragene Entscheidung. Als Grenze des Einsatzes der Wissensbilanz in religiösen Organisationen könnte sich die „Tabuisierung des Ökonomischen" erweisen sowie die Bereitschaft der Führungsspitze, sich unliebsamen Ergebnissen zu stellen, bspw. Auswirkungen der Führungskultur auf Engagement und Anzahl ihrer Mitglieder.

---

55 Vgl. *UNTERNEHMERMAGAZIN* (2007), S. 20 ff.

56 ERP: Enterprise Resource Planning.

57 Die Notwendigkeit eines solchen Instrumentes zeigt bspw. die Diskussion um UNICEF im vergangenen Jahr.

6 Schlussbetrachtung

Angetrieben durch den wirtschaftlichen Wandel von produktions- zu wissensgetriebenen Unternehmensmodellen, der Konkurrenz aus Niedriglohnstandorten und dem immer geringeren technologischem Know-how-Abstand zwischen den globalen Wettbewerbern gewinnt die Darstellung und Steuerung von Intangibles an Bedeutung. Dies gilt nicht nur für die Unternehmen selbst, sondern auch für die einzelnen Nationalstaaten und Organisationen. Dem Bedeutungszuwachs von Intangibles, wie sie sich auch in der Rechnungslegungsvorschrift IAS 38 ausdrückt, steht aus wissenschaftlicher Sicht eine Methodenlücke zur Erhebung, Analyse und Bewertung gegenüber. Die vorgestellten monetären Verfahren zur Bewertung von Intangibles konnten sich auf breiter Ebene nicht durchsetzen und führten zu keiner Verankerung im externen oder internen Rechnungswesen. Aus Bereichen der wissenschaftsnahen Forschung und Politik wird der Einsatz ausgefeilter Strukturmodelle zur Erstellung einer Wissensbilanz und zum Wissensmanagement gefördert. Die Pilotprojekte zeichnen ein sehr positives Bild der als äußerst flexibel eingestuften Methodik Wissensbilanz. Langfristige Studien über die Wissensbilanz liegen allerdings noch nicht vor. Bewusste oder unbewusste Anwendungsfehler in der Methodik der Wissensbilanz können noch nicht im Rahmen eines Zertifizierungsprozesses aufgedeckt werden. Insofern eröffnet die Wissensbilanz im internen Rechnungswesen wertvolle Einblicke und Steuerungsmöglichkeiten. Ein Niederschlag im externen Zahlenwerk der Bilanz ist noch nicht oder nur sehr eingegrenzt möglich. Die Wechselwirkungen des Wissensbilanzeinsatzes auf ihren Untersuchungsgegenstand, ihre Vorgehensmethodik und Diagnostik sind noch offen. Die Gefahr, dass es sich lediglich um ein modisches Beratungsinstrument mit zunehmend abstumpfender Wirkung handelt, ist noch nicht gebannt.

Die Autoren befürworten im Gegensatz zu einer „Wissensbilanzbewegung" den „vertieften und kontrollierten" Einsatz in ausgewählten Einsatzgebieten. In der Anreicherung von Ursache-Wirkungs-Beziehungen um themenspezifisches Know-how sehen sie einen erkennbaren Mehrwert für Unternehmen und Non-Profit-Organisationen.

Kooperationen zwischen Methodenanbietern und Know-how-Trägern wie Verbänden, Institutionen, Wirtschaftsprüfern und ggf. Softwareherstellern können zu themenspezifischen Wissensbilanzversionen bzw. Modulen führen. Langfristig ist die Ergänzung der Strukturmodelle um Elemente der monetären Ansätze erforderlich.

Quellenverzeichnis

Bontis, N. (2002): Managing Organizational Knowledge by Diagnosing Intellectual Capital, in: *Choo, C. W./Bontis, N.* (Hrsg.), The Strategic Management of Intellectual Capital and Organizational Knowledge, Oxford 2002, S. 621–642.

Bundesministerium für Wirtschaft und Arbeit (2005) (Hrsg.): Wissensbilanz – Made in Germany: Leitfaden, 2. Auflage, Berlin 2005.

Bundesministerium für Wirtschaft und Technologie (2006) (Hrsg.): Wissensbilanz – Made in Germany: Wissen als Chance für den Mittelstand, März 2006, Berlin 2006.

BUNDESMINISTERIUM FÜR WIRTSCHAFT UND TECHNOLOGIE (2007a) (Hrsg.): WissensWert, Ausgabe 3, August 2007, München 2007.

BUNDESMINISTERIUM FÜR WIRTSCHAFT UND TECHNOLOGIE (2007b) (Hrsg.): WissensWert, Ausgabe 4, Oktober 2007, München 2007.

BUNDESMINISTERIUM FÜR WIRTSCHAFT UND TECHNOLOGIE (2008) (Hrsg.): WissensWert, Ausgabe 5, April 2008, München 2008.

MINISTERIUM FÜR WIRTSCHAFT, VERKEHR, LANDWIRTSCHAFT UND WEINBAU RHEINLAND-PFALZ (2007) (Hrsg.): Wissen ist Zukunft – Wissensbilanz als strategisches Instrument für den Mittelstand, 2. Auflage, Januar 2007, Mainz 2007.

EDVINSSON, L./MALONE, M. (1999): Intellectual Capital – Realizing your Company's true Value by finding its hidden Brainpower, Paris 1999.

GÜNTHER, T. (2005): Unternehmenssteuerung mit Wissensbilanzen – Möglichkeiten und Grenzen, in: ZfCM – Zeitschrift für Controlling & Management, 2005, Sonderheft Nr. 3, S. 67–75.

HUNTER, L./WEBSTER, E./WYATT, A. (2005): Measuring Intangible Capital: A Review of Current Practice, in: Intellectual Property Research Institute of Australia (Hrsg.), Working Paper Nr. 16/04, 2005, S. 1–46.

KAUFMANN, L./SCHNEIDER, Y. (2006): Intangible Unternehmenswerte als internationales Forschungsgebiet der Unternehmensführung – Literaturübersicht, Schwerpunkte und Forschungslücken, in: *MATZLER, K./HINTERHUBER, H. H./RENZL, B.* (Hrsg.), Immaterielle Vermögenswerte – Handbuch der intangible Assets, Berlin 2006, S. 23–41.

KIRCHNER-KHAIRY, S. (2006): Mess- und Bewertungskonzepte immaterieller Ressourcen im kybernetischen Controlling-Kreislauf, Hamburg 2006.

LEITNER, K-H./SCHIBANY, A. (2000): Konzepte und Ansätze zur Bewertung von Intangible Assets, online: http://systemforschung.arcs.ac.at/Publikationen/13.pdf, Stand: 2000, Abruf: 10.8.2008.

MARR, B./GRAY, D. (2004): Three Reasons why Organizations measure their Intellectual Capital, in: *HORVATH, P./MÖLLER, K.* (Hrsg.), Intangibles in der Unternehmenssteuerung, München 2004, S. 99–126.

MÖLLER, K. (2004): Intangibles als Werttreiber, in: *HORVATH, P./MÖLLER, K.* (Hrsg.), Intangibles in der Unternehmenssteuerung, München 2004, S. 483–495.

RODOV, I./LELIEART, P. (2002): FiMIAM: financial method of intangible assets measurement, in: Journal of Intellectual Capital, 2002, Nr. 3, S. 323–336.

ROOS, G./PIKE, S./FERNSTRÖM, L. (2004): Intellectual Capital Management, Measurement and Disclosure, in: *HORVÁTH, P./MÖLLER, K.* (Hrsg.), Intangibles in der Unternehmenssteuerung, München 2004, S.127–158.

SCHÄFER, A. (2001): Bewertung Intellektuellen Kapitals, Osnabrück 2001.

STEWART, T.A. (1998): Der vierte Produktionsfaktor: Wachstums und Wettbewerbsvorteile, München/Wien 1998.

Stoi, R. (2004): Management und Controlling von Intangibles auf Basis der immateriellen Werttreiber des Unternehmens, in: *Horváth, P./Möller, K.* (Hrsg.), Intangibles in der Unternehmenssteuerung, München 2004, S. 187–201.

Stoi, R. (2003): Controlling von Intangibles – Identifikation und Steuerung der immateriellen Werttreiber, in: Controlling, 2003, Nr. 3/4, S. 175–183.

Strack, R./Villis, U. (2004): Integriertes Wertmanagement: Steuerung des Mitarbeit-, Kunden- und Lieferantenkapitals, in: *Horváth, P./Möller, K.* (Hrsg.), Intangibles in der Unternehmenssteuerung, München 2004, S. 203–218.

Sveiby, K. E. (2001): Methods for Measuring Intangible Assets, online: http://sveiby.com/Portals/0/articles/intangibleMethods.htm, Stand: 2001, Abruf: 10.08.2008.

Unternehmermagazin (2007): Wichtige „weiche“ Faktoren, Interview mit Gunnar Lohmann-Hütte, in: Unternehmermagazin, 2007, Heft 4, S. 20–23.

Völckner, F./Pirchegger, B. (2006): Immaterielle Werte in der internen und externen Berichterstattung deutscher Unternehmen, in: Die Betriebswirtschaft, 2006, Nr. 2, S. 219-243.

Weber, J./Kaufmann, L./Schneider, Y. (2006): Controlling von Intangibles, Weinheim 2006.

Die Berücksichtigung von Wissen in der Rechnungslegung nach US-GAAP

Torsten Mindermann und *Gerrit Brösel*

Technische Universität Ilmenau und *Hochschule Magdeburg-Stendal*

1 Problemstellung

In der wirtschaftswissenschaftlichen Literatur[1] herrscht die klassische Differenzierung zwischen implizitem und explizitem Wissen vor. Diese deutet darauf hin, dass Wissen nicht notwendigerweise an den Menschen gebunden sein muss. Die Trennung zwischen implizitem und explizitem Wissen geht auf *POLANYI*[2] zurück. Unter *implizitem Wissen* wird das Wissen verstanden, das sich in den Köpfen der Mitarbeiter befindet und nicht unmittelbar artikulierbar ist.[3] Es beruht auf persönlichen Erfahrungen, Handlungs- und Verhaltensweisen sowie dem Wertesystem einer Person und ist seinem Träger oft selbst nicht bewusst.[4] Eine Person weiß folglich mehr, als sie in Worte fassen kann.[5] Da implizites Wissen unmittelbar mit dem Handeln einer Person verflochten ist, ist es an den Erfahrungsträger gebunden und lässt sich demzufolge auch nicht von ihm ablösen.[6] Implizites Wissen wird in der Regel nur durch persönliche Kontakte vermittelt und ist daher nur bedingt übertragbar.[7] Demgegenüber handelt es sich beim *expliziten Wissen* um Wissen, das von einer Person losgelöst ist und in artikulierter, transferierbarer und speicherbarer Form vorliegt.[8] Explizites Wissen ist in bestimmten Medien (z. B. in Dokumenten) gespeichert, so dass es leicht mit den Mitteln der Informations- und Kommunikationstechnologie übertragen und vervielfältigt werden kann.[9]

Im Hinblick auf die Betrachtung des immateriellen Vermögens ist auffällig, dass die in der Literatur zu findenden Ansätze – trotz ungleicher Detaillierungsgrade – auf einer weitgehend gemeinsamen Grundstruktur basieren. So wird in fast allen Ansätzen das Humankapital als eine eigenständige Vermögenskategorie identifiziert. Neben dem Humankapital bilden in der Grundstruktur das *Beziehungskapital* und das *Strukturkapital* die weiteren Säulen des immateriellen Vermögens.[10] Während das *Humankapital* alle individuellen Fähigkeiten, Fertigkeiten und Erfahrungen der Mitarbeiter beschreibt,[11] ist unter dem *Strukturkapital* all das Wissen zu verstehen, das auch noch dann im Büro vorhanden ist, wenn der Mitarbeiter dieses verlässt.[12] In der Literatur wird das Strukturkapital daher beschrieben als jenes Wissen, das abends nicht nach Hause geht.[13] Damit umfasst das Strukturkapital das überwiegend personenunabhängige Potenzial eines Unternehmens,[14] welches hauptsächlich zur Unterstützung

---

1 Vgl. z. B. *NORTH* (2002), S. 48 f.

2 Vgl. *POLANYI* (1985), S. 14.

3 Vgl. *AMELINGMEYER* (2000), S. 46.

4 *POLANYI* (1985), S. 14 f., veranschaulicht dies an einem Beispiel, indem es einer Person möglich ist, ein Gesicht unter tausend anderen Gesichtern wieder zu erkennen, ohne genau erklären zu können, wie sie dabei vorgegangen ist. Als weiteres Beispiel führt *AMELINGMEYER* (2000), S. 46, die „korrekte Verwendung der Muttersprache ohne explizite Kenntnis der ihr zugrunde liegenden Regeln“ an.

5 Vgl. *VON FELBERT* (1998), S. 136.

6 Vgl. *SCHREYÖGG/GEIGER* (2004), S. 277.

7 Vgl. *NORTH* (2002), S. 48.

8 Vgl. *DOHMANN* (2002), S. 181.

9 Vgl. *VON FELBERT* (1998), S. 135.

10 Vgl. *DILLERUP/SCHUNK* (2006), S. 116.

11 Vgl. *EDVINSSON/BRÜNIG* (2000), S. 28.

12 Vgl. *SCHÄFER* (2001), S. 22.

13 Vgl. *DILLERUP/SCHUNK* (2006), 118.

14 Vgl. *BERNDT* (2003), S. 832, und *VÖLCKNER/PIRCHEGGER* (2006), S. 221.

der Produktivität des Humankapitals dient.[15] Das Strukturkapital setzt sich aus dem Innovations- und dem Prozesskapital zusammen. Das Innovationskapital enthält die immateriellen Werte eines Unternehmens im Bereich der Produkt-, Dienstleistungs- und Verfahrensinnovationen, wie z. B. Patente, ungeschützte Rezepturen oder neue Software.[16] Die immateriellen Werte eines Unternehmens im Organisationsbereich – z. B. im Hinblick auf die Ablauf- und Aufbauorganisation – werden dem Prozesskapital subsummiert.[17] Neben den Prozesstechnologien zählen hierzu beispielsweise ein gut funktionierendes Kommunikationsnetz oder eine hochwertige Qualitätssicherung.[18] Das *Beziehungskapital* veranschaulicht die sozialen Beziehungen eines Unternehmens im Absatz- und Beschaffungsbereich.[19] Beispielhaft können hier der Kunden- oder der Lieferantenstamm genannt werden.

Somit wird deutlich, dass die in der Literatur[20] teilweise vorgenommene *synonyme Verwendung* der Begriffe „Wissen", „immaterielles Vermögen" und „intellektuelles Kapital" zu kritisieren ist, denn *Wissen stellt lediglich eine Teilmenge des immateriellen Vermögens* bzw. des intellektuellen Kapitals dar. So sind die unter das Beziehungskapital fallenden Positionen wie z. B. Image, Kunden-, Lieferantenstamm oder Markenwerte kein Bestandteil der Ressource „Wissen", können jedoch den immateriellen Vermögenswerten zugerechnet werden. Das Humankapital hingegen beschreibt das in den Köpfen der Mitarbeiter gebundene implizite Wissen, welches aufgrund seiner Personengebundenheit sogar nach dem engen, auf der semiotischen Begriffsabgrenzung beruhenden Wissensverständnis als Wissensbestandteil zu qualifizieren ist. Wird sich von diesem engen anthropozentrischen Wissensverständnis gelöst, dann ist das *Strukturkapital* als das explizite Wissen des Unternehmens zu charakterisieren.

Damit die Jahresabschlussadressaten sachgerechte *Entscheidungen* treffen können, müssen grundsätzlich alle entscheidungsrelevanten Sachverhalte im Jahresabschluss abgebildet werden.[21] Der *Grundsatz der Vollständigkeit* wird jedoch durch die Kriterien der Wesentlichkeit und Wirtschaftlichkeit eingeschränkt.[22] Allerdings entsteht hierdurch nur scheinbar ein Widerspruch, weil sich das Vollständigkeitsgebot nur auf relevante Informationen erstreckt. Bedeutsamer für die Aussagekraft des Jahresabschlusses ist, dass der Grundsatz der Vollständigkeit auch durch konkrete Aktivierungsverbote relativiert wird.[23] Aktivierungsverbote können dazu führen, dass die bestehenden Informationsasymmetrien zwischen der Unternehmensführung und den externen Jahresabschlussadressaten bestehen bleiben. Für einen informationsorientierten Jahresabschluss, in dem die Ressource „Wissen" umfassend abgebildet werden soll, bedeutet das Vollständigkeitspostulat eine lückenlose Berichterstattung. Dies hat zur Folge, dass bei fehlender Aktivierungsmöglichkeit die fehlenden Informationen im Lagebericht oder Anhang bereitgestellt werden sollten.[24]

---

15 Vgl. *SCHÄFER* (2001), S. 83.

16 Vgl. *BERNDT* (2003), S. 832.

17 Vgl. *DILLERUP/SCHUNK* (2006), S. 118.

18 Vgl. *ARBEITSKREIS „IMMATERIELLE WERTE IM RECHNUNGSWESEN" DER SCHMALENBACH-GESELLSCHAFT FÜR BETRIEBSWIRTSCHAFT E. V.* (2001), S. 990.

19 Vgl. *VÖLCKNER/PIRCHEGGER* (2006), S. 221.

20 Vgl. *SCHÄFER/LINDENMAYER* (2004), S. 10 f.

21 Vgl. *SCHILDBACH* (2000), S. 112.

22 Vgl. *JANKE/MIETKE* (2003), S. 750.

23 Vgl. *BALLWIESER* (1999), Rd. 49.

24 Vgl. umfassend zu den Informationsdefiziten in Jahresabschlüssen sowie zu den daraus resultierenden Grenzen und den Möglichkeiten im Rahmen der Bilanzanalyse *SCHULT/BRÖSEL* (2008).

Da die Ressource „Wissen“ von immenser Bedeutung für den wirtschaftlichen Erfolg eines Unternehmens bzw. eines Konzerns ist, sei es wünschenswert, dass der Jahresabschluss Informationen hierüber enthält. In diesem Beitrag wird daher untersucht, ob und gegebenenfalls wie die Ressource „Wissen“ im externen Rechnungswesen der United States-Generally Accepted Accounting Principles (US-GAAP) erfasst wird. Da der Zweck eines Rechnungslegungssystems die Abbildung der Vermögenswerte im Jahresabschluss beeinflusst, wird zunächst der primäre Jahresabschlusszweck skizziert, bevor die konkreten Regelungsnormen detailliert erläutert werden. Im Mittelpunkt stehen dabei die Regelungen zu den immateriellen Vermögenswerten, weil das Wissen einen Teilbereich dieser Vermögensausprägung darstellt.

2 Grundlagen der Rechnungslegung nach US-GAAP

Die *Informationsfunktion* steht im Mittelpunkt der Jahresabschlüsse nach US-GAAP. Ebenso wie die Jahresabschlüsse nach den International Financial Reporting Standards (IFRS)[25] erfüllen Jahresabschlüsse nach US-GAAP grundsätzlich keine Zahlungsbemessungsfunktion. Die Jahresabschlüsse sollen gemäß Statement of Financial Accounting Concepts 1.9 (SFAC 1.9) den Abschlussadressaten entscheidungsnützliche Informationen für ihre Anlageentscheidungen liefern, wobei nach US-GAAP – wie nach IFRS – die Eigenkapitalgeber als Hauptadressaten anzusehen sind.

Im Unterschied zum deutschen Recht wird die Rechnungslegung in den USA nicht vom Gesetzgeber geregelt.[26] Die Rechnungslegung wird von der Legislative nur durch die Gesetze zum Schutz des Wertpapierhandels beeinflusst.[27] Hier sind insbesondere der Securities Act (SA) und der Securities Exchange Act (SEA) zu nennen, die – ausgelöst durch den „Börsenkrach“ im Jahre 1929 – erlassen wurden, um die Anleger besser zu schützen.[28] Auf Basis dieser Gesetze werden die börsennotierten Unternehmen dazu angehalten, ihre finanzielle Lage und ihren Erfolg vollständig und (möglichst) objektiv darzulegen.[29] Die Einhaltung der beiden Gesetze wird von der *US-amerikanischen Börsenaufsichtsbehörde Securities and Exchange Commission* (SEC) überwacht, die gleichzeitig durch den SEA ermächtigt ist, für alle börsennotierte Unternehmen die Rechnungslegungsnormen festzulegen.[30]

---

[25] Zur Abbildung von Wissen in der Rechnungslegung nach HGB bzw. nach IFRS siehe ausführlich *Mindermann* (2008).

[26] Dies begründet sich zum einen in der langen Tradition des Wirtschaftsliberalismus. So soll der Staat grundsätzlich nicht in das Wirtschaftsgeschehen eingreifen, damit ein freier Wettbewerb gewährleistet ist. Nur wenn die Wettbewerbsfreiheit bedroht ist, hat der Staat zu intervenieren. Zum anderen liegt diesem Vorgehen die Überzeugung zugrunde, dass die Berufsgruppen (wie z. B. Wirtschaftsprüfer), die täglich mit dem zu normierenden Problembereichen beschäftigt sind, vermeintlich wesentlich bessere und effizientere Lösungen erarbeiten können als eine staatliche Behörde. Die Einrichtung des Deutschen Rechnungslegungs Standards Committee e. V. (DRSC) ist ein (bedenkliches) Zeichen dafür, dass diese Denkweise mittlerweile auch in Deutschland in einigen Bereichen akzeptiert wird.

[27] Vgl. *Dawo* (2003), S. 116.

[28] Vgl. *Brotte* (1997), S. 120 ff.

[29] Vgl. *von Keitz* (1997), S. 85.

[30] Vgl. *Haller* (1994), S. 33 f., und *Schreiber* (2002), S. 20.

Da die Rechnungslegungsregeln der SEC *nur für kapitalmarktorientierte Unternehmen* gelten, sind die von Unternehmen zu beachtenden Vorschriften zur Rechnungslegung grundlegend davon abhängig, ob dieses einen öffentlichen Kapitalmarkt beansprucht oder nicht.[31] Sofern US-amerikanische Unternehmen für ihre Eigen- oder Fremdkapitaltitel keinen öffentlichen Kapitalmarkt in Anspruch nehmen, müssen diese lediglich die von ihrem jeweiligen Gründungsstaat regulierten Vorschriften sowie gegebenenfalls vertragliche Vereinbarungen mit Eigen- und Fremdkapitalgebern beachten.[32] Kapitalmarktorientierte Unternehmen sind hingegen verpflichtet, ihren Jahresabschluss nach US-GAAP aufzustellen, weil die US-amerikanische Börsenaufsichtsbehörde SEC für eine Notierung am US-amerikanischen Kapitalmarkt die Aufstellung eines Jahresabschlusses nach US-GAAP und dessen Testierung durch einen Wirtschaftsprüfer verlangt.[33] Die weltweite Bedeutung der US-GAAP resultiert in diesem Zusammenhang aus der Bedeutung des US-amerikanischen Kapitalmarktes als Finanzplatz.[34]

Allerdings besitzen die US-GAAP auch für *nicht kapitalmarktorientierte Unternehmen* eine nicht zu unterschätzende Relevanz, denn oft verlangen Kreditgeber als Voraussetzung für die Kreditzusage die Vorlage testierter Abschlüsse.[35] Ein uneingeschränktes Testat darf der Wirtschaftsprüfer jedoch nur vergeben, wenn der Abschluss den US-GAAP entspricht.[36] Da sich auch die IFRS aus (wirtschafts-)politischen Gründen in vielen Bereichen immer mehr den US-GAAP annähern werden, könnte sich der Einfluss der US-GAAP künftig verstärken.[37]

Obwohl die SEC die legislative Kompetenz besitzt, Rechnungslegungsvorschriften zu entwickeln und zu erlassen, hat sie ihrerseits lediglich umfangreiche Verlautbarungen zur formellen, gliederungs- und ausweistechnischen Gestaltung des Jahresabschlusses und der unternehmerischen Berichterstattung erlassen.[38] Das Recht, den Inhalt des Jahresabschlusses durch die Verabschiedung von Bilanzierungs- und Bewertungsregeln materiell zu gestalten, hat die SEC nicht selbst wahrgenommen, sondern an private Rechnungslegungsorganisationen delegiert.[39] Seit 1973 wird diese Aufgabe vom Financial Accounting Standards Board (FASB) wahrgenommen.[40] Dieses erlässt die Statements of Financial Accounting Concepts (SFAC)

---

31 Vgl. *SCHILDBACH* (2002), S. 8, und *PELLENS/FÜLBIER/GASSEN* (2006), S. 57.

32 Vgl. *HÜTTEN* (2000), S. 105 ff.

33 Vgl. *HALLER* (1994), S. 58, und *SCHREIBER* (2002), S. 33.

34 Vgl. *BACKSMANN* (2003), S. 14.

35 Vgl. *BAYER* (2004), S. 73.

36 Vgl. AICPA ET 203.03.

37 Vgl. *SCHREIBER* (2002), S. 3.

38 Vgl. *VON KEITZ* (1997), S. 85 f., und *SCHILDBACH* (2002), S. 8 ff.

39 Vgl. *BACKSMANN* (2003), S. 25, *DAWO* (2003), S. 116, und *PELLENS/FÜLBIER/GASSEN* (2006), S. 59.

40 Zunächst beauftragte die SEC im Jahr 1938 das Committee on Accounting Procedures (CAP), dessen Mitglieder allesamt amerikanische Wirtschaftsprüfer waren, die ehrenamtlich für das CAP arbeiteten. Das CAP hat bis zu seiner Auflösung insgesamt 51 Accounting Research Bulletins (ARB) herausgegeben. Aufgrund fehlender allgemeiner Anerkennung der ARB durch den Berufsverband der US-amerikanischen Wirtschaftsprüfer, dem American Institute of Certified Public Accountants (AICPA), haben diese jedoch nur Empfehlungscharakter. Angesichts starker Kritik wurde das CAP im Jahre 1959 aufgelöst und durch das Accounting Principles Board (APB) ersetzt, welches 31 Accounting Principles Bulletins Opinions, die sich mit einzelnen, konkreten Rechnungslegungsproblemen befassen, und vier Accounting Principles Bulletins Statements, die sich eher mit theoretischen Ausführungen beschäftigen, herausgab. Da die Mitglieder des APB vom AICPA eingesetzt wurden, erschien die Macht des Berufsverbandes der Wirtschaftsprüfer als zu stark. Ein weiteres Problem war, dass die Mitglieder des APB nur ehrenamtlich tätig waren und deshalb lediglich eine begrenzte Zeit dem APB widmen konnten, so dass nicht alle anstehenden Fragen und Probleme hinreichend schnell beantwortet werden konnten. Aufgrund dieser

sowie die Statements of Financial Accounting Standards (SFAS) zur Klärung einzelner Bilanzierungsprobleme und die Interpretations zur Erläuterung von auslegungsbedürftigen SFAS (bzw. noch gültigen Vorschriften der Vorgängerorganisationen des FASB).[41] Im Hinblick auf spezielle Branchen, für welche die existierenden Verlautbarungen des FASB nicht geeignet erscheinen, veröffentlicht das FASB zudem sog. Technical Bulletins. Neben den Verlautbarungen des FASB und seiner Vorgängerorganisationen werden weitere Regelungen als Teil der US-GAAP angesehen, wenn diese durch auf dem Gebiet der Rechnungslegung fachkundige Gremien anerkannt werden.[42]

Da die Regulierung der Rechnungslegung kasuistisch durch Verlautbarungen verschiedener Organisationen erfolgt („Case Law"), sind die Bilanzierungsvorschriften nicht immer widerspruchsfrei.[43] Um den bilanzierenden Unternehmen und Abschlussprüfern eine Orientierungshilfe zu geben, welche dieser zahlreichen Bilanzierungsregelungen in welcher Reihenfolge bei der Erstellung und der Prüfung des Jahresabschlusses zu befolgen sind, hat das AICPA im Statement on Auditing Standards 69 (SAS 69) den *Umfang und* eine *Hierarchie* der zu berücksichtigenden US-GAAP veröffentlicht.[44]

Innerhalb der US-GAAP-Hierarchie – auch „*House of GAAP*" bezeichnet – wird in fünf verschiedene Ebenen differenziert, wobei die fünfte Ebene kein expliziter Bestandteil der US-GAAP ist. Die Verbindlichkeit der Vorschriften nimmt von der ersten bis zur fünften Ebene kontinuierlich ab.[45] Auf der untersten Ebene befinden sich die Verlautbarungen, die gemäß der Rule of Professional Conduct 203 vom FASB veröffentlicht wurden.[46] Hierzu gehören die SFAS, die FASB Interpretations sowie die noch gültigen Accounting Principles Bulletins Opinions (APBO) und Accounting Research Bulletins der Vorgängerorganisationen des FASB. Diese Vorschriften werden in der Literatur auch als US-GAAP im engeren Sinne bezeichnet und besitzen für alle kapitalmarktorientierten Unternehmen konkreten Verpflichtungscharakter.[47] Bei einem bestehenden Bilanzierungsproblem muss das bilanzierende Unternehmen oder der Abschlussprüfer daher zunächst prüfen, ob eine Lösung dieses Problems mit Hilfe der Vorschriften der ersten Ebene möglich ist.[48] Sofern zu dieser Thematik keine Verlautbarung in der ersten Ebene existiert, sind grundsätzlich (und wenn erforderlich „nach und nach") die Vorschriften der zweiten bis vierten Ebene heranzuziehen. Die Vorschriften der ersten vier Ebenen kennzeichnen die US-GAAP im weiten Sinne.[49] Für den Fall, dass sich die Vorschriften aus unterschiedlichen Ebenen widersprechen, ist grundsätzlich der Vorschrift aus der unteren Ebene zu folgen.[50]

Probleme wurde das APB 1973 vom FASB abgelöst, welches von der AICPA unabhängig ist; vgl. ausführlich *Miller/Redding/Bahnson* (1998), S. 56 ff.

41 Vgl. *Schildbach* (2002), S. 30, und *Pellens/Fülbier/Gassen* (2006), S. 64.

42 Vgl. *Haller* (1994), S. 68.

43 Vgl. *Hütten* (2000), S. 104.

44 Vgl. *von Keitz* (1997), S. 98 f.

45 Vgl. *Hütten* (2000), S. 126, und *Schreiber* (2002), S. 34.

46 Vgl. *von Keitz* (1997), S. 101, und *Vater* (2006), S. 943.

47 Vgl. *Haller* (1994), S. 58, und *Pellens/Fülbier/Gassen* (2006), S. 69.

48 Vgl. *Schildbach* (2002), S. 30, und *Schreiber* (2002), S. 34.

49 Vgl. *Haller* (1994), S. 74 ff., *Schreiber* (2002), S. 35, und *Vater* (2006), S. 943 ff.

50 Lediglich wenn im Ausnahmefall nachgewiesen werden kann, dass die Verlautbarung einer höheren Ebene besser geeignet ist, einen bestimmten Sachverhalt abzubilden, darf diese Verlautbarung gegenüber einer niedrigeren Ebene vorgezogen werden; vgl. *von Keitz* (1997), S. 102.

Können *zu einem Bilanzierungsproblem keine Vorschriften* innerhalb der US-GAAP i. w. S. gefunden werden, empfiehlt SAS 69.11, auf andere Quellen der Rechnungslegung zurückzugreifen.[51] Diese anderen Quellen stellen die fünfte Ebene dar. Als Beispiele führt das AICPA die Statements of Financial Accounting Concepts (SFAC), die AICPA Issues Papers, die IAS/IFRS sowie die wissenschaftliche Literatur zur Rechnungslegung an. Welche Quellen der fünften Ebene im konkreten Einzelfall heranzuziehen sind, ist insbesondere von der allgemeinen Anerkennung ihrer Verfasser abhängig.[52] Aus diesem Grund dürften die SFAC häufiger zur Lösungsfindung heranzuziehen sein als die anderen Quellen dieser Ebene.

3 Möglichkeiten und Grenzen der Bilanzierung von Wissen

3.1 Ansatz

3.1.1 Allgemeine Bilanzierungskriterien des Framework

Obwohl das *Conceptual Framework* nur zur fünften Ebene im „House of GAAP" gehört und damit erst dann in Anspruch genommen werden darf, wenn der Ansatz eines immateriellen Vermögenswertes nicht durch Vorschriften der ersten vier Ebenen des „House of GAAP" geregelt ist, wird im Folgenden zunächst die in diesem Rahmenkonzept zu findende Aktivierungskonzeption analysiert, denn das Conceptual Framework dient zum einen als Grundlage für die Entwicklung neuer Rechnungslegungsvorschriften und zum anderen ist es als Auslegungshilfe für neue, gegebenenfalls nicht durch US-GAAP geregelte Bilanzierungsprobleme heranzuziehen.[53]

Das Conceptual Framework sieht für den Bilanzansatz eine *zweistufige Überprüfung* der Aktivierungsfähigkeit vor. Zunächst muss der in Rede stehende Sachverhalt der Definition eines Vermögenswertes („Asset") nach SFAC 6 entsprechen. Sofern der Vermögenswert dann noch die Ansatzkriterien des SFAC 5 erfüllt, ist dieser zu aktivieren.[54]

Nach SFAC 6.25 werden *Vermögenswerte* als „probable future economic benefits obtained or controlled by a particular entity as a result of past transactions or events" definiert. Demzufolge muss ein Sachverhalt folgende drei Voraussetzungen kumulativ erfüllen, um als Vermögenswert klassifiziert zu werden:[55]

---

51 Vgl. *DAWO* (2003), S. 120, und *VATER* (2006), S.943.

52 Vgl. *AFTERMAN* (1996), S. A1 ff.

53 Dabei ist zu beachten, dass das Conceptual Framework nicht zur Interpretation älterer Verlautbarungen, die vor der Herausgabe des Framework erlassen wurden, genutzt werden darf, weil hierfür die damaligen Ziele und Konzepte relevant sind; vgl. *VON KEITZ* (1997), S. 104, und *SCHREIBER* (2002), S. 64.

54 Vgl. *DELANEY ET AL.* (2001), S. 26.

55 Vgl. *SCHILDBACH* (2002), S. 48, und *BACKSMANN* (2003), S. 18 f.

- Der Sachverhalt muss einen *wahrscheinlichen künftigen wirtschaftlichen Nutzen* stiften.

  Nach Ansicht des FASB ist dies der Fall, wenn der in Rede stehende Sachverhalt verkauft oder getauscht werden kann, wenn die Gläubiger diesen zur Rückzahlung der Schulden zulassen oder wenn dieser zur Produktion von Waren oder Dienstleistungen genutzt werden kann.[56] Somit kann der geforderte Nutzen sowohl durch externe Verwendung als auch durch internen Gebrauch erzielt werden.[57] Letztendlich ist entscheidend, dass mit Hilfe des Sachverhaltes entweder zukünftige Einzahlungen generiert und/oder zukünftige Auszahlungen reduziert werden. In seiner Vermögenswertdefinition in SFAC 6.25 hat das FASB den künftigen Nutzen als wahrscheinlich bezeichnet. Damit verlangt das FASB jedoch nicht, dass eine bestimmte Mindestwahrscheinlichkeit vorliegen muss, sondern will lediglich auf die Unsicherheit der zukünftigen Entwicklung hinweisen.[58]

- Der Nutzen muss dem bilanzierenden Unternehmen zufließen oder das Unternehmen muss die *Kontrolle über den Nutzen* haben.

  Im Hinblick auf dieses Kriterium muss die Kontrollmöglichkeit nicht zwingend auf gerichtlich durchsetzbaren Rechten beruhen, vielmehr reicht nach dem Grundsatz der wirtschaftlichen Betrachtungsweise („Substance over Form“) ein wirtschaftliches Kontrollrecht aus.[59] Entscheidend ist dabei, dass das bilanzierende Unternehmen über die Möglichkeit verfügt, Dritte vom Nutzen auszuschließen.

- Die *Vorgänge*, die dem Unternehmen das Recht bzw. die Kontrolle über den Nutzen verschaffen, müssen schließlich *vor dem Bilanzstichtag* liegen.

  Mit diesem Merkmal macht das FASB deutlich, dass ein zukünftiger Nutzenzufluss, der aus einem nach dem Bilanzstichtag stattgefundenen Vorgang resultiert, keinen Vermögenswert zum Bilanzstichtag darstellt.[60]

Das Erfüllen der Vermögenswertdefinition ist nur die notwendige, nicht aber die hinreichende Bedingung dafür, dass ein Sachverhalt in der Bilanz aktiviert werden darf.[61] Zudem muss der Vermögenswert die Ansatzkriterien des SFAC 5 erfüllen:

- Der Vermögenswert muss *zuverlässig bewertbar* sein. Nach Auffassung des FASB ist der Wert mit ausreichender Zuverlässigkeit bestimmbar, wenn sich entweder Anschaffungs- oder Herstellungskosten, Wiederbeschaffungskosten, Absatzpreise, realisierte Werte oder diskontierte Zahlungen ermitteln lassen.
- Daneben ist für eine Aktivierung als Vermögenswert erforderlich, dass die *Informationen* über den Vermögenswert relevant und verlässlich sind.[62]

---

56 Vgl. *Schreiber* (2002), S. 66. Siehe auch SFAC 6.173.

57 Vgl. *von Keitz* (1997), S. 111.

58 Vgl. *Bayer* (2004), S. 79.

59 Vgl. *Nikolai/Bazley* (1996), S. 57.

60 Vgl. *Schreiber* (2002), S. 71.

61 Vgl. *Solomons* (1986), S. 121.

62 Bei diesen beiden Kriterien handelt es sich um die im SFAC dargelegten primären Anforderungskriterien an veröffentlichungsfähige Informationen. Zwischen den beiden Kriterien „Relevanz“ und „Verlässlichkeit“ besteht ein Spannungsverhältnis, das ein grundlegendes Problem der Rechnungslegung darstellt. Denn die Aussage über den zukünftigen Nutzen eines Vermögenswertes ist erst bei einer Bestimmung *ex post* vollständig und intersubjektiv nachprüfbar. Würde das bilanzierende Unternehmen aber solange mit dem Bilanzansatz warten, bis der

- Eine Information ist *relevant*, wenn sie für die Entscheidung der Jahresabschlussadressaten erforderlich ist.
- Damit eine Information als *verlässlich* angesehen wird, muss diese nachprüfbar[63] („verifiable"), willkürfrei[64] („neutral") und wiedergabegetreu[65] („representationally faithful") sein.

Nur die Vermögenswerte, die diese Kriterien kumulativ erfüllen, müssen in der Bilanz aktiviert werden. Folglich führen die Ansatzkriterien dazu, dass nicht alle Vermögenswerte eines Unternehmens in der Bilanz nach US-GAAP zu finden sind.

Die *Ressource „Wissen"* stiftet zweifelsohne einen wahrscheinlich zukünftigen wirtschaftlichen Nutzen, z. B. indem durch zusätzliches Wissen die Fähigkeiten der Mitarbeiter im Leistungserstellungsprozess verbessert und so höhere *Einzahlungsüberschüsse* erwirtschaftet werden können. Ebenso offensichtlich ist, dass die Transaktionen, die dem Unternehmen die Kontrolle über die Ressource zum Bilanzstichtag ermöglichen, *in der Vergangenheit* stattgefunden haben, denn sowohl selbst entwickeltes Wissen im Sinne von Ergebnissen eines Lernprozesses als auch durch Kauf (derivativ) erworbenes Wissen stellen das Ergebnis vergangener Ereignisse dar.

Problematisch an den Tatbestandsmerkmalen der Vermögenswertdefinition ist lediglich, ob das Unternehmen auch die *Kontrolle* über den Nutzen in der Form besitzt, dass fremde Dritte vom Zugang zum Nutzen ausgeschlossen werden können. Bei rechtlich geschütztem *explizitem Wissen* ist dies einwandfrei zu bejahen. Fraglich ist, ob das bilanzierende Unternehmen auch das *implizite Wissen* in den Köpfen der Mitarbeiter, welches beispielsweise durch Aus- und Weiterbildungsmaßnahmen erworben wurde, kontrollieren kann, denn sollte ein Mitarbeiter kündigen und anschließend bei einem Konkurrenzunternehmen beschäftigt werden, kann das bilanzierende Unternehmen generell nicht verhindern, dass das Konkurrenzunternehmen das durch die Weiterbildungsmaßnahme geschaffene Wissen nutzt.[66] Folglich besitzt das Unternehmen streng genommen nicht genügend Kontrollrechte, um Dritte von der Wissensnutzung auszuschließen.

Umso erstaunlicher ist es, dass das FASB in den Beispielen von SFAC 6.175-176, mit denen es den zukünftigen wirtschaftlichen Nutzen exemplifiziert, zwar grundsätzlich davon ausgeht, dass Aus- und Weiterbildungsausgaben nicht aktiviert werden, zumindest aber die Möglichkeit einräumt, dass die Aus- und Weiterbildung einen immateriellen Vermögenswert darstellt. Auch nach SFAC 6.248 ist es zumindest denkbar, dass Aus- und Weiterbildungsausgaben zu immateriellen Vermögenswerten führen, wenn hierdurch ein zukünftiger Nutzen vermutet

Nutzenzufluss komplett und somit objektiv nachprüfbar ist, verliert die Information über den Vermögenswert an Relevanz; vgl. VON KEITZ (1997), S. 114.

63 Eine Jahresabschlussinformation ist nachprüfbar, wenn sich die Bilanzierungs- und Bewertungsmethoden objektiv nachvollziehen lassen.

64 Neutralität bedeutet, dass die Informationsgewährung vom zugrunde liegenden Sachverhalt und nicht von den daraus zu erwartenden wirtschaftlichen Folgen determiniert wird.

65 Wiedergabetreue impliziert, dass die vorgenommene bilanzielle Darstellung und der zugrunde liegende Geschäftsvorfall übereinstimmen. Aus diesem Grund müssen alle Geschäftsvorfälle vollständig erfasst werden.

66 So auch FÜLBIER/HONOLD/KLAR (2000), S. 836, nach deren Ansicht die „Aktivierung von Humankapital […] an der fehlenden Kontrolle seitens des bilanzierenden Unternehmens [scheitert]. So sind Arbeitsverträge von Mitarbeiterseite kündbar, und während laufender Arbeitsverhältnisse kann die Nutzung intellektueller Fähigkeiten kaum erzwungen werden."

wird.[67] Allerdings äußert sich das FASB nicht konkret zu den Kontrollmöglichkeiten des aus den Aus- und Weiterbildungsmaßnahmen resultierenden Nutzens. Daher ist eine eindeutige Aussage, ob auch Aus- und Weiterbildungsmaßnahmen immaterielle Vermögenswerte darstellen, nicht möglich. Es scheint jedoch so zu sein, dass es sich bei ihnen in Ausnahmefällen um immaterielle Vermögenswerte handeln kann. Für die Frage der Aktivierung ist dies jedoch bedeutungslos, weil die Aus- und Weiterbildungsmaßnahmen nach der Auffassung des FASB mit einer solchen Unsicherheit verbunden sind, dass das zusätzliche Ansatzkriterium der Verlässlichkeit gemäß SFAC 5 nicht erfüllt ist.[68] Daher können Aus- und Weiterbildungsausgaben nach der Aktivierungskonzeption des Conceptual Framework nicht aktiviert werden. Insgesamt ist damit der Teil der Ressource „Wissen“, der nach den Vorschriften des Framework im Jahresabschluss abzubilden ist, recht überschaubar.

3.1.2 Spezifische Ansatzkriterien

Die Bilanzierung immaterieller Vermögenswerte nach US-GAAP war lange Zeit nicht geregelt. Erst im Jahr 1970 wurde mit APBO 17 eine umfassende Vorschrift erlassen, die allgemein die bilanzielle Behandlung von erworbenen und selbst erstellten immateriellen Vermögenswerten regelt. Daneben regelte APBO 16 die Bilanzierung des Geschäfts- oder Firmenwertes. Seitdem sind zahlreiche Regelungen hinzugekommen oder ersetzt worden. Derzeit existiert für den Ansatz von immateriellen Vermögenswerten eine Vielzahl von Verlautbarungen, die nicht selten den Eindruck fehlender Konsistenz erwecken.[69]

Im Jahre 2001 hat das FASB mit der Verabschiedung des SFAS 141 und des SFAS 142 die Regelungen APBO 16 und 17 ersetzt.[70] Die Nachfolgeregelung SFAS 142 normiert die Bilanzierung von immateriellen Vermögenswerten, soweit keine Einzelregelungen Priorität haben. Lediglich die immateriellen Vermögenswerte, die im Zuge einer Unternehmensakquisition erworben wurden, müssen nach SFAS 141 bilanziert werden.[71] SFAS 141 kodifiziert dabei den Ansatz sowie die Erstbewertung von Geschäfts- oder Firmenwerten sowie von immateriellen Vermögenswerten, die im Rahmen eines Unternehmenserwerbs zugegangen sind.[72] Die Folgebewertung dieser Sachverhalte richtet sich nach SFAS 142.

Gemäß SFAS 141.B 147 und SFAS 142.F 1 werden immaterielle Vermögenswerte als unkörperliche, nicht finanzielle Vermögenswerte *definiert*.[73] Im Gegensatz zu den IFRS gehört die Identifizierbarkeit nicht zu den begriffskonstitutiven Merkmalen eines immateriellen Vermögenswertes.[74] Allerdings müssen nach SFAS 141.39 immaterielle Vermögenswerte, die im Rahmen einer Unternehmensakquisition erworben wurden, gesondert aktiviert werden, wenn diese auf einem vertraglichen oder gesetzlichen Anspruch basieren oder separierbar sind.[75]

---

67 Vgl. *Bayer* (2004), S. 83.

68 Vgl. *Bayer* (2004), S. 83. Siehe auch *Schreiber* (2002), S. 239 f.

69 Vgl. *Schmidbauer* (2004), S. 1444.

70 Im Hinblick auf die selbst erstellten immateriellen Vermögenswerte führt SFAS 142 die Vorschriften in APBO 17 fort; vgl. *Hitz/Kuhner* (2002), S. 273.

71 Vgl. *Weber/Wirth* (2002), S. 46.

72 Vgl. *Brücks/Wiederhold* (2004), S. 178.

73 Vgl. *Hitz/Kuhner* (2002), S. 274.

74 Vgl. *Fasselt/Brinkmann* (2004), Rd. 91.

75 Vgl. *Esser/Hackenberger* (2004), S. 406.

Der *Bilanzansatz selbst erstellter immaterieller Vermögenswerte* richtet sich ebenfalls nach dem SFAS 142, der die Regelung der APBO 17 inhaltlich unverändert übernimmt.[76] Der Ansatz selbst erstellter immaterieller Vermögenswerte ist in SFAS 142 nicht eindeutig festgelegt. Explizit geregelt ist lediglich, dass nicht identifizierbare[77] Vermögenswerte sowie Vermögenswerte, die sich durch eine unbestimmte Nutzungsdauer[78] auszeichnen oder die untrennbar[79] mit dem fortbestehenden Unternehmen als Ganzem verbunden sind, von der Aktivierung ausgeschlossen und als Aufwand zu verbuchen sind.[80] Nach herrschender Meinung zählt das *Humankapital zu den nicht identifizierbaren Vermögenswerten,*[81] so dass ein Bilanzansatz des impliziten Wissens verwehrt sein sollte und lediglich eine Aktivierung des expliziten Wissens möglich ist.

Im Hinblick auf die Aktivierungsfähigkeit der sonstigen selbst erstellten immateriellen Vermögenswerte, die identifizierbar sind und eine bestimmte Nutzungsdauer aufweisen und auch nicht inhärent mit dem Unternehmen verbunden sind, besteht keine konkrete Regelung. SFAS 142.5 ist lediglich zu entnehmen, dass diese identifizierbaren selbst erstellten immateriellen Vermögenswerte in der Bilanzierungspraxis unterschiedlich behandelt werden. So aktivieren einige Unternehmen die angefallen Aufwendungen in der Bilanz, während andere Unternehmen diese erfolgswirksam als Aufwand in der Gewinn- und Verlustrechnung verrechnen. Mit dem SFAS 142.5 übernimmt das FASB diese aus der Bilanzierungspraxis stammende Gewohnheit und akzeptiert das faktische Ansatzwahlrecht, das letztendlich durch die Unbestimmtheit des Ansatzkriteriums der Identifizierbarkeit hervorgerufen wird. Dieses allgemeine Ansatzwahlrecht für selbst erstellte immaterielle Vermögenswerte wird allerdings durch mehrere Spezialvorschriften durchbrochen.[82] So besteht beispielsweise ein Aktivierungsverbot für Forschungs- und Entwicklungsaufwendungen.[83] Allerdings sieht auch dieses Aktivierungsverbot einige Ausnahmen vor, denn Forschungs- und Entwicklungsaufwendungen, die z. B. im Auftrage Dritter angefallen sind, unterliegen gemäß SFAS 2.2 nicht dem Aktivierungsverbot. Aufgrund des allgemeinen Aktivierungsverbots für Forschungs- und Entwicklungsaufwendungen wird auch das selbst erstellte explizite Wissen in der Bilanz nur unvollständig abgebildet.

---

76 Vgl. *PFEIL/VATER* (2002), S. 70.

77 Wie bereits in ABPO 17 wird auch in SFAS 142 nicht definiert, wann ein selbst erstellter immaterieller Vermögenswert als identifizierbar gilt. In ABPO 17.10 wurden lediglich einige Beispiele für identifizierbare Vermögenswerte genannt, wie z. B. Patente, Konzessionen und Warenzeichen. Dagegen gilt der Geschäfts- oder Firmenwert als Paradebeispiel für einen nicht identifizierbaren Vermögenswert.

78 Die Nutzungsdauer eines immateriellen Vermögenswertes wird als unbestimmbar angesehen, wenn feststeht, dass die Nutzungsdauer zwar nicht unendlich ist, aber kein spezieller Zeitraum für die Nutzung geschätzt werden kann.

79 Bei der Separierbarkeit eines immateriellen Vermögenswertes von einem Unternehmen wird differenziert zwischen immateriellen Vermögenswerten, die einzeln veräußert werden können, und solchen, die nicht verkauft werden können, weil sie einen essentiellen Teil des Unternehmens darstellen.

80 Vgl. SFAS 142.10.

81 Vgl. *NIKOLAI/BAZLEY* (1996), S. 432, und *KIESO/WEYGANDT/WARFIELD* (2004), S. 516.

82 Vgl. *ESSER/HACKENBERGER* (2004), S. 406, und *VÖLCKNER/PIRCHEGGER* (2006), S. 222.

83 Vgl. *FÜLBIER/HONOLD/KLAR* (2000), S. 835. Während nach IFRS die in der Entwicklungsphase getätigten Aufwendungen bei Vorliegen sämtlicher Ansatzkriterien aktiviert werden, ist die Aktivierung von Entwicklungsaufwendungen als eigenständiger immaterieller Vermögenswert nach US-GAAP (SFAS 2.12) grundsätzlich ausgeschlossen. Dies ist umso bemerkenswerter, weil bis zur Revision des SFAS 2 im Jahre 1974 die Forschungs- und Entwicklungskosten einer Aktivierungspflicht unterlagen.

Die *bilanzielle Behandlung immaterieller Vermögenswerte, die nicht anlässlich eines Unternehmenszusammenschlusses zugegangen sind*, richtet sich nach SFAS 142. Die Vorschriften des SFAS 142 betreffen sowohl einzeln erworbene immaterielle Vermögenswerte als auch immaterielle Vermögenswerte, die im Zusammenhang mit einer Gruppe von Vermögenswerten bezogen wurden.[84] Nach SFAS 142.B37 sind immaterielle Vermögenswerte, die gesondert von Dritten erworben wurden, grundsätzlich aktivierungspflichtig, wenn sie den Ansatzkriterien des Conceptual Framework in SFAC 5.63 genügen.[85] Folglich müssen gesondert erworbene immaterielle Vermögenswerte im Gegensatz zu den immateriellen Vermögenswerten, die im Rahmen einer Unternehmensakquisition erworben wurden, nicht den Ansatzvoraussetzungen des SFAS 141 („contractual-legal criterion“ und „separability criterion“) entsprechen.[86]

Aufgrund der unpräzise formulierten Ansatzkriterien gemäß SFAC 5.63 besteht für das bilanzierende Unternehmen hinsichtlich des Bilanzansatzes ein großer Ermessensspielraum, so dass *faktisch* nicht von einem Aktivierungsgebot, sondern von einem *Aktivierungswahlrecht* auszugehen ist.[87] Das Ansatzgebot besteht realiter lediglich für die gesondert erworbenen immateriellen Vermögenswerte, die den Ansatzvoraussetzungen des SFAS 141 („contractual-legal criterion“ und „separability criterion“) entsprechen, denn das FASB geht in diesem Fall von der Annahme aus, dass dann auch automatisch die Ansatzkriterien des Conceptual Framework erfüllt sind und der immaterielle Vermögenswert daher zu aktivieren ist.[88] Da *Humaninvestitionen* nur in Ausnahmefällen diese Ansatzkriterien erfüllen, ist eine Aktivierung des impliziten Wissens grundsätzlich ausgeschlossen, so dass nur ein Bilanzansatz für Teile des expliziten Wissens in Frage kommt.

Das FASB hat mit SFAS 141.30 die ursprünglichen Ansatzkriterien des APBO 16 modifiziert. Nach *APB 16* war es bei einem Unternehmenserwerb noch möglich, dass bei der Wertallokation des Goodwill auch der Wert der Mitarbeiter des übernommenen Unternehmens mit einbezogen wurde. Zum damaligen Zeitpunkt war es in der Rechnungslegungspraxis üblich, den übernommenen Mitarbeiterstamm zu „Wiederbeschaffungskosten“ anzusetzen.[89] Dem Mitarbeiterstamm wurde monetärer Wert zugebilligt, weil im Allgemeinen damit gerechnet wurde, dass die Mitarbeiter des erworbenen Unternehmens zumindest zum Teil dem übernehmenden Unternehmen erhalten blieben. Bei der Ermittlung des Wertes für die Belegschaft konnten die Kosten angesetzt werden, die erforderlich gewesen wären, um eine qualitativ gleichwertige Belegschaft am Markt zu erwerben.[90] Dabei wurden einerseits die Kosten für die Rekrutierung und die Einarbeitung neuer Mitarbeiter in die jeweiligen Funktionsbereiche berücksichtigt. Andererseits wurde unterstellt, dass die neu eingestellten Mitarbeiter zunächst mit einer geringeren Produktivitätsleistung beginnen und erst nach einer gewissen Einarbeitungszeit mit der gleichen Produktivität arbeiten wie die bereits vorhandenen Mitarbeiter.

---

84 Vgl. *Dawo* (2003), S. 130.

85 Dieses Aktivierungsgebot gilt nach SFAS 142.9 unabhängig davon, ob ein immaterieller Vermögenswert einzeln oder zusammen mit anderen Vermögenswerten erworben wurde.

86 Vgl. *Weber/Wirth* (2002), S. 50, und *Esser/Hackenberger* (2004), S. 406.

87 Vgl. *Esser/Hackenberger* (2004), S. 406.

88 Vgl. *Dawo* (2003), S. 134.

89 Bei der Bewertung zu Wiederbeschaffungskosten wurde fiktiv unterstellt, dass das erwerbende Unternehmen die Mitarbeiter des übernommenen Unternehmens am Markt hätte akquirieren müssen, wenn diese nicht schon im erworbenen Unternehmen verfügbar gewesen wären; vgl. *Persch* (2003), S. 104.

90 Vgl. *Schildbach* (2002), S. 71, und *Persch* (2003), S. 104.

Mit dem im Juni 2001 verabschiedeten *SFAS 141* stellte das FASB jedoch klar, dass der *Mitarbeiterstamm eines Unternehmens nunmehr nicht mehr als Vermögenswert separat vom Goodwill angesetzt werden darf.*[91] Das FASB verfolgt somit das Ziel, transparente und operationale Ansatzkriterien für immaterielle Vermögenswerte festzulegen.[92] Damit wollte das FASB durchsetzen, dass die im Rahmen von Unternehmenszusammenschlüssen erworbenen immateriellen Vermögenswerte separat vom Geschäfts- oder Firmenwert in der Bilanz angesetzt werden. Denn die Bilanzierungspraxis der Vergangenheit offenbarte, dass anstatt eines Einzelausweises in der Bilanz immaterielle Vermögenswerte sehr oft in die Residualgröße „Geschäfts- oder Firmenwert" einbezogen wurden.

Nach SFAS 141.39 ist ein *immaterieller Vermögenswert* zum einen immer dann *gesondert vom Goodwill zu bilanzieren*, wenn dieser entweder aus einem vertraglichen oder aus einem gesetzlichen Recht resultiert.[93] Liegt diese Voraussetzung vor, ist der immaterielle Vermögenswert zwingend gesondert auszuweisen, und zwar abhängig davon, ob das zugrunde liegende Recht transferiert oder vom Unternehmen separiert werden kann („contractual-legal criterion").[94] Zum anderen ist eine gesonderte Aktivierung eines immateriellen Vermögenswertes dann geboten, wenn dieser einzeln oder zusammen mit anderen Vermögenswerten verkauft, vermietet oder getauscht werden kann („separability criterion").[95] Die Formulierung dieser Ansatzkriterien soll die immateriellen Vermögenswerte trennschärfer vom Geschäfts- oder Firmenwert abgrenzen.[96] Sofern die beiden Aktivierungsvoraussetzungen des SFAS 141.39 nicht vorliegen, ist der immaterielle Vermögenswert als Komponente des Geschäfts- oder Firmenwertes zu erfassen.[97] Der derivativ erworbene Geschäfts- oder Firmenwert selbst verkörpert nach Auffassung des FASB einen Vermögenswert i. S. d. Conceptual Framework und ist daher als solcher aktivierungspflichtig.[98]

Die beiden oben genannten Ansatzvoraussetzungen („contractual-legal criterion" und „separability criterion") werden für *Forschungs- und Entwicklungsausgaben* kasuistisch durchbrochen. Das FASB lässt den Ansatz erworbener Forschungs- und Entwicklungsprojekte (im Gegensatz zum IASB) nicht zu und verlangt stattdessen, dass die entsprechenden Forschungs- und Entwicklungsausgaben zum Akquisitionszeitpunkt als Aufwand zu verbuchen sind.[99]

---

[91] Vgl. SFAS 141.39.

[92] Vgl. *DAVIS* (2002), S. 697.

[93] Vgl. *HOMMEL* (2001), S. 1944, und *DAVIS* (2002), S. 697.

[94] Vgl. *SIENER/GRÖNER* (2005), S. 337 f.

[95] Vgl. *HITZ/KUHNER* (2002), S. 274, und *SIENER/GRÖNER* (2005), S. 338.

[96] Vgl. *HOMMEL* (2001), S. 1945.

[97] Vgl. *SIENER/GRÖNER* (2005), S. 338.

[98] Vgl. *HITZ/KUHNER* (2002), S. 275.

[99] Vgl. *WEBER/WIRTH* (2002), S. 52 f. Eine Ausnahme besteht, wenn eine alternative Verwendung der Forschungs- und Entwicklungsergebnisse über die bestehenden Projekte hinaus anzunehmen ist. Dies ist der Fall, wenn die Unternehmensleitung auch nach der Konzeptphase imstande ist, den Zeitpunkt der Projektbeendigung, das Wettbewerbsumfeld, die Gesamtkosten, das Marktpotenzial und die voraussichtlichen Erlöse fundiert zu taxieren. Dann ist die Aktivierung der Forschungs- und Entwicklungskosten vorgeschrieben; vgl. *LÜDENBACH/PRUSACZYK* (2004), S. 417.

Der *Goodwill* ergibt sich im Rahmen eines Unternehmenszusammenschlusses[100] gemäß SFAS 141.43 als Unterschiedsbetrag zwischen dem Kaufpreis und dem Saldo der zu Zeitwerten bewerteten (anteiligen) Vermögenswerte und Schulden des erworbenen Unternehmens. Nach Auffassung des FASB handelt es sich beim Goodwill um einen Vermögenswert im Sinne des Conceptual Framework, der als solcher zu aktivieren ist.[101] Allerdings ist der Goodwill nicht als Ganzes, d. h. in Höhe des Unterschiedsbetrages, zu aktivieren. Vielmehr sind die im Goodwill enthaltenen immateriellen Vermögenswerte, die nach SFAS 141.39 einzeln zu erfassen sind, aus dem Goodwill herauszurechnen.[102] Demnach ist der Goodwill soweit wie möglich in einzelne Bestandteile aufzugliedern; nur die Bestandteile, die nicht einzeln erfasst werden können, verbleiben letztendlich in der Position „Goodwill“.[103]

3.2 Bewertung

3.2.1 Erstbewertung

Ebenso wie die Frage der Ansatzfähigkeit eines Vermögenswertes ist auch die Frage seiner Bewertung im Zugangszeitpunkt in einer Vielzahl von unterschiedlichen US-GAAP-Vorschriften geregelt.[104] Grundlegende Bedeutung für die Erstbewertung immaterieller Vermögenswerte besitzen die Vorschriften SFAS 141 und SFAS 142. Dabei regelt SFAS 141 die Erstbewertung von immateriellen Vermögenswerten, die anlässlich eines Unternehmenserwerbs zugegangen sind, und SFAS 141 die Erstbewertung aller anderen immateriellen Vermögenswerte. Demzufolge ist die Bestimmung der Anschaffungs- oder Herstellungskosten abhängig vom Weg, auf dem das bilanzierende Unternehmen den Vermögenswert erlangt.

Die *Erstbewertung einzeln erworbener immaterieller Vermögenswerte* erfolgt nach SFAS 142.9 zu den *Anschaffungskosten*, die zu diesem Zeitpunkt dem beizulegenden Zeitwert („Fair Value“) entsprechen. Sofern eine Gruppe von Vermögenswerten angeschafft wurde, ist der Kaufpreis auf die einzelnen Vermögenswerte im Sinne des jeweiligen beizulegenden Zeitwertes aufzuteilen.[105] Nach SFAS 141.6 stellen im Fall der Hingabe von Zahlungsmitteln die abgeflossenen Zahlungsmittel die Anschaffungskosten des erworbenen immateriellen Vermögenswertes dar. Sofern als Gegenleistung für den erworbenen immateriellen Vermögenswert nicht die Hingabe von Zahlungsmitteln vereinbart worden ist, sondern das bilanzierende Unternehmen einen anderen Vermögenswert hergeben muss, ist der erworbene immaterielle Vermögenswert entweder zu seinem beizulegenden Zeitwert oder zum beizulegenden Zeitwert des hingegebenen Vermögenswertes zu bewerten.[106] Vorrang hat nach SFAS 142.9 i. V. m. SFAS 141.6 der beizulegende Zeitwert, der zuverlässiger ermittelt werden kann.[107]

---

100 Nach SFAS 141.9 liegt ein Unternehmenszusammenschluss vor, wenn ein Unternehmen die Kontrolle über ein anderes Unternehmen gewinnt. Dabei spielt es keine Rolle, ob der Zusammenschluss mittels eines sog. Asset-Deals oder eines sog. Share-Deals erfolgt. Allerdings liegt kein Unternehmenszusammenschluss vor, wenn nur einige Vermögenswerte eines Unternehmens angeschafft werden, die zusammen keinen eigenen Geschäftsbereich bilden. In diesem Fall sind die Anschaffungskosten auf die erworbenen Vermögenswerte zu verteilen.

101 Vgl. HITZ/KUHNER (2002), S. 275.

102 Vgl. LORSON/HEIDEN (2002), S. 378.

103 Vgl. HOMMEL (2001), S. 1944, und PFEIL/VATER (2002), S. 68.

104 Vgl. PELLENS/FÜLBIER/SELLHORN (2001), S. 85.

105 Vgl. DAVIS (2002), S. 697.

106 Vgl. DAWO (2003), S. 139.

107 Vgl. hierzu kritisch SCHILDBACH (2000), S. 109.

Immaterielle Vermögenswerte, die von der öffentlichen Hand (oder von sonstigen Dritten) *unentgeltlich übertragen* worden sind, werden nach APB 29.18 zum beizulegenden Zeitwert angesetzt. Wie vermögensbezogene Zuschüsse zu behandeln sind, ist in den US-GAAP nicht geregelt. In der Praxis sind daher sowohl eine direkte erfolgswirksame Erfassung der Zuschüsse als auch ein erfolgsneutraler Ausweis im Eigenkapital und auch eine Kürzung der Anschaffungskosten zu finden.[108]

Immaterielle Vermögenswerte, die *im Rahmen eines Unternehmenszusammenschlusses* erworben wurden und identifiziert werden können, sind nach SFAS 141.35 i. V. m. SFAS 141.37 (e) zum beizulegenden Zeitwert zu bewerten.[109]

Da eine allgemeine Definition der Herstellungskosten in den US-GAAP fehlt, sind konkrete Aussagen zur *Erstbewertung selbst erstellter immaterieller Vermögenswerte* nur in einem begrenzten Umfang möglich.[110] Grundsätzlich zählen zu den Herstellungskosten alle Aufwendungen, die anfallen, um den Vermögenswert in seinen betriebsbereiten Zustand zu versetzen. Aufgrund des allgemeinen Ansatzverbotes für Forschungs- und Entwicklungsaufwendungen können nur solche Aufwendungen Herstellungskosten darstellen, die zeitlich nach diesen Phasen anfallen.[111] Nach ARB 43. Chapter 4.5 sind die Herstellungskosten zu produktionsbezogenen Vollkosten zu bewerten, d. h., sie enthalten neben den direkt zurechenbaren Einzelkosten auch Material- und Fertigungsgemeinkosten.[112]

3.2.2 Folgebewertung

Die Folgebewertung immaterieller Vermögenswerte ist in SFAS 142 geregelt. Diese Vorschriften sind auf alle immateriellen Vermögenswerte anzuwenden, *unabhängig davon, auf welche Art und Weise diese erworben wurden.*[113] Die Bewertung in den nach der Anschaffung bzw. Herstellung folgenden Perioden hängt vielmehr davon ab, ob es sich um einen immateriellen Vermögenswert mit beschränkter oder unbestimmter Nutzungsdauer handelt.[114] Ein Vermögenswert besitzt eine unbestimmte Nutzungsdauer, wenn und solange das Ende der Nutzung durch das bilanzierende Unternehmen weder begrenzt noch absehbar ist.[115] Dagegen wird die Nutzungsdauer für immaterielle Vermögenswerte mit beschränkter Nutzungsdauer als der Zeitraum definiert, über den der Vermögenswert direkt oder indirekt zum Cashflow des bilanzierenden Unternehmens beiträgt.[116]

---

108 Vgl. KIESO/WEYGANDT/WARFIELD (2004), S. 516 f.

109 Vgl. ESSER/HACKENBERGER (2004), S. 407.

110 Vgl. FASSELT/BRINKMANN (2004), Rd. 172.

111 Vgl. ESSER/HACKENBERGER (2004), S. 408.

112 Obwohl sich ARB 43. Chapter 4.5 nur auf das Vorratsvermögen bezieht, ist nach h. M. der produktionsbezogene Vollkostenansatz auch auf selbst hergestellte Vermögenswerte des Anlagevermögens anzuwenden; vgl. KÜTING/HARTH (1999), S. 2343.

113 Vgl. BRÜCKS/WIEDERHOLD (2004), S. 182, und FASSELT/BRINKMANN (2004), Rd. 312.

114 Vgl. DAWO (2003), S. 147, und SCHMACHTENBERG/MEIXNER/SCHÄFER (2005), S. 519.

115 Vgl. SFAS 142.B45.

116 Vgl. DAVIS (2002), S. 698.

In SFAS 142.11 sind eine Reihe von Faktoren angeführt, aufgrund derer sich eine *Beschränkung der Nutzungsdauer* ergeben kann:

- Die Art der voraussichtlichen Nutzung durch das bilanzierende Unternehmen,
- die Nutzungsdauer eines anderen Vermögenswertes oder einer Gruppe von Vermögenswerten, mit denen der immaterielle Vermögenswert in Zusammenhang steht,
- gesetzliche oder vertragliche Bestimmungen, welche die Nutzungsdauer begrenzen,
- gesetzliche oder vertragliche Bestimmungen, die eine Erneuerung oder Erweiterung der Nutzungsdauer nicht ohne erhebliche Kosten ermöglichen,
- die Entwicklung des wirtschaftlichen Umfelds hinsichtlich Überalterung, Nachfrage, Wettbewerb und anderer wirtschaftlichen Gegebenheiten,
- die Höhe der Erhaltungsaufwendungen, die notwendig sind, um die erwarteten zukünftigen Cashflows zu generieren.

Im Hinblick auf Rechte liefern die rechtlichen Schutzfristen eine erste Orientierungshilfe für die Schätzung der Nutzungsdauer. So stellt die rechtliche Schutzfrist bei *nicht erneuerbaren Rechten* die Obergrenze der Nutzungsdauerschätzung dar.[117] Die Nutzungsdauer ist jedoch zu verringern, wenn aufgrund wirtschaftlicher Faktoren das Recht nur für eine kürzere Zeitspanne genutzt wird. Falls *erneuerbare Rechte* vorliegen, ist nach SFAS 142.B47 letztendlich die wirtschaftliche Nutzungsdauer maßgeblich, sofern die Regeneration des Rechts im Vergleich zu den Ertragserwartungen zu geringeren Aufwendungen möglich ist.[118]

Immaterielle Vermögenswerte mit beschränkter Nutzungsdauer werden grundsätzlich planmäßig abgeschrieben.[119] Die verwendete Abschreibungsmethode soll dem erwarteten ökonomischen Nutzenverlauf entsprechen. Kann der Nutzungsverlauf nicht zuverlässig bestimmt werden, ist verpflichtend die lineare Abschreibung anzuwenden.[120] Das Abschreibungsvolumen wird durch die Anschaffungs-/Herstellungskosten bestimmt. Zusätzlich darf ein Restwert bei Bemessung der Abschreibung berücksichtigt werden, wenn sich ein fremder Dritter am Ende der Nutzungsdauer zum Erwerb verpflichtet hat oder ein aktiver Markt für den immateriellen Vermögenswert besteht.[121]

---

117 Vgl. SFAS 142.B46.

118 Vgl. *Dawo* (2003), S. 148.

119 Vgl. *Weber/Wirth* (2002), S. 47.

120 Vgl. *Schmachtenberg/Meixner/Schäfer* (2005), S. 519. Siehe auch SFAS 142.12.

121 Vgl. SFAS 142.13.

Neben dem Erfassen der planmäßigen Abschreibungen ist entsprechend den Bestimmungen des SFAS 144 ein Wertminderungstest („Impairment Test") durchzuführen, wenn *Anzeichen für eine Wertminderung* vorliegen.[122] Hierunter fallen:

- Der sog. Marktwert des Vermögenswertes wird wesentlich beeinträchtigt.
- Es tritt eine wesentliche Veränderung in Umfang und Art der Nutzung oder in der physischen Beschaffenheit des Vermögenswertes ein.
- Wesentliche Änderungen der rechtlichen Rahmenbedingungen oder im Geschäftsumfeld treten ein.
- Es entstehen erheblich höhere Kosten als geplant, um den Vermögenswert zu beschaffen und ihn in betriebsbereiten Zustand zu versetzen.
- Es besteht ein (projizierter) negativer Cashflow, der nachhaltig negative Cashflow-Beiträge erwarten lässt.
- Es liegt eine mehr als 50-prozentige Wahrscheinlichkeit vor, dass der Vermögenswert bereits vor dem Ende der geplanten Nutzungsdauer veräußert wird.

Liegen diese oder ähnliche Anhaltspunkte für einen einzelnen immateriellen Vermögenswert oder eine Gruppe von Vermögenswerten vor, ist ein *zweistufiger Wertminderungstest* vorzunehmen.[123] Zunächst erfolgt auf einer *ersten Stufe* eine Überprüfung, ob eine Wertminderung dem Grunde nach vorliegt.[124] Hierbei werden die zukünftig zu erwartenden undiskontierten Cashflows aufsummiert. Falls der Buchwert die Summe der undiskontierten Cashflows übersteigt, ist nach SFAS 144.17 von einer Wertminderung dem Grunde nach auszugehen, so dass eine außerordentliche Abschreibung erforderlich ist.[125] Die Höhe der außerordentlichen Abschreibung wird auf der *zweiten Stufe* des Wertminderungstests bestimmt und ergibt sich aus der Differenz zwischen Buchwert und „Fair Value".[126] Der „Fair Value" kann auf unterschiedliche Art und Weise ermittelt werden. Sofern auf einem aktiven Markt für den betreffenden Vermögenswert Marktpreise festgestellt werden können, stellen diese eine Annäherung an den „Fair Value" dar.[127] Falls keine Marktpreise existieren, ist auf Preise vergleichbarer Vermögenswerte zurückzugreifen.[128] Falls auch dies nicht möglich ist, muss der „Fair Value" geschätzt werden.[129] Nach Auffassung des FASB gilt die Bestimmung und Diskontierung der zukünftig aus dem Vermögenswert zu erwartenden Cashflows als besonders geeignetes Schätzverfahren zur Ermittlung des „Fair Value".[130] Nachdem die außerplanmäßige Abschreibung auf den „Fair Value" vorgenommen wurde, bildet dieser als neuer Buchwert die Ausgangsbasis für die zukünftigen Abschreibungen.[131] Eine Wertaufholung in späteren Jahren ist nicht zulässig, weil nach SFAS 144.15 ein Zuschreibungsverbot besteht.

---

122 Vgl. *WEBER/WIRTH* (2002), S. 47, und *ESSER/HACKENBERGER* (2004), S. 410.

123 Vgl. *DAVIS* (2002), S. 698.

124 Vgl. *ESSER/HACKENBERGER* (2004), S. 411.

125 Vgl. *SCHMACHTENBERG/MEIXNER/SCHÄFER* (2005), S. 520.

126 Vgl. *PFEIL/VATER* (2002), S. 71.

127 Vgl. *DAVIS* (2002), S. 698.

128 Vgl. *DAWO* (2003), S. 157.

129 Vgl. *FASSELT/BRINKMANN* (2004), Rd. 319.

130 Vgl. *DAWO* (2003), S. 157.

131 Vgl. *DAVIS* (2002), S. 698.

Immaterielle Vermögenswerte *mit unbestimmter Nutzungsdauer* sind seit der Verabschiedung des SFAS 142 nicht mehr planmäßig abzuschreiben.[132] Allerdings muss auf Basis der Faktoren, die eine unbestimmte Nutzungsdauer begründen, in jeder Berichtsperiode überprüft werden, ob die Nutzungsdauer weiterhin als unbestimmt zu qualifizieren ist.[133] Sofern bei dieser Überprüfung festgestellt wird, dass der immaterielle Vermögenswert nun als beschränkt nutzbar zu klassifizieren ist, muss zunächst ein Wertminderungstest nach SFAS 142.17 durchgeführt werden.[134] Anschließend ist der immaterielle Vermögenswert von diesem Zeitpunkt an planmäßig über die entsprechende Nutzungsdauer abzuschreiben.[135]

Anstatt planmäßig abzuschreiben, unterliegen immaterielle Vermögenswerte mit unbestimmter Nutzungsdauer einem *jährlichen Wertminderungstest.* Bei Vorliegen konkreter Anhaltspunkte ist nach SFAS 142.17 auch unterjährig ein Wertminderungstest durchzuführen.[136] Im Gegensatz zum zweistufigen Wertminderungstest bei immateriellen Vermögenswerten mit beschränkter Nutzungsdauer handelt es sich beim Wertminderungstest für immaterielle Vermögenswerte mit unbestimmter Nutzungsdauer um einen *einstufigen Test.*[137] Dieser einstufige Wertminderungstest umfasst den Vergleich des „Fair Value" mit dem Buchwert. Sofern der Buchwert des immateriellen Vermögenswertes seinen „Fair Value" übersteigt, muss in Höhe des Unterschiedsbetrages eine außerplanmäßige Abschreibung vorgenommen werden.[138] Der „Fair Value" wird auf die gleiche Art und Weise ermittelt wie bei den immateriellen Vermögenswerten mit beschränkter Nutzungsdauer. Auch bei den immateriellen Vermögenswerten mit unbestimmter Nutzungsdauer ist eine Wertaufholung in späteren Jahren ausgeschlossen.

Während APBO 17 noch vorsah, dass der *derivative Goodwill* planmäßig über die Nutzungsdauer abzuschreiben war, verlangt das FASB in SFAS 142 nun den *Impairment-only Approach.*[139] Das FASB ist der Ansicht, dass der Goodwill einen immateriellen Vermögenswert mit unbestimmter Nutzungsdauer darstellt.[140] Aus diesem Grund ist der Goodwill solange in unverminderter Höhe in der Bilanz auszuweisen, bis Anhaltspunkte für eine Wertminderung bestehen. Obwohl das FASB den Goodwill als immateriellen Vermögenswert mit unbestimmter Nutzungsdauer interpretiert, sieht der diesbezüglich durchzuführende Wertminderungstest ein *zweistufiges Vorgehen* vor.[141]

---

132 Vgl. *SCHMIDBAUER* (2004), S. 1445.

133 Vgl. *ESSER/HACKENBERGER* (2004), S. 409.

134 Vgl. *DAWO* (2003), S. 149, und *SCHMACHTENBERG/MEIXNER/SCHÄFER* (2005), S. 520.

135 Vgl. SFAS 142.16.

136 Bei der Bestimmung der Anhaltspunkte, die einen unterjährigen Wertminderungstest erforderlich machen, verweist SFAS 142.17 auf SFAS 144.8. Danach wird ein unterjähriger Wertminderungstest für notwendig gehalten, wenn Ereignisse eintreten, die darauf hindeuten, dass der „Fair Value" eines Vermögenswertes unter seinen Buchwert gesunken sein könnte.

137 Vgl. *ESSER/HACKENBERGER* (2004), S. 410.

138 Vgl. *DAVIS* (2002), S. 698.

139 Vgl. *DAVIS* (2002), S. 699, und *WEBER/WIRTH* (2002), S. 54.

140 Vgl. *HITZ/KUHNER* (2002), S. 276.

141 Vgl. *KIRSCH* (2003), S. 794.

Die Bewertung des Goodwill wird *auf der Grundlage von Berichtseinheiten* („Reporting Units") vollzogen. Die Definition einer „Reporting Unit" stützt sich auf die Vorschriften zur Segmentberichterstattung nach SFAS 131. Demnach wird unter einer „Reporting Unit" allgemein ein operatives Segment oder eine unterhalb dieses operativen Segments angesiedelte Organisationseinheit verstanden.[142] Für jede „Reporting Unit" ermittelt das bilanzierende Unternehmen den „Fair Value" als fiktiven Kaufpreis.[143] Auf der ersten Stufe des Wertminderungstestes wird dieser „Fair Value" dann dem Buchwert der „Reporting Unit", der sich aus der Differenz zwischen Vermögenswerten und Schulden der „Reporting Unit" ergibt, gegenübergestellt.[144] Sofern der „Fair Value" den Buchwert übersteigt, ist keine bilanzielle Wertminderung erforderlich. Sollte jedoch der „Fair Value" den Buchwert unterschreiten, ist auf der zweiten Stufe die Wertberichtigungshöhe zu ermitteln.[145] Dazu wird zunächst der „implizite Fair Value" des Goodwill einer „Reporting Unit" berechnet. Dieser entspricht der Differenz zwischen dem „Fair Value" der „Reporting Unit" und dem Saldo der zu Zeitwerten bewerteten Vermögenswerte und Schulden.[146] Sofern der Buchwert den „impliziten Fair Value" des Goodwill überschreitet, ist nach SFAS 142.20 eine außerordentliche Abschreibung in Höhe der Differenz vorzunehmen. Im umgekehrten Fall ist von einer Wertminderung abzusehen.

3.3 Ausweis

Da es nach US-GAAP keine festen Gliederungsvorschriften für die Bilanz (sowie für die Gewinn- und Verlustrechnung) gibt, sollen an dieser Stelle die *zusätzlichen Informationspflichten* im Hinblick auf die Ressource „Wissen" innerhalb der Rechnungslegung betrachtet werden. Im Rahmen der US-GAAP existiert kein zentraler Rechnungslegungsstandard, der die Erläuterungs- und Informationspflichten grundsätzlich regelt.[147] Vielmehr verlangen die spezifischen Standards, dass Erläuterungen und Erklärungen zu den Problembereichen, welche die jeweiligen Standards behandeln, gemacht werden. Diese Informationen müssen vorwiegend in den *„Notes"* veröffentlicht werden.[148] Die „Notes" nehmen im Bereich der US-GAAP ähnliche Aufgaben wahr wie der handelsrechtliche Anhang. Das heißt, die „Notes" erläutern zum einen die Bilanz und die Erfolgsrechnung und sollen zum anderen zusätzliche Informationen kommunizieren. Die Informationen, die mit den „Notes" vermittelt werden, können im Wesentlichen in drei unterschiedliche Gruppen eingeordnet werden:

- Zunächst sind die Informationen zu nennen, welche die *angewandten Bilanzierungs- und Bewertungsmethoden* erläutern. Neben den allgemeinen Ausführungen muss insbesondere über angewandte Bilanzierungs- und Bewertungsmethoden berichtet werden, die ungewöhnlich oder lediglich branchentypisch sind.[149]

---

142 Vgl. *PFEIL/VATER* (2002), S. 71.

143 Vgl. *STAUBER/KETTERLE* (2001), S. 959.

144 Vgl. *HOMMEL* (2001), S. 1945, und *SIENER/GRÖNER* (2005), S. 340.

145 Vgl. *LORSON/HEIDEN* (2002), S. 379; *BRÜCKS/WIEDERHOLD* (2004), S. 183.

146 Vgl. *HOMMEL* (2001), S. 1945, *STAUBER/KETTERLE* (2001), S. 959, und *SIENER/GRÖNER* (2005), S. 340.

147 Vgl. *PELLENS/FÜLBIER* (2002), Sp. 1580 f.

148 Vgl. *BAKER ET AL.* (1995), S. 3079 ff.

149 Vgl. APBO 22.12.

- Des Weiteren muss über den *sachlichen und wirtschaftlichen Hintergrund einzelner Positionen* der Bilanz und der Erfolgsrechnung informiert werden. Die konkreten Anforderungen über den Umfang und den Mindestinhalt dieser Berichterstattung ergeben sich aus den jeweilig einschlägigen Standards. Ändert sich einer der Bestimmungsfaktoren der bilanziellen Abbildung, müssen die hieraus resultierenden Auswirkungen auf das Jahresergebnis und das Ergebnis je Aktie aufgeführt werden.[150]
- Letztlich sind in den „Notes" die *Informationen* anzugeben, die noch in keinem anderen Bestandteil des Jahresabschlusses vermittelt worden, jedoch *für die Beurteilung der Unternehmenslage erforderlich* sind.

Ähnlich wie im Regelwerk nach IFRS lassen sich auch aus den „Notes" nach US-GAAP Elemente der handelsrechtlichen Lageberichterstattung ableiten. So handelt es sich bei den „subsequent events" gemäß SFAS 12.3 ff. um eine Art Nachtragsbericht, weil über nach dem Bilanzstichtag eintretende Ereignisse zu berichten ist.[151]

Im Regelwerk nach US-GAAP bestehen allerdings *keine spezifischen Verlautbarungen zur Ressource „Wissen"*. Somit reguliert das FASB nicht, ob und in welcher Form das berichterstattende Unternehmen die Ressource „Wissen" erläutern soll. Die Informationen über die Ressource „Wissen" müssen auch hier wieder aus den Informationen über die immateriellen Werte abgeleitet werden. Nach SFAS 142 werden lediglich Angaben für aktivierte immaterielle Vermögenswerte verlangt. Für nicht aktivierte immaterielle Vermögenswerte sehen hingegen weder SFAS 142 noch SFAS 141 eine Informationspflicht vor.[152]

Nach SFAS 142.44a müssen für extern beschaffte immaterielle Vermögenswerte folgende Angaben im *Zugangsjahr* gemacht werden:

- Bei den immateriellen Vermögenswerten mit *beschränkter Nutzungsdauer* ist zunächst der *Gesamtbetrag* anzugeben, der für diese immateriellen Vermögenswerte gezahlt wurde. Weiterhin ist dieser Betrag auf die entsprechenden Kategorien immaterieller Vermögenswerte aufzuteilen.[153] Darüber hinaus müssen der Restbuchwert und die durchschnittliche *Nutzungsdauer* aller immateriellen Vermögenswerte angegeben werden.[154]
- Für die immateriellen Vermögenswerte mit *unbestimmter Nutzungsdauer* müssen ebenfalls der *Gesamtbetrag* des gezahlten Entgelts sowie die Aufgliederung dieses Betrages auf die entsprechenden Kategorien immaterieller Vermögenswerte angegeben werden.[155]
- Schließlich verlangt SFAS 142.44c, dass der *Gesamtbetrag der erworbenen Forschungs- und Entwicklungsaufwendungen* mitgeteilt wird, die in der Berichtsperiode abgeschrieben wurden. Zudem ist die Position in der Gewinn- und Verlustrechnung zu nennen, in der dieser Betrag Eingang gefunden hat.

---

150 Vgl. APBO 20.

151 Vgl. SFAS 5.11.

152 Es ist jedoch darauf hinzuweisen, dass das FASB im Rahmen eines Projektes überprüft, ob und in welchem Umfang es Informationen über nicht aktivierte immaterielle Vermögenswerte fordern soll. Allerdings beschränkt sich dieses Projekt nur auf die immateriellen Vermögenswerte, die im Rahmen einer „Business Combination" aktivierungspflichtig sind; vgl. hierzu *BAYER* (2004), S. 98.

153 Vgl. SFAS 142.44a.

154 Vgl. SFAS 142.44a.

155 Vgl. SFAS 142.44b.

Die Informationen in den Folgejahren können entweder in den „Notes“ oder in den relevanten Rechenwerken (z. B. als „davon-Ausweis“) enthalten sein.[156] Anders als im Zugangsjahr beziehen sich die Informationen in den *Folgejahren* nicht nur auf extern erworbene, sondern auch auf selbst erstellte immaterielle Vermögenswerte. Es wird lediglich zwischen immateriellen Vermögenswerten mit beschränkter und unbestimmter Nutzungsdauer unterschieden:

- Für die immateriellen Vermögenswerte mit *beschränkter Nutzungsdauer* müssen die *Bruttobuchwerte und* die *kumulierten Abschreibungen* insgesamt und aufgegliedert auf die entsprechenden Kategorien angegeben werden.[157] Weiterhin ist der Gesamtbetrag der Abschreibungen auf die immateriellen Vermögenswerte anzugeben und jeweils für die nächsten fünf Perioden zu schätzen.
- Bezüglich der immateriellen Vermögenswerte mit *unbestimmter Nutzungsdauer* müssen die *Buchwerte* insgesamt und aufgegliedert auf die entsprechenden Kategorien mitgeteilt werden.[158]
- Ferner ist die *Veränderung des Buchwertes des Geschäfts- oder Firmenwertes* in der Berichtsperiode aufzuzeigen.[159] Die Positionen der Gewinn- und Verlustrechnung, die diese Veränderungen widerspiegeln, müssen genannt werden.
- Falls außerplanmäßige Wertminderungen bei immateriellen Vermögenswerten eingetreten sind, müssen diese gemäß SFAS 142.46 begründet werden.

Es ist offensichtlich, dass aus den Informationen über die immateriellen Vermögenswerte in den „Notes“ keine weiteren Erkenntnisse über die *Ressource „Wissen“* gewonnen werden können, weil in den „Notes“ nur über die aktivierten (und im Zugangsjahr sogar nur über die extern erworbenen) immateriellen Werte berichtet wird. Zwar muss in den „Notes“ gemäß SFAS 2.13 der Gesamtbetrag der Forschungs- und Entwicklungskosten angegeben werden, der als Aufwand verrechnet worden ist; da jedoch keine Verpflichtung besteht, diese auf einzelne Forschungsschwerpunkte oder Projekte aufzugliedern, resultiert daraus nur ein *minimaler Informationsgewinn* in Bezug auf die Ressource „Wissen“.

Weitergehende Informationen werden aufgrund fehlender Verpflichtung folglich nur auf *freiwilliger Basis* kommuniziert. Hierzu können die berichterstattenden Unternehmen neben den „Notes“ auch die „Management's Discussion and Analysis“ nutzen. Bei diesem Managementbericht handelt es sich um ein dem handelsrechtlichen Lagebericht vergleichbares Informationsinstrument, wenngleich keine sachliche Deckungsgleichheit vorliegt.[160] In diesem *Managementbericht* ist über die Vermögens-, Finanz- und Ertragslage zu berichten. Allerdings findet der Bereich „Forschung und Entwicklung“ dabei meist keine Berücksichtigung, weil hierüber nach amerikanischem Verständnis bereits in den „Notes“ berichtet wird. Insgesamt ist daher zu konstatieren, dass die Berichterstattung über die Ressource „Wissen“ nach US-GAAP im Allgemeinen und insbesondere im Bereich „Forschung und Entwicklung“ nicht detaillierter als nach HGB ist,[161] so dass auch nach US-GAAP nur unzureichende Informationen über die Ressource „Wissen“ bereitgestellt werden.

---

156 Vgl. SFAS 142.45.

157 Vgl. SFAS 142.45a.

158 Vgl. SFAS 142.45.

159 Vgl. SFAS 142.45c.

160 Vgl. SELCH (2003), S. 191.

161 Vgl. HACHMEISTER (2002), Sp. 1442.

4 Zusammenfassung und Lösungsansätze

Die Regelungen der US-GAAP lassen es zu, dass das implizite Wissen die Definitionsmerkmale eines Vermögenswertes im Framework erfüllt. Allerdings bestehen in den verbindlichen Standards konkrete *Aktivierungsverbote für das implizite Wissen*. So verbietet das FASB die Aktivierung des impliziten Wissens, weil es Humaninvestitionen als nicht identifizierbar ansieht. Hinsichtlich des *expliziten Wissens* ist jedoch zu konstatieren, dass dieses nach US-GAAP in weiten Teilen abgebildet werden kann. Nach US-GAAP besteht allerdings wegen der unscharfen Regelungen in SFAS 142 für selbst erstellte immaterielle Vermögenswerte *de facto* ein Ansatzwahlrecht. Aufgrund des allgemeinen Aktivierungsverbots für Forschungs- und Entwicklungsaufwendungen werden jedoch auch nach US-GAAP insgesamt nur wenige Informationen über die Ressource „Wissen" vermittelt. Diese unzureichende bilanzielle Erfassung kann unter anderem im *Beteiligungscontrolling* zu einem *Informationsbedarf im Hinblick auf die Ressource „Wissen"* führen, der auf anderen Wegen – also unter Rückgriff auf weiterführende Modelle und Instrumente – zu decken ist.

Vor diesem Hintergrund finden sich im Schrifttum zahlreiche Vorschläge, wie die bilanzielle Abbildung der Ressource „Wissen" zukünftig verbessert werden könnte. Im Hinblick auf diese Vorschläge ist insbesondere das *Konzept der Nachaktivierung*[162] hervorzuheben. Hierbei werden zunächst alle Ausgaben, die zur Schaffung expliziten Wissens dienen, als Aufwand verrechnet. Gleichzeitig wird in einem „off-balance-sheet"-Portfolio vermerkt, dass hieraus in der Zukunft möglicherweise ein Vermögenswert entsteht. Sofern die Aufwendungen tatsächlich zu einem bilanzierungsfähigen Vermögenswert führen, sind diese in Rede stehenden Aufwendungen zum Zeitpunkt der ersten Nutzung dieses Vermögenswertes nachträglich durch eine Zuschreibung erfolgswirksam zu aktivieren. Das implizite Wissen kann aber auch durch dieses Konzept bilanziell nicht erfasst werden.

Folglich müssten zusätzliche Informationen außerhalb der Rechenwerke bereitgestellt werden, um das implizite Wissen möglichst vollständig zu erfassen. Daher wird in der Literatur z. B. für das Aufstellen einer *Indikatorenrechnung*[163] plädiert, die insbesondere über die Entwicklung des impliziten Wissens, welches nicht monetär abgebildet werden kann, informiert. Die Indikatorenrechnung veranschaulicht das aus der Ressource „Wissen" resultierende Erfolgspotenzial, indem diese den Einfluss dieser Ressource auf den betrieblichen Leistungsprozess verdeutlicht. Mit Hilfe dieser systematischen Berichterstattung über die Ressource „Wissen" außerhalb der Bilanz sollen den Adressaten Prognosen im Hinblick auf das zukünftige Erfolgspotenzial eines Unternehmens erleichtert werden.

---

[162] Vgl. LEV/ZAROWIN (1999), S. 353 ff., und MINDERMANN (2008), S. 204 ff.

[163] Vgl. BARTHEL/GIERI/KÜHN (2004), S. 34, VON DER OELSNITZ/HAHMANN (2003), S. 171, SCHOLZ/STEIN/BECHTEL (2004), S. 100, und MINDERMANN (2008), S. 246 ff.

Quellenverzeichnis

AFTERMAN, A. B. (1996): Handbook of SEC Accounting and Disclosure, New York 1996.

AMELINGMEYER, J. (2000): Wissensmanagement, Wiesbaden 2000.

ARBEITSKREIS „IMMATERIELLE WERTE IM RECHNUNGSWESEN" DER SCHMALENBACH-GESELLSCHAFT FÜR BETRIEBSWIRTSCHAFT E. V. (2001): Kategorisierung und bilanzielle Erfassung immaterieller Werte, in: Der Betrieb, 2001, S. 989–995.

BACKSMANN, T. (2003): Immaterielle Vermögenswerte in Konzernbilanzen nach international anerkannten Rechnungslegungsgrundsätzen, Münster 2003.

BAKER, J. ET AL. (1995): United States of America – Individual Accounts, in: *ORDELHEIDE, D./ KPMG DEUTSCHE TREUHAND* (Hrsg.), Transnational Accounting, London et al. 1995, S. 2957–3095.

BALLWIESER, W. (1999): Grundsätze ordnungsmäßiger Buchführung, in: *CASTAN, E. ET AL.* (Hrsg.), Beck'sches Handbuch der Rechnungslegung, München 1999.

BARTHEL, E./GIERI, R./KÜHN, I.-W. (2004): Humankapital in Unternehmen – Ansätze zur Bewertung, in: *HASEBROOK, J. ET AL.* (Hrsg.), Kompetenzkapital – Verbindungen zwischen Kompetenzbilanzen und Humankapital, Frankfurt am Main 2004, S. 17–50.

BAYER, K. (2004): Investitionen ins Humanvermögen, Hamburg 2004.

BERNDT, T. (2003): Informationelle Rechnungslegung – Zur Ausweitung des Informationsumfangs am Beispiel von Intellectual Property Statements, in: Der Konzern, 2003, S. 823–824.

BROTTE, J. (1997): US-amerikanische und deutsche Geschäftsberichte, Wiesbaden 1997.

BRÜCKS, M./WIEDERHOLD, P. (2004): IFRS 3 Business Combinations – Darstellung der neuen Regelungen des IASB und Vergleich mit SFAS 141 und SFAS 142, in: Zeitschrift für internationale und kapitalmarktorientierte Rechnungslegung, 2004, S. 177–185.

DAVIS, M. K. (2002): US-GAAP – Rechnungslegung für immaterielle Vermögensgegenstände nach Verabschiedung der FASB Standards 141 und 142, in: Der Betrieb, 2002, S. 697–701.

DAWO, S. (2003): Immaterielle Güter in der Rechnungslegung nach HGB, IAS-IFRS und US-GAAP, Herne et al. 2003.

DELANEY, P. R. ET AL. (2001): Wiley GAAP 2001 – Interpretation and Application of Generally Accepted Accounting Principles 2001, New York 2001.

DILLERUP, R./SCHUNK, J. R. (2006): Steuerung und Bilanzierung immaterieller Vermögenswerte, in: Controller Magazin, 2006, S. 116–119.

DOHMANN, H. (2002): Knowledge Management – Teil 1: Ressource „Wissen" – das wertvollste Kapital des Unternehmens, in: Fortschrittliche Betriebsführung und Industrial engineering, 2002, S. 179–182.

EDVINSSON, L./BRÜNIG, G. (2000): Aktivposten Wissenskapital, Wiesbaden 2000.

Esser, M./Hackenberger, J. (2004): Bilanzierung immaterieller Vermögenswerte des Anlagevermögens nach IFRS und US-GAAP, in: Zeitschrift für internationale und kapitalmarktorientierte Rechnungslegung, 2004, S. 402–414.

Fasselt, M./Brinkmann, J. (2004): Immaterielle Vermögensgegenstände, in: *Castan, E. et al.* (Hrsg.), Beck'sches Handbuch der Rechnungslegung, München 2004.

von Felbert, D. (1998): Wissensmanagement in der unternehmerischen Praxis, in: *Pawlowsky, P.* (Hrsg.), Wissensmanagement, Wiesbaden 1998, S. 119–141.

Fülbier, R. U./Honold, D./Klar, A. (2000): Bilanzierung immaterieller Vermögenswerte – Möglichkeiten und Grenzen der Bilanzierung nach US-GAAP und IAS bei Biotechnologieunternehmen, in Recht der Internationalen Wirtschaft, 2000, S. 833–844.

Hachmeister, D. (2002): Lagebericht, in: *Ballwieser, W. et. al.* (Hrsg.), Handwörterbuch der Rechnungslegung und Prüfung, 3. Auflage, Stuttgart 2002, Sp. 1433–1446.

Hitz, J.-M./Kuhner, C. (2002): Die Neuregelung zur Bilanzierung des derivativen Goodwill nach SFAS 141 und 142 auf dem Prüfstand, in: Die Wirtschaftsprüfung, 2002, S. 273–287.

Hommel, M. (2001): Neue Goodwillbilanzierung – das FASB auf dem Weg zur entobjektivierten Bilanz?, in: Betriebs-Berater, 2001, S. 1943–1949.

Hütten, C. (2000): Der Geschäftsbericht als Informationsinstrument, Düsseldorf 2000.

Janke, G./Mietke, R. (2003): IFRS/IAS statt GoB – Zukunft des handelsrechtlichen Einzelabschlusses, in: Betrieb und Wirtschaft, 2003, S. 749-756.

von Keitz, I. (1997): Immaterielle Güter in der internationalen Rechnungslegung, Düsseldorf 1997.

Kieso, D. E./Weygandt, J. J./Warfield, T. D. (2004): Intermediate Accounting, 11. Auflage, New York et al. 2004.

Kirsch, H. (2003): Konzeption und Gestaltungsspielräume des Asset-Impairment-Only-Approachs, in: Betrieb und Wirtschaft, 2003, S. 793–800.

Küting, K./Harth, H.-J. (1999): Herstellungskosten von Inventories und Self-Constructed Assets nach IAS und US-GAAP (Teil I), in: Betriebs-Berater, 1999, S. 2343–2347.

Lev, B./Zarowin, P. (1999): The Boundaries of Financial Reporting and How to Extend Them, in: Journal of Accounting Research, 1999, S. 353–385.

Lorson, P./Heiden, M. (2002): Intellectual Capital Statement und Goodwill-Impairment – „Internationale" Impulse zur Unternehmenswertorientierung?, in: *Seicht, G.* (Hrsg.), Jahrbuch für Controlling und Rechnungswesen 2002, Wien 2002, S. 369–403.

Lüdenbach, N./Prusaczyk, P. (2004): Bilanzierung von „In-Process Research and Development" beim Unternehmenserwerb nach IFRS und US-GAAP, in: Zeitschrift für internationale und kapitalmarktorientierte Rechnungslegung, 2004, S. 415–422.

Miller, P. B./Redding, R. J./Bahnson, P. R. (1998): The FASB – The People, the Process, and the politics, 4. Auflage, Boston et al. 1998.

Mindermann, T. (2008): Wissen in der Rechnungslegung, Norderstedt 2008.

Nikolai, L. A./Bazley, J. D. (1996): Intermediate Accounting, 7. Auflage, Cincinnati 1996.

NORTH, K. (2002): Wissensorientierte Unternehmensführung, 3. Auflage, Wiesbaden 2002.

VON DER OELSNITZ, D./HAHMANN, M. (2003): Wissensmanagement, Stuttgart 2003.

PELLENS, B./FÜLBIER, R. U. (2002): Notes, in: *BALLWIESER, W. ET. AL.* (Hrsg.), Handwörterbuch der Rechnungslegung und Prüfung, 3. Auflage, Stuttgart 2002, Sp. 1575–1588.

PELLENS, B./FÜLBIER, R. U./GASSEN, J. (2006): Internationale Rechnungslegung, 6. Auflage, Stuttgart 2006.

PELLENS, B./FÜLBIER, R. U./SELLHORN, T. (2001): Immaterielle Werte in der kapitalmarktorientierten Rechnungslegung, in: *COENENBERG, A. G./POHLE, K.* (Hrsg.), Internationale Rechnungslegung, Stuttgart 2001, S. 81–114.

PERSCH, P.-R. (2003): Die Bewertung von Humankapital – Eine kritische Analyse, München/Mering 2003.

PFEIL, O. P./VATER, H. J. (2002): „Die kleine Unternehmensbewertung" oder die neuen Vorschriften zur Goodwill- und Intangible-Bilanzierung nach SFAS No. 141 und SAFS No. 142, in: Zeitschrift für internationale und kapitalmarktorientierte Rechnungslegung, 2002, S. 66–81.

POLANYI, M. (1985): Personal Knowledge – Toward a Post-Critical Philosophy, Chicago 1985.

SCHÄFER, A. (2001): Bewertung intellektuellen Kapitals, Osnabrück 2001.

SCHÄFER, H./LINDENMAYER, P. (2004): Externe Rechnungslegung und Bewertung von Humankapital, Stuttgart 2004.

SCHILDBACH, T. (2000): Ansatz und Bewertung immaterieller Anlagewerte, in: *BALLWIESER, W.* (Hrsg.), US-amerikanische Rechnungslegung, 4. Auflage, Stuttgart 2000, S. 99–113.

SCHILDBACH, T. (2002): US-GAAP, 2. Auflage, München 2002.

SCHMACHTENBERG, F./MEIXNER, P./SCHÄFER, D. (2005): Die Folgebewertung von Mobilfunklizenzen nach HGB, IFRS und US-GAAP – Ein Extrembeispiel unterschiedlicher Rechnungslegungsstandards, in: Zeitschrift für internationale und kapitalmarktorientierte Rechnungslegung, 2005, S. 512–523.

SCHMIDBAUER, R. (2004): Immaterielle Vermögenswerte in der Unternehmensrechnung – Abbildung im Jahresabschluss und Ansätze zur Steuerung, in: Deutsches Steuerrecht, 2004, S. 1442–1448.

SCHOLZ, C./STEIN, V./BECHTEL, R. (2004): Human Capital Management, München/Unterschleißheim 2004.

SCHREIBER, S. (2002): Der Ansatz von intangible assets nach US-GAAP, Wiesbaden 2002.

SCHREYÖGG, G./GEIGER, D. (2004): Kann man implizites in explizites Wissen konvertieren?, in: *FRANK, U.* (Hrsg.), Wissenschaftstheorie in Ökonomie und Wirtschaftsinformatik, Wiesbaden 2004, S. 269–288.

SCHULT, E./BRÖSEL, G. (2008): Bilanzanalyse, 12. Auflage, Berlin 2008.

SELCH, B. (2003): Der Lagebericht – Risikoberichterstattung und Aufstellung nach IDW RS HFA 1, Wiesbaden 2003.

Siener, F./Gröner, S. (2005): Bedeutung der Fair Value-Bewertung bei der Goodwill-Bilanzierung, in: *Bieg, H./Heyd, R.* (Hrsg.), Fair Value – Bewertung in Rechnungswesen, Controlling und Finanzwirtschaft, München 2005, S. 333–352.

Solomons, D. (1986): Making Accounting Policy – The Quest for Credibility in Financial Reporting, New York/Oxford 1986.

Stauber, J./Ketterle, T. (2001): Goodwill-Bilanzierung – Die neuen Vorschriften des FASB im Vergleich – Auswirkungen für börsennotierte Schweizer Unternehmen, in: Der Schweizer Treuhänder, 2001, S. 955–966.

Vater, H. (2005): Anatomie der Rechnungslegung nach US-amerikanischen Grundsätzen, in: Die Wirtschaftsprüfung, 2006, S. 940–950.

Völckner, F./Pirchegger, B. (2006): Immaterielle Werte in der internen und externen Berichterstattung deutscher Unternehmen – Eine empirische Bestandsaufnahme, in: Die Betriebswirtschaft, 2006, S. 219–243.

Weber, C.-P./Wirth, J. (2002): Immaterielle Vermögenswerte in der US-amerikanischen Konzernrechnungslegung nach SFAS 141/142, in: *Küting, K./Weber, C.-P.* (Hrsg.), Vom Financial Accounting zum Business Reporting, Stuttgart 2002, S. 43–71.

Vierter Teil

Wissens- und Informationsmanagement – Quo vadis?

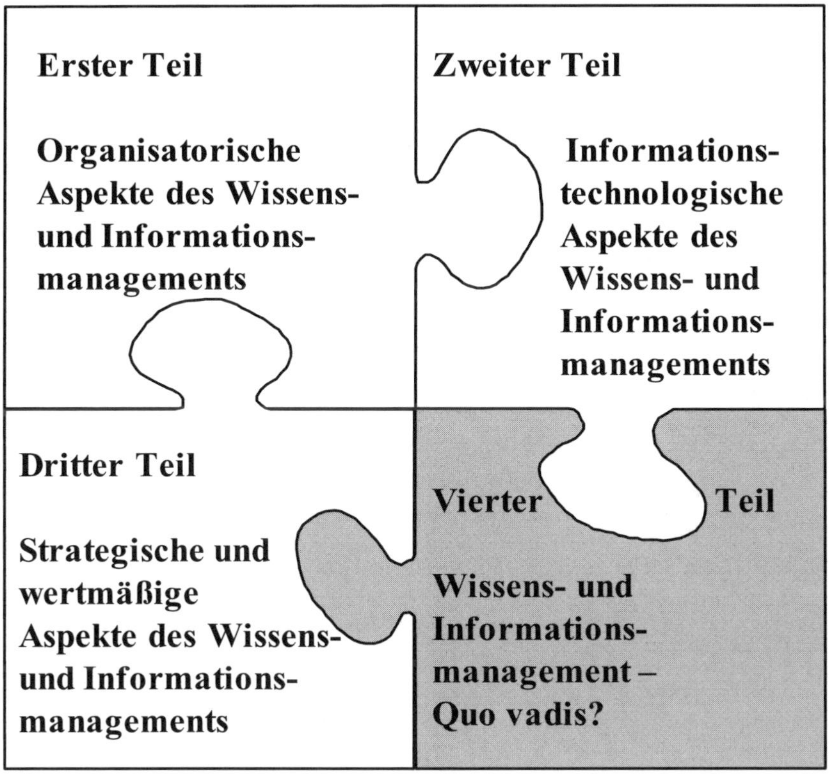

Wissensmanagement – Technologie oder Kultur?

WOLFGANG STURZ

Institut für Management und Kommunikation Dr. Sturz

1 Wissensmanagement versus Informationsmanagement – Versuch einer pragmatischen Abgrenzung

Wissensmanagement – ein Begriff, der immer wieder zu kontroversen Diskussionen führt. Dabei ist es nicht gerade hilfreich, dass Wissensmanagement oft als Etikett für Inhalte verwendet wird, die mit Wissensmanagement an sich kaum etwas zu tun haben. Datenbanken, Internet-Lösungen, Management-Systeme, Beratungsleistungen – immer wieder wird versucht, einzig und allein durch die Verwendung des Begriffes Wissensmanagement einen Mehrwert zu schaffen.

Ist wirklich überall Wissensmanagement drin, wo Wissensmanagement drauf steht? Was ist Wissensmanagement eigentlich? Lässt Wissen sich überhaupt managen?

Ein Grund für die nahezu babylonische Verwirrung im Wissensmanagement ist die oft sogar unter Fachleuten differenzierte Verwendung des Begriffs Wissen. Wissensmanager versuchen, dem durch eine Unterscheidung zwischen explizitem und implizitem Wissen entgegenzutreten. Dabei ist das explizite Wissen das greifbare, fassbare und letztlich dokumentierbare Wissen, während das implizite Wissen auf Erfahrungen, Gefühlen und Einschätzungen beruht. Der Begriff des impliziten Wissens wurde erstmals durch *POLANYI*[1] aufgegriffen. In der Wissensmanagement-Literatur finden sich dazu inzwischen umfassende und teilweise recht theoretische Abhandlungen.[2]

1.1 Explizites und implizites Wissen

Für die unternehmerische Praxis eignen sich einfachere Definitionen. Explizites Wissen lässt sich dokumentieren. Der Austausch von explizitem Wissen kann über Medien und durch den Einsatz technischer Hilfsmittel (Datenbanken, Suchmaschinen, Mail u. v. m.) erfolgen. Die Personen, die explizites Wissen bereitstellen, müssen dabei nicht im direkten Dialog mit den Personen stehen, die explizites Wissen suchen. Letztlich besteht explizites Wissen also aus Informationen in unterschiedlicher Form.

Implizites Wissen hingegen ist nicht konkret greifbares Erfahrungswissen, dass selber erarbeitet oder durch Kommunikation mit erfahreneren Personen erworben werden kann. Implizites Wissen lässt sich nicht direkt dokumentieren oder in Datenbanken speichern und verwalten. Die Weitergabe von implizitem Wissen zwischen Lehrenden und Lernenden oder zwischen Teammitgliedern kann nur im mehr oder weniger direkten Dialog und Gedankenaustausch erfolgen. Implizites Wissen kann, aber muss nicht komplex sein. Es zeichnet sich allerdings dadurch aus, dass es nur schwer oder gar nicht in Regelwerken abgebildet werden kann.

In diesem Beitrag soll nicht auf diese theoretische Differenzierung zwischen explizitem und implizitem Wissen eingegangen werden. Es erscheint stattdessen vielmehr sinnvoller, ganz einfach und pragmatisch zwischen Informationen und Wissen zu unterscheiden.

---

1 Vgl. *POLANYI* (1985).

2 Vgl. *NONAKA/TAKEUCHI* (1995).

1.2 Wissensmanagement und Informationsmanagement

Für eine Untersuchung der Fragen des Wissensmanagements bieten sich demnach die folgenden Definitionen an:

- Das *Informationsmanagement* beschäftigt sich mit allen Fragen der Speicherung, Verwaltung und Weitergabe von Informationen (= explizitem Wissen) und umfasst alle Maßnahmen, die dazu geeignet sind, Informationen in einem bestimmten Kontext zu erfassen, zu speichern, automatisch zu strukturieren und bereitzustellen.
- Das *Wissensmanagement* hingegen soll Menschen befähigen, die innerhalb oder auch außerhalb von Informationssystemen gespeicherten Informationen zu finden, diese zu bewerten und in der Folge mit dem Ziel zu nutzen, Lösungen für gegebene Problemstellungen zu finden und so einen Mehrwert zu schaffen.

Die so erarbeiteten neuen Lösungen und Konzepte sind wiederum explizierbar, d. h., dass sie als Informationen in Informationsmanagementsystemen gespeichert und auch kommuniziert werden können und somit anderen verfügbar gemacht werden. Daraus entsteht eine spiralförmige Zunahme der in einer Organisation verfügbaren Informationen und des daraus kontinuierlich ableitbaren neuen Wissens.

1.3 Persönliches und organisationales Wissensmanagement

Beim Wissensmanagement ist darüber hinaus die Differenzierung zwischen persönlichem und organisationalem Wissensmanagement sinnvoll.

So geht es beim persönlichen Wissensmanagement um die Selbtsmotivation, individuelle Konzepte für das eigene Informationsmanagement einzusetzen mit dem Ziel, schneller bessere Lösungen zu erarbeiten.

Organisationales Wissensmanagement hingegen ist eine Führungsaufgabe, die zum Ziel hat, einzelne Personen, aber insbesondere ganze – oft heterogene – Organisationseinheiten zum richtigen Umgang mit Informationen und damit zur effizienten Generierung neuer Informationen zu befähigen.

2 Wissensmanagement – Ein Rückblick

2.1 Aus Information wird Erfolg

Um die heute anstehenden Fragen des Wissensmanagements zu verstehen, lohnt sich ein Blick zurück in die Geschichte der Menschheit. Spionage – also die Gewinnung wichtiger und meist geheimer Informationen – ist laut Volksmund das zweitälteste Gewerbe der Menschheit. Bei der Spionage müssen zunächst Informationen beschafft werden. Im zweiten Schritt müssen diese Informationen ausgewertet und interpretiert werden. Dazu ist das menschliche Urteilsvermögen notwendig. Leider funktioniert das oft eher schlecht als recht. So berichtet das Alte Testament über den Einsatz von Spionen, die Palestina erkunden sollten.

Die zu negative Bewertung des Spionageberichtes führte dazu, dass das Volk Israel noch viele Jahre in der Wüste umhergeirrt ist.

Nicht nur Spione wurden für die Suche und Weitergabe von Informationen – also für den Informationstransfer – eingesetzt. Die Perser hatten verstanden, wie wichtig eine schnelle Informationsübertragung zum Regieren eines großen Reiches und vor allem zum Führen von Kriegen war. Dazu gab es Systeme, die auf der Basis von Rufzeichen oder Feuerzeichen funktionierten. Ähnlich war es bei den Kelten, die sogar spezielle Türme hatten, von denen aus Feuerzeichen übertragen werden konnten. Damit wurden sehr früh die Grundlagen für neuzeitliche Kommunikationstechnologien gelegt.

Leider hatten die Kelten trotz ihrer offensichtlich ausgefeilten Technik keine Lösung für die Informationsverwaltung. Es war einfach nicht möglich, Informationen zu speichern. Da waren die Perser mit ihren Tontafeln oder die Ägypter mit ihrer Hieroglyphen-Schrift deutlich weiter. Das Fehlen einer Informationsverwaltung ist übrigens der Grund dafür, warum wir heute so wenig über die Kelten wissen.

Die Geschichte bietet viele andere Beispiele für das Zusammenspiel zwischen Information und Wissen. Im alten Griechenland war dem einen oder anderen bestimmt schon aufgefallen, dass beim Eintauchen in eine volle Badewanne das Wasser überläuft. Aber erst *ARCHIMEDES* konnte mit dieser Information etwas anfangen: Er berechnete aus der über den Rand gelaufenen Wassermenge das spezifische Gewicht. Heureka! Aus Information und Wissen entstand neue Information, die über viele Generationen und hunderte von Jahren bis heute weitergegeben wurde.

KOLUMBUS ging es übrigens nicht anders. Im 15. Jahrhundert waren bereits viele Gelehrte der festen Überzeugung, dass die Welt rund sei. *KOLUMBUS* nutzte diese Information, um Entscheidungen zu treffen und wagemutig nach Westen zu segeln. Das Ergebnis: Aus Information, Bewertung dieser Information und Handlung entstand neue Information über einen Kontinent – Information, die das gesamte damalige Weltbild revolutionierte.

2.2 Die Geschichte des *PAUL REVERE*

2.2.1 Der Prototyp eines modernen Wissensmanagers

Jedes amerikanische Schulkind kennt *PAUL REVERE*, den Freiheitskämpfer, der in einem Husarenritt in der Nacht vom 18. April 1775 von Boston aus die Bewohner der umliegenden Ortschaften über eine bevorstehende Attacke der Engländer warnte. Das machte er so erfolgreich, dass die Engländer sich am nächsten Tag eine ziemlich blutige Nase holten. Noch heute wird diese Heldentat in einem erlkönigartigen Gedicht – das in den amerikanische Schulen zum Standardrepertoire gehört – besungen. Was war geschehen?

Die Engländer kontrollierten als Kolonialherren mit ihren Soldaten die wichtige Hafenstadt Boston. Im Umland hatten sich aber bereits die ersten Aufständischen formiert, die sich von der englischen Krone lösen wollten. In dem nordwestlich von Boston gelegenen Städtchen Concord hatten sie dazu sogar schon ein Waffen- und Munitionslager eingerichtet. Einer der Verbindungsleute der Rebellen in Boston war der Silberschmied *PAUL REVERE*, der als angesehener Bürger nicht nur mit den Rebellen, sondern auch mit den englischen Honoratioren in der Stadt gut vernetzt war.

2.2.2 Ein Netzwerker, der Informationen beschaffen konnte

So erfuhr *Revere* am diesem 18. April aus sicherer Quelle, dass ein Angriff der englischen Militärs auf das Waffenlager in Concord bevorstehen würde. Neben dieser Information gab es viele weitere Indizien: Truppenverlegungen innerhalb der Stadt, die Konfiszierung von Booten für eine offensichtliche Flussüberquerung und noch einige mehr. Offensichtlich würde etwas geschehen, die Spannung lag in der Luft, aber niemand wusste richtig Bescheid.

2.2.3 Ein Informationsbroker, der Fakten bewerten konnte

Es war *Revere*, der die einzelnen Teile des Informationspuzzles richtig zusammenlegte und sich so ein sehr gutes Bild über die konkreten Pläne des Feindes machen konnte. Damit nahm er die wichtigste Aufgabe eines jeden Wissensmanagers wahr: Die Beschaffung und die Bewertung strategisch relevanter Informationen.

2.2.4 Ein Entscheider

Es reicht aber nicht aus, Informationen zu bewerten, wenn sich daraus keine konkreten Handlungen ergeben. Mit Informationen wird immer erst dann ein Mehrwert generiert, wenn aus diesen Informationen Entscheidungen und Maßnahmen abgeleitet werden.

Revere hatte das verstanden. Es mussten also Wege gesucht werden, diese wichtige Information den Patrioten außerhalb der hermetisch abgeriegelten Stadt zu übermitteln, damit diese sich auf die Verteidigung vorbereiten konnten.

Dabei war *Revere* sich über die Notwendigkeit einer gewissen Redundanz bei der Informationsübertragung im Klaren. Informationen können heute durch Menschen oder durch Technik übertragen werden. Das war in gewisser Weise schon damals so. Deshalb hat *Revere* veranlasst, dass zunächst einmal vom Kirchturm der Stadt Boston aus ein vorher vereinbartes Lichtsignal gesendet wurde. Gleichzeitig hatte er aber weitere Kommunikationswege vorbereitet. Für ihn selbst war am Ufer des Charles River ein kleines Boot versteckt. Am gegenüberliegenden Ufer wartete bereits ein Pferd auf ihn, so dass *Revere* Boston in nordwestlicher Richtung verlassen konnte. Sein Freund *William Dawes* schaffte es, sich als angeblich betrunkener Bordell-Besucher an den Wachposten im Südosten der Stadt vorbeizumogeln. Beide konnten ungehindert durch die Nacht reiten und die Freiheitskämpfer vor dem Angriff der Engländer warnen.

2.2.5 Ein Motivator

Am 19. April – der heute noch als Patriots Day gefeiert wird – fanden dann nach dem tatsächlich erfolgten Angriff der Engländer die ersten erbitterten Kampfhandlungen statt. Die vorgewarnten Freiheitskämpfer hatten nur 95 Tote und Verletzte zu beklagen, bei den Engländern mit fast 300 Toten und Verletzten wurde allerdings etwa ein Drittel der gesamten kolonialen Streitmacht ausgeschaltet.

Revere war auf seinem nächtlichen Parforce-Ritt übrigens deutlich erfolgreicher als *Dawes*. So entstand das bereits erwähnte Gedicht, und heute ist es *Revere*, der in den Schulbüchern als Freiheitsheld geehrt wird.

Warum wurde *REVERE* berühmt, während heute niemand mehr über *DAWES* redet? *REVERE* war nicht nur in Boston, sondern auch auf dem Land hervorragend vernetzt. Man kannte und glaubte ihm, während der unbekannte *DAWES* mit seiner Botschaft nicht ernstgenommen wurde. *REVERE* wusste, an welchen Türen er klopfen musste, um die Multiplikatoren zu erreichen, die die Nachricht schnell weitertragen konnten. *REVERE* kannte die Anführer der Rebellen. *REVERE* konnte Informationen glaubwürdig vermitteln. *REVERE* hat es geschafft, die Farmer aus ihren Betten zu holen um den Engländern einen unangenehmen Empfang zu bereiten.

Letztlich war es dann auch *PAUL REVERE*, der die Ereignisse dieses Tages hinterher in einem ausführlichen und sehr persönlichen Bericht geschildert und dokumentiert hat.

Als Sammler und Bewerter von Informationen, als Entscheider, als Kommunikator und als Motivator hatte *PAUL REVERE* damit genau die Fähigkeiten, die heute von einem Wissensmanager erwartet werden. Mit einem großen Unterschied: Der moderne Wissensmanager verfügt im Gegensatz zu *REVERE* über ein unvergleichlich größeres Instrumentarium zur Beschaffung, zur Verwaltung und zur Kommunikation von Informationen.

3 Informationsmanagement – nur ein Werkzeug des Wissensmanagements

3.1 Wollte Siemens wirklich wissen, was Siemens wusste?

Seit Jahren kursiert in einschlägigen Wissensmanagementkreisen der Hinweis auf die Firma *Siemens*, die angeblich viel erfolgreicher sein könnte, wenn „*Siemens* wüsste, was *Siemens* weiß“. Das bezog sich bisher primär auf die immer wieder parallel erfolgten technischen Entwicklungen. In den letzten Monaten und Jahren hat dieser Spruch allerdings plötzlich eine ganz andere, fast dramatische Bedeutung bekommen.

Natürlich bieten die betriebsinternen technischen Informationssysteme die Möglichkeit, Geld und Zahlungsströme nachzuvollziehen. *Siemens* wollte jedoch offensichtlich gar nicht wissen, was *Siemens* wusste. *Siemens* wollte nicht wissen, dass für alle in den USA börsennotierten Unternehmen deutliche strengere Vorschriften gelten als in Europa. Noch pikanter: *Siemens* hat nicht einmal gewusst, dass diese strengeren Vorschriften per Sondererlass durch die US-Behörden außer Kraft gesetzt werden können, sofern dies im Interesse der Sicherheit der Vereinigten Staaten geboten erscheint – auch wenn es natürlich mehr als fraglich ist, ob *Siemens* eine solche Genehmigung jemals bekommen hätte.

Inzwischen möchten die Staatsanwälte wissen, was *Siemens* wusste oder gewusst haben sollte. Natürlich gab es irgendwo im Konzern Informationen zu den heute in der Kritik stehenden Vorgängen und Zahlungen. Die fehlende Erfassung und Bewertung und vor allem die nicht erfolgte Weitergabe dieser Informationen – also das fehlende Wissensmanagement – wird der Firma *Siemens* wahrscheinlich ein Vielfaches von dem kosten, was bei *Siemens* bisher aufgrund unkoordinierter Doppelarbeit verpulvert wurde.

3.2 Natürliche Grenzen des Informationsmanagements

Am Beispiel der Firma *Siemens* zeigen sich sehr deutlich die Grenzen der heute eingesetzten Informationsmanagementsysteme. In den Informationsspeichern, den großen unternehmensinternen Datenbanken, wird nämlich nur das gefunden, was dort gezielt und strukturiert abgelegt wurde. Dadurch sind diese Datenspeicher systemimmanent stets unvollständig. Letztlich lassen sich immer viele Gründe dafür finden, warum wichtige Informationen, die eigentlich in einem Informationsmanagementsystem gespeichert werden müssten, absichtlich oder unabsichtlich nicht erfasst werden.

3.2.1 Fehlende Zeit

Das häufigste Hindernis bei der Explizierung von implizitem Wissen, also beim Speichern neuer Informationen in Informationsmanagementsystemen, ist die fehlende Zeit. Die Ressource Zeit wird – nicht zuletzt durch die ständige multimediale Berieselung über unterschiedlichste Informationskanäle – immer knapper. Bevor ein Projekt richtig abgeschlossen wurde steckt man bereits im nächsten Projekt. Oft werden viele Projekte gleichzeitig bearbeitet. Da ist der Druck, die aktuellen Projekte am Laufen zu halten, deutlich größer als der Wunsch, sich die Zeit zu nehmen, erarbeitetes Wissen aus bereits abgeschlossenen Projekten in Datenbanken zu erfassen.

3.2.2 Fehlende Motivation

Bei der Einführung von Informationsmanagementsystemen tritt das klassische Henne-Ei-Problem auf. Weil die Informationssysteme nicht richtig gefüllt sind, werden dort keine Informationen gefunden. Dies wiederum führt dazu, dass die Motivation, mit solchen Systemen zu arbeiten, drastisch abnimmt. Es wird nichts mehr eingegeben, weil „es sich sowieso nicht lohnt". Schlimmer noch: Es bestehen häufig negative Motivationen. Das heißt, dass Mitarbeiter bewusst Informationen zurückhalten, um ihre Kollegen und Konkurrenten im eigenen Unternehmen nicht „schlauer" und „stärker" zu machen.

Auch schlechte Nachrichten, Fehlerberichte, Kundenreklamationen und dergleichen, die eigentlich zentral erfasst werden sollten, werden aus politischen Gründen oft nicht gespeichert. Das Ergebnis: Wichtige Erkenntnisse und „Lessons Learned" gehen verloren, Optimierungspotenziale bleiben ungenutzt.

3.2.3 Fehlende Qualifikation

Auch wenn die Motivationen zum Speichern von Informationen vorhanden ist, kann nicht sichergestellt werden, dass dies richtig geschieht. Oft ist bei den heutigen Systemen eine manuelle Verschlagwortung nötig. Damit sind allerdings Informationsfallen vorprogrammiert. Derjenige, der die Informationen in einem solchen System speichert, denkt ja in gewissen oft recht individuellen Schubladenkategorien. In Abhängigkeit von seinen persönlichen Präferenzen werden Informationen bestimmten Schubladen – also Kategorien zugeordnet. Es ist oft fraglich, ob derjenige, der diese Informationen später benötigt, die gleichen Schubladen öffnet bzw. unter den gleichen Kategorien sucht.[3]

---

[3] Vgl. *WEINBERGER* (2008).

3.3 Suchen oder Finden?

„Suchet, so werdet ihr Finden", heißt es bereits in der Bibel. Leider lässt sich diese Weisheit nicht auf unsere moderne Informationsgesellschaft übertragen. Oft wird zum Beispiel vergessen, dass das Internet in ein Surface Web und in ein Hidden Web oder Deep Web aufgeteilt werden muss. Die meisten Suchmaschinen durchforsten nur das oberflächlich sichtbare Web. Schätzungen gehen davon aus, dass das für Suchmaschinen unzugängliche Deep Web etwa vierhundert bis fünfhundert Mal größer ist als das Surface Web.

Noch komplexer ist es innerhalb der meisten Unternehmen. Die Ablage wichtiger Informationen erfolgt dort immer noch sehr häufig auf den Festplatten der Arbeitsstationen, in Mail-Verzeichnissen oder gar auf Papier. Der Bibelspruch „Suchet, so werden ihr finden", bleibt da manches Mal ein frommer Wunsch.

3.3.1 Vernetzung von Informationsverwaltungssystemen

Auch wenn alle beschriebenen Hürden genommen und Informationen strukturiert abgelegt wurden, bedeutet dies immer noch nicht, dass ein zentraler Zugriff möglich ist. Beispielsweise war bei der *KLM* die Datenbank, in der das Flying-Dutchman-Prämienprogramm verwaltet wurde, nicht mit der Datenbank für Kundenbeschwerden verknüpft. Auch bei der *Lufthansa* gab es lange Zeit mehrere getrennte Datenbanken, in denen unabhängig voneinander Kundendaten gesammelt und verwaltet wurden. Da bei solchen Systemen – aus berechtigten Gründen – die Zugriffsrechte meist sehr unterschiedlich vergeben werden, ist es für Kundenbetreuer oft schwer oder gar unmöglich, schnell auf alle wichtigen Daten zuzugreifen.

Bei *Ford* in den USA wurden über Jahre hinweg Informationen über Reifenprobleme bei dem Fahrzeugmodell *Explorer* erfasst – allerdings nur in dezentralen Informationssystemen und Mailboxen. Das gehäufte Auftreten dieser Probleme wurde lange übersehen, bis es durch die Presse ging und dann auch durch die Gerichte aufgegriffen wurde. Die sich daraus ergebenden Schadensersatzzahlungen waren für *Ford* sehr teuer.

3.3.2 Beschaffung von Informationen

Qualifikationsmaßnahmen für Mitarbeiter sollten sich nicht auf das ordnungsgemäße und vorschriftenkonforme Speichern von Informationen beschränken. Vielmehr ist es sinnvoll, die Mitarbeiter für das Suchen nach Informationen in diesen meist chaotisch strukturierten Datenbeständen zu qualifizieren. Mit anderen Worten: Es sollte zunächst einmal egal sein, wo welche Informationen gespeichert werden. Im Zusammenspiel zwischen Mitarbeitern mit entsprechender Qualifizierung und einer Software mit entsprechenden Suchalgorithmen sollte der Mitarbeiter dann in der Lage sein, aus unstrukturierten Informationsbeständen genau die Informationen herauszuziehen, die für ihn relevant sind.

3.3.3 Auswertung von Informationen

Informationen gefunden zu haben, ist eine Sache, sie auszuwerten eine andere. Oft wird inzwischen auch die Auswertung und Bewertung von Informationen rechnergestützt durchgeführt. Das *Finanzamt* macht es mit der Software *IDEA* vor. Nach Übernahme sämtlicher Buchhaltungsdaten eines Unternehmens in diese Data-Mining-Software können mit sehr geringem Aufwand umfassende Analysen durchgeführt werden. So lässt sich prüfen, ob Kassenbestände irgendwann einmal negativ gewesen sind (was natürlich nicht sein kann). Mit statistischen Verfahren lässt sich ermitteln, ob z. B. Fahrtenbucheinträge realistisch sind oder ob diese möglicherweise nachträglich „gefälscht" wurden, es sich also um fingierte Einträge handelt.

Sinnvoller Nutzen und Missbrauch von Informationen liegen übrigens oft nah beieinander. An einer österreichischen Hochschule wurden über viele Jahre hinweg Messreihen gemacht, bei denen es um die Frage ging, ob Handystrahlen Menschen schädigen können. Die Messreihen (= Informationen) lagen vor und zunächst einmal deutete alles darauf hin, dass Handystrahlen tatsächlich Zellschädigungen verursachen. Erst sehr spät wurde in einer weiteren Untersuchung festgestellt, dass die angeblichen Messergebnisse nicht den natürlichen Verteilungsgesetzen gehorchten und demzufolge fingiert gewesen sein müssen. Hier war Wissen notwendig, um die Fehlerhaftigkeit der Informationen zu erkennen.

Egal wie man es dreht oder wendet: Es stehen heute Unmengen von Informationen zur Verfügung. Oft hapert es an der Möglichkeit diese zu finden. Aber auch wenn Sie gefunden wurden scheitert, das erfolgreiche Nutzen dieser Informationen immer wieder an dem mangelnden Wissen um die richtige Interpretation.

4 Technologietransfer vom Web 2.0 zum Enterprise 2.0

Es wurde schon sehr viel über das Web 2.0 geschrieben und berichtet. Die für das Web 2.0 entwickelten Konzepte und Technologien lassen sich natürlich auch innerhalb eines Unternehmens anwenden. Das World Wide Web (WWW) ist zu einem Tunnelplatz für die globale Kommunikation geworden. Lässt die im WWW herrschende Kommunikationsbereitschaft sich auch auf Unternehmensstrukturen übertragen?

4.1 Firmen-Wikis

Der *Wikipedia*-Erfolg im Internet war überzeugend. Bei einem durch ein deutsches Magazin in 2007 durchgeführten Test hat *Wikipedia* dem Brockhaus hinsichtlich Qualität und Aktualität jedenfalls deutlich geschlagen.

Wenn ein *Wikipedia* im Internet funktioniert, denkt sich da mancher Manager, muss dies ja auch im Unternehmen möglich sein. Das war die Geburtsstunde der Firmen-Wikis, die heute in vielen Unternehmen bereits eingesetzt werden.[4] Eine gute Sache, wobei aber nicht vergessen werden darf, dass wir wieder beim Informationsmanagement und nicht beim Wissensmanagement sind. In einem Wiki können Informationen gespeichert werden. Der Umgang mit diesen Informationen, also das Wissensmanagement, muss oft noch gelernt werden.

---

4 Vgl. *TAPSCOTT/WILLIAMS* (2007).

Vergessen wird außerdem immer wieder, dass die kritische Masse für das Betreiben eines Wikis sehr groß ist. Im *Wikipedia* stehen vier aktiven Autoren 96 passive Nutzer gegenüber, die das Wiki nur als Nachschlagewerk betreiben und sich nie die Zeit nehmen würden, neue Einträge zu verfassen oder bestehende Einträge zu korrigieren.

Etwa 4% aktive Teilnehmer erscheint recht wenig – im Internet kommt aber trotzdem die stolze Zahl von weltweit etwa 300.000 Wikipedianern zusammen, die jeweils mindestens zehn Beiträge geschrieben oder editiert haben. Der Erfolg beruht also darauf, dass nach der Einführung des *Wikipedia* sehr schnell eine kritische Mindest-Teilnehmerzahl erreicht werden konnte.

Unternehmens-Wikis haben den Nachteil, dass die Zahl der aktiven und passiven Nutzer deutlich geringer ist. Um zu schnellen Ergebnissen zu kommen sollte der Anteil aktiver Teilnehmer jedenfalls deutlich über 4% liegen. Das ist nur bei einer hohen Motivation möglich. Leider wird dies bei der Einführung von Unternehmens-Wikis in der ersten Euphorie oft vergessen.

Die kritische Teilnehmerzahl kann natürlich schneller erreicht werden, wenn Wikis nicht nur für ein einzelnes Unternehmen, sondern für ganze Branchen eingeführt werden. Leider scheitert dies oft an der vermeintlichen (oder auch an der tatsächlichen) Wettbewerbssituation.

4.2 Soziale Netzwerke

Bisher werden soziale Netzwerke wie *Xing*, *MyFace*, *Youtube* und dergleichen nahezu ausschließlich im Internet betrieben. Es ist jedoch absehbar, dass diese Technologien demnächst ihren flächendeckenden Einzug auch in den Unternehmen erleben werden.

Der Unterschied zwischen sozialen Netzwerken und dem Internet: Während man in der klassischen *Google*-Suche selbst Informationen suchen und Problemlösungen zusammenreimen muss, kann man in sozialen Netzwerken jemanden suchen und finden, der eine Antwort auf das Problem hat und der beraten bzw. Tipps geben kann. In einer Welt der zunehmenden Spezialisierung werden solche sozialen Netzwerke zweifelsohne immer wichtiger – im WWW, aber auch in den Unternehmen.

4.3 Profiling

Wissensmanagement lebt, so glauben viele, davon, dass Informationen aktiv erfasst und explizit gespeichert werden.

Allgemein wird das Internet als ein Informationspool gesehen, in dem man über Internet-Auftritte strukturiert Daten ablegen und verfügbar machen kann. Tatsächlich liegt die Stärke des Internets aber nicht in der strukturierten Verwaltung von Internet-Seiten, sondern in der Möglichkeit, unternehmensbezogene, aber auch personenbezogene Profile zu generieren. Die Verwalter von sozialen Netzwerken, Diskussionsforen, Benutzergruppen und dergleichen wissen über ihren Kunden in aller Regel viel mehr als diese ahnen. Welche Restaurants werden mit Vorliebe besucht? Wo wird Urlaub gemacht, nach welchen Hobbys erkundigt der Benutzer sich im Internet? Mit den heute bereits bestehenden Technologien können so sehr differenzierte Profile angelegt werden, die es in der Folge möglich machen, sehr zielgerichtet Werbebotschaften zu platzieren.

Solche Profiling-Technologien können natürlich eins zu eins auf Unternehmen übertragen werden. In der Software ist dann irgendwann die Information darüber gespeichert, mit welchen Themen die einzelnen Mitarbeiter sich beschäftigen und wo sie sich am besten auskennen. In den USA werden solche Werkzeuge mittlerweile recht häufig eingesetzt. In Deutschland erfolgt der Einsatz dieser Programme eher zögerlich und sporadisch. Hier besteht noch eine durchaus gesunde Skepsis gegenüber der automatischen „Kategorisierung" von Mitarbeitern, also gegenüber einem automatischen Profiling.

Manche Unternehmen wählen einen Mittelweg. Die Software erstellt zwar automatisch die gewünschten Mitarbeiterprofile – jeder Mitarbeiter muss dieses Profil dann aber selbst prüfen und ausdrücklich freigeben. Außerdem kann der Mitarbeiter entscheiden, ob sein Profil mit seinem persönlichen Namen sowie den Kontaktdaten oder zunächst einmal anonym veröffentlicht werden soll.

4.4 Informationsspeicherung als Abfallprodukt

Einer der Vorteile des Internets ist inzwischen, dass dort viele Informationen gespeichert werden, die im Rahmen von Kommunikation entstehen. Diskussionsforen, FAQ, Tipps und Tricks und auch Blogs gehören dazu: Stets geht es darum, dass Informationen kommuniziert werden. Wenn diese Kommunikation elektronisch verläuft, kann sie gespeichert und hinterher wieder gesucht werden.

Der Vorgang des automatischen Speicherns von Informationen ist also ein Abfallprodukt der Kommunikation. Dies lässt sich nicht komplett auf Kommunikationsprozesse in Wirtschaftsunternehmen übertragen. Dort erfolgt nach wie vor sehr viel Kommunikation im Rahmen von Besprechungen oder bei der berühmten Kaffeemaschine. Trotzdem gibt es auch in Unternehmen einen Trend, elektronisch zu kommunizieren, der sogar manchmal bizarre Formen annimmt – insbesondere dann, wenn E-Mails nur dazu verwendet werden, sich intern abzusichern.

Der Unterschied zwischen dem Internet und den Unternehmen liegt darin, dass die elektronisch gespeicherte Kommunikation in den Unternehmen heute im Allgemeinen nicht recherchierbar und abrufbar ist. Allerdings ist absehbar, dass die etablierten Internet-Suchtechnologien im Rahmen von Profiling-Projekten recht bald auch in den Unternehmen eine breitere Anwendung finden werden.

4.5 Unternehmensinterne Suchmaschinen

Inzwischen werden unternehmensinterne Suchmaschinen eingesetzt, mit denen über unterschiedliche Plattformen in verschiedenen heterogenen Datenbankstrukturen nach Informationen gesucht werden kann. Es ist absehbar, dass der Einsatz solcher Systeme zunehmen wird. Zum einen werden immer mehr Firmen diese Technologie einsetzen. Zum anderen werden der Wunsch und der Bedarf bestehen, immer mehr Datenbestände durch diese Suchmaschinen erfassen zu lassen. Dazu werden bald auch die lokalen Festplatten der Mitarbeiter und sonstige dezentral gespeicherte Informationen gehören.

4.6 Grenzen der Übertragbarkeit der Web-2.0-Technologien auf Enterprise 2.0

Bei aller Euphorie: Die Web-2.0-Technologien lassen sich nicht ohne Weiteres auf Unternehmen übertragen, da die hinter dem Einsatz liegenden Kulturen völlig unterschiedlich sind. Die an der Kommunikation im Internet beteiligten Spezialisten tun dies fast ausnahmslos anonym und in aller Regel aus einem inneren Mitteilungsbedürfnis heraus. In den Unternehmen wird eine solche anonyme Kommunikationsebene nicht erwünscht sein. Durch die persönliche Exponierung in einem nicht anonymen Arbeitsumfeld wird der offensichtlich natürliche Kommunikationstrieb von Menschen allerdings sehr stark gebremst.

Es reicht also nicht, die Technologien aus dem Web 2.0 auf das Enterprise 2.0 zu übertragen. Maßgebliche Voraussetzungen für einen Erfolg ist, dass auch die Web-2.0-Kultur in den Unternehmen Eingang findet. Hier dürfte die wesentlich größere Herausforderung liegen.

5 Unternehmenskultur als Voraussetzung für das Wissensmanagement

5.1 Vom Mitarbeiter 1.0 zum Mitarbeiter 2.0

Mitarbeiter in einem Enterprise-2.0-Unternehmen können also tatsächlich nur dann erfolgreich sein, wenn die Randbedingungen hinsichtlich Arbeitskultur und Kommunikationskultur stimmen.[5] Dazu gehört ein angstfreier Umgang mit neuen Technologien, aber auch angstfreie Kommunikation und Kooperation.

[5] Vgl. DIXON (2008).

5.1.1 Angstfreier Technologieeinsatz

Grundsätzlich muss, wer in einem Enterprise-2.0-Unternehmen erfolgreich sein will, eine große Offenheit gegenüber neuen Technologien haben. Die Arbeit mit Software kann zwar gelehrt und gelernt werden, den effizienten Umgang mit Informationsmanagementsystemen kann man sich aber nur durch ständige Übung und einem ständigen unvoreingenommenen Umgang mit der Software erarbeiten.

5.1.2 Angstfreie Kommunikation

Eines der größten Hindernisse ist in vielen Unternehmen die Tatsache, dass Kommunikation aus unbegründeter oder begründeter Vorsicht vor Feedback unterlassen wird. Der Killer für jedes Wissensmanagementsystem ist die Haltung „Ich sehe zwar, dass der Kollege Probleme hat, warum sollte ich ihm aber helfen?" Und weiter geht es mit „Außerdem könnte ich etwas Falsches sagen, und dann bin ich der Dumme!"

5.1.3 Angstfreie Kooperation

Teambildung und Teamarbeit ist ein Schlagwort, das nicht erst in den letzten Jahren strapaziert wird. Einerseits unterstützt die EDV heute Teamarbeit sehr intensiv durch z. B. die verschiedenen Möglichkeiten der Einrichtung von virtuellen Arbeitsräumen. Solche modernen Infrastrukturen werden inzwischen recht oft für die Teamkommunikation aufgebaut. Dann scheitert das Ganze jedoch an der Teamkultur. Die technischen Voraussetzungen für die Abbildung eines Teams im Intranet sind vorhanden. Die kulturellen Voraussetzungen im Hinblick auf eine voreingenommene Kooperation fehlen jedoch. Damit ist der tolle Technikeinsatz zum Scheitern verurteilt.

5.1.4 Angstfreies Kritisieren

Zur Kommunikation und Kooperation gehört auch die Möglichkeit, Kritik auszusprechen. In Internetforen wird – da ist ja alles anonym – häufig sehr heftig ausgeteilt. Das führt in aller Regel nicht zu einem Rückzug, sondern zu manchmal entsprechend derben Repliken. Im Unternehmensumfeld ist das Aussprechen von Kritik (auch wenn man das Technologiegetrieben per E-Mail macht) nach wie vor recht problematisch. Hier ist die Kritik ja nicht anonym, und man könnte dafür ja sogar vielleicht zur Rechenschaft gezogen werden.

Sollte ein Unternehmen bei der Einführung einer Enterprise-2.0-Unternehmenskultur erfolgreich sein, muss auf jeden Fall auch sichergestellt werden, dass kritische Kommunikation möglich ist und akzeptiert wird.

5.1.5 Angstfreies Bewerten und Entscheiden

Die größten wirtschaftlichen Schäden werden nicht verursacht, weil falsche Entscheidungen getroffen worden sind, sondern weil Entscheidungen ausgeblieben sind. Auch hier ist wieder eine Differenzierung zwischen dem Internet und der unternehmensinternen Kommunikation möglich. Im Internet trifft jeder Einzelne Entscheidungen bezüglich seiner Kommunikation, der Beschaffung von Informationen oder sogar der Bestellung von Waren. Innerhalb der Unternehmen werden Mitarbeiter oft „ausgebremst". Die Entscheidungshierarchien sind lang und die Angst vor Fehlentscheidungen ist groß. All dies sind Hemmschwellen auf dem Weg zum Mitarbeiter 2.0 und zum Enterprise 2.0.

5.2 Vom Chef 1.0 zum Chef 2.0

Die Herausforderungen, die bei dem Übergang von 1.0- auf 2.0-Kulturen gemeistert werden müssen, sind sehr hoch und liegen oft weniger bei den Mitarbeitern als bei den jeweiligen Chefs.[6] Wenn den Mitarbeitern die entsprechenden Rahmenbedingungen gegeben werden würden, ist absehbar, dass sehr schnell sehr viel der WWW-Kultur in die Unternehmen übertragen werden kann. Allerdings müssen die Chefs da mitmachen. Unternehmenschefs müssen heute 2.0-Chefs werden. Für die Chefs wird der Umgang mit solchen Situationen schwieriger, da sie Macht abgeben müssen.

Früher liefen die Macht- und die Wissenshierarchien im Einklang. Die Chefs hatten viel Macht und sie hatten das gesamte Wissen. Heute ist es anders. Die Chefs haben zwar immer noch die Macht, die Information und damit auch das Wissen steht jedoch allen zur Verfügung. Häufig ist es sogar so, dass die Mitarbeiter im Detail sehr viel mehr Wissen haben als die Chefs. Konkret heißt das für den 2.0-Vorgesetzten, dass er viel mehr Fäden aus der Hand geben muss. So wie im Internet vieles sich im Dialog zwischen den Beteiligten regelt, muss auch in den 2.0-geführten Unternehmen viel mehr Verantwortung auf die einzelnen Mitarbeiter übertragen werden. Und welcher Chef tut dies schon gerne?

6 Fraktale Strukturen als Nährboden für das Wissensmanagement

Wissensmanagement wird häufig als ein einheitliches und durchgängiges Konzept verstanden und interpretiert. Tatsächlich bewegen sich die Herausforderungen des Wissensmanagements in sehr unterschiedlichen Ebenen, die jedoch nach dem Konzept der Fraktale miteinander vergleichbar sind. Zunächst gibt es das persönliche Wissensmanagement, für das jeder Einzelne selber verantwortlich ist. Wissensmanagementaufgaben gibt es aber auch in Teams, in Abteilungen, in Unternehmensbereichen, in ganzen Unternehmen innerhalb bestimmter Branchen und darüber hinaus. Auch auf nationaler und globaler Ebene stellen sich immer häufiger wichtige Fragen des Wissensmanagements, auf die oft noch keine adäquaten Antworten gefunden sind.

---

6 Vgl. *BUHSE/STAMER* (2008).

6.1 Was sind fraktale Strukturen?

Der Begriff der Fraktale wurde vor etwa 40 Jahren durch den Mathematiker *MANDELBROT*[7] eingeführt. Fraktale Geometrien setzen sich aus Grundgeometrien zusammen, die sich ständig wiederholen. *WARNECKE*[8] hat 1992 das Konzept der fraktalen Fabrik eingeführt. Damals wurde übrigens bereits von einer „Revolution der Unternehmenskultur“ gesprochen. Bei diesem Konzept wird versucht, die Verantwortung für ein ganzes Unternehmen in stets kleinere, eigenverantwortliche Fraktale herunterzubrechen, bis hin zu Teamarbeitsplätzen und Einzelarbeitsplätzen. Dieses Konzept lässt sich auch auf das Wissensmanagement übertragen.

6.2 Persönliches Wissensmanagement

PAUL REVERE war der Prototyp eines „persönlichen Wissensmanagers“. Er hat als Einzelkämpfer dafür gesorgt, die notwendigen Informationen zu bekommen, er hat diese richtig bewertet, Entscheidungen getroffen und kommuniziert.

Heute erleben wir in der Wirtschaft einen Trend zur Ich-AG. Die großen Konzerne arbeiten in vielen Bereichen immer weniger mit Festangestellten und immer häufiger mit freien Mitarbeitern, die von Fall zu Fall in Projektteams integriert werden. Diese Mitarbeiter, die als „Ich-AG“ operieren, sind selbst dafür verantwortlich, dass sie über die notwendigen Informationen verfügen und diese weiterentwickeln.

Aber auch der angestellte Mitarbeiter sollte sich heute selbst als Ich-AG einstufen. Der einzige Unterschied: Als Angestellter schreibt er keine Rechnung, sondern arbeitet per Dauerbeauftragung für einen einzigen Auftraggeber. Eine Arbeit als Ich-AG muss aber naturgemäß mit einem großen Maß an Eigenverantwortung einhergehen. Hier ist persönliches Wissensmanagement angesagt.

6.3 Teamorientiertes Wissensmanagement

Im nächstgrößeren Fraktal des Teams geht es um die gleichen Aufgaben wie beim persönlichen Wissensmanagement. Hier kommt jedoch die Ebene der Kommunikation innerhalb des Teams hinzu. Die Anforderungen an die Teamleiter bestehen also nicht nur in der Bereitstellung einer technischen Infrastruktur. Vielmehr muss dafür Sorge getragen werden, dass die Teamkultur den Anforderungen des Wissensmanagements gerecht wird.

6.4 Unternehmensorientiertes Wissensmanagement

Die gleichen Fragen stellen sich für ganze Unternehmen. Dort werden die Aufgabenstellungen natürlich aufgrund der Komplexität der Unternehmensabläufe, der Produkte und der Prozesse immer anspruchsvoller. Die Unternehmen, die es heute schaffen, ihre Mitarbeiter ständig mit besseren Informationen zu versorgen und die die Mitarbeiter motivieren können, aus diesen

---

7 Vgl. *MANDELBROT* (1975).

8 Vgl. *WARNECKE* (1992).

Informationen neues Wissen und neue Informationen zu generieren, sind erfolgreicher als ihre Wettbewerber.

6.5 Branchenorientiertes Wissensmanagement – Clustering

Es besteht immer wieder die Befürchtung, dass ein Gedankenaustausch zwischen Wettbewerbern gefährlich ist. Die Wirklichkeit zeigt etwas Anderes. In dem kleinen Ort Herzogenaurach sitzen sowohl *Puma* als auch *Adidas* – zwei Wettbewerber, die sehr hart um Marktanteile ringen. Die räumliche Nähe ermöglicht fast zwangsläufig einen unternehmensübergreifenden Gedankenaustausch innerhalb einer Branche. In der Volkswirtschaft wird eine solche geographische Nähe zwischen Unternehmen innerhalb einer gleichen Branche als Clustering bezeichnet.[9] Die Praxis zeigt, dass die räumliche Nähe zwischen Wettbewerbern eher zu einer Stärkung der einzelnen Mittbewerber als zu einer Schwächung führt.

6.6 Nationales Wissensmanagement

Beim nationalen Wissensmanagement geht es natürlich um Fragen des globalen Wettbewerbs. Welche Informationen und welches Wissen benötigen wir als Nation in Zukunft, um auf dem Weltmarkt zu bestehen? Welche Hausaufgaben muss die Bildungspolitik erledigen? Welche Fragen ergeben sich in diesem Kontext zur Lern- und Lehrkultur? Die Antworten auf diese Fragen liegen außerhalb des Kompetenzbereiches der Wirtschaft. Für den Wohlstand einer Nation als Ganzes sind sie von eminenter Bedeutung.

6.7 Globales Wissensmanagement

Letztlich haben die Nationen aber nicht nur die Verantwortung für ein nationales Wissensmanagement. Vielmehr muss im Interesse eines globalen Ausgleichs ständig geprüft werden, wie Informationen und Wissen auf globale Ebene ausgetauscht werden können um eine Chancengleichheit zu wahren. Es ist nicht sinnvoll, diesen Wettbewerb zwischen den Nationen so weit zu treiben, dass die Welt in zwei Gruppen auseinander bricht: Hier die Wissenden, technologisch Führenden und Reichen, dort die Armen und Nichtwissenden. Die reichen Länder benötigen letztlich auch die Märkte der armen Länder um erfolgreich zu sein.

---

9 Vgl. *CARAYANNIS/CAMPBELL* (2005).

7 Perspektiven für das Wissensmanagement 2.0

Das Wissensmanagement 2.0 in der Wirtschaft muss sich aus zwei Bereichen zusammensetzen: Dem Enterprise 2.0 und der Unternehmenskultur 2.0.

Für das Enterprise 2.0 stehen heute eigentlich bereits recht viele Technologien aus dem Internet (also dem Web 2.0) zur Verfügung. Sie lassen sich mit minimalen Änderungen in Wirtschaftsunternehmen einsetzen.

Sehr anspruchsvoll ist hingegen die Schaffung einer Unternehmenskultur 2.0.

Die freie Internetkultur im Web 2.0 hat maßgeblich zu dem schnellen Wachstum und der weiten Verbreitung des Internets beigetragen. Um diesen Erfolg auf das Unternehmen zu übertragen ist es notwendig, ähnliche Kulturen, die vor allem durch den Begriff der Angstfreiheit gekennzeichnet sein müssen, auf die Wirtschaft zu übertragen.

Wenn das gelingt, wird innerhalb der Unternehmen ein ähnlich intensiver Gedanken- und Erfahrungsaustausch wie im Internet stattfinden. Dann kann die Angst vor Wettbewerbern durch gemeinsam wachsendes Wissen kompensiert werden. Der Amerikaner *CAVETT ROBERT* pflegte zu sagen: “Let's share our knowledge in order to create a bigger pie“. Durch das Teilen von Wissen können wir erreichen, dass der Kuchen für alle Beteiligten größer wird.

Genau hier liegen die Chancen für das moderne Wissensmanagement.

Quellenverzeichnis

BUHSE, W./STAMER, S. (2008): Die Kunst, zu lassen – Enterprise 2.0, Berlin 2008.

CARAYANNIS, E./CAMPBELL, D. (2005): Knowledge Creation, Diffusion, and Use in Innovation Networks and Knowledge Clusters: A Comparative Systems Approach Across the United States, Europe, and Asia, Westport 2005.

DIXON, N. (2000): Common Knowledge – How Companies Thrive by Sharing What They Know, Boston 2000.

MANDELBROT, B. B. (1975): Die fraktale Geometrie der Natur, Basel et al. 1975.

NONAKA, I./TAKEUCHI, H. (1997): Die Organisation des Wissens: Wie japanische Unternehmen eine brachliegende Ressource nutzbar machen, Frankfurt 1997.

POLANYI, M. (1985): Implizites Wissen, Frankfurt 1985.

TAPSCOTT, D./WILLIAMS, A. D. (2007): Wikinomics – Die Revolution im Netz, München 2007.

WARNECKE, H. (1992): Die fraktale Fabrik, Berlin/Heidelberg/New York 1992.

WEINBERGER, D. (2008): Das Ende der Schublade – Die Macht der neuen digitalen Unordnung, München 2008.

Unternehmenskulturen von morgen erfordern effektiven Einsatz von innovativen und flexiblen Kollaborationstechnologien

Gabriele A. Hantschel

IBM Deutschland

1 „Wissen ist die einzige Ressource, welche sich durch den Gebrauch vermehrt"[1]

In der Wissensgesellschaft steigt die Zahl der Wissens- und Informationsquellen, die in Unternehmen zur Verfügung stehen, rasant an. Die Nutzbarmachung und Skalierung dieser Informationsressourcen stellt eine zunehmend große organisatorische und technische Herausforderung dar.

Weiterhin führt die Internationalisierung der Wirtschaft zu einem stetig steigenden Vernetzungsbedarf und -aufwand von Unternehmen. Die Pflicht zur firmen- und branchenübergreifenden Zusammenarbeit wird immer zwingender. Selbst mit Mitbewerbern zu kooperieren, kann sich positiv auf das Geschäft auswirken. Coopetition ist und bleibt ein Resultat dieses Globalisierungsgrades. Die flexible Einbindung neuer sowie die Reallokation bestehender interner wie externer Ressourcen wird dabei zu einer entscheidenden Steuerungsgröße für die Adaptivität von Unternehmen. Denn zunehmend große Teile des Wissens eines Unternehmens sind in den Köpfen von immer mehr spezialisierten Mitarbeitern und von externen Kräften gespeichert. Dies macht es schwierig, dieses Wissen der ganzen Organisation zur Verfügung zu stellen. Wenn Mitarbeiter das Unternehmen verlassen, geht deren Wissen für die Organisation verloren. Hierbei handelt es sich nicht nur um Fach- und Best-Practice-Knowhow, sondern auch um Beziehungswissen zu Kunden, Lieferanten und Partnern. Die Nichtverfügbarkeit oder der Verlust von Wissen kann unerwartet große Auswirkungen auf Umsatz, Marktanteil und Profitabilität eines Unternehmens haben.

Die Einführung einer Kollaborationstechnologie ermöglicht eine intrinsische Informationsbereitstellung, die je nach technischem und unternehmerischem Reifegrad dieser Umgebung eine untergeordnete oder Schlüsselfunktion für alle Mitwirkenden erlangen kann. Dabei beeinflusst wesentlich die Unternehmenskultur, insbesondere die Kommunikationsgewohnheiten die Nutzung der Kollaborationsumgebung. Diese wirkt als Inkubator der vorhandenen Kommunikationskultur und lässt schnell neue Rituale unternehmensweit entstehen. Diese neuen Abläufe und Rituale sind es, die auf der in Unternehmen vorhandenen technologischen Basis Informationen schneller und zumeist überhaupt erst fließen lassen.

Ist die bestehende Kommunikationskultur zu unvorbereitet für eine erfolgreiche Nutzung der Kollaborationsumgebung, z. B. weil zu formal, hierarchisch oder „misstrauisch", dann können ungeliebte Rituale und damit wiederum eine negative Verstärkung der Kommunikationskultur die Folge sein, wie z. B. der Vorwurf einer Plattform zur Selbstdarstellung – es kommt zur Verwaisung der Kommunikationsplattform.

Eine klassische Kollaborationsanwendung dafür ist eine Datenbank für wiederverwendbare Dokumente, um das bestehende Wissen in Unternehmen für alle nutzbar zu machen („Intellectual Property Reuse"). Eine akzeptierte, breite Verwendung einer solchen Anwendung scheitert oft an der Kommunikationspolitik. Der Nutzen wird zu wenig kommuniziert, der Business Case und eine Zielsetzungsvereinbarung zur Nutzung sind nicht vorhanden und die Mentalität „da wird uns etwas unvorbereitet aufgedrückt" oder „noch eine Plattform zur Selbstdarstellung" greift sehr schnell um sich und lässt an der technischen Möglichkeit nichts Gutes mehr finden.

---

[1] *Probst/Raub/Romhardt* (2006), S. 2.

Durchgängig sind durch die Verbreiterung der Kollaborationsinstrumente Unternehmen in der Lage, Mitarbeitern im Sinne eines „job enrichment" mehr Eigenverantwortung und Entscheidungsfreiheit am Arbeitsplatz zu geben. Kompetenzen und Verantwortung werden auf die unteren Ebenen der Organisation verlagert und damit die Selbstorganisation in der Arbeitsausführung gefördert. War früher für den spezialisierten Mitarbeiter sein Vorgesetzter auch fachlich in Zweifelsfällen der Entscheider, sucht sich heute der hoch spezialisierte Mitarbeiter oder Externe mit Hilfe der Kollaborationsplattform die Informationen zusammen, die seine Entscheidung vor den Vorgesetzten bestehen lässt. Für die Unternehmenskultur und insbesondere für die Manager heißt das: Sie müssen einen mitarbeiterorientierten Führungsstil zeigen. Soziale Kompetenz ist für Vorgesetzte wichtiger geworden als das ohnehin nicht realisierbare Wettrennen mit jedem Mitarbeiter um fachliche Kompetenz. Im Zuge dieser Entwicklung erfuhr die Unternehmenskultur im Allgemeinen eine Aufwertung. Sie wurde auch zum Angelpunkt für die Akzeptanz von Kollaborationsinstrumenten.

Zusammenfassend sind die Gründe für die zunehmende Bedeutung von Kollaboration zahlreich und wirken sich auf unser Arbeitsumfeld täglich aus:

- Unternehmen agieren immer häufiger in globalen Wertschöpfungsnetzen. Die Zahl der in Unternehmensprozesse eingebundenen externen Partner steigt sowohl in der Beschaffung, Entwicklung und Produktion als auch im Vertrieb, Marketing und bei kundennahen Prozessen.
- Arbeit wird immer weniger in einzelnen Abteilungen definiert, und erfolgt vermehrt projektbasiert und unternehmensübergreifend. Teams arbeiten oft zeitlich begrenzt und in unterschiedlichen Konstellationen an Projekten zusammen, meist unternehmensübergreifend, in verschiedenen Ländern und Zeitzonen.
- Teams agieren mobil und erledigen ihre Aufgaben unabhängig von Ort und Zeit, ob beim Kunden in London, beim Lieferanten in Indien oder vom heimischen Schreibtisch im Schwarzwald aus.
- Gleichzeitig müssen die Teams schnell und flexibel reagieren, eigenständig Entscheidungen treffen und Ergebnisse liefern. Lange Abstimmungsprozesse sind kontraproduktiv.
- Eine Unternehmenskultur, die die Eigenverantwortung und Entscheidungsfreiheit von Mitarbeitern am Arbeitsplatz und im Home Office fördert, bietet die Grundlage für die Akzeptanz von neuen Kollaborationstechnologien.

2 Wissensmanagement kommt ohne Kollaborationstechnologien nicht mehr aus

Die positive Wirkung von Kollaborationstechnologien ist in verschiedenen Untersuchungen nachgewiesen worden, so z. B. steigende Teamproduktivität, Einsparungen von Reisekosten und -zeit, aber auch Schnelligkeit und reduzierte Produkteinführungszeiten.[2] Doch auch Kollaborationslösungen haben ihre Tücken. Eine Studie der Organisation für wirtschaftliche Zusammenarbeit und Entwicklung (OECD) zeigt, dass in der Schweiz eine erstaunliche Ent-

[2] Vgl. *FROST & SULLIVAN* (2005).

wicklung zu beobachten ist: Obwohl pro Kopf so viel in Informations- und Kommunikationstechnologien investiert wird wie in keinem anderen OECD-Land, fällt der Produktivitätszuwachs vergleichsweise gering aus. Die Erklärung für dieses Phänomen liegt in der Natur der Kollaborationsprozesse: Reine IT-Investitionen haben kaum einen Einfluss auf die Produktivität von Kollaborationsprozessen. Erst die sinnvolle Kombination von IT und Arbeitsmethoden vermag einen Produktivitätszuwachs von bis zu 20% zu erzielen.

Deshalb kommt den Kommunikations- und Kollaborationstechnologien eine Schlüsselrolle zu. Umso erschreckender ist die Tatsache, dass sich in der Kommunikationsinfrastruktur seit 20 Jahren nicht viel weiterentwickelt hat, So genannte „Silo-Architekturen" sind über Jahre gewachsen, behindern die Arbeit in neuen Strukturen und verringern die Flexibilität. Laut einer Studie von *Frost & Sullivan* (2008) ist die Kollaborationsfähigkeit von Unternehmen für 36% der Leistungsfähigkeit verantwortlich, die Unternehmensstrategie wirkt sich nur zu 16% auf den Erfolg aus.[3] Unternehmen, die auf die Integration von Kommunikations- und Kollaborationstechnologien verzichten, nehmen laut dieser Studie große Wettbewerbsnachteile in Kauf. Da das Aufgabenmanagement mit veralteten Werkzeugen angegangen wird, entsteht eine E-Mail-Flut, ein nicht mehr aufhörender Konferenzmarathon und ein telefonisches Abstimmungswirrwar. Schon heute kommunizieren die meisten Unternehmen viel und umfassend, leider aber auch oft unnötig und an den Bedürfnissen der Beteiligten vorbei. Obwohl die Anzahl der Kommunikationsmedien, -geräte und -kanäle noch steigt, sinkt die von allen geforderte Erreichbarkeit. Mit Effizienz hat diese Arbeitsweise nichts mehr zu tun, sondern wirkt sich, weil kontraproduktiv in der Sache, lähmend auf alle Beteiligten aus. Die verantwortlichen Manager werden ebenso wie die Arbeitsebene von der eigentlichen Arbeit abgehalten.

Eine weitere Studie von *CoreMedia* Ende 2007 über den Einsatz von Web-2.0-Technologien in wissensintensiven deutschen Unternehmen bestätigt diesen Ist-Zustand für die neuesten Kollaborationstechniken:[4]

- Wikis, Blogs oder Social Bookmarking werden weder abteilungsübergreifend (über 90%) noch unternehmensübergreifend (über 95%) eingesetzt.
- Etwa die Hälfte der Fach-Verantwortlichen erkennt die Relevanz von Web 2.0 für den Unternehmensalltag, der konkrete Nutzen für die Firmen ist aber immer noch unklar.
- Annähernd 90% der Befragten gaben an, dass die Anforderungen an die effiziente Zusammenarbeit und den Wissensaustausch gestiegen sind. Häufig werden sie aber von den ITK-Systemen nicht hinreichend unterstützt.

---

3 Vgl. *Frost & Sullivan* (2008).

4 Vgl. *CoreMedia* (2007).

3 Web 2.0 und Unified Communications als zukünftige Standards

Eine Vielzahl an elektronischen Werkzeugen ist heute mehr oder weniger im Einsatz. Kollaboration beginnt mit dem unilateralen Gedankenaustausch via Telefon, E-Mail und Instant-Messaging – nicht zu vergessen Brief, Fax und SMS/MMS. Sie erstreckt sich bis hin zu multilateralen Postings, Chats, Blogs, Team-Workspaces, Portalen, Wikis sowie Telefon-, Web-, Audio- und Videokonferenzen.

Die neuen Trends, die kollaborative Anwendungen verändern, sind Unified Communications (UC) und Web 2.0. Mit UC sollen konsistente Benutzeroberflächen und Basisfähigkeiten wie Präsenzfunktionen und Regeln bereitstehen, so dass Anwender einfach und schnell durch die verschiedenen Kommunikationskanäle navigieren können. Das spart Zeit, birgt andererseits aber auch die Gefahr, die Produktivität zu reduzieren. Nicht alle Kommunikationswege sind für die jeweiligen Rollen oder Aufgaben in Unternehmen optimal geeignet.

Bei Web-2.0-Anwendungen können mit Mashups Anwender neue Inhalte mit bereits vorhandenen Informationen kombinieren. Damit kontrollieren sie wesentlich besser ihre eigene Kollaborationserfahrung. Sie verfügen damit über Werkzeuge, mit denen sie ihren persönlichen Präferenzen und Anforderungen besser gerecht werden. Aber mit Web 2.0 erhöht sich auch die Vielfalt der Optionen für die Kollaboration. Wer wie welche Inhalte erstellt, mit welchen Regeln und Konfigurationsoptionen ergänzt, entscheidet der Anwender selbst. Mit dieser Freiheit geht aber die Verantwortung einher, eine kluge Wahl zu treffen. Oft sind begeisterte Web-2.0-Anhänger die ersten Nutzer dieser Technologie. Mit der Zeit kommen dann möglicherweise zu viele neue Mitarbeiter oder Externe hinzu. Immer mehr Postings entfachen eine Informationsflut, die Mitarbeitern schnell die Lust nimmt, sich aktiv einzubringen.

Was fehlt also noch? Besserung versprechen folgende Maßnahmen:

- Anwenderprofile in firmeninternen Social-Networks sollten nicht nur Informationen aus der Personalabteilung, den unternehmensweiten Directories und eigenhändigen Einträgen der Anwender enthalten, sondern auch kontinuierlich und automatisiert analysierte Daten über Informationen und Projekte, die vom jeweiligen Anwender genutzt wurden.
- Bewertungen der Inhalte bezüglich Nutzen und Nützlichkeit von Personen, Dokumenten, Web-Sites und anderer Inhalte, auf Basis der Häufigkeit und der Aktualität der Zugriffe.
- E-Mails und Instant Messaging zwischen Mitarbeitern oder zwischen Mitarbeitern und Kunden, die häufig verwendete Schlüsselbegriffe enthalten (z. B. Projekt, Kunde, Angebot) und nicht ausdrücklich als privat gekennzeichnet wurden, sollten automatisch anderen Mitarbeitern im Unternehmen verfügbar gemacht werden. Auch Data Mining ist sinnvoll, um für jede Person eine Art Starthilfe für die Mitgliedschaft in sozialen Netzen bereitzustellen. Der Datenschutz muss gewährleistet bleiben.
- Ein zentrales Aufgabenportal, das Webservices sowie andere dynamische Technologien nutzt, kann jederzeit ein reelles Bild der Arbeitssituation liefern. Statt veralteter „Schnappschüsse“ verfügen Management und Mitarbeiter damit zu jeder Zeit über aktuelle Informationen für die Entscheidungsfindung.

- Aber auch eine offene und auf Eigenverantwortung gründende Unternehmenskultur muss eine Basis schaffen, damit Web-2.0-Anwendungen zum Tragen kommen.

4 Unternehmenskulturen lassen Kollaborationswerkzeuge zu oder nicht

Doch trotz dieser Möglichkeiten gibt es noch immer Lücken im Portfolio der Kollaborationslösungen. Viele Anwender wünschen sich ein einfaches Werkzeug für das Projektmanagement, das sowohl Echtzeit- als auch Nicht-Echtzeit-Aktivitäten mit Mitarbeitern aus verschiedenen Unternehmen und Zeitzonen unterstützt. Es gibt aber auch Anwender, die die große Auswahl an Kollaborationswerkzeugen beklagen. Sie verzichten auf entsprechende Tools, da die Auswahl schwer fällt.

Die Folgen liegen klar auf der Hand: Wenn Mitarbeiter Informationen und Erfahrungen nicht weitergeben, Teamaufgaben nicht mit anderen Kollegen koordinieren und keinen Zugriff auf das Wissen von Kollegen, Kunden und Geschäftspartnern haben, werden Aufgaben viel später erfüllt und die Qualität sinkt. Das geht zu Lasten der Kundenzufriedenheit und des Umsatzes.

Der erfolgreiche Einsatz der neuen Informations- und Kollaborationstechnologien erfordert die Fähigkeit, bisherige Gewohnheiten zu hinterfragen und neue Wege zu finden, um die eigene Effizienz zu erhöhen.

Das Vertrauen in die Mitarbeiter, dass sie sich die Zeit nehmen, Informationen zu kennzeichnen, zu verlinken oder zu bewerten, reicht allein nicht aus. Mitarbeiter sind mit ihren Kernaufgaben mehr als ausgelastet und haben keine Motivation, darüber nachzudenken, ob ihre Arbeit für Kollegen interessant sein oder gar werden könnte. Egal wie einfach Kollaboration durch Unified Communication und Web 2.0 auch wird – ein kleiner Anschub der Kommunikationskultur in die unversperrte Richtung könnte Kollaboration zu mehr Akzeptanz verhelfen.

Das Wiki-Prinzip demonstriert eine neue Form der Informationsdarstellung und zielt damit auf die Art und Weise, wie mit Informationen umgegangen wird. Es ermöglicht die beliebige Vernetzung von Informationen und erlaubt, diese Informationen mit anderen zu teilen:

1) Eine beliebige, intuitive Vernetzung von Informationen ist möglich – von der reinen Assoziation bis zum systematischen Wissensnetzwerk.
2) Die Teilnehmerzahl lässt sich beliebig skalieren – vom einzelnen Nutzer bis zur weltweiten Community.
3) Die digitale Information kann vielfältig genutzt werden – von der komplexen Suche bis zur unbegrenzten Speicherung.

Oft wird der Schritt von der Webseite zum Wiki verglichen mit dem Schritt vom handgeschriebenen Buch zum Buchdruck. Dabei spielt die Technik eine untergeordnete Rolle. Die kulturelle Wirkung des Buches war von dem einfachen Prinzip der Informationsdarstellung abhängig, verbunden mit seiner Verbreitungsmöglichkeit. Bis heute hat sich das Prinzip des Buches nicht wesentlich verändert. Deshalb ist das Wiki-Prinzip so bestechend, da es einfach, jedoch begrenzt, aber enorm flexibel ist – gleichgültig welche technologische Basis man einsetzt.

Ob und wie das Wiki-Prinzip genutzt wird, hängt wesentlich von der Fähigkeit ab, wie souverän damit umgegangen wird. Der Erfolg des Buches wurde begleitet von einer zunehmenden Verbreitung der Lese- und Schreibfähigkeit. Wir leben heute in einer hochkomplexen Welt, in der Informationen und Wissen auf komplizierte Weise miteinander vernetzt sind. Die „lineare" Darstellung dieses Wissens in unendlich vielen Büchern und Schriftstücken stößt hier an ihre Grenzen.

Wie Wikis zunehmend in Unternehmen Fuß fassen werden, lässt sich am Beispiel „Buch" als Wissens- und Informationsträger gut abschätzen. In kleinen und mittleren Firmen werden Wikis vorwiegend „bottom-up" über die Mitarbeiter selbst eingeführt und organisiert genutzt. Jeder Mitarbeiter hat seinen kleinen privaten Wissensfundus. Meist große Unternehmen verfügen über streng organisierte Wissens- und Informationsstrukturen. Hier dürften Wikis primär „top-down" durch das Management eingeführt werden. Das könnte deren Offenheit und Flexibilität einschränken, nicht aber die Vernetzungsmöglichkeiten von Informationen.

Mit Wikis werden Regeln manifestiert, nach denen Mitarbeiter in Unternehmen handeln. Sie tragen ihre Erfahrungen, Vorurteile und Maßstäbe in die Unternehmen hinein und beeinflussen die dort herrschende Unternehmenskultur, gleichgültig was das Management per Guidelines oder Vision vorgibt.

Wikis können sehr einfach an unterschiedliche Kulturumgebungen angepasst werden. Sie stellen tatsächlich einen Kulturbruch dar, der vielen in der herrschenden „Managementkultur" existierenden Vorstellungen widerspricht. Besonders aber steht das Wiki-Prinzip einigen persönlichen Lebensprinzipien vieler Manager entgegen: Ehrgeiz, Karriere, Status, Prestige. Diese Überzeugungen sind von Branche zu Branche mit verschiedenen Unternehmenskulturen unterschiedlich ausgeprägt. So trifft in der IT- und Beraterbranche diese Denkweise eher nicht zu. Wer aber mit solchen Kriterien für „Lebenserfolg" sozialisiert wurde, ist nicht in der Lage, sich mit diesem „Wiki-Kram" zu identifizieren – zumal damit in der eigenen Bezugsgruppe kein Prestige zu gewinnen ist.

In vielen Unternehmen werden Wikis von Mitarbeitern eingeführt, nicht vom Management. Allerdings gibt es durchaus Unternehmen, in denen die Führungskräfte diese Innovation billigen und, wenn sich der Erfolg einstellt, auch fördern. Oft gilt die Verhaltensregel, dass vorher bewiesen sein muss, dass eine Entscheidung richtig sein wird. Einfach mal etwas auszuprobieren ist verpönt. Deshalb neigen viele Entscheidungsträger dazu, allgemein anerkannte Standardlösungen einzusetzen, für die es genügend anerkannte Promotoren gibt. Experimente und Freiräume sind unbeliebt. Ähnliche Skepsis gab es bereits gegenüber anderen Ideen wie z. B. E-Mail, Handy, PDF-Dateien. Sobald es genügend Mitarbeiter gibt, die über eigene Erfahrungen mit diesen Werkzeugen und Methoden verfügen und sich damit ihr eigenes Urteil bilden können, erledigen sich solche Widerstände von selbst.

Dieses Web-2.0-Beispiel zeigt, dass Unternehmenskulturen von morgen den Einsatz von innovativen und flexiblen Kollaborationstechnologien erfordern, aber auch fördern. Wer alle Chancen zur Orientierung und Motivation der Mitarbeiter realisieren will, muss die neuen Kommunikationsinstrumente bewusst einsetzen. Diese haben in vielen Unternehmen bereits Netzwerke über Abteilungs- und Unternehmensgrenzen hinweg – also nach außen – gebildet und damit einen aktiven, gewünschten Kulturwandel vollzogen.

Unternehmen können sich mit den neuen Kollaborationstechnologien in einer Art Realitätsüberprüfung permanent fragen, ob das, was sie tun, noch zum Markt passt oder geändert werden muss. Wer diese Technologien einsetzen möchte, muss überprüfen, wie sie die Ziele des Unternehmens unterstützen können. Die Auswahl der Technologien hängt nämlich von der Fähigkeit der Mitarbeiter und Manager ab, diese richtig einzusetzen. So bietet es keinen Vorteil Blogs einzuführen, in denen jeder mitschreiben kann, wenn ein Unternehmen streng hierarchisch organisiert ist und dies auch bleiben will.

Web 2.0 heißt: Wissen teilen, nicht horten – ein zentraler Paradigmenwechsel. Wer das will, sollte sich um den Einsatz von Kollaborationstechnologien wie Blogs und Wikis sowie dem Tagging und anderer Konnektivitätsmedien kümmern. Wer dies nicht will, sollte es lieber bleiben lassen. Aber letztlich sollten sich Unternehmen gut überlegen, wie sie sich folgenden Vorteil zu eigen machen können: Gruppen mit modernen Kollaborationstechniken können bessere Ergebnisse erzielen als die jeweils beste Einzelperson für sich.

So stellt bspw. *Frank Martin Hein* in seiner Studie und seinem gleichnamigen Buch „Elektronische Unternehmenskommunikation“ die provokante Forderung, E-Mails im Unternehmen abzuschaffen.[5] Wenn stattdessen jeder bloggen würde und die Einträge mit Stichwörtern versieht, hätte jeder die Chance, auf das Wissen zuzugreifen, unterstützt z. B. durch RSS-Feeds.

Auf der anderen Seite hat der Einsatz von kooperativen Kommunikationsformen aber auch Konsequenzen für das Unternehmen: Wenn Mitarbeiter ihr Wissen abteilungs- und unternehmensübergreifend austauschen, stellt sich die Frage, welchen Stellenwert kompetente Fachleute im Unternehmen dann einnehmen – oder ob nicht doch letztlich die wichtigen Entscheidungen nach dem klassischen Hierarchieprinzip „von oben“ fallen. Eine Wahl „mit oder ohne moderne Kooperationstechnologien“ gibt es nicht mehr. Also ist es besser, sich auf eine Strategie festzulegen und zu handeln. Abzuwarten ist keine Alternative, denn verschwinden werden die neuen Kommunikationsanforderungen nicht mehr. Eine offene, auf Eigenverantwortung setzende Unternehmenskultur bietet dazu den wichtigsten Erfolgsgaranten.

---

5 Vgl. *Hein* (2007).

Quellenverzeichnis

COREMEDIA (Hrsg.) (2007): Deutsche Unternehmen experimentieren erfolgreich mit Web 2,0-Technologie verschlafen, aber Chancen zur Effizienzsteigerung, online: http://www.coremedia.com/de/124534/enterprise-2-0-studie, Stand: 06.11.2007, Abruf: 04,.09.2008.

FROST & SULLIVAN (Hrsg.) (2005): Messung der Vorteile von Web Collaboration für Unternehmen – Entschlüsselung des Produktivitäts-Paradoxon, o. O. 2005.

FROST & SULLIVAN (Hrsg.) (2008): Studie zur Kommunikationsinfrastruktur, o. O. 2008.

HEIN, F. M. (2007): Elektronische Unternehmenskommunikation – Konzepte und Best Practices zu Kultur und Führung, Frankfurt 2007.

PROBST, G./RAUB, S./ROMHARDT, K. (2006): Wissen managen – Wie Unternehmen ihre wertvollste Ressource optimal nutzen, 5. Auflage, Wiesbaden 2006.

Kann Wissensmanagement selbst zum Manager werden oder wo liegen die Grenzen für Business Intelligence?

STEPHAN REIMANN

IBM Deutschland

1 Zusammenhang zwischen Wissen, Wissensmanagement und Informationstechnologie

1.1 Wissen und Wissensmanagement

Trotz steigender Rohstoffpreise ist und bleibt Wissen einer der wichtigsten Produktionsfaktoren in modernen Unternehmen. Umso wichtiger ist es, diesen genau wie Arbeit, Kapital und Boden effizient zu managen. Was aber ist eigentlich Wissen? Im Gegensatz zu den Elementarfaktoren lässt dafür sich in der Praxis oftmals kein einheitliches Begriffsverständnis beobachten, da die Begriffe Zeichen, Daten, Information und Wissen nicht klar voneinander abgegrenzt werden. Der Zusammenhang dieser Begriffe lässt sich am besten anhand der in Abbildung 1 dargestellten Wissenspyramide verdeutlichen.

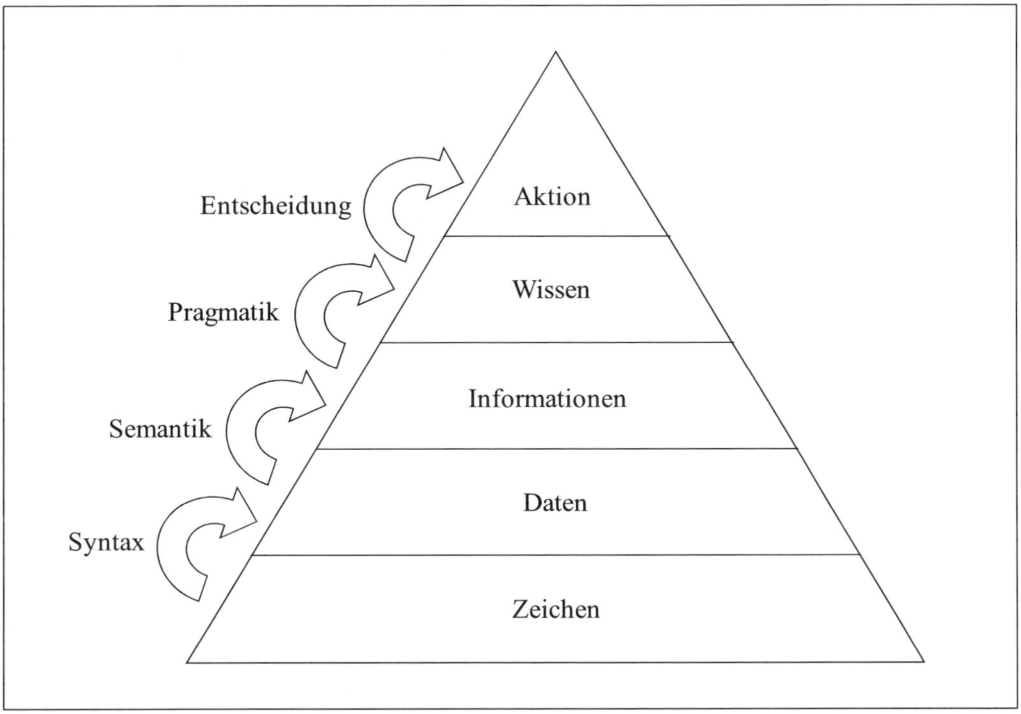

Abbildung 1: Wissenspyramide[1]

Grundlage für diese Begriffsdefinitionen ist die Semiotik[2], also die allgemeine Theorie der Zeichen. Sowohl Daten als auch Informationen und Wissen werden dabei in Informationssystemen immer als Zeichen repräsentiert. Daten sind Zeichen, die gewissen Syntaxregeln unterliegen. So ist beispielsweise die Zahl 15.000 ein abstraktes Datum, das allerdings erst durch Hinzufügen der Semantik zur Information wird. Das Hinzufügen der Einheit „Euro" ergibt

1 Vgl. *AAMODT/NYGÅRD* (1995), S. 191.

2 Zu den Begriffsdefinitionen vgl. *AAMODT/NYGÅRD* (1995), S. 191ff.

beispielsweise die Information „15.000 Euro“. Erst beim Hinzufügen der Pragmatik, also der Interpretation der Information in einen bestimmten Zusammenhang, wird diese Information zu Wissen, die letztendlich zur zielgerichteten Handlung befähigt. So könnte es sich beispielsweise um den Umsatz eines bestimmten Produktes in einem Zeitraum handeln.

Betrachtet man diese Begriffe nun unter dem Aspekt des Wissensmanagements, stellt sich die Frage, was es eigentlich bedeutet, dieses Wissen aktiv zu managen. Einen guten Anhaltspunkt liefert die folgende Definition des Wissensmanagement:

„Wissensmanagement beschäftigt sich mit den Möglichkeiten, auf die Wissensbasis eines Unternehmens Einfluss zu nehmen. Unter der Wissensbasis eines Unternehmens werden alle Daten und Informationen, alles Wissen und alle Fähigkeiten verstanden, die diese Organisation zur Lösung ihrer vielfältigen Aufgaben benötigt. Dabei sollen individuelles Wissen und Fähigkeiten (Humankapital) systematisch auf unterschiedlichen Ebenen der Organisationsstruktur verankert werden. [...] Einen Beitrag dazu können Informationssysteme leisten, indem sie die Mitarbeiter kommunikativ vernetzen und Informationen bereitstellen und bewahren.“[3]

Wissen als eine der zentralen Ressourcen des Unternehmens liegt üblicherweise sehr breit verteilt über die gesamte Organisationsstruktur vor und lässt sich nicht immer so einfach formulieren wie im Beispiel der Umsatzzahl, da es grundsätzlich im Individuum entsteht und erst durch Transformationsprozesse kollektiv verfügbar wird.[4] Dieser Aussage liegt eine Unterscheidung in kollektives und individuelles Wissen zugrunde. Dabei profitiert nicht nur die Gruppe in ihrer Gesamtheit von einer breiten kollektiven Wissensbasis, sondern auch das Individuum, da es den Erfahrungsschatz der anderen auch für sich selbst nutzen kann. Gerade in Unternehmen ist die Umwandlung in Kollektivwissen von besonderer Bedeutung, da diese den Aufbau strategischer Wettbewerbsvorteile beispielsweise durch bessere Nutzung des vorhandenen Wissens und eine größere Unabhängigkeit vom Individuum ermöglicht.

1.2 Wissensmanagement mithilfe von Informationstechnologie

Ein Ansatz dazu ist der Aufbau einer unternehmensweiten Wissensbasis mithilfe von Informationstechnologien. In diesem Zusammenhang spielen vor allem Data-Warehouse-Ansätze eine Rolle, deren Ziel die Vereinheitlichung, Integration und langfristige Speicherung der im Unternehmen vorhandenen Informationen für die Datenanalyse und zur Unterstützung betriebswirtschaftlicher Entscheidungen ist. Dies ermöglicht, dass die entscheidungsrelevanten Informationen zur richtigen Zeit am richtigen Ort verfügbar sind und somit die Entscheidungsqualität entscheidend verbessert werden kann. Dem liegen zwei Leitgedanken zugrunde:

---

3 Online *WIKIPEDIA* (2008a).

4 Vgl. *ROMHARDT* (1998), S. 56 f.

- „Integration von Daten aus verteilten und unterschiedlich strukturierten Datenbeständen, um im Data Warehouse eine globale Sicht auf die Quelldaten und damit übergreifende Auswertungen zu ermöglichen,
- Separation der Daten, die für das operative Geschäft genutzt werden, von solchen Daten, die im Data Warehouse z. B. für Aufgaben des Berichtswesens, der Entscheidungsunterstützung, der Geschäftsanalyse sowie des Controllings und der Unternehmensführung verwendet werden.“[5]

Neben der reinen Unterstützung von Entscheidungsprozessen erlaubt die konsequente Fortführung von Automatisierungsstrategien natürlich auch, derartige konzentrierte und unternehmensweite Wissenssammlungen mit Unterstützung von Informationstechnologien selbst als Entscheider zu nutzen. Wissen kann also nicht nur gemanagt werden, sondern selbst mithilfe technologischer Systeme aktiver Teil des Managements werden.

Der vorliegende Artikel beschreibt zum einen die Ausgangssituation im Bereich der Informationsintegration und der Wissensbereitstellung und versucht zum anderen, die zukünftige Entwicklung in diesen Bereichen darzustellen. Dabei stellt sich auch die Frage, inwiefern das „allwissende Gedächtnis“ des Unternehmens nicht nur als Entscheidungshilfe, sondern auch selbst als Entscheider fungieren kann, indem es selbst aktiver Teil des Managementprozesses wird, oder mit anderen Worten, indem es als eigenständiger Manager im Unternehmen agiert.

In einigen Unternehmen finden sich bereits heute Ansätze, Entscheidungsprozesse durch regelbasierte, automatische Formalismen zu implementieren. Gerade der fortschreitende Einsatz und die täglich vielfältigeren Möglichkeiten moderner Informationsmanagementsysteme bieten hier ein breites Betätigungsfeld. Aber lassen sich dadurch in der Zukunft Manager ersetzen? Diese Frage wirft eine Reihe weiterer Fragen, wie zum Beispiel „Wer trägt in diesem Fall die Verantwortung?“, „Welche Arten von Entscheidungen können von Informationssystemen getroffen werden?“ oder „Wie wirkt sich dies auf die Entscheidungsqualität aus?“ auf. Diese Fragen sollen im Verlauf des vorliegenden Beitrags erörtert werden um einen Ausblick zu geben, wie sich dies auf die Organisationsstruktur und nicht zuletzt auf die Unternehmenskultur im Unternehmen der Zukunft auswirken kann.

2 Data Warehouse als zentrale Wissensbasis

2.1 Verschiedene Formen des Wissens

Bereits heute sind Data-Warehouse-Systeme in vielen Unternehmen fester Bestandteil der Business-Intelligence-Infrastruktur, um die vorhandenen Informationen bestmöglich zu nutzen. Allerdings lässt sich vielfach feststellen, dass es sich dabei nur um abteilungs- oder fachbereichsspezifische Ansätze oder auch so genannte Insellösungen handelt und oftmals kein Konzept, das alle im Unternehmen verfügbaren Informationen integriert, zu erkennen ist.

---

5 Online *WIKIPEDIA* (2008b).

Eine Schwierigkeit stellt die Tatsache dar, dass sich Wissen häufig nicht auf einfache Art und Weise formulieren und in technischen Systemen abbilden lässt. So unterscheidet *MICHAEL POLANYI* zwischen implizitem und explizitem Wissen[6]. Explizite Wissensinhalte zeichnen sich dadurch aus, dass der Wissensträger bewusst über diese verfügt und sie gegebenenfalls auch sprachlich ausdrücken kann. Diese Form lässt sich häufig auf recht einfache Art und Weise in Form geeigneter Dokumente erfassen und verarbeiten. Im Gegensatz dazu lässt sich implizites Wissen nicht in Form von Dokumenten kommunizieren oder gar nicht verbal beschreiben. Ein Grund dafür kann zum Beispiel sein, dass es sich um sehr komplexe Zusammenhänge handelt, deren Wiedergabe nicht oder nur sehr schwer möglich ist. Gerade wenn persönliche Erfahrungen zentraler Teil des Informationsgehaltes sind, wie zum Beispiel bei Fehlerdiagnosen für komplexe Systeme, in denen zahlreiche Korrelationen bestehen, ist dies oftmals der Fall.

2.2 Data-Warehouse-Konzept in der Gegenwart

Obwohl sich Wissen vielfach nicht strukturiert in Dokumenten erfassen lässt, liegt es bereits heute in Unternehmen in elektronischer, jedoch nicht strukturierter Form vor. Beispiele dafür sind E-Mails, elektronische Notizen, Textdokumente, Bilder, Tabellen und Wikis. Seitdem die Informationstechnologien in Unternehmen Einzug gehalten haben, ist das Datenaufkommen stetig und rasant gewachsen, wobei der Trend einen überproportionalen Anstieg des Datenaufkommens im Verlaufe der Zeit zeigt. Das Problem ist in den seltensten Fällen, dass Informationen nicht in ausreichender Masse vorliegen, sondern dass er sich sehr schwierig gestaltet aus der immensen Datenflut die entscheidungsrelevanten Informationen zu extrahieren und verfügbar zu machen.

Daher wird es für das Unternehmen der Zukunft absolut notwendig sein, diese Informationen möglichst effektiv zu nutzen und in wertvolles Wissen umzuwandeln, um sich im globalen Wettbewerb die entscheidenden Vorteile zu verschaffen. Da Informationen jedoch erst im Kontext zu Wissen werden, reichen die im Unternehmen selbst verfügbaren Informationen oft nicht aus. Daher werden schon heute vielfach externe Daten wie zum Beispiel Studien zur allgemeinen Markt- oder Branchensituation, die bei Marktforschungsinstituten oder anderen darauf spezialisierten Unternehmen verfügbar sind, im Data Warehouse mit den unternehmensinternen Daten zusammengeführt. Damit ergibt sich für die Systemarchitektur von Data-Warehouse-Systemen die in Abbildung 2 dargestellte Struktur. Diese zeigt das Data Warehouse als klassischen Informationslieferanten, in dem Daten mithilfe so genannter ETL-Prozesse (ETL = Extraktion, Transformation und Laden) integriert und mithilfe von Cleansing-Prozessen (verschiedene Verfahren zum Korrigieren von Datenfehlern in Informationssystemen) hinsichtlich Datenqualität geprüft und gegebenenfalls korrigiert werden. Die so aufbereiteten Daten werden in eine unternehmensweite Wissensbasis überführt und den einzelnen Anwendungen in Form fachspezifischer Auszüge (so genannter Data Marts) zur Verfügung gestellt.

[6] Vgl. online *WIKIPEDIA* (2008c).

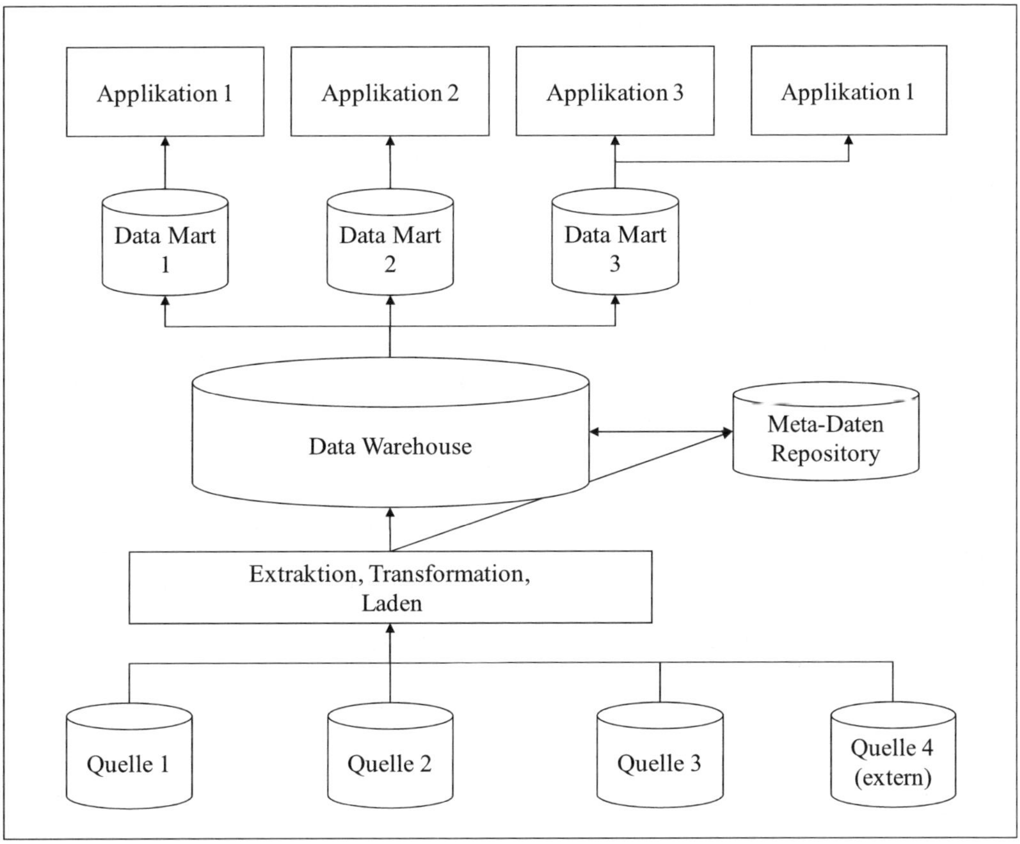

Abbildung 2: Klassische Data-Warehouse-Architektur

Dieses Konzept hat bereits seit geraumer Zeit seinen Platz in vielen Unternehmen gefunden, wobei verschiedene Studien der letzten Jahre zeigen, dass gerade im Mittelstand vielfach noch Nachholbedarf herrscht. Die in Abbildung 2 dargestellte Grundstruktur blieb dabei im Laufe der Jahre konstant, wobei sich die verwendeten Methoden heute doch recht stark von denen der Vergangenheit unterscheiden. Aufgrund des stetigen technischen Fortschritts finden immer komplexere Methoden wie zum Beispiel Data-Mining-Technologien sowohl auf der Aufbereitungs- als auch auf der Auswertungsseite Verwendung. Dadurch ergeben sich ständig neue Möglichkeiten die vorhandenen Informationen besser zu nutzen oder aber auch bisher schlecht oder kaum verwendbare Informationen nutzbar zu machen. Interessanterweise lässt sich feststellen, dass diese Verfahren, obwohl sie bereits seit mehreren Jahrzehnten existieren, teilweise erst heute breitere Verwendung finden.

3 Informationsintegration im Unternehmen der Zukunft

In diesem Zusammenhang stellt sich natürlich die Frage, wie ein derartiges System im Unternehmen der Zukunft aussehen wird. Dazu soll in diesem Kapitel erläutert werden, wie die Konzeption eines Data Warehouse basierten Wissensmanagementsystems zukünftig gestaltet sein könnte.

3.1 Zukünftige Repräsentation des Wissens in Informationssystemen

Ausgangspunkt hierzu ist die Frage, welche Informationen genutzt werden und wie dieses aufbereitet werden. Neben den klassischen Datenquellen wie relationalen Datenbanken der Operativsysteme, Tabellen, Textdokumenten, E-Mails, Content Management Systemen sowie extern beschafften Daten werden sich hier in der Zukunft zahlreiche Möglichkeiten ergeben, weitere Inhalte heranzuziehen. Gerade Bilder, Audiodateien und andere Multimediaformate bilden hier noch ein immenses Potenzial. Eine weitere bedeutende Rolle wird außerdem Web 2.0 beziehungsweise dessen zukünftigen Ausprägungen zukommen. Immer mehr Wissen liegt aufgrund der aktiven Einbeziehung des Endanwenders sowohl als Informationsproduzent wie auch als Informationskonsument bereits heute in Wikis, Blogs oder anderen interaktiv benutzbaren, Web-basierten Anwendungen vor. Der große Vorteil ist dabei, dass jeder auf einfache Art und Weise sein Wissen zur Verfügung stellt und eine große Anzahl von Benutzern aktiv beteiligt ist. Die daraus resultierende breite Verteilung und zugleich geringe Strukturierung der Informationen stellt jedoch beim Aufbau einer integrierten Wissensbasis die größte Herausforderung dar.

Ein entscheidender Faktor in der Zukunft wird sein, wie gut die stark ansteigende Informationsmenge, die über viele Systeme im gesamten Unternehmen verteilt vorliegt, aufbereitet, verknüpft und zueinander in Beziehung gesetzt werden kann. Es wird nicht genügen, die einzelnen Daten lediglich im Data Warehouse zu speichern. Dies würde lediglich dazu führen, dass wiederum nur ein Stapel vieler Puzzleteile sichtbar wäre, ohne jedoch das Gesamtbild zu ergeben. Um aus den Informationen Wissen zu generieren ist es erforderlich, alle Informationen im Kontext zu betrachten. Dazu können je nach Art der vorliegenden Daten die unterschiedlichsten Verfahren verwendet werden. Im Folgenden sollen einige interessante Ansätze anhand konkreter Anwendungsbeispiele dargestellt werden, die zur Wissensextraktion eingesetzt werden können.

Aus technischer Sicht spielt das Konzept der Metadaten in diesem Zusammenhang eine große Rolle. Metadaten sind Daten über die eigentlichen Daten. Dabei kann es sich zum Beispiel um Informationen zum Inhalt eines Dokuments oder aber auch um die Beschreibung der Berechnungsvorschriften einer Kennzahl handeln. Aufgrund der großen Menge unstrukturiert vorliegender Informationen wird es immer wichtiger, inhaltliche Informationen automatisch zu generieren, da eine manuelle Aufbereitung aufgrund des enormen Datenvolumens nicht realisierbar ist. Zu diesem Zweck existiert bereits eine ganze Reihe mathematisch-statistischer Methoden, die allerdings bisher eher punktuell eingesetzt werden. Gerade bei unstrukturierten Inhalten jeglicher Art können vor allem Mining-Verfahren[7] bei der Gewinnung von Inhalts-

---

[7] Bei strukturierten Daten kommen Data-Mining-Verfahren zum Einsatz, bei unstrukturierten Daten wird von Text-Mining gesprochen.

und Klassifizierungsinformationen helfen. Data-Mining-Verfahren werden schon heute vielfach in der Praxis angewendet, wobei die Daten dafür allerdings in strukturierter Form vorliegen müssen. Für nicht strukturierte Daten dagegen kommen Methoden des Text-Mining zum Einsatz. Dabei handelt es sich um statistische und linguistische Methoden.

Die Methoden des Text-Mining bieten eine hervorragende Möglichkeit, jegliche Arten von Freitextdokumenten zu analysieren und das darin enthaltene Wissen zu extrahieren. Bereits heute existieren in einigen Unternehmen vereinzelt Anwendungen dieser Verfahren, beispielsweise bei der Extraktion von Fehlerursachen aus Dokumenten des Beschwerde- und Qualitätsmanagements, um Zusammenhänge zwischen einzelnen Fehlern zu analysieren. Dies zeigt bereits das große Potenzial, das diese Verfahren bei der Wissensextraktion bieten.

Im Unternehmen der Zukunft wird es daher nicht ausreichen, diese Möglichkeiten nur vereinzelt oder gar nicht zu nutzen. Dazu genügt ein Blick auf die Art und Weise, wie Wissen mithilfe moderner Informationstechnologien weitergeben wird. Abbildung 3 zeigt, welche Medien hierbei bevorzugt zum Einsatz kommen.

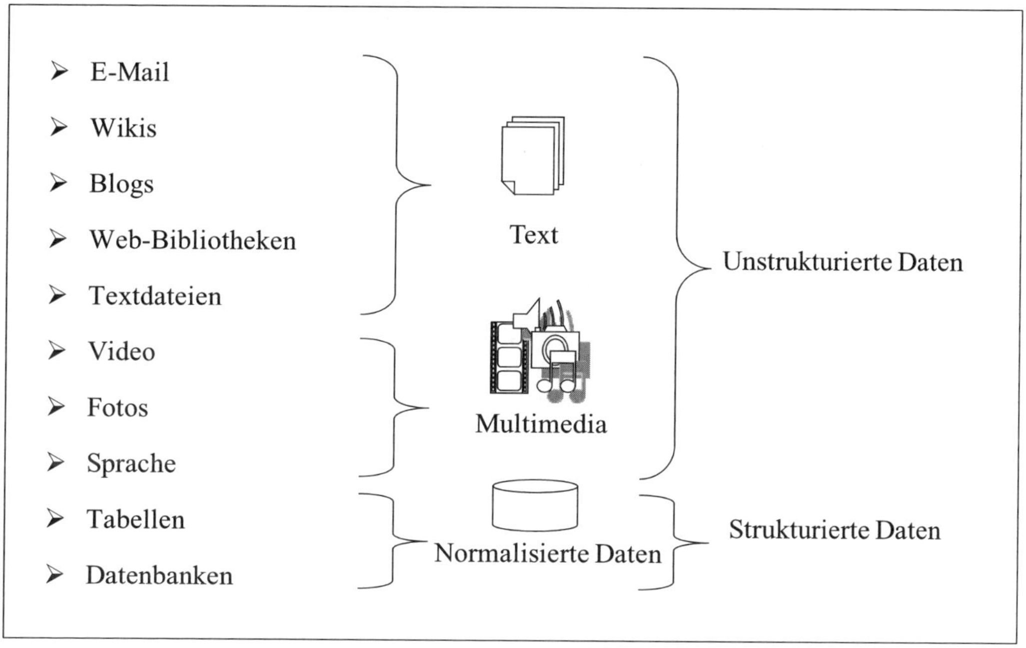

Abbildung 3: Verschiedene Medien des Kommunikationsaustausches

Dabei zeigt sich der hohe Anteil textueller Informationen gerade im Zusammenhang mit Web-basierten Kommunikationsmedien.

3.2 Zukünftige Verfahren der Informationsintegration

Die große Herausforderung der Zukunft liegt in diesem Zusammenhang in der Erschließung der Bedeutung natürlich sprachlicher Texte. Im Gegensatz zu den in traditionellen Suchmaschinen verwendeten Verfahren, in denen Dokumenten lediglich Begriffe, die dort bereits vorkommen, zugeordnet werden, ist es wichtig auch die Bedeutung des Textes zu erfassen. Die Analyse beim Text-Mining erfolgt dabei in verschiedenen Schritten[8]. Zuerst wird der Text in einzelne Token (Sätze, Phrasen, Wörter etc.) zerlegt, die anschließend linguistisch klassifiziert werden, zum Beispiel hinsichtlich ihrer Wortart. Dem schließt sich die Analyse der grammatikalischen Struktur an, bei der auch die Morpheme (kleinste bedeutungstragende Einheiten einer Sprache)[9] bestimmt werden. Danach werden den Pronomen ihre Bezugspunkte zugeordnet und Eigennamen erkannt. Außerdem werden Mehrdeutigkeiten der Wortbedeutungen durch eindeutige Zuordnung beseitigt. Aufgrund der verwendeten Terminologie ist es teilweise möglich, eine Zuordnung zu Fachgebieten vorzunehmen. Nach der Analyse der Bestandteile erfolgt die Erkennung der Bedeutungsbeziehungen der einzelnen Bestandteile, so dass sich daraus der entsprechende Kontext ergibt. Diese Art der Analyse erlaubt in einem ersten Schritt, nicht nur Dokumente zu einem bestimmten Schlüsselwort in einer Wissensdatenbank aufzufinden, sondern jegliche Dokumente, die auch zu dem gleichen Vorgang gehören. Wendet man diese Verfahren auf sämtliche in E-Mails, Web-Anwendungen, Freitextdokumenten sowie in Content-Management-Systemen gespeicherten Informationen eines Unternehmens an, so ermöglicht dies jedem einzelnen Mitarbeiter sich alle relevanten Informationen zu einem Vorgang jederzeit zu besorgen. Damit sinkt auch die Gefahr des Wissensverlustes wenn Mitarbeiter aus dem Unternehmen ausscheiden. Bereits heute existieren vereinzelt Anwendungen basierend auf derartigen Verfahren. In der Zukunft dürften diese jedoch eine viel größere Verbreitung beim Wissensmanagement erfahren.

Die oben beschriebene Analyse erlaubt allerdings dem Informationskonsumenten lediglich, sich Informationen zu beschaffen, bei denen er die Fragestellung kennt. Es sind jedoch auch Verfahren verfügbar, die selbstständig Wissen generieren. Die so aufbereiteten Textinformationen könnten zum Beispiel verwendet werden, um die Zufriedenheit jedes einzelnen Kunden zu bestimmen. Dazu werden alle Freitextdokumente, die dem jeweiligen Kunden zugeordnet sind, analysiert und positive sowie negative Begriffe extrahiert. Aufgrund der Verteilung lässt sich dann ein Zufriedenheitsindex im Zeitverlauf bestimmen. Werden diese Daten zusätzlich noch mit den strukturiert vorliegenden Daten wie zum Beispiel Auftragseingänge, Umsätze usw. zusammengeführt, können proaktiv diejenigen Kunden ermittelt werden, bei denen möglicherweise Handlungsbedarf besteht. Ergibt sich zum Beispiel, dass die Zufriedenheit eines sehr umsatzstarken Kunden rapide gesunken ist, kann der Kundenbetreuer automatisch benachrichtigt werden und dem entgegenwirken. Gerade in großen Organisationen, in denen es dem Individuum schwer möglich ist, alle Vorgänge seiner Kunden zu überschauen, können so negative Entwicklungen vermieden werden.

Wie bereits beschrieben, bieten gerade externe Datenquellen wie das Internet viele Möglichkeiten, das im Unternehmen vorhandene Wissen mit global verfügbaren Informationen zu verknüpfen. So können beispielsweise durch Analyse der in Internetforen und in der Werbung stark frequentierten Begriffe mithilfe von Textanalyse aktuelle Trends ermittelt werden um frühzeitig die Unternehmensstrategie daran ausrichten zu können. Dabei kann natürlich auch automatisch aufgrund der Analyseergebnisse ein Abgleich des Trends mit der Strategie erfol-

---

8 Vgl. online *WIKIPEDIA* (2008d).

9 Vgl. online *WIKIPEDIA* (2008e).

gen, so dass das Management bei Abweichungen entsprechend informiert wird. Generell sind derartige Daten heute von Wirtschaftsinformationsdiensten vielfach bereits verfügbar, wobei diese Studien üblicherweise nur in diskreten Intervallen erhoben werden. Die Analysemethoden können also dabei helfen, in einer Zeit immer schnellerer Veränderungen diese rechtzeitig zu erkennen und so frühzeitig handeln zu können. Sofern es sich um Informationen von allgemeinem Interesse handelt, dürften gerade Wirtschaftsinformationsdienste derartige Methoden der Wissensextraktion in der Zukunft vermehrt nutzen und diese dann den Unternehmen zur Verfügung stellen, da der Aufwand für das einzelne Unternehmen oftmals größer als der Wert der Information sein dürfte.

Neben den unstrukturierten Textinformationen nehmen jedoch auch Multimedia-Inhalte als Informationsquellen einen immer größeren Stellenwert ein. So stellen einige Firmen beispielsweise Videos zur internen Weiterbildung zur Verfügung oder Sprachinhalte werden als Podcast oder Musikdatei zur Verfügung gestellt. Dies ersetzt häufig die Kommunikation in Textform, da das schriftliche Formulieren in vielen Fällen mit einem höheren Aufwand verbunden ist. Um auch diese Informationen nutzbar zu machen können Spracherkennungsverfahren verwendet werden, die den gesprochenen Text in Freitextdokumente umwandeln und diese somit auch für weitergehende inhaltliche Analysen basierend auf texttechnologischen Verfahren verfügbar machen. Dies erfordert allerdings Fortschritte in den Werkzeugen zur Spracherkennung, vor allem hinsichtlich des Aufwandes den die Bedienung erfordert. So muss die Spracherkennungssoftware heutzutage vielfach zunächst für eine bestimmte Stimme trainiert werden bevor sie zuverlässige Ergebnisse liefert.

Da aufgrund des technischen Fortschrittes bereits vielfach auf die Verwendung von Videos anstatt reiner Sprachmedien übergegangen wird, erscheint es zunehmend interessant auch diese Videos in die Wissensbasis mit aufzunehmen. Besonders interessant ist dabei die Verknüpfung der Sprachinhalte mit visuellen Inhalten. Ein konkretes Anwendungsgebiet sind beispielsweise Web-Präsentationen, die sich aufgrund der damit verbundenen Kosten- und Zeitersparnisse immer mehr durchsetzen. Die Analyse von Videoinhalten erfordert allerdings eine Kombination verschiedener Analyseverfahren. Die Sprache kann wie jede andere Sprachinformation mithilfe von Spracherkennungssoftware in Textinformationen umgesetzt werden. Für die visuellen Inhalte im Beispiel von Web-Präsentationen muss allerdings zunächst eine Texterkennung durchgeführt werden. Um den Kontext nicht zu verlieren, müssen die erkannten Inhalte anschließend zeitlich synchronisiert werden, da Sprache und Präsentationsfolien im Zusammenhang stehen.

Neben visuellen Informationen in Textform erscheint aber auch die Mustererkennung in Bildern als weitere interessante Technologie der Zukunft, um Informationen zu gewinnen. Die Idee dabei ist, bestimmten Teilen des Bildes Schlagworte zuzuordnen (dies wird auch als Tagging bezeichnet), so dass diese bei der Suche nach einem Sachverhalt mit angezeigt werden können. Anwendungen, bei denen Teile eines Bildes markiert werden, existieren bereits zum Beispiel bei öffentlichen Networking-Portalen im Internet, bei denen die Benutzer selbst andere Benutzer auf Fotos markieren können, so dass bei der Suche nach der Person auch die Fotos, auf denen sie erscheint, angezeigt werden. Wenn es gelingt, geeignete Software für die automatisierte Erkennung zu entwickeln, könnten zum Beispiel Maschinenbauunternehmen hiermit bei der Suche nach bestimmten Teilen alle Konstruktionspläne anzeigen lassen, in denen diese Teile vorkommen. Sollte also beispielsweise ein Produktionsfehler auftreten, der sich nur in bestimmten Konstellationen (zum Beispiel in Kombination mit bestimmten anderen Teilen) negativ auswirkt, könnte schnell und zuverlässig überprüft werden, bei welchen Maschinen sich dies kritisch auswirken könnte.

Zusammenfassend lässt sich feststellen, dass zwar immer mehr Informationen im Unternehmen der Zukunft vorliegen werden, der Prozentsatz der bereits strukturiert in Datenbanken erfassten Informationen durch moderne Web- und Multimediatechnologien allerdings stark sinken wird. Dies erfordert die Entwicklung und Verwendung von Verfahren, um auch die wachsende Menge unstrukturierter Inhalte für eine unternehmensweite Wissensbasis nutzbar zu machen. Anzumerken ist, dass einige der Verfahren bereits heute existieren, in der praktischen Anwendung jedoch kaum eine Rolle spielen. Dies ist der Tatsache geschuldet, dass ihre Benutzung vielfach noch zu aufwändig ist. Die Erfahrung der jüngeren Vergangenheit hat allerdings auch gezeigt, dass gerade die Benutzbarkeit und Einfachheit derartiger Anwendungen eine immer größer werdende Bedeutung bei der Weiterentwicklung der Verfahren spielt, so dass hier sicherlich noch einige Verbesserungen zu erwarten sind. Denkbar ist auch, dass externe Unternehmen diese Analysen als Dienstleistung zur Verfügung stellen. Dies würde es den Unternehmen erleichtern, moderne Technologien ohne vorheriges eigenes Investment einzusetzen und sie auch für den Massenmarkt tauglich zu machen.

3.3 Weiterentwicklung des Data-Warehouse-Konzepts

Eine weitere Frage, die sich im Zusammenhang mit der anfallenden großen Datenmenge ergibt, ist die Art der Speicherung. Beim Data-Warehouse-Konzept im klassischen Verständnis wird die Informationsbasis in regelmäßigen Abständen aktualisiert. Die Daten werden redundant gespeichert, um die operativen Systeme nicht zu belasten. Da sowohl die anfallende Informationsmenge als auch die daraus generierten Daten jedoch ein immenses Datenvolumen darstellen, das zudem überproportional wächst, ist fraglich, ob dieser Ansatz auch in der Zukunft noch zeitgemäß sein wird. Hier ist ein grundlegender Architekturwechsel vorstellbar, bei dem keine redundante Speicherung mehr erfolgt, sondern bei dem lediglich die Metadaten in einem zentralen Datenlager gespeichert werden und die benötigten Informationen erst während der Anfrage in Echtzeit abgerufen werden.

Auch die Informationsintegration als solche mit all ihren Analyseverfahren könnte in Echtzeit ausgeführt werden, so dass jederzeit die aktuellsten Daten verwendet werden. Dies erscheint vor allem aufgrund des weiterhin rasanten Fortschritts bei Hardware und Konzepten zu verteilten Systemen wie zum Beispiel Grid oder Cloud Computing als durchaus valide Möglichkeit. Es wird jedoch schwer, ganz auf zentrale Datenhaltung zu verzichten, da Historisierung in derart verteilten Systemen kaum möglich ist. Somit wird es vermutlich in vielen Unternehmen zwei parallel existierende Architekturen der Wissensbasis geben, wobei in einem Teil die Informationen aufbereitet und redundant gespeichert werden und auch Historisierung möglich ist, wohingegen beim anderen Teil die Integration der Informationen in Echtzeit erfolgt und somit zum einen jederzeit auf dem letzten Stand und zum anderen weniger speicherintensiv ist. Diese Evolution der Architektur zeigt Abbildung 4.

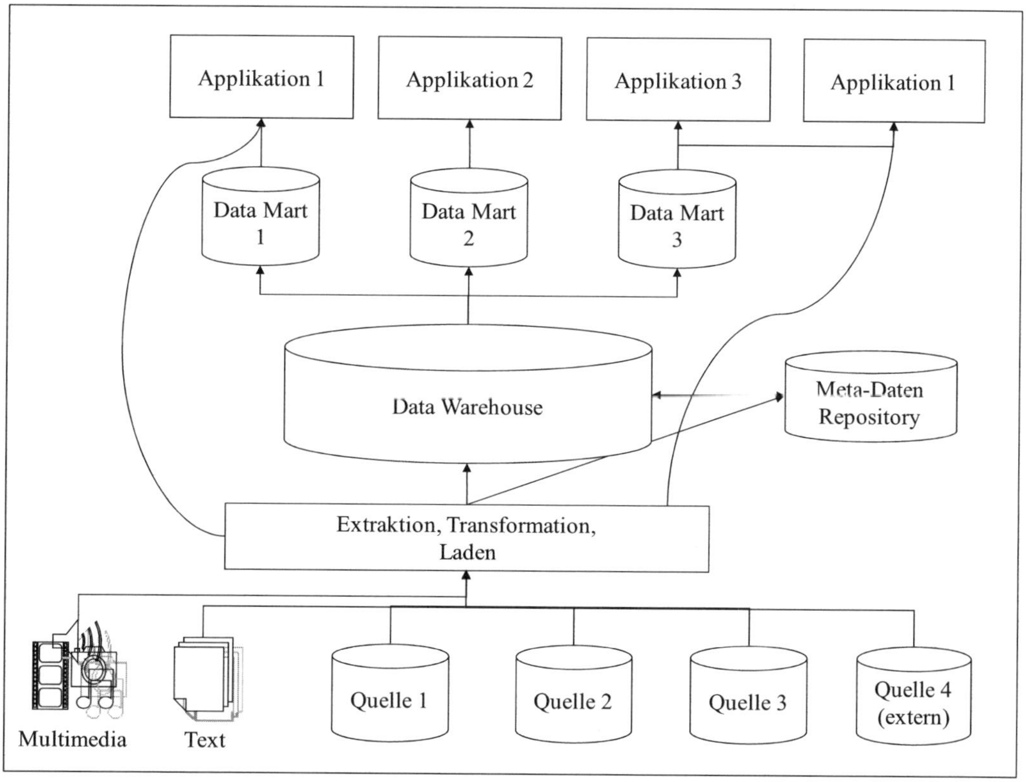

Abbildung 4: Ausblick auf die Data-Warehouse-Architektur der Zukunft

Die Verbreitung derartiger Wissensextraktionsverfahren wird vor allem davon abhängen, wie hoch der zeitliche und finanzielle Aufwand dafür sein wird. Letztendlich hat Wissen genau wie jeder andere Produktionsfaktor einen gewissen Wert, der sich aber nur sehr schwer monetär beschreiben lässt und stark der individuellen Bewertung unterliegt. Eine derartig umfassende Informationsintegration wird sich erst durchsetzen, wenn die dadurch entstehenden Kosten den Wert des dadurch gewonnen und verfügbar gemachten Wissens nicht übersteigen.

4 Wenn Wissensmanagement selbst zum Manager wird

4.1 Integration des Wissensmanagements in die operativen Prozesse

Bisher wurde nur darüber gesprochen, das Wissen zu managen. Im klassischen Verständnis des Data Warehouse ist dieses von den operativen Systemen separiert und wird im Wesentlichen zur Unternehmenssteuerung verwendet. Unter dem Namen „Operational Data Warehouse“ verfolgen Unternehmen allerdings bereits heute eine Strategie, die eine Nutzung der gesammelten Informationen auch für die Geschäftsabwicklung beabsichtigt. Dabei werden die dispositiven Daten zunehmend in den operativen Systemen zur Verfügung gestellt und dienen der Entscheidungsvorbereitung. Diesen Trend zur Integration des vorhandenen Wissens über alle Systeme unter einem einheitlichen Geschäftsportal verdeutlicht Abbildung 5.

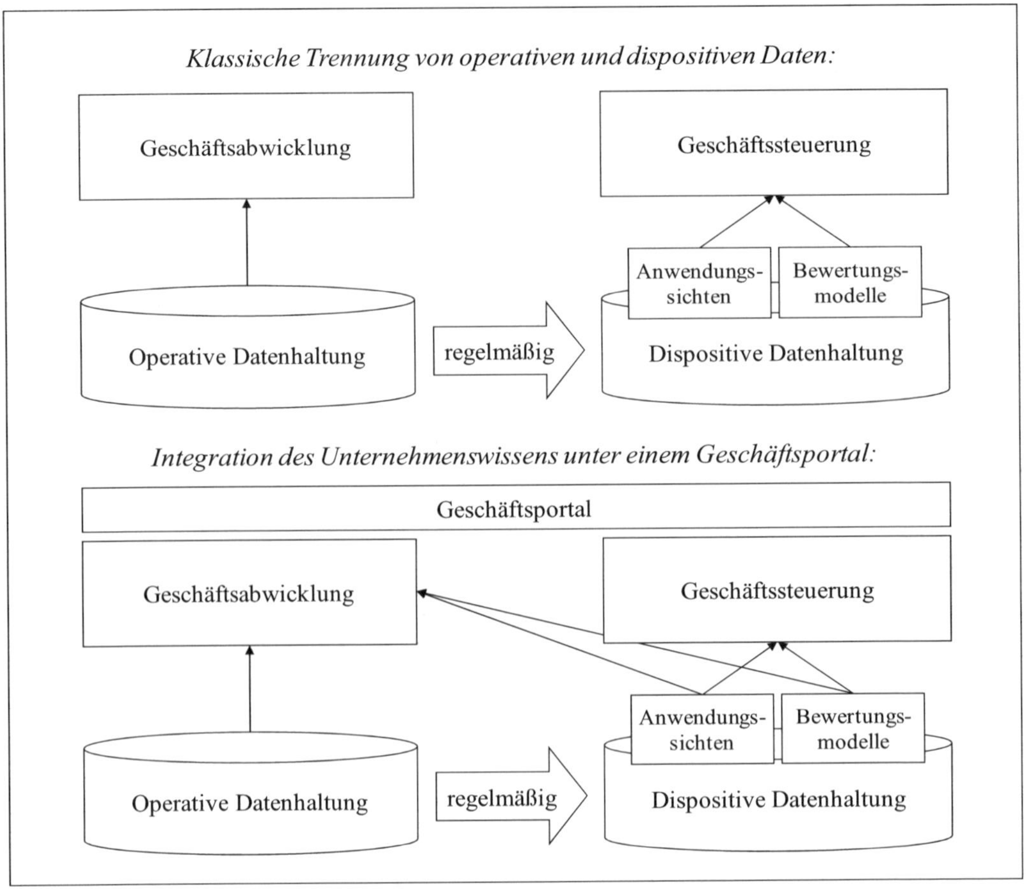

Abbildung 5: Trend zur Nutzung des Wissens für operative Prozesse

Zudem ist es auch möglich, die Wissenssammlung als Grundlage für Entscheidungen zu nutzen, die automatisch aufgrund eines definierten Prozesses mithilfe von IT-Systemen getroffen werden. Einige derartige Anwendungen existieren bereits, vor allem im Kampagnenmanagement. So ist beispielsweise unter dem Begriff Couponing bei einigen Einzelhandelsunternehmen ein Verfahren im Einsatz, das basierend auf einer vorherigen Assoziationsanalyse mithilfe von Data-Mining-Methoden die Ergebnisse beim Einkauf an der Kasse mit dem Warenkorb des Kunden vergleicht und entsprechend seiner gekauften Artikel einen passenden Gutschein mit auf den Kassenzettel druckt, um ihn zu Folgekäufen zu animieren.

Im Unternehmen der Zukunft können jedoch auch deutlich komplexere vollautomatisierte Geschäftsprozesse abgebildet werden, die ihre Entscheidungen aufgrund der Daten in der Wissensbasis treffen. Im Folgenden soll anhand eines Beispiels ein Eindruck vermittelt werden, wie auch komplexe unternehmensweite Prozesse auf diese Art und Weise mithilfe moderner Informationstechnologien abgebildet werden können.

4.2 Wissensmanagement als Manager am Beispiel eines Geschäftsprozesses

Ausgangspunkt ist ein Unternehmen, das verschiedene Produkte im Direktvertrieb verkauft. Dieses Unternehmen sammelt alle Informationen wie Umsatz und Bestelleingang pro Mitarbeiter und Kunde, Kosten und Lagerbestände in einem unternehmensweiten Data Warehouse. Zusätzlich wurde ein Mechanismus etabliert, der regelmäßig das Internet durchsucht und dabei durch Textanalyse die allgemeine Marktentwicklung vorhersagt. Um die Kosten möglichst gering zu halten, wurden so viele Managementprozesse wie möglich automatisiert, unter anderem auch der in Abbildung 6 dargestellte Prozess.

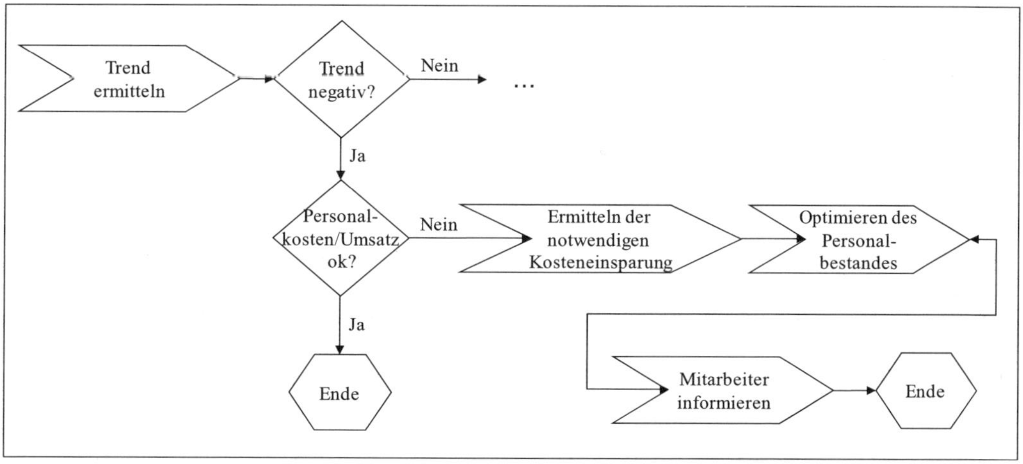

Abbildung 6: Beispiel für einen automatisierten, wissensbasierten Geschäftsprozess

Ausgangspunkt ist eine Analyse der aktuellen Marktsituation, die regelmäßig durch Text-Mining im Internet durchgeführt wird. Sofern sich eine Trendabweichung gegenüber der letzten Analyse ergibt, wird anschließend ein vorher definierter Prozess ausgeführt. An dieser Stelle soll lediglich auf den Fall einer Verschlechterung des Trends eingegangen werden. Wenn der Trend zeigt, dass sich die allgemeine Marktsituation verschlechtert, wird auf Basis der vorliegenden Mitarbeiterkosten und der prognostizierten Umsätze ermittelt, ob das vorab definierte Verhältnis zwischen Mitarbeiterkosten und Umsatzzahlen noch innerhalb der festgelegten Grenzwerte liegt. Sofern dies der Fall ist, erfolgen keine weiteren Aktionen. Falls jedoch dort eine Abweichung auftritt, wird ermittelt, welcher Betrag unternehmensweit eingespart werden muss, um die Grenzwerte wieder einzuhalten. Anschließend wird ermittelt, wie diese Kosten in Form von Arbeitsplätzen eingespart werden können. Dazu wird sowohl die Performance der einzelnen Mitarbeiter (also ihr individuelles Kosten/Umsatz Verhältnis) ermittelt als auch die personalrechtlichen Belange (Unternehmenszugehörigkeit, Kündigungsschutz, Abfindung usw.) berücksichtigt. Aufgrund dieser Daten wird dann ermittelt, welche Mitarbeiter aus dem Unternehmen ausscheiden müssen, um die angestrebte Produktivität möglichst kostengünstig zu erreichen. Diesen wird automatisch je nach Einzelfall entweder die Kündigung oder ein Abfindungsangebot zugestellt und der Prozess wird abgeschlossen.

Das Wissensmanagementsystem tritt in diesem Fall selbst als Entscheider auf. Es füllt allein in diesem Prozess mit Ausnahme des Kontrollierens immerhin vier der fünf von *Henri Fayol* definierten Managementfunktionen[10] (Planen, Organisieren [als Vorbereitung des Handelns], Befehl, Koordinieren [des Handelns selbst], Kontrollieren [zum Ermitteln des Handlungserfolges]) und kann somit selbst als Manager angesehen werden. Lediglich die Festlegung der Entscheidungsparameter wie die Grenzwerte für Mitarbeiterkosten bezogen auf den Umsatz erfolgte noch durch Menschen. Allerdings könnten auch diese im Extremfall automatisch basierend auf einer Analyse der Bilanzen und Publikationen der Mitbewerber festgelegt werden. Vorteil dieser Lösung ist, dass der Prozess zum einen sehr schnell abgeschlossen werden kann und mit Ausnahme der benötigten Hard- und Software keine Ressourcen benötigt, und zum anderen, dass die Entscheidung vollkommen rational unter Vorliegen aller wesentlichen Informationen getroffen wird. Somit können sämtliche auf persönlichen Präferenzen oder emotionalen Gründen basierenden Komponenten einer Entscheidung durch natürliche Personen eliminiert werden.

Allerdings stellt sich die Frage, wer derartige Entscheidungen letztendlich rechtlich und moralisch zu verantworten hat, falls es beispielsweise im Anschluss an eine Kündigung zu einem arbeitsrechtlichen Prozess kommt. Die Frage der Verantwortung ist nicht trivial, da Informationstechnologie nicht zur Verantwortung gezogen kann, auch wenn durch das System eine Entscheidung selbständig getroffen wurde. Dahinter stehen jedoch Menschen, die den Prozess definieren, implementieren, überwachen oder gegebenenfalls auch stören. Wer aber von Ihnen ist nun derjenige, der eigentlich als Entscheider angesehen werden kann und somit verantwortlich ist? Und was passiert, wenn dieser Prozess manipuliert wird? Diese Frage wurde bereits 1983 im Kinofilm *War Games* thematisiert. Dort übernahm ein lernfähiger Computer vollautomatisch die Steuerung der Abschussmechanismen für Atomsprengköpfe im kalten Krieg. Dieser Computer wurde aber von einem Jugendlichen gehackt und durch Start eines Spieles wurde versehentlich ein Angriffskrieg ausgelöst. Auch wenn es sich dabei um ein Science-Fiction-Szenario handelt, zeigt dies, dass gerade bei automatisierten Entscheidungsprozessen das Thema Sicherheit eine sehr große Rolle spielen wird, nicht zuletzt auch deshalb, weil Unbefugte durch Zugriff auf die unternehmensweite Wissensbasis in den Besitz sämtlicher relevanter Informationen gelangen würden und dem Unternehmen damit schaden könnten.

4.3 Fazit

Zugegebenermaßen sind die geschilderten Szenarien sicherlich sehr extreme und provokante Beispiele für Wissensmanagementsysteme, die selbst Managementaufgaben übernehmen. Damit sollte lediglich deutlich gemacht werden, was technisch möglich ist oder sein wird und dass ethische oder organisatorische Aspekte den technischen Möglichkeiten teilweise auch Grenzen setzen. Wissensmanagement als Manager ist und wird jedoch keineswegs nur Inhalt von Science-Fiction-Filmen sein, sondern mehr und mehr Teil der Realität im Unternehmen der Zukunft. Mit sehr großer Wahrscheinlichkeit werden in der Zukunft viele Entscheidungsprozesse automatisiert, die heute noch durch Menschen erledigt werden. So könnte im Beispiel des Unternehmensprozesses statt einer Überprüfung der Mitarbeiterproduktivität bei negativem Markttrend beispielsweise automatisch die Bestellmenge beim Lieferanten reduziert werden, um unnötiger Kapitalbindung im Lager vorzubeugen. Moderne Informationstechno-

10 Vgl. online *WIKIPEDIA* (2008f).

logien werden zunehmend über die Rolle als reine Informationssysteme hinausgehen und innerhalb gewisser ethischer, moralischer und rechtlicher Grenzen auch wissensbasierte, komplexe Entscheidungen treffen. Durch die extreme Konzentration von Wissen über das Unternehmen selbst wird allerdings auch der Schutz dieser Informationen eine immens wichtige Rolle spielen, da Außenstehende diese Daten sonst leicht missbrauchen könnten.

In diesem Zusammenhang ist ein Vergleich mit der Entwicklung der Steuerungsmechanismen bei Flugzeugen herangezogen. Zu Beginn des Luftfahrtzeitalters waren die Flugzeuge noch relativ einfach und der Pilot übermittelte seine „Befehle" durch einen Steuerknüppel mithilfe von Seilzugsystemen auf die Steuerflächen. Mit zunehmender Größe der Luftfahrtzeuge reichte die menschliche Kraft dazu nicht mehr aus und die mechanischen Systeme wurden zunehmend durch Hydraulik oder Servoaktoren ersetzt. Allerdings stieg auch die Komplexität der Flugzeuge. Bei Militärjets wurde zunehmend auf aerodynamisch instabile Formen übergegangen, die eine Vielzahl kleiner Korrekturen pro Sekunde erfordern und die menschliche Reaktionsfähigkeit schlichtweg überfordern. Daher wurden moderne Fly-by-Wire-Systeme eingeführt, bei denen der Pilot nicht mehr die Aktionen für die einzelnen Steuerflächen definiert, sondern mithilfe eines Sidesticks lediglich die Richtung vorgibt. Die Entscheidung, welche Aktion für die Erreichung der angestrebten Fluglage notwendig ist, trifft dabei der Bordcomputer. Auch hier herrschte zu Beginn sehr große Skepsis, da sogar Menschenleben von maschinengesteuerten Entscheidungen abhängen. Im Laufe der Zeit stieg jedoch die Akzeptanz dieser für die Flugindustrie revolutionären Technologie, so dass Fly-by-Wire mittlerweile sogar fester Bestandteil moderner Passagierflugzeuge geworden ist.

Der stärker werdende Einsatz von Informationstechnologien wird dabei wie im Beispiel der Flugzeugsteuerung ein Umdenken bei Unternehmen und Mitarbeitern erfordern. In der Vergangenheit ersetzte Technologie dabei mehr und mehr Arbeitsplätze gerade im Bereich standarisierbarer Aufgaben. Im Unternehmen der Zukunft wird die Informationstechnologie dazu beitragen, dass zunehmend auch Führungspositionen durch wissensgesteuerte Entscheidungsprozesse zumindest teilweise ersetzt werden. Dies wird zwar auch auf der Entscheidungsebene Arbeitsplätze ersetzen, nicht jedoch den Menschen, dessen Erfahrungen und Wissen letztendlich auch in wissensgesteuerten Systemen Grundlage von Entscheidungen ist.

Quellenverzeichnis

AAMODT, A./NYGÅRD, M. (1995): Different roles and mutual dependencies of data, information and knowledge, in: Data & Knowledge Engineering, 1995, Heft 16, S. 191–222.

ROMHARDT, K. (1998): Die Organisation aus der Wissensperspektive: Möglichkeiten und Grenzen der Intervention, Wiesbaden 1998.

WIKIPEDIA (2008a): Wissensmanagement, online: http://de.wikipedia.org/wiki/ Wissensmanagement, Stand: 15.06.2008, Abruf: 15.06.2008.

WIKIPEDIA (2008b): Data Warehouse, online: http://de.wikipedia.org/wiki/Data_Warehouse, Stand: 15.06.2008, Abruf: 15.06.2008.

WIKIPEDIA (2008c): Wissen, online: http://de.wikipedia.org/wiki/Wissen#Explizitesundimpli zites_Wissen, Stand: 15.06.2008, Abruf: 15.06.2008.

WIKIPEDIA (2008d): Textmining, online: http://de.wikipedia.org/wiki/Textmining, Stand: 15.06.2008, Abruf: 15.06.2008.

WIKIPEDIA (2008e): Morphem, online: http://de.wikipedia.org/wiki/Morphem, Stand: 15.06.2008, Abruf: 15.06.2008.

WIKIPEDIA (2008f): Manager (Wirtschaft), online: http://de.wikipedia.org/wiki/Manager_%28Wirtschaft%29, Stand: 15.06.2008, Abruf: 15.06.2008.

Content-Management-Systeme der nächsten Generation

Cataldo Mega, Kathleen Krebs, Frank Wagner, Norbert Ritter und *Bernhard Mitschang*

IBM Deutschland Research & Development, Universität Hamburg und *Universität Stuttgart*

1 Einleitung

Der Traum vom „papierlosen Büro" ist bereits mehr als 30 Jahre alt. Die Idee, durch die Einführung von Computern Papierberge in den Büros abzubauen, wurde schon in den siebziger Jahren geboren. Das Ziel, alles Papier zu verbannen, ist jedoch noch immer in weiter Ferne. So verdoppelt sich die Anzahl der Papier-Dokumente in Firmen alle zwei Jahre. Daneben sorgt die Durchdringung der IT im privaten und insbesondere im geschäftlichen Bereich für eine immense und rapide, zunehmende Datenflut. Content-Management-Systeme (CMS) sollen sowohl beim Abbau der Papierberge, als auch beim Umgang mit den Daten helfen. Jedoch ist es schwer mit den rasch steigenden Anforderungen, vor allem hinsichtlich der Datenmasse, mit moderaten Kosten Schritt zu halten.

Der Markt braucht CMS, die sich schnell an neue Anforderungen anpassen und mit vielen Daten umgehen können. Gegenwärtig zeichnet sich ab, dass das CMS der nächsten Generation durch Virtualisierungstechniken beherrscht werden wird. Die virtuellen elektronischen Archive der Zukunft werden aus grundlegenden Content-Diensten (Komponenten) zu einer maßgeschneiderten CM-Lösung für den jeweiligen Kunden – oder besser noch für den jeweiligen individuellen Mandanten – zusammengestellt. Daher muss sich das CMS der Zukunft der Forderung nach der Unterstützung von Mandantenfähigkeit stellen. Weiterhin muss die zugrunde liegende IT-Infrastruktur ebenfalls massive Skalierbarkeit zu einem tragbaren Preis bieten. Beides kann durch die neueste Grid- und Workload-Management-Technologie realisiert werden. Neue Entwicklungen machen es möglich, dass auch handelsübliche Hardware zur Laufzeit automatisch konfiguriert und dynamisch (bei Bedarf) zur Verfügung gestellt werden kann. Darauf basierend kann im nächsten Schritt auch Skalierbarkeit zu tragbaren Preisen erreicht werden.

Die künftige Alternative zum heute üblichen Vorgehen, ein Content-Management-Produkt zu kaufen und zu installieren, wird das Online-Angebot als Serviceleistung auf Basis von Dienstgütevereinbarungen (*Service Level Agreements*, SLA) sein, und zwar nur für den Zeitraum, in dem der Service tatsächlich genutzt wird. Die Rede ist von *Content Management as a Service* – CMaaS. So können Unternehmen sicherstellen, dass sie den gesetzlichen Vorgaben zur Archivierung von Dokumenten gerecht werden. Sie können genau bestimmen, nach welchen Regeln jedes einzelne Dokument abgelegt wird.

Heutige CMS sind in der Lage, eine sehr große Menge an Dokumenten zu verarbeiten, den Volltext der Dokumente zu indizieren, und bieten damit z. B. eine Unterstützung der Datenerschließung im Falle von Rechtsstreitigkeiten. All diese Leistungen müssen zu möglichst niedrigen Kosten zur Verfügung stehen. Ein Ansatz ist, Content-Management-Komponenten auf ein Cluster von handelsüblicher Hardware zu verteilen. Dieses Cluster kann sich selbst automatisch konfigurieren und einzelne Komponenten dynamisch bereitstellen. Die Autoren sind überzeugt, dass sich auf diese Weise die Stärken von Managementsystemen für relationale Datenbanken (*Relational Database Management Systems*, RDBMS) sowie von Volltextsuchmaschinen in einer verteilten Umgebung mit nur minimalem zusätzlichen Arbeitsaufwand ausschöpfen lassen. In dem vorliegenden Beitrag wird dieser Ansatz genauer vorgestellt und ein Ausblick gegeben, wohin sich CMS nach Meinung der Autoren in den nächsten Jahren entwickeln wird. Doch zuvor eine kurze Einführung in das Content-Management.

1.1 Content-Management – Begriffserklärung

Ein CMS ermöglicht es, die große Vielfalt elektronischer Inhalte zu erstellen, zu bearbeiten, zu verwalten und schließlich auch zu veröffentlichen. Diese Systeme bieten außerdem Möglichkeiten, die Erfassung und Bearbeitung der Inhalte (wie Text, Grafiken, Video, Dokumente, etc.) durch Regeln und Arbeitsabläufe in definierte Bahnen zu lenken. Typische Vertreter von CMS sind in Abbildung 1 dargestellt. Wenn man sich auf dem aktuellen Markt umschaut, findet man Enterprise-Content-Management-Systeme (ECMS), Web-Content-Management-Systeme (WCMS), Systeme zur Verwaltung von digitalen Assets[1] (DAM), Dokumenten (DMS) oder aber zur Unterstützung der Zusammenarbeit (Collaboration) – um nur einige zu nennen. Wenn man sich mit all diesen Klassen von CMS und deren unterschiedlichen Bedeutung beschäftigt, findet man sich schnell in einem Zustand der „Content-Management-Verwirrung" wieder.

Wie in Abbildung 1 zu sehen, wird Content-Management in diesem Beitrag als der Oberbegriff über alle CM-Klassen verstanden. Enterprise-Content-Management (ECM) ist eine Spezialform, welche wiederum mehrere Klassen rund um die Datenverwaltung innerhalb eines Unternehmens zusammenfasst.

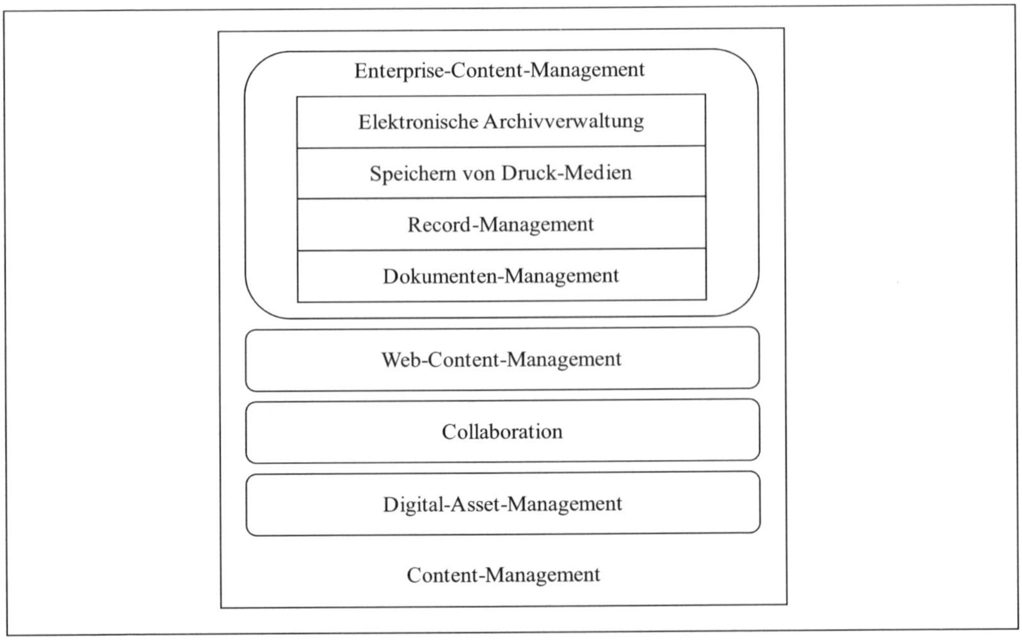

Abbildung 1: Klassen von typischen Content-Management-Systemen

Auf ECM und elektronischer Archivverwaltung (*Electronic Archive Management*, EAM) liegt das Hauptaugenmerk dieses Beitrages. Ausgehend von dieser Schwerpunktsetzung ist es möglich, eine Prognose zu wagen, wie ECM, aber auch Content-Management im Allgemeinen in naher Zukunft aussehen wird.

---

[1] Beliebige, digitale Inhalte, insbesondere Mediendateien wie Grafiken, Videos, Musikdateien und Textbausteine.

1.2 Gliederung

Der Rest des vorliegenden Beitrages gliedert sich wie folgt: Ausgehend vom heutigen Entwicklungsstand im Content-Management-Umfeld werden in Kapitel 2 die aktuellen und zu erwartenden Probleme beschrieben. Neben vielen nichtfunktionalen Anforderungen müssen bei der Weiterentwicklung auch neue funktionale Aspekte Beachtung finden. In Kapitel 3 stellen die Autoren ihren eigenen Ansatz speziell für EAM-Systeme vor, um diesen neuen Anforderungen gerecht zu werden. Wie sich aktuelle Markttrends auf die Entwicklung von CMS auswirken werden und welche Hürden sich daraus ergeben, die heute noch ungelöst sind, ist Inhalt des 4. Kapitels. Zusammenfassung und Ausblick runden den Beitrag ab.

2 Stand der Technik

Aufgrund der bereits beschriebenen Vielfalt von CMS ist eine vollständige und detaillierte Darstellung des aktuellen Stands der Technik nicht möglich. Jedoch vermittelt ECM (bzw. speziell EAM) als eine repräsentative Klasse heutiger CMS einen sehr guten Einblick in den typischen Systemaufbau und damit einhergehende Probleme. Diese und die sich daraus ergebenden funktionalen und nichtfunktionalen Anforderungen für zukünftige Systeme sind Inhalt dieses Kapitels.

2.1 ECM-Systemarchitektur und Entwurf

ECM-Systeme sollen die Verwaltung unstrukturierter Informationen und Daten sowie der damit einhergehenden Arbeitsabläufe unterstützen. Ihnen obliegt es, ein- und ausgehende Informationsflüsse zu lenken und den Arbeitsbereich des Anwenders zu verwalten. In diesem Zusammenhang werden Informationen registriert und zur späteren Nachbearbeitung klassifiziert.

Abbildung 2 zeigt die schematische Architektur eines ECM-Systems. Die Dienst-Schicht repräsentiert den zentralen Teil und definiert das eigentliche ECM-System. Innerhalb dieser Schicht befinden sich alle Komponenten, die sich um die geschäftlichen Anforderungen von Unternehmen kümmern, indem sie deren unstrukturiertes Datenaufkommen bearbeitet. Die Dienst-Schicht umfasst: 1) Grundlegende Content-Dienste, 2) Suche & Auffinden (*E-Discovery*), 3) Verwaltung aller geschäftlichen Abläufe (*Business Process Management*, BPM) und 4) Unterstützung der Zusammenarbeit. Ihre Hauptaufgabe ist die Verwaltung des Dokument-Lebenszyklus – von der Erzeugung der Dokumente bis hin zu ihrer Ablage. Basis dieser Architektur ist das eigentliche Repository, das unterhalb der Dienst-Schicht angeordnet ist. Auf das Repository wird über die so genannte Repository-Abstraktionsschicht (*Repository Abstraction Layer*, RAL) zugegriffen. Diese Abstraktionsschicht gewährleistet, dass ein nahtloser Zugriff auf den tatsächlichen physischen Speicherort möglich ist. Auf diese Art und Weise bleiben die Dienste aller oberen Schichten vom physischen Speicherort der Dokumente unabhängig. Wird auf mehr als einen Speicherort zugegriffen, stellt die RA-Schicht sowohl die Verteilungs- als auch die Integrations-Schicht dar. Studien zeigen, dass Unternehmen grundsätzlich mehr als ein Repository verwenden, um eine eventuelle Weitergabe der Daten an Rechtsnachfolger zu gewährleisten. Aus diesem Grund sind Verteilung und Integration von höchster Wichtigkeit für jede ECM-Infrastruktur. Bei der ganz oben angesiedelten Schicht handelt es sich um die Anwendungsschicht. Hier wird der Zugang für die Endanwender mittels einer maßgeschneiderten Benutzerschnittstelle oder fertiger Anwenderprogramme für den beruflichen Bereich sichergestellt. Zusammengefasst sind die Hauptbestandteile von ECM-Systemen folgende:

- *Das Repository und die Speichersysteme*, die für das Speichern und die Verwaltung der eigentlichen elektronischen Inhalte in ihrer Originalform sowie anderen, hiervon abgeleiteten Datei-Formaten (z. B. PDF) zuständig sind. In diesem Kernbereich ist der Systemkatalog enthalten, der die Meta-Daten auf Basis eines Datenmodells speichert und verwaltet. Die Suche wird typischerweise durch relationale Datenbanken, Volltextsuche und XML-Abfragedienste unterstützt.
- *Grundlegende Content-Dienste* für die Bearbeitung und Verwaltung dokumentspezifischer Inhalte. Die für das Auffinden von Informationen zuständigen Dienste – so genannte Such- und E-Discovery-Dienste – werden benötigt, um Firmen zu helfen, die gesetzlichen Vorschriften zu erfüllen. Abhängig von der Größe der archivierten Datensammlungen, muss E-Discovery individuell angepasst und eingestellt werden, damit es in der Lage ist, sehr umfangreiche Ergebnislisten infolge von juristischen Untersuchungen und den damit einhergehenden kriminaltechnischen Abfragen zu produzieren.
- *Die Anwendungsschicht* beinhaltet sowohl die Anwendungsprogramme als auch die dort zur Verfügung stehenden Benutzungsschnittstellen.

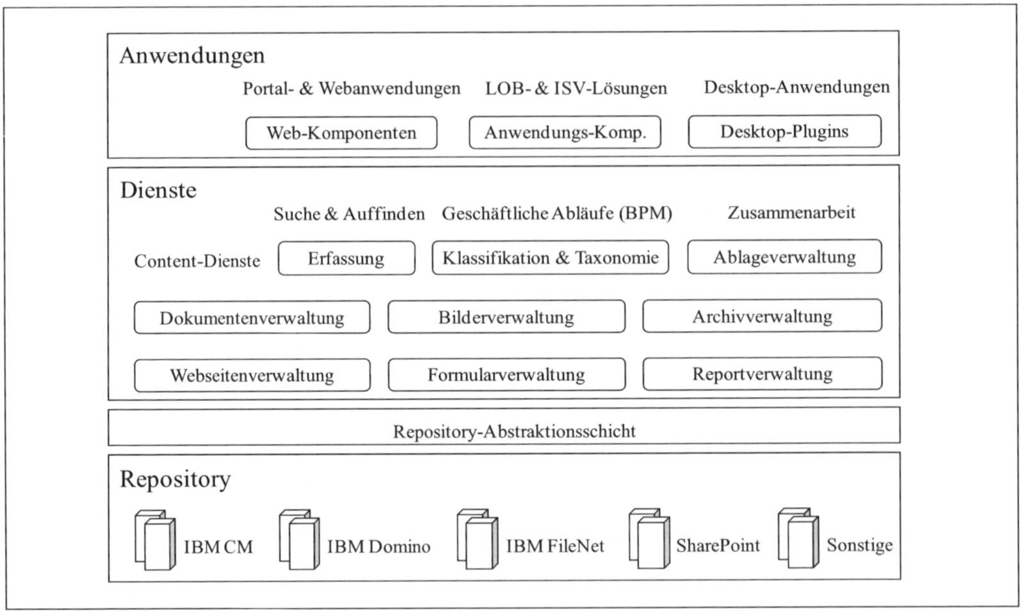

Abbildung 2: Enterprise-Content-Management-Systemarchitektur und Dienste

2.2 Systeme zur elektronischen Archivverwaltung

Der verbleibende Teil dieses Beitrages konzentriert sich auf die elektronische Archivverwaltung im Sinne von EAM als spezialisierter Subklasse (siehe Abschnitt 1.1) von ECM-Systemen. Die wichtigsten funktionalen Komponenten eines EAM-Systems sind:

- Speichern und Archivieren von Inhalten sowie Registrierungsdienste,
- Datenverwahrungs- und Datensatzverwaltungsdienste,
- Such- und E-Discovery-Dienste.

Das Speichern und Archivieren von Inhalten ist individuell so ausgerichtet, dass die firmeneigenen Datenbestände konsistent verwaltet und ihre Speicherung optimiert werden. Eine intelligente Archivierung erfolgt normalerweise regelmäßig automatisch auf Grundlage einer Reihe vorab definierter Regeln, die das Unternehmen vorgibt.

Ein Enterprise-Content-Management wird erst dann wirklich „lebendig", wenn Dokumente wie Geschäftsunterlagen behandelt werden, d. h. in Geschäftsprozesse integriert sind und die Richtlinien der Unternehmensführung auch umgesetzt werden. Dies bedeutet für EAM, dass die relevanten Informationen aus geschäftsbezogenen Dokumenten, Nachrichten, E-Mails, Chats und Blogs firmenübergreifend für jeden zugänglich sein müssen. Natürlich mit der Einschränkung, dass ein berechtigtes geschäftliches Interesse vorliegt, korrekte Sicherheitsmaßnahmen zur Anwendung kommen und die Privatsphäre gewahrt bleibt. Darüber hinaus schreiben die heutigen gesetzlichen Regelungen die Aufzeichnung der Sicherungsmaßnahmen vor, was heißt, dass Unternehmen nachweisen können müssen, dass die angeforderten Informationen gespeichert wurden und innerhalb eines gewissen Zeitraums im Falle einer rechtlichen Auseinandersetzung abrufbar sind. Im Rahmen eines EAM-Systems müssen all diese Vorschriften in den Archivregeln festgeschrieben werden, die ihrerseits bestimmen, welche Form der langfristigen Archivierung für jeden einzelnen verwalteten Datensatz gewählt wird.

Sobald solch ein elektronisches Archiv installiert ist, kann der Jurist beim Finden sowie bei der Wiederbeschaffung von Informationen je nach Bedarf durch die Such- und E-Discovery-Funktionen unterstützt werden. Die Beschaffung von Informationen in Bezug auf die Einhaltung der jeweiligen Gesetze heißt, dass sämtliche relevante Informationen beschafft werden, nicht nur ein Teil davon. Eine Liste von Suchergebnissen, wie eine Suche über Google sie generiert, die sich aus einer vermuteten (möglicherweise exakten) Anzahl von Zugriffen ergibt, reicht für diese Zwecke nicht aus. Um einer gerichtlichen Anordnung zu genügen, müssen alle relevanten Dokumente vorgelegt werden, ggf. mehr als diese, aber in keinem Fall weniger.

Mit der Einführung von Web 2.0 wachsen auch die Anforderungen an Unternehmen in Hinblick auf Zusammenarbeit und Kommunikation. Es ist klar, dass die Informationsmenge, die innerhalb und zwischen zusammenarbeitenden Online-Gemeinschaften ausgetauscht wird, zunehmen wird. Hieraus ergibt sich der Bedarf nach neuen Methoden, um mit dieser immer komplexeren und anspruchsvolleren Umgebung fertig zu werden.

2.3 Nichtfunktionale Anforderungen an EAM-Systeme

Dieser Abschnitt widmet sich nunmehr den nicht-funktionalen Aspekten, die sich aus EAM-Systemen ableiten. Insbesondere die Ziele in Bezug auf Leistungsfähigkeit und Skalierbarkeit, die wie folgt formuliert sind: Den Schwerpunkt des Entwurfs eines EAM-Systems bilden die Aspekte Leistung und Skalierbarkeit; eine unbekannte und variierende Anzahl von Dokumenten mit stark variierenden Durchsatzraten aufgrund einer unter Umständen variierende Anzahl von Endanwendern oder Auftraggebern soll auf gleichem Leistungsniveau bearbeitet werden können.

Aus diesem Ziel lassen sich die folgenden drei Hauptanforderungen an die Leistungsfähigkeit eines EAM-Systems ableiten:

- Die Unterstützung hoher Durchsatzraten und niedriger Antwortzeiten unter normalen Produktivbedingungen.
- Die Fähigkeit der dynamischen Anpassung an die derzeitige Auslastungssituation, indem zusätzliche Ressourcen herangezogen werden oder brachliegende entsprechend dem Entwurfsziel genutzt werden, sich an Auslastungsschwankungen anzupassen und die benötigte Systemleistung zu garantieren.
- Zuverlässigkeit und Verfügbarkeit, um das erforderliche Ziel geschäftlicher Kontinuität zu erreichen.

2.4 Funktionale Anforderungen an EAM-Systeme

Der Hauptzweck eines EAM-Systems besteht darin, als zentraler Informationsknotenpunkt für geschäftlich relevante, unstrukturierte Daten zu dienen. Idealerweise verfolgt und verwaltet ein ECM-System alle geschäftlichen Inhalte, die in das Unternehmen gelangen, dieses durchlaufen und verlassen. E-Mail ist ein gutes Beispiel hierfür, aber andere Datentypen wie Instant Messaging (IM), Chats, Blogs und Wikis gewinnen zunehmend an Bedeutung. Mit ECM können Daten in kontrollierter Art und Weise unabhängig vom Datentyp und Ort verarbeitet werden. Dies bedeutet: Falls erforderlich wird die Information erfasst, geparst, interpretiert und – falls sie als relevant erachtet wird – schließlich archiviert. Hierin besteht die Kernkompetenz eines EAM-Systems.

Aus der Perspektive der Arbeitslast eines elektronischen Archivs ist die Verarbeitung des Dokumentenaufkommens der vorherrschende makroskopische Prozess. Auf einer feineren, detaillierteren Ebene sind die notwendigen Verarbeitungsschritte während der Aufnahme in das Repository und der Registrierung von geschäftlichen Daten die folgenden:

- *Auslagern/Extrahieren/Crawl*
  Der erste Schritt besteht darin, die Dokumentenquelle ausfindig zu machen. Dann wird ein Dokumenten-Crawler angesetzt, der sich mit dem gewählten Quellserver verbindet und sich bei ihm ordnungsgemäß anmeldet. Anschließend beginnt die Extrahierung der Dokumente gemäß einem Satz vordefinierter Speicher- und Archivierungsregeln.
- *Identifizieren*
  Zur eindeutigen Identifizierung der Dokumente werden mithilfe von Hash-Algorithmen wie SHA-1 oder SHA-256 aus dem Inhalt der Dokumente Hash-ID generiert.

- *De-Duplizieren*
  Beispielsweise werden Hash-IDs eingesetzt um zu prüfen, ob das Dokument oder die Nachricht selbst bzw. Teile hiervon bereits im System gespeichert sind. Wenn das Dokument noch nicht im Archiv abgelegt ist, wird es archiviert. Duplikate von Dokumenten werden normalerweise nicht archiviert.

- *Klassifizierung*
  Die Klassifizierung von Texten ist ein wichtiger Schritt in einem Szenario, bei dem Richtlinien zu befolgen sind. Dokumente mit Inhalten, die nicht den Vorschriften entsprechen, müssen abgefangen werden. Typischerweise entscheidet danach eine zuständige Instanz, ob das Dokument an seinen Bestimmungsort weitergeleitet wird, an den Urheber zurück oder an eine höhere (ggf. juristische) Instanz geschickt wird, damit diese weitere Schritte einleitet.

- *Zerlegen*
  Wenn ein Dokument archiviert werden soll, wird auch der Volltext indiziert. Um die einzelnen Teile später gezielt durchsuchen zu können, aber auch Duplikate nicht mehrfach zu speichern, wird der Text in seine Bestandteile zerlegt: etwa die Überschriftenzeile, der Fließtext sowie die Dateianhänge.

- *Textextraktion*
  Sofern ein Dokument als Anhang Multimediadaten enthält, wird aus ihnen im Rahmen eines Textextrahierungsschrittes der reine Text (ASCII) herausgezogen – so beispielsweise aus PDF-Dateien oder Microsoft-Office-Dokumenten.

- *Annotationen*
  Der so extrahierte Text kann jetzt mittels linguistischer Methoden weiterverarbeitet werden, um die Textinformation aufzubereiten, bevor der Volltext indiziert wird und bereit für Suche und E-Discovery ist.

- *Volltextindizierung*
  Der so vorbereitete Text des zu archivierenden Dokumentes und die zugehörigen Einzelteile können nun unter Verwendung einer entsprechenden Volltext-Suchmaschine indiziert werden.

- *Transformieren & Archivieren*
  Schließlich wird das Dokument im Archiv in einem Format abgespeichert, das eine hundertprozentige Übereinstimmung mit dem Ursprungsformat aufweist. Manchmal werden auch – je nach Bedarf – andere Dateiformate aus dem Originaldokument generiert, z. B. durch Export von Word in PDF/A, HTML, TIFF etc.

Neben der Erfassung von Dokumenten gibt es andere wichtige, erwähnenswerte Aktivitäten: Indizierung & Suche, Wiederbeschaffung, Verwahrung und Entsorgung. Analog zur Erfassung können all diese anderen EAM-Aktivitäten sehr gut in feinere Zwischenschritte zerlegt werden. Am Ende stellt sich die tatsächliche Arbeitslast für das System als Mischung primitiver Archivierungsprozesse dar.

2.5 Definitionen

2.5.1 EAM-Arbeitslast

An diesem Punkt kann man den abstrakten Begriff der Arbeitslast auf Basis der zuvor definierten funktionalen Aspekte definieren. Unter Arbeitslast ist eine repräsentative EAM-Arbeitslast zu verstehen, die aus einer Mischung typischer primitiver EAM-Funktionen besteht, die sich wiederum aus den wichtigsten Anwendungsfall-Szenarien und Aktivitätsflüssen ergibt. Man kann die EAM-Arbeitslast auf folgende Weise definieren: „Wenn w1–w6 die Gewichtungen sind, mit denen die individuellen Komponenten zur Arbeitslast beitragen, dann ergibt sich die Last des gesamten Systems aus der Summe aller primitiven Aufrufen gewichtet entsprechend ihrer Häufigkeit im Verhältnis zum Gesamtaufkommen."

Last_von_[Eingabe E, Suche S, Wiederbeschaffung W, E-Discovery eD, Datenverwahrung Dat, Entsorgung Ent]

=

*Summe_von_[w1*W(E) + w2*W(S) + w3*W(W) + w4*W(eD) + w5* W(Dat) + w6*(Ent)]*

Die Gewichtungsfaktoren w1-w6 bewegen sich damit zwischen 0 (0%) und 1 (100%). So würden beispielsweise im Fall eines reinen E-Mail-Archivierungssystems die Nachrichteneingabeprozesse mit einem Gewicht von w1 = 0,8 bzw. 80% zur Arbeitslast beitragen, während die Gewichtungsfaktoren w2 bis w6 für Suche, Wiederbeschaffung, E-Discovery, Datenverwahrung, Entsorgung mit nur 0,2 oder ~20% zur Arbeitslast beitragen würden. Die exakten Gewichtungsfaktoren für ein produktives EAM-System müssen empirisch ermittelt und über die Zeit beobachtet werden, um Änderungen im Verhalten der Anwendung zu reflektieren. Dabei muss beachtet werden, dass archivierte Dokumente entsprechend der Regeln für die Datenverwahrung nach einer gewissen Zeit auch wieder gelöscht werden (typischerweise nach 5, 7 oder 10 Jahren). Dies geschieht etwa in demselben Tempo und Umfang, in dem die Dokumente ursprünglich erfasst wurden.

Wenn man diese Arbeitslast analysiert, stößt man auch auf eine andere interessante Tatsache in Bezug auf das EAM-Datenmodell: In nahezu allen EAM-Lösungen sind die dokumentenbezogenen Metadaten sehr statisch. Tatsächlich ist der Anteil der sich ändernden Metadaten klein und unterliegt normalerweise der Versionsverwaltung. Dies bedeutet, dass archivierte Dokumente gewöhnlich nicht verändert werden. Auch werden sie nur sehr selten aktualisiert, weshalb man die Dokument-Metadaten während ihres Lebenszyklus bis hin zu ihrer Ablage als unveränderliche Daten behandeln kann. In der Praxis ist selbst das Löschen eines archivierten Dokuments ein seltener Vorgang, da Unternehmen häufig zögern, archivierte Informationen zu löschen. Sie befürchten kostbare Daten zu verlieren. Dadurch wird zusätzlich verstärkt, dass im Verhältnis zur Gesamtmenge der archivierten Daten die meisten Dokumente nie wieder abgerufen werden. Letzten Endes werden viele Dokumente grundsätzlich bis zum Ende des auferlegten Datenverwahrungszeitraums verwaltet und dann endgültig gelöscht.

Auf Grundlage dieser Aspekte kann das Design bestimmter Klassen von EAM-Lösungen über eine Spezialisierung optimiert werden. Das Gebiet, das sich am ehesten für solch eine Spezialisierung anbietet, ist das Umfeld des Erfassungsprozesses. Am zweitwichtigsten ist die Datenverwaltung.

2.5.2 Durchsatz

Der Durchsatz ist die Last, die ein spezifisches System innerhalb eines bestimmten Zeitraums bewältigt. Den maximal möglichen Durchsatz eines Systems bezeichnet man als dessen Kapazität. Oft werden die beiden Begriffe auch synonym verwendet.

2.5.3 Skalierbarkeit

Die Skalierbarkeit ist eine nicht-funktionale Systemeigenschaft. Ein System wird skalierbar genannt, wenn der mögliche Durchsatz, die Kapazität, in etwa linear mit den verfügbaren Ressourcen zunimmt. Es liegt auf der Hand, dass eine Analyse der Skalierbarkeit auf die Systemkomponenten und Abläufe abzielen muss, um bestehende Engpässe – vor allem beim Kommunikationsaufkommen, den Datengrößen und den Algorithmen – aufzudecken.
Skalierbarkeit als eine Eigenschaft des Content-Management-Systems ist generell schwer zu definieren. Auf jeden Fall ist es wichtig, die spezifischen Anforderungen an die Skalierbarkeit anhand derjenigen Parameter zu definieren, die eine Charakterisierung des betrachteten Systems ermöglichen. Die wichtigsten Parameter für die Definition von Skalierbarkeit sind:

- *Skalierbarkeit der Last*
  Die Fähigkeit eines verteilten Systems zu expandieren und seinen Pool an Ressourcen so zu nutzen, dass es mit einer größeren oder kleineren Last fertig wird.
- *Administrative Skalierbarkeit*
  In einem produktiven System muss auch der administrative Aufwand für die Verwaltung des Systems und die Anpassung an die aktuelle Situation berücksichtigt werden. Der administrative Aufwand darf kein Hindernis für die Skalierbarkeit der Last sein.

Von einem technischen Standpunkt aus betrachtet ist die Skalierbarkeit ein wichtiges Thema für EAM-Systeme, da diese zahlreiche unterschiedliche Komponenten koordinieren und orchestrieren müssen, zum Beispiel die physikalischen Maschinenressourcen, den Netzwerkbetrieb, die genutzten Datenbanken, die Server für Webapplikationen sowie die eigentlichen Komponenten der Archivierungs- und Indizierungslösungen. In unserem Fall ist die Skalierbarkeit eines EAM-Systems wie folgt definiert: „Ein EAM-System gilt als skalierbar, wenn sich die Kapazität proportional zu den verfügbaren Systemressourcen steigert. Etwas konkreter formuliert skaliert ein System, wenn es hinreichend effizient, genügend leicht zu administrieren und schlussendlich auch erschwinglich für den Einsatz in großen Szenarien mit großen Datenmengen und/oder einer großen Anzahl von teilnehmenden Knoten ist.“

Messkriterien zur Beurteilung der Skalierbarkeit eines Systems muss eine repräsentative Arbeitslast zugrunde gelegt werden. Typisch für EAM-Systeme sind folgende Kriterien:

- Die Anzahl der Dokumente, die pro Zeiteinheit archiviert werden (Speicherdurchsatz).
- Die Anzahl der Dokumente, die während einer Zeiteinheit je Indexbearbeitung volltext-indiziert werden (Indizierungsdurchsatz).
- Die Antwortzeit eines Suchvorgangs in Hinblick auf die Anzahl der Benutzer, die gleichzeitig Anfragen absetzen (Antwortzeit).
- Die gesamten Kosten pro Speichereinheit.
- Die dabei anfallenden Kosten für die Verwaltung der IT-Infrastruktur.

3 Weiterentwicklung von EAM-Systemen

Die Globalisierung sowie die Anforderung an ein System, rund um die Uhr sieben Tage die Woche an jedem Tag des Jahres verfügbar zu sein, um einer weltweit aktiven Anwendergemeinschaft zu dienen, sorgen dafür, dass die Arbeitslast von EAM-Systemen wesentlich schneller steigt als erwartet. Die steigende Last und die notwendige Flexibilität bei der Integration neuer Dienste verändert die Art und Weise in der traditionellen EAM-Systeme genutzt werden. Doch eben an dieser Stelle manifestieren sich dann auch ihre Schwächen. In diesem Kapitel werden zunächst einige der derzeitigen Einschränkungen aufgezeigt. Anschließend wird diskutiert, wie eine Verteilung auf mehrere Maschinen und Serviceorientierung gepaart mit dynamischer Bereitstellung helfen kann, diese Einschränkungen aufzuheben um den derzeitigen und künftigen Anforderungen besser gerecht zu werden.

3.1 Heutige Einschränkungen

Vergleicht man die Aufgaben der heutigen Dokumentenarchivierung und deren Suche mit den Aufgaben eines allgemeinen Content-Management-Systems, dann lassen sich eindeutig Gemeinsamkeiten identifizieren, wie zum Beispiel das Speichern, Kategorisieren und Indizieren von Inhalten sowie die Suche und Wiederbeschaffung derselben. Die Verwaltung des Lebenszyklus von Dokumenten ist ebenfalls eine Aufgabe, die sie gemeinsam haben. Worin sie sich unterscheiden, ist die Mischung, die Reihenfolge und Gewichtung in bzw. mit der die Verarbeitungsschritte durchgeführt werden, d. h. Dokumentenerfassung, Indizierung, Annotation, Klassifikation und Textanalyse werden bei der Archivierung stärker betont.

Die wesentlichen Gründe für die Einschränkungen der aktuellen EAM-Systeme sind die Folgenden:

- *Ein einziger zentraler Katalog*
  Wählt man als Ansatz einen einzigen zentralen, physischen Katalog, dann ist die Skalierung nur in dem Umfang möglich, den das zugrunde liegende DBMS zulässt. Normalerweise weist dieses System Merkmale auf, die eine vertikale Skalierung erlauben. Dies bedeutet, dass das ECM-System in dem Umfang skaliert, den das zugrunde liegende Multiprozessorsystem erlaubt.
- *Serialisierung des Verarbeitungsflusses*
  Ein Beispiel für die Serialisierung der Verarbeitung ist die Erzeugung von einer eindeutigen Dokument-ID. Üblicherweise übernimmt der zentrale Katalogserver eines ECM-Systems das Monopol für die Erstellung einzigartiger Dokumentenkennungen im System. Das heißt, dass der Katalog bei der Erstellung der angeforderten UUID auch zum Flaschenhals des Systems wird.
- *Reihenfolge des Verarbeitungsflusses*
  Gelegentlich kann man eine ungünstige Verarbeitungsreihenfolge beobachten. In vielen Fällen archivieren ECM-Systeme zunächst die Dokumente. Für die weitere Verarbeitung müssen die archivierten Dokumente zurück in den Arbeitsspeicher geholt werden, um die Indizierung, Annotation und Kategorisierung vorzunehmen. Das führt zu Kopiervorgängen die das Archiv mehr als notwendig beanspruchen.

- *Vermischung von relationalem und Volltextdatenmodell*
  Der Katalog eines EAM-Systems setzt sich typischerweise aus zwei Teilsystemen zusammen: Einer relationalen Datenbank und einer angehängten Suchmaschine für die Volltextsuche. Dies führt zu aufwändigen Verknüpfungsoperationen (*Joins*) der Teilergebnisse der beiden Systeme bei der Ausführung von Suchoperationen.
- *Statische Systemlandschaft*
  Das EAM-System ist in eine statische Systemlandschaft eingebunden. Feste Adressen, Routing-Tabellen und sonstige, fest definierte Netzwerkstrukturen führen zu einem nur schwer änderbaren System.
- *Manuelle Bereitstellung von Ressourcen*
  Die Bereitstellung von Ressourcen durch eine manuelle Systeminstallation und Konfiguration verhindert die kostengünstige Bereitstellung.

Der Weg zu einer gesteigerten Leistung und Verbesserung von EAM-Systemen liegt darin, die besten Open-Source- und Legacy-Technologien zu kombinieren, einschließlich Grid, P2P sowie dynamische Bereitstellungstechniken.

3.2 Peer-To-Peer-Systeme als Vorbild

Heutzutage hat man für die Verwaltung unstrukturierter Inhalte die Wahl zwischen zahlreichen kommerziellen elektronischen Archivierungslösungen.[2] Zusätzlich zu diesen klassischen Systemen dürfen auch andere in der Entwicklung und im Einsatz befindlichen Technologien nicht außer Acht gelassen werden. Peer-to-Peer-Netzwerke (P2P) für den Datenaustausch wie BitTorrent[3] und Gnutella[4] kann man bis zu einem gewissen Grad auch als spezialisierte Content-Management-Systeme ansehen. Gnutella beispielsweise konzentriert sich auf den gemeinsamen Dateizugriff (*File Sharing*), und realisiert diese Funktion ausgesprochen gut. Bemerkenswert daran sind sowohl die vertikale Skalierbarkeit, als auch die Fähigkeit, die Strukturen automatisch zu rekonfigurieren.

Interessanterweise hatte auch die ursprüngliche Implementierung von Gnutella Skalierungsprobleme, da während einer Abfrage jeder Knotenpunkt im System kontaktiert wurde. Die Anforderungen an jeden Knoten stiegen hierbei proportional zur Gesamtzahl aller Knoten und sprengten so rasch die begrenzte Kapazität eines einzelnen Knotens. P2P-Systeme jüngeren Datums wie BitTorrent skalieren gut, weil die Entwickler ihre Lektion gelernt haben. Zudem besitzen diese Systeme keinen zentralisierten Engpass, so dass sie unbegrenzt expandieren können, ohne dass über die einzelnen Knoten hinaus weitere unterstützende Ressourcen benötigt werden. Für den Fall, dass Knoten zur Konfiguration hinzukommen oder diese verlassen, ist das System ebenfalls in der Lage, sich selbst automatisch zu rekonfigurieren.

---

2 Vgl. BĂCE/LOGAN (2005).

3 Siehe http://www.bittorrent.com.

4 Siehe http://rfc-gnutella.sourceforge.net.

Allerdings fehlen den P2P-Systemen trotz all ihrer wertvollen Eigenschaften einige wichtige Fähigkeiten, die für ECM-Systeme unerlässlich sind. Zum Beispiel fehlt in P2P-Systemen ein Framework, das über eine zugrunde liegende Repository-Infrastruktur sowie Schichten zur Integration von Anwendungen verfügt. Die Dokumentverwaltung mit P2P-Systemen wird größtenteils auf die Semantik von Dateisystemen reduziert. Inhalte lassen sich nur über die Eingabe der Dokument-ID wieder auffinden. Ihnen fehlt die Fähigkeit, Inhalte z. B. per Metadatensuche zu ermitteln. Letzteres ist ein Dienst, der die Existenz eines Datenmodells voraussetzt. Wird er gewünscht, muss man ihn auf anderem Wege hinzufügen, wie beispielsweise in Form einer Katalogdatenbank oder einer Volltextsuchmaschine. Des Weiteren fehlen in P2P-Systemen wichtige Funktionen für die Verwaltung gespeicherter Daten, die von zentraler Bedeutung für ECM-Systeme sind, um die Anforderungen an eine hierarchische Verwaltung gespeicherter Daten zu erfüllen. Nichtsdestotrotz ist dies das Gebiet, auf dem ECM-Systeme von P2P-Systemen lernen können.

Um eine Skalierbarkeit zu erreichen, setzen ECM-Systeme traditionell auf große Multiprozessorsysteme. Untersuchungen mit Clustern und Grid-Systemen weisen darauf hin, dass eine Verteilung auf mehrere Maschinen oder Hardwarekomponenten kostengünstiger und damit erschwinglicher sein kann, wenn Verwaltung und Wartungsaufwand möglichst gering gehalten werden können.[5] Angesichts der Tatsache, dass P2P-Systeme diese Fähigkeit besitzen, besteht ein Ansatz darin, das Beste von allem zu vereinen. Wie immer, wenn man besser verstehen will, wie ein Refactoring derzeitiger ECM-Systeme durchzuführen wäre, muss man die künftigen funktionalen und nicht-funktionalen Anforderungen aus Online-Gemeinschaften zusammentragen und verstehen, sowie die für sie typischen Aktivitäten und Datenflüsse im Detail erfassen. Die Zielsetzung besteht darin, ein repräsentatives Modell des Arbeitsaufwandes zu definieren, welches dann für den Entwurf neuer ECM-Umgebungen genutzt werden kann.

3.3 Skalierbarkeit

Die Skalierung eines EAM-Systems kann in zwei Richtungen erfolgen: vertikal (Aufwärtsskalierung) durch den Einsatz größerer Maschinen und horizontal (flächenmäßige Verteilung), indem weitere Maschinen hinzugefügt werden.[6] Aufbauend auf die Definitionen von Durchsatz und Skalierbarkeit aus Abschnitt 2.5 werden nachfolgend verschiedene Aspekte eines skalierenden EAM-Systems diskutiert.

In diesem Abschnitt wird ein Entwurf für ein EAM-System vorgestellt, das insbesondere eine gute horizontale Skalierbarkeit bieten soll. Die zentralen Komponenten eines EAM sind: a) der Systemkatalog, b) der Volltextindizierungsdienst und c) das Speichersubsystem. Der primäre Ansatz ist die Abstraktion und Virtualisierung dieser Komponenten. Dieses Vorgehen erlaubt es eine Indirektionsebene einzuführen, mit der eine einzelne logische Entität auf ein Cluster von physischen Entitäten verteilt werden kann.

Die im Systemkatalog gespeicherten Metadaten sind unerlässlich für alle EAM-Operationen. Ihre Konsistenz und Integrität bei Transaktionen ist sehr wichtig. Anstatt sie aber in einer einzigen Datenbank zu speichern, kann man sie in einem Cluster von relationalen Datenbanken hinterlegen. Ebenso kann man einen Teil der Metadaten in einem Volltextindex speichern, der von einer Textsuchmaschine verwaltet wird. Eine Volltextsuchmaschine bietet

5 Vgl. *DEAN/GHEMAWAT* (2004); *CHURCHILL ET AL.* (2006).

6 Vgl. *MICHAEL ET AL.* (2007).

einen effizienten und effektiven Mechanismus für die Suche in unstrukturierten und semistrukturierten Daten, weshalb sie gut für die Wiederbeschaffung elektronischer Dokumente geeignet ist.

Ein Problem bei der Integration strukturierter und unstrukturierter Suchen ist der notwendige Aufwand, um die Ergebnisse beider Systeme zusammenzuführen und die Schwierigkeit diesen Aufwand richtig abzuschätzen. Dieses Problem lässt sich umgehen, indem man die Suche nach dem unveränderlichen Teil der Dokument-Metadaten ausschließlich auf die Suchmaschine beschränkt, während der veränderbare Teil der Metadaten in der Datenbank gespeichert wird. Für gewöhnlich ist die in der Datenbank gespeicherte Informationsmenge um einige Größenordnungen geringer als die im Volltextverzeichnis. Mit einem verbesserten EAM-Datenmodell können Metadaten sowohl in der Datenbank als auch in der Volltextsuchmaschine gespeichert werden. Mit einer bis zu einem gewissen Punkt spezialisierten Suchlogik kann man Verknüpfungen zwischen den Ergebnissen der beiden Systeme vermeiden.[7] Der Vorteil liegt darin, die Stärken beider Systeme (Datenbank und Volltextsuchmaschine) auszunutzen, jedoch ihre Schwächen zu vermeiden.

Für eine horizontale Skalierbarkeit auf der Ebene des Speichersystems sind sowohl *P2P-File-Sharing-Systeme* als auch *Cluster-File-Systeme* interessant.

3.4 Effizienzsteigerung durch SOA

Damit ECM-Systeme den steigenden Anforderungen gerecht werden können, müssen sie auf allen Ebenen effizienter sein (Kosten, Leistung, Administration, etc.). Um dies zu erreichen, ist es wichtig, nicht nur die Anwendung an sich zu betrachten, sondern die gesamte Systemlandschaft, in die die Anwendung eingebettet ist. Alle Komponenten müssen verwaltbar sein, denn nur so ist es möglich, die Ressourcen während der Laufzeit autonom zu koordinieren. Indem man Echtzeit-Informationen über jede Komponente und ihren Zustand sammelt, können Ressourcen effizient eingesetzt werden. Dies gilt sowohl für Hardware- als auch für Softwareressourcen. Das hier angesprochene Thema fassen die Autoren unter dem Begriff „Dynamisches Provisioning und Workload-Management" zusammen. Im Folgenden werden die zugrunde liegenden Konzepte erläutert.

Die Systemlandschaften in Rechenzentren werden immer komplexer und sind aus diesem Grunde auch immer schwieriger zu administrieren. Ein Ziel besteht darin, den Administratoren verstärkt Automatismen zur Verfügung zu stellen, um die Installation, Konfiguration und Wartung der einzelnen Hard- und Software-Komponenten zu vereinfachen und weniger zeitraubend zu gestalten. Es sollen Dienste geschaffen werden, die in der Lage sind, selbsttätig den Betrieb aufzunehmen und sich je nach Bedarf automatisch konfigurieren. Dieser Ansatz könnte für einzelne Produktivsysteme bis hin zur vollständig autonomen Systemlandschaft in einem Rechenzentrum zum Einsatz kommen.

---

[7] Vgl. WAGNER ET AL. (2008a).

ENIGMATEC[8] spricht in diesem Zusammenhang von einer „Efficient Computing Architecture".[9] Deren Kern ist es, dass alle Schichten (Anwendung, Infrastruktur-Software, Virtualisierung und Hardware) überwacht werden und diese Informationen gegen bestehende Dienstleistungsvereinbarungen sowie vom Administrator vorgegebene Strategien evaluiert werden. So kann man sicherstellen, dass die vertraglich vereinbarten Dienstleistungen und Strategien konsistent eingehalten werden. Mithilfe solcher Mechanismen können die einzelnen Komponenten überwacht und bei Bedarf neue bereitgestellt werden. Stellt man beispielsweise fest, dass ein Prozessor über längere Zeit hinweg höhere Anforderungen von z. B. über 80% bewältigen muss, ist es notwendig die vorhandenen Garantien und Strategien zu prüfen und – falls erforderlich – einen neuen Hauptspeicher, einen neuen Prozessor oder einen völlig neuen Knotenpunkt (Rechner) einzurichten.

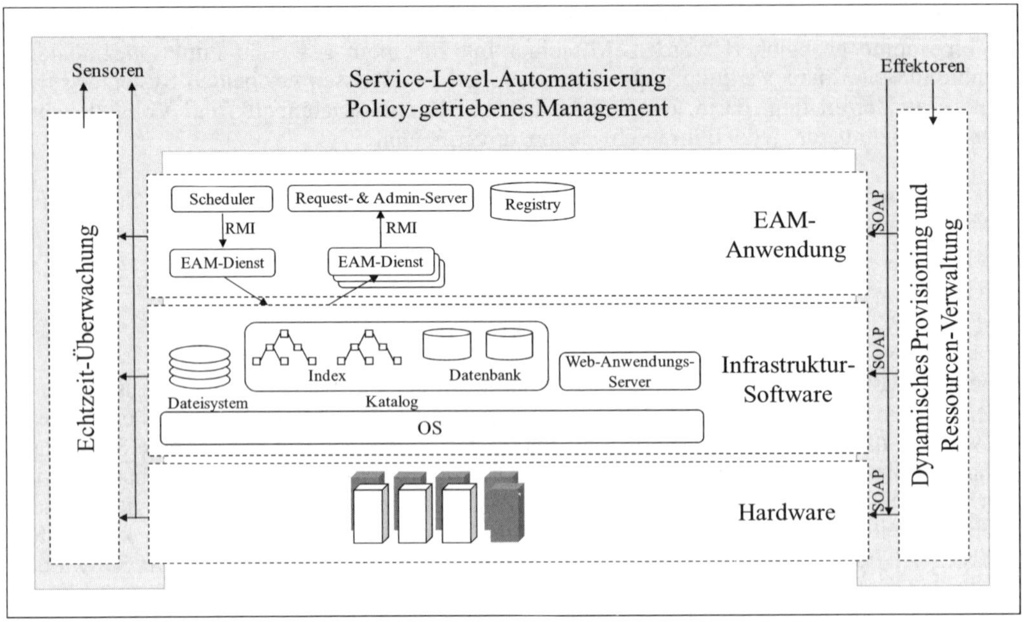

Abbildung 3: Entwurfsmodell für die „Efficient Computing Architecture" eines EAM-Systems

Wie eine solche effiziente Systemlandschaft konkret für ein EAM-System aussehen kann, ist in Abbildung 3 dargestellt.[10] In der obersten Schicht befindet sich die eigentliche EAM-Anwendungslogik. Die Infrastruktur-Software-Schicht umfasst das Betriebssystem und die für die Anwendung notwendigen Softwarekomponenten: Datenbank, Index und Web-Anwendungs-Server. Außerdem wird das Dateisystem (bzw. die Verzeichnisse, in denen die Archivdaten gehalten werden) als einzelne Komponente betrachtet, da auch dieses automatisch (bzw. autonom) und unabhängig von den anderen verwaltet werden soll. Eine Virtualisierungsschicht, wie sie *ENIGMATEC* zwischen Hardware- und Infrastruktur-Software definiert wurde in dem hier beschriebenen Ansatz nicht umgesetzt, da die Virtualisierung innerhalb der Infrastruktur-Software stattfin-

8 Siehe http://www.enigmatec.com/.

9 Vgl. *GENTZSCH ET AL.* (2005).

10 Vgl. *WAGNER ET AL.* (2008b).

det; z. B. durch die Verwendung einer DHT oberhalb der Datenbank. In der untersten Schicht sind die Hardware-Komponenten wie Server, Netzwerk und Speicher zusammengefasst.

Für die Umsetzung dieses Ansatzes ist es im ersten Schritt notwendig alle Hard- und Software-Komponenten in verwaltbare Ressourcen (*Manageable Resources*) umzuwandeln. Das Granulat für diese Komponenten in den untersten beiden Ebenen ist recht einfach festzulegen. Jedes Software-Produkt muss als Black Box behandelt werden und ergibt somit naturgemäß je eine einzelne Ressource. Das gleiche gilt für Hardwarekomponenten wie Hauptspeicher, Prozessor und Netzwerk. Auf der Ebene der EAM-Anwendungslogik gestaltet sich die Zerlegung komplexer, da die dynamische Bereitstellung gerade auf dieser Ebene sehr feingranular möglich sein soll. Stellt sich beispielsweise heraus, dass die Datenerfassung zu langsam ist, sollen neue dafür zuständige EAM-Dienste bereitgestellt werden und nicht eine vollständige EAM-Anwendung.

Damit aus einer Komponente eine verwaltbare Ressource wird, ist es notwendig, für jede von ihnen eine Service-Schnittstelle einzuführen. Während der Laufzeit werden der Lebenszyklus und die Verwaltung der individuellen Ressource über diese Schnittstelle gesteuert.

3.5 CMaaS – Content-Management als Dienstleistung

Software als Dienstleistung über das Internet und nicht mehr als zu installierendes Paket bereitzustellen ist die Philosophie hinter dem Schlagwort: *Software as a Service*. Dieses Modell verbreitet sich aktuell gerade im Bereich der EDV-Software, ist aber sicher auch im Bereich des Content-Managements eine attraktive Alternative. *Content Management as a Service* (CMaaS) ist hierbei nicht im traditionellen Sinne von Software als Dienstleistung zu verstehen, sondern eher als ein Infrastrukturangebot für Dienstanbieter. Die serviceorientierte EAM-Systemlandschaft ermöglicht dann wiederum dem Dienstanbieter konkrete Dienstleistungen (z. B. einen E-Mail-Archivierungsdienst) effizient bereitzustellen. Im Kapitel 4 wird erklärt, wie diese höhere Abstraktionsebene der Software als Dienstleistung mit Web 2.0 in Schwung kommt, indem sie zum Marktplatz wird und die Online-Gemeinschaften zu Konsumenten werden.

Analog zur Software as a Service baut der Vertrag für einen E-Mail-Archivierungsdienst zwischen einem Kunden und dem Dienstanbieter auf die Qualität der Dienstleistung und die vertraglich vereinbarten Dienstleistungen. In diesem speziellen Fall der elektronischen Archivierung mietet der Kunde den Platz für die Verwahrung der Daten, wählt je nach Bedarf bestimmte Dienste hinzu und zahlt für deren tatsächliche Nutzung. Dies könnte beispielsweise so aussehen: Langfristige Archivierung von x Terabytes an Daten, Verwaltung der Datenverwahrung, Volltextindizierung, Erschließung und Ablage der Nachrichten.

Wie zuvor von uns beschrieben, würde das komplette System maßgeschneidert werden, um den genauen Anforderungen zu entsprechen – nicht mehr und nicht weniger. Während der Laufzeit wird das System überwacht und die Auslastung von Ressourcen gemessen. Falls die vertraglich vereinbarten Dienstleistungen überschritten werden (bzw. sich dies anbahnt), würden autonome Maßnahmen ausgelöst werden, die das Produktivsystem so rekonfigurieren, dass es wieder den Garantien entspricht. Ressourcen- und Prüfberichte werden produziert, um die Ereigniskette ständig nachvollziehen und die hierzu gehörenden statistischen Daten generieren zu können. Der Vorteil hierbei ist, dass Kunden nur für die Ressourcen zahlen, die sie auch tatsächlich nutzen.

Verglichen mit den erheblichen im Vorwege zu tragenden Kosten, die traditionell anfallen, um Softwarelizenzen sowie Hardware zu erwerben und zu pflegen – sei es im eigenen Haus oder im Rahmen eines Hostings – erspart dieser Ansatz den Kunden viele komplizierte Planungsprozesse bezüglich der Kapazität. Auch werden große Kapitalaufwendungen in wesentlich niedrigere Betriebskosten verwandelt, und es entfällt die Notwendigkeit, über den Bedarf hinaus als „Sicherheitsnetz“ Kapazitäten zu erwerben, um regelmäßig wiederkehrende Spitzen beim Datenaufkommen bewältigen zu können. Daher handelt es sich um eine Implementierung des so genannten *Pay-per-Use*-Modells, d. h. bezahlt wird nur die tatsächliche Nutzung.

Ein weiterer Vorteil dieses Ansatzes ist der, dass der Kauf von EAM-Diensten auch erschwinglicher für kleinere Firmen wird. Traditionell können kleine und mittelständige Unternehmen es sich nicht leisten, die administrativen Kosten für die Verwaltung großer ECM-Produktionssysteme, die ein oder zwei Administratoren benötigen, zu tragen. Den Beweis dafür, dass dieses Konzept bereits funktioniert und immer besser Fuß fasst, liefern Initiativen wie die Amazon Infrastructure Services[11] oder Yahoo! Search BOSS™: BOSS (*Build your Own Search Service*)[12].

4 Markttrends und Ausblick

Künftige Anbieter von ECM-Diensten werden offene Online-Plattformen fordern, damit ihnen der Zugriff auf ihre Daten und Dienste nicht verwehrt werden kann. Aus diesem Grund entstehen Standards für Daten, industrielle Daten-/Prozess-Modelle sowie Programmierungstechnologien im Web, welche Durchlässigkeit und Zusammenarbeit kombiniert mit Sicherheit und Gewährleistung der Privatsphäre verbessern.

Unternehmen haben ein ausgeprägtes Interesse daran, aktive Gemeinschafts-Plattformen für Entwickler zur Verfügung zu stellen, um neue Lösungen für die Verwaltung von Inhalten zu komponieren und zu koordinieren. Als Ausgangspunkt werden zunächst einige ausgewählte Gebiete zum Experimentieren genutzt. Sobald die Technologie gereift ist, öffnet sich das betreffende Unternehmen einem weltweiten Publikum. In diesem Kontext entstehen neue Ablagetechnologien inner- und außerhalb von Unternehmen, um webbasierte Gemeinschafts-Plattformen in folgenden Bereichen zu unterstützen:

- Interessengemeinschaften und gemeinschaftlich geschaffene Informationsquellen,
- Enterprise 2.0 – das offene und gemeinsam tätige Unternehmen,[13]
- Mandantenfähigkeit.

11 Siehe http://aws.amazon.com/ec2.

12 Siehe http://developer.yahoo.com/search/boss/.

13 Vgl. *AIIM* (2008).

Aus der Infrastruktur-Perspektive liegt die größte Herausforderung in der Mandantenfähigkeit, die für die gemeinsamen und verteilt gehosteten Umgebung notwendig ist. Damit die Content-Management-Infrastruktur in die Lage versetzt wird, eine konsistente und problemlose Verwaltung und Wartung zu gewährleisten, müssen die ECM-Technologie angepasst und neue Schlüsselkomponenten entwickelt werden. Die Autoren erwarten, dass auf diesem extrem offenen und sich ständig verändernden Online-Marktplatz der Interessenschwerpunkt bei Sicherheit, Datenschutz, Verwaltung der archivierten Daten und der vorgeschriebenen Überprüfbarkeit liegen wird. In diesem Umfeld muss das Content-Management reifen und zu einer universellen, auf Anfrage bereitgestellten und je nach Verwendung bezahlten Dienstleistung werden.

4.1 Interessen- und Informationsgemeinschaften

Eine der faszinierenden Beobachtungen, die man im Web machen kann, ist die, dass ständig neue Online-Gemeinschaften entstehen. Der hauptsächliche Katalysator für diesen Trend ist ein gemeinsames Interesse, das zu einem Austausch und zur Zusammenarbeit führt. Unterschiedliche Artefakte (gewisse Sorten von „Inhalten und neuen Datentypen") werden über eine Online-Ablage gegenseitig zur Verfügung gestellt. Beispiele hierfür sind die bekannten Onlinemarktplätze, an denen getauscht, geteilt und gehandelt wird. Nahezu alles kann man dort erwerben, seien es materielle oder virtuelle Güter oder etwas anderes, das für jemanden von Interesse ist. Die populärsten Tauschobjekte sind jedoch Informationen wie Programme, Anwendungen, Bilder und Filme. Exotischere Artefakte wie „Second Life"-Ausstattung der Charaktere (*Avatar*) und mit ihnen verwandte Accessoires werden ihnen schon bald folgen.

Ein sehr erfolgreiches Beispiel ist folgendes: Die bereits zu Ikonen gewordenen Unternehmen Apple und Nike kooperierten, um ein neues Produkt zu entwickeln – mit dem iPod kompatible Fußbekleidung[14], die als erstes gemeinsames Projekt in Form des *Nike+iPod Sport Kit*[15] auf den Markt kam. In diesem Fall informiert eine Gemeinschaft von Läufern über ihre Erfahrung im Laufen und liefert statistische Daten, GPS-Daten, Musik und alles andere auf Anforderung an einem gehosteten Online-Treffpunkt. Ein weiteres gutes Beispiel sind die Beziehungen der Online-Gemeinschaften, die im Umfeld der Spielekonsolen und deren Herstellern entstanden sind. Hier sind vollkommen neue Ökosysteme mit entsprechenden Marktplätzen aufgekommen, auf denen es intensive Tauschaktivitäten gibt. Der *Sony Online Store*[16] ist einer dieser Märkte. Andere ziehen nach, während die Online-Gemeinschaften immer größer werden und so zu immer attraktiveren Märkten für neue Produkte avancieren.

Hier zeichnet sich ein deutlicher Trend ab, und die Autoren glauben, dass dieser Trend durch Content-Management-Dienste und -Werkzeuge, die das Einrichten und Hosting einer Online-Präsenz noch einfacher und erschwinglicher für jeden machen, noch beschleunigt wird. Das Motto lautet: „Jeder kann jederzeit ein Dienstanbieter, ein Dienstnutzer oder beides werden".

14 Siehe *HESSELDAHL/HOLMES* (2006)

15 Siehe http://www.apple.com/de/ipod/nike/.

16 Siehe http://www.us.playstation.com/PS3/Network.

Ein Trendsetter ist in dieser Hinsicht Amazon mit seinem neuen Portfolio an Online-Software und Infrastruktur-Dienstleistungsangeboten wie Online-Shops, Online-Archiven oder Online-„Rechenzentren", die sich im Handumdrehen gestalten und einsetzen lassen und die man zu einem günstigen Preis mieten kann, so lange die neue Dienstleistung angeboten wird bzw. überlebt. Die Nutzung des neuen Online-Dienstleistungsangebots von Amazon geht einher mit dem Versprechen, dass keine Vorleistung in Form der IT-Infrastruktur und eines Grundstocks an Software erforderlich ist. Innerhalb weniger Stunden kann eine neue *Elastic Compute Cloud EC2*[17] für die Entwicklung, den Verkauf oder den Tausch bereit sein. Konkret verbirgt sich dahinter *Amazon aStore*[18], die virtuelle Online-Geschäftsinitiative. Dort heißt es auf der deutschen Amazon aStore-Seite: „Was ist der aStore? Der aStore ist ein neues Partner-Tool, das es den Amazon.de-Partnern ermöglicht, in ein paar einfachen Schritten, ohne Programmierkenntnisse, einen kompletten Online Shop zu erstellen. Über den Shop kann der Webseitenbetreiber seinen Besuchern den kompletten Amazon Produktkatalog anbieten, oder auch nur vom Partner selbst ausgewählte Produkte oder Produktkategorien. Der aStore kann sehr einfach in eine bestehende Webseite integriert werden."

Amazon Web Services[19] basieren auf einem virtuellen Online-Speicher, einem virtuellen Rechenzentrum, der Amazon Elastic Compute Cloud EC2, und dem Amazon Simple Queue Service SQS. In *MINTZ* (2008) ist sinngemäß zu lesen: „Jetzt macht Amazon einen noch größeren Schritt nach vorne, indem es Speicherplatz, EDV-Leistung und andere Rechenzentrumsdienste, die hinter den Kulissen benötigt werden, anbietet. Diese Geschäftsidee, von der Amazon überzeugt ist, dass sie zu einem bedeutsamen Geschäftsbereich heranwachsen wird, kann helfen, die wirtschaftliche Stärke eines Unternehmens auch dann zu erhalten, wenn der Einzelhandel von einer Rezession betroffen ist. In einem größeren Kontext können die Amazon Web Services, wie dieser Geschäftszweig sich nennt, die Chancen für eine neue Generation von Nachwuchsunternehmen im Web verbessern, indem ihre vorab aufzubringenden Kosten für eine teure Infrastruktur erheblich reduziert werden."[20]

Angesichts des zuvor Gesagten ist eine auf der Hand liegende Schlussfolgerung, dass als Nächstes bedeutsame geschäftliche Chancen aus der Nutzung und Wiederverwendung von Daten der Unternehmensklasse entstehen.

Welches sind die aufkommenden Technologien für künftige CMaaS-Systeme? Diese Frage lässt sich am besten beantworten, indem man Anwendungsszenarien künftiger Online-Gemeinschaften vorweg nimmt. Was tun Online-Gemeinschaften, sobald sie sich gebildet haben? Die Antwort lautet, dass sie:

- gemeinsame Interessen und Bedürfnisse haben,
- Informationen und Inhalte austauschen,
- die Informationen an bekannte und unbekannte Nutzer weitergeben,
- Daten-/Dienstleistungsgüter identifizieren (d. h. Dateien, Datenbanken & Informationsdienste)

17 Siehe http://aws.amazon.com/ec2.

18 Siehe http://astore.amazon.de/.

19 Siehe http://www.amazon.com/aws/.

20 Siehe *MINTZ* (2008).

- Daten und Dienste sichtbar, verständlich und zugänglich machen (mit Tags versehen),
- ein gemeinsames Vokabular und gemeinsame Klassifizierungen definieren,
- semantische und strukturelle Metadaten registrieren,
- und noch vieles andere mehr.

Und wohin führt uns dies? Die Antwort könnte vielleicht das offene Unternehmen – Enterprise 2.0 sein.

4.2 Enterprise 2.0 – Das offene Unternehmen

Die Grundlage von Enterprise 2.0 ist der offene Austausch von Dienstleistungen und Daten. Die Einführung von CMaaS-Plattformen in Unternehmen beginnt auf Gebieten, auf denen ein Erfolg nicht betrieblich relevant ist. Oft wird sie außerhalb des Rechenzentrums initiiert und führt zu einer heterogenen Umgebung. Der Aufbau dieser Umgebung wird vom Bedarf diktiert, Dienstleistungen weltweit und allgegenwärtig zur Verfügung zu stellen.

Eine serviceorientierte EDV lässt die Integration heterogener Legacy-Applikationen zu, sei es vor Ort oder außerhalb, sofern diese auf Online-Content-Management-Plattformen laufen. Dieser Aspekt wird dafür sorgen, dass die künftige Content-Management-Dienstleistungsplattform von den Ökosystemen der Gemeinschaften profitieren.

Das jüngste Beispiel – die Amazon eCommerce-Webplattform – zeigt, was „E-Commerce für jeden" (*E-commerce For Everyone*, E4E[21]) bedeutet. Hier werden riesige Datenmengen über Anwender und Waren gesammelt, analysiert, gespeichert und verwaltet. Dies kann man deutlich als einen Vorgang des Aufbaus von Online-Gemeinschaften rund um Inhalte und Daten verstehen. Typischerweise handelt es sich hierbei um:

- *Die Gemeinschaft der Shopbetreiber:* Diese liefern Daten an Amazon und nutzen Daten von Amazon, um ihre eigenen Shops aufzubauen.
- *Die Gemeinschaft der Entwickler:* Diese nutzen die Daten und Web-Dienste von Amazon, um neue Dienstleistungen zu schaffen.

In gewisser Weise kann man diese Entwicklung als eine „positive Schleife" sehen, die ein kontinuierliches, riesiges Wachstum schon aufgrund der einfachen Tatsache, dass die Gemeinschaft selbst existiert fördert. Im selben Atemzug erkennt man hier eine Chance für Unternehmen, ihre hochwertigen Daten in kontrollierter Weise zu nutzen und wieder zu verwenden. Das Muster, dem man hier folgen sollte, ist der Einsatz des CMaaS-Rahmenwerks als Online-Plattform, die den Unternehmen neue geschäftliche Chancen eröffnet.

Im Finanzwesen könnten Banken beispielsweise das Sammeln risikobehafteter Daten, deren Anonymisierung sowie das Erstellen prognostizierender Analysen unter Beteiligung der Gemeinschaft durchführen. Hierdurch würden sie wiederum neue Geschäftschancen für Banken schaffen, die Mitglieder der Gemeinschaft der Banken sind. Analog hierzu können zahlreiche

[21] Siehe http://www.ecommerceforeveryone.com/.

weitere Arten geschäftlicher Daten über CMaaS-Plattformen genutzt werden, um neue Geschäfte und wirtschaftliches Wachstum zu fördern.

4.2.1 Neue Geschäftsmodelle entstehen

Neue Geschäftsideen legen auch die Entwicklung neuer Geschäftsmodelle oder Verbesserungen existierender Modelle nahe. Die Frage ist, was online gehandelt wird, wie es erworben wird und wie man dafür bezahlt. Das Softwarelizenzmodell von gestern basierte auf einer Zielgruppe einheitlicher Anwender. Heute werden Softwarelizenzen auf Grundlage der Prozessorleistung vergeben. Morgen, mit dem Aufkommen von Software als Dienstleistung, wird die Qualität einer Dienstleistung anhand vertraglich getroffener Dienstleistungsvereinbarungen (SLA) bemessen. Infolgedessen könnte SLA der Maßstab der Wahl werden, wobei Inhalte nur einen Faktor in der Liste bei der Rechnungslegung darstellen.

Ein interessantes Beispiel für ein Modell dieser Art ist *Yahoo! Search BOSS*. BOSS ist Yahoo!s offene Suchdienst-Plattform für das Web, die Innovationen in der Branche für Suchdienste fördern soll. Mit BOSS können Entwickler, junge Unternehmen und große Internetfirmen Suchprodukte entwickeln und einsetzen, die das gesamte Yahoo!-Suchverzeichnis als Hostingplattform verwenden. Mit BOSS können Unternehmen auf die leistungsstarke Infrastruktur von Yahoo! zugreifen und auf die Investitionen des Unternehmens in den Bereichen Crawling und Indizierung sowie Ranking- und Relevanzalgorithmen. Unternehmen können ihre Geschäftsgüter und Ideen mit Yahoo!s Erfahrung im Bereich Suchtechnologie kombinieren. Dank dieser Kombination wird Yahoo! BOSS zu einer Plattform für die nächste Generation der innovativen Suche und bedient Hunderte von Millionen Anwendern, die sich leidenschaftlich für die Konstruktion offener Plattformen einsetzen, über das gesamte Web hinweg.

Typische Dienstleistungsvereinbarungen für diese Dienstleistungsart sind unter anderem: Abfragen pro Tag, Nutzungsgebühr für die Verknüpfung von eigenen Inhalten mit den von einer Yahoo!-Suche generierten, Monetarisierung und die Wiedervermarktung von so genannten White Label-Produkten.

4.2.2 Bezahlmodelle

Eine Bezahlplattform bildet den Rahmen, mit dessen Hilfe Online-Partner zusammen an der Vermarktung gemeinsam entwickelter und geteilter Produkte teilnehmen können. Die Online-Plattform muss auch die Implementierung eines einfachen, integrierten Zahlungsmodells einschließen, das aus Sicht des Zahlungsverkehrs bestimmte Implementierungs- und Ausschließlichkeitsanforderungen erfüllen muss. Das übergreifende Geschäftsmotto für Enterprise 2.0 lässt sich wie folgt darstellen:

- frei zugängliche Anwendungen über das Web,
- frei zugängliche Dienste,
- frei zugängliche Daten,
- eine für Außenstehende offene Zusammenarbeit.

Das bedeutet also, eine echte Bereitstellung von Informationen auf Abruf (*Information on Demand*).

4.3 Mandantenfähigkeit

In dem zuvor erwähnten Szenario ist die maßgebliche Entität, um die sich alles dreht, das einzelne Mitglied der Online-Gemeinschaft, also das Individuum, welches Mitglied einer oder mehrerer solcher Gemeinschaften ist und diese lebendig und in Bewegung hält. Jede einzelne Entität kann als Mandant angesehen werden, der seine Online-Präsenz von den Anbietern der CMaaS-Plattform gemietet hat, wie in dem bereits diskutierten Yahoo! BOSS-Beispiel. Diese Mandanten übernehmen verschiedene Rollen: die des Konsumenten, des Anbieters, des Lieferanten von Beiträgen – je nachdem, in welcher Form sie über eine Online-Plattform einer Gemeinschaft beigetreten sind.

Aufgrund dieser Umstände ergeben sich neue, zunehmend komplexere Anforderungen an das Online-Content-Management. Angesichts der Größe der Online-Gemeinschaften ist es notwendig, sich mit der Komplexität der massiven Mandantenfähigkeit auseinanderzusetzen. Hiermit ist gemeint, dass der Bedarf für eine CMaaS-Architektur existiert, die eine angemessene Abgrenzung bietet, damit die Mandanten die Ressourcen teilen können. Das Ziel ist eine kostengünstige, optimale Skalierbarkeit für eine hohe Mandantenzahl, indem man den Synergieeffekt der geteilten Infrastruktur des Rechenzentrums ausnutzt. Was eine Mandantenfähigkeit sehr schwierig macht, ist das Abwägen zwischen Sicherheit, Kosten und individuellen Anforderungen an die Anpassung.

Bei der Umsetzung von mandantenfähigen Systemen unterscheidet man zwischen verschiedenen Modellen (*Multitenancy Model*, MTM) hinsichtlich der Isolierungsebene. Je nachdem, ob die Trennung der Mandanten auf Ebene der Anwendungsschicht (E-I), in der Middleware (E-II), beim Betriebssystem (E-III) oder bereits bei der Hardware (E-III) stattfindet, unterscheiden sich Komplexität und Isolationslevel. Je stärker und besser die einzelnen Mandanten innerhalb der Infrastruktur voneinander isoliert sind, desto komplexer wird auch die Konfiguration. Dies setzt sich bei den Daten innerhalb der Datenbank fort. So kann man alle Mandanten in einer Datenbank halten und nur durch verschiedene IDs Unterscheiden (D-I) oder aber für jeden Mandanten separate Tabellen verwenden (D-II). Eine noch bessere Isolation erreicht man, indem man jedem Mandanten eine eigene Datenbank innerhalb eines Datenbanksystems zuweist (D-III) oder aber jedem Mandanten ein eigenes Datenbanksystem zur Verfügung stellt (D-IV).

Entsprechend dem Maß der Isolierung und der Komplexität der Konfiguration ist es möglich verschiedene Klassen von mandantenfähigen Systemen zu definieren – siehe dazu Abbildung 4. Die gezeigten vier Quadranten führen die beiden Hauptmerkmale für die Verwaltung der Mandantenfähigkeit auf. Hierbei handelt es sich um das Ausmaß der Trennung zwischen den Mandanten und der zunehmenden Komplexität der Konfigurierbarkeit im Verhältnis zur Anzahl der Mandanten. Zum Beispiel würden die CMaaS-Systeme im linken oberen Quadranten mit einem gewissen Grad an Konfigurationsaufwand sehr stark isolierte Laufzeitsysteme liefern, wohingegen die CMaaS-Systeme in dem rechten unteren Quadranten sowohl eine geringere Laufzeitisolierung als auch eine einfacher zu handhabende Konfiguration bieten. Bewegt man sich bezüglich der Laufzeit nach rechts oben, steigt das Ausmaß der Teilbarkeit und der Konfigurierbarkeit auf Kosten eines gestiegenen Aufwandes für die Administration.

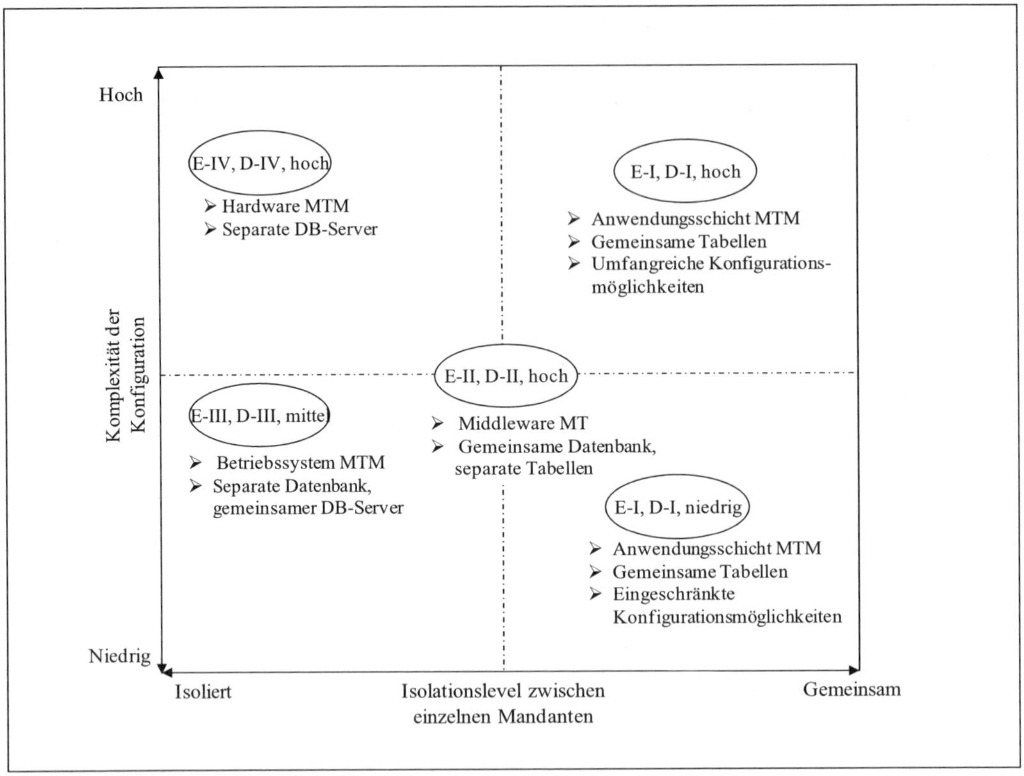

Abbildung 4: Einordnung der Modelle zur Umsetzung von Mandantenfähigkeit

4.4 Das neue CMaaS-Referenzmodell

Angesichts dieser Trends erwarten wir, dass neue Technologien nötig werden, um ein Rahmenwerk für die Optimierung des Wert-/Risiko-Verhältnisses zu erstellen, um geschäftliche Daten an Interessengemeinschaften zu vergeben und für den gemeinschaftlichen Austausch von Informationen zur Verfügung zu stellen. Das Ziel wird darin bestehen, Softwareentwicklung am laufenden System und Mandantenfähigkeit zu ermöglichen. Die Vision ist eine Evolution der CMaaS-Plattformlandschaft für ECM-Lösungen mit nicht vor Ort geteilten Komponenten, sondern mit der Fähigkeit, die Mandantenfähigkeit zu bewältigen, indem man sich auf die Effizienz von großen Rechenzentren verlässt. Hierdurch entsteht eine positive Schleife, die das Wachstum des Ökosystems fördert, in dem Daten offen über die Plattform geteilt werden, wobei die Beiträge der Online-Gemeinschaften den Motor dieser positiven Schleife darstellen.

An diesem Punkt und in diesem Zusammenhang stellt sich die Frage, worum es beim Content-Management als Dienstleistung eigentlich wirklich geht. Die Antwort könnte lauten: CMaaS ist eine offene, hochgradig erweiterbare Online-Plattform, die in der Lage ist, eine kontinuierliche Anreicherung mit innovativen Inhalten und Datendiensten zu gewährleisten. Wenn dieses Konzept angenommen wird, werden Unternehmen fähig sein ihre Daten zu nutzen, um ihre Online-Präsenz zu etablieren und gleichzeitig vom wirtschaftlichen Wachstum profitieren, das auf

Grundlage der neuen Geschäftsmodelle entsteht. Somit kann man resümieren, dass die Hauptmerkmale einer künftigen CMaaS-Plattform folgende sind:

- Entwicklung und Einsatz von CMaaS-Online-Plattformen müssen einfach sein. Von der Erstellung des Konzepts bis zu dessen Umsetzung sollten nur Stunden vergehen.
- Sie muss die Entwicklung von ECM-Lösungen ermöglichen, die aus grundlegenden Komponenten zusammengesetzt und so koordiniert werden, dass sie gemeinsam unter einem dynamischen Bereitstellungsmanager funktionieren, der während der Laufzeit von einem autonomen Workload-Manager unterstützt wird.
- Zugang und Erweiterbarkeit von CMaaS-Online-Plattformen müssen auf der Schnittstellenebene gewährleistet sein, dabei jedoch über die Abriegelung von Funktionen und Daten verfügen.
- Es muss ein Dienstleistungsorientierungsparadigma übernommen werden, das die Integration von heterogenen Legacy-Lösungen entweder vor Ort oder ausgelagert zulässt. Es muss sichergestellt werden, dass die auf den Inhalt bezogenen Dienste und der Datenaustausch offen und nicht abgeriegelt sind.

Mit diesen Merkmalen im Kopf kann man versuchen, ein CMaaS-Referenzmodell zu definieren, wie es schematisch in Abbildung 5 zu sehen ist. Das Ziel ist eine kontinuierliche Anreicherung mit innovativen Inhalten und Datendiensten, die informatorische Erkenntnisse von Anwender- und Entwicklergemeinschaften vermitteln.

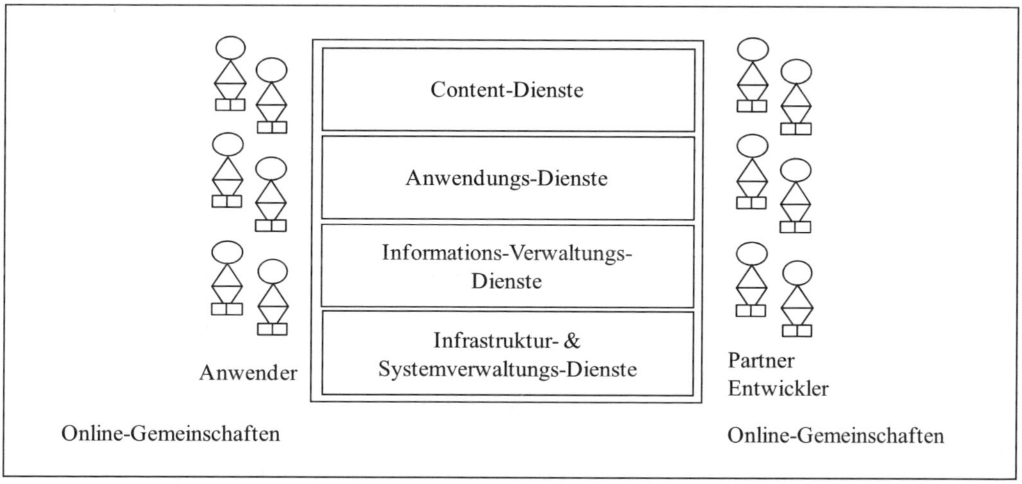

Abbildung 5: Vorschlag für ein verbessertes CMaaS-Referenzmodell

Unternehmen können so ihre Daten nutzen, um Online-Plattformen zu etablieren und neues wirtschaftliches Wachstum fördern, indem sie Zugänglichkeit und Erweiterbarkeit auf der Schnittstellenebene ermöglichen. Hiermit ist folgendes gemeint:

- Zugänglichkeit: Wie leicht kann man auf Daten über die Benutzerschnittstelle/Batch-Schnittstelle/Programmierschnittstelle zugreifen?
- Erweiterbarkeit: Wie leicht lässt sich das System konfigurieren, anpassen und erweitern?
- Erschwinglichkeit: Was kostet ist eine individuell angepasste CMaaS-Infrastruktur?

Daher kann man den Schluss ziehen, dass die Skalierbarkeit der Online-Infrastruktur für elektronische Archive und schließlich auch für Content-Management-Systeme aufgrund ihrer verteilten Natur inhärent auf einem horizontal skalierenden Modell statt eines vertikal skalierenden Modells basieren wird. Die neue Online-ECM-Lösung wird sich während ihres gesamten Lebenszyklus auf die Kernfunktionalität der Verwaltung von Daten beziehungsweise Inhalten konzentrieren und die Zusammenarbeit zwischen Online-Gemeinschaften und ihren Mitgliedern ermöglichen, indem die richtigen Daten zum richtigen Zeitpunkt zur Verfügung gestellt werden. Dies ist wichtig für ihr Kerngeschäft. Von diesem Punkt an kann man die Prognose wagen, dass zukünftige CMaaS-Systeme die folgenden Fähigkeiten und Eigenschaften besitzen müssen.

Zunächst ist dies der Bedarf nach einer Architektur für die Unternehmensdaten, die in das Online-Ökosystem eingegeben werden und es fördern. Hiermit ist ein gut geeignetes Rahmenwerk an Softwarediensten gemeint, das vertrauenswürdigen Online-Gemeinschaften Zugang zu den Unternehmensdaten gewährt. Wobei ein Vorteil in der Risikominimierung und Wertoptimierung liegt. Als Nächstes müssen künftige ECM-Systeme auf der funktionalen Ebene eine kollaborative Unterstützung bieten, die ein exponentielles Wachstum der von der Online-Gemeinschaft auf der Plattform entwickelten Anwendungen gestattet. Andere werden durch die Nutzung dieser Anwendungen Erkenntnisse darüber gewinnen, wie sie diese verbessern können, wodurch eine schnellere Wertsteigerung erfolgt. Was benötigt wird, ist ein hybrides Integrationsmodell, welches der Integration der vor Ort vorhandenen Dienstanwendungen für die Inhalte dient. Das Ganze muss durch ein solides Authentifizierungs- und Berechtigungsmodell ergänzt werden, damit sich jedes System identifizieren lässt und Transaktionen überwachbar sind. Am wichtigsten ist es jedoch, ein Isolierungsmodell zur Verfügung zu stellen, in dem jede Domäne gegen Angriffe von anderen Domänen geschützt ist, das jedoch ausgehandelte Kommunikationsvorgänge für den Austausch von Informationen zwischen Mitgliedern der Domänen in transparenter und nahtloser Weise ermöglicht.

Abbildung 6 zeigt einen Versuch, eine hochgradig verteilte Anwendungslandschaft visuell darzustellen, in der unterschiedliche Mandanten ihre transparent von verschiedenen Anbietern erworbenen Dienste in der Web 2.0-Wolke (*Cloud*) konsumieren. Der Gedanke dahinter ist, dass a) Amazon über den Amazon Simple Storage Service ein Repository zur Verfügung stellt, um elektronische Dokumente zu speichern und zu archivieren, während 2) Yahoo! den Suchdienst liefert. Dokumente werden mithilfe von 3) Amazon Simple Queue Service vom Amazon EC2-Repository an den Yahoo!-Suchdienst (BOSS) weitergereicht.

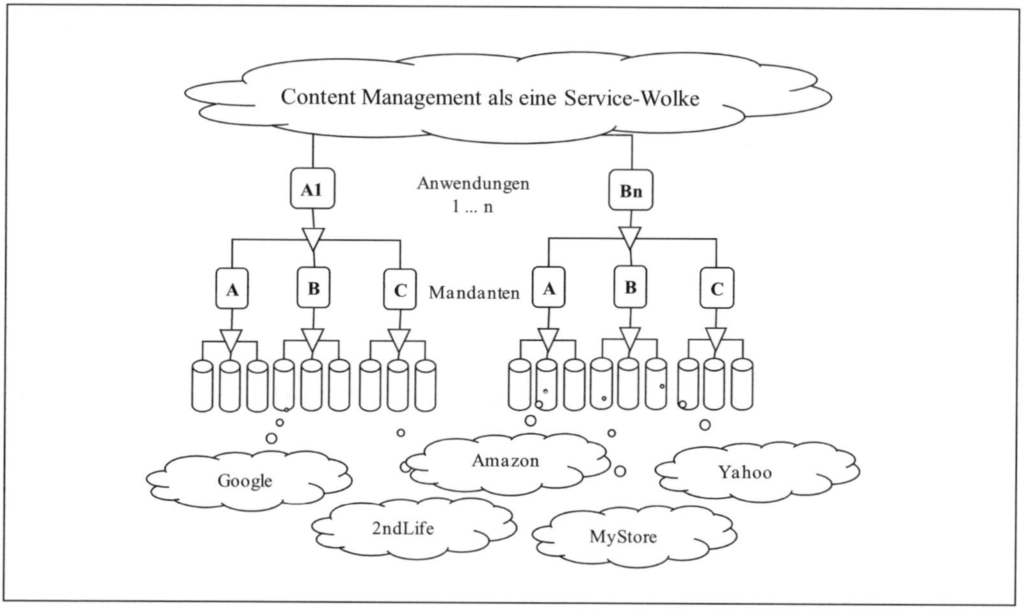

Abbildung 6: Mandantenfähigkeit in der „CMaaS-Dienst-Wolke"

Aus administrativer Sicht müsste die CMaaS-Infrastruktur es erlauben, eine von allen geteilte, plattformübergreifende Qualitätsregelung (*Quality of Services*, QoS) der Dienste und der Dienstleistungsvereinbarungen zu definieren. Diese müssten außerdem um QoS- und SLA-Verwaltungsstandards bezüglich der Integrität, der Risiken sowie der Einhaltung von gesetzlichen Vorschriften ergänzt werden können. Die inhärent verteilte Natur der Nutzung von Diensten wird auch den Bedarf für eine Automatisierung beim Erkennen von Problemen mit den in der Wolke aufgeführten Diensten erhöhen. Hierzu sind innovativen Methoden zur Problemlösung und zur Verwaltung von Konflikten notwendig. Sowohl die syntaktische als auch die semantische Interoperabilität von Prozessen, Daten, Benutzerschnittstellen sowie auf der Gestaltungsebene der Dienste werden neue Arten der Abstimmung auf der Föderationsebene erfordern. Die Dienste werden entweder über das Web bereitgestellt oder alternativ hierzu in eine Anwendung integriert. Unternehmen müssen Konstrukte für die Strukturierung und Wartung von Inhalten zur Verfügung stellen, um an der Entdeckung und Identifikation hochwertiger Unternehmensdatengüter mitzuwirken. Und zu guter Letzt werden auch Werkzeuge gebraucht, um Geschäftsabläufe und Auswirkungen dieser Informationstechnologie auszuwerten und zu analysieren.

5 Zusammenfassung und Ausblick

In diesem Beitrag wurden Entwürfe derzeitiger und künftiger elektronischer Systeme zur Archivverwaltung (*Electronic Archive Management*, EAM) vorgestellt und diskutiert. Die neuen Online-EAM-Lösungen werden sich während ihres gesamten Lebenszyklus auf die Hauptfunktionalität der Verwaltung von Daten und Inhalten sowie die Zusammenarbeit zwischen Online-Gemeinschaften und deren Mitgliedern konzentrieren, indem sie die richtigen

Daten zur richtigen Zeit zur Verfügung stellen, was lebenswichtig für ihr Kerngeschäft ist. Angesichts der verteilten Natur der Online-Infrastruktur werden Konfigurierbarkeit, Flexibilität und Skalierbarkeit ihre Hauptmerkmale sein. Die Autoren sind überzeugt, dass die Skalierung aus inhärenten Gründen auf der Grundlage horizontaler Skalierbarkeit und nicht vertikaler Skalierbarkeit erfolgen wird, insbesondere in Hinblick auf den Umgang mit hochwertigen, hochgradig skalierbaren elektronischen Diensten für die Archivierung von Dokumenten und E-Discovery-Diensten. Neue Entwurfsansätze werden auf einem innovativen Mix aus Open-Source- und Legacy-Technologien aufbauen. Die derzeitigen Trends weisen darauf hin, dass eine horizontale Skalierung durch Abstraktion und Virtualisierung erreicht werden wird, damit eine Indirektionsebene für die Einrichtung einer einzigen, logischen Archiv-Entität geschaffen wird, die über ein Cluster physikalischer Entitäten verteilt wird. Künftige EAM-Systeme werden eine Unternehmensdatenarchitektur erfordern, die das Online-Ökosystem mit Informationen versorgt und fördert. Die Architektur basiert auf einem Rahmenwerk gut geeigneter softwarebasierter Dienste, welche die Datensammlungen von Unternehmen vertrauenswürdigen Online-Gemeinschaften zugänglich machen, wobei ein Vorteil in der Risikominimierung und Wertoptimierung liegt. Auf der funktionalen Ebene müssen die ECM-Systeme der Zukunft eine gemeinschaftliche Intelligenz aufweisen, die das exponentielle Wachstum von Anwendungen auf Grundlage des gemeinsamen Einsatzes der Online-Gemeinschaften gestattet.

Quellenverzeichnis

AIIM (2008): Enterprise 2.0: Agile, Emergent, and Integrated, online: http://www.aiim.org/ResourceCenter/Research/MarketIQ/Article.aspx?ID=34464, Stand: 24.03.2008, Abruf: 08.08.2008.

AMAZON (2008): Amazon Simple Queue Service (Amazon SQS), online: http://www.amazon.com/Simple-Queue-Service-home-page/b/ref=sc_fe_l_2?ie=UTF8&node=13584001&no=3435361&me=A36L942TSJ2AJA, Stand: 2008, Abruf: 08.08.2008.

BACE, J./LOGAN, D. (2005): The Costs and Risks of E-Discovery in Litigation, Gartner Research Report vom 01.12.2005.

CHURCHILL, B./CLARK, L./ROSENOER, J./VON BULOW, F. (2006): The impact of electronically stored information on corporate legal and compliance management: An IBM point of view, IBM Corporation, o. O. 2006.

DEAN, J./GHEMAWAT, S. (2004): MapReduce: Simplified Data Processing on Large Clusters, in OSDI'04: 6th Symposium on Operating Systems Design and Implementation, San Francisco 2004.

GENTZSCH, W./IWANO, K./JOHNSTON-WATT, D./MINHAS, M. A./YOUSIF, M. (2005): Self-Adaptable Autonomics Computing Systems: An Industry View, in: Database and Expert Systems Applications, Proceedings of the 16th International Workshop on Database and Expert Systems Applications (DEXA'05), Copenhagen 2005, S. 201–205.

GHODSI, A. (2006): Distributed k-ary System: Algorithms for Distributed Hash Tables, PhD Dissertation, KTH – Royal Institute of Technology, Stockholm 2006.

HESSELDAHL , A./ HOLMES, S. (2006): Apple and Nike, Running Mates, online: http://www.businessweek.com/technology/content/may2006/tc20060523_569911.htm, Stand: 24.05.2006, Abruf: 08.08.2008.

MAYMOUNKOV, P./MAZIERES, D. (2002): Kademlia: A Peer-to-peer Information System Based on the XOR Metric, in: Electronic Proceedings for the 1st International Workshop on Peer-to-Peer Systems (IPTPS '02), Cambridge 2002.

MICHAEL, M./MOREIRA, J. E./SHILOACH, D./WISNIEWSKI, R. W. (2007): Scale-up x Scale-out: A Case Study using Nutch/Lucene, ipdps, in: IEEE International Parallel and Distributed Processing Symposium, Long Beach 2007, S. 441.

MINTZ, J. (2008): Amazon's hot new item: its data center - Web retailer sells storage and computing power as part of new venture, online: http://www.msnbc.msn.com/id/22953503/, Stand: 01.02.2008, Abruf: 08.08.2008.

SCOTT, J. E./GLOBE, A./SCHIFFNER, K. (2004): K. Jungels and Gardens: The Evolution of Knowledge Management at J. D. Edwards, in: MIS Quarterly Executive, 2004, Nr. 3/1, S. 37–52.

WAGNER, F./KREBS, K./MEGA, C./MITSCHANG, B./RITTER, N. (2008a): Towards the Design of a Scalable Email Archiving and Discovery Solution, in: Proceedings of the 12th East-European Conference on Advances in Databases and Information Systems, Pori 2008, S. 305–320.

WAGNER, F./KREBS, K./MEGA, C./MITSCHANG, B./RITTER, N. (2008b): Email Archiving and Discovery as a Service, in: Intelligent Distributed Computing, Systems and Applications; Proceedings of the 2nd International Symposium on Intelligent Distributed Computing, Catania 2008, S. 197–206.

Informationen für morgen aus Systemen von gestern? – Der IBM* Mainframe im Mittelpunkt zentraler Datenhaltung im Jahr 2020

THILO LIEDLOFF und *HEIKO BROMBERGER*

IBM Deutschland

1 Totgesagte leben länger – auch im Jahr 2020

Noch vor einigen Jahren wäre man von manchen Analysten belächelt worden, hätte man die Großrechnerarchitektur der IBM* – für gewöhnlich als Mainframe bezeichnet – mit dem Jahr 2020 in Verbindung gebracht. Sicherlich existieren auch heute noch etliche Skeptiker, die dem Mainframe jegliche Zukunft absprechen. Pessimistische Prognosen gibt und gab es immer mal wieder in seiner nunmehr über fünfzigjährigen Geschichte. Den größten Bekanntheitsgrad hat dabei wohl die Vorhersage von Stewart Alsop erlangt, der die Abschaltung des letzten Mainframes für das Jahr 1996 prophezeite. Doch er sollte eines Besseren belehrt werden. Acht Jahre später revidierte Alsop seine Aussage und bestätigte den offensichtlich ungebrochenen Bedarf am Markt nach zuverlässigen, zentralen Computersystemen.[1] Genau diesem Bedarf wird der Mainframe vollständig gerecht. Seine Stärken liegen in den Bereichen Sicherheit und Hochverfügbarkeit sowie in seiner außerordentlichen Skalierbarkeit und einer enorm hohen Datentransferleistung. Von seinen Fähigkeiten im Bereich Hochverfügbarkeit leitet sich auch die Bezeichnung der aktuellen Architekturversion des Mainframes ab – *System z**. Der Buchstabe z steht dabei für *zero downtime* wegen seiner bis zu 99,999-prozentigen Verfügbarkeit.

Sicherheit und unterbrechungsfreier IT-Betrieb stellen bereits seit Jahren wichtige Themen für CIO weltweit dar.[2] Das Thema Konsolidierung hingegen – und damit steigende Anforderungen an die Skalierbarkeit und Datendurchsatzraten eines Systems – rückt erst aktuell aus Kostengründen[3], aber vor allem auch im Rahmen der Diskussionen um *Green IT* wieder verstärkt in den Fokus des strategischen IT-Managements. Bedingt durch steigende Energiekosten, zunehmendes Umweltbewusstsein sowie verschärfte Klimaschutzverordnungen, sehen sich viele IT-Entscheider gezwungen ihre bestehende IT-Infrastruktur grundlegend zu überdenken. Dabei gewinnen insbesondere zentrale Systeme wie der Mainframe aufgrund seiner enormen Kapazität, hohen Belastbarkeit und umfassenden Virtualisierungsfähigkeiten sowie des geringeren Platz- und Strombedarfs innerhalb des Rechenzentrums wieder an Bedeutung[4] – auch oder gerade in Unternehmen die bisher noch keine Mainframes im Einsatz haben. Das Auslastungsniveau eines Mainframes ist typischerweise mehr als doppelt so hoch wie das eines verteilten Intel*- oder AMD*-basierten Servers.[5] Auslastungsraten von über 90%[6] werden beim Mainframe nicht nur unterstützt, sondern sind aus Gründen möglichst effizienter Nutzung sogar erwünscht. So lässt sich letztendlich im Bedarfsfall eine Unmenge an verteilten Einzelservern, die für gewöhnlich nur eine sehr geringe, dauerhafte Auslastung aufweisen, auf einem einzigen, wesentlich effizienter genutzten Mainframe konsolidieren. Die IBM* selbst hat beispielsweise im Rahmen des so genannten *Big-Green*-Projekts geplant, 3.900 verteilte Einzelserver auf lediglich 30 Mainframes mit dem Betriebssystem Linux* on System z* zu portieren.[7]

---

1 Vgl. *ALSOP* (2002).

2 Vgl. *GARTNER* (2005).

3 Vgl. *STATEN/ET AL.* (2008).

4 Vgl. *WILSON* (2008).

5 Vgl. *BARNETT* (2005), S. 8.

6 Vgl. *CA* (2007).

7 Vgl. *IBM* (2007).

Linux on System z* ist nur eines von mehreren verfügbaren Betriebssystemen für den Mainframe. Seine Bedeutung wächst vor allem im Rahmen von Konsolidierungsüberlegungen stetig, da hier bei der Portierung von Anwendungen von verteilten Linux*- oder Unix*-Servern auf den Mainframe keine oder nur geringfügige Anpassungen vorgenommen werden müssen. Dennoch ist und bleibt das mit Abstand bedeutendste Mainframe-Betriebssystem sicherlich das von IBM* selbst entwickelte z/OS*. Dieses ausschließlich und speziell für die Mainframe-Hardware entwickelte Betriebssystem trägt durch enge Verknüpfung mit der Hardware seinen eigenen Teil zur Erreichung der hohen Standards in punkto Vermeidung von ungeplanten Ausfällen aber auch geplanten Wartungsarbeiten, Sicherheit und Skalierbarkeit der gesamten Plattform bei. Wird beispielsweise weltweit von verschiedenen Standorten in Amerika, Europa und Asien auf Systeme zugegriffen, verkleinern sich zwangsläufig die Wartungsfenster und erhöht sich die Notwendigkeit diese Systeme rund um die Uhr verfügbar zu halten. Da Linux* on System z* in diesen Bereichen nicht an die Leistungsfähigkeit von z/OS* herankommt, wird das native Betriebssystem z/OS* wohl auch in Zukunft nicht an Relevanz verlieren, insbesondere vor dem Hintergrund stetig voranschreitender Globalisierung.

Einen weiteren Grund warum z/OS* auch in Zukunft Bestand haben wird, stellen die unzähligen unter z/OS* laufenden, von den Unternehmen selbst entwickelten Geschäftsanwendungen dar. Diese wurden nicht selten schon vor Jahrzehnten vorzugsweise in COBOL entwickelt und gehören immer noch zu den Kernanwendungen zahlreicher Mainframe-Nutzer. COBOL ist eine um 1960 entstandene, einfach zu verstehende Programmiersprache, die vor allem im Bereich kommerzieller Finanzanwendungen eine der vorherrschenden Sprachen darstellt. So laufen schätzungsweise 90% aller Transaktionen im Finanzsektor über COBOL Programme ab.[8] Eine rasche Ablösung dieser Bestandsanwendungen ist aufgrund der teils enormen Leistungsfähigkeit und Effizienz der Programme, nicht selten aber auch aus Ressourcengründen in den meisten Fällen nicht vorgesehen. So sorgt nicht nur die Gegenüberstellung der Kosten für eine Neuentwicklung zu dem zu erwartenden Nutzen für ein Ausbleiben der Bereitstellung finanzieller Mittel, sondern oftmals ging zwischenzeitlich schlichtweg das nötige Fachwissen verloren, um die in den existierenden Anwendungen verborgene Geschäftslogik nachzubilden. Da das Thema Abwärtskompatibilität bei der Weiterentwicklung der Mainframe-Hard- und Software jedoch einen hohen Stellenwert genießt, ist der Betrieb von älteren Bestandsanwendungen auf dem Mainframe im Gegensatz zu anderen Plattformen in der Regel kein Problem und gänzlich ohne Anpassungen möglich. Doch dieser kompromisslose Investitionsschutz hat auch seine Schattenseiten. Denn auf der einen Seite stehen nun höchst effiziente, langjährig bewährte und damit äußerst wertvolle Anwendungen auf dem Mainframe in Sprachen wie z. B. COBOL. Auf der anderen Seite stehen Hochschulabsolventen, die zwar bestens vertraut mit Technologien wie Java*, Linux* oder SQL sind, von COBOL, z/OS* und dem Mainframe jedoch nur selten viel gehört haben. Zwar gewinnen die vorstehend genannten Technologien zunehmend an Bedeutung auf dem Mainframe, dennoch sind auch hier bei der Neuentwicklung gewisse systemspezifische Kenntnisse unabdingbar. Darüber hinaus ist vor allem für die Wartung und Pflege der Bestandsanwendungen und den Betrieb der Mainframe-Systeme selbst, technisches Detailwissen über den Mainframe, dessen Betriebssystem und die Mainframe-Software von Nöten. Dass es hier in Zukunft möglicherweise zu Nachwuchsengpässen kommen kann, war und ist eines der größten Besorgnisse der Mainframe-Nutzer.[9] Auch seitens der IBM* und Drittanbieter von Mainframe-Software hat man diese Problematik erkannt und geht inzwischen

---

[8] Vgl. *BARNETT* (2005), S. 7.

[9] Vgl. *COMPUTERWOCHE* (2007).

gezielt dagegen vor. Sei es durch einen Ausbau von Universitätskooperationen im Mainframe-Umfeld oder durch gezielte Aus- und Weiterbildung von Nachwuchsfachkräften.

An dieser Stelle sei noch erwähnt, dass der Mainframe sicherlich nicht die Universallösung für jede Art von Anwendung und jedes Unternehmen darstellt. Es gibt durchaus Anwendungsfelder für die sich verteilte Plattformen auf Basis von Linux*, Unix* oder Windows* ungleich besser eignen. Doch wann immer es um geschäftskritische Anwendungen geht, die enorme Datendurchsatzraten erfordern und/oder hohe Anforderungen an Sicherheit und Verfügbarkeit stellen, macht die Nutzung eines Mainframes Sinn. Aus diesem Grund ist er auch bei einer Vielzahl der größten Unternehmen weltweit im Einsatz. Da er im Zentrum der IT-Infrastruktur vieler der 5.000 international führenden Großkonzerne steht, wurde sogar schon soweit gegangen, ihn als „Das Herz der Weltwirtschaft" zu bezeichnen.[10] Diese Konzerne haben die Vorteile eines Mainframes kennen und schätzen gelernt und werden mit ziemlicher Sicherheit auch in den nächsten zehn bis 20 Jahren nicht auf ihn verzichten.[11]

2 Besondere Relevanz des Mainframes für Datenhaltung

Aufgrund der im vorherigen Kapitel angeführten Eigenschaften ist der Mainframe geradezu prädestiniert für die Verwaltung und Bereitstellung von unternehmenskritischen Daten. Denn der Umgang mit Massen an kritischen Geschäftsdaten birgt entsprechend hohe Anforderungen an Sicherheit und Verfügbarkeit dieser Daten sowie an die maximal möglichen Datendurchsatzraten in sich. Werden die Systeme, auf denen sich die verschiedenen Datenquellen eines Unternehmens befinden, diesen Anforderungen nicht gerecht, schlägt sich dies zwangsläufig auf sämtliche Anwendungen mit Datenzugriff durch. Die datenhaltenden Systeme können somit als eine Art *Single Point of Failure* der unternehmensweiten IT angesehen werden. Folglich sollte ihnen gesonderte Aufmerksamkeit zukommen, nicht zuletzt auch bei der Wahl einer geeigneten Hardware-Plattform nebst Betriebssystem. Zwar gibt es durchaus auch auf verteilten Linux*-, Unix*- oder Windows*-Systemen Ansätze eine möglichst hohe Verfügbarkeit generell und von Datenbanken im Speziellen sicherzustellen. Durch Lastverteilung auf mehrere Einzelsysteme gelingt es unter Umständen außerdem eine hohe Skalier- und Belastbarkeit zu gewährleisten. In der Regel sind die Ergebnisse allerdings nicht mit denen eines Mainframes vergleichbar. Hier werden die genannten Eigenschaften bereits grundlegend in der Systemarchitektur verankert und beeinflussen die Entwicklung der einzelnen Systembestandteile maßgeblich. So sind z. B. fast alle Hardware-Komponenten redundant vorhanden und dafür ausgelegt im laufenden Betrieb ohne Unterbrechung des Servers gewechselt zu werden. Darüber hinaus erfolgt eine enge Integration zwischen Hardware und Software – im Falle von Datenhaltung in Form des Betriebssystems, ggf. Transaktionsmanagers und der letztendlichen Datenquelle – wodurch ebenfalls ein ungleich höheres Leistungsniveau als mit anderen Plattformen erreicht werden kann.[12]

---

[10] Vgl. *Computerwoche* (2007).

[11] Vgl. *Barnett* (2005), S. 6.

[12] Für weitergehende Informationen zu den Stärken von System z* siehe *IBM Redbooks** (2008).

Nach derzeitigem Kenntnisstand befinden sich über 60% aller Geschäftsdaten weltweit auf Mainframes.[13] Derartige Zahlen sind zwar zweifelsohne mit Vorsicht zu genießen, sie lassen jedoch unabhängig von der Exaktheit der quantitativen Angaben eine qualitative Einschätzung der Bedeutung des Mainframes für die Datenhaltung zu, da sie die zuvor angeführten Vorteile zentraler Datenhaltung auf dem Mainframe bekräftigen.

Angesichts der wachsenden Bedeutung von Web-Anwendungen, der tatsächlich entstehenden Kosten für Systemausfälle oder Datenverluste sowie auch der nicht-monetären, oftmals aber noch wesentlich schmerzhafteren Imageschäden beispielsweise durch Datenmissbrauch, kann davon ausgegangen werden, dass ein Großteil der Unternehmen ein hohes Eigeninteresse am Erhalt oder gar Ausbau der Verfügbarkeit und Sicherheit ihrer datenhaltenden Systeme besitzt. Es ist daher anzunehmen, dass auch in Zukunft kein Anlass für eine Verlagerung unternehmenskritischer Daten auf andere Plattformen besteht. Zusätzlich zu der ohnehin vorhandenen Eigenmotivation der Unternehmen für beständige Sicherheit und Verfügbarkeit ihrer Geschäftsdaten zu sorgen, droht auch der Druck von Seiten des Gesetzgebers weiter zuzunehmen. Neben strengeren IT-Sicherheits- und Datenschutzrichtlinien, wie beispielsweise aus dem Sarbanes-Oxley Act (SOX) sowie dessen europäischem Derivat EuroSOX[14], gibt es auf internationaler Ebene bereits Überlegungen den unsachgemäßen Umgang mit Daten erheblich härter zu bestrafen.[15] Somit ist davon auszugehen, dass der Mainframe auch in Zukunft bei zahlreichen Unternehmen als gesetzt gilt, wenn es um sichere, verlässliche Datenhaltung geht.

3 Datenlandschaft auf dem Mainframe – früher und heute

Informationen bilden in der heutigen Wissensgesellschaft ein überaus kostbares Gut. Das Vorhandensein der richtigen Informationen zur richtigen Zeit stellt nicht selten einen entscheidenden Wettbewerbsvorteil gegenüber anderen Marktteilnehmern dar. Denkt man beispielsweise an den Aktienmarkt, so entscheiden oft Minuten oder gar Sekunden über Gewinn oder Verlust. Vor diesem Hintergrund ist es kein Wunder, dass sich heutzutage nur noch ein Bruchteil des Aktienhandels direkt auf dem Börsenparkett selbst abspielt. Stattdessen regeln komplexe Computersysteme fast vollständig automatisch das Börsengeschehen und reagieren auf Grundlage vorher festgesetzter Parameter und Regeln. Während in einem derartigen Fall die genutzten Systeme in der Lage sein müssen, in möglichst kurzer Zeit Unmengen an Transaktionen zuverlässig und schnell abzuarbeiten und zu koordinieren, gibt es andere Bereiche in denen gänzlich abweichende Anforderungen zu befriedigen sind. Betrachtet man im Gegensatz z. B. ein Business Intelligence System, das Analysen und Berichte für das strategische Management eines Unternehmens bereitzustellen hat, wird dies deutlich. Hier gilt es komplexe Zusammenhänge und Abhängigkeiten korrekt zu erkennen und darauf aufbauend die entsprechenden Analyseergebnisse als Informationen zur Verfügung zu stellen. Dabei ist es überaus entscheidend auch nur die wirklich geschäftsrelevanten Informationen zu analysieren und zu sammeln und dabei stets sicherzustellen, dass keine unvollständigen oder gar falschen Informationen verarbeitet werden.

---

[13] Vgl. *DURWARD ET AL.* (2004).

[14] Vgl. *GRÜN* (2008).

[15] Vgl. *HEATH* (2008).

Diese Einführung zeigt auf, dass je nach Anwendungszweck höchst unterschiedliche Anforderungen an IT-Systeme existieren können. Dies war in den Anfängen der Informationstechnologie nicht anders. Im Gegenteil: Selbst eine Harmonisierung und gemeinsame Definition von Anforderungen für ein und dasselbe Anwendungsfeld – wie sie heute durch die allgegenwärtigen Industriestandards oder Hersteller-Konsortien vorzufinden sind – suchte man damals vergeblich. Zur Bewältigung spezifischer Problemstellungen wurden damals spezielle Ansätze erarbeitet und diesen Ansätzen folgend auch spezielle Systeme entwickelt. Die Historie des Mainframes reicht bis in diese Zeit zurück. Darüber hinaus wird das Paradigma der Abwärtskompatibilität bzw. des eingangs erwähnten Investitionsschutzes auf dieser Plattform seit jeher hoch gehalten. Daher sollte es nicht weiter verwundern, dass über die Jahrzehnte auch im Bereich datenhaltender Systeme auf dem Mainframe eine Vielzahl höchst unterschiedlicher Ansätze verfolgt wurden und bis heute überlebt haben. Diese Systeme resultierten ursprünglich aus den verschiedensten Anforderungen an die Art und Strukturierung der zu verwaltenden Daten, an die Notwendigkeit zur Verknüpfung bestimmter Daten untereinander oder an die Methodiken zur Realisierung des Datenzugriffs. Letztendlich ergab sich so ein Sammelsurium an konzeptionellen teils erheblich voneinander abweichenden Systemen zur Datenhaltung auf dem Mainframe. Die folgenden Abschnitte liefern aufgrund dessen nicht nur eine Beschreibung der verschiedenen Mainframe-Datenquellen, sondern sie helfen außerdem zu verstehen, warum sich die Datenlandschaft auf dem Mainframe so entwickelt hat, wie wir sie heute vorfinden. Zudem soll ein Bewusstsein dafür geschaffen werden, wie das Informationsmanagement auf dem Mainframe im Laufe der Zeit das Informationsmanagement generell beeinflusst und vorangebracht hat.

In der Anfangszeit der digitalen Datenspeicherung hat die IBM* mit ihrer ersten Großrechnerarchitektur namens System/360* den Grundstein für den Mainframe und damit auch für die heutige Modellreihe System z* gelegt. Damals entstanden die ersten Vorläufer der heute auf dem Mainframe sowie auf verteilten Plattformen bekannten Dateisysteme und Dateien. Ein sehr einfaches Konzept – das der *Sequential data sets* – hat sich seitdem auf dem Mainframe erhalten. Bei diesem Ansatz werden Datensätze in sequenzieller Reihenfolge in eine Datei geschrieben und können auch nur so wieder ausgelesen werden. Indexes für beschleunigten Datenzugriff existieren nicht. Zugegriffen auf die sequenziellen Dateien wird typischerweise aus COBOL Programmen unter Nutzung bestehender Zugriffsmethoden, wie z. B. *QSAM (Queued sequential access method)*, die vom Betriebssystem z/OS* bereitgestellt werden. Diese Zugriffsmethoden bieten vorgefertigte Makros, mit deren Hilfe Anwendungsentwickler Datensätze aus den Dateien auslesen oder welche in diese einfügen können.

Da zu dieser Zeit Speicherplatz sehr knapp und teuer war, machte man sich in der Forschung und Entwicklung Gedanken über eine möglichst effiziente Speicherung von Daten und die optimale Ausnutzung der vorhandenen Ressourcen. Im Zuge dessen wurden verschiedene, leistungsfähige Zugriffs- und Ablagemethoden für Daten entwickelt, wie in den siebziger Jahren *VSAM (Virtual Storage Access Method)* für den Mainframe, welches sich bis heute erhalten hat. Grundlage von VSAM bilden im Prinzip entsprechende Dateien, die in diesem Fall als VSAM data set oder VSAM Cluster bezeichnet werden. VSAM bietet verschiedene Dateiorganisationsformen an, wobei das so genannte *Key sequenced data set* vermutlich die am weitesten verbreitete Variante ist. Ein solches „data set“ oder Cluster besteht grundlegend aus der Clusterdefinition sowie einer Daten- und einer Indexkomponente. Die Lokalisierung einzelner Datensätze erfolgt entweder mittels Index bzw. Key oder aber sequenziell direkt über die Datenkomponente des Clusters. Auf Daten in VSAM Clustern zugegriffen werden kann generell aus Programmen in Batch Jobs innerhalb von z/OS*. Unterstützt werden dabei

Programmiersprachen wie COBOL, PL/I, Java* oder Assembler. Gleiches gilt für Programme unter dem z/OS* Transaktionsmanager *CICS* (Customer Information Control System)*. In beiden Zugriffsvarianten werden VSAM Makros wie z. B. GET oder PUT verwendet um einzelne Datensätze abzurufen oder zu schreiben.

Transaktionsmanager sind auf Mainframes sehr verbreitet – CICS* wird z. B. von über 90% der Fortune 500 Unternehmen eingesetzt.[16] Sie ermöglichen die Ausführung von Programmen als Transaktionen und koordinieren im Zuge dessen deren Interaktion mit anderen Anwendungen, Nutzern und Datenquellen. Dabei ist eine ihrer Hauptaufgaben dafür Sorge zu tragen, dass die *ACID (Atomicity, Consistency, Isolation und Durability)* Eigenschaften für sämtliche Transaktionen zu jeder Zeit eingehalten werden. Werden VSAM-Datenzugriffe über einen Transaktionsmanager abgewickelt, erweitert dieser den Funktionsumfang für die Datenhaltung in VSAM data sets immens. So besteht z. B. die Möglichkeit VSAM Cluster im Fehlerfall mittels CICS* Mechanismen wiederherzustellen. Im Grunde genommen ist VSAM selbst aber weiterhin eine schlanke, äußerst effiziente Methode zur Datenhaltung geblieben, weshalb sie auch heutzutage noch eine weit verbreitete Datenquelle auf dem Mainframe darstellt.[17]

Da die Komplexität während der Anfänge der Datenverarbeitung rasch anstieg, die dateibasierte Datenhaltung zwar äußerst effizient, aber nur wenig nutzerfreundlich war und nur geringen Funktionsumfang bot, war man bestrebt Alternativen zu finden. Ziel war es u. a. die Anwendungslogik von der Logik zum Datenzugriff zu entkoppeln und zusätzliche Funktionalitäten – beispielsweise zur Datenwiederherstellung oder Zugriffskontrolle – bereitzustellen. So wurde parallel zum Ausbau der dateibasierten Ablagemethoden mit der Entwicklung erster Datenbanken begonnen. Im Zuge dessen entstand Ende der sechziger Jahre eines der ersten Datenbankmanagementsysteme überhaupt – *IMS* (Information Management System)*.

IMS* wurde damals speziell für die Stücklistenverwaltung des Apollo-Programms der NASA entwickelt und folgt dabei dem pragmatischen Ansatz, Daten in hierarchischer Form zu speichern.[18] Beim hierarchischen Datenbankmodell werden Daten gemäß einer Baumstruktur abgelegt. Sämtliche Datensätze, die sich unter einem spezifischen Wurzeldatensatz an der Spitze des Baumes befinden, werden als Einheit betrachtet. Somit lassen sich sehr einfach 1:n Beziehungen – wie bei Stücklisten üblich – abbilden (siehe Abbildung 1).

---

16 Vgl. *IBM* (2004).

17 Für weitergehende Informationen zu VSAM siehe *IBM REDBOOKS** (2003).

18 Vgl. *BLACKMAN* (1998).

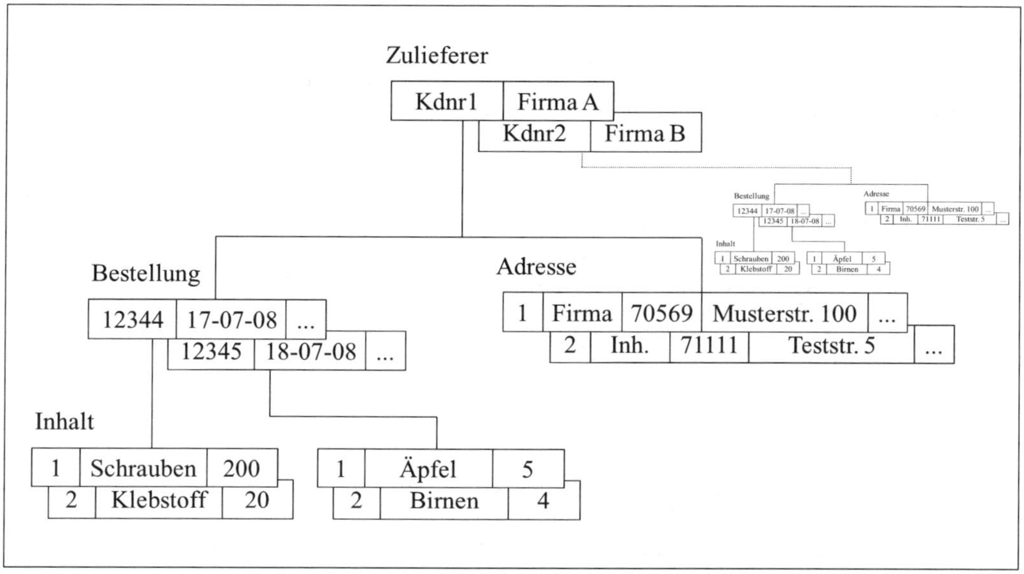

Abbildung 1: Beispiel für Datenablage im hierarchischen Datenbankmodell

Der Zugriff auf Daten erfolgt in IMS* mittels einfacher Zugriffsbefehle, die zusammen die so genannte *DL/I (Data Language One)* bilden und der Anwendungsentwicklung eine standardisierte Schnittstelle für den Datenzugriff bieten. Für den Zugriff auf bzw. die Suche nach einzelnen Datensätze nutzt IMS* entweder die entsprechenden Wurzeldatensätze oder greift auf separat erstellte Indexes in tieferen Hierarchieebenen zu. Mit IMS*-Datenbanken interagierende Anwendungen laufen üblicherweise als Batch Jobs in den vorstehend genannten Programmiersprachen oder häufig über einen Transaktionsmanager. Neben dem bereits erwähnten CICS* verwenden viele Anwender der IMS*-Datenbank hierbei den speziellen *IMS* Transaction Manager*, der aber auch in Verbindung mit anderen Datenquellen genutzt werden kann. Im Zuge beständiger Weiterentwicklung vergrößerte sich zudem die Bandbreite der Zugriffsmöglichkeiten auf IMS*. So werden zwischenzeitlich auch Datenzugriffe von externen Systemen über TCP/IP oder aus Java* über JDBC* unterstützt. Einer der Hauptvorteile von IMS* und gleichzeitig auch einer der Gründe warum IMS* auch heutzutage noch flächendeckend bei zahlreichen Mainframe-Nutzern extensiv eingesetzt wird, liegt in seiner Leistungsfähigkeit. Und das, obwohl sich hinter IMS* ein vollständiges Datenbankmanagementsystem verbirgt, welches im Gegensatz zur rein dateibasierten Datenhaltung mit sämtlichen Funktionen eines solchen Systems aufwartet. Diese sind beispielsweise Locking zur Sicherstellung der Datenintegrität oder Logging um die Wiederherstellbarkeit der Daten und die Sicherheit zu gewährleisten. Erreicht wird diese Leistungsfähigkeit von IMS* durch schnelle Zugriffspfade über das hierarchische Datenbank-Modell und geschickte Verpointerungsmechanismen, die durch Zeiger zwischen benachbarten Datensätzen ein schnelles Wechseln zwischen einzelnen Datensätzen ermöglichen.[19] Ein Nachteil des hierarchischen Datenbankmodells von IMS* tritt allerdings dann zu Tage, wenn m:n Beziehungen dargestellt werden sollen. In diesen Fällen ist eine redundante Speicherung bestimmter Daten unter Umständen unvermeidbar.[20]

19 Für weitergehende Informationen zu IMS* siehe MELTZ ET AL. (2005).

20 Vgl. *DBAZINE* (2005).

Dieses Redundanzproblem lässt sich in Datenbanken, die nach dem Prinzip des Netzwerkdatenbank-Modells aufgebaut sind, weitestgehend vermeiden. Es folgt einer weniger strengen Kopplung innerhalb von Hierarchien. Im Gegensatz zum rein hierarchischen Modell kann ein Datensatz hier auch mehr als einen Wurzel- oder Elterndatensatz haben. Die Abbildung von m:n Beziehungen ist somit auch ohne Redundanzen möglich. Als Vertreter dieser Datenbankgattung auf dem Mainframe ist *CA-IDMS* (Integrated Database Management System)* zu nennen. Ursprünglich aus einem frühen Datenbanksystem von General Electric hervorgegangen, wird IDMS mittlerweile vom Software-Hersteller CA* vertrieben. Datenzugriffe erfolgen auch hier für gewöhnlich entweder im Rahmen von Batch-Verarbeitung oder im Online-Modus über Transaktionsmanager wie CICS* oder den speziellen IDMS/DC. Das neben Assembler, PL/I und Fortran ebenfalls unterstützte COBOL besitzt dabei wohl den größten Stellenwert. Nativ liegt Datenzugriffen auf CA-IDMS* die datenbankeigene Datenmanipulationssprache IDMS DML zugrunde.[21]

Während bereits die ersten dateibasierten und hierarchischen Lösungen im Bereich der Datenhaltung produktiv in Unternehmen eingesetzt wurden, entwarf der damals für die IBM* tätige Forscher *EDGAR F. CODD* in den sechziger und siebziger Jahren eine neue Art von Datenbank-Modell. Er wählte bei dessen Entwicklung weniger einen pragmatischen als vielmehr einen mathematisch-theoretischen Ansatz, der letztendlich im heute noch allgegenwärtigen relationalen Datenbankmodell mündete. Aus den ersten Praxistests mit relationalen Datenbanken ging wiederum kurze Zeit später die universelle Datenbanksprache *SQL (Structured Query Language)* hervor, die sich schon bald als Standard im Informationsmanagement durchsetzen sollte. Basierend auf SQL und dem relationalen Modell stellte die IBM* 1983 das erste relationale Mainframe-Datenbankmanagementsystem *DB2 for z/OS** der Öffentlichkeit vor. Dieses ist bis dato die einzige, standardmäßig SQL-fähige und vollständig auf dem relationalen Konzept basierende Datenbank für z/OS*. Hinsichtlich ihres Funktionsumfangs steht sie relationalen Datenbanken auf anderen Plattformen in nichts nach, kann jedoch durch enge Anbindung an Betriebssystem und Hardware des Mainframes von dessen Vorteilen in punkto Verfügbarkeit, Sicherheit und Leistungsfähigkeit massiv profitieren. Auf die Mainframe-Variante von DB2* kann z/OS*-seitig ebenfalls per Batch Job oder Transaktionsmanager zugegriffen werden. Bedingt durch die nativ vorhandene Unterstützung von etablierten Standards wie TCP/IP, ODBC, JDBC* und SQLJ sowie die Verwendung von SQL als Datenmanipulationssprache und die Nutzung des relationalen Datenbankmodells steht DB2 for z/OS* darüber hinaus für sämtliche Anwendungsfelder auf dem Mainframe selbst, aber auch für Zugriffe von verteilten Plattformen aus zur Verfügung.[22]

Dem relationalen Modell kommt im Vergleich zu den anderen auf dem Mainframe implementierten Datenbank-Modellen das so genannte *NF² (non first normal form)* Datenbankmodell am nächsten. Bei Anwendung dieses Modells wird bewusst auf die Einhaltung der ersten Normalform der relationalen Theorie – auf Atomarität – verzichtet. Ziel dieser Vorgehensweise ist es, die zu einem Objekt gehörenden Daten logisch und letztendlich auch physisch in einem einzigen Datensatz zu behalten und nicht wie im relationalen Modell auf verschiedene Tabellen auszulagern. So würde man beispielsweise eine unspezifizierte Anzahl unterschiedlicher Kundentelefonnummern im Kundendatensatz selbst belassen. Während man im relationalen Modell der ersten Normalform folgend hierfür eine separate Tabelle mit Telefonnummern anlegen würde. Durch diese Vorgehensweise beim NF²-Modell lassen sich im Vergleich zu einer herkömmlichen, relationalen Datenbank sowohl die Durchführung zusätzlicher, logischer

21 Für weitergehende Informationen zu CA-IDMS* siehe *CA* (2008b).

22 Für weitergehende Informationen zu DB2 for z/OS* siehe *SLOAN* (2004).

Verknüpfungsoperationen zwischen verwandten Tabellen, als auch der physische Datenzugriff im Dateisystem auf unterschiedliche Tabellen vermeiden. Dies resultiert in einer erheblichen Steigerung der Leistungsfähigkeit. Im Gegenzug dafür nimmt man jedoch Einschränkungen im Umfang der möglichen Datenoperationen billigend in Kauf. Adabas* *(Adaptable DAta BAse System)* von der Software AG* folgt diesem Ansatz und steht dabei nicht nur für den Mainframe, sondern auch für weitere Plattformen basierend auf Linux*, Unix* oder Windows* zur Verfügung. Ein erheblicher Teil der Datenbankzugriffe auf Adabas* erfolgt entweder im Batch- oder Online-Modus über die Software AG*-eigene Programmiersprache *Natural** und eine darin enthaltene, proprietäre Datenmanipulationssprache.[23]Neben CA-IDMS* vermarktet CA* ein weiteres Mainframe-Datenbankmanagementsystem namens CA-Datacom*. Ursprünglich als so genannte Inverted-List-Datenbank entwickelt, wurden von CA* deren relationale Fähigkeiten in der Vergangenheit stetig ausgebaut.[24] Im Folgenden werden die bedeutendsten Datenquellen auf dem Mainframe grafisch veranschaulicht (Abbildung 2):

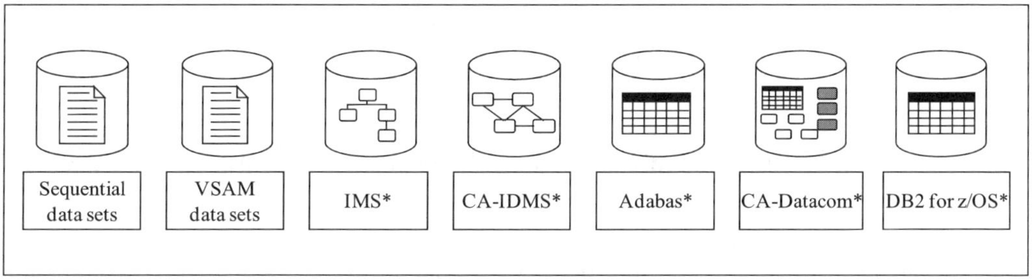

Abbildung 2: Übersicht über die bedeutendsten Datenquellen auf dem Mainframe

Eine genaue und detaillierte Übersicht über die heutige Datenlandschaft von Mainframe-Nutzern zu geben, ist nur sehr begrenzt möglich. Zwar sind zum Teil gewisse regionale Besonderheiten festzustellen – so hat Adabas* beispielsweise in Deutschland einen relativ hohen Verbreitungsgrad, während CA-Datacom* in der Schweiz vergleichsweise populär scheint – letztendlich sieht die Datenlandschaft von Unternehmen zu Unternehmen jedoch individuell verschieden aus. Meist sind die Datenlandschaften historisch gewachsen und es werden verschiedene Arten von Mainframe-Datenquellen nebeneinander genutzt. Dies resultiert nicht zuletzt auch aus Unternehmensakquisitionen und -fusionen im Zuge deren die Mainframe-Infrastrukturen von zwei Unternehmen zusammengeführt wurden. Die Erfahrung zeigt außerdem, dass viele Mainframe-Nutzer parallel noch Datenquellen auf verteilten Plattformen einsetzen. Die Bandbreite reicht dabei von kommerziellen, relationalen Datenbanken wie Oracle*, Microsoft SQL Server* oder der DB2*-Variante für Linux*, Unix* und Windows* über Open-Source-Lösungen wie MySQL* oder PostgreSQL bis hin zu Content-Management-Systemen. Auf solche Lösungen auf verteilten Plattformen greifen Mainframe-Nutzer oftmals dann zurück, wenn keine geschäftskritischen Daten und Anwendungen betroffen sind oder der jeweilige Nutzungsumfang nur sehr begrenzt ist. Beispielsweise wenn eine einzelne Abteilung kurzfristig eine einfach zu handhabende Datenbank lediglich für den abteilungsinternen Gebrauch benötigt.

[23] Für weitergehende Informationen zu Adabas* siehe *SOFTWARE AG* (2008).

[24] Für weitergehende Informationen zu CA-Datacom* siehe *CA* (2008a).

Geht es hingegen um komplexe und wichtige Geschäftsanwendungen, die zur Abwicklung ihrer Datenoperationen ein zuverlässiges und leistungsfähiges, relationales Datenbanken-Managementsystem benötigen, ist für viele Unternehmen, die einen Mainframe ihr Eigen nennen, DB2 for z/OS* die Datenquelle der Wahl. Festgemacht werden kann dies nicht zuletzt an der wachsenden Zahl von DB2*-Installationen auf dem Mainframe in den vergangenen Jahren.[25] Doch auch die nicht-relationalen Datenquellen auf dem Mainframe besitzen noch immer einen hohen Stellenwert. Wie bereits in Kapitel 2 erwähnt, befindet sich groben Schätzungen zufolge der überwiegende Teil aller Geschäftsdaten weltweit auf Mainframes. Ein respektabler Anteil dieser Daten dürfte sich dabei sicherlich in IMS* befinden, das seit nunmehr 40 Jahren von einer beträchtlichen Anzahl an Fortune 1.000 Unternehmen eingesetzt wird.[26] Aber auch die rein dateibasierte Datenhaltung mittels Sequential data sets oder VSAM Clustern ist weit davon entfernt als ausgestorben zu gelten.[27] Zudem existieren weltweit noch mehr als 1.000 CA-IDMS* und CA-Datacom* Kunden, darunter zahlreiche große Banken, Industrieunternehmen und Kunden der öffentlichen Hand.[28] Was Adabas* betrifft, ist von über 3.000 Kunden weltweit die Rede, wobei dies allerdings auch Nutzer auf verteilten Plattformen beinhaltet.[29]

4 Ausblick auf die potenzielle Datenlandschaft der Zukunft

Vor allem was die nicht-relationalen Datenquellen auf dem Mainframe anbelangt – und dies sind bis auf DB2 for z/OS* alle im vorherigen Kapitel vorgestellten – sahen die Zukunftsprognosen der Analysten in den letzten Jahren eher düster aus. Den Nutzern wurde nahe gelegt, aktiv über eine Ablösung ihrer nicht-relationalen Mainframe-Datenquellen nachzudenken.[30] Ungeachtet dessen haben die Hersteller seither weiterhin mit neuen Versionen der jeweiligen Datenbankmanagementsysteme aufgewartet und deren Weiterentwicklung teils massiv vorangetrieben. So brachte CA* in 2006 und 2007 neue Versionen von CA-Datacom* und CA-IDMS* auf den Markt. Die Software AG* kündigte ebenfalls in 2006 ein Major Release für Adabas* an, während die IBM* schon Ende letzten Jahres das umfangreich erweiterte IMS* 10 veröffentlichte. IBM* investiert hier enorme Summen an Entwicklungskosten und bleibt somit seiner Aussage nach stetiger Weiterentwicklung von IMS* und DB2* treu. Doch nicht nur von Seiten der Hersteller hat man den Glauben an die Mainframe-Datenquellen nicht aufgegeben. Auch von Analystenseite geht man mittlerweile entweder ausdrücklich davon aus, dass diese Systeme auch in Zukunft fortbestehen oder man hat zumindest frühere Aussagen hinsichtlich Migrationsempfehlungen teils in erheblichem Maße relativiert.[31] Und wenn dennoch von Migrationen die Rede ist, kommt in der Regel DB2 for z/OS* als moderne, relationale Ablösung ins Spiel, die weiterhin die gewohnte Leistungsfähigkeit und Eigenschaften einer Mainframe-Datenquelle bietet.

25 Vgl. *GRAHAM/FEINBERG* (2006), S. 4.

26 Vgl. *MULLINS* (2004).

27 Vgl. *MORGAN* (2006).

28 Vgl. *SWOYER* (2006).

29 Vgl. *HOWARD* (2006), S. 3.

30 Vgl. *FEINBERG* (2005).

31 Vgl. *SWOYER* (2007).

Einer der beiden Hauptgründe, warum man teilweise von den ursprünglichen, unbedingten Ablöseempfehlungen wieder abgerückt ist und warum bisher nur wenige Unternehmen entsprechende Schritte vollzogen haben, liegt im enormen Aufwand für eine Migration. Aufwand beinhaltet dabei in erster Linie Kosten, aber auch die Notwendigkeit, Personal in ausreichender Quantität und Qualität – d. h. mit entsprechenden Fachkenntnissen – für das Migrationsprojekt aufbieten zu können. Ein Migrationsprojekt umfasst die Daten- und Applikationsmigration. Zu Beginn eines solchen Projekts gilt es zunächst eine vollständige Remodellierung des unternehmensweiten Datenmodells vorzunehmen. Schließlich können logische Datenobjekte aus einem nicht-relationalen Datenmodell nicht eins zu eins in das neue – in der Regel relationale – Datenmodell übernommen werden. Die Tatsache, dass nicht immer eine saubere und vollständige Dokumentation des bestehenden, oftmals historisch gewachsenen Datenmodells eines Unternehmens angenommen werden kann, erschwert diese Aufgabe zusätzlich. Ist die Neumodellierung schließlich abgeschlossen, kann an eine physische Migration der Bestandsdaten aus dem Quell- in das letztendliche Zielsystem gedacht werden. Denn meist kann und will man auf die existierenden Datenbestände nicht einfach verzichten. Da das zu migrierende Datenvolumen unter Umständen beträchtliche Ausmaße erreichen kann, ist dieser Vorgang nicht innerhalb weniger Minuten abzuschließen. Dies wiederum bedeutet, dass mit entsprechenden Ausfallzeiten für die Datenquelle selbst und damit auch für alle Anwendungen mit Datenzugriff zu rechnen ist. Außerdem muss im Rahmen der Datenmigration auf eventuelle Unterschiede im Bezug auf Codepages und/oder nicht kompatible Datentypen Rücksicht genommen werden.

Der wohl größte Aufwand entsteht allerdings, wenn es um die eigentlichen Geschäftsanwendungen geht. Hat man erst einmal alle Anwendungen mit lesendem und schreibendem Datenzugriff ausgemacht – und dabei sollte man besser keine übersehen – deren Abhängigkeiten analysiert und sämtliche enthaltenen Datenoperationen verstanden, müssen in der Folge ggf. massive Anpassungen der Programme vorgenommen werden. So gilt es u. a. eine Verbindung zwischen Programm und neuer Datenquelle zu definieren, die eigentlichen Datenzugriffe in die neue Datenmanipulationssprache – also vermutlich SQL – abzuändern sowie Anwendungsvariablen und die diesen zugrunde liegenden Datentypen an das neue Datenmodell anzupassen. Bedenkt man, dass in großen Unternehmen mit Leichtigkeit mehrere tausend solcher, teils Jahrzehnte alter Anwendungen existieren, wird das Ausmaß dieser Änderungen deutlich. Wie auch bereits bei der Datenremodellierung können eine mangelhafte Dokumentation und das Fehlen der ursprünglichen Anwendungsentwickler hier für zusätzliche Schwierigkeiten sorgen. Unzureichendes Verständnis für sowohl Geschäftslogik, als auch die verwendeten Programmier- oder nativen Datenmanipulationssprachen tragen ebenfalls ihren Teil zur weiteren Erschwerung bei. Dabei gäbe es abgesehen von der Datenquellen-Migration möglicherweise keinerlei Grund diese Anwendungen, deren Entwicklung ursprünglich unter Umständen viel Geld gekostet hat, überhaupt anzufassen.

Bei all dem sollte man zudem nicht vergessen, dass es hier nicht selten um die Kernanwendungen eines Unternehmens und um Datenquellen mit überaus kritischen Geschäftsdaten geht. Fehler oder Ausfälle können dramatische Konsequenzen für das gesamte Unternehmen nach sich ziehen und sind in der Regel deshalb nicht tolerierbar. Andererseits sind im Rahmen einer solchen Migration aber tief greifende Änderungen unumgänglich. Man geht also unweigerlich ein hohes Risiko ein, das nur durch ausgiebige Tests, die nicht selten mehr als die Hälfte der veranschlagten Projektzeit einnehmen, zumindest teilweise gemindert werden kann. Dies wiederum bedeutet allerdings zusätzlichen Aufwand und kann überdies trotzdem keine vollständige Risikofreiheit gewährleisten. Hat man sich entschlossen eine Migration dennoch zu vollziehen, besteht ein oftmals angewandter Ansatz in der schrittweisen Migration von bestimmten Teilen der Daten und der sukzessiven Anpassung kleinerer Anwendungsgruppen, deren Datenzugriffe dann nach und nach auf die neue Datenquelle umgesetzt werden. Dieser Ansatz erfordert jedoch äußerste Vorsicht, wenn es um den Erhalt der Datenintegrität und die Berücksichtigung von Abhängigkeiten zwischen Anwendungen und Datenquelle geht. Denn schließlich befinden sich in diesem Fall zwei operationale Datenquellen für dasselbe Anwendungsfeld gleichzeitig in Betrieb. Unabhängig von der Vorgehensweise sollte man ausreichend Zeit für die Migration auf ein neues Datenbank-Managementsystem einplanen – in manchen Fällen bis zu fünf Jahren.[32]

Bedenkt man, dass durch eine Migration selbst meist noch keine unmittelbaren Vorteile für das Unternehmen resultieren – in der Regel werden nur seit Jahrzehnten stabil und zuverlässig laufende Anwendungen verändert und dabei nicht zwangsläufig auch verbessert oder erweitert. Führt man sich weiterhin vor Augen welchen Aufwand und welche Risiken eine solche Ablöse einer im Unternehmen fest etablierten Mainframe-Datenquelle mit sich bringt und berücksichtigt man im Falle der Migration hin zu einer relationalen Datenbank auf einer anderen Plattform schließlich noch mögliche Einbußen was die Sicherheit und Verfügbarkeit der Daten sowie die Leistungsfähigkeit des Datenzugriffs betrifft, dann kommt man zwangsläufig zu der Erkenntnis, dass in naher Zukunft wohl kaum mit einer schlagartigen, flächendeckenden Ablöse der nicht-relationalen Mainframe-Datenquellen gerechnet werden kann.

Ungeachtet dessen sollte man sich im Einzelfall äußerst gut überlegen, ob sich eine Migration wirklich lohnt. Ob die Kosten für eine vergleichbare Quality of Service für die neue Datenquelle wirklich niedriger sind und die Gesamtkosten des Migrationsprojekts rechtfertigen. Oder ob ein triftiger Grund für die Ablöse vorliegt – beispielsweise eine ohnehin anstehende Neuentwicklung der kompletten Anwendungslandschaft oder die Einstellung der Weiterentwicklung und des Supports von Seiten des Mainframe-Datenbankherstellers.[33] Letzteres ist jedoch noch für keine der hier angesprochenen Datenquellen absehbar. Im Gegenteil: Durch das Aufkommen neuer Konzepte gewinnen die für einige längst abgeschriebenen, nicht-relationalen Datenbankmodelle wieder erheblich an Bedeutung. So weckt die zunehmende Verbreitung von hierarchisch strukturierten XML-Dokumenten wieder Interesse am hierarchischen Datenbankmodell und damit an IMS* – möglicherweise auch innerhalb der modernen Anwendungsentwicklung. Gleiches gilt für das Netzwerkdatenbankmodell und CA-IDMS*, wenn es um die Idee des semantischen Webs von *TIM BERNERS-LEE* geht.

5 Neue Anforderungen sind neue Herausforderungen

In Zeiten von Globalisierung und eines stetig zunehmenden Wettbewerbs auf internationaler Ebene erhöht sich der Druck auf nahezu alle Unternehmen am Markt. Werden geschäftskritische Managemententscheidungen zu spät oder auf Grundlage von unkorrekten, unvollständigen, möglicherweise sogar veralteten Informationen getroffen, kann dies fatale Auswirkungen auf die Wettbewerbsfähigkeit des Unternehmens haben. Zudem steigen die Erwartungen der Kunden beständig, während gleichzeitig deren Loyalität sinkt. Da vor allem im Dienstleistungssektor die

32 Vgl. *FEINBERG* (2005).

33 Vgl. *FEINBERG* (2007).

Unterschiede zwischen den Angeboten verschiedener Anbieter immer geringer werden, wird die Interaktion mit dem Kunden oft zu einem der wichtigsten Differenzierungsmerkmale gegenüber dem Wettbewerb. Gelingt es dabei nicht die Erwartungen des Kunden zu erfüllen, muss wesentlich häufiger mit einer Abwanderung desselben gerechnet werden, als dies in Vergangenheit der Fall war. Die Befriedigung steigender Kundenerwartungen betrifft dabei auch Unternehmen, die sich eigentlich keinem wachsenden Konkurrenzdruck ausgesetzt sehen – sei es, weil sie spezielle Marktnischen besetzen oder es sich um Organisationen der öffentlichen Hand handelt. Denn es muss damit gerechnet werden, dass Kunden auch in derartigen Umfeldern ein Mindestmaß an Service-Qualität einfordern, weil sie dies aus anderen Bereichen gewöhnt sind.

Vor diesem Hintergrund ist davon auszugehen, dass das Konzept des so genannte *Dynamic Warehousing* zukünftig massiv an Bedeutung gewinnt. Im Gegensatz zum traditionellen Data Warehousing steht dabei nicht mehr nur die Betrachtung und Auswertung historischer Daten im Vordergrund. Anstatt Daten aus verschiedenen Quellen in vordefinierten Zeitständen – beispielsweise wöchentlich oder täglich – aus verschiedenen operationalen Datenquellen in ein Data Warehouse zu laden, sollten sämtliche Informationen bei Bedarf in nahezu Echtzeit zur Verfügung stehen. Eine entscheidende Veränderung im Vergleich zu den bisherigen Konzepten ist auch im Hinblick auf die Zielgruppe des Data Warehousing zu erwarten. So sollte der Verwendungszweck entsprechender Systeme nicht länger auf das Erstellen von Berichten und Analysen für das Management beschränkt bleiben, sondern auf Informationsbereitstellung für Mitarbeiter mit Kundenkontakt, ggf. auch für die Kunden selbst erweitert werden.[34] Denkbar sind z. B. Szenarios in denen Call-Center Mitarbeiter bei Anruf eines Kunden in Sekundenschnelle sämtliche kundenrelevanten Daten zur Verfügung haben müssen. Dies beinhaltet neben den Stammdaten des Kunden und dessen Historie idealerweise auch relevante Daten aus operationalen Datenquellen. So sollten einem Support-Mitarbeiter im Falle eines Kundenproblems mit einer Online-Überweisung automatisch umfassende Informationen zum Kontostand sowie der Status und die vom Kunden spezifizierten Parameter der Überweisung bzw. Transaktion bereitgestellt werden. Bietet man bestimmte Funktionalitäten eines solchen Dynamic Warehousing Systems überdies dem Kunden über ein Self-Service- Portal im Internet, trägt man einerseits dessen gestiegenem Informationsbedürfnis Rechnung, macht andererseits möglicherweise eine nicht unerhebliche Anzahl an Service-Anfragen überflüssig und hilft somit Kosten zu sparen.

Das Thema Kostensenkung wird aufgrund der sich verschärfenden Situation, entstehend aus der zunehmenden Globalisierung und dem damit zunehmendem Wettbewerb, auch zukünftig im Fokus der Unternehmen stehen. Heute überleben vor allem diejenigen Unternehmen, die es schaffen zu wachsen oder Kosten zu senken. Dieses Wachstum wird dabei nicht selten durch Zukäufe anderer Firmen, Neuausrichtung bzw. Erweiterung des Angebotes oder durch aggressiveres Auftreten am Markt relativ zum Wettbewerb erreicht. Derartige Vorgehensweisen führen aber auch dazu, dass Veränderungen im Unternehmen und in den gewohnten Geschäftsprozessen durchgeführt werden müssen. Hierfür ist eine gewisse Flexibilität in den Geschäftsprozessen von unschätzbarem Vorteil. Erreicht werden kann diese Flexibilität mit Konzepten wie dem der SOA (Service Orientierten Architektur). Mittels der Implementierung einer solchen Architektur im Unternehmen besteht die Möglichkeit Geschäftsprozesse und damit auch die zugrunde liegende IT ähnlich einem Lego Baukasten neu zu ordnen. Dies erfordert jedoch entsprechend offene Schnittstellen in der IT und genau definierte Informationen für Eingaben, Verarbeitungsschritte und Ausgaben der jeweiligen IT-Module in den Prozessen. Nur so wird eine Interaktion zwischen verschiedenen Einzelmodulen überhaupt

[34] Vgl. *HALPER/BLOOR* (2007).

möglich. Die Module einer SOA lassen sich in der Folge in anderen Bereichen des Unternehmens wieder verwenden werden oder sogar für Kunden und andere Unternehmen anbieten. Dabei gilt es allerdings zu berücksichtigen, dass in Geschäftsprozesse immer auch Menschen involviert sind. Eine Änderung von deren Gewohnheiten und Umschulungen werden bei diesem Konzept oft vernachlässigt, obwohl sie häufig eine der größten Herausforderungen einer solchen Umstellung ausmachen.

Dieser Grund liefert zusammen mit dem Wunsch nach Kostensenkung auch eine Erklärung, warum gleichzeitig häufig über eine Verstärkung der Anstrengungen im Bereich *Business Process Automation* nachgedacht wird. Ziel hierbei ist es, Geschäftsprozesse weitestgehend zu automatisieren. Um dies zu erreichen, muss sichergestellt sein, dass benötigte Informationen zeitpunktgenau, zielgetreu, korrekt und zuverlässig zur Verfügung stehen. Somit kann auch ohne menschliche Logik-Prüfung ein reibungsloser Betrieb sichergestellt werden. So werden in Zukunft vermutlich zunehmend Entscheidungen alleine von Computersystemen getroffen. Ein Beispiel hierfür ist bereits heute die Sperrung einer Kreditkarte per Telefonanruf. Hier wird der Servicenehmer mithilfe eines Sprachcomputers durch Menüs geführt und teilt dem System seine Kreditkartennummer und seinen Namen mit. Das System erledigt dabei vollautomatisch sämtliche weitere, notwendige Schritte um eine schnelle und sichere Ausführung zu garantieren.

Die Systeme von morgen müssen also ein verändertes Benutzerverhalten, sowie sich verändernde Architekturen berücksichtigen. *Web 2.0*, das so genannte „Mitmach Web" ist hierfür ein weiteres gutes Beispiel. So soll in Zukunft jeder selbst und einfach Informationen bereitstellen können. Sei es über Blogs oder eigene Beiträge in einem Videoportal oder aber durch Beteiligung an Projekten wie Wikipedia, die auf Inhalte ihrer Benutzer angewiesen sind. Die Idealvorstellung derartiger Konzepte besteht darin, dass Nutzer sich eigene Anwendungen oder Informationsseiten zusammenstellen können, indem sie auf bereits vorhandene Daten anderer zurückgreifen. Hier sehen viele Unternehmen in Zukunft einen enormen Markt und wollen diesen erschließen. Dafür müssen sie sich an die zugrunde liegenden, neuen Technologien anpassen und entsprechende Schnittstellen – beispielsweise über *Web Services* – bereitstellen.

Des Weiteren haben die Anwendungsentwickler von morgen natürlich sehr konkrete Vorstellungen von und Anforderungen an IT-Systeme im Allgemeinen und Datenbankmanagementsysteme im Besonderen. Der durchschnittliche Hochschulabsolvent oder frisch in einem IT-Beruf ausgebildete Berufseinsteiger ist allenfalls vertraut mit der standardisierten Datenmanipulationssprache SQL und erwartet von einer Datenbank, dass er mit dieser auch auf diesem Wege kommunizieren kann. Zudem erwartet er eine möglichst einfache Interaktion mit der Datenbank ohne umfangreiche Konfiguration und ständige Abstimmung mit Datenbankadministratoren. Werden diese Erwartungen nicht erfüllt, besteht durchaus die Gefahr, dass er sich von der entsprechenden Datenquelle abwendet und sich einfacher zu nutzenden Alternativen zuwendet. Die am Markt vorhandene Fülle von Open Source Datenbanken oder kostenfreien Versionen kommerzieller Datenbankprodukte erlaubt es Anwendungsentwicklern überdies innerhalb weniger Minuten per Download mögliche Alternativdatenbanken zu testen. Nicht selten haben die Entwickler bereits zu Studien- oder Ausbildungszeiten Erfahrungen mit einigen dieser Datenbanken gesammelt und dementsprechende Vorlieben entwickelt. Vor dem Hintergrund der immer populärer werdenden Persistenz-Frameworks für die Anwendungsentwicklung in Java* ist zudem davon auszugehen, dass viele Entwickler selbst dem vergleichsweise einfachen und nahezu industrieweit standardisierten Datenzugriff per SQL zunehmend überdrüssig werden. Es ist zu erwarten, dass die Bereitschaft und/oder die Fähigkeiten seitens der Anwendungsentwicklung sich überhaupt mit dem Zugriff auf Daten und den darunter liegenden Datenbankmanagementsystemen zu beschäftigen weiter abnimmt und gleichzeitig die Erwartungshaltung steigt, dass diese

Aufgaben automatisch und transparent von Persistenzlösungen sowie zugehörigen Tools erledigt werden.

Nur wenn diese Anforderungen ausreichend befriedigt werden, ergeben sich neue Geschäftsmodelle, die zusammen mit dem technologischen Wandel das Fortbestehen mancher Unternehmenszweige erst ermöglichen. Beispielsweise wäre ein Versicherungsunternehmen im Vorteil, wenn es seinen Kunden einen kundenindividuellen Kraftfahrzeug-Tarif anbieten könnte. Der Tarif könnte sich nach der tatsächlich gefahrenen Strecke richten, welche über neue Technologien wie Navigationssyteme im Auto übermittelt werden. Dabei würden bei der Tarifberechnung eventuelle Gefahren auf der Strecke, die Wetterlage und andere Informationen herangezogen. Damit dieses Szenario funktioniert, müssten die verschiedensten Systeme, Software-Module und externe Services untereinander quasi in Echtzeit Daten und Informationen austauschen können. Dieses Modell ließe sich auch auf Gebäudeversicherungen o. ä. übertragen. Und dies ist nur ein Beispiel von vielen, wie der gesellschaftliche Wandel, technologische Fortschritt und globaler Wettbewerb die Veränderung von IT-Anforderungen vorantreiben. Nur diejenigen Unternehmen, die dem Kunden das beste und innovativste Portfolio bieten – und damit künftigen IT-Anforderungen gerecht werden – können letztlich langfristig am Markt bestehen.

6 Missverhältnis – Datenquellen vs. Anforderungen

In den vorgehenden Kapiteln wurde nun einerseits dargelegt, dass davon ausgegangen werden kann, dass der Mainframe auch in Zukunft seinen Platz in den Rechenzentren zahlreicher Unternehmen haben wird. Es wurde auf seine besondere Relevanz im Bereich der zentralen Haltung geschäftskritischer Daten verwiesen und ein Überblick über die bestehende Datenlandschaft auf dem Mainframe gegeben. Hierbei wurde zudem herausgearbeitet, warum sich diese langjährig etablierte Landschaft auch in naher Zukunft nicht schlagartig ändern wird. Andererseits wurden aktuelle und zukünftige Trends auf der Anwendungsseite vorgestellt. Idealerweise lässt sich eine Datenquelle für möglichst viele Anwendungsfelder nutzen und wird den Anwendungsanforderungen ohne jegliche Einschränkung gerecht. Für viele der Mainframe-Datenquellen trifft dies jedoch nur eingeschränkt zu. Während DB2 for z/OS* als relationale Datenbank auf dem Mainframe, deren Datenzugriff über SQL erfolgt, in dieser Hinsicht anderen Datenbanken auf verteilten Plattformen in nichts nachsteht, bringen die anderen Datenquellen gewisse Herausforderungen mit sich. Einerseits bedingt durch das Fehlen eines Datenzugriffs per Standard SQL, andererseits durch die vom relationalen Modell abweichende, interne Datenorganisationsstruktur. Bedenkt man, welche Problematiken bereits beim Zusammentreffen von objektorientierten Programmiermodellen mit relationalen Datenbankmodellen entstehen – man spricht hier vom so genannten *Object-relational Impedance Mismatch* – kann man sich vorstellen, dass hierarchische oder Netzwerkdatenbankmodelle in diesem Zusammenhang nicht unbedingt einfacher zu handhaben sind. Darüber hinaus erschwert das Fehlen von nativen, standardisierten JDBC*- oder ODBC-Schnittstellen – wie z. B. im Falle von VSAM oder Sequential Files – die Anbindung an eigene Anwendungen auf verteilten Plattformen oder an von extern zugekaufte Software wie beispielsweise Business Intelligence Tools.

Um zukünftig den anwendungsseitigen Anforderungen dennoch in vollem Umfang gerecht zu werden, besteht nun entweder die Möglichkeit die bestehenden Datenquellen vollständig durch neue zu ersetzen – dies kann und sollte jedoch aus den in Kapitel 4 dargelegten Gründen nicht als Universallösung angesehen werden – oder aber alternative Lösungsmöglichkeiten anzuwenden. Letztere bieten eine echte, gangbare Alternative. Es ist also mitnichten so, dass der einzige Weg in die Anwendungslandschaft der Zukunft über eine Ablösung der bestehenden Datenquellen auf dem Mainframe führt. Stattdessen sollte eine bestmögliche Ausnutzung von bereits in den Aufbau der Datenlandschaft und in die bisherige Anwendungsentwicklung getätigten Investitionen angestrebt sowie weiterhin von der Leistungsfähigkeit der etablierten Lösungen profitiert werden. Die im nächsten Kapitel vorgestellten Ansätze erlauben dies und ermöglichen zudem die Nutzung von Mainframe-Daten auch vor dem Hintergrund der Anforderungen der Zukunft.

Die einzige weitere, verbleibende Vorgehensweise, Daten aus Mainframe-Datenquellen schlichtweg nicht für moderne Anwendungen bereitzustellen, sollte nicht als ernsthafte Alternative in Betracht gezogen werden. Schließlich sind die Mainframe-Daten aufgrund ihrer Masse und für gewöhnlich geschäftskritischen Natur besonderes relevant und interessant für Initiativen wie Dynamic Warehousing, die Automatisierung von Geschäftsprozessen oder interaktive Webanwendungen für Mitarbeiter und Kunden.

7 Lösungskonzepte

Nachfolgend also eine Auswahl an Alternativen, wie auch in Zukunft Daten aus bestehenden Datenquellen auf dem Mainframe effektiv für neue Anwendungsfelder genutzt werden können. Dabei sei ausdrücklich erwähnt, dass die vorgestellten Lösungsmöglichkeiten keineswegs ausschließlich für Informationsmanagement auf dem Mainframe von Bedeutung sind. Sie können durchaus auch im Umfeld verteilter Plattformen auf Linux*-, Unix*- oder Windows*-Basis Anwendung finden. Für die besagten Mainframe-Datenquellen besitzen sie jedoch besondere Relevanz, da hier aufgrund der Vielzahl nicht-relationaler Quellen ein ungleich dringenderer Handlungsbedarf besteht. Es gibt in diesem Zusammenhang sicherlich keine perfekte Ideallösung, sondern es sollte jeweils im Einzelfall geprüft werden, welche Lösung am Besten den individuellen Anforderungen gerecht wird. Für komplexe Lösungen kann durchaus auch eine Kombination mehrerer Lösungsalternativen sinnvoll sein.

7.1 Abstraktion und Föderation von Datenquellen

Abstrahiert man bestimmte Teile der Anwendungsentwicklung und Anwenderschaft von datenquellenspezifischen Zugriffsmethoden sowie von den eigentlichen Mainframe-Datenquellen, erreicht man ein wesentlich höheres Maß an Flexibilität was deren Nutzung anbelangt. So können einerseits bestehende und bewährte Anwendungen weiterhin auf gewohnte Weise mit einer Datenquelle interagieren. Andererseits erlaubt die gleichzeitige Nutzung einer Abstraktionsschicht, dass völlig neue Anwendergruppen erschlossen und auch Anwendungen ohne vordefinierte Schnittstellen zu den entsprechenden Mainframe-Datenquellen eingesetzt werden können. Erreicht werden kann dies durch eine transparente Umwandlung bzw. Übersetzung von datenquellenunabhängigen Zugriffen auf Nutzerseite in native Datenquellenzugriffe innerhalb einer solchen Abstraktionsschicht. Im Zuge dessen ist für gewöhnlich eine Abbildung, ein *Mapping* der ursprünglichen Datenorganisationsstruktur einer Quelle auf ein relationales Datenbankmodell von Nöten.

Um eine möglichst umfangreiche Nutzbarkeit sicherzustellen, sollten Nutzeranfragen über die Zwischenschicht in SQL erfolgen. Denn SQL hat sich mittlerweile weitestgehend als quasi herstellerunabhängiger Standard etabliert, wenn es um Definition, Abfrage und Manipulation von Daten geht. Dementsprechend verbreitet sind auch Fachkenntnisse bei Anwendungsentwicklern und ist die Unterstützung von SQL durch Kaufsoftware von Drittanbietern, beispielsweise im Falle von Business-Intelligence-Anwendungen.

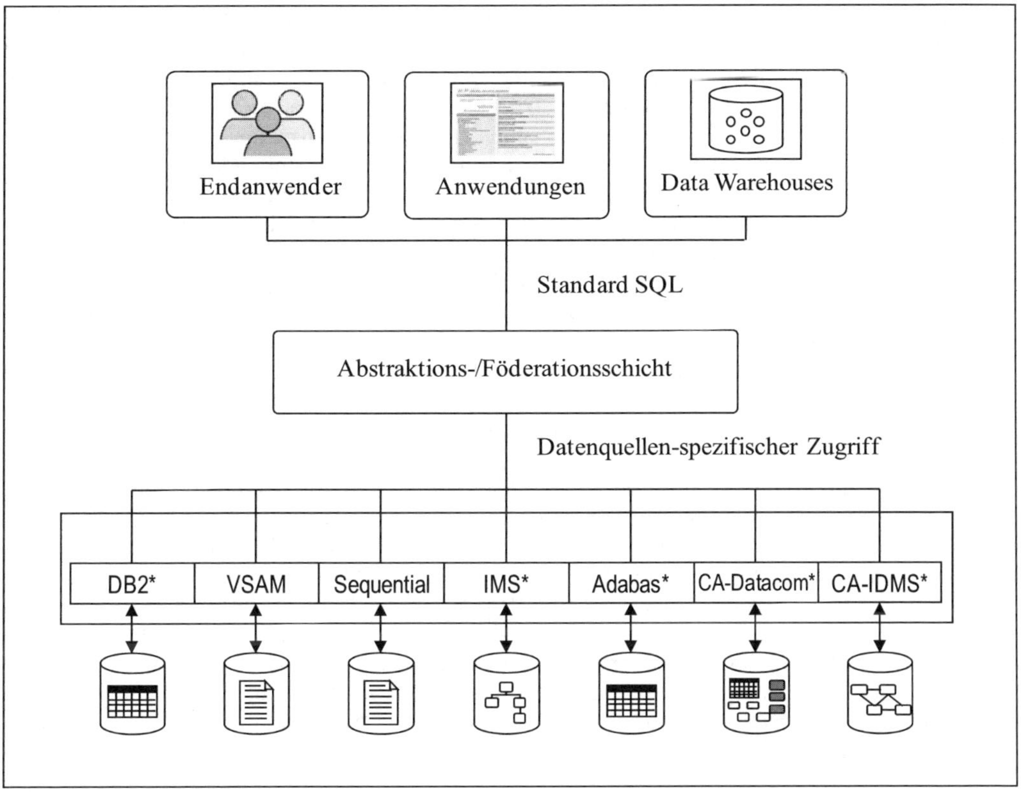

Abbildung 3: Generische Beispielarchitektur einer Abstraktions- bzw. Föderationslösung

Ob eine derartige Abstraktionsschicht (siehe Abbildung 3) selbst entwickelt oder als vorgefertigte Lösung von einem externen Anbieter eingekauft wird, sollte in erster Linie vom geplanten Nutzungsumfang abhängig gemacht werden. Muss lediglich die Bereitstellung einiger weniger, im Vorfeld bereits bekannter und ausschließlich auf eine Datenquelle beschränkter Anfragen gewährleistet werden, kann eine Eigenentwicklung aus Gründen der Leistungsfähigkeit und Kosten durchaus in Betracht gezogen werden. Dies setzt natürlich entsprechendes, detailliertes Fachwissen im eigenen Unternehmen voraus, was die Datenquellen und zugehörigen Zugriffsmechanismen betrifft. Im Fall einer Eigenentwicklung lässt sich die Abstraktionsschicht speziell auf eine begrenzte Menge an Anfragen optimieren und somit möglicherweise ein Leistungsvorteil gegenüber einer zugekauften Standardlösung erzielen. Denn Letztere ist zwar in der Regel auf die jeweiligen Mainframe-Datenquellen optimiert, nicht jedoch auf einzelne, spezifische Anfragen. Hierdurch erhöht sich die Flexibilität der Standardlösung allerdings deutlich und sie ist in der Lage ein ungleich breiteres Spektrum an komplexen Einsatzszenarien abzudecken. Auch wenn der Kauf einer solchen Lösung aufgrund hoher Anschaffungskosten zunächst wenig attraktiv scheint, sollte man bedenken, dass die Wartung und Erweiterung einer Eigenentwicklung im Hinblick auf neue Versionen der zugrunde liegenden Datenquellen, Anpassungen im SQL Standard oder Änderungen in den Nutzungsanforderungen zusätzliche, teils nicht unerhebliche Kosten verursachen kann.

Neben den aus einer Abstraktionslösung für Mainframe-Datenquellen resultierenden Vorteilen – einer Verringerung des Bedarfs an Anwender- und Entwicklerkenntnissen über die jeweiligen, spezifischen Datenzugriffsmechanismen und der Ermöglichung von Zugriffen aus Anwendungen ohne native Schnittstellen zu den Mainframe-Datenquellen – verspricht insbesondere die Erweiterung zu einer Föderationslösung zusätzlichen Nutzen. Hierbei deckt die Zwischenschicht mehrere unterschiedliche Datenquellen ab und ermöglicht transparent für den Anwender Verknüpfungen zwischen diesen. Diese Möglichkeit zur quellenübergreifenden Datenverknüpfung ist vor allem dann interessant, wenn es um Anwendungsfelder wie Data Warehousing und Business Intelligence geht. Denn hier wird eine möglichst ganzheitliche, unternehmensweite Sicht aller Daten unabhängig von deren Ablageort benötigt. Aus diesem Grund macht es ggf. auch Sinn DB2 for z/OS* als relationale Mainframe-Datenbank – die SQL eigentlich schon nativ unterstützt – oder relationale Datenbanken von verteilten Linux*-, Unix*- oder Windows*-Plattformen wie beispielsweise Oracle*, Microsoft SQL Server* oder MySQL* in eine solche Föderation mit einzubeziehen. Die Verwendung einer Föderationsschicht erlaubt also zusätzlich zur Integration von Mainframe-Datenquellen in die Anwendungslandschaft von morgen eine generelle Homogenisierung heterogener Datenlandschaften.[35]

Während für die reine Abstraktion einer Datenquelle und die Bereitstellung einer SQL Schnittstelle für nicht-relationale Mainframe-Datenbanken oftmals auch auf Lösungen von den Herstellern selbst zurückgegriffen werden kann[36], existieren für komplexere Aufgabenstellungen, die eine Föderation mehrerer Datenquellen erfordern, eine Vielzahl an Produkten von oftmals unabhängigen Software-Anbietern aus dem Bereich Informationsintegration. Generell sollte jedoch stets bedacht werden, dass die Verwendung einer zusätzlichen Zwischenschicht bei der Interaktion mit Datenquellen nahezu immer mit mehr oder weniger großen Leistungseinbußen im Vergleich zum adäquat umgesetzten, nativen Zugriff verbunden ist. Eine einzelfallbezogene Abwägung hinsichtlich Notwendigkeit, Anforderungen an Leistungsfähigkeit und Vorteilhaftigkeit einer solchen Lösung scheint daher ratsam.

7.2 Erfassen und Publizieren von Datenänderungen

Während das Konzept des *Change Data Capture* prinzipiell dafür gedacht ist, Änderungen in Datenbanken zu erfassen und diese Änderungen zumeist für die weitere Nutzung in einem Data Warehouse zu publizieren, hat dieses Vorgehen im Umfeld von Mainframe-Datenquellen einen besonderen Reiz. Auch hier treffen die Vorteile von Change Data Capture im Allgemeinen zu. D. h. Datenänderungen werden zeitnah erfasst und im Push-Verfahren zur weiteren

---

35 Für weitergehende Informationen zu Föderation im Allgemeinen siehe *CONRAD* (1997).

36 So bietet die Software AG* für Adabas* das SQL Gateway und CA* für CA-Datacom* und CA-IDMS* ebenfalls eine SQL-Option an.

Nutzung publiziert. Dabei entsteht im Vergleich zu vollständigen Replikationsverfahren nur ein relativ geringer Overhead, da nur Datenänderungen publiziert werden und nicht der gesamte Datenbestand. Zusätzlich hierzu bietet sich beim Einsatz dieses Verfahrens für Mainframe-Datenquellen jedoch ein weiterer, entscheidender Vorteil. Dieser besteht darin, dass das Erfassen von Datenänderungen für gewöhnlich unabhängig von der jeweiligen Datenorganisationsstruktur und unabhängig von den nativen Zugriffsmethoden einer Datenquelle erfolgen kann. Stattdessen wird eine Datenänderung entweder bereits auf dem Weg zur Datenquelle abgefangen oder aber die Änderung wird, erst nachdem sie innerhalb der Datenquelle vollzogen wurde, erfasst. Die erstgenannte Methode erfordert unter Umständen eine Identifikation und Anpassung sämtlicher Anwendungen mit schreibendem Datenzugriff. Es sei denn, Datenänderungsoperationen werden nicht anwendungsseitig, sondern zentral über die Schnittstelle zur Datenquelle oder aber auf dem Transportweg zur Datenquelle erfasst. In jedem Fall wird aber die Leistungsfähigkeit bestehender Anwendungen und Datenzugriffe beeinträchtigt, weshalb die nachträgliche Erfassung meist als die vorteilhaftere Variante von beiden anzusehen ist. Zwar setzt diese voraus, dass sämtliche Datenänderungen innerhalb einer Quelle mitgeloggt werden, die Erfüllung dieser Voraussetzung sollte jedoch eher die Regel als die Ausnahme darstellen. Schließlich ist die Wiederherstellbarkeit einer der zentralen Punkte beim Umgang mit wichtigen Geschäftsdaten – auch und besonders im Mainframe-Umfeld. Zur Gewährleistung dieser verfügen die meisten Mainframe-Datenquellen über native Logging-Mechanismen und schreiben alle erfolgten Datenoperationen in zentrale Log-Dateien (siehe Abbildung 4).

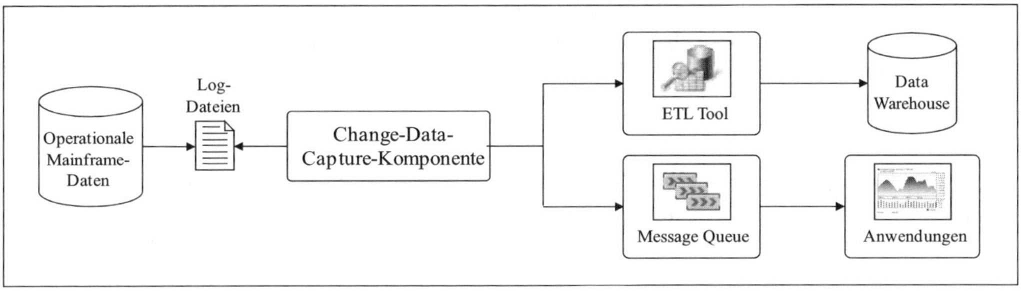

Abbildung 4: Generische Beispielarchitektur einer Change-Data-Capture-Lösung

Nun kann entweder mit selbst entwickelten Programmen oder einer der zahlreichen, auf dem Markt angebotenen Standardlösungen auf die entsprechenden Log-Dateien lesend zugegriffen werden. Dabei lassen sich alle relevanten Datenänderungen erfassen ohne die Leistungsfähigkeit von Bestandsanwendungen oder die der Datenquelle selbst in hohem Maße zu beeinflussen. Von entscheidender Bedeutung ist dabei einerseits, dass Logeinträge unabhängig von dem verwendeten Datenmodell einer Quelle erfolgen. So spielt es keine Rolle, ob im Hintergrund das hierarchische oder das Netzwerkdatenbankmodell verwendet wird. Die Eintragung von Datenänderungen im Log erfolgt in der Regel in Form einzelner Log-Datensätze, die in sequenzieller Reihenfolge an das Ende einer Log-Datei angefügt werden. Aus diesem Grund muss für gewöhnlich nicht mit den nativen Datenmanipulationssprachen einer Datenquelle und Zugriffsmechanismen gearbeitet werden, sondern das Mapping zum gewünschten Zielformat kann unabhängig hiervon erfolgen.

Bei der Publizierung erfasster Datenänderungen stehen dem Anwender viele Möglichkeiten offen: Vom Einpflegen der geänderten Daten in eine relationale Datenbank über die Belieferung eines *ETL (Extract, Transform, Load)* Tools für die spätere Verwendung der Informationen in einem Data Warehouse bis hin zur Verwendung von *Message Queueing* Software. Letztere erlaubt eine äußerst flexible Weiterwendung der gewonnen Informationen. So ist die Ausnutzung standardisierter Messaging-Services-Schnittstellen von Anwendungen, die Belieferung von Web-Portalen oder gar das automatische Anstoßen von Prozessen denkbar.[37]

7.3 Datenzugriff per Web Services

Eine weitere Möglichkeit Mainframe-Daten einfacher nutzbar und leichter zugänglich zu machen, besteht in der Bereitstellung von *Data Web Services*. Data Web Services sind Web Services, die einen Zugriff auf eine Datenquelle ermöglichen. Mithilfe von Web Services ist es möglich, die bereits erwähnten offenen Schnittstellen im Unternehmen zu implementieren und so den Weg für eine Service Orientierte Architektur (SOA) zu ebnen. Die Kommunikation erfolgt bei Web Services mittels *SOAP Nachrichten*, die Daten im XML Format beinhalten. Dadurch ist die nötige Flexibilität gegeben, da XML Daten einfach an die entsprechenden Zielstrukturen angepasst werden können. Data Web Services können mithilfe diverser verfügbarer Tools schon heute relativ einfach erstellt werden. Dabei wird auf vorhandene Anwendungen zurückgegriffen, welche die eigentlichen Datenoperationen gegen die Datenquelle durchführen. Durch Mapping auf Web Services können diese Anwendungen einfacher und einheitlich zugänglich gemacht werden. Der Endanwendung bzw. dem Benutzer ist dabei nur der Zugriffspunkt des Servers bekannt, auf dem der Web Service angeboten wird. Woher dieser die Daten bezieht sowie die eigentliche Zugriffslogik, ist für den Endbenutzer hier gänzlich transparent und belanglos.

Die Programme, welche die eigentliche Datenzugriffslogik beinhalten arbeiten dabei im Idealfall so nah wie möglich an der Datenbank um eine schnelle Abfrage zu ermöglichen. Teilweise können sie direkt in der Datenbank ablaufen, wie im Fall von DB2* die *Stored Procedures*. Dies sind kleine Programme, die auf dem Datenbankmanagementsystem abgelegt, von extern aufgerufen werden können und dann direkt innerhalb der Datenbank zur Ausführung kommen. Im Rahmen der Definition eines Web Services erfolgt dann ein direktes Mapping zur Stored Procedure, welche dann die Daten aus der Datenbank holt und wieder per Web Service Antwort zurückliefert.

Doch nicht alle Datenbanken bieten eine solche Möglichkeit an, Anwendungen direkt in der Datenbank auszuführen. Deshalb lassen sich alternativ auch bestehende oder neu zu entwickelnde Transaktionen nutzen, um diese als Web Services zur Verfügung zu stellen. Hierbei setzt der Integrationsansatz nicht bei der Datenbank selbst an. Für diese ist völlig transparent, ob es sich beim Datenzugriff um eine herkömmliche Transaktion handelt oder ob im Hintergrund ein Web Service genutzt wird. Stattdessen wird beim jeweiligen Transaktionsmanager angesetzt. Dessen Funktionsumfang wird – falls notwendig – mit einer Zusatzkomponente um die Möglichkeit zur Interaktion mit Web Services erweitert mithilfe diverser Web Service Gateways.[38] Diese wandeln falls nötig die eingehenden Web Service Daten um und nutzen vorhandene Schnittstellen der

[37] Für weitergehende Informationen zu Change Data Capture im Allgemeinen siehe *RUSSOM/TEUBNER* (2004).

[38] So bietet die IBM* für den CICS* Transaction Server das CICS* Transaction Gateway und für den IMS* Transaction Manager das IMS* SOAP Gateway an.

Transaktionsmanager. Neuere Anwendungen im Transaktionsmanager werden heute meist so programmiert, dass sie auch direkt die XML Nachrichten aus einer SOAP Nachricht verarbeiten können.

Sollten beide Alternativen nicht möglich sein – d. h. die Datenbank kann nativ keine Anwendungen ausführen und es befindet sich auch kein Transaktionsmanager im Einsatz – muss eine zusätzliche Transformationsinstanz die Bereitstellung des Web Services sowie die anfallenden Umwandlungen und den nötigen Datenabruf durchführen. ETL Tools können hier – ggf. in Zusammenarbeit mit einer Föderations- oder Change Data Capture Lösung – eine gangbare Lösung darstellen. Derartige Tools erlauben neben umfangreichen Datentransformationen auch die Filterung von Daten oder die Verknüpfung von Daten aus unterschiedlichen Quellen.[39]

Mit dem Konzept von Web Services lassen sich zentrale Zugriffspunkte einrichten, in denen eine Vielzahl von Web Services in einem Repository gespeichert ist. Der Endbenutzer hat so die Möglichkeit von einem Server aus mehrere Web Services, die zu den unterschiedlichsten Datenquellen referenzieren, zu benutzen. Der Zugriffspunkt dient dabei als eine Art zentraler Föderationsserver. Da hierbei leicht ein *Single Point of Failure* entstehen kann, bietet es sich an, diesen Server ebenfalls auf dem Mainframe zu betreiben. Abbildung 5 zeigt eine Übersicht über die Bereitstellung von Web Services:

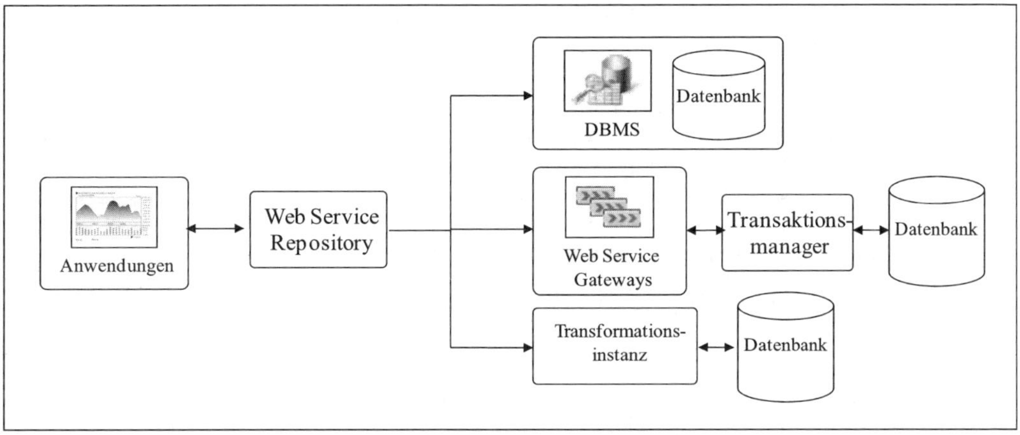

Abbildung 5: Übersicht über die Bereitstellung von Web Services

Zusammenfassend gesagt, bietet der Ansatz von Data Web Services enormes Potenzial für die bessere Integration von relationalen sowie nicht-relationalen Mainframe-Datenquellen aber auch von Datenbank-Managementsystemen auf verteilten Systemen.

[39] Für weitergehende Informationen zu Data Web Services siehe *ROGERS* (2006).

8 Weitblickende Zukunftsvisionen

Die vorhergehend vorgestellten Lösungen existieren alle bereits. Jedoch werden sie wohl erst in Zukunft breite Anwendung finden. Doch was kommt darüber hinaus? Darauf soll hier am Ende noch eingegangen werden, indem verschiedene mögliche Szenarien kurz angerissen werden.

„Die Zukunft gehört Service Orientierten Architekturen" titeln viele Fachzeitschriften derzeit, doch wie könnte sich diese Architektur-Form in ihrer praktischen Verwirklichung weiterentwickeln? Ein Trend könnte hier in der extensiven Speicherung von Meta-Daten liegen, welche ein dynamisches Austauschen von Daten zwischen verschiedenen Services ermöglichen. Denn nur wenn eindeutig definiert ist, was ein Service genau bereitstellt und welche Daten er benötigt, ist es möglich Anwendungen zu entwickeln, welche dynamisch die erforderlichen Ressourcen in Form von Services einbinden. Somit ließe sich eine Art künstliche Intelligenz für Anwendungen schaffen, die automatisch auf vorhandene Services zurückgreifen und so dem Benutzer beliebige Zusatzfunktionalitäten anbieten. Bis hin zur Realisierung eines derartigen Szenarios ist es natürlich noch ein langer Weg und es existieren noch einige offene Punkte, die geklärt werden müssen – nicht zuletzt in den Bereichen Evaluierung und Standardisierung. Die Qualität der Services – also Lastfestigkeit –, Integrität sowie Sicherheitsaspekte werden dabei von zentraler Bedeutung sein. Über die Vorteile bei der Service Erstellung hinaus, könnten diese Meta-Daten auch helfen, die Datenredundanz zu minimieren und gleichzeitig die Datenqualität zu erhöhen. So können im Idealfall die zukünftigen Data-Services selbstständig miteinander kommunizieren und ihre Datensätze gegenseitig abgleichen oder gar vereinheitlichen. Auch dies ist nur mit ausreichenden Metadaten zu bewerkstelligen, denn existiert z. B. in zwei unterschiedlichen Datenbanken ein Feld „Name", ist nicht eindeutig, ob damit dasselbe gemeint ist. Nur wenn eine Tabelle mit „Firmenname Zulieferer" und die andere mit „Händlername Vertrieb" beschrieben ist, dürfte eindeutig sein, dass es sich um unterschiedliche Namen handelt. Mit diesen zusätzlichen Informationen wäre es außerdem möglich, automatisch die Datenquellen mit modernen Such- und Vergleichsalgorithmen abzugleichen und bisher nicht bekannte Zusammenhänge in den Daten zu erkennen – im vorliegenden Fall, dass beispielsweise ein Zulieferer gleichzeitig Kunde ist. Dies könnte weiter dazu führen, dass die Föderationsschicht die Statistik der Datenbankzugriffe führt und autonom die Daten auf unterschiedlich schnelle Medien wie Speicher, Platte, Band usw. delegiert oder gar eigene Data Services für häufig abgerufene Daten für den Endbenutzer erstellt und bereitstellt.

Wie wird sich die Art der gespeicherten Daten ändern?
Die Zukunft bringt vermutlich noch mehr multimediale Inhalte, die von den Benutzern abgerufen werden können. Aktuelle Schlagworte wie *User Generated Content* oder *Video on Demand* sind typisch für Web 2.0 Anwendungen. Dieser Hype beschert vor allem Portalen im Bereich sozialer Netzwerke enormen Zulauf. Für solche Portale spielt die Datenhaltung eine der wichtigsten Rollen, da hier die Anwender teilweise sehr persönliche Informationen einstellen und auf die Sicherheit der Daten beim Anbieter vertrauen müssen. Kommt es hier zu Pannen, kann ein nicht wieder gutzumachender Image-Schaden für das entsprechende Unternehmen entstehen.

Anwendungen bei denen der Benutzer stärker eingebunden wird, werden auch in naher Zukunft verstärkt zunehmen. Vermutlich werden in Zukunft Unmengen an Daten aus Anwendungsgebieten anfallen, die momentan noch gar nicht gänzlich erforscht sind. So wird in Zukunft ein wesentlich höheres Maß an Interaktion zwischen Benutzern und Computern stattfinden. Die herkömmlichen Interfaces wie die Tastatur und Maus werden zunehmend durch Sprach- oder Gestenerkennung ergänzt. Für derartige Techniken müssen auch entsprechende Möglichkeiten gefunden werden die anfallenden Daten effektiv zu speichern und zu verarbeiten. Unabhängig davon werden Sprach- oder Videodaten wohl generell zunehmen. In diesem Zusammenhang ist ein Pilotprojekt der IBM* zu nennen, im Zuge dessen Informationen aus Videoaufzeichnungen extrahiert werden und somit die Suche nach derartigen Informationen ermöglicht wird.[40]

Ebenfalls wird die Zahl an Projekten von Unternehmen in virtuellen Welten wie Second Life* zunehmen, nicht zuletzt um neue Vertriebskanäle zu erschließen. Dabei fallen Unmengen an Daten an, die Objekte oder Charaktere in diesen Welten beschreiben. Der Trend wird dazu übergehen, diese Daten applikationsübergreifend anwendbar zu machen. Schließlich dürfte sich die Motivation, Inhalte in unzähligen, verschiedenen virtuellen Welten jedes Mal von Grund auf zu erschaffen, in Grenzen halten. Hier könnte sich ein Standard wie XML etablieren, mittels dem solche Informationen ausgetauscht werden können.

Doch nicht nur in virtuellen Welten, sondern auch in der realen Welt wird das Ausmaß der Datenerhebung enorm zunehmen. So ist davon auszugehen, dass die öffentliche Hand zunehmend Daten elektronisch erfasst um manuelle Verwaltungsaufwände zu minimieren, Abläufe zu vereinfachen und die Zusammenarbeit zwischen Behörden zu erleichtern. Die so erfassten Daten wie beispielsweise die Steuernummer, das digitale, biometrische Foto oder Fingerabdrücke erfordern dabei einen besonderen Schutz.

Doch was haben diese Themen der Zukunft mit dem Mainframe zu tun?
Diese Portale und Anwendungen haben Anforderungen an hohe Verfügbarkeit, Datensicherheit, Belastbarkeit, Leistungsfähigkeit und einheitliche, zentrale Datenbereitstellung. Also alles Punkte, die auch in Zukunft die Eckpfeiler des Mainframes bilden werden. Der Mainframe bietet die nötige Sicherheit der Daten durch ein ausgeklügeltes Sicherheitskonzept, die nötige Infrastruktur zur zentralen Datenhaltung, beständige Weiterentwicklung und trotzdem den gewohnten Investitionsschutz sowie eine enorme und zugleich adaptive Leistungsfähigkeit. Gerade Letzteres spielt bei der heutigen vernetzen Welt, in der vieles von Zuhause online erledigt wird, eine bedeutende Rolle. Hier kann der Bedarf nach Ressourcen sprungartig und unvorhersehbar ansteigen und im schlechtesten Fall zu einem Zusammenbruch des Systems führen.

Als Schlusswort bleibt also zu sagen, dass die zentrale Datenhaltung unternehmenskritischer Daten auch in Zukunft auf dem Mainframe gut aufgehoben sein wird. Tausende von Unternehmen vertrauen nun schon seit Jahrzehnten auf ihn und wissen um seine enormen Vorteile. Durch seine konstante Weiterentwicklung wird er sicherlich auch die zukünftigen Herausforderungen meistern, wie auch immer diese aussehen mögen.

---

[40] Vgl. *TecChannel* (2007).

* *Anmerkungen*:

Adabas, Natural, Software AG sind eingetragene Marken der Software AG in den USA und/oder in anderen Ländern.

AMD ist eine eingetragene Marke der Advanced Micro Devices Corporation in den USA und/oder in anderen Ländern.

CA, CA-Datacom, CA-IDMS sind eingetragene Marken von CA International in den USA und/oder in anderen Ländern.

CICS, DB2, IBM, IMS, Redbooks, System/360, System z, z/OS sind eingetragene Marken der IBM Corporation in den USA und/oder in anderen Ländern.

Intel ist eine eingetragene Marke der Intel Corporation in den USA und/oder in anderen Ländern.

Java, JDBC sind eingetragene Marken von Sun Microsystems, Inc. in den USA und/oder in anderen Ländern.

Linux ist eine eingetragene Marke von Linus Torvalds in den USA und/oder in anderen Ländern.

Microsoft, SQL Server, Windows sind eingetragene Marken der Microsoft Corporation in den USA und/oder in anderen Ländern.

MySQL ist eine eingetragene Marke von MySQL AB in den USA und/oder in anderen Ländern.

Oracle ist eine eingetragene Marke der Oracle Corporation in den USA und/oder in anderen Ländern.

Second Life ist eine eingetragene Marke von Linden Research, Inc. in den USA und/oder in anderen Ländern.

UNIX ist eine eingetragene Marke von The Open Group in den USA und/oder in anderen Ländern.

Weitere hier nicht genannte, im Text verwendete Bezeichnungen können eingetragene Marken der IBM Corporation oder anderer Unternehmen sein.

Quellenverzeichnis

ALSOP, S. (2002): Eating My Own Words, in: Fortune International, 2002, Heft 4, S. 64.

BARNETT, G. (2005): The future of the mainframe, o. O. 2006.

BLACKMAN, K. R. (1998): Technical Note – IMS celebrates thirty years as an IBM product, in: IBM Systems Journal, 1998, Heft 4, S. 596.

CA (2007): 10 Reasons Why the Mainframe is Growing in Importance, in: News Articles, online: https://ca.com/be/en/news/article.aspx?cid=145622, Stand: 06.05.2007, Abruf: 17.07.2008.

CA (2008a): CA Datacom in: Databases, online: http://ca.com/us/products/product.aspx?id=1237, Stand: o. A., Abruf: 17.07.2008.

CA (2008b): CA IDMS, in: Databases, online: http://ca.com/us/products/product.aspx?id=1006, Stand: o. A., Abruf: 17.07.2008.

COMPUTERWOCHE (Hrsg.) (2007): Das Herz der Weltwirtschaft, in: Computerwoche 2007, Nr. 35, online: http://www.computerwoche.de/heftarchiv/2007/35/1220473, Stand: 30.08.2007, Abruf: 17.07.2008.

CONRAD, S. (1997): Föderierte Datenbanksysteme – Konzepte der Datenintegration, Berlin 1997.

DBAZINE (2005): IMS Concepts and Database Administration, in: Articles of Interest, online: http://www.dbazine.com/ofinterest/oi-articles/ims1, Stand: 19.05.2005, Abruf: 17.07.2008.

DURWARD, K./ET AL. (2004): Federating Mainframe Data – IBM's CrossAccess acquisition bridges a technology chasm, in: DB2 Magazine, Heft 1, 2004.

FEINBERG, D. (2005): Pre-Relational Mainframe DBMS Market Continues to Decline, o. O. 2005.

FEINBERG, D. (2007): Cost-Benefit Analysis of DBMS Migrations, o. O. 2007.

GARTNER (2005): Delivering IT's Contribution: The 2005 CIO Agenda, o. O. 2005.

GRAHAM, C./FEINBERG, D. (2006): Gartner Study on DBMS Identifies Spending and Deployment Trends, o. O. 2006.

GRÜN, A. (2008): EuroSOX: Sind Sie vorbereitet?, in: ComputerWoche, online: http://www.computerwoche.de/knowledge_center/compliance_recht/1856662/, Stand: 10.03.2008, Abruf: 19.07.2008.

HALPER, F./BLOOR, R. (2007): Dynamic Warehousing and Beyond – Driving Business Value through End-to-End Analytics, Newton 2007.

HEATH, N. (2008): Should data loss be made a criminal offence?, in: silicon.com, online: http://management.silicon.com/government/0,39024677,39169562,00.htm, Stand: 04.01.2008, Abruf: 17.07.2008.

HOWARD, P. (2006): Adabas from Software AG, o. O. 2006.

IBM (2004): A Short Introduction to CICS, in: CICS family, online: http://www.306.ibm.com/software/htp/cics/35/cics_intro, Stand: o. A., Abruf: 17.07.2008.

IBM (2007): IBM Projekt "Big Green" konsolidiert 3900 Server auf 30 Linux-Grossrechner, in: Aktuelles, online: http://www.ibm.com/news/de/de/2007/08/011.html, Stand: 01.08.2007, Abruf: 17.07.2008.

*IBM REDBOOKS** (2003): VSAM Demystified, Second Edition, o. O. 2003.

*IBM REDBOOKS** (2008): IBM System z Strengths and Values, o. O. 2008.

MELTZ, D. ET AL. (2005): An Introduction to IMS – Your Complete Guide to IBM's Information Management System, o. O. 2005.

MORGAN, T. P. (2006): The Mainframe Persists for Database Workloads, in: Datamonitor ComputerWire, online: http://www.computerwire.com/industries/research/?pid= 7E2E8DE5-01DB-4A6A-BE3E-5F139F6D8975, Stand: 18.04.2006, Abruf: 17.07.2008.

MULLINS, C. S. (2004): IMS is Alive and Kicking, in: zJournal, online: http://www.craigs mullins.com/zjdp_009.htm, Stand: 01.06.2007, Abruf: 17.07.2008.

ROGERS, S. (2006): Information as a Service to the Enterprise, o. O. 2006.

RUSSOM, P./TEUBNER, C. (2004): Change Data Capture Gives Data Integration Greater Scale And Speed, o. O. 2004.

SLOAN, S. G. (2004): The Official Introduction to DB2 for z/OS, 2. Auflage, o. O. 2004.

SOFTWARE AG (2008): Adabas Product Documentation, in: Documentation, online: http://documentation.softwareag.com/adabas/default.htm, Stand: o. A., Abruf: 17.07.2008.

STATEN, J. ET AL. (2008): IT Consolidation – Rationalizing Data Center Infrastructure Investments For Greatest Efficiency, o. O. 2008.

SWOYER, S. (2006): CA Teaches Old Databases New Tricks, in: Enterprise Systems, online: http:// www.esj.com/news/article.aspx?EditorialsID=1991, Stand: 18.07.2006, Abruf: 17.07.2008.

SWOYER, S. (2007): Why Legacy Databases Are Here to Stay, in: Enterprise Systems, online: http://www.esj.com/enterprise/article.aspx?EditorialsID=2879, Stand: 06.11.2007, Abruf: 17.07.2008.

TECCHANNEL (2007): IBM und BBC wollen mit „Marvel“ Bilder analysieren, online: http://www.tecchannel.de/test_technik/news/464600/, Stand: 14.03.2007, Abruf: 20.07.2008.

WILSON, M. (2008): Driving energy efficiency: the big green dinosaur!, in: The Arcati Mainframe Yearbook 2008, 2008, S. 9–11.

Von „Daten“ über „Informationen“ zum „Wissen“ oder warum Mr. Spock und Commander Data von Raumschiff Enterprise wirklich zukunftsweisend waren – Ein populärwissenschaftliches Essay mit Ironie und Zukunftstauglichkeit

MICHAEL SIGMUND

IBM Deutschland

Herzlich willkommen im Informationszeitalter! Wir haben es geschafft. Alles, was wir wissen, kann man durch eine mehr oder weniger intelligente Eingabe in Google oder anderen Suchmaschinen abfragen und hinterfragen. Die deutsche Sprache ist durch diese Möglichkeit um ein weiteres Verb bereichert worden. Der deutsche Duden hat das Verb „googeln“ am 26. August 2004 aufgenommen:

„goo|geln“ (im Internet, bes. in Google suchen); ich goog(e)le; Verwendungsformen sind:

- „Sie können uns im Netz *googeln*“
- “Ich habe *gegoogelt*, um es zu finden”
- “Ich war am *googeln*, als ich es fand”
- “Er *googelte* mich im Netz”
- “Ich *google* Informationen”
- “Ich *googele* nach Informationen”

Zu unterscheiden hierzu ist die allseits bekannte Suchmaschine mit dem geschützten Namen „Google®“, ohne Artikel; mit der Lautschrift [´g:ugl]. Die Aussprache des Verbes ist nicht definiert und somit auch als [´g:ogl] korrekt. Wer es nicht glaubt, kann diese Angaben gerne googeln.

Wie stark sich diese Art der Informationsfindung bereits etabliert hat, kann man im Alltag überall beobachten. Schulen bauen Teile der Hausaufgaben auf dieses Medium. Der Handel verweist gerne darauf, um Unterstützung, Handbücher, Support oder Produktvergleiche zu finden, um somit einen großen Schritt in Richtung selbstverantwortlicher Kunde und weg von Kundenberatung zu tun. Startpunkt fast jeder größeren Kaufentscheidung ist eine erste Informationssuche in Google. Preisdiskussionen basieren sehr häufig auf Ergebnissen solcher Recherchen.

Aber wie immer gibt es auch hier Kehrseiten der Medaille. Kaum eine Anfrage endet nicht mit mehreren Hundert Treffern, die teilweise überhaupt nicht in der Absicht des Suchenden waren („Birne“ ergibt Erfolge bei Glühbirnen, aber auch bei Obst).

Eine ehrliche, persönliche Analyse eines jeden Benutzers zeigt, dass in exponentiell abnehmendem Maß auf den Ergebnis-Seiten 2, 3, 4, … weitergesucht wird. Die Reihenfolge der Suchergebnisse kann jedoch durch entsprechende finanzielle Unterstützung durch den Informationsanbieter durchaus nachhaltig verändert werden. Besteht hier die Gefahr der Wettbewerbsverzerrung oder gar der Manipulation?

Wer steht eigentlich für die Richtigkeit der Informationen ein? Auf die Jurisdiktion ist hier wenig zu hoffen, denn sie kann die bereits vorhandenen, offenen Rechtsfragen schon heute kaum in den Griff bekommen. Eine proaktive Rolle von Justitia ist hier nahezu ausgeschlossen und aufgrund ihrer eingeschränkten Sehfähigkeiten für diese hellseherische Aufgabe auch denkbar ungeeignet.

Ist es dann das Vertrauen gegenüber vermeintlich bekannten Namen der Informationsanbieter? Ist es das Vertrauen in das 1000-Augen-Prinzip, dass davon ausgeht, alles wurde bereits von mindestens 1000-Augen gelesen, überprüft und gegebenenfalls korrigiert? Ist es denn eigentlich wirklich der Informationsanbieter, der sich mir gerade präsentiert?

Die Fragen- und Wunschliste ist beliebig lange fortzusetzen, doch lässt sich generell feststellen, dass der Zugang zu Informationen und das Bereitstellen von Informationen erheblich beschleunigt und verbessert wurde, auch wenn die Grenze zwischen Segen und Fluch oft sehr schmal ist.

1 Der wissenschaftliche Teil vorweg

Das muss sein! Sonst fehlt die Seriosität, haben wir kein Fundament, keine gefestigte Basis und befinden uns im informationstechnisch leeren Raum ohne semantische Haltegurte auf einer Amokfahrt ohne unten und oben durch die endlosen Weiten der Begrifflichkeiten.

Ein Dank an dieser Stelle an die Wissenschaft, die sich u. a. zur Aufgabe gemacht hat, diese Basisarbeit, dieses Fundament zu legen. Sie kann nicht für eventuelle Schieflagen der darauf erstellten Gebilde oder gar Interpretationen des Sinns und der Bedeutung dieser Gebilde verantwortlich gemacht werden.

Bevor wir uns in die Welt der Informationen und unserem Thema zuwenden, gleich vorab die etwas schwer verdauliche Begrifflichkeits-Kost, deren Grundideen aber durchaus relevant für unsere geplante Reise zur Informationsgesellschaft sind.

Als *Semiotik* bezeichnet man die allgemeine Lehre von den Zeichen, Zeichensystemen und Zeichenprozessen (wie der Semiose). Die Semiotik unterteilt sich in drei teilweise überlappende Teilgebiete:

- *Syntaktik*: die Lehre der formalen Verknüpfungen sprachlicher Zeichen (auch Syntax genannt).
- *Semantik*: auch *Bedeutungslehre* oder *Semasiologie*; die Theorie von der Bedeutung der Zeichen.
- *Pragmatik*: die Interpretation von Zeichen auf der Empfängerseite (des Interpreten).

Stopp! Genug der schweren Worte und Definitionen. Ein Beispiel aus dem Alltag soll Klärung bringen.

Folgendes Verkehrsschild sollte jedem Interpreten (Informationsempfänger) vertraut sein:

Abbildung1: Verkehrsschild „Fahrverbot für Kraftfahrzeuge"

- *Name*: Fahrverbot für Kraftfahrzeuge.
- *Syntax*: Kombination aus weißem Kreis, rotem Kreiskranz und vereinfachter Darstellung eines Kraftfahrzeuges(bereits eine semantische Belegung des schwarzen Gebildes in der Mitte).
- *Semantik*: Weißer Kreis mit rotem Kreiskranz (Verbot) und Bezugsobjekt (Kraftfahrzeug).
- *Pragmatik*: Mögliche Auswirkung des Zeichens auf den Betrachter. („Mir doch egal", Voll-Bremsung, Wende, „Kenn' ich nicht" etc.).

Hiermit wird schnell deutlich, mit welchen Aspekten sich die einzelnen Disziplinen beschäftigen.

Ende der Wissenschaftlichkeit und genug Material, um sich jovial im Kreise von Experten zu bewegen, die gerade den Informations-Overkill der Menschheit beklagen.

Genau diese drei Grundgedanken „Zeichen (Syntaktik)", „Bedeutung (Semantik)" und „Wirkung auf Konsument (Pragmatik)" sind es aber, die die einzelnen Phasen der Datenverarbeitung prägen.

Die reinen *Daten* als Zeichen ohne Kontext und Bedeutung; die *Information* als Resultat der Anwendung einer Deutungsschablone auf Zeichen; das *Wissen* als objektivierte, zu weiten Teilen selbst erklärende Information und die *Weisheit* als mögliches, ultimatives Ziel, die sich in steigendem Maße der Pragmatik widmet.

Alle Phasen lassen sich in zwei wesentliche Unterteile aufgliedern, und zwar der reinen *Bearbeitung*, die sich ausschließlich auf das reine Arbeiten mit den jeweiligen Bausteinen konzentriert und der *Verarbeitung*, die versucht, Grundlagen für die nächste Phase zu legen und Komplexitäten darunter liegender Phasen verdeckt.

2 Wie alles begann . . .

So wie es die Syntaktik beschreibt, begann die moderne Datenverarbeitung mit Zeichen. Diese Zeichen waren im Wesentlichen Zustandsbeschreibungen alltäglicher Dinge wie „Strom an/Strom aus“, „Loch gestanzt/Loch nicht gestanzt“ etc. Das Verschlüsseln komplexer Informationen in Zeichen, die Manipulation dieser Zeichen, die Bearbeitung dieser Zeichen (beginnend mit den mathematischen Grundrechenarten), das Aufbewahren dieser Zeichen und das wichtigste von allen, das Entschlüsseln dieser Zeichen legten die Grundsteine der *Informationsgesellschaft*.

Doch wie diese Auflistung schon verrät, sind diese Zeichen nach der Speicherung oder Manipulation für sich alleine betrachtet völlig wertlos, wenn man nicht die Verschlüsselung und die Entschlüsselung kennt. Loch, Loch, kein Loch, Loch auf einer Lochkarte sagt nichts aus.

Das wird auch nicht besser, wenn man dies als 0011100010101100 darstellt oder 38AC (der Insider wird hier sofort eine hexadezimale Darstellung der vorherigen 01-Reihe erkennen, aber ... ganz ehrlich ... wissen kann man es nicht, denn es könnte auch ein anderes Zahlensystem zugrunde liegen). Deshalb wurden diese Zeichen sehr schnell in Anlehnung an semantische Prinzipien mit Bedeutungen belegt beziehungsweise man versuchte, Sachverhalte des Alltags auf diese Zeichen zu projizieren, sie zu *codieren*.

Hier wird eine grundlegende Eigenschaft von Daten erkennbar. Erst durch semantische Anreicherungen, durch Interpretation, werden aus Daten Informationen. Es gibt innerhalb der Daten keinerlei Hinweise auf deren Bedeutung (Semantik) oder gar deren Pragmatik (Auswirkung auf den Betrachter). Daten sind ohne diesen Kontext wert- und bedeutungsfrei (eine sehr wissenschaftlich klingende Umschreibung für den Begriff „nutzlos“).

Wie komplex und ausgefeilt dieser semantische Kontext sein kann, ja teilweise sein muss, haben zum Beispiel die Entwickler von Datenbanken (oder strukturierten Ansammlungen riesiger Datenmengen) schmerzhaft verspürt, als sie erkannten, dass während der Kette Datenverschlüsselung-Datenmanipulation-Datenaufbewahrung-Datenabruf-Datenentschlüsselung plötzlich Inhaltsverfälschungen oder zumindest Freiräume für mehrere Deutungen entstanden.

Ein hierzu beliebtes Beispiel ist die Angabe der Anzahl unehelicher Kinder. Aus der Natur der Sache, dass es sich hierbei um eine nummerische Größe handeln sollte, hat man sich auf die Darstellungsform „number“ als Feldeigenschaft geeinigt. Nur was bedeutet die Zahl „0“ in diesem Feld? Sie könnte heißen: „Ich weiß es genau: Es gibt keine“ oder aber „Ich weiß von keinem (ich weiß es nicht, habe es nie nachgezählt, hoffentlich keine etc.)“.

Plötzlich wird aus dem Segen der Datenkonsistenz (hier soll eine Zahl stehen und die kann nur folgendes Format und folgenden Wertebereich haben) eine Einschränkung mit der harten Folge von Informationsverlust und Mehrdeutigkeit.

Das Codieren ist demnach eine äußerst hohe Kunst, die in dem Lebenszyklus einer Information ganz weit vorne steht. Fehler, die hier entstehen, ziehen sich mit wachsend verfälschender Wirkung immer weiter fort.

Nur zur Vollständigkeit. Der Ausweg für die Datenbank-Designer war der Kunstwert „Null“, der weder den Zahlenwert „0“, den Zeichenwert „<Leer>“ noch sonst etwas repräsentieren soll. Seine Bedeutung ist „keine Daten“, was jedoch auf semantischer Ebene belegt ist mit „hier war noch niemand“ oder „unbekanntes Land“.

3 Vorhang auf ... das Raumschiff USS Enterprise (NCC 1701)

„Der Weltraum. Unendliche Weiten. Wir schreiben das Jahr 2200. Dies sind die Abenteuer des Raumschiff Enterprise, die mit ihrer 400 Mann starken Besatzung ...“. Für alle Trekkies dieser Science-Fiction-Kultserie, die Anfang der 70-er Jahre in Deutschland ausgestrahlt wurde, klingen diese Worte wie die Anfangsworte eines Rituals. Jeder assoziiert damit ein Raumschiff mit sehr spezifischer Form, Universen, Völker, Kämpfe und natürlich die unvergleichlichen Charaktere der Helden wie Captain James Tiberius Kirk, Dr. Leonard McCoy, Commander Spock, um nur einige zu nennen.

Die von *Gene Roddenberry* Mitte der 60-er Jahre geschaffene Reihe hat sicherlich Meilensteine in dem Filmgenre „Science-Fiction“ gesetzt, aber auch unendliche Weiten der Diskussionen über den aktuellen Stand der Wissenschaften, Wunschvorstellungen der Wissenschaftler und mittlerweile bereits Erreichtes eröffnet.

Ein guter Science-Fiction-Film bricht mit allen bisher da gewesenen Rahmenbedingungen, die die gerade moderne Wissenschaft behindern, unabhängig, ob dies Raum, Zeit, Geschwindigkeit etc. ist. Alle diese Barrieren werden als gelöst betrachtet und man kann sich in aller Ruhe um neue Probleme kümmern.

Interessanterweise sind dies oft die Probleme, die man heute auch schon hat, die also nicht durch den Wegfall der vorhandenen Barrieren gelöst wurden und die nahezu vollständig auf menschliche Eigenschaften wie Missgunst, Neid, Intrige, Hass, Besitzanspruch usw. zurückzuführen sind.

Alle Science-Fiction-Filme bekommen dadurch immer dann eine besondere Komik, wenn sie gewünschte zukünftige Rahmenbedingungen einführen oder als gelöst betrachten, die aus späterer Sicht völlig unzureichend wären, sich zu nahe an Realitäten aus der Zeit der Entstehung anlehnen oder einfach nur schlecht recherchiert sind. Beispiele hierfür sind:

- Aus der Serie „Raumpatrouille“ der berühmte „Lichtspruch zur Erde“. Davon ausgehend, dass dieser mit Lichtgeschwindigkeit übermittelt wird, würde es auch von unseren allernächsten Nachbarn Jahre dauern, bis er ankäme.
- Ebenfalls aus der Serie „Raumpatrouille“ die legendäre Steuerkonsole des Maschinenraums, die im Wesentlichen ein in den 60-er Jahren handelsübliches Bügeleisen zierte.
- Anti-Materie, die oft in formschönen Tragekoffern mit Henkel transportiert wurde.

Nicht, dass es bei Raumschiff Enterprise solche äußerst amüsanten Details ebenfalls in Hülle und Fülle gäbe. Bei *GENE RODDENBERRY* lassen sich jedoch eher hintergründige Fragen und Personen erkennen, die eine Diskussion über das mit diesen Charakteren Symbolisierte zulassen.

Einer dieser Charaktere ist sicherlich Commander Spock, Erster und wissenschaftlicher Offizier des Raumschiffs Enterprise. Mr. Spock war der Anfang einer ganzen Personengruppe, die sich durch den Charakterzug „allwissend", und „überdurchschnittlich" beschreiben lässt. Alle diese Personen waren interessanterweise keine Menschen (mit Ausnahme von Mr. Spock, der halb Vulkanier, halb Mensch war). Sie alle hatten aber immer komplementäre Personen, die ihr Wissen entweder verwertbarer machten oder aber dieses Wissen anreicherten.

Begeben wir uns auf die Brücke der Enterprise und schauen Mr. Spock bei seiner täglichen Arbeit zu. Die Mission der Enterprise war es, unentdeckte Welten und Universen zu erforschen. So geschah es doch recht häufig, dass man in äußerst unangenehme Situationen kam. Erster Schritt zur Lösung war oft der Datenabgleich mit den immensen Datenbeständen, die die Enterprise mit sich führte. Dieser Abgleich mit Bekanntem und deren Analyse konnte aber nur eine streng logische, mit optimaler Rationalität und Logik ans Werk gehende Person sein, Mr. Spock.

Mr. Spock war Vulkanier, die sich der bedingungslosen Logik verschrieben haben. Aber schon in den 60-er Jahren, der Entstehungszeit der Serie, war man wohl der Auffassung, dass eine riesige Ansammlung von Daten und Informationen und strengstem, logischen Ansatz nur der Beginn einer Lösung zu einem Problem sein kann. Wie wichtig der „menschliche Faktor" war, zeigt auch die Abstammung von Mr. Spock, dessen Mutter „Mensch" war. Man wagte sich (noch) nicht in die Welt der Daten und Informationen als ultimative Lösungsdimension. Man erkannte, dass Daten einen Kontext haben müssen und dass Daten nur dann sinnvoll waren, wenn sie auch eine Pragmatik hatten, die manchmal der Logik völlig entgegensteht.

Für diese „Anreicherung" der Daten waren die Personen Captain Kirk und Dr. McCoy zuständig, die diese Veredelung der Daten oft vornahmen, ohne genau zu wissen, auf welcher Basis sie das taten. Dinge wie der „gesunde Menschenverstand" oder „das Bauchgefühl" (alles Dinge, die Mr. Spock unbekannt oder zumindest völlig zuwider waren), brachten oft *im Zusammenspiel* mit den nüchternen Informationen von Mr. Spock die Lösung.

Wie sah es in der Realität aus? Die IT-Welt der zweiten Hälfte der 60-er Jahre bestand aus einem relativ kleinen, aber sehr elitären Team von Wissenschaftlern der verschiedensten Fakultäten. IBM hatte gerade das IBM System/360 auf den Markt gebracht, ein System, tonnenschwer, aber sehr flexibel (man konnte Peripherie zwischen einzelnen Modellen der Reihe austauschen) und modern (es wurde zum ersten Mal Software eingeführt, die wir heute als Betriebssystem bezeichnen).

Das IBM System/360 war zu damaliger Zeit nach der Apollo Mission das teuerste Entwicklungsprojekt und schlug mit 5 Milliarden Dollar Entwicklungskosten zu Buche. Der geneigte Leser möge sich die Welt vorstellen, wenn dieses Projekt gescheitert wäre.

„Es war wie das Anwerfen eines Kraftwerks. Der doppelte Boden des Rechenzentrums erzitterte, brummende Ventilatoren wühlten die Luft auf, Magnetplatten sangen das Hohe C“. Dies schrieb der Schweizer Schriftsteller *EMIL ZOPFI* nach seinem ersten Arbeitstag an einer IBM System/360.

Zur Vollständigkeit sei hier noch bemerkt, dass ein großer Marketingvorteil des IBM System/360 gegenüber seinen Vorgängern und Mitbewerbern der damaligen Zeit das „fragile und federleicht wirkende Erscheinungsbild“ der Maschine war.

Die gesellschaftliche Stellung des Computers war noch eher mit den Worten „bescheiden“ und „misstrauisch“ zu umschreiben. Man traute der Geschwindigkeit und vor allem der Richtigkeit der Ergebnisse noch nicht so recht. Alle Ergebnisse wurden im Allgemeinen nachgerechnet oder sogar nachträglich „angepasst“, um sich eventuell nicht lächerlich zu machen. Der amerikanische Fernsehsender CBS hatte hier 1952 sein kleines Waterloo. Ein UNIVAC-System rechnete auf Basis einer Stichprobe den möglichen Wahlausgang der amerikanischen Präsidentschaftswahlen hoch. Das Ergebnis deutete auf einen haushohen Sieg von *DWIGHT EISENHOWER* hin, der aber nach Umfragen weit hinten lag.

Aus Angst, den öffentlichen Spott auf sich zu ziehen, manipulierte man jedoch dieses Ergebnis und reduzierte die Werte, die danach nur einen knappen Sieg von *EISENHOWER* auswiesen. Die UNIVAC behielt jedoch Recht. CBS musste danach zugeben, hier die Maschine komplett unterschätzt zu haben.

Weitere Einsatzgebiete der neuen Wundermaschinen waren vor allem das Militär sowie einige mathematische Probleme, die nur durch extrem schnelle Rechenleistung zu klären waren. Es blieb aber einer sehr kleinen Gruppe von Bedienern vorbehalten, diese Geräte zu beherrschen, zu programmieren und deren Ergebnisse zu verstehen und sie wieder „in die Menschheit“ zurück übersetzen zu dürfen.

Mit der Einführung des IBM System/360 gab es eine massive Erweiterung der Einsatzgebiete dieser Maschinen von Universitäten, Forschungsstätten und Militär hin zur Privatwirtschaft. Das Image dieser rechnenden Monster besserte sich von Tag zu Tag.

Die Phase der reinen Daten-*Bearbeitung*, die sich intensiver um die Darstellung, das Erhalten (Speichern) und das Manipulieren der Daten kümmerte wich Mitte der 50-er Jahre immer mehr der Daten-*Verarbeitung*.

Ergebnisse von ballistischen Flugbahnberechnungen oder Wahlprognosen standen immer mehr im Vordergrund als das Hegen und Pflegen des ENIAC (Electronic Numerical Integrator and Computer), der tagelange Vorbereitungen von mehreren Personen bedurfte, um alle 17.000 Röhren zu überprüfen, viele hundert Kabel neu zu stecken und ca. 6.000 Drehschalter in die richtige Einstellung zu bringen. Das Ergebnis wurde zwar häufig in einigen Sekunden geliefert, die Vor- und Nachbereitungen waren aber gewaltig.

Wenden wir uns wieder Mr. Spock und seinem Job zu. Wie groß die Ehrfurcht vor der Berufsgruppe der damaligen Systembediener war, wurde durch die Tatsache unterstrichen, dass Mr. Spock ein außergewöhnlich guter Programmierer war, dessen weit überdurchschnittliche Fähigkeit im Umgang mit Computern in einigen Folgen die Handlung prägte.

Leider hat dieses Image heute die eine oder andere Schramme erhalten!

CBS hätte hier ein großes Feld von Möglichkeiten der Wiedergutmachung und Imagepflege der IT-Zunft durch z. B. einen Blockbuster, dessen gut aussehender, intelligenter Hauptdarsteller und Womanizer mit einem erfolgreichen und smarten Informatiker besetzt wird. Vielleicht sind hier aber unvereinbare Adjektive eingeflossen.

Was war nun das zukunftsweisende an diesem Charakter? Was sah man als natürliche Weiterentwicklung der gerade beginnenden Datenverarbeitung an? Was war der Wunsch an die Wissenschaft, die Science-Fiction?

Nun, Mr. Spock hatte aus damaliger Sicht nahezu perfekte Computer zur Hilfe. Die Probleme der Datenmengen, der Datenhaltung und des Datenzugriffs sowie Rechengeschwindigkeit waren komplett gelöst. Alles, was man wusste, war zum Abruf bereit und vorhanden. Die Möglichkeit, dass Daten nicht in der Datenbasis waren, konnte nur heißen, dass es insgesamt unbekannt war. Ein Fehlen bekannter Daten wurde völlig ausgeschlossen.

Für eventuell neue Daten gab es Sensoren, die in der Lage waren, auch Unbekanntes sehr genau zu bestimmen. Aufgrund der Antwortzeiten der Analysen, die Mr. Spock extrem schnell lieferte (es gab keinen Zeitunterschied zwischen Bekanntem und der Tatsache, dass etwas unbekannt war), lässt darauf schließen, dass es Sensoren gab, die sofort feststellten, dass nichts Bekanntes in der Datenbasis auf die Situation passte. Mr. Spock bestätigte dies häufig durch die Äußerung „Die Sensoren zeigen ein unbekanntes Kraftfeld oder eine unbekannte Substanz".

Ein Phänomen und ein Wunschtraum der Menschheit! Alles, was bekannt ist, ist vollständig und zugreifbar. Alles Unbekannte ergibt sich aus der Prüfung gegen das Bekannte. Schnittmengen wie „Ist bekannt, aber nicht zugreifbar oder verfügbar" existieren nicht.

Und trotzdem gibt es die Möglichkeit des Handelns. Aus bekannten Informationen und dem „Menschlichem" kann eine Lösung entstehen, neue Information und neues Wissen.

Die Vorstellung an die optimale Informationsversorgung bezog sich also damals noch auf das Lösen der Probleme, die sich rein um die Daten selbst rankten. Doch auch bei optimaler Bereitstellung der Daten bedurfte es überdurchschnittlicher, ja sogar übermenschlicher Fähigkeiten, diese Daten optimal miteinander in Verbindung zu bringen und anzuwenden. Der „normale" Mensch kann dadurch vielleicht Nutznießer sein, wird aber mit dieser Über-Technologie nie wirklich in Berührung kommen, um diese Transferleistung zu erbringen.

Die Existenz von Einrichtungen wie Internet oder Google tauchte noch nicht einmal in Science-Fiction der damaligen Zeit auf. Viele Filme dieser Zeit beschrieben zwar die „totale Datenkenntnis", schlossen aber eine Berührung dieser Dinge mit dem durchschnittlichen Menschen aus. Dies war eine Entwicklungsrichtung, die man noch nicht sah, obwohl man alle damaligen (Daten-)Probleme auf der Enterprise gelöst hatte.

Wie wenig der ungeschulte Endanwender in das Bewusstsein rückte, wurde durch die Tatsache bestärkt, dass man sich zu damaliger Zeit, also so um 2200 n. Chr., wenig Gedanken über Ergonomie, Front-Ends, Mobile Computing etc. machte. Alle Konsolen der Bordcomputer auf der Enterprise waren simple Touch-Screens mit recht lustloser Grafik. Die Hauptkonsole des Captains waren im Wesentlichen drei Druckknöpfe und eine Kontroll-Leuchte und das Front-End von Mr. Spock ein trichterförmiger Kasten mit Stellrädchen und offensichtlich blau-weißem Licht kann man nur als menschenunwürdig bezeichnen.

Sämtliche Mobile Devices wie Tricorder, Sprechgeräte der Crew, medizinischer Scanner von Dr. McCoy usw. schienen zwar recht leistungsfähig, aber die Handhabung lies alle Wünsche offen. Jedes handelsübliche Handy hat einen besseren Bildschirm als Mr. Spocks Tricorder und das ewige Aufklappen des Funkgeräts oder das ergonomisch völlig verpfuschte Empfangsgerät von Kommunikationsoffizier Lieutenant Nyota Penda Uhura, das permanent bei Empfang von Nachrichten in das Ohr gedrückt werden musste, kann nur den Schluss zulassen, dass „Otto Normalkosmonaut" niemals damit in Berührung kommen würde. Die Faszination des Vorhandenseins aller Daten und deren Zugriff stellte alles andere zurück. Daten waren der Schlüssel zum Heiligen Gral, zum Lösen aller Probleme, zum Paradies.

4 Der IT-Klondike River

Der Startschuss war gefallen. In den folgenden Dekaden erfuhr der Computer einen technischen (und gesellschaftlichen) Aufstieg, der seines Gleichen sucht. Durch immer wiederkehrende Beweise der Leistungsfähigkeit der Maschinen und der fortschreitenden Vereinfachung der Handhabung (nun zugegeben, das ist relativ) und permanent sich selbst überholenden Leistungskennzahlen der Computer schien man keine unüberwindbaren Grenzen mehr zu sehen.

Es entstand ein Anbieter-Markt der Geräte und fasziniert hypnotisierte Käufer, oft genug völlig ahnungslos, was sie mit der neuen Errungenschaft eines Computers eigentlich verbessern wollten, standen Schlange. IT-Firmen schossen wie Pilze aus dem Boden und erklärten der Welt immer wieder aufs Neue, dass ihr Ansatz, einen Computer zu bauen, der richtige sei. Das blanke Nennen von Kennzahlen eines Modells reichte bereits für eine Kaufentscheidung aus. Vergleiche zur realen Welt („auf diesem Chip kann man 1.000 DIN-A4-Seiten speichern") verloren bald ihren Reiz und ihre Notwendigkeit.

Auch angrenzende Bereiche wie die Telekommunikation erfuhren ungeahnte Aufschwünge.

Der Transistor schien die nächste Gabe von Prometheus an die Menschheit gewesen zu sein, nachdem er durch eine Indiskretion schon das Feuer gebracht hatte. Dieses Geschenk schien im Gegensatz zum Feuer jedoch straffrei ausgegangen zu sein. Alle griechischen Mythologen, seien hiermit aufgerufen, dies zu überprüfen.

Obwohl sich die Euphorie hauptsächlich auf Errungenschaften auf technischer Ebene beschränkte, so rückten doch immer mehr die Aspekte „realer Nutzen für die Unternehmung" und „Bedienung" in den Vordergrund. Jemand musste diese datenverschlingenden Monster ja füttern. Ein weiteres Problem kam hinzu: Man brauchte nun Personen, die das zu lösende Problem verstanden *und* die Bedienung und Möglichkeiten der neuen Wunderwaffen kannten. Ein Problem, dass bis heute zwar unvorstellbare Abstraktionshöhen erreicht hat, aber im Grunde genommen akuter denn je ist.

Alle Lösungsversuche haben eines gemeinsam. Man hebt die Abstraktionsebene auf beiden Seiten (die des eigentlichen Problems und die der Welt der Rechenmonster) weiter nach oben in der stillen Hoffnung, mal ein Niveau zu erreichen, auf dem sich beide Seiten einigermaßen verstehen. In einigen Science-Fiction-Filmen ist dies geschafft worden. Man gibt dem Computer den Befehl, das in der Realität vorhandene Problem zu lösen und er macht dies dann auch.

Beispiel hierfür ist der Film „War Games", in dem man die komplette Verteidigung der Guten gegen die Bösen einer Maschine überlässt, weil der Mensch wieder einmal seine Bedenken und Emotionen nicht im Griff hat. Leider verliert die Maschine jeden Realitätsbezug, kann zwischen virtueller und realer Welt nicht mehr unterscheiden und dreht nach der Erkenntnis, dass das Spiel TicTacToe gegen sich selbst nicht zu gewinnen ist, völlig durch. Wir wünschen WOPR (War Operation Plan Response; der wohlklingende Name der Maschine) von dieser Stelle alles Gute und weiterhin schnelle Genesung.

Um das Bedienungsproblem besser in den Griff zu bekommen, wurden Programmiersprachen und Tools entwickelt, die die Steuerung der Datenmanipulationen (oder besser Programmierung) erleichtern sollte. Leider wurden diese Versuche nahezu ausschließlich von den Personen gemacht, die mittlerweile sowieso in die gesellschaftliche Kategorie „sonderbar bis wunderlich" eingestuft wurden. Deshalb kamen dabei auch so handliche Programmiersprachen wie APL und RPG heraus.

Die Versuche, sich von der anderen Seite, sprich sich über die formale Beschreibung des Problems der Maschine zu nähern, endeten in unglaublich geschwätzigen Konstrukten wie COBOL.

Dem an dieser Stelle vielleicht erzürnten Leser sei gesagt, dass damit nicht gemeint ist, dass diese Versuche erfolglos waren. Ganz im Gegenteil. Die Welt spricht nach wie vor im Wesentlichen COBOL, wenngleich sie den Rang als Weltsprache kontinuierlich verliert. Dieses Schicksal teilt sie aber mit dem Französischen und ist somit in allerfeinster Gesellschaft.

Java ist auf dem besten Wege, diese freiwerdenden Stellen dominierender Programmiersprachen zu besetzen, ist aber schon jetzt die am seltensten zu sehende Programmiersprache, da sie nicht programmiert (geschrieben) sondern generiert wird. Dominant aber unsichtbar. Nicht wirklich ein erstrebenswertes Schicksal.

Dass jedoch der Versuch, sich diesen Problemen zu nähern und wieder eine Abstraktionsebene höher zu gehen, in der die gleichen Probleme in einer anderen Sprache beschrieben werden, die dann wiederum das Ganze nach unten übersetzt, zum Scheitern verurteilt war, sollte eigentlich niemanden überraschen. Trotzdem war es ein notwendiger Schritt sowie eine unersetzliche Quelle an gesammelter Erfahrung.

5 Beam me up, Scotty

Wenden wir uns an dieser Stelle wieder der Enterprise zu. Nachdem Captain Kirk und Mr. Spock einige Enterprise-Modelle in dem Kampf für das Gute mächtig demoliert haben und obwohl die Versicherungen die Schäden offensichtlich großzügig regulierten (sie bekamen immer wieder neue Schiffe), war es doch an der Zeit, die Mannschaft neu zu besetzen.

Damit einhergehend war auch eine Neuverteilung der Charaktere. Captain Jean-Luc Picard übernahm die Rolle von Captain Kirk. Seine Tiefgründigkeit und Menschlichkeit, sein Verantwortungsbewusstsein und seine aufopfernde, sich und die eigenen Probleme immer in den Hintergrund stellende, ja nahezu extrem altruistische Art, haben viele Entscheidungen, die zu treffen waren, maßgeblich beeinflusst. Man erkennt hier deutlich die starke Betonung und die Rückbesinnung auf den Wert des menschlichen Faktors und des Althergebrachten (Jean-Luc Picard spielt Flöte und liebt gedruckte Bücher – beides Sinnbilder des längst Vergangenen, aber deswegen nicht Wertlosen oder gar Einfachen).

Bezogen auf das Thema Informationsgesellschaft konzentrieren wir uns aber auf Lieutenant Commander Data, einem Androiden, der der Inbegriff alles (objektivierten) Wissens ist. Schauen wir uns einige Kennzahlen von Commander Data an (das ist uns sehr vertraut).

Nach eigenen Angaben ist Commander Data in der Lage 30 Trillionen Rechenoperationen pro Sekunde zu leisten. Klingt viel, aber rechnen wir es mal um in uns bekannte Einheiten, so ergäben dies 30.000 Peta Rechenoperationen. Ist man großzügig und setzt eine Rechenoperation gleich mit einem FLOP (Floating Point Operation), so kennzeichnet das Modell „Commander Data" eine Rechenleistung von 30.000 PetaFLOP pro Sekunde. Eine in der Zeit der Entstehung unvorstellbare Zahl. Der Autor wollte wahrscheinlich endlich Ruhe davor haben, permanent von der Realität eingeholt zu werden.

Doch auch diese Grenze scheint gebrochen zu sein. IBM-Forschern gelang es, die PetaFLOP-Barriere zu brechen. Eine Grenze, die lange als unüberwindbar galt. Zugegeben, einige mehr buchhalterisch akribisch veranlagte Leser erkennen hier einen Unschärfe-Faktor von 30.000 und die IT-Welt hat noch nicht wirklich die nächste Größenordnung ExaFLOP verinnerlicht, aber mit 30.000 PetaFLOPS lässt sich schon hantieren.

Kommen wir zur nächsten Kennzahl, die die gesamte IT-Welt einfach liebt, und zwar die der Speicherkapazität. Auch wenn wir wirklich nicht wissen, was wir in den ungeheuren Speicherkapazitäten schon heute existierender Systeme Sinnvolles speichern wollen (zugegeben, eine sehr harte Einschränkung an die Obermenge allen Speicherbaren), so beeindrucken diese Zahlen immer wieder aufs Neue und wir behaupten, wir brauchten das alles auch.

Zurück zu Commander Data. Er hat 1 Milliarde Gigabyte an Speicherkapazität. Beeindruckt? Nicht wirklich, denn auch hier kommen wir in Bereiche, die uns nicht unvertraut erscheinen. Die Speicherkapazität entspricht 1 Million Terabyte oder 1.000 Petabyte (zum Vergleich: der Preis für 1 Gigabyte liegt derzeit (Juli 2008) bei ca. 15 Cent mit fallender Tendenz.

Also auch diese Zahl verursacht keine schwärmerischen Anfälle oder gar schlaflose Nächte. So gesehen ist „Commander Data" zwar ein Spitzenmodell aber nicht komplett aus einer anderen Dimension.

Zur Vollständigkeit sei noch erwähnt, dass, mit heutigen Technologien realisiert, das Aussehen von Commander Data doch etwas vom landläufigen Schönheitsideal abweichen würde (Wasserkopf, Bierbauch, große Füße, rot glühend aufgrund der Abwärme) und seine Nahrungs-, Entschuldigung: Energieaufnahme kaum zu befriedigen wäre, aber der nächste Quantensprung der Transistorgröße steht schon an bzw. neue Speicher- und Recheneinheiten sind bereits in Sicht.

Wie geht Commander Data mit Informationen um? Projizieren wir die Anfänge der reinen Datenbewältigung, repräsentiert durch Mr. Spock auf Commander Data. Commander Data weiß alles ... Punkt! Darüber hinaus ist die Unterscheidung zwischen Datenhaltungssystem und Benutzer-Interface völlig aufgehoben worden. Das Interface zu den Daten sind die Daten selbst (oder umgekehrt). Dies löst mit einem Schlag gleich mehrere Probleme. Niemand muss sich mehr mit unschönen Benutzerschnittstellen herumschlagen. Man befragt die Daten einfach so, wie man einen Menschen befragen würde. Man hat sozusagen das hörende und sprechende Hyper-Google auf zwei Beinen.

Damit ist auch gleich das nächste Problem erledigt, und zwar das der Bandbreiten. Man nimmt Google einfach mit. Noch besser, es läuft hinterher und muss nicht getragen werden. Man kann es alles fragen, was einem auf dem Herzen liegt und bekommt real-time Antworten in der Mutter-Sprache, und zwar so aufbereitet, dass der Inhalt vollkommen verständlich ist. Man benötigt keinerlei Schablonen zur Datendeutung und Informationsgewinnung. Alles schon eingebaut. Man hat sogar ein sich adaptierendes Ausgabemedium, das sich dem Intellekt des Fragenden anpasst und dementsprechend reagiert.

Wie rückständig erscheint in diesem Licht doch die Trennung zwischen dem auf Basis sehr guter Transferleistungen clevere Ideen hervorbringenden, aber ansonsten recht unbeholfenen, an einen Designer-Abfallkorb erinnernden Roboter R2D2, der sich leider nur pfeifend verständigen konnte (verstehen konnte er interessanterweise alles) und dem neurotischen, kurz vor dem Kollaps stehenden, aber für das Verständnis der Antworten von R2D2 unumgänglichen Kommunikationsroboter C-3PO aus der Serie „Star Wars".

Was hat sich Grundlegendes geändert? Alle Probleme der Datenhaltung, der Verarbeitung und der semantischen Deutung, also alle Probleme der Informations-*Verarbeitung* sind gelöst. Es gibt eine Einheit, die diesen Teil einer Problemlösung komplett übernimmt. Hier gibt es absolute Sicherheit, dass keine Information vergessen wurde oder ein Abgleich zu Bekanntem nicht gemacht wurde. Trotzdem erscheinen die Problemlösungen nicht einfacher. Es bedarf umso mehr der Hinzunahme äußerst menschlicher Züge wie Erfahrung, Besonnenheit und sogar Übersinnliches gepaart mit einer Portion Unlogik, um zum Wissen zu gelangen.

Diese Eigenschaften wurden als so elementar betrachtet, dass sie auf mehrere Charaktere verteilt werden mussten. Captain Jean-Luc Picard repräsentiert die Seniorität und Erfahrung. Des Weiteren Commander William Thomas Riker (Erster Offizier und Co-Pilot), der jugendliche Schönling, der aufgrund seiner Traumfigur den pragmatischen Teil einer Lösung abdeckt und oft die Umsetzung einer Lösung übernehmen musste, bei der auch organisch-physische Kraftübertragungen (Prügel) zum Einsatz kamen (diese Rolle übernahm Captain Kirk auf der alten Enterprise selbst; Captain Picard prügelt sich nicht mehr mit irgendwelchen dahergelaufenen Extraterrestrischen, sondern nur mit ausgewählten Gegnern). Und zu guter Letzt Counselor Deanna Troi, die Schiffs-Psychotherapeutin, die empathische Kräfte besaß, also starke Gefühle und Emotionen anderer Personen (auch anderer Lebensformen) wahrnehmen konnte.

Alle waren oft maßgeblich in dem Findungsprozess einer Lösung involviert. Alle verkörperten Komponenten *im Zusammenspiel* waren der Schlüssel zum Erfolg.

Alle haben aber auch ganz spezifische Probleme, die nicht leicht zu lösen waren. Counselor Deanna Troi litt oft mit den starken Emotionen der sie umgebenden Personen mit. Captain Picard belastete eine große Trauer und Sorge, die er nirgendwo loswerden konnte, Commander Riker kam aus seiner Untergebenen-Rolle, die fast sklavische Züge gegenüber Captain Picard hatte, niemals heraus und darüber konnte ihn Counselor Deanna Troi auch nicht hinwegtrösten, auch wenn sie alle physischen und psychischen Voraussetzungen dafür hatte.

Und Commander Data? Er hatte die größten Probleme, denn trotz seines vermeintlich vollkommenen Wissens wurde er gequält von der Tatsache, dass ihm die Welt der Emotionen, die Welt der Gefühle, die Welt der Menschlichkeit verschlossen blieb. Auch die Hinzunahme eines Emotions-Chips oder die Fähigkeiten, zu weinen, zu schwitzen oder zu lieben (zumindest körperlich) brachten nur noch mehr Verwirrung, Stress und sogar Fehlfunktionen in seiner eigentlichen Rolle.

Informationen, abgeleitet aus Daten ohne den nicht zu greifenden menschlichen Faktor, der eine oft irrational aussehende Bewertung und Handlungsweise (eine unvorhergesehene Pragmatik) nach sich zieht, sind nur bedingt nützlich. Diese Eigenschaft, kombiniert mit der Tatsache, dass Informationen noch viel zu subjektiv sind und den Objektivierungs-Prozess nur ansatzweise begonnen haben, stellt die *Grenze zum Wissen und zur Weisheit* dar.

Dieser Fakt wurde in „Star Trek – Der Film“ nochmals auf die Spitze getrieben. Eine kleine Sonde mit dem poetischen Namen „Voyager“ macht eine Reise durch alle Galaxien und sammelt alles Wissen auf. Da sie offensichtlich auch einige weniger gut ausgebaute Wege nehmen musste, die sie an entscheidenden Stellen nachhaltig verschmutzten, wurde über die Zeit aus „Voyager“ das allmächtige „V'ger“ und keiner erkannte sie mehr bei ihrer Rückkehr oder wusste mit ihren Wünschen etwas anzufangen. Einer der eindringlichsten Demonstrationen der Hilflosigkeit, wenn aus Daten keine Information mehr zu gewinnen sind. Syntaktisch korrekt, Deutungsschlüssel nicht mehr vorhanden oder nicht in der Lage, richtig zu deuten, zu de-codieren, die Katastrophe naht.

Doch auch „V'ger" in ihrer gesamten Macht erkennt immer schmerzhafter, dass da etwas ist, das sie nicht greifen kann. Etwas, dass wohl nicht codierbar und abrufbar ist, etwas, dass nicht durch Logik oder Technologie zu erfassen ist, etwas, was die kalte Ansammlung von Daten und Informationen, von einzelnen Beziehungen und Relationen zu einem Ganzen, zum Wissen, werden lässt.

Diese Suche nach dem scheinbar letzten fehlenden Puzzlestück wird zur Besessenheit und lässt völlig falsche, unlogische und dem eigentlichen Ziel abträgliche Entscheidungen zu. Ein Mega-GAU für eine logische Einheit, eine Neurose, die sich zur Psychose steigert, ein Grund sich selbst zu zerstören.

Dies wurde symbolisch durch das Verschwinden von V'ger, wo immer auch hin, dargestellt, nachdem die gewünschte Kommunikation mit dem vermissten „Meister" erfolgreich war und das fehlende Stück als Romeo und Julia, oder einem kompatiblen Liebespaar ähnlicher Gefühlsstärke als die Lösung für die fehlenden Informationen gehalten wurde.

V'ger wurde nicht mehr gesehen, da wahrscheinlich ab diesem Zeitpunkt die komplette Rechenkapazität auf das Verstehen einer undurchdringlichen Relation zwischen Mann und Frau verwendet werden musste.

Der Interpretation, dass V'ger die Vorstufe zu den Borg (siehe unten) war, sei hier vehement widersprochen. Die Vorstellung, dass dies wahr wäre und die Borg das Ergebnis von V'gers Berechnungen und Analysen der Mann/Frau-Beziehung sind, ist einfach zu deprimierend.

6 Scotty...schieb den Regler am Transporter wieder zurück

Zurück im 21. Jahrhundert mit dem doch nicht weichenden Gefühl, dass da im 24. Jahrhundert auch nicht alles in Ordnung war, obwohl sie die aus unserer heutigen Sicht unglaublich großen Probleme doch alle gelöst haben.

Richten wir unser Auge doch wieder auf unsere Informationsgesellschaft. Im technischen Umfeld haben wir uns an eine Schlagzahl gewöhnt, die bewirkt, dass wir weder durch extrem große Zahlen (Giga-, Tera-, Exa-) noch durch extrem kleine Zahlen (Mikro-, Nano-, Pico-) aus der Ruhe zu bringen sind.

An Probleme, die nur dadurch noch keiner Lösung zugeführt worden sind, weil die entsprechende Rechenleistung bzw. die benötigte Speicherkapazität nicht wirtschaftlich verfügbar gemacht werden kann, machen wir innerlich einen Haken.

Oder zweifelt der geneigte Leser ernsthaft daran, dass wir irgendwann auf den Meter und das Zehntel-Grad genau die Klimaerwärmung vorausberechnen können werden, denn wir haben ja alle Formeln und Zusammenhänge dazu entdeckt und verstanden, oder nicht?

Vielmehr treibt unsere heutige Gesellschaft doch eher das Problem des Informationsüberflusses um. Die Phase der *Informations-Bearbeitung* verlassen wir langsam und begeben uns in die Phase der Informations-*Verarbeitung*.

Ein kleiner Rückblick sei hier erlaubt. Um große Datenmengen (Volkszählungen etc.) besser und schneller in den Griff zu bekommen, hat man sich den Computer ersonnen. Genau der ist es aber, der uns im Moment den Informationsüberfluss beschert. War es vielleicht doch nicht der Heilige Gral, den man gefunden hat, sondern eher die Büchse der Pandora, die man etwas zu weit öffnete?

Nüchtern betrachtet leiden wir derzeit unter den Fehlern, die in der Vergangenheit gemacht wurden. Das ist natürlich immer leicht zu sagen und das Wort „Fehler“ impliziert die Situation, dass man es besser gewusst hätte und trotzdem nicht gemacht hat. Dies muss natürlich relativiert werden, denn zu den jeweiligen Entscheidungspunkten und den herrschenden Rahmenbedingungen waren diese Entscheidungen aus damaliger Sicht durchaus richtig.

Indizien auf eine bessere Vorgehensweise hätte man aber früher erkennen können. Hätte sich die IT-Gemeinde als Gemeinde verstanden und nicht die IT als Schlachtfeld kapitalistischer Grabenkämpfe, aus denen bisher Dutzende Verlierer hervorgegangen sind (über mögliche Gewinner legen wir das Tuch des Schweigens und der Unwissenheit), so hätte man sich viel früher auf Gemeinsamkeiten einigen können. Leider ist man hier bereits bei der Syntaktik kläglich gescheitert.

Das einzige, auf das man sich einigen konnte, war die Verwendung eines dualen Systems oder 0-1-Systems. Dies war aber wohl auch nur dadurch bedingt, dass der Transistor als Grundelement diese zwei Zustände vorgab. Bereits bei der Anordnung in der Festlegung der Wertigkeiten der kleinsten Datenzellen (Bits) gab es Uneinigkeit. Der mittlerweile informationsgestählte Leser möge die Begriffe „Big Endian“ und „Little Endian“ selbst erforschen (kleiner Tipp am Rande: es heißt nicht „Indian“, was immer wieder zu lesen ist, hat nichts mit Indern oder Indianern zu tun und ist auch kein Lokal in Toronto … Auf das Google, fertig, los!).

Auch bei der semantischen Belegung von lächerlichen acht dieser Bits brach die Disharmonie aus und es entstanden zwei Deutungsschablonen EBCDIC und ASCII. Dies hat sich viele Jahre nicht wirklich negativ ausgewirkt und nur jene hart getroffen, die die verschiedenen Welten miteinander vereinen mussten bzw. Brücken zwischen den Welten schaffen sollten.

Alle Formen von Daten und Information wurden wie ein geheiligtes (weil sehr teures) Asset in jeder Firma behandelt. Wer Daten wollte, musste sie schon selbst erstellen. An Herausgabe oder kontrolliertem Zugriff war überhaupt nicht zu denken. Daher waren auch die völlig inkompatiblen Aufbewahrungs- und Zugriffsformen kein wirkliches Problem.

Doch ausgerechnet die Wissenschaften, die sich äußerst ungern in die Karten schauen ließen, verspürten plötzlich die Notwendigkeit, auf Informationen anderer zuzugreifen oder doch zumindest darauf verweisen zu müssen. Es wurde immer deutlicher, dass eine professionelle Forschung nur dann noch gewährleistet werden konnte, wenn man die scheinbar immer größer werdenden Probleme aufteilt und auf Ergebnisse anderer aufbaut.

Eine Einsicht, die sich erst sehr viel später in der Wirtschaft breit machte, auch wenn sich einige Softwareunternehmen noch heute dagegen wehren. Zu dieser Zeit galt es noch als wirtschaftlicher Garant, wenn man keinerlei Abhängigkeiten zu Lieferanten hatte.

Die komplette Wertschöpfungskette im eigenen Hause zu haben, war einfach nicht mehr darstellbar.

Durch die mittlerweile für Daten nutzbaren Infrastrukturen der Telefonie und des darüber abzuwickelnden Datenaustausches konnte man sich erstmals ernsthafte Gedanken von systemübergreifender Verlinkung machen. Dies durfte nicht mehr als der kleinste Nenner aller denkbaren Möglichkeiten sein, denn substanzieller Mehraufwand einer solchen Verlinkung würde nicht akzeptiert werden.

Dies wiederum trieb einen weitsichtigen Forscher mit dem Namen *TIM BERNERS-LEE* an, sich über ein System von vernetzten Dokumenten Gedanken zu machen und die nötigen Grundlagen wie z. B. das benötigte Protokoll „http" und Ähnliches auszuarbeiten. Der Name dieses Projekts war „Global Hypertext Project". *BERNERS-LEE* entwickelte den ersten Web-Server mit dem Namen "httpd" und den ersten WYSIWYG (what-you-see-is-what-you-get)-Browser/Editor, den er "WorldWideWeb" (WWW) nannte. Der eine oder andere unter den geneigten Lesern wird den Begriff vielleicht wieder erkennen.

Das Ziel des Projektes war eindeutig: "It was designed to allow people to work together by combining their knowledge in a web of hypertext documents". Es ging also im ersten Schritt einfach nur darum, Wissen über und Wege zu Dokumenten zu haben. Das wirklich geniale dieser Technologie war sicherlich, ohne die Ingenieurskunst und das Durchdenken bis zu Ende in irgendeiner Weise schmälern zu wollen, die Erkenntnis, dass dies nur dann funktionieren kann, wenn möglichst viele mitmachen. Dies wiederum kann nur dann geschehen, wenn die Spielregeln für das Mitmachen bekannt sind. Strenge Vorschriften (Standards) sowie die Zustimmung aller Beteiligten garantierten eine tragfeste Basis.

Der Siegeszug des WWW begann. Überflüssig zu erwähnen, dass auch hier das Brunftgehabe von Neuem begann und einige Mitspieler separate Netze aufbauen wollten, die wiederum separate Technologien voraussetzten. Aber das Umfeld hatte sich geändert. Der IT-Klondike River war mittlerweile schon einige Male durchgesiebt worden und wirklich große Gold-Nuggets zu finden, erforderte einen langen Atem und ein gesundes Polster finanzieller Art.

Was die Informationsgesellschaft im 21. Jahrhundert über sich ergehen lassen muss, ist eine Flut von Informationen, die aber in ihrer Art leider schon fast wieder als unstrukturiert zu bezeichnen sind.

Irgendein Staudamm scheint geborsten zu sein oder jemand hat den Informations- und Datenhahn zu weit aufgedreht. Technologien der letzten Jahre haben sich mit der Reinkarnation der Vorteile einer Client/Server-Umgebung befasst, kümmern sich aber mehr und mehr um Teil 2 des Informationszeitalters, der Informations-*Verarbeitung*. Wie werde ich der Flut Herr? Wie bringe ich Mehrwert in die gelieferten Informationen? Wie gebe ich meine Erfahrungen weiter? Wie helfe ich anderen bei der Informationssuche?

Verzweifelte Versuche, die herabstürzenden Informationsmassen wieder zu beherrschen, erscheinen teilweise wie der Kampf gegen die Flammen des brennenden Roms mit Wassereimer-Ketten, in denen sich ab und zu auch ein Eimer Waschbenzin befindet. Je angenehmer es mittlerweile allen gemacht wird, Information zu produzieren und insbesondere zu publizieren (pro Sekunde entsteht zur Zeit ein Blog), desto größer ist die Gefahr, dass alle Technologie zur Reparatur des geborstenen Staudamms einfach weggespült wird oder weitere Schäden anrichtet und sich noch mehr unkontrollierte Informationsflut ergießt.

Um auch hier keinen falschen Eindruck entstehen zu lassen. Das letzte, was hier hilft, ist Kontrolle im Sinne von diktatorischem Zentralismus. Moderne Technologien müssen jedoch heute in der Flut beweisen, ob sie überlebensfähig sind und Hilfe bringen können oder sie gehen den Gang des Vergänglichen. Letztlich werden nur der Gebrauch oder Nicht-Gebrauch, die Alltagstauglichkeit und das Votum aller Beteiligten, der Informationserzeuger und der Informationskonsumenten darüber befinden. Die Grenze der Informationserzeuger und der Informationskonsumenten wird verschwinden, denn jeder Konsum von Informationen wird zum Mehrwert der konsumierten Information beitragen und somit neue Information erzeugen (Tagging, Hit-Rates etc.).

Eine neue Welt für die neuen Technologien. Sie sind nicht mehr länger nur deshalb genial, weil sie erfunden wurden, sondern erst dann, wenn sie ihre Genialität vor einer kaum zu greifenden und unüberschaubaren Jury, den Anwendern, bewiesen haben. Sie sind nicht länger per Definition unschuldig an den herabfallenden Informationsmassen, sondern müssen zumindest ihre Unschuld beweisen, nicht noch mehr Informationen zu generieren und werden erst dann auf ein Silbertablett gehoben, wenn sie demonstriert haben, dass sie Informationen eindämmen oder zumindest kanalisieren können. Ansonsten droht Höchststrafe einer jeden Technologie – Nichtbeachtung und Vergessen.

7 Realität an Brücke

Begeben wir uns nochmals zurück in das 24. Jahrhundert. Was kann man eventuell für die Zukunft ableiten auf unserer Reise durch das Zeit-Informations-Kontinuum?

Wir haben bereits die Notwendigkeit der Daten*bearbeitungs*- und der Daten*verarbeitungs*-Phasen erkannt. Gestatten wir uns einen Anfall von Selbstbewusstsein und betrachten diese Probleme als einigermaßen gelöst oder zumindest erkannt, adressiert oder in der Lösung begriffen. Wir haben in der Phase der Informationsbearbeitung einiges geleistet und besitzen ungekannte Mittel, Informationen zu erzeugen und in eine Form zu bringen, die es sehr einfach erlaubt, diese Information zu verteilen.

Die Phase der Informations-*Verarbeitung*, an dessen Anfang wir derzeit stehen, scheint uns aber noch gehörige Kopfschmerzen zu bereiten. Wie kann mehr und besser verwertbare Information über Information erzeugt werden? Wie kann semantische Suche besser unterstützt werden? Wie bringen wir Informationen bei, sich selbst besser zu erklären und nicht nur passive Stückchen zu spielen, die einfach nur da sind und darauf warten, von Google gefunden zu werden?

Pessimisten an dieser Stelle mögen nach vorne treten und behaupten, dass wir auf unserer Reise mal in ein falsches Wurmloch abgebogen sind und uns derzeit auf dem absoluten Holzweg befinden. Ihr Beweis dafür sind die verzweifelten Versuche, dem Informationsgestrüpp dadurch Herr zu werden, dass Teile zusammengefasst, Ecken und Kanten gerade gebogen, schöne rechte Winkel daraus gemacht werden, um somit das Ganze geordneter aussehen zu lassen anstatt beherzt mit Motorsäge, Sense, Shredder und Schere zu Werke zu gehen.

Ihnen sei entgegnet, dass aber genau dieser Wildwuchs die treibende Kraft ist, die uns weiterbringt. Genau dieser Wildwuchs ist es, der neue Kräfte erweckt (nennen wir sie zum besseren Verständnis *Innovation*) und neue Wege, vielleicht auch neue Wurmlöcher, findet.

Gehen wir doch einfach auf Impulskraft zurück, verlassen den Hyperspace mit Sol- und Warp-Geschwindigkeiten, wagen einen Blick in die Glaskugel und lassen uns etwas treiben auf den unsichtbaren Schwingen der Enterprise.

Was werden wir in den nächsten Jahren im Bereich der Informationsverarbeitung sehen?

1) *Informationen werden sich emanzipieren.* Sie werden aus ihrer Passivität herauskommen, sich selbst nach außen hin besser präsentieren und ihren Wert deklarieren (es wird also ein Selbstmarketing in Reinstform stattfinden gesteuert durch Selbsttaxonomie) und sie werden weiter veredelt durch Nutzung und Anreicherung von außen.

   Daten werden endlich die Visibilität bekommen, die ihrer Bedeutung gerecht wird. Sie werden sich befreien aus der Knechtschaft der Anwendungen, die sie maskieren und in ihrer Freiheit beschränken und werden in die weite Welt, nein, in das weite Universum ziehen und sich weiter vervollkommnen. Je mehr sie benutzt oder gesucht werden, umso wertvoller werden sie. Daten werden aufgrund ihres Wissens über sich entscheiden, wo sie sich am besten aufhalten sollten, um am nützlichsten zu sein. Sie werden nicht länger darauf warten, irgendwohin geschoben oder gar dupliziert zu werden, um dann bei einer Wiedervereinigung festzustellen, dass doch Teile der Klone an ihr Ende des Seins gekommen sind.

2) *Es wird enger auf den Servern.* Daten werden sich nicht länger den Luxus leisten können, eine gewisse Omnipräsenz in den Server-Landschaften zu haben und ein munteres, semantisches Eigenleben führen. Die Anwender haben den Applikationen verraten, dass sich hier mehre Welten gebildet haben und dass harmlos erscheinende Kunden-Records mit ihren Attributen wie Name, Vorname, Adresse etc. in gleich Dutzenden dieser Welten einen Avatar haben und keiner weiß mehr so genau, welcher nun der richtige ist. „One Truth" ist der Wunsch, und der Weg dahin hat viele Facetten.

Die Palette beginnt mit martialischen Kämpfen zwischen ähnlichen Daten, aus denen nur ein Gewinner und viele Verlierer hervorgehen. Diese Kämpfe werden auf immer kleiner werdenden Schlachtfeldern ausgetragen. Sie sind mit den Zusätzen -consolidation, -concentration oder -centralization gut zu erkennen, verstecken sich aber auch gerne hinter wohlklingenden Namen wie De-Duplication und Compression. Ziel dieser Kämpfe ist der alleinige Sieger, der keine anderen neben sich duldet (vielleicht ein paar Sprösslinge, die aber lediglich durch Replikation entstanden und somit zu 100% unter Kontrolle sind).Wohl den Informationen, denen es gelingt, ihre Einmaligkeit zu beweisen und das Scheitern des Versuches, sie auf eine der obigen Kampffelder zu schicken, dadurch begründet wird, dass man die totale Kapitulation und den Verlust sämtlichen Wertes noch vor Kampfbeginn festscheibt. Diesen Informationen wird jedoch eine strenge Kleiderordnung auferlegt, die ihnen ein Weiterleben ermöglicht, aber alle Arten freier Entfaltung oder Sichtbarkeit nach außen, die nicht vollständig dieser Kleiderordnung entsprechen, völlig untersagt. Bei lebendigem Leibe eingemauert und manchmal zum ewigen Leben verdammt. Der geneigte Leser möge hier selbst entscheiden, was das grausamere Schicksal der beiden Extreme ist.

3) *Clients werden kommunizieren lernen.* Nein, nicht, dass die Spracheingabe endlich ein technisches Niveau erreicht, dass ein normal sprechender Mensch mit gebremsten Vokabular seine Wünsche in seiner Form der Kommunikation mitteilen könnte oder dass künstlich erzeugte Sprache nicht klingt, wie ein Zylon, dem bei seinem Kampf gegen die Galactica einige Transistoren in seiner Audio-Ausgabeeinheit abhanden kamen. Clients werden anfangen, sich mit Clients zu unterhalten, ohne ihre jeweiligen Server-Aufseher zu fragen. Dies ist gleich aus mehreren Aspekten heraus wichtig.

   Wie schon beschrieben wird es auf den Servern enger werden. Die Server werden sich fragen, ob sie nun wirklich alles mitbekommen müssen, was der Client so alles erfährt. Gewisse banale Dinge können die Clients auch gleich untereinander regeln und sie sollen sich melden, wenn sie nicht weiterkommen. Zum zweiten ist derzeit der infrastrukturelle Straßenbau etwas ins Stocken geraten. Neue Fahrbahnbeläge wie UMTS scheinen die erhofften Geschwindigkeits- und Mengensteigerungen nicht erfüllen zu können. Kupfer- und Lichtwellenleiter tun, was sie können, kämpfen aber gegen störrische Informationsquellen oder Informationssenken, die die gelieferten Informationen nicht hergeben oder abnehmen wollen oder können. Der Äther ist zwar noch nicht völlig zugeparkt, aber die dafür nötigen Unschönheiten wie Strahlenbelastung usw., die im Verdacht stehen, gewisse Kollateralschäden mit sich zu bringen, vergällen manchen die Laune. Also wird es nötig sein, Dinge Vorort zu klären und dazu auch die entsprechenden Informationen zu haben. Das trifft sich gut, denn die Clients sind mitten in der Emanzipationsphase. Ist das Science-Fiction? Nein. Reaktionen intelligenter Handys auf ihre aktuelle Position wie das lapidare Anzeigen des rechten Weges oder der Hinweis auf das Geschäft, wo man das gerade erblickte Kleidungsstück erwerben kann, sind bereits im Test. Die Server mögen sich bitte darum kümmern, den Clients Aktualisierungen mitzuteilen und Gewehr bei Fuß stehen, wenn man sie braucht, sich aber aus dem lokalen Alltagsgeschäft heraushalten.

4) *Informationen werden informativ.* Die Informationen über Informationen (oder die Meta-Ebene der Informationen) werden sich drastisch verbessern. Google wird uns besser verstehen lernen und nicht nur nach syntaktischen Aspekten und ähnlich klingenden Vorgaben auf die Suche gehen. Vielleicht werden wir ein Google-Ear haben (das Dog-Ear haben wir ja schon), dass sich den Wunsch anhört und in der Lage ist, semantische Analysen aus Sprache zu extrahieren. Ja, man hört sie bereits im Hintergrund, die Gruppe der „...Haben wir doch schon alles...“-Rufer. Mit dem Google-Ear sind aber nicht die unbe-

holfenen Spracherkennungssysteme gemeint, die in der Form „Wollen Sie geholfen bekommen, dann sagen (oder drücken) sie '1'" ihr Unwesen treiben. Oder gar die weiterentwickelten Versionen, die vorgeben, Worte zu verstehen, in Wirklichkeit aber nur auf Amplitudenausschläge in dem getätigten Laut lauern. Diese Systeme sind „nutzlos". „Entschuldigung, ich habe Sie nicht verstanden. Wir führen leider kein 'Kurzfloß'". Das Google-Ear wird eher in der Form einer Beichte sein, in der man anfängt, sein Problem zu beschreiben und dann durch gezielte Rückfragen an sein Ziel geleitet wird.

5) *Die Sony PlayStation® - „Ultimate Version" wird angekündigt.* Die technische Implementierung des Holodecks auf der Enterprise. Musste sich Mr. Spock noch mit simplem, mehrdimensionalem Schach die Zeit vertreiben, das nicht unerhebliche Teile der Kapazitäten der Bordcomputer absorbierte, sollte es ein ernsthaftes Spiel werden, so konnte sich die Crew um Commander Data in ganzen virtuellen Welten vergnügen, die sogar ein komplettes Leben ermöglichten (sozusagen ein Second Life). Ist das relevant für den modernen Google-Surfer? Oh ja, denn wir werden uns mit modernen Front-Ends auseinandersetzen müssen, die die klassische Tastatur und den Bildschirm ablösen werden. Wir werden in virtuellen Kaufhäusern bummeln, Kleider anprobieren, die so fallen werden, wie sie nach dem Kauf wirklich aussehen, denn unsere biometrischen Maße sind bekannt. Konfektionsgrößen werden wegfallen und es gibt keine Unterscheidung mehr zwischen gefühlter Konfektionsgröße und realer Konfektionsgröße (zwei Einheiten, die in einer strengen „Echt-kleiner-als"-Beziehung stehen). Wir werden nur Dinge sehen, die auch passend existieren. Man kann Wünsche und Design-Änderungen äußern, die eine direkte Rückkopplung zum Produzenten nach sich ziehen. Umgekehrt können Anbieter Waren und Dienstleistungen entwerfen und deren Markterfolg im Voraus testen. Wir werden auf unserem Weg durch diese Kaufhäuser unsere Richtung selbst bestimmen und uns nicht zwischen Regalen und Rolltreppen durchdrücken müssen. Wir werden frei bewegliche Mäuse in einer 3-D-Welt sein, die sich dort mehr Informationen holen (klick), wo es gewünscht ist. Oh du wunderschöne, virtuelle Welt!

   Aber keine Sorge. Dies wird ein weiterer Vertriebskanal werden. Kein Ersatz oder gar Wegfall bestehender Kanäle oder gar für alle Produkte geeignet. Nichts wird die Atmosphäre des ersten Tages einer Schluss- oder Ausverkaufs-Aktion morgens um 9:00 Uhr an den Wühltischen jemals auch nur andeutungsweise ersetzen können; der Wegfall des Bezahlungsrituals und des verzweifelten Suchens nach passendem Geld, die genervten Blicke der Kassiererin oder die todbringenden Blicke der Wartenden. Dieser leicht morbide Geruch aus restlichem Kampfschweiß der gewonnenen Schnäppchenschlacht, Freude über das eroberte Strandgut, das man bei genauerer Betrachtung niemals hätte gebraucht, und der bevorstehenden Lynchjustiz der weniger Glücklichen kann durch keine noch so reale virtuelle Welt nachgebildet werden.

8 Captain … die Sensoren melden einen Borg Kubus

Unter denen im Allgemeinen doch sehr unangenehmen Zeitgenossen, die man so im Universum trifft, gehören sicherlich die Borg (eine Verkürzung des Begriffs „Cyborg", einer im Grunde natürlichen Lebensform, deren Fähigkeiten durch Einsatz von Technologie verstärkt oder erweitert wird).

Die Borg stellen eine äußerst beängstigende Form einer möglichen Zukunft der Informationsgesellschaft dar. Macht man sich in der „Matrix" noch die Mühe, dem versklavten Individuum eine schöne Welt vorzugaukeln während man es zur reinen Energiegewinnung missbraucht, so verzichten die Borg auf solche humanen Schnörkel völlig. Jedes Individuum und jede Technik wird nach deren Stärke und Nutzbarkeit filetiert und lediglich die dafür nötigen Einheiten versorgt und gepflegt. Der Rest ist unnütz; Widerstand ist zwecklos. Man nennt diesen Vorgang liebevoll „Assimilation", was vielleicht die letzte positiv belegte Insel dieses Vorgangs ist, denn Assimilation bedeutet eine schrittweise, artgerechte Anpassung an ein neues Umfeld.

Die Philosophie der Borg ist das Erreichen der totalen Perfektion durch Assimilation alles dafür Nützlichen. Alles mündet bei der Borg Queen, die den gesamten Überblick hat und unerschöpfliche Ressourcen auf sich vereint. Alles Neue wird assimiliert und in den Dienst des Ganzen gestellt.

Die absolute Informations- und Technikdiktatur bei völliger Aufgabe der Einzelteile. Eine schaurige Vorstellung. Alles ins Netz, kein Give-Back, keine Belohnung, noch nicht einmal einen schönen Traum.

Leistet man sich bei der Enterprise doch immer wieder kleine Schwächen, um auch der Schönheit zu huldigen (wieso soll ein Raumschiff eine windschnittige Form haben oder gar einfach nur schön anzusehen sein; vergleichbar mit einem Cadillac der 50-er Jahre), so schieben die Borg grobklotzige Würfel (Kuben) durch das Universum. Nichts soll hier schön sein und das ist gelungen.

Transferieren wir diese Horrorvorstellung etwas abgemildert, aber leider auch etwas naheliegender auf unsere Informationsgesellschaft, so können wir auch hier aus der Science-Fiction Hinweise erkennen, worauf wir achten müssen.

Selbstverständlich hat sich Science-Fiction ebenfalls mit möglichen Gefahren und Problemen der Informationsgesellschaft beschäftigt und diese sehr einprägsam ausgearbeitet. Ein sehr weites Land voller trügerischer Lichtblicke, dunkler Gewitterwolken, riesigen Bergen, Trug-Bildern und farbverzerrten Halluzinationen. Einigen dieser Problembereiche sehen wir uns schon heute gegenüber, doch viele sollten wir erst dann ernsthaft betrachten, wenn es soweit ist (Der Borg-Kubus ist noch extrem weit weg).

Auf dem Weg in die Sommerferien rüstet man sich ja auch nicht bereits in Frankfurt morgens um 4:45 Uhr mit Badehose und Kampfhandtuch zur bevorstehenden Eroberung auf das Mittelmeer ausgerichteter Sonnenliegen.

Da aber auch hier erste Tendenzen zu erkennen sind, soll doch das eine oder andere Thema aus diesem Bereich der Informationsgesellschaft zur Sprache gebracht werden.

Wem gehören eigentlich Informationen und Daten? Verzichtet man durch Veröffentlichung von Informationen bereits auf alle Besitz- oder Nutzungsrechte? Wie kann man Informationen veröffentlichen und gleichzeitig schützen? Wer muss überhaupt wen für was bezahlen? Muss jemand, der aus Teilstücken eine neue Information zusammensetzt, diese Information also weiter veredelt und einen Mehrwert generiert, Mehrwertsteuer bezahlen? Eine nicht enden wollende Liste von Fragen.

Insbesondere das Thema Besitzrecht wurde auf der Enterprise bereits diskutiert. Die Sternenflotte erhebt Besitzansprüche auf Commander Data. Was muss gewährleistet sein, damit ein Objekt unter den Schutz der Menschenrechte fällt und keinerlei Besitzansprüchen ausgesetzt werden kann? "Mensch sein" als Kriterium ist wohl kaum dafür geeignet, denn dazu müsste dieses Kriterium erst einmal exakt definiert sein.

Commander Data schafft sich Nachkommen in Form einer jungen Frau mit dem Namen Lal. Auch hierauf werden Besitzansprüche erhoben. Die Folgen kennen wir. Neurose, Psychose, Gefühle kommen ins Spiel, Fehlfunktionen, Exodus.

Nichts ist wohl so allgegenwärtig wie die Angst davor, von den selbst erschaffenen Helfershelfern in der Informationstechnologie plötzlich überrannt und unterjocht zu werden. Dieser Stoff ist Gegenstand unzähliger Auseinandersetzungen mit dem nicht ganz zu ignorierenden Thema.

Beginnen wir hier mit der „Terminator"-Trilogie, die gleich drei dieser absoluten Horror-Szenarien schildert. Erst ein Böser, dann ein Guter und dann etwas überhaupt nicht mehr Bezwingbares. Bei der Wahl der Abgänge hat man sich aber für die Klassiker entschieden. Neurosen, Selbstzerstörung, Hochofen und Schrottpresse. Dramaturgie fordert doch manches intellektuelle Opfer.

Nicht selten hat man sich jedoch der totalen Macht der Maschinen ergeben müssen. „Colossus", ein Funktionsverwandter von WOPR, sollte auch die Welt verteidigen, hat sie aber zur Verteidigung erst einmal komplett übernommen und damit begonnen, die eigentlichen Schädlinge der Welt, die Menschen, an eine äußerst kurze Leine zu nehmen. Hier blieben Neurosen, Psychosen und Anfälle von Selbstzerstörung, Emotionen oder Gewissensbisse leider aus.

Auch das Ende von „Terminator 3" lässt mögliche Deutungen zu, dass der Kampf der Menschen in der Vergangenheit doch misslang. Oft waren es aber in letzter Konsequenz sehr einfache Methoden, die diese Übermächte am Ende meistens doch zu Fall brachten. Ein Virus in „Independence Day" (eine Waffe, in deren Umgang wir bereits ungeahnte Fähigkeiten in Produktion und Abwehr entwickelt haben) oder die Selbstbeschäftigung mit unlösbaren Problemen, wie in „War Games".

Mögliche Gefahren und Bedrohungen auf die Informationsgesellschaft sind nicht von der Hand zu weisen. Ethische, ethnische, volkswirtschaftliche und betriebswirtschaftliche Fragestellungen ungeahnter Komplexitäten und Tragweiten werden der Informationsgesellschaft bevorstehen.

Aber sie werden gelöst werden!

9 Eine Hommage an das Genre

An dieser Stelle sei eine Generalabsolution von allen nicht genannten oder nur am Rande erwähnten, großen Werken der Science-Fiction erbeten. Leider eigneten sich aber einige dieser unbestritten großen Werke nicht unbedingt als Vorlage der Betrachtung.

Die Doppel-Trilogie *„Star Wars"*, ein Gesamtwerk, das seines Gleichen sucht, ist aus informationstechnologischer Hinsicht leider wenig ergiebig. Die Technologie kommt doch recht analog daher. Androiden machen wenig Hoffnung auf wirkliche Hilfe und das zweimalige Übersehen von Single-Point-of-Failures bei der Konstruktion von zwei Kampfsternen kann nicht toleriert werden, lässt auf ein äußerst mangelhaftes Information Management, miserables Requirements Management und Change Management schließen und ist somit als Vorbild denkbar ungeeignet.

Auch die *„Galactica"* in ihrem nahezu verlorenen Kampf gegen die Zylonen ist aus informationsgesellschaftlicher Hinsicht als Vorbild sehr bedenklich. Steuerungssysteme ähneln eher einem veralteten Fluglotsen-Arbeitsplatz, Wissensbasen sind eher dürftig und die unentwegten Katapult-Starts der Kampf-Jets sowie der permanente Spritmangel deuten nicht auf führende Technologie hin. Selbst bei den Zylonen sieht es nicht besser aus. Sie müssen mit einer mehrköpfigen Besatzung fliegen, obwohl die Steuerung eines Zylonen-Jägers auf ein zu drehendes Stellrad reduziert wurde. Die Kommunikationsfähigkeit untereinander erinnert stark an das frühe 21. Jahrhundert, in dem sprachgesteuerte Telefonboxen ähnliche Schäden anrichteten.

Auch der Kultfilm "*2001: Odyssee im Weltraum*" von *STANLEY KUBRICK* nach dem Buch von *ARTHUR C. CLARKE* macht nicht so wirklich Freude an der Informationsgesellschaft.

HAL 9000, der Bordcomputer, kommt in ähnliche Nöte wie WOPR aus „War Games" und zerbricht an der unbeantworteten Sinnfrage nach dem Sein. Nach arroganter Erkenntnis, dass der Mensch überflüssig sei und sich damit die Strafe der Abschaltung zuzieht, fängt HAL 9000 an, lustige Kinderlieder zu singen und plädiert auf Infantilität.

Ein sehr durchschaubarer Ansatz!

Ein guter Zeitpunkt, ein für alle mal mit der weit verbreiteten Meinung aufzuräumen, dass HAL als Lautverschiebung zu IBM zu verstehen ist.[1] HAL steht für Heuristic Algorithmic. Richtig ist, dass IBM den Film finanziell unterstützt hat. Nach der Bekanntgabe, das HAL 9000 den Tod eines Menschen veranlasst oder zumindest toleriert, hat IBM jedoch jegliche Hinweise auf Sponsorschaft entfernen lassen. Leider ist dies nicht zu 100% gelungen und einige Relikte sind im Film verblieben.

Allen nicht explizit erwähnten Werken des Genres an dieser Stelle ein Kollektiv-Dank für Erweiterungen des Horizontes, Gedankenanstöße, Kurzweil oder einfach nur genialem Unfug.

---

1 Siehe hierzu und folgend auch http://de.wikipedia.org/wiki/HAL_9000.

10 Das Ziel in Sicht – die Weisheit – oder nur der Rand des Universums?

Ja, auch damit musste sich die Crew der Enterprise bereits herumschlagen. Hat das Universum einen Rand, ein Ende? Wenn ja, wer oder was ist dort? Geht es danach noch weiter und wenn ja, warum ist da ein Rand?

Bevor wir mit diesen Gedanken über Gebühr Aufsehen erregen, bleiben wir an dieser Stelle doch besser im einigermaßen sicheren Boot der Wissenschaften, denn wir begeben uns in äußerst unbekanntes Gewässer mit sumpfigen Morast und die Pragmatik unserer Gedanken auf die Realität ist hochgradig unvorhersehbar.

Die Begriffe „Daten", „Information", „Wissen" und „Weisheit" seien in diesem Rahmen unserer Betrachtungen wie folgt definiert und alle Sich-Betroffen-Fühlenden, die diese Definition in die Arena, die mit schwerbewaffneten Philosophen, Sprachwissenschaftlern, Theologen und Vertretern nahezu aller Geistes- und auch Naturwissenschaften überfüllt ist, ziehen wollen, seien hier bereits um Gnade gebeten.

Haben wir bisher die Daten-*Bearbeitung* und die Daten-*Verarbeitung* mehr mit der Syntaktik und die Informations-*Bearbeitung* und Informations-*Verarbeitung* mehr mit der Semantik in Verbindung gebracht, so wollen wir doch noch den Schritt wagen, eine Idee einer Vorstellung zu Wissen und Weisheit zu umreisen.

Während Informationen noch stark subjektiviert sind und beliebig Raum für Deutungen zulassen, je nachdem welche Deutungsschablone wir hierauf anwenden, so ist doch die geheime Sehnsucht vorhanden, diese Dinge zu objektivieren, den Diskussionsspielraum auf Null zu reduzieren. Irgendwo auf diesem Weg liegt die unscharfe *Grenze zwischen Information und Wissen*. Akzentuieren wir dies ein wenig, so kann *das Wissen* als die in sich geschlossene, selbsterklärende Information verstanden werden, die wenig bis keinen Spielraum für Deutungen zulässt.

Die Weisheit, die sich an das Wissen anschließt, soll den dritten Aspekt der Semiotik abdecken, den der Wirkung auf den Informationskonsumenten.

Wie in dem anfänglichen Beispiel des Straßenverkehrsschildes beschrieben, gibt es ziemlich eindeutige, syntaktische Vorgaben, die mit einer klaren, von dem Konsumenten vorher zu erlernenden Semantik belegt sind. Über die Pragmatik wissen wir aber wenig. Der exemplarische Auszug einer möglichen Pragmatik dieses Schildes war nur ein Streifzug durch die wahrscheinlich endlose Vielfalt der Möglichkeiten.

Kümmert sich das Wissen noch maßgeblich um sich selbst und sein äußeres Erscheinungsbild und die Objektivierung der Semantik, so geht die Weisheit einen Schritt weiter und möchte auch Eindeutigkeit in der Wirkungsweise. Keine Mehrdeutigkeiten, keine Diskussionen, keine Missverständnisse, keine Zweifel, kein Hinterfragen. Weisheit ist die ultimative Form, die gemeinsame Basis, der Gipfel, die Lösung aller Fragen und das komplette Verschwinden aller Unklarheiten. Unabhängig, von wo der tapfere Suchende kommt, hier wird er alle Antworten finden und mit allen bereits Angekommenen in uniformen Einklang sein, ohne seinen Rucksack, prall gefüllt mit Meinungen, Erfahrungen, Erlerntem etc. leeren zu müssen. Alles fügt sich zusammen. Nur Konsens, kein Dissens.

Erstrebenswert? Sehr fraglich, denn es klingt auf den ersten Blick nach purer Langeweile. Sicherlich ist es in einigen Bereichen erstrebenswert, auf den ultimativen Konsens zu warten oder darauf hinzuarbeiten. Die Gefahr daran ist aber die absolute Uniformität, der Verlust der Vielfalt, die treibenden Kräfte des Dissenses. Aus diesem Grunde ist die Weisheit in dieser Form nicht das Ende oder Anfang von allem. Vielmehr ist es ein möglicher Zustand einer Situation.

Zurück projiziert auf die Informationsgesellschaft ist es zwar naheliegend, die Zustände „Daten", „Information", „Wissen" und „Weisheit" linear von links nach rechts anzuordnen und sogar einen gewissen Steigungswinkel einzubauen, der einen Mehrwert implizieren soll, aber es wäre auch denkbar, dass die passendere Form ein Kreis wäre. Ohne Anfang und ohne Ende und ohne Wertigkeit.

DOUGLAS ADAMS („Per Anhalter durch die Galaxis") hat diese Form gewählt und das ultimative Wissen, die Antwort auf alle Fragen, mit „42" ermittelt. Treibt man dies nur einen kleinen Schritt weiter und macht aus „42" die Kombination „01" oder „10", so könnte man fast eine Analogie ziehen zu der unangenehmen Erkenntnis, dass man die ultimative Antwort aller Probleme der Informationsgesellschaft kennt, aber mittlerweile die Frage vergessen hat. Kennen wir die ultimative Antwort auf alle Fragen? Heißt sie „01" oder „Loch/kein Loch" und wir befinden uns auf der mühseligen Reise, aus der Antwort wieder auf die längst vergessene Frage zu kommen?

Wir scheinen in eine Beta-Version eines Holodeck geraten zu sein, dessen Ausgang wir jetzt suchen müssen, auch wenn es hier richtig spannend ist. Gehen wir für den Moment in das „Near-Future"-Holodeck eine Tür weiter, merken uns aber diese Holodeck-Tür sehr gut.

Was werden wir erleben in den nächsten Dekaden der Informationsgesellschaft?

Einige Trends und Tendenzen wurden bereits beschrieben. Wir werden uns weiter vervollkommnen auf dem Weg von der Informations-*Bearbeitung* in Richtung Informations-*Verarbeitung*. Wir werden dafür aufgrund einer sehr großen und schweren Altlast sehr viel Rechen- und Speicherkapazität aufwenden müssen, um die vielen notwendigen Abstraktionsschichten darzustellen und uns immer getreu dem Motto „Change it or abstract (virtualize) it" weiter voran arbeiten.

Die Informationsgesellschaft wird ihren Einfluss auf Änderungen der gesamten Gesellschaft im Bezug auf Zusammenarbeit, Informationsaustausch, Innovation etc. massiv erhöhen. Althergebrachte oder evolutionär entstandene gesellschaftliche und wirtschaftliche Modelle werden auf kraftvolle Rütteltische gestellt werden. Volkswirtschaftliche Grundprinzipien werden hinterfragt werden und viele „alte Zöpfe" werden fallen müssen, um den Weg frei zu machen für eine Änderung.

Ist dies beängstigend? Das ist völlig subjektiv so wie das Gefühl der Angst völlig subjektiv ist. Jeder Wandel wird Risiken beinhalten aber auch Chancen. Wie die Abwägung dieser beiden Teile ausgeht, kann extrem unterschiedlich sein. Es wird Opfer geben und es wird Gewinner geben. Wer dies sein wird, hängt von vielen Faktoren ab und kann nicht final beantwortet werden.

Eines ist jedoch sicher: Es wird weitergehen!

Informationen werden sich zum Wirtschaftsgut Nr. 1 entwickeln. Es wird ein Wirtschaftsgut sein, das sich permanent weiter veredelt und weiter veredelt werden muss. Wir müssen uns daran gewöhnen, das sich der Begriff „Wert“ grundlegend ändert und nicht mehr mit Händen zu greifen ist wie ein Schatz oder ein Goldbarren oder ähnliche materielle Dinge.

Das Entstehen und Zerbersten der Internet-Blase ist nicht ein Ausrutscher gewesen, sondern ein erster Vorgeschmack, wie neue Werte aussehen können, aber auch was passiert, wenn man die Gefahren nicht kennt.

Die Informationsgesellschaft wird sich weiter von der Informations-*Technologie* abwenden. Die Informationstechnologien werden zu Erfüllungsgehilfen, deren Sichtbarkeit weiter abnimmt. Sie sind unumgänglich und elementarer Bestandteil der Informationsgesellschaft, aber sie werden einen gesellschaftlichen Abstieg erleben.

So wie die wenigsten Autofahrer wirklich wissen (wollen) und verstehen, wie ein Auto funktioniert, seine Funktionsweise aber als vorhanden und selbstverständlich ansehen, so werden die Informationstechnologien in den Hintergrund treten, aber immer abrufbar vorhanden sein.

Das „Wissen in den Köpfen“ wird sich mehr in verteilbare Formen ergießen und somit für ein breiteres Publikum leichter zugänglich sein.

Trotz aller Bedenken und möglichen Gefahren und Gefährdungen wird es ein evolutionärer Weg sein, etwas blutig, nicht ohne Opfer, mit durchaus steilen und steinigen, engen und rutschigen aber auch sonnigen und flachen Abschnitten mit herrlichem Blick auf das Erreichte und mit motivierenden Aussichten auf das vor uns Liegende.

Werden ein paar alte Probleme verschwinden? Absolut.

Werden alle Probleme beseitigt sein? Nein. Niemals.

Werden neue Probleme kommen? Definitiv.

Woher kann man das ableiten? Unsere Wunschvorstellungen in Form von Science-Fiction zeigen uns den Weg.

Was brauchen wir dazu?

„Kirk an Transporter: Energie"

Autorenverzeichnis

Blume, Patrick: Dipl.-Wirtsch.-Ing., geb. 1970, Principal Business Consultant bei der SAP Business Transformation Consulting, der Managementberatung der SAP AG, Global Topic Owner für Shared Services, weitere fachliche Schwerpunkte: IT-Strategie, Value Identification, Prozessmanagement und Human Capital Management, davor: Manager und internationaler Projektleiter bei KPMG Consulting und IDS Scheer, Studium des Wirtschaftsingenieurwesens an der Universität Kaiserslautern, Autor zahlreicher Fachartikel zum Thema „Informationstechnologie in der Personalwirtschaft“ sowie „Shared Services“.

Bork, Carsten: Dipl.-Betriebswirt (FH), geb. 1975, Senior-Manager im Bereich Commercial Services – Finance Transformation bei der BearingPoint GmbH, Frankfurt, mehr als acht Jahre Erfahrung im Bereich Business Performance Management und integrierte Unternehmensplanung, zahlreiche Projekte bei namhaften Kunden in diesen Themenschwerpunkten, Schwerpunkt der derzeitigen Beratungstätigkeit: Unternehmensplanung und Integration von Business-Performance-Management-Ansätzen, weitere Aufgabengebiete: Prozessoptimierung, Konzeption, Optimierung und Implementierung von Prozessen sowie IT-Lösungen in den Bereichen Unternehmensplanung, Corporate Reporting und Corporate Performance Management.

Bromberger, Heiko: Dipl.-Wi.Inf., geb. 1984, zunächst Studium der Wirtschaftsinformatik an der Verwaltungs- und Wirtschaftsakademie Stuttgart in Kooperation mit IBM, anschließend Technical IT Specialist bei der IBM Deutschland GmbH im Bereich Information Management mit dem Schwerpunkt Mainframe, Tätigkeitsschwerpunkt: Betreuung von Mainframe-Kunden primär in den Themen Information Integration sowie Anwendungsentwicklung für DB2 z/OS und den entsprechenden IBM DB2 z/OS Tools.

Brösel, Gerrit: Prof. Dr. rer. pol. habil., Dipl.-Kfm., Instandhaltungsmechaniker, Bankkaufmann, geb. 1972, 1994–1998: Studium der Betriebswirtschaftslehre und 05/2002 Promotion an der Ernst-Moritz-Arndt-Universität Greifswald, 1998–2002: Prüfungsassistent und -leiter bei der Wirtschaftsprüfungsgesellschaft PwC Deutsche Revision, 2003–2007: Wissenschaftlicher Assistent am Fachgebiet für Allgemeine Betriebswirtschaftslehre, insbesondere Rechnungswesen/Controlling der Technischen Universität Ilmenau, ebenda 05/2006: Habilitation und Erlangung der *venia legendi* für Betriebswirtschaftslehre, seit 10/2007: Professor für Allgemeine Betriebswirtschaftslehre/ Rechnungswesen an der Hochschule Magdeburg-Stendal (FH). Arbeits- und Forschungsgebiete: Rechnungswesen, Controlling, Unternehmensbewertung, Wirtschaftsprüfung, Konvergenzmanagement.

Brosig, Sascha: Dipl.-Kfm. (FH), geb. 1980, Senior Business Analyst im Bereich Commercial Services – Finance Transformation bei der BearingPoint GmbH mit den Schwerpunkten Unternehmensplanung und Corporate Performance Management, diverse Projekte im Handel und im Pharmabereich.

Bullinger, Hans-Jörg: Prof. Dr.-Ing. habil., geb. 1944, Präsident der Fraunhofer-Gesellschaft, nach der mittleren Reife und einer Lehre als Betriebsschlosser Abitur im zweiten Bildungsweg und Maschinenbau-Studium mit Fachrichtung Fertigungstechnik an der Universität Stuttgart, danach: Tätigkeit in der angewandten Industrieforschung, Promotion und Habilitation an der Universität Stuttgart, später: Professur für Arbeitswissenschaft an der Fern-Universität in Hagen und an der Universität Stuttgart, 1981–2002: Leiter des neu gegründeten Fraunhofer-Instituts für Arbeitswirtschaft und Organisation (IAO) und zusätzlich ab 1991: Leiter des neu gegründeten Instituts für Arbeitswissenschaft und Technologiemanagement (IAT) der Universität Stuttgart, seit Oktober 2002: Präsident der Fraunhofer-Gesellschaft mit 56 Instituten und ca. 13.000 Mitarbeitern, zahlreiche Ehrenprofessuren und Ehrendoktorwürden für wissenschaftliche Tätigkeiten, zahlreiche Anerkennungen für besonderes Engagement im Dialog zwischen Wissenschaft und Wirtschaft, u. a. VDI-Ehrenring in Gold, Human Factors Society`s Distinguished Foreign Colleague Award und Verleihung des großen Verdienstkreuzes durch den Bundespräsidenten.

Colsman, Bernhard: Dipl.-Kfm., geb. 1964, Manager im Bereich Business Strategies and Transformation bei der BearingPoint GmbH, zuvor: Controller im internationalen Beteiligungscontrolling bei der OTTO GmbH & Co. KG und Manager verschiedener Rechnungswesensbereiche bei der Coca-Cola Erfrischungsgetränke AG, Arbeitsgebiete: Performance Management, strategisches und operatives Controlling, Unternehmensführung, Unternehmensplanung und -steuerung sowie internationales Rechnungswesen.

Erek, Koray: Dipl.-Wirtsch.-Ing., geb. 1979, wissenschaftlicher Mitarbeiter am Fachgebiet Informations- und Kommunikationsmanagement der Technischen Universität Berlin, Forschungsgebiete: Nachhaltigkeit im Informationsmanagement und IT-Qualitätsmanagement, Studium des Wirtschaftsingenieurwesens an der Technischen Universität Berlin und an der Haas School of Business der Universität Berkeley (USA).

Felke, Rüdiger: Diplom-Physiker, geb. 1971, Senior Manager im Bereich Commercial Service – Finance der BearingPoint GmbH, Arbeitsschwerpunkte: Konzeption und Implementierung von Applikationen für Konzernberichtswesen und -Planung in den Bereichen Automotive, Consumer Market, Pharmaceutical & Life Science Industry, 1993–1998: Studium der Physik an der Universität Tübingen und der Universität Stockholm (Schweden), seit 1999: Berater bei KPMG Consulting bzw. bei der BearingPoint GmbH.

Fischer, Bernhard: Dipl.-Phys., Vice President Solution Management für Shared Services und BPO bei der SAP AG, Studium der Physik an der Technischen Universität Karlsruhe, seit 1990: für die SAP AG in einer Vielzahl von Funktionen tätig, z. B. für die Solution Strategy, Solution Delivery und Customer Support in der Tochtergesellschaft SAP Markets, für die Software-Entwicklung für das R/3 System Administration Suite of Tools, die SAP R/3-Implementierung in Europa und Nordamerika oder die Gründung des Regional Support Center in Walldorf, Singapur und Shanghai, zuvor: Tätigkeit bei Siemens-Nixdorf.

VON GLAHN, CARSTEN: Dr. rer. pol., Dipl.-Ing., Dipl.-Wirtsch.-Ing., geb. 1968, Director of Finance & Controller für Data Center, Desktop und Offshoring bei der Siemens AG, IT Solutions and Services in Atlanta, GA, USA, davor KPMG Consulting, Beratungsschwerpunkte: Strategische Kooperationsplanung, Organisationstransformationen, Überleitungen von HGB nach US-GAAP, Business-Planung und Unternehmensgründung, Forschung- und Lehre an der Universität Hamburg, der Technischen Universität München und der Syracuse University, School of Information Studies, Syracuse, New York, Forschungsgebiete und Publikationen zu den Schwerpunkten: Luft- und Raumfahrttechnik, eCommerce, Zentralisation, Shared Services, Outsourcing, Offshoring, Leasing, Finance & Controlling, konzerninterne Märkte, Service Management, Wissensmanagement, Portale, Brokerkonzeptionen und Führungstheorien.

HAGEDORN, TORSTEN: Betriebswirt, geb. 1976, E.ON Energie AG, im Center of Competence E.ON Personal Direkt als Leiter des Bereiches Personaldirektberatung auch für das interne Wissensmanagement verantwortlich, davor: als Unternehmensentwickler mit dem Schwerpunkt Organisationsprojekte, Prozess- und Projektmanagement bei der E.ON edis AG tätig.

HANTSCHEL, GABRIELE, A.: Dipl.-Wirtsch.-Ing., geb. 1960, Services Managerin Central Region Software Group Services for Lotus, IBM Deutschland GmbH, Schwerpunkte: Leitung eines von drei Bereichen in Deutschland für die Beratung und Unterstützung von Unternehmen bei Kollaborationslösungen, Social Software-Einführungen und Portalanwendungen (Lotus-Produkte), 1982–1988: Studium des Wirtschaftsingenieurwesens an der Technischen Universität Karlsruhe, 1988: Projektleiterin bei der Fraunhofer Gesellschaft, Institut für Informations- und Datenverarbeitung (IITB), Karlsruhe, 1989–1996: Managerin bei der KPMG Unternehmensberatung (heute BearingPoint), Frankfurt, 1996–2000: Client Partnerin bei Cambridge Technology Partners (heute Novell), Frankfurt, 2000–2007: Practice Managerin bei der Microsoft Deutschland GmbH, München, Tätigkeitsschwerpunkte: Leitung Microsoft Services München, Leitung einer der beiden Consultingsparten mit 120 MitarbeiterInnen, Services Program & Portfolio Manager, seit 2007: Services Managerin bei IBM Deutschland GmbH, mehrere Publikationen, Vorträge und Interviews zum Thema Mixed Leadership und Unternehmenskultur.

HOFFMANN, JÖRG: M.A., geb. 1968, Abteilungsleiter Wissensmanagement der Fraunhofer-Gesellschaft, Banklehre und insgesamt sechsjähriger Berufstätigkeit, Studium der Soziologie, Politischen Wissenschaft und Wirtschaftsgeographie in Bonn und Granada (Spanien), Forschungstätigkeit zu Netzwerkorganisationen und virtuellen Unternehmen am Fraunhofer-Institut Autonome intelligente Systeme (AIS), Sankt Augustin, seit 2002: in der Zentrale der Fraunhofer-Gesellschaft verantwortlich für den Aufbau des Fraunhofer-weiten Wissensmanagements, Co-Moderator des Industriearbeitskreises Wissensmanagement in der Praxis (IAK WIMIP).

KERN, EVA-MARIA: Univ.-Prof. Dr.-Ing. habil. Dr. mont. Dipl.-Ing., MBA, geb. 1971, Inhaberin der Professur für Wissensmanagement und Geschäftsprozessgestaltung an der Fakultät für Wirtschafts- und Organisationswissenschaften der Universität der Bundeswehr München (www.unibw.de/wipro). Studium und Promotion an der Montanuniversität Leoben, Österreich; Industrietätigkeit im Produktions- und Produktmanagement, Habilitation an der TU Hamburg-Harburg für das Gebiet Entwicklungs- und Produktionsmanagement, Schwerpunkte in der Forschung und Lehre: Prozessorientiertes Wissensmanagement sowie die Gestaltung wissensintensiver Geschäftsprozesse, insbesondere unter den Aspekten des Sicherheits-, Qualitäts- und Risikomanagements.

KEUPER, FRANK: Prof. Dr. rer. pol. habil., Dipl.-Kfm., geb. 1966, Inhaber des Lehrstuhls für Betriebswirtschaftslehre, insbesondere Konvergenz- und Medienmanagement (www.lehrstuhl-keuper.com), Steinbeis-Hochschule Berlin – Wissenschaftliche Hochschule für Unternehmensführung und Innovationen, Geschäftsführer und Akademischer Leiter des Sales & Service Research Center Hamburg an der Steinbeis-Hochschule Berlin (Förderer: Telekom Shop Vertriebsgesellschaft mbH), Gastprofessor an der Universität Tai'an (Provinz Shandong/China), diverse Dozenturen an europäischen Hochschulen, 10/2002–03/2004: Vertretungsprofessur für Betriebswirtschaftslehre, insbesondere Risikomanagement und Controlling, Fachbereich Rechts- und Wirtschaftswissenschaft der Johannes Gutenberg-Universität Mainz, Arbeits- und Forschungsgebiete: Investitions- und Finanzierungstheorie, Produktion, Medienmanagement, Kostenmanagement, Strategisches Management, Unternehmensplanung und -steuerung, Konvergenzmanagement, Kybernetik, Systemtheorie, Betriebswirtschaftslehre für „Kleine und mittlere Unternehmen" (KMU), Sales & Service Management.

KNACK, ROBERT: Dr. rer. oec., Dipl.-Kfm., geb. 1975, Senior Consultant bei der Management- und Technologieberatung BearingPoint GmbH, Berlin, Business Unit Commercial Services, Bereich Business Strategy & Transformation, Beratungsfokus: Erstellung von marktorientierten Unternehmens- und Innovationsstrategien, marktorientierte Produktentwicklung, Marktbewertung und strategisches Innovationsmarketing, verantwortlich für die Solution-Entwicklung im Bereich „Innovation".

KOCH, MICHAEL: Univ.-Prof. Dr. rer. nat., Dipl.-Inform., geb. 1968, Inhaber der Professur für Programmierung kooperativer Systeme (www.kooperationssysteme.de) an der Fakultät für Informatik an der Universität der Bundeswehr München. Schwerpunkte in Forschung und Lehre in der interdisziplinären und praxisorientierten Unterstützung von Zusammenarbeit in Teams, Communities und Netzwerken (CSCW, Groupware, Social Software, Kooperationssysteme) und dabei speziell in Aspekten der Anforderungsanalyse und Einführung, Interoperabilität von Diensten sowie ubiquitärer Benutzungsschnittstellen. Sprecher der Fachgruppe Computer-Supported Cooperative Work in der Gesellschaft für Informatik (GI) und Mitglied in den Leitungsgremien der Fachbereiche Mensch-Computer-Interaktion und Wirtschaftsinformatik der GI.

KRAEMER, STEPHAN: Dipl.-Volkswirt, geb. 1969, Manager im Bereich Consumer Services bei der BearingPoint GmbH, Arbeitsschwerpunkte: Beratung internationaler Unternehmen bei Einführungen von SAP R/3 im Rechnungswesen sowie Organisationsberatung, insbesondere Geschäftsprozessmanagement, Studium der Volkswirtschaft an der Universität Hamburg, 1997–2000: Senior Consultant bei IDS Scheer im Bereich Public Services, seit 2000: Manager bei der BearingPoint GmbH im Bereich Consumer Services.

KREBS, KATHLEEN: Dipl.-Inf., geb. 1979, Studium der Informatik an der Technischen Universität Dresden, danach: freiberufliche Tätigkeit im Bereich Content-Management, seit 2006: Wissenschaftliche Mitarbeiterin an der Universität Hamburg am Arbeitsbereich „Verteilte Systeme und Informationssysteme“, im Rahmen der Promotion Zusammenarbeit mit IBM am Thema „Content Management as a Service“.

LANGE, SÖREN: Dipl.-Kfm., geb. 1980, Senior Business Analyst im Bereich Commercial Service bei der BearingPoint GmbH, Arbeitsschwerpunkte: Controlling und Financial Accounting im Automobil- und Versicherungssektor, Studium der Betriebswirtschaftslehre an der Universität Osnabrück.

LIEDLOFF, THILO: Dipl.-Wi.Inf., geb. 1984, seit Beginn des dualen Studiums der Wirtschaftsinformatik an der Verwaltungs- und Wirtschaftsakademie Stuttgart IT Specialist im Bereich Information Management mit dem Schwerpunkt Mainframe bei der IBM Deutschland GmbH, Tätigkeitsschwerpunkt: Beratung rund um das Thema Anbindung an IMS und moderne Architekturen, IBM IMS Tools sowie Information Integration.

LINDE, FRANK: Prof. Dr. rer. pol., Dipl.-Kfm., geb. 1963, Inhaber des Lehrgebiets Wirtschaftswissenschaften (www.fbi-fh-koeln/linde.htm), Fachhochschule Köln, Institut für Informationswissenschaft, Arbeits- und Forschungsschwerpunkte: Wissensmanagement und Informationsökonomie, Vorstandsmitglied des Instituts für e-Management (www.ifem.org), Dozenturen an der Universität Witten-Herdecke (Wettbewerbsstrategien für Informationsanbieter), der Heinrich-Heine-Universität Düsseldorf (Wissensmanagement) und der Universität Bayreuth (Personalmanagement).

MAASS, CHRISTIAN: Dr. rer. pol., Dipl.-Kfm., Head of Research bei der Lycos Europe GmbH in Gütersloh, Arbeits- und Forschungsschwerpunkte: E-Business, Geschäftsmodelle im Internet und Suchmaschinen.

MADER, CHRISTIAN: Dipl.-Volkswirt, geb. 1976, bei der BearingPoint GmbH im Bereich Finance mit den Schwerpunkten Unternehmensplanung und -steuerung, diverse Projekte in der Automobilindustrie, im Maschinenbau und im Handel.

Mega, Cataldo: Dipl.-Phys., geb. 1955, Studium der Theoretischen Astrophysik an der Universität Tübingen, seit 1986: Mitarbeiter der IBM Deutschland Research & Development GmbH in Böblingen, 1986–1990: Tätigkeit im Bereich Systemtest von High End Unix Systems (IBM AIX) auf IBM/370 Mainframes, 1990–1997: Mitarbeit am Aufbau des „IBM EMEA High End AIX Centre of Competence for IBM S/390 und Risc/6000 SP2 Systems" mit der Spezialisierung auf die Durchführung von Lasttests (Benchmarks) von parallelen und verteilten Datenbank-Systemen – zu der Zeit noch mit den ersten Versionen von Parallel Oracle v7 und IBM DB2 Parallel Edition, seit 1997: Beschäftigung mit dem Design und der Architektur von „Digital Libraries" und Enterprise-Content-Management-Systemen, 2000–2004: maßgebliche Mitbeteiligung an Design und Entwicklung von IBM Content Manager V8 zuerst als Softwarearchitekt, dann als Manager der IBM Content Manager V8 Performance und Benchmark Abteilung im IBM Silicon Valley Software Development Labor in Kalifornien, seit 2005: Senior Technical Staff Member (STSM) im Entwicklungsbereich von Content-Management-Lösungen und Executive-Berater der Labor-Führung sowie -Advokat für ausgewählte europäische ECM-Großkunden, seit 2004: enge Beziehungen mit den Universitäten Stuttgart und Hamburg in der Rolle des Mentors für Doktoranden und Diplomanden mit dem erklärten Ziel, den Standort Deutschland systematisch an der Weltspitze bezüglich innovativer Forschung im Bereich „Content Management as a Service (CMaaS)" zu platzieren.

Mindermann, Torsten: StB Priv.-Doz. Dr. rer. pol., Dipl.-Kfm., geb. 1971, 10/1992–11/1996: Studium der Betriebswirtschaftslehre an der Heinrich-Heine-Universität Düsseldorf, 03/1997–04/1999: Projektleiter bei der Deutschen Immobilien Leasing GmbH, 04/1999–03/2008: Mitarbeiter am Lehrstuhl für Betriebswirtschaftslehre, insbesondere Unternehmensprüfung und Controlling an der Heinrich-Heine-Universität Düsseldorf, ebenda 11/2000: Promotion, 02/2004: Steuerberaterexamen, 05/2006: Habilitation und Erlangung der *venia legendi* für Betriebswirtschaftslehre an der Heinrich-Heine-Universität Düsseldorf, seit 04/2008: Vertretung des Fachgebiets für Allgemeine Betriebswirtschaftslehre, insbesondere Steuerlehre/Prüfungswesen an der Technischen Universität Ilmenau. Arbeits- und Forschungsgebiete: Controlling, Internationale Rechnungslegung, Immaterielle Werte, Betriebswirtschaftliche Steuerlehre, Prüfungstheorie.

Mitschang, Bernhard: Prof. Dr.-Ing. habil., Dipl.-Inform., geb. 1959, seit 1998: Professor für Datenbank- und Informationssysteme an der Universität Stuttgart, nach dem Informatikstudium (1977–1982) und der Promotion (1988) an der Universität Kaiserslautern Post-doctoral Fellow in IBM Research, Almaden Research Center in San Jose, Kalifornien (1989–1990), nach der Habilitation am Informatikfachbereich der Universität Kaiserslautern (1994) Professor für Datenbanksysteme und Wissensbasierte Systeme an der TU München (1994–1998), Hauptarbeitsgebiete: Optimierung, Anfrageverarbeitung und Parallelisierung in Datenbanksystemen, Datenbank-Middleware und Komponententechnologie, Ingenieuranwendungen für Datenbanksysteme sowie Content-Management wie auch dienstbasierte und modellgetriebene Anwendungssysteme.

Neumann, Fritz: Dipl.-Kfm., geb. 1965, Managing Director, BearingPoint GmbH, verantwortlich für die Beratungsleistungen „Finance und Controlling“ im Geschäftsbereich Commercial Services sowie die Solution-Entwicklung und Koordination der Geschäftsentwicklung im Bereich „Finance Transformation“, Studium der Wirtschaftswissenschaften an der Universität Erlangen-Nürnberg, seit 1991 bei der BearingPoint GmbH, seit 2005: Leiter der Competence Group „Finance“, mehrjährige Erfahrung in der Leitung von Finance-Transformation-Projekten im In- und Ausland, Leiter des Seminars „Trends im Rechnungswesen“ sowie der BearingPoint-Veranstaltung „Finance Days“, Mitherausgeber des Buches „Finance Transformation“.

Oehler, Karsten: Dr. rer. pol., Dipl.-Kfm., geb. 1964, seit 2007: Leiter des Competence Center Office of Finance bei der Cognos GmbH, Frankfurt, 2005–2007: zunächst Director Presales Zentraleuropa, später Leiter des Presales-Bereichs für den Geschäftsbereich Performance Management bei der MIS GmbH, Darmstadt, 2002–2005: zunächst Leiter des Program Management für mySAP Financials, später Vice President im Global Marketing für den Bereich Financial and Public Services bei der SAP AG, Walldorf, 1997–2002: zunächst Product Manager für Planung, später Senior Manager für Products & Solutions in bei der Hyperion GmbH in Deutschland, Österreich und der Schweiz, 1994–1997: zunächst Berater, später Product Manager für die betriebswirtschaftliche Standardsoftware Financials bei der Oracle Deutschland GmbH, München, 1992–1994: Softwareentwickler und Anwendungsberater für Kostenrechnungs- und Controlling-Software bei der Sema-Group, Wilhelmshaven, regelmäßige Publikationen zu Themenstellungen des datenverarbeitungsgestützten Controlling und der Schnittstelle zwischen IT und Controlling, Lehrbeauftragter an der European Business School in Östrich-Winkel und an der Technischen Universität Darmstadt.

Pietsch, Gotthard: Dr. rer. pol., Dipl.-Ök., Dipl.-Soz. Wiss., Wissenschaftlicher Angestellter am Lehrstuhl für Betriebswirtschaftslehre, insbesondere Organisation und Planung, Fakultät für Wirtschaftswissenschaft der FernUniversität in Hagen, Arbeits- und Forschungsschwerpunkte: Organisation/Managementwissenschaft, Controlling und Internetökonomie.

Reimann, Stephan: Diplom-Wirtschaftsinformatiker, geb. 1980, Consultant Data Warehouse & Business Intelligence, IBM Deutschland GmbH, Arbeitsgebiete: Architekturen und Konzepte für Data-Warehouse- & Business-Intelligence-Lösungen, Datenanalyse mit Hilfe moderner Mining-Technologien.

Ritter, Norbert: Prof. Dr.-Ing., Dipl.-Inf., geb. 1962, Studium der Informatik an der Universität Kaiserslautern, 1997: Promotion zum Thema „Datenbankgestützte Kooperationsdienste für technische Entwurfsanwendungen“, 1998–2002: Hochschulassistent im Fachbereich Informatik der Universität Kaiserslautern und Leitung von Projekten im Themenbereich „Entwicklung großer Systeme mit generischen Methoden“, seit 2002: Professor für Datenbanken und Informationssysteme im Zentrum „Verteilte Informations- und Kommunikationssysteme“ des Departments Informatik der Universität Hamburg, Hauptarbeitsgebiete: aktuelle Datenbanktechnologie, Datenbank-Middleware, Informationsintegration, heterogene Informationssysteme, Content Management, Informationsdienste und Grid-Data-Computing.

Sackmann, Sonja: Univ.-Prof. Ph. D. Management, Dipl.-Psych., seit 1993 Professur für Arbeits- und Organisationspsychologie an der Fakultät für Wirtschafts- und Organisationswissenschaften der Universität der Bundeswehr München, im Vorstand des Instituts Entwicklung zukunftsfähiger Organisationen (http://www.unibw.de/wow1_2/), ehemals Dekanin der Fakultät für Wirtschafts- und Organisationswissenschaften der Universität der Bundeswehr München, Lehre an der Universität St. Gallen, der Wirtschaftsuniversität Wien, der Jiao-Tong Universität Shanghai, der EBS European Business School, der RWTH Aachen mit Gastprofessuren an der Graduate School of Management UCLA, USA und der Universität Konstanz, ehemals Managing Partner und Partner am MZSG Management Zentrum St. Gallen, mehrjährige Forschung und Lehre sowie Erlangung des Ph. D. in Management an der Graduate School of Management, UCLA, Diplom in Psychologie an der Universität Heidelberg nach zusätzlichen Studien in Marburg, Los Angeles und New York, Arbeitsschwerpunkte in Forschung, Lehre, Executive Development und Beratung: Führung, Unternehmenskultur, Change Management/Organisationentwicklung, Personal- und interkulturelles Management, Publikation mehrerer Bücher und zahlreicher Artikel zu diesen Themen, aktives Mitglied einer Reihe professioneller Vereinigungen sowie wissenschaftlicher Beiräte.

Schädler, Norbert: geb. 1954, seit 1977: Mitarbeiter der IBM, seit 2004: IBM Executive Software IT Architect in der Financial Services Business Unit, seit 2008: World Wide Software Architect Community Leader, Arbeitsschwerpunkt: Serviceorientierte Architekturen (SOA) bei Banken, Versicherungen und Financial-Markets-Instituten.

Schaffranietz, Klaus: MBA Daten- und Informationsmanagement, geb. 1963, Senior Technology Consultant, BearingPoint GmbH, Hochschulstudium an der Universität Hamburg, seit 2004 BearingPoint GmbH, Arbeitsgebiete: Konzeptionierung und Realisierung von BI Lösungen mit den Schwerpunkten Data Warehouse und Planungsanwendung in SAP BI/SEM sowie Methodenauswahl und Datenanalysen für Data Mining, Tätigkeiten in unterschiedlichen Projekten vornehmlich im Handel, Automotive und Real Estate.

Schilcher, Christian: Dr. phil., Dipl.-Soz., geb. 1975, Wissenschaftlicher Mitarbeiter am Arbeitsgebiet Arbeit, Technik und Gesellschaft des Instituts für Soziologie der Technischen Universität Darmstadt, Arbeits- und Forschungsgebiete: Wissenssoziologie, Management von implizitem Erfahrungswissen, Informatisierung der Arbeit, Flexibilisierung von Arbeit und Beschäftigung, Sozialstrukturanalyse und Gesellschaftstheorie.

Schmid, Jürgen: Studium der Verwaltungswissenschaften, Leiter des Center of Competence „E.ON Personal Direkt" innerhalb des E.ON Energie-Konzerns, davor: Tätigkeit in der IT-Beratung sowie Übernahme von Personalleiterfunktionen des E.ON Energie Konzerns.

Schwarz, Sabine: Dr. rer. pol., Dipl.-Volkswirtin, Bankkauffrau, geb. 1954, Senior Managerin bei der Management- und Technologieberatung BearingPoint GmbH, Frankfurt, Business Unit Commercial Services, Bereich Business Strategy & Transformation, Beratungsfokus auf Change Management und Transformation, bis 1998: zudem Bank-Strategie, -Marketing und -Controlling, bis 1990: Prokuristin im Bereich Controlling der Vereins- und Westbank AG, Hamburg, promotions- und berufsbegleitende Dozententätigkeiten an der Bankakademie in Hamburg sowie an den Berufsakademien in Villingen-Schwenningen und Lörrach.

Sigmund, Michael: Diplom-Informatiker, geb. 1960, 1988: Diplom-Abschluss der Informatik in Karlsruhe, 1982–1988: Freier Mitarbeiter des Konzerns Mercedes-Benz, seit 1988: Mitarbeiter der IBM, seit 1996: IBM Senior Certified Software IT Architect Integration Architecture, Master Certified IT Architect der Open Group, Industrie-Expertise in Travel & Transportation, Teamleader IBM Software Group Channel Software IT Architects.

Sturz, Wolfgang: Dr.-Ing., geb. 1954, zweisprachig (Deutsch und Niederländisch) in Surinam (Südamerika) aufgewachsen, nach dem Maschinenbaustudium an der Universität Stuttgart zunächst Projektingenieur bei der Aluminum Company of America, anschließend Tätigkeit beim Fraunhofer IPA – Produktionstechnik und Automatisierung in Stuttgart, nach der Promotion zum Dr.-Ing. im Bereich Automatisierung Gründung eines Dienstleistungsunternehmens für multilinguale technische Kommunikation, aus der die Sturz Gruppe hervorgeht, die heute das *transline* Netzwerk als internationalen Verbund von Sprachdienstleistungsunternehmen, die doculine Verlags-GmbH als Dienstleister für die Erstellung technischer Dokumentationen sowie das Institut für Management und Kommunikation Dr. Sturz GmbH, das Beratungsprojekte zu Fragen des Wissensmanagements und der globalen Kommunikation durchführt, umfasst, zusätzliche Tätigkeiten als Publizist, Lehrbeauftragter für Wissensmanagement und für Innovationsmanagement an der Universität Ulm, der Akademie der Bildenden Künste in Stuttgart und der Steinbeis Hochschule in Berlin, als Berater für die Einführung von Wissensmanagement-Strukturen und als Referent auf Fachkongressen.

Vollmer, Marcell: Dr. rer. pol., Dipl.-Kfm., geb. 1970, Vice President Global Finance Projects SAP AG, Leiter globales Project-Management für alle strategischen Projekte im Finanzbereich der SAP (u. a. globale Shared-Service-Center-Projekte, Integration der Finanzprozesse und -systeme von Business Objects), davor: DHL Express als Manager für mehrere Integrationsprojekte, u. a. Zentralisierung der Customer-Service-Center-Standorte, Sales Force Europa und Payroll sowie Controlling Deutschland, Unternehmensberater und Projektleiter für eine Call-Center-Zentralisierung (Nordrhein-Westfalen) und ein Telesales Center (Niedersachsen).

Wagner, Frank: Dipl.-Inf., geb. 1974, Studium der Informatik an der Universität Stuttgart, Doktorand am dortigen Lehrstuhl für Datenbanken und Informationssysteme, seit 2004: Bearbeitung des Themas „Enterprise-Content-Management“ im Rahmen von verschiedenen Projekten mit IBM.

Wölbling, Ines: Dipl.-Kffr., geb. 1978, Wissenschaftliche Mitarbeiterin am Sales & Service Research Center Hamburg an der Steinbeis-Hochschule Berlin – Wissenschaftliche Hochschule für Unternehmensführung und Innovationen (Förderer: Telekom Shop Vertriebsgesellschaft mbH), zuvor: Tätigkeiten im Consulting, Studium der Betriebswirtschaftslehre an der Friedrich-Schiller-Universität Jena und der Università degli studi di Siena, Italien, Arbeits- und Forschungsgebiete: Medienmanagement, Produktionswirtschaft, Unternehmensplanung und Sales & Service Management.

Wolter, Christian: Dr. rer. pol., Dipl.-Ökonom, geb. 1971, Manager im Geschäftsbereich Commercial Services, Finance Technology der BearingPoint GmbH, Beratungsschwerpunkte: Geschäftsprozessanalyse und -design, Implementierung von SAP Standardsoftware und Organizational Change Management.

Zarnekow, Rüdiger: Prof. Dr. rer. pol. habil., Dipl.-Inf., geb. 1968, Inhaber des Lehrstuhls für Informations- und Kommunikationsmanagement an der Technischen Universität Berlin (www.ikm.tu-berlin.de), 2001–2006: Leiter des Kompetenzzentrums "Industrialisierung im Informationsmanagement" am Institut für Wirtschaftsinformatik der Universität St. Gallen, 1995–1998: T-Systems Multimedia Solutions GmbH, zuletzt Leiter des Projektfeldes Electronic Commerce, Studium der Wirtschaftsinformatik an der European Business School, Oestrich-Winkel und Master-of-Science in Advanced Software Technologies an der University of Wolverhampton, freiberuflicher Berater in Fragen des Informationsmanagements und des Electronic Business, Arbeits- und Forschungsgebiete: IT-Service-Management, strategisches IT-Management, Geschäftsmodelle für die ICT Industrie und Virtuelle Welten.

Stichwortverzeichnis

O

P

Q

R

S

T

U

V

W

Z